Nr. 48
S. 15239–15558

1959
2. Dezember

Chemisches Zentralblatt

Vollständiges Repertorium für alle Zweige der reinen und angewandten Chemie

1830 gegründet. 1897—1945 von der Deutschen Chemischen Gesellschaft fortgeführt. Im Auftrage der Deutschen Akademie der Wissenschaften zu Berlin, der Chemischen Gesellschaft in der DDR, der Akademie der Wissenschaften zu Göttingen und der Gesellschaft Deutscher Chemiker (in der BRD)

herausgegeben von Prof. Dr. **Heinrich Bertsch** und Prof. Dr. Dr. h. c. **Wilhelm Klemm**

130. Jahrgang

1959

Chefredakteure: Dr. Eugen Klever und Dr. Heinz Walter

Akademie-Verlag GmbH., Berlin — Verlag Chemie, GmbH., Weinheim/Bergstr.

Inhalt

Postverlagsort: Berlin

Namenregister

Patentregister

VOM WASSER

EIN JAHRBUCH FÜR WASSERCHEMIE UND WASSERREINIGUNGSTECHNIK

Herausgegeben von der

Fachgruppe Wasserchemie der Gesellschaft Deutscher Chemiker

Verantwortlich für den Text: W. HUSMANN

Band XXV (1958)

1959. 396 Seiten mit 94 Abbildungen und 36 Tabellen. Halbleinen DM 35,—

Früher erschienen und noch lieferbar:

Band XX (1953)

1954. 336 Seiten mit 133 Abbildungen, 49 Tabellen und 1 farbigen Ausschlagtafel Halbleinen DM 24,80

Band XXI (1954)

1955. 279 Seiten mit 149 Abbildungen, 43 Tabellen, 1 Farb- und 1 Ausschlagtafel Halbleinen DM 21,60

Band XXII (1955)

1956. 438 Seiten mit 149 Abbildungen und 75 Tabellen Halbleinen DM 31,80

Band XXIII (1956)

1957. 292 Seiten mit 84 Abbildungen und 65 Tabellen Halbleinen DM 27,40

Band XXIV (1957)

1958. 367 Seiten mit 161 Abbildungen und 23 Tabellen Halbleinen DM 35,—

VERLAG CHEMIE · GMBH WEINHEIM / BERGSTR.

Chemisches Zentralblatt

1959 Nr. 48 2. Dezember

A. Allgemeine, physikalische und anorganische Chemie.

A_1. Kernphysik und Kernchemie.

M. A. Pomerantz, S. P. Agarwal und **V. R. Potnis,** *Natur der Stromreduktion in der primären Höhenstrahlintensität.* Messungen der Höhenstrahlintensität wurden 1958 auf Ballonflügen auf 52 u. 48° N ausgeführt u. mit solchen auf 52 u. 69° N aus dem Jahr 1950 verglichen. Die Gründe für die Abnahme der Intensität u. die Frage, ob diese Red. bes. energiearme Teilchen betrifft, werden diskutiert. (Physic. Rev. Letters **1.** 65—68. 15/7. 1958. Swarthmore, Pa., Franklin Inst. of the Bartol Res. Found.) M. WIEDEMANN. 85

V. Bisi, R. Cester, C. M. Garelli und **L. Tallone,** *Kerne mit hohem Z in der Höhenstrahlung.* Emulsionsplatten wurden auf 41° N geflogen, 32,6 cm^2 wurden durchgemustert. Die Ladung der schweren Sekundärteilchen wurde durch δ-Strahlung, photometr. Absorption oder Lückenlänge bestimmt. Gefunden wurden 117 Kerne mit $Z \geqslant 10$. Das Verhältnis $N(Z \geqslant 15)/N(Z \geqslant 10)$ betrug auf der Flughöhe (13,5 g/cm^2) u. an der oberen Grenze der Atmosphäre $0{,}29 \pm 0{,}03$ bzw. $0{,}65 \pm 0{,}07$; das $N(Z = 26)/N(Z \geqslant 10)$ $0{,}08 \pm 0{,}02$ bzw. $0{,}11 \pm 0{,}02$ u. in der Höhenstrahlquelle $0{,}16 \pm 0{,}03$. Demnach ist die Höhenstrahlquelle gegenüber dem Universum reicher an schweren Kernen ($Z \geqslant 15$) u. bes. an *Fe*. (Nuovo Cimento [10] **10.** 881—91. 1/12. 1958. Torino, Univ., Ist. di Fis., Ist. Naz. di Fis. Nucl.) M. WIEDEMANN. 85

Erich von Kilinski, *Über die Existenz einzelner stark radioaktiver Partikel in der Atmosphäre.* Vom 11.—12.3.1958 zeigte ein Teil des zur Messung der Luftaktivität verwendeten Schwebestoff-Filters eine sehr hohe Aktivität. Diese wird auf ein einzelnes Teilchen von ca. $6 \cdot 10^{-9}$ c zurückgeführt. (Z. Meteorol. **12.** 202—04. Juli 1958. Potsdam, Telegraphenberg, Meteorol. Hauptobservat.) M. WIEDEMANN. 90

P. Ciok, T. Coghen, J. Gierula, R. Hołyński, A. Jurak, M. Mięsowicz, T. Saniewska und **J. Pernegr,** *Kernwechselwirkungen im Energiebereich von 10^{10} bis 10^{14} eV.* Die Winkelverteilung der Sekundärteilchen in 38 jets bei einer Primärenergie der Höhenstrahlung von 10^{10}—10^{11} eV, in 42 bei 10^{11}—10^{12} eV, in 29 bei 10^{12}—10^{13} eV u. in 10 jets $> 10^{13}$ eV wurde untersucht. Die jets waren durch n, p oder α beim Stoß mit den Kernen der Emulsion ausgelöst worden. Die Anisotropie im Schwerpunktssyst. nahm mit steigender Primärenergie zu. In vielen energiereichen jets war die Zahl der Sekundärteilchen nahe $\pi/2$ geringer als nach den Theorien von HEISENBERG oder LANDAU. Die Ergebnisse können durch ein Modell gedeutet werden, bei dem die Sekundärteilchen isotrop von 2 sich entgegengesetzt bewegenden Zentren emittiert werden. Die Beziehung zwischen Geschwindigkeit der Zentren, Inelastizitätskoeff., Multiplizität u. transversalem Moment der Sekundärteilchen werden diskutiert. (Nuovo Cimento [10] **10.** 741—54. 1/12. 1958. Kraków, Warszawa Inst. of Nuclear Res., Cosmic Ray Dep.; Praha, Inst. for Phys. of Czechoslov. Acad. of Sci.) M. WIEDEMANN. 90

I. R. Gatland, *Die Wirkung einer skalaren Meson-Wechselwirkung zwischen μ-Mesonen und Baryonen.* Neben der Photonenwechselwrkg. wird eine skalare Meson-Wechselwrkg. angenommen. Ihre Wrkg. bei der μ–Nucleon-Streuung wird nach der Störungstheorie zweiter Ordnung ermittelt. Sie ist mit der μ-Reichweite u. -Streuung sowie mit der Kernphotoerzeugung von μ-Mesonenpaaren verträglich, wenn die M. des Mesons zu 3 Nucleonenmassen u. außerdem mittelstarke Wechselwrkg. mit Baryonen u. μ-Mesonen angenommen wird. (Nuclear Physics **9.** 267—72. Dez. 1958. London, Imperial Coll.) M. WIEDEMANN. 90

H. Marschall und **Th. Schmidt,** *Eine Bemerkung zur Häufigkeit der durch μ-Mesonen katalysierten Kernprozesse in flüssigem Wasserstoff.* Die in der mit fl. H_2 gefüllten Blasenkammer nachgewiesene Rk. $p + d \rightarrow {}^3He + 5{,}4$ MeV gestattet den Schluß auf eine starke Bevorzugung der Bldg. von (pd)-Mesonen-Moll. gegenüber der Bldg. von (pp)-Mesonen-Molekülen. Eine Deutung dieses Befundes (Bldg. von μ-Atomen u. Niveaus der μ-Moll.) wird vorgenommen. (Z. Physik **148.** 233—35. 3/4. 1957. Freiburg/Br., Univ., Phys. Inst.) HERBERT WEBER. 90

Shin-ichi Kaneko, *Die Multiplizität der bei Kernwechselwirkung energiereicher Nucleonen und α-Teilchen in der Höhenstrahlung erzeugten Mesonen.* Mittels einer Reihe experimenteller Resultate wird gezeigt, daß die früher vorgeschlagene Formel für die Multiplizität n ± der geladenen Mesonen bei energiereichen Nucleon–Nucleon-Wechselwrkgg. als Funktion der Inelastizität u. des LORENTZ-Faktors im Schwerpunktssyst. gültig ist. Da periphere Stöße eines energiereiches α-Teilchens mit Kernen als Überlagerung mehrerer Nucleon–Nucleon-Stöße betrachtet werden können, gilt die Formel auch hierfür. Hierzu wird ein jet (3 + 33α) beschrieben, der in 6 Std. auf 29 km exponnierten Emulsionen beobachtet wurde u. durch ein α-Teilchen von ~ 1,2 · 10^{13} eV/Nucleon ausgelöst wurde. (J. physic. Soc. Japan **13.** 1258—65. Nov. 1958. Osaka City Univ., Inst. of Polytechn. [Orig.: engl.]) M. WIEDEMANN. 90

C. Goebel, *Bestimmung der π–π-Wechselwirkungsstärke aus der π–N-Streuung.* Einige Resultate der π–π-Wechselwrkg. werden zusammengestellt. Aus den Daten für die π–N-Streuung läßt sich die Stärke der π–π-Wechselwrkg. durch Isolierung des Beitrages des Einpionenaustauschdiagramms ermitteln. (Physic. Rev. Letters **1.** 337—39. 1/11. 1958. Rochester, N. Y., Univ. of Rochester.) M. WIEDEMANN. 90

B. Bosco und **R. Stroffolini,** *Die Strahlungs-Pion–Nucleon-Streuung in der statischen Theorie.* Die Streuung nach $\pi + N \rightarrow \pi + N + \gamma$ wird für das eine Pion exakt u. das andere in der Einmesonen-Näherung behandelt. Für die Rückstreuungskorrekturen werden explizite Ausdrücke abgeleitet. (Nuovo Cimento [10] **10.** 688—97. 16/11. 1958. Torino, Univ., Ist. di Fis., Ist. Naz. di Fis. Nucl.; Napoli, Scuola di Perfez. in Fis. Teor. e Nucl. del C. N. R. N.) M. WIEDEMANN. 90

Chiaki Ihara und **Shigeaki Hatano,** *Zusammengesetztes Modell des Pions und der Pion–Nucleon-Wechselwirkung.* Das Pion wird als Quant des tiefsten Anregungszustandes des Nucleon–Antinucleon-Paares aus dem Vakuum betrachtet. Die hierfür aufgestellte normalisierte Wellenfunktion wird als Hilfsvariable für das Vielkörperproblem benutzt; nach der kanon. Transformation wird eine Pion–Nucleon-Wechselwrkg. erhalten, die der üblichen Mesonentheorie äquivalent ist. (Progr. theoret. Physics [Kyoto] **20.** 356—68. Sept. 1958. Kyoto, Kyoto Univ., Dep. of Phys. [Orig.: engl.]) M. WIEDEMANN. 90

M. H. Alston, W. H. Evans, Maria Fidecaro, R. W. Newport, G. von Gierke und **P. R. Williams,** *π^+-p-Streuung bei 10—35 MeV in einer Diffusions-Nebelkammer.* Durch Protonenbeschuß von Cu wurden π^+-Mesonen gewonnen, die mit Energien von 20(+ 15, —0) MeV auf eine mit H_2 von 25 at gefüllte Diffusionsnebelkammer von 18 in. Durchmesser in einem Magnetfeld von 2,3 Kilogauß fielen. Aus 2841 π–μ-Zerfällen wurde das Energiespektr. der Pionen bestimmt, die gesamte Bahnlänge betrug 9,59 · 10^5 cm. Es wurden 15 π–p-Streuungen über 60° beobachtet, entsprechend einem Wirkungsquerschnitt von 7,4 mbarn. Unter der Annahme $\alpha_{33} = 0{,}235\ \eta^3$ (η = Impuls des einfallenden Pions im Schwerpunktssyst. in Masseneinheiten) u. $\alpha_{31} = 0$, $\alpha_3 = -q\eta$ ergab sich $\alpha_3 = -(0{,}13 \pm 0{,}035)\eta$. (Proc. physic. Soc., Sect. A **69.** 798—803. 1/11. 1956. Liverpool, Univ., Nucl. Phys. Res. Labor.) M. WIEDEMANN. 90

Frank Kaschluhn, *Dispersionsbeziehungen für Pion–Deuteron-Streuung.* 2. Mitt. (1. vgl. C. **1958.** 10549.) Die Dispersionbeziehung für elast. Spinflip-Vorwärtsstreuung von Pionen an Deuteronen wird abgeleitet. Hier ist der Beitrag aus dem nichtbeobachtbaren Bereich groß u. gestattet die Best. der Pion–Nucleon-Kopplungskonstante. Gebundene Zustände können im Rahmen der Dispersionsbeziehungen behandelt werden. (Nuclear Physics **9.** 347—54. Dez. 1958. Dubna, USSR, Joint Inst. of Nuclear Res., Labor. of Theoret. Physics.) M. WIEDEMANN. 90

S. McKenna, S. Natali, M. O'Connell, J. Tietge und **N. C. Varshneya,** *Eine Untersuchung von 540 τ-Meson-Zerfällen.* 540 τ-Zerfälle in 3 Stapeln trägerfreier Kernemulsionen, die dem K^+-Bündel ausgesetzt waren, wurden bzgl. Winkelverteilung u. Energie der Zerfallspionen analysiert. Für τ ergab sich mit großer Wahrscheinlichkeit Spin 0 u. ungerade Parität. (Nuovo Cimento [10] **10.** 763—74. 1/12. 1958. Dublin, Univ. Coll., Phys. Dep., Inst. for Advanc. Stud.; Padova, Univ., Ist. di Fis.; Göttingen, MPI für Phys.) M. WIEDEMANN. 90

D. Amati und **B. Vitale,** *K–Nucleon-Wechselwirkung niedriger Energie.* Vff. untersuchen, ob die Vergrößerung der (T = 1)-Streuamplitude für Streuung bei niedriger Energie in s-Wellen auf die reine Struktur der gewöhnlich angenommenen HAMILTON-Funktion der K–N-Wechselwrkg. zurückgeführt werden kann. (Nuovo Cimento [10] **5.** 1533—39. 1/6. 1957. Napoli, Univ., Ist. di Fis. Teor.; Ist. Naz. di Fis. Nucl., Sez. di Roma; Catania, Univ., Ist. di Fis., Centro Sicil. di Fis. Nucl.)
HERBERT WEBER. 90

S. Nilsson und **Å. Frisk,** *Wechselwirkungen im Flug bei negativen schweren Mesonen.* 10 m K^--Bahnen im Energieintervall 0—140 MeV u. 31 im Intervall 0—90 MeV wurden in ILFORD G5-Emulsionen verfolgt. 208 Wechselwrkgg. im Flug wurden analysiert. Der Gesamtwirkungsquerschnitt je Kern ergab sich unabhängig von der Energie (15—110 MeV) zu 780 $\pm$ 60 mbarn. Unter Berücksichtigung der Nucleonenschatten ergibt sich eine mittlere freie Weglänge des K^- in Kernmaterie von 0,95 $\cdot 10^{-13}$ cm, was einem Absorptionspotential von 60 MeV u. einem Gesamtquerschnitt je Nucleon von 80 $\pm$ 15 mbarn entspricht. Die obere Grenze für den elast. Querschnitt des freien Neutrons ist 45 u. des Absorptionsquerschnittes 100 mbarn, was der Annahme der Ladungsunabhängigkeit nicht widerspricht. (Ark. Fysik **14.** Nr. 3. 277—92. 1958. Uppsala, Univ., Inst. of Phys.) M. Wiedemann. 90

S. Nilsson und **Å. Frisk,** *Zerfallsmodi und Lebensdauer negativer schwerer Mesonen.* (Vgl. vorst. Ref.) Aus den Verss. (l.c.) wurden aus 21 K^--Zerfällen in der Emulsion Schlüsse auf die Häufigkeit der Zerfallsmodi τ^-, $K_{\pi_2}^-$, $K_{\beta_3}^-$, $K_{\pi_2}^-$, $K_{\mu_3}^-$, K_{π_3} gezogen. $K_{\mu_2}^-$ überwiegt. $\tau'/K_L^- + \tau' = 0{,}15$, $K_{\pi_2}^-/K_{\mu_2}^- = 0{,}43$. Der Anteil der Kernreaktionen unter den Ereignissen mit einem geladenen Sekundärteilchen betrug 20%. Die mittlere Lebensdauer des K^- ergab sich zu 1,50 (+ 0,45, — 0,30) $\cdot 10^{-8}$ sec. Aus einem Zerfall im Flug wurde die M. des τ^- zu 494 $\pm$ 1,2 MeV bestimmt. (Ark. Fysik **14.** Nr. 4. 293—302. 1958.) M. Wiedemann. 90

R. Ammar, J. I. Friedman, R. Levi Setti und **V. L. Telegdi,** *Kernwechselwirkungen von langlebigen neutralen fremdartigen Teilchen.* Ein Emulsionsstapel wurde mit einem Bündel neutraler Teilchen beschossen, die aus einem Be-Target im Bevatron beim Beschuß mit 6,3 GeV-Protonen austraten. Eine vorläufige Durchmusterung erbrachte Beweise für Ladungsaustauschrkk. von neutralen, langlebigen K-Mesonen, aus denen geladene K-Mesonen mit Strangeness + 1 sowie — 1 hervorgingen. Ferner wurden Hyperonen mit Strangeness — 1 erzeugt. Diese Befunde stützen das Gell-Mann-Pais-Modell für ein langlebiges, neutrales K-Meson (Θ_2). (Nuovo Cimento [10] **5.** 1801—07. 1/6. 1957. Chicago, Ill., Univ. of Chicago, Enrico Fermi Inst. of Nucl. Stud.) Herbert Weber. 90

F. Eisler, R. Plano, A. Prodell, N. Samios, M. Schwartz, J. Steinberger, P. Bassi, V. Borelli, G. Puppi, H. Tanaka, P. Waloschek, V. Zoboli, M. Conversi, P. Franzini, I. Mannelli, R. Santangelo und **V. Silvestrini,** *Blasenkammeruntersuchung der Erzeugung instabiler Teilchen durch π^--p-Stöße bei 910, 960, 1200 und 1300 MeV.* In mit H_2 oder Propan gefüllter Blasenkammern von 12 $\cdot$ 8 in., 12 $\cdot$ 6 in. u. 6 $\cdot$ 4 in. im Magnetfeld von 13,4 kGauß wurden die integralen u. differentiellen Wirkungsquerschnitte der Rkk. $\pi^- + p \rightarrow \Lambda^0 + \Theta^0$, $\rightarrow \Sigma^0 + \Theta^0$, $\rightarrow \Sigma^- + K^+$ untersucht, die von $\Lambda^0 \rightarrow \pi^- + p$ oder $\pi^0 + n$, $\Theta^0 \rightarrow \pi^- + \pi^+$ oder $2\,\pi^0$, $\Sigma^0 \rightarrow \Lambda^0 + \gamma$ u. $\Sigma^- \rightarrow \pi^- + n$ gefolgt sind. Die Pionen wurden durch Beschuß von Be mit Protonen erzeugt. Die totalen Wirkungsquerschnitte betrugen für die 1. Rk. bei Energien von 910, 960, 1200 u. 1300 MeV 0,59, 0,82, 0,29 bzw. 0,32 mbarn u. für die 2. u. 3. Rk. bei den 3 letzten Energien 0,25, 0,12 u. 0,24 bzw. 0,25, 0,13 u. 0,23 mbarn. (Nuovo Cimento [10] **10.** 468—89. 1/11. 1958.) M. Wiedemann. 90

Frank S. Crawford jr., Marcello Cresti, Myron L. Good, Frank T. Solmitz und **M. Lynn Stevenson,** *Suche nach Nichterhaltung der Parität bei assoziierten Erzeugungsprozessen.* Vff. analysieren im einzelnen 236 Ereignisse der Reaktionsfolgen $\pi^- + p \rightarrow \Lambda + K^0$, $\Lambda \rightarrow p + \pi^-$, die durch 1,12 GeV/c-Pionen beim Einfall auf eine mit fl. H_2 gefüllte Blasenkammer hervorgerufen werden. Die Ergebnisse sind mit der Null-Zerfallsasymmetrie in der Erzeugungsebene in Einklang. Die Daten genügen somit der Hypothese, daß die Parität bei assoziierter Erzeugung erhalten bleibt. Falls zur Festsetzung einer oberen Grenze angenommen wird, daß die Parität bei der Erzeugung nicht erhalten bleibt, wird gefunden, daß die fraktionelle Intensität des Beitrags der Paritätsnichterhaltung 0,07 $\pm$ 0,08 ist. Die Größe der Λ-Zerfallsasymmetrie in der Erzeugungsebene sowie die über Hyperon- u. Erzeugungswinkel gemittelten Polarisationskomponenten werden graph. bzw. tabellar. wiedergegeben. (Physic. Rev. Letters **1.** 209—12. 15/9. 1958. Berkeley, Calif., Univ. of California, Radiat. Labor.) Gerhard Schmidt. 90

D. J. Prowse und **Baldo Ceolin,** *Zerfall eines Antihyperons $\bar{\Lambda}^0$ in Kernemulsionen.* 150 Platten von 8 $\cdot$ 7 in. $\cdot$ 0,6 mm wurden dem 4,6 GeV-π^--Bündel von 10^6/cm^2 Intensität ausgesetzt. Die Energie lag über der Schwelle der Erzeugung eines $\bar{\Lambda}^0$ aus einem freien Nucleon. Unter 392 π^+ wurde eines beobachtet, das vom Zerfall eines Antihyperons im Flug nach $\bar{\Lambda}^0 \rightarrow \pi^+ + \bar{p}$ herrühren könnte. Die Zerfallsenergie ergibt sich zu 35 MeV gegenüber dem Literaturwert von 37,45 MeV. (Nuovo Cimento [10] **10.** 635—45. 16/11. 1958. Padova, Univ., Ist. di Fis., Ist. Naz. di Fis. Nucl.) M. Wiedemann. 90

R. G. Glasser und **G. A. Snow,** *Tabellen der Kinematik der Prozesse $K^- + p \rightarrow \Sigma^\pm + \pi^\mp$ und $K + p \rightarrow K + p$.* Die Indentifizierung u. Analyse von K-p-Ereignissen, bes. in Kernemulsionen, werden durch Tabellen der Kinematik der möglichen Rkk. erleichtert. Die angeführten Tabellen enthalten die Kinematik der Rkk. $K^- + p \rightarrow \Sigma^+ + \pi^-$, $K^- + p \rightarrow \Sigma^- + \pi^+$ u. $K^\mp + p \rightarrow K^\mp + p$. Jede Seite der Tabellen entspricht einem besonderen Wert der kinet. Energie des einfallenden K-Mesons. Angeführt werden die Winkel zwischen der Richtung des sek. π-Mesons u. der Richtung des einfallenden K^- im Schwerpunktssyst. der stoßenden Teilchen sowie die Winkel im Labor.-Syst. zwischen der Richtung des einfallenden K-Mesons u. den Richtungen des ausgesandten Σ-Hyperons bzw. π-Mesons. Sämtliche Energien werden in Einheiten von 1/10 eines MeV, sämtliche Winkel in 1/10°-Einheiten ausgedrückt. Die für $\pi^\pm$, p, $K^\pm$, Σ^+ u. Σ^- zugrundegelegten Massen betragen 139,63, 938,21, 494, 1189,7 bzw. 1197,6 MeV. (Suppl. del Nuovo Cimento Nr. 1 (zu [10] **8**). 1—122. 1958. Washington, D. C., U. S. Naval Res. Labor., Nucleon. Div.) GERHARD SCHMIDT. 90

B. d'Espagnat und **J. Prentki,** *Globale und beschränkte Symmetrietests bei der Antihyperonenerzeugung.* Die Begriffe der globalen u. der beschränkten Symmetrie werden definiert u. ihre Folgerungen auf die Paarerzeugung von Hyperonen aufgezeigt. (Nuclear Physics **9.** 326—28. Dez. 1958. Geneva, CERN.) M. WIEDEMANN. 90

K. Nakagawa und **H. Umezawa,** *Die Auswahlregeln bei Hyperon-Zerfällen.* (Vgl. C. **1959.** 9455.) In Ergänzung zu l. c. ermitteln Vff. für die Zerfälle $\Sigma^+ \rightarrow p + \pi^0$ u. $\Sigma^+ \rightarrow n + \pi^+$ das Verzweigungsverhältnis, das Verhältnis der Halbwertszeiten u. die Anisotropiekoeffizienten. Dabei werden u. a. $|\Delta I| = 1/2$ u. T-Invarianz angenommen. (Nuovo Cimento [10] **10.** 911—12. 1/12. 1958. Tokyo, Univ., Dep. of Phys.)
M. WIEDEMANN. 90

P. L. Jain, *Mesonischer Zerfall eines Helium-Hyperfragments.* In auf 6° N exponierten trägerfreien Emulsionen wurde der Zerfall eines Hyperfragments nach ${}^4_\Lambda He \rightarrow {}^3He + p + \pi^- + Q$ mit Q = 35,8 ± 0,34 MeV beobachtet. Die Bindungsenergie des Λ^0 ergab sich zu 1,1 ± 0,2 MeV. (Nuovo Cimento [10] **10.** 557—59. 1/11. 1958. Buffalo, N. Y., Univ., Phys. Dep.) M. WIEDEMANN. 90

C. Grote, *Zerfall von Hyperfragmenten in Kernemulsionen.* Unter 170 Doppelsternen wurden 7 Zerfälle von Hyperonen gefunden, 4 davon in Platten, die der Höhenstrahlung, u. 3 in solchen, die dem K^--Bündel ausgesetzt waren. Die Identifizierungen sowie die Bindungsenergien der Λ sind: ${}^{4,5,7}_{\Lambda}He \rightarrow {}^1H + {}^{3,4,6}He + \pi^-$; ${}^5_\Lambda He \rightarrow {}^4He + {}^1H + \pi^-$ (3,8 ± 0,8 MeV); ${}^5_\Lambda He \rightarrow {}^4He + {}^1H + \pi^-$ (1,8 ± 0,6 MeV); ${}^4_\Lambda H \rightarrow {}^3H + {}^1H + \pi^-$ (1,0 ± 0,7 MeV); ${}^7_\Lambda Li \rightarrow {}^1H + {}^3H + {}^2H + n$ (3,7 ± 5,2 MeV); ${}^7_\Lambda Li \rightarrow {}^1H + {}^3H + {}^2H + n$ (5,1 ± 1,6 MeV); ${}^{2,3,4}_{\Lambda}H \rightarrow {}^1H + {}^{1,2,3}H + \pi^-$ (—1,1 ± 0,8 MeV). (Nuovo Cimento [10] **10.** 652—58. 16/11. 1958. Zeuthen bei Berlin, Deutsche Akad. der Wiss. zu Berlin, Kernphysik. Inst.) M. WIEDEMANN. 90

W. Opechowski, *Symmetrie und Wechselwirkung zwischen Elementarteilchen.* Geschichtlicher Rückblick über die verschied. theoret. Hypothesen seit 1900. 21 Literaturhinweise. (Trans. Roy. Soc. Canada, Sect. III **51.** 15—30. Juni 1957.)
GERHARD SCHMIDT. 90

W. E. Frahn und **R. H. Lemmer,** *Geschwindigkeitsabhängige Kernwechselwirkung.* Die aus dem Vielkörperproblem des Kerns abgeleitete Einteilchen-Wellengleichung zur Beschreibung der Bewegung von Nucleonen in Kernen ist von einer nichtlokalen Form im Koordinatenraum. Vff. zeigen, daß sich diese Gleichung bei Approximation der effektiven Masse zu einer geschwindigkeitsabhängigen SCHRÖDINGER-Gleichung red., die eine räumlich veriable effektive Nucleonenmasse in einem symmetrisierten Operator der kinet. Energie enthält. (Nuovo Cimento [10] **5.** 1564—72. 1/6. 1957. Pretoria, C.S.I.R., Nat. Physic. Res. Labor., Nucl. Phys. Div.)
HERBERT WEBER. 90

C. Fronsdal, *Über die Theorie der Felder mit höherem Spin.* Die FIERZ-PAULI-Theorie der Felder mit höherem Spin wird neu formuliert u. ein Spinprojektionsoperator eingeführt. Die Theorie für elektromagnet. Wechselwrkgg. von Teilchen mit beliebigem Spin wird analysiert. Polarisationsoperatoren werden eingeführt, die Winkelverteilung der Zerfallsprodd. von Hyperonen wird erörtert. (Suppl. del Nuovo Cimento Nr. 2 (zu [10] **9**). 416—43. 1958. Los Angeles, Calif., Univ. of California.) M. WIEDEMANN. 90

Bronisław Średniawa, *Über eine Modifizierung des Formalismus der Lorentz-Invarianz in der Fusionstheorie.* Darst. der Modifizierung für den Fall zweier Fermionen vom Spin 1/2. Diese Fermionen sollen nicht DIRAC-Teilchen sein, sie können jedoch MAJORANA-Teilchen sein. (Acta physica polon. **16.** 399—405. 1957. Cracovie, Univ. Jagellonienne, Inst. de la Phys. Théor.) GERHARD SCHMIDT. 90

Bronisław Średniawa, *Theorie der Fusion zweier Majorana-Teilchen.* (Vgl. vorst. Ref.) Theoret. Anwendung der Fusionstheorie bei LORENTZ-Invarianz auf MAJORANA-Teilchen u. Ableitung eines Ausdruckes der halbklass. Strahlungstheorie für die Energie der Wechselwrkg. zwischen diesen Teilchen u. den Elektronen. (Acta physica polon. **16.** 407—14. 1957.) GERHARD SCHMIDT. 90

R. A. Donald und **G. R. Evans,** *Beispiele der direkten Emission von β-Strahlen nach Einfang eines μ-Mesons durch einen Ar-Kern.* In einer mit Ar von 75 at gefüllten WILSON-Kammer wurden 3 Beispiele von abgebremsten μ-Mesonen mit anschließender Emission von β-Strahlen von 2,6, 3,9 u. 2,9 MeV beobachtet. Es dürfte sich dabei um einen μ-Einfang mit Bldg. eines bisher unbekannten isomeren Zustandes von ^{40}Cl handeln. (Suppl. del Nuovo Cimento Nr. 2 (zu [10] **9**). 385—89. 1958. Edinburgh, Univ., Dep. of Natural Philos.) M. WIEDEMANN. 90

D. Fivel und **T. Fulton,** *Die Polarisation von „Knock-on"-Elektronen aus der Streuung an polarisierten μ-Mesonen.* Die Polarisation energiereicher Elektronen, die beim Stoß polarisierter μ-Mesonen mit unpolarisierten Elektronen gebildet werden, wird untersucht. Die Möglichkeit, ein Bündel polarisierter μ beim Zerfall energiereicher Pionen im Flug abzutrennen, wird erörtert. (Nuovo Cimento [10] **10.** 682—87. 16/11. 1958. Baltimore, Md., Johns Hopkins Univ.) M. WIEDEMANN. 90

T. Tietz, *Die Streuung von Elektronen an freien neutralen Atomen im Thomas-Fermi-Modell.* (Vgl. C. **1958.** 26.) Unter Verwendung der Näherungslsg. der THOMAS-FERMI-Gleichung für freie neutrale Atome wird eine analyt. Formel für die Intensität der an einer Gruppe freier Atome elast. u. unelast. gestreuten Elektronen abgeleitet. Ein Vgl. mit numer. Daten zeigt die gute Genauigkeit der Formel. (Acta physica Acad. Sci. hung. **9.** 163—68. 1958. Łódz, Univ., Dep. of Theoret. Phys.) D. JÖRCHEL. 90

S. Kahana und **J. C. Polkinghorne,** *Eine Methode zur Berechnung des anomalen magnetischen Momentes des Elektrons.* Zur Berechnung des anomalen magnet. Momentes des Elektrons werden (bzgl. Nullenergiephotonen) nichtgekreuzte COMPTON-Streudiagramme benutzt. Die Meth. wird an der Berechnung des SCHWINGER-Terms demonstriert. (Nuovo Cimento [10] **5.** 1528—32. 1/6. 1957. Edinburgh, Univ., Tait Inst. of Mathemat. Phys.) HERBERT WEBER. 90

L. K. Pandit, *Relativistische Elektron–Neutron-Streuung nach der Mesonentheorie.* (Vgl. C. **1959.** 2344.) Die Elektron–Neutron-Streuung wird analog der Elektron–Proton-Streuung behandelt. Die Ergebnisse werden mit experimentellen (Differenz der Elektron–Deuteron- u. Elektron–Proton-Wirkungsquerschnitte) verglichen. (Nuovo Cimento [10] **10.** 534—37. 1/11. 1958. Zürich, Sem. für Theor. Phys.) M. WIEDEMANN. 90

Takashi Ohmura, Yasuo Hara und **Takahiko Yamanouchi,** *Elektron–Wasserstoff-Streuung niedriger Energie.* Vff. entwickeln die Theorie der effektiven Reichweite für e–H-Streuung u. berechnen Streulänge u. effektive Reichweite für Singulett- u. Triplettzustand. (Progr. theoret. Physics [Kyoto] **20.** 82—88. Juli 1958. Tokyo, Univ. of Tokyo, Dep. of Phys.) D. GEISSLER. 90

A. T. Stewart, *Impulsverteilung von Metallelektronen durch Positronenvernichtung.* Die Winkelverteilung von Photonen aus dem Zweiphotonenzerfall von Positronen (^{64}Cu-Quelle) wurde für Positronenvernichtung in 34 Elementen, meist Metallen, gemessen. Diese Daten liefern die Impulsverteilung der Photonen u. damit der Schwerpunkte der sich vernichtenden Elektron–Positron-Paare. Die Impulsverteilungen werden bzgl. der Geschwindigkeitsabhängigkeit der Vernichtungswahrscheinlichkeit diskutiert. Es wird gefolgert, daß die beobachteten Impulsverteilungen hauptsächlich die Impulsverteilungen der Leitfähigkeitselektronen in den Metallen darstellen. Eine Komponente höheren Impulses wird beobachtet, die Ionencoreeffekten zugeordnet wird. (Canad. J. Physics **35.** 168—83. Febr. 1957. Chalk River, AE of Canada Ltd., Phys. Div.) HERBERT WEBER. 90

K. Nagy und **J. Zimányi,** *Winkelkorrelation zwischen beim Elektroneneinfang freigesetztem Neutrino und γ-Quant.* Die Winkelkorrelation zwischen Neutrino u. γ-Quant beim Elektroneneinfang wird nicht nur für erlaubten sondern auch für beliebig verbotene K-Einfänge u. für gemischte γ-Übergänge ermittelt. (Nuclear Physics **9.** 329—33. Dez. 1958. Budapest, Roland Eötvös Univ.; Inst. for Theor. Phys., Central Res. Inst. for Phys.) M. WIEDEMANN. 90

W. Kofink, *Untersuchungen der Methode der sphärischen Harmonischen in der Neutronentransporttheorie.* Die Beziehung zwischen der GAUSS-Quadratur (CHANDRASEKHAR-WICK-Verf.) u. der Meth. der sphär. Harmonischen zur Behandlung der monoenerget. Transportgleichung wird diskutiert. Als Beispiel wird das MILNE-Problem mit p-Wellenstreuung herangezogen. (Suppl. del Nuovo Cimento Nr. 2 (zu [10] **9**). 497—541. 1958. Karlsruhe, TH.) M. WIEDEMANN. 90

Hiroyuki Matsunobu und **Shiro Yoshida,** *Einteilchen-Übergang bei der unelastischen Streuung von Neutronen an deformierten Kernen.* Der Wirkungsquerschnitt für die Anregung eines Zustandes mit einer vom Grundzustand des deformierten Kerns verschied. inneren Konfiguration wird bei direkter Wechselwrkg. vom Typ einer δ-Funktion störungstheoret. berechnet. (Progr. theoret. Physics [Kyoto] **19.** 599—606.

Juni 1958. Setagaya, Tokyo, Metropol. Univ., Dep. of Phys.; Kitatama-gun, Tanashimachi; Tokyo, Univ. of Tokyo, Inst. for Nucl. Stud. [Orig.: engl.]) D. Geissler. 90

M. T. Burgy, V. E. Krohn, T. B. Novey, G. R. Ringo und **V. L. Telegdi,** *Prüfung der Zeitumkehrinvarianz der β-Wechselwirkung beim Zerfall freier polarisierter Neutronen.* (Vgl. C. **1959.** 365.) Es wurden Messungen der Korrelation zwischen Elektronenimpuls, Antineutrino-Impuls u. Spin des Neutrons beim β-Zerfall freier polarisierter Neutronen durchgeführt, um die Hypothese der Invarianz gegen Zeitumkehr zu prüfen. (Phys. Rev. Letters **1.** 324—26. 1/11. 1958. Lemont, Ill., Argonne Nat. Labor.; Chicago, Ill., Univ.) M. Wiedemann. 90

S. P. Misra, *Polarisation eines Dirac-Teilchens und Proton–Neutron-Streuung.* Vf. berechnet die Polarisation bei der Neutron–Proton-Streuung nach der pseudoskalaren Mesonentheorie mit Hilfe der S-Matrix bis zur 4. Ordnung u. findet entgegen dem Experiment keine Polarisation bei nichtpolarisiertem einfallenden Neutronenbündel. (Indian J. Physics Proc. Indian Assoc. Cultivat. Sci. **32 (41).** 355—64. Aug. 1958. Cuttack, Ravenshaw Coll., Math. Dep.) D. Geissler. 90

Keiichi Nishimura, *Unelastische Streuung von 96 MeV-Protonen.* Analyse der Winkelverteilung von 96 MeV-Protonen, die bei Streuung an ^{12}C den 4,3 MeV-Zustand anregen, mit Hilfe des kollektiven Modells. (Nuclear Physics **7.** 425—28. Juli (2) 1958. New Brunswick, N. J., Rutgers Univ.) D. Geissler. 90

Shoichiro Otsuki, *Proton–Proton-Streuung und Pionentheorie der Kernkräfte.* Vf. analysiert die Proton–Proton-Streuung bei 90 MeV mit Hilfe des mesonentheoret. Potentials, das die Versuchsergebnisse bei Energien < 20 MeV richtig wiedergibt. (Progr. theoret. Physics [Kyoto] **20.** 171—80. Aug. 1958. Nagoya, Nagoya Univ., Inst. for Theor. Phys. [Orig.: engl.]) D. Geissler. 90

V. B. Beresteckij, *Kernpolarisation beim Strahlungs-K-Einfang.* Für die Polarisation des Kerns bei der Rk. $e + p \rightarrow n + \nu + \gamma$ wird ein Ausdruck abgeleitet. (Nuovo Cimento [10] **10.** 385—87. 16/10. 1958. Moskau, Akad. der Wiss. der UdSSR.) M. Wiedemann. 95

T. Tietz, *Eine analytische Formel für die Theorie der Bildung der Elektronengruppen im Periodischen System der Elemente.* Indem Vf. die Thomas-Fermi-Funktion $\varphi(x)$, die im Fermischen Ausdruck für die Gesamtzahl N_k der Elektronen eines Atoms mit der Ordnungszahl Z für die Quantenzustände s, p, d u. f (Z. Physik **48.** [1928.] 73) auftritt, durch die Näherung $\varphi(x) = 1/(1 + ax)^2$ (mit $a = (\pi/8)^{2/3}$) ersetzt, erhält er eine analyt. Formel, die die Z-Werte, bei denen mit dem Einbau der s-, p-, d- u. f-Elektronengruppen begonnen wird, gut wiedergibt. (Acta physica Acad. Sci. hung. **9.** 73—77. 1958. Łódz, Univ., Inst. für Theoret. Phys.) D. Jörchel. 95

N. N. Kolessnikow und **A. P. Krylowa,** *Kern-Unterschalen und Deformationen im Gebiete oberhalb Blei.* (Vgl. C. **1957.** 10110.) Auf Grund von Berechnungen der Anlagerungsenergien E_n von Neutronen an schwere Kerne wird für Neutronenzahlen von $N = 127$—155 ein Diagramm der Abhängigkeit der „reduzierten" E_n von N gegeben. Der Vgl. zeigt, daß bei $Z = 86$ u. $N = 130$ ein starker Anstieg der Kerndeformationen eintritt. Die Abnahme des Verbotsfaktors des α-Zerfalls bei $Z > 86$ u. $N > 130$ ist durch Abnahme der Potentialschwelle in Richtung einer Dehnung des Kerns bedingt. Die Wahrscheinlichkeit einer spontanen Teilung nimmt bei $N > 152$ stark zu, die vollständigen Einfangquerschnitte langsamer Neutronen nehmen bei $N > 152$ stark, bei $N > 144$ etwas schwächer zu. Wenn einer der Kerne, zwischen deren Grundzuständen β-Zerfall erfolgt, $N = 145$ oder $N = 137$ oder $Z = 95$ hat, ist $\log f_\tau$ größer als bei anderen benachbarten Kernen. Der Effekt der Kerndeformation beträgt ca. 0,7 MeV für Neutronen u. Protonen, die Effekte aller Unterschalen betragen nur ca. 0,2 MeV außer bei $N = 152$ (0,4 MeV). (Журнал Экспериментальной и Теоретической Физики [J. exp. theoret. Physik] **33.** 274—77. Juli 1957. Moskau, Univ.) R. K. Müller. 95

P. Mason, F. C. Flack und **G. Parry,** *Der Spin von ^{103}Ru durch Deuteron-Stripping.* Vff. berichten über Unterss. des Spins bei ^{103}Ru sowie über die Parität einiger Zustände. Es ergaben für den Grundzustand $5/2^+$ u. den 538 keV-Zustand $7/2^+$. Der erlaubte β-Übergang zwischen diesen Zuständen hat $\Delta I = 1$. Der ursprünglich angenommene Spin 9/2 für den 650 keV-Zustand konnte als Alternativzustand mit $7/2^+$ oder $5/2^+$ aufgeklärt werden. (Proc. physic. Soc. **73.** 138—41. 1/1. 1959. Exeter, Univ., Washington Singer Labor.; Liverpool, Univ., Nucl. Phys. Res. Labor.) G. Kurdal. 95

J. Sawicki und **Z. Szymanski,** *Nucleon-Oberflächenwechselwirkung und die (p, n)-Reaktionen.* Theoret. Unters. unter der Annahme, daß das Neutron, welches ursprünglich am losesten gebunden ist (an ein Core mit Spin 0) u. sich in einem Zustand mit Gesamtdrehimpuls j_i, Bahndrehimpuls l_i u. z-Komponente m_i befindet, durch das einfallende Proton von der Oberfläche abgestoßen wird, wobei das Proton in einen Zustand mit j_f, l_f u. m_f eingefangen wird. (Nuovo Cimento [10] **5.** 1777—81. 1/6. 1957. Warsaw, Pol. Acad. of Sci., Inst. of Phys.) HERBERT WEBER. 103

L. Marquez, *Winkelkorrelationen bei energiereicher Spaltung.* Die Existenz einer Winkelkorrelation zwischen dem einfallenden Nucleonenbündel u. den Spaltfragmenten bei der energiereichen Spaltung von schweren Elementen führt zu dem Schluß, daß die Anzahl der vor der Spaltung verdampften Neutronen wahrscheinlich = 0 oder sehr klein ist. (Nuovo Cimento [10] **5.** 1646—50. 1/6. 1957. Rio de Janeiro, Centro Brasil. de Pesqu. Fis.) HERBERT WEBER. 103

I. W. Hay und **T. D. Newton,** *Geschätzte Massen von Spaltfragmenten.* Der Massenüberschuß M–A von Atomen im Spaltfragmentbereich wurde durch Extrapolation von Q-Werten des β-Zerfalls unter Benutzung der von WAY u. WOOD (1954) gefundenen Regularitäten empir. abgeschätzt. Die resultierenden Schätzungen der Energiefreisetzung bei Spaltung können die wahrscheinlichste Ladung u. angenähert den Bereich der Ladung für ein gegebenes Massenverhältnis der prim. Spaltfragmente anzeigen. (Canad. J. Physics **35.** 195—207. Febr. 1957. Chalk River, Ont., AE of Canada Ltd., Theor. Phys. Branch.) HERBERT WEBER. 103

L. Keszthelyi und **J. Zimányi,** *Polarisation der β^--Teilchen beim ^8Li-Zerfall.* ^{8}Li (0,85 Sek. Halbwertszeit, 12 MeV β-Energie) wurde nach ^{7}Li(d, p) mit 650 keV-Deuteronen gewonnen. In Pb wurde Bremsstrahlung der β^- erzeugt u. deren Zirkularpolarisation gemessen. Hierzu wurde ein CsJ(Tl)-Kristall benutzt. Die Polarisation betrug $P_\gamma = 86 \pm 20\%$, linkshändig; die β^--Teilchen sind demnach im rückwärtigen Sinn polarisiert, P_e ist von der Größenordnung v/c. (Nuovo Cimento [10] **10.** 909—10. 1/12. 1958. Budapest, Dep. of Atom. Phys., Central Res. Inst. for Phys.)
M. WIEDEMANN. 103

R. Jacques, *Einfluß des physikalischen Zustandes auf die radioaktive Halbwertszeit von ^7Be.* (Vgl. C. **1959.** 13061.) Zur Berechnung der Veränderung der Halbwertszeit von ^{7}Be zwischen gasförmigem u. festem Zustand wird die Elektronen-Wellenfunktion des metall. Be nach 3 Methoden bestimmt. Nach der genauesten Meth. ergibt sich eine Änderung um 4%. (J. Physique Radium **16.** 549—55. Juli 1955. Inst. de Mécan. Ondul. Appl. à la Chim. et à la Radioactivité.) W. MENZ. 103

D. H. Wilkinson, *Isotopenspin-Auswahlregeln.* 7. Mitt. *Versagen der Regeln und die Situation bei ^{16}O.* (6. vgl. C. **1958.** 3213; 8. vgl. C. **1958.** 7648.) Vf. diskutiert die Faktoren, die das Versagen der Isotopenspinauswahlregeln bestimmen. Zwischen den beiden Energiebereichen (niedrige u. hohe Anregung einzelner Niveaus) wird Versagen dieser Regeln erwartet. Unterss. an ^{16}O bzgl. der effektiven Isotopenspinreinheit von 10 Energieniveaus zwischen 6 u. 30 MeV Anregung lassen erkennen, daß die Isotopenspineigenschaften von ^{16}O über einen weiten Energiebereich wesentliche Änderungen mit der Anregung zeigen, sie stimmen jedoch mit der theoret. Erwartung überein, die sich auf die COULOMB-Störung einer ladungsunabhängigen (symm.) HAMILTON-Funktion gründet. (Philos. Mag. [8] **1.** 379—92. Mai 1956. Cambridge, Cavendish Labor.)
GERHARD SCHMIDT. 103

R. Sher und **J. J. Floyd,** *Durch Tritonen induzierte Reaktionen.* Durch Beschuß von Li mit langsamen Neutronen entstehen durch die Rk. ^{6}Li(n, α)^{3}H Tritonen von 2,8 MeV, mit denen die Rkk. ^{18}O(t, α)^{17}N, ^{18}O(t, n)^{20}F u. ^{15}N(t, p)^{17}N beobachtet wurden. Für die Unters. der Rk. ^{18}O(t, α)^{17}N wurde Li_2CO_3 beschossen. Die Sättigungsaktivität an ^{17}N ergab sich zu $0,8 \pm 0,3$ μc/g Li_2CO_3. Für die Rk. ^{18}O(t, n)^{20}F wurde Li_2CO_3 mit kleinen Mengen LiF versetzt. Die Ausbeute dieser Rk. wurde zu 23 ± 4 μc/g Li_2CO_3 bestimmt. Li_3N wurde für die Rk. ^{15}N(t, p)^{17}N eingesetzt, für die eine ähnliche Ausbeute wie für die Rk. ^{18}O(t, α)^{17}N gefunden wurde. Die Versuchsanordnung zur Best. des Querschnittes der Rk. ^{16}O(t, n)^{18}F bei 2,7 MeV wird beschrieben, der sich zu $0,5 \pm 0,2$ barn ergab. (Physic. Rev. [2] **102.** 242. 1/4. 1956. Upton, N. Y., Brookhaven Nat. Labor.)
L. WIESNER. 103

R. L. Clarke und **E. B. Paul,** *Die Winkelverteilung und Ausbeute der Reaktion $^{19}F(p, \alpha_0)^{16}O$.* Die Ausbeute der Grundzustands-α-Teilchen aus der Rk. ^{19}F(p, α_0)^{16}O wurde für Protonenenergien von 1,3 bis 2,7 MeV untersucht. Die beobachtete Winkelverteilung wurde in Termen einer LEGENDRE-Polinomentw. durch die Meth. der kleinsten Quadrate analysiert. Im untersuchten Energiebereich wurden 6 Resonanzen bei Beschußenergien von 1,358, 1,709, 1,853, 2,11, 2,31 u. 2,58 MeV gefunden. Die Breiten u. Spitzenquerschnitte dieser Resonanzen liegen zwischen 54 u. 300 keV bzw. zwischen 10 u. 77 mbarn. Ihre Spins, Paritäten, Kanalspinmischungen u. partiellen Breiten werden diskutiert. (Canad. J. Physics **35.** 155—67. Febr. 1957. Chalk River, Ont., Chalk River Labor., AE of Canada Ltd., Phys. Div.) HERBERT WEBER. 103

Milorad Mladjenović, *Die Breite von Konversionslinien.* Vf. bestimmt die Breite der Hauptlinien des Konversionsspektr. von RaB. Die Faktoren, die dazu führen können, daß die Breite der Konversionslinien von der durch Röntgenstrahlanalyse ermittelten Breite abweichen, werden ermittelt. (J. Physique Radium **16.** 545—48. Juli 1955. Belgrad, Inst. de rech. nucl.) W. Menz. 103

Jun-Ichi Fujita, Masami Yamada, Zyun-Itiro Matumoto und **Seitaro Nakamura,** *Nichterhaltung der Parität und das β-Spektrum von RaE.* Es wird versucht, daß β-Spektr. von RaE zu deuten u. zwar einmal unter der Annahme, daß die Gamow-Teller-Komponente der Wechselwrkg. vom Tensor-Typ, zum anderen, daß sie vom axialen Vektor-Typ ist. Die Folgerungen, bes. für die Fermi-Komponente, werden gezogen. (Progr. theoret. Physics [Kyoto] **20.** 287—307. Sept. 1958. Tokyo, Nihon Univ., Fac. of Engng., Dep. of Phys.; Washington, D. C., Nat. Res. Council, Nucl. Data Group; Tokyo, Univ., Dep. of Phys. [Orig.: engl.]) M. Wiedemann. 103

Jun-Ichi Fujita, Zyun-Itiro Matumoto, Eiichi Kuroboshi und **Hironari Miyazawa,** *Mesonenkorrektur am β-Zerfall in einem Kern.* (Vgl. vorst. Ref.) Bei der Unters. der Mesonenkorrektur ergibt sich, daß die Gamow-Teller-Kopplungskonstante um ca. 8% geringer werden sollte, wenn der Austausch von Pionen unter den Nucleonen berücksichtigt wird. Der *l*-verbotene Fall wird ebenfalls behandelt. (Progr. theoret. Physics [Kyoto] **20.** 308—14. Sept. 1958. [Orig.: engl.]) M. Wiedemann. 103

F. E. Senftle, *Halbwertszeit von ^{232}Th und das Verzweigungsverhältnis von ^{212}Bi.* Vier Proben von Thoriumnitrat, die älter als 35 Jahre waren, konnten zur Messung der Halbwertszeit von ^{232}Th verwendet werden. Es ergab sich eine Halbwertszeit von $1{,}42 \cdot 10^{10}$ Jahren u. eine Zerfallskonstante von $1{,}54 \cdot 10^{-18}$ Sekunden. (Nat. Acad. Sci. — Nat. Res. Council, Publ. Nr. **400.** 187—94. 31/7. 1956. Washington, D. C., US Geol. Survey.) J.-E. Hiller. 103

J. L. Perkin, L. P. O'Connor und **R. F. Coleman,** *Strahlungseinfangquerschnitte für 14,5 MeV-Neutronen.* Vff. bestimmen den Einfangquerschnitt von 30 Kernen zwischen ^{23}Na u. ^{238}U für 14,5 MeV-Neutronen, die durch Beschuß von ^{3}H mit Deuteronen erzeugt werden, durch Messung der Aktivität der bestrahlten Proben mittels Geiger-Zählern, geben Korrekturen für Neutronen mit niedrigen Energien an u. vergleichen die Ergebnisse mit der Theorie. (Proc. physic. Soc. **72.** 505—13. 1/10. 1958. Aldermaston, Atom. Weapons Res. Establ.) D. Geissler. 103

S. Bernstein, W. K. Ergen, F. L. Talbott, J. K. Leslie und **C. P. Stanford,** *Photoneutronenausbeute aus ^{235}U-Spaltprodukten in Beryllium und Deuterium.* Die Ausbeute an Photoneutronen durch die harte γ-Strahlung einer Probe von ^{235}U-Spaltprodd. im Zentrum einer Be-Kugel von 9 in. Durchmesser wurde als Funktion der Bestrahlungszeit im Reaktor u. der Zeit nach dem Ende der Bestrahlung bestimmt. Die Be-Kugel befand sich in einer 1/8 in. starken Al-Hülle, die in einen großen Öltank eingetaucht war. Die Zahl der emittierten Neutronen wurde durch Messung der Neutronenverteilung im Öl mit Spaltkammern bestimmt. Die ^{235}U-Proben wurden für 15 Min., 5, 6 u. 74 Std. im Reaktor beschossen. Daran anschließend wurde bis zu 4 Wochen die Photoneutronenausbeute gemessen, die im Verhältnis zur Zahl der um 22 Sek. verzögerten Neutronen in Diagrammen aufgetragen ist. Für Zeiten $>$ 10 Std. nach dem Beschuß wird eine Analyse der experimentellen Kurven durch Überlagerung der Zerfallskurven der γ-Strahlen ausreichender Energie aussendenden Spaltprodd. durchgeführt. (J. appl. Physics **27.** 18—22. Jan. 1956. Oak Ridge, Tenn., ORNL.) L. Wiesner. 103

S. Bernstein, J. K. Leslie, C. R. McKinney und **H. K. Jackson,** *Photoneutronen aus ^{233}U- und ^{239}Pu-Spaltprodukten in Schwerem Wasser.* (Vgl. vorst. Ref.) Die Photoneutronenausbeute durch die harte γ-Strahlung der Spaltprodd. von ^{233}U, ^{235}U u. ^{239}Pu wurde in der l. c. wiedergegebenen Anordnung gemessen, in der lediglich das Be durch D_2O ersetzt wurde. Die Photoneutronenausbeute wurde nach 30 Sek. Beschuß im Reaktor von 0,25 Sek. bis 3 Min. nach dem Beschuß verfolgt. Trotz der verschied. Zahl der verzögerten Neutronen/Spaltung bei den spaltbaren Isotopen ergab sich innerhalb der Fehlergrenze stets dasselbe Verhältnis von Photoneutronen zu verzögerten Neutronen. Zur Bestätigung dieses Ergebnisses wurde das Verhältnis R der Zahl der harten γ-Strahlen, die Photoneutronen erzeugen können, zur Zahl der verzögerten Neutronen für ^{235}U u. ^{239}Pu bestimmt. Es ergab sich R(^{239}Pu)/R(^{235}U) zu $1{,}2 \pm 0{,}12$. (J. appl. Physics **27.** 23—24. Jan. 1956.) L. Wiesner. 103

J. P. Butler, M. Lounsbury und **J. S. Merritt,** *Die Neutroneneinfangquerschnitte von ^{238}Pu, ^{242}Pu und ^{243}Am im thermischen und Epicadmium-Bereich.* (Vgl. C. **1957.** 8413.) Therm. Neutroneneinfangquerschnitte von 403 ± 8 barn für ^{238}Pu, $18{,}6 \pm 0{,}8$ barn für ^{242}Pu u. $73{,}6 \pm 1{,}8$ barn für ^{243}Am wurden nach der Aktivierungsmeth. unter Zugrundelegung von 36,4 barn für den therm. Neutronenquerschnitt von ^{59}Co gemessen. Proben von Pu (90% ^{242}Pu, 10% ^{238}Pu) wurden 1—5 Monate im NRX-

Reaktor beschossen. Das Anwachsen von ^{239}Pu, ^{243}Am (Tochter des 5 Std.-^{243}Pu) u. ^{244}*Cm* (Tochter des 25 Min.-^{244}Am) wurde durch Massenanalyse sowie durch Analyse des α-Spektr. u. totale α-Zählung bestimmt. Resonanzeinfangintegrale (von 0,5 eV bis ∞) von 3260 ± 280 barn für ^{238}Pu, 1275 ± 30 barn für ^{242}Pu u. 2290 ± 50 barn für ^{243}Am wurden unter Benutzung von Co u. ^{238}U als Standards gefunden. Der Spaltquerschnitt von ^{242}Pu war innerhalb der experimentellen Fehler gleich Null. (Canad. J. Physics **35.** 147—54. Febr. 1957. Chalk River, Ont., AE of Canada Ltd., Res. Chem. Branch.)
HERBERT WEBER. 103

L. Phillips, R. Gatti, A. Chesne, L. Muga und **S. Thompson,** *Auffindung eines neuen Mendeleviumisotops.* (Vgl. HARVEY u. Mitarbeiter, C. **1957.** 5167.) Mit einer gegenüber l. c. modifizierten Anordnung werden im 60 in.-Cyclotron He-Ionen mit Energien von 24, 29, 36 u. 42 MeV mit Intensitäten in der Größenordnung von 5 μA auf eine Targetfläche von 0,07 cm² geschossen. Angenähert $2 \cdot 10^{12}$ Atome von ^{253}E werden auf die Targetfläche einer $1,0 \cdot 10^{-3}$ in. dicken Au-Folie niedergeschlagen. Zur Beobachtung der α-Gruppen wird ein 50 Kanal–α-Impulshöhenanalysator verwendet. Für den Elektroneneinfang-Zerfall von ^{256}Mv wird eine Halbwertszeit von 1,5 Std. neu bestimmt. Eine 7,34 MeV–α-Gruppe, die mit einer Halbwertszeit von angenähert 3/4 Std. zerfällt, wird nur in der Mv-Fraktion beobachtet. Diese α-Gruppe erscheint mit niedrigen Intensitäten bei sämtlichen Beschußenergien u. wird daher in der Weise gedeutet, daß sie von der α-Verzweigung von ^{255}Mv herrührt. Die Querschnitte für die Bldg. von ^{256}Mv u. ^{255}Mv bei verschied. Energien der He-Ionen werden tabellar. wiedergegeben. Diese Darst. enthält auch die Erzeugungsquerschnitte von ^{256}Fm, ^{255}Fm u. ^{254}Fm, die bzgl. eines möglichen Beitrages für den Elektroneneinfang-Zerfall der Mv-Isotope unkorr. sind. Die Halbwertszeit für den spontanen Zerfall von ^{256}Fm wird zu 160 ± 10 Min. neu betimmt. Aus 18 separaten Verss. ergibt sich der beobachtbare Halbwertszeitbereich für ein α-emittierendes Isotop von Mv, das mit 1 mbarn Querschnitt gebildet wird, zu ~ 5 Min. bis 1,5 Monaten. (Physic. Rev. Letters **1.** 215—17. 15/9. 1958. Berkeley, Calif., Univ. of California, Radiat. Labor. and Dep. of Chem.) GERHARD SCHMIDT. 103

Eugene P. Wigner, *Ziele und Probleme von Reaktoren.* Zielsetzung u. Entw. verschied. Reaktortypen in Europa u. USA (Brutreaktoren). (Acta physica austriaca **11.** 410—21. 1958. Princeton, N. J., Univ., Palmer Physic. Labor.)
GERHARD SCHMIDT. 110

Gustav Ortner, *Forschungsreaktoren.* Die verschied. Kernreaktoren für Forschungszwecke werden bzgl. ihrer Neutronenflußeigg., der Temperaturabhängigkeit der Reaktivität u. mittleren Lebensdauer der Spaltneutronen diskutiert. Experimente zur Sicherheitsfrage von Reaktoren werden beschrieben. (Acta physica austriaca **11.** 422—33. 1958. Wien, TH.) GERHARD SCHMIDT. 110

Sigvard Eklund, *Leistungsreaktoren.* Übersicht über das Bauprogramm von Leistungsreaktoren in den verschied. Ländern u. Diskussion der Entwicklungsmöglichkeiten bestimmter Reaktortypen. (Acta physica austriaca **11.** 434—51. 1958. Stockholm, Akt. Atomenergi, Dep. of Phys.) GERHARD SCHMIDT. 110

J. V. Dunworth, *Die Methoden der Verwendung von Kernbrennstoffen in einem Kernkraftprogramm.* Das engl. Kernkraftprogramm umfaßt den Bau gasgekühlter Reaktoren mit Natururan sowie die Entw. von Hochleistungsreaktoren, die in heterogener u. homogener Form den Th-^{233}U-Zyklus verwenden. (Acta physica austriaca **11.** 452—70. 1958. Harwell, U.K.A.E., A.E.R.E., Reactor Div.) GERHARD SCHMIDT. 110

F. Ferrero, R. Malvano und **C. Tribuno,** *Ionisationskammer für Röntgenstrahlen bis zu 31 MeV.* Der Wirkungsgrad der Ionisationskammer für Röntgenstrahlen bis zu 31 MeV wird mit einigen Berechnungen u. mit dem bei der Unters. von Kernphotoreaktionen benutzten Standard verglichen. (Nuovo Cimento [10] **5.** 510—12. 1/2. 1957. Torino, Univ., Ist. di Fis.; Ist. Naz. di Fis. Nucl.) HERBERT WEBER. 112

E. Friedländer und **D. Kiss,** *Eine Untersuchung der vielfachen unechten Entladungen in Geiger-Müller-Zählern.* Vff. entwickeln eine einfache u. direkte Meth. zur Unterscheidung zufälliger u. systemat. Multipletts bei der Zählung von GEIGER-MÜLLER-Impulsen. Die Meth. wird auf die Unters. der Abhängigkeit der mittleren Multiplizität eines GEIGER-MÜLLER-Impulses von der Überspannung angewandt. Es zeigt sich, daß die Anhebung des Plateaus der Zählcharakteristik größtenteils von der Zunahme der mittleren Multiplizität abhängt. (Acta physica Acad. Sci. hung. **6.** 217—23. 1956. Budapest, Central Res. Inst. of Phys., Dep. for Cosmic Rays.) GERHARD SCHMIDT. 112

P. Bassi, A. Loria, J. A. Meyer, P. Mittner und **I. Scotoni,** *Stereoskopie in Blasenkammern.* Für die Rekonstruktion der Lage eines Punktes in einer Blasenkammer, die mit 2 Kameras mit parallelen opt. Achsen aufgenommen wurde, werden exakte u. approximative Methoden angegeben. Verff. zur direkten Rekonstruktion einer geraden Linie u. zur Best. des Krümmungsradius einer zylindr. Schraubenlinie mit Achse parallel zu den opt. Achsen werden vorgeschlagen. (Nuovo Cimento [10] **5.** 1729—38. 1/6. 1957. Padova, Univ., Ist. di Fis.; Ist. Naz. di Fis. Nucl.) Herbert Weber. 112

Tsai-Chü, *Bestimmung von Verzerrungsvektoren in Kernemulsionen.* Verzerrungen von Kernemulsionen werden hauptsächlich während ihrer Herst. hervorgerufen (Querspannungen parallel zur Glasplatte). Vf. versucht, die Verzerrungsvektoren (distortion vectors) durch Messung der Vielfachstreuung an geneigten Spuren sowohl in der Projektion als auch in der Tiefe zu bestimmen. Verzerrungsvektoren verschied. Ordnung können aus Formeln abgeleitet werden, die in Termen von Ordinatendifferenzen der Vielfachstreuung ausgedrückt werden. (Nuovo Cimento [10] **5.** 1128—35. 1/5. 1957. Paris, Sorbonne, Fac. des Sci.) Herbert Weber. 112

A. A. Kolomenski, *„Symmetrisches"-Ring-Phasotron mit Gegenbündeln.* Bei dem „symm." Ringphasotron kann man gleichzeitig Bündel gleicher Teilchen, z. B. Elektronen oder Protonen, in entgegengesetzten Richtungen beschleunigen. Bei Beschleunigung unter Resonanz- bzw. Synchrotronbedingungen erhält jedes der Gegenbündel Energie aus demselben Radiofrequenz-Beschleunigungssystem. Durch die Anwendung von Resonanzbedingungen kann der Wirkungsgrad des Zusammenstoßes von Gegenbündeln erhöht werden. (Журнал Экспериментальной и Теоретической Физики [J. exp. theoret. Physik] **33.** 298—99. Juli 1957. Akad. der Wiss. der UdSSR, Physik. Lebedew-Inst.) R. K. Müller. 112

A_2. Optisches Verhalten der Materie.

Th. Neugebauer, *Zu dem Problem des Hubleeffektes.* Es wird die Frage behandelt, ob tatsächlich eine Verwaschenheit der Bilder der entfernten Spiralnebel auftreten müßte, wenn man den Hubble-Effekt als eine Art Lichtzerstreuungseffekt deuten würde. Die Rechnung zeigt, daß sowohl unter der Annahme, daß Photon sei ein extrem relativist. Teilchen u. die Partikel, mit denen es zusammenstößt, verhielten sich weitgehend der Newtonschen Mechanik entsprechend, als auch unter der Annahme, die Partikel seien stark oder extrem relativist. Teilchen (z. B. Neutrinos), keine Verwaschenheit der Bilder resultiert. Im ersten Falle geht die Verschwommenheit des Bildes mit der Zahl n der einzelnen Ablenkungen wie $1/\sqrt{n}$ gegen Null, im zweiten Fall tritt bei extrem relativist. Zusammenstößen überhaupt keine Richtungsänderung auf. (Acta physica Acad. Sci. hung. **8.** 365—85. 1958. Budapest, Roland Eötvös Univ., Inst. für theoret. Phys.) D. Jörchel. 113

C. M. Wade, *Über die Radio-Emission von Wasserstoffnebeln.* Die Ermittlung von Temp. u. Elektronendichten in Nebeln aus den Daten der Radiofrequenz von HII-Bereichen wird erörtert. (Austral. J. Physics **11.** 388—99. Sept. 1958. Chippendale, N. S. W., Univ. Grounds, Div. of Radiophys.) M. Wiedemann. 113

I. Kovács und **O. Scari,** *Intensitätsverteilung in einer besonderen Interkombinationsbande.* Mit Hilfe der für ein 5 Elektronen enthaltendes Molekülmodell aufgestellten Eigenfunktionen wird die Intensitätsverteilung in den sämtlichen Zweigen der Interkombinationsbanden $^6\Sigma^\pm - {}^2\Sigma^\pm$, $^6\Sigma^\pm - {}^2\Sigma^\mp$ berechnet u. das Niveauschema mit den 36 möglichen Zweigen gezeichnet. Die Rechnung wurde vor allem mit dem Ziele durchgeführt, die Möglichkeit eines kürzlich in Vanadiumoxyd vermuteten $^6\Sigma - {}^2\Sigma$-Übergangs (Lagerqvist, private Mitt.) zu untersuchen. (Acta physica Acad. Sci. hung. **8.** 425—35. 1958. Budapest, Techn. Univ., Atomphys. Inst.) D. Jörchel. 114

P. Gosar, *Eine neue Methode zur Lösung von Vielfachstreuproblemen in inhomogenen Medien.* (Vgl. C. **1957.** 13244.) Die Theorie der Kleinwinkel-Vielfachstreuung von Wellen wird auf den Fall des inhomogenen Mediums (zentralsymm. Streuer in einem homogenen Medium) ausgedehnt. Zur numer. Berechnung der Winkelverteilung der gestreuten Wellen wird eine neue Meth. entwickelt. Als Beispiel wird die Vielfachstreuung an dielektr. Kugeln diskutiert. In diesem Fall ist die Winkelverteilung der gestreuten Wellen ähnlich der Winkelverteilung von Elektronen beim Durchgang durch dünne Metallfolien. Es zeigt sich, daß die gegenseitige Wechselwrkg. der Kugeln einen Einfl. auf die Winkelverteilung hat, wenn die mittlere Entfernung zwischen benachbarten Kugeln von der Größenordnung ihrer Durchmesser ist. (Nuovo Cimento [10] **5.** **1437**—55. 1/6. 1957. Ljubljana, Inst. za Elektrozveze.) Herbert Weber. 114

Irén Deézsi, *Eine neue Rotationsanalyse der γ-Banden des NO-Moleküls, einschließlich der unveröffentlichten Daten von R. Schmidt und L. Gerö.* Es werden die Ergebnisse einer Rotationsanalyse von 16 Banden des γ-Bandensyst. des NO-Mol. mitgeteilt, die sich bis zu verhältnismäßig hohen Rotationsquantenzahlen erstreckte. Als Konstanten des elektron. $A^2\Sigma^+$-Zustands des Mol. wurden gefunden: $B_e = 1{,}9977\ cm^{-1}$, $a_e = 0{,}0198\ cm^{-1}$, $D_e = -6{,}2 \cdot 10^{-6}\ cm^{-1}$, $\beta_e = 0{,}3 \cdot 10^{-6}\ cm^{-1}$, $r_e = 1{,}063 \cdot 10^{-8}\ cm$ u. $I_e = 14{,}0076 \cdot 10^{-40}\ gcm^2$. Die Konstanten für den Grundzustand $X^2\Pi$ stimmen mit den Daten von Gillette u. Eyster (Physic. Rev. [2] **56.** [1938.] 1113) innerhalb der

Fehlergrenzen überein. Als Dissoziationsenergie ergab sich der gegenüber einem Literaturwert von 6,50 eV etwas höhere Wert 6,603 eV. Vf. nimmt an, daß die Vordissoziation auf dem oberen elektron. Zustand der β-Banden nicht oberhalb des Niveaus $v' = 6$ (wie von anderen Autoren angenommen) erfolgt, daß jedoch in der Emission selbst das Niveau $v' = 7$ existiert. (20 Seiten numer. Tabellen.) (Acta physica Acad. Sci. hung. **9.** 125—50. 1958. Budapest, Hungarian Acad. of Sci., Central Res. Inst. for Phys., Dep. for Spectrosc.) D. JÖRCHEL. 118

A. Budó, J. Dombi und **R. Horvai,** *Beiträge zur Frage der spektralen Wirkung der Sekundärfluorescenz.* (Vgl. C. **1958.** 2334.) Es wird ein Verf. angegeben, das unter Berücksichtigung der spektralen Wrkg. der sek., von der Reabsorption herrührenden Fluorescenz von Lsgg. die Best. des wahren Fluorescenzspektr. unabhängig von Erregungs- u. Beobachtungsrichtungen gestattet. Für das Beispiel der Fluorescenz einer alkal., wss. Lsg. von *Fluorescein* wird gezeigt, daß bei Anwendung des Auswertungsverf. die Unterschiede der Meßwerte des Fluorescenzspektr. bei verschied. Schichtdicke, Konz., erregender Wellenlänge u. Beobachtungsrichtung wegfallen. (Acta Univ. Szegediensis, Acta physica chem. [N.S.] **3.** 3—15. 1957. Szeged, Univ., Inst. Exp.-Phys.) J. RUDOLPH. 118

C. Z. van Doorn, *Quantenausbeute der F-Zentren-Fluorescenz bei KCl.* Es werden Meth. u. Ergebnisse einer Messung der Quantenausbeute der F-Zentren-Fluorescenz bei 77° K mit Anregung durch die grüne Hg-Linie bei 5461 Å in einer ULBRICHTschen Kugel beschrieben. Die Primärstrahlung war mit 800 Hz moduliert, die aus der Kugel austretende Strahlung wurde mit einer PbS-Zelle aufgenommen. Die untersuchten KCl-Kristalle waren teilweise mit Röntgenstrahlung, teilweise im K-Dampf gefärbt. Bei geringer M-Zentren-Konz. wurden Ausbeuten bis 91% gefunden. (Philips Res. Rep. **13.** 296—300. Juni 1958. Eindhoven.) C. REUBER. 119

S. Nikitine und **M. Sieskind,** *Vergleichende Untersuchung der Absorptions-, Emissions- und Reflexionsspektren von rotem HgJ_2 bei tiefen Temperaturen.* Zur Vervollständigung früherer Messungen wurde das Reflexionsspektr. von Kristallen aus rotem HgJ_2 in polarisiertem Licht bei tiefen Tempp. bis herab zu 1,5° K gemessen. Man erhält eine große Anzahl von Linien, teilweise fallen sie mit Linien aus dem Absorptionsspektr. zusammen, teilweise bleiben sie unerklärt. (J. Chim. physique Physico-Chim. biol. **55.** 837—39. Okt. 1958. Strasbourg, Univ., Labor. de Spectroscopie et d'Opt. du Corps Solide, Inst. de Phys.) H. C. WOLF. 119

S. Nikitine und **G. Perny,** *Der Einfluß des Temperns in Joddampf auf das Reflexionsspektrum von γ–AgJ.* Messung der Absorptions- u. Reflexionsspektren dünner γ–AgJ-Schichten, die auf einem Glasträger niedergeschlagen u. auf 80° erhitzt worden waren, ergaben, daß bei Tempern der Schicht im J_2-Dampf im Reflexionsspektr. neue Banden auftreten. Da sie im Absorptionsspektr. fehlen, wird angenommen, daß nur die obersten Atomlagen der AgJ-Schicht einen starken J-Überschuß enthalten. (J. Chim. physique Physico-Chim. biol. **55.** 513—14. Juli/Aug. 1958. Strasbourg, Univ., Inst. de Phys.; Mulhouse, École Super. de Chim.) H. C. WOLF. 119

M. A. Kriwoglas und **Ss. A. Rybak,** *Zur Theorie der Lichtstreuung in der Nähe der Phasenübergangspunkte zweiter Art.* (Vgl. C. **1959.** 9462.) Für die Best. der Intensität u. Polarisation des durch Einstoff-Seignetteelektrika (oder Ferromagnetika) oder durch feste Lsgg. gestreuten Lichts werden Gleichungen abgeleitet, die nur aus Messungen des Brechungsindex, der stat. DK. u. der Konz.-Abhängigkeit der spontanen Polarisation u. der chem. Potentiale erhältliche Größen enthalten. Anomal hohe Streuung liegt vor, wenn bei Zerlegung der DK. lineare Glieder erhalten werden (Seignettesalztyp, KH_2PO_4). Ist dies nicht der Fall (Kristalle vom Typ $BaTiO_3$), dann besteht starke Streuung nur im seignetteelektr. (ferromagnet.) Bereich, keine Streuung oberhalb der Temp. des Phasenüberganges 2. Art. Die Temp.-Abhängigkeit der Intensität der Lichtstreuung wird nach der thermodynam. Theorie der Phasenübergänge 2. Art bestimmt; die Intensität ist bei Kristallen vom $BaTiO_3$-Typ am krit. Punkt bes. hoch. (Журнал Экспериментальной и Теоретической Физики [J. exp. theoret. Physik] **33.** 139—50. Juli 1957. Akad. der Wiss. der UkrainSSR, Inst. für Metallphys.) R. K. MÜLLER. 119

C. S. Porter, E. G. Spencer und **R. C. LeCraw,** *Transparenter ferromagnetischer Lichtmodulator unter Verwendung von Yttriumeisengranat.* Es wird eine Meth. zur Herst. von Y–Fe–Granat-Einkristallen aus Y_2O_3 u. Fe_2O_3 unter Verwendung von PbO als Lösungsm. beschrieben. Das Transmissionsspektr. zwischen 0,5 u. 16 μ, das an geschliffenen u. polierten, aus den Kristallen geschnittenen Plättchen aufgenommen wurde, zeigt eine starke Absorption bei Wellenlängen unter 0,7 μ; weitere Absorptionen wurden bei 0,89, 5,7, 7,8, 8,6, 10,9, 11,6, u. 14 μ beobachtet. Die durch spontane Magnetisierung n. zum Plättchen induzierte FARADAY-Rotation läßt sich zur Herst. von Lichtmodulatoren verwenden. Drei Modulatoren werden beschrieben, Aufbau u. Betrieb eines Modulators (mit einem axial wechselstrommagnetisierten Plättchen) werden diskutiert. (J. appl. Physics **29.** 495—96. März 1958. Washington, D. C., Diamond Ordnance Fuze Labors.) D. JÖRCHEL. 119

Miroslav Trlifaj, *Über die Wechselwirkung der Excitonen mit den Schwingungen des Kristallgitters.* (Czechoslov. J. Physics **7.** 379—89. 1957. Praha, Českoslov. akad. věd, Fys. ústav. [Orig.: russ.; Auszug: deutsch.] — C. **1958.** 8829.) H. TŮMA. 119

R. Mutter, R. Mecke und **W. Lüttke,** *Über ein neues Infrarot-Absorptionsspektrum des Eises.* Vff. nehmen das Absorptionsspektr. des Eises auf u. vergleichen es mit dem allgem. bekannten Eis-Spektr. u. dem Spektr. des fl. H_2O. Die Bande bei 3247 cm^{-1} wird in zwei Komponenten bei 3245 u. 3265 cm^{-1} (I) u. die Bande bei 1610 cm^{-1} in zwei scharfe Banden bei 1610 u. 1645 cm^{-1} aufgespalten. Bei 649 cm^{-1} wird eine weitere Bande beobachtet. Die Banden bei (I) versuchen Vff. als Oberton zu 1610/1645 cm^{-1} zu deuten. Weitere Deutungsverss. werden angeführt. Ferner werden Wellenzahl, Intensität u. Halbwertsbreite der Absorptionsbanden von H_2O u. den beiden Eisformen angegeben. (Z. physik. Chem., Frankf. Ausg. [N. F.] **19.** 83—88. Jan. 1959. Freiburg/Br., Univ., Inst. für Phys. Chem.) E. HAHN. 120

Willard H. Wells, *Maser-Oscillator mit einem Bündel durch zwei Hohlräume.* Der Zweihohlraummaser wird theoret. mit Hilfe einer geometr. Darst. der SCHRÖDINGER-Gleichung untersucht; die Meth. erlaubt die Veranschaulichung komplizierter Effekte. Als Beispiel wird eine qualitative Erklärung für die experimentelle Beobachtung gegeben, daß ein Hohlraum in einem Maser unter bestimmten Bedingungen gleichzeitig mit 2 Frequenzen (die sich um 1000—5000 Hz unterscheiden) oscilliert, wenn der Strahl zunächst einen anderen Hohlraum passiert. Eine mögliche Verstärkeranordnung wird diskutiert. (J. appl. Physics **29.** 714—17. April 1958. Pasadena, Calif., California Inst. of Technol., Jet Propulsion Labor.) D. JÖRCHEL. 121

N. G. Bassov und **A. M. Prokhorov,** *Die Theorie eines molekularen Oscillators und eines molekularen Leistungsverstärkers.* (Vgl. C. **1956.** 7042 u. 13601.) Nach einer kurzen Beschreibung des Prinzips, der Wirkungsweise u. der Eigg. des Molekular-Oscillators werden die theoret. Grundlagen dieses Oscillators (Selbsterregungsbedingung, maximal abgebbare Leistung, Frequenzkonstanz) sowie die des mol. Leistungsverstärkers entwickelt. (Discuss. Faraday Soc. Nr. **19.** 96—99. 1955. Moskau, Akad. der Wiss. der UdSSR, Lebedew-Inst. für Phys.) E. GERDES. 121

Max T. Weiss, *Mikrowellenverstärker und Oscillator vom Festkörpertyp unter Verwendung eines Ferrits.* Es wird über den „elektromagnet." u. den „halbstat." Betrieb von Mikrowellenverstärkern berichtet, in denen nach dem Vorschlag von SUHL (C. **1957.** 10934) durch nichtlineare Kopplung im Ferriten als akt. Element Mikrowellenenergie einer bestimmten Frequenz die Verstärkung eines niedrigerfrequenten Signals bewirkt. Es wurden einmal Mn–Ferrit-Einkristallscheibchen (Durchmesser 3,18 mm, Dicke 1,27 mm), das andere Mal Y–Fe–Granat-Scheibchen (Durchmesser 1,27 mm, Dicke 0,5 mm) verwendet. Vf. schlägt den Namen MAVAR („modulating amplifier by variable reactance") für diesen Verstärkertyp vor. (J. appl. Physics **29.** 421. März 1958. Holmdel, N. J., Bell Telephone Labors., Inc.) D. JÖRCHEL. 121

B. Elschner, R. Neubert und **G. Wiederhold,** *Über ein neues Doppelresonanz-Experiment an $(SO_3)_2NO^{2-}$-Ionen.* Im Elektronenspinresonanz-Absorptionsspektr. von wss. $[K_2(SO_3)_2NO]^-$ konnte eine der Hyperfeinstrukturkomponenten (15,795 MHz) durch gleichzeitige Einstrahlung der Übergangsfrequenz einer zweiten Hyperfeinstrukturkomponente (53,46 MHz) in ihrer Intensität beeinflußt werden. Bei sehr starker Einstrahlung der zweiten Frequenz erscheint bei der ersten Frequenz sogar ein Emissionssignal. (Z. physik. Chem. **210.** 209—12. März 1959. Jena, Univ., Physikal. Inst.) H. C. WOLF. 121

D. G. Anderson, *Luminescenz und Luminescenzstoffe.* Allg. Übersicht über Leuchtmechanismus u. Luminescenzstoffe bes. in bezug auf neuere Anwendungen (Scintillationszähler, Infrarotempfindlichkeit, Lichtverstärker, Fluorescenzanalyse). (J. Electronics and Control [1] **5.** 457—70. Nov. 1958. Brit. Sci. Instrum. Res. Assoc.) J. RUDOLPH. 125

A3. Elektrizität. Magnetismus. Elektrochemie.

A. R. Lucas, *Die relativistische Elektronenströmung in parallelen und radialen geraden Linien ohne äußeres Magnetfeld.* Theoret. Unters. der Bedingungen für die Erzeugung relativist. Elektronenströmungen mit geradlinigen Teilchenbahnen. Die Voraussetzung für geradlinige Bahnen ist, daß die Resultierende des elektrostat. Feldes der Elektroden, des elektrostat. Feldes der Eigenraumladung der Strömung u. des elektromagnet. Feldes der Strömung überall auf der Richtung der Elektronenbahnen senkrecht steht. (J. Electronics and Control [1] **5.** 245—50. Sept. 1958. Edinburgh, Univ.) F. LENZ. 130

Philip J. Dickerman, *Bestimmung der Gleichgewichtstemperatur eines Plasmas.* Es wurde die Temp. eines therm. Plasmas, das durch einen mittels rotierender Wassersäule stabilisierten Bogen erzeugt wurde, durch Analyse der BALMER-Serie des H u. Anwendung der SAHA-Gleichungen bestimmt. Der Druck betrug 1 at, u. die Dichte lag zwischen 10^{16} u. 10^{17} Teilchen/cm³, so daß aufgrund der Stoßfrequenz nahezu ein therm. Gleichgewicht herrschte. Im gesamten Bereich zwischen 10000 u. ca. 18000° K ergaben sich konsistente Werte. Obwohl das verwendete Plasma überwiegend aus H bestand, läßt sich die Meth. allg. auf H-haltige Plasmen anwenden, in denen der H-Druck wenigstens 1% des Gesamtdrucks beträgt. (J. appl. Physics **29.** 598. März 1958. Chicago, Ill., Univ. of Chicago, Chicago Midway Labors.) D. JÖRCHEL. 131

K. G. Emeleus und **D. W. Mahaffey,** *Eine Laufzeitbeziehung für Elektronen-Plasmaschwingungen.* (Vgl. C. **1959.** 2014.) Die experimentell gefundene Proportionalität zwischen der Wurzel aus der Beschleunigung (u. damit der Geschwindigkeit v) eines Elektronenstrahlbündels u. der Frequenz f der bei seinem Durchgang durch ein Plasma angeregten Schwingungen wird als Laufzeiteffekt beim Durchgang durch die oscillierende Schicht selbst gedeutet. Ist deren Dicke 2d, so sind die Bedingungen für die Energieübertragung zwischen Elektronenbündel u. Plasma am günstigsten, wenn v von der Größenordnung 4df ist. Diese Annahme ist in größenordnungsmäßiger Übereinstimmung mit experimentellen Ergebnissen. (J. Electronics and Control [1] **5.** 559—60. Dez. 1958. Belfast, Queen's Univ., Phys. Dep.) F. LENZ. 131

Miloš Šícha und **Vítězslav Veselý,** *Messung der Elektronenkonzentration des Plasmas in einem Toroidresonator.* Die Elektronenkonzentration im ungeschichteten Bereich einer Ne-Entladung bei 2,1 Torr wurde nach dem von BRAUN u. ROSE (J. appl. Physics **23.** [1952.] 1028) vorgeschlagenen HF-Verf. u. nach der üblichen Sondenmeth. bestimmt. Das HF-Verf. ist vorteilhaft, weil es die Entladung prakt. nicht beeinflußt, weil die Messung an beliebigen Stellen der Entladung durchgeführt u. weil bei Drucken bis 20 Torr gemessen werden kann; es ist aber nur bei kleinen Querschnitten der Entladungsröhre verwendbar. (Czechoslov. J. Physics **8.** 256—57. 1958. Prag, Karls-Univ., Lehrstuhl für Hochfrequenzphysik u. Vakuumtechnik.) F. LENZ. 131

G. Ecker und **K. G. Müller,** *Theorie der „Retrograde Motion"*. Theoret. Unters. der rückläufigen Bewegung des Kathodenansatzes einer elektr. Bogenentladung im transversalen Magnetfeld. Für den feldbestimmten stark kontrahierten Bogenansatz, bei dem die Stabilisierung ausschließlich durch die Feldeinw. auf die Kathode erzielt wird (vgl. C. **1956.** 11332), wird eine Berechnung durchgeführt, deren Ergebnisse in guter Übereinstimmung mit Versuchsergebnissen von ST. JOHN u. WINANS sowie von GALLAGHER sind. (Z. Physik **151.** 577—94. 1/7. 1958. Bonn, Univ., Inst. für theoret. Physik.) F. LENZ. 131

Hirosi Yoshimoto, Mituo Sato und **Yasuhiro Nakao,** *Laufende Schichten in Bogenentladungen.* Die Unters. von Schwankungen der Spannung, des Stromes u. der Helligkeit einer Bogenentladung in einer Mischung von *Ar* u. *Hg* ergab, daß Ursache u. charakterist. Eigg. laufender Schichten in Bogen- u. Glimmentladungen die gleichen sind. Von der Anode ausgehende Schichten wandern zur Kathode u. ändern dabei Helligkeit u. Geschwindigkeit. Es wird vermutet, daß sie sich als Prod. von Schwingungen der Feldstärke u. der Elektronendichte ausdrücken lassen. (J. physic. Soc. Japan **13.** 734—41. Juli 1958. Okayama, Univ., Fac. of Sci., Dep. of Phys. [Orig.: japan.; Auszug: engl.]) P. WARNECK. 131

Hirosi Yoshimoto, Mituo Sato und **Yasuhiro Nakao,** *Laufende Schichten als Folge von Raumladungswellen.* (Vgl. vorst. Ref.) Laufende Schichten werden als Helligkeitswellen beschrieben, die als proportional zum Prod. einer Feldstärkewelle u. einer Elektronendichtewelle angenommen werden. Wie die mathemat. Analyse zeigt, erklärt diese Annahme alle experimentellen Ergebnisse u. charakterist. Eigg. der laufenden Schichten. (J. physic. Soc. Japan **13.** 741—48. Juli 1958. [Orig.: japan.; Auszug: engl.]) P. WARNECK. 131

A. von Engel und **A. E. Robson,** *Die Anregungstheorie von Bögen mit verdampfenden Kathoden.* Entwicklung einer neuen Theorie des Kathodenfleckes in der Bogenentladung. Elektronen werden aus der Kathode durch Stöße von angeregten Atomen ausgelöst. Die Strahlung der angeregten Atome diffundiert, hauptsächlich in Richtung auf die Kathode, durch aufeinanderfolgende Absorption u. Re-Emission im Dampf u. wird schließlich von Atomen absorbiert, welche die Kathode treffen. Positive Ionen bilden sich im Dampf durch Zusammenstöße zwischen angeregten Atomen u. durch Stöße zwischen Elektronen u. angeregten Atomen. Die positiven Ionen erzeugen durch ihre Raumladung den Kathodenfall, sie liefern die Energie für die Verdampfung u. übertragen Impuls auf die verdampften Atome. Ein großer Teil der verdampften Atome wird zurückgestreut, wodurch vor der Kathode eine Schicht entsteht, in der die Dampfdichte um mehrere Zehnerpotenzen größer ist als in der übrigen Apparatur. Eine sehr hohe Dampfdichte ist Voraussetzung für einen niedrigen Kathodenfall u. hohe Stromdichte. Die entwickelten Vorstellungen sind mit der beobachteten Kraft auf die Kathode, der Verdampfungsgeschwindigkeit u. der Energiebilanz verträglich. (Proc. Roy. Soc. [London], Ser. A **243.** 217—36. 24/12. 1957. Oxford, Clarendon Labor.) F. LENZ. 131

D. J. Belknap und **L. R. Crump,** *Lateralstromsteuerung für Kaltkathodengasentladungen.* Es werden 2 Methoden zur Steuerung der Entladung gasgefüllter Kaltkathodenröhren beschrieben, nach denen ein seitlicher Strom I_s aus einer Gasentladung abgezogen werden kann. Entweder erfolgt eine direkte Abzapfung mit Hilfe einer Steuerelektrode im Inneren der Röhre, oder man verwendet eine seitlich vom Rohr angeordnete äußere Steuerelektrode, die bei zeitlich veränderlichem V oder C einen Strom $I_s = d(CV)/dt$ aufnimmt, wobei C u. V die Kapazität u. das Potential zwischen der äußeren Elektrode u. dem Gebiet, in das die Ladung gezogen wird, bedeuten. Meßergebnisse nach der 2. Methode werden mitgeteilt, die auf der Beziehung $I_s = C(dV'/dt)$ beruhte (V' = Potential zwischen der äußeren u. einer der inneren Elektroden). Erweiterungen u. verschied. bereits erprobte Anwendungen des Prinzips werden erwähnt. (J. appl. Physics **29.** 737—38. April 1958. Washington, D. C., Diamond Ordnance Fuze Labors.) D. JÖRCHEL. 131

P. Gombás und **K. Ladányi,** *Zur Berechnung von Ionisierungsenergien.* Ein von den Vff. früher entwickeltes statist. Atommodell (vgl. C. **1959.** 13994) wurde zur Berechnung der Ionisierungsenergien von *Ar* herangezogen. Dabei wurde die Elektronendichte aller inneren Elektronenschalen als ident. mit der im neutralen Atom angenommen. (Acta physica Acad. Sci. hung. **8.** 301—03. 1958. Budapest, Physikal. Inst. der Univ. für Techn. Wiss.) P. WARNECK. 131

D. E. Bloxsom jr., *Die Verwendung von Kondensatorentladungen zur Erzeugung von Kügelchen hoher Geschwindigkeit.* Stahl- u. Nylonkügelchen wurden in Gewehrläufen auf hohe Geschwindigkeiten gebracht (bis 3000 m/sec), wobei als Treibmittel Helium hoher Dichte durch eine elektr. Funkenentladung erhitzt wurde. (J. appl. Physics **29.** 1049—51. Juli 1958. Canoga Park, Calif., Rhodes and Bloxsom.) F. LENZ. 131

A. G. Mungall, *Messung der dielektrischen Eigenschaften von Material mit geringen Verlusten bei Millimeter-Wellenlängen.* Im Bereich der mm-Wellen wurden die dielektr. Werte von Materialien mit geringen Verlusten gemessen, u. zwar die DK. aus dem BREWSTERschen Winkel, der Verlustwinkel aus dem Schwächungskoeff. beim BREWSTER-Winkel als Einfallswinkel. Meßwerte für Bakelit bei 5 u. 10 mm werden angegeben. (Canad. J. Physics **36.** 1672—77. Dez. 1958. Ottawa, Nat. Res. Council, Div. of Appl. Phys.) H. C. WOLF. 132

A. A. Fottschenkow, *Apparatur zur Messung von sehr geringen Verschiebungen von schwingenden Kristallen.* Die beschriebene Modulations-Interferenz-Meth. der Messung der Amplitude sehr kleiner Verschiebungen (bis 0,05 Å) in Kristallen beruht darauf, daß das Interferenzbild durch period. Verschiebung eines der Spiegel moduliert u. dann mittels eines empfindlichen photoelektr. Geräts analysiert wird, das am Eingang des auf die Modulationsfrequenz eingestellten schmalstreifigen Verstärkungsfilters steht. Man mißt nach diesem Prinzip die piezoelektr. u. Elektrostriktionskoeffizienten von Kristallen zwischen — 20 u. + 100° bei 20—26000 Hz. Als Anwendungsbeispiel wird die Messung des piezoelektr. Moduls $d_{||}$ von *Quarz* beschrieben, die $(6,57 \pm 0,07) \cdot 10^{-8}$ CGS-Einheiten ergibt. (Кристаллография [Kristallographie] **2.** 653—57. 1957. Akad. der Wiss. der UdSSR, Inst. für Kristallogr.) R. K. MÜLLER. 133

T. C. Harman, *Thermoelektrische Mehrstufen-Leistungserzeugung.* Die Gleichung des Wirkungsgrades für eine beliebige Anzahl thermoelektr., therm. in Reihe geschalteter Generatoren wird abgeleitet. Ferner wird der Zusammenhang zwischen maximalem Wirkungsgrad u. maximalem Energieübergang eines thermoelektr. Mehrstufengenerators angegeben. Da die Wirkungsgrade näherungsweise additiv sind, wird erwartet, daß bei Verwendung vieler Stufen ein Anstieg des Generatorwirkunggsrades erfolgt. (J. appl. Physics **29.** 1471—73. Okt. 1958. Columbus, O., Battelle Mem. Inst.) D. JÖRCHEL. 133

Rudolf Kessler, *Das Verhalten von Thermoelementen bei intermittierender Bestrahlung unter dem Einfluß sich ausbildender Wärmewellen.* Thermoelemente zeigen bei intermittierender Bestrahlung eine Wechselspannung an, die der Strahlungsamplitude proportional ist. Die Frequenz der Einstrahlung muß sich durch eine Relaxationszeit (RZ) bemerkbar machen. Daß diese nicht in Strenge konstant sein kann, da der Einfl. sich ausbildender Wärmewellen vorhanden ist, zeigt Vf. an verschied. Thermoelementen.

Nur bei bestimmten Versuchsbedingungen bleibt die RZ konstant. Da die Empfindlichkeit der Wechselstromanzeige in den Randpartien der Folie erheblich nachläßt, sollte man zu intermittierenden Messungen möglichst kleine Folien nehmen oder nur kleinflächig an der empfindlichsten Stelle bestrahlen. Thermoelemente mit kleiner RZ sind am günstigsten, bes. das nach HEIMANN. (RZ: 0,34 ... 0,081 sec) (Z. angew. Physik **9.** 408—12. Aug. 1957. Köln, Univ., 2. Phys. Inst.) HELMUT SCHMIDT. 133

A. von Engel und **A. E. Robson,** *Mechanismus der Elektronenemission aus der Bogenkathode.* (Vgl. LEE, C. **1958.** 12599.) Der l.c. vorgeschlagene „T-F"-Mechanismus, nach dem die hohe Stromdichte im Kathodenfleck auf einem Metall niedrigen Kp. (z.B. Cu) durch die kombinierte Wrkg. eines durch die positive Ionenraumladung über der Kathode erzeugten starken elektr. Feldes u. der hohen Temp. der Kathode selber erklärt wird (ohne einen Oberflächenrauhigkeitsfaktor berücksichtigen zu müssen), liefert nach Ansicht der Vff. falsche Werte, da die von LEE gemachten numer. Annahmen über Temp., Anteil der positiven Ionen am Kathodenstrom u. Stromdichte fraglich erscheinen. Darüber hinaus wird auf die Übereinstimmung der Ergebnisse anderer Autoren sowie auf den von LEE nicht erwähnten Effekt der Elektronenemission durch Stoß angeregter Atome auf die Kathode hingewiesen. (J. appl. Physics **29.** 734. April 1958. Oxford, Clarendon Labor.) D. JÖRCHEL. 134

T. H. Lee, *Über die Diskussion der T–F-Theorie durch Robson und von Engel.* (Vgl. vorst. Ref.) Vf. entkräftet an Hand mitgeteilter Rechenergebnisse die Behauptung über die Übereinstimmung der Ergebnisse anderer Autoren sowie die gegen die T–F-Theorie gemachten Einwände. Er weist bes. darauf hin, daß die T–F-Theorie sehr empfindlich vom Werte der Austrittsarbeit des Metalls abhängt u. z. B. auch unter der Annahme einer geringeren Stromdichte die Elektronenemission richtig erklären kann, wenn man eine entsprechend etwas andere Austrittsarbeit annimmt. Die l.c. zitierte Theorie von ROBSON u. VON ENGEL, die ursprünglich für Hg-Bögen entwickelt wurde, ist nach Ansicht des Vf. auf Cu oder Ag nur schwer zu erweitern. (J. appl. Physics **29.** 734—35. April 1958. Philadelphia, Pa., Gen. Electric Co.) D. JÖRCHEL. 134

Lawrence W. Jones und **Martin L. Perl,** *Experimentelle Demonstration einer elektronenoptischen Bildverstärkung mit Rückkopplung.* Der Verstärkungsfaktor einer Bildverstärkerröhre kann dadurch erheblich gesteigert werden, daß man die Helligkeitsverteilung des Bildschirmes durch ein Spiegelsyst. (opt. Rückkopplung) auf die Photokathode projiziert. Anwendung auf die hochempfindliche Beobachtung von großen Scintillationskristallen ist beabsichtigt. (Rev. sci. Instruments [N. S.] **29.** 441—42. Mai 1958. Ann Arbor, Mich., Univ. of Michigan.) F. LENZ. 134

A. H. Sommer, *Aktivierung von Silber-Magnesium- und Kupfer-Beryllium-Dynoden.* Bei hohen Tempp. in H_2O-Dampf (J. appl. Physics **25.** [1954.] 288)oder CO_2 aktivierte Ag–Mg-Dynoden haben eine bessere maximale Sekundäremissionsverstärkung δ als in reinem O_2 aktivierte. Als Erklärung dafür wurde angenommen, daß die großen W.- oder CO_2-Moll. nur an die Oberfläche diffundiertes Mg oxydieren, wodurch eine kontinuierliche MgO-Oberflächenschicht gebildet wird, während die kleinen O_2-Moll. in das Material eindringen, so daß nur eine mit Ag „verd." MgO-Schicht entsteht. Diese Deutung wird durch Ergebnisse an Cu–Be-Dynoden (Proc. Inst. Radio Engrs. **38.** [1950.] 346) bestätigt: In H_2O-Dampf bei 550° aktivierte Proben (**I**) haben ein großes $\delta \approx 3{,}5$ (bei 200 eV Primärenergie), da das nach außen diffundierende Be eine kontinuierliche BeO-Schicht bildet. In O_2 bei 750° aktivierte Cu–Be-Dynoden (**II**) haben nur ein $\delta < 1{,}2$ u. eine nahezu schwarze Oberfläche, da Be u. Cu in der Oberflächenschicht oxydiert werden (im Unterschied zum schwarzen Kupferoxyd fällt das bei hohen Tempp. mit O_2 nicht reagierende Ag im Falle von Ag-Mg nicht auf). Nacheinander wie **I** u. **II** aktivierte Cu–Be-Proben verhalten sich wie **I**, da das Cu wegen der durch W. gebildeten BeO-Schicht durch O_2 nicht mehr angreifbar ist. (J. appl. Physics **29.** 598—99. März 1958. Princeton, N. J., RCA Labors.) D. JÖRCHEL. 134

W. Ch. van Geel, C. A. Pistorius und **P. Winkel,** *Photoeffekt an anodischen Oxydschichten auf Tantal und Aluminium.* Im UV-Licht einer Hg-Lampe wurden die Strom-Spannungs-Charakteristik, der Photostrom u. die Photospannung der Systeme Ta/Ta_2O_5/Elektrolyt, Ta/Ta_2O_5/CuJ u. Al/Al_2O_3/Elektrolyt untersucht. Der Kurzschluß-Photostrom ist proportional der Beleuchtung. Die Leerlauf-Photospannung erweist sich als träge, sie steigt nach Beleuchtungs-Beginn exponentiell mit einer von der Intensität der Beleuchtung abhängigen Zeitkonstanten. In der Strom-Spannungs-Charakteristik werden Sperr- u. Durchlaß-Bereich durch die Beleuchtung beeinflußt. Die Deutung an Hand des Bändermodelles geht von der Annahme aus, daß die Austrittsarbeit für Elektronen von Metall zum Oxyd kleiner als die beim Übergang von der anderen Seite in das Oxyd ist. (Philips Res. Rep. **13.** 265—76. Juni 1958. Eindhoven.) C. REUBER. 134

J. Woods, *Photochemische Effekte und der Einfluß von Sauerstoff auf die Photoleitung von Cadmiumsulfidkristallen.* Die Photoleitfähigkeit von CdS-Einkristallen mit Cd-Überschuß (S-Leerstellen) nimmt im allg. bei Belichtung zeitlich stark ab. Die Abnahme kann durch Temperung (bei ca. 100°) zum Teil rückgängig gemacht werden. Unterss. des Einfl. von Belichtung u. Temperung auf die GLOW-Kurven der Leitfähigkeit führen zu der Annahme der Bldg. von Cd-Leerstellen während der Belichtung. Auch die Einw. von O_2 bei Raumtemp. setzt die Photoleitfähigkeit von CdS-Kristallen mit S-Leerstellen (als Folge einer Besetzung der Leerstellen mit O) herab. Kristalle mit Cl-Zusätzen als Donatoren (an Stelle von S-Lücken-Donatoren) u. teilweiser Kompensation der Cl-Donatoren durch Cu-Acceptoren zeigen den Bestrahlungs- u. O_2-Effekt prakt. nicht. In wenig empfindlichen Kristallen wird durch Erhitzen in Luft oder O_2 auf 500° eine starke Empfindlichkeitserhöhung erreicht. Der Einfl. von O_2 bei verschied. Kristallen wird im Zusammenhang mit der beobachteten Veränderung des Leitfähigkeits-GLOW-Kurvenspektr. diskutiert. (J. Electronics and Control [1] **5**. 417—26. Nov. 1958. Wembley, Gen. Electric. Ltd., Res. Labors.) J. RUDOLPH. 134

M. Zöllei, *Über eine chemische Sensibilisierungsmethode der mit Sintern hergestellten CdS-Schichten.* Relativ homogene, mechan. stabile CdS-Schichten werden aus CdS-Suspensionen (mit etwas $CdCl_2$) oder aus koll. CdS-Lsgg. durch Auftragen auf Träger, Trocknen bei 70—80° u. anschließendes Sintern (optimal 550—600°) hergestellt. Bei der Herst. mit koll. CdS (Fällung aus $CdSO_4$-Lsgg. mit etwas NH_4Cl durch H_2S) empfiehlt sich vorherige Austreibung des überschüssigen H_2S u. nachträgliche Zugabe von NH_4Cl; während der folgenden therm. Behandlung der Schichten wird Cl in das CdS eingebaut, wodurch zusätzlich zu dem Lichtempfindlichkeitsmaximum des reinen CdS um 500 mμ ein zweites Maximum bei 580 mμ hervorgerufen sowie die Lichtempfindlichkeit der Schichten – je nach therm. Behandlung – um 2 bis 3 Zehnerpotenzen erhöht wird. Auch durch Br u. J (aus den NH_4-Verbb.) ist eine Sensibilisierung jedoch in geringerem Maße u. bei anderer spektraler Beeinflussung der Empfindlichkeit möglich. (Acta Univ. Szegediensis, Acta physica chem. [N. S.] **3**. 21—26. 1957. Szeged, Univ., Ist. Exp. Phys. J. RUDOLPH. 134

J. Láng, *Die Eigenschaften von PbSe-Schichten mit Ag-Zusatz in der Luftatmosphäre.* Aus Leitfähigkeits- u. Photoleitungsmessungen an im Vakuum hergestellten, reinen u. mit Ag dotierten PbSe-Schichten ergibt sich: Undotierte Schichten, die im Vakuum (10^{-5} Torr) n-leitend sind, werden in Luft bei Drucken $p > 0{,}1$ Torr p-leitend, bei $p \sim 0{,}1$ Torr quasieigenleitend mit größtem Photoeffekt. Bei Schichten, die im Vakuum p-Leiter sind, nehmen Leitfähigkeit u. Photoeffekt mit zunehmendem O-Geh. monoton ab. Mit Ag dotierte PbSe-Schichten (0,025—0,5% Ag) zeigen an der Luft bei Ag-Konzz. $C \leqslant 0{,}05\%$ p-Leitung, bei $C \geqslant 0{,}075\%$ zunehmende n-Leitung. Durch Ag-Zusätze geeigneter Konz. können luftbeständige PbSe-Schichten mit höchstem Dunkelwiderstand u. höchster Photoempfindlichkeit hergestellt werden. (Acta Univ. Szegediensis, Acta physica chem. [N. S.] **3**. 27—32. 1957. Szeged, Univ., Inst. für Exp. Phys.) J. RUDOLPH. 134

D. H. Roberts, *Lichtelektrische Leitfähigkeit in Bleiselenid.* Experimentelle Unters. an chem. niedergeschlagenen u. aufgedampften Schichten sowie an fadenförmigen Proben. Sauerstoff hat dreierlei sensitivierende Wirkungen: 1) Er vermindert die Dunkelträgerkonz. durch Ausfüllen der Se-Fehlstellen, wodurch die Leitfähigkeit in Richtung auf die Eigenleitung verschoben wird. 2) Er beseitigt durch denselben Prozeß Potentialschranken. 3) Er bewirkt eine Erhöhung der Lebensdauer der Träger durch Verminderung der Oberflächen-Rekombinationsgeschwindigkeit. Potentialschranken spielen eine zweifache Rolle: 1) Sie behindern die Empfindlichkeit im langwelligen Bereich. 2) Sie erhöhen die Empfindlichkeit im kurzwelligen Bereich durch Verminderung der Gleichgewichts-Dunkelkonzentration. (J. Electronics and Control [1] **5**. 256—69. Sept. 1958. Towcester, Northants., Plessey Co. Ltd., Caswell Res. Labors.) F. LENZ. 134

F. Wilessow und **A. Terenin,** *Photoelektronische Emission aus der Oberfläche von Halbleiter-Katalysatoren.* Der Einfl. adsorbierter Gasmoll. auf den äußeren Photoeffekt der katalyt. wirksamen Metalloxyde *ZnO*, *NiO* u. Cr_2O_3 wurde unter Verwendung eines GEIGER-Zählers gemessen. Für ZnO, dessen Oberfläche durch Ausheizung im Vakuum (bis 350°) von adsorbierten Moll. befreit ist, liegt die Grenzwellenlänge der Photoemission bei 1970 Å (6,3 eV). Nach Kontakt mit O_2 (3 bis 5 mm Hg) u. Evakuieren verschiebt sich die Grenze bis zu 1730 Å, was eine Erhöhung der Austrittsarbeit um ca. 1 eV bedeutet. Offensichtlich haben sich die chemisorbierten O_2-Moll. in negativ geladene Teilchen verwandelt. Bei Adsorption von *CO* beobachtet man eine Verschiebung der Grenze um 0,2 eV in der entgegengesetzten Richtung, was auf eine Polarisation des CO-Mol. mit positiver Ladung nach außen schließen läßt. Für p-leitendes NiO liegt die Grenze im Vakuum bei 2200 Å (5,6 eV); CH_4 verschiebt die Grenze unwesentlich, *Bzl.* um

0,3 eV, was auch auf eine Polarisation der adsorbierten Moll. mit positiver Ladung nach außen deutet. CO verschiebt die Grenze um 1 eV nach längeren Wellenlängen. Nach Adsorption von A.-Dampf an ZnO, Cr_2O_3 u. NiO wird die Grenze des Photoeffektes nach längeren Wellenlängen um 0,8 bis 1,0 eV verschoben. Die Spektralkurve besitzt jedoch eine breite niedrige Vorstufe, welche auf eine Inhomogenität der Oberfläche zurückgeführt werden kann. Die Ergebnisse deuten entweder auf eine Orientierung der adsorbierten A.-Moll. bzw. der entstandenen Bruchstücke mit dem positiven Pol nach außen oder auf eine starke Polarisation infolge einer Elektronenabgabe an den Halbleiter. (Naturwissenschaften **46.** 167—68. 1.März-H. 1959. Leningrad, Univ., Physikal. Inst.) J. JASKOWSKY. 134

A. C. Sim, *Eine Bemerkung über die Oberflächenrekombinationsgeschwindigkeit und den Abfall der lichtelektrischen Leitfähigkeit.* Bei der Best. der Lebensdauer von zusätzlichen Ladungsträgern in Halbleitern wie *Si* u. *Ge* aus dem zeitlichen Abfall der Leitfähigkeit ist die von McKELVEY u. LONGINI vorgeschlagene Korrekturformel zur Berücksichtigung der Oberflächenrekombination nicht in einem so weiten Bereich gültig wie meist angenommen wird. Eine kritische Diskussion des Gültigkeitsbereichs führt auf eine verbesserte Korrekturformel. (J. Electrioncs and Control [1] **5.** 251—55. Sept. 1958. Enfield, Standard Telecommunicat. Labor. Ltd.) F. LENZ. 135

M. I. Klinger und **P. I. Woronjuk,** *Galvanomagnetische Erscheinungen bei starken magnetischen Feldern in Halbleitern vom n-Ge-Typ.* (Журнал Экспериментальной и Теоретической Физики [J. exp. theoret. Physik] **33.** 77—87. Juli 1957. Tschernowitz, Univ. u. Akad. der Wiss. der UdSSR, Halbleiterinst.) — C. **1959.** 13381.) R. K. MÜLLER. 135

D. R. Muss und **R. F. Greene,** *Sperrwiderstandszusammenbruch in In–Ge-Legierungsübergängen.* Eine große Zahl von In–Ge-Legierungsübergängen mit Basiswiderständen zwischen 0,03 u. 4,52 Ωcm wurden hinsichtlich des Zusammenbruches des Sperrwiderstandes untersucht. (I–U-Kennlinie, Messung der Stromimpulse Δi, die bei kurzzeitiger Belichtung eines Basispunktes entstehen, in Abhängigkeit von der Sperrspannung V_a: „Multiplikation $M(V_a) = \Delta i(V_a)/\Delta i(0)$“). Es zeigt sich, daß bei scharfen p^+n-Übergängen mit niedrigem Basiswiderstand der Durchbruch durch den ZENER-Effekt (innere Feldemission), bei hohem Basiswiderstand durch Stoßionisation (Lawinen) ausgelöst wird. Im Zwischengebiet können beide Effekte gleichzeitig auftreten. (J. appl. Physics **29.** 1534—37. Nov. 1958. Pittsburgh, Pa., Westinghouse Res. Labors.) K. ZÜCKLER. 135

Tadaichi Yabumoto, *Elektrische und optische Eigenschaften von GeS.* Es wurden die Halbleitereigg. von GeS hoher Reinheit untersucht. Die Proben wurden durch Rk. von Ge u. S im Vakuum bei hohen Tempp. hergestellt. Das zum Teil entstehende GeS_2 wurde im heißen Ammoniakstrom durch Red. beseitigt. Der Dunkelwiderstand aufgedampfter Schichten u. polykristalliner Blöcke von GeS, die nach dieser Meth. hergestellt wurden, betrug 10^{10} Ωcm oder mehr. Die therm. Aktivierungsenergie des Dunkelstromes war 0,75 ∼ 1,0 eV für höhere u. 0,25 ∼ 0,5 eV für tiefere Temperaturen. Die Absorptionskante lag bei 700 mμ. Bei Zimmertemp. lag die spektrale Empfindlichkeit der Photoleitfähigkeit im Vakuum bei 700 mμ u. an der Luft bei 800 mμ. Die thermoelektr. Kraft betrug ∼ 1 mV/grad. Das Vorzeichen der thermoelektr. Kraft läßt auf Leitung durch Defektelektronen schließen. (J. physic. Soc. Japan **13.** 559—62. Juni 1958. Hamamatsu, Japan, Shizuoka Univ., Inst. of Electr. Engng.) W. KLEIN. 135

R. Gáspár, *Methode der ebenen Wellen mit einem modifizierten Potentialfeld.* Die neue, mit ebenen Wellen arbeitende Meth. dient zur Best. des Energiebandspektr. der Metallelektronen. Kernpunkt ist die Einführung eines „abstoßenden“ Potentials, das der hohen kinet. Energie der Eigenfunktion Rechnung trägt, die in der Nachbarschaft der Kerne oscilliert. Auf diese Weise lassen sich die Valenzelektronen so behandeln, als ob sie die BRILLOUIN-Zonen allmählich von der untersten Zone aus füllen; die Eigenfunktionen können daher gut durch eine Linearkombination einiger ebener Wellen approximiert werden. Die neue Meth. wird mit den üblichen Verff. verglichen. (Acta physica Acad. Sci. hung. **9.** 79—95. 1958. Debreçen, Kossuth Lajos Univ., Inst. for Theoret. Phys.; Budapest, Hungarian Acad. of Sci., Res. Group for Theoret. Phys.) D. JÖRCHEL. 136

S. Yamaguchi, *Zur Polarisation der freien Elektronen.* In Fortsetzung einer früheren Arbeit (C. **1958.** 9401) wird die Polarisation der Elektronenstrahlen mit $\lambda = 0{,}0306$ Å, die ein Ferromagnetikum durchdringen, berechnet, indem die Wechselwrkg. mit WEISSschen Bezirken u. BLOCHschen Wänden berücksichtigt wird. (Naturwissenschaften **45.** 332—33. 2. Juli-H. 1958. Tokyo, Scient. Res. Inst., 31 Kamifuji, Hongo.) G. SCHOFFA. 137

Jean-Michel Rocard, Georges J. Béné und **Richard C. Extermann,** *Phasendetektor ohne Modulation bei niedrigen Frequenzen zur Beobachtung der magnetischen Kernresonanz bei sehr niedrigen Frequenzen.* (C. R. hebd. Séances Acad. Sci. **244.** 887—89. 11/2. 1957.) G. SCHOFFA. 137

Myron S. Glass, *Bewertung dauermagnetischen Materials für die magnetische Fokussierung von Elektronenbündeln.* Es werden die durch die moderne Technik elektron. Geräte (bes. der Wanderfeldröhren mit röhrenförmigen Dauermagneten) bedingten veränderten Anforderungen an magnet. Materialien diskutiert. Da in zunehmendem Maße Magnete mit hoher Koerzitivkraft bei verhältnismäßig geringer Remanenz verlangt werden, dürfte die Entw. von Dauermagneten mit kleiner Remanenz, die bisher die allg. Anwendbarkeit derartiger Magnete beschränkte, von großer Bedeutung sein. (J. appl. Physics **29.** 403—04. März 1958. Murray Hill, N. J., Bell Telephone Labors., Inc.) D. JÖRCHEL. 137

Herbert B. Callen, *Ferromagnetische dynamische Empfindlichkeit.* Es wird eine dynam. Gleichung, die den Gang der Magnetisierung mit dem angelegten Feld beschreibt, im Rahmen der Spinwellentheorie abgeleitet. Sie enthält 3 Parameter, die als Funktionen besonderer Magnon–Magnon- u. Magnon–Phononen-Übergangswahrscheinlichkeiten definiert sind. Eine ausführlichere Theorie für einen dieser Parameter wird diskutiert. Die sich ergebende Größen- u. Gestaltabhängigkeit des magnet. Verlustes sollte experimentell beobachtbar sein. (J. appl. Physics **29.** 333—34. März 1958. Philadelphia, Pa., Univ. of Pennsylvania, Dep. of Phys.) D. JÖRCHEL. 137

R. W. Kulterman, F. W. Neilson und **W. B. Benedick,** *Impulsgenerator auf der Grundlage einer hohen Stoß-Entmagnetisierung des ferromagnetischen Materials.* Durch mechan. Stoßwellen kann die remanente Magnetisierung eines Ferromagneten infolge Desorientierung der elementaren magnet. Momente vollständig vernichtet werden. Die dabei auftretende Flußänderung erzeugt in der Wicklung um den Kern einen Spannungsimpuls, der im Idealfall eine Amplitude von $e_g = NB_Rvw$ [V] u. eine Breite von $T = s/v$ [sec] hat, wobei N = Anzahl der Windungen, B_R = remanente Magnetisierung [Weber/m²], v = Stoßwellengeschwindigkeit [m/sec], w = Breite [m] des Kerns (mit rechtwinkligem Querschnitt) senkrecht zu B_R u. v, u. s = Dicke [m] des Kerns parallel zu v. Verss., bei denen Impulse von 6400 [V/Windung-m] erzeugt wurden, bestätigen qualitativ die Theorie. Die Funktion des Generators läßt sich durch Umwandlung eines Teils der Stoßwellenenergie in elektr. Energie erklären. (J. appl. Physics **29.** 500—601. März 1958. Albuquerque, N. Mex., Sandia Corp.) D. JÖRCHEL. 137

J. T. Ludwig, *Konstruktion optimaler Induktoren unter Verwendung magnetisch harter Ferrite, die mit magnetisch weichem Material kombiniert sind.* Es wird eine allg. Meth. zur Analyse u. Synthese der Eigg. asymm. Ströme führender Induktoren mit ferromagnet. weichen Kernen u. magnet. harten Spalten aus Ferriten diskutiert. Luftspaltinduktoren sind als Grenzfall eingeschlossen. (J. appl. Physics **29.** 497 bis 499. März 1958. Hopkins, Minn., Honeywell Res. Center.) D. JÖRCHEL. 137

P. R. Gillette und **K. Oshima,** *Ummagnetisierung durch Rotation.* Es wird eine vollständig allg. Analyse des Mechanismus der Ummagnetisierung durch Rotation gegeben, die auf ferromagnet. Einbereich-Körper jeden Anisotropietyps unter der Wrkg. beliebig gerichteter angelegter Felder angewandt werden kann. Behandelt werden eine Kugel, ein Zylinder u. ein dünnes Scheibchen, wobei in den beiden ersten Fällen einaxiale u. kub., beim Scheibchen nur einaxiale Anisotropie angenommen wird. Die resultierenden Differentialgleichungen lassen sich numer. lösen u. liefern Ausgangsspannungen, Umschaltzeiten u. -konstanten. (J. appl. Physics **29.** 529—31. März 1958. Menlo Park, Calif., Stanford Res. Inst.) D. JÖRCHEL. 137

P. R. Gillette und **K. Oshima,** *Ummagnetisierung in dünnen Filmen durch kohärente Rotation.* (Vgl. vorst. Ref.) Es werden theoret. Ergebnisse über die Ummagnetisierung dünner Filme durch kohärente Rotation des Magnetisierungsvektors mitgeteilt, die durch Lösen von Differentialgleichungen größerer Genauigkeit u. Allgemeinheit als bisher mittels elektron. Digitalrechner gewonnen wurden. Angegeben sind der Verlauf des optimalen Dämpfungsfaktors α, der maximalen Ausgangsspannung e_p u. Umschaltzeit in Abhängigkeit von der Größe u. Richtung des an einen dünnen ferromagnet. Film mit einaxialer Anisotropie angelegten Feldes. Für eine bestimmte Richtung des angelegten Feldes nehmen mit wachsender Feldstärke α u. e_p zu, die Umkehrzeit ab. Die reziproke Umschaltzeit als Funktion der Feldstärke verläuft parabol., wenn der Dämpfungsfaktor stets gleich seinem optimalen Wert ist, dagegen hyperbol., wenn er eine Konstante ist. (J. appl. Physics **29.** 1465—70. Okt. 1958. Menlo Park, Calif., Stanford Res. Inst.) D. JÖRCHEL. 137

W. J. Carr jr., *Temperaturabhängigkeit der ferromagnetischen Anisotropie.* Inhaltlich ident. mit der C. **1958.** 11147 referierten Arbeit. (J. appl. Physics **29.** 436—37. März 1958. Pittsburgh, Pa., Westinghouse Res. Labors.) D. JÖRCHEL. 137

Shigeto Yamaguchi, *Messung der magnetischen Induktion eines dünnen Eisenfilmes durch Elektronenbeugung.* Es wird die magnet. Induktion eines dünnen Fe-Films mit einer indirekten Meth. gemessen. Dazu wird die Ablenkung eines Elektronenstrahls durch den LORENTZ-Effekt in der magnet. Schicht bestimmt. Die Induktion des Fe-Films ergab sich zu $1{,}4 \cdot 10^4$ Gauß. (Z. Metallkunde **50.** 157—58. März 1959. Tokio, Japan.) H. HOCHSTEIN. 137

F. E. Luborsky, *Verlust an Austauschkopplung in den Oberflächenschichten ferromagnetischer Teilchen.* (Vgl. C. **1958.** 7670.) Verss. mit kugelförmigen, in fl. Hg. dispergierten koll. Fe-Teilchen von 28—265 Å Durchmesser zeigten, daß die nichtferromagnet. Oberflächenschicht eines Fe-Teilchens geringer als 1 Å sein muß (ca. 1 Atomradius). Diese Folgerung ergibt sich durch einen Vgl. des aufgrund der magnet. Sättigung berechneten ferromagnet. Fe-Anteils mit dem durch chem. Analyse bestimmten Gesamtbetrag an Fe. Die (l/H)-Extrapolation der magnet. Induktion dürfte die Sättigungsinduktion bei Raumtemp. von Teilchen mit Radien $>$ 100 Å gut wiedergeben. Für kleinere Teilchen im superparamagnet. Größenbereich muß mit der LANGEVINschen Funktion gerechnet u. die Größenverteilung der Teilchen berücksichtigt werden. Die Abnahme der Sättigungsinduktion infolge des Verlustes an Austauschkopplung an der Oberfläche der Teilchen im Größenbereich oberhalb 100 Å, der für Feinteilchen-Dauermagnete von Interesse ist, ist vernachlässigbar. (J. appl. Physics **29.** 309—10. März 1958. West Lynn, Mass., Gen. Electr. Co., Instr. Dep.) D. JÖRCHEL. 137

Hans Stephani, *Blochwände in dünnen Eisenschichten.* In Abhängigkeit von der Schichtdicke wird für Fe die Energie von 90°- u. 180°-Wänden für Modelle mit u. ohne Raumladungen u. mit u. ohne Oberflächenladungen berechnet. Dabei zeigte sich, daß für dicke Schichten Oberflächenladungen günstiger sind, da in diesem Falle die Wandenergie monoton mit abnehmender Schichtdicke wächst. Umgekehrt sind für sehr dünne Schichten Raumladungen energet. günstiger. Für dünne Schichten sind ferner 90°-Wände wesentlich günstiger als 180°-Wände. Die Rechnungen werden ferner zur Diskussion der energet. Möglichkeiten von Doppelwänden, wie sie von WILLIAMS u. SHERWOOD bei dünnen Schichten beobachtet wurden, u. zur Erklärung des Einflusses äußerer Magnetfelder auf die Elementarbereich- u. Wandstruktur herangezogen. (Wiss. Z. Friedrich-Schiller-Univ. Jena/Thür., math.-naturwiss. Reihe **7.** 373—77. 1957—1958. Theoret. Physikal. Inst.) H. FAHLENBRACH. 137

R. V. Coleman und **G. G. Scott,** *Magnetische Bereichsmuster auf Eisen-Whiskers.* (Vgl. C. **1958.** 2338.) An Hand weiterer Abbildungen werden die magnet. Bereiche diskutiert, die an in [111], [100] u. [110]-Richtung wachsenden Fe-Nadeln beobachtet wurden. Erwärmung über den CURIE-Punkt verändert die Muster auf {100}-Flächen. Einige Bereichsanordnungen erzeugen sich schneidende Grenzlinien an der Kristallfläche, die kein Magnetit sammeln. Ferner wurden „Dolch"-Muster, die sich auf {110}-Flächen unter der Wrkg. senkrechter Felder bilden, sowie die Wrkg. desorientierter Oberflächen auf diese Muster untersucht. (J. appl. Physics **29.** 526—27. März 1958. Detroit, Mich., Res. Staff General Motors Corp.) D. JÖRCHEL. 137

R. W. DeBlois und **C. D. Graham jr.,** *Bereichsbeobachtungen an Eisen-Whiskers.* (Vgl. C. **1959.** 9825.) Die mitgeteilten Beobachtungen bestätigen die Ergebnisse von COLEMAN u. SCOTT (C. **1958.** 2338), daß Bereichwände auftreten können, quer zu denen die Normalkomponente der Magnetisierung nicht konstant ist. Diese Wände haben manchmal ein punktiertes oder sägezahnähnliches Aussehen. Vff. fanden derartige Wände in einer geschlossenen Bereichsstruktur, die eine näherungsweise Berechnung der Oberflächenenergie der gezackten Wand erlaubte. Diese Energie ist ca. 10mal so groß wie die Energie einer n. 90°-Wand oder 5mal so groß wie die Energie einer n. 180°-Wand. Wahrscheinlich enthält die gezackte Wand eine innere Struktur, die weitgehend alle freien Pole eliminiert. (J. appl. Physics **29.** 528—29. März 1958. Schenectady, N. Y., Gen. Electr. Res. Labor.) D. JÖRCHEL. 137

M. J. Savitski, *Wirkungen der Zusammensetzung und der Prozeßvariablen auf die magnetischen Eigenschaften der 50% Nickel–Eisen-Legierung.* Die untersuchten 50% Ni–Fe-Legierungsproben unterschieden sich 1. in ihren Zuss. (3 verschied. Anteile Mn, 2 Anteile Si, 2 Anteile S u. 2 Anteile O in Form von Fe_2O_3) u. 2. durch ihre Bearbeitung (Heißwalzen bei 2 verschied. Temperaturbereichen, Tempern oder Nichttempern nach dem Heißwalzen, Endtempern bei 6 verschied. Temperaturen). Die magnet. Prüfungen in einem selbstsättigenden Magnetverstärker zeigten, daß gewisse Elemente der Schmelze zugegeben werden müssen, damit eine kornorientierte Legierung mit befriedigenden magnet. Eigg. entsteht, u. daß die Bearbeitung mit diesen Zusätzen verträglich sein muß. Am günstigsten wirkten sich bin. Mn–O-Zusätze u. Heißwalzen bei hohen Tempp. (1050—850°) aus. Tempern nach dem Heißwalzen erwies sich im allg. als schädlich. Die guten magnet. Eigg. (verringerte Koerzitivkraft, verbesserte Rechteckform der Hysterese, hohe maximale Permeabilitätszunahme u. hohe Sättigungsflußdichte) beruhen wahrscheinlich auf einem günstigen Verunreinigungsprozeß infolge der Bldg. einer optimalen Konz. u. Dispersion der Reaktionsprodd., die während des Endtemperns eine sek. Rekristallisation verhindern. (J. appl. Physics **29.** 353—55. März 1958. East Pittsburgh, Pa., Westinghouse Electr. Co., Materials Engng. Dep.) D. JÖRCHEL. 137

O. L. Boothby, D. H. Wenny und **E. E. Thomas,** *Durch ein Magnetfeld induzierte Rekristallisation von MnBi.* An MnBi-Proben stöchiometr. Zus., die zunächst ohne Magnetfeld erhitzt wurden, um ein polykrist. Material willkürlicher Kristallorientierungen zu erhalten, wurde eine Rekristallisation beobachtet, als die Proben bei Tempp. zwischen ca. 270° u. dem CURIE-Punkt (ca. 350°) einem Magnetfeld von 8000 Oe ausgesetzt wurden. Die mit Hilfe des magnetoopt. KERR-Effekts sichtbar gemachten magnet. Bereiche zeigten, daß sich dabei eine Fasertextur entwickelte, in der die Kristalle mit der leichten Magnetisierungsrichtung (c-Achse) parallel zum angelegten Feld orientiert sind. (J. appl. Physics **29.** 353. März 1958. Murray Hill, N. J., Bell Telephone Labors., Inc.) D. JÖRCHEL. 137

A. J. P. Meyer und **C. Wolff,** *Die Untersuchung der ferromagnetischen Eigenschaften einer Reihe von Nickel–Kupfer-Legierungen.* Inhaltlich ident. mit der C. **1959.** 378 referierten Arbeit. (J. Physique Radium **19.** 60 S—61 S. Aug./Sept. 1958.) H. FAHLENBRACH. 137

D. S. Rodbell, *Untersuchung ausgefällter Teilchen in Cu–Co unter Verwendung der ferromagnetischen Resonanz.* Die Anisotropien von ca. 10% Cu enthaltenden Co-Teilchen, die aus einer festen nichtmagnet. Lsg. einer 2% Cu–Co-Legierung ausgefällt worden waren, wurden mit Hilfe der Meth. der ferromagnet. Resonanz untersucht. Im frühen Stadium des Wachstums sind die Ausfällungen im wesentlichen kugelförmig, werden jedoch während des weiteren, durch nachfolgende Wärmebehandlung bewirkten Wachstums ellipsoid., wobei die beiden größeren Halbachsen in zu den {100}-Kristallebenen parallelen Ebenen liegen. Die Struktur der Ausfällungen ist flächenzentriert kub. u. stimmt mit der der Cu-Matrix bis wenigstens 4,2° K überein. Die magnetokrist. Anisotropie der Ausfällungen wurde zu $K_1/M_s = -665$ Oe bei Raumtemp. bestimmt u. ist kleiner als die theoret. für kub. massives Co zu erwartende. (J. appl. Physics **29.** 311—12. März 1958. Schenectady, N. Y., Gen. Electr. Res. Labor.) D. JÖRCHEL. 137

P. Hedvig, *Ferromagnetische Resonanzabsorption in Permenorm bei einer Wellenlänge von 1,64 cm.* Es werden die an einem Permenorm-Scheibchen, das aus einem Transformatorblech herausgeschnitten worden war, aufgenommenen ferromagnet. Resonanzkurven für 6 verschied Orientierungen der Probe mitgeteilt. Es zeigte sich ein Resonanzmaximum bei 3 kOe. Das Resonanzfeld verschob sich mit der Orientierung, ebenso änderten sich Gestalt u. Breite der Linie stark mit der Orientierung. Die größte Verschiebung wurde bei 60° beobachtet. (Acta physica Acad. Sci. hung. **8.** 437—39. 1958.) D. JÖRCHEL. 137

C. A. Morrison und **N. Karavianis,** *Ferromagnetische Resonanz in einaxialen polykristallinen Materialien.* Die Resonanzkurve eines nichtleitenden polykrist. ferromagnet. Materials mit einaxialer kristall. Anisotropie wird theoret. berechnet. Dabei wird eine endliche Eigenlinienbreite für den Einkristall angenommen; Effekte der Korngrenzen, der Verunreinigungen u. Inhomogenitäten sowie Vol.- u. Oberflächendivergenz der Magnetisierung werden vernachlässigt. Die Ergebnisse werden qualitativ mit dem Experiment verglichen. (J. appl. Physics **29.** 339—40. März 1958. Washington, D. C., Diamond Ordnance Fuze Labor.) D. JÖRCHEL. 137

George T. Rado, *Wirkung der elektronischen mittleren freien Weglänge auf die Spinwellenresonanz in ferromagnetischen Metallen.* Unter bestimmten Bedingungen sollte man zur Deutung ferromagnet. Resonanzeffekte in Metallen nicht das OHMsche Gesetz verwenden, da die elektron. freie Weglänge gegen eine geeignet definierte effektive Skintiefe nicht vernachlässigbar sein kann. Das kann bereits bei mäßig tiefen Tempp. der Fall sein, wenn die äquivalente Permeabilität hinreichend groß ist. Die anomalen Effekte aufgrund der mittleren freien Weglänge sind bes. bei der Spinwellenresonanz bedeutend, d.h. einer modifizierten ferromagnet. Resonanz, die merklich durch Austauschwechselwrkgg. in der Skintiefe beeinflußt wird. Auf der Grundlage der MAXWELLschen Gleichungen u. der Spinwellengleichung wird eine Störungsmeth. zur Berechnung dieser Effekte entwickelt u. die Anwendbarkeit der Ergebnisse auf experimentelle

Ergebnisse diskutiert. (J. appl. Physics **29.** 330—32. März 1958. Washington, D. C., U. S. Naval Res. Labor.) D. Jörchel. 137

J. R. Weertman und **G. T. Rado,** *Tieftemperatur-Spinwellenresonanz bei 3000 und 4000 MHz in einer Permalloy-Legierung mit nahezu verschwindender magnetokristalliner Anisotropie.* (Vgl. C. **1955.** 10927.) Die l. c. mitgeteilten Verss. wurden auf Tempp. des fl. Stickstoffs erweitert. Bei Raumtemp. läßt sich die vollständige Resonanzkurve bei 3000 u. 4000 MHz nach der Spinwellenresonanztheorie von Ament u. Rado erklären (vgl. C. **1956.** 11900), wenn man eine mittlere Austausch-Steifheitskonstante A = $(3,3 \pm 0,5) \cdot 10^{-6}$ erg/cm u. einen g-Faktor von $2,06 \pm 0,01$ verwendet. Die nach dieser Theorie bei tieferen Tempp. zu erwartenden Effekte, Vergrößerung der Austauschverbreiterung der Resonanzlinie u. Abnahme des Resonanzfeldes, wurden zwar qualitativ, jedoch nicht in der vorausgesagten Größe beobachtet. Bei gegebener Temp. unterscheiden sich die Verläufe des Imaginärteils der äquivalenten Permeabilität als Funktion des Realteils bei 3000 u. 4000 MHz nur um einen Skalenfaktor. Bei tiefen Tempp. ist die Diskrepanz zwischen Theorie u. Experiment für beide Frequenzen etwa dieselbe; da sich die entsprechenden Resonanzfelder um einen Faktor 2 unterscheiden, müssen irgendwelche Effekte infolge unvollständiger Sättigung ausgeschlossen werden. (J. appl. Physics **29.** 328—29. März 1958. Washington, D. C., U. S. Naval Res. Labor.) D. Jörchel. 137

E. S. Dayhoff, *Dämpfung und Dispersionsbeziehungen bei der antiferromagnetischen Resonanz.* Unter Verwendung verschied. Modifizierungen des Blochschen Dämpfungsterms wurde die tensorielle Susceptibilität eines Antiferromagneten mit einaxialer Anisotropie berechnet. Die axiale Komponente ist bes. einfach u. läßt sich mit Hilfe der Dispersionsbeziehungen von Kronig-Kramers prüfen. Es zeigt sich, daß von den betrachteten Dämpfungstermen nur einer, der die Relaxation zu den momentanen Gleichgewichtsmagnetisierungen einschließt, die Dispersionsbeziehungen erfüllt. (J. appl. Physics **29.** 344—45. März 1958. White Oak, Silver Spring, Md., U. S. Naval Ordnance Labor.) D. Jörchel. 137

A. H. Morrish und **L. A. K. Watt,** *Die Koerzitivkraft von Eisenoxyd-Mikropulvern bei tiefen Temperaturen.* Zwischen 77 u. 300° K wird die Temp.-Abhängigkeit der Koerzitivkraft H_c von Pulvern verschied. Korngröße aus Fe_3O_4 u. γ-Fe_2O_3 gemessen. Für Einelementarbereichpulver aus Fe_3O_4 kann die gemessene Abnahme der Koerzitivkraft mit zunehmender Temp. durch die entspr. Abnahme der Anisotropieenergie theoret. gut erklärt werden. Bei größeren Korngrößen (Mehrbereichteilchen) aus Fe_3O_4 tritt bei T = — 143° C, wo die Anisotropiekonstante das Vorzeichen wechselt, ein deutliches Minimum auf. H_c hängt in diesem Falle also nur von der Kristallanisotropie ab. Die gefundene Abhängigkeit der Koerzitivkraft von der Korngröße d bei kleinen Mehrbereichteilchen, nämlich eine Abnahme von H_c mit wachsendem d u. bes. eine Abflachung des Minimums bei —143° C, kann theoret. noch nicht quantitativ erklärt werden. Für γ-Fe_2O_3 wird ebenfalls eine Zunahme von H_c mit abnehmender Temp. beobachtet, wobei diese Zunahme bei Einelementarbereichpulvern größer als bei Mehrbereichteilchen ist. Bei Mehrbereich-Magnetpulvern wird ein magnet. Gedächtnis-Effekt festgestellt. H_c hängt bei Tempp. unterhalb des Umwandlungspunktes von der magnet. Vorgeschichte der Probe ab. (J. appl. Physics **29.** 1029—33. Juli 1958. Minneapolis, Minn., Univ.) H. Fahlenbrach. 137

L. Kozłowski und **Z. Ziołowski,** *Der Einfluß von Zusätzen einiger Metalloxyde auf die Struktur und die magnetischen Eigenschaften von Bariumferriten.* Es wurden bei höheren Tempp. gesinterte Mischungen von Ba-Ferrit (I, $BaFe_{12}O_{19}$) mit verschied. 3- u. 2-wertigen Metalloxyden magnet. u. röntgenograph. untersucht. Zusatz von maximal 2 Mol-% Bi_2O_3 erhöht die Remanenz von I um 10% u. die Koerzitivkraft um 25%. In Ggw. von $\leqslant 2\%$ Bi_2O_3 entsteht eine nicht identifizierte Phase u. eine Lsg. von Bi_2O_3 in I. Die Sintertemp. von I wird durch Bi_2O_3 auf 1000° gesenkt. Die Koerzitivkraft von I kann in weiten Grenzen durch Sintern mit Al_2O_3 bei 1250° variiert werden. Al_2O_3 bis zu 42 Mol-% ruft außer Aufweitung der Elementarzelle von I keine Strukturänderung hervor. Zusatz von $\leqslant 10\%$ Mn_2O_3 bei der Sintertemp. 1150° verursacht einen geringeren Abfall der Remanenz als ein Zusatz von Al_2O_3, bei gleicher Erhöhung der Koerzitivkraft. Cr_2O_3, NiO u. CoO verschlechtern die magnet. Eigg. von I. Bei Zusatz von $\geqslant 5$ Mol-% NiO oder CoO entsteht eine neue, magnet. weiche Phase. (Prace Inst. Hutniczych **10.** 305—31. 1958. Inst. Metalurg. Żelaza.) F. Urban. 137

S. E. Harrison, H. S. Belson und **C. J. Kriessman,** *Ursprung der Verbreiterung ferromagnetischer Resonanzlinien in manganreichen Manganferriten.* In dichten polykrist. u. Einkristallproben der Zus. $Mn_{1,26}Fe_{1,74}O_4$ u. $Mn_{1,49}Fe_{1,51}O_4$ wurden die Linienbreiten der ferromagnet. Resonanz, das magnet. Moment u. das Anisotropiefeld (K_1/M_s)

als Funktion der Temp. gemessen. Zwischen Raum- u. CURIE-Temp. zeigte die Überschuß-Resonanzlinienbreite ΔH_e (Differenz des polykrist. u. einkrist. ΔH) dieselbe Temperaturabhängigkeit wie die Sättigungsmagnetisierung, obwohl die polykrist. Dichte (>98%) in einem Bereich lag, in dem die Überschußlinienbreite gewöhnlich der Anisotropieverbreiterung zugeschrieben wird. Unterhalb der Raumtemp. wird ΔH_e vom Anisotropiefeld abhängig. Als Kriterium dafür, ob das Anisotropiefeld oder das magnet. Moment für die Verbreiterung verantwortlich ist, wird die Ungleichung $K_1/M_s^2 \lesssim 0,25$ angegeben. Der polykrist. g-Faktor ist größer als der des Einkristalls, beide Faktoren sind Temp.-Funktionen. Die Anisotropiekonstante K_1 ändert sich mit M_s^5. Die Verschiebung des polykrist. Resonanzmaximums stimmt annähernd mit Ergebnissen der Theorie von STANDLEY u. STEVENS (C. **1957.** 10398) überein. (J. appl. Physics **29.** 337—38. März 1958. Philadelphia, Pa., Remington Rand Univac.) D. JÖRCHEL. 137

Elena Lăbuscă und **Gheorghe Stancu,** *Der Einfluß des Sinterungsgrades auf die Eigenschaften von binären Nickelferriten.* Untersucht wird die Veränderung der Eigg. bin. Ni-Ferrite vom Typ HNiO · yZnO · zFe_2O_3 in Abhängigkeit von der Sintertemperatur. Hierbei wird festgestellt, daß eine Zunahme der maximalen Sintertemp. zu einer Erhöhung der D. u. magnet. Permeabilität sowie gleichzeitig auch zu einer Verringerung des spezif. elektr. Widerstandes führt, welche ihrerseits eine Erhöhung der Werte des Tangens des Verlustwinkels ermöglicht. Hieraus folgt, daß man für eine bestimmte Ferritzus. die Erzeugung von gesinterten Materialien mit unterschiedlichen Eigg. in Abhängigkeit vom Wärmebehandlungsbereich, der die verschied. Sintergrade bestimmt, ermöglichen kann. (Studii Cercetări Metalurgie **2.** 483—90. 1957.) H. HOCHSTEIN. 137

J. C. Slonczewski, *Ursprung der magnetischen Anisotropie in $Co_xFe_{3-x}O_4$.* Inhaltlich ident. mit der C. **1959.** 701 referierten Arbeit. (J. appl. Physics **29.** 448—49. März 1958.) D. JÖRCHEL. 137

E. Schlömann und **J. R. Zeender,** *Ferromagnetische Resonanz in polykristallinem Nickelferrit–Aluminat.* Es wurde die Linienverbreiterung infolge krist. Anisotropie u. zufälliger Orientierung der Kristallite für den Fall untersucht, daß das Anisotropiefeld viel größer als die Sättigungsmagnetisierung ist. Nach der Theorie ist eine Absorptionslinie zu erwarten, die an jeder Seite Erhebungen hat. Diese „Schultern" entsprechen den Körnern, in denen eine Orientierung des Magnetisierungsvektors in eine „schwere" oder eine „leichte" Richtung erfolgt. Mit steigender Anisotropie wird die Niedrigfeldseite der Linie vorherrschend u. für $\gamma H_a/\omega \gtrsim 0,5$ tritt ein Nebenabsorptionsmaximum auf dieser Seite der Hauptresonanz auf. Messungen an Ni-Ferrit–Aluminaten bei ca. 10000 Hz stimmen mit diesen Voraussagen befriedigend überein, wenn man annimmt, daß die Anisotropiekonstante 1. Ordnung negativ ist u. alle höheren Konstanten verschwinden. (J. appl. Physics **29.** 341—43. März 1958. Waltham, Mass., Raytheon Mfg. Co., Res. Div.) D. JÖRCHEL. 137

A. G. Chynoweth, *Pyromagnetischer Effekt: Eine Methode zur Bestimmung der Curie-Punkte.* Es wird eine Meth. zur Unters. des pyromagnet. Effekts (Temperaturänderung der Magnetisierungsstärke I) beschrieben. Durch kurze intensive Lichtblitze wurden in einem Gd–Fe–Granat-Kristall kurzzeitige Temperaturänderungen erzeugt, die kurzzeitige Änderungen von I zur Folge hatten. Die Größe des mit einer Detektorspule gemessenen Signals wird durch dI/dT bestimmt u. erlaubt eine zerstörungsfreie Messung des reinen Magnetisierungszustandes des Kristalls ohne äußere Felder. Da dI/dT am CURIE-Punkt ein scharfes Maximum hat, kann dieser genau u. einfach bestimmt werden. Die durch Lichtblitze induzierten T-Änderungen im Kristall brauchen nur Bruchteile eines Grad zu betragen. Nach dieser dynam. Meth., die auch zur Unters. des Verh. von dI/dT bei tiefen Tempp. geeignet ist, ergab sich für Gd–Fe-Granat ein CURIE-Punkt von 564 ± 3° K. (J. appl. Physics **29.** 563—65. März 1958. Murray Hill, N. J., Bell Telephone Labors., Inc.) D. JÖRCHEL. 137

Jean Paulevé, *Die Deutung der temperaturabhängigen Variation des Feldes bei ferromagnetischer Resonanz am Gadoliniumgranat.* Theoret. Deutung der früher publizierten (C. **1959.** 2360) Anomalie der Temperaturabhängigkeit des g-Faktors des polykrist. Gd-Granats. (C. R. hebd. Séances Acad. Sci. **245.** 1604—07. 4/11. 1957.) G. SCHOFFA. 137

B. A. Calhoun, W. V. Smith und **J. Overmeyer,** *Ferrimagnetische Resonanz in Gadoliniumeisengranat.* (Vgl. C. **1958.** 1769.) Es wird über eine Erweiterung der l. c. mitgeteilten Verss. berichtet, bei der ferrimagnet. Resonanzen bei 9479 u. 23725 mHz beobachtet wurden. Einkristalle nach 2 unterschiedlichen Herstellungsverff. hatten verschied. Kompensationspunkte bei 13 u. 32°. Das Resonanzverh. wird nach der Zweiuntergitter-Theorie diskutiert. Der g-Faktor des Gd ist oberhalb —90° temperaturunabhängig u. beträgt 2,006. Mit fallender Temp. nimmt er dann zu. Die Gd-Ionen tragen zur Anisotropie nur unterhalb —40° bei. In der Nähe des Kompensationspunktes wurde ein 2. Resonanzmaximum beobachtet, das offenbar von Kristalleinschlüssen (Magnetit) herrührt. Ein Vgl. der Linienbreiten mit denen des Y-Granats läßt vermuten, daß Gd wesentlich zur Dämpfung der Magnetisierung beiträgt. (J. appl. Physics **29.** 427—28. März 1958. Poughkeepsie, N. Y., IBM Corp., Res. Labor.) D. JÖRCHEL. 137

E. G. Spencer, R. C. LeCraw und **C. S. Porter,** *Ferromagnetische Resonanz in Yttriumeisengranat bei niedrigen Frequenzen.* Polierte Y–Fe-Granat-Einkristallkügelchen haben die engste Resonanzlinienbreite aller bekannten Ferromagnetica (2,3 Oe bei 9300 mHz, 5,7 Oe bei 3000 mHz, 10 Oe bei 2000 mHz u. 37,5 Oe bei 1850 mHz). An polierten Scheibchen wurden Resonanzen bei 44 mHz u. einem angelegten Feld von 1000 Oe sowie bei 2000 mHz u. einem Feld von 300 Oe beobachtet, die alle eine merkliche Feinstruktur zeigen. Nichtlineare Effekte konnten durch Anregung unstabiler Spinwellen erzeugt werden, auf deren Theorie eingegangen wird. Bei hinreichend niedrigen Frequenzen ist das zur Anregung der Nebenresonanz erforderliche Gleichfeld nach der SUHLschen Theorie mit dem für die Resonanz der gleichförmigen Präzession erforderlichen Feld identisch. Die in diesem Falle erforderliche krit. HF-Feldstärke $h_c = \Delta H^2/4\pi M_s$ (M_s = Sättigungsmagnetisierung) ist sehr gering u. wurde für polierte Kristallkugeln als Funktion der Frequenz von 1610—3220 mHz gemessen. Bei $4\pi M_s = 1725$ beträgt die Frequenz, unterhalb der die beiden erwähnten Resonanzen koinzidieren, 3220 mHz. Unterhalb 1610 mHz reichen die Gleichfelder für die Resonanz nicht zur Sättigung der Kugeln aus, u. es bilden sich Bereiche. Bei 2200 mHz tritt ein h_c-Minimum (2,0 mOe) auf, die auf den Resonanzhohlraum einfallende Leistung beträgt 20 μW, die von der Probe absorbierte Leistung ca. 1 μW. (J. appl. Physics **29.** 429—30. März 1958. Washington, D. C., Diamond Ordnance Fuze Labors.) D. JÖRCHEL. 137

Roland Aléonard und **Jean-Claude Barbier,** *Paramagnetische Untersuchung über Ferrite $5Fe_2O_3 \cdot 3M_2O_3$ mit M = Gd, Dy, Er.* Vff. untersuchen die Temperaturabhängigkeit des Paramagnetismus verschied. Ferrite ($5Fe_2O_3 \cdot 3M_2O_3$, M = Gd, Dy, Er) im Bereich 500—1600° K, d. h. über dem CURIE-Punkt, u. stellen fest, daß der Verlauf mit der Theorie des Ferromagnetismus von NÉEL zufriedenstellend beschrieben wird. (C. R. hebd. Séances Acad. Sci. **245.** 831—34. 19/8. 1957.) G. SCHOFFA. 137

Jean Guy, Jacques Tillieu und **Jean Baudet,** *Zur Deutung des temperaturunabhängigen Paramagnetismus.* (C. R. hebd. Séances Acad. Sci. **246.** 574—76. 27/1. 1958.) G. SCHOFFA. 137

E. Lutze und **D. Bösnecker,** *Paramagnetische Elektronenresonanzinduktion.* Vf. beschreibt die Induktion der Mikrowellen, d. h. die Ausstrahlung der Mikrowellenenergie in $CuSO_4 \cdot 5H_2O$ bei gleichzeitiger paramagnet. Resonanzabsorption. Die Messungen wurden in einem H_{111}-Resonator durchgeführt, der eine Trennung zwischen zwei senkrecht zueinander stehenden Schwingungszuständen ermöglicht. (Naturwissenschaften **45.** 332. 2. Juli-H. 1958.) G. SCHOFFA. 137

Jean Paul Burger und **Jules Wucher,** *Untersuchung des Paramagnetismus an gelösten Pd–Co–H-Legierungen.* Die Messungen der magnet. Susceptibilität an Legierungen $Pd_{99}Co_1H_{68,8}$, $Pd_{98}Co_2H_{65,9}$, $Pd_{98}Co_2H_{72,3}$, $Pd_{96}Co_4H_{50,8}$ u. $Pd_{96}Co_4H_{56,2}$ im weiten Temperaturbereich zeigten, daß das H den Paramagnetismus des Co mit der Konz. zunehmend senkt. (C. R. hebd. Séances Acad. Sci. **245.** 2230—33. 16/12. 1957.) G. SCHOFFA. 137

H. F. Hameka, *Berechnung der magnetischen Eigenschaften des Wasserstoffmoleküls.* Vf. berechnet die Protonenabschirmung σ u. die magnet. Susceptibilität λ des Wasserstoffmol. durch Wellenfunktionen, die aus eichinvarianten Atomfunktionen aufgebaut sind. Nach der WANGschen Näherung für die Wellenfunktion des Grundzustandes wurde σ zu $2{,}631 \cdot 10^{-5}$ u. χ zu $-3{,}920 \cdot 10^{-6}$ berechnet, während nach der ROSENschen Näherung $\sigma = 2{,}732 \cdot 10^{-5}$ u. $\chi = -4{,}045 \cdot 10^{-6}$ folgten. (Z. Naturforsch. **14a.** 599—602. Juli 1959. Eindhoven, Philips' Gloeilampenfabr., Phys. Labor.) H. LIEPACK. 137

R. L. Martin und **Alice Whitley,** *Magnetische Untersuchungen an Kupfer(II)-salzen. 3. Mitt. Der Zustand der Kupfer(II)-n-Alkanoate in der Lösung.* (2. vgl. C. **1958.** 3518.) Nachdem l. c. bei tiefen Tempp. ein anomaler Verlauf der magnet. Susceptibilität beobachtet wurde, werden die gleichen Verbindungen in W., Bzl. u. Dioxan magnet., kryoskop., spektrophotometr. u. ebullioskop. untersucht. Das magnet. Moment war in wss. Lsgg. bei allen Chelaten um 1,9 B.M., dagegen in Bzl. 1,4 B.M. u. in Dioxan 1,3 B.M. Im Festzustand fand man früher 1,38 B.M. W. zerstört scheinbar die dimere Struktur dieser Verbindungen. Dieser Befund wird mit anderen Methoden bestätigt. Die größeren Alkanoate zeigten das krit. Lösungsphänomen (KRAFFT). Spektrophotometr. wurde neben der Cu-Bande bei 700 mμ noch eine Bande bei 370 mμ gemessen, die in Dioxan stärker ausgeprägt war als in Bzl.; in wss. Lsgg. fehlte sie. (J. chem. Soc. [London] **1958.** 1394—1402. April. Sydney, Univ. of Technol., Dep. of Inorg. Chem., School of Appl. Chem.) G. SCHOFFA. 137

Shoichi Mase, *Die elektronische Struktur und der Diamagnetismus von Graphit.* Es werden die Energiebänder von Graphit nach der Blochschen Meth. untersucht u. die diamagnet. Susceptibilität berechnet. Der berechnete Wert für den Hauptterm des Landau-Peierlsschen Diamagnetismus, der Komponente parallel zur c-Achse, beträgt 30% des experimentellen Wertes. Ferner wird der Haas-van Alphen-Effekt analysiert. Es zeigt sich, daß der theoret. Wert der Perioden das 2,5-fache des experimentellen Wertes beträgt. Die Ursachen derartiger Abweichungen werden diskutiert. (J. physic. Soc. Japan **13.** 563—73. Juni 1958. Nagoya, Univ., Dep. of Gen. Educat.) W. Klein. 137

Max Huber und **E. A. Flood,** *Eine Notiz über die Temperaturabhängigkeit des elektrischen Widerstandes von an porösem Glas adsorbierten Salzlösungen.* Vycor-Glas 7930 in Reagenzglasform wurde 8—10 Tage in 0,1 n KCl- oder NaCl-Lsg. aufbewahrt; Glasstärke 0,12—0,13 cm. Dann wurde innen u. außen mit Hg umgeben u. Widerstandsmessungen der in dem Mikroporensyst. des Glases adsorbierten Salzlsg. ausgeführt. Eine selektive Adsorption der Salze wurde nicht festgestellt. Der Widerstand hängt im wesentlichen von Struktur u. Vol. der Mikroporen ab. Eine entsprechende Gleichung wird angegeben. Es wurde bei variabler Temp. von Hg u. Salzlsg. gemessen; ferner wurde bei 35,3^0 mit W. als Adsorbat im Porensyst. u. verschied. Wasserdampfdrucken gemessen. (Canad. J. Chem. **34.** 1497—1501. Okt. 1956. Ottawa, Can., Nat. Res. Council of Canada, Div. of Pure Chem.) Friedrich Wolf/Berlin. 138

Gerhard Schwarz, *Über die Dispersion des Orientierungsfeldeffektes von Polyelektrolyten in hochfrequenten elektrischen Feldern.* In Fortsetzung früherer (C. **1957.** 8139, 9288; C. **1958.** 4699) experimenteller u. theoret. Unterss. über die Orientierung von Polyionen im elektr. Wechselfeld auf Grund einer Beweglichkeitsanisotropie, die gleichzeitig mit einer Anisotropie der elektrolyt. Leitfähigkeit verbunden ist (Orientierungsfeldeffekt), wird eine Theorie entwickelt, aus der sich ergibt, daß die Induzierung des Dipols auf den polyvalenten Ionen angenähert einer einfachen Relaxationsgleichung gehorcht. Die ebenfalls erhaltene Relaxation der Polarisierung führt bei höheren Frequenzen zu einer Dispersion der effektiven Polarisierbarkeit u. damit des Orientierungsfeldeffektes. Die l. c. entwickelte Theorie dieses Effektes läßt sich so verallgemeinern, daß sie auch die Dispersion bei hohen Frequenzen umfaßt. Mit einer speziell entwickelten Meßmeth. (App. u. Meßverf. beschrieben) wurden die Aussagen der neuen Theorie an *Kaliumpolyphosphaten* verschied. Stäbchenlänge (Dispersionsgebiet um 100 kHz) geprüft, wobei sich gute Übereinstimmung ergab. Die gemessenen stationären Polarisierbarkeiten sowie die Relaxationszeiten der Polarisierung bzw. Entorientierung u. deren Konz.-Abhängigkeiten werden im Hinblick auf die Struktur der Polymeren diskutiert. (Z. physik. Chem. Frankf. Ausg. [N.F.] **19.** 286—314. März 1959. Göttingen, MPI für phys. Chem.) W. Wagner. 138

Ss. A. Nikolajewa und **L. Lumi,** *Untersuchung der Auflösungsgeschwindigkeit und des stationären Potentials von Zinkamalgam in Salzsäure.* Es wurde die Lösungsgeschwindigkeit u. das stationäre Potential von Zn-Amalgam beim Lösen in 0,5—5 n HCl untersucht. Es zeigte sich, daß die Lösungsgeschwindigkeit u. das stationäre Potential durch Rühren beeinflußt werden. Ein Zusatz von $ZnCl_2$ bewirkt eine Verschiebung des Potentials in positiver Richtung u. eine Abnahme der Lösungsgeschwindigkeit; KCl zeigt entgegengesetzte Effekte. Die Ergebnisse stimmen gut mit der Annahme überein, daß die Lösungsgeschwindigkeit von Zn-Amalgam durch die Geschwindigkeit der H_2-Entw. an der Kathode bei bestimmten stationärem Potential gegeben wird. Die Geschwindigkeit der kathod. H_2-Entw. ist best. durch die Zn^{2+}-Konz. an der sich lösenden Zn-Amalgam-Oberfläche. (Журнал Физической Химии [J. physik. Chem.] **32.** 2356—61. Okt. 1958. Tartu, Univ.) Wolfgang Müller. 140

K. C. Narasimham, A. Narayanaswami und **B. B. Dey,** *Elektrolytische Darstellung von Perchloraten.* Günstige Bedingungen (96% Stromausbeute) zur elektrolyt. Oxydation von Chlorat zu Perchlorat in einer Vers.-Zelle (7,5 · 4,0 · 7,0 cm) ergeben sich bei Anwendung eines Elektrolyten mit 600 (g/Liter) $NaClO_3$, 0,6 $K_2Cr_2O_7$, 0,6 K_2CrO_4, 1,0 $MgCl_2$, 5,5—5,5 V, 40 A/dm^2, 30—35^0 u. p_H 6,0—7,0. Die Stromausbeute fällt auf 85%, wenn die Zelle größer (16 · 10 · 16 cm) ist. Die Reinheit des erhaltenen NH_4ClO_4 ($KClO_4$) beträgt 99,50 (99,87)%. (J. sci. ind. Res. [New Delhi], Sect. A **16.** 512—16. Nov. 1957. Karaikudi, Centr. Electrochem. Res. Inst.) W. Wesly. 141

N. N. Woronin und **O. W. Isbekowa,** *Depolarisation von Sauerstoff an porigen Kohlen- und Graphitelektroden.* Bei der Elektrolyse bas. Lsgg., die mit O gesätt. sind, an gebrannten Kohle- u. Graphitelektroden kann ein Prozeß ohne Abscheidung von H_2 durchgeführt werden durch Reduktion des O bei niedrigen Potentialen u. Stromdichten von 2—2,5 mA/cm^2. Die Zuführung des Depolarisators durch die Poren der Elektrode führt zu bevorzugter Red. des O an der dreiphasigen Grenze O–Elektrode–Elektrolyt

u. verbreitert den Depolarisationsbereich bis zu Stromdichten von 30—40 mA/cm². Bei besonderen Kohlesorten verläuft die O-Reduktion bis zu 70—100 mA/cm² bei 0,4 bis 0,7 V fast gleichmäßig ohne H_2-Abscheidung. Bei Aktivierung der Kohleelektroden u. Depolarisation der Luft wird mit 200—300 mA/cm² eine Potentialsenkung von 1 V erreicht. (Украинский Химический Журнал [Ukrain. chem. J.] **22.** 446—56. 1956. Kiew, Polytechn. Inst.) A. KUNZE. 142

Fumio Hine, Shiro Yoshizawa und **Shinzo Okada,** *Verschiedene Erscheinungen an Elektrodenoberflächen, an denen sich Gas entwickelt.* 1. Mitt. Experimentelle Unters. der Potentialverteilung u. der Blasenbildung bei der Elektrolyse mit Gasentwicklung. Wegen der Blasenbildung an der Elektrodenoberfläche kommt es dort zu einer lokalen Erhöhung der elektr. Feldstärke, aus welcher man auf die Verteilung der Blasen in der Elektrolytflüssigkeit schließen kann. Bei hohen Stromdichten werden Abweichungen von der von TAFEL angegebenen Beziehung zwischen Elektrodenpotential u. Stromdichte im Sinne höheren Elektrodenpotentials beobachtet. Aus diesen Abweichungen kann geschlossen werden, welcher Anteil der Elektrodenoberfläche durch Blasen bedeckt u. wie groß die elektrolyt. wirksame Restfläche ist. Die Verss. wurden in NaOH- und HCl-Lsgg. durchgeführt. (J. electrochem. Soc. Japan **24.** 370—75. Aug. 1956. Kyoto, Univ., Techn. Fak., Lehrstuhl für industr. Chem. [Orig.: japan.; Auszug: engl.]) F. LENZ. 142

P. Winkel, C. A. Pistorius und **W. Ch. van Geel,** *Über die Strom–Feldstärke-Beziehung während anodischer Oxydation.* Der Strom bei der anod. Oxydation von Al oder Ta ist exponentiell von der wirkenden Feldstärke abhängig. Bei der theoret. Begründung dieses Zusammenhanges muß man allerdings die amorphe Struktur der Oxydschicht berücksichtigen, was zu einer Frequenzabhängigkeit der Parameter führt. Von verschied. Meßmethoden erweist sich die Messung des äquivalenten Parallelwiderstandes in einer Brücke mit kleiner Wechselspannung als die einzige mit brauchbaren Ergebnissen. Sie wird sowohl für Al- als auch für Ta-Oxydation angewendet. (Philips Res. Rep. **13.** 277—95. Juni 1958. Eindhoven.) C. REUBER. 143

A. T. Petrenko und **L. I. Antropow,** *Über den Charakter des Einflusses des p_H-Wertes des Mediums auf die Korrosion von Eisen in Gegenwart von Inhibitoren.* (Vgl. C. **1956.** 3772.) Zwischen der Korrosionsgeschwindigkeit j von Fe bei einem bestimmten p_H u. j_0 bei p_H 0 besteht die Beziehung $\log j = \log j_0 - \gamma \cdot p_H$. Bei der Korrosion in HCl ist $\gamma = 0{,}31$, in Ggw. von Anthranilsäure (**I**, 0,1 g/Liter) 0,34, von Tetrabutylammoniumsulfat (**II**, 1 g/Liter) 0,80. Der verzögernde Einfl. von **I** richtet sich auf die Rekombination der H-Atome, der von **II** auf die Entladung der Hydroxoniumionen. Bei **II** u. wahrscheinlich auch bei anderen kation. Inhibitoren wird also nicht nur die H_2-Überspannung erhöht, sondern auch ihre Natur verändert, wodurch sich die vom Fe aufgenommene H_2-Menge verringert; durch anion. Inhibitoren wird sie dagegen erhöht. Daher sind bei Beizprozessen Zusätze vorzuziehen, die sich wie oberflächenakt. Kationen verhalten. (Журнал Прикладной Химии [J. angew. Chem.] **31.** 949—51. Juni 1958. Nowotscherkask, Polytechn. Ordshonikidse-Inst.) R. K. MÜLLER. 143

A₄. Thermodynamik. Thermochemie.

Ferenc Jeszenszky, *Negative absolute Temperaturen.* Besprechung der Theorie der negativen absol. Temperaturen. (Fizikai Szemle [Physikal. Rdsch.] **8.** 250—53. Okt. 1958. Budapest, Eötvös Loránd Tudományegyetem Elméleti Fiz. Intézete.) G. HALMI. 146

J. R. Bridge, C. M. Schwartz und **D. A. Vaughan,** *Röntgenstrahlbeugungsbestimmung der Ausdehnungskoeffizienten von α-Uran.* Die Elementarzellenabmessungen von rhomb. U wurden im Temp.-Bereich von —253 bis 640° bestimmt. Aus den oberhalb der Raumtemp. (27°) ermittelten Werten werden folgende Gleichungen aufgestellt: $a_t = a_{27}[1 + 17{,}2 \cdot 10^{-6}(t - 27) + 30{,}8 \cdot 10^{-9}(t - 27)^2]$, $b_t = b_{27}[1 - 9{,}2 \cdot 10^{-6}(t - 27) + 40{,}4 \cdot 10^{-9}(t - 27)^2 - 67{,}5 \cdot 10^{-12}(1 - 27)^3]$ sowie $c_t = c_{27}[1 + 25{,}1 \cdot 10^{-6}(1 - 27) - 21{,}3 \cdot 10^{-9}(t - 27)^2 + 57{,}5 \cdot 10^{-12}(t - 27)^3]$. Die durchschnittlichen Koeffizienten werden berechnet. Im Temp.-Bereich von —253 bis zu 100° werden die hierbei ermittelten Werte mit den dilatometr. ermittelten Werten verglichen. (J. Metals **8.** Nr. 10. Sect. 2, AIME Trans. **206.** 1282—85. Okt. 1956. **9.** Nr. 4. Sect. 2, AIME Trans. **209.** 532. April 1957. Columbus, O., Battelle, Memorial Inst.) H. HOCHSTEIN. 148

Rudolf Vogel, Raymund Dobbener und **Ortrut Strathmann,** *Über den zweiten Siedepunkt in den Systemen Silber–Phosphor und Gold–Phosphor.* Durch therm., mkr. u. im Falle von Au auch durch chem. Analyse wurde der zweite Kp. im Syst. Ag–P zu 885° u. im Syst. Au–P zu 935° bestimmt. Bei diesen Tempp. beträgt die maximale Löslichkeit von P in Ag 1,6%, in Au 2,4%. Die Löslichkeitskurven von P in fl. Ag wurde bis 1300°

u. in fl. Au bis 1600° bestimmt. Eine Löslichkeit von P in festem Au ließ sich nicht feststellen. (Z. Metallkunde **50.** 130—35. März 1959. Göttingen, Univ.)

H. HOCHSTEIN. 155

A. Musil und **L. Breitenhuber,** *Die Temperaturabhängigkeit der Aktivität aus der Ulichschen Näherungsformel.* Die gemeinsame Wurzel der thermodynam. Gleichungen bei chem. Rkk. u. Mischungen veranlaßte Vff., die ULICHsche Näherungsmeth. der Mittelung der Molwärmen auf die Best. der Temperaturabhängigkeit der Aktivitäten zu übertragen. Um eine exakte Fehlerabschätzung zu ermöglichen, wurde diese Meth. auf einem einfachen, übersichtlichen Wege abgeleitet u. der Näherungscharakter des Mittelungsverf. diskutiert. Die Anwendung an einem ideal konsistenten Syst. läßt die Brauchbarkeit dieser Meth. auch auf dem Gebiete der Thermodynamik der Mischungen erkennen. Die wechselseitige Beziehung experimenteller Fehler bei wirklich vorliegenden Systemen ist für die Kontrolle der thermodynam. Konsistenz der Resultate entscheidend. Die Diskussion der Fehlerfortpflanzung an dem genau gemessenen Syst. *Methanol-n-Butylacetat* (SIEG, KRÜTZEN u. JOST, C. **1952.** 3791) ergab die Notwendigkeit einer Verschärfung der Aktivitätsbest. bzw. zeigte eine entspr. Genauigkeitsreserve in der direkten Messung der Mischungswärme. Es scheint dies ein Zug von allg. Gültigkeit zu sein, wenigstens bei Systemen, die zu einer Best. der Aktivitäten aus Dampfdruckmessungen zwingen. (Mh. Chem. **88.** 749—62. 12/12. 1957. Graz, Univ., Inst. für Anorgan. u. Analyt. Chem.) M. SCHENK. 156

Hiroshi Sawamura und **Taiji Araki,** *Nachprüfung der Geller–Dickeschen Gleichgewichtsgleichung für die Reaktion Al_2O_3(fest) = 2 Al · 3 O in flüssigem Eisen.* Nachprüfung der Gleichgewichtsgleichung von GELLER-DICKE (Arch. Eisenhüttenwes. **16.** [1943.] 431) unter Verwendung der neuesten Werte der thermodynam. Eigg. von Al u. O in fl. Fe. (Suiyokwai-Shi [Trans. Mining metallurg. Alumni Assoc.] **13.** 331—34. Dez. 1957. [Orig.: japan.; Auszug: engl.]) W. WESLY. 156

I. W. Weitz und **L. W. Gurwitsch,** *Über die Dissoziationsenergien der Moleküle der Erdalkalioxyde.* (Vgl. C. **1956.** 9922.) Die Gleichgewichtskonstanten der Dissoziation von CaO u. SrO werden zweckmäßig in einer Flamme von CO + O_2 gemessen, in der die OH-Partialdrucke wesentlich kleiner sind als in anderen Flammen mit ca. 3000° K. Ein Vgl. der Dissoziationsenergien D_0 in Flammen mit verschied. Geh. an OH-Gruppen zeigt, daß D_0 durch Ggw. von $Ca(OH)_2$ u. Sr(OH$_2$ nicht beeinflußt wird. Aus vorliegenden u. früheren Unterss. ergeben sich als brauchbarste Werte für D_0: MgO 100,0, CaO 115,0, SrO 111,0, BaO 135,0 kcal/Mol (jeweils ± 3). (Журнал Физической Химии [J. physik. Chem.] **31.** 2306—11. Okt. 1957. Moskau, Inst. für fossile Brennstoffe.)

R. K. MÜLLER. 157

F. M. Page, *Die Bestimmung der Elektronenaffinität des Hydroxyl-Radikals durch Mikrowellen-Messungen an Flammen.* Mit Hilfe einer verbesserten, sehr empfindlichen Absorptionsmessung von Mikrowellen wird bei 1,2 cm Wellenlänge die Konz. der freien Elektronen, die durch Ionisation von Na entstehen, in heißen Flammengasen verschied. Zus. gemessen. Aus der Elektronenkonz. konnte die Gleichgewichtskonstante der Rk. $OH^- = OH + e^-$ als Funktion der Temp. zwischen 1900° K u. 2600° K bestimmt u. daraus die Elektronenaffinität des OH-Radikals zu 65 ± 1 kcal berechnet werden. (Discuss. Faraday Soc. Nr. **19.** 87—96. 1955. Cambridge, Dep. of Phys. Chem.)

E. GERDES. 157

T. M. Sugden, *Die Anwendung von Mikrowellen zur Untersuchung von Ionen- und chemischen Gleichgewichten bei hohen Temperaturen.* Es werden zwei Meßmethoden im cm-Wellenbereich beschrieben, die es gestatten, die Konz. der freien Elektronen in heißen Gasen zu bestimmen. Die eine Meth. beruht auf der Messung der Absorption einer Hohlrohrwelle beim Durchgang durch das Plasma u. die andere auf der Änderung des Gütefaktors eines Hohlraumresonators beim Einbringen der definierten Flamme. Aus der Elektronenkonz. werden Rückschlüsse auf das Gleichgewicht der therm. Ionisation der Alkalimetalle gezogen. Weiter wird über Gleichgewichte zwischen Alkalihydroxyden u. OH-Ionen sowie über Ionisationsgleichgewichte der Erdalkalien berichtet. (Discuss. Faraday Soc. Nr. **19.** 68—76. 1955. Cambridge, Univ., Dep. of Phys. Chem.)

E. GERDES. 157

T. M. Sugden und **R. C. Wheeler,** *Die Ionen, die von Spuren von Erdalkalien in Wasserstoff-Flammen erzeugt werden.* (Vgl. vorst. Ref.) Es wird die Konz. der freien Elektronen in H_2-Luft-Flammen, denen Spuren von Erdalkalimetallen (**I**) als Salz hinzugefügt werden, durch Änderung des Gütefaktors eines Hohlraumresonators beim Einbringen der Flamme bei einer Wellenlänge von 10 cm gemessen. Die Elektronenkonz. wird als Funktion der Menge des hinzugefügten Metalles u. der Flammentemp. gemessen. Die **I** zeigen gegenüber den Alkalimetallen eine wesentlich kompliziertere Abhängigkeit der Elektronenkonz. von der zugefügten Metallmenge. Dieses wird durch die Bldg. von posi-

tiven u. negativen Ionen vom Typ $(BaOH)^+$ u. $(OBaOH)^-$ in der Flamme gedeutet. (Discuss. Faraday Soc. Nr. **19.** 76—86. 1955. Cambridge, Univ., Dep. of Phys. Chem.)
E. Gerdes. 157

S. Parthasarathy und **M. Pancholy,** *Ultraschallgeschwindigkeit und -absorptionskoeffizient in einem chemisch reagierenden Medium.* Von äquimol. Mischungen aus *A.* u. *Eisessig* wurde die zeitliche Änderung des US-Absorptionskoeff. α u. der US-Geschwindigkeit v gemessen (Verss. bis zu t = 7 Tagen). Der zeitliche Verlauf der zwischen beiden Komponenten stattfindenden Rk. läßt sich an Hand der Abnahme von α/f^2 (f = Frequenz) bzw. der Zunahme von v bei wachsendem t leicht verfolgen. Durch Temp.-Erhöhung wird die Rk. beschleunigt. (Z. angew. Physik **10.** 193—94. April 1958. New Delhi, Nat. Phys. Labor. of India.) O. Fuchs. 159

William B. Tarpley, Marvin L. Bromberg und **John G. Thomas,** *Ultraschallenergie zur Herstellung von fein verteiltem Thoriumbismutid.* Vff. haben den Einfl. von Ultraschallbetrahlungen auf die Korngröße des beim Abkühlen von Th–Bi-Suspensionen gebildeten $ThBi_2$ untersucht. Es wird ein Versuchsofen beschrieben, der derartige Unterss. unter verschied. Bedingungen (Temp., Gasatmosphäre) gestattet. Durch die Bestrahlung werden beim Abkühlen auf 450—500° Teilchen mit $<50\,\mu$ Durchmesser erhalten, vorgebildete größere Teilchen werden ebenfalls zerkleinert, die Ausbeute an Teilchen mit Durchmessern $<100\,\mu$ hängt dann von der Bestrahlungszeit ab. Die Ultraschallbehandlung verursacht aber auch eine Kontaminierung der Suspensionen durch Bestandteile des Tiegelmaterials. (Ind. Engng. Chem. **51.** 174—76. Febr. 1959. West Chester, Pa., Aeroprojects, Inc.) H.-U. Woelk. 159

A₅. Kolloidchemie. Grenzschichtforschung.

J. B. Borel und **C. Manus,** *Erzeugung metallischer Kolloide.* (Vgl. C. **1950/54.** 4455 S.) Beschreibung einer App. zur Erzeugung koll. Metalle durch Verdampfung im Vakuum u. Kondensieren an einer Flüssigkeitsoberfläche (geschmolzenes Paraffin). Es wurden Verss. mit *Cd, Zn, In, Na* u. *Li* durchgeführt. Im letzten Fall wurden 40 cm^3 Kolloide in einer Konz. von 25 g Li/100 cm^3 erhalten. Die Teilchen hatten einen mittleren Durchmesser in der μ-Größenordnung. Die Kondensationsgeschwindigkeit war relativ groß u. betrug 0,15 g/Min. auf einer Oberfläche von 60 cm^2. Durch Herabsetzung der Kondensationsgeschwindigkeit u. Erhöhung der Rotationsgeschwindigkeit können noch kleinere Teilchen erhalten werden. Die nach klass. Methoden erhaltenen Teilchen haben einen Durchmesser von $\sim 15\,\mu$. (Helv. physica Acta **29.** 253—54. 30/6. 1956. Lausanne, Labor. de Phys., E. P. U. L.) S. Lanz. 161

E. M. Natansson und **N. N. Kosatschek,** *Beständigkeit von Metallsolen in Gegenwart von hochmolekularen Verbindungen.* Die Unterss. über die Eigg. der *Fe-Organosole* (**I**) in Xylol, die durch Kautschuk stabilisiert waren, sowie von *Pt-Hydrosolen* (**II**), stabilisiert durch Agarhydrolysat in alkal. Lsg., zeigten, daß **I** (anomale Viscosität u. Grenzschubspannung) stabiler ist als **II.** Die Ggw. einer hochdispersen Metallphase in den Lsgg. der hochmol. Verb. verursacht (so bei **I**) das Auftreten einer anomalen Viscosität u. einer Grenzschubspannung, ein Beweis dafür, daß die koll. Metallteilchen an der Bldg. der inneren Struktur beständiger Sole beteiligt sind. Bei geringer Kautschukkonz. in **I** spielt das Zahlenverhältnis der dispersen Metallphase zu der hochmol. Verb. eine große Rolle. Bei dessen hohem Wert ist das Sol stabil; der Kautschuk spielt hierbei die Rolle eines Antistabilisators. Die Ergebnisse werden im Hinblick auf den Mechanismus der Stabilitätsänderung von Metallsolen in Ggw. von hochmol. Verbb. u. im Hinblick auf die Stabilität von lyophoben Solen diskutiert. (Коллоидный Журнал [Kolloid-J.] **18.** 724—30. Nov./Dez. 1956. Kiew, Inst. für allg. u. anorg. Chem. der Akad. der Wiss. der UkrainSSR, Labor. für Kolloidchem.) O. Lebtag. 162

Amal K. Bhattacharya, *Eine tyndallometrische Untersuchung des Zusammenhanges zwischen Elektrolytkonzentration und Koagulationszeit.* Zur näheren Prüfung einer schon früher (J. Indian chem. Soc. **29.** [1952.] 687, 759), angegebenen Beziehung zwischen Elektrolyt.-Konz. u. Koagulationszeit wurden die von Težak u. Mitarbeitern (C. **1953.** 6824) bei Unterss. über die Koagulation von *Silberhalogenid*-Solen erhaltenen Zeit-Tyndallogramme u. Zeit-Disperseogramme mit dieser Gleichung ausgewertet. In allen Fällen ergab sich eine strenge Gültigkeit einer aus der l. c. angeführten Gleichung ableitbaren Beziehung $1/C - a = n/m \cdot t + {}^1/m$ (C Elektrolyt-Konz.; t Koagulationszeit; a, n, m Konstanten), wenn die Werte bei gleichen Koagulationsstadien verwendet wurden. (J. Colloid Sci. **11.** 171—76. April 1956. Agra, Coll., Chem. Labor., Phys. Chem. Sect.) Wolfgang Wagner. 163

L. W. Iwanowa-Tschumakowa, P. A. Rehbinder und **G. I. Kruss,** *Besonderheiten des Deformationsverhaltens von Gelatinegelen.* Nach früheren Unterss. (C. **1959.**

6823) nimmt die für die völlige Entw. der elast. Deformation (elast. Nachw.) notwendige Zeitdauer mit abnehmender Konz. der Substanz in der Lsg. stark ab. Es werden nun 5; 7,5; 15,0%ig. Lsgg. von *Gelatine* (I) untersucht. Es zeigt sich, daß die Veränderung der mechan. Eigg. durch Alterung sich nicht allein mit der Zunahme des **I**-Geh. im Gel erklären läßt. Durch eine entsprechende Auswahl von Versuchsbedingungen, wie geringste mögliche **I**-Konz. von 5% u. die höchstmögliche Temp. von 22,5°, kann die Zeit der Entw. u. der Abnahme der Deformation der elast. Nachw. auf ein Minimum verkürzt werden, so daß ein Verh. ermittelt wird, das nahezu dem idealen Verh. entspricht. (Коллоидный Журнал [Kolloid-J.] **18.** 682—90. Nov./Dez. 1956. Moskau, Inst. für physik. Chem. der Akad. der Wiss. der UdSSR, Abt. für disperse Systeme.) O. LEBTAG. 163

M. M. Gurwitsch, *Über die Strukturbildungstypen in Tonlösungen.* Um zu klären, ob die struktur-mechan. Unterschiede der Tonlsgg. die Folge der verschied. thixotropen Strukturbldg. sind oder auf einer von der thixotropen verschied. Strukturbldg. beruhen, u. um weiter zu klären, welche Strukturformen den größten prakt. Wert besitzen, wurden Tonsuspensionen vom Typ 1 u. vom Typ 2 (vgl. SSERB-SSERBUCH u. Mitarbeiter, Коллоидный Журнал [Kolloid-J.] **9.** [1947.] 384) untersucht. Der Hauptunterschied zeigt sich demnach an den mit Hilfe des Rotationsviscosimeters erhaltenen Strukturkurven P–t. Bei der mechan. Einw. (Rühren) wird die Struktur der Lsgg. 1 verfestigt, die der Lsgg. 2 zerstört. Eine Beschleunigung der Spannung bewirkt bei den Lsgg. 1 keine Veränderung der stat. Grenzschubspannung P_r, während bei den Lsgg. 2 P_r erhöht wird. Beim Übergang zum plast. Gleichgewichtsfließen im Rotationsviscosimeter nach Erreichung des P_r verursachen die Lsgg. 1 in den meisten Fällen lange Schwankungen des inneren Zylinders, während bei den Lsgg. 2 ein stetiger Übergang zum Gleichgewichtsfließen mit konstantem P_s eintritt. Auf Grund dieser Ergebnisse betrachtet Vf. die Lsgg. 1 als nicht thixotrop oder als thixotrop, wo die thixotropen Strukturen durch die Kondensationsstrukturen unterdrückt sind. Die Lsgg. 2 dagegen sind danach typ. thixotrope Strukturen. Entscheidend für den Strukturtyp eines Syst. ist die Zus. der fl. Phase, während die feste Phase von geringerer Bedeutung ist. (Коллоидный Журнал [Kolloid-J.] **18.** 666—73. Nov./Dez. 1956. Baku, Inst. für Chem. der Akad. der Wiss. der AserbaidshanSSR.) O. LEBTAG. 163

U-Schu-Zju, B. Ja. Jampolski und **Ss. Ss. Wojutzki,** *Strukturuntersuchungen in Ruß-Suspensionen.* 2. Mitt. *Einfluß der Temperatur und der Zusätze von oberflächenaktiven Stoffen auf die Strukturierung von Ruß-Suspensionen.* (1. vgl. C. **1959.** 5386.) Durch Unters. des Einfl. der Konz. der dispersen Phase, der Temp. u. des Zusatzes von oberflächenakt. Stoffen auf die Strukturierung von Ruß-Suspensionen im unpolaren Vaselinöl, gemessen an der zeitlichen Veränderung der elektr. Leitfähigkeit der Suspension, wird festgestellt, daß eine Zunahme der Konz. der dispersen Phase die Strukturbldg. begünstigt u. die elektr. Leitfähigkeit erhöht, bedingt durch die Erhöhung der Zahl der leitenden Ketten aus Rußteilchen. Mit steigender Temp. nimmt die Leitfähigkeit zu u. geht bei ca. 80° durch ein Maximum. Dies erklärt sich aus der Bldg. einer Koagulationsstruktur u. der teilweisen Zerstörung der Struktur oberhalb 80° als Folge der Intensivierung der BROWNschen Bewegung der Rußteilchen. Je höher die Temp. ist, desto rascher ist die Strukturbldg. beendet. Der Zusatz eines oberflächenakt. Stoffes (Oleinsäure) senkt die elektr. Leitfähigkeit der Ruß-Suspension als Folge der Bldg. von Adsorptionsschichten, welche eine Koagulation der Teilchen u. die Ausbldg. eines Strukturnetzes verhindern. (Коллоидный Журнал [Kolloid-J.] **18.** 748—54. Nov./Dez. 1956. Moskau, Univ., Lehrstuhl für Kolloidchemie.) O. LEBTAG. 164

Tsunetaka Sasaki, *Schaumphänomene.* Übersicht über Best.-Verff. für *Schaum,* Mechanismus der Schaumbldg., mechan. Eigg. von Schaum usw. — 44. Literaturangaben. (J. chem. Soc. Japan, ind. Chem. Sect. [Kōgyō Kagaku Zassi] **58.** 809—14. Nov. 1955. Tokyo Univ. [Orig.: japan.]) L. SCHULER. 166

Teruzō Asahara und **Ken'ichi Gotō,** *Untersuchung über die Randwinkel wäßriger Lösungen von oberflächenaktiven Mitteln auf paraffinierten Glasplatten.* Der Randwinkel wird bei 25° nach direktem opt. Verf. bestimmt. Nach Prüfung verschied. Meßbedingungen erweist sich die Ablesung 1 Min. nach Aufbringung des Tropfens am genauesten. Folgende Detergentien werden geprüft: *Dodecylpyridiniumbromid, Na-Dodecylsulfat, Octylphenol-Äthylenoxyd-Prod., Nonylphenol-Äthylenoxyd-Prod., Polyoxyäthylensorbitanmonolaurat, Polyoxyäthylensorbitanmonooleat, Polyäthylenglykol*(**I**) + *Oleinsäure,* **I** + *Laurinsäure* u. *Penthaerythritdilaurat* + *Äthylenoxyd.* Erörterung der Variationen des Randwinkels mit der Konz., der Oberflächenspannung usw. (J. chem. Soc. Japan, ind. Chem. Sect. [Kōgyō Kagaku Zassi] **58.** 864—67. Nov. 1955. Tokyo Univ. [Orig.: japan.]) L. SCHULER. 166

Dan McLachlan jr., *Theoretische Oberflächenspannung von Ti, Zr und Hf.* Die experimentell gefundenen Werte der Oberflächenspannung von Ti, Zr, Hf von PETERSON, KEDESDY, KECK u. SCHWARZ (C. **1959.** 2715) u. POWERS u. WILHELM (US, A.E.C. Pub. Rept. No ISC-228, 1952) wird mit den Abschätzungen von TAYLOR (C. **1956.** 7720) u. ZADUMKIN (C. **1955.** 991) u. mit den Werten, die sich nach einer Formel von McLACHLAN (Acta metallurg. [New York] **5.** [1957.] 111) berechnen lassen. (J. appl. Physics **29.** 1134. Juli 1958. Menlo Park, Calif., Stanford Res. Inst.)
H. K. HOFMEISTER. 166

Shigeo Shionoya und **Tsuyoshi Ishikawa,** *Beziehungen zwischen der Dispersion und dem elektrokinetischen Potential von Zinksulfidteilchen in wäßrigen Lösungen.* In Lsgg. von *Na-Pyrophosphat* (**I**) verschied. Konzz. wird das Absitzen fluorescierender Teilchen von *ZnS-Cu* ($3 \cdot 10^{-5}$ g Cu/gZnS, 1,5 Std. bei 1100° calciniert) bestimmt, als Maß für den Grad der Aggregation. In **I**-Lsgg. mit Konzz. $> 10^{-5}$ Mol/Liter neigen die Teilchen zum Dispergieren. Das elektrokinet. Potential einer ähnlichen Suspension wird nach dem Strömungspotentialverf. bestimmt. In allen Konz.-Bereichen ist das Potential negativ, mit einem deutlichen Potentialmaximum von — 32,5 mV bei 10^{-4} bis 10^{-5} Mol I/Liter. Das tiefste Potential zum Dispergieren der Teilchen ist etwa — 15 mV. Erörterung der Wrkg. der Oberflächenladung auf die Dispersion der Teilchen. (J. chem. Soc. Japan, ind. Chem. Sect. [Kōgyō Kagaku Zassi] **58.** 900—02. Nov. 1955. Yokohama Nat. Univ. [Orig.: japan.]) L. SCHULER. 168

G. H. Wannier und **P. A. Pieoué,** *Eine Beziehung zwischen Viscosität und spezifischer Wärme einfacher Flüssigkeiten.* Vff. leiten eine Beziehung zwischen Viscosität u. spezif. Wärme für einfache Fll. ab: $\tau = (\eta - \eta_{\text{cin}})/\mu$ (η = Viscosität; μ = Festigkeitsmodul; τ = Relaxationszeit), um ausgehend von der Viscosität die Abnahme der spezif. Wärme mit steigender Temp. berechnen zu können. Am Beispiel des *Hg* werden für 223—473° die C_v^*-Werte berechnet u. den gemessenen gegenübergestellt. Es besteht eine gute Übereinstimmung mit Ausnahme des Bereichs in unmittelbarer Nähe des Schmelzpunktes. (Helv. physica Acta **29.** 221—24. 30/6. 1956. Genève.) S. LANZ. 172

G. W. Winogradow, W. G. Lebedew und **W. A. Protodjakonow,** *Untersuchung plastischer disperser Systeme bei gleichem Spannungszustand.* Mit Hilfe eines eingehend beschriebenen Elastoviscosimeters wurde das Verh. von plast.-dispersen Systemen (konsistente Schmiermittel u. erstarrte Öle) bei der reinen Schubdeformation im Feld der homogenen u. inhomogenen Spannung bei der Berührung der plast. Körper mit einer glatten oder makrorauhen Oberfläche untersucht. Der bei der Verwendung von glatten Oberflächen zu beobachtende Effekt einer wandnahen Gleitung ist abhängig von der Geschwindigkeit der Deformation, dem Grad der Oberflächenglätte, der Ggw. einer Feinkörnigkeit oder Monolithstruktur u. von der Festigkeit des Strukturgerüstes. Der Effekt der Wandgleitung zeigt sich am stärksten bei der Best. der Festigkeitsgrenze der plast. Systeme. Mit steigender Geschwindigkeit der Belastung können die an den Geräten mit glatter u. rauher Oberfläche ermittelten Werte für die Festigkeitsgrenze miteinander übereinstimmen. Aus den Ergebnissen ergeben sich folgende Empfehlungen für die Praxis der Schmiermittelanwendung: das Auftragen einer Schutzschicht muß durch kurzes Eintauchen in das Schmiermittel erfolgen, wodurch auf der Oberfläche eine dünne, stabile Schutzschicht entsteht; den besten Schutz einer Metalloberfläche erzielt man durch Auftragen einer Schicht des homogenisierten Schmiermittels. (Коллоидный Журнал [Kolloid-J.] **18.** 633—42. Nov./Dez. 1956. Moskau, Militär-Akad. der Panzertruppen der Sowjetarmee.) O. LEBTAG. 173

Girair M. Nazarian, *Theorie des Übergangszustandes in der Ultrazentrifuge.* Zur Prüfung der Berechtigung für die Anwendung der Lsg. von MASON u. WEAVER (Physic. Rev. [2] **23.** [1924.] 412) für die Sedimentation im Schwerefeld an Stelle der Lsgg. von ARCHIBALD für die Differentialgleichung der Sedimentation in der Ultrazentrifuge wurde letztere mit Hilfe einer Störungsrechnung gelöst, die in 0. Ordnung auf das Resultat von MASON u. WEAVER führt. Eine Meth. zur graph. Ermittlung der Diffusionskonstanten aus den experimentellen Daten der Sedimentationsgeschwindigkeit zu verschied. Zeitpunkten wird angegeben. (J. physic. Chem. **62.** 1607—08. Dez. 1958. Pasadena, Calif., California Inst. of Technol., Gates and Crellin Labors. of Chem.) E. ÜHLEIN. 174

Teruo Matsumura und **Kōichirō Iwasaki,** *Dispergierende Wirkung von Natriumpyrophosphat auf Calciumcarbonatpulver.* Die beste Dispersion zeigt eine 2—3%ig. Suspension von $CaCO_3$ (**I**, durchschnittlicher Durchmesser 2 μ) in einer wss. Lsg. von 0,07 oder 0,1 g $Na_4P_2O_7$ (**II**)/Liter. Die Adsorption von **II** an **I**-Pulver bei 25°, colorimetr. mit dem Mo-Blau-Verf. bestimmt, folgt der LANGMUIRschen Isotherme. Auf **I** von der spezif. Oberfläche 1,45 m²/g berechnet sich eine monomol. Sättigungsadsorption von 0,00385 g **II**/g **I**. Vf. nehmen an, daß die beste Dispersion von **I** in einem Zustand stattfindet, wo 80% der Oberfläche mit **II**-Moll. bedeckt sind. (J. chem. Soc. Japan, ind. Chem. Sect.

[Kōgyō Kagaku Zassi] **58.** 903—05. Nov. 1955. Tokyo, Lion Zahnpulver A.G. [Orig.: japan.]) L. SCHULER. 176

Kenjirō Meguro, *Dispersionswirkung von oberflächenaktiven Mitteln. (Dispersion anorganischer Pigmente).* Fein gemahlenes *Polierrot* oder *gelber Ocker* lassen sich in *$FeCl_3$*-Lsgg. von ca. 0,01 Mol/Liter gut dispergieren. Beständige Dispersionen von *Titanweiß* erhält man in Lsgg. von 5 mMol *$Al(NO_3)_3$*/Liter. Die Stabilität rührt wahrscheinlich von der Adsorption der Kationen auf den Teilchenoberflächen her. Durch Zusatz von *Na-Dodecylsulfat* (I) als anionakt. Mittel zu obigen stabilen Suspensionen erfolgt Ausflockung. Die sedimentierten Teilchen werden aber durch überschüssiges I *Polyoxyäthylen-Dodecyläther* oder *Tween 80* wieder dispergiert. Für die einzelnen Teilchenarten werden die Konzz. zur Ausflockung u. Redispersion annähernd bestimmt. — 4 Tabellen. (J. chem. Soc. Japan, ind. Chem. Sect. [Kōgyō Kagaku Zassi] **58.** 905—07. Nov. 1955. Tokyo, Musashi Univ. [Orig.: japan.]) L. SCHULER. 176

Ferenc Nagy, István Nyitray und **Móger Dezsö,** *Die Lösung einer Differentialgleichung mit Hydrointegrator in Verbindung mit einem physikalisch-chemischen Problem.* Es wurde ein hydrodynam. Modell (sog. Hydrointegrator) zur Lsg. eines Differentialgleichungssyst. angefertigt u. zur Berechnung der Sorptionsgeschwindigkeit von H_2 in wss. Suspensionen eines *Pd*-Katalysators verschied. Konz. angewandt. (Magyar Kémiai Folyóirat [Ung. Z. Chem.] **64.** 412—17. Nov. 1958. Budapest, M. Tud. Akad. Központi Kémiai Kutató Intézete.) G. HALMI. 176

Andrzej Czapliński und **Emil Zieliński,** *Adsorption von Helium, Neon und Wasserstoff an Aktivkohle bei höherem Druck und bei der Temperatur des flüssigen Stickstoffs.* Es werden die Adsorptionsisothermen für He, Ne u. H_2 an verschied. Aktivkohlen bei der Temp. des fl. N_2 u. bis 30 at Druck angegeben. Ne wird bei niedrigem Druck schlechter adsorbiert als H_2, bei 30 at ist die Adsorption beider Gase gleich. He wird unter diesen Bedingungen kaum adsorbiert. Eine Trennung des Edelgaskonzentrats (He, Ne, H_2) ist bei 5 at durchführbar. (Przemysł chem. **37.** 640—41. Okt. 1958. Kraków, Akad. Górn.-Hutn., Kat. Chem. ogóln.) F. URBAN. 176

Ss. N. Gans, *Adsorption vonSticks toffoxydens durch feste Sorbentien.* 1. Mitt. Die Unterss. über die Adsorption von Nitrosegasen (NO + NO_2) ergaben, daß von allen untersuchten Adsorbentien die *Aktivkohle* das größte Adsorptionsvermögen besitzt; es folgen *Alumosilicagel* u. *Silicagel.* Sehr wenig wirksam sind Hopkalit, MnO_2, CuO u. Koks. Während Aktivkohle u. Silicagel nur sehr schwer zu regenerieren sind, kann Alumosilicagel bei 500—700° regeneriert werden. Wegen der leichten Oxydierbarkeit u. der geringen mechan. Festigkeit von Aktivkohle u. der raschen Verkrümelung des Silicagels bei hoher Temp. sind sie für die prakt. Anwendung bei der Oxydation der N-Oxyde nicht zu empfehlen. (Журнал Прикладной Химии [J. angew. Chem.] **31.** 138—40. Jan. 1958. Dnepropetrowsk, Chem.-Technol. Inst.) O. LEBTAG. 176

Ss. N. Gans (unter Mitarbeit von **L. Ss. Gurewitsch**), *Adsorption von Stickstoffoxyden durch einen Aluminiumsilicat-Sorbenten.* 2. Mitt. (1. vgl. vorst. Ref.) Verss. über die Adsorption der N-Oxyde an Alumosilicat in Abhängigkeit von der Konz. von NO + NO_2 im Gas, der Vol.-Geschwindigkeit w des Gases u. dessen W.-Geh. ergaben, daß bis w = 400—500 $m^3/m^3 \cdot$ Std. die Adsorption nur langsam, dann sehr rasch abnimmt. Die Geschwindigkeit der Adsorption nimmt mit steigender Konz. von NO + NO_2 u. steigendem w-Wert (jedoch nur bis w = 600—900 $m^3/m^3 \cdot$ Std.) zu. Mit steigendem W.-Dampfgeh. des Gases nimmt die Adsorption ab. Dieser negative Einfl. des W.-Geh. ist stärker als die Temperaturerhöhung auf 40—45°. Oberhalb 55—60° nimmt die Adsorption rasch ab. Die nitrosen Gase können für die Regeneration des Sorptionsmittels oberhalb 300° angewandt werden. Bei 500° u. einer Geschwindigkeit der nitrosen Gase von 0,7 m/sec ist eine 96—98%ig. Regeneration in 10 Min. beendet. Die Ergebnisse werden in ihrer Bedeutung für die industrielle NO-Oxydation zu N_2O_5 diskutiert. (Журнал Прикладной Химии [J. angew. Chem.] **31.** 360—68. März 1958.) O. LEBTAG. 176

B. N. Wassiljew, B. P. Bering, M. M. Dubinin und **W. W. Sserpinski,** *Untersuchung der Adsorption bei hohen Drucken.* (Vgl. C. **1958.** 4876.) Untersucht wurde die physikal. Adsorption von CO_2 am feinporigen *Silicagel S-340* mit der spezif. Oberfläche S_{BET} = 753 m^2/g u. dem Grenzvol. der Adsorption V_a = 0,47 cm^3/g im Bereich der relativen Flüchtigkeiten f/f_s = 0—1 bei —85 bis 25° u. für den f-Bereich 0—60 at bei 32 u. 40° sowie am grobporigen Silicagel F-II mit S_{BET} = 325 m^2/g u. V_a = 1,61 cm^3/g bei 0, — 40 u. — 50° bis f/f_s = 1. Aus der Kurve lg f—a für C-340 ergibt sich bei Erhöhung der Temp. zunächst eine Verschiebung der Kurve nach rechts, bei — 60° eine Hystereseschleife, die bes. deutlich bei — 50° wird u. in der Nähe der krit. Temp. verschwindet. Sie verschwindet prakt. bei — 20°. Dies wird mit dem Vorliegen einer unterkühlten Fl. erklärt. Das Verschwinden der Hystereseschleife unterhalb — 60° kann noch nicht erklärt werden. Lage des Maximums u. Form der Verteilungskurve der Porenvoll. in Abhängigkeit von r sind abhängig von der Temperatur. Hierin sehen Vff. einen möglichen Hinweis darauf, daß die KELVIN-Gleichung für die Beschreibung der Fl.-Menisken beim Krümmungsradius r $\approx$ 20 Å nicht anwendbar ist. Die Adsorptionsisothermen zeigen, daß die Versuchswerte gut durch die Gleichung von DUBININ u. SAWERINA (vgl. C. **1951.** 697) beschrieben werden. Die auf Grund der Isothermen aufgenommenen Isosteren der Adsorption bestehen aus 2 linearen Abschnitten, die sich im Gebiet von — 60° schneiden. Aus ihren Verlauf wird geschlossen, daß ein Phasenübergang nur in der ersten Adsorptionsschicht erfolgt u. daß die übrige Substanz unterhalb der Umwandlungstemp. als unterkühlte Fl. vorliegt. (Доклады Академии Наук СССР [Ber. Akad. Wiss. UdSSR] **114.** 131—34. 1/5. 1957. Inst. für physik. Chem. der Akad. der Wiss. der UdSSR.) O. LEBTAG. 176

A. J. Rutgers und **Y. Hendrickx,** *Negative Adsorption von Anionen durch Bentonitsuspensionen.* Die Unters. der negativen Adsorption von mit radioakt. I bzw. Cr markiertem JO_3^- u. CrO_4^{2-} an verschied. Bentonitproben in Abhängigkeit von der Art des zugesetzten Elektrolytes führt im Falle von NaCl u. Na_2SO_4 zu Ergebnissen, die mit denen von SCHOFIELD u. MATTSON übereinstimmen; die für $CaCl_2$ festgestellten sind mit denen für NaCl erhaltenen vergleichbar, doch ist zur Erzielung des gleichen Effektes nur 1/20 der für NaCl notwendigen Elektrolytkonz. erforderlich. Unter Verwendung des aus dem Faktor 20 berechneten Wertes des ζ-Potentials von -75 mV ergibt sich aus einer Darst. des Prod. aus Schichtdicke u. spezif. Oberfläche in Abhängigkeit von der reziproken Wurzel der Konz. für den Fall von Na-Bentonit eine spezif. Oberfläche von 1110 m^2/g in eiper NaCl-Lösung. (Experientia [Basel] **14.** 316—18 15/9. 1958. Ghent, Univ. of Ghent, Labor. for Phys. Chem.) D. FORST. 176

Piroska Csányi Fodor, *Untersuchung der Wasserstoff–Deuterium-Austauschreaktion an Ionenaustauschern.* 1. Mitt. *Kationenaustauscher.* Es wurde die H_2–D_2-Austauschrk. an Kationenaustauschern in wss. Lsg. von D_2O als Funktion der Temp., des p_H u. der Korngröße des Austauschers untersucht. (Magyar Kémiai Folyóirat [Ung. Z. Chem.] **64.** **417**—28. Nov. 1958. Budapest, Magyar Tudományos Akad. Központi Fiz. Kutató Intézete, Atomfiz. Osztály.) G. HALMI. 177

László Szepesy und **Pál Benedek,** *Die Berechnung einer kontinuierlich arbeitenden gaschromatographischen Kolonne (Hypersorber).* Beschreibung der Verss. u. Meth. zur Berechnung einer kontinuierlich arbeitenden gaschromatograph. Kolonne. (Magyar Kémikusok Lapja [Z. Ver. ung. Chemiker] **13.** 369—72. Dez. 1958. Veszprém, A Magyar Asványolaj és Földgáz Kísérleti Intézet.) G. HALMI. 177

J. Calvin Giddings, *Die regellose Wanderung von Molekülen in Strömungsrichtung in der Chromatographie.* Vf. entwickelt eine einfache kinet. Theorie der Chromatographie, die auf dem klass. Problem der regellosen Bewegung basiert u. folgende Effekte berücksichtigt: a) Übergang eines Mol. von der beweglichen Phase in die stationäre Phase u. zurück; jeder Übergang ist ein zufälliges Ereignis, abhängig von der jeweiligen Energieverteilung; b) Beim Durchströmen der beweglichen Phase durch ein poröses Medium, das ganz oder teilweise die stationäre Phase bildet, folgt jedes Mol. einem zufälligen Weg; c) Der dritte regellose Prozeß in mol. Dimensionen ist die n. Diffusion. Vf. gewinnt mittels einfacher statist. Überlegungen 2 Gleichungen, die als Maß für die Zonenbreite die mittlere Abweichung der Elutionszeit in der Elutionschromatographie bzw. die mittlere Abweichung der zurückgelegten Entfernung in der Papierchromatographie als Funktion der Phasenübergangsgeschwindigkeitskonstanten k_1 u. k_2, der Diffusionskonstanten D, des mittleren Teilchendurchmessers des durchströmten Mediums d, der Strömungsgschwindigkeit v und der Säulenlänge bzw. der von der Zone durchwanderten Strecke L wiedergeben. Vom chem. Standpunkt aus ist das erste Glied der Gleichungen das wichtigste; es gibt die Phasenübergangseffekte wieder u. überwiegt bei großem v. Bei kleinem v wird das Diffusionsglied groß, während das mittlere Glied, das die regellosen Strömungseffekte berücksichtigt, zwischen beiden liegt. Bei kleinster Zonenbreite, d.h. optimalem v, sind — wenigstens für Gaschromatographie — die drei Glieder von gleicher Größenordnung. Die Trennbarkeit zweier Stoffe hängt von der relativen Zonenwanderung u. von der Zonenbreite ab. Ein Maß für die Zonenwanderung sind die R-Werte, für die Zonenbreite die (H.E.T.P.)-Werte. Sowohl R-, als auch (H.E.T.P.)-Werte sind Funktionen der kinet. Parameter k_1 u. k_2, die ihrerseits durch die chem. Natur der beweglichen u. der stationären Phase u. der Grenzfläche zwischen beiden festgelegt sind. Eine Voraussage von k_1 u. k_2 würde zu verbesserten Trennungen führen können. (J. chem. Educat. **35.** 588—91. Dez. 1958. Salt Lake City, Utah, Univ. of Utah.) F. UMLAND. 177

Bernard Trémillon, *Die Trennung von Stoffen mit sehr ähnlichen Eigenschaften durch Verdrängungsmethoden mit Hilfe von Ionenaustauschern.* 1. Mitt. *Allgemeine*

Untersuchungen. Allg. Unterss. über die Form von Isochronen, das ist die Konz.-Verteilungskurve in der Säule zu einem bestimmten Zeitpunkt, wurden mit ca. 0,5 mol. Chlorid-Lsgg. der Ionen Ni^{2+}, Co^{2+}, Cu^{2+} u. Ca^{2+} durchgeführt. In dieser Lsg. sind die Ionen Ni^{2+} u. Co^{2+} sich so ähnlich wie Isotope. Nach der Theorie wird für die Isochronen eine symm. bilogarithm. Form erwartet, die auch experimentell gefunden wird. Es ist aber nicht möglich, das genaue Aussehen der Isochronen vorherzusagen, da die Höhe der theoret. Äquivalentböden bedeutend variiert, nicht allein mit dem mechan. Aufbau der Säule, sondern auch mit der Kinetik der Austauschreaktion. Im allg. kann man mit einer Bodenhöhe von einigen Millimetern rechnen. Für quantitative Vorhersagen ist es in jedem Fall erforderlich, die Bodenhöhe experimentell zu bestimmen. Für Ni^{2+}–Co^{2+} wurde eine Austauschkonstante $K = 1{,}018$ u. eine Bodenhöhe $h = 1{,}5$ mm ermittelt. Um noch saubere Trennungen zu erhalten, ist es nicht nötig, daß die Austausch-Rk. sehr quantitativ verläuft. (Bull. Soc. chim. France **1958**. 502—08. April. Paris, École de Phys. et de Chim., Labor. de Chim. Analyt.) K. Ross. 177

Bernard Trémillon, *Die Trennung von Stoffen mit sehr ähnlichen Eigenschaften durch Verdrängungsmethoden mit Hilfe von Ionenaustauschern. 2. Mitt. Die Methode der Entwicklung durch Verdrängung.* (1. vgl. vorst. Ref.) Am Beispiel der Ionen Ni^{2+} u. Co^{2+} in ca. 0,5 mol. Chlorid-Lsg., deren Austauschkonstante zu $K = 1{,}018 \pm 0{,}002$ bestimmt wurde, wird die Entwicklung bis zum Gleichgewicht verfolgt. Als Entwickler dient Ca^{2+} in ca. 0,5 mol. Chlorid-Lsg., dessen Austauschkonstante mit Co^{2+} ca. 2 ist. Während der Entwicklung der Banden ist es schwierig, die experimentell erhaltenen Isochronen zu deuten. Nach einem Durchlauf von 56 mal der Bandenlänge war das Gleichgewicht erreicht, u. die Isochronen erfüllten genau das bilogarithm. Gesetz. (Bull. Soc. chim. France **1958**. 508—11. April.) K. Ross. 177

Mihály Beck, József Császár und **Tibor Huszka,** *Papierchromatographie von Aminosäure–Kupfer-Komplexen.* Trennung der Cu-Komplexe von Aminosäuren durch Chromatographie. Mit W. gesättigtes Phenol u. o-Kresol wurden als geeignetste Lösungsmittel gefunden. Rubeanwasserstoffsäure u. Ninhydrin wurden zur Entw. der Chromatogramme verwendet. (Magyar Kémiai Folyóirat [Ung. Z. Chem.] **64**. 438—39. Nov. 1958. Szeged, Tudományegyetem Szervetlen és Analit. Kém. Intézete.) G. HALMI. 177

H. T. Hookway, *Ionenaustauschmembranen und ihre Anwendung.* Allg. Beschreibung der Eigg. u. präp. Darst. von heterogenen, interpolymeren u. homogenen Ionenaustauschmembranen u. von Anwendungsbeispielen, wie Demineralisierung von W., Trennung von Elektrolyten u. Nichtelektrolyten (z. B. Zucker), Rückgewinnung von H_2SO_4 aus Entrosterfll. u. Darst. von Cl-freier NaOH. (J. Roy. Inst. Chem. **82**. 763—72. Dez. 1958. Teddington, Middlesex, Nat. Chem. Labor.) F. UMLAND. 177

N. H. Farlow und **F. A. French,** *Eichung von Flüssigkeitsaerosolsammlern durch Tröpfchen, die Teilchen gleichförmiger Größe enthalten.* Vf. entwickelten eine Meth. zur Best. von Mikrotröpfchen-Voll. durch Einschließen (Suspendieren) von festen Teilchen in W.-Tropfen. Zur Aufstellung einer Eichkurve für eine Oberfläche, mit der W.-Aerosol-Tröpfchen mit Durchmessern zwischen 1 u. 100 μ gesammelt u. gemessen werden sollen, müssen zwei verschied. Größen von festen Teilchen verwendet werden. Als geeignet erwiesen sich Getreidebrandsporen mit einem mittleren Durchmesser von 7,8 μ u. Polystyrol-Latexteilchen mit 0,514 μ Durchmesser. Die Genauigkeit der einfachen u. keiner weiteren Hilfsvorrichtungen bedürfenden Meth. kann durch mkr. Auszählen der Teilchen in einer großen Zahl von Tröpfchen bzw. Flecken auf der Meßoberfläche u. Mittelwertsbildung erheblich verbessert werden. Zur Unters. von W.-Aerosolen nach der vorgeschlagenen Meth. eignet sich ein Polyvinylalkohol–$AgNO_3$–H_2O_2-Film; für einen solchen wird eine lineare Eichkurve erhalten. (J. Colloid Sci. **11**. 177—83. April 1956. San Francisco, Calif., US Naval Radiat. Defence Labor.) W. WAGNER. 180

N. H. Farlow, *Ein physikochemisches System zur Messung von Wasser-Aerosolen.* (Vgl. vorst. Ref.) Ausführliche Darlegung der Entwicklungsarbeiten an einer Meßoberfläche, die zur Unters. von W.-Aerosolen mit Tröpfchengrößen zwischen 1 u. 100 μ geeignet ist. Der tropfenempfindliche Film besteht aus Polyvinylalkohol mit einem bestimmten Geh. an $AgNO_3$ u. H_2O_2; diese Mischung wird auf einen 30 mm-Celluloseacetatfilm als Träger aufgebracht. Sowohl Tröpfchen von dest. W. als auch von Seewassernebeln werden angezeigt, wenn die durch die aufgefallenen Tropfen verursachten Flecken durch Anwendung von gasförmigem Phenylhydrazin, NH_3, W.-Dampf u. UV-Licht „entwickelt" werden. Infolge der stark unterschiedlichen Färbung der Flecken sind Tropfen von dest. W. u. Seewasser genau unterscheidbar, von letzteren sind noch Tröpfchen mit einem NaCl-Geh. von weniger als 0,02% identifizierbar. Durch Anwendung autoradiograph. Methoden können auch radioaktive Tropfen untersucht werden. (J. Colloid Sci. **11**. 184—91. April 1956.) W. WAGNER. 180

A_6. Strukturforschung.

V. E. Cosslett, *Neue Entwicklungen in der Elektronenmikroskopie.* (Vgl. C. **1959.** 8060.) Überblick über den Stand der Elektronenmikroskopie, im wesentlichen auf Grund der Ergebnisse der Internationalen Konferenz für Elektronenmikroskopie, London 1954. Das erreichte Auflösungsvermögen liegt bei ca. 6 bis 8 Å, u. eine wesentliche Verbesserung ist erst durch Korrektur der Öffnungsfehler der Elektronenlinsen zu erwarten. Beschreibung neuer Präparationstechniken, bes. der Dünnschnitt-Technik u. des Kohlenstoff-Aufdampfverfahrens. Bericht über die Fortschritte der Rückstrahl-Elektronenmikroskopie. Aufzählung einiger Anwendungsgebiete in Medizin u. Biologie, Physik u. Technik. (Research **8.** 48—56. Febr. 1955. Cambridge, Cavendish Labor.)
F. Lenz. 181

W. I. Miljutin, D. W. Fetissow, K. K. Rasspletin, F. U. Spektor und **B. I. Potschtarew,** *Vereinfachtes elektrostatisches Elektronenmikroskop.* Beschreibung eines dreilinsigen elektrostat. Elektronenmikroskops für 45 kV Strahlspannung (MESM-45). Das Auflösungsvermögen wird mit 50—60 Å angegeben; die elektronenopt. Vergrößerung kann durch Variation des Potentials der Mittelelektrode der Zwischenlinse in vier Stufen von 1500 bis 8000 geregelt werden. Das Scharfstellen des Bildes geschieht durch kontinuierliche Regelung des Potentials der Mittelelektrode der Objektivlinse. Objekt- u. Plattenschleusen sind nicht vorgesehen. Beugungsbilder u. Emissionsbilder von geheizten Objekten können aufgenommen werden. Beschreibung des Vakuumsyst., mit dem nach Pumpzeiten von 15—20 Min. das Betriebsvakuum erreicht wird. Die Hochspannungserzeugung arbeitet mit Se-Gleichrichtern u. Netzfrequenz. Die Wechselkomponente in der Hochspannung beträgt bei 100 μA Strahlstrom 0,005%. Einige Beispiele für mit dem Mikroskop aufgenommene Durchstrahlungs-, Beugungs- u. Emissionsbilder werden gezeigt. (Заводская Лаборатория [Betriebs-Lab.] **24.** 92—96. 1958.)
F. Lenz. 181

Kōichi Kanaya, Hisazo Kawakatsu, Kazuo Itō und **Haruo Yotsumoto,** *Versuche am Elektronen-Phasenmikroskop.* Vers. einer Erhöhung des Kontrastes in der elektronenmkr. Abb. durch Einbringen einer Phasenfolie in die hintere Brennebene der Objektivlinse. Diese besteht aus einer Kohlenstoff-Folie mit Löchern, welche in Analogie zur lichtopt. Phasenkontrastmikroskopie die Rolle der Phasenplatte spielen soll. Durch Vgl. von mit u. ohne eine solche Phasenfolie gemachten elektronenmkr. Aufnahmen derselben Objekte soll die erreichte Kontrastverstärkung nachgewiesen werden. (J. appl. Physics **29.** 1046—49. Juli 1958. Tokyo, Electrotechn. Labor. u. Japan Electron Opt. Labor. Co. Ltd.)
F. Lenz. 181

Friedrich Lenz, *Ein mathematisches Modellfeld für eine permanentmagnetische Einzellinse.* Für rotationssymm. magnet. Elektronenlinsen, deren Polschuhanordnung grundsätzlich der Elektrodenanordnung in elektrostat. Dreielektrodenlinsen entspricht, wird der Begriff der magnet. Einzellinse eingeführt. Die in solchen Linsen auftretenden Feldverteilungen lassen sich durch das Feldmodell $B(z) = Cz(1 + [z/a]^4)^{-1}$ annähern, für welches die allg. Lsg. der paraxialen Bahngleichung durch die hypergeometr. Funktion ausgedrückt werden kann. Die paraxialen Kenngrößen dieses Modellfeldes für den Grenzfall hoher Vergrößerung werden in Abhängigkeit von der Linsenstärke berechnet. (Z. angew. Physik **8.** 492—96. Okt. 1956. Aachen, TH.)
F. Lenz. 181

G. D. Archard, *Eine ungewöhnliche Elektronenlinse.* (Vgl. C. **1958.** 12614.) Vorschlag einer nicht rotationssymm. Elektronenlinse, in welcher eine vom Öffnungsfehler 3. Ordnung freie stigmat. Abb. möglich ist. Die Linse besteht aus zwei vierpoligen u. zwei achtpoligen Elementen. Sie hat gegenüber dem von Burfoot (C. **1956.** 1515) vorgeschlagenen Syst. den Vorteil leichter einzuhaltender Justierungstoleranzen u. gegenüber dem von Scherzer vorgeschlagenen (Z. Physik **101.** [1936.] 593 u. Optik **2.** [1947.] 114) den Vorteil einer wesentlich geringeren Elektrodenzahl. (Proc. physic. Soc. **72.** 135—37. 1/7. 1958. Aldermaston, Berks., A. E. I. Res. Labor.)
F. Lenz. 181

P. Sadhukhan, *Elektronenstreuung und Bildkontrast in der Elektronenmikroskopie.* Berechnung der Wirkungsquerschnitte verschied. Atome (*C, Cr, Pd, Au, U*) für die elast. u. unelast. Streuung von 60 kV-Elektronen aufgrund der von Molière u. von Lenz angegebenen Streuformeln. Aus diesen Streuquerschnitten wird für die genannten Elemente für eine Objektivapertur von 10^{-2} der Zusammenhang zwischen elektronenmkr. Bildkontrast u. Objektdicke berechnet. (Indian J. Physics Proc. Indian Assoc. Cultivat. Sci. **32(41).** 249—58. Mai 1958. Calcutta, Inst. of Nucl. Phys., Biophys. Sect.)
F. Lenz. 181

P. Sadhukhan, *Ein graphisches Verfahren zur Abschätzung des Kontrastes in der Elektronenmikroskopie.* (Vgl. vorst. Ref.) Mitt. eines Nomogramms, aus welchem der elektronenmkr. Bildkontrast, der außer von der Objektdicke von dem streuenden Element, der effektiven Objektivapertur u. der Beschleunigungsspannung der abbildenden Elektronen abhängt, einfach als Funktion dieser Größen abgelesen werden kann. Für die Berechnung der Streuquerschnitte wurden die Formeln von LENZ verwandt. (J. appl. Physics **29.** 1235—37. Aug. 1958.) F. LENZ. 181

Ulrich Wolfstieg, *Ein Zählbetragumsetzer für Röntgenbeugungsuntersuchungen.* Es wird eine Verstärkeranordnung mit einem Zählbetragumsetzer (Digital-Analog-Umsetzer) für die Verarbeitung von Zählimpulsen aus GEIGER-MÜLLER-Zählrohren oder Scintillationszählern beschrieben. Anwendungen aus dem Gebiet der Röntgenbeugung werden erörtert u. die Eigg. u. Vorzüge der neuen Anordnung angegeben. (Z. Metallkunde **50.** 154—57. März 1959. Bochum, Bochumer Verein für Gußstahlfabrikat. A.G.) H. HOCHSTEIN. 181

František Khol, *Apparat zur mechanischen Bestimmung der Flächenabstände eines Gitters.* Das beschriebene Gerät beruht auf der geometr. Darst. der BRAGG-WULFFschen Gleichung $\sin \vartheta = (\lambda/2)/d$ oder $\cos \eta = (\lambda/2)/d$ ($\eta = 90^0 - \vartheta$) u. der Röntgenbest. von $2\eta = r/D$ (r = Radius des Interferenzkreises, D = Abstand Probe–Film) bei Anwendung reversibler Reflexion. Das Gerät mit einer verschiebbaren u. schwenkbaren Schiene wird beschrieben u. seine Anwendung erläutert. (Кристаллография [Kristallographie] **2.** 604—08. 1957. Praha, Věd. výzk. úst. mater. a technol.) R. K. MÜLLER. 181

A. P. Swjagina und **W. I. Iweronowa,** *Methode zur Bestimmung der Amplituden der Wärmeschwingungen der Atome verschiedener Art in einer festen Lösung.* Für die Best. der Temp.-Faktoren B_1 u. B_2 u. der entsprechenden mittleren quadrat. Temp.-Verschiebungen der verschied. Atome einer bin. festen Lsg. wird eine röntgenograph. Meth. angegeben. Sie ist für geordnete u. stark verd. feste Lsgg. anwendbar. Bei der geordneten Legierung Cu_3Au ist das mittlere Quadrat der Temp.-Verschiebung für die Cu-Atome 0,18, für die Au-Atome 0,12 Å^2. Bei der stark verd. festen Lsg. von 1,9% W in Fe sind die entsprechenden Werte für W 0,05, für Fe 0,11 Å^2. (Кристаллография [Kristallographie] **2.** 613—17. 1957. Moskau, Lomonossow-Univ.) R. K. MÜLLER. 181

M. Pérez Rodriguez, Mercedes Cubero und **Amparo Lopez Castro,** *Berechnung von Strukturfaktoren mittels einer Abwandlung der optischen Maschine von Eller.* 2. Mitt. *Photometrische Abschätzung.* (1. vgl. C. **1956.** 3780.) Während die Vff. sich in der 1. Mitt. auf eine visuelle Beurteilung der mittels der ELLERschen Maschine bestimmten Strukturamplituden beschränkten, verwenden sie nun eine quantitative photometr. Methode. Die dabei zu beachtenden Vorsichtsmaßregeln werden diskutiert. Zur Prüfung der Genauigkeit wird für das Beispiel einer linearen Anordnung gleichartiger Atome die Überlagerung einmal numer. u. einmal photograph. durchgeführt. Der Vgl. der Ergebnisse zeigt gute Übereinstimmung. (An. Real Soc. españ. Física Quím., Ser. B **53.** 95—100. Mai/Juni 1957. Sevilla, Univ., Inst. „Alonso de Santa Cruz", physik. Abt.) F. LENZ. 181

Ricardo De Carvalho Ferreira, *Eine Methode zur Berechnung der Bindungsmomente aus Elektronegativitätsdaten.* Es wird gezeigt, daß das SANDERSONsche Prinzip der „Elektronegativitätsgleichmachung" (C. **1954.** 1893) völlig allg. ist u. zur Best. der Ladungsverteilung in einfachen Moll. verwendet werden kann. Unter Benutzung von Elektronegativitätsdaten u. unter Berücksichtigung der Abschirmung ergaben sich für die Dipolmomente der H-Halogenide (in Klammern experimentelle Werte): *HF* 1,39 (1,91), *HCl* 1,01 (1,03), *HBr* 0,68 (0,78) u. *HJ* 0,38 (0,38). (J. physic. Chem. **63.** 745—46. Mai 1959. Recife, Brazil, Univ. of Recife, Escola Superior de Quim.) D. JÖRCHEL. 182

Friedrich O. Vonbun, *Analyse eines Multipolzustandsseparators und -fokussierers für polarisierbare Moleküle.* Es wird das elektrostat. Feld eines Multipol-Fokussierers rechner. behandelt, der aus im Kreis angeordneten parallelen Stäben besteht. Ein Vgl. der Felder u. radialen Gradienten eines (p + q)–Pol- u. eines p–Pol-Fokussierers zeigt den Vorzug einer Anordnung mit größerer Polzahl. Ferner wird ein vereinfachtes Syst. von Differentialgleichungen in Zylinderkoordinaten für die Bahn polarisierbarer Moll. angegeben u. zur Berechnung der Bahn von NH_3-Moll. im Inversionszustand $J = K = 3$ ($M_J = 3$) verwendet. Die Ergebnise sind graph. angegeben. (J. appl. Physics **29.** 632—36. April 1958. Fort Monmouth, N. J., U.S. Army Signal Engng. Labors.) D. JÖRCHEL. 182

E. Kapuy, *Berechnung des Energieausdrucks im Falle einer aus zwei Elektronenbahnen aufgebauten Wellenfunktion.* Vf. verwendet im Unterschied zu HURLEY u. Mitarbeitern (C. **1950/54.** 5173 S.), die dasselbe Problem mit Hilfe zweier in den Raumkoordinaten symm. Elektronenbahnen nach FOK (C. **1951.** I. 1423) behandelten, eine aus 2 antisymm. Elektronenbahnen zusammengesetzte Wellenfunktion. Er erhält einen Energieausdruck der Form $E = H(O) + \sum_i (E_i + 2\,C_i - 2\,A_i)$, wobei H(O) der nicht von den Elektronenkoordinaten abhängende Teil des HAMILTON-Operators, E die Energie eines Elektronenpaars in der i-ten Bahn, C_i die COULOMB-ähnliche Wechselwirkungsenergie eines der Elektronen in der i-ten Bahn mit den Elektronen der anderen Bahnen u. A_i die Austauschenergie eines der Elektronen der i-ten Bahn mit den Elektronen der anderen Bahnen ist. (Acta physica Acad. Sci. hung. **9.** 237—**39.** **1958.** Budapest, Hungarian Acad. of Sci., Res. Group for Theoret. Phys.) D. JÖRCHEL. 182

Béla Lakatos und **János Bohus,** *Ein neuer Weg zur Berechnung der Polarität der chemischen Bindungen.* 1. Mitt. *Über das Problem des Ionencharakters und der Polarität der chemischen Bindung.* An Hand der FAJANSschen Polaritätsregeln wird ein neuer Begriff „der effektiven Raumintensität", $F^* = Z^* \cdot 1/r^2$ (wo Z^* = die Zahl der effektiven Kernladung der isolierten Ionen oder Atome u. r = Radius) eingeführt. (Magyar Kémiai Folyóirat [Ung. Z. Chem.] **64.** 453—68. Dez. 1958.) G. HALMI. 182

R. Gáspár und **I. Tamássy-Lentei,** *Das vereinheitlichte Atommodell des HF-Moleküls.* Das vereinheitlichte Atommodell, das seit Jahren in der Spektroskopie zur Abschätzung der Molekültermwerte benutzt wird u. sich auch in der Quantenchemie anwenden läßt, führt auf Werte des HF-Mol. (Gesamtenergie E = —99,016, Dissoziationsenergie D = $0,19_8$, Gleichgewichtskernabstand R = 1,57), die befriedigend mit experimentellen Daten übereinstimmen (E = —100,489, D = $0,23_5$, R = 1,73). (Acta physica Acad. Sci. hung. **9.** 105—13. 1958. Debrecen, Kossuth Lajos Univ. of Sci., Inst. of Theoret. Phys.) D. JÖRCHEL. 182

A. Packter, *Untersuchungen über das Kristallwachstum löslicher Metallsalze.* 2. Mitt. *Die die Teilchengröße von durch Abkühlen heißer übersättigter Lösung gewachsenen Kristallen bestimmenden Faktoren.* (1. vgl. C. **1956.** 6886.) Es wird experimentell u. theoret. gezeigt, daß die Teilchengröße lösl. Metallsalzkristalle beim Ausfällen aus übersättigter Lsg. von der Abkühlungsgeschwindigkeit abhängt. Bei geringer Geschwindigkeit ist die Teilchengröße um so größer, je kleiner die Abkühlgeschwindigkeit u. die Übersättigungsgeschwindigkeit ist. Bei großer Geschwindigkeit hängt die Kristallgröße nur von der Endübersättigung nach dem Massenwirkungsgesetz ab. (Z. physik. Chem. **210.** 196—208. März 1959. Canons Park, Middlesex.) H. C. WOLF. 190

H. Fara und **R. W. Balluffi,** *Analyse der Diffusion in Medien bei Deformation.* Für die Selbstdiffusion in einem rechteckigen Parallelepiped, das mit konstanter Dehnungsgeschwindigkeit deformiert wird u. in dem die Probenoberflächen Hauptflächen der Deformation sind, wird eine mathemat. Lsg. entwickelt. (J. appl. Physics **29.** 1133—34. Juli 1958. Urbana, Ill., Univ. of Illinois, Rep. of Mining and Metallurgical Engng.) H. K. HOFMEISTER. 190

W. Ss. Maschkewitsch, *Normale Koordinaten eines Kristallgitters unter Berücksichtigung der Verzögerung der Wechselwirkung.* (Vgl. C. **1957.** 11778.) Für die Unters. der opt. Eigg. eines Kristalls genügen die nach den üblichen Verff. berechneten n. Koordinaten des Kristallgitters nicht, es ist vielmehr die verzögernde elektromagnet. Wechselwrkg. zu berücksichtigen. In theoret. Behandlung des Kristallgitters in Dipolannäherung wählt Vf. als Variable die Verschiebung der Atome u. die durch die Deformation der Elektronenhüllen bedingten Dipolmomente u. gelangt zu einer Gleichung für die Gitterenergie. (Доклады Академии Наук СССР [Ber. Akad. Wiss. UdSSR] **121.** 247—49. 11/7. 1958. Kiew, Polytechn. Inst.) R. K. MÜLLER. 190

N. N. Porfirjewa, *Beziehung zwischen intermolekularen und intramolekularen Schwingungen in einem Kristall.* Unter Anwendung der Gruppentheorie wird die Beziehung zwischen inter- u. intramol. Schwingungen in einem Molekülkristall u. die Möglichkeit ihrer Trennung untersucht. Die erhaltenen Gleichungen werden auf ein zweidimensionales quadrat. Gitter mit 2 zweiatomigen Moll. in der Elementarzelle (C_{4v}-Symmetrie) angewandt. (Журнал Экспериментальной и Теоретической Физики [J. exp. theoret. Physik] **33.** 47—52. Juli 1957. Leningrad, Schiffbauinst.) R. K. MÜLLER. 190

Masaichi Yamamoto und **Zenji Nishiyama,** *Über die Substruktur in Natriumchloridkristallen.* Röntgenbeugungsmessungen u. Beugungsmikroskopie an Spaltflächen künstlicher u. natürlicher NaCl-Kristalle nach der Meth. von BERG-BARETT ergaben in künstlichen Kristallen „subgrains" mit 0,5 bis 5 mm Durchmesser u. maximalen Orientierungsunterschieden von 40—50′, zusätzlich Mikrodomänen von einigen Hundertsteln mm Durchmesser mit nicht meßbarer Orientierungsdifferenz. In natürlichen Kristallen gilt für die „subgrains" das Gleiche. (Mem. Inst. sci. ind. Res., Osaka Univ. **12.** 1—6. 1955.) H. C. WOLF. 195

Donald S. McClure, *Die Verteilung der Kationen der Übergangsmetalle in Spinellen.* Aus der Kristallfeldtheorie u. spektroskop. Daten wird die Größe der d-Schalen-Aufspaltung u. die daraus folgende Stabilisierung der Übergangsmetallionen in einer Kristallposition gegebener Symmetrie ausgerechnet. Anwendung auf das Spinellgitter gibt die Lage der Kationen gut wieder. Ein starker Jahn-Teller-Effekt resultiert aus der Bldg. einer tetragonalen Phase. (Physics Chem. Solids **3.** 311—17. 1957. Princeton, N. J., RCA Labor.) H. C. Wolf. 195

T. Ss. Chodaschowa, *Struktur der Kristalle von Kobalthexafluorogermanat-Hexahydrat* $[Co(H_2O)_6][GeF_6]$. Die goniometr. Unters. von $[Co(H_2O)_6][GeF_6]$ (I) zeigt, daß neben hexagonalen Kristallen solche einer pseudorhomboedr. Form vorliegen. Nach der Röntgenstrukturunters. sind beide Kristallarten ident. u. gehören der prismat. Symmetrie der monoklinen Syngonie als pseudohexagonale Prismen an. Die D. ist 2,21, die Gitterparameter a = 17,30 ± 0,05, b = 19,48 ± 0,05, c = 13,30 ± 0,05 Å, β = 100°10′. Die Raumgruppe der Pseudozelle ist C_{2h}^5 — P 2_1/a, Z = 2. Bei rhomboedr. Aufstellung ist a = 11,7 Å, α = 113°, Z = 4; Raumgruppe D_{3d}^5 — R$\bar{3}$m. Die wahre Zelle hat a″ = 17,3,b″ = 19,48, c″ = 9,70 Å, β'' = 139°, Z″ = 8 mit der Symmetrie C_{2h}^3 — C 2/m. (Кристаллография [Kristallographie] **2.** 609—12. 1957. Kurnakow-Inst. für allg. u. anorg. Chem.) R. K. Müller. 195

G. B. Boki und **N. A. Parpijew,** *Röntgenstrukturuntersuchung der Kristalle von* $[Ru(NH_3)_4(NO)(OH)]Cl_2$. Die Kristalle von $[Ru(NH_3)_4(NO)(OH)]Cl_2$ sind opt. zweiachsig mit n_g 1,830, n_m 1,708, n_p 1,661. Die Gitterparameter sind a = 11,48 ± 0,02, b = 7,44 ± 0,05, c = 10,75 ± 0,02 Å. Aus der D. (2,126, pyknometr. 2,112) ergibt sich Z = 4; Raumgruppe C_2^3 — C 2. Abstände: Ru — N_{NO} 2,07 (Å), Ru — N_{NH_3} 2,23, Ru — O_{OH} 1,98, (NH_3) — (NH_3) 3,15, (NH_3) — N_{NO} 3,06, (NH_3) — O_{OH} 3,07, N — O (in NO) 1,14; in benachbarten Komplexen: NH_3 — NH_3 III — II 4,80, III — IV 3,88, (NH_3) — O_{OH} 3,85, NH_3 — O_{NO} 2,78, O_{NO} — O_{NO} 2,80, Cl^- — (NH_3) 3,43, Cl^- — N_{NO} 3,72, Cl^- — O_{OH} 3,72, Cl^- — O_{NO} 3,20, Cl^- — Cl^- 4,13. (Кристаллография [Kristallographie] **2.** 691—93. 1957. Moskau, Lomonossow-Univ.) R. K. Müller. 195

E. Fischer, W. Kleber und **J. Sommer,** *Über Pucherit unter besonderer Berücksichtigung der Vorkommen in den mesothermalen BiCoNi-Gängen Südwestsachsens.* 4207 Pucherit-Kristalle wurden morpholog. untersucht, wobei 7 neuere Formen beobachtet werden konnten. Die systemat. Statistik ergab folgende Rangordnung der wichtigsten Formen: (001), (210), (011), (111), (522), (212), (012), (100), (116). Als morpholog. Aspekt ergab sich P* a* bzw. P 2_1/* 2_1/* */a Raumgruppe: Pnca. Die kristallchem. Stellung der Pucheritstruktur in der Reihe der ABO_4-Verbb. wird erörtert u. die Homöotypie zum Scheelittypus analysiert. Die Hauptformen (001), (210) u. (111) konnten als F-Flächen gesichert werden. Die Spaltbarkeiten nach (001) u. (210) werden strukturtheoret. diskutiert. (Chem. d. Erde **19.** 361—85. 1958. Berlin, Humboldt-Univ., Mineralog. Petrograph. Inst. u. Museum.) J.-E. Hiller. 195

M. C. Lavine, A. J. Rosenberg und **H. C. Gatos,** *Einfluß der Kristallorientierung auf das Oberflächenverhalten von InSb.* InSb-Einkristalle (Zinkblendetyp) wurden mit US parallel $< 110 >$ geschnitten. Unterschiede des chem. Verh. der Kristalloberfläche infolge unterschiedlicher kristallograph. Orientierung der Flächen wurden durch anod. Oxydation, Luftoxydation (350°) u. Ätzen festgestellt. (J. appl. Physics **29.** 1131—32. Juli 1958. Lexington, Mass., MIT, Lincoln Labor.) H. K. Hofmeister. 196

L. Ss. Palatnik und **W. M. Kossewitsch,** *Untersuchung der Umwandlungen mit und ohne Diffusion in amorphen Antimonfilmen.* Auf amorpher Unterlage (Glas, Kollodium) kondensiertes Sb geht entweder langsam (α-Umwandlung) oder plötzlich (β-Umwandlung) in sphärolith. Kristalle über. Unterhalb einer bestimmten Filmdicke h_α (250 Å) findet keine Kristallisation statt, bei $h > h_\alpha$ erfolgt sie um so rascher, je größer h ist (bei 1000 Å 25 μ/sec). Bei der α-Umwandlung scheidet sich amorphes Sb durch Diffusion in Sb-Kristalle u. Leerstellen ab. Die β-Umwandlung erfolgt ohne Diffusion als Übergang von metastabiler in stabile Phase, analog der Martensitumwandlung, wobei jedoch nicht die verschied. Tempp. (F., Rekristallisationstemp.), sondern die Werte von h bzw. 1/h maßgebend sind. Auf krist. Sb, Bi oder Au kondensiertes Sb ist immer krist., auf NaCl, KCl, KBr, Al, Be oder Cr finden α- u. β-Umwandlung wie auf amorpher Unterlage statt, auf Fe, Sn, Pb, Ag, Mn oder Cu krist. amorph kondensiertes Sb in einigen Tagen vollständig. Die chem. Bindung an die Unterlage scheint von größerem Einfl. zu sein als die geometr. Ähnlichkeit des Kristallgitters. (Доклады Академии Наук СССР [Ber. Akad. Wiss. UdSSR] **121.** 97—100. 1/7. 1958. Charkow, Gorki-Univ. u. Polytechn. Lenin-Inst.) R. K. Müller. 196

Bernard Le Boucher, César Libanati und **Paul Lacombe,** *Bedingungen für die Fixierung von radioaktivem Schwefel auf der Oberfläche von polykristallinem Eisen und Beziehungen zur Kristallorientierung des Metalls.* Zum Verständnis der Rolle der S-Verbb. bei der Korrosion der Metalle wurden die Bedingungen der Fixierung von markiertem S (^{35}S) auf Fe-Oberflächen untersucht. Ein elektrolyt. poliertes Fe-Blättchen wurde in Ggw. einer ^{35}S-Quelle (hergestellt durch Eintauchen eines Pt-Plättchens in eine

Lsg. von 0,067 mg S in Toluol, ca. 0,1 mC/cm³) in reines W. von 20° eingetaucht u. die Oberfläche anschließend autoradiograph. untersucht. Es wurde einmal eine mehr oder weniger gleichförmige Verteilung, ein andermal eine Verteilung gemäß der mikrograph. Struktur beobachtet; die schwankenden Ergebnisse werden auf die Ggw. von O_2 in W. zurückgeführt. In luftfreiem W. wird mehr S auf der Fe-Oberfläche fixiert, dabei besteht eine enge Beziehung zur Orientierung der Fe-Kristalle. In einer 2. Vers.-Reihe wurde ein grobkrist. Fe-Blättchen, das durch Erhitzen auf 800° in reinem H_2 von Oxydschichten u. anhaftendem O_2 befreit war, bei 50° 20 Std. S-Dampf ausgesetzt ($2 \cdot 10^{-4}$ mm Hg; S-Quelle in H_2). Dabei wurde ebenfalls eine enge Beziehung zwischen der niedergeschlagenen S-Menge u. der Struktur des Metalls festgestellt; aus einem Vgl. der autoradiograph. Aufnahmen u. der mikrograph. Struktur geht hervor, daß die S-Verteilung auf der Oberfläche eines einzelnen Korns gleichförmig ist, aber von Korn zu Korn variiert. Die fixierte S-Menge ist maximal für Kristalle mit der Orientierung nahe (111) u. minimal für eine Orientierung nahe (110). Auf Grund der Ergebnisse wird dem O_2 eine konkurriende Rolle bei der Fixierung von S auf Fe-Oberfläche zugeschrieben. Diese Annahme wurde durch einen Vers., bei dem die Fe-Probe vor dem Kontakt mit der ^{35}S-Quelle 48 Std. bei 20° trockener Luft ausgesetzt wurde, bestätigt: Es wurde eine starke Abnahme der ^{35}S-Aktivität beobachtet; an den Stellen, die vorher eine maximale Fixierung von S aufwiesen, wurden minimale S-Mengen aufgefunden (Abnahme von 9250 auf 650 cpm). (C. R. hebd. Séances Acad. Sci. **248.** 2578—80. 4/5. 1959. Paris, École des Mines, Centre de Rech. Métallurg.; Inst. Franç. du Petrole, Labor. de Corrosion.) W. KARCHER. 196

Allan M. Russell und **Robert C. Abbott,** *Whiskerwachstum aus Jodidtitandrähten.* Eine Meth. wird angegeben, um Ti-Whiskers aus reinstem Ti im Vakuum zu züchten, indem die Temp. eines widerstandgeheizten Ti-Drahtes von 800 bis 1100° mit sechs Wechsel pro Min. verändert wurde. Nach 30 Std. bricht der Draht u. zeigt whiskerähnliche Fäden. Es wird angenommen, daß die Phasenänderung bei ca. 900 innere Spannungen erzeugt u. so Anlaß zum Whiskerwachstum gibt. (J. appl. Physics **29.** 1130—31. Juli 1958. Syracuse, N. Y., Syracuse Univ., Dep. of Phys.) H. K. HOFMEISTER. 197

Ulrich Dehlinger, *Die Entstehung von inneren Spannungen bei Vorgängen in Metallen.* Wie die von KRÖNER durchgeführte mathemat. Analyse ergibt, treten Eigenspannungen nur dann auf, wenn eine ungleichmäßige Versetzungsverteilung vorhanden ist. Die Versetzungen sind also die Quellen der Eigenspannungen. Sie entstehen durch ungleichmäßige bleibende Deformationen. Die dem plast. Fließen zugeordneten Versetzungen sind wanderungsfähig, daher ist ihr BURGERS-Vektor gleich einer Gittertranslation. Die Keime der Transformationen sind von Versetzungen mit stetig veränderlichen BURGERS-Vektoren umgeben. Die den Wärmespannungen zugeordneten Versetzungen sind nicht in diskrete Versetzungslinien auflösbar, ihre Rk. mit wanderungsfähigen Versetzungen ergibt die Abschreckspannungen. (Z. Metallkunde **50.** 126—30. März 1959. Stuttgart, MPI für Metallforsch. u. TH.) H. HOCHSTEIN. 197

Hartwig Müller, *Zur Theorie der Bildung s-förmiger Knickbänder auf plastisch verformten Metallkristallen.* 1. Mitt. *Wachstum von Knickbändern und Verankerung der Versetzungen.* Während der plast. Verformung von Metallkristallen durch Gleitung treten als Störung der Einfachgleitung Knickbänder auf. Sie bestehen in einer s-förmigen Gitterbiegung in Ebenen senkrecht zur Gleitrichtung, die durch aufgestaute Versetzungen entgegengesetzten Vorzeichens hervorgerufen wird. Nach einem angegebenen Modell werden im Kristall vorhandene Versetzungswände u. Knickbänder während der Verformung aus ihrer Gleichgewichtslage herausgeschert u. bekommen weitreichende Spannungsfelder. Diese werden dadurch abgebaut, daß Versetzungen anderer Gleitsysteme (Ergänzungsversetzungen) von den Wänden angezogen werden u. sie zu schrägliegenden Kleinwinkelkorngrenzen ergänzen. Haupt- u. Ergänzungsversetzungen reagieren stückweise miteinander u. bilden unbewegliche Versetzungen. Auf den Wänden werden weitere Versetzungen aufgestaut, die ihrerseits weitere Ergänzungsversetzungen anziehen. So bildet sich ein stückweise verankertes Maschennetz von Versetzungen. Je nach der Orientierung der Zugachse werden für die Verankerung verschied. günstige Ergänzungsversetzungen angezogen. (Z. Metallkunde **50.** 165—76. März 1959. Göttingen, Univ.) H. HOCHSTEIN. 197

Je. W. Kolonzowa und **I. W. Telegina,** *Einfluß der Deformationsbedingungen auf den Entstehungsmechanismus von Versetzungsbanden.* Beim Ziehen von *Sn*-Einkristallen hängt der Zeitpunkt des Auftretens einer Versetzungsbande (VB) von der Ausgangsorientierung des Kristalls ab, die Zahl der VB pro Längeneinheit wird dagegen im wesentlichen durch die Menge der an der Oberfläche vorhandenen Defekte bestimmt, sie nimmt nach Ätzen der Oberfläche auf 5—10% ab. Im mittleren Teil einer VB zerfällt der Einkristall in eine Reihe von gegeneinander um 15—20′ gedrehten Blöcken. Bei bestimmten Deformationsbedingungen kann, wie das schon bei Cs- u. Tl-Halogeniden beobachtet wurde, Zwillingsbldg. eintreten. (Кристаллография [Kristallographie] **2.** 658—62. 1 Tafel. 1957. Moskau, Lomonossow-Univ.) R. K. MÜLLER. 197

N. Brown und **M. Herman,** *Wechselwirkung von Versetzungen und Fernordnungszustand.* Rechner. wird für *β-Messing* nachgewiesen, daß bei einem vollständigen Ordnungszustand die Versetzungen der gleichen Stufe Paarungen mit einem 15-Atom-Zwischenabstand bilden. Experimentelle Werte zeigen, daß der Fernordnungszustand die Streckgrenze erhöht. Es wird vermutet, daß dieser Einfl. von einer Versetzungspaarung begleitet wird. (J. Metals **8.** Nr. 10. Sect. 2, AIME Trans. **206.** 1353—54. Okt. 1956. Philadelphia, Pa., Univ.) H. HOCHSTEIN. 197

John J. Gilman, *Plastische Anisotropie von Zink-Einkristallen.* Das Gleiten auf den Basis-(0001)- u. primat. $(10\bar{1}0)$-Flächen von Zn-Einkristallen wurde bei 250—400° untersucht. Das primat. Gleiten gehorcht dem Gesetz von SCHMID. Verunreinigungen erhöhen den Spannungs-Exponenten u. die Aktivitätsenergie; die Spannung für prismat. Gleiten bei einer gegebenen Geschwindigkeit ist viel höher als die für das Basisflächengleiten. Ein mehrfaches prismat. Gleiten verursacht keine merkliche Reckalterung. Das Kriechen von polykristallinem Zn wird durch ein prismat. Gleiten bei hohen Tempp. geregelt. Die Anisotropie der Zn-Kristalle u. ihr Einfl. auf die Versetzungsbewegung wird erläutert. (J. Metals **8.** Nr. 10. Sect. 2, AIME Trans. **206.** 1326—36. Okt. 1956. Schenectady, N. Y., General Electric Co.) H. HOCHSTEIN. 197

Horst Fricke und **Volkmar Gerold,** *Sekundäre Beugungserscheinungen von Röntgenstrahlen an verformten Metallen.* In einer evakuierten Filmkammer wurden die röntgenograph. Beugungserscheinungen von kaltverformten, einkristallinen u. polykristallinen Metallfolien (*Cu* u. *Al*) in einem Winkelbereich von 1—45° untersucht. Die Ergebnisse zeigen, daß die in diesem Winkelbereich auftretenden sek. Streuerscheinungen sich völlig durch zweifache BRAGGsche Reflexionen des Primärstrahles (Doppelreflexionen) an Netzebenen der Probe erklären lassen. Die Kleinwinkelstreuung kaltverformter Metalle ist auf zweifache Reflexionen des Primärstrahles an gleichindizierten Netzebenen benachbarter Subkörner innerhalb eines deformierten Kristalliten zurückzuführen. Diese Subkörner sind um kleine Winkelbeträge gegeneinander fehlgeordnet u. geben dadurch Anlaß zu Doppelreflexionen in der Nähe des Primärstrahles. Doppelreflexionen zwischen benachbarten Kristalliten sind über das ganze Winkelgebiet verstreut u. hängen von den Orientierungsbeziehungen zwischen diesen Kristalliten ab. Sie sind auch bei unverformten Proben zu beobachten. Gesetzmäßige Intensitätsverteilungen dieser Streuung sind nur dann zu erwarten, wenn a) die Orientierung der Kristallite völlig regellos u. ihre Zahl genügend groß ist oder b) die Kristallite infolge eines hohen Walzgrades der Probe bevorzugte Orientierungen einnehmen. Die in diesen Fällen zu erwartende Intensitätsverteilung kann qualitativ berechnet werden. Neben diesen Doppelreflexionen wurden bei Unterss. an Einkristallen noch Beugungserscheinungen beobachtet, die vermutlich auf Reflexionen des primär gestreuten, diffusen Untergrundes an Netzebenen des Kristalles zurückzuführen sind. Ihre Intensität ist weitaus geringer als die der Doppelreflexionen in verformten Einkristallen. (Z. Metallkunde **50.** 136—45. März 1959. Stuttgart, MPI für Metallforsch.) H. HOCHSTEIN. 197

Jack Washburn, *Experimentelle Beobachtungen über den Zusammenbruch von Versetzungsschleifen während des Glühens.* Die c-Achsen-Eindrücke in Zn-Kristallen unterliegen einer 100%ig. Spannungserholung beim Erhitzen. Die Art der Verformung u. die Einzelheiten der Kristall-Haufwerksbldg. sowie das Verschwinden der Eindrücke stimmen nach den Unters.-Ergebnissen überein mit einer Anzahl von Voraussagen der Versetzungstheorie. (J. Metals **8.** Nr. 2. Sect. 2, AIME Trans. **206.** 189—91. Febr. 1956. Berkeley, Calif., Univ.) H. HOCHSTEIN. 197

T. Ojala, C. Elbaum und **W. C. Winegard,** *Nichtoktaedrisches Gleiten in Aluminium.* (Vgl. C. **1959.** 2043.) Untersucht wird röntgenograph. ein nichtoktaedr. Gleiten in polykristallinen Aggregaten von Al. Auf Grund der Untersuchungsergebnisse wird angenommen, daß dieses in zwei Al-Proben beobachtete Gleiten auf einer {110}-Typenebene in den beiden Körnern eines Bikristalls u. auf einer {331}-Typenebene im 3. Korn eines Drillings stattfindet. In beiden Fällen wird das Gleiten auf diesen nichtoktaedr. Flächen durch ein oktaedr. Gleiten im Nachbarkorn veranlaßt. (J. Metals **8.** Nr. 10. Sect. 2, AIME Trans. **206.** 1344—45. Okt. 1956. Toronto, Univ.) H. HOCHSTEIN. 197

A. H. Lutts und **Paul A. Beck,** *Die Temperaturabhängigkeit der Erholungserscheinungen in einem kaltgewalzten Aluminiumeinkristall.* Die Kinetik der isotherm. Röntgenstrahl-Linienverschärfung in einem stark kaltgewalzten reinen Al-Einkristall scheint im Glühtemp.-Bereich zwischen 100 u. 350° verhältnismäßig unverändert zu sein. Typ. für diese Kinetik ist die anfänglich hohe u. allmählich abnehmende Geschwindigkeit mit der Fortsetzung der Glühung. Die Einzelaktivierungsenergie wird auf ca. 22,8 kcal/g-Atom geschätzt. Die Kinetik der frühen Stufen der isotherm. Erweichung der stark gewalzten reinen Al-Kristalle ist auch durch eine anfänglich höhere u. dann graduell abnehmende Geschwindigkeit gekennzeichnet. Die Anfangsphasen der Erweichung bei verschied. Tempp. stimmen ziemlich gut mit der Einzelaktivierungsenergie von 21 kcal/g-Atom überein. Die Ähnlichkeit in der Kinetik u. in der Aktivierungsenergie der Anfangsstufen der Erweichung u. der Röntgenlinienverschärfung legen die Möglichkeit nahe, daß die Geschwindigkeit dieser beiden Prozesse durch verwandte elementare Prozesse bestimmt wird. Jedoch verläuft in dem gesamten Glühtemperaturbereich von 100—350° die Linienverschärfung prakt. vollständig, während noch eine starke Kaltverfestigung zurückbleibt. Diese Tatsache bestätigt den Schluß, daß die zur Zunahme der Linienaufweitung führenden Unvollkommenheiten nichts mit einem Teil der gesamten Kaltverfestigung zu tun haben. (J. Metals **8.** Nr. 10. Sect. 2, AIME Trans. **206.** 1226—28. Okt. 1956. Diskussion: **9.** Nr. **4.** Sect. 2, AIME Trans. **209.** 530—32. April 1957. Urbana, Ill., Univ.) H. HOCHSTEIN. 197

Yosio Hiki, *Ätzgruben in Bleikristallen.* Pb-Einkristalle wurden mit $CH_3COOH + H_2O_2$ (1:3) u. elektrolyt. angeätzt. Der Einfl. der Temp. beim Anlassen wurde untersucht. Wahrscheinlich entstehen die Ätzgruben aus Versetzungen u. Verunreinigungsatomen. Die Zahl der Gruben pro Flächeneinheit ist allerdings nur 1/10 der mit Röntgenstrahlen bestimmten Versetzungsdichte. (J. physic. Soc. Japan **13.** 970—71. Aug. 1958. Tokyo, Government Mechan. Labor. [Orig.: engl.]) H. K. HOFMEISTER. 197

W. J. Wrazej, *Schatten von Zwillingsstreifen.* Die an leicht beanspruchtem, gegossenem reinem Bi auftretenden Schatten von Zwillingsstreifen werden in Mikrobildern gezeigt. Sie sind Streifen, in welchen sich Schubspannungen aufstauten, die aber nicht groß genug zur Bldg. eines n. Zwillings gewesen sind. Durch eine Ätzung wird offenbar, daß die beanspruchten Bereiche die gleiche Orientierung wie das Grundmetall haben. (J. Inst. Metals **87.** Bull. **4.** Nr. 18. **143.** Febr. 1959. Ottawa, Can.)
H. HOCHSTEIN. 197

N. Ujiiye und **R. Maddin,** *Strukturänderungen infolge Kaltwalzung in Molybdän-Einkristallen.* Die durch eine Kaltwalzung hervorgerufenen Strukturänderungen von Mo-Einkristallen bei sehr geringen Abnahmegeschwindigkeiten wurden für verschiedene ursprüngliche Orientierungen untersucht. Gitter-Verdrehungen wurden für verschied. Walzgrade beobachtet. Auf Grund dieser Beobachtungen wurden die Beziehungen zwischen der ursprünglichen u. der Endorientierung im einzelnen erörtert. (J. Metals **8.** Nr. 10. Sect. 2, AIME Trans. **206.** 1298—1304. Okt. 1956. Cambridge, Mass., MIT; Philadelphia, Pa., Univ.) H. HOCHSTEIN. 197

Adéla Kochanovská, *Röntgenographische Untersuchung der Feinstruktur von gemahlenem pulverförmigem Nickel.* (Czechoslov. J. Physics **7.** 455—67. 1957. Praha, Československ. akad. věd, Ústav tech. fys. [Orig.: russ.; Auszug: deutsch.] — C. **1958.** 8853.)
H. TŮMA. 197

Aleksander Krupkowski, *Anisotropie von mono- und polykristallinem Metall der A_1-Struktur.* Die mathemat. Fassung der mehrfachen Gleitung wird auf einen aus einem Einkristall der A_1-Struktur unter Beibehaltung der Zugrichtung ausgeschnittenen runden Teil angewandt, der in gleicher Richtung ellipsenförmig verformt wird. Das Ergebnis gestattet die Konstruktion eines Modells, das die Abhängigkeit der Plastizität von der Orientierung angibt u. das die Berechnung des Anisotropiekoeff. ermöglicht. Die Anisotropie des Einkristalls A_1 u. die Anisotropie von polykrist. *Ni*-Blech nach kaltem Walzen mit der Textur (110) [112] (49% Einschnürung) sind ähnlich. (Arch. Hutnictwa **2.** 9—46. 1957. Kraków, PAN, Zakł. Metali, Inst. podstaw. problem. techn.)
F. URBAN. 197

J. E. Worsham jr., M. K. Wilkinson und **C. G. Shull,** *Beobachtungen der Neutronenbeugung an den Systemen Palladium–Wasserstoff und Palladium–Deuterium.* Neutronen–DEBYE-SCHERRER-Diagramme der β-Phasen von PdH u. PdD zeigen, daß sich die H- bzw. D-Atome in Oktaederstellungen im Pd-Gitter befinden. Im Stabilitätsbereich der α-Phase reicht der Gasgeh. zu einer genauen Lageanalyse nicht aus. Der totale Neutronenquerschnitt für H ist sehr klein, weil die Protonen im Gitter offenbar mehr oder weniger frei sind. (Physics Chem. Solids **3.** 303—10. 1957. Oak Ridge, Tenn., Oak Ridge Nat. Labor.) H. C. WOLF. 197

L. F. Mondolfo, N. A. Gjostein und **D. W. Levinson,** *Strukturänderungen in einer Al–Mg–Zn-Legierung während der Ausalterung.* Die Gefügeveränderungen während der Aushärtung wurden in einer sehr reinen Al-Legierung mit 6% Zn u. 2% Mg mittels der Röntgenstrahlbeugungsmeth. sowie dilatometr. untersucht. Hierbei wird festgestellt, daß bei einer Ausalterung bei niedrigen Tempp. (bis zu 200°) die auftretende Ausscheidung $MgZn_2$ u. über 300° $(AlZn)_{49}Mg_{32}$ ist; bei Zwischentempp. bilden sich beide Phasen.

Die Ausscheidung bei niedrigen Tempp. beginnt mit der Bldg. von GUINIER-PRESTON-Zonen in den (111)-Flächen, der die Bldg. eines dem $MgZn_2$ sehr ähnlichen Übergangsgitters, jedoch mit a = 4,96 u. c = 8,68 Å, folgt. Dieses Übergangsgitter wird vielleicht durch $MgZn_2$ ersetzt. Die dilatometr. Messung bestätigt das Ergebnis der röntgenograph. Untersuchung. Die Längenänderungen, die experimentell ermittelt werden, fallen mit den Änderungen zusammen, welche für die vorausgehenden Umwandlungen berechnet werden. (J. Metals **8.** Nr. 10. Sect. 2, AIME Trans. **206.** 1378—85. Okt. 1956. Chicago, Ill., Illinois Inst. of Technol.) H. HOCHSTEIN. 197

E. R. Macgregor, B. F. Peters und **J. Gordon Parr,** *Phasenumwandlungen in titanreichen Legierungen von Titan und Mangan.* An sieben untereutekt. Ti-Legierungen mit bis zu 18,2 Atom-% Mn wurden die durch Abschrecken u. Anlassen hervorgerufenen Phasenumwandlungen untersucht. An abgeschreckten Proben wurde dabei der Anteil der α'-Phase ermittelt. Es zeigte sich, daß dieser Anteil mit zunehmendem Mn-Anteil abnimmt, bis bei 10,6% Mn nur noch eine Spur der α'-Phase beobachtet wird. Das Feingefüge der Legierungen mit niedrigem Mn-Geh. ist typ. martensit.; stärker Mn-haltige Ti-Legierungen zeigen ein weniger deutlich ausgeprägtes martensit. Gefüge. Während des Anlassens tritt nur zu Beginn ein Zerfall der Rest-β-Phase auf; später findet eine weitere Zersetzung von Gefügebestandteilen nicht mehr statt. Der Betrag der beim Anlassen erzeugten γ-Phase ist bei höheren Mn-Gehh. größer, überschreitet jedoch in einer Legierung mit 18,2% Mn ca. 10% nicht. (J. Metals **8.** Nr. 10. Sect. 2, AIME Trans. **206.** 1324—25. Okt. 1956. Vancouver, British Columbia, Univ.) H. HOCHSTEIN. 197

O. N. Carlson, J. M. Dickinson, H. E. Lunt und **H. A. Wilhelm,** *Thorium-Niob- und Thorium-Titan-Legierungssysteme.* Auf Grund von aus mkr. u. Schmelzverss., aus Abkühlungskurven, röntgenograph. Analyse u. Widerstandsmessungen erhaltenen Werten werden die Zustandsschaubilder für die beiden Systeme Th–Nb u. Th–Ti aufgestellt u. im Einzelnen erörtert. Beide sind einfache eutekt. Systeme u. haben keine begrenzte fest Löslichkeit oder Zwischenphasen. Das Eutektikum zwischen Th u. Nb tritt bei einer Zus. von ca. 8% Nb u. einer Temp. von 1435° auf. Das Th–Ti-Eutektikum tritt bei 1190° bei einer Zus. mit 12% Ti auf. Keine Änderung wurde in der Umwandlungstemp. von Th in beiden Systemen oder in der Ti-Umwandlung festgestellt. (J. Metals **8.** Nr. 2. Sect. 2, AIME Trans. **206.** 132—36. Febr. 1956.) H. HOCHSTEIN. 197

P. C. L. Pfeil, J. D. Browne und **G. K. Wiliamson,** *Das Uran-Niob-Legierungssystem im festen Zustand.* Nb u. γ-U bilden oberhalb von 950° eine kontinuierliche Reihe von Mischkristallen. Mittels einer Diffusionsmeth. wird nachgewiesen, daß U schneller diffundiert als Nb, u. zwar mit einem Diffusionsbeiwert bei 850° etwa in der Größenordnung von 10^{-10} cm$^2 \cdot$ sec^{-1}. Die Gitterparameter/Zus.-Kurve, die von abgeschreckten Legierungen erhalten ist, extrapoliert für γ-U 3,51 Å, ein Wert, der mit dem bisher angenommenen, aufgrund von Hochtemp.-Röntgenmessungen u. auf Raumtemp. extrapolierten Wert von 3,47—3,48 Å übereinstimmt. Es besteht eine Mischungslücke ($\gamma_1 + \gamma_2$) zwischen einem Monotektoid bei 13,3 $\pm$ 1 Atom-% Nb u. 68 $\pm$ 2 Atom-% Nb bei 650 $\pm$ 5°. Das Maximum tritt bei ca. 50 Atom-% bei 950 $\pm$ 10° auf. Die Lücke zeigt offenbar einen Knick auf der U-reicheren Seite nahe bei 700°. Die Löslichkeit von Nb bei der peritekt. Temp. von 667 $\pm$ 5° ist angenähert 0,8 Atom-% in β-U u. 1,6 Atom-% in α-U. Die maximale Löslichkeit in β-U nimmt auf einen Wert zwischen 1,5 u. 2,0 Atom-% bei 710—730° zu. Besondere Keimbildungs-Schwierigkeiten treten innerhalb des Teiles der ($\gamma_1 + \gamma_2$)-Lücke u. unmittelbar unter dem Monotektoid auf, u. Sonderbehandlungen sind zur Erzielung des Gleichgewichtes erforderlich. Die Lagen der Phasengrenzen werden mit den von anderen Forschern ermittelten verglichen. Die Schleife der Nichtmischbarkeit wird auf die Spannungsenergie zurückgeführt u. wird in bezug auf andere Schwermetall-Legierungs-Systeme erörtert. (J. Inst. Metals **87.** 204—08. Febr. 1959. Harwell, Berks., AERE.) H. HOCHSTEIN. 197

A. N. Holden und **W. E. Seymour,** *Zwischenphase im System Uran–Zirkonium.* Das Syst. U–Zr wurde mit bes. Berücksichtigung der Existenz, Stabilität sowie des Bildungsvorganges der δ-Zwischenphase untersucht. Diese δ-Phase wurde als eine stabile, im Bereich von ca. 50% Zr bestehende Phase bestimmt, welche sich durch einen Ordnungsvorgang der raumzentrierten kub. γ-Legierung während der Abkühlung bildet. Auf Grund der Unters.-Ergebnisse wird ein Phasen-Diagramm aufgestellt. Die Temp. der Ordnungs–Unordnungs-Umwandlung liegt zwischen 595 u. 610°. (J. Metals **8.** Nr. 10. Sect. 2, AIME Trans. **206.** 1312—16. Okt. 1956. Diskussion: **9.** Nr. 4. Sect. 2, AIME Trans. **209.** 521. April 1957. Schenectady, N. Y., General Electric Co.) H. HOCHSTEIN. 197

E. J. Suoninen, R. M. Genevray und **M. B. Bever,** *Der Spannungseinfluß auf die martensitische Umwandlung im System Cu–Zn.* Untersucht wird die martensit. Umwandlung in der β-Phase des Syst. Cu-Zn unter dem Einfl. einer Spannung. Hieraus ergibt sich, daß die M_s-Temp. von der Spannung im untersuchten Bereich bis zu 12 kg/mm² linear abhängig ist. Bei höheren Spannungen stört die plast. Verformung diese Abhängigkeit. Die Zunahme der M_s-Temp. mit der Spannung stimmt mit dem bekannten Einfl. der Spannung auf die martensit. Umwandlung überein. Eine Abkühlung auf — 85⁰ unter einer Spannung von 4,7 kg/mm² ergibt keine vollständige martensit. Umwandlung, die erst nach weiterer Abkühlung auf — 105⁰ unter Entfernung der Spannung zu beobachten ist. (J. Metals **8.** Nr. 2. Sect. 1, AIME Trans. **206.** 283. Febr. 1956. Cambridge, Mass., MIT.) H. HOCHSTEIN. 197

G. A. Eade und **W. Hume-Rothery,** *Das Zustandsbild der silberreichen Silber–Arsen-Legierungen.* Das Zustandsbild Ag–As wurde bis zu 20 (Atom-%) As therm., mkr. u. röntgenograph. überprüft u. neu aufgestellt. Der Erstarrungspunkt von Ag wird durch As wesentlich erniedrigt. Die Liquiduslinie fällt bis zu einer peritekt. Geraden bei 593⁰, die der Rk. α + Schmelze $\rightleftharpoons \zeta$ entspricht. ζ besitzt hexagonal dichteste Kugelpackung. Der weitere Abfall der Liquiduslinie endet bei 540⁰ u. ca. 25 As an einem eutekt. Punkt entsprechend der Rk. Schmelze $\rightleftharpoons \zeta$ + As. Gegenüber den bisherigen Unterss. wurde die Löslichkeit des α-Mischkristalls niedriger u. die Zunahme der Gitterkonstanten durch As-Zusatz größer gefunden. Die Gründe hierfür werden erörtert. Die ζ-Phase hat eine in geringem Maße variable Zusammensetzung. Ihr Achsverhältnis nimmt mit steigendem As-Geh. ab. (Z. Metallkunde **50.** 123—26. März 1959. Oxford, Univ.)
H. HOCHSTEIN. 197

Konrad Schubert, Hans Breimer und **Rudolf Gohle,** *Zum Aufbau der Systeme Gold–Indium, Gold–Zinn, Gold–Indium–Zinn und Gold–Zinn–Antimon.* Die Legierungssysteme Au–In, Au–Sn, Au–In–Sn u. Au–Sn–Sb wurden hinsichtlich ihres Phasenaufbaus u. ihrer Strukturen untersucht. Folgende Strukturen konnten bestimmt werden: Au_3In_2 (h) hat eine Struktur, die nur wenig vom Ni_2Al_3-Typ abweicht. $Au_4In_3Sn_3$ ist isotyp zu Pt_2Sn_3. $Au_{10}Sn$ (h) hat eine DO_{24}-Struktur. $AuSn_2$ hat eine orthorhomb. Struktur, die eine Stapelvariante des FeS_2(C 2)-Typs darstellt. (Z. Metallkunde **50.** 146—53. März 1959. Stuttgart, MPI für Metallforsch.) H. HOCHSTEIN. 197

Yoshibumi Fujiki, Ryōji Suganuma und **Toshiho Yoshida,** *Eine neue Verbindung im Au–Pb-Legierungssystem.* Eine neue Verb. (*Au_2Pb* oder *AuPb*) wurde auf der Au reichen Seite des Au–Pb-Syst. bei Elektronenbeugungsverss. gefunden u. auch durch metallograph. Unterss. bestätigt. Mit tetragonaler Indizierung der Pulveraufnahmen erhält man für die Elementarzelle a = 11,95₈ Å, c = 5,87₈ Å mit $D_{\cdot pykn.}$ 12,8 g/cm³ u. $D_{\cdot Röntgen}$ 12,93 g/cm³ für Z = 8. Der peritekt. Punkt scheint dicht neben dem Eutektikum zu liegen. (J. physic. Soc. Japan **13.** 969—70. Aug. 1958. Kyoto, Prefectural Med. Coll., Phys. Inst. [Orig.: engl.]) H. K. HOFMEISTER. 197

Miroslav Skála, *Die Entwicklung der Strukturdiagramme des Graugusses.* Vf. unterzieht die bisher aufgestellten Strukturdiagramme von Gußeisen einer eingehenden Kritik u. ist der Ansicht, daß alle diese Diagramme in einer gewissen Hinsicht Lücken aufweisen u. in manchen Beziehungen eine begrenzte Gültigkeit haben. — Die modernsten Diagramme werden graph. dargestellt; für die entsprechendsten hält der Vf. diejenigen von UHLITSCH, LAPLANCHE u. bes. von GIRSCHOWITSCH. (Slévarenství **5.** Nr. 5. 129—35. Mai 1957. Ostrava, Nová Hut K. Gottwalda.) H. TŮMA. 197

H. J. Goldschmidt, *Eine Hochtemperatur-Röntgenstrahl-Untersuchung an Schnelldrehstahl.* 1. Mitt. *Die Gitterausdehnung der Grundmasse und des Carbids.* Die Gitterausweitungen koexistierender Phasen in einem n. Schnelldrehstahl mit 18,3 (%) W, 4,15 Cr, 1,10 V u. 0,73 C, u. zwar des Ferrits oder der austenit. Grundmasse sowie des η-Carbids, wurden durch die Hochtemp.-Röntgenstrahl-Meth. bestimmt. Die sich hierbei ergebenden Koeffizienten werden in Begriffen der „physikal. u. chem." (gelöster Stoff) Ausdehnung erläutert, wobei die letztere bes. im Austenit ausgeprägt ist. Von bes. Interesse ist, daß die Koeffizienten des η-Carbids nahe bei denen von Ferrit im Eisen oder Stahl u. höher als die von anderen Hartcarbiden liegen. Die Gitterkoeffizienten stimmen gut mit den durch dilatometr. Messungen ermittelten überein. Die letzteren werden zwar durch die Grundm.-Ausdehnung bestimmt, doch können sie für das Zweiphasen-Aggregat des Schnelldrehstahles bis zu einem merklichen Betrag durch das Carbid beeinflußt werden. Die entsprechenden Carbid- u. Ferritausdehnungen werden theoret. im Lichte des GRÜNEISEN-Gesetzes betrachtet. Diskussion. (J. Iron Steel Inst. **186.** 68—78. Mai 1957. Corresp. **188.** 153—54. Febr. 1958. Birmingham, B.S.A. Group Res. Centre.)
H. HOCHSTEIN. 197

N. Geru, P. Iliescu, A. Moroianu und **E. Crucianu,** *Über die Struktur und magnetischen Eigenschaften von einigen Legierungen des Systems Fe–C–Al.* Untersucht werden die Gefügeveränderungen in den dauermagnet. Fe–C–Al-Legierungen in Abhängigkeit vom C-Geh. in den Grenzen zwischen 1,1 u. 2,3% u. gleichzeitig vom Al-

Geh. im Bereich zwischen 3 u. 12% mittels paralleler mkr. u. thermomagnet. Prüfungen. Diese Unterss. führten zu dem Schluß, daß Zementit aus Fe–C-Legierungen allmählich seine Zus. mit der Zunahme von Al in der Probe ändert. In Legierungen mit über 8% Al tritt eine neue Phase auf, nämlich die ε-Phase mit anderen Eigg. als bei Zementit sowie mit einem bes. Gitter. Die Zus. dieser Phase ändert sich auch in Abhängigkeit vom Al-Geh. in der Legierung. Mit der gleichen Meth. wird auch der Einfl. einer verschied. Wärmebehandlung untersucht u. hierbei festgetellt, daß in Abhängigkeit von der Temp. u. dem Abschreckmittel u. auch in Abhängigkeit von der Temp. u. der Anlaßdauer nicht nur die Menge u. Dispersität, sondern auch die Zus. der ε-Phase in der Legierung verändert werden. Ausgeführte Messungen der Koerzitivkraft u. der Remanenz gestatteten auch, die prakt. Behandlungsbedingungen zu ermitteln, welche bei einigen Legierungen mit 1,4—1,7% C u. ca. 8% Al interessante magnet. Eigg. ergeben. Erhalten wurden dabei Koerzitivkraftwerte von 300 — 320 Oe bei einer Remanenz von ca. 4000—4500 Gauß. Durch weitere Unterss. wird eine zunehmende Steigerung dieser beiden Kennwerte erwartet. (Studii Cercetări Metalurgie **2.** 397—413. 1957.) H. HOCHSTEIN. 197

Seiichi Karashima, *Einige Versuche und Überlegungen über die Zugverformung von Aluminiumeinkristallen.* Inhaltlich ident. mit den C. **1958.** 13988 u. 13989 referierten Arbeiten. (Mem. Inst. sci. ind. Res., Osaka Univ. **12.** 25—39. 1955.) H. C. WOLF. 200

Gunji Shinoda und **Yoshitsugu Amano**, *Einwirkung der Korngrenzen auf die Glühhärtung von α-Messing.* (Vgl. Nippon Kinzoku Gakkai-Si [J. Japan Inst. Metals] **22.** [1958.] 383.) Unterss. über die Einw. der Korngrenzen auf die Glühhärtung einer festen Lsg. von Messing-Legierungen mit 10 u. 26,5% Zn zeigen, daß die Härtung in 2 Stufen verläuft. Die 1. Stufe ist gekennzeichnet durch einen Abfall des elektr. Widerstandes u. einen Anstieg der Härte, der auf einer Ansammlung der gelösten Atome im Korngrenzengebiet beruht. Die 2. Stufe entspricht einer Abnahme der inneren Spannungen. (Technol. Rep. Osaka Univ. **6.** 299—307. Okt. 1956. Dep. of Appl. Phys. and Precision Machinery.) W. WESLY. 200

M. I. Kornfeld und **A. A. Tschudinow**, *Änderung der Elastizitätskonstanten von Natriumnitrat beim Phasenübergang zweiter Art.* Aus großen Einkristallen von $NaNO_3$ werden rechtwinklige Probekörper herausgesägt, an denen nach der US-Meth. die Elastizitätskonstanten s_{ab} (cm^2/dyn) bestimmt werden. Die Kurven ihrer Abhängigkeit von der Temp. zwischen 200 u. 300° zeigen beim Phasenübergang 2. Art (275,5°) für s_{11}, s_{44} u. s_{12} einen deutlichen Knickpunkt, für s_{33} ein scharfes Maximum. (Журнал Экспериментальной и Теоретической Физики [J. exp. theoret. Physik] **33.** 33—36. Juli 1957. Akad. der Wiss. der UdSSR, Halbleiterinst.; Moskau, Univ.) R. K. MÜLLER. 200

I. Je. Dsjaloschinski und **Je. M. Lifschitz**, *Der Phasenübergang zweiter Art in Natriumnitrat.* (Vgl. vorst. Ref.) Wenn w_1 u. w_2 die Wahrscheinlichkeiten zweier verschied. Orientierungen der NO_3-Gruppen in einem Gitterpunkt von $NaNO_3$ sind, dann ist das Verschwinden des Unterschiedes der Orientierungen beim Phasenübergang 2. Art bei $T_c = 275{,}5^0$ mit Hilfe des Parameters $\eta = (w_1 - w_2)/(w_1 + w_2)$ zu beschreiben. Die Gleichung des thermodynam. Potentials Φ enthält keine Glieder mit η^3, sondern nur solche mit η^2 u. η^4. Aus ihr lassen sich die sprunghaften Veränderungen der Elastizitätskonstanten s_{ab} bei T_c (l. c.) ableiten. Es ergibt sich $\Delta s_{11} = \Delta s_{12} \leqslant 0{,}01\ \Delta s_{33}$ u. $\Delta s_{13} \leqslant 0{,}1\ \Delta s_{33}$. (Журнал Экспериментальной и Теоретической Физики [J. exp. theoret. Physik] **33.** 299—301. Juli 1957. Akad. der Wiss. der UdSSR, Inst. für physik. Probleme.) R. K. MÜLLER. 200

A₇. Gleichgewichte. Kinetik.

B. N. Mattoo, *Stabilität von Metallkomplexen in Lösung.* 3. Mitt. *Ionenassoziation in Eisen(III)-sulfat- und -nitrat-Lösungen bei niedrigen Fe(III)-Konzentrationen. Eine potentiometrische Untersuchung.* (2. vgl. C. **1959.** 7049.) Redoxpotential-Messungen an Fe(III)/Fe(II)-Lsgg. bei niedrigen Fe(III)-Konzz. in Ggw. von SO_4^{2-}- u. NO_3^--Ionen wurden mit Hilfe einer Pt-Elektrode durchgeführt u. unter Berücksichtigung der Ionenassoziation gedeutet, wobei sich Beweise für die Existenz der Ionenarten: $Fe(SO_4)^+$; $Fe(SO_4)_2^-$ u. bei hohen SO_4^{2-}-Konzz. $Fe(SO_4)_3^{3-}$, sowie $Fe(NO_3)^{2+}$ ergeben. Konkurrierende Gleichgewichte wie Hydrolyse usw. wurden dabei berücksichtigt. Aus inter- bzw. extrapolierten $K(HSO_4^-)$-Werten von Literatur- u. eigenen Daten bei verschied. Ionenstärken ergibt sich ein K-Wert von 0,034. Die Anwendung der erweiterten DEBYE-HÜCKEL-Gleichung liefert bei 25° folgende thermodynam. Konstanten: $Fe(SO_4)_n^{3-2n}$ $pK_1 = -4{,}04$; pK_2 —1,34; $\Delta G_1^0 = -5{,}52$ kcal/Mol u. $\Delta G_2^0 = -1{,}83$ kcal/Mol u. $Fe(NO_3)^{2+}$ $pK_1 = -1{,}0$ u. $\Delta G_1^0 = -1{,}36$ kcal/Mol. Als annähernder Wert für den Bildungsquotienten K_3, $[Fe(SO_4)_3^{3-}]/[Fe(SO_4)_2^-][SO_4^{2-}]$ ergibt sich bei einer Ionenstärke von 3,0 (1mol. Na_2SO_4-

Lsg.) ein Wert von 0,5. (Z. physik. Chem. Frankf. Ausg. [N.F.] **19.** 156—67. Febr. 1959. Poona, India, Univ., Dep. of Chem.) W. Niemitz. 223

T. A. Orofino und **P. J. Flory,** *Der zweite Virialkoeffizient bei Polyelektrolyten. Theorie und Experiment.* Die Theorie des zweiten Virialkoeff. von neutralen Polymeren wird dahingehend erweitert, daß auch Polyelektrolyte in Salzlsgg. beschrieben werden können. Einige aus der für den Koeff. abgeleiteten Beziehung errechneten Parameter werden mit den Ergebnissen von Lichtstreuungsmessungen in den Systemen *Polyacrylsäure–NaCl–W.* u. *Polystyrol-p-sulfonsäure(K-Salz)–KCl–W.* verglichen. Die Übereinstimmung ist qualitativ. (J. physic. Chem. **63.** 283—90. Febr. 1959. Ithaca, N.Y., Cornell Univ., Dep. of Chem.) Wolfgang Wagner. 223

Juraj Tölgyessy, *Radiometrische Bestimmung der Löslichkeit schwerlöslicher Verbindungen.* Radioakt. Isotope können mit Vorteil zur Best. der Löslichkeit von schwerlösl. Verbb. benützt werden; es wird eine Reihe prakt. Beispiele angeführt, wie die Löslichkeitsbest. von Sr- u. Pb-Salzen. — 20 Literaturzitate. (Chemie [Praha] **10.** 97 bis 100. Febr. 1958. Bratislava, Slov. vys. škola techn. Kat. analyt. chem.) H. Tůma. 224

Peter J. Lucchesi, *Oscillometrische Untersuchung der Ausfällungs- und Auflösungsgeschwindigkeiten wenig löslicher Sulfate.* Vf. untersuchte die Bildungsgeschwindigkeiten von $BaSO_4$, $PbSO_4$ u. $SrSO_4$ aus ihren übersättigten Lsgg. auf oscillometr. Wege durch kontinuierliche Ermittlung der Leitfähigkeitsabnahme der Lsg. während der Ausfällung. Der experimentelle Teil wird ausführlich beschrieben, best. wurden die Bildungsgeschwindigkeiten der Salze in Abhängigkeit von Temp., Fl.-Bewegung u. Ausgangs-Konzz. der Lösungen. Im allgemeinen stehen die Ergebnisse in qualitativer Übereinstimmung mit der Diffusionstheorie, wahrscheinlich sind aber die tatsächlichen Verhältnisse wesentlich komplizierter. Die Ergebnisse deuten darauf hin, daß solche Faktoren wie das elektrokinet. Potential an der Oberfläche der Teilchen u. das Vorzeichen der Ladungen auf der Oberfläche eine wichtige Rolle spielen. (J. Colloid Sci. **11.** 113—23. April 1956. Chicago, Ill., Illinois Inst. of Techn., Dep. of Chem.)
Wolfgang Wagner. 224

Robert R. Hentz, *Grenzen der radioaktiven „Tracer"-Methode.* Vf. gibt einige Beispiele für die näherungsweise Berechnung des Einfl. von Strahlungs- u. Isotopeneffekten auf „Tracer"-Experimente. Für ein Mol., das (ausschließlich) 6 ^{14}C-Atome enthält, beträgt die Zers. infolge Absorption der Strahlungsenergie bei einem 10 std. Experiment $\approx 0{,}04\%$, kann also vernachlässigt werden, da die Genauigkeit der Tracerexperimente kaum größer als 1% ist. Eine ähnliche Berechnung für ein Mol. mit nur einem ^{35}S-Atom ergibt in 10 Std. eine Zers. von 184%. ^{35}S darf also nur in sehr geringen spezif. Aktivitäten angewandt werden. — Eine Durchrechnung für den Einfl. von Isotopeneffekten auf die Reaktionsgeschwindigkeit einer einfachen Dissoziationsrk. $A_2 \rightleftharpoons 2A$ ergibt, daß man — außer für H u. vielleicht für einige leichtere Elemente der 2. Periode — ident. Verh. der Isotope annehmen muß. Nur für sehr genaue Tracerexperimente kann noch eine Korrektur für Isotopeneffekte für Elemente der 3. Periode erforderlich werden, bes. für Isotopenmassen, die sich um mehr als eins unterscheiden. (J. chem. Educat. **35.** 625 bis 628. Dez. 1958. Raleigh, N. C., North Carolina State Coll.) F. Umland. 225

János Nyilasi, *Über die Metallkomplexe der Aminosäuren.* 1. Mitt. *Untersuchung der Desaminierungsgeschwindigkeit von Aminosäurekupferkomplexen.* Es wurde die Desaminierungsgeschwindigkeit der mit wechselnden Mengen Cu hergestellten Komplexe von verschied. Aminosäuren (Monoaminomonocarbonsäuren, S-haltige Aminosäuren, Hydrooxyaminosäuren, cycl. Aminosäuren, Monoaminodicarbonsäuren) bei 100° unter Durchleiten von Luft in 1 n NaOH untersucht. Es konnte festgestellt werden, daß die Geschwindigkeit der NH_3-Abspaltung im allg. dann am größten ist, wenn 0,05 g-Atom Metall pro 1 Mol Aminosäure vorhanden ist. Die maximale Zerfallsgeschwindigkeit des Serins, Threonins, Tyrosins u. Cysteins erfolgt bei größeren Cu-Gehalten. Es ist meistens eine Induktionsperiode auf den Kurven, welche den abgespalteten NH_3-Stickstoff gegen die Rk.-Zeit darstellen, wahrnehmbar. Dieser Verlauf gibt Anlaß zur Annahme der Bldg. einer intermediären Verb. oder eines autokatalyt. Vorganges. Die verschied. Desaminierungsgeschwindigkeiten der einzelnen Aminosäuren in Ggw. von Cu-Salzen u. Luft können mit den Stabilitätsverhältnissen der bei den gegebenen Umständen sich bildenden Komplexe erklärt werden. In dieser Hinsicht wird einerseits auf die elektronenabstoßende bzw. anziehende Wrkg. der verschied. Substituenten am asymm. C-Atom der Aminosäure, andererseits auf die Frage der Raumbeanspruchung hingewiesen. (Magyar Kémiai Folyóirat [Ung. Z. Chem.] **64.** 474—80. Dez. 1958. Budapest, Eötvös Loránd Tudományegyetem Általános és Szervetlen Kém. Intézete.) G. Halmi. 225

János Király und **Pál Tétényi,** *Über die Bestimmung von Oberflächengröße und spezifischer Aktivität verschiedener Metallkatalysatoren.* Es wurden Adsorptionsisothermen an verschied. Katalysatoren, wie *Fe, Co, Ni, Cu, Pt* u. *Ag* bei —183° bestimmt. Die

Isothermen dienten zur Best. der Oberflächengrößen u. der sogenannten Netto-Adsorptionswärmen. Die spezif. Aktivitäten dieser Katalysatoren wurden an den Dehydrierungs-Rkk. von *Isopropanol* u. *Cyclohexanol* gemessen. Entspr. der Verss. nehmen die spezif. Aktivitäten der Metalle in der IV. Periode des period. Syst. von Fe bis Ni zu u. beginnen vom Cu an abzunehmen. (Magyar Kémiai Folyóirat [Ung. Z. Chem.] **64.** 439—42. Nov. 1958. Budapest, M. Tud. Akad. Központi Kém. Kutató Intézete.) G. HALMI. 227

Mihály Beck und **Sándor Görög,** *Kinetische Untersuchung des Systems Fe(III)–Triäthylentetramin–H_2O_2.* Unters. der H_2O_2-Zers. durch katalyt. Einw. des Fe(III)-Triäthylentetramin-Komplexes. Der Rk.-Mechanismus entspricht nicht der WANG-Gleichung u. kann nicht auf ster. Einfl. zurückgeführt werden. (Magyar Kémiai Folyóirat [Ung. Z. Chem.] **64.** 432—36. Nov. 1958. Szeged, Tudományegyetem Szervetlen és Analit. Kém. Intézete.) G. HALMI. 227

P. Guyer, D. Thomas und **A. Guyer,** *Über die Kohlenoxyd-Hydrierung an Rutheniumkatalysatoren.* 3. Mitt. *Kohlenoxyd-Hydrierung zwischen 100 und 2000 at.* (2. vgl. C. **1956.** 3236.) Unter Konstanthalten der Verweilzeit wird der spezif. Einfl. des Drucks (100—2000 atm) auf Umsatz u. Selektivität von Ru-Kontakten (3 g Ru auf 10 ml Cu-Granulat) bei der CO-Hydrierung untersucht. Bei Erhöhung des Drucks von 100 auf 1000 atm steigt dabei der Umsatz auf ca. das 4-fache; die Zunahme ist dabei prakt. linear. Die Selektivität wird durch den Druck fast nicht beeinflußt; dagegen nimmt bei sinkender Temp. der Anteil an Festparaffin im Synth.-Prod. zu. Hierbei zeigt sich ein deutliches Maximum, dessen Lage durch den Druck best. wird. Bei Unterschreiten dieser Temp. verläuft die Synth. nur noch unvollständig. Bei erhöhtem Druck u. konstanter Temp. wird eine geringe Abnahme der Festparaffin-Bldg. beobachtet, wahrscheinlich, weil die effektive Temp. im Kontaktinneren sich infolge des größeren Umsatzes erhöht. — Die Verss. wurden jeweils ca. 100 Std. in einer vollautomat. Kleinanlage durchgeführt. Mischgas-Zus. $2H_2 + 1CO$, Umsatz 11,5 Nl Synth.-Gas/Std. (Helv. chim. Acta **42.** 481—84. 16/3. 1959. Zürich, ETH, Techn.-chem. Labor.) WOLFGANG MÜLLER. 227

A_8. Präparative anorganische Chemie. Komplexverbindungen. Metallorganische Verbindungen.

Cyrille Duc-Maugé und **Henri Guérin,** *Über die Alkaliarsenate.* 4. Mitt. *Untersuchung des Systems As_2O_5–$(NH_4)_2O$–H_2O bei 20°. Dehydratisierung und Pyrolyse der Ammoniumarsenate.* (3. vgl. C. **1958.** 10873.) Für das Syst. As_2O_5–$(NH_4)_2O$–H_2O wird das Gleichgewichtsdiagramm bei 20° u. n. Druck aufgenommen (Abb.) u. die Beschaffenheit u. der Existenzbereich der stabilen Phasen diskutiert. Das Diagramm ähnelt denen der Ammoniumphosphate u. Kaliumarsenate, nicht jedoch dem der Natriumarsenate. Folgende stabile Salze wurden gefunden: *Triammoniumorthoarsenattrihydrat* [**I**, $3\,(NH_4)_2O \cdot As_2O_5 \cdot 6\,H_2O$], *Diammoniumorthoarsenat* [**II**, $2\,(NH_4)_2O \cdot As_2O_5 \cdot H_2O$], *Monoammoniumorthoarsenat* [**III**, $(NH_4)_2O \cdot As_2O_5 \cdot 2\,H_2O$], *Monoammoniumdiarsenatpentahydrat* [**IV**, $(NH_4)_2O \cdot 2\,As_2O_5 \cdot 5\,H_2O$], *Monoammoniumtriarsenattetrahydrat* [**V**, $(NH_4)_2O \cdot 3\,As_2O_5 \cdot 4\,H_2O$], *Arsensäurehydrat* ($As_2O_5 \cdot 4\,H_2O$). Die Existenz des wasserfreien *Triammoniumorthoarsenats* bei hohen NH_3-Drucken wird wahrscheinlich gemacht. Die therm. Zers. verläuft unter NH_3- u. H_2O-Abspaltung nach **I** $\xrightarrow{20^0}$ **II** $\xrightarrow{45-50^0,\ \text{unvollständig}}$ **III** $\xrightarrow{180^0}$ *Monoammoniumdiarsenat* $\xrightarrow{280-300^0}$ *Monoammoniumtriarsenat* (**VI**) $\xrightarrow{350^0}$ Redox-Rk. unter Bldg. von N_2, H_2O u. $As_2O_3 \cdot As_2O_5$ ($= As_2O_4$). Ammoniumpyroarsenat u. -metaarsenat treten dabei nicht auf, nach röntgenograph. Unterss. auch nicht die von DE PASSILLÉ (C. R. hebd. Séances Acad. Sci. **198.** [1934.] 777; Ann. Chim. **5.** [1936.] 82.) angenommenen Zwischenverbindungen. **IV** geht bei 130° in das *Monoammoniumdiarsenattrihydrat,* bei 180° weiter in das *-monohydrat* u. bei 260° in **VI** über; **V** liefert bei 150° das *Monoammoniumtriarsenatdihydrat,* bei 230° das *-monohydrat* (?), bei 280° **VI** (Zers.). (Bull. Soc. chim. France **1958.** 1388—93. Nov./Dez. Nancy, Fac. des Sci., École Nat. Sup. des Ind. Chim., Labor. de Chim. min. ind.) A. BLASCHETTE. 265

Iván Szép und **Pál Endröi,** *Herstellung von metallischem Antimon hoher Reinheit.* Verf. zur Herst. von metall. Sb von großer Reinheit (99,999%) aus $SbCl_3$. Das $SbCl_3$ wurde durch fraktionierte Dest. gereinigt, fraktioniert als Sb_2S_3 gefällt, Sb_2S_3 in $SbCl_3$ rückverwandelt u. dieses durch Dest. weiter gereinigt. Das so gereinigte $SbCl_3$ wurde in Sb_2O_3 überführt u. dieses mit H_2 zu metall. Sb reduziert. (Magyar Kémiai Folyóirat [Ung. Z. Chem.] **64.** 409—12. Nov. 1958. Budapest, Hiradàstechnikai Kutató Intézet.) G. HALMI. 266

S. Mohapatra und **Ch. B. Nanda,** *Die Reaktion des Diäthylamins mit einer gesättigten wäßrigen Lösung von Antimontrichlorid.* Beim tropfenweisen Zugeben von eisgekühltem Diäthylamin zu einer eisgekühlten gesätt. wss. Lsg. von $SbCl_3$ bildet sich ein fester weißer Nd., der nach 72 std. Trocknen über H_2SO_4 im Vakuum die Zus. Sb = 38,40%, Cl = 33,80%, N = 4,54% zeigt. Vf. schließt aus dieser Zus. auf $(C_2H_5)_2NH \cdot SbCl_3 \cdot H_2O$ u. nimmt ein Ammoniumsalz $[(C_2H_5)_2NH_2]^+$ $[SbCl_3OH]^-$ an. Die Substanz wird leicht hydrolysiert, ist in HCl lösl. u. gibt in NaOH-Lsg. NH_3 ab. F. = 90° unter Zersetzung. (J. Indian chem. Soc. **35.** 148—49. Febr. 1958. Cuttack, Ravenshaw Coll., Dep. of Chem.) HERBERT MÜLLER. 266

I. I. Wolnow und **A. N. Schatunina,** *Bildung von Lithiumsuperoxyd aus $Li_2O_2 \cdot 2H_2O_2$.* Durch Vakuum-Trocknung von $Li_2O_2 \cdot 2H_2O$ bei 100—120° u. 10 mm Hg Restdruck wurden Lithiumsuperoxydpräpp. erhalten, die neben Li_2O_2 7—9 Gew.-% LiO_2 enthielten. (Журнал Неорганической Химии [J. anorg. Chem.] **4.** 257—59. Febr. 1959. Kurnakow-Inst. für allg. u. anorg. Chemie. der Akad. der Wiss. der UdSSR.) E. KLEVER. 273

T. I. Awdejewa und **I. Ss. Lilejew,** *Über die Umsetzung von Natriumsulfid mit Kieselsäure.* Es wurden Gemische von SiO_2 (Quarz) u. Na_2S in einem trockenen (O_2-freien) N_2-Strom bei 700—900° geglüht. Die therm. Effekte wurden mit einem KURNAKOW-Pyrometer aufgenommen. Neben den dehydratisierenden endotherm. Effekten bei 80 u. 330° u. dem α–β-Umwandlungseffekt bei 572° wurde bei 675° ein nicht umkehrbarer Effekt beobachtet, der auf Bldg. von Verbb. schließen ließ. Die Analyse der Umwandlungsprodd. ergab, daß sich dabei Thiosilicate der allg. Zus. $Na_2S \cdot nSiO_2$ bilden, die dunkelbraun bis kirschrot gefärbt sind u. die Färbung von (Sulfat)-Silicatgläsern verursachen. Von den Thiosilicaten löst sich $Na_2S \cdot SiO_2$ in W. leicht, $Na_2S \cdot 2SiO_2$ hingegen schwer. Entgegen der Angabe von PLUMAT (1949) reagieren Na_2S u. SiO_2 nicht bei 1000 bis 1100°, sondern bereits bei 700—900°. (Известия Сибирского Отделения Академии Наук СССР [Nachr. sibir. Abt. Akad. Wiss. UdSSR] **1958.** Nr. 2. 43—50. Westsibir. Zweigstelle der Akad. der Wiss. der UdSSR.) A. v. WILPERT. 274

Thelma Isaac und **Rustum Roy,** *Die α–β-Umwandlungen bei Eukryptit und Spodumen.* Durch Hydrothermalsynthesen gelang es, die α–β-Umwandlung von Eukryptit zu untersuchen. Die Umwandlungstemp. beträgt bei Atmosphärendruck 848° u. die Enthalpie wurde zu 3750 cal/Mol berechnet. Eine α–β-Umwandlung des Spodumens ließ sich nicht untersuchen, weil bis 4000 at α-Spodumen nicht synthetisiert werden konnte. Stattdessen bildete sich α-Eukryptit + *Petalit.* Für die Spodumenbldg. in der Natur wird die Mitwirkung fremder Ionen wie Na, Fe oder F angenommen. (Geochim. cosmochim. Acta [London] **15.** 213—17. Dez. 1958. University Park, Pa., Pennsylvania State Univ., Coll. of Mineral Ind.) J.-E. HILLER. 294

Dezsö Király, Katalin Zalatnai und **Mihály Beck,** *Thermogravimetrische Untersuchung von Hydratisomeren.* Unters. der thermogravimetr. Eigg. von drei Hydratisomeren: $[Cr(H_2O)_6]Cl_3$, $[Cr(H_2O)_5Cl]Cl_2 \cdot H_2O$ u. $[Cr(H_2O)_4Cl_2]Cl \cdot 2H_2O$. Auf Grund der Thermogramme wird ein Mechanismus der Thermolyse vorgeschlagen. (Magyar Kémiai Folyóirat [Ung. Z. Chem.] **64.** 437—38. Nov. 1958. Szeged, Tudomán. Szervetlen és Analit. Kém. Intézete.) G. HALMI. 335

Walter Hieber und **Robert Wiesboeck,** *Reaktionen des Kobalttetracarbonyls mit verschiedenartigen Basen.* 4. Mitt. 87. Mitt. *über Metallcarbonyle.* (3. vgl. C. **1954.** 10899; 86. vgl. C. **1958.** 5903.) Bei der Einw. von Aminen (z. B. α- bzw. γ-*Picolin, Pyrrolidin, Chinolin, Morpholin* usw.) auf $[Co(CO)_4]_2$ (**I**) nach $2\,\mathbf{I} + 12\,B \rightarrow 2[CoB_6][Co(CO)_4]_2 + 8\,CO$ (B = N-Base) werden unter Valenzdisproportionierung des Co Reaktionsprodd. erhalten, in denen das hexakoordinierte Kation sogar mit solchen Liganden auftreten kann, die sonst keine im wss. oder alkoh. Syst. beständigen Komplexe bilden. Prim. u. sek. Amine werden hierbei bereits unterhalb 0° durch das freiwerdende CO carbonyliert, wobei das entstandene Carbonylierungsprod. ebenfalls als Komplexbildner auftreten kann. Daher wurde auch das Komplexbildungsvermögen solcher N-Formylamine untersucht. So entsteht z.B. mit Formamid, dem Carbonylierungsprod. des NH_3, *Hexaformamidkobalt(II)-Kation* $[Co(HCONH_2)_6]^{2+}$. Mehrzählige Liganden, wie Diacetyldianil (B_1, zweizählig), Diäthylentriamin (B_2, dreizählig), ferner Mono-, Di- u. Triäthanolamin, führen zu den entsprechenden Verbb. mit chelatartig gebauten Kationen, z.B. $[Co(B_1)_3]^{2+}$ bzw. $[Co(B_2)_2]^{2+}$. Auch o-Phenylendiamin fungiert hierbei, im Gegensatz zu seinen Komplexen mit Co(II)-Halogeniden, in denen es einzählig ist, als zweizähliger Ligand, während p-Phenylendiamin — schon aus ster. Gründen — nur koordinativ einzählig auftritt. Bei den Rkk. des **I** mit Anilin u. Benzidin zersetzt sich vermutlich das Primärprod. $[Co(B_3)_n][Co(CO)_4]_2$ (**II**) (B_3 = Anilin, Benzidin) in einer Sekundärrk. nach $2\,\mathbf{II} + \mathbf{I} \rightarrow 2[Co(CO)_3]_4 + 2n\,B_3$, so daß sich hierbei nach der Bruttogleichung $4\,\mathbf{I} \rightarrow 2[Co(CO)_3]_4 + 8\,CO$ nur tetrameres Kobalttricarbonyl bildet.

V e r s u c h e: $[Co(\alpha\text{-}C_6H_7N)_6][Co(CO)_4]_2$, aus **I** u. α-Picolin; braunschwarz. — $[Co(\gamma\text{-}C_6H_7N)_6][Co(CO)_4]_2$, analog; rosafarben, äußerst luftempfindlich. — $[Co(C_9H_7N)_6][Co(CO)_4]_2$, aus **I** u. Chinolin; violette, luftempfindliche Kristalle, Zers. > 25°. — $[Co(C_4H_9N)_6][Co(CO)_4]_2$, aus **I** u. Pyrrolidin; rotviolett. — $[Co(C_4H_9NO)_6][Co(CO)_4]_2$, aus **I** u. Morpholin; rosarote sternchenförmige Kristalle. — $[Co(C_2H_5N)_6][Co(CO)_4]_2$, aus **I** u. Äthylenimin; rosafarben, luftempfindlich. — $[Co(HCONH_2)_6][Co(CO)_4]_2$, aus **I** u. Formamid während mehrerer Tage; rosarote, stäbchenförmige Kristalle; luftempfindlich. — $[Co(C_{16}H_{16}N_2)_3][Co(CO)_4]_2$, aus **I** u. Diacetyldianil; braun. — $[Co(C_4H_{13}N_3)_2][Co(CO)_4]_2$, aus **I** u. Diäthylentriamin; orangerot. — $[Co(C_6H_8N_2)_3][Co(CO)_4]_2$, aus **I** u. o-Phenylendiamin; rot, luftempfindlich. — $[Co(C_6H_8N_2)_6][Co(CO)_4]_2$, aus **I** u. p-Phenylendiamin; ziegelrote, sternchenförmige Kristalle; luftempfindlich. — $[Co(H_2NCH_2 \cdot CH_2OH)_3][Co(CO)_4]_2$, aus **I** u. Monoäthanolamin; rosafarben. — $[Co(HN(CH_2CH_2OH)_2)_2][Co(CO)_4]_2$, aus **I** u. Diäthanolamin; hellrosa, luftempfindlich; Zers. >40°. — $[Co(N \cdot (CH_2CH_2OH)_3)_2][Co(CO)_4]_2$, rosafarben, luftempfindlich. — (Chem. Ber. **91**. 1146—55. 30/6. 1958. München, TH, Anorg.-Chem. Labor.) W. KUCHEN. 355

Walter Hieber und **Robert Wiesboeck**, *Reaktionen des Kobalttetracarbonyls mit verschiedenartigen Basen.* 5. Mitt. 88. Mitt. *über Metallcarbonyle.* (87. bzw. 4. vgl. vorst. Ref.) Die Primärprodd. der Rk. des $[Co(CO)_4]_2$ (**I**) mit Nitrilen, die *Hexanitrilokobalt(II)-bis-[tetracarbonylcobaltate]* $[Co(RCN)_6][Co(CO)_4]_2$, sind wesentlich instabiler als die Verbb. mit hexakoordinierten aminhaltigen Co(II)-Kationen. Unter partieller Abspaltung der Liganden gehen sie in nitrilärmere Typen über. So zersetzt sich z. B. $[Co(Mal)_n][Co(CO)_4]_2$ (**II**) [Mal = Malonnitril, $CH_2(CN)_2$] nach $3\,\mathbf{II} \xrightarrow{-3n\,Mal} 3\,Co[Co(CO)_4]_2 \rightarrow 2[Co(CO)_3]_4 + Co$. Die Rkk. des **I** mit O-Basen, z. B. Ketonen (Acetophenon, Benzophenon, Benzil) führen zu Verbb. mit nur 1/2 bzw. 1/4 Mol Keton aus Co(II)-Atom, z. B. $[Co(C_6H_5COCH_3)_{1/2}]^{2+}$, $[Co(C_6H_5COC_6H_5)_{1/4}]^{2+}$ u. $[Co(C_6H_5COCOC_6H_5)_{1/4}]^{2+}$, die schon weitgehend unpolare Struktur aufweisen. Es wird daher angenommen, daß es sich bei diesen Verbb. um ein durch Einbau des Ketons stabilisiertes $Co[Co(CO)_4]_2$ handelt, das ohne stabilisierende Komplexliganden bekanntlich nicht existiert. Cycl. Äther, als weitere Gruppe von O-Basen, reagieren ebenfalls mit **I**. Mit Dioxan wurde z. B. $[Co(C_4H_8O_2)_{1/2}][Co(CO)_4]_2$ erhalten, das kaum noch polaren Charakter besitzt. Jedoch ist die ionogene Struktur hier bereits präformiert; denn mit NH_3 entsteht unter Ersatz des Dioxan quantitativ $[Co(NH_3)_6][Co(CO)_4]_2$ (**III**).

V e r s u c h e: $[Co(C_6H_5CN)_{1,9}][Co(CO)_4]_2$, aus **I** u. Benzonitril; schwarze, luftempfindliche Kristalle; Zers. >—5°; in Aceton lösl. unter Solvolyse (Ersatz des Nitrils durch Aceton). — $[Co(C_6H_5COCH_3)_{1/3}][Co(CO)_4]_2$, aus **I** u. Acetophenon; schwarzbraun, luftempfindlich. — $[Co(C_6H_5COC_6H_5)_{1/4}][Co(CO)_4]_2$, aus **I** u. Benzophenon; braunschwarz luftempfindlich. — $[Co(C_6H_5COCOC_6H_5)_{1/4}][Co(CO)_4]_2$, aus **I** u. Benzil; rechteckige, blauschwarze Kristalle, luftempfindlich; gibt mit NH_3 quantitativ **III**. — **I** u. Diacetyl gab sirupöses Prod., aus dem die zu erwartende Verb. nicht isoliert werden konnte. — $[Co(C_4H_8O_2)_{1/2}][Co(CO)_4]_2$, aus **I** u. Dioxan; schwarz, luftempfindlich. lösl. in Aceton unter Solvolyse; gibt mit NH_3 quantitativ **III**. (Chem. Ber. **91**. 1156—61. 30/6. 1958.) W. KUCHEN. 355

Ajit Kumar Mukherjee und **Priyadaranjan Rây**, *Metallchelatkomplexe von Sulfosalicylaldehyd mit polycyclischen Ringen.* Dargestellt werden Metallchelate des zweiwertigen Cu, Ni u. Mn, dreiwertigen Fe u. sechswertigen U mit *N-[5-Sulfosalicylal]-p-aminosulfonylanil* (**I**), *N-[5-Sulfosalicylal]-anil* (**II**) u. *N.N'-Bis-[5-sulfosalicylal]-äthylendiamin* (**III**) u. auf ihre Eigg. untersucht. Infolge der sauren Sulfogruppe werden eine Reihe von Salzen erhalten. Das Ag- u. Pb-Salz von **I** tritt zu je einer grünen u. braunen Modifikation auf. **I** u. **II** wirken als zweizählige, **III** als vierzählige Liganden. Die Struktur der Metallchelate u. die Natur ihrer Bindungen wird durch magnet. Unters. aufgeklärt.

V e r s u c h e: *N-[5-Sulfosalicylal]-p-aminosulfonylanil* **I**, $C_{13}H_{12}N_2O_6S_2$, durch 2 bis 2½ std. Erwärmen von N-Salicylal-p-aminosulfonylanil (aus Salicylaldehyd u. Sulfanilamid in heißem A.) mit einer 5-fachen Menge H_2SO_4 (D. 1,84) auf 100°, aus W. glänzende gelbe Kristalle. *Cu-Chelat, Na-Salz* (**IV**), $CuNa_2[C_{13}H_{10}N_2O_6S_2]_2 \cdot 7H_2O$, durch Kochen von Cu-Acetat u. **I** in A. u. Zugabe von Na-Acetat in wenig W., glänzende schokoladenbraune Nadeln. *Ba-Salz,* $CuBa[C_{13}H_{10}N_2O_6S_2]_2 \cdot 5H_2O$, aus **IV** u. $BaCl_2$, tiefbraune Kristalle. *Ca-Salz,* $CuCa[C_{13}\text{-}H_{10}N_2O_6S_2]_2 \cdot 4H_2O$, durch Eindunsten von $CaCl_2$ u. **IV** in W., glänzende braune Nadeln. *Sr-Salz,* $CuSr[C_{13}H_{10}N_2O_6S_2]_2 \cdot 3{,}5H_2O$, aus $SrCl_2$ u. **IV**. *Zn-Salz,* $CuZn[C_{13}H_{10}N_2O_6S_2]_2 \cdot 2H_2O$, durch Stehen einer konz. Lsg. von Zn-Acetat u. **IV**, grünes Salz mit braunen Kristallen, die braune Modifikation konnte nicht isoliert werden. *Cd-Salz,* $CuCd[C_{13}H_{10}N_2O_6S_2]_2 \cdot 5H_2O$, aus Cd-Acetat u. **IV** wie vorst., grüne Kristalle. *Pb-Salz,* a) $CuPb[C_{13}H_{10}N_2O_6S_2]_2 \cdot 5H_2O$, durch Zugabe von Pb-Acetat zu einer konz. Lsg. von **IV** u.

Filtrieren, braune Kristalle, b) $CuPb[C_{13}H_{10}N_2O_6S_2]_2 \cdot 4H_2O$, durch Stehen der Mutterlauge, grüne Kristalle. *Cu-Salz*, $Cu_2[C_{13}H_{10}N_2O_6S_2]_2 \cdot 5H_2O$, aus Cu-Acetat u. **IV**, glänzende grüne Kristalle. *Ag-Salz*, $CuAg_2[C_{13}H_{10}N_2O_6S_2] \cdot 0{,}5H_2O$, a) durch Zugabe von $AgNO_3$-Lsg. zu einer konz. **IV**-Lag. bei n. Temp., schokoladenbraun, b) durch Rk. bei 0°, grün. — *Ni-Chelat, Na-Salz*, $NiNa_2[C_{13}H_{10}N_2O_6S_2]_2 \cdot 4H_2O$, aus Ni-Acetat u. **I** analog **IV**, glänzende gelbgrüne Kristalle. *Ag-Salz*, $NiAg_2[C_{13}H_{10}N_2O_6S_2]_2 \cdot 3H_2O$, durch Zugabe von $AgNO_3$-Lsg. zu vorst. Verb., gelbe Kristalle. — *Co-Chelat, Na-Salz*, $CoNa_2 \cdot [C_{13}H_{10}N_2O_6S_2]_2 \cdot 3{,}5H_2O$, aus Co-Acetat u. **I** analog **IV**, glänzende schokoladenbraune Nadeln. *Ag-Salz*, $CoAg_2[C_{13}H_{10}N_2O_6S_2]_2 \cdot 2H_2O$, aus vorst. Verb. u. $AgNO_3$ in W. $<0°$, gelb-braun. — *Mn-Chelat* (**V**), $Mn[C_{13}H_{11}N_2O_6S_2]_2 \cdot 3H_2O$, durch 1—2 std. Kochen von Mn-Acetat u. **I** in A., Zugabe von wenig W. u. 1 std. Kochen, glänzende orangefarbene Kristalle. *Ag-Salz*, hellbraun. *Ba-Salz*, braun.— *Uranyl-Chelat*, $UO_2[C_{13}H_{11}N_2O_6S_2]_2 \cdot H_2O$, aus Uranylacetat u. **I** analog **V**, orangegelbe Kristalle. — *Eisen(III)-chlorid-Chelat*, $Fe \cdot [C_{13}H_{11}N_2O_6S_2]_2Cl \cdot 2H_2O$, durch 1 std. Kochen von $FeCl_3$ u. **I**, aus A. violett-rotes Pulver. — *N-[5-Sulfosalicylal]-anil* (**II**), $C_{13}H_{11}NO_4S$, aus N-Salicylalanil u. H_2SO_4 analog **I**, orangegelbe Kristalle. *Cu-Chelat*(**VI**), $Cu[C_{13}H_{10}NO_4S]_2 \cdot 4H_2O$, durch 1—2 std. Kochen von Cu-Acetat u. **II** in A., grünbraune Kristalle. *Ag-Salz*, gelbbraun. *Na-Salz*, $CuNa_2[C_{13}H_9NO_4S]_2 \cdot 2H_2O$, durch Eindunsten von **VI** u. NaOH-Lsg., tief schokoladenbraune Kristalle. — *Ni-Chelat, Na-Salz*, $Ni[C_{13}H_9NO_4SNa]_2 \cdot 4H_2O$, durch 1 std. Kochen von **II**, Ni-Acetat u. NaOH in A., Zugabe von wenig W. u. 1/2 std. Kochen, glänzende grüngelbe Kristalle. — *Co-Chelat*, $Co[C_{13}H_{10}NO_4S]_2 \cdot 2H_2O$, aus Co-Acetat u. **II** analog **VI**, glänzende schokoladenbraune Kristalle. — *Mn-Chelat*, $Mn[C_{13}H_{10}NO_4S]_2 \cdot 2H_2O$, aus Mn-Acetat u. **II** analog **VI**, orangerote Verbindung. — *Uranylchelat*, $UO_2[C_{13}H_{10} \cdot NO_4S]_2 \cdot 1{,}5H_2O$, aus Uranylacetat u. **II** analog **VI**, orangefarbene Kristalle.— *Eisen(III)-chlorid-Chelat*, $Fe[C_{13}H_{10}NO_4S]_2Cl \cdot 2H_2O$, durch 1 std. Kochen von $FeCl_3$ u. **II**, violettrot. — *N.N'-Bis-[5-sulfosalicylal]-äthylendiamin* (**III**), $C_{16}H_{16}N_2O_8S_2$, aus konz. H_2SO_4 u. N.N'-Bis-[salicylal]-äthylendiamin (F. 126—127°) analog **I**, glänzende Nadeln. *Ni-Chelat, Na-Salz*(**VII**), $NiNa_2[C_8H_6NO_4S]_2 \cdot 2H_2O$, durch 1 bis 2 std. Kochen von Ni-Acetat u. **III** in A., Zugabe einer äquivalenten Menge NaOH-Lsg. u. Kochen, orangebraune Kristalle. *Ba-Salz*, $NiBa[C_8H_6NO_4S]_2 \cdot 3H_2O$, durch Zutropfen von $BaCl_2$-Lsg. zu **VII**, orangegelb. *Ag-Salz*, $NiAg_2[C_8H_6NO_4S]_2 \cdot 1{,}5H_2O$, aus $AgNO_3$ u. **VII**, cremefarben, neben einer nicht identifizierten grünen Verbindung. — *Co-Chelat*, $Co[C_8H_7NO_4S]_2 \cdot 4H_2O$, aus Co-Acetat u. **III** analog **IV**, schokoladenbraune hygroskop. Kristalle. *Na-Salz*, $CoNa_2[C_8H_6NO_4S]_2 \cdot 5H_2O$, durch Zugabe einer konz. Na-Acetat-Lsg. zu vorst. Verb., schokoladenbraune Kristalle. — *Mn-Chelat, Na-Salz*, $MnNa_2[C_8H_6NO_4S]_2 \cdot H_2O$, aus Mn-Acetat u. **III** analog **VII**. — *Eisen(III)-chlorid-Chelat*, $Fe[C_8H_7NO_4S]_2Cl \cdot H_2O$, aus $FeCl_3$ u. **III**, tief rotviolett. — *Uranyl-Chelat*, $UO_2[C_8H_7NO_4S]_2 \cdot 2H_2O$, aus Uranylacetat u. **III**, orangegelbe Kristalle. *Ba-Salz*, orangegelb. (J. Indian chem. Soc. **32**. 633—43. Okt. 1955. Calcutta, Univ. Coll. of Sci. and Technol., Indian Assoc. for the Cultivat. of Sci., Inorg. Chem. Labor.) W. LIEBSCHER. 358

N. G. Molewa, P. Ss. Kussakin und **E. M. Rapoport**, *Über die Umsetzung von Oxyden und Sulfiden über die Gasphase.* Daß Sulfide u. Oxyde des Cu, Fe u. Ni aufeinander nicht nur bei direkter Berührung der festen Körper einwirken, sondern auch durch Vermittlung der sie verbindenden Gasphase, konnte durch Verss. bewiesen werden, bei denen Oxyd u. Sulfid durch ein Glimmergitter getrennt wurden. Die Komponenten wurden bei 900—910° 45—240 Min. im Quarzröhrchen in O_2-freiem N_2 geglüht. Die Unters. des Glühprod. ergab, daß das Oxyd (Cu_2O) an der dem Sulfid zugekehrten Seite mit einer dünnen Cu-Schicht bedeckt war. Die Rk. geht nicht zu Ende: bei größerer Körnung (0,8—1 mm) nur zu 12—15%, bei 0,15—0,2 mm zu 30—35%; bei steigender Temp. (950—970°) nur zu 10—15% (infolge Sinterung). NiO wurde durch Pyrrhotin, Chalkosin u. techn. FeS erheblich weniger u. unterschiedlich sulfidiert (unter Bldg. von metall. Ni u. NiS). Der geringe Dissoziationsdruck hemmt die Rk. nicht, nur die entstandenen Phasen (Sulfid u. Metall) hemmen sie. (Известия Сибирского Отделения Академии Наук СССР [Nachr. sibir. Abt. Akad. Wiss. UdSSR] **1958**. Nr. 2. 57—61.) A. v. WILPERT. 358

A₉. Mineralogische und geologische Chemie.

L. T. Aldrich, G. L. Davis, G. R. Tilton, G. W. Wetherill und **P. M. Jeffrey**, *Auswertung von Mineralaltersbestimmungen.* 1. Mitt. Es wird eine Zusammenfassung der im Carnegie Inst. in den letzten 2 Jahren nach verschied. Methoden angestellten Altersbestimmungen an Mineralen gegeben. Die Angaben erstrecken sich auf den Brown Derby-Pegmatit u. den Quarz Creek-Granit, Gurnison County, Colorado, u. 4 westaustral. Pegmatite, Catling Creek, Londonderry, Wodgina, Grosmont. Die Altersbestimmungen werden tabellar. wiedergegeben. (Nat. Acad. Sci. — Nat. Res. Council, Publ. Nr. **400.** 147—50. 31/7. 1956. Washington, D. C., Carnegie Inst. of Washington.) J.-E. Hiller. 378

G. W. Wetherill, G. R. Tilton, G. L. Davis und **L. T. Aldrich,** *Auswertung von Mineralaltersbestimmungen.* 2. Mitt. (1. vgl. vorst. Ref.) An dem gleichen Material werden nebeneinander Altersbestimmungen nach der K–Ar-, Rb–Sr- u. U–Pb-Meth. ausgeführt u. die Ergebnisse verglichen. Das Material stammt 1) vom Bob Ingersoll Pit Nr. 1, Keystone, South Dakota, 2) The Fission Mine, Wilberforce, Ontario, 3) Bikita-Pegmatit, Südrhodesien, 4) Viking Lake-Pegmatit, Saskatchewan. Es ergibt sich, daß die K–Ar-Alter der *Glimmer* gut mit dem konkordanten U–Pb-Alter übereinstimmen. Sie erscheinen aber bei den *Feldspäten* zu niedrig, weil wahrscheinlich Ar verloren ging. Ferner erscheint das Rb–Sr-Alter um 25% höher als das konkordante U–Pb-Alter. Doch kann hier Übereinstimmung erzielt werden, wenn eine Halbwertszeit von $50 \cdot 10^9$ Jahren benutzt wird anstatt der von $63 \cdot 10^9$ Jahren. (Nat. Acad. Sci. — Nat. Res. Council, Publ. Nr. **400.** 151—56. 31/7. 1956.) J.-E. Hiller. 378

Leonard F. Herzog, *Rb–Sr- und K–Ca-Analysen und Altersbestimmungen.* Es wird ein zusammenfassender Bericht über die einzelnen Forschungsarbeiten des Massachusetts Inst. of Technology gegeben. (Nat. Acad. Sci. — Nat. Res. Council, Publ. Nr. **400.** 114—30. 31/7. 1956. Cambridge, Mass., MIT, Dep. of Geol. and Geophys., Nucl. Geophys. Sect.) J.-E. Hiller. 378

D. R. Carr, P. E. Damon, W. S. Broecker und **J. L. Kulp,** *Die Kalium–Argon-Altersbestimmungsmethode.* (Vgl. C. **1958.** 10594.) Vf. beschäftigt sich mit den drei Unsicherheitsfaktoren bei der K–Ar-Altersbestimmungsmeth.: Das unvollständige Freisetzen des Ar aus Mineralen u. Arbeitsverluste, das Verzweigungsverhältnis u. das Zurückbleiben von Ar im Mineral oder Gestein während geolog. Zeiten. Als prakt. Beispiel werden Bestimmungen an Pegmatiten des Spruce Pine District, North Carolina, die ein Alter von $330 \cdot 10^6$ Jahre haben, angeführt. Das Zurückhalten des Ar ist in *Feldspäten* verschieden, aber niedriger als im *Glimmer.* Bei einem Verzweigungsverhältnis von 0,123 zeigt der Glimmer ein vollständiges Zurückhalten, u. beim Feldspat schwankt es von 60 bis 85%. (Nat. Acad. Sci. — Nat. Res. Council, Publ. Nr. **400.** 109—13. 31/7. 1956. Palisades, N. Y., Columbia Univ., Lamonte Geol. Observat.) J.-E. Hiller. 378

Ernst Schumacher, *Altersbestimmung von Meteoriten nach der ^{87}Rb–^{87}Sr-Methode.* Drei Meteorite werden auf ihren Geh. an ^{87}Rb u. ^{87}Sr untersucht: Forrest City, Pasamonte (von diesen zwei Teile, hell u. dunkel), Bustee. Es enthalten: Forrest City 11,97 μg Sr/g, 3,91 μg Rb/g, Rb/Sr = 1:3,06. Pasamonte, hell, 94,7 μg Sr/g, 0,5 μg Rb/g, Rb/Sr = 1:189. Pasamonte, dunkel, 89,5 μg Sr/g, 0,658 μg Rb/g, Rb/Sr = 1:136. Für die Konz. an ^{87}Sr wurden folgende Daten erhalten: Forrest City 7,348, Pasamonte, hell, 6,775, Pasamonte, dunkel, 6,742, Bustee 6,74, n. Sr 7,03. Als Alter ergibt sich für Pasamonte, hell, 5,02, dunkel 5,33, d.h. im Mittel $5,17 \cdot 10^9$ Jahre. (Nat. Acad. Sci. — Nat. Res. Council, Publ. Nr. **400.** 90—96. 31/7. 1956. Chicago, Ill., Univ., Enrico Fermi-Inst. for Nucl. Stud.) J.-E. Hiller. 378

I. Je. Starik, Ju. W. Kusnetzow, Ss. M. Graschtschenko und **M. Ss. Frenklich,** *Über die Ioniummethode zur Bestimmung des Alters von Meeressedimenten.* 7 Bohrkerne (Länge 2—3,6 m, Tiefe 90—220 u. 3800—4800 m), entnommen in verschied. Entfernung von der Uferlinie des Ind. Ozeans, wurden hinsichtlich der senkrechten Verteilung von U, Ra, Th-Isotopen, Fe, Mn u. Ca analysiert. Zur Best. des Io wurden 5 g des bei 800° geglühten Schlammes mit HF + H_2SO_4 nach Zusatz von UX_1 als Indicator aufgeschlossen, die Sulfate wurden in HNO_3 gelöst, die Sesquioxyde mit CO_2-freiem NH_3 gefällt, in HNO_3 gelöst; nach Zusatz von 50 mg $CaCl_2$ wurden die Th-Isotopen mehrmals mit Oxalsäure gefällt, der akt. Nd. elektrolysiert, wobei Po sich an der Kathode völlig ausscheidet,wonach man es löste, eindampfte u. seine α-Aktivität sowie die Ausbeute am β-Zähler bestimmte. Die Fehler der Io-Best. lagen bei 8—15%. Es konnten 3 Typen von Ndd. ermittelt werden: Die ufernahen Ndd. wiesen große Unterschiede im Io-Geh. die Kernlänge entlang auf, Io u. Ra waren nicht im radioakt. Gleichgewicht. Die Tiefenproben (weitab vom Ufer) wiesen hingegen ein Io–Ra-Gleichgewicht auf, d.h. das Ra zeigt keine Neigung zur selbständigen Migration. Die Sedimentationsgeschwindigkeit variierte von 2—13 mm/1000 Jahre. Die Konzz. von U u. Th wechselten nicht mit der Kernlänge. Eine Reihe von Kernen wies eine deutliche Verb. zwischen der senkrechten Verteilung von Ra u. Io einerseits u. jener des Ca anderseits auf. Ein dritter Kerntyp wies Eigg. auf, die zwischen den ufernahen u. -fernen (Tiefentyp) lagen. — Das Io-Verf. ist bes. für den Tiefentyp geeignet, in dem die Io- u. Th-Formen anscheinend differieren. (Геохимия [Geochemie] **1958.** 3—13. Leningrad, Chlopin-Inst. für Radium der Akad. der Wiss. der UdSSR.) A. v. Wilpert. 378

F. Heide und **A. Thiele**, *Zur Geochemie des Bors.* Als Beitrag zur Geochemie des B wurden der B-Geh. des Muschelkalk-Rötprofils von Steubnitz bei Jena bestimmt u. die gefundenen Werte mit den Gehh. anderer Sedimentgesteine verglichen. Als Mittelwerte wurden gefunden: Kalksteine des Muschelkalkes blaugrau, frisch 26, gelbbraun 5 g/t, Röt-Tone, Göschwitz 82 g/t. (Chem. d. Erde **19.** 329—37. 1958. Jena, Univ., Mineralog. Inst.) J.-E. HILLER. 378

A. A. Marakuschew, *Paragenesis der borhaltigen Magnesiaskarne der Lagerstätte von Tajeshnoje im Archaicum des Aldanmassivs.* Aus der kurzen Beschreibung der Gesteine der Lagerstätte von Tajeshnoje ergibt sich, daß die Skarne in den Dolomitmarmoren in der Hauptsache aus *Phlogopit, Pargasit, Diopsid, Ludwigit, Forsterit* (*Humit, Klinohumit*), *Magnetit* u. *Calcit* bestehen, zu denen in den Nebenskarngesteinen noch Hornblende, Turmalin, *Plagioklas* oder *Skapolit* hinzukommen. Die Beweglichkeit der Komponenten sinkt in der Abfolge: H_2O, CO_2, Na_2O, K_2O, CaO, O_2, B_2O_3, Fe/P_2O_5, MgO, SiO_2, Al_2O_3, TiO_2. Es wird nun gezeigt, wie bei gemäßigter Aktivität des (mittelaktiven) B sich dieses in den Nebenskarngesteinen anreichert, wobei sich Turmalingesteine bilden u. eine Paragenesis des Turmalins mit Phlogopit, Plagioklas u. Hornblende entsteht; mit steigender Aktivität des B wird Turmalin beständig, bildet Paragenesis mit Diopsid, Ludwigit breitet sich aus u. tritt in Paragenesis mit Forsterit bzw. (bei noch aktiverem B) mit Diopsid. (Геохимия [Geochemie] **1958.** 39—46. Moskau, Inst. für Geol., Erzfundorte, Petrograph., Mineralog. u. Geochem. der Akad. der Wiss. der UdSSR.) A. v. WILPERT. 378

A. W. Kossterin, W. N. Sujew und **I. D. Schewalejewski**, *Über das Verhältnis Zr/Hf in Zirkonen einiger Eruptivgesteine von Nord-Kirgisien.* Mitgeteilt werden 30 Analysenergebnisse von Proben verschied. Alters u. unterschiedlicher Zus., in denen das Verhältnis Zr/Hf röntgenspektral mit einem relativen Fehler von $\pm 5\%$ bestimmt wurde. Die Proben entstammten verschied. alten Schichten, jedoch war kein Einfl. des Alters auf das Verhältnis Zr/Hf zu beobachten, das hingegen eine gesetzliche Abhängigkeit vom analysierten Gestein aufwies: im *Gabbro* betrug das Verhältnis Zr/Hf 71, in den *Porphyrgraniten* 46, in *Alaskiten* 36, in den Hydrothermaladern 29, u. zwar mit großen Schwankungen (*Syenite* 37—54, Porphyrgranite 38—52), so daß man weder Alter noch Gestein aus diesem Verhältnis allein bestimmen kann. Einzig ist nur der Ablauf der magnet. Differentiation als gesetzmäßig zu erkennen. (Геохимия [Geochemie] **1958.** 86—89. Moskau, Vernadsky-Inst. für Geochem. u. analyt. Chem. der Akad. der Wiss. der UdSSR.) A. v. WILPERT. 378

Ss. A. Gurulew, *Über das Verhältnis von Blei und Zink in polymetallischen Lagerstätten.* Vergleiche des Verhältnisses Zn/Pb im Namaminsker Polymetall-Fundort (Nordwest-Transbaikal) ergaben, daß in der unteren Schicht Galenit weit über Sphalerit vorherrscht, während in der oberen Schicht das Gegenteil der Fall ist: hier überwiegt Zn vor Pb. Dieser Befund steht im Gegensatz zu den theoret. Annahmen von BETECHTIN (Hydrothermale Lsgg., 1955). (Известия Сибирского Отделения Академии Наук СССР [Nachr. sibir. Abt. Akad. Wiss. UdSSR] **1958.** Nr. 2. 29—32. Irkutsk, Univ.) A. v. WILPERT. 378

S. W. Studenikowa und **W. A. Solotarewa**, *Rhenium in Molybdäniten der Lagerstätte von Tyrny-Aus.* Es werden Analysenergebnisse von 70 Molybdänitproben mitgeteilt, die der Lagerstätte Tyrny-Aus entnommen worden waren. Die Best. des Re erfolgte colorimetr. in Ggw. von $SnCl_2$ mit KCNS (nach Extraktion des Mo, das dieselbe gelbgrüne Färbung gibt, mit Ae., unter Zusatz von Hg zwecks Red.) nach GRUNINA (1957). Bei einer Fehlergrenze von $\pm 10\%$ u. Empfindlichkeit von 0,1 γ/ml wurden in den Molybdäniten 10^{-5} bis $1{,}4 \cdot 10^{-3}\%$ Re gefunden — die höchsten Mengen in den Adern der Eldshurtiner Granite. (Геохимия [Geochemie] **1958.** 81—85. Moskau, Vernadsky-Inst. für Geochem. u. analyt. Chem. der Akad. der Wiss. der UdSSR.) A. v. WILPERT. 378

E. C. Walker, F. Cuttitta und **F. E. Senftle**, *Einige natürliche Schwankungen in der relativen Häufigkeit der Kupferisotope.* An einer Reihe von Mineralen u. pflanzlichem Material wurde die Isotopenhäufigkeit von Cu gemessen. Die festgestellten Schwankungen waren gering, u. das $^{63}Cu/^{65}Cu$-Verhältnis wurde mit CuJ als Standard verglichen. Die Abweichungen lagen zwischen —1 u. +8 ppm. Von Michigan u. vom Colorado Plateau wurden stratigraph. Probenreihen untersucht. (Geochim. cosmochim. Acta [London] **15.** 183—94. Dez. 1958. Washington, D. C., US Geol. Survey.) J.-E. HILLER. 378

I. A. Breger und **M. Deul**, *Die organische Geochemie des Urans.* C-haltiges Material ist für die sek. Anreicherung des U wichtig. Einige Kohlen u. verkohltes Holz sind in der Lage, Uranylionen unter Bldg. von Uraninit zu binden. Auch Algen können aus Meerwasser Uranyl bevorzugt aufnehmen u. dadurch konzentrieren. Das Uranylion kann durch Sulfide red. werden. Im Erdöl sind funktionelle Gruppen, wie die Carboxylgruppen der Asphalte u. Napthengruppen, welche das Uran zu binden vermögen. Das Vork. von U in C-haltigen Stoffen ist an eine transportierende Lsg. gebunden. (Proc. int. Conf. peaceful Uses Atomic Energy **6.** 418—21. 1956. US Geol. Survey.) F. ENSSLIN. 378

H. R. Hoekstra, *Variationen der Sauerstoffisotopen in einigen Uranmineralien.* Vf. beschreibt eine Meth. der O_2-Gewinnung aus Uranpecherz zur Isotopenbest. des O_2 nach der Reaktion $UO_2 + 2BrF_3 \rightarrow UF_6 + Br_2 + O_2$. Von 25 *Pechblenden* u. *Uraniniten* wird das Isotopenverhältnis bezogen auf Seewasser als Standard angegeben. Die Werte schwanken zwischen —3,5 u. —22,0. (Nat. Acad. Sci. — Nat. Res. Council, Publ. Nr. **400.** 160—65. 31/7. 1956. Argonne Nat. Labor.) J.-E. HILLER. 378

M. D. Karkhanavala, *Über radioaktive uranführende Eisenoxyde.* U-führende Eisenoxyde von Bihar wurden untersucht mit bes. Berücksichtigung der Paragenese von U mit *Magnetit* u. *Hämatit.* In Gängen mit geringer Hämatitisation bestehen Magnetit u. *Uranpecherz* nebeneinander. Bei der Hämatitbldg. vereinigt sich das U wahrscheinlich in Form von begrenzter Mischkristallbldg. mit dem Hämatit. Eine Hämatitprobe mit einem U-Geh., der 0,15% U_3O_8 entspricht, war metamikt. Es wird angenommen, daß eine prim. oxydierende Lsg. mit Uranylionen das Fe-Hydrosol zu Magnetit oxydiert, wobei gleichzeitig UO_2 ausfällt. Sek. wird durch oxydierende Lsgg. oder Verwitterung der Magnetit in Hämatit verwandelt u. das Pecherz wahrscheinlich in U_3O_8 oder UO_3, das ins Hämatitgitter eingebaut wird. Der Rest des U bildet sek. U-Mineralien. (Geochim. cosmochim. Acta [London] **15.** 229—36. Dez. 1958. Trombay, Bombay, Atomic Energy Establ., Chem. Div.) J.-E. HILLER. 378

M. R. Klepper und **D. G. Wyant,** *Uranprovinzen.* Bei den magmat. Vorgängen reichert sich das U zusammen mit Th, Nb, Ta, Be u. Seltenen Erden in den Restschmelzen an. Die bas. Gesteine, Pyroxenite usw. enthalten weniger als 1 ppm U. Später sich ausscheidende Biotite usw. können 10 ppm bis wenige % aufnehmen, so daß in Graniten, Granodioriten u. Syeniten 2—6 ppm U. gefunden werden. Am reichsten sind die Pegmatite mit 0,001 bis 0,2% U. Der U-Geh. nimmt im allgemeinen mit dem K_2O-Geh. u. der Acidität des Eruptivgesteins zu, wobei selbständige U-Mineralien entstehen. Die Hauptmenge des U (>90%) in den Gesteinen ist in schwachen Säuren löslich. Es wird durch Grundw. gelöst u. in Kohlen u. anderen Sedimenten wieder ausgefällt u. angereichert. Die Spaltenfüllung in Eruptivgesteinen mit U-reichem Material durch hydrothermale Lsgg. ist ebenfalls auf die leichte Löslichkeit zurückzuführen. In W. gelöstes U kann durch Mikroorganismen aufgenommen u. sek. gefällt werden (Phosphate). Es geht bei der Oxydation u. Inkohlung der org. Stoffe in Kohle u. Erdöl über. Im Meerwasser wird U bald gefällt durch Phosphate u. kann Lager mit 0,005—0,02% U bilden. Ausführliches Literaturverzeichnis. (Proc. int. Conf. peaceful Uses Atomic Energy **6.** 217—23. 1956. US Geol. Survey.) F. ENSSLIN. 378

E. S. Larsen jr., G. Phair, D. Gottfried und **W. S. Smith,** *Uran bei der magmatischen Differentiation.* In Batholithen mit einer vollständigen Kristallisation von Gabbro bis zum Granit mit voraussichtlich keinem Substanzverlust wurde der U-Geh. in den einzelnen Gesteinen untersucht. Er nimmt von 0,2 ppm im Gabbro, über Tonalit, Granochorit zu Granit auf 2,6—7 ppm zu. Die Laugbarkeit des U in verschiedenen Mineralien in n. HCl betrug bei Perthit 70%, Quarz 0%, Plagioklas 98%, Biotit 64%, Hornblende 77% u. Hypersthen 68% des vorhandenen U. Als U-reiche Mineralien kommt in muskovitreichen Gesteinen als Erstkristallisation Monazit vor, dem Xenotim folgt. Farbloser Thorit kommt in Graniten selten vor. Sphen u. Apatit haben mittleren U-Gehalt. Der U-Geh. in den Mineralien in Granit eines südkaliforn. Batholithen betrug Quarz 2,4 ppm, Orthoklas 1,3 ppm, Plagioklas 2,3 ppm, Biotit 5,2 ppm, Granat 5,8 ppm, Apatit 47 ppm, Zirkon 4600 ppm, Monazit 2500 ppm, Muskovit 8 ppm, Xenotim 360 ppm u. Magnetit 3 ppm. Der U-Geh. steigt mit dem SiO_2- u. K_2O-Geh. u. nimmt mit dem CaO-Geh. ab. (Proc. int. Conf. peaceful Uses Atomic Energy **6.** 240—47. 1956. US Geol. Survey.) F. ENSSLIN. 378

A. P. Butler jr. und **R. W. Schnabel,** *Verteilung der Uranvorkommen in den Vereinigten Staaten.* Geograph. Verteilung der prim. u. sek. U-Lagerstätten in USA. (Proc. int. Conf. peaceful Uses Atomic Energy **6.** 224—30. 1956. US Geol. Survey.) F. ENSSLIN. 380

G. J. Neuerburg, *Uran in den Eruptivgesteinen der Vereinigten Staaten von Amerika.* Der U-Geh. des Magmas nimmt bei seiner Kristallisation in der fl. Phase ständig zu, in gleichem Maße wie der SiO_2-Gehalt. Der Geh. in den unverwitterten Gestein entspricht dem jeweiligen Löslichkeitsgleichgewicht, wobei der absol. Geh. unbekannt ist. Wichtig ist die Feststellung, in welchem Mineral des Gesteins das U eingebaut ist, ob es durch Basenaustausch mobilisierbar ist oder nicht. Aus Apatiten, metamikten u. einigen sek.

Mineralien kann U nur schwer in Lsg. gebracht werden. U^{6+} ist leicht zu mobilisieren. (Proc. int. Conf. peaceful Uses Atomic Energy **6.** 231—39. 1956. US Geol. Survey.) F. ENSSLIN. 380

R. R. Coats, *Verteilung des Urans und einiger anderer Spurenelemente in felsitischen vulkanischen Gesteinen känozoischen Alters aus den westlichen Vereinigten Staaten.* Die Spurenelemente in Daciten u. Rhyolithen betrugen in ppm (Durchschnitt in Klammer) U 0—30 (5), B 0—100 (32), Sn 0—40 (5), Be 2—20 (5), Nb 0—200 (22), La 0—200 (40), Pb 0—90 (24), Zr 30—2700 (139), F 0—4300 (655) u. Li 0—300 (46). Aus den Analysen von 116 Rhyolithen u. Daciten wird das Verhältnis U zu anderen Spurenelementen errechnet. (Proc. int. Conf. peaceful Uses Atomic Energy **6.** 248—51. 1956. US Geol. Survey.) F. ENSSLIN. 380

Byron J. Sharp, *Uranlagerstätten in vulkanischen Gesteinen der Provinz Basin und Range.* Aufzählung u. kurze Beschreibung der Lagerstätten im obigen Bezirk. (Proc. int. Conf. peaceful Uses Atomic Energy **6.** 252—56. 1956. US Atomic Energy Comm.) F. ENSSLIN. 380

Donald L. Everhart, *Uranführende Ganglagerstätten in den Vereinigten Staaten.* (Proc. int. Conf. peaceful Uses Atomic Energy **6.** 257—64. 1956. — C. **1956.** 4372.) F. ENSSLIN. 380

Ernest E. Thurlow, *Uranlagerstätten am Kontakt von Meta-Sedimenten und granitischen Intrusiven in den westlichen Vereinigten Staaten.* Beschreibung der Lagerstätten von Spokane, Washington u. von Austin, Nevada. (Proc. int. Conf. peaceful Uses Atomic Energy **6.** 288—92. 1956. US Atomic Energy Comm.) F. ENSSLIN. 380

F. W. Osterwald, *Beziehung zwischen den tektonischen Elementen in praekambrischen Gesteinen und den Uranlagerstätten im Cordillierenvorland der westlichen Vereinigten Staaten.* (Proc. int. Conf. peaceful Uses Atomic Energy **6.** 293—98. 1956. US Geol. Survey.) F. ENSSLIN. 380

Vernon E. Swanson, *Uran in marinen schwarzen Schiefertonen in den Vereinigten Staaten.* Die großen Mengen an schwarzen Schiefertonen sind im allg. arm an U. Sie enthalten nicht über 0,02% u. im Durchschnitt 0,005%. In einzelnen devon. Schichten kommen 0,035% U vor. Phosphatierte Tone geben 0,035% U. Beschreibung der Schiefertone von Chattanooga mit 20% organ. Substanz u. 0,001 bis 0,035% U, der von Pennsylvanien mit 0,003 bis 0,017 %U, der phosphat. kalkhaltigen Schiefertone mit durchschnittlich 0,010% U mit Spitzen bis 0,033%. (Proc. int. Conf. peaceful Uses Atomic Energy **6.** 430—34. 1956. US Geol. Survey.) F. ENSSLIN. 380

Louis C. Conant, *Bedingungen der Ablagerungen des Chattanooga-Schiefertons.* Der Schieferton ist eine marine Bldg. mit viel Pflanzenresten u. Fossilien. Er ist sehr feinkörnig. Die U-reichen Partien enthalten 10—15% Pyrit, 20—25% Quarz, 10% Feldspat, 25—30% Ton u. Glimmer, 15—20% organ. Stoffe u. 5% Chlorit, Fe_2O_3 u.a. Die nicht metall. Schwermineralien bestehen zu 90% aus Zirkon. Der U-Geh. beträgt ca. 50 g/t u. ist in der Hauptsache an die Kohlesubstanz gebunden. (Proc. int. Conf. peaceful Uses Atomic Energy **6.** 435—38. 1956. US Geol. Survey.) F. ENSSLIN. 380

A. Brown, *Uran in dem Chattanooga-Schieferton von Ost-Tennessee.* Beschreibung der Topographie, Stratigraphie u. Struktur der Schichten, sowie ihrer mineralog. Zus. (vgl. vorst. Ref.). Verteilung der Spurenelemente: Be, Yb 1—10 g/t, Zr, Ga, Y 10—100 g/t, Cu, B 100—1000 g/t, Sc, Ag 1—100 g/t, Pb, Cr, Co, V, Sr, Mn, Ni, La, Sn 100—1000 g/t u. Ba 0,01 bis 1,0%. Der U-Geh. beträgt in den Garsaway-Gesteinen: Phosphatzone 16—36 g/t, obere schwarze Zone 60—86 g/t, oberer Schieferton 28—58 g/t, mittlere schwarze Zone 39—66 g/t; in den Dewelltown Gesteinen: mittlere graue Gesteine 11—20 g/t u. untere schwarze Tone 24—52 g/t. (Proc. int. Conf. peaceful Uses Atomic Energy **6.** 439—44. 1956. US Geol. Survey.) F. ENSSLIN. 380

John W. Gabelman, *Uranlagerstätten in schwarzen Sumpfschiefertonen der Dakota-Formation, San Juan Basin, Neu Mexiko.* Aus Schiefertonen u. Sandsteinen mit viel C-haltigen Substanzen (Lignit) wurde das U abgeschieden. Die höchsten Konzz. erreicht es in Schieferton, daneben treten noch sek. U-Mineralien auf. Beschreibung einiger Gruben. Das Erz kann wegen der organ. Substanz nicht durch einfaches Laugen verarbeitet werden. (Proc. int. Conf. peaceful Uses Atomic Energy **6.** 422—29. 1956. US Atomic Energy Comm.) F. ENSSLIN. 380

H. Bell III, G. B. Gott, E. V. Post und **R. W. Schnabel,** *Lithologische, strukturelle und geochemische Kontrollen der Uranabscheidung in den südlichen Black Hills, Süd Dakota.* Das U kommt in teilweise oxydierten schwarzen Erzen in hoch C-haltigen Gesteinen u. oxydierten gelben Erzen in C-armen oder freien Gesteinen vor. Letztere sind durch eine stärkere Oxydation aus den ersteren entstanden. Kalkhaltige Gesteine sind arm oder ganz frei von U. Die Ausfällung beginnt erst an der Grenze zu carbonatfreien

Sandsteinen. (Proc. int. Conf. peaceful Uses Atomic Energy **6.** 407—11. 1956. US Geol. Survey.) F. ENSSLIN. 380

P. K. Sims und **E. W. Tooker,** *Pechblendelagerstätten in dem Central City Distrikt und den angrenzenden Gebieten, Gilpin und Clear Creck Counties, Colorado.* (Proc. int. Conf. peaceful Uses Atomic Energy **6.** 265—69. 1956. — C. **1957.** 1375 u. C. **1958.** 1797.) F. ENSSLIN. 380

Forrest G. Poole und **George A. Williams,** *Transportrichtung des Sediments, das die triassischen und verwandte Formationen auf dem Colorado Plateau bildet.* An Hand der Struktur der Sedimente wird die Transportrichtung der Erzlsgg. untersucht. (Proc. int. Conf. peaceful Uses Atomic Energy **6.** 326—30. 1956. US Geol. Survey.) F. ENSSLIN. 380

R. L. Boardman, E. B. Ekren und **H. E. Bowers,** *Sedimentäre Merkmale der oberen Sandsteinlinsen der salzgelavgten Sandsteinglieder und ihre Beziehung zu den Uran-Vanadin-Lagerstätten im Uravan Gebiet, Montrose County, Colorado.* (Proc. int. Conf. peaceful Uses Atomic Energy **6.** 331—34. 1956. US Geol. Survey.) F. ENSSLIN. 380

Hiram B. Wood, *Alter, Umgebung und Produktion des Uran-Muttergesteins in dem Colorado Plateau.* In einer Tabelle wird die prozentuale Verteilung der Uranproduktion von USA in Abhängigkeit von dem Gesteinstyp angegeben. Weitere Tabellen umfassen 88 Lagerstätten des Colorado Plateaus, nach dem geolog. Alter geordnet, unter Angabe des jeweiligen Muttergesteins, der vorkommenden U-Mineralien, der geograph. Lage u. der Produktionskategorie (1 bis 3, wobei 1 $<$ 25 t, 2 von 25 bis 1000 t u. 3 $>$ 1000 t bedeuten). (Proc. int. Conf. peaceful Uses Atomic Energy **6.** 307—16. 1956. US Atomic Energy Comm.) F. ENSSLIN. 380

D. A. Jobin, *Regionale Durchlässigkeit von Sedimenten des Colorado-Plateaus und ihr Einfluß auf die Verteilung der Uranlagerstätten.* Marine Sandsteine u. Sand haben eine gute Durchlässigkeit für Erzlsgg., während die fluvialen Sandsteine u. Konglomerate, welche linsenförmig auftreten, die Durchlässigkeit behindern. Der U-Geh. nimmt mit Abnahme der Durchlässigkeit ab. (Proc. int. Conf. peaceful Uses Atomic Energy **6.** 317—20. 1956. US Geol. Survey.) F. ENSSLIN. 380

Y. William Isachsen, *Geologie der Uranlagerstätten der Shinarump- und Chinle-Formationen auf dem Colorado-Plateau.* Die Erze der Grube Holiday Mesa bestehen aus Uraninit, Montroseit u. Corvusit u. in der Oxydationszone aus Tyuyamunit, Hewettit, Torbernit u. Volborthit. Das Verhältnis V/U ist 2,5:1. Die Grube Happy Jack liefert neben Uraninit: Bornit, Chalcocit u. Covellin sowie oxyd. U- u. Cu-Mineralien. Die Calyx-Gruben liefern aus Sandsteinen U–V-Erze primärer Bldg., bes. Coffinit mit asphalt. Stoffen. Das Grubengebiet des Tales Big Indian Wash-Lisbon, eines der reichsten U-Gebiete, enthält prim. Uraninit u. Coffinit u. eine Reihe V-Mineralien, welche gleichaltrig mit Pyrit u. Kupferkies sind. Die Delta-Grube liefert U–V–Cu-Erze aus einer Sandsteinlinse mit einem zwischen 10:1 u. 1:5 schwankenden U/V-Verhältnis. Die Huskon-Gruben enthalten überwiegend sek. Erze mit einem U/V-Verhältnis 7:1. Haupterze sind Metatorbernit, Metaautunit u. Uraninit. (Proc. int. Conf. peaceful Uses Atomic Energy **6.** 350—67. 1956. US Atomic Energy Comm.) F. ENSSLIN. 380

Daniel R. Shawe, *Bedeutung der „walzenförmigen" Erzkörper für die Genesis der Uran–Vanadin-Lagerstätten auf dem Colorado-Plateau.* Die Erzkörper zeigen C- oder S- oder Herzenform, kommen hauptsächlich in salzgelaugtem Sandstein vor u. sind oben u. unten durch Tonschichten begrenzt. Viele Erze zeigen konzentr. Ringbldg. zur Erzoberfläche. Die Spurenelemente sind asymm. im Erzkörper verteilt. Die Erzwalzen können mehrere 100 Fuß lang sein. U u. V wurden aus den Sedimenten ausgelaugt, unter geeigneten chem. u. physikal. Bedingungen wieder ausgefällt u. angereichert. (Proc. int. Conf. peaceful Uses Atomic Energy **6.** 335—37. 1956. US Geol. Survey.) F. ENSSLIN. 380

David A. Phoenix, *Beziehung zwischen den Carnotitlagerstätten und den durchlässigen Gesteinen der Formation Morrison, Mesa County, Colorado.* In den gut durchlässigen Sandsteinen hat sich das Erz in einem Kanalsystem, welches nach Nordost bis Ost orientiert ist, abgeschieden. In diesem Syst. befanden sich viele Staustufen in Form lokaler Abscheidung wenig durchlässiger Gesteine. Diese Staustufen bewirkten eine Anreicherung des Erzes. Die Abscheidung ist abhängig von der Fließgeschwindigkeit u. dem hydrostat. Druck der Erzlösungen. Die Änderungen der Tempp. der Lsgg. sind von untergeordnetem Einfl. auf die Erzbildung. (Proc. int. Conf. peaceful Uses Atomic Energy **6.** 321—25. 1956. US Geol. Survey.) F. ENSSLIN. 380

John W. Adams und **Frederick Stugard jr.,** *Nebengesteinsuntersuchung einiger Pechblendelagerstätten in dem Golden Gate Canyon, Jefferson County, Colorado.* Aus der Unters. der Nebengesteine ergibt sich, daß an Pechblende reiche Carbonatgänge dann zu erwarten sind, wenn an Fe^{2+} reiche Nebengesteine vorhanden sind, wobei die Art des an Fe^{+} reichen Minerals von untergeordneter Bedeutung ist. Durch FeO bzw. FeS reiche Gesteine wird das U aus seinen Lsgg. in Form von Pechblende ausgefällt. (Proc. int. Conf. peaceful Uses Atomic Energy **6.** 279—82. 1956. US Geol. Survey.) F. ENSSLIN. 380

Vincent C. Kelley, *Einfluß der Regionalstruktur auf den Ursprung und die Verteilung des Urans im Colorado Plateau.* (Proc. int. Conf. peaceful Uses Atomic Energy **6.** 299—306. 1956. Univ. of New Mexico.) F. ENSSLIN. 380

L. W. Carithers und **N. J. Clinton,** *Uran in küstennahen Sandsteinen terrestrischen und marinen Ursprungs, Colorado-Plateau.* Mengenmäßig wird nur aus denjenigen Sandsteinen ein kleiner Teil des U gewonnen, welche jurass. bis kretazeischen Alters sind. Auch sie enthalten neben U noch V, Cu u. organ. Material. Kurze Beschreibung der Gruben. (Proc. int. Conf. peaceful Uses Atomic Energy **6.** 383—86. 1956. US Atomic Energy Comm.) F. ENSSLIN. 380

Dudley L. Davis und **Donald L. Hetland,** *Uran in den klastischen Gesteinen der Provinz Basin- und Range.* Die Provinz Basin u. Range ist ein abgeschlossenes Becken mit innerer Drainage mit vielen salzreichen Seen. Die Sedimente sind klasb. verformt, u. die vorkommenden U-Mineralien sind nicht im radioakt. Gleichgewicht, was auf eine rezente Bldg. von radioakt. Mineralien schließen läßt. Die Uranmineralien sind Uranophan, U-haltiger Opal, Autunit u. Carnotit. Häufig kann der Charakter der Mineralien überhaupt nicht bestimmt werden. (Proc. int. Conf. peaceful Uses Atomic Energy **6.** 387—91. 1956. US Atomic Energy Comm.) F. ENSSLIN. 380

Eugene W. Grutt jr., *Uranlagerstätten in tertiären klastischen Gesteinen in Wyoming und im nördlichen Colorado.* In fluvialen tert. Sedimenten (Schiefer, Sandsteine u. Konglomerate) mit Kohleschichten wurden Uraninit als prim. Mineral in geringem Umfang u. Uranophan, Carnotit, Tyuyamunit u. andere als bauwürdige Erze beschrieben. Beschreibung der Gruben. (Proc. int. Conf. peaceful Uses Atomic Energy **6.** 392—402. 1956. US Atomic Energy Comm.) F. ENSSLIN. 380

Harold Masursky, *Spurenelemente in Kohle in der Roten Wüste, Wyoming.* Die Kohle u. die Ölschiefer enthalten stark schwankende U-Gehalte (0,051—0,001% U). Grundwasser unterss. ergaben U-Gehalte von 47 u. 60 ppb U. Das W. löste 87% des Schroeckingerits auf, u. die Kohle absorbierte aus diesen Lsg. 90% des U. Kohle nahm aus einer Uranylnitratlsg. 8,6% U auf, ohne daß röntgenograph. U-Mineralien nachgewiesen werden konnten. Der p_H-Wert des Grundwassers ist 7,9—8,6 u. nach dem Durchfluß durch die Kohle 6,0 u. durch verwitterte Kohle 3,2—3,5. Das U stammt aus hydrothermalen Lsgg., welche in einer Bruchzone aufgestiegen sind u. sich mit dem Grundwasser vermischten, sowie aus benachbarten Graniten, welche ausgelaugt wurden. Weiter lieferten vulkan. Aschen durch Auslaugung radioakt. Material. (Proc. int. Conf. peaceful Uses Atomic Energy **6.** 458—63. 1956.) F. ENSSLIN. 380

W. N. Sharp, F. A. McKeown, E. J. McKay und **A. M. White,** *Geologie und Uranlagerstätten in dem Gebiet Pumpkin Butters, Powder River Basin, Wyoming.* Die eocäne Wasatch-Formation mit fluvialen, klast. Tonen, Sandsteinen, Ligniten u. carbonat. Schiefertonen ist mit Uranophan, Tyuyamunit, Carnotit u. Uraninit neben dem V-Mineral Paramontroseit vererzt. Die sek. U- u. V-Mineralien sind aus alkal. Medium abgeschieden worden. (Proc. int. Conf. peaceful Uses Atomic Energy **6.** 403—06. 1956. US Geol. Survey.) F. ENSSLIN. 380

G. E. Becraft, *Uranlagerstätten des Boulder Batholithen, Montana.* (Proc. int. Conf. peaceful Uses Atomic Energy **6.** 270—74. 1956. — C. **1956.** 3244 u. C. **1957.** 7596.) F. ENSSLIN. 380

W. J. Mapel, *Uranhaltige Schiefertone in den nördlichen Rocky Mountains und im Gebiet Great Plains.* Die Schiefertone am Fuße des Madisonkalkes enthalten max. 50 g/U/t. Eine Probe enthielt 30 g ^{232}Th/t, 90 g ^{230}Th/t u. 60 g Ra/t, welche eine hohe zusätzliche Radioaktivität erklären. Der Heath-Schieferton aus dem Oberkarbon enthält max. auch nur 30 g U/t. In anderen Proben von Wyoming u. Süd Dakota wurden U-Gehalte von 50—190 g/t gefunden. (Proc. int. Conf. peaceful Uses Atomic Energy **6.** 445—51. 1956. US Geol. Survey.) F. ENSSLIN. 380

A. F. Trites jr., T. L. Finnell und **R. E. Thaden,** *Uranlagerstätten in dem White Canyon-Gebiet, San Juan County, Utah.* 64 Spalten, die mit Sandstein, Schiefer, Tonen u. Konglomeraten gefüllt sind, enthalten als prim. U-Mineral Uraninit u. als sek. eine Reihe von Silicaten, Sulfaten, Phosphaten, Arsenaten u. Carbonaten. Prim. treten Kupferkies, Pyrit, Bornit u. Zinkblende auf. (Proc. int. Conf. peaceful Uses Atomic Energy **6.** 379—82. 1956. US Geol. Survey.) F. ENSSLIN. 380

E. M. Shoemaker, *Vorkommen von Uran in Diatremen der Navajo und Hopi Reservate, Arizona, Neu-Mexiko und Utah.* Die mit Tuff gefüllten, vulkan. Schlote von Alkalibasalten (Diatreme), welche auch zusammengeschwemmtes Material enthalten, sind mit Uranyl- u. Cu-Vanadaten vererzt. Der U-Geh. des Roherzes ist aber so gering, daß ein Abbau nicht lohnt (meist unter 0,02% U). Er stammt wahrscheinlich aus dem phosphatreichen Monchiquitmagma u. wurde durch dessen hydrothermale Lsg. abgeschieden. Als Spurenelemente wurden Ag, Co, Ni, Pb u. Tl festgestellt. Der Olivin aus dem Monchiquit enthält 2,2 ppm U u. 6,4 ppm Th, der Nephelin 4,6 ppm U u. 17,5 ppm Th. Die angrenzende Minette 10,6 bis 12,3 ppm U u. 28,4 bis 50,1% Th. (Proc. int. Conf. peaceful Uses Atomic Energy **6.** 412—17. 1956. US Geol. Survey.) F. ENSSLIN. 380

M. H. Staatz und **F. W. Osterwald**, *Uran in den Flußspatlagerstätten der Thomas Range, Utah.* In devon. u. silur. Sedimenten wurden durch tertiäre vulkan. Tätigkeit Flußspatgänge ausgefüllt. Der Flußspat enthält U, außerdem ist ein unbekanntes U-Silicat u. Carnotit vorhanden. CaF_2 enthält 2,5 bis 6,5 mal mehr V, als für die Bldg. von Carnotit nötig ist. Der Gesamturangeh. im Gestein schwankt zwischen 0,003 u. 0,33% U u. von Grube zu Grube. (Proc. int. Conf. peaceful Uses Atomic Energy **6.** 275—78. 1956. US Geol. Survey.) F. ENSSLIN. 380

G. W. Walker und **F. W. Osterwald**, *Beziehung zwischen sekundären Uranmineralien und Pechblende führenden Gängen bei Marysvale, Piute County, Utah.* (Vgl. C. **1957.** 3210.) Die sek. Uranmineralien werden über den prim. Pechblende- u. Flußspatgängen tert. Alters in Scherzonen gefunden u. enthalten das U^{6+}. Sie sind durch hydrothermale Verwitterung von Pechblende entstanden. (Proc. int. Conf. peaceful Uses Atomic Energy **6.** 283—87. 1956. US Geol. Survey.) F. ENSSLIN. 380

Michalina Wieklera und **Herman Jodko**, *Untersuchung der chemischen Widerstandsfähigkeit von polnischem Andesit.* 2. Mitt. *Untersuchung der Widerstandsfähigkeit von Andesit gegen Schwefelsäure.* (1. vgl. C. **1958.** 8861.) Es wurden Andesite poln. u. russ. Herkunft untersucht. Je nach ihrer mineralog. Zus. werden sie von H_2SO_4 verschied. stark angegriffen. Bei n. Temp. greift 40%ig., beim Kp. 75%ig. H_2SO_4 am stärksten an. Hochkonz. H_2SO_4 hat stets die schwächste Wirkung. Der Angriff erfolgt chem. u. mechan durch Sprengung des Gefüges bei der Salzbldg. in den Poren. Die Festigkeit des Materials, das zum Auskleiden von Glovertürmen dienen soll, wird bei Behandlung mit 60—70%ig. H_2SO_4 zunächst erhöht, mit 40%ig. sofort erniedrigt. (Przemysł chem. **37.** 661—71. Okt. 1958.) F. URBAN. 380

F. Čech und **K. Paděra**, *Messelit aus den Phosphatnestern im Granit bei Přibyslavice (Böhmen) und das Messelitproblem.* Nach der Beschreibung von Messelit aus Phosphatnestern im Granit von Přibyslavice (Böhmen) gehen Vff. unter Heranziehung von Material anderer Fundorte auf das Problem Messelit-*Neomesselit* ein. Am Originalmaterial von Messel wird festgestellt, daß es sich um 2 Minerale, Messelit u. *Anapait*, handelt. Vff. wünschen nur den Namen Messelit beizubehalten, obgleich als Neomesselit das Material genauer untersucht worden war. (Chem. d. Erde **19.** 436—49. 1958. Prag, Karls-Univ., Katheder für Mineral., Geochem. u. Kristallogr.) J.-E. HILLER. 380

H. Müller, *Die Petrographie der Röt-Muschelkalkgrenzschichten bei Steudnitz nördlich Jena.* An 15 Proben aus den Myophorienschichten der Tongrube des Zementwerkes Steudnitz wurden D., Raumgewicht, Porosität u. der CO_2-Geh. bestimmt. Von diesen wurden 4 Proben an der Grenze Röt–Muschelkalk ausgewählt u. eingehend mineralog. u. chem. untersucht. Neben *Kalkspat* ist *Dolomit* wesentlich am Aufbau der Gesteine beteiligt. Der Schwermineralgeh. ist gering. Die Fraktionen größer als 2μ bestehen vorwiegend aus *Quarz* u. verschied. stark abgebauten *Glimmern.* Die Fraktion kleiner als 2μ ergab *Illit* als Hauptbestandteil. (Chem. d. Erde **19.** 392—435. 1958. Dresden, TH, Inst. für Mineral. u. Geol.) J.-E. HILLER. 380

F. Scheffer, B. Meyer und **E. Kalk**, *Mineraluntersuchungen am Würm-Löß südniedersächsischer Lößfluren als Voraussetzung für die Mineralanalyse verschiedener Lößbodentypen.* Lößmaterial aus dem Raum Hildesheim–Leinetalgraben–Kassel wurde auf seinen Mineralbestand u. seinen prim. Verwitterungszustand hin untersucht. Die Hauptminerale sind *Quarz, Feldspat, Calcit, Glimmer, Illit, Fe-Oxydhydratkonkretionen, Kaolinit,* dazu 20 Schwerminerale. (Chem. d. Erde **19.** 338—60. 1958. Göttingen.) J.-E. HILLER. 380

H. N. Rhoden, *Struktur und wirtschaftliche Vererzung des Silberminengebietes der Grafschaft Tipperary in Irland.* Beschreibung einer Ag-Minen-Verwerfung u. der durch hydrothermale Vererzung entstandenen *Pb-*, *Pb-Zn-* u. *Baryt*-Vorkommen. (Bull. Instn. Mining Metallurgy Trans. **68.** Nr. 625. 67—94. Dez. 1958.) W. WESLY. 380

Paul Michot, *Klassifikation und Terminologie der verfestigten Gesteine der Reihe Psammit-Pelit.* (Ann. Soc. géol. Belgique, Bull. **81.** B 311—42. April 1958. Liège, Univ., Labor. de Petrol., Géol. et Géochim.) F. ENSSLIN. 385

J. Michot, *Die Plagioklase des Anorthosit–Norit-Massivs von Haaland, Egersund (Norwegen).* Die Plagioklase treten in 2 Typen auf. Der Anorthosit ist von dem Plagioklas I gebildet, während der Leukonorit den Typ II zusammen mit Hypersthen u. Diopsid enthält. Der Plagioklas I ist älter als der andere. Seine Zus. ist sehr einheitlich 40—50% Anorthit. Er bildet mehrere cm große Kristalle u. ist bei niedriger Temp. gebildet. (Ann. Soc. géol. Belgique, Bull. **81.** B 425—40. Juni 1958.) F. ENSSLIN. 385

Irving Friedman und **Robert L. Smith,** *Der Deuteriumgehalt des Wassers in einigen vulkanischen Gläsern.* (Vgl. C. **1959.** 10838.) Das Verhältnis D/H im W. aus Perliten und Obsidianen von 11 Fundorten wurde bestimmt, wobei das W. des Michigansees als Standard diente. Der W.-Geh. der Obsidiane liegt zwischen 0,09 u. 0,29%, doch enthielten zwei Proben 0,92%. Der relative D-Geh. schwankte zwischen — 4,6 bis — 12,3%. Perlit enthält 2,0 bis 3,8% D mit relativem D-Geh. von — 3,1 bis — 16,6%. Die D-Konz. im Perlit-W. hängt zusammen mit der Konz. rezenten Regenwassers, u. das Perlit-W. enthält nahezu 4% weniger D als das Grund-W. der Fundgegend. Zwischen dem Obsidian-W. u. Regen-W. besteht keine Beziehung. Es wird deshalb angenommen, daß der Perlit durch sekundäre Hydratation aus Obsidian entstanden ist. (Geochim. cosmochim. Acta [London] **15.** 218—28. Dez. 1958. Washington, D. C., US Geol. Surv.) J.-E. HILLER. 386

Jiří Juránek, *Das Verhältnis der Oberflächenanomalien hangender Kennzeichen des Bitumengehaltes in Gesteinen zu den Bitumenlagerstätten.* (Chem. d. Erde **19.** 450—53. 1958. Brünn, ČSR, Inst. für Erdölforsch.) J.-E. HILLER. 390

J. P. Forsman und **J. M. Hunt,** *Unlösliches, organisches Material (Kerogen) in Sedimentgesteinen.* Nach einem beschriebenen Verf. wird aus 21 Sedimentgesteinsproben verschiedenster Art Kerogen isoliert. Zwei Arten von Kerogen werden unterschieden, die von der Art der ursprünglichen lebenden Materie abhängig zu sein scheinen, obgleich auch Einww. der Metamorphose die Eigenschaften des Kerogens zu verändern vermögen. (Geochim. cosmochim. Acta [London] **15.** 170—81. Dez. 1958. Tulsa, Okla., Jersey Prod. Res. Co.) J.-E. HILLER. 390

S. A. El Wardani, *Marine Geochemie des Germaniums und der Ursprung pelagischer Tonminerale im Pazifik.* Der Ge-Geh. des Seewassers wurde zu 0,05 μ g/Liter berechnet. Die häufigen Organismen nehmen keine nachweisbaren Ge-Mengen auf, ebenso sind Globigerinenschlamm u. Kieselschwämme Ge-frei. Diatomeenschalen enthalten 0,4 ppm. Die eupelag. Tone nordöstlich des Äquators im Pazifik enthalten 2 ppm, im Gegensatz zu Schelfmaterial u. den eupelag. Tonen südlich des Äquators, die 1 ppm enthalten. In erster Linie sind die Alumosilicate für den Ge-Geh. der Tone verantwortlich, u. eine teilweise Verringerung des Ge im W. scheint während der Bldg. dieser Minerale im W. stattzufinden. Die geochem. Verteilung des Ge zwischen Schelf- u. Tiefseesedimenten führt zu der Annahme, daß die Schelfsedimente u. die pelag. Tone südlich des Äquators prim. Verwitterungsmaterial sind. Dagegen gibt es nordöstlich des Äquators eine Tonfraktion, die reich an im W. entstandenen Tonmineralien ist. (Geochim. cosmochim. Acta [London] **15.** 237—54. Dez. 1958. LaJolla, Calif., Scripps Inst. of the Oceanogr.) J.-E. HILLER. 393

K. K. Wotinzew, *Einige Resultate der hydrochemischen Untersuchung des Baikalsees.* Der große Süßwassersee Baikal zeigt in allen Tiefen eine fast konstante Zus. der gelösten Ionen, wie solches aus über 400 Vollanalysen des Vf. (umfassend Ca, Mg, SO_4, HCO_3, Cl, Na + K, NO_3) sich ergibt: 84% der Ionenäquivalente fallen auf die Bicarbonate des Ca u. Mg; Cl + SO_4 betragen 7, Na + K 9% der Äquivalentensumme. Saisonbedingte Schwankungen sind unerheblich, Tiefenschwankungen sind nicht zu beobachten; Abweichungen sind nur in einigen Buchten nachzuweisen. — In senkrechter Richtung läßt sich eine Zonentrennung durchführen. (Известия Сибирского Отделения Академии Наук СССР [Nachr. sibir. Abt. Akad. Wiss. UdSSR] **1958.** Nr. 2. 87—98. Ostsibir. Zweigstelle der Akad. der Wiss. der UdSSR.) A. v. WILPERT. 393

A. K. Djunin, *Sublimation von Schnee.* Beobachtungen von Schneewanderungen (bei Schneestürmen) u. Ansammlungen des Schnees an bestimmten Stellen wurden zunächst als mechan. Zerstäubung gedeutet, bis erkannt wurde, daß der Sublimation eine viel größere Bedeutung zukommt. Alsdann wurden Verss. in bedeckten Räumen mit künstlichen Winden durchgeführt u. die Ergebnisse ausgewertet. Die Berechnungen u. Formeln ergaben dann, daß die Form der Schneeteilchen auf die Stärke der Verdampfung an prismat. hergestellten Proben keinen merklichen Einfl. ausübt u. daß die Sublimation der Teilchen von einer Eisoberfläche 1,8mal stärker erfolgt als von der Oberfläche des Schneeprismas, die rauhe Oberfläche der Prismen begünstigt somit nicht eine raschere Verdampfung. Bei geringem Feuchtigkeitsmangel, starkem Frost u. Wind steigen die Sammelzonen stark an. Durch Sublimation ist auch das rasche Schwinden des Schnees von den Feldern noch vor Eintritt der Plustempp. zu deuten. (Известия Сибирского Отделения Академии Наук СССР [Nachr. sibir. Abt. Akad. Wiss. UdSSR] **1958.** Nr. 2. 75—86. Westsibir. Zweigstelle der Akad. der Wiss. der UdSSR.) A. v. WILPERT. 396

B. Allgemeine und theoretische organische Chemie.

J. E. Dubois, *Konformation und Reaktionsfähigkeit einfacher Carbonylverbindungen.* Um einen besseren Einblick in die Reaktionsfähigkeit der Bindungen am $C_{(\alpha)}$ u. $C_{(\beta)}$ gesätt. aliphat. Ketone zu erhalten, untersucht Vf. die Verschiebung der UV-Maxima $\Delta\lambda_{max}$ von Ketonen mit „red.“ oder „begrenzter“ Struktur (= Ketone mit nur einer reaktionsfähigen Kette) gegenüber Aceton (I) als Standard. Untersucht werden: *tert.-Butylmethyl-, -äthyl-, -n-propyl-, -isopropyl-, -n-butyl-, -[diäthylmethyl]-, -neopentylketon, Di-tert.-butyl-, Diisobutylketon* u. I. Es wird angenommen, daß nur Substituenten am $C_{(\alpha)}$ u. $C_{(\beta)}$ Einfl. auf $\Delta\lambda_{max}$ haben, Inkremente für diese werden berechnet. Die experimentellen $\Delta\lambda_{max}$ stimmen mit den berechneten gut überein. (Bull. Soc. chim. France [5] **1956.** 1058—61. Juli.) K. Becker. B 118

Walter T. Smith jr., Donald Trimnell und **Lowell D. Grinninger,** *Ultraviolettspektren von Sulfinylaminen. Einfluß von Struktur und Lösungsmitteln.* Vff. haben die UV-Spektren verschied. Thionylaniline in Ae. als Lösungsm. aufgenommen. Von den beiden Absorptionsbanden wird die kürzerwellige (230—240 mμ) der isolierten NSO-Gruppe, die längerwellige dem konjugierten Syst. Ar—NSO zugeschrieben, diese letzte Bande wird bei ster. Hinderung der Konjugation hypso- u. hypochrom verschoben wie ein Vgl. von *2.4-Dimethyl-* (λ_{max} 337 [mμ]; log ε 4,05) mit *2.6-Dimethyl-N-sulfinylanilin* (I, 285; 3,27 Schulter) sowie von *4-Brom-* (325; 4,07) mit *2.4.6-Tribrom-N-sulfinylanilin* (II, 318; 2,53 Schulter) zeigt. Bei I u. II tritt zusätzlich ein Absorptionsmaximum bei 367 bzw. 366 mμ auf, das bei den übrigen Sulfinylanilinen nicht beobachtet wird. — *N-Sulfinylanilin* (III) u. *p-Nitro-N-sulfinylanilin* (V) zeigen in Lsgg. von absol. Methanol (IV) u. A. UV-Spektren, die denen der entsprechenden Aniline analog sind. Vff. schließen daraus auf eine Zers. der Verbb. u. beweisen diese durch Isolierung von *Dimethylsulfit* (Kp. 122—123°) aus III–IV-Lsgg. in 24%ig. Ausbeute nach 3tägigem Stehen. V reagiert nach den spektroskop. Befunden auch mit n-Propyl-, Isopropyl- (VI), n-Butyl-, tert.-Butylalkohol (VII) u. Äthylenglykol (VIII), III mit 2-Chloräthanol, jedoch nicht mit Allyl- u. Benzylalkohol, Triäthylcarbinol, VI, VII u. VIII. — Außer den vorst. genannten Verbb. wurden untersucht: *2-* u. *4-Methyl-N-sulfinylanilin* sowie folgende aliphat. N-Sulfinylamine: *n-Propyl-; n-Butyl-; n-Heptyl-; Cyclohexyl-.* Diese zeigen im UV-Spektr. nur ein Maximum bei 230—240 mμ. (J. org. Chemistry **24.** 664—66. Mai 1959. Lexington, Ky., Univ., Chem. Dep.) G. Kresze. B 118

J. M. Martin jr., R. W. B. Johnston und **M. J. O'Neal,** *Infrarotabsorption von n-Paraffinen im festen Zustand. — Beziehungen zum Kristalltyp.* Zwischen 650 u. 800 cm^{-1} untersuchten Vff. die IR-Absorptionsspektren der n-Paraffine C_{16}; C_{17}; C_{21}; C_{22}; C_{24}; C_{28}; C_{30} u. C_{36}. In fl. Form oder in der kristallinen Form, die zwischen dem F. u. der Umwandlungstemp. auftritt, zeigen alle Verbb. die charakterist. einzelne Absorptionsbande bei 721 cm^{-1}. Wurde die Temp. der Proben unter die Temp. gesenkt, bei der Umwandlung in fester Phase auftritt, dann waren Unterschiede in den IR-Spektren festzustellen. Die Spektren der Paraffine mit ungerader C-Anzahl u. alle n. Paraffine oberhalb C_{26} zeigen eine Aufspaltung der 721 cm^{-1}-Bande in ein 718—728 cm^{-1}-Dublett. Die Paraffine mit gerader C-Anzahl unter C_{26} sind in diesem Gebiet nur durch eine einzelne Absorptionsbande charakterisiert; die Bande ist jedoch von 721 cm^{-1} nach 715 cm^{-1} verschoben. Diese Beobachtungen werden Unterschieden in der Kristallstruktur zugeschrieben. Es wurden hierauf Gemische von C_{22} u. C_{24} untersucht, die jede für sich die 715 cm^{-1}-Bande zeigen. Schon bei einem Geh. von 4 Gew.-% C_{22} tritt die höherfrequente Komponente auf, obgleich wesentlich weniger intensiv als die Komponente mit der niedrigeren Frequenz; gleiche Intensität haben beide Banden bei einem Geh. von 15 Gew.-% C_{22}, Gemische von C_{27} u. C_{24} mit < 5 Gew.-% C_{27} zeigen das Dublett mit gleicher Intensität bei 718 u. 728 cm^{-1}. Hieraus läßt sich schließen, daß sich die längere Kette durch Faltung in die Zwischenräume des Gitters derart eingeordnet hat, daß eine dichte Packung der Elementarzelle vermieden wird. (Spectrochim. Acta [London] **12.** 12—16. März/April 1958. Houston, Texas, Shell Oil Co., Houston Res. Labor.)
C. Gottfried. B 120

A. Stojiljković und **D. H. Whiffen,** *Die Schwingungsfrequenzen der symmetrischen p-Dihalogenbenzole.* Es wurden die IR-Absorptionsspektren von *p-Dichlor-, p-Dibrom-* u. *p-Dijodbenzol* in KCl-Scheiben sowie in Lsg. von CCl_4, Tetrachloräthylen u. CS_2 sowie die Raman-Spektren der beiden letzten Verbb. in den gleichen Lösungsmitteln untersucht. Die Versuchsergebnisse sind tabellar. zusammengestellt. Die Mehrzahl der 30 Grundschwingungen konnte zugeordnet werden. (Spectrochim. Acta [London] **12.** 47—56. März/April 1958. Birmingham, Univ., Chem. Dep.) C. Gottfried. B 120

A. Stojiljković und **D. H. Whiffen,** *Die Schwingungsfrequenzen von unsymmetrischen p-Dihalogenbenzolen.* Vff. untersuchten die IR-Absorptionsspektren von *p-Brom-*

chlor-, p-Chlorjod- u. *p-Bromjodbenzol* in KCl-Scheiben sowie in Lsg. von CCl_4, Tetrachloräthan u. CS_2 sowie die RAMAN-Spektren in den gleichen Lösungsmitteln. Die Ergebnisse sind tabellar. zusammengestellt. (Spectrochim. Acta [London] **12.** 57—64. März/April 1958.) C. GOTTFRIED. B 120

Felipe González-Sánchez, *Infrarotspektren der Benzolcarbonsäuren.* Zwischen 2 u. 16 μ wurden die folgenden Säuren untersucht: *Benzoesäure, Phthalsäure, Isophthalsäure, Terephthalsäure, Hemimellitsäure* sowie das *Hydrat* dieser Säure, *Trimellitsäure, Trimesinsäure, Prehnitsäure, Mellophansäure* sowie das *Hydrat, Pyromellitsäure* sowie das *Hydrat, Benzolpentacarbonsäure* sowie das *Hydrat* u. *Benzolhexacarbonsäure.* Es wurde beobachtet, daß in den Spektren (Diagramme u. Tabellen vgl. Original) aller 12 wasserfreien Säuren keine freie O—H-Absorption auftritt, was darauf schließen läßt, daß in den Säuren eine hohe inter- u. intramol. Assoziation auftritt. Aus den Spektren der Hydrate ist ersichtlich, daß bei diesen Verbb. H-Bindungen zwischen den C=O-Gruppen u. dem Hydratwasser bestehen. Die Unterss. ergeben weiter, daß den dimeren COOH-Gruppen 5 Banden zwischen 2 u. 15 μ zuzuordnen sind. Die COOH-Bande nahe 900 cm^{-1} verschwindet in den Hydraten. Dies scheint eine Bestätigung dafür zu sein, daß in den Hydraten Assoziation mit den Wassermoll. stattfindet u. daß diese Absorption der O—H-Deformationsschwingung aus der Ebene heraus zuzuschreiben ist. (Spectrochim. Acta [London] **12.** 17—33. März/April 1958. Zaragoza, Spain, Inst. Nac. del Combustible.) C. GOTTFRIED. B 120

Otto Exner und **Milan Horák,** *Oximderivate.* 5. Mitt. *Bestimmung der Konstitution von Acylderivaten des Hydroxylamins mit Hilfe der Infrarotspektroskopie.* (4. vgl. C. **1957.** 3794.) Gemessen wurden die charakterist. CO-Valenzschwingungsbanden von *O-Benzoyl-, O-Anthraniloyl-, O-Carbamylbenzaldoxim, O-Benzoylanisaldoxim, O-Acetyl-, O-Benzoyl-, O-Anthraniloyl-, O-Carbamylacetonoxim, O-Benzoylbenzophenonoxim, O-Anthraniloyl-* (I) u. *O-Carbamylhydroxylamin* (II, *Isohydroxyharnstoff*), *Acet-, Benz-, Anthranil-, Carbaminhydroxamsäure* (III, sogenannter *Hydroxyharnstoff*), *Diacet-* u. *Dibenzhydroxamsäure, N-Acetyl-O-benzoyl-, N-Benzoyl-O-acetylhydroxylamin, N-Benzoyl-O-carbamyl-* u. *N-Carbamyl-O-benzoylhydroxylamin.* Unter Zuhilfenahme der bereits früher gefundenen empir. Gleichung $\nu(C=O) = k \cdot x + 1513{,}9\ cm^{-1}$ (vgl. C. **1959.** 14043) können danach O-substituierte von N-substituierten Derivv. unterschieden werden. Für x ergibt sich bei Hydroxamsäuren 148,7; O-Acylhydroxylaminen 218,4; Acylderivv. des Acetonoxims 233,5; Acylderivv. aromat. Oxime 243,0 u. N.O-Diacylhydroxylaminen 251,1; k ist eine empir. Konstante. Auf diese Weise konnte die bereits auf chem. Wege ermittelte (C. **1958.** 2692 u. C. **1958.** 4149) Konst. des **II** u. **III** aufs neue bestätigt werden.

V e r s u c h e (FF. korr.): *O-Anthraniloylbenzaldoxim*, $C_{14}H_{12}N_2O_2$, F. 143° (Bzl.–A.), durch Erwärmen von I mit Benzaldehyd in A. auf 50° u. Stehenlassen bei n. Temp. über Nacht; 82% (Ausbeute). — *O-Acetylacetonoxim*, $Kp._{15}$ 73°, n_D^{20} 1,4363, aus Acetonoxim u. Acetanhydrid, 1 Std. in sd. Ae.; 75%. — *O-Anthraniloylacetonoxim*, F. 110° (A.), durch Kochen von I in Aceton u. Stehenlassen über Nacht; 77%. — *Diacethydroxamsäure*, F. 91° (A.), durch 15 Min. langes Kochen von $NH_2OH \cdot HCl$ mit wasserfreiem CH_3COOK in Acetanhydrid u. Dest. des Filtrats im Vakuum zur Trockne; 56%. — *N-Acetyl-O-benzoylhydroxylamin*, $C_9H_9NO_3$, F. 100° (Bzl.–Cyclohexan), nach NEF [1896]; 92%. (Chem. Listy **52.** 1613—21. Aug. 1958. Praha, Chem. Ústav Československ. akad. věd.) A. EMR/Prag. B 120

Z. Eckstein, T. Kraczkiewicz, A. Sacha und **T. Urbański,** *Über Absorptionsspektren von 2-Nitro-2-[cyclohexen-(1')-yl]- und 2-Nitro-2-[cyclohepten-(1')-yl]-1-p-chlorphenyläthylen.* Es wurden die UV- u. IR-Absorptionsspektren von *2-Nitro-2-[cyclohexen-(1')-yl]-* (Darst. vgl. ECKSTEIN, Roczniki Chem. [Ann. Soc. chim. Polonorum] **28.** [1954.] 43) u. *2-Nitro-2-[cyclohepten-(1')-yl]-1-p-chlorphenyläthylen* untersucht. Die UV-Absorptionsspektren beider Verbb. waren nahezu identisch. Die IR-Absorptionsspektren wurden im Gebiet zwischen 2 u. 14 μ untersucht. Auch in diesem Fall ergibt sich eine große Ähnlichkeit der beiden Spektren. Die Ergebnisse sind tabellar. u. zeichner. wiedergegeben.

V e r s u c h e: *2-Nitro-2-[cyclohepten-(1')-yl]-1-p-chlorphenyläthylen*, $C_{15}H_{16}ClNO_2$, wurden 0,1 Mol Cyclohepten-(1)-ylnitromethan u. 0,1 Mol p-Chlorbenzaldehyd in Bzl., nach Zusatz von n-Amylamin als Katalysator am Rückfluß gekocht, das bei der Rk. gebildete W. im „azeotropen Kollektor“ gesammelt, das Bzl. bei red. Druck entfernt u. der ölige Rückstand mit absol. A. versetzt. (Bull. Acad. polon. Sci., Ser. Sci. chim., géol., géogr. **6.** 313—18. 1958. Warsaw, TU, Dep. of Organ. Technol.; Pharmaceut. Inst.) C. GOTTFRIED. B 120

Hugh Felkin, *Sterischer Einfluß auf die Bildung des erythro–threo-Paares.* Vf. gibt einen Überblick über die Nomenklatur der Diastereoisomeren (**D**), die Stabilität u.

Rotationsisomeren mit benachbarten Asymmetriezentren (**A**) u. die Stereospezifität der Bldg. der **D**. Diese hängt bei Gleichgewichts-Rkk. (Red. von Arylalkylketonen mit Mg + MgJ_2 zu Glykolen bzw. Red. von Ketonen mit benachbartem **A** mit Na + Alkohol) von der relativen Stabilität der **D**, bei eindeutig verlaufenden Rkk. von der relativen Bildungsgeschwindigkeit der Isomeren ab: 1. Bldg. zweier vorgebildeter **A** (Br_2-Addition an Äthylenverbb., Rk. von GRIGNARD-Verbb. mit α,β-ungesätt. Ketonen). 2. Ausbldg. des 2. **A**, wenn eins bereits vorhanden ist (Rk. von Ketonen mit einem **A** in α-Stellung mit GRIGNARD-Reagens bzw. MEERWEIN-PONNDORF-Red.). 3. Simultane Bldg. zweier **A** bei der Rk. (Rk. asymm. Ketone mit asymm. disubstituiertem Methyl-MgX bzw. mit Verbb. mit einer akt. Methylengruppe). (Bull. Soc. chim. France [5] **1956**. 1050—57. Juli. Paris, C.N.R.S., Fac. de Méd.) K. BECKER. B 123

Paul Bradt und **Fred L. Mohler,** *Massenspektren und relative Sensitivitäten einiger Polyphenyle.* Die Massenspektren von Polyphenylen wurden mit einem auf konstanter Beschleunigungsspannung gehaltenen 60°-Massenspektrometer unter Verdampfung der Substanz direkt aus einem Heizrohr in die Ionisationskammer aufgenommen. Die Massenspektren von *Tetra-*, *Hexa-* u. *Oktaphenyl* sind tabellar. wiedergegeben. Eine künstliche Mischung aus *Ter-*, *Tetra-*, *Penta-*, *Hexa-* u. *Oktaphenyl* bekannter Zus. wurde unter stufenweiser Erhöhung der Temp. verdampft u. die Zeitintegrale der 5 Molekülionenströme über die zur völligen Verdampfung nötige Zeit aufgenommen. Die relativen Sensitivitäten wachsen rasch mit zunehmendem Mol.-Gewicht. (J. Res. nat. Bur. Standards **60**. 143—45. Febr. 1958. Washington, D. C., Nat. Bur. of Standards.)
R. CONRAD. B 131

R. Arnoult, A. Lebrun, C. Moriamez, M. Moriamez und **R. Wemelle,** *Untersuchungen über dielektrische Flüssigkeiten aus dem Laboratoire de radioélectricité et électronique der Faculté des sciences in Lille.* Messungen von ε' u. ε'' bei Tempp. zwischen —65 u. 45° mit Frequenzen zwischen 100 Hz u. 10 GHz an *2-Äthylhexanol-(1)* u. *n-Octanol* ergaben eine einfache Relaxationsbande im unteren Frequenzbereich, eine zweite im cm-Wellengebiet mit einer Verteilung von Relaxationszeiten u. Andeutungen einer dritten im mm-Wellengebiet. Bei *Äthylenglykol* konnte bisher nur die erste Relaxationsbande gemessen werden. Weiterhin wurde letztere an Mischungen von *Cyclohexanol* mit *Cyclohexan* bei 25° im ganzen Mischungsbereich untersucht. (Arch. des Sci., Sonderh. **10** (**162**). 48—51. 1957.) W. MAIER. B 132

Cl. Béguin und **T. Gäumann,** *Das Dipolmoment substituierter Harnstoffe.* Die Einfll. verschied. Substituenten des Harnstoffs auf das Dipolmoment (DM) wird untersucht. Gleichzeitig wird auf die Abhängigkeit des DM vom Lösungsm. eingegangen. Als Lösungsm. wurden benutzt: Hexan, Heptan, Cyclohexan, trans-Dekalin, Dioxan, CCl_4, Bzl., m-Xylol, Toluol u. Isopropylalkohol. Bei der Betrachtung der Lösungsmittelabhängigkeit ergibt sich der schwache Anstieg des DM mit steigender DK., wobei sich aber die Werte für CCl_4 anomal verhalten. Für Lsgg. in Dioxan ergaben sich folgende DM für die Harnstoffe: *Methyl-*, F. 101°, 4,42 D; *Äthyl-* F. 92°, 4,40; *Isopropyl-*, F. 108°, 4,38; *tert.-Butyl-*, F. 171°, 4,25; *Phenyl-*, F. 146°, 4,46; *o-Tolyl-*, F. 189°, 4,27; *p-Tolyl-*, F. 176°, 4,34; *symm.-Dimethyl-*, F. 107°, 4,60; *asymm.-Diäthyl-*, F. 74°, 4,08; *symm.-Diphenyl-*, F. 238°, 4,41; *asymm.-Diphenyl-*, F. 189°, 4,11; *symm.-Di-o-tolyl-*, F. 250°, 4,28; *Tetramethyl-*, 3,49; *asymm.-Dimethyldiäthyl-*, 3,48; *Tetraäthyl-*, 3,45; *Tetrabutyl-*, $Kp._{12}$ 163°, 3,43; *symm.-Dimethyldiphenyl-*, F. 124°, 3,27. Die DM wurden nach DEBYE (vgl. Werte), ONSAGER u. GUGGENHEIM berechnet. Die Werte nach DEBYE u. ONSAGER stimmen gut überein, die nach GUGGENHEIM geben im Mittel um 0,03 D tiefere Werte. Die Harnstoffe, die einen aromat. Kern enthalten, haben generell tiefere Werte. Vff. versuchen durch ster. Betrachtungen die Größe der einzelnen DM zu erklären.

Versuche: *Tetramethylharnstoff*, $Kp._{18}$ 91°, aus $COCl_2$ u. Dimethylamin über das Chlorameisensäuredimethylamid. — *Asymm.-Dimethyldiäthylharnstoff*, $Kp._{20}$ 124°, aus dem Chlorameisensäuredimethylamid u. Diäthylamin. — *Tetraäthylharnstoff*, $Kp._{12}$ 123°, aus $COCl_2$ u. Diäthylamin. (Helv. chim. Acta **41**. 1971—83. 1/12. 1958. Zürich, ETH, Organ.-chem. Labor.) R. UNGER. B 132

R. E. Glick und **S. J. Ehrenson,** *Chemische Verschiebungen bei der protonenmagnetischen Resonanz.* Mittels der kernmagnet. Resonanzverdünnungsmeth. (BOTHNER-BY u. GLICK, C. **1958**. 6780) haben Vff. die chem. Verschiebungen σ_K (in bezug auf W.), u. die diamagnet. Susceptibilitäten χ_M verschied. Verbb. gemessen. Aus den χ_M-Werten berechnen sie die PASCALschen Konstanten χ_A u. die Korrekturglieder λ_i, die von den bekannten Werten abweichen. Zwischen den σ_K- u. den λ_i-Werten besteht Proportionalität, Vff. zeigen, daß dies aus der allg. Gleichung für σ_K folgt. (J. chem. Physics **29**. 459—60. Aug. 1958. University Park, Pa., State Univ., Dep. of Chem.)
G. KRESZE. B 137

C. E. Johnson jr. und **F. A. Bovey,** *Berechnung der kernmagnetischen Resonanzspektren aromatischer Kohlenwasserstoffe.* Unter Benutzung des freie-Elektronen-Modells von PAULING berechnen Vff. das magnet. Feld, das durch die π-Elektronen eines Benzolringes in der Umgebung dieses Ringes besteht, wenn das Mol. schnell um alle freie Achsen in einem äußeren Magnetfeld rotiert (vgl. auch WAUGLI u. FESSENDEN, C. **1958.** 11475). Dabei wird angenommen, daß die Präzession der π-Elektronen auf 2 kreisförmigen Bahnen erfolgt, deren Radius gleich dem C—C-Abstand im Ring u. deren Abstand voneinander 1,28 Å ist. Angegeben werden in Diagrammen die Werte für die magnet. Abschirmung in der Nähe des Benzolrings. Die Abschirmungskonstanten, die sich darauf für die aliphat. gebundenen Protonen in *Toluol, Äthylbenzol, Cumol, Tetralin, Dibenzyl* (**I**), *Diphenylmethan* (**II**) u. *Naphthalin* (**III**) ergeben, stehen mit den gemessenen Werten bei den ersten 4 Verbb. in Übereinstimmung, bei **I**—**III** treten starke Abweichungen auf. (J. chem. Physics **29.** 1012—14. Nov. 1958. St. Paul, Minn., Minnesota Mining and Mfg. Comp., Central Res. Labors.) G. KRESZE. B 137

Sergio Carra und **Massimo Simonetta,** *Untersuchung über die Elektronenstruktur von chlorierten Derivaten des Naphthalins.* 2. Mitt. *Dissoziationskonstanten von Chlornaphthylaminen.* (1. vgl. C. **1958.** 5917.) Aus den UV-Absorptionsspektren wurden mit Hilfe des von WILLI (vgl. C. **1954.** 6197) beschriebenen spektrophotometr. Verf. die Dissoziationskonstanten von *1-Aminonaphthalin, 1-Amino-2-, -3-, -4-, -5-, -8-chlornaphthalin, 2-Aminonaphthalin* u. *2-Amino-1-* u. *-6-chlornaphthalin* bestimmt. Für die Absorptionsmessungen wurden 50% ig. wss. Methylalkohol-Lsgg. verwendet. Die Ergebnisse sind graph. u. tabellar. wiedergegeben. (Atti Accad. naz. Lincei, Rend., Cl. Sci. fisiche, mat. natur. [8] **25.** 713—21. Juni 1958. Milano, Univ., Ist. di chim. ind.)
C. GOTTFRIED. B 139

C. J. Cooper und **H. I. Stonehill,** *Ausbleichen und Schädigungsauslösung bei anthrachinoiden Küpenfarbstoffen.* 4. Mitt. *Polarographische Oxydation von Leukofarbstoffen.* (3. vgl. C. **1957.** 9866.) Die polarograph. Oxydation folgender Anthrachinonküpenfarbstoffe wurde bei 25° u. p_H 11,15—12,88 in 48% ig. wss. A. untersucht: *Algol Yellow WG* (**I**) [Zahl der Hauptstufen] 2, [Diffusionsstromkonstante I] 2,05, [coulometr. ermittelter Elektronenverlust n, vgl. C. **1959.** 15298] 2; *Caledon Red 5G* (**II**), 3, 1,45, 2; *Caledon Red X5BS* (**III**) 3, 1,39, 2; *Anthanthron* (**IV**) 2, 2,09, 2; *Cibanone Brilliant Orange GK* (**V**) 2, 0,95, 1; *Caledon Brilliant Orange 6R* (**VI**) 2, 1,33, 1; *Cibanone Golden Yellow GK* (**VII**) 1, 1,40, 2; *Cibanone Golden Yellow RK* (**VIII**) 2, 1,09, 1; *Caledon Gold Orange G* (**IX**) 1, 1,14, 2; *Caledon Orange 2RTS* (**X**) 2, 0,85, 1; *Caledon Brilliant Orange 4RN* (**XI**) 2, 0,78, 1; *Caledon Blue RC* (**XII**) 1, 0,90, 2. In sämtlichen Fällen ist I unabhängig von der Konz. u. vom p_H-Wert. Bei allen Verbb., die nur eine Hauptstufe besitzen (**VII, IX, XII**), ist n = 2, vermutlich tritt eine einstufige Oxydation des Chinols zum Chinon gemäß $R(O^-)_2 - 2e \rightarrow RO_2$ auf. Das Chinol ist vollständig ionisiert, da die Halbstufenpotentiale $E_{1/2}$ der Hauptstufen unabhängig vom p_H sind. Für die Farbstoffe mit zwei Hauptstufen ist n = 2, außer für diejenigen (**V, VI, VIII, X, XI**), die in Leukolsg. durch Lichteinw. oder Elektrolyse eine Dehalogenierung u. Oxydation erleiden, für diese Verbb. beträgt n = 1. Bei **I, V** u. **VI** zeigen die beiden Stufen etwa gleiche Höhe bei allen p_H-Werten. Die beiden Stufen geben wohl aufeinanderfolgende Ein-Elektronen-Oxydationen über das Semichinon wieder. Die Stufenhöhe des stärker positiven $E_{1/2}$ von **IV, X** u. **XI** ist größer als die der anderen Stufe (außer bei p_H 12,88 bei den halogenierten **X** u. **XI**) u. wächst mit fallendem p_H. Die Summe der beiden Stufenhöhen (bezogen auf die Konz.) ist jedoch unabhängig vom p_H-Wert. Diese p_H-Abhängigkeit ist mit BRDICKA u. WIESNER (C. **1947.** 1030) durch den Ionisationsgrad des Chinols oder das Ausmaß der Chinol–Oxanthrol-Tautomeriesierung zu erklären. Vff. vermuten, daß bei der polarograph. Oxydation das Oxanthranol ein positiveres $E_{1/2}$ besitzt als das Chinol, da dieses als negatives Ion vorliegt. Das Stufenhöhenverhältnis von Chinol : Oxanthranol nimmt für **IV, X** u. **XI** mit Verminderung des p_H ab, bei **VIII** zu, das bei u. unterhalb p_H 11,56 keine Oxanthranolstufe zeigt. Die Abnahme wird auf die Verschiebung der Tautomeriegleichgewichte $R(O^-)_2 + 2H^+ \xrightleftharpoons{\text{schnell}} R(OH)_2 \xrightleftharpoons{\text{langsam}} O{=}RHOH$ nach rechts mit fallendem p_H-Wert zurückgeführt. Die Zunahme bei **VIII** ist vielleicht auf eine schnellere Tautomerisierung, die durch H^+ katalysiert wird, zurückzuführen. Wenn die Geschwindigkeit dieser Rk. die der elektrolyt. Oxydation übertrifft, verschwindet die Oxanthrolstufe. Drei anod. Diffusionsstufen ungleicher Höhe wurden bei **II** u. **III** beobachtet, wenn mit einem akt. Katalysator red. wurde, jedoch nur zwei anod. u. eine kathod. Stufe in Ggw. eines teilweise desaktivierten Katalysators. Der gesamte coulometr. n-Wert beträgt aber stets 2. Vermutlich wird im zuletzt genannten Fall das Chinon zum Chinol u. dem tautomeren Oxanthrol red., welche die beiden anod. Stufen verursachen. Die kathod. Stufe gibt die polarograph. Red. des Oxanthrols zum Anthron wieder. Stärker akt. Katalysatoren reduzieren vermutlich das gesamte Oxanthrol zum Oxanthron u. das tautomere Anthranol sofort, wenn es durch die Tautomerisierung des Chinols entsteht. Die Leukolsg. enthält daher Chinol, Anthron u. Anthranol, welche die 3 anod. Oxydationsstufen liefern. Wie ein Vgl. mit den potentiometr. bestimmten Redoxpotentialen von APPLETON u. GEAKE (Trans. Faraday Soc. **37.** [1941.] 45) zeigt, besteht keine einfache Beziehung zwischen den polarograph. bestimmten $E_{1/2}$-Werten u. den potentiometr. Standardredoxpotentialen. Anscheinend existiert aber eine Beziehung zwischen den $E_{1/2}$-Werten u. der Lichtbeständigkeit der Farbstoffe (diese nimmt mit stärker negativ werdendem $E_{1/2}$ ab). Keine Beziehung ist dagegen zwischen $E_{1/2}$ u. der Schädigungsauslösung festzustellen. (J. chem. Soc. [London] **1958.** 3341—52. Okt. Chatham, Kent, Medway Coll. of Technol.) B. GNAUCK. B 142

C. J. Cooper und **H. I. Stonehill,** *Ausbleichen und Schädigungsauslösung bei anthrachinoiden Küpenfarbstoffen.* 5. Mitt. *Photodehalogenierung und -oxydation von Leukolösungen.* (4. vgl. vorst. Ref.) *Caledon Brilliant Orange 6 R* (I) wurde bei 80° in 48 Vol.-%ig. wss. A. + 0,1n NaOH katalyt. red. u. anschließend belichtet, wobei diese Behandlungen mehrmals wiederholt wurden. Nur unter dem Einfl. des Lichts werden die Leuko-Lsgg. von I sowie von *Cibanone Brilliant Orange GK, Cibanone Gold Yellow RK, Caledon Orange 2 RTS* u. *Caledon Brilliant Orange 4 RN* (II) schnell dehalogeniert. Die aus I u. II freigesetzten Br^--Ionenkonz. ist jedoch geringer, als gemäß der Rk. $X_nR(O^-)_2 + H_2O \rightarrow X_{(n-1)}HRO_2 + X^- + OH^-$ (X = Halogen) bei jeder Bestrahlung zu erwarten wäre. Vermutlich binden oder adsorbieren die Chinone (die bei der Rk. fest ausfallen) die Br^--Ionen, darauf deutet die Übereinstimmung der Daten mit einer FREUNDLICH-Adsorptionsisotherme. Da statist. ein Halogenatom pro Mol. abgespalten wird, ist genügend Oxydationsmittel zur vollständigen Oxydation u. Abscheidung des gesamten Leukofarbstoffs vorhanden. Daher kann ein Farbstoff mit n Halogenatomen auch n-mal nacheinander red., bestrahlt u. ausgefällt werden. — Bestimmt wurden ferner die UV-Absorptionsmaxima der akt. Farbstoffe, ihrer Bestrahlungsprodd. u. ihrer halogenfreien Analogen [*Anthanthron* (III), *Caledon Gold Orange G* (IV), *Cibanone Golden Yellow GK* (V)]. Die UV-Maxima der aufeinanderfolgenden Bestrahlungsprodd. zeigen eine fortschreitende bathochrome Verschiebung, bis nach einer der Zahl an Br-Atomen entsprechenden Anzahl an Bestrahlungen die Maxima mit denen der nichthalogenierten Verbb. übereinstimmen. Adsorptions- u. Röntgenbeugungsunterss. führen zum gleichen Ergebnis, es zeigt sich, daß kein monohalogeniertes Prod. aus di- oder trihalogenierten Farbstoffen entsteht. Unter ziemlich scharfen Reduktionsbedingungen (1 Std. bei 65—70°) konnten Leuko-Lsgg. erhalten werden, aus denen die Farbstoffe durch Bestrahlung nicht sofort ausgefällt wurden. Diese, durch die Ggw. von Pyridin verstärkte Eig. wird auf eine Bldg. der tautomeren Oxanthranole zurückgeführt. Die UV-Spektren der katalyt. hergestellten Leuko-Lsgg. obiger 5 Farbstoffe sowie von *Algol Yellow WG, Caledon Red X5BS, Caledon Red 5G,* III—V, *Caledon Brilliant Orange 6 R, Cibanone Blue RSN* u. *Caledon Blue RC* wurden im Bereich von 230—770 mμ in 16%ig. wss. A. + 0,1n NaOH untersucht. Der für die photochem. Dehalogenierung akt. Spektralbereich liegt für die 5 Farbstoffe zwischen 450 u. 650 mμ. In Ggw. von überschüssigem Dithionit verläuft die photochem. Dehalogenierung der auf diesem Wege hergestellten Leuko-Lsgg. vollständig. Vff. schließen, daß zuerst das Farbstoffchinol (u. nicht das Semichinon) angegriffen wird. Bei der Photooxydation der Leukoverbb., die mit der Dehalogenierung parallel läuft, wenn kein Überschuß an Reduktionsmittel vorhanden ist, werden Elektronen vom Farbstoff auf eine reduzierbare Verb., wahrscheinlich W., übertragen. Halogen wird als freies Atom abgetrennt, da aus einem Tribrom- etwas Dibromfarbstoff gebildet wird. Da kein Monohalogenprod. auftritt, muß der früher (vgl. MORAN u. STONEHILL, C. **1957.** 9866) vorgeschlagene Reaktionsmechanismus modifiziert werden: Als Zwischenstoffe werden vermutlich monohalogenierte Chinole u. Semichinone gebildet, diese werden aber durch N-Radikale dehalogeniert oder disproportionieren in Lsg. zu den di- u. unhalogenierten Analogen. Diese Disproportionierung kann auch nach Oxydation zu Chinonen eintreten, vor allem, wenn diese gelöst werden. (J. chem. Soc. [London] **1958.** 3353—61. Okt.) B. GNAUCK. B 142

C. J. Cooper und **H. I. Stonehill,** *Ausbleichen und Schädigungsauslösung bei anthrachinoiden Küpenfarbstoffen.* 6. Mitt. *Die Coulometrie der polarographischen Oxydation von Leukofarbstoffen.* (5. vgl. vorst. Ref.) Mit der mikropolarograph. Meth. von GILBERT u. RIDEAL (C. **1952.** 983) wurde die coulometr. Best. der Oxydation der Leukoverbb. folgender Farbstoffe (in 48 Vol.-%ig. wss. A. + 0,1n NaOH) untersucht: *Algol Yellow WG, Caledon Red 5G, Caledon Red X5BS, Anthanthron, Cibanone Brilliant Orange GK*, Caledon Brilliant Orange 6 R*, Cibanone Golden Yellow GK, Cibanone Golden Yellow RK*, Caledon Gold Orange G, Caledon Orange 2 RTS*, Caledon Brilliant Orange 4 RN*, Cibanone Blue RSN* u. *Caledon Blue RC.* Bei den mit * bezeichneten Verbb., die sämtlich halogeniert sind u. in Leukolsg. eine Photodehalogenierung u. -oxydation erleiden, beträgt die scheinbare Zahl der an der polarograph. Oxydation beteiligten Elektronen pro Mol. 1, bei allen anderen Leukoverbb. 2. Aus der UV-spektroskop. Unters. ergibt sich, daß die polarograph. Oxydation der dihalogenierten photoakt. Leukofarbstoffe von einer 25% ig. Dehalogenierung begleitet wird. Vff. nehmen zum Mechanismus der Rk. an, daß das Hg der Elektrode ein Halogenatom eines adsorbierten Farbstoffmol. unter Bldg. von Hg-Halogenid abzieht, wobei ein H_2O-Mol. der Lösungsmittelschicht oder der Hydrathülle ein H-Atom abgibt, das den Platz des abgezogenen Halogens einnimmt. Hierbei bildet sich ein OH-Radikal, das ein weiteres Mol. Leukofarbstoff oxydiert. Dieser Prozeß kann entweder während der bivalenten elektrolyt. Oxydation des adsorbierten Chinols (oder Oxanthranols) oder nach dieser Rk. stattfinden. (J. chem. Soc. [London] **1958.** 3362—67. Okt.) B. Gnauck. B 142

P. G. Masslow, *Methoden zur Berechnung der thermodynamischen Eigenschaften von organischen Verbindungen in fester Phase.* In früheren Arbeiten (C. **1950/54.** 122 S. u. C. **1959.** 4425) hat Vf. gezeigt, daß sich die thermodynam. Größen organ. Verbb. in gasförmigem u. fl. Zustand mit sehr guter Annäherung linear mit der Anzahl der CH_2-Gruppen im Mol. ändern, er zeigt nunmehr, daß diese Linearität für C_p auch für feste organ. Verbb. gilt, wobei die beiden Konstanten jeweils innerhalb einer homologen Reihe gültig bleiben. Diese Linearität mit der Anzahl der CH_2-Gruppen gilt für beliebige Tempp., doch haben die Konstanten für jede Temp. einen bestimmten Wert. Vf. erwartet, daß entsprechende lineare Beziehungen auch für andere thermodynam. Größen fester organ. Verbb. gelten werden. Es wird eine graph. Meth. zur Best. von C_p angegeben, die im Prinzip auf sämtliche organ. Verbb. anwendbar ist u. in ihrer Genauigkeit für techn. Zwecke ausreicht. (Журнал Физической Химии [J. physik. Chem.] **31.** 808—14. April 1957.) E. Kordes. B 146

Hartland Schmidt, George Jura und **Joel H. Hildebrand,** *Die Wärmekapazität des Systems Tetrachlorkohlenstoff–Perfluormethylcyclohexan im kritischen Bereich.* Nach der Fallmeth. wurden mit einem Bunsenschen Eiscalorimeter die spezif. Wärmen einer Mischung von CCl_4 u. *Perfluormethylcyclohexan* ($Kp._{760}$ 76,38—76,45°; $D.^{25}$ 1,7891 ± 0,0002 g/cm³) mit der krit. Zus. (Molenbruch CCl_4 0,7216, C_7F_{14} 0,2784; krit. Temp. 26,2°) zwischen ca. 18 u. 34° bestimmt. Das Meßverf. garantierte eine exakte Einstellung des Gleichgewichts bei jeder Ausgangstemp.; in der Nähe des krit. Punktes waren dazu mehrere Tage erforderlich. Das Auffallendste an der typ. λ-Kurve ist die Tatsache, daß C_p etwa erst 7° oberhalb der krit. Temp. den angenähert konstanten Wert einer vollständig homogenen Fl. angenommen hat. (J. physic. Chem. **63.** 297—99. Febr. 1959. Berkeley and Riverside, Calif., Univ. of California, Dep. of Chem.) W. Wagner. B 151

J. H. Andreae, *Ultraschallrelaxation in Methylenchlorid.* Mittels einer Impulsmeth. wird die Absorption von Ultraschallwellen zwischen 7,5 u. 210 MHz in fl. *Methylenchlorid* bestimmt. Es wird ein einfacher Relaxationsmechanismus der spezif. Wärme gefunden, bei 25° beträgt die Relaxationsfrequenz 170 MHz. (Proc. physic. Soc., Sect. B **70.** 71—76. 1/1. 1957. Welwyn, Herts., Imp. Chem. Ind. Ltd., Akers Res. Labors.) H. Jacob. B 159

G. Siegel, H. Mönig und **G. Pfennigsdorf,** *Der Einfluß von Cystein auf beschallte Methylenblaulösungen.* Wss. Lsgg. von *Methylenblau* (I) wurden direkt u. nach Zusatz wechselnder Mengen an *Cysteinhydrochlorid* (II) unter Kühlung ca. 50 Min. der Einw. von Ultraschall (800 kHz) ausgesetzt. Es zeigte sich, daß zunächst die I-Extinktionswerte der Lsgg. mit zunehmender II-Konz. stärker als bei I-Lsg. allein abfielen, doch schnitten mit wachsenden Beschallungszeiten die Extinktionskurven solcher Lsgg. die des reinen I, so daß sie schließlich höhere Extinktionswerte zeigten. Nach 40 Min. waren die II-haltigen Lsgg. im Gegensatz zu den reinen I-Lsgg. noch deutlich blau gefärbt. Aus diesen Verss. wird auf einen ähnlichen Reaktionsmechanismus geschlossen, wie er beim chem. Strahlenschutz vorliegt u. wobei die II-Moll. mit den durch die Beschallung entstandenen Radikalen u. Peroxyden reagieren sollen. Die Extinktionskurven für I-Lsgg. in Ggw. von *Thioharnstoff* entsprechen denen für Lsgg. mit höheren Konzz. an II. (Z. Naturforsch. **13b.** 628—29. Sept. 1958. Berlin, Humboldt-Univ., Inst. für Strahlenforsch.) E. Uhlein. B 159

A. V. Kisselev, M. N. Avgoul, G. I. Beresin, I. A. Liguin und **G. G. Mouttik,** *Über die Adsorptionswärmen von Hexan- und Benzoldampf an Ruß. Thermodynamik und Adsorptionskräfte.* Die differentiellen Adsorptionswärmen u. Adsorptionsgleichgewichte von *Hexan* (I) u. *Bzl.* an oxydiertem u. graphitiertem Ruß werden bestimmt, u. die Adsorptionsenergien theoret. berechnet. Die Adsorptionsenergie von Bzl. an Graphit ist bedeutend geringer als diejenige von I. Beide Werte stimmen gut mit den Meßwerten für die Adsorptionswärmen an graphitiertem Ruß überein. Bei der Berechnung der Adsorptionsenergien von komplexen Moll. erhalten Vff. für n-Alkane an Graphit eine lineare Funktion in bezug auf die Anzahl der C-Atome im Mol., die sich aus den Energien der CH_2- u. der CH_3-Gruppen zusammensetzt. — 43 Literaturangaben. (J. Chim. physique Physico-chim. biol. **55.** 197—211. März 1958. Moscou, Univ. d'État M. V. Lomonosov, Labor. d'adsorption, Inst. de Chim., phys. de l'Acad. des Sci. d'URSS, Labor. des phénoménes de Sorption.) R. LENSCHAU. B 176

E. Kováts, *Gaschromatographische Charakterisierung organischer Verbindungen.* 1. Mitt. *Retentionsindices aliphatischer Halogenide, Alkohole, Aldehyde und Ketone.* Zur Best. organ. Verbb. durch Gaschromatographie wird eine als Retentionsindex (RI) bezeichnete Größe abgeleitet, die von apparativen Gegebenheiten unabhängig ist. Es wird zur Unters. jeweils ein Gemisch aus n-Paraffinen gerader C-Anzahl u. die zu charakterisierende Substanz benutzt. Die Ermittlung von RI einer Verb. erfolgt graph. u. läßt bedingte Aussagen über die Struktur der Verbb. unbekannter Konst. zu. Die Temperaturabhängigkeit ist sehr klein u. linear. Der RI-Wert einer Verb. geht ihrer freien Verdampfungsenthalpie aus der betreffenden stationären Phase parallel. Alle RI wurden auf 130° extrapoliert. Dabei ergeben sich folgende Werte: *Äthylchlorid* 427, *1-Chlorpropan* 535, *-butan* 654, *-pentan* 754, *-hexan* 855, *2-Chlorpropan* 490, *-butan* 609, *2-Methyl-1-* 619, *2-Methyl-2-chlorpropan* 533, *Methylenchlorid* 511, *Chlf.* 622, CCl_4 691, *Methylbromid* 429, *Äthylbromid* 530, *1-Brompropan* 640, *-butan* 743, *-pentan* 848, *-hexan* 951, *2-Brompropan* 582, *-butan* 703, *2-Methyl-1-* 711, *2-Methyl-2-brompropan* 632, *Methanol* 255, *A.* 372, *Propanol-(1)* 499, *Butanol-(1)* 615, *Pentanol-(1)* 721, *Hexanol-(1)* 823, *Heptanol-(1)* 926, *Octanol-(1)* 1026, *Nonanol-(1)* 1124, *Decanol-(1)* 1223, *Propanol-(2)* 428, *Butanol-(2)* 553, *2-Methylpropanol-(1)* 575 u. -(2) 472, *Acetaldehyd* 332, *Propanal* 451, *Butanal* 555, *Pentanal* 663, *Hexanal* 772, *Heptanal* 870, *Octanal* 971, *Nonanal* 1069, *Decanal* 1167, *Aceton* 428, *Methyläthylketon* 548 u. *Isobutyraldehyd* 518. Auf Grund dieser Werte wurden polare Eigg., chem. Bindung zwischen Substanz u. polarer Phase u. ster. Effekte untersucht. Theoret. wurde abgeleitet, daß für die Trennung zweier Isomeren an der apolaren Kolonne ein Unterschied der Kpp. von 2,6° vorhanden sein muß. (Helv. chim. Acta **41.** 1915—32. 1/12. 1958. Zürich, ETH, Organ. chem. Labor.) R. UNGER. B 177

L. S. Bartell, *Über die Länge der Kohlenstoff–Kohlenstoff-Einfachbindung.* Vf. zeigt durch Berechnungen unter Anwendung des PITZER-Modells (vgl. C. **1957.** 7310) u. des LENNARD-JONES-Potentials, daß der Unterschied in den C—C-Bindungslängen bei n. KW-stoffen (C—C = 1,533 ± 0,003 Å) u. beim Diamant (C—C = 1,544 Å) auf intramol. VAN DER WAALSsche Kräfte zurückzuführen sind. In n. KW-stoffen vom all-trans-Typ sind die gauche-Abstoßungskräfte zwischen nichtgebundenen Atomen klein im Vgl. zu denen beim Diamant. Andere Faktoren, wie rein elektrostat. Effekte, Hybridisierung, Hyperkonjugation, Verbiegung der Bindungen, sind für den Unterschied in den C—C-Bindungslängen nicht verantwortlich zu machen. (J. Amer. chem. Soc. **81.** 3497—98. 20/7. 1959. Ames, Iowa, State Coll., Dep. of Chem.)
G. PÖTZSCHER. B 182

R. A. Bonham und **L. S. Bartell,** *Die Molekularstruktur und Rotationsisomerisierung von n-Butan.* Vff. untersuchen mit Hilfe der Elektronenbeugung nach der Sektormikrophotometermeth. die Struktur von gasförmigem *n-Butan* (**I**). Folgende Parameter wurden gefunden: C—H 1,108 ± 0,004 (Å); C—C 1,533 ± 0,03; $C_{(1)}$—$C_{(3)}$ 2,547 ± 0,005; ∢ C—C—C 112,4 ± 0,3° u. ∢ C—C—H 110,5 ± 0,5°. **I** besteht aus zwei Formen, der gauche- ($C_{(1)}$—$C_{(4)}$ 3,072 ± 0,015) u. trans-Form ($C_{(1)}$—$C_{(4)}$ 3,900 ± 0,008), mit einem Geh. von 60 ± 15% an trans-Form; die Energieschwelle zwischen beiden beträgt 630 ± 350 cal/Mol in Übereinstimmung mit dem von PITZER [1940] aus der spezif. Wärme berechneten Wert. Der mittlere Azimuthenwinkel für die gauche-Form ist ± 63 (± 8°), der für die trans-Form 180°, jedoch ist die trans-Form um ca. 13° aus der ebenen Konfiguration verdreht. Die gefundenen Schwingungsamplituden zeigen gute Übereinstimmung mit den von MORINO (J. chem. Physics **21.** [1953.] 1927) aus Kraftkonstanten berechneten Werten. (J. Amer. chem. Soc. **81.** 3491—96. 20/7. 1959. Ames, Io., State Coll., Dep. of Chem.) G. PÖTZSCHER. B 182

Zoila Reyes und **Robert M. Silverstein,** *Untersuchung eines Thioketo–Thioenol-Tautomeriesystems.* 1. Mitt. *Äthylthiobenzoylacetat.* Vff. stellten ***Thiobenzoylessigsäureäthylester*** (**I**) dar u. untersuchten seine Eigg. mit physikal. u. chem. Methoden. **I** ist eine blaue Fl., die sich an der Luft entfärbt u. beim Entfernen von O_2 langsam wieder blau wird. Das IR-Spektr. zeigt die Anwesenheit der Thion- u. Thiolgruppierung, im kernmagnet. Resonanzspektr. wird nur die Thiolgruppe nachgewiesen. Durch jodometr. Titration wurde die Thioenolkonz. in A. zu 87% u. in Isooctan zu 95% bestimmt, sie nimmt also mit der Polarität des Lösungsm. zu. Das UV-Spektr. (λ_{max} 564 mμ; ε = 2,0 in A.) u. das Polarogramm bestätigen die jodometr. Unters.: Halbstufenpotentiale bei —0,29 V (SH) u. —0,85 V (C=S), Konzentrationsverhältnis der Isomeren etwa 10 : 1.

Beim Durchleiten von O_2 verschwindet die C=S-Stufe. *α.α-Dimethylthiobenzoylessigsäureäthylester* hat eine 2fache C=S-Stufe bei −0,85 u. −0,89 V. Für die Rk. mit O_2 wird folgender Verlauf angenommen: $C_6H_5-C(SH){=}CH-CO_2C_2H_5 \underset{k_2}{\overset{k_1}{\rightleftarrows}} C_6H_5-(C{=}S)-CH_2-CO_2C_2H_5 \xrightarrow[k_3]{O_2}$ farblose Produkte. Die kinet. Unters. (spektrophotometr.) bei 25° ergab in 95% ig. A. k_3 [sec^{-1}] $3{,}5\cdot10^{-3}$; k_1 [sec^{-1}] $9{,}3\cdot10^{-5}$ u. in Isooctan k_3 $9{,}9\cdot10^{-3}$; k_1 $1{,}2\cdot10^{-6}$. Bei Best. des O_2-Verbrauches mit einer WARBURG-App. in 95% ig. A. wurde $k_1 = 4{,}0\cdot10^{-5}$ erhalten. Die Entfärbung entspricht also der schnellen Oxydation des blauen Thiontautomeren, u. die Wiederfärbung der langsameren Wiedereinstellung der Gleichgewichtsthionkonzentration. Die Gesamtstöchiometrie der Rk. ist 2 C=S : O_2 in A. u. 4C=S : O_2 in Isooctan. Die Ergebnisse der Kinetik erlauben keine Aussagen über den genauen Verlauf der beiden Reaktionsschritte, da die Rk. komplex ist, was auch aus den isolierten Endprodd. hervorgeht: es wurden Acetophenon, Äthylbenzoylacetat, S, Spuren SO_2 oder SO_3 u. gummiartige Rückstände erhalten. Der Entfärbungs-/Färbungsvorgang von I kann auch mit Phenylhydrazin unter N_2 durchgeführt werden. Zum Vgl. u. für den weiteren Strukturbeweis von I wurden *β-Äthylmercaptozimtsäureäthylester, Thiobenzoylessigsäure* u. *β.β'-Dithio-bis-[zimtsäureäthylester]* (F. 94—96°, UV- u. IR-Banden) durch Rk. von I mit J_2 hergestellt.

V e r s u c h e: *Thiobenzoylessigsäureäthylester* (I), $C_{11}H_{12}O_2S$, Kp.$_{0,7}$ 102°, durch Sättigen von A. mit HCl-Gas bei 6—7°, Durchleiten von H_2S während 30 Min. u. Zutropfen von Benzoylessigester unter weiterem H_2S-Einleiten; 55% (Ausbeute). *2.4-Dinitrophenylhydrazon,* F. 162—164° (Eisessig). — *β.β'-Dithio-bis-[zimtsäureäthylester]*, $C_{22}H_{22}O_4S_2$, F. 94—96° (PAe.; Kp. 30—65°), durch Zugabe einer Lsg. von J_2 in A. zu I in A. unter Rühren bei Zimmertemp. u. Stehen über Nacht; 37%. — *β-Äthylmercaptozimtsäureäthylester*, $C_{13}H_{16}O_2S$, Kp.$_1$ 120°, durch Zugabe von I in trockenem Bzl. zu einer Suspension von NaH in trockenem Bzl. unter Rühren. Nach Ende der Gasentw. Zugabe von Äthyljodid u. 3 Std. Kochen; 63%. — *Thiobenzoylessigsäure*, $C_9H_8O_2S$, F. 110—111° (PAe., Kp. 30—65°), durch Hydrolyse von I in alkoh. Lauge, 20 Min. auf dem Dampfbad; 73%. (J. Amer. chem. Soc. **80**. 6367—72. 5/12. 1958. Menlo Park, Calif., Stanford Res. Inst.) W. SCHRAMM. B 182

Zoila Reyes und **Robert M. Silverstein,** *Untersuchung eines Thioketo–Thioenol-Tautomeriesystems.* 2. Mitt. *Die Einflüsse von Substituenten auf Äthylthiobenzoylacetat.* (1. vgl. vorst. Ref.) Zur Best. von Substituenteneinfll. auf die Eigg. von Thiobenzoylessigsäureäthylester wurden *α.α-Dimethyl-* (I), *p-Äthoxy-* (II) u. *p-Nitrothiobenzoylessigsäureäthylester* (III) dargestellt u. analog vorst. Ref. untersucht. Ergebnisse: I: UV-Spektr. λ_{max} 565 mμ ($\varepsilon = 100$) in A.; Oxydation in 95% ig. A. bei 25° $k = 3{,}1\cdot10^{-5}$ [sec^{-1}] (spektrophotometr., nach WARBURG $2{,}3\cdot10^{-5}$), Stöchiometrie 1 Mol I pro 1 Mol O_2. II: λ_{max} 550 mμ ($\varepsilon = 17$); $k_1 = 5{,}1\cdot10^{-1}$ u. $k_3 = 7{,}3\cdot10^{-4}$ bzw. $k_1 = 2{,}7\cdot10^{-5}$, 2 Mol II pro 1 Mol O_2; Gleichgewichtsthioenolkonz. (G) in 95% ig. A. 82%. III: λ_{max} 258 ($\varepsilon = 17200$) in Isooctan, die langwellige Absorption ist nicht mehr zu erkennen, die Verb. ist nur noch schwach gelbgrünlich; $k_1 = 9{,}1\cdot10^{-5}$, Stöchiometrie 5 Mol III pro 1 Mol O_2; G 97%; Halbstufenpotential im Polarogramm 0,32 V (SH), −0,455 V (NO_2) u. schwach −0,93 (C=S). Über den genauen Verlauf der Oxydation der Verbb. waren auch hier wie im vorst. Ref. keine Aussagen möglich. Von allen Verbb. wurden die IR-Spektren untersucht u. die 2.4-Dinitrophenylhydrazone u. Disulfide hergestellt. Die Ergebnisse werden diskutiert.

V e r s u c h e: *α.α-Dimethylbenzoylessigsäureäthylester*, $C_{13}H_{16}O_3$, Kp.$_1$ 100—102°, durch Zugabe einer Lsg. von Äthylbenzoylacetat in trockenem Bzl. zu NaH in Bzl. während 15 Min. unter Rühren. Nach Beendigung der Gasentw. Zugabe von Methyljodid während 15 Min. unter Rühren, 5 Std. am Rückfluß u. Stehen bei Zimmertemp. über Nacht; 72%; n_D^{20} 1,5040. — *α.α-Dimethylthiobenzoylessigsäureäthylester* (I), $C_{13}H_{16}\cdot O_2S$, durch 1std. Durchleiten einer Mischung von H_2S u. HCl durch eine Lsg. von 6,45 g vorst. Verb. in A. unter Eiskühlung u. weiterem Einleiten von H_2S während 4 Std. blaue Fl.; 0,1 g (Ausbeute). — *p-Äthoxybenzoylessigsäureäthylester*, F. 53—54° (Ae.–PAe.), durch Zugabe einer Lsg. von p-Äthoxyacetophenon in trockenem Bzl. zu einer Mischung von Diäthylcarbonat, NaH u. trockenem Bzl. während $1^3/_4$ Std. unter Rühren bei 50° u. weiterem Rühren während 1 Std. nach Ende der Gasentwicklung. Nach Entfernen des überschüssigen NaH mit A. Hydrolyse mit HCl unter 20°; 40%. — *p-Äthoxythiobenzoylessigsäureäthylester* (II), $C_{13}H_{16}O_3S$, analog I, 3½ bzw. 20 Std.; 26%; weinrotes Öl. — *β.β'-Dithio-bis-[p-äthoxyzimtsäureäthylester]*, $C_{26}H_{30}O_6S_2$, durch Oxydation von II mit J_2 in A. bei Raumtemp.; 61%. — *p-Nitrothiobenzoylessigsäureäthylester* (III), $C_{11}H_{11}NO_4S$, F. 80—81° (CCl_4–PAe.), durch langsames Zutropfen einer Lsg. von Äthyl-p-nitrobenzoylacetat in Bzl./Ae. zu einer HCl/H_2S-Lsg. bei 0° unter weiterem H_2S-Einleiten, 6 Std., u. Stehen über Nacht bei Raumtemp.; 37%, grüngelbe

Kristalle. — *β.β'-Dithio-bis-[p-nitrozimtsäureäthylester]*, $C_{22}H_{20}N_2O_8S_2$, F. 153—154° (Bzl.-PAe.), durch Oxydation von III mit J_2 (35%) oder O_2 (46%); cremefarbene Kristalle. (J. Amer. chem. Soc. **80.** 6373—79. 5/12. 1958.) W. SCHRAMM. B 182

D. S. Sawelski und **L. A. Lischnewskaja,** *Reaktion von Diazoverbindungen mit Sulfaminsäure und ihren Derivaten.* 11. Mitt. *Über die Ursachen der Farbigkeit einiger Diazonium- und heterocyclischer Ammoniumsalze.* (10. vgl. C. **1959.** 9876.) Im Gegensatz zu Aryldiazoniumsulfaten, -nitraten u. -chloriden sind Aryldiazoniumbromide, -rhodanide u. bes. -jodide (Gruppe **A**) farbig, wobei die Farbintensität mit dem elektrophilen Charakter von Substituenten im aromat. Kern zunimmt. Gleiche Abhängigkeiten zeigen sich bei Aryldiazoniumacylaminoarylsulfonaten u. -arylsulfaminaten (Gruppe **B**). Die **A** u. **B** weisen eine Färbung nur im festen Zustand auf, während die Lsgg. farblos oder nur gelblich sind; beide Gruppen unterscheiden sich ferner von anderen Diazoniumsalzen durch eine geringere Löslichkeit. Ähnliche Eigg. besitzen auch cycl. Ammoniumsalze mit kernständigem quartärem N (z. B. Methylchinoliniumjodid). Vff. nehmen daher im Gegensatz zu HANTZSCH [1900 u. später] an, daß die **A** echte Diazoniumsalze u. nicht syn-Diazohalogenide darstellen. In allen Verbb. ist ein Onium-N vorhanden, u. die maßgebliche Ursache für die Farbausbldg. wird in einer besonderen Art der Salzbindung zwischen dem Onium-N u. dem Anion gesehen. Eine Gegenüberstellung der Farbe einer Reihe anorgan. Halogenide (z. B. des Ag, Cu, Ge usw.) zeigt, daß stets die Jodide stärker gefärbt sind als die Bromide, was auf eine stärkere Deformation der Elektronenhülle des schweren Halogenanions durch das Kation zurückzuführen ist; diese führt weiter zu einem stufenweisen Übergang der heteropolaren Bindung in eine homöopolare u. damit auch zu abnehmender Löslichkeit. Ähnliche Überlegungen werden auf die Färbung der **A** u. **B** angewandt. Folgerichtig müssen auch die Anionen der **B** leicht deformierbar sein. Dafür wird die Ggw. eines freien Elektronenpaares am N dieser Anionen verantwortlich gemacht, d. h. dem Arylsulfaminat- u. Acylaminoarylsulfonatanion werden elektronenabgebende Eigg. wie den Halogenidanionen zugeschrieben. Hiermit steht die Farbvertiefung bei elektrophiler Substitution in den Arylkernen der **B** in Einklang. Die Bathochromie wird allg. sowohl durch Salzbldg. als auch durch eine Donator–Acceptor-Wechselwrkg. zwischen den Ionen hervorgerufen. Der letztgenannte Effekt wird mit den Verhältnissen bei der Bldg. farbiger Molekülverbb. aus Aminen verglichen. Auch im Kristallgitter der **B** befinden sich Kationen u. Anionen auf benachbarten Gitterplätzen, so daß Wechsel-Wrkgg. zwischen den Elektronenhüllen stattfinden können, während in Lsg. Dissoziation in Ionen u. deren Hydratation eintritt. (Журнал Общей Химии [J. allg. Chem.] **28** (**90**). 2560—67. Sept. 1958.) H.-E. TOUSSAINT. B 182

Sergio Carra, Ermanno Gianinetti und **Massimo Simonetta,** *Elektronen-π-π-Singulettübergänge von Azinen.* Mit Hilfe der MO-Meth. u. unter Berücksichtigung der Konfigurationswechselwrkg. wurden die Energien der Übergänge $V_{2\to4}$, $V_{2\to5}$, $V_{3\to4}$ u. $V_{3\to5}$ von *Pyridin, Pyrazin, Pyridazin, Pyrimidin* u. *symm.-Triazin* berechnet. (Atti Accad. naz. Lincei, Rend., Cl. Sci. fisiche, mat. natur. [8] **25.** 722—24. Juni 1958. Milano. Univ., Ist. di chim. ind.) C. GOTTFRIED. B 182

Jan Hvoslef, *Neutronenbeugungsuntersuchung von Pentaerythrit.* Zur Best. der Lagen der H-Atome von *Pentaerythrit* $C(CH_2OH)_4$ wurde eine Neutronenbeugungsanalyse der h k 0- u. 0 0 l-Reflexe durchgeführt. Zum Vgl. wurde auch die deuterierte Verb. $C(CH_2OD)_4$ gemessen. Die OH bzw. OD-Abstände betragen 0,94 Å, der Winkel C—O—H 110°. Aus einer FOURIER-Differenzsynth. ergibt sich eine Anisotropie der Wärmeschwingungen für die Hydroxyl-H-Atome. (Acta crystallogr. [Copenhagen] **11.** 383—88. 10/6. 1958. Oslo, Blindern, Univ., Chem. Inst.; Kjeller, Joint Establ. for Nucl. Energy Res.) H. C. WOLF. B 195

G. S. R. Krishna Murti, *Kristallstruktur von gefrorenem Cyclohexan bei —180°.* Mittels Pulveraufnahmen untersuchte Vf. gefrorenes *Cyclohexan* bei —5 u. —180°. Bei —5° ist die Verb. kub. mit der Elementarwürfelkante a = 8,80 Å, bei —180° dagegen monoklin mit der Elementarzelle a = 8,82; b = 9,84; c = 15,90 Å; β = 109°. Raumgruppe ist C^3_2; mit D. 0,8561 ist Z = 8. (Indian J. Physics Proc. Indian Assoc. Cultivat. Sci. **32** (**41**). 460—63. Okt. 1958. Calcutta, Indian Assoc. for the Cultivat. of Sci., Opt. Dep.) C. GOTTFRIED. B 195

Sidney W. Benson und **Alastair M. North,** *Eine einfache dilatometrische Methode zur Bestimmung der Geschwindigkeitskonstanten von Kettenreaktionen.* 1. Mitt. Nach einer allg. Diskussion der Bestimmungsmöglichkeiten für die Reaktionsgeschwindigkeitskonstanten von Start- (k_i), Kettenfortpflanzungs- (k_p) u. Abbruchs-Rkk. (k_t) behandeln Vff. die Verhältnisse bei photoinitiierten Ketten-Rkk. im nichtstationären Zustand, wie er nach Abschalten des Lichts vorliegt. Neben der chem. Rk. tritt hier (bei exothermen Umsetzungen) Abkühlung auf; beide Vorgänge werden durch dilatometr. Messungen zugleich erfaßt. Vff. leiten eine Lsg. für die simultanen Differentialgleichungen, die diesen

Fall beschreiben, ab u. zeigen, daß bei einer Abbruchs-Rk. 2. Ordnung eine relativ einfache Gleichung die Meßgrößen mit dem Verhältnis k_t/k_p verknüpft. Verschied. Grenzfälle werden explizit berechnet, die Meth. ist danach nicht nur bei Polymerisationen — der für k_t/k_p bei der Polymerisation von *Acrylsäurebutylester* bestimmte Wert zeigt gute Übereinstimmung mit anders bestimmten —, sondern auch bei anderen Ketten-Rkk. in Fll. anwendbar. (J. Amer. chem. Soc. **80**. 5625—32. 5/11. 1958. Los Angeles, Calif., Univ. of Southern California, Chem. Dep.) G. KRESZE. B 225

H. H. Jaffé, *Der Unterschied in der Hammett-Gleichung bei ihrer Anwendung auf m- und p-substituierte Verbindungen.* Vf. prüft an Hand von Geschwindigkeitsdaten für 336 Rkk. m- u. p-substituierter Benzolderivv. die Folgerung von HINE (J. Amer. chem. Soc. **81**. [1959.] 1126), daß die Reaktionskonstanten der HAMMETTschen Gleichung für m- bzw. p-substituierte Verbb., ϱ_m bzw. ϱ_p verschieden groß sein sollten. Die Zahl der signifikanten Unterschiede zwischen ϱ_m- u. ϱ_p-Werten ist nach dieser Prüfung bedeutend größer als statist. zu erwarten, die HINEsche Aussage wird also bestätigt. Die Anwendbarkeit der HAMMETTschen Gleichung als empir. Näherungsgleichung wird durch dieses Ergebnis nicht ernsthaft eingeschränkt, da die Differenzen $\varrho_m - \varrho_p$ in den meisten Fällen sehr klein sind. (J. Amer. chem. Soc. **81**. 3020—21. 20/6. 1959. Cincinnati, O., Univ., Dep. of Chem.) G. KRESZE. B 225

R. J. Windgassen jr., W. H. Saunders jr. und **V. Boekelheide**, *Cyclazine. Eine neue Klasse von aromatischen Heterocyclen.* (Vorl. Mitt. vgl. C. **1958**. 11228.) Vff. gelang die Synth. nebenst. heterocycl. Verb. u. einiger Derivate. Das neue Ringsyst. wird *Cyclo-[3.2.2]-azin* (**I**) genannt. Ausgangsverb. war 2-Phenyl-5-methylpyrrocolin (**II**), dessen Reaktionsvermögen in der 5-CH_3-Gruppe durch Einw. von n-Butyl-Li (**III**), Zugabe von Benzophenon **XIV** u. Dehydratation des Prod. zu *2.2-Diphenyl-1-[2-phenylpyrrocolyl-(5)]-äthylen* untersucht wurde. Entsprechend lieferte 5-Methylpyrrocolin (**IX**; vgl. BOEKELHEIDE u. WINDGASSEN (C. **1956**. 6101) *2.2-Diphenyl-1-[pyrrocolyl-(5)]-äthylen*. **II** wurde nach Einw. von **III** mit N.N-Dimethylbenzamid (**IV**) behandelt u. ergab nach Hydrolyse *2-Phenyl-5-[phenacyl]-pyrrocolin* (**V**). Mittels der Cyclodehydratisierungsmeth. von BRADSHER u. Mitarbeitern (C. **1958**. 3870) wurde V leicht in *2.3-Diphenylcyclo-[3.2.2]-azin* (**VI**) verwandelt. Wiederholung der Rk. mit Dimethylformamid (**VII**) an Stelle von **IV** ergab schließlich *2-Phenylcyclo-[3.2.2]-azin* (**VIII**), das auch aus **IX** u. **III** mit **IV** über *5-[Phenacyl]-pyrrocolin* (**X**) u. Cyclisierung erhältlich war. **IX** lieferte schließlich mit **III** u. **VII** auf vorst. Wegen **I**. Die drei Cyclazine, **I, VI** u. **VIII** sind krist. fluorescierende gelbe Verbb., die gegen Licht, Wärme u. Luft stabil sind. **I** riecht wie Naphthalin u. kann wie dieses sublimiert werden. Angegeben sind die UV-Spektren von **I** u. **VIII** zwischen 220 u. 460 mμ in A. sowie das IR-Spektr. von fl. **I** zwischen 2 u. 15 μ. **I** zeigt aromat. Verh. u. kann glatt substituiert werden. So ergibt **I** mit $Cu(NO_3)_2$ in Acetanhydrid (**XI**) 83% eines Mononitroderiv., wahrscheinlich *1-Nitrocyclo-[3.2.2]-azin.* **I** wurde dagegen von sd. **XI** nicht angegriffen, FRIEDEL-CRAFTS-Rkk. waren dagegen glatt durchführbar, ebenso auch die Bromierung. Entsprechendes gilt für **VI**, das auch nach 24std. Erhitzen mit **XI** auf 230° nicht verändert wurde. Die Einführung von Acetylgruppen erfolgt bei **VI** sicherlich im Cyclazinring, da das Diacetylderiv. durch Oxydation mit H_2O_2 nur Benzoesäure, nicht aber Acetylbenzoesäure lieferte. Unter der Annahme, daß sämtliche Coulomb- u. Resonanzintegrale (zwischen benachbarten Atomen) gleich sind, wurden die Resonanzenergien für **I**, *Cyclo-[3.3.3]-* (**XII**) u. *Cyclo-[4.4.3]-azin* (**XIII**) sowie für die entsprechenden „peripheren Systeme" (das sind die ebenen, monocycl. Systeme vorst. Heterocyclen ohne N-Atom, für **I** also Cyclodecapentaen) berechnet: 5,256 [β-Einheiten] bzw. (peripheres Syst.) 2,944; **XII** 5,827 bzw. 2,938; **XIII** 5,694 bzw. 3,976. Die Isolierung des zentralen N-Atoms hat also eine erhebliche Abnahme der Resonanzenergie zur Folge, damit wird das Fehlen von bas. Eigg. bei **I** erklärt, da eine Quaternisierung des N einer Isolierung des zentralen Atoms entspricht. Vff. vermuten, daß die von RAPOPORT u. SMOLINSKY (C. **1958**. 14008) festgestellte Acidität von Fluoraden auf die Stabilität des Anions zurückzuführen ist, das den gleichen polycycl. Kern wie das Modell besitzt, welches den Berechnungen für **I** zugrunde gelegt wurde. Berechnet wurden ferner die Ladungsdichten, Bindungsordnungen u. freien Valenzen für **I, XII** u. **XIII**. Aus den Ladungsdichten ergibt sich, daß bei elektrophilen Substitutionen **I** u. **XII** an der 1-, **XIII** an 1- oder 3-Stellung reagieren. Nach den freien Valenzindices erfolgt eine radikal. Substitution ebenso, **XIII** reagiert dann aber nur in 1-Stellung. Für **I** wurden nach der Näherungsmeth. von BROWN (C. **1955**. 4073 u. früher) die Lokalisierungsenergien ermittelt. Nach diesen Daten erfolgt ein elektrophiler Angriff in 1-Stellung, eine Radikal-Rk. an den gleichmäßig begünstigsten Stellungen 2 u. 5 (im Gegensatz zu den freien Valenzindices, nach denen eine Rk. an 1-, 2- u. 5-Stellung vorauszusagen wäre) bzw. eine nucleophile Substitution in 5-Stellung.

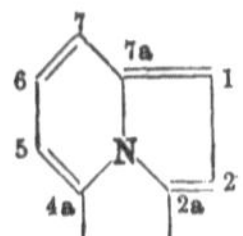

I

Versuche (FF. korr.): *2-Phenyl-5-methylpyrrocolin* (II), $C_{15}H_{13}N$, F. 81—81,5° (Methanol), durch 2täg. Erwärmen von Phenacylbromid u. 2.6-Lutidin auf 50°, Lösen in sd. Chlf. u. 2std. Einw. von wss. $NaHCO_3$ bei 100° auf die Phenacyl-2.6-lutidinium-bromidlsg. [F. 220° (Zers.); 62% (Ausbeute)]; 86%. — *2-Phenyl-5-[2.2-diphenyl-2-hydroxyäthyl]-pyrrocolin, Solvat*, $C_{28}H_{23}NO \cdot C_6H_6$, kein definierter F. (Bzl.), durch Zugabe von II zu III in Ae. bei —15°, 18 Std. bei n. Temp. unter N_2 u. Zugabe von XIV in Ae. bis zur Entfärbung; 53%. — *2.2-Diphenyl-1-[2-phenylpyrrocolyl-(5)]-äthylen*, $C_{28}H_{21}N$, F. 187,5—188,5° (gelbe Nadeln, A.–Äthylacetat), durch 1std. Kochen vorst. Verb. in Bzl. in Ggw. von konz. HCl; 70%. — *2-Phenyl-5-[phenacyl]-pyrrocolin* (V), $C_{22}H_{17}NO$, F. 125—126° (schwach gelbbräunliche Kristalle, Bzl.–Cyclohexan), aus II u. III in Ae. u. Zugabe von IV in Ae. bei —10° unter N_2; 66%; *Oxim*, $C_{22}H_{18}N_2O$, F. 168—169° (n-Propylalkohol, Zers.), durch 1½std. Kochen mit $NH_2OH \cdot HCl$ in Pyridin. — *2.3-Diphenylcyclo-[3.2.2]-azin* (VI), $C_{22}H_{15}N$, F. 141—141,5° (gelbe Kristalle, Bzl.–Cyclohexan), durch 1½std. Kochen von V in Eisessig; 91%; *Trinitrobenzolderiv.*, $C_{28}H_{18}N_4O_6$, F. 144 bis 145°, orangefarbene Nadeln aus n-Propylalkohol. — *5-[2.2-Diphenyl-2-hydroxyäthyl]-pyrrocolin*, $C_{22}H_{19}NO$, F. 104—104,5° (Chlf.–CCl_4), durch Zugabe von IX zu III bei —15°, 18std. Stehen bei n. Temp. u. Zugabe von XIV in Ae.; 32%. — *2.2-Diphenyl-1-[pyrrocolyl-(5)]-äthylen*, $C_{22}H_{17}N$, F. 115—116° (orangefarbene Nadeln, Bzl.–Cyclohexan), durch 45 Min. Kochen vorst. Verb. in konz. HCl; 74%. — *5-[Phenacyl]-pyrrocolin* (X), $C_{16}H_{13}NO$, F. 109—110° (hellgelbe Platten, Diisopropyläther), aus IX u. III in Ae. durch Zugabe von IV in Ae. bei —30°, Erwärmen auf n. Temp. u. 1std. Rühren; 36%. — *2-Phenylcyclo-[3.2.2]-azin* (VIII), $C_{16}H_{11}N$, F. 93,5—94,5° (gelbe Kristalle, Äthylacetat), a) durch 30 Min. Kochen von X in Eisessig; 76%; b) durch Zugabe von VII zur Li-Verb. von II in Ae. bei —30°, Erwärmen auf n. Temp., Zugabe von Eisessig, Abdestillieren des Ae. u. 1std. Kochen; 45%; *Trinitrobenzolderiv.*, $C_{22}H_{14}N_4O_6$, F. 152,5—153,5°, orangefarbene Nadeln aus n-Propanaol. — *Cyclo-[3.2.2]-azin* (I), $C_{10}H_7N$, F. 63,5—64,5° (gelbe Nadeln, Methanol), durch Zugabe von VII in Ae. zur Li-Verb. von IX in Ae. bei —30° analog VIII; 23%; *Trinitrobenzolderiv.*, $C_{16}H_{10}N_4O_6$, F. 222—226°, orangefarbene Nadeln aus n-Propanol. — *1-Nitrocyclo-[3.2.2]-azin*, $C_{10}H_6N_2O_2$, F. 193,5—195° (orangefarbene Nadeln, Chlf.–CCl_4), durch Zugabe von I zu $Cu(NO_3)_2 \cdot 3\,H_2O$ in XI u. 1½std. Stehen; 83%. — *1-Acetylcyclo-[3.2.2]-azin*, $C_{12}H_9NO$, gelbes Öl, durch Zugabe von wasserfreiem $SnCl_4$ zu I u. XI in symm.-Tetrachloräthan bei 0° u. 16std. Stehen bei n. Temp.; 30%; daneben nach Chromatographie an Al_2O_3 *1.4-Diacetylcyclo-[3.2.2]-azin*, $C_{14}H_{11}NO_2$, F. 183—184° (gelbe Nadeln, A.); 33%. — *1.4-Dibromcyclo-[3.2.2]-azin*, $C_{10}H_5Br_2N$, F. 121 bis 122° (gelbe Kristalle, Cyclohexan), durch Zugabe von Br_2 in CH_2Cl_2 zu I in CH_2Cl_2 u. Eindampfen; 78%. — *1.4-Diacetyl-2.3-diphenylcyclo-[3.2.2]-azin*, $C_{26}H_{19}NO_2$, F. 189 bis 190° (gelbe Nadeln, Bzl.–Cyclohexan), a) durch Zugabe von wasserfreiem $AlCl_3$ zu Acetylchlorid u. VI in symm.-Tetrachloräthan, 1std. Erhitzen auf 60° u. 24std. Stehen; 59%; b) analog durch Zugabe von wasserfreiem $SnCl_4$ zu VI u. XI u. 24std. Stehen; 78%. (J. Amer. chem. Soc. **81**. 1459—65. 20/3. 1959. Rochester, N. Y., Univ. of Rochester, Dep. of Chem.) B. Gnauck. B 225

Y. R. Bhatia, Phyllis D. Landor und **S. R. Landor,** *Allene.* 2. Mitt. *Reaktionen von Propin-(2)-olen-(1) mit Thionylchlorid.* (1. vgl. C. **1956**. 11381.) Das bei der Rk. von 1-Äthinyl-2.2.6-trimethylcyclohexanol mit $SOCl_2$ in Pyridin entstehende Prod. wird auf Grund des IR-Spektr. (C=C-Allenvalenzschwingung bei 1950 cm^{-1} u. C—Cl-Allenchloridvalenzschwingung bei 730) als *2.2.6-Trimethylcyclohexylidenvinylchlorid* (I) u. nicht als 1-Äthyl-2.2.6-trimethylcyclohexylchlorid (vgl. Sobotka u. Chanley, C. **1949**. E. 1041) angesprochen. Daneben wird etwas *1-Äthinyl-2.6.6-trimethylcyclohexen* gebildet. Beim längeren Erhitzen von I mit $AgNO_3$-Lsg. wird unter Umlagerung der Ausgangsalkohol zurückgebildet. Analog entsteht bei der Rk. von Äthinylcyclohexanol mit $SOCl_2$ in Pyridin bei 0 u. —80° ein Gemisch mit *1-Äthinylcyclohexen* (Kp.$_{15}$ 30—60°, 38%) als Hauptprod. u. etwas *Cyclohexylidenvinylchlorid.* Ebenso geben die tert. Alkohole 4-Methyl-3-isopropyl-, 3.4.4-Trimethylpentin-(1)-ol-(3) u. die Verbb. $CH{\equiv}CCR_2OH$ (mit R = C_2H_5, n-C_3H_7 u. iso-C_4H_9) in 25-, 35- u. ca. 10%ig. Ausbeute die entsprechenden Chlorallene neben den Alkeninen, deren Menge mit wachsender Anzahl der α-H-Atome u. fallender ster. Hinderung dieser H-Atome zunimmt. Chloracetylene als Prod. der n. Rk. werden nicht gefunden. Verbb. ohne α-H-Atome, z. B. 1-Äthinyl-2.2.6.6-tetramethylcyclohexanol u. 3-tert.-Butyl-4.4-dimethylpentin-(1)-ol-(3), bei denen eine Bldg. von Alkeninen unmöglich ist, liefern nur die entsprechenden Chlorallene. Aus dem sek. Alkohol Hexin-(1)-ol-(3) (II) dagegen entsteht mit $SOCl_2$ als Hauptprod. in n. Rk. *3-Chlorhexin-(1)* u. als Nebenprod. unter Umlagerung etwas Chlorallen (ca. 10—20%), aus 1-Phenylpropin-(2)-ol-(1) nur *3-Chlor-3-phenylpropin-(1)*.

Versuche: *2.2.6-Trimethylcyclohexylidenvinylchlorid* (I), $C_{11}H_{17}Cl$, Kp.$_{15}$ 96°, a) durch 1std. Zutropfen von $SOCl_2$ zu 1-Äthinyl-2.2.6-trimethylcyclohexanol (Kp.$_{18}$

96—98°) in Pyridin u. Dest.; n_D^{20} 1,4998; 60% (Ausbeute); b) analog in Ae. ohne Pyridin, 3 Std. auf dem Dampfbad; 30%; c) analog in Ae. ohne Pyridin, 2 Std. bei Zimmertemp.; daneben nach a), b) oder c) *1-Äthinyl-2.6.6-trimethylcyclohexen*, $Kp._{15}$ 82°, nach a) 19%. — *2.2.6.6-Tetramethylcyclohexylidenvinylchlorid*, $C_{12}H_{19}Cl$, $Kp._{20}$ 82—84°, analog I nach a) in Ae. aus 1-Äthinyl-2.2.6.6-tetramethylcyclohexanol; 83%. — *2.2.4.4-Tetramethylpentanon-(3)*, $C_9H_{18}O$, $Kp._{17}$ 48—50°, durch Zugabe von Diisopropylketon zu $NaNH_2$ in Bzl., 2½std. Kochen, Zutropfen von CH_3J unter Kühlung u. 15 Min. Kochen; n_D^{20} 1,4200; 62%. — *3-tert.-Butyl-4.4-dimethylpentin-(1)-ol-(3)*, $C_{11}H_{20}O$, $Kp._{10}$ 71—73°, aus vorst. Verb. mit Na-Acetylid in fl. NH_3; 61%. — *3-tert.-Butyl-1-chlor-4.4-dimethylpentadien-(1.2)*, $C_{11}H_{19}Cl$, $Kp._{15}$ 72—74°, $Kp._{32}$ 98—104°, analog I aus vorst. Verb.; nach a) 74%; b) 79%. — *1-Chlor-4-methyl-3-isopropylpentadien-(1.2)*, $C_9H_{15}Cl$, $Kp._{760}$ 168—170°, a) analog I nach a) aus 4-Methyl-3-isopropylpentin-(1)-ol-(3); n_D^{20} 1,4629; 25%; b) $Kp._{17}$ 65—66°, durch gleichzeitige Zugabe von $SOCl_2$ u. dem Alkohol zu sd. Dioxan; 72,0%; daneben *4-Methyl-3-isopropylpenten-(3)-in-(1)*, $Kp._{760}$ 147°, nach a) 23%. — *1-Chlor-3.4.4-trimethylpentadien-(1.2)*, $Kp._{25}$ 60°, a) analog I nach a) aus 3.4.4-Trimethylpentin-(1)-ol-(3); 35%; b) analog vorst. Verb. nach b) aus 12,6 g in Ggw. von Pyridin; 47%; daneben nach b) *3-tert.-Butylbuten-(3)-in-(1)*, $Kp._{16}$ 56—60°; 1,0 g. — *3-Isobutyl-1-chlor-5-methylhexadien-(1.2)*, $C_{11}H_{19}Cl$, $Kp._{20}$ 94—100°, analog I nach a) aus 33,6 g 3-Isobutyl-5-methylhexin-(1)-ol-(3); 8,0%; daneben *3-Isobutyl-5-methylhexen-(3)-in-(1)*, $Kp._{16}$ 91°; 21,5 g. — *3-Chlor-3-phenylpropin-(1)*, C_9H_7Cl, $Kp._{15}$ 76—78°, $Kp._5$ 68°, a) analog I nach a) aus 1-Phenylpropin-(2)-ol-(1); 59%; b) analog I nach b), verunreinigt mit Zimtaldehyd (2.4-Dinitrophenylhydrazon, F. 254°, Chlf.-Methanol). — *3-Chlorhexin*, $Kp._{23}$ 38—40°, aus II ($Kp._{20}$ 65°) analog I nach b); verunreinigt mit 10—20% *1-Chlorhexadien-(1.2)*. — *Bis-[1-propylpropin-(2)-yl]-sulfit*, $Kp._{20}$ 152—153°, aus II analog I nach a); 39%. (J. chem. Soc. [London] **1959**. 24—29. Jan. London, Woolwich Polytechn.) G. PÖTZSCHER. B 225

A. H. Wragg und **T. S. Stevens**, *Die Umlagerung von Nitronen.* Bei der therm. Behandlung (einige Std. Erwärmung auf 150—190°) von *N-Phenyl-* (I), *N-Benzyl-* (II), *N-Diphenylmethyl-* u. *N-Cinnamylbenzaldoxim* konnte keine Umlagerung in das O-Deriv. beobachtet werden, wie sie COPE u. HAVEN (C. **1953**. 8562) bei N-Diphenylmethylbenzophenonoxim erzielt hatten. Aus I bzw. II entstand nur etwas Benzanilid bzw. N-Benzylbenzamid, vermutlich die Prodd. einer BECKMANN-Umlagerung.

V e r s u c h e: *N.N-Dibenzylhydroxylamin*, F. 123° (A.), durch 6std. Kochen von $NH_2OH \cdot HCl$, Benzylchlorid u. Na_2CO_3 in wss. Alkohol. — *N-Benzylbenzaldoxim*, aus vorst. Verb. durch Oxydation mit gelbem HgO in $CHCl_3$. — *N-Diphenylmethylbenzaldoxim*, F. 159—160°, durch 2std. Kochen von N-Diphenylmethylhydroxylaminoxalat [F. 185° (Zers.)], Benzaldehyd (III) u. Na-Acetathydrat (IV) in Alkohol. — *N-Diphenylmethyl-p-nitrobenzylidenamin*, $C_{20}H_{16}N_2O_2$, F. 135° (A.), analog vorst. Verb. aus p-Nitrobenzaldehyd u. Diphenylmethylaminhydrochlorid (3 Std.). — *N-Cinnamylhydroxylaminoxalat*, $C_{20}H_{24}N_2O_6$, F. 177—178° (90%ig. A., Zers.), durch 30 Min. Kochen von Cinnamylbromid, Acetoxim in wss. Essigsäure, schnelles Eindunsten u. Zugabe von NH_4-Oxalat. — *N-Cinnamylbenzaldoxim*, $C_{16}H_{15}NO$, F. 73° (Ae.-PAe.), durch 3std. Kochen vorst. Verb. mit III u. IV in Alkohol. — *N-Fluorenyl-(9)-hydroxylaminoxalat*, $C_{28}H_{24} \cdot N_2O_6$, F. 205° (A., Zers.), durch Einw. von Acetoxim auf 9-Bromfluoren in 75%ig. Essigsäure. (J. chem. Soc. [London] **1959**. 461—63. Jan. Sheffield, Univ.) B. GNAUCK. B 225

Harold Kwart und **Robert T. Keen**, *Der Verlauf der säurekatalysierten Umlagerung von Phenylcyclohexanhydroperoxyd und seinen Derivaten; Beobachtungen über die Eigenschaften und die Oxydation von 6-Hydroxyhexanophenon. 1-Phenylcyclohexylhydroperoxyd* (I, Reinigung über das Na-Salz) zerfällt in CH_3COOH/H_2SO_4-Lsg. (5 Min. bei 30°) fast quantitativ in Cyclohexanon u. Phenol. Ebenso verhält sich der *p-Nitrobenzoesäureester* von I (F. 207—208°, aus I u. p-Nitrobenzoylchlorid in Pyridin, 4 Std. bei 0°; 32% Ausbeute). Dagegen wird aus I in CrO_3/CH_3COOH-Lsg. nur *ω-Benzoylvaleriansäure* (II, $C_{12}H_{14}O_3$, F. 77—78° aus Methanol; *2.4-Dinitrophenylhydrazon*, F. 138 bis 139°) erhalten. Vff. nehmen an, daß diese Rk. über den Chromsäureester von I unter Bldg. des leicht oxydablen *ω-Hydroxyhexanophenons* (III) verläuft. III u. *1-Phenylhexandiol-(1.6)* (IV) wurden dargestellt u. ihre leichte Oxydierbarkeit nachgewiesen. Der Mechanismus der Rk. wird gedeutet in Analogie zu bekannten Umlagerungen anderer Peroxyverbindungen.

V e r s u c h e: *1-Phenylhexandiol-(1.6)* (IV), $C_{12}H_{18}O_2$, F. 57—58°; $Kp._{0,02}$ 135 bis 139°, aus II durch Red. mit $LiAlH_4$. — *ω-Hydroxyhexanophenon* (III), $C_{12}H_{16}O_2$, aus IV mit N-Bromacetamid, n_D^{23} 1,5324; *2.4-Dinitrophenylhydrazon*, FF. 97 u. 137° (A.). (J. Amer. chem. Soc. **81**. 943—47. 20/2. 1959. Newark, Del., Univ. of Delaware, Dep. of Chem.) A. MASCHKE. B 225

Rolf Huisgen und **Jürgen Sauer**, *Nucleophile aromatische Substitutionen.* 8. Mitt. *Kinetik der Freisetzung des Benz-ins aus Halogenbenzolen.* (7. vgl. C. **1959.** 10187.) Durch potentiometr. Titration wurde die Kinetik der Rk. folgender Halogenbenzole H. mit Phenyl-Li (I) in Ae. bei 20° verfolgt: *Fluorbenzol* (II) [10^5 k_2] 3,92—4,25 [Liter/Mol·Sek.], *Chlorbenzol* (III) 0,389 (bzw. 0,412 in Ggw. von Triäthylamin), *Brombenzol* (IV) 0,483 bis 0,490, *Jodbenzol* (V) 0,268—0,294. Ferner wurde die Rk. von II—V mit Li-Piperidid (VII) in Ae. bei 20° in u. ohne Ggw. von Piperidin (VI) kinet. untersucht: II [10^5 k_2] 110 [Liter/Mol·Sek.] (ohne VI) bzw. 51,5—15,7 [(Konz. an VI) 0,168—0,548 (Mol/Liter)], III 27,2 bis 27,4 bzw. 25,5—21,8 (0,155—0,433), IV 44,6 bzw. 73,0—153 (0,157—0,569), V 17,2 bzw. 27,8—52,4 (0,177—0,493). In Abwesenheit von VI stimmt die Folge der Halogenbenzolreaktivität II $\gg$ III $>$ IV $>$ V qualitativ mit der bei der Rk. mit I beobachteten überein. VII setzt aber Dehydrobenzol um 2—3 Zehnerpotenzen schneller frei als I. Mit steigender Konz. an VI nimmt der k_2-Wert für II ab, der von III bleibt fast unbeeinflußt, während die von IV u. V etwas größer werden. In 0,55 mol. VI-Lsg. lautet die Folge IV $>$ V $>$ III $>$ II, also etwa wie sie BERGSTROM u. Mitarbeiter (J. org. Chemistry **11.** [1946.] 334 u. früher) für das Syst. KNH_2/NH_3 gefunden hatte. Vff. nehmen an, daß bei der Umwandlung von Halogenbenzol in Dehydrobenzol zunächst jenes metalliert wird (→ o-Lithiumhalogenbenzol **A**). Mit ROBERTS u. Mitarbeitern (C. **1957.** 2162) wird geschlossen, daß die Metallierung eine Gleichgewichts-Rk. ist: H. + VII $\underset{k_a'}{\overset{k_a}{\rightleftharpoons}}$ A + VI $\xrightarrow{k_b}$ Dehydrobenzol + Li-Halogenid. Demnach vermindert überschüssiges VI die Gleichgewichtskonz. an o-Lithiumfluorbenzol, wodurch die Geschwindigkeit der Dehydrobenzolbldg. herabgesetzt wird. Beim Übergang zu IV u. V wird k_a kleiner, k_b größer, u. die Entmetallierung (k_a') verliert an Bedeutung. Vermutlich ist aber k_a stets der langsamste Teilschritt der Reaktion. Zwar ist I stärker bas. als VI, u. die Rk. von I u. VI unter Bldg. von VII ist exotherm u. vollständig, trotzdem reagiert VII viel schneller

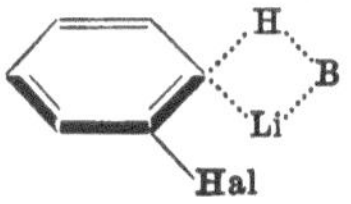

als I. Vff. vermuten daher, daß die Metallierung der Aromaten mittels einer Li-Base Li-B über nebenst. 4gliedrige Ringstufe abläuft. Daß VII in der kovalenten Form noch über ein freies Elektronenpaar verfügt (nicht aber I), soll zur Erleichterung der Bldg. des Übergangszustandes beitragen. Dieser Effekt tritt vermutlich auch bei den Rkk. von II u. III auf, er wird aber — vielleicht durch eine Solvatationswrkg. — überkompensiert. Auch die Beteiligung der Base am geschwindigkeitsbestimmenden

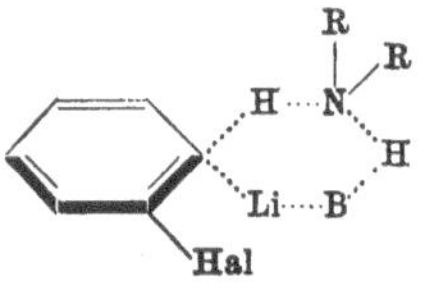

Schritt gemäß nebenst. Formulierung ist möglich. Für diese termol. Rk. errechnen sich die k_3-Werte für IV bzw. V zu 17,6 bzw. 7,30·10^{-4} Liter²/Mol²·Sekunden. Die Rk. von IV mit den N-Li-Derivv. folgender sek. Amine in u. ohne Ggw. der freien Amine wurde ebenfalls in Ae. bei 20° kinet. untersucht: *Pyrrolidin* (VIII) [10^5 k_2] 138—144 [Liter/Mol·Sek.] bzw. 69 (ohne freies VIII), Piperidin (VI) 113 bzw. 44,6 (ohne freies VI), Diäthylamin 11,2—12,0, Diisobutylamin 8,5—9,3, Dicyclohexylamin 3,40—3,04. Es zeigen sich also Einfll. sowohl der Basizität des Amins als auch ster. Faktoren. (Chem. Ber. **92.** 192—202. 1959. München, Univ., Inst. für Organ. Chem.) B. GNAUCK. B 225

Rolf Huisgen und **Horst König**, *Nucleophile aromatische Substitutionen.* 9. Mitt. *Ringschlußreaktionen zu N-Methylindolin und N-Methyltetrahydrochinolin und ihr Chemismus.* (8. vgl. vorst. Ref.; vorl. Mitt. vgl. C. **1958.** 1572.) Durch Einw. von Phenyl-Li (I) auf Methyl-[2-(m-chlorphenyl)-äthyl]-amin (II) in sd. Ae. wird zu-

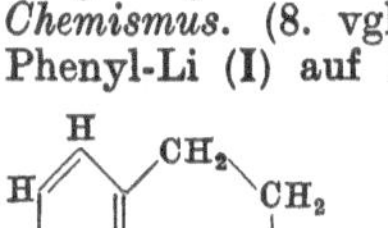

nächst die N-Li-Verb. gebildet, die unter Eliminierung von LiCl über nebenst. Arin *N-Methylindolin* (III) liefert, Nebenprod. ist infolge Cl-Abspaltung *Methyl-[2-phenyläthyl]-amin* (IV). Die nebenher auftretende Harzbldg. kann durch teilweisen Ersatz des I-Überschusses durch Li-Diäthylamid (V) vermindert werden. Die höchste III-Ausbeute (88%, daneben ca. 5% IV) wurde in Ggw. von 0,75 Äquivalenten I u. 1,25 Äquivalenten V erzielt. Die analoge heterogene Rk. zwischen II u. $NaNH_2$ in sd. Ae. verlief langsam u. mit geringeren Ausbeuten. In sd. Anisol (VI) treten Neben-Rkk. stärker auf. Die Cyclisierung konnte auch mit NaH in VI sowie mit KNH_2 in fl. NH_3 erreicht werden, nicht aber mit LiH in sd. VI. Untersucht wurde ferner die Bldg. von III aus Methyl-[2-(o-chlorphenyl)-äthyl]-amin (VII) mit I u. V in sd. Ae., es wurde eine Höchstausbeute von 72% III erzielt. Senkung der Konz. von I im Verhältnis 1:10 hatte in allen Fällen nur eine geringe Umsatzminderung zur Folge. Die Rk. von II verläuft schneller als die von VII. Analog reagierte auch 2-[m-Chlorphenyl]-äthylamin zu *Indolin.* Ferner konnte *N-Methyltetrahydrochinolin* (X) aus Methyl-[3-(m-chlorphenyl)-propyl]- (VIII) oder -[3-(o-chlorphenyl)-propyl]-amin (IX) mit I in sd. Ae. erhalten werden. **VIII** u. **IX** reagieren langsamer als **II** u. **VII**. Wegen der viel geringeren Geschwindigkeit der Arinfreisetzung aus **IX** im Vgl. zu **VII** wird angenommen, daß bei den o- wie bei den m-Chlorverbb. eine intramol. Mithilfe der N-Li-Bindung bei der Arinbldg. gemäß nebenst. Schema **A** auftritt. Bei zunehmender Ringgliedzahl nimmt die Reaktionsgeschwindigkeit, wie zu erwarten, ab. Der Übergangszustand **B** wird für die Rk. der m-Chlorverbb. formuliert. Der Abzug von H ist in **B** dabei energet. weit bedeutsamer als die komplexe Bindung von Cl.

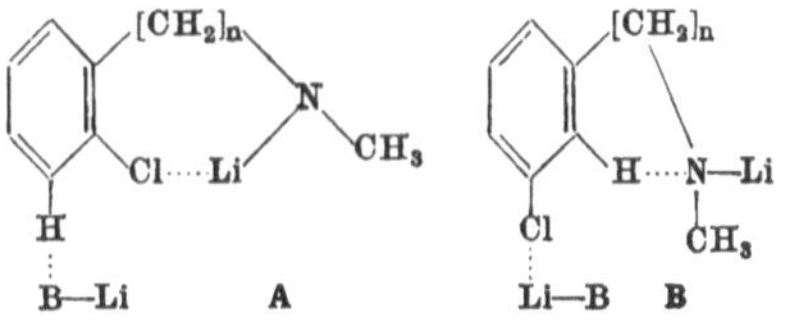

A **B**

V e r s u c h e: *m-Chlorbenzylchlorid*, Kp.$_{13}$ 98—101°, durch 7std. Erhitzen von m-Chlortoluol mit SO_2Cl_2 u. Dibenzoylperoxyd auf 130—140°; 72% (Ausbeute). — *m-Chlorphenylpropionsäure* (**XI**), F. 72—73° (PAe.), durch Zugabe vorst. Verb. zu Na-Malonsäurediäthylester in A. u. 5std. Kochen (→ *m-Chlorbenzylmalonsäurediäthylester*, Kp.$_3$ 151°; 64%), alkal. Verseifung u. Decarboxylierung. — *2-[m-Chlorphenyl]-äthylamin*, Kp.$_{12}$ 111—113°, durch Erwärmen der vorst. Säure in absol. Bzl. mit konz. H_2SO_4, Zugabe von NaN_3 (4 Std.) u. weiteres 1std. Erwärmen bei 50°; n_D^{20} 1,5512; 85%; *saures Oxalat*, $C_8H_{10}ClN \cdot C_2H_2O_4$, F. 184,5—185,5° (Methanol–Essigester). — *N-[2-(m-Chlorphenyl)-äthyl]-formamid*, Kp.$_{0,005}$ 130—133°, durch 3std. Kochen vorst. Amins mit dem 20fachen Überschuß an Äthylformiat. — *Methyl-[2-(m-chlorphenyl)-äthyl]-amin* (**II**), Kp.$_{12}$ 112—116°, durch Zutropfen vorst. Verb. in Ae. zu $LiAlH_4$ in Ae., 6std. Kochen u. Hydrolyse mit wss. Methanol; n_D^{20} 1,5349; 64%; *saures Oxalat*, $C_9H_{12}ClN \cdot C_2H_2O_4$, F. 195° (Methanol–Essigester). — *o-Chlorbenzylchlorid*, Kp.$_{14}$ 96,5—98°, analog dem m-Isomeren; 72%. — *o-Chlorhydrozimtsäure*, F. 95—96° (W.), analog **XI** über o-Chlorbenzylmalonester (Kp.$_{0,06}$ 125°; 67%). — *2-[o-Chlorphenyl]-äthylamin*, Kp.$_{12}$ 105—108°, durch Schmidt-Abbau vorst. Verb.; 82%. — *Methyl-[2-(o-chlorphenyl)-äthyl]-amin* (**VII**), Kp.$_{12}$ 109—112°, aus vorst. Verb. über *N-[2-(o-Chlorphenyl)-äthyl]-formamid* (Kp.$_{0,005}$ 124—127°; 79%) durch $LiAlH_4$-Red.; n_D^{20} 1,5355; 58%; *saures Oxalat*, $C_9H_{12}ClN \cdot C_2H_2O_4$, F. 193—194° (Methanol). — *m-Chlorhydrozimtsäuremethylamid*, F. 52—53° (PAe.), Kp.$_{0,6}$ 155—156°, aus **XI** über das Säurechlorid (Kp.$_{12}$ 143—144°; 86%) u. Zugabe mit 2n NaOH zu eiskalter, 31%ig. wss. Methylaminlsg.; 73%. — *Methyl-[3-(m-chlorphenyl)-propyl]-amin* (**VIII**), Kp.$_{12}$ 132—135°, durch $LiAlH_4$-Red. vorst. Amids; n_D^{20} 1,5275; 63%; *neutrales Oxalat*, $2\,C_{10}H_{14}ClN \cdot C_2H_2O_4$, F. 175° (Methanol–Essigester). — *Methyl-[3-(o-chlorphenyl)-propyl]-amin* (**IX**), Kp.$_{13}$ 127°, aus o-Chlorhydrozimtsäurechlorid (Kp.$_{18}$ 141°, 88%) analog vorvorst. Amid (→ *o-Chlorhydrozimtsäuremethylamid*, F. 65—66°, Kp.$_{0,005}$ 125—130°, 77%) u. $LiAlH_4$-Red.; n_D^{20} 1,5288; 58%; *saures Oxalat*, $C_{10}H_{14}ClN \cdot C_2H_2O_4$, F. 182—183° (Methanol). — Vergleichspräparate: *N-Methylindolin* (**III**), *Oxalat*, F. 103—104°, durch Red. von N-Methylindol mit Zn-Staub u. HCl in Äthanol. — *Methyl-β-phenyläthylamin*, Kp.$_{18}$ 91—93°, aus der N-Formylverb. mit $LiAlH_4$; 67%. — *N-Methyltetrahydrochinolin* (**X**), durch katalyt. Hydrierung von Chinolinmethojodid, n_D^{23} 1,5795; *Pikrat*, F. 122° bzw. 144° (polymorph). — *Methyl-[γ-phenylpropyl]-amin*, Kp.$_{10}$ 103—105°, aus γ-Phenylpropylbromid mit CH_3NH_2 in A. bei 100° im Einschlußrohr. — *Indolin*, Kp.$_{12}$ 100—101°, nach Wenzing [1887]; n_D^{20} 1,5899; Reinigung über das *saure Oxalat*, F. 128° (A.). (Chem. Ber. **92**. 203—13. 1959.) B. Gnauck. B 225

Je. N. Gurjanowa und **L. A. Jegorowa**, *Beschleunigende Wirkung von Aminen auf den Isotopenaustausch von Schwefel in organischen Polysulfiden.* Der Isotopenaustausch zwischen Dibenzyltrisulfid u. ^{35}S in Toluol in geschlossener Ampulle verläuft bei 100, 120, 140 u. 200° zu 0, 4, 15 bzw. 100%/Std.; analoge Ergebnisse werden mit Diäthyltrisulfid (I) erhalten. Prim. u. sek. aliphat. Amine beschleunigen die Austausch-Rk. so stark, daß sie bei Raumtemp. in kurzer Zeit quantitativ verläuft. Mit wachsender Kettenlänge nimmt die Aktivität der prim. Amine ab, während sich bei den sek. Aminen keine solche Gesetzmäßigkeit zeigt. Tert. aliphat. Amine wirken erst ab 70° beschleunigend. Aromat. prim., sek. u. tert. Amine üben entgegen den Erwartungen keinen nennenswerten katalyt. Einfl. aus. Als starke Katalysatoren erwiesen sich Verbb., wie Na-Diisobutyl- u. Piperidinpentamethylendithiocarbaminat, die als Ultrabeschleuniger der Kautschukvulkanisation wirken. Halbultrabeschleuniger, wie Tetramethylthiuramdisulfid u. Dibenzothiazolyl-(2)-disulfid (II), sind weniger akt.; die beschleunigende Wrkg. des ersteren ist jedoch stärker als die von II, geht also mit der Geschwindigkeit des Isotopenaustauschs dieser Verbb. mit markiertem S parallel. Benzylamine nehmen eine Mittelstellung zwischen aliphat. u. aromat. Aminen ein; die Wrkg. von Diphenylguanidin ähnelt der von prim. Aminen. Polare Substituenten in den aromat. Aminen ist auf die katalyt. Aktivität ohne Einfluß. Die beschleunigende Wrkg. der untersuchten Verbb. auf den Isotopenaustausch zwischen organ. Trisulfiden u. markiertem S entspricht allg. ihrer beschleunigenden Wrkg. auf die Addition von S an entsprechende Disulfide. Die Ergebnisse sprechen gegen die Theorie von KREBS (C. **1958.** 9923 u. früher), nach der bei ähnlichen Rkk. der erste Schritt in der Bldg. von polaren Strukturen $R_3\overset{+}{N}S_x^-$ besteht; in diesem Falle sollten die bes. zur Bldg. von Ammoniumsalzen befähigten aromat. u. tert. aliphat. Amine als starke Katalysatoren wirken. Vff. sehen die unterschiedliche Beweglichkeit der H-Atome in den Aminen als maßgebenden Faktor an. Dipolmessungen in Systemen aus Aminen u. S ergaben keine wesentlichen Differenzen zu den additiv errechneten Werten, womit ebenfalls das Vorliegen polarer Komplexe widerlegt ist. Freie Radikale treten in Systemen aus I u. S nicht auf, wie durch das Ausbleiben einer Entfärbung von Diphenylpikrylhydrazyl bewiesen wird. Die Natur der z. B. bei der Vulkanisation von Kautschuk auftretenden Wechsel-Wrkgg. zwischen S u. Polysulfiden einerseits u. Aminen andererseits ist nach wie vor ungeklärt. Vff. beabsichtigen, durch Messungen der RAMAN- u. Elektronenspektren solcher Systeme weitere Aufschlüsse zu bringen. (Журнал Общей Химии [J. allg. Chem.] **28** (**90**). 1745—52. Juli 1958.) H.-E. TOUSSAINT. B 225

P. G. Farrell und **S. F. Mason**, *Kinetischer Isotopeneffekt bei der Bromierung von Dimethylanilin.* (Vgl. SHILOV u. WEINSTEIN, C. **1959.** 12187.) Nach der Meth. von BELL u. RAMSDON (C. **1958.** 8293) wurde die Kinetik der Rk. von *Dimethylanilin* (**I**) bzw. $D_{(2.4.6)}$-**I** (aus I u. D_2O bei 100°) mit Br_2 in wss. 6,4 mol. H_2SO_4 in Ggw. von überschüssigen Br^--Ionen bei 25° verfolgt. Der kinet. Isotopeneffekt k_H/k_D betrug 1,8. Vff. schließen, daß bei aromat. Substitutionen die Art des Übergangszustandes nicht nur vom substituierenden Agens, sondern auch vom Bau der aromat. Verb. abhängt, sofern sie wenig reaktiv ist. In Übereinstimmung damit sind die log PZ-Werte der Rk. folgender Aromaten mit Cl_2 in Essigsäure zwischen 15 u. 30°: *Bzl.* 9, *Diphenyl* 7,8, *Naphthalin* 7,3, *Phenanthren* 7,4. (Nature [London] **183.** 250—51. 24/1. 1959. Exeter, Univ., Chem. Dep.) B. GNAUCK. B 225

Brynmor Jones und **J. G. Watkinson,** *Die alkalische Hydrolyse kernsubstituierter Zimtsäureäthylester. Kumulative Substituenteneffekte.* Die Kinetik der Hydrolyse folgender Zimtsäureäthylester in alkal. (NaOH) wss. 87,83%ig. A. wurde bei 24,8° u. z. T. bei 35,3° [in ()] verfolgt: *Zimtsäure-* (**I**; Kp.$_{14}$ 138°, $n_D^{20,5}$ 1,5592) [10^3 k] 1,39 [Liter/Mol·Sek.] (3,68), *o-Chlor-* (**II**) 3,48 (9,11), *m-Chlor-* (**III**) 3,97, *p-Chlor-* (**IV**) 2,65, *o-Nitro-* (**V**) 10,1, *m-Nitro-* (**VI**; F. 75°, Kp.$_{10}$ 193°) 10,4, *m-Methyl-* (**VII**) 1,16, *p-Methyl-* (**VIII**) 0,870, *p-Isopropyl-* (**IX**) 0,881 (2,38), *o-Methoxy-* (**X**) 0,517, *m-Methoxy-* (**XI**) 1,56, *p-Methoxy-* (**XII**) 0,528, *m-Äthoxy-* (**XIII**) 1,51, *p-Äthoxy-* (**XIV**) 0,504, *2.3-Dimethoxy-* (**XV**) 1,15 (3,13), *2.4-Dichlor-* (**XVI**) 6,87, *2.4-Dimethoxy-* (**XVII**) 0,189, *2-Methoxy-5-chlor-* (**XVIII**) 1,54, *3.4-Dichlor-* (**XIX**) 6,65, 17,05, *3-Nitro-4-methyl-* (**XX**), 6,74, *3-Nitro-4-isopropyl-* (**XXI**) 6,69, *3-Chlor-4-methoxy-* (**XXII**) 1,40 (3,70), *3-Nitro-4-methoxy-* (**XXIII**) 3,69, *3-Methyl-4-methoxy-* (**XXIV**) 0,415, *3.4-Dimethoxy-* (**XXV**) 0,677, *3-Methoxy-4-äthoxy* (**XXVI**) 0,646, *3.4-Diäthoxy-* (**XXVII**) 0,632, *3.5-Dichlor-* (**XXVIII**) 12,1 u. *2.3.4-Trimethoxyzimtsäureäthylester* (**XXIX**) 0,526. Die log A-Werte betrugen durchweg 9,9—10,0 (Liter/Mol·Sek.), der E-Wert für **I** war 17300 cal/Mol. Ein Vgl. mit den Daten [k_b] analog substituierter Äthylbenzoate (vgl. C. **1956.** 7760) liefert die Beziehung log k_c = 0,52 log k_b − 1,23 sowie für die Änderungen der Aktivierungsenergie ΔE durch Veränderung der Substituenten $\Delta E_c = 0,52\, \Delta E_b$. Folgende Substituenteneinfll. auf die freie Aktivierungsenergie wurden beobachtet: **II** [$\Delta E'$] −540 [cal/Mol], **III** −620, **IV** −380, **V** −1170, **VI** −1190, **VII** +110, **VIII** +280, **IX** +270, **X** +590, **XI** −70, **XII** +570, **XIII** −50, **XIV** +600, **XV** +110, **XVI** −950, **XVII** +1180, **XVIII** −60, **XIX** −930, **XX** −940, **XXI** −930, **XXII** 0, **XXIII** −500, **XXIV** +720, **XXV** +430, **XXVI** +450, **XXVII** +470, **XXVIII** −1280, **XXIX** +580. Es zeigt sich, daß in der Mehrzahl der Fälle sich die Substituenteneffekte additiv oder ziemlich additiv verhalten, bes. bei allen Verbb. mit Substituenten in m-Stellung zueinander u. 3.4-disubstituierten Derivaten. Das Fehlen einer Additivität (**XV, XIX, XXV, XXVI, XXVII** u. **XXIX**) dürfte durch Abweichungen der Aktivierungsenergie selbst von der Additivität verursacht sein. Das Ausbleiben eines Beitrags von Substituenten zur Aktivierungsenergie wird auf eine Wechselwrkg. zwischen diesen zurückgeführt. Bei o-Substituenten können neben polaren Wechsel-Wrkgg. auch ster. eine Rolle spielen. Dies trifft sicher auf **XV** u. **XXIX** zu. — Folgende Zimtsäuren wurden durch Erhitzen der Benzaldehyde mit Malonsäure in Ggw. von Piperidin in Pyridin auf 100° (meist 1½—2 Std.) mit Ausbeuten über 80% dargestellt: *o-Chlor-*, F. 208° [*Äthylester* (**II**), Kp.$_{14}$ 159°, $n_D^{20,3}$ 1,5670]; *m-Chlor-*, F. 162,5° [**III**, F. 31°, Kp.$_2$ 132°]; *p-Chlor-*, F. 247,5° [**IV**, F. 16°, Kp.$_{11}$ 160°, $n_D^{20,4}$ 1,5768]; *o-Nitro-*, F. 242,5° [**V**, F. 42°, Kp.$_4$ 166°]; *p-Nitro-*, F. 288° [*Äthylester*, F. 137°]; *m-Methyl-*, F. 118° [**VII**, $C_{12}H_{14}O_2$, Kp.$_{10}$ 146°, $n_D^{20,4}$ 1,5562]; *p-Methyl-*, F. 197° [**VIII**, Kp.$_4$ 151°]; *p-Isopropyl-*, F. 158° [**IX**, Kp.$_{14}$ 169°, $n_D^{20,5}$ 1,5509]; *o-Methoxy-*, F. 183,5° [**X**, F. 35°, Kp.$_9$ 162°]; *m-Methoxy-*, F. 117,5° [**XI**, Kp.$_{10}$ 170°, $n_D^{20,3}$ 1,5646]; *p-Methoxy-*, F. 171,5°

[(Klarpunkt der mesomorphen Säure) 187,5°] [**XII**, F. 50°, Kp.$_4$ 156°]; *m-Äthoxy-*, F. 131,5° [**XIII**, Kp.$_{11}$ 175°]; *p-Äthoxy-*, F. 192,5° (196°) [**XIV**, F. 38,5°, Kp.$_2$ 154°]; *2.4-Dichlor-*, F. 233,5° [**XVI**, $C_{11}H_{10}Cl_2O_2$, F. 53,5°, Kp.$_5$ 162°]; *3.4-Dichlor-*, F. 218° [**XIX**, $C_{11}H_{10}Cl_2O_2$, F. 56°, Kp.$_2$ 156°]; *3.5-Dichlor-*, F. 173,5° [**XXVIII**, F. 74°, Kp.$_{12}$ 178°]; *4-Methyl-3-nitro-*, F. 174° [**XX**, F. 95,5°, Kp.$_{12}$ 191°]; *3-Nitro-4-isopropyl-*, F. 138° [**XXI**, F. 58°, Kp.$_2$ 189°]; *2-Methoxy-5-chlor-*, F. 200° [**XVIII**, F. 37,5°, Kp.$_4$ 166°]; *3-Chlor-4-methoxy-*, $C_{10}H_9ClO_3$, F. 244° [**XXII**, $C_{12}H_{13}ClO_3$, F. 61°, Kp.$_4$ 170°]; *3-Nitro-4-methoxy-*, F. 248° [**XXIII**, F. 100°, Kp.$_8$ 230°]; *3-Methyl-4-methoxy-*, $C_{11}H_{12}O_3$, F. 201° **XXIV**, F. 36,5°, Kp.$_{11}$ 184°]; *2.3-Dimethoxy-*, F. 180° [**XV**, F. 44°, Kp.$_5$ 166°]; *2.4-Dimethoxy-*, F. 187,5° [**XVII**, F. 60°, Kp.$_{11}$ 208°]; *3.4-Dimethoxy-*, F. 180° [**XXV**, F. 55,5°, Kp.$_2$ 161°]; *3-Methoxy-4-äthoxy-*, F. 200° (Zers.) [**XXVI**, F. 109,5°]; *3.4-Diäthoxy-*, F. 159,5° [**XXVII**, F. 59°]; *2.3.4-Trimethoxyzimtsäure*, F. 170,5° [**XXIX**, $C_{14}H_{18}O_5$, F. 50°, Kp.$_{14}$ 207°]. (J. chem. Soc. [London] **1958.** 4064—69. Nov. Hull, Univ.)

B. GNAUCK. B 225

Jean-Marie Conia, *Sterische Effekte auf die Alkylierung von Ketonen.* Vf. gibt einen Überblick über eigene u. fremde Arbeiten über die Alkylierung von Ketonen (**K**) mit akt. α-H-Atomen durch Metallierung (**M**) (mit Na, Na-Amid, prim. u. tert. Alkoholaten sowie Triphenylmethyl-Na) u. Rk. mit Halogenalkylen (**A**), die ster. Einfll. der **K** auf die **M**, Stabilität u. Reaktionsfähigkeit der Organometallverbb., sowie die ster. Einfll. der **A** bzw. Organometallverbb. auf die Reaktion. Besprochen werden aliphat. **K**, cycl. α,β-ungesätt. **A**, Methylcycloalkylketone, Alkylaralkylketonen, Einfll. von α- u. β-Substituenten bei Cyclanonen u. der Konformationseinfll. bes. in kondensierten Systemen. — 36 Zitate. Diskussion. (Bull. Soc. chim. France [5] **1956.** 1040—49. Juli. Paris, École Normale Supér., Labor. de Chim.) K. BECKER. B 225

Karl F. Kumli, William E. McEwen und **Calvin A. Vander Werf,** *Stereospezifische Umwandlung von Methyläthylphenylbenzylphosphoniumjodid in Methyläthylphenylphosphinoxyd.* (—)-Methyläthylphenylbenzylphosphoniumjodid [(—)-**I**] wird unter Eliminierung von Toluol durch wss.-methanol. NaOH (10 Std. bei 100°) in stereospezif. Rk. in (+)-*Methyläthylphenylphosphinoxyd* [(+)-**II**, $C_9H_{13}OP$, F. 47—48°, $[\alpha]_D^{25}$ +22,4 ± 1,0° (c = 2,184, W.)] in 89%ig. Ausbeute übergeführt. Analog entsteht (—)-**II** [F. 48 bis 49°, $[\alpha]_D^{25}$ —22,8 ± 1,0° (c = 2,168, W.)] aus (+)-**I**. (J. Amer. chem. Soc. **81.** 3805 bis 3806. 20/7. 1959. Lawrence, Kan., Univ., Dep. of Chem.) G. PÖTZSCHER. B 225

Murray Zanger, Calvin A. Vander Werf und **William E. McEwen,** *Kinetische Untersuchung der Spaltung quaternärer Phosphoniumhydroxyde.* (Vgl. vorst. Ref.) Die Rk. von p-monosubstituierten Tetrabenzylphosphoniumjodiden (**A**) mit NaOH in W.-Dimethoxyäthan (1:1) bei 38,9° ist eine Rk. 3. Ordnung, 1. in bezug auf das Phosphoniumkation u. 2. in bezug auf NaOH. Die Leichtigkeit der Eliminierung von Toluol (**I**) u./oder des p-substituierten Toluols (**B**) geht ihrer Stabilität als Anionen parallel u. wird von der Natur der am P-verbleibenden Gruppen beeinflußt. Die Geschwindigkeitskonstanten k_2 pseudo-2. Ordnung, die Mol.-% an eliminierten **I** (bzw. **B**), die partiellen Geschwindigkeitsfaktoren k = k_2·Mol.-% **I**/3·100 für die Abspaltung von **I** u. die Ausbeuten an Phosphinoxyd betragen: *p-Chlor-* k_2 = 13, 80 (Liter/Mol·Min.); 64,1% **I** (35,9% **B**); k = 2,95; 95%; *p-Methyl-* 2,05; 82,9 (17,1); 0,57; 90; *p-Methoxy-* 1,45; 93,3 (6,7); 0,45; 85; *p-Nitrobenzyltribenzylphosphoniumjodid* zu schnell zur Messung; 0,0 (100,0); —; 95 u. *Tetrabenzylphosphoniumjodid* 2,72; 75,0 (25,0); 0,68; 90. Für die Rk. von *Methyläthylphenylbenzylphosphoniumjodid* in Ggw. von 1,00n KCl bei 99,4° beträgt die Geschwindigkeitskonstante 3. Ordnung k_3 = 7,90 ± 0,24 Liter²/Mol²·Stunden. Als Mechanismus wird die Reaktionsfolge $R_4P^+ + OH^- \rightleftharpoons H_2O + R_4PO^-$ (schnell); $R_4PO^- \rightarrow R^- + R_3PO$ (langsam) u. $R^- + H_2O \rightarrow RH + OH^-$ (schnell) angenommen. (J. Amer. chem. Soc. **81.** 3806—07. 20/7. 1959.) G. PÖTZSCHER. B 225

C. F. H. Tipper und **D. A. Walker,** *Einige Reaktionen des Cyclopropans und ein Vergleich mit den niedrigeren Olefinen.* 3. Mitt. *Die Friedel-Crafts-Reaktion.* (2. vgl. J. chem. Soc. [London] **1955.** 2045.) Die Kinetik der FRIEDEL-CRAFTS-Rk. von *Bzl.*, *Toluol* (**III**) u. *Chlorbenzol* (**IV**) mit Cyclopropan (**I**) bzw. Propen (**II**) in Ggw. von $AlCl_3$ in Nitromethan oder Nitrobenzol wurde durch Messungen der **I**- bzw. **II**-Aufnahmegeschwindigkeit bei ca. 25° bestimmt. Spuren von W. u./oder HCl sind als Cokatalysatoren nötig. Für W. lag das Maximum der Reaktionsgeschwindigkeit (RG) bei 1 Mol W. pro 1 Mol $AlCl_3$. Als effektiver Katalysator wird daher $H^+AlCl_4^-$ bzw. $H^+AlCl_3OH^-$ angenommen. Die RG der Rk. mit **I** ist abhängig von den Konzz. an $AlCl_3$, Aromaten u. **I**, bei höheren Konzz. der Reaktionsteilnehmer fällt die Abhängigkeit von diesen fort u. RG ist nur noch von der $AlCl_3$-Konz. abhängig. Die RG der Rk. von **II** mit Bzl. fällt, wenn bei steigender Benzolkonz. diese einen bestimmten Wert überschreitet. Die Abhängigkeit der RG vom eingesetzten Aromaten bzw. vom Lösungsm. ist gegeben durch die Folge IV < Bzl. < III bzw. Nitrobenzol < Nitromethan. Zugabe von Ae. hat eine Verminderung der RG zur Folge. Aus den Ergebnissen wird auf ein Reaktionsschema geschlossen, das die Stabilität u. die Bildungs- bzw. Zerfallsgeschwindigkeit der Komplexe des $AlCl_3$ mit den Reaktionsteilnehmern u. dem Lösungsm. mit einbezieht. Die Gesamtaktivierungsenergien betragen für die Systeme $AlCl_3$, Bzl., I in CH_3NO_2 8,9, $AlCl_3$, Bzl., I in Nitrobenzol 10,2 u. $AlCl_3$, **III**, I in CH_3NO_2 10,9 kcal/Mol. (J. chem. Soc. [London] **1957**. 1199—1206. März. Liverpool, Univ., Dep. of Inorganic and Physical Chem.) R. ENGE. B 225

M. Szwarc und **L. Herk**, *Scheinbare Energieübertragung bei einigen unimolekularen Zersetzungen.* An Hand von Potentialenergieoberflächen zeigen Vff., daß bei unimol. Zerss. von Moll. der allg. Formel A—B—C, z. B. von *organ. Peroxyden*, 2 Reaktionswege möglich sind: 1. Das in der ersten Reaktionsstufe gebildete Radikal, A—B—C → A· + B·C (1), ist instabil u. zerfällt ohne Zufuhr von Aktivierungsenergie weiter in B + C. Hier wird bei Verlängerung der A—BC-Bindung gleichzeitig auch die B—C-Bindung so stark geschwächt, daß die exotherme Zers. von BC v o r dem vollständigen Bruch der A—B-Bindung beginnt; der Übergangszustand entspricht nicht dem für die Reaktionsgleichung (1), sondern für einen Zerfall in die 3 Bestandteile, die Aktivierungsenergie liegt daher niedriger als die erwartete Bindungsdissoziationsenergie. Diese Reaktionsart ist verwirklicht bei der Zers. von *Phenylacetyl-* u. *Trichloracetylperoxyd.* — 2. Erfordert der Zerfall von BC eine endliche Aktivierungsenergie, so verläuft die Umsetzung n. nach Gleichung (1). (J. chem. Physics **29**. 438—40. Aug. 1958. Syracuse, N. Y., Univ., Coll. of Forestry, Chem. Dep.) G. KRESZE. B 225

D. B. Peterson und **Gilbert J. Mains**, *Die Photolyse von Aceton in einigen fluorierten Lösungsmitteln. Aceton* (I), D_6-I u. ein Gemisch von I u. D_6-I in fl. Perfluordimethylcyclobutan (II) u. einem fl. cycl. Äther $C_8F_{16}O$ („Fluorchemical O-75") wurden der Photolyse (2537 Å) unterworfen, die gasförmigen Prodd. wurden massenspektrometr. bestimmt. Auf Grund der Isotopenverteilung in den Gasprodd. CH_4 u. C_2H_6 wird geschlossen, daß die photochem. Vers. nach einem für gasförmiges **I** analogen Wege erfolgt: $I \rightarrow CH_3 + COCH_3$; $CH_3 + COCH_3 \rightarrow CH_4 + CH_2CO$; $CH_3 + I \xrightarrow{k_4} CH_4 + CH_2COCH_3$; $CH_3 + CH_3 \xrightarrow{k_5} C_2H_6$. Das Verhältnis $R_{CH_4}/R_{C_2H_6}{}^{1/2}$ für die Bildungsgeschwindigkeit R von CH_4 u. C_2H_6 bei der Rk. in **II** ist linear von der I-Konz. abhängig; $k_4/k_5{}^{1/2}$ beträgt in Übereinstimmung mit den Werten von PIECK u. STEACIE (C. **1958**. 3847) $(1{,}2 \pm 0{,}1)\cdot 10^{-13}$ $cm^{1/2}/Mol^{1/2}$ $sec^{1/2}$. Mit Hilfe des $k_4/k_5{}^{1/2}$-Wertes für die Photolyse von gasförmigem I (vgl. TROTMAN-DICKENSON u. STEACIE, C. **1952**. 503) u. unter der Annahme, daß k_4 für die Rkk. im Gas u. Lsg. gleich ist, ergibt sich für den Unterschied der Aktivierungsenergie der Wert $E_5^{fl.} - E_5^{gas} = 3{,}4 \pm 0{,}3$ kcal/Mol, der auf Diffusionsvorgänge zurückgeführt wird. Als Ursache für die Abnahme der CO- u. C_2H_6-Quantenausbeute gegenüber der Rk. im Gaszustand werden Käfigeffekte oder wahrscheinlich besser Desaktivierung angeregter Acetylmoll. durch Lösungsmittelmoll. bei der Rk. $CH_3CO^* \rightarrow CH_3 + CO$ angenommen. — Hauptprodd. der Rk. in $C_8F_{16}O$ (H enthaltend) sind CH_4 u. CO, daneben entstehen in Spuren C_2H_6 u. Biacetyl. Die CH_4-Quantenausbeute ist in $C_8F_{16}O$ 17 mal größer als in **II**. In Ggw. von J_2 wird die Bldg. von CH_4 völlig, die von CO fast völlig unterdrückt. Dies wird nicht auf das Abfangen von Radikalen durch J_2, sondern ebenfalls auf Desaktivierung der angeregten Zustände durch Lösungsmittelmoll. zurückgeführt. (J. Amer. chem. Soc. **81**. 3510—15. 20/7. 1959. Pittsburgh, Pa., Carnegie Inst. of Technol., Dep. of Chem.) G. PÖTZSCHER. B 226

M. Barnard und **N. C. Yang**, *Nachbargruppeneffekte bei photochemischen Reaktionen.* Bei der 132 std. UV-Bestrahlung (2537 Å) einer 5%ig. Lsg. von Cyclodecanon in Cyclohexan wird infolge transannularer Wechselwrkg. zwischen CO-Gruppe u. dem 6 H-Atom in 35%ig. Ausbeute *9-Hydroxy-cis-dekalin* [F. 64—65° (Sublimation), $Kp._{12}$ 100—104°] gebildet. Unter ähnlichen Bedingungen entsteht aus Cyclohexanon *Cyclohexanol*, aus Cycloctanon *Cyclooctanol* u. ein *tert.-Bicyclooctanol* (*Phenylurethan*, F. 93—94°) unbekannter Struktur. (Proc. chem. Soc. [London] **1958**. 302. Nov. Chicago, Ill., Univ., Inst. of Org. Chem.) G. PÖTZSCHER. B 226

C. A. Parker, *Photoreduktion von Methylenblau und Thionin durch Eisen(II)-sulfat bei Blitzlichtbestrahlung.* Für die Photored. (orangerotes Blitzlicht) von *Methylenblau* (B) in verd. Lsgg. in 0,1 n H_2SO_4 in Ggw. von ca. 0,1 mol. $FeSO_4$ wird das nebenst. Reaktionsschema mit den Werten k_d = ca. $1{,}5\cdot 10^9$ u. k_1 = ca. $2{,}4\cdot 10^5$ [Liter·$Mol^{-1}\cdot sec^{-1}$] aufgestellt. Eine grobe Abschätzung der Reoxydationsgeschwindigkeit deutet auf wesentlich kleinere Werte für die Gleichgewichtskonz. des Semi-

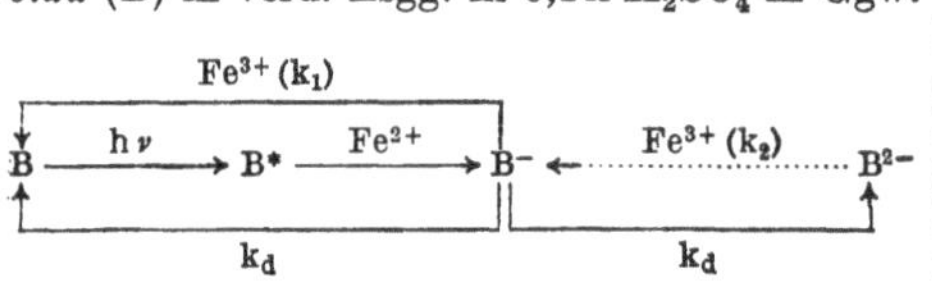

chinonradikals (B^-), als sie von MICHAELIS u. Mitarbeitern [1940] angegeben wurden. — Die Frage der Bldg. von B^- über den Triplett- oder angeregten Singulettzustand prüft Vf. am Beispiel der qualitativ ähnlichen Rk. von *Thionin*. Die Art der Abhängigkeit der Fluorescenzlöschung von der Fe^{2+}-Konz. zeigt, daß der Singulettzustand höchstens nur eine geringe Rolle spielt; wahrscheinlicher ist ein Reaktionsweg über den Triplettzustand. (Nature [London] **182**. 245—46. 26/7. 1958. Poole, Dorset., Holton Heath, Admiralty Materials Labor.) K. PRCHAL. B 226

Mostafa Amr El-Sayed, Peder J. Estrup und **Richard Wolfgang,** *Mechanismus der Reaktion von Rückstoßwasserstoff in der Gasphase.* Vff. haben die Rkk. des durch die Kern-Rkk. $^6Li(n, \alpha)^3H$ u. $^3He(n, p)^3H$ gebildeten Tritiums (2,78 bzw. 0,18 MeV) mit *CH_4* u. *C_2H_6* unter verschied. Bedingungen untersucht. Im Fall des CH_4 reagiert über die Hälfte des T unter Bldg. von CH_3T, unabhängig davon, ob ^6Li oder ^3He als T-Quelle diente u. unabhängig vom Druck des CH_4. Durch Temperaturerhöhung (ca. 200°) wird die Verteilung der Aktivität auf die Reaktionsprodd. nicht geändert, wenn die Bestrahlungsdosis klein ist. Bei hohen Neutronenflüssen ($2\cdot10^{12}$ $cm^2\cdot sec$) besteht dagegen ein Einfl. der Temperatur. Zugabe von J_2 oder Br_2 als Radikalfänger bewirkt eine Verringerung der Bldg. von höheren, T-haltigen KW-stoffen bei geringer Abnahme der CH_3T-Ausbeute. Die gebildete HT-Menge wird durch diese Zusätze halbiert. Im Falle der Rkk. mit C_2H_6 ist C_2H_5T das Hauptprod. neben HT u. CH_3T. Vff. vermuten auf Grund dieser Ergebnisse eine einstufige Austausch-Rk. als prim. Schritt. Die so gebildeten, T-enthaltenden Molekülarten können dann, nach Abbremsung, therm. Rkk. eingehen. Diese Rkk. werden dann durch die Radikalfänger beeinflußt. Eine Übersicht über diese Reaktionsmöglichkeiten wird gegeben. Den Mechanismus diskutieren Vff. unter Berücksichtigung der experimentellen Befunde u. vergleichen ihn mit entsprechenden Rkk. in der kondensierten Phase. Ergänzend hierzu werden Betrachtungen über den Ladungszustand der Rückstoßatome durchgeführt. (J. physic. Chem. **62**. 1356—63. Nov. 1958. New Haven, Conn., Yale Univ., Sterling Chem. Labor.)
H.-U. WOELK. B 226

Paul Y. Feng und **Ahren Jacobson,** *Durch Strahlung ausgelöste Austauschreaktion zwischen Diäthylsulfat und markierter Schwefelsäure: eine mögliche Ionenreaktion.* Durch die Strahlung von ^{60}Co wird das Ausmaß der Austausch-Rk. zwischen *Diäthylsulfat* (I) u. *$H_2{}^{35}SO_4$* erheblich vergrößert. Die Rk. verläuft entweder über ionisiertes **I** bzw. über Dissoziationsprodd. (wie $C_2H_5{}^+$) oder über $C_2H_5\cdot\cdot$ u. $^{35}SO_4$:-Radikale. (Nature [London] **183**. 251—52. 24/1. 1959. Chicago, Ill., Armour Res. Found., Physics Res. Dep.)
B. GNAUCK. B 226

F. W. Stacey, J. C. Sauer und **B. C. McKusick,** *Die durch Strahlung hervorgerufene Isomerisation von N-Alkyl-N-vinylsulfonamiden.* Unter Wrkg. von ionisierender Strahlung (Röntgen-, Elektronenstrahlen) findet Isomerisation von N-Alkyl-N-vinylsulfonamiden zu den isomeren N-Alkyl-2-sulfonylvinylaminen statt. Die erhaltenen Prodd. wurden durch Elementaranalyse, IR-, UV- u. protonenmagnet. Resonanzspektren sowie durch Unterss. der Hydrolysenprodd. bestimmt. *N-n-Butyl-N-vinyl-p-toluolsulfonamid* verhält sich anomal, es gibt N-[2.4-Bis-(p-toluolsulfonyl)-butadienyl-(1)]-n-butylamin ($C_{22}H_{27}NO_4S_2$, aus Äthylacetat, F. 190,5—191°). Die Rk. wird durch Triäthylamin, Äthandithiol-(1.2), Thiophenol, Butyraldehyd oder Styrol inhibiert. Vff. diskutieren daher einen Radikalkettenmechanismus für die Umlagerung, bei dem abwechselnde Addition u. Eliminierung von RSO_2-Radikalen erfolgt. Das Ausmaß der Isomerisierung hängt vom Aggregatzustand ab, so findet bei *N-Methyl-N-vinylbenzolsulfonamid* (I) u. *N-Methyl-N-vinyl-p-toluolsulfonamid* Isomerisation schneller im krist. Zustand als in Lsg. statt. Dagegen wird *N-Methyl-N-α-styryl-p-toluolsulfonamid* im krist. Zustand prakt. nicht angegriffen. Vff. erklären diese Unterschiede mit der verschiedenartigen Orientierung der Moll. im Kristall.

Versuche: Durch direkte Vinylierung der entsprechenden N-Alkylsulfonamide wurden folgende Sulfonamide hergestellt: *N-Methyl-N-vinylbenzol-*(I), F. 34 bis 35°, $Kp._2$ 118°, n_D^{25} 1,5473; 67% (Ausbeute); *N-Methyl-N-vinyl-p-toluol-*, F. 56—56,5°, $Kp._3$ 120—123°; 45%; *N-Butyl-N-vinyl-p-toluol-*, $Kp._{0,1}$ 120—130°, n_D^{22} 1,5280; 43%; *N-Methyl-N-vinylbutan-*, $Kp._2$ 100°, n_D^{22} 1,4691; 83%; *N-Methyl-N-vinylmethan-*, $Kp._{0,5}$ 39°, n_D^{25} 1,4705; 55%. — *cis-* u. *trans-N-Methyl-N-β-styryl-p-toluolsulfonamid*, F. 55—57° (Methanol) bzw. F. 106—107° (A.; Zuordnung unsicher), durch 5std. Schütteln bei 180° im Druckgefäß von N-Methyl-p-toluolsulfonamid, Phenylacetylen u. wss. KOH; Isomerentrennung durch Dest. ($Kp._1$ 172—180° bzw. $Kp._4$ 168—172°). — *N-Methyl-N-α-styryl-p-toluolsulfonamid*, F. 82—83° (A.), durch Zugabe von p-Toluolsulfonylchlorid in Pyridin zu β-Phenyl-β-N-methylaminoäthanol in Pyridin bei 40—45°, Stehen bei Raumtemp. (→ *Ditosylat*, $C_{23}H_{25}NO_5S_2$, aus absol. A., F. 103—104°; 32%) u.

Behandeln dieser Verb. mit alkoh. KOH; 75%. — *N-Methyl-N-vinyl-β-naphthalinsulfonamid*, Kp.$_{0,05}$ 150—160°, aus N-Methyl-β-naphthalinsulfonamid u. Äthylenoxyd unter Kühlung (→ *N-Methyl-N-[2-hydroxyäthyl]-β-naphthalinsulfonamids*, F. 58,5—62°), Tosylierung des Alkohols (*Tosylat*, $C_{20}H_{21}NO_5S_2$, F. 87,5—8,85°) u. Behandeln dieser Verb. mit alkoh. KOH. — *N-Methyl-2-phenylsulfonylvinylamin* (II), F. 130—131° (Äthylacetat), a) durch Oxydation von Phenylmercaptoacetaldehyddiäthylacetal (Kp.$_2$ 93°, aus Chloracetal u. Na-Thiophenolat; 60%) mit Peressigsäure zum Sulfon, Verseifung mit alkoh. HCl zum *Phenylsulfonylacetaldehyd* [*2.4-Dinitrophenylhydrazon* (IV), F. 172—175°] u. dessen Rk. mit Methylamin; b) durch Bestrahlung von I. — *1-Phenyl-3-methyl-3-[2-phenylsulfonylvinyl]-harnstoff*, F. 145—148°, aus II in Bzl. u. Phenylisocyanat. — Durch Bestrahlung der Sulfonamide analog I wurden folgende A m i n e dargestellt: *N-Methyl-2-[p-tolylsulfonyl]-vinyl-*, F. 122—123°; *N-Butyl-2-[p-tolylsulfonyl]-vinyl* (III), nichtkrist.; *N-Methyl-β-[p-tolylsulfonyl]-α-styryl-*, F. 105—106°; *N-Methyl-2-[β-naphthylsulfonyl]-vinyl-*, F. 134—136°. — Behandlung der Hydrolysenprodd. von II u. III mit 2.4-Dinitrophenylhydrazin ergab IV, bzw. *p-Tolylsulfonylacetaldehyd-2.4-dinitrophenylhydrazon*, $C_{15}H_{14}N_4O_6S$, F. 182—184° (Bzl.). (J. Amer. chem. Soc. **81.** 987—92. 20/2. 1959. Wilmington, Del., E. I. du Pont de Nemours & Co., Central Res. Dep., Exper. Stat.) R. UNGER. B 226

Ch. M. Minatschew, N. I. Schuikin, L. M. Feofanowa und **Ju. P. Jegorow,** *Umwandlungen von n-Nonan an platiniertem Aluminiumsilicat bei erhöhter Temperatur und erhöhtem Wasserstoffdruck im kontinuierlichen System.* Es werden die Umwandlungen von *n-Nonan* (I; Kp. 149,5—150,6°, durch Dehydratisierung von n-Nonylalkohol u. Hydrierung an Skelett-Ni; $D.^{20}_4$ 0,7178; n_D^{20} 1,4059) am Pt-Aluminiumsilicatkontakt bei 400° u. 360° in Ggw. von 20 at H_2 untersucht. Bei 400° ist die Konversion vollständig, Haupt-Rkk. sind Isomerisierung, hydrierende Spaltung u. Dehydrocyclisierung. Bei 360° wird I zu ca. 70% konvertiert, der Grad der hydrierenden Spaltung ist bedeutend kleiner. An Aluminiumsilicat allein wird I nur zu 14% verändert. — Es werden erhalten: bei 400°, A (360°, B) [am Aluminiumsilicatkontakt C]: KW-stoffe Kp. < 25°: 18,2%; Isopentan: 15,7% (10,0%); n-Pentan: 19,3% (7,6%); Isoparaffine: 46,3% (63,0%) [14,2%]; Aromaten: 10,2% (Spuren) [Spuren]. Die erhaltenen Gase bestanden bei A (B) aus 62% (70%) Propan u. 37% (30%) Butan. — 10 g der aus A erhaltenen Aromatenfraktion bestand aus: 0,6 g Kp. 92—109°; 1,6 g Toluol; 0,7 g Kp. 112—135°; 1,6 g Kp. 135—147° (5% o-, 30% p- u. 65% m-Xylol); 0,42 g Kp. 147—151°; 4,1 g Kp. 151—165,3° (hauptsächlich Pseudocumol, daneben 1-Methyl-2-äthylbenzol, 1-Methyl-3-äthylbenzol, möglicherweise Mesitylen). — Die Paraffinfraktion des Katalysats A (B) [C] besteht aus (identifizierte Prodd. in Gew.-% des Katalysats): Kp. 50—60° (2.2-Dimethylbutan), 0,2 (0,1); Kp. 60—65° (2-Methyl- u. 3-Methylpentan) 6,9 (3,7); Kp. 65—70°, (n-Hexan) 2,1 (1,2); Kp. 90—100°, (n-Heptan) 1,6 (1,2); Kp. 125—135°, (vor allem 2.6-Dimethylheptan) 1,8 (4,5) [2,2]; Kp. 135—140°, (mono- u. disubstituierte C_9-KW-stoffe) 2,2 (8,4) [2,1]; Kp. 140—145°, (vor allem monosubstituierte C_9-Alkane) 1,8 (25,6) [4,5]; Kp. 145—149°, (monosubstituierte C_9-Alkane u. I) (5,3) [10,9]. (Известия Академии Наук СССР, Отделение Химических Наук [Nachr. Akad. Wiss. UdSSR, Abt. chem. Wiss.] **1957.** 1218—22. Okt. Akad. der Wiss. der UdSSR, Zelinsky-Inst. für Chem.) HELMUT SCHÄFER. B 227

Frederick R. Jensen und **Herbert C. Brown,** *Die katalysierenden Halogenide.* 22. Mitt. *Wirkung verschiedener Friedel-Crafts-Katalysatoren auf die Geschwindigkeiten und die Kinetik der Reaktion von Benzoylchlorid mit Aromaten.* (21. vgl. J. Amer. chem. Soc. **80.** [1958.] 2291; 20. vgl. C. **1957.** 10443; 24. vgl. C. **1959.** 9186.) Kinet. verfolgt wurde die Benzoylierung von *Bzl.*, *Toluol* (I), *p-Xylol* (II) bzw. *Chlorbenzol* (III) in Ggw. verschied. Katalysatoren bei 25° mit *Benzoylchlorid* (IV), die Rk. von III in Ggw. von $GaCl_3$ wurde ferner zwischen 25,0 u. 52,4° (E 15,4 [kcal/Mol], log A 7,68 [Liter/Mol·Min.], $\Delta H^{\neq}$ 14,8 [kcal/Mol], $\Delta S^{\neq}$ — 25,4 [cal/Grad·Mol]), die von I in Ggw. von $SnCl_4$ zwischen 25,0 u. 49,9° (E 10,9, log A 2,30 [Liter²/Mol²·Min.], $\Delta H^{\neq}$ 10,3, $\Delta S^{\neq}$ — 48,0) untersucht. Folgende k-Werte (in Liter/Mol·Min., bei 25°) wurden erhalten: III mit $SbCl_5$ 0,0386, $FeCl_3$ 0,017, $GaCl_3$ 0,0148, I mit $SnCl_4$ $9,3 \cdot 10^{-4}$ bzw. BCl_3 $2,1 \cdot 10^{-4}$. Hieraus ergeben sich folgende Relativgeschwindigkeiten (bezogen auf $AlCl_3$ = 1) für die Metallchloride ($MeCl_n$) in obiger Folge: 1300, 570, 500, 1/350, 1/1600. $SbCl_5$, $FeCl_3$ u. $GaCl_3$ reagieren also viel schneller als $AlCl_3$, die kinet. Gleichung $v = (k_3/[MeCl_n]_0) \cdot [MeCl_n]^2[ArH]$ wird in Ggw. dieser Chloride erfüllt; ArH: aromat. KW-stoff, $[MeCl_n]_0$: Anfangskonz. an Metallchlorid. Für die langsam ablaufenden Rkk. in Ggw. von $SnCl_4$ u. BCl_3 gilt anscheinend die früher (vgl. J. Amer. chem. Soc. **80.** [1958.] 2296 u. früher) für $AlCl_3$ ermittelte Gleichung $v = k_2[MeCl_n][ArH]$. In Ggw. begrenzter Mengen des Aromaten (I) läuft die Rk. mit $GaCl_3$ schnell bis zur vollständigen Umsetzung ab. Mit überschüssigem Aromaten geht die Rk. nach der schnellen Bldg. eines Mols Keton pro Mol $GaCl_3$ langsam weiter. Die Rkk. von Bzl.,

I u. II in Ggw. von $GaCl_3$ bzw. $SbCl_5$ konnten wegen ihrer hohen Geschwindigkeit nicht kinet. verfolgt werden. In Ggw. von $SbCl_3$ wurde nach 4 Tagen Einw. bei 25° nur eine Ausbeute von 0,2% Keton erhalten. Auf Grund der Ergebnisse vermuten Vff., daß die Keton–$SnCl_4$-Additionsverb. in verd. IV-Lsg. weitgehend dissoziiert ist, bes. bei höheren Tempp. (90°). Dem entspricht auch das Entweichen von $SnCl_4$ aus seiner Lsg. in IV. Hier gilt vielleicht dann der kinet. Ausdruck $v = k_3[SnCl_4][IV][ArH]$. Der hohe Wert für $\Delta S^{\ddagger}$ (— 48,0) der Rk. in Ggw. von $SnCl_4$ wird mit der geringen Assoziationsneigung von $SnCl_4$ u. IV u. der damit verbundenen Abnahme der Entropie der Komplexbldg. erklärt. Auch BCl_3 scheint keine stabilen Komplexe mit IV zu bilden. IR-spektroskop. bestimmt wurden die Isomerenverteilungen bei der Rk. mit I: $GaCl_3$ 9,6% (o-Methylbenzophenon [+ 90,4% m- u. p-Verb.]), $FeCl_3$ 8,9, $SbCl_5$ 9,2, $SnCl_4$ 8,6, BCl_3 7—8. Die Folge der Reaktionsfähigkeit $AlCl_3 > SnCl_4 > BCl_3$ entspricht der Abnahme der relativen Stärke dieser LEWIS-Säuren. Unerwartet sind dagegen die hohen Reaktionsgeschwindigkeiten mit $SbCl_5$, $FeCl_3$ u. $GaCl_3$. Diese bilden (wie $AlCl_3$) stabile 1 : 1-Verbb. mit IV; die vollständige kinet. Gleichung muß daher lauten: $v = k[IV \cdot MeCl_n]^2[ArH]/[IV \cdot MeCl_n]_0$. Zur Erklärung des quadrat. Ausdrucks wird angenommen, daß die 1 : 1-Additionsverb. im folgenden Gleichgewicht steht: $2\,IV \cdot MeX_n \rightleftharpoons IV \cdot Me_2X_{2n} + IV$. Bei $AlCl_3$ (als starker LEWIS-Säure), dessen Komplexverbb. sehr stabil sind, hat die 1 : 2-Komplexverb. kinet. keine Bedeutung, da außerdem die Affinität von Al zu O im Oxiniumsalz $C_6H_5(Cl)C{-}O : AlCl_3$ viel größer ist als zu Cl; wohl aber tritt der 1 : 2-Komplex bei den etwas schwächeren LEWIS-Säuren $SbCl_5$, $FeCl_3$ u. $GaCl_3$ in größerem Umfang auf. Hier laufen also offenbar zwei Reaktionswege nebeneinander ab: über den 1 : 1- bzw. über den 1 : 2-Komplex. Aus der Ähnlichkeit der Isomerenverteilungen wird geschlossen, daß eine gemeinsame Zwischenstufe bei der Rk. aller Metallchloride auftritt, vermutlich $C_6H_5CO^+$, das in der Substitutionsstufe gemäß $ArH + C_6H_5CO^+ \rightarrow C_6H_5COArH^+$ reagiert. (J. Amer. chem. Soc. **80**. 3039—47. 20/6. 1958. Lafayette, Ind., Purdue Univ., Richard B. Wetherill Labor.) B. GNAUCK. B 227

Ju. K. Jurjew und **G. Ja. Kondratjewa,** *Katalytische Umwandlungen heterocyclischer Verbindungen.* 47. Mitt. *Mechanismus der katalytischen Dehydratation von 2.2.5.5-Tetramethylfuranidin.* Bei der Dehydratisierung von 2.2.5.5-Tetramethylfuranidin in Ggw. von Al_2O_3 u. H_2S entsteht intermediär 2.5-Dimethyl-2-mercaptohexanol-(5), in Ggw. von Al_2O_3 u. Wasserdampf bei 350° 2.5-Dimethylhexandiol-(2.5). Endprodd. der Dehydratisierung sind nach Abspaltung von 2 Mol W. bzw. 1 Mol W. u. 1 Mol H_2S aus vorst. Verbb. *2.5-Dimethylhexadien-(2.4)* (I) u. *2.5-Dimethylhexadien-(1.5)* (II). Die Dehydratisierung von 2.2.5.5-Tetramethylfuranidin in Abwesenheit von H_2S bzw. Wasserdampf führt zu einem nur schwer trennbaren Gemisch von ungesätt. KW-stoffen. Bei der katalyt. Dehydratisierung von 2.5-Dimethylhexandiol-(2.5) in Ggw. von Al_2O_3 u. Wasserdampf erhält man hauptsächlich I neben II.

Versuche: *2.5-Dimethylhexadien-(2.4)* (I; *Diisocrotyl*), C_8H_{14}, Kp.$_{750}$ 133—134°, a) durch Leiten von 2.2.5.5-Tetramethylfuranidin (0,5 ml/Min.) u. Wasserdampf im N_2-Strom über Al_2O_3 bei 350° u. fraktionierte Dest. des Katalysats; $D._4^{20}$ 0,7630; n_D^{20} 1,4780; 50% (Ausbeute), b) durch Leiten von 2.5-Dimethylhexandiol-(2.5) im N_2-Strom über Al_2O_3 bei 350° u. fraktionierte Dest. des Katalysats; 60%. *2.5-Dimethylhexadien-(1.5)* (II; *Diisobutenyl*), C_8H_{14}, Kp.$_{750}$ 113—114°, aus dem Dest. des Katalysats a) $D.^{20}_4$ 0,7450; n_D^{20} 1,4290; 18%. (Журнал Общей Химии [J. allg. Chem.] **26** (**88**). 275—79. Jan. 1956. Moskau, Univ.) R. DORNACHER. B 227

Ju. K. Jurjew, Je. M. Lukina, Ju. M. Polikarpow und **W. P. Wolkow,** *Katalytische Umwandlungen heterocyclischer Verbindungen.* 48. Mitt. *Gewinnung von 3-Isoamyl-, 3-Hexyl- und 3-p-Tolyltetrahydrothiophen aus den entsprechenden Tetrahydrofuranen.* (47. vgl. vorst. Ref.) *3-Isoamyl-, 3-n-Hexyl-* u. *3-p-Tolyltetrahydrofuran* werden durch Rk. der entsprechenden Organomagnesiumverbb. mit Tetrahydrofuranon-(3) (I), Dehydratiserung der erhaltenen tert. Alkohole u. katalyt. Hydrierung der Dehydratisierungsprodd. dargestellt. Die in der 1. Stufe erhaltenen *3-Hydroxy-3-alkyltetrahydrofurane* lassen sich schwerer als 3-Hydroxy-3-aryltetrahydrofurane zu den entsprechenden *3-Alkyldihydrofuranen* dehydratisieren. Die 3-Alkyl (p-Tolyl)-tetrahydrofurane werden durch Überleiten mit H_2S über Al_2O_3 bei 350° in *3-Isoamyl-, 3-n-Hexyl-* u. *3-p-Tolyltetrahydrothiophen* übergeführt. Bei der katalyt. Umwandlung von 3-p-Tolyltetrahydrofuran in *3-p-Tolyltetrahydrothiophen* entsteht als Nebenprod. über 1-Hydroxy-2-p-tolylbutanthiol-(4) *2-p-Tolylbutadien-(1.3)*, das unter den Reaktionsbedingungen partiell zu *2-p-Tolylbuten-(1)* u. *2-p-Tolylbuten-(2)* hydriert wird.

Versuche: *3-Hydroxy-3-isoamyltetrahydrofuran*, $C_9H_{18}O_2$, Kp.$_3$ 86—87°, Kp.$_{10}$ 105—105,5°, aus I u. Isoamyl-MgBr in Ae.; $D.^{20}_4$ 0,9626; n_D^{20} 1,4549; 46% (Ausbeute). — *3-Isoamyldihydrofuran*, $C_9H_{16}O$, K.$_{10}$ 61,5—62,5°, durch Dest. von 23 g vorst. Verb. mit

0,05 g p-Toluolsulfonsäure; $D.^{20}_4$ 0,8911; n_D^{20} 1,4522; 71%. — *3-Isoamyltetrahydrofuran*, $C_9H_{18}O$, $Kp._{20}$ 74,5—75°, durch Hydrierung vorst. Verb. in Ggw. von PtO_2 in absol. A., Behandeln des Hydrierungsprod. mit Br_2 in Chlf. u. fraktionierte Dest.; $D.^{20}_4$ 0,8609; n_D^{20} 1,4350; 65%. — *3-Isoamyltetrahydrothiophen*, $C_9H_{18}S$, $Kp._{10}$ 87—88°, durch Rk. vorst. Verb. mit H_2S in Ggw. von Al_2O_3 bei 350°; $D.^{20}_4$ 0,9196; n_D^{20} 1,4868. *$HgCl_2$-Verb.*, $C_9H_{18}Cl_2HgS$, F. 104,5—105,5° (A.). — *3-Hydroxy-3-n-hexyltetrahydrofuran*, $C_{10}H_{20}O_2$, $Kp._3$ 102—103°; aus I u. n-Hexyl-MgBr in Ae.; $D.^{20}_4$ 0,9556; n_D^{20} 1,4570; 49,5%. — *3-n-Hexyldihydrofuran*, $C_{10}H_{18}O$, $Kp._{10}$ 86—87°, durch Dest. von 2 g vorst. Verb. mit 0,1 g p-Toluolsulfonsäure; $D.^{20}_4$ 0,8753; n_D^{20} 1,4545; 79%. — *3-n-Hexyltetrahydrofuran*, $C_{10}H_{20}O$, $Kp._{10}$ 83,5—84,5°, durch Hydrierung vorst. Verb. in Ggw. von PtO_2 in absol. A., Behandeln mit Br_2 in Chlf. u. Dest. über Na; $D.^{20}_4$ 0,8647; n_D^{20} 1,4428; 68%. — *3-n-Hexyltetrahydrothiophen*, $C_{10}H_{20}S$, $Kp._{16}$ 121—122°, durch Rk. vorst. Verb. mit H_2S in Ggw. von Al_2O_3 bei 350°; $D.^{20}_4$ 0,9170; n_D^{20} 1,4870; 57%. *$HgCl_2$-Verb.*, $C_{10}H_{20}Cl_2HgS$, F. 98—99° (A.). — *3-Hydroxy-3-p-tolyltetrahydrofuran*, $C_{11}H_{14}O_2$, $Kp._3$ 123—123,5°; $D.^{20}_4$ 1,1230; n_D^{20} 1,5492; 50%. — *3-p-Tolyldihydrofuran*, $Kp._3$ 102—105°, F. 65—66° (absol. A.), durch 1½std. Erhitzen von 26,5 g vorst. Verb. mit 0,25 g Jod auf 210—220°; 89%. — *3-p-Tolyltetrahydrofuran*, $C_{11}H_{14}O$, $Kp._4$ 95—95,5°; $D.^{20}_4$ 1,0156; n_D^{20} 1,5312; 67,5%. — *3-p-Tolyltetrahydrothiophen*, $C_{11}H_{14}S$, $Kp._4$ 127,5 bis 128,5°; $D.^{20}_4$ 1,0645; n_D^{20} 1,5847; 51% [*$HgCl_2$-Verb.*, $C_{11}H_{14}Cl_2HgS$, F. 128,5—129° (A.)]. Daneben *2-p-Tolylbuten-(1)*, $C_{11}H_{14}$, $Kp._{12}$ 80—84°; $D.^{20}_4$ 0,8938; n_D^{20} 1,5288; u. *2-p-Tolylbuten-(2)*, $C_{11}H_{14}$, $Kp._{12}$ 93—98°; $D.^{20}_4$ 0,8994; n_D^{20} 1,5386. (Журнал Общей Химии [J. allg. Chem.] **26** (**88**). 553—57. Febr. 1956.) R. DORNACHER. B 227

C. Präparative organische Chemie. Naturstoffe.

F. D. Gunstone und **L. J. Morris,** *Fettsäuren.* 5. Mitt. *Anwendungen der cis-Hydroxylierung nach Woodward auf langkettige Olefinverbindungen.* (4. vgl. C. **1957.** 7327.) Die cis-Hydroxylierung langkettiger Olefine nach WOODWARD (vgl. C. **1955.** 10814) mit J_2 u. Ag-Acetat (I) erfolgt in 3 Stufen. J_2 u. I reagieren mit dem Olefin bei Raumtemp. unter trans-Addition zu *Jodacetaten*, die mit I in Essigsäure in Ggw. von 1 Äquivalent W. unter fast völliger Inversion ein *Gemisch von Mono-* u. *Diacetaten* liefern. Die *cis-Diole* entstehen daraus durch Hydrolyse in guten Ausbeuten. Aus Tetramethyläthylen, Phenanthren, Ximeninsäuremethylester, Ricinstearolsäuremethylester u. Stearolsäure werden auf diesem Wege jedoch keine Diole erhalten.

V e r s u c h e : c i s - D i o l e , durch ½std. Schütteln von 0,01 Mol Olefin, 0,022 Mol I u. 0,01 Mol J_2 in Eisessig bei ca. 20°, 1std. Kochen nach Zugabe von Essigsäure u. 0,011 Mol W. u. 1std. Kochen des Reaktionsprod. mit 3n wss.-alkoh. KOH: aus *Ölsäuremethylester* oder *Ölsäure*, F. 130—132°; 89 bzw. 56% (Ausbeute). — Aus *Elaidinsäuremethylester* oder *Elaidinsäure*, F. 94—94,5°; 91 bzw. 85%. — Aus *Oleylalkohol*, F. 126°; 81%. — Aus *Elaidylalkohol*, F. 82,5—83,5°; 79%. — Aus *Cyclohexen*, F. 94—97°, durch 4½std. Schütteln; 41%. — Aus *Acenaphthylen*, $C_{12}H_{10}O_2$, F. 203—208°, durch 2std. Schütteln, 28%. — Aus *Olivenöl*, F. 131—132°; 83—97%. — Aus *Castoröl Diol vom F. 108—111°*; 30%; u. *vom F. 135—137°*; 7%. — Aus *Undecensäuremethylester*, F. 84 bis 87,5°, durch Schütteln über Nacht u. 2½std. Kochen; 42%. — Aus *Hexadecensäuremethylester*, F. 126—128°; 62%. — Aus *Linolsäuremethylester Diol vom F. 173°*; 14%; u. *vom F. 163—165*; 15%. (J. chem. Soc. [London] **1957.** 487—90. Jan. St. Andrews, Univ., Chem. Dep.) W. SCHULENBURG. 460

Ss. W. Sjawzillo, W. I. Ssawuschkina und **Je. M. Shernowskaja,** *Synthese von 2-Äthylanthron und 2-Äthyl-10-oxanthron mit markiertem ^{14}C im Kern und Untersuchung einiger Eigenschaften.* Die Red. von im Kern ^{14}C-markiertem 2-Äthylanthrachinon (II) mit Sn/HCl führt zu *2-Äthylanthron* (I), das über das 10-Bromderiv. in *2-Äthyl-10-oxanthron* (III) umgewandelt wird. III ist im festen Zustand stabil; in Bzl., A. oder alkal. Lsg. tritt leicht Isomerisierung zu *2-Äthylanthrahydrochinon* ein, das an der Luft zu II oxydiert wird. Die katalyt. Hydrierung von I liefert *2-Äthylanthracen* (IV) u. II, das vermutlich durch Isomerisierung von I zu 2-Äthylanthranol u. dessen Oxydation durch Luft–O_2 gebildet wird. Aus III werden über RANEY-Ni I, II, IV, *2.2'-Diäthyl-10.10'-dihydrodianthron* (V) u. *1.2.3.4-Tetrahydro-2-äthylanthrachinon* erhalten. V bildet das Hauptprod. der Oxydation von I durch atomaren O (aus H_2O_2 u. RANEY-Ni); III wird unter gleichen Bedingungen nicht angegriffen.

V e r s u c h e (alle Verbb. sind im Kern mit ^{14}C markiert): *2-Äthylanthron* (I), $C_{16}H_{14}O$, F. 60—62°, durch Zutropfen von konz. HCl zu II u. Sn in sd. Eisessig, ½std. Kochen, Verdünnen mit W. u. Ausäthern; aus PAe. Nadeln; 49% (Ausbeute). — *2-Äthylanthranolacetat*, $C_{18}H_{16}O_2$, F. 90—92°, durch 2std. Kochen von I in Eisessig–Pyridin;

citronengelb. — *2-Äthyl-10-bromanthron*, $C_{16}H_{13}BrO$, F. 90—91°, durch Zutropfen von Br_2 zu I in CS_2 bei anfangs —8, dann —20° u. Kühlen auf —60°; aus PAe. Blättchen; 78%. — *2-Äthyl-10-oxanthron* (III), $C_{16}H_{14}O_2$, F. 92—93°, durch Lösen vorst. Verb. in 75% ig. wss. Aceton, Verdünnen mit der 10fachen Menge W. u. 2—3std. Stehen; aus Bzl. Nadeln; 59%. — *2-Äthylanthracen* (IV), F. 155—156°, a) durch 20std. Hydrieren von I in Bzl. über RANEY-Ni; daneben *2-Äthylanthrachinon* (II), F. 104—106°; b) analog aus III; daneben I, II, *2.2'-Diäthyl-10.10'-dihydrodianthron* (V), F. 190—192° u. *1.2.3.4-Tetrahydro-2-äthylanthrachinon*, F. 165—166°. (Журнал Общей Химии [J. allg. Chem.] **28** (**90**). 1752—55. Juli 1958.) H.-E. TOUSSAINT. 480

William G. Dauben, Yoshio Ban und **John H. Richards,** *Die Biosynthese des Triterpens Eburicosäure: Die Verwendung von methylmarkiertem Acetat.* *¹⁴C-Eburicosäure* (III) wurde in 53% ig. Ausbeute erhalten, indem P. sulfureus auf einer Standardlsg. wuchs, die $^{14}C_{(2)}$-Na-Acetat (I) enthielt, das zu 5,1% eingebaut wurde. III wurde in *^{14}C-3-Acetoxy-$\Delta^{8.24,28}$-eburicodien-21-säuremethylester* (II) übergeführt, dessen Methylengruppe an $C_{(24)}$ durch Ozonisierung als inakt. *HCHO* abgespalten wurde. In III wurde die OH-Gruppe durch OPPENAUER-Oxydation u. folgende WOLFF-KISHNER-Red. entfernt. Bei der partiellen Hydrierung des Reaktionsprod. wird *^{14}C-Δ^8-Eburicen-21-säure* erhalten, die den SCHMIDTschen-Abbau unter milderen Bedingungen gab, als III unterworfen werden konnte. Das gefundene *$^{14}CO_2$* besaß 76% der zu erwartenden Aktivität. Zum Abbau der gemessenen Dimethylgruppe ($C_{(30)}$ u. $C_{(31)}$) wurde III der früher beschriebenen Retropinakolinumlagerung u. Oxydation (vgl. C. **1959.** 8420) unterworfen u. das abgespaltene *^{14}C-Aceton* in *$^{14}CHJ_3$* übergeführt, das 72% der maximalen Aktivität besaß. Die Abbauergebnisse zeigen, daß $C_{(4)}$, $C_{(11)}$ u. $C_{(12)}$ in III aus der Carboxylgruppe von I u. $C_{(21)}$, $C_{(30)}$ u. $C_{(31)}$ aus der Methylgruppe stammen.

Versuche: *^{14}C-3-Acetoxy-28-nor-7.11.24-triketo-Δ^8-eburico-21-säuremethylester*, F. 194—195,6°, aus II durch Ozonolyse in Eisessig u. anschließende Oxydation mit CrO_3; 30% (Ausbeute); daneben 67% *HCHO* (*Dimedonderiv.*, F. 190,2—191°). — *^{14}C-$\Delta^{8.24,28}$-Eburicodien-3-on-21-säure*, F. 225—226° (A.), aus ^{14}C-3-Hydroxy-$\Delta^{8.24,28}$-eburicodien-21-säure, Cyclohexanon u. Al-tert.-Butylat durch 6½std. Kochen in Dioxan u. Eingießen in 2n H_2SO_4; 84,3%. — *^{14}C-$\Delta^{8.24,28}$-Eburicodien-21-säure*, F. 252—253° (A.), aus vorst. Verb. durch 1std. Kochen mit N_2H_4, KOH u. Diäthylenglykol, Abdest. von N_2H_4 u. 4½std. Erhitzen auf 205°; 69%. — ^{14}C-*Δ^8-Eburicen-21-säure*, $C_{31}H_{52}O_2$, F. 270 bis 271° (A.), aus vorst. Verb. in A. durch Hydrieren bei Raumtemp. in Ggw. von Pd-Kohle (70 Min.) u. Reinigung an Fluorex XXS; $[\alpha]_D^{20}$ +52,2° (c = 3,0; Pyridin); 65%. Gibt in Chlf. durch Rühren mit 100% ig. H_2SO_4 u. NaN_3 (3 Std. bei 50—65°, 4 Std. bei Raumtemp.) unter Einleiten von N_2 *$^{14}CO_2$* (*$Ba^{14}CO_3$*; 92%). — *^{14}C-3-Keto-A-nor-Δ^8-eburicen-21-säuremethylester-2.4-dinitrophenylhydrazon*, F. 225—226° (Zers.), aus 3-[2-Hydroxypropyl-(2)]-3-hydroxy-A-nor-Δ^8-eburicen-21-säuremethylester (F. 157—158°) mit Pb-Tetraacetat in Eisessig u. Überführung des Ketons in das 2.4-Dinitrophenylhydrazon; 64%. Daneben 60% *^{14}C-Aceton* (*Hg-Komplex*; gibt mit HCl u. dann KJ_3-NaOH *^{14}C-Jodoform*, F. 118—119°). (J. Amer. chem. Soc. **79.** 968—70. 20/2. 1957. Berkeley, Calif., Univ., Chem. Labor.) W. SCHWENKE. 480

W. I. Issaguljanz und **I. Ss. Maximowa,** *Eine neue Methode zur Darstellung von α-substituierten Vinyläthern und -ketonen.* β-Chloräthyläther werden beim Erhitzen mit alkoh. KOH im Autoklaven zu den entsprechenden *Vinyläthern* dehydrochloriert. So gibt 2-Methoxy-1-chlorpentan bei 140° [*α-n-Propylvinyl*]-*methyläther*, dessen Struktur durch Hydrolyse zu *Methyl-n-propylketon* bewiesen wird.

Versuche: *2-Methoxy-1-chlorpentan*, Kp. 140—143°, aus der Pentan–Amylen-Fraktion des therm. Crackprozesses u. Chloramin in Methanol bei —8°; $D.^{20}_4$ 0,9720; n_D^{20} 1,4290; 84% (Ausbeute). — [*α-n-Propylvinyl*]-*methyläther*, Kp. 85—86°, durch 5std. Erhitzen von 10 g vorst. Verb. mit 4,5 g KOH in 10 ml A. auf 140°, Behandeln mit W. u. Fraktionieren; $D.^{20}_4$ 0,8043; n_D^{20} 1,4020; 77%. Bei 8 std. Erhitzen auf 240—280°/10—20 at 96,7%. Gibt beim Erhitzen mit 10% ig. H_2SO_4 *Methyl-n-propylketon* (2.4-Dinitrophenylhydrazon, F. 142°). (Доклады Академии Наук Армянской ССР [Ber. Akad. Wiss. ArmenSSR] **22.** 203—08. 1956. Moskau, Erdöl-Gubkin-Inst.)
G. FROELICH. 560

G. W. Pigulewski und **L. A. Bakina,** *Linalylchlorid und seine Eigenschaften.* D-Linalool wird durch Behandeln mit PCl_3 zu *Linalylchlorid* chloriert. Dieses liefert mit $AgNO_3$ *L-Linalool*, wobei es teilweise zu einer Racemisierung kommt.

Versuche: *Linalylchlorid*, $C_{10}H_{17}Cl$, Kp.$_6$ 79—80°; zu 100 g D-Linalool gibt man unter starker Abkühlung 30 ml PCl_3; $D.^{20}_4$ 0,9368; n_D^{16} 1,4777; $[\alpha]_D$ —4,7°. *Nitrosat*, $C_{10}H_{17}ClN_2O_4$, F. 109° (Chlf. + PAe.); zu je 1 g vorst. Verb., Äthylnitrit u. Eisessig gibt man bei —16° tropfenweise 2 ml konz. HNO_3 in Eisessig (1:1). — *L-Linalool*, $C_{10}H_{18}O$, Kp.$_3$ 68—70°; man löst 21,6 g Linalylchlorid in 135 ml A. u. gibt unter Kühlung eine

Lsg. aus 23,8 g $AgNO_3$ in 66 g 64%ig. A. zu; $D.^{20}_4$ 0,8664; n_D^{16} 1,4630; $[\alpha]_D^{16}$ −3,93; 8,66 g (Ausbeute). (Журнал Общей Химии [J. allg. Chem.] **27**(89). 816—17. März 1957. Leningrad, Univ.) O. POLLAK v. EMHOFEN. 560

György Matolcsy, *Neuere Ergebnisse der Erforschung der Phosphorsäureester-insekticide.* Vortrag. — Als neue Typen der *Phosphatinsekticide* wurden folgende Gruppen von Thiophosphaten dargestellt: *O.O-Dialkyl-S-thiocarbamyldithiophosphate.* — *O.O-Dialkyl-S-xanthogenyldithiophosphate.* — *O.O-Dialkyl-O-[S-thiocarbamylmercaptoäthyl]-thiophosphate.* — *O.O-Dialkyl-O-[S-xanthogenylmercaptoäthyl]-thiophosphate.* — *O.O-Dialkyl-O-[S-dialkylthiophosphorylmeraptoäthyl]-thiophosphate.* — *O.O-Dialkyl-O-[S-dialkylthiophosphorylmercaptomethyl]-thiophosphate.* — *O.O-Dialkyl-S-[α-furyl-β-carbäthoxyäthyl]-didithiophosphate.* — *O.O-Dialkyl-S-[α-furyl-β-acetyläthyl]-dithiophosphate.* (Magyar Kémiai Folyóirat [Ung. Z. Chem.] **64.** 303—05. Juli/Aug. 1958. Budapest, Növényvédelmi Kutató Intézet.) G. HALMI. 590

W. Je. Petrunkin und **N. M. Lyssenko,** *Synthese und Eigenschaften der Dimercaptoderivate von Alkansulfonsäuren.* 4. Mitt. *Na-Salze von 2-[β.γ-Dimercaptopropylmercapto]-äthan- und 3-[β.γ-Dimercaptopropylmercapto]-propansulfonsäure.* (3. vgl. C. **1959.** 12515.) Die durch Kondensation von S-[β-Sulfoäthyl- (I) bzw. S-[γ-Sulfopropyl]-isothioharnstoff mit Allylbromid in Ggw. von NaOH gebildeten *Na-Salze* (III bzw. VI) der *2-Allylmercaptoäthan-* bzw. *3-Allylmercaptopropan-1-sulfonsäure* lassen sich durch Bromierung u. nachfolgende Rk. der entstehenden Dibromide mit KSH in *Salze* der *2-[β.γ-Dimercaptopropylmercapto]-äthan-* (V) bzw. *3-[β.γ-Dimercaptopropylmercapto]-propan-1-sulfonsäure* überführen. Aus I werden ferner durch Rk. mit den entsprechenden Alkylhalogeniden *2-Alkylmercaptoäthan-1-sulfonsäuren* dargestellt u. als *S-Benzylisothiuroniumsalze* identifiziert.

Versuche: *S-[β-Sulfoäthyl]-isothioharnstoff* (I), $C_3H_8N_2O_3S_2$, Zers. bei 264—270°, aus Na-2-Bromäthan-1-sulfonat (II) u. Thioharnstoff in W. (3 Std. kochen); 94% (Ausbeute). — *2-[Allylmercapto]-äthan-1-sulfonsäure, Na-Salz* (III), $C_5H_9NaO_3S_2 \cdot H_2O$, Zers. bei 205°, aus Allylbromid u. Na-2-Mercaptoäthan-1-sulfonat oder I; 82 bzw. 90%; oder aus II u. Allylisothiuroniumbromid in Ggw. von NaOH (1:1:2 Mol); aus A. glänzende Blättchen. *S-Benzylisothiuroniumsalz*, $C_{13}H_{20}N_2O_3S_3$, F. 121°. — 2-[Alkylmercapto]-äthan-1-sulfonsäuren: durch 5—6std. Erhitzen von I mit den entsprechenden Alkylbromiden in Ausbeuten von ca. 30%: *Methyl, Na-Salz*, $C_3H_7NaO_3S_2$, Zers. bei 287°. *S-Benzylisothiuroniumsalz*, $C_{11}H_{18}N_2O_3S_3$, F. 111°. — *Äthyl, Na-Salz*, $C_4H_9NaO_3S_2$, Zers. bei 258°. *S-Benzylisothiuroniumsalz*, $C_{12}H_{20}N_2O_3S_3$, F. 102°. — *n-Propyl, Na-Salz*, $C_5H_{11}NaO_3S_2$, Zers. bei 255°. *S-Benzylisothiuroniumsalz*, $C_{13}H_{22}N_2O_3S_3$, F. 116—117°. — *Isopropyl, Na-Salz*, $C_5H_{11}NaO_3S_2$, Zers. bei 243°. *S-Benzylisothiuroniumsalz*, $C_{13}H_{22}N_2O_3 \cdot S_3$, F. 115°. — *n-Butyl, Na-Salz*, $C_6H_{13}NaO_3S_2$, Zers. bei 250°. *S-Benzylisothiuroniumsalz*, $C_{14}H_{24}N_2O_3S_3$, F. 110°. — *Na-2-[β.γ-Dibrompropylmercapto]-äthan-1-sulfonat* (IV), $C_5H_9Br_2NaO_3S_2$, Zers. bei 171—175°, aus 11,1 g III u. Br_2 in Eisessig bei 0°; 16 g. — *2-[β.γ-Bleidimercaptopropylmercapto]-äthan-1-sulfonsäure, Pb-Salz*, $C_{10}H_{18}O_6Pb_3S_8$, aus 11,6 g IV u. KSH in wss.-alkoh. Lsg. (1 Std. bei 55—60°) u. Zugabe von Pb-Acetat; gelbes Pulver, unlösl. in W. u. A.; 13,5 g. *S-Benzylisothiuroniumsalz*, $C_{13}H_{20}N_2O_3PbS_5$, durch Schütteln von 0,6 g V mit PbO u. Umsetzen des erhaltenen Pb-Salzes mit S-Benzylisothiuroniumchlorid; gelbes Pulver; 0,3 g. — *Na-2-[β.γ-Dimercaptopropylmercapto]-äthan-1-sulfonat* (V), $C_5H_{11}NaO_3S_4$, durch Zers. von 9,85 g vorst. Verb. mit H_2S u. Rk. mit NaOH bei 40°; Kristalle, lösl. in W., schwer lösl. in A.; 2,72 g. —*3* (oder *4*).*7-Bis-[β-sulfoäthylmercaptomethyl]-1.2.5.6-tetrathiacyclooctan, Di-Na-Salz*, $C_{10}H_{18}Na_2O_6S_8$, durch Oxydation von 1 g V mit Jod; feinkrist. Pulver; 0,35 g. — *S-[γ-Sulfopropyl]-isothioharnstoff*, $C_4H_{10}N_2 \cdot O_3S_2$, Zers. bei 243—244°, aus Na-3-Chlorpropan-1-sulfonat u. Thioharnstoff; 61%. — *3-[Allylmercapto]-propan-1-sulfonsäure, Na-Salz* (VI), $C_6H_{11}NaO_3S_2$, Zers. bei 234—235°, aus vorst. Verb. u. Allylbromid; 70%. *S-Benzylisothiuroniumsalz*, $C_{14}H_{22}N_2O_3S_3$, F. 105 bis 106°, Prismen. — *Na-3-[β.γ-Dibrompropylmercapto]-propan-1-sulfonat*, $C_6H_{11}Br_2 \cdot NaO_3S_2$, Zers. bei 134°, aus VI u. Br_2 in Chlf. unter Eiskühlung; 87%. — *Pb-3-[β.γ-Bleidimercaptopropylmercapto]-propan-1-sulfonat*, $C_{12}H_{22}O_6Pb_3S_8$, aus vorst. Verb., KSH u. Pb-Acetat; 43%. — *3-[β.γ-Dimercaptopropylmercapto]-propan-1-sulfonsäure, Na-Salz*, $C_6H_{13}NaO_3S_4$, aus vorst. Verb. mit H_2S u. Neutralisation mit $NaHCO_3$; 36%. *S-Benzylisothiuroniumsalz des Pb-Mercaptids*, $C_{14}H_{22}N_2O_3PbS_5$, F. 128—130° (Zers.), aus vorst. Verb., PbO u. S-Benzylisothiuroniumchlorid. (Украинский Химический Журнал [Ukrain. chem. J.] **22.** 791—95. 1956. Ukrain. Wiss. Forschungsinst. für Sanitärchemie.) ULRICH SCHULZE. 600

Marc Henri Durand und **Léon Piaux,** *Über eine Synthese β-acetylenischer Acetale und ihre Hydrierung zu cis-β-äthylenischen Acetalen.* (Vgl. C. **1958.** 9739.) Durch Rk. von 1-Brom-2.2-diäthoxyäthan mit dem Li-Deriv. von Pentin-(1) bzw. Hexin-(1) in sd. Dioxan

stellten Vff. *1.1-Diäthoxyheptin-(3)* (I, $C_{11}H_{20}O_2$, Kp.$_{16}$ 98°, n_D^{18} 1,4370, D.$^{18}_4$ 0,875; *Semicarbazon*, F. 137°) bzw. *1.1-Diäthoxyoctin-(3)* (II, $C_{12}H_{22}O_2$, Kp.$_{16}$ 113—114°, n_D^{19} 1,4380, D.$^{19}_4$ 0,874) dar. In Ggw. von RANEY-Ni wurden I zu *Heptanaldiäthylacetal* u. II zu *Octanaldiäthylacetal* (*Semicarbazon*, F. 99°; *2.4-Dinitrophenylhydrazon*, F. 105—106°) u. in Ggw. von LINDLAR-Katalysator zu *cis-1.1-Diäthoxyhepten-(3)* ($C_{11}H_{22}O_2$, Kp.$_{15}$ 90 bis 91°, n_D^{19} 1,4215, D.$^{19}_4$ 0,850) bzw. zu *cis-1.1-Diäthoxyocten-(3)* ($C_{12}H_{24}O_2$, Kp.$_{16}$ 105 bis 107°, n_D^{22} 1,427, D.$^{22}_4$ 0,846) bei n. Temp. u. n. Druck hydriert. I u. II zeigten im IR-Spektr. Verunreinigungen durch Äthoxyenine, die wahrscheinlich durch Rk. von intermediär gebildetem β-Bromvinyläther mit den Li-Alkinen entstanden sind. (C. R. hebd. Séances Acad. Sci. **248.** 560—63. 26/1. 1959. Paris, Labor. de Chim. P. C. B.)
H.-J. KÖTZSCH. 670

Marc Henri Durand und **Léon Piaux,** *Über eine Synthese γ-acetylenischer Acetale.* (Vgl. vorst. Ref.) Durch schnellen Zusatz von *1-Brom-3.3-diäthoxypropan* [I, Kp.$_{20}$ 70—73°, durch portionsweise Zugabe von Acrolein zu HBr/absol. A. (kalt); n_D^{22} 1,44; spaltet leicht HBr ab; *2.4-Dinitrophenylhydrazon* (*DNPH*) *des Aldehyds*, F. 138° (Zers.)] zu einer Suspension der entsprechenden Li-Acetylide in fl. NH_3 stellten Vff. *1.1-Diäthoxypentin-(4)* [II, $C_9H_{16}O_2$, Kp.$_{15}$ 65—66°, aus Acetylen; Reinigung über das Cu-Deriv.; n_D^{20} 1,422, D.$^{20}_4$ 0,886; Ag- u. Cu-Deriv. in A. lösl.; *2.4-DNPH*, F. 130°], *1.1-Diäthoxyoctin-(4)* [III, $C_{12}H_{22}O_2$, Kp.$_{15}$ 111—112°, aus Pentin-(1); n_D^{20} 1,436, D$^{19}_4$ 0,877; *2.4-DNPH*, F. 126—127°] u. *1.1-Diäthoxynonin-(4)* [$C_{13}H_{24}O_2$, Kp.$_{0,2}$ 82—83°, aus n-Hexin-(1); n_D^{19} 1,440, D.$^{19}_4$ 0,875; *2.4-DNPH*, F. 120°] dar. Die Ausbeuten betrugen 25—35%, daneben wurden 10% Acrolein u. 10—15% unumgesetztes I isoliert. 1-Chlor-3.3-diäthoxypropan eignete sich für diese Rkk. nicht. Hydrierung von II bzw. III in Ggw. von RANEY-Ni bei n. Temp. u. n. Druck ergab *n-Pentanal-* (*2.4-DNPH*, F. 97°) bzw. *n-Octanaldiäthylacetal* (*2.4-DNPH*, F. 106°). (C. R. hebd. Séances Acad. Sci. **248.** 2763—64. 11/5. 1959.)
H.-J. KÖTZSCH. 670

W. I. Ljubomilow, A. I. Kutzenko und **R. A. Abramowa,** *Darstellung von Carbonsäuren aus primären Alkoholen bei niedrigen Temperaturen.* In Ggw. von Dehydrierungskatalysatoren (bas. $CuCO_3$, 2—3 Std. bei 120—130° getrocknet; techn. Ni-Katalysator auf Cr_2O_3) u. Zusatz von W. oder NaOH erhält man bei 120—150° aus prim. Alkoholen die entsprechenden Carbonsäuren in Ausbeuten von 56—71% neben wenig höheren Alkoholen nach der Rk. von MARKOWNIKOW-GUERBET: $R-CH_2CH_2OH \rightarrow R-CH_2CHO \rightarrow R-CH_2COONa$. Man erhält aus n-Butanol *Buttersäure* (21½ Std. bei 120—125°; 59,5%), aus Isoamylalkohol *Isovaleriansäure* (20 Std. bei 130—141°; 71%), aus 45 g Butandiol-(1.4) 8,1 g *Bernsteinsäure* (15 Std. bei 126—153°), aus 40 g Hexandiol-(1.6) 10,2 g *Adipinsäure* (20 Std. bei 138—168°). (Журнал Общей Химии [J. allg. Chem.] **27** (**89**). 2054—57. Aug. 1957. Wiss. Forsch.-Inst. für Plastmassen.)
R. K. MÜLLER. 800

N. A. Khan, *Einige Gesichtspunkte über die cis–trans-Umlagerung.* Übersicht über die Isomerisierung von mono- u. polyolefin. Fettsäuren unter dem Einfl. von Katalysatoren. Eingehend behandelt — sowohl experimentell, als auch theoret. — wird die Wrkg. von Oxyden des N, von Halogen (vor allem J_2), von S, Se, Pt, Pd, SO_2 u. von O_2. Ein bes. Kapitel befaßt sich mit der bei der Autoxydation der olefin. Fettsäuren zustande kommenden geometr. Isomerisierung unter Bldg. von *cis-* u. *trans-Hydroperoxyden.* — 14 Literaturhinweise. (Oléagineux **12.** 7—10. Jan. 1957. Minneapolis, Minn., Univ. of Minnesota, Dep. of Physiol.)
K. TÄUFEL. 810

Henry E. Baumgarten, Frank A. Bower, Robert A. Setterquist und **Robert E. Allen,** *Reaktionen von Aminen.* 3. Mitt. *Pyrolyse von N-Alkylacetamiden.* (2. vgl. C. **1958.** 2115.) Es wird die Pyrolyse mehrerer *N-Alkyl-* u. *N-Alkyl-N-methylacetamide* untersucht. Letztere werden aus den sek. Aminen mit Acetanhydrid (VIII), erstere aus den prim. Aminen mit $(C_2H_5)_3N$/Acetylchlorid (X) in CCl_4 dargestellt. *N-[1-Methylcyclohexyl]-acetamid* (II) wird durch RITTER-Rk. aus 1-Methylcyclohexanol (I) u. Acetonitril (XI) in H_2SO_4 erhalten. An Stelle von I kann auch das Acetat verwendet werden. Die Pyrolyse von *N-[n-Hexyl]-* (III), *N-Cyclohexylmethyl-* (IV) u. *N-Cyclohexylacetamid* erfolgt bei 540—590°, die von *N-[β-Phenyläthyl]-N-methyl-*, *N-Cyclohexylmethyl-N-methyl-* (V) u. *N-Cyclohexyl-N-methylacetamid* bzw. II zu *Olefinen* bei den gleichen oder etwas tieferen Tempp., die aber höher als die Pyrolysetempp. der entsprechenden Acetate liegen. Bei 600° wird die Rk. durch sek. Abbau-Rkk. kompliziert. In den flüchtigen Fraktionen aus IV konnten gaschromatograph. 21, in denen aus III 11 Nebenprodd. nachgewiesen werden. Im allg. entsteht bei der Pyrolyse nur 1 Olefin, lediglich IV u. V liefern *Methylencyclohexan* (VI) u. *Cyclohexen* neben *1-Methylcyclohexen* (VII). Hierbei beträgt das Verhältnis VI:VII 12,8 bzw. 11,2. II liefert VII (neben wenig *3-Methylcyclohexen*) u. VI im Verhältnis 3:1 unabhängig vom Temperaturbereich (470—560°). Als Nebenprodd. der Pyrolyse konnten *Acetamid, Acetonitril, Keten,* NH_3, CH_4, *N-Methylacetamid,* CH_3OH,

NH_4-Acetat, Butadien, Äthylen, Bzl., Cyclohexan, Toluol, Methylcyclohexan, CH_3NH_2, Methylammoniumacetat u. *hochmol. Kondensationsprodd.* nachgewiesen werden.

Versuche (FF. korr.): *N-[β-Phenyläthyl]-formamid*, Kp.$_{20}$ 192—196°, durch Dest. von 90% ig. HCOOH mit β-Phenyläthylamin als Fraktion mit Kp. >110°; 97% (Ausbeute). — *Methyl-β-phenyläthylamin*, Kp. 200—205°, durch Stehen vorst. Verb. mit $LiAlH_4$ in Ae. über Nacht; 93%. — *N-Methyl-N-[β-phenyläthyl]-acetamid*, Kp.$_{12}$ 165—171° durch 20 Min. Kochen vorst. Verb. mit VIII; 80%. — *N-Cyclohexylformamid*, Kp.$_{16}$ 145 bis 146°; 90—97%. — *Methylcyclohexylamin*, Kp. 147—150°; 75%. — *N-Cyclohexyl-N-methylacetamid*, Kp.$_{17}$ 136°; 81%. — *N-[n-Hexyl]-acetamid* (III), $C_8H_{17}NO$, Kp.$_2$ 134 bis 135°, a) durch 2std. Kochen von 202 g n-Hexylamin (IX) mit VIII; 149 g (unrein); b) durch 1½ std. Zugeben von X zu IX u. $(C_2H_5)_3N$ in CCl_4 unter Eiskühlung u. Stehen über Nacht; n_D^{25} 1,4442; 72%. — *N-Cyclohexylmethylacetamid* (IV), $C_9H_{17}NO$, F. 44,5—46°, Kp.$_1$ 133°; 64%. — *N-Cyclohexylmethyl-N-methylacetamid* (V), $C_{10}H_{19}NO$, Kp.$_{17}$ 140 bis 144°, aus N-Cyclohexylmethyl-N-methylamin u. VIII; 80%. — *N-[1-Methylcyclohexyl]-acetamid* (II), $C_9H_{17}NO$, F. 84—85° (Skellysolve B u. verd. A.), a) durch Zutropfen von konz. H_2SO_4 zu I u. **XI** in Eisessig <40° u. Stehen über Nacht; Nadeln; 72%; b) analog mit I-Acetat; 49%. (J. Amer. chem. Soc. **80.** 4588—93. 5/9. 1958. Lincoln, Nebr., Univ., Avery Labor.) R. PASEDAG. 810

Henry Feuer und **Robert Miller**, *Reaktion von Kohlensuboxyd mit Nitroalkoholen.* Bei der Einw. von Kohlensuboxyd (I) auf 2-Nitropropan u. 1.1-Dinitroäthan konnte keine Addition festgestellt werden. Vff. untersuchten die Rk. von I mit prim., sek. u. tert. 2-Nitroalkoholen u. erhielten die entsprechenden Diester der Malonsäure.

Versuche: *Malonsäure-bis-[2-methyl-2-nitropropyl]-ester*, $C_{11}H_{18}N_2O_8$, F. 50 bis 51° (Hexan), a) zu 35,7 g 2-Nitro-2-methylpropanol u. 0,5 g wasserfreiem $AlCl_3$, bei —78° in absol. Ae. gelöst, werden 20 g I dest., auf 25° erwärmt u. 24 Std. stehengelassen; Abdestillieren des Lösungsm. u. Fällen aus Methanol mit W.; 45,9 g (Ausbeute); b) beim 30std. Kochen von Malonsäure mit 2-Nitro-2-methylpropanol in Äthylenchlorid in Ggw. von wenig konz. H_2SO_4; Aufarbeitung wie unter a); 35%. — Die folgenden Malonsäureester wurden nach a) dargestellt: *Bis-[3-methyl-3-nitrobutyl-(2)]-ester*, $C_{13}H_{22}N_2O_8$, F. 83—84° (Hexan u. absol. A.); 85%. — *Bis-[2-nitrobutyl-(1)]-ester*, $C_{11}H_{18}N_2O_8$, Kp.$_{10^{-6}}$ 57° (Badtemp.); $n_D^{19,5}$ 1,4587; 80%. — *Bis-[2-nitroäthyl-(1)]-ester*, Zers. bei $5 \cdot 10^{-6}$ mm u. 45° (Badtemp.). Die Rk. von I mit 2.2-Dinitropropandiol-(1.3) (II) ergab einen *Polyester* $(C_6H_6N_2O_8)_n$, F. 82—83° (A.), der auch aus Malonyldichlorid u. II bei 23std. Kochen in Dioxan erhalten wurde. Bei gleicher Zus. hatte letzteres Prod. den Erweichungspunkt 115—123°. (J. org. Chemistry **24.** 118—19. Jan. 1959. Lafayette, Ind., Purdue Univ., R. B. Wetherill Labor. of Chem.) B. MEHLIS. 820

Eugene A. Talley, Thomas J. Fitzpatrick und **William L. Porter**, *Bildung von Fumaramidsäure aus Asparagin in Phosphatpuffer.* Die von Vff. (vgl. C. **1957.** 7344) durch 24std. Erwärmen von Asparagin (I) in Phosphatpuffer (p_H 6,7) auf 100° erhaltene u. als 4-Carboxy-2-azetidinon bezeichnete Substanz konnte jetzt als *Fumaramidsäure* (II) identifiziert werden. Zum Vgl. wurde II aus Fumarsäuremonomethylester synthetisiert. 3wöchiges Stehen von II mit konz. NH_4OH bei Raumtemp. liefert quantitativ I, während unter analogen Bedingungen aus Fumarsäure keine Asparaginsäure nachgewiesen wurde.

Versuche: *Fumarsäuremonomethylester*, F. 144—144,5°, durch Zutropfen von absol. Methanol in absol. Bzl. zu Fumaryldichlorid (Temp. <30°), mehrstd. Stehen, Dest. u. Rühren der Fraktion vom Kp. 71—84 mit W.; 18,9% (Ausbeute). — *Fumaramidsäure* (II), $C_4H_5NO_3$, a) durch 2std. Schütteln vorst. Verb. (8,2 g) mit konz. NH_4OH, Einengen, Lösen in W. u. Filtrieren über Dowex-50 (H^+-Form); 6,3 g; b) aus I. (J. Amer. chem. Soc. **81.** 174—75. 5/1. 1959. Philadelphia, Pa., Eastern Regional Res. Labor.) E. SCHRÖDER. 820

K. Butler, D. R. Lawrance und **M. Stacey**, *Die Synthese von einigen Galaktarsäure(Schleimsäure)-Derivaten.* Zur Unters. möglicher Methoden zum Schutz der OH-Gruppen in Schleimsäure (I) bei der Herst. linearer Polymeren wurden *2.4;3.5-Di-O-methylenschleimsäure* (III) als Hydrat u. *Dimethylester* (IV) u. *2.4;3.5-Di-O-isopropylidenschleimsäure* als *Dimethylester* (VII) gewonnen. III wurde schon von DE BRUYN u. VAN EKENSTEIN [1902] beschrieben, die aber einen anderen F. fanden. Für III u. VII wurde die 2.4;3.5-Struktur auf Grund der Red. von IV zu einem auch aus 1.6-Di-O-benzoyldulcit erhältlichen (BUTLER u. CUMMINGS, C. **1957.** 1646) *Di-O-methylendulcit* angenommen. Die cycl. Acetalgruppen in IV wurden erst durch Kochen mit 12n H_2SO_4 hydrolysiert, während Ketalgruppen in VII schon durch verd. Mineralsäuren oder 80% ig. CH_3COOH entfernt wurden. Einige I-Derivv. liefert bei der Polymerisation mit geradkettigen Diaminen Faser-bildende Polyamide.

Versuche: *Schleimsäure- (I) -dimethylester* (II), $C_8H_{14}O_8$, F. 196—198° (Zers.), aus einer Suspension von I in Methanol mit wenig konz. H_2SO_4 (3—4 Tage Kochen,

12 Std. bei 0°); Kristalle aus sd. Methanol; 96% (Ausbeute). *Diäthylester* (**VI**), F. 168 bis 169°, analog TIPSON u. CLAPP (C. **1956.** 2998) aus **I**; 77%. — *2.4;3.5-Di-O-methylenschleimsäure* (**III**), $C_8H_{10}O_8$, F. 180—182° (Zers.), (W.), aus nachst. **IV** durch Hydrolyse mit $Ba(OH)_2$ in W. (80°, 1½ Std.); 96%. *Dimethylester* (**IV**), $C_{10}H_{14}O_8$, F. 106—107°, durch Erhitzen (20—30 Min) von **II** mit Paraformaldehyd (**V**) u. konz. H_2SO_4 unter Rühren, 6std. Kochen mit Methanol, heiß filtrieren, Fällen durch Abkühlen u. Extrahieren des Nd. mit Chlf.; 50—64%. *Chlorid*, $C_8H_8Cl_2O_6$, F. 70—72°, aus **III** u. sd. $SOCl_2$ (6 Std.); Kristalle aus Bzl.-PAe.; 83%. *Diphenylester*, $C_{20}H_{18}O_8$, F. 143—145°, aus vorst. Verb. u. Phenol in sd. Pyridin (2 Std.); Nadeln aus Bzl.-PAe.; 43%. *Diäthylester*, $C_{12}H_{18}O_8$, F. 68—69°, aus **VI** u. **V** mit konz. H_2SO_4 (75°, 20 Min.), 4std. Kochen mit absol. A., Einengen auf halbes Vol., Filtrieren (Nd. **A**), Einengen des Filtrates, Zusetzen des gleichen Vol. Ae., 12std. Stehen bei 0° (Nd. **B**), Extrahieren von **A** u. **B** mit Chlf. u. Umkristallisieren des eingedampften Extraktes aus absol. A.; 24%. *Diallylester*, $C_{14}H_{18}O_8$, F. 63,5°, aus **III** in 1%ig. sd. allylalkoh. HCl (10 Std.); Nadeln aus Methanol; 66%. *Diamid*, $C_8H_{12}N_2O_6$, F. 215° (Zers.; W.), aus einer Suspension von **IV** in Methanol durch Sättigen mit NH_3 bei 0° (12 Std.); 97%. — *2.4;3.5-Di-O-isopropylidenschleimsäuredimethylester* (**VII**), $C_{14}H_{22}O_8$, F. 97—98° (Methanol), aus einer **II**-Suspension in sd. Aceton mit HCl (2 Std.) u. Alkalisieren (p_H 8—9) mit 3%ig. Na_2CO_3-Lsg.; 31%. — *Formaldehyd*, durch Hydrolyse von **IV** mit 3n-, 6n- u. 12n H_2SO_4 (3/4 Std., Wasserdampfdestillationsbedingungen); 1,3%, 10,2% u. 22,9%. — *Schleimsäure* (**I**), $C_6H_{10}O_8$, F. 209 bis 211° (Zers.), durch 1std. Kochen von **VII** mit n-H_2SO_4; 85%. — *2.3.4.5-Tetra-O-benzoylschleimsäuredimethylester*, $C_{36}H_{30}O_{12}$, F. 167—169° (Methanol), aus **II** in Pyridin u. Benzoylchlorid (60 Std. bei Raumtemp.). — *2.3.4.5-Tetra-O-acetylschleimsäurechlorid*, F. 181°, analog MÜLLER [1914]; 73%. — *2.3.4.5-Tetra-O-acetylschleimsäurediphenylester*, $C_{26}H_{26}O_{12}$, F. 168°, aus vorst. Verb. in sd. Bzl. u. Phenol (48 Std.); Nadeln aus Bzl.; 73%. (J. chem. Soc. [London] **1958.** 740—43. Febr. Pontipool, Monmouthshire, Brit. Nylon Spinners, Res. Dep.; Edgbaston, Birmingham, Univ., Chem. Dep.)
G. MARQUARD. 850

B. V. Rama Sastry, Andrew Lasslo und **Carl C. Pfeiffer,** *2-Dimethylaminoäthyl- und 2-Trimethylammonioäthylester von D-, L- und DL-Milchsäure.* Die bekannten Methoden zur Darst. von Estern der Milchsäure (**I**) sind zur Synth. von *Lactoylcholinen* wenig geeignet. Das gilt auch für die Umsetzung von Ag-Lactat mit [2-Bromäthyl]-trimethylammoniumbromid. *Dialkylaminoalkylester von* **I** können jedoch durch Rk. von wasserfreiem Ca-DL-Lactat (**II**) mit 2-Dimethylaminoäthanol (**III**) in absol. Bzl. in Ggw. von überschüssigem HCl u. einer katalyt. Menge p-Toluolsulfonsäure (**IV**), verbunden mit der azeotropen Entfernung des W., erhalten werden. Die weitere Umsetzung mit CH_3J in Ae. bei Raumtemp. führt zu den entsprechenden *Trialkylammonioalkylhalogeniden.* Opt. einheitliche Verbb. werden ausgehend von Ca-D- u. -L-Lactat erhalten.

Versuche (FF. korr.): *DL-Milchsäure-2-dimethylaminoäthylester*, Kp.$_{0,2}$ 62—64°, durch Einleiten von trockenem HCl in eine Lsg. von 0,333 Mol **III** in Bzl. unter Rühren bis zur sauren Rk., Zugabe von 0,033 Mol **II** u. wenig **IV** u. Kochen, bis das gebildete W. azeotrop abdest. ist (ca. 3 Std.); blaßgelbe Fl.; n_D^{25} 1,4491; 63%. — *DL-Lactoylcholinjodid*, $C_8H_{18}JNO_3$, F. 120,4—121,2°; aus vorst. Verb. u. CH_3J in absol. Ae. bei Raumtemp. (5 Tage); aus Isopropanol–Essigester hygroskop. gelbe Nadeln oder prismenähnliche Kristalle; 82%. — *D-(—)-Milchsäure-2-dimethylaminoäthylester*, $n_D^{24,5}$ 1,4482, $[\alpha]_D^{25}$ +8,06° (c = 4,44; CH_3OH); 72%. — *D-(—)-Lactoylcholinjodid*, $C_8H_{18}JNO_3$, F. 89,8 bis 90,5°; aus Isopropanol–Essigester Blättchen; $[\alpha]_D^{24}$ +5,26° (c = 17,06; CH_3OH), 84%. — *L-(+)-Milchsäure-2-dimethylaminoäthylester*; $n_D^{23,5}$ 1,4484; $[\alpha]_D^{23,5}$ —5,86° (c = 4,27; CH_3OH); 66%. — *L-(+)-Lactoylcholinjodid*, $C_8H_{18}JNO_3$, F. 90,4—91°; aus Isopropylalkohol/Essigester Plättchen; $[\alpha]_D^{23}$ —5,66° (c = 11,90; CH_3OH); 83%. (J. org. Chemistry **23.** 2005—06. Dez. 1958. Atlanta, Ga., Emory Univ., Div. of Basic Health Sci., Dep. of Pharmacol.)
D. HOLZNER. 850

J. L. R. Williams, D. D. Reynolds, K. R. Dunham und **J. F. Tinker,** *Disproportionierung unsymmetrischer Carbonate.* (Vgl. C. **1959.** 8507.) Es wird versucht, die bisher durch Rk. eines Metallalkylats mit Phosgen erhaltenen *symm. Carbonate* durch Umesterung unsymm. Carbonate in Ggw. eines passenden Katalysators nach der allg. Gleichung 2 ROCOOR' → ROCOOR + R'OCOOR' darzustellen. Die Rkk. werden bei 250° durchgeführt. Die erhaltenen Prodd. werden anschließend abdestilliert. Die Behandlung von Äthylbenzylcarbonat (**I**) mit $LiAl(OC_2H_5)_4$ (**B**) liefert nach 2 Min. nur *Diäthylcarbonat* (**II**), 79% *Dibenzyläther* (**III**) u. CO_2. Bei der Verwendung von $LiOCH_3$ (**C**) werden in 2 Std. neben 57,5% **III** u. **II** nur Spuren von *Dibenzylcarbonat* (**IV**) sowie CO_2 erhalten. **I** gibt in Ggw. von $NaOCH_3$ (in 155 Min.) 70,5% **IV**, in Ggw. von $TiCl_4$ (105) 89%, in Ggw. von Titantetrabutylat (**D**; 100) 90%, in Ggw. von Natriumhydrogentitanhexabutylat (**E**; 180) 88%, in Ggw. von $Sr(OCH_3)_2$ (**F**; 90) 81,8%, in Ggw. von

$Mg(OCH_3)_2$ (**G**; 22) 79,5%, in Ggw. von $Al(iso\text{-}C_3H_7)_3$ (75) 49%, in Ggw. von Tetraäthylzinn (360) 72%, in Ggw. von Bleiborat (50) 75% u. in Ggw. von Na-Phenolat (90) 75%. In diesen Fällen wird auch **II** gebildet. **III** entsteht nicht. Die Behandlung von **IV** mit **C** liefert in 165 Min. 28,8% **III**, *Benzylalkohol*, CO_2 u. *W.*; 41% **IV** werden unverändert isoliert. **B** bildet in 130 Min. aus **IV** neben CO_2 nur 99% **III**. In 1080 Min. entstehen aus **IV** u. **G** 58,5% **III**, 18% *Benzaldehyd*, 23,8% *Toluol*, 0,5% *W.* u. CO_2. Bei einer kürzeren Reaktionszeit bleibt **IV** unverändert. Bei der Behandlung von **III** mit **C** werden in 195 Min. Spuren von *Benzaldehyd* u. *Toluol* festgestellt. Zu den aus Benzylalkohol durch längeres Erhitzen mit alkal. Katalysatoren erhaltenen Abbauprodd. vgl. LACHMAN [1923], CANNIZZARO [1854] u. LOWE [1887]. Äthyl-β-phenyläthylcarbonat liefert in 120 Min. in Ggw. von **D** 64% u. in Ggw. von **B** 61% *Bis-[β-phenyläthyl]-carbonat* (**VII**). Bei Verwendung von **D** werden dabei neben **II** 22% u. bei Verwendung von **B** neben **II**, CO_2 u. Spuren von *Styrol* (**VI**) 18% unverändertes Ausgangsmaterial wiedergewonnen. 420 Min. langes Erhitzen von **VII** ohne Katalysator auf 250° liefert neben 78% unverändertem **VII** CO_2, **II** u. 1,4% **VI**. In Ggw. von **B** werden in 420 Min. 50% **VI**, etwas *Polystyrol*, CO_2, **II** u. 2% unverändertes **VII** erhalten. Die Einw. von **D** auf **VII** führt nur zu CO_2, **II** u. 84% unverändertem **VII**. Äthyltetrahydrofurfurylcarbonat (**V**, $Kp._1$ 70°, n_D^{25} 1,4560, durch Zugabe von Äthylchlorcarbonat zu Tetrahydrofurfurylalkohol in Pyridin bei 10—20°, 1std. Rühren u. Zugabe von Bzl.; 76%) liefert in Ggw. von **F** in 15 Min. 69,8% u. in Ggw. von **B** in 75 Min. 62,8% *Bis-[tetrahydrofurfuryl]-carbonat* (Kp. 114°, n_D^{25} 1,4658) u. **II**. Die Bldg. von CO_2 kann nicht nachgewiesen werden. Beim Erhitzen von Äthyl-γ-phenylpropylcarbonat ($Kp._2$ 130°, n_D^{25} 1,4860, analog **V**; 83%) mit **B** entstehen in 60 Min. 59% *γ-Phenylpropylalkohol* u. **II**. *Bis-[γ-phenylpropyl]-carbonat* ($Kp._{0,4}$ 176°, n_D^{25} 1,5318) wird durch Erhitzen in Ggw. von **D** in 60 Min. u. in Ggw. von **E** in 50 Min. kaum verändert. In beiden Fällen werden 83 bzw. 84,5% Ausgangsmaterial wieder erhalten. Durch 70 Min. langes Kochen von Allyläthylcarbonat in Ggw. von **B** werden nur 94% Ausgangsmaterial wiedergewonnen. Durch Erhitzen von Cinnamyläthylcarbonat in Ggw. von **F** in 175 Min. u. in Ggw. von **B** in 40 Min. kann nur eine CO_2-Entw. beobachtet werden. Eine Identifizierung der gebildeten Prodd. ist wegen weiterer Zers. u. Polymerisierung während der Dest. nicht möglich. Durch die Behandlung von Äthylphenylcarbonat mit **B** werden in 180 Min. 36,8% u. durch Behandlung mit **F** in 200 Min. neben 30% *Phenetol* 28% *Diphenylcarbonat* isoliert. In beiden Fällen wird Phenolgeruch bemerkt. Äthylfurfurylcarbonat ($Kp._{0,6}$ 66°, n_D^{25} 1,4370, analog **V**; 77%) liefert durch 85 Min. langes Erhitzen in Ggw. von **F** neben Polymeren ein Gemisch von **II**, *A.* u. *Furfurylalkohol* sowie CO_2. Die Wrkg. von **B** u. **D** ist ähnlich. Aus Äthyl-β-phenoxyäthylcarbonat (F. 45°, analog **V**; 86%) werden durch Einw. von **F** in 65 Min. 60,8% *Bis-[β-phenoxyäthyl]-carbonat* ($Kp._{0,4}$ 180—183°, F. 92—93°; 20% unverändertes Ausgangsprod.), von **D** in 45 Min. 62,7% (32%), von **B** in 75 Min. 65,5% (20%) u. von **E** in 90 Min. 73% (15%) erhalten. Für die durch Basen u. durch Lewissäuren katalysierte Bldg. von symm. Carbonaten sowie für die Bldg. von Nebenprodd. aus unsymm. Carbonaten in Ggw. von Lewissäuren sind Reaktionsmechanismen angegeben. Die Struktur der unsymm. Carbonate u. der Katalysator haben einen bedeutenden Einfl. auf den Ablauf dieser Reaktionen. (J. org. Chemistry **24**. 64—68. Jan. 1959. Rochester, N. Y., Kodak Res. Labor.) U. KRÜGER. 880

A. F. McKay, M. Skulski und **D. L. Garmaise**, *Reaktion von Aminoalkoholen mit Schwefelkohlenstoff.* ω-Aminoalkohole, welche 5 oder mehr Methylengruppen zwischen der Amino- u. Hydroxylgruppe besitzen, geben bei der Kondensation mit CS_2 *1.3-Bis-[ω-hydroxyalkyl]-thioharnstoffe* (vgl. C. **1959**. 3473). Diese symm. disubstituierten Thioharnstoffe geben bei der Oxydation die entsprechenden *1.3-Bis-[ω-hydroxyalkyl]-harnstoffe.* Auf die Darst. verschied. Ausgangsmaterialien wird hingewiesen.

Versuche: *5-Aminopentanol-(1)*, F. 26—28°, $Kp._{17}$ 119—120°; n_D^{16} 1,4608; 45,5% (Ausbeute). — *6-Aminohexanol-(1)*, F. 57—58° u. 75—78°, $Kp._{20}$ 137—139°, durch 1½std. Kochen von Caprolactam u. Na in absol. A.; 42,1%. *Hydrochlorid*, F. 63 bis 64°. — *1-α-Naphthyl-3-[6-hydroxyhexyl]-harnstoff*, $C_{17}H_{22}N_2O_2$, F. 140—141° (Aceton), durch 1std. Kochen vorst. Verb. mit α-Naphthylisocyanat (**I**) n Bzl.; 71,8%. — *7-Aminoheptanol-(1)*, F. 48—53°, $Kp._5$ 123°, analog vorvorst. Verb. aus Önantholactam [$Kp._{10}$ 148—150°, aus Cycloheptanonoxim ($Kp._{23}$ 129—130°; 94,4%); 82%]; 29,9%. — *1-Phenyl-3-[7-hydroxyheptyl]-harnstoff*, $C_{14}H_{22}N_2O_2$, F. 87—88° (Aceton), aus vorst. Verb. u. Phenylisocyanat in Bzl.; 97%. — *11-Bromundecansäure*, F. 48°, aus Undecansäure; 69,9%. — *11-Aminoundecansäure*, F. 182—185°, aus vorst. Verb.; 78,4%. *Methylesterhydrochlorid*, $C_{12}H_{26}ClNO_2$, F. 159,5—160,5° (Methanol), durch 16std. Stehen mit methanol. HCl bei Raumtemp.; 86,8%. — *11-Aminoundecanol-(1)*, F. 71—73° (verd. Methanol); aus vorst. Verb. u. Na in absol. A.; 28,3%. — *1-α-Naphthyl-3-[11-hydroxyundecyl]-harnstoff*, $C_{22}H_{32}N_2O_2$, F. 131° (Aceton/Bzl.), aus vorst. Verb. u. **I** in Bzl.;

80,2%. — 1.3-Bis-[ω-hydroxyalkyl]-thioharnstoffe, durch Zutropfen der entsprechenden Aminoalkohole in absol. A. zu einer bei 5⁰ gerührten CS_2-Lsg., mehrstd. Stehen u. 9—15std. Kochen: *-hexyl-*, $C_{13}H_{28}N_2O_2S$, F. 79,5—80,5⁰; 81,5%. — *-heptyl-*, $C_{15}H_{32}N_2O_2S$, F. 82,5—83⁰; 69%. — *-undecyl-* (II), $C_{23}H_{48}N_2O_2S$, F. 97—98,5⁰; 69,3%. — 1.3-Bis-[ω-hydroxyalkyl]-harnstoffe, aus dem entsprechenden vorst. Thioharnstoff mit H_2O_2 in alkoh. NaOH bei 25—28⁰ u. 4std. Stehen bei Raumtemp.: *-pentyl-*, $C_{11}H_{24}N_2O_3$, F. 106,5—108,5⁰; 73,2%. — *-hexyl-*, $C_{13}H_{28}N_2O_3$, F. 117—118⁰; 68,9%. — *-heptyl-*, $C_{15}H_{32}N_2O_3$, F. 122,5⁰ (absol. A.); 60,9%. — *-undecyl-*, $C_{23}H_{48}N_2O_3$, F. 134,5—136⁰ (Äthylacetat/A.), durch Kochen von II mit alkoh. $AgNO_3$-Lsg.; 88,3%. (Canad. J. Chem. **36.** 147—50. Jan. 1958. Ville LaSalle, Quebec, Monsanto Canada Ltd., L. G. Ryan Res. Labors.) W. Eisenmann. 880

P. Blaizot, *Die Aminosäuren.* Übersicht über das Vork. der Aminosäuren in Proteinen, ihre Darst. aus den Proteinhydrolysaten u. ihre Eigenschaften. (Oléagineux **12.** 745—53. Dez. 1957.) G. Meinhardt. 950

Josette Canceill, Jean Jacques und **Bianca Tchoubar,** *Einwirkung α-halogenierter Amide auf Aminoäther in Gegenwart von Magnesium: Gewinnung von β-Aminoamiden.* Bei der Rk. folgender, aus α-Bromisobuttersäurebromid u. den entsprechenden Aminen in der Kälte in Ae. gewonnener α-Bromisobuttersäureamide *Amid* (I, F. 148⁰), *Anilid* (II, F. 85⁰), *N.N-Dimethylamid* (III, $Kp._{12}$ 98—100⁰), *Piperidid* (IV, F. ca. 13⁰), *Morpholid* (V, F. 66⁰) sowie *4-[Diphenylchloracetyl]-morpholin* (VI, F. 113 bis 114⁰) mit α-Aminoäthern in Tetrahydrofuran in Ggw. von Mg (vgl. C. **1958.** 8017) wurden nachst. α.α-Dimethylpropionamide erhalten: *β-Morpholino-*, $C_9H_{18}N_2O_2$, F. 79⁰, aus I u. Morpholinobutoxymethan (VII). *Hydrochlorid*, $C_9H_{19}ClN_2O_2$, F. 175⁰. — *β-Piperidino-*, aus I u. Piperidinobutoxymethan (VIII). *Pikrat*, $C_{16}H_{23}N_5O_8$, F. 193⁰. *Hydrogenoxalat*, $C_{12}H_{22}N_2O_5$, F. 218—220⁰. — *β-Piperidino-N.N-dimethyl-*, $C_{12}H_{24}N_2O$, $Kp._{20}$ 150⁰, aus III u. VIII. — *α.α-Dimethyl-β-piperidinopropionanilid*, aus II u. VIII. *Pikrat*, $C_{22}H_{27}N_5O_8$, F. 152⁰. — Piperidine: *N-[α.α-Dimethyl-β-morpholinopropionyl]-*, $C_{14}H_{26}N_2O_2$, F. 33⁰, aus IV u. VII. *Pikrat*, $C_{20}H_{29}N_5O_9$, F. 127⁰. — *N-[α.α-Dimethyl-β-piperidinopropionyl]-*, $C_{15}H_{28}N_2O$, F. 33⁰, aus IV u. VIII. *Hydrochlorid*, $C_{15}H_{29}\cdot ClN_2O$, F. 183⁰. *Pikrat*, $C_{21}H_{31}N_5O_8$, F. 108⁰. — Morpholine: *N-[α.α-Dimethyl-β-piperidinopropionyl]-*, $C_{14}H_{26}N_2O_2$, F. 34⁰, aus V u. VIII. *Hydrochlorid*, $C_{14}H_{27}ClN_2O_2$, F. 225⁰. *Pikrat*, $C_{20}H_{29}N_5O_9$, F. 154⁰. — *N-[α.α-Diphenyl-β-morpholinopropionyl]-*, $C_{23}H_{28}N_2O_3$, F. 132⁰, aus VI u. VII. — *N-[α.α-Dimethyl-β-(N'-phenyl-N'-hydroxyäthylamino)-propionyl]-*, $C_{17}H_{26}N_2O_3$, F. 100—101⁰, aus V u. 3-Phenyloxazolidin. (C. R. hebd. Séances Acad. Sci. **248.** 3311—13. 8/6. 1959. Paris, Coll. de France; Inst. Fournier.) Eberhard Riedel. 950

Günter Losse, Ruth Wagner, Peter Neuland und **Joachim Rateitschak,** *Racematspaltung des DL-Norvalins, DL-Norleucins, DL-Methionins und der DL-Phenylaminoessigsäure.* 8. Mitt. *über die Racematspaltung von Aminosäureestern.* (7. vgl. C. **1959.** 12519.) *Norvalinbenzylester* läßt sich mit D-Weinsäure (I), *Norleucinbenzylester* mit I oder D-Weinsäuremonomethyläther (II) u. *Methioninmethylester* mit I mit ausreichender opt. Reinheit opt. spalten. Mit *α-Aminophenylessigsäureäthylester* werden bei Verwendung von Dibenzoyl-D-weinsäure nur ungünstige Trenneffekte erzielt. Die *Estertartrate* werden mit NH_4OH in die akt. *Ester*, diese mit HCl/Ae. in die *Hydrochloride* bzw. mit 20% ig. HCl in die *Aminosäurehydrochloride* übergeführt.

Versuche (FF. korr.): *DL-Norvalin, Benzylesterhydrochlorid*, $C_{12}H_{17}NO_2\cdot HCl$, F. 124⁰ (A./Ae.), mit Benzylalkohol/HCl bei 100⁰; 95% (Ausbeute). *DL-Benzylester*, mit ammoniakal. Ae.; 92,8%. *L-Benzylesterhydrochlorid*, F. 118,5⁰ (A./Ae.), aus dem DL-Benzylester in absol. CH_3OH/A. (1 : 1) mit I bei Raumtemp., Rk. des *L-Benzylester-D-hydrogentartrats* ($C_{16}H_{23}NO_8$, F. 134—136⁰; $[\alpha]_D$ +5,43⁰ [c = 1,56 in W.]) mit NH_3 in absol. Ae. bei 0⁰ (2% CH_3OH als Lösungsvermittler) u. Rk. mit HCl/Ae.; $[\alpha]_D^{20}$ —9,84⁰ (c = 4,8 in W.); 90%. *D-Benzylester-D-hydrogentartrat*, F. 105—110⁰; $[\alpha]_D^{21}$ +15,6⁰ (c = 5,0 in W.). *D-Benzylesterhydrochlorid*, F. 118,5⁰ (A./Ae.); $[\alpha]_D^{20}$ +9,87⁰ (c = 5,7 in W.); 90%. *L-Hydrochlorid*, $C_5H_{11}NO_2\cdot HCl$ F. 223—224⁰, durch 30 Min. Erhitzen des L-Benzylesterhydrochlorids mit 20% ig. HCl auf 100⁰; $[\alpha]_D^{20}$ +23,7⁰ (c = 5,3 in 5n HCl); 90%. *D-Hydrochlorid*, F. 223—224⁰; $[\alpha]_D^{20}$ —23,9⁰ (c = 4,9 in 5n HCl); 90%. — *DL-Norleucin, Benzylesterhydrochlorid*, $C_{13}H_{19}NO_2\cdot HCl$, F. 128⁰; 76%. *DL-Benzylester*, $C_{13}H_{19}\cdot NO_2$; 93%. *L-Benzylester-D-hydrogentartrat*, $C_{17}H_{25}NO_8$, F. 157—158⁰ (A.), mit I in absol. A.; $[\alpha]_D^{20}$ 0⁰ (c = 1,9 in W.); 4,0 g aus 5,0 g. *D-Benzylester-D-hydrogentartrat*, F. 149⁰; $[\alpha]_D^{20}$ +20,3⁰ (c = 1,1 in W.); 3,5 g. *L-Benzylestermonomethyl-D-hydrogentartrat*, $C_{18}H_{27}\cdot NO_8$, F. 150—152⁰, mit II (F. 172⁰, aus I u. $(CH_3)_2SO_4$; $[\alpha]_D^{20}$ +43,0⁰ [c = 3,0 in W.]) in Isopropylalkohol; $[\alpha]_D^{20}$ +3,44⁰ (c = 1,5 in W.); 2 g aus 2,3 g. *D-Benzylestermonomethyl-D-hydrogentartrat*, F. 85—90⁰; $[\alpha]_D^{20}$ +23,4⁰ (c = 1,2 in W.); 1,5 g. *L-Benzylester-*

hydrochlorid, $C_{13}H_{19}NO_2 \cdot HCl$, F. 120°; $[\alpha]_D^{20}$ −13,6° (c = 1,2 in A.); 95%. *D-Benzylesterhydrochlorid*, F. 118°; $[\alpha]_D^{20}$ +13,3° (c = 1,8 in A.); 95%. *L-Benzylester*; $[\alpha]_D$ −6,9° (c = 3,0 in A.). *D-Benzylester*; $[\alpha]_D$ +7,0° (c = 3,1 in A.). *L-Hydrochlorid*, $C_6H_{13}NO_2 \cdot HCl$, sublimiert bei 275—280°; $[\alpha]_D^{20}$ +23,9° (c = 1,2 in 10%ig. HCl); 98%. *D-Hydrochlorid*, sublimiert bei 270°; $[\alpha]_D^{20}$ −23,3° (c = 1,5 in 10%ig. HCl); 98%. — *DL-Methionin*, durch Addition von CH_3SH an Acrolein zu *β-Methylmercaptopropionaldehyd* u. STRECKER-Synth.; *DL-Methylesterhydrochlorid*, F. 116—118°, mit $CH_3OH/SOCl_2$; 95%. *DL-Methylester*; 90%. *L-Methylester-D-hydrogentartrat*, $C_{10}H_{19}NO_8S$, F. 137—140°, mit I in absol. CH_3OH; $[\alpha]_D^{20}$ +26,5° (c = 3,17 in W.); 5,5 g aus 7,2 g. *D-Methylester-D-hydrogentartrat*, F. 130—135°; $[\alpha]_D^{20}$ +3,3° (c = 3,18 in W.); 5,8 g. *L-Methylesterhydrochlorid*, $C_6H_{13}NO_2S \cdot HCl$, F. 151—155° (A./Ae.); $[\alpha]_D^{20}$ +26,3° (c = 2,99 in W.); 40%. *D-Methylesterhydrochlorid*, F. 152—154° (A./Ae.); $[\alpha]_D^{20}$ −25,8° (c = 3,19 in W.). *L-Hydrochlorid*, $C_5H_{11}NO_2S \cdot HCl$, F. 233—236° (Umwandlung bei 168—171°); $[\alpha]_D^{20}$ +21,8° (c = 1,68 in 0,2n HCl). *D-Hydrochlorid*, F. 232—235° (Umwandlung bei 168 bis 172°); $[\alpha]_D^{20}$ −22,3° (c = 1,96 in 0,2n HCl). — *DL-α-Aminophenylessigsäure, n-Butylesterhydrochlorid*, $C_{12}H_{17}NO_2 \cdot HCl$, F. 157°. *DL-Isobutylesterhydrochlorid*, F. 185°. *DL-Benzylesterhydrochlorid*, $C_{15}H_{15}NO_2 \cdot HCl$, F. 187—188°. *DL-Benzylester*, $C_{15}H_{15}NO_2$, F. 37°. *DL-Äthylesterhydrochlorid*, F. 202°. *DL-Äthylester*; 97%. *L-Äthylesterdibenzoyl-D-hydrogentartrat*, $C_{28}H_{27}NO_{10}$, F. 180—181°, in absol. CH_3OH; $[\alpha]_D^{20}$ −70,9° (c = 0,60 in CH_3OH); 8,1 g aus 6,0 g. *D-Äthylesterdibenzoyl-D-hydrogentartrat*, F. 165—167°; $[\alpha]_D^{20}$ −90,2° (c = 0,57 in CH_3OH); 9,4 g. *L-Äthylesterhydrochlorid*, $C_{10}H_{13}NO_2 \cdot HCl$, F. 198—199° (A./Ae.); $[\alpha]_D^{20}$ +89,0° (c = 1,11 in W.). *D-Äthylesterhydrochlorid*, F. 198°; $[\alpha]_D^{20}$ −81,6° (c = 1,35 in W.). *L-Verb.*, $C_8H_9NO_2$, sublimiert bei 240°, aus dem L-Äthylesterhydrochlorid mit wss. $Ba(OH)_2$; $[\alpha]_D^{25}$ +70,2° (c = 0,65 in 5n HCl) (unrein). (Chem. Ber. **91.** 2410—17. 15/11. 1958. Halle/Saale, Univ., Inst. für organ. Chem.) R. PASEDAG. 950

Günter Losse und **Manfred Augustin,** *Notiz über die Racematspaltung des DL-Ornithins. Ornithinmonohydrochlorid* wird mit Dibenzoyl-D-weinsäure (I) in wss. Isopropylalkohol opt. gespalten.

Versuche (FF. korr.): *DL-Ornithin, Monohydrochlorid*, F. 232—233° (Zers.), aus Cyclopentanon. *Bis-[DL-dibenzoyl-D-hydrogentartrat]-trihydrat*, $C_{41}H_{40}N_2O_{18} \cdot 3H_2O$, F. 154 bis 155°, mit I (F. 90°; $[\alpha]_D^{20}$ −112,0° [c = 1,10 in A.]); $[\alpha]_D^{20}$ +93,1° (c = 0,66 in W.); 100% (Ausbeute). *Bis-[L-dibenzoyl-D-hydrogentartrat]-trihydrat*, F. 155—157°, aus wss. Isopropylalkohol; $[\alpha]_D^{20}$ −90,9° (c = 0,46 in W.); 5,0 g aus 10,0 g. *Bis-[D-dibenzoyl-D-hydrogentartrat]-*, F. 142—147° (Isopropylalkohol/W. 1 : 2); $[\alpha]_D^{20}$ −97,1° (c = 0,47 in W.); 3—4 g. *L-Dihydrochlorid*, $C_5H_{12}N_2O_2 \cdot 2HCl$, F. 190—192° ($CH_3OH$–Aceton), mit 4%ig. HCl; $[\alpha]_D^{20}$ +16,4° (c = 2,59 in W.); 90%. *D-Dihydrochlorid*, F. 194—195°; $[\alpha]_D^{20}$ −16,3° (c = 2,80 in W.). (Chem. Ber. **91.** 2418—19. 15/11. 1958. Halle/Saale, Univ., Inst. für organ. Chem.) R. PASEDAG. 950

D. N. Andrejew, *Kondensation von Methyltrichlorsilan unter der Einwirkung stiller Entladungen.* 2. Mitt. (1. vgl. C. **1955.** 9780.) Methyltrichlorsilan (I) kondensiert unter der Einw. stiller Entladungen überwiegend zu 2—3 Moll. unter Bldg. von Polymethylchlorsilylalkanen (II). Optimale Bedingungen (50% Ausbeute) sind 90 V, 1,8 bis 1,9 A in der prim., entsprechend 24,5 kV, 2,25 mA in der sek. Spule, Frequenz 50 Hz. Unter den Prodd. werden nachgewiesen: *Trichlorsilyl-[methyldichlorsilyl]-methan* u. *-äthan* sowie isomere II der Zus. $C_3H_7Cl_7Si_3$, die bei Methylierung mit CH_3MgBr *2.2.4.4.6.6-Hexamethyl-2.4.6-trisilaheptan* ($C_{10}H_{28}Si_3$, Kp. 204—210°) bzw. *2.2.5.5.7.7-Hexamethyl-2.5.7-trisilaoctan* ($C_{11}H_{30}Si_3$, $Kp._{10}$ 87—92°) liefern. Als prim. Rk. kann man ein Aufgehen der Si—C-Bindung in I unter Bldg. freier $CH_3 \cdot$- u. $SiCl_3 \cdot$-Radikale annehmen. Es wird ein Kettenmechanismus der Rk. unter Teilnahme dieser Radikale u. von H-Atomen entwickelt. (Известия Академии Наук СССР, Отделение Химических Наук [Nachr. Akad. Wiss. UdSSR, Abt. chem. Wiss.] **1957.** 818—25. Juli. Inst. für Silicatchem. der Akad. der Wiss. der UdSSR.) R. K. MÜLLER. 980

M. F. Schosstakowski, D. A. Kotschkin und **W. L. Winogradow,** *Ungesättigte Siliciumverbindungen.* Allg. Überblick über Darstellungsmethoden, physikal. u. chem. Eigg. sowie Polymerisationsverff. von Vinyl- u. Allylsilanen. — 119 Literaturangaben. (Успехи Химии [Fortschr. Chem.] **27.** 1221—56. Okt. 1958.) G. FROELICH. 980

I. A. Schichijew, L. A. Kajutenko und **E. Lukewitz,** *Untersuchung auf dem Gebiet der Synthese und Umwandlungen ungesättigter Organosiliciumverbindungen.* 9. Mitt. *Synthese gemischter siliciumorganischer Glykole der Diacetylenreihe.* (8. vgl. C. **1959.** 7091.) Durch Rk. der aus Dimethyläthinylcarbinol (I) u. Äthyl-MgBr erhaltenen GRIGNARD-Verb. mit Dialkyldichlorsilanen werden *Bis-[3-methyl-3-hydroxybutin-(1)-yl-(1)]-methyläthylsilan* u. *-methyl-n-propylsilan* dargestellt.

Versuche: *Bis-[3-methyl-3-hydroxybutin-(1)-yl-(1)]-methyläthylsilan*, F. 80,5 bis 81,5° (Bzl.); zu Äthyl-MgBr (48,6 g Mg, 218 g C_2H_5Br) läßt man in 3 Std. 84 g Dimethylacetylenylcarbinol (I) u. am folgenden Tag 71 g Methyläthyldichlorsilan zutropfen, rührt 4 Std. u. zers. am nächsten Tag mit 10—15%ig. HCl. — *Bis-[3-methyl-3-hydroxybutin-(1)-yl-(1)]-methyl-n-propylsilan*, F. 78—79°; analog Vorst. aus Äthyl-MgBr, I u. Methyl-n-propyldichlorsilan. (Известия Академии Наук СССР, Отделение Химических Наук [Nachr. Akad. Wiss. UdSSR, Abt. chem. Wiss.] **1958.** 363—64. März. Zelinsky-Inst. für organ. Chem. der Akad. der Wiss. der UdSSR.)

W. KURTZMANN. 980

G. A. Rasuwajew, L. M. Bobinowa und **W. Ss. Etliss,** *Darstellung und Eigenschaften einiger Trichlortitanalkoxyverbindungen mit sekundären und tertiären Alkylgruppen.* Durch Rk. von $TiCl_4$ mit den entsprechenden Alkoholen (man gibt die Komponenten in PAe. bei 0° zusammen, filtriert den Nd. ab u. dampft das Filtrat bei 25—30° im Vakuum ein) werden erhalten: *Isopropyloxytrichlortitan*, $C_3H_7Cl_3OTi$; hellgelbe Kristalle; 70—75% (Ausbeute). — *sek.-Butyloxytrichlortitan*, $C_4H_9Cl_3OTi$; hellgelbe Kristalle; 52—56%. — *Cyclohexyloxytrichlortitan*, $C_6H_{11}Cl_3OTi$; hellgelbe Kristalle; 41—43%. — Die Verbb. zers. sich beim Aufbewahren unter Bldg. von *$TiOCl_2$* u. gasförmigen Produkten. Bei 15—20std. Erhitzen auf 45—50° wurden entsprechend erhalten: *$TiOCl_2$, HCl, Isopropylchlorid, sek.-Butylchlorid, Cyclohexylchlorid* u. *polymere Olefine.* — Wegen der Zersetzlichkeit der genannten Verbb. konnte auch tert.-Butyloxytrichlortitan nicht erhalten werden: als Reaktionsprodd. wurden *$TiOCl_2$, tert.-Butylchlorid* u. *polymeres Isobutylen* isoliert. — Das bei der Zers. der Alkoxytrichlortitanverbb. erhaltene $TiOCl_2$ katalysiert die Hydrochlorierung von Propylen, Isobutylen u. Cyclohexen, wobei sich die Alkylchloride in guter Ausbeute bilden. Die HCl-Abspaltung aus diesen wird nicht katalysiert. Das entstehende $TiOCl_2$ bewirkt auch die Polymerisation von Propylen unter Bldg. ungesätt. polymerer KW-stoffe sowie die Polymerisation von Isobutylen u. Styrol. $TiOCl_2$ katalysiert ferner die FRIEDEL-CRAFTS-Rk.: Bzl. wird mit Äthylen, Propylen u. Cyclohexen in Ggw. von $TiOCl_2$ zu *Äthyl-, Isopropylbenzol* u. *Phenylcyclohexan* alkyliert, wobei sich wenig *Di-* u. *Trialkylbenzole* bilden. (Доклады Академии Наук СССР [Ber. Akad. Wiss. UdSSR] **122.** 618—20. 1/10. 1958.)

HELMUT SCHÄFER. 980

A. D. Petrow, W. F. Mironow und **I. Je. Dolgi,** *Synthese ungesättigter Organogermaniumverbindungen.* Beim Überleiten von Allyl- oder Methallylchlorid über Ge bei 340° entstehen *Allyl-* (I) bzw. *Methallyltrichlorgerman* (II), die mit GRIGNARD-Verbb. zu *Allyl-* bzw. *Methallyltrialkylgermanen* umgesetzt werden. Äthyltrichlorgerman wird durch SO_2Cl_2 in Ggw. von Benzoylperoxyd zu α- u. *β-Chloräthyltrichlorgerman* (III) (Verhältnis 1 : 9) chloriert. Bei der Dest. mit Chinolin wird III zu *Vinyltrichlorgerman* dehydrochloriert.

Versuche: *Allyltrichlorgerman* (I), $Kp._{743,5}$ 153,8°, man leitet 300 g Allylchlorid bei 340 ± 10° (60 Tropfen in der Min.) über 25 g Ge + 10 g Cu u. fraktioniert das Kondensat; $D.^{20}_4$ 1,5274; n_D^{20} 1,4928; 85 g (Ausbeute). — *Methallyltrichlorgerman* (II), $Kp._7$ 42°, analog Vorst. mit Methallylchlorid; 24% (bezogen auf das Kondensat). — *Methyltrichlorgerman*, $Kp._{727}$ 110°, analog mit Methylchlorid bei 550° (60 Blasen in der Min.); $D.^{20}_4$ 1,7053; n_D^{20} 1,4685; 35%. Daneben *Dimethyldichlorgerman*, $Kp._{727}$ 122°; $D.^{20}_4$ 1,5053; n_D^{20} 1,4600; 26%. — *Äthyltrichlorgerman*, $Kp._{760}$ 141°; analog mit Äthylchlorid; $D.^{20}_4$ 1,6041; n_D^{20} 1,4750; 65%. — *Allyltrimethylgerman*, $C_6H_{14}Ge$, $Kp._{764}$ 101°, zu CH_3MgCl (22 g Mg) in 0,4 Liter Ae. gibt man langsam 61 g I, kocht 10 Std. u. zers. mit W.; $D.^{20}_4$ 0,9952; n_D^{20} 1,4333; 68,1%. — *Diallyldimethylgerman*, $C_8H_{16}Ge$, $Kp._{737}$ 146°, analog Vorst. durch GRIGNARD-Rk. von Allyl-MgBr mit Dimethyldichlorgerman; $D.^{20}_4$ 1,0337; n_D^{20} 1,4645; 42%. — *Triallylmethylgerman*, $C_{10}H_{18}Ge$, $Kp._{747}$ 190,5°, aus Allyl-MgBr u. Methyltrichlorgerman; $D.^{20}_4$ 1,0222; n_D^{20} 1,4867; 45%. — *Allyltriäthylgerman*, $C_9H_{20}Ge$, $Kp._{732}$ 180°, aus Äthyl-MgBr u. I; $D.^{20}_4$ 1,0004; n_D^{20} 1,4594; 52,3%. — *Methallyltrimethylgerman*, $C_7H_{16}Ge$, $Kp._{733}$ 121°, aus CH_3MgCl u. II; $D.^{20}_4$ 0,9908; n_D^{20} 1,4416; 42,5%. — *β-Chloräthyltrichlorgerman* (III), $Kp._{746,5}$ 188°, durch Zugabe von 0,7 g Benzoylperoxyd zu einem Gemisch von 100 g Äthyltrichlorgerman u. 80 ml SO_2Cl_2, Erwärmen, 2std. Stehen, erneute Zugabe von 0,3 g Benzoylperoxyd u. fraktionierte Dest.; $D.^{20}_4$ 1,7587; n_D^{20} 1,5094; 38%. Daneben *α-Chloräthyltrichlorgerman*, $Kp._{746,5}$ 167°; $D.^{20}_4$ 1,6975; n_D^{20} 1,4948; 4%. — *Vinyltrichlorgerman*, $C_2H_3Cl_3Ge$, $Kp._{745,5}$ 127,5°, durch Dest. von 49 g III mit 31 g Chinolin; $D.^{20}_4$ 1,6250; n_D^{20} 1,4816; 26,5%. Daneben 4 g *Tetrachlorgerman*, Kp. 83°. — *Allyltrimethylstannan*, $C_6H_{14}Sn$, $Kp._{642}$ 125,5°, durch GRIGNARD-Rk. von Allyl-MgBr mit Trimethylbromstannan in Ae. (10std. Kochen); $D.^{20}_4$ 1,2549; n_D^{20} 1,4734; 47,6%. (Известия Академии Наук СССР, Отделение Химических Наук [Nachr. Akad. Wiss. UdSSR, Abt. chem. Wiss.] **1956.** 1146—48. Sept. Zelinsky-Inst. für organ. Chem. der Akad. der Wiss. der UdSSR.)

M. NESTÉRENKO. 980

Louis D. Quin und **Charles H. Rolston,** *Darstellung von Trichlormethylphosphonigsäuredichlorid. Reduktion von Tetrachlorphosphoranen mit Methylphosphorodichloridit.* Durch Einw. von Cl_2 auf Methylphosphonigsäuredichlorid (I) entsteht *Tetrachlormethylphosphoran* (II), das bei 60—70° weiterchloriert wird zu *Tetrachlor-[trichlormethyl]-phosphoran* (III). Mit Methylphosphorigsäuredichlorid (IV) geht III unter Bldg. von $POCl_3$ u. Methylchlorid (V) in *Trichlormethylphosphonigsäuredichlorid* über. Analog liefert II mit IV I.

Versuche: *Tetrachlor-[trichlormethyl]-phosphoran* (III)-Lsg., durch Einleiten von Cl_2 in die Lsg. von I in Phenylphosphonsäuredichlorid (als Lösungsm., Kp. 258°) bei 0° u. (nach Aufnahme von 2 Mol) bei 60° unter Kühlen u. Entfernen von HCl bei 55 bis 60°/100—150 mm. — *Trichlormethylphosphonigsäuredichlorid*, CCl_5P, F. 47°, $Kp._{23}$ 69 bis 70°, $Kp._{750}$ 171—172°, durch langsames Zugeben von IV zu vorst. Lsg. von III unter N_2 bei 35° unter Entw. von V u. Dest.; 85% (Ausbeute), daneben $POCl_3$. Wird an der Luft leicht oxydiert; reagiert nur langsam mit W.; bildet mit Cl_2 III. — *Tetrachlormethylphosphoran* (II)-Lsg., durch Einleiten von Cl_2 bei 10° in die Lsg. von 0,3 Mol I in Chlorbenzol bis zur Aufnahme von 0,31 Mol. — *Methylphosphonigsäuredichlorid* (I), Kp. 81—82°, aus vorst. Lsg. von II durch Einw. von 0,3 Mol IV bei 50° u. Dest.; 77%. — Beim Vers. der Einw. von Cl_2 bei $< 10°$ auf IV in Chlorbenzol u. Dest. (30° bei 15 bis 20 mm) werden nur $POCl_3$ u. V erhalten. (J. org. Chemistry **23.** 1693—94. Nov. 1958. South Charleston, W. Va., Food Mach. and Chem. Corp., Westvalo Chlor-Alkali Div., Res. and Developm. Dep.) F. J. MEYER. 980

Je. L. Gefter, *Über die Synthese von Vinylphosphonsäure-bis-[β-chloräthylester].* Durch Einw. von Triäthylamin (III) auf β-Chloräthylphosphonsäure-bis-[β-chloräthylester] (I) bei mäßiger Temp. wird in guter Ausbeute *Vinylphosphonsäure-bis-[β-chloräthylester]* (II) erhalten. Bei Reaktionstempp. über 90° sowie bei Verwendung von überschüssigem III nimmt die II-Ausbeute ab, u. ein Teil des I wird zurückgewonnen. Die Rk. verläuft vermutlich über die Bldg. von *β-Triäthylammonioäthylphosphonsäure-bis-[β-chloräthylester]-chlorid*, das leicht zu II zerfällt. Bei höherer Temp. oder in Ggw. von viel III findet eine solche Ammoniumsalzbldg. auch mit den β-Chloräthylestergruppen statt, wobei die gebildeten Prodd. auf Grund ihrer Schwerlöslichkeit aus der Reaktionsphase ausfallen.

Versuche: *Vinylphosphonsäure-bis-[β-chloräthylester]* (II), $C_6H_{11}Cl_2O_3P$, $Kp._3$ 131 bis 132°, durch 3std. Rühren von I mit III (1 : 1,02 Mol) in Bzl. bei 30—40°, 2 Std. bei 50—60° u. 3 Std. bei 80—85°, Stehen über Nacht u. Eindampfen; n_D^{20} 1,4787; $D.^{20}_4$ 1,3233; 70% Ausbeute. (Журнал Общей Химии [J. allg. Chem.] **28 (90).** 2500—02. Sept. 1958. Wiss. Forschungsinst. für plast. Massen.) H.-E. TOUSSAINT. 980

K. N. Anissimow und **B. W. Raissbaum,** *Untersuchungen auf dem Gebiet der Derivate der ungesättigten Phosphonsäuren.* 21. Mitt. *Amide und Ester von β-Isooctyloxyvinylphosphonsäure.* (20. vgl. C. **1957.** 9894.) Die Einw. von PCl_5 auf Vinyl-[β-äthylhexyl]-äther führt zum *Dichlorid* (I) der *β-[β-Äthylhexyloxy]-vinylphosphonsäure*, das zu zahlreichen Estern u. Amiden der Säure umgesetzt wurde.

Versuche: β-[β-Äthylhexyloxy]-vinylphosphonsäure-Derivv.: *Dichlorid* (I), $Kp._3$ 151—152°, durch Zutropfen von Vinyl-[β-äthylhexyl]-äther zu PCl_5 in Bzl., Stehen über Nacht, Einleiten von SO_2 bis zum Verschwinden der krist. u. öligen Ausscheidungen u. Eindampfen; n_D^{20} 1,4863; $D.^{20}_4$ 1,087; 85,5% (Ausbeute). *Diäthylester*, $Kp._{0,1(?)}$ 143—144°, durch Zutropfen von I zu absol. A. in Bzl.-Pyridin, 2std. Erhitzen auf dem Wasserbad u. Eindampfen; n_D^{20} 1,4553; $D.^{20}_4$ 1,0084; 85,4%. *Di-n-propylester*, $Kp._2$ 168—170°, analog; n_D^{20} 1,4530; $D.^{20}_4$ 0,9782; 77%. *Di-n-butylester*, $Kp._{2,5}$ 182—183°; n_D^{20} 1,4540; $D.^{20}_4$ 0,9631; 69%. *Diisobutylester*, $Kp._{0,5}$ 174—175°; n_D^{20} 1,4514; $D.^{20}_4$ 0,9621; 69%. *Diisoamylester*, $Kp._{0,001}$ 159°; n_D^{20} 1,4540; $D.^{20}_4$ 0,9547; 79%. *Di-n-hexylester*, $Kp._{0,001}$ 210°; n_D^{20} 1,4556; $D.^{20}_4$ 0,9425; 63%. *Diisooctylester*; n_D^{20} 1,4563; $D.^{20}_4$ 0,9289; 50%. *Bis-[β-methoxyäthylester]*; n_D^{20} 1,4578; $D.^{20}_4$ 1,0410; 86%. *Bis-[β-äthoxyäthylester]*; n_D^{20} 1,4560; $D.^{20}_4$ 1,0372; 90%. *Bis-[dimethylamid]*, $Kp._2$ 171—172°, durch Zutropfen von I zu Dimethylamin in Isooctan, Stehen über Nacht, 2std. Erhitzen auf dem Wasserbad u. Eindampfen; n_D^{20} 1,4748; $D.^{20}_4$ 0,9831; 79%. *Bis-[diäthylamid]*, $Kp._2$ 181—182°; n_D^{20} 1,4720; $D.^{20}_4$ 0,9526; 69%. *Dipiperidid*, $Kp._{0,02}$ 191°; n_D^{20} 1,5060; $D.^{20}_4$ 1,0348; 43%. (Известия Академии Наук СССР, Отделение Химических Наук [Nachr. Akad. Wiss. UdSSR, Abt. chem. Wiss.] **1958.** 1208—11. Okt. Inst. für metallorgan. Verbb. der Akad. der Wiss. der UdSSR.) H.-E. TOUSSAINT. 980

Randolph Riemschneider, *Untersuchungen über den Halogen–Halogen-Austausch am aromatischen Kern.* 3. Mitt. *Chlorierung von Fluorbenzol.* (2. vgl. C. **1957.** 1798.) Beim Vers., β.β.β-Trichlor-α.α-bis-[4-bromphenyl]-äthan durch Cl_2-Einw. in α.β.β.β-Tetrachlor-α.α-bis-[4-bromphenyl]-äthan zu überführen, wird ausschließlich *α.β.β.β-Tetrachlor-α.α-bis-[4-chlorphenyl]-äthan* (F. 92°) erhalten. Hingegen entsteht aus β.β.β-Trichlor-α.α-bis-[4-fluorphenyl]-äthan u. Cl_2 bisher unbekanntes *α.β.β.β-Tetrachlor-α.α-bis-[4-fluorphenyl]-äthan* (F. 55°). Beim Erhitzen von 1.2.4.5-Tetrabrombenzol (I) mit HCl-Gas oder konz. HCl in Ggw. von NaCl im Rohr auf 300° bildet sich nach Wiederholung der Behandlung ausschließlich *1.2.4.5-Tetrachlorbenzol* (III). Analog entsteht aus III mit HBr/NaBr I. Aus den aus Fluorbenzol in Ggw. von $AlCl_3$ unter UV-Bestrahlung erhaltenen Chlorierungsprodd. wird *1.2.4-Trichlor-5-fluorbenzol* (II) isoliert u. als *2.4.5-Trichloranisol* identifiziert. Bei der Chlorierung von 50 g sd. Fluorbenzol in Ggw. von Fe im UV-Licht bis zur Gewichtszunahme von 60 g entsteht unter starker Halogenwasserstoffentw. Hexachlorbenzol; die Chlorierung bei 100° ohne UV-Bestrahlung bis zur doppelten Gewichtszunahme ergibt II u. wenig III; werden die öligen Bestandteile bis 200° weiter bis zur Gewichtskonstanz chloriert, so bildet sich ein Gemisch aus *Pentachlormonofluorbenzol* u. *Hexachlorbenzol*. Die Chlorierung von Fluorbenzol im Sonnenlicht ohne Katalysator führt zu einem Gemisch aus *1.1.2.3.4.5.6-Heptachlor-4-fluorcyclohexan* (IV; F. 218°) u. einem öligen Gemisch verschied. Produkte. Beim 55wöchigen Stehen von II mit überschüssigem fl. Cl_2 im Rohr entstehen ein *Undekachlormonofluorcyclohexan* (F. 315°) u. zwei *Enneachlormonofluorcyclohexene* vom F. 96—97° u. 104°. Ersteres liefert bei der Zn-Staubdest. ein Gemisch aus *Pentachlormonofluor-* u. *Hexachlorbenzol.*

Versuche: *1.2.4-Trichlor-5-fluorbenzol* (II), F. 75°, a) durch 10std. Chlorieren von 50 g Fluorbenzol u. 3 g $AlCl_3$ bei 100° bis zur Gewichtszunahme von 20 g u. Dest. bei 15 Torr; aus A. Nadeln; 7,7 g (Ausbeute); b) durch 2std. Chlorieren von 50 g Fluorbenzol u. 2,5 g Fe-Feile im Dämmerlicht bei 80—90° bis zur Gewichtszunahme von 50 g, Absaugen u. Dest.; 22 g. — *2.4.5-Trichloranisol*, F. 70—71° (verd. CH_3OH), durch 3std. Erhitzen von II mit 3n CH_3ONa u. Fällen mit H_2O. — *Benzoesäure-2.4.5-trichlorphenylester*, F. 87°, durch Überführen der vorst. Verb. in *2.4.5-Trichlorphenol* u. dessen Benzoylierung. — *Hexachlorbenzol*, F. 277°, durch 10std. Chlorieren von 50 g Fluorbenzol wie vorst. unter a), aber in Ggw. von 2,5 g Fe-Pulver bis zur Gewichtszunahme von 60 g; 40 g. Daneben bei der vorst. Rk. unter b) 1 g *1.2.4.5-Tetrachlorbenzol* (III), F. 140°. — *Pentachlormonofluorbenzol*, C_6Cl_5F, F. 140—141°, aus der bei vorst. Rk. unter b) nach Abfiltrieren der krist. Prodd. erhaltenen öligen Mutterlauge durch 2std. Weiterchlorieren bei 200° bis zur Gewichtszunahme von 10 g, Dest. (Kp. 260—275°) u. fraktionierte Kristallisation aus CH_3OH; 5 g. Daneben *Hexachlorbenzol*. — *1.1.2.3.4.5.6-Heptachlor-4-fluorcyclohexan* (IV), F. 218° (CCl_4), durch 30std. Chlorieren von 250 cm³ Fluorbenzol im UV-Licht unter gelegentlicher Kühlung bis zur Gewichtszunahme von 200 g u. mehrwöchiges Stehen bei 0°; 65 g. — *Enneachlormonofluorcyclohexene*: *Isomeres vom F. 97°*, C_6Cl_9F, a) durch 55wöchiges Stehen von 15 g II u. 50 g fl. Cl_2 in 3 Einschlußrohren u. fraktionierte Kristallisation; 9,5 g; b) analog vorst. Verb. aus 6 g IV; 2 g. *Isomeres vom F. 104°*, bei vorst. a) 3,1 g u. bei vorst. b). — Ferner *Undekachlormonofluorcyclohexan*, $C_6Cl_{11}F$, F. 315°, a) bei vorst. Rk.; b) analog vorst. Verb. aus 6 g IV. — *α.β.β.β-Tetrachlor-α.α-bis-[4-chlorphenyl]-äthan*, F. 92°, durch 3std. Chlorieren von 16 g β.β.β-Trichlor-α.α-bis-[4-bromphenyl]-äthan in CCl_4 im UV-Licht; 13,3 g. — *α.β.β.β-Tetrachlor-α.α-bis-[4-fluorphenyl]-äthan*, $C_{14}H_8Cl_4F_2$, F. 55° (Ligroin), $Kp._4$ 158 bis 160°, durch 2std. Chlorieren von 26 g β.β.β-Trichlor-α.α-bis-[4-fluorphenyl]-äthan wie vorst.; 80%. (Chem. Ber. **91**. 2605—08. 19/12. 1958. Berlin-Dahlem, FU.)

H. LEHWALD. 1010

Włodzimierz Rodziewicz, Jan Dobrowolski und **Wiesław Wojnowski**, *Über die Chlorierung von Phenol in Gegenwart von Tellur und seinen Verbindungen.* In Ggw. von Te, $TeCl_4$ oder $H_2TeO_4 \cdot 2\,H_2O$ (0,1%) verläuft die Chlorierung von Phenol stufenweise bis zum Hauptprod. *Pentachlorphenol* (I; 95% Ausbeute). In Ggw. von K_2TeO_3 wird bei 150° nur *Tetrachlorphenol* erhalten. Bei der Darst. von I ist die Reaktionstemp. durch den F. u. Kp. der entstehenden Prodd. bestimmt. Bei der Substitution des 4. H-Atoms durch Cl wird die Reaktionsgeschwindigkeit durch Temperaturerhöhung etwas erhöht. Im Bereich 0,01—1% Te (bezogen auf Phenol) wird bei Erhöhung der Te-Konz. auf das 10fache die Reaktionsgeschwindigkeit verdoppelt. (Przemysł chem. **37**. 645—48. Okt. 1958. Gdańsk, Politechn., Kat. Chem. nieorgan.) F. URBAN. 1060

M. F. Schosstakowski, Je. P. Gratschewa und **N. K. Kulbowskaja**, *Untersuchung auf dem Gebiet der Synthese und Umwandlungen substituierter Vinyläther.* 6. Mitt. *Synthese von α-Methylvinylaryl- und α-Methylvinylcyclohexyläthern.* (5. vgl. C. **1959**. 12194.) Durch Erhitzen von Methylacetylen (I) mit Phenolen (II) unter Druck in Ggw. von 2 Mol KOH (je Mol II) auf 220° werden nach der Meth. von FAWORSKI-SCHOSSTAKOWSKI *α-Methylvinylphenyl-*, *α-Methylvinylguajacyl-*, *α-Methylvinyl-m-tolyl-* u. *α-Methylvinylcyclohexyläther* dargestellt. Dieses Verf. zur Darst. von α-Methylvinylaryläthern (III) liefert jedoch geringere Ausbeuten als die Rk. von Acetylen mit **II**. Durch Erhitzen von Allen (**IV**) in 50%ig. KOH im Autoklaven auf 200° weisen Vff. nach, daß das mit **I** im Gleichgewicht stehende **IV** unter vorst. Bedingungen fast völlig zu **I** isomerisiert wird u. nur dieses mit den Phenolen in Rk. tritt. Eine Polymerisation des **IV** tritt dabei nicht ein.

Versuche: *α-Methylvinylphenyläther*, $C_9H_{10}O$, Kp.$_{16}$ 61—62°, Kp.$_{756}$ 168—169°; durch 4std. Erhitzen von 135 g Phenol u. 115 g **I** in Ggw. von 81 g KOH in 40 ml W. im Autoklaven auf 220° bei 70 at (Enddruck 20 at) u. Vakuumdest.; $D.^{20}_4$ 0,9551, n_D^{20} 1,5050; 80 g (Ausbeute). — *α-Methylvinylguajacyläther*, $C_{10}H_{12}O_2$, Kp.$_3$ 71—72°, Kp.$_{742}$ 202—203°, durch 10std. Erhitzen von 62 g Guajacol u. 40 g **I** in Ggw. von 28 g KOH in 14 ml W. auf 200° (84 at; Enddruck 40 at), Dest. des Reaktionsprod. mit Wasserdampf u. Vakuumdest. des Destillates, $D.^{20}_4$ 1,0392, n_D^{20} 1,5205; 26,3 g. — *α-Methylvinyl-m-tolyläther*, $C_{10}H_{12}O$, Kp.$_{14}$ 78—79°, durch 6std. Erhitzen von 40 g **I** u. 54 g m-Kresol in Ggw. von 28,5 g KOH in 14 ml W. auf 220°, Abtrennen der oberen Schicht u. Dest. der unteren Schicht mit Wasserdampf; $D.^{20}_4$ 0,9444, n_D^{20} 105051; 27 g. — *α-Methylvinylcyclohexyläther*, $C_9H_{16}O$, Kp.$_{12}$ 52—53°, Kp.$_{752}$ 162—163°, durch 4std. Erhitzen von 40 g **I** u. 50,7 g Cyclohexanol in Ggw. von 28,5 g KOH auf 220°, $D.^{20}_4$ 0,9176, n_D^{20} 1,4551; 44 g. — Bei 4std. Erhitzen von 0,2—0,3 g **III** in 25 ml Hydroxylaminhydrochlorid in zugeschmolzener Ampulle (Umschütteln in $^1/_4$std. Abständen) werden die **III** fast quantitativ hydrolysiert. (Журнал Общей Химии [J. allg. Chem.] **28** (**90**). 1253—57. Mai 1958. Inst. für Organ. Chem. der Akad. der Wiss. der UdSSR.)

W. KURTZMANN. 1060

Jiři Procházka und **Viktor Ettel**, *Verbindungen von Brenzcatechin mit Borsäure.* Bei 2std. Erhitzen von 1 Mol techn. Brenzcatechin mit 0,66 Mol H_3BO_3 in 200 ml Toluol auf 180° werden nahezu 3 Mol W. abgegeben. Der Rückstand (402 g) besteht hauptsächlich aus *Tribrenzcatechindiborat* (**I**; $C_{18}H_{12}B_2O_6$, Kp.$_{11}$ 245—255°, Kp.$_{4,2}$ 92—104°) u. wenig (68 g) *Dibrenzcatechinborsäure* (**II**), $[(C_6H_4O_2)_2B]H$, Kp.$_{14}$ 145—146°, F. >71°. **I** geht in Ggw. von KOH, NH_4OH oder Pyridin in die entsprechenden **II**-Salze über: *Pyridiniumsalz*, F. 125—127°. Aus dem **II**-K-Salz wird in wss. Lsg. durch Hydrieren in Ggw. von RANEY-Ni bei 200 at *cis-Cyclohexandiol*, ($C_6H_{12}O_2$, F. 97,5—98,5°) erhalten. (Przemysł chem. **37**. 720—21. Nov. 1958. Praha, Vys. škola chem.-technol.; Pardubice, Výzk. ústav synt. pryskyřic a laků.)

F. URBAN. 1060

M. F. Schosstakowski, A. W. Bogdanowa und **G. I. Plotnikowa**, *Untersuchung auf dem Gebiet der Diacetylenderivate. Reaktion von Diacetylen mit Phenolen, Thiophenol und Benzylalkohol.* Diacetylen reagiert mit Thiophenol (**I**) u. Benzylalkohol (**II**) unter milden Bedingungen zu *Äthinylvinylphenylsulfid* (**III**) bzw. *-benzyläther* (**IV**). Eine Rk. von Diacetylen mit Phenol oder p-tert.-Butylphenol tritt erst unter härteren Bedingungen ein u. liefert auch bei Veränderung von Temp., Lösungsm., Stabilisator usw. nur feste, amorphe u. unlösl. Produkte. — **III** liefert mit überschüssigem **I**, bes. in Ggw. von KOH, α.α'-Azodiisobuttersäurenitril oder bei erhöhter Temp., *1.4-Bis-[phenylmercapto]-butadien-(1.3)* (**V**), u. analog mit Äthylmercaptan *1-[Phenylmercapto]-4-[äthylmercapto]-butadien-(1.3)* (**VI**). **IV** reagiert mit **II** spontan unter Bldg. von *Butin-(2)-al-(4)-dibenzylacetal* (**VII**). — Die aus **V** u. **VI** beim Erhitzen mit Maleinsäureanhydrid gebildeten Addukte zers. sich sofort unter Abspaltung von Thiophenol bzw. Äthylmercaptan u. Bldg. von *Phthalsäureanhydrid.*

Versuche: *Äthinylvinylphenylsulfid* (**III**), $C_{10}H_8S$ Kp.$_2$ 92,0—92,5°; man rührt 15,4 g **I**, 0,07 g KOH u. 7,0 g Diacetylen bei <40—50° u. 2 Std. bei Zimmertemp.; $D.^{20}_4$ 1,0739, n_D^{20} 1,6298; 31,4% (Ausbeute). Daneben 17,7% **V**. Beim Mol-Verhältnis Diacetylen:**I** = 2:1 entsteht nur **III**; 63,1%. — *Äthinylvinylbenzyläther* (**IV**), $C_{11}H_{10}O$, Kp.$_3$ 104—104,5°, man erhitzt 32,5 g **II** u. 2% KOH auf 116—118° u. leitet in 1½ Std. 5,0 g Diacetylen ein; $D.^{20}_4$ 1,0219, n_D^{20} 1,5620; 50,6%. Daneben 13,1% **VII**. — *Butin-(2)-al-(4)-dibenzylacetal* (**VII**), $C_{18}H_{18}O_2$, Kp.$_3$ 176,5—177°, aus **II** u. Diacetylen im Mol-Verhältnis 15:1 in Ggw. von KOH bei 125—135°; $D.^{20}_4$ 1,0696, n_D^{20} 1,5550; 43,6%. Daneben 19,8% **IV**. — *1.4-Bis-[phenylmercapto]-butadien-(1.3)* (**V**), $C_{16}H_{14}S_2$, Kp.$_{1,5}$ 201 bis 202°, F. 40—40,5°, a) aus Diacetylen u. **I** im Mol-Verhältnis 1:2 u. in Ggw. von 0,2% KOH wie bei der Darst. von **III**; 68,1%; b) man erhitzt 2,5 g **III**, 5,1 g **I** u. 0,01 g α.α'-Azodiisobuttersäurenitril, 4 Std. im Rohr auf 40—50°; 94,1%; c) man läßt 9,4 g **I** u. 4,6 g **III** im Rohr 20 Tage bei 25—30° stehen; 62,3%. — *1-[Phenylmercapto]-4-[äthylmercapto]-butadien-(1.3)* (**VI**), Kp.$_3$ 166—167°, aus 1,5 g **III** u. 1,5 g Äthylmercaptan in Ggw. von α.α'-Azodiisobuttersäurenitril; $D.^{20}_4$ 1,1097, n_D^{20} 1,6657; 60,0%. — Phthalsäureanhydrid, F. 130—130,5°, man erhitzt 1 g **V** u. 0,4 g Maleinsäureanhydrid in 10 ml Bzl. im Rohr 10 Std. auf 130—140°; 85,5%. (Доклады Академии Наук СССР [Ber. Akad. Wiss. UdSSR] **124**. 107—10. 1/1. 1959. Zelinsky-Inst. für org. Chem. der Akad. der Wiss. der UdSSR.)

HELMUT SCHÄFER. 1090

Chiomatsu Hamada, *Untersuchungen über die Reaktion von Reimer-Tiemann. Reaktionen von Phenolen mit Chloralhydrat in Gegenwart von Alkali.* Benzaldehyde: *o-Hydroxy-* (I; *Salicylaldehyd*), Kp. 190—195°, durch 1std. Erwärmen von Phenol (II) mit Chloralhydrat in wss. NaOH verschied. Konzz. auf 60—70° neben *p-Hydroxy-* [F. 115—116° (W.); 5,7—10,2% (Ausbeute); *Phenylhydrazon,* F. 177—178°, blaßgelbe Kristalle] u. II (22,6—29,2%; *2.4.6-Tribromphenol,* F. 91—92°); 17,2—22,5%. — *2-Hydroxy-3-methyl-,* Kp. 200—210°, analog I aus o-Kresol neben *4-Hydroxy-3-methyl-,* [F. 115—115,5° (verd. A.); 7,4%; *Phenylhydrazon,* F. 150—151°]; 7,4%. — *2-Hydroxy-5-methyl-,* F. 55,5—56° (verd. A.), aus p-Kresol; 32,2%. *Phenylhydrazon,* F. 148—149°, gelbe Kristalle. — *3-Chlor-2-hydroxy-,* $C_7H_5ClO_2$, F. 54,5—55° (Methanol), analog aus 12,9 g o-Chlorphenol (o-III) neben *3-Chlor-4-hydroxy-* [F. 133—134° (W.); 16,7%] u. o-III (4,7 g; *Pikrat,* F. 81°); 16,7%. — *5-Chlor-2-hydroxy-,* F. 100°, analog aus p-III; aus 94%ig. A. blaßgelbe Säulchen; 41%. — *1-Hydroxy-2-naphthaldehyd,* F. 57—58°, aus α-Naphthol; aus verd. A. gelbe Nadeln; 2,5%. *Phenylhydrazon,* F. 115—116°. — *2-Hydroxy-1-naphthaldehyd,* $Kp._{11}$ 153—158°, F. 80—81°, aus β-Naphthol; aus A. gelbe Säulchen; 66,3%. *Phenylhydrazon,* F. 204,5—205°, gelbe Nadeln. (J. chem. Soc. Japan, pure Chem. Sect. [Nippon Kagaku Zassi] **76.** 993—95. Sept. 1955. Nagaoka, Niigata Univ. [Orig.: japan.]) L. SCHULER. 1140

James K. Shillington, George S. Denning jr., William B. Greenough III, Trafford Hill jr. und **O. Bertrand Ramsay,** *Eine neue Methode zur optischen Spaltung racemischer Carbonylverbindungen. Synthese und Verwendung von 4-[4-Carboxyphenyl]-semicarbazid. 4-[4-Carboxyphenyl]-semicarbazid* (I) wird durch Umsetzung von Nitroharnstoff (II) mit p-Aminobenzoesäure (III) u. Rk. der gebildeten *p-Ureidobenzoesäure* mit $N_2H_4 \cdot H_2O$ synthetisiert. Das aus dl-3-Methylcyclohexanon (dl-**IV**) u. **I** zugängliche Semicarbazon konnte mit Brucin in CH_3OH glatt gespalten werden. Nach Hydrolyse wurde *l*-IV als *Semicarbazon* opt. rein isoliert.

Versuche (FF. korr.): *p-Ureidobenzoesäure,* $C_8H_8N_2O_3$, F. 276—279° (Dimethylformamid–W.), durch 3std. Erhitzen von III u. II in W. auf dem Wasserbad; 81—85% (Ausbeute). — *4-[4-Carboxyphenyl]-semicarbazid* (I; *p-[3-Aminoureido]-benzoesäure*), $C_8H_9N_3O_3$, F. 218—220°, durch 48std. Erwärmen vorst. Verb. mit 100%ig. $N_2H_4 \cdot H_2O$ in CH_3OH auf 82—83° u. Einstellen auf p_H 4—5; 34—51%. — *Aceton-[4-(4-carboxyphenyl)-semicarbazon],* $C_{11}H_{13}N_3O_3$, F. 252—253° ($NaHCO_3$–Eisessig), durch ½std. Kochen von I, Aceton u. Na-Acetat in CH_3OH/Dimethylformamid; 73%. — *Benzaldehyd-[4-(4-carboxyphenyl)-semicarbazon],* $C_{15}H_{13}N_3O_3$, F. 266—268° (NaOH–Eisessig); 22%. — *3-Methylcyclohexanon-[4-(4-carboxyphenyl)-semicarbazon],* $C_{15}H_{19}N_3O_3$, F. 247 bis 249° (A.), durch 30 Min. Kochen von I, IV u. Na-Acetat in 95%ig. A. bei p_H 7, Ausäthern u. Ansäuern; 33—40%. *l-Brucinsalz,* $C_{38}H_{45}N_5O_7$, in CH_3OH; goldene Rosetten; $[\alpha]_D^{20}$ —22,2° (c = 0,397 in Chlf.). — *l-3-Methylcyclohexanon* (*l*-IV), *Semicarbazon,* F. 183° (CH_3OH), durch Hydrolyse vorst. Brucinsalzes mit sd. 9n H_2SO_4 (→ Öl vom Kp. 167 bis 169°, n_D^{20} 1,4444); $[\alpha]_D^{20}$ +20,6° (c = 1,159 in absol. A.). (J. Amer. chem. Soc. **80.** 6551—53. 20/12. 1958. Amherst, Mass., Coll.; Washington and Lee Univ., Dep. of Chem.) R. PASEDAG. 1280

D. S. Sawelski und **L. A. Lischnewskaja,** *Reaktion von Diazoverbindungen mit Sulfaminsäure und ihren Derivaten.* 12. Mitt. *Diaryltriazen-N-sulfonsäuren und ihre Diazoniumsalze.* (11. vgl. C. **1959.** 15302.) Bei der Rk. von Aryldiazoniumsalzen mit Arylsulfaminaten in Pufferlsg. (p_H 6) entstehen zunächst schwerlösl. gefärbte Aryldiazoniumarylsulfaminate (I), die in der Suspension weiter in schwächer gefärbte, schwerlösl. u. instabile *Aryldiazoniumdiaryltriazen-N-sulfonate* [II; ArN=N—N(Ar')·SO_3^- $N_2^+C_6H_5$] übergehen. Die II kuppeln in neutraler Lsg. mit 1, bei längerem Stehen mit 2 Moll. β-Naphthol (III); löst man die II in HCl u. fügt $NaNO_2$ zu, so werden 3 Mol III je Mol II verbraucht. Die früher dargestellten Aryldiazonium-N^1-methyl-N^3-aryltriazen-N^3-sulfonate (**IV**) gehen in neutralem Medium nur mit 1 Mol. **III** Kupplung ein. Die II lösen sich glatt in verd. NaOH unter Bldg. von *Na-Diaryltriazen-N-sulfonaten;* diese kuppeln ebenfalls mit III u. lassen sich durch doppelte Umsetzung mit Aryldiazoniumchloriden wieder in die II zurückverwandeln. Die Unterschiede zwischen den II u. IV werden auf eine entgegengesetzte Polarisation der N^2—N^3-Bindung zurückgeführt. Die hellere Färbung der II gegenüber den I beruht vermutlich darauf, daß in ersteren die Iminogruppe des Arylsulfaminatanions durch den stark elektrophilen Aryldiazorest substituiert ist, der seinerseits auch elektrophile Substituenten trägt; dadurch wird eine Verstärkung der Elektronendichte am O der Sulfonatgruppe durch das freie Elektronenpaar des Sulfaminat-N gehindert.

Versuche: *2.5-Dichlorphenyldiazonium-N^1-[2.5-dichlorphenyl]-N^3-[p-tolyl]-triazen-N^3-sulfonat, Dihydrat* (V), $C_{19}H_{13}Cl_4N_5O_3S \cdot 2H_2O$, durch Diazotieren von 2.5-Dichloranilin in 5n HCl bei 0°, Zugeben von wenig Sulfaminsäure, Puffern mit Na-Acetat auf p_H 3,

Gießen der Lsg. zu Na-p-Tolylsulfaminat in Acetatpufferlsg. (p_H 6) bei 0° u. 40 Min. langes Stehen; cremefarben; 91,3% (Ausbeute). — *α-[2.5-Dichlorbenzolazo]-β-naphthol*, F. 183° (Eisessig), durch Kuppeln von V in neutraler Lsg. mit III. — *α-[p-Toluolazo]-β-naphthol*, F. 129—129,5°, durch Ansäuern des Filtrats vorst. Verb. mit HCl, Diazotieren mit $NaNO_2$, Neutralisieren mit Soda u. Kuppeln mit III. — *2.5-Dichlorphenyldiazonium-N^1-[2.5-dichlorphenyl]-N^3-phenyltriazen-N^3-sulfonat, Hydrat*, $C_{18}H_{11}Cl_4N_5O_3S \cdot H_2O$, analog V; orangefarben; 80%. — *4-Nitrophenyldiazonium-N^1-[4-nitrophenyl]-N^3-phenyltriazen-N^3-sulfonat*, hellbraun, instabil. — *4-Nitrophenyldiazonium-N^1-[4-nitrophenyl]-N^3-[p-tolyl]-triazen-N^3-sulfonat*, senffarben. — *3-Nitrophenyldiazonium-N^1-[3-nitrophenyl]-N^3-[p-tolyl]-triazen-N^3-sulfonat*, cremefarben. — *4-Chlorphenyldiazonium-N^1-[4-chlorphenyl]-N^3-phenyltriazen-N-sulfonat*, $C_{18}H_{13}Cl_2N_5O_3S$, hellgelb; 82,2%. — *Na-N^1-[4-Chlorphenyl]-N^3-phenyltriazen-N^3-sulfonat*, $C_{12}H_9ClN_3NaO_3S$, durch Lösen vorst. Salzes in 0,5n NaOH bei 8°, Zusetzen von Na-Acetat u. Stehen in Eis; 54,3%. (Журнал Общей Химии [J. allg. Chem.] **28** (**90**). 2568—77. Sept. 1958.)
H.-E. TOUSSAINT. 1310

Daniel Lednicer und **Charles R. Hauser**, *Methojodid von N-[4-Benzyloxy-2.6-dimethylbenzyl]-N.N-dimethylamin. Versuchte Umlagerung.* Die von Vff. früher aufgefundene Umlagerung (vgl. C. **1957**. 3240) des 2.4.6-Trimethylbenzyltrimethylammoniumions unter Bldg. von *1.3.5-Trimethyl-2-methylen-1.2-dihydrobenzyldimethylamin* bei Einw. von $NaNH_2$ in fl. NH_3 führt im Falle von 4-Benzyloxy-2.6-dimethylbenzyltrimethylammoniumjodid (II) nur zu einem unreinen viscosen Öl, dessen Struktur nicht geklärt werden konnte. Verss. zur Abspaltung des Benzylrestes mit Pd/Kohle oder verd. Säuren unter Bldg. von 3.5-Dimethyl-5-dimethylaminomethyl-4-methylencyclohexen-(2)-on blieben erfolglos. II wird aus 4-Brom-3.5-dimethylphenol (III), das mit Benzylchlorid (IV) u. KOH über *4-Benzyloxy-1-brom-2.6-dimethylbenzol* gibt, dessen Grignardierung u. nachfolgende Umsetzung mit CO_2 zu *4-Benzyloxy-2.6-dimethylbenzoesäure* führt, das mit $SOCl_2$ in das *Säurechlorid* übergeführt, mit Dimethylamin (I) zum *Dimethylamid* umgesetzt wird, das dann mit $LiAlH_4$ in Tetrahydrofuran red. u. schließlich mit CH_3J quaternisiert wird, dargestellt.

Versuche: *4-Benzyloxy-1-brom-2.6-dimethylbenzol*, F. 44—49° (Methanol), durch 4std. Kochen von III u. IV in Ggw. von KOH unter Rühren; 77% (Ausbeute). — *4-Benzyloxy-2.6-dimethylbenzoesäure*, $C_{16}H_{16}O_3$, F. 114—115°, aus vorst. Verb. u. Mg in absol. Ae. durch 24std. Kochen, Gießen der GRIGNARD-*Verb.* auf festes CO_2 u. Ansäuern mit HCl; aus wss. A. Nadeln; 44%. *Dimethylamid*, $C_{18}H_{21}NO_2$, F. 101—102,5°, durch Einw. von $SOCl_2$ auf die Suspension vorst. Verb. in Bzl., 2std. Kochen u. 2½std. Einleiten von I in die äther. Lsg. des öligen *Säurechlorids*; aus Cyclohexan Prismen; 80%. — *N-[4-Benzyloxy-2.6-dimethylbenzyl]-N.N-dimethylamin*, $Kp._{2,5}$ 178—180°, aus vorst. Verb. durch 18std. Kochen mit $LiAlH_4$ in absol. Tetrahydrofuran unter Rühren u. Alkalisieren; 54%. *Pikrat*, $C_{24}H_{26}N_4O_8$, F. 133—134° (A.). *Methojodid* (II), $C_{19}H_{26}JNO$, F. 175—180° (Acetonitril), aus vorst. Amin u. CH_3J in Acetonitril bei Raumtemp. durch mehrstd. Stehen; 76%. (J. org. Chemistry **23**. 2008—10. Dez. 1958. Durham, N. C., Duke Univ., Dep. of Chem.)
D. HOLZNER. 1320

W. I. Jessafow, *Über die chemische Struktur des Kohlenwasserstoffs $C_{12}H_{14}$ und über die Synthese neuer phenylierter 1.3-Dienkohlenwasserstoffe.* 7. Mitt. Mesityloxyd (I) reagiert mit Phenyl-MgBr (II) unter Bldg. von *2-Methyl-4-phenylpenten-(2)-ol-(4)*, das unter den Reaktionsbedingungen zu *4-Methyl-2-phenylpentadien-(1.3)* (III; KW-stoff $C_{12}H_{14}$) dehydratisiert wird (vgl. dagegen KLAGES [1904]). Die Struktur von III wird durch Bromierung, $KMnO_4$-Oxydation (zu *Acetophenon, Aceton, Benzoesäure, Ameisen-* u. *Essigsäure*) u. spektralanalyt. bewiesen. III gibt mit Maleinsäureanhydrid (IV) *6.6-Dimethyl-4-phenylcyclohexen-(4)-dicarbonsäure-(1.2)*. II reagiert mit 3-Methylpenten-(2)-on-(4) (V) unter Bldg. von *2-Phenyl-3-methylpenten-(3)-ol-(2)* (VI), das zu *2-Phenyl-3-methylpentadien-(1.3)* (VII) dehydratisiert wird. II gibt mit 3.4-Dimethylhexen-(3)-on-(5) (VIII) *2-Phenyl-3.4-dimethylhexen-(3)-ol-(2)* (IX), aus dem *2-Phenyl-3.4-dimethylhexadien-(1.3)* (X) erhalten wird. — Von III, VII u. X werden die nach der Bromierungsmeth. erhaltenen JZZ. angegeben. Die Unters. der RAMAN-Spektren ergibt, daß III bei 1639 cm^{-1} u. VII bei 1634 cm^{-1} die für die Äthylenbindung charakterist. Schwingung zeigen.

Versuche: *4-Methyl-2-phenylpentadien-(1.3)* (III), $C_{12}H_{14}$, $Kp._6$ 87—88°, zu 150 ml Ae. tropft man bei —15° in 6 Std. 66 g I in Ae. (1:1) u. II (16 g Mg, 150 ml Ae., 110 g Brombenzol) zu, rührt 1 Std. u. zers. mit 100 g Eiswasser u. NH_4Cl-Lösung. Man dest. I bei 20 mm ab, gibt zum Rückstand etwas Jod u. erhitzt bei 20 mm, um die Dehydratisierung von *2-Methyl-4-phenylpenten-(2)-ol-(4)* zu vollenden; $D.^{20}_4$ 0,9242; n_D^{20} 1,5425; 47% (Ausbeute); mit der 1½fachen Menge II werden 60% III erhalten. Liefert mit Br_2 in CCl_4 ein *Dibromid*, $C_{12}H_{14}Br_2$, als Öl. — *6.6-Dimethyl-4-phenylcyclo-*

hexen-(4)-dicarbonsäure-(1.2), $C_{16}H_{18}O_4$, F. 197° (Zers.), 3 g **III** u. 2 g **IV** erhitzt man auf 75° (exotherme Rk.), extrahiert mit KOH u. fällt mit H_2SO_4; 1,4 g. — *2-Phenyl-3-methylpenten-(3)-ol-(2)* (**VI**), $C_{12}H_{16}O$, Kp.$_4$ 100—102°, man tropft zu 60 g **V** in Ae. in 3½ Std. **II** (24 g Mg, 165 g Brombenzol, 300 ml Ae.) u. läßt 20 Std. stehen; D.$^{20}{}_4$ 0,9913; n_D^{20} 1,5311; 8,3%. Wird beim Erhitzen im Vakuum mit Spuren Jod zu **VII** dehydratisiert. — *2-Phenyl-3-methylpentadien-(1.3)* (**VII**), $C_{12}H_{14}$, Kp.$_{5,5}$ 84°, als Nebenprod. bei der Darst. von **VI**; D.$^{20}{}_4$ 0,9302; n_D^{20} 1,5450; 18,6%. — *2-Phenyl-3.4-dimethylhexen-(3)-ol-(2)* (**IX**), $C_{14}H_{20}O$, Kp.$_2$ 103—105°, zu 100 ml Ae. gibt man bei —15° in 5 Std. 30 g **VIII** in Ae. u. **II** (8,6 g Mg, 62 g C_6H_5Br, 140 ml Ae.) u. läßt über Nacht stehen; D.$^{20}{}_4$ 0,9613; n_D^{20} 1,5240; 17,5%. Wird beim Destillieren mit wenig Jod bei 20 mm zu **X** dehydratisiert. — *2-Phenyl-3.4-dimethylhexadien-(1.3)* (**X**), $C_{14}H_{18}$, Kp.$_3$ 90°, bei der Darst. von **IX**; D.$^{20}{}_4$ 0,9195; n_D^{20} 1,5318; 27%. (Журнал Общей Химии [J. allg. Chem.] **27** (**89**). 2667—75. Okt. 1957. Uraler Univ.) HELMUT SCHÄFER. 1410

Ernest F. Silversmith und **John D. Roberts**, *Kleinringverbindungen.* 17. Mitt. *2-Hydroxy-3-phenylcyclobuten-(2)-on und verwandte Verbindungen.* (16. vgl. C. **1957.** 5817.) 1.1.2-Trifluor-2-chlor-3-phenylcyclobutan (I), 1.1.2-Trifluor-3-phenylcyclobuten-(2) (II) u. 1.1.2.2-Tetrafluor-3-phenylcyclobutan (III) ergaben beim Kochen mit überschüssiger äthanol. KOH *1.1-Difluor-2-äthoxy-3-phenylcyclobuten-(2)* (**IV**). Die Hydrolyse von **IV** mit 92%ig. H_2SO_4 führte zu *2-Äthoxy-3-phenylcyclobuten-(2)-on* (**V**). Die Vinyläther **IV** u. **V** waren gegenüber saurer Hydrolyse bemerkenswert beständig. Dagegen wurde das aus **I** mit K-tert.-Butylat erhaltene *1.1-Difluor-2-tert.-butoxy-3-phenylcyclobuten-(2)* (**VI**) beim Erhitzen mit 88%ig. H_2SO_4 durch Hydrolyse auch der Alkoxygruppe in *2-Hydroxy-3-phenylcyclobuten-(2)-on* (**VII**) übergeführt. Die Struktur von **VII** wurde durch CLEMMENSEN-Rk. zu *Phenylcyclobutan*, Rk. mit $FeCl_3$, Rk. mit Alkali u. Äthyljodid zu **V** sowie IR- u. Kernresonanzspektr. bestätigt. Der pK_A-Wert von **VII** in W. wurde zu 6,25 ± 0,05 bestimmt, er liegt um ca. 3 bzw. 4 Einheiten niedriger als der von 2-Hydroxycyclohexen-(2)-on (10,30) u. 2-Hydroxycyclopenten-(2)-on (9,14). Für diesen Effekt scheint weniger der Einfl. der Phenylgruppe als hauptsächlich die infolge verstärkter π-Wechsel-Wrkgg. zwischen den p-Elektronen der Stellungen 1 u. 3 größere Stabilität des Anions von **IV** verantwortlich zu sein.

V e r s u c h e: *1.1.2.2-Tetrafluor-3-phenylcyclobutan* (III), Kp.$_7$ 68,0—68,2°, durch Hydrieren von 1.1.2.2-Tetrafluor-3-phenylcyclobuten-(3) in Ggw. von Pd/Holzkohle; n_D^{25} 1,4505; 74% (Ausbeute). — *1.1-Difluor-2-äthoxy-3-phenylcyclobuten-(2)* (**IV**), $C_{12}H_{12}F_2O$, Kp.$_1$ 77—79°, a) durch 2,8std. Erhitzen von **I** mit KOH in 95%ig. A.; 85%; b) durch Erhitzen von **III** mit KOH in A.; 68%; c) analog aus **II**. — *2-Äthoxy-3-phenylcyclobuten-(2)-on* (**V**), Kp.$_{1,4}$ 110,7—113°, durch Eingießen von **IV** in eine heiße Lsg. von 30 ml konz. H_2SO_4 u. 5 ml W. unter Rühren; 74%; blieb durch 18std. Erhitzen mit 15 ml A. + 20 ml W. + 3 ml konz. H_2SO_4 sowie 2std. Erhitzen mit 48%ig. HJ unverändert. *2.4-Dinitrophenylhydrazon*, $C_{18}H_{16}N_4O_5$, F. 272,0—273,6° (Äthylacetat). — *1.1-Difluor-2-tert.-butoxy-3-phenylcyclobuten-(2)* (**VI**), $C_{14}H_{16}F_2O$, Kp.$_{1,6}$ 93—96°, durch 14std. Erhitzen von **I** mit K-tert.-Butylat; 75%; daneben wenig **II**. — *2-Hydroxy-3-phenylcyclobuten-(2)-on* (**VII**), $C_{10}H_8O_2$, F. 155—165° (Zers.; Ligroin), durch Zugabe von **VI** zu einem erwärmten Gemisch von 12 ml konz. H_2SO_4 u. 3 ml W. unter Rühren; 50—70%; 15½std. Erhitzen mit NaOH u. C_2H_5J in A./W. ergab **V**, 13½std. Erhitzen mit Zn-Amalgam u. HCl *Phenylcyclobutan* [Kp.$_{2,3}$ 46—47°, n_D^{25} 1,5243]. *Phenylurethan*, $C_{17}H_{13}NO_3$, F. 86—100° (Ligroin). (J. Amer. chem. Soc. **80.** 4083—85. 5/8. 1958. Pasadena, Calif., California Inst. of Technol., Gates and Crellin Labors. of Chem.)

W. WIRTZ. 1800

L. Skattebøl und **John D. Roberts**, *Kleinringverbindungen.* 18. Mitt. *Alkaliinduzierte Ringöffnung einiger Phenylcyclobutenonderivate.* (17. vgl. vorst. Ref.) Die Behandlung von Phenylcyclobutendion (**I**) mit 0,5n NaOH in sd. Methanol ergab neben *Benzaldehyd* (**II**) eine geringe Menge *Benzylidenbrenztraubensäure* (**III**). Zur Aufklärung des Reaktionsmechanismus wurde die analoge Rk. des 2-Hydroxy-3-phenylcyclobuten-(2)-ons (**IV**) untersucht, die in 50%ig. Ausbeute zu *Benzylbrenztraubensäure* (**V**) führte. **IV** unterliegt anscheinend einer der Benzilsäureumlagerung analogen Umlagerung, der eine Ringöffnung des entstandenen *1-Phenyl-2-hydroxycyclopropancarbonsäure-(2)*-Anions folgt. Für **I** wird ein analoger Reaktionsmechanismus vorgeschlagen, jedoch reagiert hier **III** in umgekehrter Aldol-Rk. weiter zu dem Hauptprod. **II**. Die Rolle eines in alkal. Lsg. von **I** im Gleichgewicht mit **I** vorhandenen Hydroxyketoenolatanions, dessen Existenz durch Identifizierung des Methylierungsprod. als *2.4-Dimethoxy-3-phenylcyclobuten-(2)-on-(1)* u. auf Grund des UV-Spektr. nachgewiesen wurde, ist noch nicht geklärt. Behandlung von **I** mit NaOD in D_2O führte zu *α-Deuterobenzaldehyd*. Die Einw. von wss. NaOH auf 2-Hydroxy-3-phenylcyclobuten-(2)-dion-(1.4) (**VI**) ergab

1.3-Diphenylpropan neben etwas *Phenylbrenztraubensäure*, die durch konkurrierende Rk. aus dem vermuteten Zwischenprod. *β-Phenyl-β-formylbrenztraubensäure*-Anion entstehen.

Versuche: *2.4-Dimethoxy-3-phenylcyclobuten-(2)-on-(1)*, $C_{12}H_{12}O_3$, F. 37—39° (Pentan), durch 24std. Einw. von Na-Methylat auf 3,2 g I bei Raumtemp. u. Methylieren des Rückstands mit Dimethylsulfat; $n_D^{23,5}$ 1,5922; 0,30 g (Ausbeute). — *Benzylidenbrenztraubensäuremethylester*, F. 70—72° (PAe.), durch 3std. Erhitzen von I mit methanol. NaOH u. Veresterung mit methanol. H_2SO_4. — *α-Deuterobenzaldehyd*, durch Auflösen von I in D_2O/NaOD. — *Benzylbrenztraubensäuremethylester*, Kp.$_2$ 109—110°, durch 7std. Erhitzen von IV mit methanol. KOH; n_D^{25} 1,4968; 42%. *2.4-Dinitrophenylhydrazon*, $C_{17}H_{16}N_4O_6$, F. 153,5°. — *β-Phenylpropionsäure*, durch Oxydation von V mit H_2O_2 in Eisessig; 85%. — *Phenylbrenztraubensäure*, F. 154—157° (Bzl.), durch 18std. Erhitzen von VI mit 10%ig. wss. NaOH; 8%. — *1.3-Diphenylpropen*, Kp.$_1$ 98—102°, als Nebenprod. vorst. Darst., n_D^{25} 1,6002; 40%. *Dibromid*, F. 109—110°. (J. Amer. chem. Soc. **80**. 4085—88. 5/8. 1958.) W. Wirtz. 1800

Ernest F. Silversmith, Yoshio Kitahara und **John D. Roberts,** *Kleinringverbindungen.* 19. Mitt. *Über die Synthese von Cyclobutenonen über Vinylketene.* (18. vgl. vorst. Ref.). Die früher (vgl. 13. Mitt., C. **1957**. 5815) mitgeteilte Darst. von *2.4-Dichlor-3-phenylcyclobuten-(2)-on* aus 2.4-Dichlor-3-phenylbuten-(3)-säure, die vermutlich über das kurzlebige [1-Phenyl-2-chloräthenyl]-chlorketen verläuft, konnte lediglich auf die Herst. von *2-Chlor-3-phenylcyclobuten-(2)-on* aus 2-Chlor-3-phenylbuten-(3)-säure (I) übertragen werden. Verss., nachst. Verbb., bei denen ebenfalls intermediär Bldg. von Vinylketenen zu erwarten ist, mit verschied. Reagentien zu cyclisieren, blieben erfolglos: α-Fluor-β-methylzimtsäure, γ-Bromcrotonsäure, 4-Phenylbuten-(3)-säure, 4-Chlor-3-phenylbuten-(3)-säure, 2-Phenylbuten-(3)-säure, Crotonylchlorid, 4-Phenylbuten-(3)-oylchlorid, Vinylacetylchlorid, 2-Chlor-3-phenylbuten-(3)-oylchlorid u. Diazomethyl-α-styrylketon. — *2-Chlor-3-phenylcyclobuten-(2)-on*, F. 63—65° (Cyclohexan), durch ½std. Erhitzen von 0,4 g I in Acetanhydrid u. 3std. Rühren in 5%ig. $NaHCO_3$-Lsg.; 0,08 g (Ausbeute). (J. Amer. chem. Soc. **80**. 4088—89. 5/8. 1958.) W. Wirtz. 1800

Frederick F. Caserio jr., Stuart H. Parker, Richard Piccolini und **John D. Roberts,** *Kleinringverbindungen.* 20. Mitt. *1.3-Dimethylencyclobutan und verwandte Verbindungen.* (19. vgl. vorst. Ref.) Beschrieben wird die Synth. von *1.3-Dimethylencyclobutan* (I) u. *1-Methyl-3-methylencyclobuten-(1)* (II). Aus Acrylnitril u. Allen stellten Vff. *1-Cyan-3-methylencyclobutan* (III) her. III wurde mit $LiAlH_4$ in guter Ausbeute zu *1-Aminomethyl-3-methylencyclobutan* (IV) red., dessen *Methojodid* (V) mit Ag_2O *[3-Methylencyclobutylmethyl]-trimethylammoniumhydroxyd* (VI) ergab. Pyrolyse von VI bei 160° führte zu II. Aus der durch alkal. Verseifung von III erhaltenen *3-Methylencyclobutancarbonsäure* (VII) wurde über das entsprechende Dimethylamid *3-Methylen-1-dimethylaminomethylcyclobutan* (VIII) dargestellt, aus dem mit CH_3J V u. wie vorst. II erhalten wurde. Oxydation von VIII mit H_2O_2 führte zu dem entsprechenden *N-Oxyd*, dessen Pyrolyse I ergab. Durch Hydrierung von VII u. anschließende Veresterung mit A. wurde *3-Methylcyclobutan-1-carbonsäureäthylester* dargestellt, dessen Hydrierung *1-Hydroxymethyl-3-methylcyclobutan* ergab. Umsetzung dieser Verb. mit p-Toluolsulfonylchlorid u. erneute Red. führten zu *1.3-Dimethylcyclobutan*, das auch durch Hydrierung von I u. II erhalten wurde. Für die Struktur von I u. II sprechen ferner die IR- u. Kernresonanzspektren, von denen bes. letztere zur Unterscheidung zwischen beiden Verbb. geeignet sind. Die Spektren zeigen auch, daß I stets etwas II enthält. Das UV-Spektr. von I gibt keinen Hinweis auf eine π-Wechselwrkg. über den Ring hinweg. Elektronenbeugungsmessungen zeigen, daß I u. II planar (±5°) sind, die Vierringe sind fast quadrat., der Abstand zwischen $C_{(1)}$ u. $C_{(3)}$ von I beträgt 2,11 Å. Die Hydrierungswärmen von I u. II betragen −60,03 bzw. −54,95 kcal/Mol. Für II wird eine Resonanzenergie von mindestens 3,0 kcal abgeschätzt, die als Anzeichen für eine begrenzte π-Wechselwrkg. angesehen werden kann. — I addierte in CCl_4 nur 1 Mol Br_2, als Hauptreaktionsprod. wurde *1-Brom-1-brommethyl-3-methylencyclobutan* isoliert. Mit Maleinsäureanhydrid entstand eine polymere Verbindung. In fl. NH_3 erfolgte in Ggw. von $NaNH_2$ Umlagerung in II, vermutlich verläuft der Hofmannsche Abbau von VI zu II über I. Verss., I u. II mit Fe^{2+} u. $Ni(CO)_4$ zu ferrocenanalogen Verbb. umzusetzen, schlugen fehl. Methylencyclobutan u. 1-Methylcyclobuten-(1) wurden durch Einw. von Säuren in CCl_4 u. Chlf. nicht isomerisiert, in Eisessig reagierte letztere Verb. zu *1-Methylcyclobutylacetat*, in absol. A. zu *1-Methylcyclobutyläthyläther*.

Versuche: *1-Cyan-3-methylencyclobutan* (III), Kp.$_{31}$ 74—76°, aus Allen u. Acrylnitril in einer Parr-Bombe bei 260—270° unter Zusatz von Toluol; n_D^{25} 1,4590; 50% (Ausbeute). — *3-Methylencyclobutancarbonsäure* (VII), Kp.$_9$ 99—101°, durch Verseifen von III mit wss.-alkoh. KOH; n_D^{25} 1,4653; 95%. — *3-Methylencyclobutancarbon-*

säuredimethylamid, $C_8H_{13}NO$, Kp.$_1$ 67°, aus VII, Chlorkohlensäureäthylester u. Triäthylamin in Chlf.; n_D^{25} 1,4877; 80%. — *3-Methylen-1-dimethylaminomethylcyclobutan* (VIII), $C_8H_{15}N$, Kp.$_{99}$ 82—83°, durch Eintropfen einer äther. Lsg. vorst. Verb. in eine Suspension von $LiAlH_4$ in Ae. unter Rühren u. Kühlen, 3std. Erhitzen u. Destillieren; n_D^{25} 1,4480; 83%. *Pikrat*, $C_{14}H_{18}N_4O_7$, F. 136,5—137° (A.). — *1-Aminomethyl-3-methylencyclobutan* (IV), $C_6H_{11}N$, Kp.$_{744}$ 132—133°; durch Red. von III mit $LiAlH_4$; n_D^{25} 1,4668; 74 u. 86%. — *3-Methylencyclobutylmethyltrimethylammoniumjodid* (V), $C_9H_{18}JN$, F. 218,8 bis 220° (Zers.) u. 234,5—235° (Zers.), a) durch 2std. Einw. von CH_3J auf VIII in Bzl. bei Raumtemp.; 81%; b) durch 2std. Erhitzen von IV mit CH_3J u. KOH in absol. Methanol; 92%. — *[3-Methylencyclobutylmethyl]-trimethylammoniumhydroxyd* (VI), durch Schütteln einer Suspension von IV in W. mit Ag_2O. — *1-Methyl-3-methylencyclobuten-(1)* (II), C_6H_8, Kp. 69—70°, durch Eintropfen von VI in einen auf 160° erwärmten Kolben bei 50 mm Hg, Auffangen der Reaktionsprodd. in einer trockeneisgekühlten Falle, Ausschütteln mit n-HCl, 5%ig. $NaHCO_3$- u. gesätt. NaCl-Lsg. u. Destillieren; n_D^{25} 1,4588; 50%. — *3-Methylen-1-dimethylaminomethylcyclobutan-N-oxyd*, F. 150 bis 155° (Sublimation), durch Eintropfen von VIII in eine 10%ig. H_2O_2-Lsg. unter Rühren u. Kühlen u. 16std. Rühren bei Raumtemp.; 95%. *Pikrat*, $C_{14}H_{18}N_4O_8$, F. 127,2 bis 128° (A.). — *1.3-Dimethylencyclobutan* (I), C_6H_8, Kp.$_{742}$ 68,0°, durch Zers. des vorst. N-Oxyds bei 210 ± 20°, Auffangen der Reaktionsprodd. in einer auf —78° gekühlten Falle u. Waschen mit n-HCl, W. u. gesätt. NaCl-Lsg.; n_D^{25} 1,4465; 69%. Eingießen von I (10% II enthaltend) in eine Lsg. von $NaNH_2$ in fl. NH_3 u. 1½std. Erhitzen des Gemischs führte zu 86% II; mit Triäthylamin u. NaOH wurde bei Raumtemp. keine Umlagerung erzielt. 10std. Erhitzen von I mit Maleinsäureanhydrid u. m-Xylol im geschlossenen Rohr ergab eine polymere Verb. im Mol-Verhältnis 2(I) : 1, F. 360°. —*3-Methylcyclobutan-1-carbonsäureäthylester*, Kp.$_{30}$ 74—74,8°, durch Hydrieren von VII über Pd in absol. A.; n_D^{25} 1,4222; 76%. — *1-Hydroxymethyl-3-methylcyclobutan*, $C_6H_{12}O$, Kp.$_{50}$ 84°, durch Eintropfen einer äther. Lsg. vorst. Verb. in eine Lsg. von $LiAlH_4$ in Ae., 24std. Stehen bei Raumtemp. u. 1½std. Erhitzen; n_D^{25} 1,4362; 96%. — *1-Hydroxymethyl-3-methylcyclobutan-p-toluolsulfonat*, aus vorst. Verb. u. p-Toluolsulfonylchlorid in Pyridin bei —10°; 91%. — *1.3-Dimethylcyclobutan*, C_6H_{12}, Kp.$_{740}$ 56,5—57°, a) durch Eintropfen einer äther. Lsg. vorst. Verb. in eine Lsg. von $LiAlH_4$ in Ae. unter Rühren u. Kühlen, 48std. Aufbewahren bei Raumtemp., 1std. Erhitzen u. Destillieren; 23%; b) durch Hydrieren von I in Eisessig über Pt; c) durch Hydrieren von II wie a); n_D^{25} 1,3870. — *1-Brom-1-brommethyl-3-methylencyclobutan*, $C_6H_8Br_2$, Kp.$_1$ 69—70°, durch Titration von I mit Br_2 in CCl_4 u. Trennung von höher bromierten Prodd. [Kp.$_1$ 67—120°, n_D^{25} 1,5827] durch fraktionierte Vakuumdest. n_D^{25} 1,5460; 44%. Beide Bromidfraktionen reagierten sofort mit alkoh. $AgNO_3$-, $KMnO_4$- u. J_2-Lsg., jedoch nicht mit 5%ig. Br_2-Lsg. in CCl_4. Mit wasserfreiem $ZnBr_2$ wurde das Dibromid bei Raumtemp. nicht isomerisiert, Entbromung mit Zn-Staub in sd. A. führte zu I. (J. Amer. chem. Soc. **80**. 5507—13. 20/10. 1958.) W. WIRTZ. 1800

Olivier Riobé, *Cyclisierung von δ-äthylenischen Säurechloriden mittels Zinn(IV)-chlorids.* Die aus den entsprechenden δ-ungesätt. Säuren durch Erhitzen mit $SOCl_2$ in ca. 80%ig. Ausbeute erhaltenen Säurechloride *Hexen-(5)*- [I, C_6H_9ClO, Kp.$_{13}$ 43—44°, $D.^{16}_4$ 1,014, n_D^{16} 1,4459; *p-Toluidid*, F. 58°], *trans-Hepten-(5)*- [II, $C_7H_{11}ClO$, Kp.$_{13}$ 63 bis 64°, $D.^{14}_4$ 0,999, n_D^{14} 1,4530] u. *trans-Octen-(5)-oylchlorid* [III, $C_8H_{13}ClO$, Kp.$_{17}$ 82 bis 83°, $D.^{15}_4$ 0,978, n_D^{15} 1,4540] werden in Ggw. von $SnCl_4$ mit ca. 60%ig. Ausbeute cyclisiert zu *Cyclohexen-(2)-on-(1)* [C_6H_8O, Kp.$_{15}$ 65°, aus 0,1 Mol I in 250 ml CS_2 durch vorsichtige Zugabe von 5 g $SnCl_4$ unter Rühren, ½std. Kochen, Filtrieren über Glaswolle u. Ae.-Extraktion; $D.^{20}_4$ 0,984, n_D^{20} 1,4779; *Semicarbazon*, F. 162°; *2.4-Dinitrophenylhydrazon*, F. 165°; Hydrierung an RANEY-Ni → *Cyclohexanon*], *2-Methylcyclohexen-(2)-on-(1)* [$C_7H_{10}O$, Kp.$_7$ 57—58°, aus II wie vorst.; $D.^{14}_4$ 0,981, n_D^{14} 1,4898; *Semicarbazon*, $C_8H_{13}N_3O$, F. 209°; *2.4-Dinitrophenylhydrazon*, $C_{13}H_{14}N_4O_4$, F. 208°; Hydrierung an RANEY-Ni → *2-Methylcyclohexanon*, $C_7H_{12}O$, Kp.$_{772}$ 164,5°, $D.^{16}_4$ 0,926, n_D^{16} 1,4478; *Semicarbazon*, F. 197°; *2.4-Dinitrophenylhydrazon*, F. 137°] bzw. *2-Propylidencyclopentanon* [$C_8H_{12}O$, Kp.$_{15}$ 84—86°, aus III wie vorvorst.; $D.^{20}_4$ 0,952, n_D^{20} 1,4839; *Semicarbazon*, $C_9H_{15}N_3O$, F. 228°; *2.4-Dinitrophenylhydrazon*, $C_{14}H_{16}N_4O_4$, F. 219°; daneben etwas *2-Isopropylidencyclopentanon* (*Semicarbazon*, F. 217°; *2.4-Dinitrophenylhydrazon*, F. 203°) u. etwas *2-Äthylcyclohexen-(2)-on* (*Semicarbazon*, F. 176°); Hydrierung an RANEY-Ni → *2-Propyl-* im Gemisch mit *2-Isopropylcyclopentanon* (schwer trennbar), $C_8H_{14}O$, Kp.$_{16}$ 74—76°, $D.^{17}_4$ 0,926, n_D^{17} 1,4590; *Semicarbazon*, $C_9H_{17}N_3O$, F. 202°; *2.4-Dinitrophenylhydrazon*, $C_{14}H_{18}N_4O_4$, F. 158°]. (C. R. hebd. Séances Acad. Sci. **248**. 2774—75. 11/5. 1959. Angers, Univ. Catholique de l'Ouest.) E. RIEDEL. 1960

Yuzo Inouye, Yasuhiko Takeshita und **Minoru Ohno**, *Untersuchungen über synthetische Pyrethroide.* 5. Mitt. *Synthese der geometrischen Isomeren von Chrysanthemum-*

dicarbonsäure. (4. vgl. Botyu-Kagaku [Sci. Insect Control] **19.** [1954.] 102.) Die aus α.δ-Dimethyl-trans-sorbinsäureäthylester (**IV**) u. Diazoessigsäureäthylester (**III**) entstehenden Addukte geben bei der Hydrolyse *(±)-trans-3-[trans-2'-Carboxypropenyl]-2.2-dimethylcyclopropan-1-carbonsäure* (**I**) u. *(±)-cis-3-[trans-2'-Carboxypropenyl]-2.2-dimethylcyclopropan-1-carbonsäure* neben *α.δ-Dimethyl-γ-carboxymethyl-trans-sorbinsäure.* Struktur u. Konfiguration der Säuren werden geklärt: **I** ist die rac. Form der natürlichen *Chrysanthemumdicarbonsäure,* deren Seitenkette damit die trans-Konfiguration besitzt.

Versuche: *α.δ-Dimethyl-β-hydroxy-Δ^{γ}-hexensäure, Äthylester* (**II**), Kp.$_4$ 84 bis 85°, aus 0,5 Mol β-Methylcrotonaldehyd, 0,5 Mol α-Brompropionsäureäthylester u. 0,5 g-Atom Zn in absol. Bzl. u. Zers. mit 20% ig. H_2SO_4; n_D^{15} 1,4580; 52 g (Ausbeute). *p-Phenylphenacylester,* $C_{22}H_{24}O_4$, F. 82—83°. *p-Jodphenacylester,* $C_{16}H_{19}JO_4$, F. 107 bis 108°. — *α.δ-Dimethyl-trans-sorbinsäure, Äthylester* (**IV**), Kp.$_6$ 85—86°, aus 0,3 Mol vorst. Verb. in absol. Bzl. durch Einw. von P_2O_5; n_D^{20} 1,5015. *Freie Säure,* $C_8H_{12}O_2$, F. 133 bis 134°. *p-Phenylphenacylester,* $C_{22}H_{22}O_3$, F. 102—103°. — *α.δ-Dimethylcapronsäure,* Kp.$_{13}$ 115—116°, durch Hydrieren der vorst. Säure in Ggw. von PtO_2; n_D^{20} 1,4261. *Amid,* $C_8H_{17}NO$, F. 103°. *p-Phenylphenacylester,* $C_{22}H_{26}O_3$. — *α.δ-Dimethyl-γ-carboxymethyl-trans-sorbinsäure,* $C_{10}H_{14}O_4$, F. 185—186°, Kp.$_{0,05}$ 91—92°, a) aus **IV** u. **III** in Ggw. von Cu bei 130—140°; b) aus 0,12 Mol **IV** u. **III** in Ggw. von Cu bei 110—130°; n_D^{15} 1,4725; 9,5 g. *Bis-p-phenylphenacylester,* $C_{28}H_{34}O_6$, F. 150—151°. Gibt bei der Ozonisierung in Chlf. bei 0° nach Zers. des Ozonids: *Aceton* (*2.4-Dinitrophenylhydrazon,* F. 127 bis 128°), *Brenztraubensäure* (*2.4-Dinitrophenylhydrazon,* F. 216°) u. vermutlich *Oxalessigsäure* [Bis-(p-phenylphenacylester), $C_{32}H_{24}O_7$, F. 119—120°]. — *α-Methyl-γ-isopropyladipinsäure,* $C_{10}H_{18}O_4$, F. 94—95°, durch Hydrieren der vorst. Säure in A. in Ggw. von PtO_2. *Bis-[p-phenylphenacylester,* F. 106—107°. — *(±)-trans-3-[trans-2'-Carboxypropenyl]-2.2-dimethylcyclopropan-1-carbonsäure* (**I**), $C_{10}H_{14}O_4$, F. 207—208°, aus 42 g **IV** in Ligroin durch Zugabe von Cu-Pulver, Zusatz von 15 g **III**, Kochen, nach Beendigung der Rk. Erhitzen auf 130°, Entfernen von **IV** u. Ligroin im Vakuum, Verseifen mit 10% ig. alkoh. KOH u. Trennen der Isomeren durch fraktionierte Kristallisation aus W.-A.; 0,8 g **I** liefern bei der Ozonisation in Chlf. bei 0° ein *Ozonid,* aus dem sich nach Zers. in 10 Min. neben *Brenztraubensäure* 310 mg *(±)-trans-Caronsäure,* $C_7H_{10}O_4$, F. 212°, isolieren lassen. — *(±)-cis-3-[trans-2'-Carboxypropenyl]-2.2-dimethylcyclopropan-1-carbonsäure,* $C_{10}H_{14}O_4$, F. 208—209°, neben **I**. Das Ozonid liefert bei Zers. *(±)-cis-Caronsäure,* $C_7H_{10}O_4$, F. 173—174°, u. *Brenztraubensäure.* (Botyu-Kagaku [Sci. Insect Control] **20.** 102—07. Aug. 1955. Kyoto Univ. [Orig.: japan.; Auszug: engl.])

L. Schuler. 2010

N. P. Buu-Hoï und **Louis Petit,** *Orientierung bei der Friedel-Crafts-Acylierung von 3-Chlor-2-methoxybiphenyl.* (Vgl. C. **1959.** 15021.) Die Rk. von 3-Chlor-2-methoxybiphenyl (**II**) mit Acetylchlorid (**III**) führt in Ggw. von $SnCl_4$ zur *5-Acetylverb.* (**I**) u. in Ggw. von $AlCl_3$ zu **I** u. zur *4'-Acetylverb.,* die bei der Oxydation mit NaOBr in *3-Chlor-2-methoxybiphenyl-5-* bzw. *-4'-carbonsäure,* bei der Pfitzinger-Rk. mit Isatin (**IV**) in Ggw. von KOH in *2-[3-Chlor-2-methoxybiphenylyl-(5)]-* bzw. *2-[3-Chlor-2-methoxybiphenylyl-(4')]-cinchoninsäure* übergeführt werden. Letztere liefern bei der therm. Zers. die entsprechenden *Chinoline.* Bei der $AlCl_3$-katalysierten Rk. von **II** mit Propionyl-, Butyryl-, Benzoyl- u. Phenacetylchlorid entstehen fl. Gemische, die nicht getrennt werden konnten.

Versuche: *5-Acetyl-3-chlor-2-methoxybiphenyl* (**I**), $C_{15}H_{13}ClO_2$, F. 75° (Bzl.-PAe.), a) durch 12std. Stehen von 22 g **II** [aus 3-Chlor-2-hydroxybiphenyl mit $(CH_3)_2 \cdot SO_4$/NaOH/wss. CH_3OH], $AlCl_3$ u. **III** in CS_2 bei Raumtemp., Erhitzen auf dem Wasserbad, Zers. mit verd. HCl, Aufnehmen in Chlf. u. Dest. bei 200—237°/20 mm; glänzende Prismen; 16 g (Ausbeute); b) analog mit $SnCl_4$; 75%. — *4'-Acetyl-3-chlor-2-methoxybiphenyl,* $C_{15}H_{13}ClO_2$, Kp.$_{25}$ 231—235°, neben **I** nach a); hellgelb; n_D^{25} 1,6256; 6 g. — *3-Chlor-2-methoxybiphenyl-4'-carbonsäure,* $C_{14}H_{11}ClO_3$, F. 172° (Essigsäure), durch Schütteln vorst. Verb. in Dioxan mit wss. NaOBr bei Raumtemp. u. 45—50°, Extrahieren mit Chlf., Zugeben von wss. $NaHSO_3$ u. Ansäuern mit HCl; glänzende Prismen; 80%. — *3-Chlor-2-methoxybiphenyl-5-carbonsäure,* $C_{14}H_{11}ClO_3$, F. 250° (Essigsäure; sublimiert), aus **I**; Nadeln; 80%. — *2-[3-Chlor-2-methoxybiphenylyl-(5)]-cinchoninsäure,* $C_{23}H_{16}ClNO_3$, F. 232° (Essigsäure), durch 78std. Kochen von **I** mit **IV** in äthanol. KOH, Zugeben von W., Ausäthern u. Ansäuern der wss. Phase mit Essigsäure; glänzende, gelbe Prismen; 65%. — *2-[3-Chlor-2-methoxybiphenylyl-(5)]-chinolin,* $C_{22}H_{16}ClNO$, F. 201° (A.), durch Erhitzen vorst. Verb. über den F. u. Vakuumdest.; glänzende Prismen; 80%. *Pikrat,* $C_{28}H_{19}ClN_4O_8$, F. 192° (A.), glänzende, gelbe Nadeln. — *2-[3-Chlor-2-methoxybiphenylyl-(4')]-cinchoninsäure,* $C_{23}H_{16}ClNO_3$, F. 209° (Essigsäure), gelbliche Prismen; 65%. — *2-[3-Chlor-2-methoxybiphenylyl-(4')]-chinolin,* $C_{22}H_{16}ClNO$, F. 199° (A.), Prismen. *Pikrat,* $C_{28}H_{19}ClN_4O_8$, F. 188° (A.), hellgelbe Nadeln. — *Propionyl-3-chlor-2-methoxybiphenyl (Gemisch),* $C_{16}H_{15}ClO_2$, Kp.$_{20}$ 230—235°, hellgelb; 73%. — *Butyryl-3-chlor-2-methoxy-*

biphenyl (Gemisch), $C_{17}H_{17}ClO_2$, Kp.$_{15}$ 230°; 69%. — *Benzoyl-3-chlor-2-methoxybiphenyl (Gemisch)*, $C_{20}H_{15}ClO_2$, Kp.$_{16}$ 265—270°; 77%. — *Phenacetyl-3-chlor-2-methoxybiphenyl*, $C_{21}H_{17}ClO_2$, Kp.$_{16}$ 270—280°; 68%. 5tägiges Kochen mit **IV** → *Cinchoninsäure* $C_{29}H_{20}\cdot ClNO_3$, F. 295° (Essigsäure), gelbliche Prismen; 68%. Daraus *Chinolin* $C_{28}H_{20}ClNO$, F. 164° (A.), Nadeln. (J. org. Chemistry **24**. 39—41. Jan. 1959. Paris, Univ., Radium Inst.) R. PASEDAG. 2380

Joseph Hoch und **Jean-Michel Choisy,** *Einwirkung von Natriumamid auf α-Bromarylessigsäureester.* Vff. erhielten aus Oxalsäurediäthylester u. den entsprechenden Aryl-MgBr-Verbb. nachst. Ameisensäureäthylester: *p-Toluyl-*, Kp.$_{15}$ 155°; 41% (Ausbeute). *Semicarbazon* (SC), F. 132°. — *m-Toluyl-*, Kp.$_{15}$ 150°; 24%. *SC*, F. 112°. — *o-Toluyl-*, Kp.$_{15}$ 145°; 26%. *SC*, F. 154°. — *p-Methoxybenzoyl-*, Kp.$_{15}$ 185°; 38%. *SC*, F. 128°. — *o-Methoxybenzoyl-*, Kp.$_{15}$ 183°; 38%. *SC*, F. 117°. — *α-Naphthoyl-*, Kp.$_{15}$ 203°; 34%. *SC*, F. 208°. — Daraus durch Hydrierung mit Al-Amalgam in feuchtem Ae. nachst. Mandelsäureäthylester: *p-Methyl-*, Kp.$_{15}$ 167°, F. 77°; 82%. — *m-Methyl-*, Kp.$_{15}$ 153°; 53%. — *o-Methyl-*, Kp.$_{15}$ 152°; 67%. — *p-Methoxy-*, F. 46°; 63%. — *o-Methoxy-*, Kp.$_{10}$ 170°; 70%. — *α-Naphthylglykolsäureäthylester*, F. 67°; 50%. — Daraus durch Behandlung mit $^2/_3$ Mol PBr_3 nachst. α-Bromessigsäureäthylester: *p-Tolyl-* (**I**), Kp.$_{30}$ 177°; 51%. — *m-Tolyl-* (**II**), Kp.$_{15}$ 155—156°; 33%. — *o-Tolyl-* (**III**), Kp.$_{15}$ 155—156°; 45%. — *p-Methoxyphenyl-* (**IV**), Kp.$_2$ 153 bis 154°; 68%. — *o-Methoxyphenyl-* (**V**), Kp.$_1$ 130—140°; 56%. — [*Naphthyl-(1)*]- (**VI**), Kp.$_2$ 185°; 40%. — Durch Behandlung der Bromester mit $NaNH_2$ (vgl. C. **1951**. II. 2310 u. früher) u. fraktionierte Kristallisation aus A. (gegebenenfalls nach Dest.) sowie Verseifung der nichtkrist. Anteile mit alkoh. KOH, Ansäuern, Trennen der Gemische von Diarylmaleinsäureanhydriden (lösl.) u. Diarylfumarsäuren (unlösl.) mit Bzl. wurden erhalten: Aus **I** 60% Fraktion vom Kp.$_{15}$ 240—250°, daraus *Di-p-tolylmaleinsäurediäthylester* (F. 84°) u. *Di-p-tolylfumarsäurediäthylester* (F. 117°), sowie *Di-p-tolylmaleinsäureanhydrid* [F. 168° (A.)] u. *Di-p-tolylfumarsäure* [F. >300° (Eisessig)]. — Aus **II** 40% Fraktion vom Kp.$_{0,5}$ 240—250°; *Di-m-tolylfumarsäure*, F. 265° (*Diäthylester*, F. 96°); *Di-m-tolylmaleinsäureanhydrid*, F. 92—93°. — Die aus **III** erhaltene Fraktion vom Kp.$_{15}$ 215—240° gab in geringer Ausbeute *Di-o-tolylbernsteinsäurediäthylester*, F. 149°. — **IV** lieferte die l. c. beschriebenen Produkte. — Aus den neutralen, harzigen Prodd. aus **V** konnte kein krist. Prod. isoliert werden; Verseifung gab eine Spur *Bis-[o-methoxyphenyl]-maleinsäureanhydrid*, F. 162°. — Aus **VI** entstand ein Harz, aus dem keine definierten Prodd. isoliert werden konnten. (C. R. hebd. Séances Acad. Sci. **248**. 3314—16. 8/6. 1959. Sorbonne, Labor. de Chim. organ. II.) EBERHARD RIEDEL. 2420

François Salmon-Legagneur und **Fancine Salmon-Legagneur,** *Über die Kondensation von Organomagnesiumverbindungen mit α.α-Diphenylbernsteinsäuremonoestern.* Während bei der Umsetzung von α.α-Diphenylbernsteinsäure-β-monomethylester mit RMgX [CH_3MgJ (**I**), C_2H_5MgBr, Phenyl-MgBr, Benzyl-MgCl] die entsprechenden 2.2.-Diphenylbutanolide-(4 → 1) [*4.4-Dimethyl-* ($C_{18}H_{18}O_2$, F. 105°), *4.4-Diäthyl-* ($C_{20}H_{22}O_2$, F. 84°), *4.4-Diphenyl-* ($C_{28}H_{22}O_2$, F. 198°) u. *4.4-Dibenzyl-* ($C_{30}H_{26}O_2$, F. 127—128°)] gebildet werden, entsteht bei analoger Umsetzung des α-Monomethylesters zwar mit **I** das erwartete *4.4-Dimethyl-3.3-diphenylbutanolid-(4 → 1)* ($C_{18}H_{18}O_2$, F. 123°, wenig stabil, in Alkali Zers. zu *β.β-Diphenylpropionsäure*), in den anderen Fällen bilden sich aber vorst. β-Olide. Als Zwischen-Rk. vermuten Vff. (außer im Falle von **I**) die Bldg. des Anhydrids, da die Umsetzung von α.α-Diphenylbernsteinsäureanhydrid mit vorst. RMgX ausschließlich die β-Olide lieferte. Diese sind auch in Alkali stabil u. bilden mit $LiAlH_4$ die entsprechenden 2.2-Diphenylbutandiole-(1.4): *4.4-Diäthyl-* ($C_{20}H_{26}O_2$, F. 99—100°), *4.4-Diphenyl-* ($C_{28}H_{26}O_2\cdot C_2H_5OH$, F. 88—90°) u. *4.4-Dibenzyl-* ($C_{30}H_{30}O_2$, F. 168°). (C. R. hebd. Séances Acad. Sci. **248**. 2771—73. 11/5. 1959. Rennes, Fac. des Sci. u. École Nat. Supér. de Chim., Labor. de Chim. gén.)
EBERHARD RIEDEL. 2450

W. W. Koslow, *Über lichtempfindliche selenhaltige Nitroverbindungen.* Bei früheren Unterss. über lichtempfindliche Nitroverbb. (C. **1938**. I. 589; **1938**. II. 1929) wurde festgestellt, daß Verbb., bei denen sich eine Nitro- u. eine Sulfogruppe in möglichst geringer Entfernung voneinander befinden, die maximale Lichtempfindlichkeit besitzen. Als empfindlichste Verb. erwies sich bisher 1-Nitronaphthalinsulfonsäure-(8) (**I**). Zwecks Auffindung noch lichtempfindlicherer Verbb. werden aus Nitronaphthylaminen durch Diazotierung, Rk. mit KSeCN, N_2-Abspaltung u. Oxydation *Nitronaphthalinseleninsäuren* (**II**) dargestellt. Durch Oxydation von 1-Nitronaphthalinseleninsäure-(5) (**III**) u. -(8) (**IV**) mit $KMnO_4$ im ammoniakal. Medium wird *1-Nitronaphthalinselenonsäure-(5)* (**V**) u. *-(8)* (**VI**) erhalten. **III, IV, V** u. **VI** können auch durch Nitrieren der Naphthalinseleninsäure-(1) bzw. -selenonsäure-(1) dargestellt werden. Die wss. Lsgg. von **II** u. Nitronaphthylselenonsäuren (**VII**) sowie die ihrer Salze sind lichtempfindlich. Der sensitometr. Vgl. der **II** u. **VII** mit den entsprechenden Nitronaphthalinsulfonsäuren zeigte, daß **II** u. **VII** eine höhere Lichtempfindlichkeit besitzen. Mit Lsgg. von **II** oder **VII** getränkte Wolle wird nach Trocknen u. Belichten dunkler. Die Metallsalze der **II** u. **VII** sind weniger lichtempfindlich als die Säuren, das Mg-Salz von **VI** ist etwas lichtempfindlicher als **VI** u. **I**. Die Salze der **II** u. **VII** mit aromat. Aminen sind lichtempfindlicher als **II** u. **VII**. (Acta chim. Acad. Sci. hung. **12**. 189—94. 1957. Moskau.)

R. K. MÜLLER. 2700

Stanley M. Bloom, *Stereochemie von 8.10-Dimethyl-2-keto-$\Delta^{1,9,3,4}$-hexahydronaphthalin.* Das früher (vgl. J. Amer. chem. Soc. **80**. [1958.] 6280) beschriebene 8.10-Dimethyl-2-keto-$\Delta^{1,9,3,4}$-hexahydronaphthalin (I) wurde mit Li in fl. NH_3 zu *trans-2-Keto-8α.10β-dimethyldekalin* (**II**), auf katalyt. Wege dagegen zur entsprechenden *cis-Verb.* reduziert. **II** ist ident. mit einem auf ster. eindeutigem Wege aus dem Dienaddukt von trans-Pentadien-(1.3) an 4-Methoxytoluchinon-(2.5) dargestellten Präp. (vgl. dazu WOODWARD u. Mitarbeiter, C. **1953**. 6256). Daraus folgt für **I** die nebenst. relative Konfiguration.

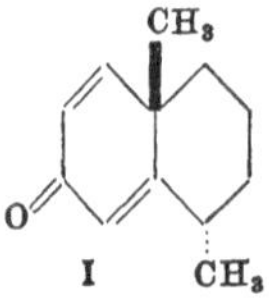

I

Versuche (FF. korr.): *trans-2-Keto-8α.10β-dimethyldekalin* (**II**), a) durch Zugeben von **I** in Ae. zu einer Lsg. von Li in fl. NH_3 u. Ae.; b) durch Acetylierung von 590 mg trans-1-Hydroxy-2-keto-8α.10β-dimethyl-$\Delta^{3,4,6,7}$-hexahydronaphthalin u. Desacetoxylierung nach WOODWARD (l. c.), Hydrierung mit Pt in CH_3OH u. erneutes Kochen mit Zn in Eisessig; 300 mg (Ausbeute). *Semicarbazon,* $C_{13}H_{23}N_3O$, F. 202,5—203,5° (absol. A.). *2.4-Dinitrophenylhydrazon,* $C_{18}H_{24}N_4O_4$, F. 151,0—152,5° (Hexan), orangefarben. — *cis-2-Keto-8α.10β-dimethyldekalin,* durch katalyt. Hydrierung von **I** in CH_3OH. *Semicarbazon,* $C_{13}H_{23}N_3O$, F. 202,0—202,5° (absol. A.), Misch-F. mit vorst. Semicarbazon 196—199°. — *trans-1.4-Diketo-2-methoxy-8α.10β-dimethyl-$\Delta^{2,3,6,7}$-hexahydronaphthalin,* $C_{13}H_{16}O_3$, F. 91,0—91,5° (Dichlormethan/PAe.), durch 5½tägiges Erhitzen von 10 g 4-Methoxytoluchinon-(2.5) u. 50 cm³ trans-Pentadien-(1.3) in Bzl. unter Druck auf 110° u. chromatograph. Reinigung an „Alcoa F-20“ (Al_2O_3) (dabei cis → trans-Isomerisierung); 2,42 g. — *trans-1.4-Dihydroxy-2-methoxy-8α.10β-dimethyl-$\Delta^{2,3,6,7}$-hexahydronaphthalin,* $C_{13}H_{20}O_3$, F. 136,5—137,0° (Dichlormethan/PAe.), aus vorst. Verb. u. $LiAlH_4$ nach WOODWARD (l. c.). — *trans-1-Hydroxy-2-keto-8α.10β-dimethyl-$\Delta^{3,4,6,7}$-hexahydronaphthalin,* $C_{12}H_{16}O_2$, F. 102,5—103,5° (CH_3OH), aus 659 mg vorst. Diols nach WOODWARD (l. c.); 530 mg (roh). (J. org. Chemistry **24**. 278—80. Febr. 1959. Northampton, Mass., Smith Coll., Dep. of Chem.)

H. PRACEJUS. 2700

I. I. Lapkin und **W. Ja. Wlassowa,** *Sterische Hinderungen bei magnesiumorganischen Reaktionen.* 18. Mitt. *Synthese von Estern der α-[β-Alkoxynaphthyl-(1)]-milchsäuren.* Die GRIGNARD-Verbb. von 1-Brom-2-alkoxynaphthalinen reagieren mit Brenztraubensäureestern unter Bldg. von *α-[2-Alkoxynaphthyl-(1)]-milchsäureestern.* Nach dieser Rk. werden die GRIGNARD-Verbb. von 1-Brom-2-methoxy- u. 1-Brom-2-äthoxynaphthalin mit Brenztraubensäuremethyl-, -äthyl-, -n-butyl- u. -isobutylester zu den entsprechenden *α-[2-Alkoxynaphthyl-(1)]-milchsäureestern* umgesetzt. Diese lassen sich zu den entsprechenden Milchsäurederivv. verseifen.

Versuche: Die Komponenten werden in Toluol–Ae. (1:1) im äquimol. Verhältnis 2 Std. gekocht; das Reaktionsgemisch wird mit 10%ig. Essigsäure zers. u. das Prod. durch Dest. u. Kristallisation aus PAe.–Toluol (2 : 1) gereinigt: *α-[2-Methoxynaphthyl-(1)]-milchsäure,* $C_{14}H_{14}O_4$, F. 155° (W.–A.), aus nachst. Estern durch Verseifung mit 5%ig. alkoh. KOH. *Methylester,* $C_{15}H_{16}O_4$, Kp.$_5$ 182—184°, F. 110°; 35% (Ausbeute). *Äthylester,* $C_{16}H_{18}O_4$, Kp.$_5$ 186—188°, F. 107°; 58%. *n-Butylester,* $C_{18}H_{22}O_4$, Kp.$_4$ 200—202°, F. 61 bis 62°; 63%. *Isobutylester,* $C_{18}H_{22}O_4$, Kp.$_5$ 201—203°, F. 66—67°; 57%. — *α-[2-Äthoxynaphthyl-(1)]-milchsäure,* $C_{15}H_{16}O_4$, F. 184—185° (Zers.; W.–A.). *Methylester,* $C_{16}H_{18}O_4$, Kp.$_{10}$ 208—210°, F. 131—132°; 32%. *Äthylester,* $C_{17}H_{20}O_4$, Kp.$_5$ 203—205°, F. 90—91°; 50%. *n-Butylester,* $C_{19}H_{24}O_4$, Kp.$_5$ 207—209°, F. 33—34°; 61%. *Isobutylester,* $C_{19}H_{24}O_4$, Kp.$_4$ 199—201°, F. 61—62°; 55%. (Журнал Общей Химии [J. allg. Chem.] **28** (**90**). 955—57. April 1958. Perm, Univ.)

HELMUT SCHÄFER. 2700

I. I. Lapkin und **O. M. Lapkina,** *Sterische Hinderungen bei magnesiumorganischen Reaktionen.* 19. Mitt. *Synthese von Estern der α-[4-Alkoxynaphthyl-(1)]-milchsäuren.* (18. vgl. vorst. Ref.) Die GRIGNARD-Verbb. von 4-Methoxy- u. 4-Äthoxy-1-bromnaphthalin reagieren analog 1-Brom-2-alkoxynaphthalin (l. c.) mit Brenztraubensäureestern unter Bldg. von *α-[4-Alkoxynaphthyl-(1)]-milchsäureestern,* durch deren Verseifung *α-[4-Alkoxynaphthyl-(1)]-milchsäuren* erhalten werden.

Versuche: Die Brenztraubensäureester werden durch Erhitzen von Brenztraubensäure mit den wasserfreien Alkoholen unter langsamem Abdest. des gebildeten W. u. Alkoholüberschusses dargestellt: *Brenztraubensäure, Methylester,* Kp. 135—136°. *Äthylester,* Kp.$_{18}$ 54°. *n-Butylester,* $C_7H_{12}O_3$, Kp.$_{12}$ 69°; D.^{18,5} 0,9926; $n_D^{18,5}$ 1,4165. *Iso-*

butylester, $C_7H_{12}O_3$, Kp.$_{14}$ 67°; $D.^{18,5}$ 0,9873; $n_D^{18,5}$ 1,4131. — Zur Darst. der *Milchsäureester* gibt man zu der GRIGNARD-Verb. in Ae. langsam den Brenztraubensäureester, kocht 2 Std., zers. mit 10%ig. Essigsäure, dest. das Prod. u. krist. aus Toluol–PAe. um. Die freien Säuren werden aus den Estern durch Verseifen mit 5%ig. alkoh. KOH erhalten: *α-[4-Methoxynaphthyl-(1)]-milchsäure*, $C_{14}H_{14}O_4$, F. 130—132° (Toluol), *Hydrat*, F. 102—103° (30%ig. A.). *Methylester*, $C_{15}H_{16}O_4$, Kp.$_7$ 187—189°, F. 117—118°; 38% (Ausbeute). *Äthylester*, $C_{16}H_{18}O_4$, Kp.$_6$ 191—193°, F. 75—76°; 60%. *n-Butylester*, $C_{18}H_{22}O_4$, Kp.$_7$ 212—214°, F. 72—73°; 56%. *Isobutylester*, $C_{18}H_{22}O_4$, Kp.$_6$ 205—207°, F. 73—74°; 45%. — *α-[4-Äthoxynaphthyl-(1)]-milchsäure*, $C_{15}H_{16}O_4$, F. 168—170° (Toluol), *Hydrat*, F. 101—102° (30%ig. A.). *Methylester*, $C_{16}H_{18}O_4$, Kp.$_6$ 191—193°, F. 119—120°; 36%. *Äthylester*, $C_{17}H_{20}O_4$, Kp.$_4$ 188—190°, F. 80—81°; 58%. *n-Butylester*, $C_{19}H_{24}O_4$, Kp.$_6$ 212—214°, F. 64—65°; 54%. *Isobutylester*, $C_{19}H_{24}O_4$, Kp.$_3$ 191—193°, F. 103—104°; 40%. (Журнал Общей Химии [J. allg. Chem.] 28 (90). 957—60. April 1958.) HELMUT SCHÄFER. 2700

R. S. W. Braithwaite und **P. F. Holt**, *Nitrierung von 9-Bromphenanthren.* Bei der Nitrierung von 9-Bromphenanthren mit konz. HNO_3 in der Kälte wird hauptsächlich *3-Nitro-9-bromphenanthren* (I) erhalten, daneben entstehen *10-Nitro-* sowie *1(8)-Nitro-9-bromphenanthren* (II). Die Konst. von I ergibt sich aus der Oxydation zu *3-Nitrophenanthrenchinon-(9.10)* u. aus der Red. zu *3-Amino-9-bromphenanthren.* II liefert mit CrO_3 *1-Nitrophenanthrenchinon-(9.10).*

Versuche: *9-Brom-3-nitrophenanthren* (I), $C_{14}H_8BrNO_2$, F. 192° (Eisessig), durch 10std. Stehen von 20 g 9-Bromphenanthren mit konz. HNO_3; 7,4 g (Ausbeute). Daneben *9-Brom-10-nitrophenanthren* (F. 202—205°; 1,65 g) u. *9-Brom-1(8)-nitrophenanthren* (II, $C_{14}H_8BrNO_2$, F. 153°; 44 mg). — *3-Nitrophenanthrenchinon-(9.10)*, F. 279 bis 280°, a) durch 2std. Erwärmen von 0,1 g I mit CrO_3 in Eisessig; 39 mg; b) durch Zugabe von rauchender HNO_3 zu 2 g I in Eisessig–Acetanhydrid bei 90° in 20 Min.; 0,16 g. *Oxim*, F. 237—238°. — *3-Amino-9-bromphenanthrenhydrochlorid*, $C_{14}H_{11}ClBrN$, F. 258° (Zers.), durch Zugabe von Zn u. HCl zu 0,3 g I in sd. A.; 0,35 g. *Freies Amin*, $C_{14}H_{10}BrN$, F. 113°; *Acetylderiv.*, F. 221°. — *1-Nitrophenanthrenchinon-(9.10)*, $C_{10}H_7NO_4$, F. 270°, durch 2½std. Erwärmen von 19 mg II mit CrO_3 in Eisessig auf 90°; 5 mg. (J. chem. Soc. [London] **1959**. 2304—05. Juni. Manchester, Coll. of Sci. and Technol.; Reading, Univ.) H. KAMPFER. 2850

William J. Considine und **H. H. Zeiss**, *Oxydation von 8-Nitrodehydroabietinsäuremethylester.* 2. Mitt. (1. vgl. C. **1956**. 8616.) Die CrO_3-Oxydation von 8-Nitrodehydroabietinsäuremethylester (I) bei 60° führte zu Vorstufen der früher bei 70° erhaltenen Oxydationsprodd. (vgl. l. c.). Vff. isolierten hierbei *8-Nitro-9-oxodehydroabietinsäuremethylester* (II) u. das Ketollacton *9-Oxo-10-oxa-11-hydroxy-8-nitrodehydroabietinsäuremethylester* (III). **III** wird in sd., Cr^{3+}-haltiger Essigsäure solvolysiert u. decarboxyliert u. geht dabei in das bereits früher isolierte *decarboxylierte Deriv.* (**IV**) von **III** über. UV- u. IR-Spektren der Verbb. stehen mit den angenommenen Konstitutionen im Einklang.

Versuche (FF. korr., Spektraldaten s. Original, $[\alpha]_D$ in Chlf.): *9-Oxo-8-nitrodehydroabietinsäuremethylester* (II), $C_{21}H_{27}NO_5$, F. 195—196,5° (CH_3OH), durch Zutropfen einer Lsg. von 1,12 g CrO_3 in Eisessig/W. zu 1,0 g I in Eisessig bei 60° u. insgesamt 8std. Rühren, Eindampfen, Aufnehmen in Ae. u. Waschen mit W. u. 1%ig. wss. Na_2CO_3; gelb; $[\alpha]_D$ +153,5° (c = 0,945); 63% (Ausbeute). *2.4-Dinitrophenylhydrazon*, $C_{27}H_{31}N_5O_8$, F. 193—194,5° (CH_3OH), rot. *Äthylenketal*, $C_{23}H_{31}NO_6$, F. 204,5—206° (Hexan), durch 24std. azeotrope Kondensation mit Äthylenglykol in Bzl. in Ggw. von p-Toluolsulfonsäure; 36%. — *9-Oxo-10-oxa-11-hydroxy-8-nitrodehydroabietinsäuremethylester* (III), $C_{20}H_{25}NO_7$, durch Ansäuern der sodaalkal. Waschlauge von **II**; $[\alpha]_D$ —201° (c = 1,00); 18%. — *1.12-Dimethyl-7-isopropyl-9-oxo-10-oxa-11-hydroxy-8-nitro-1.2.3.4.9.10.11.12-oktahydrophenanthren* (**IV**), F. 230—231° (95%ig. A.), durch 17std. Kochen von **III** mit Cr_2O_3 in Eisessig, Eindampfen u. 5minutiges Erhitzen auf 150° im Vakuum, Aufnehmen in Ae., Extraktion mit 5%ig. wss. NaOH, 5minutiges Kochen u. Ansäuern; 52%. (J. org. Chemistry **24**. 253—55. Febr. 1959. New Haven, Conn., Yale Univ., Sterling Chem. Labor.) H. PRACEJUS. 2850

Emil Buchta und **Fritz Güllich**, *Polycyclische Verbindungen.* 7. Mitt. *Über eine neue 6-Methyl-3.4-benzphenanthrensynthese.* (6. vgl. C. **1959**. 9888.) 7-Methyltetralon-(1) (I) wurde mit Oxalsäurediäthylester (II) zum entsprechenden *Glyoxylsäureäthylester* kondensiert, der sich unter Bldg. des *7-Methyltetralon-(1)-carbonsäure-(2)-äthylesters* (**III**) decarbonylieren ließ. **III** wurde am besten durch Umsetzung mit *β*-Phenäthylbromid (**IV**) in Xylol in *7-Methyl-2-carbäthoxy-2-β-phenäthyltetralon-(1)* (**V**) übergeführt. *7-Methyl-2-β-phenäthyltetralon-(1)* (**VII**) wurde durch Erhitzen von **V** mit 50%ig. $HClO_4$, besser durch $NaNH_2$-Kondensation von I mit **IV** mit wenig β-Phenyläthyljodid (**VI**) in Xylol gewonnen. **VII** ließ sich mit konz. H_2SO_4 oder mit H_2F_2 nicht cyclisieren. Das durch Red. von **VII** mit $LiAlH_4$ gewonnene Stereoisomerengemisch von *7-Methyl-2-β-phenäthyltetralol-(1)* (**VIII**) ließ sich mit konz. H_2SO_4 bei 0° oder mit wasserfreier H_2F_2 bei 0—10° zu *6-Methyl-1.2.9.10.11.12-hexahydro-3.4-benzphenanthren* cyclisieren, das mit 30%ig. Pd-Kohle zu *6-Methyl-3.4-benzphenanthren* dehydriert wurde. Die zur Gewinnung von I benötigte *γ-p-Tolylbuttersäure* wurde nach Lock (C. **1950/54.** 169 S) durch Kondensation von β-p-Toluylpropionsäure (**IX**) mit Hydrazinhydrat zu *6-Oxo-3-p-tolyl-1.4.5.6-tetrahydropyridazin* u. Erhitzen mit Ätzkali unter N_2-Abspaltung erhalten.

Versuche: *7-Methyltetralon-(1)-carbonsäure-(2)-äthylester* (III), $C_{14}H_{16}O_3$, Kp.$_{0,2}$ 150—153°, aus I u. II in absol. Bzl. mit bei 100° im Vakuum getrocknetem $NaOC_2H_5$ (½std. Rühren unter N_2), Stehen über Nacht, Zers. mit W., Decarbonylieren des *Glyoxylsäureesters* mit Glaspulver u. Eisenfeile (1 Std. bei 160—190° im Vakuum); Fl., nach Stehen lange derbe Spieße; 82% (Ausbeute). — *7-Methyl-1-oxotetralyl-(2)-glyoxylsäuremethylester*, $C_{14}H_{14}O_4$, F. 76—78°, analog vorst. Verb.; aus Methanol kanariengelbe Nadeln. — *7-Methyl-2-carbäthoxy-2-β-phenäthyltetralon-(1)* (V), $C_{22}H_{24}O_3$, Kp.$_{0,01}$ 200 bis 205°, aus **III** in Xylol mit K in Xylol (1 Std. bei 180° unter Rühren) u. Zusetzen von **IV** in Xylol (25 Std., 180°); gelbliche viscose Fl.; 56%. — *7-Methyl-2-β-phenäthyltetralon-(1)*, (**VII**), $C_{19}H_{20}O$, Kp.$_{0,01}$ 160—164°, a) aus **V** u. 50%ig. $HClO_4$ (8 Std., 150 bis 160°); b) aus I u. $NaNH_2$ in Xylol (12 Std., 80°, rühren, N_2-Strom), Zusetzen von **IV** u. **VI** u. 9std. Rühren bei 180°; 64 bzw. 34,5% (24,3% ohne **VI** mit Toluol als Lösungsm.). *2.4-Dinitrophenylhydrazon*, $C_{25}H_{24}N_4O_4$, F. 203—204°; aus Pyridin-W. orangefarbene Kristalle. — *7-Methyl-2-β-phenäthyltetralol-(1)* (**VIII**), $C_{19}H_{22}O$, F. 85—87°, aus **VII** mit $LiAlH_4$ in Ae.; Kristalle aus PAe. (Mutterlauge **A**); 40%. — *Isomeres*, $C_{19}H_{22}O$, Kp.$_{0,01}$ 186—187°, aus **A**; Fl.; 41%. — *6-Methyl-1.2.9.10.11.12-hexahydro-3.4-benzphenanthren*, $C_{19}H_{20}$, Kp.$_{0,02}$ 134°, Kp.$_{0,1}$ 143°, F. 59,5—61,5°, a) aus **VIII** mit konz. H_2SO_4 (3 Std. rühren); b) aus **VIII** durch Cyclisierung mit wasserfreier H_2F_2 (3 Std., 0—10°, Polyäthylenflasche); Kristalle aus A.; nach a) 78% aus fl. **VIII**, 91% aus festem **VIII**, nach b) 85% aus fl. **VIII**, 85% aus festem **VIII**. — *6-Methyl-3.4-benzphenanthren*, $C_{19}H_{14}$, F. 81—82,5° (A.), aus vorst. Verb. mit 30%ig. Pd-Kohle (2½ Std. Anheizen, 1 Std. bei 300—320°); Nadeln; 72% (roh). — *6-Oxo-3-p-tolyl-1.4.5.6-tetrahydropyridazin*, $C_{11}H_{12}N_2O$, F. 154—156°, aus **IX** mit 89%ig. Hydrazinhydrat (¼ Std., 140—160°); aus A. gelbstichige Nadeln. — *γ-p-Tolylbuttersäure*, $C_{11}H_{14}O_2$, Kp.$_3$ 155°, F. 61—62°, aus vorst. Verb. mit gepulvertem Ätzkali bei 140—180°; 88%. (Chem. Ber. **92.** 916—20. 1959. Erlangen, Univ., Organ.-chem. Inst.) G. Marquard. 2950

Alfred Dornow und **Eckard Schleese**, *Synthesen stickstoffhaltiger Heterocyclen. 17. Mitt. Über einige Umsetzungen von Methoxymethylenmalonitrilen mit Aminen.* (16. vgl. Arch. Pharmaz. Ber. dtsch. pharmaz. Ges. **291/63.** [1958.] 368.) Die durch Rk. zwischen Dimethylsulfat u. Benzoyl- bzw. p-Chlorbenzoylmalonitril erhaltenen Enoläther *1-Methoxy-1-phenyl-* (I) bzw. *1-Methoxy-1-[p-chlorphenyl]-2.2-dicyanäthylen* (II) ließen sich mit NH_3, prim. u. sek. Aminen leicht unter Austausch der Methoxygruppe umsetzen; so wurde z. B. aus I u. Dimethylamin *1-Dimethylamino-1-phenyl-2.2-dicyanäthylen* erhalten. Mit 1 Mol Äthylendiamin u. 2 Mol I wurde entsprechend *N.N'-Bis-[α-phenyl-β.β-dicyanvinyl]-äthylendiamin* dargestellt; aber auch cycl. Amine wie Äthylenimin u. Piperidin ergaben Substitutionsprodd. wie *1-Äthylenimino-* bzw. *1-Piperidino-1-phenyl-2.2-dicyanäthylen.* Mit Guanidin u. Acetamidin wurde aus I unter Ringschluß *2.6-Diamino-* bzw. *6-Amino-2-methyl-4-phenyl-5-cyanpyrimidin* gebildet. Umsetzung von I mit Hydrazin ergab schließlich *5-Amino-3-phenyl-4-cyanpyrazol.*

Versuche: 2.2-Dicyanäthylene: *1-Methoxy-1-phenyl-* (I), F. 93—94°, durch ca. 2std. Erhitzen von Benzoylmalonitril, Dimethylsulfat u. $NaHCO_3$ in wss. Dioxan auf 85—90° unter Kühlen u. Fällen mit W.; 75% (Ausbeute). — *1-Methoxy-1-[p-chlorphenyl]-* (II), $C_{11}H_7ClN_2O$, F. 123° (Methanol), analog aus p-Chlorbenzoylmalonitril; 41%. — *1-Amino-1-phenyl-*, $C_{10}H_7N_3$, F. 180,5° (CH_3OH/W. 1:1), durch Erhitzen von I in 25%ig. NH_4OH; 68%. — *1-Amino-1-[p-chlorphenyl]-*, $C_{10}H_6ClN_3$, F. 222° (CH_3OH/W. 1:1), durch Erhitzen von II in 25%ig. NH_4OH; 81%. — *1-Dimethylamino-1-phenyl-*, $C_{12}H_{11}N_3$, F. 123° (CH_3OH/W. 1:1), durch Erwärmen von I mit 33%ig. wss. $(CH_3)_2NH$; 61%. — *1-Dimethylamino-1-[p-chlorphenyl]-*, $C_{12}H_{10}ClN_3$, F. 116° (CH_3OH/W. 1:1), analog aus II; 51,5%. — *1-Diäthylamino-1-phenyl-*, $C_{14}H_{15}N_3$, F. 102° (CH_3OH/W. 1:1), durch Erwärmen von I mit 50%ig. wss. $(C_2H_5)_2NH$; 82%. — *1-Diäthylamino-1-[p-chlorphenyl]-*, $C_{14}H_{14}ClN_3$, F. 106° (CH_3OH/W. 1:1); 69%. — *1-n-Butylamino-1-phenyl-*, $C_{14}H_{15}N_3$, F. 70—71° (wss. CH_3OH), durch Erwärmen von I in 50%ig. wss. n-Butylamin; 46%. — *1-Anilino-1-phenyl-*, $C_{16}H_{11}N_3$, F. 180—181° (CH_3OH/W. 3:1), durch Kochen von I mit Anilin in Pyridin; 30%. — *1-Benzylamino-1-phenyl-*, $C_{17}H_{13}N_3$, F. 104° (wss. CH_3OH), durch 2—3 Min. langes Kochen von I mit Benzylamin in A. u. Zugabe von Eiswasser; 42%. — *1-Anilino-1-[p-chlorphenyl]-*, $C_{16}H_{10}ClN_3$, F. 176,5° (CH_3OH/W. 3:1), durch 5 Min. langes Kochen von II mit Anilin in A.; 75%. — *1-[α-Pyridylamino]-1-phenyl-*, $C_{15}H_{10}N_4$, F. 209° (CH_3OH), durch Erhitzen von I u. α-Aminopyridin in Bzl., längeres Stehen u. Zusatz von PAe.; gelbe Nadeln; 60%. — *1-[α-Pyridylamino]-1-[p-chlorphenyl]-*, $C_{15}H_9ClN_4$, F. 231° (CH_3OH), durch 5 Min. langes Kochen von I mit α-Aminopyridin in A. u. Verdunsten des A.; gelbe Kristalle; 50%. — *1-Äthylenimino-1-phenyl-*, $C_{12}H_9N_3$, F. 149° (CH_3OH/W. 2:1), durch 3 Min. langes Erhitzen von I mit Äthylenimin u. W.; 81%. — *1-Äthylenimino-1-[p-chlorphenyl]-*, $C_{12}H_8ClN_3$, F. 157° (CH_3OH), analog aus II; 83%. — *1-Piperidino-1-phenyl-*, $C_{15}H_{15}N_3$, F. 142° (CH_3OH/W. 1:1), durch Erhitzen von I mit Piperidin in W.; 84%. — *1-Piperidino-1-[p-chlorphenyl]-*, $C_{15}H_{14}ClN_3$, F. 127° (CH_3OH/W. 1:1), analog aus II; 81%. — *N.N'-Bis-[α-phenyl-β.β-dicyanvinyl]-äthylendiamin*, $C_{22}H_{16}N_6$, F. 279° (wss. Dimethylformamid), durch 10 Min. langes Erhitzen von I mit Äthylendiamin in W.; 30%. — 5-Cyanpyrimidine: *2.6-Diamino-4-phenyl-*, $C_{11}H_9N_5$, F. 253° (CH_3OH), durch 3std. Kochen von I u. Guanidincarbonat in $NaOC_2H_5$; 85%. — *2.6-Diamino-4-[p-chlorphenyl]-*, $C_{11}H_8 \cdot ClN_5$, F. 282° (CH_3OH), analog aus II; 16%. — *6-Amino-2-methyl-4-phenyl-*, $C_{12}H_{10}N_4$, F. 253—254° (CH_3OH), durch 3std. Kochen von I u. Acetamidinhydrochlorid in $NaOC_2H_5$; 85%. — *6-Amino-2-methyl-4-[p-chlorphenyl]-*, $C_{12}H_9ClN_4$, F. 267° (CH_3OH), analog aus II: 16%. — *5-Amino-3-phenyl-4-cyanpyrazol*, $C_{10}H_8N_4$, F. 200° (W.), durch 1std. Erhitzen von I in Hydrazinhydrat u. Fällen mit W.; 78%. (Chem. Ber. **91.** 1830—34. 15/9. 1958. Hannover, TH, Inst. für organ. Chem.) S. SINGER. 3000

Alfred Dornow und **Ehrhard Hinz,** *Synthesen stickstoffhaltiger Heterocyclen. 18. Mitt. Über ortho-Kondensationen heterocyclischer o-Aminocarbonsäurederivate.* (17. vgl. vorst. Ref.) Durch Übertragung der bereits in der Pyridinreihe untersuchten „o-Kondensation" (vgl. DORNOW u. HAHMANN, Arch. Pharmaz. Ber. dtsch. pharmaz. Ges. **290.** [1957.] 20) auf 4-Aminopyrimidin-5-carbonsäurederivv. ließen sich durch HOFMANNschen bzw. CURTIUSschen Abbau die erwarteten *8-Hydroxypurine* darstellen. So wurde z. B. aus 2.4-Diaminopyrimidin-5-carbonsäurehydrazid bzw. -azid *8-Hydroxy-2-aminopurin* oder aus dem Hydrazid bzw. Azid der Cytosin-5-carbonsäure *2.8-Dihydroxypurin* dargestellt. Auch andere heterocycl. o-Aminocarbonsäuren lieferten entsprechende Reaktionsprodd., so konnte z. B. durch Zers. von *2-Amino-5.6.7.8-tetrahydrochinolin-3-carbonsäureazid* (**IV**) in Xylol *2'-Hydroxy-5.6.7.8-tetrahydroimidazolo-[5'.4':2.3]-chinolin* oder aus 5-Amino-1-phenylpyrazol-4-carbonsäureazid *2'-Hydroxy-1-phenylimidazolo-[4'.5':4.5]-pyrazol* in fast 100%ig. Ausbeuten dargestellt werden. Beim CURTIUSschen Abbau von 2-Aminochinoxalin-3-carbonsäureazid wurde *2'-Hydroxyimidazolo-[5'.4':2.3]-chinoxalin* erhalten. Durch Kondensation von 4-Amino-2-methylpyrimidin-5-carbonsäureäthylester (**V**) mit Propionsäureäthyl-, Buttersäurebutyl- u. Phenylessigsäureäthylester in Ggw. von Na wurden *2.5'-Dimethyl-*, *2-Methyl-5'-äthyl-* u. *2-Methyl-5'-phenyl-4'.6'-dihydroxypyridino-[2'.3':4.5]-pyrimidin* dargestellt. Drei der dargestellten Verbb. wurden auf ihre Wirksamkeit am EHRLICH-Carcinom der Maus untersucht, zeigten jedoch keine Aktivität.

Versuche: *4-Amino-2-methylpyrimidin-5-carbonsäureamid* (I), F. 258—260°, durch Lösen des Nitrils (Darst. vgl. WEIJLARD u. Mitarbeiter, J. Amer. chem. Soc. **66.** [1944.] 1957) unter Eiskühlung in konz. H_2SO_4, Eintragen in Eiswasser u. Neutralisation mit 20%ig. NaOH; 62% (Ausbeute). *Azid* (II), durch Zutropfen von wss. $NaNO_2$-Lsg. zum Hydrazid (Darst. vgl. FÖLDI u. SALAMON, Ber. dtsch. chem. Ges. **74.** [1941.] 1126) in 10%ig. Essigsäure unter Eiskühlung; 95%. — *8-Hydroxy-2-methylpurin* (**III**), $C_6H_6N_4O$, F. 350—360° (Zers.; 40%ig. CH_3OH), a) durch Zutropfen einer 12,5%ig. NaOCl-Lsg. zur Suspension von I in 50%ig. KOH, 2std. Erhitzen auf dem Wasserbad u. Neutralisation mit Eisessig; 69%; b) durch ½std. Kochen von II in absol. Xylol unter N_2-Entw.; Nadeln; ca. 100%. — *2.4-Diaminopyrimidin-5-carbonsäurehydrazid*, $C_5H_8N_6O$, F. 266—268° (Zers.; 40%ig. CH_3OH), durch 2std. Erhitzen des Äthylesters (Darst. vgl. DORNOW u. PETSCH, C. **1956.** 719) mit Hydrazinhydrat auf 125—130°; glänzende Nadeln; 87%. *Azid*, Zers. bei 155° unter Verpuffen; analog II aus dem Hydrazid; 90%. — *8-Hydroxy-2-aminopurin*, $C_5H_5N_5O$, F. 380° (Zers.; 40%ig. CH_3OH), analog III nach b) aus vorst. Azid; feine Nadeln; ca. 100%. — *5-Carbäthoxycytosin (2-Hydroxy-4-aminopyrimidin-5-carbonsäureäthylester)*, *Na-Salz*, durch 10 Min. langes Erhitzen von *Ureidomethylencyanessigsäureäthylester* (Darst. nach der Meth. von WHITEHEAD, C. **1954.** 3704) mit C_2H_5ONa in absol. A. auf 110°; 70%. — *Cytosin-5-carbonsäurehydrazid, Na-Salz*, $C_5H_6N_5NaO_2$, durch Erhitzen vorst. Salzes mit Hydrazin auf 140°; 87%. — *Cytosin-5-carbonsäureazid*, Zers. bei 165° unter Verpuffen, durch Zutropfen von Eisessig zu vorst. Salz u. $NaNO_2$ in W. bei 0°; 95%. — *2.8-Dihydroxy-*

purin, $C_5H_4N_4O_2$, F. 330° (Zers.), durch ½ std. Erhitzen vorst. Azids in absol. Xylol auf dem Wasserbad, 10 Min. auf 140°, Kristallisation durch Lösen in verd. NH_4OH u. Fällen mit Essigsäure; 92%. — *2-Amino-5.6.7.8-tetrahydrochinolin-3-carbonsäurehydrazid*, $C_{10}H_{14}N_4O$, F. 185—186° (verd. CH_3OH), durch 5std. Erhitzen des Äthylesters (Darst. vgl. DORNOW u. NEUSE, C. **1952.** 1822) mit 80%ig. Hydrazinhydrat auf 130°; 88%. *Azid* (**IV**), Zers. bei 160° unter Verpuffen, durch Zutropfen von wss. $NaNO_2$-Lsg. zum Hydrazid in 10%ig. Essigsäure; 92%. — *2'-Hydroxy-5.6.7.8-tetrahydroimidazolo-[5'.4':2.3]-chinolin*, $C_{10}H_{11}N_3O$, F. 315—330° (Zers.; 40%ig. CH_3OH), durch ca. 40 Min. langes Erhitzen vorst. Azids in absol. Xylol; feine Nadeln; ca. 100%. — *5-Amino-1-phenylpyrazol-4-carbonsäurehydrazid*, $C_{10}H_{11}N_5O$, F. 186—187° (W.), durch 6std. Kochen des Äthylesters (Darst. vgl. SCHMIDT u. DRUEY, C. **1956.** 10852) mit 80%ig. Hydrazinhydrat; glänzende Nadeln; 89%. *Azid*, $C_{10}H_8N_6O$, Zers. bei 130° unter Verpuffen, analog **IV** aus vorst. Hydrazid; aus Xylol Nadeln; 87%. — *2'-Hydroxy-1-phenylimidazolo-[4'.5':4.5]-pyrazol*, $C_{10}H_8N_4O$, F. 290° (CH_3OH), aus vorst. Azid; Nadeln; ca. 100%. — *2-Aminochinoxalin-3-carbonsäurehydrazid*, $C_9H_9N_5O$, F. 196 bis 198° (verd. CH_3OH), durch 2std. Kochen des Äthylesters (Darst. vgl. WEIJLARD u. Mitarbeiter, l. c.) mit 80%ig. Hydrazinhydrat; gelbe Nadeln; 82%. *Azid*, Zers. bei 150° unter Verpuffen, durch Zutropfen einer konz. wss. $NaNO_2$-Lsg. zu vorst. Hydrazid in 40%ig. Essigsäure; 76%. — *2'-Hydroxyimidazolo-[5'.4':2.3]-chinoxalin*, $C_9H_6N_4O$, F. 380° (W.), aus vorst. Azid; feine gelbe Nadeln; ca. 100%. — *4'.6'-Dihydroxy-2.5'-dimethylpyridino-[2'.3':4.5]-pyrimidin*, $C_9H_9N_3O_2$, F. 320° (Zers.; W.), durch 1½ std. Erhitzen von 4-Amino-2-methylpyrimidin-5-carbonsäureäthylester (**V**; Darst. vgl. KENNER u. Mitarbeiter, J. chem. Soc. [London] **1943.** 388) mit Propionsäureäthylester u. Na auf 110°, Verreiben mit Ae., Lösen in W. u. Fällen mit Eisessig; aus Eisessig feine Nadeln; 52%. — *4'.6'-Dihydroxy-2-methyl-5'-äthylpyridino-[2'.3':4.5]-pyrimidin*, $C_{10}H_{11}N_3O_2$, F. 274—276° (80%ig. Essigsäure u. A.), analog aus **V** u. Buttersäurebutylester; 29%. — *4'.6'-Dihydroxy-2-methyl-5'-phenylpyridino-[2'.3':4.5]-pyrimidin*, $C_{14}H_{11}N_3O_2$, F. 308° (verd. Essigsäure), analog aus **V** u. Phenylessigsäureäthylester; 55%. (Chem. Ber. **91.** 1834—40. 15/9. 1958.) S. SINGER. 3000

Alfred Dornow und **Konrad Rombusch**, *Synthesen stickstoffhaltiger Heterocyclen. 19. Mitt. Atropisomerie bei einer Bi-[1.2.3-triazolyl]-verbindung.* (18. vgl. vorst. Ref.) Der durch Anlagerung von Azidoessigsäureäthylester an 1.4-Bis-[1-hydroxycyclohexyl-(1)]-diacetylen erhaltene *4.5'-Bis-[1-hydroxycyclohexyl-(1)]-bi-[1.2.3-triazolyl-(5.4')]-diessigsäure-(1.1')-diäthylester* (**I**; vgl. l. c.) konnte in konz. HCl zur entsprechenden *Diessigsäure* (**II**) verseift werden. Diese bildet mit Brucin im Mol-Verhältnis 1:1 ein *rac. Brucinsalz*, das durch fraktionierte Kristallisation in das opt.-akt. *Brucinsalz A* u. *B* gespalten werden konnte, aus denen sich die *opt-akt.* **II**-*Säuren A* u. *B* darstellen ließen. Es wird angenommen, daß es sich um Atropisomerie infolge Behinderung der freien Drehbarkeit der beiden Triazolringe handelt. Auf Grund der relativ großen Racemisierungstendenz von **II***A* u. **II***B* wird das Vorliegen vorst. Formeltyps angenommen.

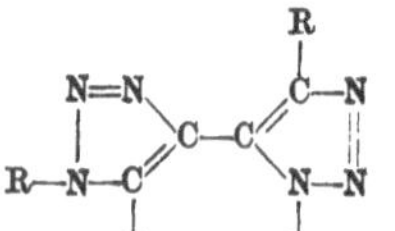

Versuche: *4.5'-Bis-[1-hydroxycyclohexyl-(1)]-bi-[1.2.3-triazolyl-(5.4')]-diessigsäure-(1.1')* (**II**), $C_{20}H_{28}N_6O_6$, F. 200—201° (40%ig. A.), durch 60std. Kochen von **I** mit konz. HCl u. Verdünnen mit W.; 59% (Ausbeute). *rac. Brucinsalz*, aus äquimol. Mengen **II** u. Brucin in A.; feinkörnige Kristalle; $[\alpha]_D^{20}$ 0° (c = 2,0; CH_3OH); $[\alpha]_D^{20}$ —16,7° (c = 0,9; Chlf.); 97%. *Diastereomeres Brucinsalz A*, $C_{43}H_{54}N_8O_{10}$, F. 274—276°, durch Lösen von 40,2 g rac. Brucinsalz in 2 Liter CH_3OH u. Einengen auf 1 Liter; glänzende Kristalle; $[\alpha]_D^{20}$ —15,0° (c = 0,45; CH_3OH); $[\alpha]_D^{20}$ +52,7° (c = 2,0; Chlf.); 14,8 g. *Diastereomeres Brucinsalz B*, $C_{43}H_{54}N_8O_{10}$, F. 266—268°, durch weiteres Einengen der Mutterlauge (Entfernung von 13,2 g feinkörnigen Kristallen) u. Eindampfen der restlichen Lsg.; aus CH_3OH glänzende Kristalle; $[\alpha]_D^{20}$ +15,7° (c = 0,6; CH_3OH); $[\alpha]_D^{20}$ —69,5° (c = 0,9; Chlf.); 3 g. *Opt.-akt. Säure A* (**II***A*), $C_{20}H_{28}N_6O_6$, durch Zugabe des Brucinsalzes A zu einer wss. Na_2CO_3-Lsg., Absaugen des Brucins, Ausschütteln mit Chlf. u. Ansäuern mit verd. HCl; $[\alpha]_D^{20}$ —75,5° (c = 0,25; CH_3OH); 64%. *Opt.-akt. Säure B* (**II***B*), $C_{20}H_{28}N_6O_6$, analog aus dem Brucinsalz B; $[\alpha]_D^{20}$ +71,5° (c = 1,1; CH_3OH); 62%. (Chem. Ber. **91.** 1851—55. 15/9. 1958.) S. SINGER. 3000

F. Nerdel und **P. Weyerstahl**, *Untersuchungen an Trimethylenoxydverbindungen.* Bei der Einw. von überschüssigem Phenyl-MgBr auf Brompivaloylchlorid entsteht *1.1-Diphenyl-2.2-dimethyltrimethylenoxyd* (**I**; F. 89—90°). Analog wurden gebildet *1.1.2.2-tetramethyl-* ($Kp._{760}$ 113°), *1.2.2-Trimethyl-1-phenyl-* (**II**; $Kp._{12}$ 90°) u. *1.2-Diphenyl-1-methyltrimethylenoxyd* (F. 88°). **I** wird durch konz. HBr zu CH_2O u. *1.1-Diphenyl-2.2-dimethyläthen* gespalten, **II** liefert analog *Trimethylphenyläthen.* (Angew. Chem. **71.** 339. 21/5. 1959. Berlin, TU, Organ.-chem. Inst.) G. PÖTZSCHER. 3040

Erling Bernatek und **Tore Ledaal,** *Die Reaktion zwischen p-Benzochinon und Acetessigsäureäthylester.* Vff. wiederholen die Verss. von GRINEW u. Mitarbeitern (C. **1959.** 4456 u. früher), konnten aber nicht die angegebenen Ausbeuten an *2-Methyl-5-hydroxybenzofurancarbonsäure-(3)-äthylester* (I) erzielen, vielmehr bildeten sich erhebliche Mengen *2.6-Dimethylbenzo-[1.2:b;4.5:b']-difuran-3.7-dicarbonsäurediäthylester* (II). Nachteilig ist die Verwendung von Alkoholen als Lösungsm. u. die Ggw. starker Basen oder Säuren. II-freies I, F. 138°, erhält man durch Lösen von p-Benzochinon in Acetessigsäureäthylester u. Aceton bei n. Temp., Zugabe zu wasserfreiem $ZnCl_2$ in Aceton–Essigsäure (10 Std.) u. Erwärmen auf 75°; 60% Ausbeute. (Acta chem. scand. **12.** 2053—54. 1958. Blindern-Oslo, Univ., Kjem. Inst.)

B. GNAUCK. 3061

H. Booth, F. E. King, K. G. Mason, J. Parrick und **R. L. St. D. Whitehead,** *Synthetische und stereochemische Untersuchungen über reduzierte cyclische Basen.* 7. Mitt. *Die Synthese von cis- und trans-2.3-Cyclopentanopyrrolidin.* (6. vgl. C. **1959.** 4458.) Durch Kondensation von Essigsäure-2-jodäthylester (I) mit dem Na-Deriv. von 2-Oxocyclopentancarbonsäureäthylester (II) in Bzl. entsteht *1-[2'-Acetoxyäthyl]-2-oxocyclopentan-1-carbonsäureäthylester* (IX), der mit 10%ig. H_2SO_4 zu *2-[2'-Hydroxyäthyl]-cyclopentanon* (III) hydrolysiert wird. Bei Verwendung von HCl oder HBr als hydrolyt. Agens entsteht *2-[2'-Chlor-* bzw. *-Bromäthyl]-cyclopentanon.* Überführung von III in das *Oxim* (V) u. Red. mit Na in sd. A. liefert *trans-2-[2'-Hydroxyäthyl]-cyclopentylamin* (VI), das über *trans-2-[2'-Bromäthyl]-cyclopentylaminhydrobromid* mit wss. Alkali zu *trans-2.3-Cyclopentanopyrrolidin* (*trans*-IV) cyclisiert wird. trans-IV ist mit dem von PRELOG u. SZPILFOGEL (Helv. chim. Acta **28.** [1945.] 178) beschriebenen Prod. identisch. Verss. zur Darst. von cis-IV durch Red. von V mit Na-Amalgam in Essigsäure oder mit Zn-Staub in Acetanhydrid waren erfolglos. Die Anwendung der LEUCKART-Rk. auf III führte zu einem Gemisch mit 70% *trans*-IV. Die Red. von 2-Hydroximinocyclopentylessigsäureäthylester mit RANEY-Ni ergab *trans-2-Aminocyclopentylessigsäureäthylester* (VIII), *cis-2.3-Cyclopentanopyrrolidon-(5)* (VII) u. *Bis-[2-äthoxycarbonylmethylcyclopentyl]-amin.* Die trans-Konfiguration von VIII wird durch die Widerstandsfähigkeit gegenüber Cyclisierungsverss. bewiesen. Die Rk. von VII mit $LiAlH_4$ liefert *cis-2.3-Cyclopentanopyrrolidin* (*cis*-IV), das auch in geringer Ausbeute durch Red. von 2-[2'-Nitroäthyl]-cyclopentanon (X) mit RANEY-Ni u. anschließende Rk. mit Na in A. erhalten werden kann.

V e r s u c h e : *1-[2'-Acetoxyäthyl]-2-oxocyclopentan-1-carbonsäureäthylester* (IX), $C_{12}H_{18}O_5$, Kp.$_{16}$ 175—177°, durch Zugeben von II zu Na in Bzl., 2std. Kochen, Zugeben von I, 4tägiges Kochen u. Gießen in 2%ig. HCl; 62% (Ausbeute). *Semicarbazon,* $C_{13}H_{21}N_3O_5$, F. 110° (PAe./Essigester). — *2-[2'-Bromäthyl]-cyclopentanon,* Kp.$_{14}$ 116°, durch 5std. Kochen von IX mit 30%ig. HBr, Neutralisieren mit Na_2CO_3 u. Extrahieren mit Ae.; 40%. *Semicarbazon,* $C_8H_{14}BrN_3O$, F. 158° (Zers.); aus A./Essigsäure Nadeln. *2.4-Dinitrophenylhydrazon,* $C_{13}H_{15}BrN_4O_4$, F. 156° (Essigsäure); gelbe Prismen. — *2-[2'-Chloräthyl]-cyclopentanon,* Kp.$_{10}$ 98—100°, durch 7std. Kochen von IX mit 32%ig. HCl; 50%. *Semicarbazon,* $C_8H_{14}ClN_3O$, F. 180° (Zers.), aus A. Nadeln. *2.4-Dinitrophenylhydrazon,* $C_{13}H_{15}ClN_4O_4$, F. 158° (Essigsäure); Plättchen. — *2-[2'-Hydroxyäthyl]-cyclopentanon* (III), Kp.$_{14}$ 127—130°, durch 1½std. Kochen von IX mit 10%ig. H_2SO_4, Neutralisieren mit NH_4OH u. Extrahieren mit Ae.; 59%. *Semicarbazon,* $C_8H_{15}N_3O_2$, F. 157°; Nadeln aus Essigester. *2.4-Dinitrophenylhydrazon,* $C_{13}H_{16}N_4O_5$, F. 174—176°; aus A. orangefarbene Nadeln. *Oxim* (V), $C_7H_{13}NO_2$, Kp.$_{20}$ 183—185°, F. 84° (Essigester), Oktaeder; 88%. — *2-[2'-Acetoxyäthyl]-cyclopentanon,* Kp.$_{15}$ 128°, durch Erhitzen von III mit Acetanhydrid u. Na-Acetat; 75%. *Semicarbazon,* $C_{10}H_{17}N_3O_3$, F. 151°, aus A. Nadeln. *2.4-Dinitrophenylhydrazon,* $C_{15}H_{18}N_4O_6$, F. u. Misch-F. 175°. — *trans-2-[2'-Hydroxyäthyl]-cyclopentylamin* (VI), $C_7H_{15}NO$, Kp.$_{13}$ 128—130°, F. 73—75° (PAe.), a) durch ½std. Kochen von V in A. mit Na, Ansäuern mit 15%ig. HCl, Einengen, Alkalisieren u. Extrahieren mit Ae.; Prismen; 58%; b) durch Zugeben von 13,9 g III zu $HCOONH_4$ bei 165°, 4std. Erhitzen auf 180°, 3std. Kochen mit NaOH, Extrahieren mit Ae. u. Dest. bei Kp.$_{18}$ 135°; 4,2 g. *Dibenzoylderiv.,* $C_{21}H_{23}NO_3$, F. 109° (PAe.); faserige Nadeln. *Pikrolonat,* $C_{17}H_{23}N_5O_6$, F. 203—204° (A.); orangefarbene Prismen. — *trans-2-[2'-Bromäthyl]-cyclopentylaminhydrobromid,* $C_7H_{15}Br_2N$, F. 148—149° (Essigester), durch 5std. Kochen von VI mit 48%ig. HBr; Plättchen; 56%. *Pikrat,* $C_{13}H_{17}BrN_4O_7$, F. 155° (W.); gelbe Nadeln. — *trans-2.3-Cyclopentanopyrrolidin* (trans-IV), Kp.$_{756}$ 173—176°, Kp.$_{764}$ 167—168°, durch Zugeben vorst. Hydrobromids in W. zu KOH in 5 Std., 1std. Rühren u. Extrahieren mit Ae.; $D.^{18}$ 0,930, n_D^{18} 1,4845; 60%. *Pikrat,* $C_{13}H_{16}N_4O_7$, F. 87—90° (W.); gelbe Stäbchen. *Pikrolonat,* $C_{17}H_{21}N_5O_5$, F. 239—240° (A.); orangegelbe Kristalle. *3.5-Dinitrobenzoat,* $C_{14}H_{17}N_3O_6$, F. 157° (Essigester); Nadeln. — *trans-1-Methyl-2.3-cyclopentanopyrrolidin,* Kp.$_{14}$ 51°, durch 4std. Kochen von trans-IV mit 40%ig. CH_2O u.

90% ig. Ameisensäure, Alkalisieren u. Extrahieren mit Ae.; 59%. *Pikrat*, $C_{14}H_{18}N_4O_7$, F. 197—198° (A.); gelbe Plättchen. *Methojodid*, $C_9H_{18}JN$, F. 243° (Zers.; Aceton/Essigester); Nadeln. — *2-Dimethylaminomethylcyclopentanon*, Kp.$_{18}$ 89—94°, durch ½ std. Erhitzen von Cyclopentanon, Dimethylaminhydrochlorid, Methanol u. 40% ig. CH_2O auf 100°, Zugeben von W., Extrahieren mit Ae., Alkalisieren u. Extrahieren mit Ae.; 31%. — *2-[2'-Nitroäthyl]-cyclopentanon* (**X**), Kp.$_3$ 135—138°, durch Erhitzen vorst. Verb. mit Nitromethan u. $NaOCH_3$ in Methanol auf 100°, 1 std. Stehen u. Gießen in verd. Essigsäure; 17%. *Semicarbazon*, $C_8H_{14}N_4O_3$, F. 203° (Zers.; A.); Plättchen. — *2-Hydroximinocyclopentylessigsäureäthylester*, $C_9H_{15}NO_3$, Kp.$_{0,5}$ 130—132°, durch 12 std. Kochen von 2-Oxocyclopentylessigsäureäthylester mit $H_2NOH \cdot HCl$ u. $NaHCO_3$ in wss. Ae.; n_D^{21} 1,4813; 92%. — *trans-2-Aminocyclopentylessigsäureäthylester* (**VIII**), $C_9H_{17}NO_2$, Kp.$_{0,5}$ 60—65°, durch Red. von 30 g vorst. Verb. in absol. A. mit RANEY-Ni unter Druck; n_D^{19} 1,4616; 4,5 g. *Benzoylderiv.*, $C_{16}H_{21}NO_3$, F. 91—92° (Bzl./PAe.); Nadeln. — *cis-2.3-Cyclopentanopyrrolidon-(5)* (**VII**), $C_7H_{11}NO$, Kp.$_{0,5}$ 102—108°, F. 51 bis 53° (PAe.), neben **VIII**; hygroskop. Prismen; 4,2 g. — *Bis-[2-äthoxycarbonylmethylcyclopentyl]-amin*, $C_{18}H_{31}NO_4$, Kp.$_{0,5}$ 142—144°, neben **VII** u. **VIII**; 10,3 g. — *trans-2-Aminocyclopentylessigsäure, Hydrochlorid*, $C_7H_{14}ClNO_2$, F. 158—160° (A./Ae.), durch 15 std. Kochen von **VIII** mit 7% ig. HCl; Prismen; 76%. — *cis-2-Aminocyclopentylessigsäure, Hydrochlorid*, F. 173—175° (Zers.; A./Ae.), durch 3 std. Kochen von **VII** mit 7% ig. HCl, Zugeben von 30% ig. HCl u. 2 std. Kochen; Prismen; 84%. — *cis-2.3-Cyclopentanopyrrolidin* (*cis*-**IV**), Kp.$_{764}$ 161°, Kp.$_{17}$ 55—60°, a) durch 2 std. Kochen von **VII** mit $LiAlH_4$ in Ae. u. Schütteln mit verd. HCl; $D.^{18}_4$ 0,944, n_D^{18} 1,4795; 61%. *Pikrat*, F. 111° (Bzl.). *Pikrolonat*, F. 204—205° (A.); Prismen. *3.5-Dinitrobenzoat*, F. 201—203° (Essigester); Plättchen; b) durch Red. von **X** in Methanol mit RANEY-Ni, Verdünnen mit A. u. Kochen mit Na; 14%. (J. chem. Soc. [London] **1959**. 1050—54. März. Nottingham, Univ.) E. SCHRÖDER. 3081

E. L. Schumann, M. G. van Campen jr. und **Charles H. Tilford**, *Spiroisoindoliniumsalze*. Zur pharmakol. Unters. werden folgende Isoindoliniumsalze durch 6—18 std. Kochen von 0,1 Mol o-Xylylendihalogenid u. 0,1 Mol cycl. sek. Amin in 0,1 Mol NaOH enthaltendem Isopropylalkohol in 60—90% ig. Ausbeute dargestellt: *N.N-[2-Methylhexylen]-, Bromid*, $C_{15}H_{22}BrN$, F. 237—239° (Zers.?; A./Ae.). — *N.N-[4-Methylhexylen]-, Bromid*, $C_{15}H_{22}BrN$, F. 216—218° (Isopropylalkohol). — *1.3-Dimethyl-N.N-hexylen-, Bromid*, $C_{16}H_{24}BrN$, F. 246—247° (Zers.; Isopropylalkohol). — *4-Methoxy-N.N-hexylen-, Chlorid*, $C_{15}H_{22}ClNO$, F. 237—238° (Zers.; Isopropylalkohol). — *5.6-Dimethoxy-N.N-hexylen-, Chlorid*, $C_{16}H_{24}ClNO_2$, F. 218—219° (Zers.; Isopropylalkohol). — *4.5.6.7-Tetrachlor-N.N-hexylen-, Bromid*, $C_{14}H_{16}BrCl_4N$, F. 287° (Zers.; A.). — *Hexahydro-N.N-hexylen-, Bromid*, $C_{14}H_{26}BrN$, F. 289—291° (Zers.; Isopropylalkohol). — *1.2-Bis-[α-bromäthyl]-benzol*, $C_{10}H_{12}Br_2$, F. 88—91°, aus 1.2-Bis-[α-hydroxyäthyl]-benzol u. 65% ig. wss. HBr durch 48 std. Rühren bei Zimmertemp. u. Gießen in W.; 96% (Ausbeute). — *3-Methoxyphthalsäureanhydrid* (**I**), F. 159—160° (Toluol), durch Oxydation von 3-Methoxy-o-xylol mit $KMnO_4$; 49%. — *3-Methoxy-o-phthalylalkohol* (**II**), $C_9H_{12}O_3$, F. 95—96° (PAe.), aus 0,11 Mol **I** u. 0,22 Mol $LiAlH_4$ in Ae. durch 48 std. Kochen u. Zers. mit Essigester u. W.; 26%. — *3-Methoxy-o-xylylendichlorid*, aus 0,024 Mol **II** u. 0,24 Mol $SOCl_2$ in Bzl. durch 1 std. Kochen; braunes Öl. — *3.4.5.6-Tetrachlor-o-phthalylalkohol* (**III**), $C_8H_6Cl_4O_2$, F. 224—226° (Methanol), aus Tetrachlorphthalsäureanhydrid in Bzl. u. $LiAlH_4$ in Ae.; 20—26%. — *3.4.5.6-Tetrachlor-o-xylylendibromid*, $C_8H_4Br_2Cl_4$, F. 117—118° (Isopropylalkohol), aus **III** u. 65% ig. wss. HBr durch 12 std. Rühren bei Zimmertemp., 3 std. Erhitzen auf 100° u. Gießen in Eiswasser; 89%. — *Hexahydro-o-xylylendibromid*, $C_8H_{14}Br_2$, Kp.$_{14}$ 143—146°, aus cis-o-Hexahydrophthalylalkohol (dargestellt aus Hexahydrophthalsäureanhydrid u. $LiAlH_4$) u. 65% ig. wss. HBr; n_D^{25} 1,5410; 76%. (J. org. Chemistry **23**. 763—64. 22/5. 1958. Cincinnati, Ohio, Wm. S. Merrell Co., Sci. Div., Dep. of Org. Res.) J. MEINERS. 3081

Shûichi Seto und **Shigeo Nozoe**, *Synthesen von Methylderivaten des 1-Azaazulens*. Dargestellt werden *3-Cyan-8-methyl-1-azaazulanon-(2)* (**I**), *3-Cyan-7-methyl-1-azaazulanon-(2)* (**II**), *2-Chlor-3-cyan-8-methyl-1-azaazulen* (**III**) u. *2-Chlor-3-cyan-7-methyl-1-azaazulen* (**IV**) aus 3-Methyltropolon (**V**) über den Methyläther, Ringschluß mit Cyanacetamid (**VI**) u. Rk. von **I** bzw. **II** mit $POCl_3$. *3-Cyan-4-methyl-1-azaazulanon-(2)* (**VII**), *3-Cyan-6-methyl-1-azaazulanon-(2)* (**XII**), *2-Chlor-3-cyan-4-methyl-1-azaazulen* (**VIII**), *2-Chlor-3-cyan-6-methyl-1-azaazulen* u. auch **I, II, III** u. **IV** werden aus den Methyläthern von 4-Methyltropolon bzw. **V** über die entsprechenden 2-Hydrazin- u. 2-Chlorverbb. mit **VI** erhalten. Zur Strukturaufklärung von **VII** u. **VIII** wird *3-Carbamoyl-4-methyl-1-azaazulanon-(2)* (**IX**) über 2-Amino-7-methyltropon u. 3-Carbäthoxy-4-methyl-1-azaazulanon-(2) synthetisiert, das mit $POCl_3$ **VIII** gibt. Der Angriff von **VI** am C_2 in 2-Methoxy-3-methyltropon ist durch die Methylgruppe am C_3 ster. behindert u. erfolgt daher am C_7. Bei 2-Chlor-6-methyltropon erfolgt der Ringschluß trotz der ster. Interferenz der Methylgruppe nicht nach C_2, sondern nach C_7. Die Methoxytropone bilden außer bei ster. Hinderung n. Kondensationsprodukte. Aus den Chlortroponen entstehen abnormale Kondensationsprodd., ist die C_7-Stellung jedoch besetzt, normale. Die UV-Absorptionsspektren werden angegeben.

Versuche: *3-Cyan-8-methyl-1-azaazulanon-(2)* (I), $C_{11}H_8N_2O$, F. >300°, a) aus 3-Methyl-7-methoxytropon [X, durch Methylieren von **V** u. Chromatographie neben 2-Methoxy-3-methyltropon (XI)] u. Kondensation mit **VI** neben wenig Azulenderiv., b) aus 2-Chlor-7-methyltropon (aus **X** über das Hydrazinderiv.) u. **VI**; gelbe Nadeln. — *3-Cyan-7-methyl-1-azaazulanon-(2)* (II), F. >300°, a) aus **XI** u. **VI**, neben wenig Azulenderiv., b) aus 2-Chlor-3-methyltropon u. **VI**; gelbe Nadeln. — *2-Chlor-3-cyan-8-methyl-1-azaazulen* (III), $C_{11}H_7ClN_2$, F. 201—202°, durch Erhitzen von **I** u. $POCl_3$ im CARIUS-Rohr; gelbe Nadeln. — *2-Chlor-3-cyan-7-methyl-1-azaazulen* (IV), F. 224°, aus **II** u. $POCl_3$ wie vorst.; gelbe Nadeln. — *3-Cyan-4-methyl-1-azaazulanon-(2)* (VII), $C_{11}H_8N_2O$, F. >300°, aus 2-Chlor-6-methyltropon analog **I** nach b) mit **VI**; gelbe Nadeln. — *3-Cyan-6-methyl-1-azaazulanon-(2)* (XII), F. >300°, aus 2-Chlor-4-methyltropon u. **VI**; gelbe Kristalle. — *2-Chlor-3-cyan-4-methyl-1-azaazulen* (VIII), $C_{11}H_7ClN_2$, F. 217—218°, a) aus **VII** u. $POCl_3$, b) aus **IX**; gelbe Nadeln. — *2-Chlor-3-cyan-6-methyl-1-azaazulen*, F. 225°, aus **XII** u. $POCl_3$; gelbe Schuppen. — *3-Carbäthoxy-4-methyl-1-azaazulanon-(2)*, $C_{13}H_{13}\cdot NO_3$, F. 216—217°, aus 2-Amino-7-methyltropon u. Malonsäurediäthylester; gelbe Nadeln. (Proc. Jap. Acad. **32.** 765—68. Dez. 1956. Sendai, Japan, Tôhoku Univ., Fac. of Sci., Chem. Inst. [Orig.: engl.]) W. LIEBSCHER. 3081

C. Buchanan und **S. Horwood Tucker,** *Versuche zur Synthese optisch-aktiver Verbindungen mit dreiwertigem Stickstoff.* 3. Mitt. *Versuchte Spaltung von 6-substituierten 1.9-Phenylencarbazolen (3-substituierten Indolo-[3.2.1:jk]-carbazolen).* (2. vgl. C. **1945.** I. 1485.) Die Darst. von *6-Methyl-* (I), *6-Carboxy-* (II) u. *6-Carbomethoxy-1.9-phenylencarbazol* (III) wird verbessert. Die opt. Spaltung gelang weder über die Alkaloidsalze von **II** noch über die Komplexe von **I** u. **III** mit (—)-α-[2.4.5.7-Tetranitrofluorenyliden-(9)-aminooxy]-propionsäure noch von **I** durch Lösen in (+)-Äthyltartrat. Bei der Synth. von *6-Brom-1.9-phenylencarbazol* entsteht auch *2.4-Dicarbazolyl-(9.9')-1-nitrobenzol* (IV). — UV-Absorptionssptekren vgl. Original.

Versuche (mit **N. C. Kirk**): *1-Nitrocarbazol*, F. 187°, durch Zugabe von konz. HNO_3 in Acetanhydrid zu Carbazol in Acetanhydrid bei 10—15°, 10 Min. langes Erhitzen auf 80°, Zugabe von 1 Tropfen konz. H_2SO_4 in Acetanhydrid, Kochen u. Schütteln, Abfiltrieren von *9-Acetyl-3-nitrocarbazol* [F. 237—239° (CH_3COOH oder Aceton)], Gießen in W. u. Chromatographie in Bzl. an Al_2O_3; 9% (Ausbeute). — *6-Methyl-1.9-phenylencarbazol* (I), F. 110—112°, a) aus 9-[4-Methyl-2-nitrophenyl]-carbazol ($C_{19}H_{14}N_2O_2$, F. 93—94°, aus Carbazol, 4-Brom-3-nitrotoluol, K_2CO_3 u. Cu-Bronze durch 80 Min. langes Erhitzen auf 244°; aus CH_3COOH orangefarbene Prismen; ca. 60%) durch 2std. Hydrierung in A. in Ggw. von RANEY-Ni, Diazotieren des entstehenden *9-[4-Methyl-2-aminophenyl]-carbazols* ($C_{19}H_{16}N_2$, F. 116—118°, aus A. cremefarbene Prismen; 90%) bei 20°, $^3/_4$std. Erhitzen mit Cu-Bronze u. Chromatographie in Ligroin an Al_2O_3; schwach violettfluorescierende Nadeln; 84%; b) aus 1-Nitro-9-[p-tolyl]-carbazol ($C_{19}H_{14}\cdot N_2O_2$, F. 159—160°, aus 1-Nitrocarbazol, p-Jodtoluol, K_2CO_3 u. Cu-Bronze durch 6std. Kochen u. in Bzl. Chromatographie an Al_2O_3; aus Bzl., dann Methylacetat kanariengelbe Oktaeder; 65%) durch Hydrieren in Bzl.-A. in Ggw. von RANEY-Ni u. Cyclisierung des entstehenden *1-Amino-9-[p-tolyl]-carbazols* ($C_{19}H_{16}N_2$, F. 131—132°; aus PAe., CH_3OH u. A. blaßgrüne Nadeln; 87%. *Acetylderiv.*, $C_{21}H_{18}N_2O$, F. 212—213°, durch Einw. von Acetanhydrid–Bzl.; aus CH_3COOH braune Prismen) wie vorst.; 41%. *2.4.7-Trinitrofluorenonkomplex* (TNF), $C_{19}H_{13}N\cdot C_{13}H_5N_3O_7$, F. 200° ($CH_3COOH$), tiefscharlachrot. — (Mit **E. Thomson**): 4'-Carbomethoxy-9-phenylcarbazole: *1-Nitro-*, $C_{20}H_{14}N_2O_4$, F. 170—171°, aus 1-Nitrocarbazol, p-Jodbenzoesäuremethylester, K_2CO_3 u. Cu-Bronze bei 223° in 6 Std. u. Chromatographie des Benzolauszuges nach Dampfdest. an Al_2O_3; aus A. blaßgelbe Prismen, die bald oberflächlich goldgelb werden oder blaßgrüne Nadeln (polymer?); 78%. — *1-Amino-*, $C_{20}H_{16}N_2O_2$, F. 173 bis 174°, aus vorst. Verb. in A. wie **V**; aus A. blaßgrüne, aus CH_3OH blaßgelbe Nadeln; 95%. *Acetylderiv.*, $C_{22}H_{18}N_2O_3$, F. 202—204°, aus A. Stäbchen. — *1-Hydroxyamino-* (?), $C_{20}H_{16}N_2O_3$, F. 140—141°, bei einem Vers. wie vorst. Verb.; aus A. ockergelbe Prismen. — *1.9-Phenylencarbazol-6-carbonsäuremethylester* (III), $C_{20}H_{13}NO_2$, F. 163—164°, aus vorst. Amin, $NaNO_2$ u. verd. H_2SO_4 durch ½ std. Kochen mit Cu-Bronze u. Chromatographie an Al_2O_3; aus PAe. Nadeln; 33%. *Freie Säure* (II), $C_{19}H_{11}NO_2$, F. 342°, a) aus **III** durch 1std. Kochen mit 10%ig. alkal. KOH 100%; b) aus **I** durch 3std. Einw. von $KMnO_4$ in W./Pyridin u. Ansäuern mit verd. H_2SO_4; aus Anisol Nadeln; 84%. *Äthylester*, $C_{21}H_{15}NO_2$, F. 173

bis 174°, aus Bzl.-PAe. Nadeln. *TNF*, $C_{19}H_{11}NO_2 \cdot C_{13}H_5N_3O_7$, sintert bei 280°, F. viel höher. — *1.9-Phenylencarbazol* (VI), F. 135—137° (CH_3OH/Aceton), durch Decarboxylieren von II mit Cu-Bronze in der Schmelze, Extraktion mit Bzl. u. Chromatographie an Al_2O_3. — (Mit **J. M. Couper**): *9-[4-Brom-2-nitrophenyl]-carbazol* (**VII**), $C_{18}H_{11}BrN_2O_2$, F. 152 bis 154°, aus Carbazol, 2.5-Dibromnitrobenzol, K_2CO_3 u. Cu bei 244° (1 Std.); aus Aceton-CH_3OH orangefarbene Prismen; 50%; daneben **IV**. — *9-[4-Brom-2-aminophenyl]-carbazol*, $C_{18}H_{13}BrN_2$, F. 100°, aus **VII**, akt. Zn u. sd. verd. HCl (70 Min.); aus A. u. W. Prismen; 65%. *Dipikrat*, $C_{18}H_{13}BrN_2 \cdot 2\,C_6H_3N_3O_7$, F. 99°, aus CH_3OH orangefarbene Prismen, leicht dissoziierbar. *Acetylderiv.*, $C_{20}H_{15}BrN_2O$, F. 217—219°, aus A. Blättchen. — *6-Brom-1.9-phenylencarbazol*, $C_{18}H_{10}BrN$, F. 144—145°, aus 0,9 g vorst. Amins in Ggw. von CH_3COOH analog III (10 Min. langes Kochen); aus Essigester Blättchen; 0,07 g. *TNF*, $C_{18}H_{10}BrN \cdot C_{13}N_5N_3O_7$, F. 181—182° (Eisessig), scharlachrot. *1.3.5-Trinitrobenzolat*, $C_{18}H_{10}BrN \cdot C_6H_3N_3O_6$, F. 156—158°, aus CH_3COOH goldgelbe Nadeln; aus den Filtraten mit Pikrinsäure das *Pikrat von* **VI**, $C_{18}H_{11}N \cdot C_6H_3N_3O_7$, F. 165—169°, rot. *TNF von* **VI**, $C_{18}H_{11}N \cdot C_{13}H_5N_3O_7$, F. 198—199°, aus CH_3COOH scharlachrote Nadeln. — *2.4-Dicarbazolyl-(9.9')-1-nitrobenzol* (**IV**), $C_{30}H_{19}N_3O_2$, F. 220°, a) bei der Darst. von **VII** bei Anwendung von viel Carbazol (6 Std.); b) aus **VII** u. Carbazol wie bei der Darst. von **VII** in 5 Std. u. Chromatographie in Bzl.; aus Aceton scharlachrote Platten; 78%. — *9-[p-Bromphenyl]-carbazol*, $C_{18}H_{12}BrN$, F. 146—147°, aus Carbazol u. p-Bromjodbenzol analog **VII** (6 Std.; aus Bzl.-Ligroin Platten, aus CH_3CN blaßbraune Prismen. *TNF*, $C_{18}H_{12}BrN \cdot C_{13}H_5N_3O_7$, F. 168—170°, in Durchsicht scharlachrote, in Aufsicht purpurschwarze Platten aus CH_3COOH. (J. chem. Soc. [London] **1958**. 2750—55. Aug. Glasgow, Univ.) K. Lehmstedt. 3081

D. W. S. Evans, *Hydrolyse von „Äthylmethylencitrat" [5.5-Bis-[carbäthoxymethyl]-1.3-dioxolanon-(4)] und ein Versuch zur Synthese von Agaricinsäure.* Vf. bestätigte durch Darst. von *α-Methylbuttersäureäthylester*, daß man Ester mit einer α-ständigen CH_2-Gruppe nach Hudson u. Hauser (J. Amer. chem. Soc. **63**. [1941.] 3156) monoalkylieren kann. Aus einer großen Zahl von Verss. ergab sich ferner, daß *5.5-Bis-[carbäthoxymethyl]-1.3-dioxolanon-(4)* (I) durch Hydrolyse mit kalter wss. NaOH u. anschließende Einw. von wss. NH_3 unter Druck in 80% ig. Ausbeute in *Citronensäure* übergeht. Diese Beobachtungen wurden zum Vers. einer Synth. von Agaricinsäure (α-Hexadecylcitronensäure, **II**) herangezogen. Die Hydrolyse des Hexadecylderiv. von **I** führte jedoch nur zu einer geringen Menge *Stearinsäure*. Daß diese bei der alkal. Zers. von **II** entsteht, ist bekannt. Auch durch Monoalkylierung des mit A. verätherten Citronensäuretriäthylesters konnte **II** nicht erhalten werden.

Versuche: *5.5-Bis-[carbäthoxymethyl]-1.3-dioxolanon-(4)* (I), $C_{11}H_{16}O_7$, F. 54° (Bzl.), durch Veresterung der entsprechenden Dicarbonsäure mit absol. A. u. H_2SO_4 unter Rückfluß (5 Std.); 39% (Ausbeute). — *Citronensäure*, $C_6H_8O_7$, F. 153°, aus I durch 90 std. kräftiges Schütteln mit 2n NaOH bei Raumtemp. u. anschließende Einw. von 2n NH_4OH im geschlossenen Rohr bei 100° (20 Std.); 78,3%. *p-Bromphenacylester*, F. 146,8° (65% ig. A.). *p-Nitrobenzylester*, F. 103° (65% ig. A.). (J. chem. Soc. [London] **1959**. 1313—14. März. Nottingham, Univ.) D. Holzner. 3102

A. M. Chaletzki, W. G. Pessin und **Shun-sjan Den,** *Untersuchungen auf dem Gebiet der Chemie des Pyrazolidins. 1. Mitt. Synthese und Untersuchung einiger mono- und disubstituierter 1.2-Diphenyl-3.5-dioxopyrazolidine.* Hydrazobenzol (I) reagiert in absol. A. in Ggw. von Na-Äthylat mit mono- u. disubstituierten Malonestern unter Bldg. entsprechend 4-substituierter *1.2-Diphenyl-3.5-dioxopyrazolidine* (Ausbeuten $<$50% bei den 4-monosubstituierten, ca. 3% bei den 4.4-disubstituierten). Es wurden dargestellt: *4-n-Butyl-* (II), *4-[Cyclohexen-(2)-yl-(1)]-*, *4-β-Dimethyl-* u. *4-β-Diäthylaminoäthyl-*, *4-Methoxymethyl-* u. *-4-Äthoxymethyl-*, *4-Methyl-4-[cyclohexen-(2)-yl-(1)-*, *4-Äthyl-4-[cyclohexen-(2)-yl-(1)]-*, *4-Methyl-4-n-butyl-* u. *4-Äthyl-4-n-butyl-1.2-diphenyl-3.5-dioxopyrazolidin* (die beiden letzten Verbb. durch Alkylierung von **II**).

Versuche: 1.2-Diphenyl-3.5-dioxopyrazolidine: *4-n-Butyl-* (II), F. 105° (A.), man gibt zu Na-Äthylat (30 g Na, 1000 ml A.) 250 g n-Butylmalonester u. 212,2 g **I**, kocht bis zur Bldg. einer homogenen Lsg., dest. A. ab u. erhitzt 12 Std. auf 130—150°; 60% (Ausbeute). — *4-[Cyclohexen-(2)-yl-(1)]-*, $C_{21}H_{20}N_2O_2$, F. 195—196° (A.) aus 20 g Cyclohexen-(2)-yl-(1)-malonester u. 15,4 g **I** in Ggw. von Na-Äthylat; 64%. — *4-β-Dimethylaminoäthyl-*, $C_{19}H_{21}N_3O_2$, F. 235—236° (Zers.), aus 11,5 g β-Dimethylaminoäthylmalonester u. 9,16 g **I** in Ggw. von Na-Äthylat (nach dem Abdestillieren des A. 10 Std. bei 150—160°); 49%. — *4-β-Diäthylaminoäthyl-*, $C_{21}H_{25}N_3O_2$, F. 216—217°, analog aus 25 g β-Diäthylaminoäthylmalonester u. 14 g **I**; gelbliche Kristalle; 46%. — *4-Methoxymethyl-*, $C_{17}H_{16}N_2O_3$, F. 80—88° (Zers.), aus 10,2 g Methoxymethylmalonester u. 9,2 g **I**; braune, amorphe M.; 50%. — *4-Äthoxymethyl-*, $C_{18}H_{18}N_2O_3$, F. 55—60° (Zers.), aus 10,9 g Äthoxymethylmalonester u. 9,2 g I; 50%. — *4-Methyl-4-[cyclohexen-(2)-yl-(1)]-*, $C_{22}H_{22}N_2O_2$, F. 134—136°, aus 32,2 g Methyl-[cyclohexen-(2)-yl-(1)]-malonester u. 23,18 g I; 3%. — *4-Äthyl-4-[cyclohexen-(2)-yl-(1)]-*, $C_{23}H_{24}N_2O_2$, F. 140—141°, aus 30 g Äthyl-[cyclohexen-(2)-yl-(1)]-malomester u. 21,15 g I; 3%. — *4-Methyl-4-n-butyl-*, $C_{20}H_{22}N_2O_2$, F. 110—111° (A.), man gibt zu 8,8 g II in 200 ml 1%ig. alkoh. KOH 9 g Methyljodid u. läßt längere Zeit bei period. Schütteln stehen; 85%. — *4-Äthyl-4-n-butyl-*, $C_{21}H_{24}N_2O_2$, F. 72—73°, analog Vorst. aus 8,8 g II u. 10 g Äthyljodid; 87%. (Журнал Общей Химии [J. allg. Chem.] **28**(90). 2355—59. Sept. 1958. Leningrad, Chem.-Pharmazeut. Inst.)

Helmut Schäfer. 3122

M. K. Rout, *Thiohydantoine und ihre Derivate und die Verwendung von einigen bei der Bestimmung von Silber, Quecksilber und Kupfer.* Durch Kondensation von 1-[o-Tolyl]-2-thiohydantoin (I) mit aromat. Aldehyden wurden verschied. *4-Aryliden-1-[o-tolyl]-2-thiohydantoine* dargestellt u. mit KOH u. CH_3J in die *3-Methylderivv.* übergeführt. Mit aromat. Nitrosoverbb. wurden aus I die entsprechenden *4-Aryliminoderivv.* erhalten. 1-[p-Tolyl]-2-thiohydantoin (II) wurde mit α-Naphthaldehyd zum *4-α-Menaphthylidenderiv.* kondensiert, das mit Chloressigsäure entschwefelt wurde; Red. des *1-[p-Tolyl]-4-[α-menaphthyliden]-hydantoins* mit $SnCl_2$ u. Hydrolyse mit $Ba(OH)_2$ lieferte *α-Naphthylalanin.* II erwies sich zur gravimetr. Best. von Hg u. Ag, das 4-[p-Dimethylaminobenzyliden]-deriv. zur Fällung von Cu geeignet.

Versuche: 4-Aryliden-1[o-tolyl]-2-thiohydantoine aus I, aromat. Aldehyd u. Na-Acetat in sd. Eisessig (2½ Std.), Gießen in W., Stehen über Nacht u. Kristallisation des Nd. aus A.: *4-Benzyliden-*, $C_{17}H_{14}N_2OS$, F. 192°; 92% (Ausbeute). *3-Methylderiv.*, $C_{18}H_{16}N_2OS$, F. 52° (A.), durch 3—4std. Kochen mit CH_3J in alkoh. KOH; 85%. — *4-[o-Nitrobenzyliden]-*, F. 145°; 65%. *3-Methylderiv.*, F. 132°; 65%. — *4-[m-Nitrobenzyliden]-*, F. 182°; 65%. *3-Methylderiv.*, F. 140°; 65%. — *4-[p-Nitrobenzyliden]-*, F. 198°; 75%. *3-Methylderiv.*, F. 154°; 90%. — *4-[o-Hydroxybenzyliden]-*, F. 175°; 60%. *3-Methylderiv.*, F. 130°; 80%. — *4-[p-Hydroxybenzyliden]-*, F. 230°; 70%. *3-Methylderiv.*, F. 172°; 70%. — *4-Anisyliden-*, F. 130°; 85%. *3-Methylderiv.*, F. 185°; 60%. — *4-Vanillyliden-*, F. 186°; 78%. *3-Methylderiv.*, F. 167°; 70%. — *4-Furfuryliden-*, F. 128°; 65%. *3-Methylderiv.*, F. 85°; 60%. — *4-Cinnamyliden-*, F. 185°; 80%. *3-Methylderiv.*, F. 92° (Zers.); 70%. — *4-[p-Dimethylaminobenzyliden]-*, F. 116°; 75%. *3-Methylderiv.*, F. 144°; 80%. — *4-Oxindolinyliden-*, $C_{18}H_{13}N_3O_2S$, F. 228°, aus I u. Isatin in sd. Acetanhydrid (1 Std.) u. Gießen in W.; 82%. — *4-[2-Hydroxynaphthyl-(1)-imino]-*, $C_{20}H_{15}\cdot N_3O_2S$, F. 230°, wie vorst. aus I u. α-Nitroso-β-naphthol; 35%. — *4-[p-Dimethylaminophenylimino]-*, $C_{18}H_{18}N_4OS$, F. 174° (Zers.), wie vorst. aus I u. p-Nitrosodimethylanilin; 36%. — *4-[4-Oxocyclohexadienyliden]-*, F. 85°, wie vorst. aus I u. Chinon; 65%. — *4-[4.4'-Bis-(dimethylamino)-benzhydryliden]-*, F. 135°, wie vorst. aus I u. Michlers Keton; 70%. — *4-Anthronyliden-*, F. 112°, wie vorst. aus I u. Anthrachinon; 60%. — *4-[1.2-Dihydroxy-10-oxoanthryliden]-*, F. 96°, wie vorst. aus I u. Alizarin; 62%. — *4-[α-Menaphthyliden]-1-[p-tolyl]-thiohydantoin*, $C_{21}H_{16}N_2OS$, F. 156°, aus II, α-Naphthaldehyd u. Na-Acetat in sd. Eisessig (4—5 Std.) u. Verdünnen mit W.; 70%. — *4-[α-Menaphthyliden]-1-[p-tolyl]-hydantoin*, $C_{21}H_{16}N_2O_2$, F. 180°, aus vorst. Verb. u. Chloressigsäure in W. bei 130—140° (6 Std.); 80%. — *4-[α-Menaphthyl]-1-[p-tolyl]-hydantoin*, $C_{21}H_{18}N_2O_2$, F. 180°, aus vorst. Verb., $SnCl_2$ u. HCl in sd. A. (2 Std.); 75%. — *α-Naphthylalanin*, $C_{13}H_{13}NO_2$, F. 235—240°, aus vorst. Verb. u. $Ba(OH)_2$ in sd. W. (40—50 Std.); 70%. (J. Indian chem. Soc. **35**. 287—93. April 1958. Cattack, Ravenshaw Coll., Chem. Dep.)

F. Heller. 3122

L. M. Jagupolski und **W. I. Troitzkaja**, *Fluorhaltige Cyaninfarbstoffe.* 5. Mitt. *Synthese von Cyaninfarbstoffen aus 5- und 6-Trifluormethoxybenzthiazolen.* (4. vgl. C. **1956**. 11988.) *2-Methyl-5-trifluormethoxybenzthiazol* (I) wird aus [p-Chlorphenyl]-trifluormethyäther über 8 Zwischenstufen in durchweg guten Ausbeuten ohne Trennung der intermediär entstehenden Gemische von Stellungsisomeren dargestellt. *2-Methyl-6-trifluormethoxybenzthiazol* (II) wird durch Oxydation von *[p-Thioacetylaminophenyl]-trifluormethyläther* erhalten, der aus Anissäurechlorid oder -nitril über *p-Trifluormethoxybenzamid* dargestellt wird. Die aus vorst. Benzthiazolen erhaltenen Quartärsalze werden in Cyaninfarbstoffe mit CF_3O-Gruppen in 5- bzw. 6-Stellung übergeführt, deren Absorptionsmaxima sich von ihren nichtsubstituierten Homologen prakt. nicht unterscheiden.

Versuche: *Gemisch* von *[2- u. 3-Nitro-4-chlorphenyl]-trifluormethyläther* (in dem das 2-Nitroderiv. überwiegt), $C_7H_3ClF_3NO_3$, Kp.$_7$ 96—99°, durch Zutropfen von 295 g [p-Chlorphenyl]-trifluormethyläther in 1 Std. zu 220 g HNO_3 (D. 1,5) u. 490 g H_2SO_4 bei 0°, 3std. Rühren unter langsamem Erwärmen auf 40—50°, Gießen auf Eis u. Ausäthern; 90% (Ausbeute). — *Gemisch* aus *[2- u. [3-Amino-4-chlorphenyl]-trifluormethyläther*, $C_7H_5ClF_3NO$, Kp.$_5$ 76—79°, durch Zutropfen von 241,5 g vorst. Gemisches bei 95—98° zu 250 g Fe-Spänen in 300 ml W. u. 20 ml HCl in 2 Std., weitere 3 Std.

Rühren u. Wasserdampfdest.; 86%. *Gemisch* der *Acetylverbb.*, $C_9H_7ClF_3NO_2$, F. 60 bis 65°; 85%. — Bei der Nitrierung von 12,7 g vorst. Acetylverbb. in 20 ml H_2SO_4 durch Zugabe eines Gemisches von 2,7 ml H_2SO_4 in 3,3 ml HNO_3 (D. 1,41) bei —5 bis 0°, 1½std. Stehen bei Zimmertemp. u. Gießen auf Eis entsteht wahrscheinlich ein Gemisch von *[3-Nitro-2-acetylamino-*, *[5-Nitro-2-acetylamino-*, *[2-Nitro-3-acetylamino-* u. *[6-Nitro-3-acetylamino-4-chlorphenyl]-trifluormethyläther*, $C_9H_6ClF_3N_2O_4$, F. 109—110° (Bzl.); 7,1 g. Bei Zugabe von 13,7 g dieses Gemisches in 100 ml A. zu einer Lsg. von 5,46 g $Na_2S \cdot 9\,H_2O$ u. 0,74 g S in 30 ml A. entsteht ein Gemisch, bestehend aus *Bis-[2-* u. *-[6-nitro-4-trifluormethoxy-5-acetylaminophenyl]-disulfid*, $C_{18}H_{12}F_6N_4O_8S_2$, F. 254 bis 255°; 65%. — *Gemisch* von *4-* u. *6-Acetylamino-5-trifluormethoxy-2-methylbenzthiazol*, $C_{11}H_9F_3N_2O_2S$, F. 205—206° (A.), durch portionsweises Eintragen von 8,8 g vorst. Nitroverbb. u. 11,5 Zn-Staub in 80 ml Eisessig bei 90—100°, Zugabe von 23 ml Acetanhydrid nach 15 Min., 2std. Erhitzen auf 120°, Zugabe von 20 ml W. u. Aufkochen; 50%. — *Gemisch* von *4-* u. *6-Amino-5-trifluormethoxy-2-methylbenzthiazol*, $C_9H_7F_3N_2OS$, F. 94—95° (wss. A.), durch 1std. Kochen von 2 g vorst. Verb. mit 20 ml 20%ig. HCl u. Zugabe von NH_4OH; 98%. — *2-Methyl-5-trifluormethoxybenzthiazol* (I), $C_9H_6F_3NOS$, durch Diazotieren einer Lsg. von 2,9 g vorst. Verb. in konz. HCl bei 0°, Zugabe von 16 ml gekühlter 50%ig. H_3PO_4, Stehenlassen über Nacht u. Zugabe von NH_4OH; sublimiert leicht; 73%. — *Anissäurenitril*, $Kp._{16}$ 134—135°, F. 58—59°, aus p-Anisidin; 50%. — *4-Trichlormethoxybenzonitril*, $C_8H_4Cl_3NO$, $Kp._5$ 140—141°, durch 3½std. Einleiten von Cl_2 in 60 g vorst. Verb. in Ggw. von 4,7 g PCl_5 bei 195—200°; 50%. — *4-Trifluormethoxybenzonitril*, $C_8H_4F_3NO$, Kp. 192—193°, aus 46,7 g vorst. Verb. durch Erhitzen mit 45 g SbF_3 u. 2 ml SbF_5 unter Abdestillieren des Reaktionsprod., Aufnehmen in Ae. u. Waschen mit 15%ig. HCl; 20%. — *Anissäurechlorid*, $Kp._4$ 106 bis 107°, aus 103 g Anissäure u. 500 g $SOCl_2$ durch 2std. Kochen; 87%. — *4-Trichlormethoxybenzoylchlorid*, $Kp._7$ 138—140°, durch 4std. Einleiten von Cl_2 in 100 g vorst. Verb. in Ggw. von 6,4 g PCl_5 bei 190—200°; 87%. — *4-Trifluormethoxybenzoylfluorid*, Kp. 161—162°, durch Erhitzen von 105,9 g vorst. Verb. mit 105 g SbF_3 u. 2,5 ml SbF_5 u. Abdestillieren des Reaktionsprod. im Vakuum; 71%. — *4-Trifluormethoxybenzamid*, $C_8H_6F_3NO_2$, F. 152—154° (A.), a) aus 18,7 g 4-Trifluormethoxybenzonitril in A. mit 6,5 ml 6n NaOH u. 65 ml 25%ig. H_2O_2 bei 40—50° unter anfänglicher Kühlung, danach 3std. Erhitzen u. Neutralisieren; 76,5%; b) aus 40,4 g 4-Trifluormethoxybenzoylfluorid mit 52 ml 25%ig. NH_4OH (½ Std. rühren). — *[4-Aminophenyl]-trifluormethyläther*, $C_7H_6F_3NO$, $Kp._{10}$ 73—75°, durch Versetzen von 33,3 g KOH u. 5,9 ml Br_2 in 280 ml W. unter Rühren bei 0° mit 16 g vorst. Verb. u. 20 Min. Erhitzen auf 75—80°, Wasserdampfdest., Ausäthern des Destillats u. Vakuumdest.; 70%. *Acetylderiv.*, $C_9H_8F_3NO_2$, F. 114—115°. Der Destillationsrückstand liefert mit HCl 0,54 g *p-Trifluormethoxybenzoesäure*, F. 150—151° (A.). — *[p-Thioacetylaminophenyl]-trifluormethyläther*, aus 4,2 g vorst. Acetylverb. durch Zusammenschmelzen mit 2,4 g P_2S_5 bei 115—125°, Ausziehen mit 70 ml 2n NaOH u. Fällen mit CO_2; 50%. — *2-Methyl-6-trifluormethoxybenzthiazol* (II), $C_9H_6F_3NOS$, F. 57—58° (A.), durch Oxydation vorst. Verb. in 2n NaOH mit 20%ig. $K_3[Fe(CN)_6]$, 1 Std. Rühren, über Nacht Stehenlassen, Ausäthern, Abdestillieren des Ae. u. Dest. des Rückstandes mit Wasserdampf; 45,4%. Die *Ätho-p-toluolsulfonate* von I u. II werden durch 4std. Erhitzen von 1 Mol I bzw. II mit 1,2 Mol p-Toluolsulfonsäureäthylester auf 140—140° erhalten. Daraus durch Fällen mit KJ aus wss. Lsg. I- u. II-*Äthojodid*. — *Bis-[3-äthyl-6-trifluormethoxybenzthiazol-(2)]-trimethincyaninjodid*, $C_{23}H_{19}F_6JN_2O_2S_2$, Zers. bei 266—268° (A.), aus 0,22 g II-Äthojodid u. 0,22 g Orthoameisensäureester in 2,5 ml Pyridin (45 Min. kochen); λ_{max} 560 mμ; 38%. — *Bis-[3-äthyl-5-trifluormethoxybenzthiazol-(2)]-trimethincyaninjodid*, $C_{23}H_{19}F_6JN_2O_2S_2$, Zers. bei 268—269°, aus I-Äthojodid analog Vorst.; λ_{max} 561; 44%. — *Bis-[3-äthyl-6-trifluormethoxybenzthiazol-(2)]-9-methyltrimethincyaninjodid*, $C_{24}H_{21}F_6JN_2O_2S_2$, Zers. bei 265 bis 266° (A.), aus 0,2 g II-Äthojodid u. 0,2 g Orthoessigsäureester in 3 ml Pyridin in Ggw. von 2 Tropfen Acetanhydrid (45 Min. kochen); λ_{max} 545 mμ; 29%. — *Bis-[3-äthyl-5-trifluormethoxybenzthiazol-(2)]-9-methyltrimethincyaninjodid*, $C_{24}H_{21}F_6JN_2O_2S_2$, Zers. bei 265—266°, aus I-Äthojodid analog Vorst.; λ_{max} 548 mμ; 35%. — *Bis-[3-äthyl-6-trifluormethoxybenzthiazol-(2)]-9-äthyltrimethincyaninjodid*, $C_{25}H_{23}F_6JN_2O_2S_2$, Zers. bei 248—249° (A.), aus 0,4 g II-Ätho-p-tosylat u. 0,4 g Orthopropionsäureester in 2 ml Pyridin in Ggw. von 3 Tropfen Acetanhydrid, 10 Min. Kochen, mit Ae. fällen, in A. lösen u. eine wss. KJ-Lsg. zusetzen; λ_{max} 550 mμ; 30%. — *Bis-[3-äthyl-5-trifluormethoxybenzthiazol-(2)]-9-äthyltrimethincyaninjodid*, $C_{25}H_{23}F_6JN_2O_2S_2$, Zers. bei 237—238°, aus I-Ätho-p-tosylat analog Vorst.; λ_{max} 550 mμ; 38%. — *2-[p-Dimethylaminostyryl]-6-trifluormethoxy-3-äthylbenzthiazoliumjodid*, $C_{20}H_{20}F_3JN_2OS$, Zers. bei 250—252° (A.), aus 0,2 g II-Ätho-p-tosylat u. 0,08 g p-Dimethylaminobenzaldehyd in 2 ml Acetanhydrid (45 Min. kochen) u. Überführung in das Jodid; λ_{max} 540 mμ; 66%. — *2-[p-Dimethyl-*

aminostyryl]-5-trifluormethoxy-3-äthylbenzthiazoliumjodid, $C_{20}H_{20}F_3JN_2OS$, Zers. bei 230° (A.), aus 0,1 g I-Äthojodid u. 0,08 g p-Dimethylaminobenzaldehyd in 2 ml Acetanhydrid (½ Std. kochen); λ_{max} 545 mμ; 80%. (Журнал Общей Химии [J. allg. Chem.] **27** (**89**). 518—26. Febr. 1957. Inst. für org. Chem. der Akad. der Wiss. der UkrSSR.) A. NOWAK. 3142

Jean Chopin und **Michèle Justin,** *Über die Kernmethylierung von Chrysin.* Die direkte Methylierung von Chrysin (5.7-Dihydroxyflavon) mit CH_3J in alkal. Medium liefert im Gegensatz zu den Angaben von PILLON u. MENTZER (C. **1955.** 10268) *Strobochrysin-7-methyläther* [I, F. 170—171°, in Soda unlösl. bräunlichgrüne Färbung mit $FeCl_3$ in A.] neben *6-Methylchrysin* [*Strobochrysin*, **II**, $C_{16}H_{12}O_4$, F. 312—314° (MAQUENNE-Block), F. 307—309° (im zugeschmolzenen Röhrchen), in Soda lösl., grünlichbraune Färbung mit $FeCl_3$ in A.]. **II** wird durch partielle u. vollständige Methylierung mit Dimethylsulfat in trockenem Aceton in Ggw. von K_2CO_3 zu **I** bzw. *5.7-Dimethoxy-6-methylflavon* ($C_{18}H_{16}O_4$, F. 170—171°) charakterisiert. Der Dimethyläther entsteht analog auch aus **I**. (C. R. hebd. Séances Acad. Sci. **248.** 3307—08. 8/6. 1959.)
EBERHARD RIEDEL. 3211

Suzanne Heitz und **Charles Mentzer,** *Über eine selektive Methylierung von Genistein in 5-Stellung.* Die Methylierung von Triacetylgenistein (4'.5.7-Triacetoxyisoflavon, I) durch 22std. Kochen mit CH_3J in Aceton in Ggw. von K_2CO_3 führt zu *5-Methyl-4'.7-diacetylgenistein* [*5-Methoxy-4'.7-diacetoxyisoflavon*, $C_{20}H_{16}O_7$, F. 173° (Bzl. u. 80%ig. A.)], das durch ½std. Kochen in 2%ig. alkoh. KOH zu *5-Methylgenistein* ($C_{16}H_{12}O_5$, F. 300—305°) entacetyliert wird. Umsetzung mit überschüssigem Dimethylsulfat → *4'.5.7-Trimethylgenistein*, F. 164—165°. (C. R. hebd. Séances Acad. Sci. **248.** 3575—77. 22/6. 1959.) EBERHARD RIEDEL. 3211

Otto Dann und **Gerhard Illing,** *Chromane.* 5. Mitt. *Eine neue Synthese von Khellin und anderen Furo-2-methylchromonen.* (4. vgl. C. **1958.** 3882.) 2.5-Dimethoxyresorcin wird mit Chloracetonitril zu *4.7-Dimethoxy-6-hydroxycumaranon-(3)* umgesetzt. Sein Oxim wird zum *Amin* red., das beim Kochen in W. NH_3 zu *4.7-Dimethoxy-6-hydroxycumaron* abspaltet. Nachfolgende Verätherung mit β-Chlorcrotonsäure (**IV**)-Methylester, Verseifung u. Ringschluß mit Acetylchlorid/H_2SO_4 liefern *Khellin.* 6-Hydroxycumaroncarbonsäure-(2)-methylester (**V**) wird mit **IV** in P_2O_5/H_3PO_4 zu einem *Cumarin* $C_{14}H_{10}O_5$ umgesetzt, das *4-Methyl-5'-carbomethoxyfuro-[2'.3':5.6]-* oder *-[2'.3':7.6]-cumarin* ist. Mit 6-Hydroxycumaran/**IV**, β-(4'.5'-Dihydrofuro-[2'.3':3.4]-phenoxy)-crotonsäure/Acetylchlorid u. β-(Furo-[2'.3':3.4]-phenoxy)-crotonsäure/Acetylchlorid–H_2SO_4 werden Ringschlüsse zu entsprechenden *Chromonen* erzielt. Dagegen tritt bei 4.7-Dimethoxy-6-hydroxycumaroncarbonsäure-(2)-methylester durch HF u. bei β-[2.5-Dimethoxy-4'.5'-dihydrofuro-[2'.3':3.4]-phenoxy]-crotonsäure (**III**) durch sd. Acetylchlorid wegen der ster. Hinderung durch die CH_3O-Gruppen nur Ätherspaltung ein. Der Einfl. der CH_3O-Gruppen kann durch Herabsetzung der Reaktionstemp. vermindert werden, wie der Ringschluß von **III** mit Acetylchlorid bei 20° zu *Dihydrokhellin* zeigt. 4.7-Dimethoxy-6-hydroxycumaran reagiert mit Acetessigester unter Spaltung einer CH_3O-Gruppe zu wahrscheinlich *4-Methyl-5-hydroxy-6-methoxy-4'.5'-dihydrofuro-[2'.3':7.8]-cumarin.*

Versuche: *Pyrogalloltribenzyläther*, F. 71—72°, aus Pyrogallol, Benzylbromid u. K_2CO_3 in Aceton; durch 12std. Kochen; 91% (Ausbeute). — *4.7-Dimethoxy-6-benzyloxycumaroncarbonsäure-(2)-methylester*, F. 102° (Methanol), aus 2.4-Dihydroxy-3.6-dimethoxybenzaldehyd in Aceton durch ½std. Rühren mit K_2CO_3 u. Benzylbromid, 3std. Kochen, 8std. Kochen nach Zugabe von K_2CO_3 u. Bromessigsäuremethylester, 4std. Kochen des Reaktionsprod. (F. 84—87°) mit Mg-Spänen in Methanol u. Zers. mit HCl. — *4.7-Dimethoxy-6-hydroxycumaroncarbonsäure-(2)-methylester*, durch Entbenzylierung vorst. Verbindung. — *4.7-Dimethoxy-6-acetoxycumaroncarbonsäure-(2)-methylester*, $C_{14}H_{14}O_7$, F. 122° (Methanol), aus vorst. Verb. durch 4std. Kochen mit Acetylchlorid u. Mg in Bzl.; 91%, gibt mit HF in 3 Tagen bei 20° vorst. Verb. zurück. — *2-Methyl-5'-carbomethoxyfuro-[2'.3':5.6]-chromonoxim* oder *2-Methyl-5'-carbomethoxyfuro-[2'.3':7.6]-chromonoxim*, $C_{14}H_{11}NO_5$, F. 205° (Methanol–W.), aus 1,92 g **V** u. cis-**IV** in H_3PO_4–P_2O_5 durch 2std. Erhitzen auf 100°, Zers. mit Eiswasser, Chloroformextraktion u. 8std. Kochen des Reaktionsprod. (F. 213—218°; 0,87 g) mit Hydroxylaminhydrochlorid in Pyridin. — *4-Methyl-5'-carbomethoxyfuro-[2'.3':5.6]-cumarin* oder *4-Methyl-5'-carbomethoxyfuro-[2'.3':7.6]-cumarin*, $C_{14}H_{10}O_5$, F. 256°, neben vorst. Prod. vom F. 213—218°. — *β-(5'-Carbomethoxyfuro-[2'.3':3.4]-phenoxy)-crotonsäuremethylester*, $C_{15}H_{14}O_6$, F. 124—127° (A.), aus **V** u. cis-**IV**-Methylester durch 8std. Kochen mit K_2CO_3 in Aceton; 97%; wird mit Polyphosphorsäure in 5 Std. bei 70° zu vorst. Verb. cyclisiert. — *6-Hydroxy-5-crotonylcumaran*, $C_{12}H_{12}O_3$, F. 121° (Methanol), aus 6-Hydroxycumaran u. Crotonsäure in HF in 2 Tagen bei 20°; 49%. — *2-Methyl-4'.5'-dihydrofuro-[2'.3':7.6]-chromanon*, F. 94° (Methanol/W.), aus vorst. Verb. in Methanol durch

Zugabe von 1%ig. NaOH. *Oxim*, $C_{12}H_{13}NO_3$, F. 206° (A.). — *6-Hydroxy-5-[β-chlorcrotonyl]-cumaran*, $C_{12}H_{11}ClO_3$, F. 114° (Methanol/W.), aus 6-Hydroxycumaran u. trans-IV in HF; 35%. — *2-Methyl-4'.5'-dihydrofuro-[2'.3':7.6]-chromon* (I), F. 166 bis 167° (W.), aus vorst. Verb. in n-NaOH; 32%. — *β-[4'.5'-Dihydrofuro-[2'.3':3.4]-phenoxy)-crotonsäuremethylester* (II), $C_{13}H_{14}O_4$, F. 81° (Methanol/W.), aus 6-Hydroxycumaran u. trans-IV-Methylester; 85%; gibt mit Acetylchlorid u. einigen Tropfen H_2SO_4 I; 36%. *Freie Säure*, $C_{12}H_{12}O_4$, F. 180 (CO_2-Abspaltung; Methanol/W.), aus vorst. Verb. in Methanol–W. mit 50%ig. NaOH; 41%. — *β-(2.5-Dimethoxy-4'.5'-dihydrofuro-[2'.3':3.4]-phenoxy)-crotonsäuremethylester*, $C_{15}H_{18}O_6$, F. 134° (Methanol), aus 4.7-Dimethoxy-6-hydroxycumaran u. cis-IV-Methylester mit K_2CO_3–Aceton; 86%. *Freie Säure* (III), $C_{14}H_{16}O_6$, F. 190° (unter Decarboxylierung; Methanol) aus dem Ester mit NaOH; 84%. — *4-Methyl-4'.5'-dihydrofuro-[2'.3':7.6]-cumarin*, $C_{12}H_{10}O_3$, F. 167° (Methanol), aus II u. Polyphosphorsäure; 50%. — *4.7-Dimethoxy-5-acetyl-6-hydroxycumaran* (*Dihydrokhellinon*), F. 105°, aus 4.7-Dimethoxy-6-hydroxycumaran u. Acetonitril, $ZnCl_2$ in HCl–Ae. bei 0° in 5 Tagen; 75%. — *2-Methyl-5.8-dimethoxy-4'.5'-dihydrofuro-[2'.3':7.6]-chromon* (*Dihydrokhellin*), F. 151° (Methanol/W.), durch Cyclisierung von III mit Acetylchlorid u. H_2SO_4 in 3 Tagen bei 20°; 33%. — *4-Methyl-5-hydroxy-6-methoxy-4'.5'-dihydrofuro-[2'.3':7.8]-cumarin* oder *4-Methyl-5-hydroxy-8-methoxy-4'.5'-dihydrofuro-[2'.3':7.6]-cumarin*, $C_{13}H_{12}O_5$, F. 270° (A.), aus 1 g 4.7-Dimethoxy-6-hydrocumaran, Acetessigester u. 85%ig. H_2SO_4 durch 2tägiges Stehen bei 20° u. Zugabe von 2n NaOH; 1,3 g. *Äthyläther*, $C_{15}H_{16}O_5$, F. 105° (W.), durch 12std. Kochen von 0,5 g der Verb. mit C_2H_5J u. K_2CO_3 in Aceton; 0,45 g. — *β-(Furo-[2'.3':3.4]-phenoxy)-crotonsäuremethylester*, $C_{13}H_{12}O_4$, Kp.$_5$ 164—166°, F. 45—46°, aus 6-Hydroxycumaron u. trans-IV-Methylester; 75%. *Freie Säure*, $C_{12}H_{10}O_4$, F. 179° (unter CO_2-Abspaltung; Methanol/W.); 81%. — *2-Methylfuro-[2'.3':5.6]-chromon*, $C_{12}H_8O_3$, F. 225° (Methanol), aus vorst. Verb. in Acetylchlorid/H_2SO_4. *Oxim*, $C_{12}H_9NO_3$, F. 139° (Methanol/W.). — *4.7-Dimethoxy-6-hydroxycumaranon-(3)*, F. 178—180°, aus 2.5-Dimethoxyrecorcin, $ZnCl_2$, Chloracetonitril in mit HCl gesätt. Ae. durch 24std. Stehen u. 5std. Stehen des erhaltenen *2.4-Dihydroxy-3.6-dimethoxy-ω-chloracetophenons* (F. 148°) mit n-NaOH; 76%. *Oxim*, $C_{10}H_{11}NO_5$, F. 198° (Zers.; Methanol–W.). *6-Benzyläther*, $C_{17}H_{16}O_5$, F. 123°, aus 2.6-Dibenzyloxy-1.4-dimethoxybenzol analog; *Oxim*, $C_{17}H_{17}NO_5$, F. 194—195° (Zers.; A.). — *4.7-Dimethoxy-6-hydroxycumaron*, Kp.$_{1,2}$ 145°, aus vorst. Benzylätheroxim durch Zugabe von Na-Amalgam in A.–Eisessig u. 12std. Rühren; n_D^{22} 1,5721; 54%. — *β-(2.5-Dimethoxyfuro-[2'.3':3.4]-phenoxy)-crotonsäure*, $C_{14}H_{14}O_6$, F. 189° (CO_2-Abspaltung; Methanol), aus vorst. Verb. durch Rk. mit trans-IV-Methylester in K_2CO_3–Aceton u. nachfolgende Verseifung; 58%. — *2-Methyl-5.8-dimethoxyfuro-[2'.3':7.6]-chromon* (*Khellin*), F. 152—153° (A.–W.), aus vorst. Verb. in Acetylchlorid in Ggw. von konz. H_2SO_4 in 10 Tagen; 31%. (Liebigs Ann. Chem. **605**. 146—57. 15/6. 1957. Erlangen, Univ., Inst. für Angew. Chem.) H. WOLLWEBER. 3211

Otto Dann und **Gerhard Illing**, *Chromane. 6. Mitt. Über den Verlauf der Pechmann-Reaktion. Die Umsetzung von β-Aryloxycrotonsäuren zu 4-Methylcumarinen oder zu 2-Methylchromonen.* (5. vgl. vorst. Ref.) *β-Aryloxycrotonsäuremethylester* (**A**), dargestellt aus β-Chlorcrotonsäuremethylester (I), Phenolen u. K_2CO_3 in Aceton, bilden unter den Bedingungen der PECHMANN-Rk. in kalter 80%ig. H_2SO_4, Polyphosphorsäure oder HF die entsprechenden *Cumarine* u. nicht Chromone. In gleicher Weise reagieren β-[3-Methoxyphenoxy]- u. β-[3-Methylphenoxy]-zimtsäureester. β-[3-Methoxyphenoxy]-acrylsäuremethylester liefert jedoch nur ein Polymerisat. Die Cumarinbldg. soll durch Ätherspaltung von **A** zum Carbeniumion, $R-C^{(+)}=C(R')-COOR''$, eingeleitet werden, das dann den Benzolkern alkyliert. Die **A** entsprechenden freien Säuren liefern mit Acetylchlorid in Ggw. von konz. H_2SO_4 entsprechende *Chromone*, wobei prim. gemischte Säureanhydride entstehen. **A** liefern unter diesen Bedingungen *Cumarine*.

Versuche: *β-[3-Methoxyphenoxy]-crotonsäuremethylester* (II), $C_{12}H_{14}O_4$, Kp.$_2$ 154°, aus Resorcinmonomethyläther (III) u. cis- oder trans-I durch 8std. Kochen mit K_2CO_3 in Aceton; $n_D^{19,5}$ 1,5310; 77% (Ausbeute). — *trans-β-Chlorcrotonsäuremethylester* (trans-I), Kp.$_{24}$ 70°, aus 100 g trans-β-Chlorcrotonsäure (F. 94°) in Methanol durch 12std. Kochen mit P_2O_5 u. H_2SO_4; n_D^{20} 1,4628; 78%. — *cis-β-Chlorcrotonsäuremethylester* (cis-I), Kp.$_{27}$ 53°; n_D^{21} 1,4562; 74%. — *β-[3-Methylphenoxy]-crotonsäuremethylester*, $C_{12}H_{14}O_3$, Kp.$_{1,2-0,4}$ 129—120°, F. 33—34°, aus m-Kresol u. trans-I; 73%. — *β-[4-Methylphenoxy]-crotonsäuremethylester*, $C_{12}H_{14}O_3$, Kp.$_1$ 133°, aus p-Kresol u. trans-I; n_D^{21} 1,5230; 68%. — *β-Phenoxycrotonsäuremethylester*, $C_{11}H_{12}O_3$, Kp.$_{0,3}$ 102°, aus Phenol u. trans-I; n_D^{20} 1,5238; 86%. Gibt mit 80%ig. H_2SO_4 *Phenol* u. *Essigsäure*. — *β-[3-Methoxyphenoxy]-zimtsäuremethylester*, Kp.$_{1,4}$ 150°, durch Erhitzen einer Schmelze von Na in III mit Phenylpropiolsäuremethylester (10 Min.) u. Chromatographie; 34%. — *β-[3-Methylphenoxy]-zimtsäuremethylester*, $C_{17}H_{16}O_3$, Kp.$_{15}$ 220°, analog aus m-Kresol; n_D^{21} 1,5892;

74%. — *β-[3-Methoxyphenoxy]-acrylsäuremethylester*, $C_{11}H_{12}O_4$, Kp.$_2$ 148—152°, analog aus III in Bzl. mit Propiolsäuremethylester in 1 Std.; n_D^{21} 1,5455. — *β-[3-Methoxyphenoxy]-crotonsäure*, $C_{11}H_{12}O_4$, F. 120° (Methanol), aus II mit NaOH in A.-W. bei 20°; 79%. — *β-Phenoxycrotonsäure*, F. 149° (A.). — *β-[3-Methoxyphenoxy]-acrylsäure*, $C_{10}H_{10}O_4$, F. 100° (Zers.; Methanol/W.). — *4-Methyl-7-methoxycumarin*, F. 156—157°, a) aus II (2½ Std. in 80% ig. H_2SO_4 bei 0—20° oder mit P_2O_5 in H_3PO_4 zuerst bei 20°, dann 1 Std. bei 70° oder in HF in 12 Std. bei 20° u. 1½ Std. bei 50°; 77, 71 bzw. 11%; b) aus β-[3-Methoxyphenoxy]-crotonsäure in 80% ig. H_2SO_4, in Polyphosphorsäure oder in HF; 69, 63 bzw. 26%; c) aus Resorcindimethyläther u. Acetessigsäureäthylester durch Zugabe von H_2SO_4 $< 5°$ u. 22std. Stehen bei 20°; 23%; d) aus III u. Acetessigester nach c); 67%. — *2.4-Dimethoxybenzoldisulfonsäure-(1.5)*, aus Resorcindimethyläther in H_2SO_4 in 22 Std. als *Ba-Salz*; 73%. — *4.7-Dimethylcumarin*, F. 129—130° (A.), aus β-[3-Methylphenoxy]-crotonsäuremethylester, a) in 80% ig. H_2SO_4 in 15 Std.; 68%; b) in Polyphosphorsäure; 75%. — *4.6-Dimethylcumarin*, F. 149°, aus β-[4-Methylphenoxy]-crotonsäuremethylester u. Polyphosphorsäure; 34%. — *4-Phenyl-7-methoxycumarin*, F. 109—110° (Methanol), aus β-[3-Methoxyphenoxy]-zimtsäuremethylester in Polyphosphorsäure; 56%. — *4-Phenyl-7-methylcumarin*, F. 96° (A., W.), aus β-[3-Methylphenoxy]-zimtsäuremethylester in 80% ig. H_2SO_4; 32%. — *2-Methyl-7-methoxychromon*, F. 112—113°, aus β-[3-Methoxyphenoxy]-crotonsäure u. Acetylchlorid in Ggw. von konz. H_2SO_4 durch Abdest. des Acetylchlorids u. ¼std. Stehen des Rückstands mit konz. H_2SO_4 bei 0°; 24%. (Liebigs Ann. Chem. **605.** 158—67. 15/6. 1957.) H. Wollweber. 3211

Roland Mayer, *Thia-γ-pyron*. Das früher bereits auf anderem Wege dargestellte *Thia-γ-pyron* (F. 110,5—111,0°, Nadeln aus CCl_4) wurde aus 10 g γ-Pyron in 30 cm³ W. mit überschüssigem, frisch bereitetem $NaHS \cdot 2H_2O$ durch ¾std. Erhitzen auf dem Wasserbad u. Extrahieren mit Ae. + Chlf. nach Zugabe von NaCl u. Na_2SO_4 in 3—5 g Ausbeute gewonnen u. mittels UV-Spektr. u. Best. des Misch-F. identifiziert. Es gelang nicht, auf analogem Wege Selena-γ-pyron zu erhalten. (Chem. Techn. **10.** 418. Juli 1958. Leipzig, Karl-Marx-Univ., Inst. für organ. Chem.) G. Marquard. 3221

Robert B. Carlin und **Luis Amoros-Marin,** *2.4.6-Tris-[p-chlorphenyl]-pyridin, ein Nebenprodukt der Fischer-Indolumlagerung*. Die Umlagerung von p-Chloracetophenon-2.6-dichlorphenylhydrazon (I) mit geschmolzenem $SnCl_2$ bei 260° führt zu *2-[p-Chlorphenyl]-7-chlorindol* (II) als Hauptprod., wenig *2-[p-Chlorphenyl]-5.7-dichlorindol* (III) u. *2.4.6-Tris-[p-chlorphenyl]-pyridin* (IV). Bei der Umlagerung mit $SnCl_2$–HCl bei 160° entstehen mehr III, weniger II u. kein IV. Die Rk. von p-Chloracetophenon-o-chlorphenylhydrazon (V) mit $SnCl_2$ bei 300° führt zu II u. IV. V ist bei 260° gegen $SnCl_2$ stabil. IV bildet sich nicht aus p-Chloracetophenonphenylhydrazon mit $SnCl_2$ bei 300°. Es konnte nur *2-[p-Chlorphenyl]-indol* isoliert werden. Die Behandlung von V mit $ZnCl_2$ bei 300° liefert nur 4% *2-Phenylindol*. Die Konst. von IV wird durch sein UV- u. IR-Spektr. erhärtet.

Versuche (FF. korr.): *2.4.6-Tris-[p-chlorphenyl]-pyridin* (IV), $C_{23}H_{14}Cl_3N$, F. 269—270° (Aceton), a) durch 30 Min. Erhitzen von 28 g I mit $SnCl_2$ auf 240—260°, 3std. Erhitzen mit 2% ig. HCl auf dem Wasserbad, Filtration des Rückstandes in Bzl. über Al_2O_3, Einengen u. Lösen in sd. Ae.; 0,52 g (Ausbeute); b) aus 64 g V mit $SnCl_2$ bei 300° in 2 Std.; Nadeln; 2,7 g. — *7-Chlor-2-[p-chlorphenyl]-indol* (II), F. 125—126° (A.; sublimiert bei 1 μ), a) neben IV nach a); gelb; 0,77 g; b) neben IV nach b); 20%; c) durch 3std. Einleiten von trocknem HCl in eine Suspension von $SnCl_2$ in Ae., Rühren mit I über Nacht, Einengen, 10 Min. Erhitzen auf 150—160°, Behandeln mit HCl u. Chromatographie u. Entw. mit Bzl., Heptan–Bzl. u. Bzl.–CH_3OH. — *2-[p-Chlorphenyl]-5.7-dichlorindol* (III), F. 164—165° (Heptan), a) neben II nach a); Nadeln; 0,06 g; b) neben II nach c). — *2-Phenylindol*, $C_{14}H_{11}N$, F. u. Misch-F. 186—187° (Bzl.; sublimiert bei 1 μ), durch 15 Min. Erhitzen von 25 g V mit $ZnCl_2$ auf 300°; Prismen; 1 g. (J. Amer. chem. Soc. **81.** 730—32. 5/2. 1959. Pittsburgh, Pa., Carnegie Inst. of Technol., Dep. of Chem.) R. Pasedag. 3231

Jean-Albert Gautier, Marcel Miocque und **Claude Lafontaine,** *Synthese von Äthinylcarbinolderivaten des Pyridins durch Äthinylierung von Pyridylketonen in flüssigem Ammoniak*. Durch Umsetzung von 2-Propionylpyridin mit Na- oder Li-Acetylid in fl. NH_3 in Ggw. von K_2CO_3 erhielten Vff. *3-[Pyridyl-(2)]-pentin-(1)-ol-(3)* [$C_{10}H_{11}NO$, F. 47°; 70% (Ausbeute)]. Analog reagierten 2- u. 4-[5-Oxo-n-hexyl]-pyridin unter Bldg. von *7-[Pyridyl-(2)]-3-methylheptin-(1)-ol-(3)* ($C_{13}H_{17}NO$, Kp.$_{0,6}$ 145—157°; 61%) bzw. *7-[Pyridyl-(4)]-3-methylheptin-(1)-ol-(3)* [F. 89°; 71%], während die 3-Phenacylpyridine, die vermutlich als Enole vorliegen, unumgesetzt zurückerhalten wurden. (C. R. hebd. Séances Acad. Sci. **248.** 3580—82. 22/6. 1959. Paris, Fac. de Pharm., Labor. de Chim. organ.) Eberhard Riedel. 3231

Vladimir Arsenijević, Henri Lapin und **Alain Horeau,** *Neue Methode der Synthese von α.α'-disubstituierten Pyridinen.* α-Bromisobuttersäure (I)-Äthylester bildet mit γ-Cyanbuttersäure (II)-Äthylester (aus durch HBr-Einleiten in Butyrolacton in A. erhaltenem γ-Brombuttersäureäthylester u. KCN) in Ggw. von Zn *Pyridin-α.α'-bis-[dimethylessigsäureäthylester]* [**III**, $C_{17}H_{25}NO_4$, Kp.$_{15}$ 174—175°, F. 58—60°; daneben etwas öliges Prod., vermutlich die gesätt. Verb.]. Hinweise zum Reaktionsmechanismus gibt die analoge Bldg. von **III** aus **I**-Äthylester u. **II**-Methylester, während bei Verwendung von **I**-Methylester u. **II**-Äthyl- oder -Methylester der **III** entsprechende *Dimethylester* [$C_{15}H_{21}NO_4$, Kp.$_{15}$ 171—172°, F. 63—65°] entsteht; daraus mit KOH das *Di-K-Salz,* $C_{13}H_{15}K_2NO_4$, u. mit Säure die *freie Säure,* $C_{13}H_{17}NO_4$, F. 101—102°, oberhalb 102° Decarboxylierung zu *α.α'-Diisopropylpyridin* (*Pikrat,* $C_{17}H_{20}N_4O_7$, F. 109°). (C. R. hebd. Séances Acad. Sci. **248.** 3309—10. 8/6. 1959. Coll. de France, Labor. de Chim. organ. des Hormones.) Eberhard Riedel. 3231

D. E. Ames, T. F. Grey und **W. A. Jones,** *Darstellung von Aminoalkylpyrrocolinen.* Die Kondensation von Oxalylchlorid (**III**) mit 2-Phenylpyrrocolin (**IV**) führt zu *2-Phenylpyrrocolinyl-(3)-glyoxyloylchlorid,* das leicht das entsprechende *Amid* bzw. *Dimethylamid* liefert. Letzteres gibt bei der $LiAlH_4$-Red. nur *3-[2-Dimethylamino-1-hydroxyäthyl]-2-phenylpyrrocolin* in geringer Ausbeute. Aus 3-[Pyridyl-(2)]-propionsäureäthylester (**V**) u. Phenacylbromid (**I**) wird *2-[2-Äthoxycarbonyläthyl]-1-phenacylpyridiniumbromid* erhalten, das sich aber nicht zum Pyrrocolin cyclisieren ließ. Aus β-[Pyridyl-(2)]-propionamid (**VI**) dagegen konnte *2-Phenylpyrrocolinyl-(1)-acetamid* dargestellt werden, das mit $LiAlH_4$ zu *1-[2-Aminoäthyl]-2-phenylpyrrocolin* red. wurde. 4-Chlor-2.6-dimethylpyridin (**VII**) wird mit K-Benzylat (**VIII**) in die *4-Benzyloxyverb.* übergeführt. Bei der Quaternierung mit **I** wird unter Debenzylierung *4-Hydroxy-2.6-dimethyl-1-phenacylpyridiniumbromid* (**II**) erhalten. **II** gibt mit $NaHCO_3$ aber kein Pyrrocolin, sondern *2.6-Dimethyl-1-phenacylpyridon-(4).* Das bei der Darst. von **II** als Nebenprod. angefallene nicht krist. Prod., das wahrscheinlich die entsprechende 4-Benzyloxyverb. enthält, liefert aber mit Na_2CO_3 *7-Benzyloxy-5-methyl-2-phenylpyrrocolin* in sehr geringer Ausbeute. Die katalyt. Debenzylierung über Pd-$SrCO_3$ gelang nicht.

Versuche: *2-Phenylpyrrocolinyl-(3)-glyoxyloylchlorid,* $C_{16}H_{10}ClNO_2$, F. 114 bis 115° (Zers.; Bzl.–PAe.), durch 4std. Stehen von **III** u. **IV** in Ae. u. Bzl. bei Raumtemp.; gelbe Prismen; 75% (Ausbeute). — *N.N-Dimethyl-2-phenylpyrrocolinyl-(3)-glyoxylamid,* $C_{18}H_{16}N_2O_2$, F. 198—200° (2-Methoxyäthanol), durch 2std. Stehen von 15 g vorst. Verb. mit $(CH_3)_2NH$ bei Raumtemp.; gelbe Nadeln; 11 g. — *2-Phenylpyrrocolinyl-(3)-glyoxylamid,* $C_{16}H_{12}N_2O_2$, F. 178—181° (Essigester), gelbe Nadeln. — *3-[2-Dimethylamino-1-hydroxyäthyl]-2-phenylpyrrocolin,* $C_{18}H_{20}N_2O$, F. 112—115° (CH_3OH), durch 1std. Kochen von 4,6 g vorvorst. Verb. mit $LiAlH_4$ in Tetrahydrofuran u. Stehen über Nacht; Prismen; 0,25 g. — *2-[2-Äthoxycarbonyläthyl]-1-phenacylpyridiniumbromid,* $C_{18}H_{20}BrNO_3$, F. 154—155° (Methyläthylketon–A.), durch 1std. Stehen von **V** u. **I** in Aceton u. 3½std. Kochen; Nadeln. — *2-Phenylpyrrocolinyl-(1)-acetamid,* $C_{16}H_{14}N_2O$, F. 168—170° (Methyläthylketon), durch 8½std. Kochen von 8,2 g **VI** u. **I** in Butanon-(2), Dekantieren, Auskochen des Rückstands mit W., Heißfiltration u. Zugeben von $NaHCO_3$; Nadeln; 3,8 g. — *1-[2-Aminoäthyl]-2-phenylpyrrocolin, Dipikrat,* $C_{28}H_{22}N_8O_{14}$, F. 135—136° (wss. A.), durch 6std. Kochen vorst. Verb. mit $LiAlH_4$ in Ae.; Prismen. — *4-Benzyloxy-2.6-dimethylpyridin,* $C_{14}H_{15}NO$, Kp.$_{0,8}$ 130°, durch 2std. Erhitzen von **VII** mit **VIII** (aus KOH u. Benzylalkohol in Xylol) auf 210°, Gießen in W. u. Extrahieren mit Essigester; n_D^{20} 1,5653. — *4-Hydroxy-2.6-dimethyl-1-phenacylpyridiniumbromid* (**II**), $C_{15}H_{16}BrNO_2$, F. 214—215° (A.), durch Stehen von 15 g vorst. Verb. mit **I** in Butanol über Nacht bei Raumtemp., 5std. Erhitzen auf dem Wasserbad, Einengen u. Behandeln mit Aceton; Platten; 2,7 g. — *2.6-Dimethyl-1-phenacylpyridon-(4),* $C_{15}H_{15}NO_2$, F. 103—104° (Bzl.–PAe.), durch Erwärmen von **II** mit $NaHCO_3$-Lsg.; Platten. — *7-Benzyloxy-5-methyl-2-phenylpyrrocolin,* $C_{22}H_{19}NO$, F. 152 bis 153° (Bzl.–PAe.), durch Kochen des Nebenprod. der **II**-Darst. mit wss. Na_2CO_3 u. Ausäthern; Nadeln. (J. chem. Soc. [London] **1959.** 620—22. Febr. Hounslow, Middlesex, Parke, Davis & Co. Ltd., Res. Dep.) R. Pasedag. 3231

Henry Bader und **William Oroshnik,** *Synthetische Oxytocica.* 2. Mitt. *Kondensation von Indolylmagnesiumbromid mit heterocyclischen Aldehyden. Synthese von 2.3-Benzoindolo-[2'.3':7.8]-tetrahydrochinolizin.* (1. vgl. C. **1958.** 3607.) Pyridyl-(2)-aldehyd (**I**) liefert mit Indolyl-MgBr (**II**) bei —25° in Ae./CH_2Cl_2 *Indolyl-(3)-pyridyl-(2)-carbinol* (**VI**) neben etwas des Rosindols *Bis-[indolyl-(3)]-pyridyl-(2)-methan.* Pyridyl-(4)-aldehyd (**VIII**) gibt bei 0° entsprechend *Indolyl-(3)-pyridyl-(4)-carbinol* (**III**), die Ausbeute sinkt aber bei höheren Tempp. zugunsten des entsprechenden *symm. Äthers* u. von *Bis-[indolyl-(3)]-pyridyl-(4)-methan.* Aus 3-Isochinolinaldehyd entsteht analog *Indolyl-(3)-isochinolyl-(3)-*

carbinol (IV). Benzaldehyd u. Indolaldehyd reagieren unter gleichen Bedingungen mit II nicht. 2-Thenaldehyd gibt nur das entsprechende *Rosindol.* III läßt sich in 20%ig. absol. äthanol. Essigsäure über ADAMS-PtO_2 zu *4-Skatylpiperidin* hydrieren, das durch Formylierung mit Chloral (IX) u. anschließende Red. mit $LiAlH_4$ in die *1-Methylverb.* übergeführt wurde. Aus IV wird bei analoger Hydrierung *Indolyl-(3)-[1.2.3.4-tetrahydroisochinolyl-(3)]-carbinol* (V) erhalten, das mit $LiAlH_4$ in sd. 1.2-Dimethoxyäthan *3-Skatyl-1.2.3.4-tetrahydroisochinolin* (VII) liefert. Das aus V zugängliche *[2-Formyl-1.2.3.4-tetrahydroisochinolyl-(3)]-deriv.* wird mit $LiAlH_4$ zu *3-Skatyl-2-methyl-1.2.3.4-tetrahydroisochinolin* reduziert. III, VI u. Indolyl-(3)-piperidyl-(2)-carbinol lassen sich nicht mit $LiAlH_4$ in die entsprechende Skatylverbb. überführen. Die Cyclisierung von VII mit CH_2O bei Raumtemp. führt zu *2.3-Benzoindolo-[2'.3':7.8]-tetrahydrochinolizin.* Die UV-Maxima der Verbb. sind angegeben. Keine der Verbb. besitzt Oxytocinwirkung.

Versuche: *Indolyl-(3)-pyridyl-(2)-carbinol* (VI), F. 161—162° (CH_2Cl_2, wss. A. u. Toluol), a) durch 10 Min. Zugeben von I zu II (aus Indol u. Äthyl-MgBr bei —10°) in CH_2Cl_2 bei —25°, 4½std. Rühren bei —25° u. Zers. mit wss. NH_4Cl bei —30°; 50% (Ausbeute); b) bei —10°; 25,3%. — *Bis-[indolyl-(3)]-pyridyl-(2)-methan*, $C_{22}H_{17}N_3$, F. 223—226° (50%ig. wss. A.), neben VI nach a) bzw. b); Rosetten; 4,9 bzw. 43,6%. — *Indolyl-(3)-pyridyl-(4)-carbinol* (III), $C_{14}H_{12}N_2O$, F. 156,5—157,5° (CH_2Cl_2, A. oder CH_3OH–Bzl.; erweicht ab 152,5°), a) aus II u. VIII in CH_2Cl_2 bei —10°; 57,7%; b) durch 20 Min. Zugeben von VIII in Bzl. zu II in Bzl. bei 60° u. 4std. Erwärmen auf 60°; 6,5%.— *Bis-[indolyl-(3)-pyridyl-(4)-methyl]-äther*, $C_{28}H_{22}N_4O$, F. 140,5—141,5° (CH_3OH), neben III; Nadelrosetten; 16%. — *Bis-[indolyl-(3)]-pyridyl-(4)-methan*, $C_{22}H_{17}N_3$, F. 114 bis 116° (CH_2Cl_2–PAe. u. Essigsäure–NaOH; erweicht ab 106°), neben III durch Extraktion mit A.; orangefarbene Nadeln; 13%. — *Indolyl-(3)-isochinolyl-(3)-carbinol* (IV), $C_{18}H_{14}N_2O$, F. 159—160° (70%ig. wss. CH_3OH), in 10 Min. bei —10° u. 18 Std. bei Raumtemp.; federartige Nadeln; 22,0% (daneben eine Verb. vom F. 207°). — *Bis-[indolyl-(3)]-thienyl-(2)-methan*, $C_{21}H_{16}N_2S$, F. 149—156° (Bzl.–Cyclohexan), bei —10 bis 0° in 21 Std.; 28,0%. — *4-Skatylpiperidin*, $C_{14}H_{18}N_2$, F. 155° (CH_3OH–Bzl.), durch Hydrieren von III in Eisessig/absol. A. bei 3 at über ADAMS-PtO_2, Filtrieren, Gießen in wss. NaOH, Extrahieren mit Bzl. u. Ausfällen mit PAe.; 33,0%. *Hydrochlorid*, $C_{14}H_{19}ClN_2$, F. 253—254° (Bzl.–Isopropylalkohol/Cyclohexan). — *N-Methyl-4-skatylpiperidinhydrochlorid*, $C_{15}H_{21}ClN_2$, F. 224,5—225,5° (CH_3OH–Isopropylalkohol–Bzl.), durch Stehen vorst. Verb. mit IX in Chlf. über Nacht bei Raumtemp., Einengen, 6std. Erwärmen mit $LiAlH_4$ in Dioxan auf 37°, Zers. mit W., Einengen, Extrahieren mit heißem Bzl. u. Einleiten von HCl; 26,6%. — *Indolyl-(3)-[1.2.3.4-tetrahydroisochinolyl-(3)]-carbinol* (V), $C_{18}H_{18}N_2O$, F. 215—216° (Chlf. u. Aceton–Chlf.), aus IV; 83,0%. — *Bis-[indolyl-(3)-1.2.3.4-tetrahydroisochinolyl-(3)-methyl]-äther*, $C_{36}H_{34}N_4O$, F. 154—155° (Bzl.–Cyclohexan), aus IV durch 23std. Hydrierung über ADAMS-PtO_2; 55%. — *3-Skatyl-1.2.3.4-tetrahydroisochinolin* (VII), F. 108° (Cyclohexan–Bzl. 2 : 1), durch 30 Min. Kochen von V mit $LiAlH_4$ in 1.2-Dimethoxyäthan u. Zers. mit feuchtem Ae.; 69%. *Hydrochloridhemihydrat*, $C_{18}H_{19}ClN_2 \cdot ½ H_2O$, F. 205—207° (Isopropylalkohol). *Hydrochlorid*, $C_{18} \cdot H_{19}ClN_2$, F. 209—211°. — *Indolyl-(3)-[2-formyl-1.2.3.4-tetrahydroisochinolyl-(3)]-carbinol-chloroformsolvat*, $C_{19}H_{18}N_2O_2 \cdot 1½ CHCl_3$, F. 175—176° (Chlf. u. CH_2Cl_2), durch 105 Min. Kochen von 1,2 g V mit IX in Chlf. u. CH_2Cl_2; 0,95 g. — *3-Skatyl-2-methyl-1.2.3.4-tetrahydroisochinolinhydrochlorid*, $C_{19}H_{21}ClN_2$, F. 137° (Isopropylalkohol–Aceton–Ae.), durch 6std. Kochen vorst. Verb. mit $LiAlH_4$ in 1.2-Dimethoxyäthan; 41,0%. — *2.3-Benzoindolo-[2'.3':7.8]-tetrahydrochinolizin*, $C_{19}H_{18}N_2$, F. 240° (Bzl.–Aceton), durch Erwärmen von VII mit HCOOH u. 37%ig. CH_2O auf 40° bis zum Beginn der exothermen Rk., 16std. Stehen bei Raumtemp., Zugeben von CH_3OH u. Gießen in wss. NaOH; 25,9%. *Methochlorid-¹/₄-hydrat*, $C_{20}H_{21}ClN_2 \cdot 1/4 H_2O$, F. 263—265° ($CH_3OH$–Isopropylalkohol–Ae.) *Methochlorid-1²/₃-hydrat*, $C_{20}H_{21}ClN_2 \cdot 1\frac{2}{3} H_2O$. *Hydrochloridhemihydrat*, $C_{19}H_{19}ClN_2 \cdot ½ H_2O$, F. 185° (erweicht ab 177°). (J. Amer. chem. Soc. **81.** 163—67. 5/1. 1959. Raritan, N. J., Ortho Res. Foundat., Div. of Organ. Chem.) R. PASEDAG. 3231

Henry Feuer und **Harry Rubinstein**, *Maleinhydrazid.* 1. Mitt. *Reaktionen mit ausgewählten elektrophilen Reagentien.* Vff. zeigen, daß bei der Rk. von Maleinhydrazid (I, pK_a 5,5) mit Benzolsulfochlorid (VIII) bzw. Acetanhydrid (IX) die O-Derivv. von I, *1H-Pyridazinon-(6)-yl-(3)-benzolsulfonat* (IV) bzw. *-acetat* (V), gebildet werden. Verss. zur Darst. von V aus 6-Chlorpyridazinon-(3) mit Na- oder Ag-Acetat verliefen negativ. Die Behandlung von 1-Benzolsulfonyl- (II, pK_a 3,5 u. 8,1) bzw. 1-Acetyl-2-(3-carboxyacryloyl)-hydrazin (pK_a 3,15 u. 10,8) mit sd. Essigsäure ergibt *2-Benzolsulfonyl-* (VI) bzw. *2-Acetyl-6-hydroxy-2H-pyridazinon-(3)* (VII), die sich von IV bzw. V in ihren physikal. Eigg. unterscheiden. Beim Erhitzen von II mit $SOCl_2$ statt Essigsäure entsteht *N-Benzolsulfonylaminomaleinimid* (III), das durch Erhitzen mit Essigsäure oder Xylol in VI übergeht. Die Struktur der O- u. N-Derivv. von I ergibt sich aus dem Vgl. der

CO-Valenzschwingung im IR-Spektr. u. der pK_a-Werte. So reagieren in Übereinstimmung mit den Vorstellungen von HELLMANN u. LÖSCHMANN (C. **1956.** 6959) über die Aromatisierungstendenz dieser Verbb. **IV** u. **V** neutral u. werden durch Basen beim Erhitzen hydrolysiert, während **VI** u. **VII** als Säuren (pK_a 7—7,5) fungieren. Zwischen **III** u. **VI** stellen sich folgende Säure–Basen-Gleichgewichte ein: **III** $\underset{H^+}{\overset{OH^-}{\rightleftarrows}}$ **III**$^{(-)}$ (Salz A) $\rightleftarrows$ **VI**$^{(-)}$ (Salz B) $\underset{OH^-}{\overset{H^+}{\rightleftarrows}}$ **VI** u. Salz B $\xrightarrow{OH^-}$ Salz C $\underset{2\,OH^-}{\overset{2\,H^+}{\rightleftarrows}}$ **II**. Die Mechanismen der Bldg. von **IV**, **V**, **VI**, **VII** u. **III** werden diskutiert.

Versuche: *1H-Pyridazinon-(6)-yl-(3)-benzolsulfonatmonohydrat*, $C_{10}H_8N_2O_4S \cdot H_2O$, F. 134—135°, durch mäßiges Erwärmen von 5 g **I** mit **VIII** u. Stehen über Nacht unter Eiskühlung; schwach gelb; 5,5 g (Ausbeute). Gibt beim 5tägigen Trocknen über P_2O_5 die *wasserfreie Verb.* (**IV**), $C_{10}H_8N_2O_4S$, F. 144°. — *1H-Pyridazinon-(6)-yl-(3)-acetat* (**V**), $C_6H_6N_2O_3$, F. 122—123° (A./Hexan), durch 4std. Kochen von **I** mit **IX**; 74%. — *1-Acetyl-2-[3-carboxyacryloyl]-hydrazin*, $C_6H_8N_2O_4$, F. 172° (Zers.; A.), durch Zutropfen von Acetylhydrazin zu **I** in Eisessig; 98%. — *2-Acetyl-6-hydroxy-2H-pyridazinon-(3)* (**VII**), $C_6H_6N_2O_3$, F. 160—162° (Zers.; Bzl. oder Chlf.), durch 2std. Kochen vorst. Verb. in Essigsäure; 82%. — *1-Benzolsulfonyl-2-[3-carboxyacryloyl]-hydrazin* (**II**), $C_{10}H_{10}N_2O_5S$, F. 157—158° (Zers.; W. oder A.), analog vorst. Verb. aus Benzolsulfonylhydrazin (**X**); 95%. — *2-Benzolsulfonyl-6-hydroxy-2H-pyridazinon-(3)* (**VI**), $C_{10}H_8N_2O_4S$, F. 212° (Zers.; Isopropanol), a) durch Zugabe von **X** zu **I** in Essigsäure innerhalb von 30 Min. unter Kochen u. weiteres 2std. Kochen; 86%; b) durch 24std. Erhitzen von 5 g **II** in Xylol auf 120°; 4,3 g. 2,53 g geben beim Lösen in 0,85 g NaOH u. Ansäuern 2,33 g **II**. — *N-Benzolsulfonylaminomaleinimid* (**III**), $C_{10}H_8N_2O_4S$, F. 157—159° (Chlf.), durch 3std. Kochen von **II** mit $SOCl_2$; 98%. Gibt mit NaOH ein Gemisch von **VI** u. **II**, mit sd. Essigsäure (25 Std.) oder sd. Xylol (25 Std.) **VI** allein. — *1.2-Bis-[3-carboxyacryloyl]-hydrazin*, F. 185—187° (Zers.), durch Zugabe von $N_2H_4 \cdot H_2O$ in Essigsäure zu **I** in Essigsäure unterhalb von 30° u. durch 3std. Stehen bei 30°; gelbe Kristalle aus A.; 96%. — *Bis-maleinimid*, $C_8H_4N_2O_4$, F. 259—260° (Zers.), durch 7std. Erhitzen vorst. Verb. mit $SOCl_2$; gelbgrüne Kristalle aus Dioxan; 87%. (J. Amer. chem. Soc. **80.** 5873 bis 5877. 5/11. 1958. Lafayette, Ind., Purdue Univ., R. B. Wetherill Labor. of Chem.)

G. PÖTZSCHER. 3272

Henry Feuer und **Ronald Harmetz,** *Die Chemie von Maleinhydrazid.* 2. Mitt. *Der Verlauf der Addition vom Michael-Typ.* (1. vgl. vorst. Ref.) Im Gegensatz zu Succinhydrazid (vgl. C. **1952.** 3980) bildet Maleinhydrazid (**I**) bei der basenkatalysierten Addition an Verbb. mit aktivierten Doppelbindungen nur Monoadditionsprod., N-substituierte Maleinhydrazide. Die Struktur dieser Verbb. ergibt sich auf Grund der UV-Spektren (λ_{max} 316—318 mμ in 95% ig. A.), während die O-Derivv. von **I** bei 306—308 absorbieren, u. auf Grund der Rkk. von *2-[3'-Oxobutyl]-6-hydroxy-2H-pyridazinon-(3)* (**II**), dem Reaktionsprod. von **I** mit Methylvinylketon. Mit Äthylmercaptan entsteht *2-[3'.3'-Diäthylmercaptobutyl]-6-hydroxy-2H-pyridazinon-(3)*, das beim Erhitzen mit A. an RANEY-Ni zu *N-Butylsuccindiamid* (**IV**) hydrogenolysiert wird. Bei der WOLFF-KISHNER-Red. von **II** wird *2-Butyl-6-hydroxy-2H-pyridazinon-(3)* (**III**) gebildet, das auch aus Maleinanhydrid (**V**) u. n-Butylhydrazoniumoxalat gewonnen werden kann. Behandlung von **III** mit RANEY-Ni in sd. A. gibt **IV**, das auch beim Erhitzen von N-Butylsuccinimid mit NH_3 entsteht. Die UV-Maxima der angegebenen N-Derivv. von **I** sowie von *2-Acetyl-* u. *2-Benzolsulfonyl-6-hydroxy-2H-pyridazinon-(3)* u. von den O-Deriv. *6-Methoxy-*, *6-Butoxy-*, *6-Acetoxy-* u. *6-Benzolsulfonyloxy-2H-pyridazinon-(3)* sind angegeben.

Versuche: 6-Hydroxy-2H-pyridazinone-(3): *2-[3'-Oxobutyl]-* (**II**), $C_8H_{10}N_2O_3$, F. 148,5—149° (Aceton), durch 12std. Kochen 1,0 g Methylvinylketon (85% ig.) mit 11,2 g **I** in 95% ig. A. in Ggw. von 3 Tropfen 20% ig. wss. NaOH, mehrstd. Stehen bei — 10°; 17,8 g (Ausbeute). *2.4-Dinitrophenylhydrazon*, $C_{14}H_{14}N_6O_6$, F. 225° (CH_3OH–W.). — *2-[2'-Carbomethoxyäthyl]-*, $C_8H_{10}N_2O_4$, F. 141,5—142,5° (Aceton–Hexan), analog **II** aus Methylacrylat, 70std. Kochen; 80%. — *2-[2'-Cyanäthyl]-*, $C_7H_7N_3O_2$, F. 221—222° (95% ig. A.), analog **II** aus Acrylnitril, 48std. Kochen; 86%. — *2-[2'-Carboxyäthyl]-*, $C_7H_8N_2O_4$, F. 213—213,5° (Dioxan), durch Kochen vorst. Verb. mit wss. NaOH bis zum Aufhören der NH_3-Entw.; 92%. — *2-[3'.3'-Diäthylmercaptobutyl]-*, $C_{12}H_{20}N_2O_2S_2$, F. 150—151° (W.–A.), durch Zugabe von **II** zu einem Gemisch von Äthylmercaptan, $ZnCl_2$ u. Na_2SO_4 bei 0—5° u. 24std. Stehen bei dieser Temp.; 80%. — *2-Butyl-* (**III**), $C_8H_{12}N_2O_2$, F. 125—126° (W.), a) durch langsame Zugabe einer wss. Lsg. von n-Butylhydrazoniumoxalat zur wss. **V**-Lsg., 3std. Kochen in Ggw. eines Tropfens HCl u. mehrstd. Stehen bei 5°; 63%; b) durch std. Kochen von **II** mit $N_2H_4 \cdot H_2O$ u. NaOH in Diäthylenglykol, langsame Temperatursteigerung auf 195—200°,

weiteres 3 std. Kochen u. Ansäuern; 24%. — *N-Butylsuccindiamid* (**IV**), $C_8H_{16}N_2O_2$, F. 190—190,5° (W.), a) durch 4 std. Kochen von vorvorst. Verb. an RANEY-Ni in 70% ig. A.; 94%; b) analog aus **III**; 82%; c) durch 6 std. Erhitzen von nachst. Verb. in mit NH_3-gesätt. A.; 6%. — *N-Butylsuccinimid*, Kp.$_{12}$ 139°, Kp.$_{0,5}$ 75°, durch Zutropfen von Bernsteinsäuremethylesterchlorid zu einem Gemisch von Pyridin u. n-Butylamin in Chlf., 20 Min. kochen → *N-Butylsuccinamidmethylester*, Kp.$_{0,5}$ 128—135°, n_D^{20} 1,4560; 70%; u. dessen therm. Zers. bei 100—117°/1—7 mm; n_D^{20} 1,4749; ca. 100%. — *6-Butoxy-2H-pyridazinon-(3)*, $C_8H_{12}N_2O_2$, F. 102—103°, durch 120 std. Kochen des I-Ag-Salzes ($C_4H_3AgN_2O_2$, aus dem I-NH_4-Salz mit $AgNO_3$; 100%) mit Butyljodid in Xylol; 60%. (J. Amer. chem. Soc. **80**. 5877—80. 5/11. 1958.)
G. PÖTZSCHER. 3272

Vincent C. Barry, J. G. Belton, J. F. O'Sullivan und **Dermot Twomey**, *Die Oxydation von Derivaten des o-Phenylendiamins.* 6. Mitt. *Reduktive Acylierung von Anilinoaposafraninen und verwandten Verbindungen.* (5. vgl. C. **1958**. 11811.) Die reduktive Acetylierung von Anilinoaposafranin in Ggw. von ADAMS-Katalysator führt zu *2-Acetamido-3-anilino-5.10-dihydro-5-acetyl-10-phenylphenazin* (**XI**; Phenazinringzählung vgl. 1. Mitt., C. **1956**. 11182), die von 2-Amino-3.5-dihydro-3-phenylimino-5-phenylphenazin (**I**) zu *3-Acetamido-2-anilino-5.10-dihydro-5-acetyl-10-phenylphenazin.* Letzteres gibt mit sd. äthanol. NaOH die I-*N²-Acetylverb.*, die auch aus **I** mit heißem Acetanhydrid (**IV**) entsteht. Die reduktive Acylierung von 2-Anilino-3.5-dihydro-3-phenylimino-5-phenylphenazin führt nur zum entsprechenden *Monoacetylderiv.*, dagegen liefern die 2-Arylamino-3.5-dihydro-3-isopropylimino-, -3-cyclopentylimino- bzw. -3-cyclohexylimino-5-arylphenazine *2-Acetylisopropylamino-*, *2-Acetylcyclopentylamino-* bzw. *2-Acetylcyclohexylamino-3-arylamino-5.10-dihydro-5-acetyl-10-arylphenazine.* 2-[p-Chloranilino]-3.5-dihydro-3-cycloheptylimino- (**II**), -3-[2-methylcyclohexylimino]- bzw. -3-cyclooctylimino-5-[p-chlorphenyl]-phenazin oder 2-Anilino-3.5-dihydro-3-[tert.-butylimino]-5-phenylphenazin liefern infolge ster. Behinderung bei der reduktiven Acylierung nur *3-[p-Chloranilino]-2-cycloheptylamino-*, *-2-[2-methylcyclohexylamino]-* (**III**) bzw. *-2-cyclooctylamino-5.10-dihydro-5-acetyl-10-[p-chlorphenyl]-phenazin* bzw. *3-Anilino-2-[tert.-butylamino]-5.10-dihydro-5-acetyl-10-phenylphenazin.* **III** wird auch durch katalyt. Hydrierung von 2''-Methyl-5.1'-bis-[p-chlorphenyl]-glyoxalino-[5'.4': 2.3]-phenazin-spiro-[2': 1'']-cyclohexan in **IV** erhalten. 2-Amino-3.5-dihydro-3-cyclohexylimino-5-cyclohexylphenazin liefert schließlich *2-[Acetylcyclohexylamino]-3-acetamido-5.10-dihydro-5-acetyl-10-cyclohexylphenazin* (**XII**) unter Aufnahme von 3 Acetylresten. Aposafranon (**V**) gibt *2-Acetoxy-5-acetyl-5.10-dihydro-10-phenylphenazin* (**VII**), Anilinoaposafranon (**VI**) nur *5-Acetyl-3-anilino-5.10-dihydro-2-hydroxy-10-phenylphenazin* (**VIII**). **VIII** läßt sich mit **IV** weiter in das *Acetat* überführen. Propionsäureanhydrid (**X**) verhält sich gegenüber **II** bzw. der entsprechenden 3-Cyclohexyliminoverb. (**IX**) genau wie **IV** u. liefert *2-[p-Chloranilino]-5.10-dihydro-5-[p-chlorphenyl]-10-propionyl-3-cycloheptylamino-* bzw. *-3-[N-cyclohexylpropionamido]-phenazin.* In den meisten Fällen wird durch milde alkol. Behandlung der reduzierten Acetylverbb., die etwas lichtempfindlich sind, das Ausgangschinon regeneriert. **XI** u. **XII** werden jedoch stark zersetzt. Aus **VII** wird **V** mit $NaNO_2$ u. aus **VIII** wird **VI** durch UV-Bestrahlung zurückerhalten. Im allg. haben die Acetylverbb. die tuberkulosestat. Eigg. der Chinone verloren, lediglich **III** u. die entsprechende 2-Cycloheptylaminoverb. sind weiterhin in vivo wirksam.

Versuche: 5.10-Dihydrophenazine: *5-Acetyl-2.3-dianilino-10-cyclohexyl-*, *Benzolsolvat*, $C_{32}H_{32}N_4O \cdot {}^1/_2\, C_6H_6$, F. 202—203° (Bzl.–PAe.), durch 3 std. Hydrieren von 0,9 g 2-Anilino-3.5-dihydro-5-cyclohexyl-3-phenyliminophenazin in **IV** über ADAMS-Katalysator u. Gießen in Eis–W.; Nadeln; 0,7 g (Ausbeute). — *2-Acetoxy-5-acetyl-10-phenyl-* (**VII**), $C_{22}H_{18}N_2O_3$, F. 172—173°, aus **V**; Nadeln. — *5-Acetyl-3-anilino-2-hydroxy-10-phenyl-* (**VIII**), $C_{26}H_{21}N_3O_2$, F. 210—212° (Chlf.–PAe.), aus **VI**; Nadeln. *Acetat*, $C_{28}H_{23}N_3O_3$, F. 158—160° (Bzl.–PAe.). — *2-[p-Chloranilino]-5-[p-chlorphenyl]-3-[N-cyclohexylpropionamido]-10-propionyl-*, *Benzolsolvat*, $C_{36}H_{36}Cl_2N_4O_2 \cdot {}^1/_2\, C_6H_6$, F. 235 bis 236° (Bzl.–PAe.), aus 1,5 g **IX** u. **X**; 0,8 g. — *2-[p-Chloranilino]-5-[p-chlorphenyl]-3-cycloheptylamino-10-propionyl-*, *Benzolsolvat*, $C_{34}H_{34}Cl_2N_4O \cdot {}^1/_3\, C_6H_6$, F. 220—221°, aus **II** u. **X**; Nadeln. — *2''-Methyl-5.1'-bis-[p-chlorphenyl]-glyoxalino-[5'.4': 2.3]-phenazin-spiro-[2': 1'']-cyclohexan*, $C_{31}H_{26}Cl_2N_4$, F. 263—265° (Bzl.), durch 1 std. Erwärmen von 5 g 2-Amino-4'-chlordiphenylaminhydrochlorid, 2-Methylcyclohexanon u. p-Benzochinon in wss. A. auf 30°, Alkalisieren u. Verdünnen mit W.; orangegelbe Kristalle; 2,8 g. — *2-[p-Chloranilino]-5-[p-chlorphenyl]-3.5-dihydro-3-[2-methylcyclohexylimino]-phenazin*, $C_{31}H_{28}Cl_2N_4$, F. 203—204° (A.), durch katalyt. Hydrierung vorst. Verb.; rote Nadeln. — *5.1'-Bis-[p-chlorphenyl]-glyoxalino-[5'.4': 2.3]-phenazinspiro-[2': 1'']-cyclooctan*, $C_{32}H_{28}Cl_2N_4$, F. 265—266° (Bzl.–Ligroin), mit Cyclooctanon; orangefarbene Kristalle; 0,8 g aus 7 g. — *2-[p-Chloranilino]-5-[p-chlorphenyl]-3.5-[dihydro-3-cyclooctylimino-phenazin*, $C_{32}H_{30}Cl_2N_4$, F. 221—222°, dunkelrote Nadeln. — 5.10-Dihydrophenazine: *2-Acetamido-3-anilino-5-acetyl-10-phenyl-* (**XI**), $C_{28}H_{24}N_4O_2$, F. 255° (Zers.). — *2-[Acetylcyclohexylamino]-3-acetamido-5-acetyl-10-cyclohexyl-* (**XII**), $C_{30}H_{38}N_4O_3$, F. 273 bis 274°. — *2-Anilino-3-acetamido-5-acetyl-10-phenyl-, Benzolsolvat*, $C_{28}H_{24}N_4O_2 \cdot {}^1/_3\, C_6H_6$, F. 120° (Zers.). — *2-[tert.-Butylamino]-3-anilino-5-acetyl-10-phenyl-, Benzolsolvat*, $C_{30}H_{30}N_4O \cdot {}^1/_3\, C_6H_6$, F. 226—227°. — *2-Acetylcyclohexylamino-3-anilino-5-acetyl-10-phenyl-, Benzolsolvat*, $C_{34}H_{34}N_4O_2 \cdot {}^1/_3\, C_6H_6$, F. 209—210°. — *2.3-Dianilino-5-acetyl-10-phenyl-*, $C_{32}H_{26}N_4O$, F. 300°. — 3-[p-Chloranilino]-5-acetyl-10-[p-chlorphenyl]-5.10-dihydrophenazine: *2-Isopropylacetylamino-*, $C_{31}H_{28}Cl_2N_4O_2$, F. 201—202°. — *2-Cyclopentylacetylamino-, Benzolsolvat*, $C_{33}H_{30}Cl_2N_4O_2 \cdot {}^1/_2\, C_6H_6$, F. 115—116°. — *2-[2-Methylcyclohexylamino]-* (**III**), $C_{33}H_{32}Cl_2N_4O$, F. 190° (Zers.). — *2-Cycloheptylamino-*, $C_{33}H_{32}Cl_2N_4O$, F. 187—189°. — *2-Cyclooctylamino-, Benzolsolvat*, $C_{34}H_{34}Cl_2N_4O \cdot {}^1/_2\, C_6H_6$, F. 171—172°. (J. chem. Soc. [London] **1958**. 4495—98. Dez. Dublin, Trinity Coll., Labors. of Med. Res. Council of Ireland). R. Pasedag. 3272

Heinz Uelzmann und **Peter Kuhner**, *Quaternäre 2-Oxomorpholiniumsalze.* Durch Kondensation von β-Dialkylaminoalkoholen mit Halogenessigestern werden *4.4-Dialkyl-2-oxomorpholiniumsalze* synthetisiert. Cycl. Aminoalkohole, wie β-Pyrrolidino- oder β-Piperidinoäthanol, liefern die entsprechenden Spiroverbindungen. Bei der Rk. von β-[N-Phenyl-N-äthylamino]-äthanol mit Chloressigsäureäthylester (**I**) erfolgt nur Quaternisierung ohne Cyclisierung.

Versuche: *4.4-Diäthyl-2-oxomorpholiniumchlorid*, $C_8H_{16}ClNO_2$, F. 204,5—205° (absol. A.), durch 3 std. Rühren u. Erhitzen von β-Diäthylaminoäthanol mit Chloressigsäuremethylester oder **I** in Xylol auf 120—130°; 95% (Ausbeute). *Bromid*, $C_8H_{16}BrNO_2$, F. 226—227° (Zers.); 94%. — *2-Oxo-3-oxa-6-azoniaspiro-[4.5]-decanbromid*, $C_8H_{14}BrNO_2$, F. 227° (absol. A.)-CH_3OH 1 : 1), durch 1 std. Erwärmen von N-[β-Hydroxyäthyl]-pyrrolidin mit Bromessigsäuremethylester in Bzl. auf 75—80°; 94%. — *2-Oxo-3-oxa-6-azoniaspiro-[5.5]-undecanchlorid*, $C_9H_{16}ClNO_2$, F. 256—258°; 86—87%. — *4.4.6-Trimethyl-2-oxomorpholiniumchlorid*, $C_7H_{14}ClNO_2$, F. 242° (Zers.); 80%. *Bromid*, $C_7H_{14}BrNO_2$, F. 240° (Zers.); 95%. — *4-Methyl-4-[β-hydroxyäthyl]-2-oxomorpholiniumchlorid*, $C_7H_{14}ClNO_3$, F. 185—186°; 89%. — *2-Oxo-3.9-dioxa-6-azoniaspiro-[5.5]-undecanchlorid*, $C_8H_{14}ClNO_3$, F. 260—262° (Zers.); 85%. *Bromid*, $C_8H_{14}BrNO_3$, F. 247—248°; 95%. (J. org. Chemistry **24**. 123—24. Jan. 1959. Akron, Ohio.) R. Pasedag. 3282

Paulette Müller, N. P. Buu-Hoï und **R. Rips**, *Darstellung und einige Reaktionen von Phenoxazin und Phenoselenazin. Phenoxazin* wird durch Autokondensation von o-Aminophenol (**III**) in Ggw. von J_2 dargestellt. Die Friedel-Crafts-Rk. mit Acetylchlorid (**I**)/$AlCl_3$ führt zu *3* (?)- (*O* = *5*) u. *10-Acetylphenoxazin. Phenoselenazin* (**II**) wird durch Umsetzung von Diphenylamin mit Se_2Cl_2 in Chlf. erhalten. Ebenso ist *2-Chlorphenoselenazin* zugänglich. Beide reagieren mit Acrylnitril (**IV**) in Ggw. von Benzyltrimethylammoniummethylat (**V**) u. liefern *β-[Phenoselenazyl-(10)]-* bzw. *β-[2-Chlorphenoselenazyl-(10)]-propionitril.* Während bei saurer Hydrolyse Zers. erfolgt, entstehen mit alkoh. NaOH *β-[Phenoselenazyl-(10)]-* bzw. *β-[2-Chlorphenoselenazyl-(10)]-propionsäure*, die sich mit P_2O_5 oder Polyphosphorsäure zu *2.3-Dihydro-3-keto-1H-pyrido-[3.2.1:k.l]-phenoselenazin* bzw. zur *10-Chlorverb.* cyclisieren lassen. **II** wird mit $(CH_3)_2SO_4$/NaOH/Aceton zur *10-Methylverb.* methyliert, analog entsteht *10-Methylphenoxazin.*

Versuche: *Phenoxazin*, Kp.$_4$ 215°, durch 4 std. Erhitzen von **III** auf 270—275° in Ggw. von J_2 u. Extrahieren mit Toluol; Nadeln aus A.; 30—35% (Ausbeute). — *10-Acetylphenoxazin*, F. 146° (A.), Kp.$_{17}$ 215°, durch 4 std. Stehen von 18 g vorst. Verb. mit **I** u. $AlCl_3$ in CS_2, 3 std. Erhitzen auf dem Wasserbad, Behandeln mit Eis–HCl u. Aufnehmen in Chlf.; Prismen; 10 g. — *3-Acetylphenoxazin* (?), $C_{14}H_{11}NO_2$, F. 221° (A.), Kp.$_{17}$ 265—267°, neben vorst. Verb.; hellgelbe Nadeln; 4,5 g. — *2-Chlorphenoselenazin*, $C_{12}H_8ClNSe$, F. 200° (A.), Kp.$_1$ 225°, durch 6 std. Kochen von 3-Chlordiphenylamin (Kp.$_{14}$ 185° mit Se_2Cl_2 in Chlf., Zugeben von Chlf., Filtrieren u. Gießen in W.; Nadeln; 52%. — *Phenoselenazin* (**II**), F. 195° (A.), glänzende Nadeln; 60—65%. — *10-Methylphenoselenazin*, F. 139° (A.), Kp.$_{0,2}$ 195—200°, durch Stehen von **II** mit $(CH_3)_2SO_4$ in wss. NaOH u. Aceton über Nacht, Zugeben von W. u. Extrahieren mit Bzl.; Prismen; 50%. — *10-Methylphenoxazin*, analog. — *β-[Phenoselenazyl-(10)]-propionitril*, $C_{15}H_{12}N_2Se$, F. 163° (Aceton), durch exotherme Rk. von **II** mit **IV** in Ggw. von **V**, 1 std. Erhitzen auf dem Wasserbad u. Einengen; feine Nadeln; 75%. — *β-[2-Chlorphenoselenazyl-(10)]-propionitril*, $C_{15}H_{11}ClN_2Se$, F. 168° (Aceton), Prismen; 75%. — *β-[Phenoselenazyl-(10)]-propionsäure*, $C_{15}H_{13}NO_2Se$, F. 193° (A.), durch 15 std. Kochen von 22 g vorvorst. Verb. mit äthanol. NaOH, Zugeben von W., Filtrieren u. Ansäuern mit verd. HCl; glänzende

Blättchen; 16,5 g. — *β-[2-Chlorphenoselenazyl-(10)]-propionsäure*, $C_{15}H_{12}ClNO_2Se$, F. 188° (A.), glänzende Nadeln. — *2.3-Dihydro-3-keto-1H-pyrido-[3.2.1:k.l]-phenoselenazin*, $C_{15}H_{11}NOSe$, F. 115° (A.), durch 1 std. Erhitzen von 5 g vorvorst. Verb. mit P_2O_5 in absol. Bzl. auf dem Wasserbad, Dekantieren, Versetzen mit Eis u. Extrahieren mit Bzl.; glänzende, gelbe Nadeln; 3 g. *Phenylhydrazon*, F. 180° (A.), glänzende, dunkelgelbe Blättchen. — *10-Chlor-2.3-dihydro-3-keto-1H-pyrido-[3.2.1:k.l]-phenoselenazin*, $C_{15}H_{10}$·ClNOSe, F. 146°, gelbe Nadeln; 70%. (J. org. Chemistry **24**. 37—39. Jan. 1959. Paris, Univ., Radium Inst.) R. PASEDAG. 3292

Richard Kuhn und **Reinhard Brossmer**, *Zur Konfiguration der Lactaminsäure. Epimerisierung von N-Acetyl-D-glucosamin und N-Acetyl-D-mannosamin.* (Vgl. C. **1958**. 8643.) Papierchromatograph. wird gezeigt, daß Lactaminsäure (I; N-Acetylneuraminsäure, Schaf-Sialsäure) durch *Clostridium perfringens* zu *N-Acetyl-D-mannosamin* (II) abgebaut wird. Unter den Bedingungen des Abbaus von I mit Pyridin u. $(CH_3COO)_2Ni \cdot 4\,H_2O$ (IV) bei 100° geht II fast vollständig in *N-Acetyl-D-glucosamin* (III) über. Bei Abkürzung der Versuchszeiten läßt sich jedoch nachweisen, daß prim. auch beim chem. Abbau von I II entsteht. In wss. Lsg. bei p_H 10—11 verwandelt sich III schon bei Raumtemp. teilweise in II. Aus diesen Ergebnissen folgt die Formel für I mit nur nach links weisender NH·$COCH_3$-Gruppe (vgl. l. c.).

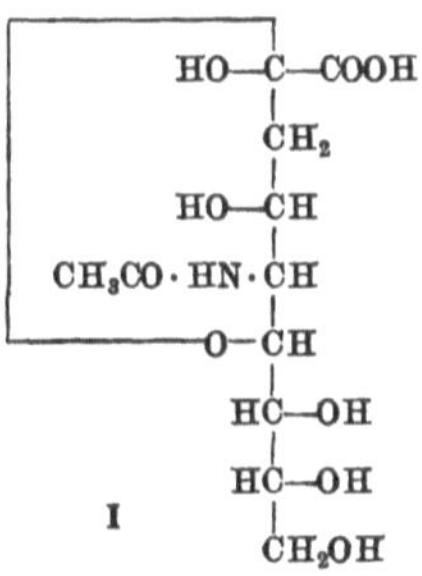

I

Versuche: Zur Chromatographie wird Papier 2043 b mgl von SCHLEICHER & SCHÜLL verwendet, das mit Boratpuffer (15 g $NaBO_2 \cdot 4\,H_2O$ in 200 ml W. u. 15 ml 5n HCl) vorbehandelt wird. Lösungsm. ist n-Butanol–Pyridin–W. (6:4:3), Sprühmittel Anilinhydrogenphthalat. — Nach 24 std. Behandlung von I mit *Clostridium perfringens* in W. unter Zusatz von $CaCO_3$ u. einem Tropfen Toluol bei 37° wird papierchromatograph. neben unverändertem I II festgestellt, III entsteht dabei nicht. III wird unter analogen Bedingungen nicht verändert. — *Umlagerung* II ⇌ III *in heißem Pyridin*: a) 5 mg III + 4 mg IV + 0,5 ml Pyridin geben nach 90 Min. bei 100° ca. 10—20% II neben viel unverändertem III; b) 5 mg II geben unter analogen Bedingungen ein prakt. ident. Gemisch beider *Acetaminozucker*. Verkürzung der Reaktionszeit auf 20 Min. gibt entsprechend geringere Mengen an Umlagerungsprod.; c) je 5 mg III bzw. II in 0,5 ml Pyridin ohne Zusatz von IV geben nach 20 Min. bei 100° nur eine sehr geringe Umlagerung. — *Abbau von* I: 5 mg I geben mit 4 mg IV u. 0,5 ml Pyridin nach 90 Min. bei 100° neben viel III (u. Chromogenen) nur sehr wenig II. Nach nur 20 Min. ist II deutlich zu erkennen. Ohne Zusatz von IV entsteht nach 20 Min. kein Acetylhexosamin. — *Umlagerung* II ⇌ III *in wss. Lsg. bei* p_H *10—11 u. 20°*: a) 100 mg III in 5 ml W. + n/10 NaOH geben bereits nach 12 Std. deutlich erkennbar II, dessen Menge im Verlauf mehrerer Tage ständig zunimmt; b) 5 mg II in 0,2 ml W. geben unter analogen Bedingungen nach 9 Std. ein Gemisch von II u. III (ca. 1:3), nach 22 Std. ein Gemisch von II u. III (mindestens 3:1). (Liebigs Ann. Chem. **616**. 221—25. 14/8. 1958. Heidelberg, MPI für Med. Forsch., Chem. Inst.)
W. KUCHEN. 3400

Durgeshwari Prasad und **D. N. Chaudhury**, *Versuche zur Synthese von Coniferin. Methylferulat* (II), F. 65° (CH_3OH), a) aus 9,6 g 4-Acetylferuloylchlorid (I) in 40 cm³ CH_3OH mit 9 Tropfen Pyridin (III) durch 3 std. Kochen, Eindampfen, Waschen des gebildeten Öls in der Kälte mit W., Ätherextraktion u. Dest. bei 2,9 mm/180—190° (Badtemp.); 4,8 g (Ausbeute); b) aus 1,0 g I in 5 cm³ CH_3OH durch Schütteln mit 3 Tropfen III, nach beendeter Reaktion Zugabe von etwas CH_3OH/III, 2—3 Min. Erwärmen, Umfällen des auskrist. *4-Acetylferulasäuremethylesters* (IV; F. 122°; 0,8 g) aus CH_3OH u. 10 Min. Kochen mit wenig CH_3OH/konz. HCl. 1 std. Kochen mit Acetanhydrid/III auf dem Wasserbad → IV. — *3-Methoxy-4-[tetraacetyl-β-d-glucosyloxy]-zimtsäuremethylester*, $C_{25}H_{30}O_{13}$, F. 140°, durch Zugabe von 6,3 g Tetra-O-acetyl-α-d-glucosylbromid in 50 cm³ Aceton zu 4,5 g II in wss. NaOH (0,9 g in 27 cm³ W.), 16 std. Stehen bei n. Temp., Benzolextraktion u. Kristallisation des erhaltenen Öls aus CH_3OH; 4,25 g. $LiAlH_4$-Red. unter verschied. Bedingungen zu Coniferin gelang nicht. (J. Indian chem. Soc. **35**. 455—56. Juni 1958. Muzaffarpur, North Bihar, Bihar Univ., L. S. Coll. Chem. Labor.) EBERHARD RIEDEL. 3450

Gábor Fodor, Pál Dobó, Géza Janzsó, István Koczor, Anneliese Romeike, József Tóth und **Irén Weisz-Vincze**, *Eine verbesserte Synthese von Scopolamin und seine biogenetischen Beziehungen.* Vortrag. — Für die erste Totalsynth. des *Scopolamins* (I) wurde 6-Hydroxytropinon in Tropen-(6)-yl-(3)-acetat übergeführt u. dieses mit Trifluorperessigsäure (II) zum *Acetylscopin* epoxydiert. Über Acetylscopolamin führte der Weg dann zu I. Diese Synth. konnte wesentlich abgekürzt u. verbessert werden. Tropandiol-(3.6) liefert über das Diacetat nach partieller Hydrolyse *3α-Acetoxy-6β-hydroxytropan*. Die als krit. betrachtete Acylierung wurde nicht am Scopin, sondern am stabilen Tropenol vorgenommen. Das so dargestellte *Dehydroatropin* (III) u. *Dehydrohyoscyamin* (IV) ließen sich mit H_2O_2 u. Ameisensäure einfacher als mit II unmittelbar in I u. *Hyoscin* überführen. Hierdurch war die Zuführung von III zu alkaloidfreier *Datura ferox* möglich, um die Rolle der Tropenylester als biogenet. Vorläufer von Tropanbasen überprüfen zu können. IV wurde glatt in *Hyoscin* übergeführt, hingegen konnte man in der Pflanze kein Hyoscyamin auffinden. Durch Zuführung von (—)-Atropin konnte aus der *Datura* ein neues Alkaloid isoliert werden, für welches die Struktur des *Tropasäureesters des* (—)-*3α.6β-Dihydroxytropans* vermutet wurde. Diese Verb. wurde halbsynthet. hergestellt u. mit dem Naturstoff verglichen. Demnach ist III ein Zwischenprod. von I. (Magyar Kémiai Folyóirat [Ung. Z. Chem.] **64.** 294—96. Juli/Aug. 1958. Budapest, Magyar Tudomanyegyetem Akad. Szereokemiai Csoportja; Gatersleben, Inst. für Kulturpflanzenforsch. der Deutschen Akad. der Wiss. zu Berlin; Szeged, Tudományegyetem Szerves Kémiai Intézet.) G. Halmi. 3500

Károly Koczka und **Gábor Bernáth,** *Die stereochemische Untersuchung ternärer Stickstoffatome in Morphinalkaloiden.* Vortrag. — Es wurde aus Kodein (III) mit Benzyljodid *Kodein-N-benzylojodid* [I; *Dihydrat*, F. 178°, $[\alpha]_D^{20}$ —8,3°] u. aus Benzylnorkodein mit Methyljodid *N-Benzylnorkodeinmethojodid* [II; F. 217°, $[\alpha]_D^{20}$ —118,4°] erhalten. Es wurde durch Hydrogenolyse nach Cherbuliez nachgewiesen, daß während der Rk. keine Ringspaltung oder nichterwünschte Änderungen stattfinden. Die Hydrolyse von I oder II ergab III. Diese Tatsache beweist eindeutig, daß I u. II sich nur in der ster. Lage der am N-Atom befindlichen Substituenten unterscheiden. Das N-Atom kann als ein neues Asymmetriezentrum des Syst. betrachtet werden. (Magyar Kémiai Folyóirat [Ung. Z. Chem.] **64.** 293—94. Juli/Aug. 1958. Szeged, Tudományegyetem Szerves Kémiai Intézet.) G. Halmi. 3500

Pál Bite und **Pál Tuzson,** *Über den Abbau des Solasodins.* Vortrag. — Solasodin (I) wurde nach dem Tomatidinverf. von Kuhn über *O.N-Diacetyl-*I, *Pseudo-O.N-diacetyl-*I u. *Δ^5-3β-Acetoxy-16-[ω-acetamidoisocaproyloxy]-pregnen-20-on* zum *$\Delta^{5.16}$-3β-Acetoxypregnadien-20-on* [35% (Ausbeute)] abgebaut. Das beste Resultat erhält man wenn die Acetylierung mit Keten erfolgt. (Magyar Kémiai Folyóirat [Ung. Z. Chem.] **64.** 287—88. Juli/Aug. 1958. Budapest, Gyógyszeripari Kutotó Intézet.) G. Halmi. 3500

Engelbert Graf und **Hans Boeddeker,** *Taxus-Alkaloide.* 3. Mitt. *Optische Aktivität und Konfiguration der β-Aminohydrozimtsäure und ihrer N-Methylderivate.* (2. vgl. Pharmaz. Zentralhalle Deutschland **96.** [1957.] 385; 1. vgl. C. **1958.** 4193.) Die l. c. (1. Mitt.) aus den Taxinen der B-Reihe erhaltene rac. β-Dimethylaminohydrozimtsäure (dl-I) läßt sich nicht durch Salzbldg. mit opt.-akt. Säuren oder Basen in trennbare kristalline Diastereomerengemische überführen. Eine Trennung in die Antipoden gelingt jedoch durch Veresterung mit (+)-Octanol-(2) u. fraktionierte Kristallisation des diastereomeren *d-* u. *l-*I-(+)-*Octyl-(2)-esterhydrochlorid*-Gemisches aus Aceton. Für ein zweites Verf. diente dl-β-Phenyl-β-alanin (dl-II) als Ausgangsprod., das nach klass. Methoden (N-Formylierung, Salzbldg. mit Chinin, Verseifung) in die Antipoden trennbar ist. Desgleichen gelang die Aufspaltung von dl-N-Methyl-β-phenyl-β-alanin (dl-III) mit d-(+)-Weinsäure in ein gut kristallisierendes (—)-*Bitartrat* u. ein öliges (+)-*Bitartrat*, ferner ließ sich der dl-II-Äthylester als *Bitartrat* in die Antipoden aufspalten. Aus den akt. Vorstufen konnten nach Wallach-Methylierung die *akt.* I erhalten werden. Schließlich konnte auch durch eine schonende Hydrolyse von Taxin B mit 10%ig. HCl, im Gegensatz zur H_2SO_4-Hydrolyse des Gesamttaxins nach Winterstein (Hoppe-Seyler's Z. physiol. Chem. **128.** [1923.] 175) die opt.-akt. *natürliche* I erhalten werden, sie ist *rechtsdrehend* u. gehört der *l*-Reihe an.

Versuche: *dl-β-Phenyl-β-alanin* (*dl*-II), F. 224°, durch 5 Min. langes Stehen von frisch dest. Benzaldehyd mit einer 8%ig. Lsg. von NH_3 in absol. A., Zugeben von Malonsäure u. Einengen, Lösen in W., Ausäthern u. Einengen der wss. Lsg.; 49% (Ausbeute). *Isopropylester*, $Kp._{13}$ 148—149°, durch 5std. Einleiten von HCl in eine Suspension von dl-II in sd. Isopropanol, Einengen, Lösen in W., Ausäthern, Zugeben von K_2CO_3 u. erneutes Ausäthern; 70%. *Isopropylesterhydrochlorid*, F. 165° (Aceton), aus der äther. Esterlsg. mit äther. HCl. *Äthylester*, $Kp._{13}$ 155°, analog dem Isopropylester; 70%. *Äthylesterhydrochlorid*, F. 138° (absol. A./absol. Ae.); verfilzte Nadeln. — *dl-N-Formyl-β-phenyl-β-alanin*, F. 128° (Essigester), nach Fischer, Aufnehmen des Formylierungsprod. in W. u. Extrahieren mit Essigester; 77%. — *l-(+)-N-Formyl-β-phenyl-β-alanin*, aus der dl-Verb. nach FISCHER über das *Chininsalz* unter Verwendung von absol. Methanol; $[\alpha]_D^{20}$ $+116^0$ (absol. A.); 40%. *d-(—)-Verb.*, aus der Mutterlauge der *l*-(+)-Verb.; $[\alpha]_D^{20}$ $-113,3^0$ (absol. A.). — *l-(+)-β-Phenyl-β-alanin* (*l*-II), F. 234° (W.), durch 1std. Kochen der *l*-(+)-N-Formylverb. mit 10% ig. HCl, Einengen, Umfällen aus absol. Methanol/absol. Ae. u. Zugeben von n-NaOH zu einer konz. wss. Lsg.; $[\alpha]_D^{20}$ $+6,8^0$ (c = 0,8; W.). *d-(—)-Verb.* (*d*-II), $[\alpha]_D^{20}$ $-6,9^0$. — *(—)-β-Phenyl-β-alaninäthylester*, durch 2std. Stehen des rac. Esters (3,07 g) mit d-(+)-Weinsäure in absol. A., Umkrist. aus absol. A. (4,7 g) u. erneutes 18std. Stehen in absol. A.; derbe Kristallbrocken; $[\alpha]_D^{20}$ $-3,6^0$ (A.); 1,25 g (64% opt. rein); daneben durch Dekantieren der *(+)-Ester*, Blättchen; $[\alpha]_D^{20}$ $+4,5^0$; 1 g (80% opt. rein). — *dl-N-Methyl-β-phenyl-β-alanin* (*dl*-III), aus Benzalmethylamin u. Malonsäure nach RODIONOW u. JAWORSKAJA. *Äthylester* (*dl*-IV), $Kp._{16}$ 144—146°, a) durch Veresterung von dl-III mit A. in Ggw. von $AlCl_3$·HCl-Ätherat nach WIBERG (C. **1954**. 10669) in 18 Std.; 14,5%; b) durch $^1/_2$std. Einleiten von HCl in eine sd. dl-III-Suspension in absol. A., Einengen, Aufnehmen in W., Extrahieren mit Ae., Alkalisieren mit K_2CO_3-Lsg. u. Ausäthern; gelbliches Öl; 92%. *dl-IV-Hydrochlorid*, F. 119° (absol. A./Ae.). *d-(—)-Äthylester* (*d*-IV), durch 12std. Stehen von dl-IV (55,6 g) mit d-(+)-Weinsäure (40,2 g) in absol. A. u. absol. Ae., mehrfaches Umkrist. des *d-(—)-IV-d-(+)-Bitartrats* (41 g) aus absol. A. u. Freisetzen des Esters; $D.^{20}_4$ 1,0284; $[\alpha]_D^{20}$ $-20,12^0$ (unverd.), $[\alpha]_D^{20}$ $-3,61^0$ (c = 4,4; absol. Methanol), $[\alpha]_D^{20}$ $-30,87^0$ (c = 8,5; absol. Ae.), $[\alpha]_D^{20}$ $-27,01^0$ (c = 6,7; Chlf.). *d-(—)-IV-Hydrochlorid*, F. 141—142° (Aceton), aus d-IV in absol. Ae. u. absol. äther. HCl; derbe Nadeln; $[\alpha]_D^{20}$ $-1,61^0$ (c = 5,9; absol. Methanol). *Freie d-(—)-Säure* (*d*-III), F. 150° (unscharf; absol. Methanol/absol. Ae.), durch 20 Min. langes Kochen von d-IV mit 10% ig. HCl, Extrahieren mit Ae., Einengen, 5 Min. langes Schütteln des amorphen *d-(—)-III-Hydrochlorids* (94%) mit Ag_2O in 95% ig. A., Einengen u. Kristallisation aus A.–Aceton–Ae.; Platten; $[\alpha]_D^{20}$ $-19,28^0$ (c = 5,2; W.), $[\alpha]_D^{20}$ $-35,59^0$ (c = 6,7; absol. Methanol), $[\alpha]_D^{20}$ $+1,7^0$ (c = 5,2; n-HCl); 60%. *l-(+)-Äthylester* (*l*-IV), aus dem in der Mutterlauge des kristallinen d-(—)-IV–d-(+)-bitartrats verbliebenen *l*-(+)-IV–d-(+)-Bitartrat; $[\alpha]_D^{20}$ $+22,66^0$ (Chlf.); 84,5%, 83,9% opt. rein. — *l-(+)-N.N-Dimethyl-β-phenyl-β-alanin* (*l*-I), *Hydrochlorid* [*l-(+)-β-Dimethylaminohydrozimtsäurehydrochlorid*], 1a) durch Schütteln von 5 g *l*-II mit 90% ig. Ameisensäure u. 40% ig. CH_2O-Lsg. bis zur Lsg., Erwärmen auf 60—63°, Zugeben von 10% ig. HCl nach 7 Std., Einengen u. Kristallisation aus absol. Methanol/Ae.; lange Nadeln; $[\alpha]_D^{20}$ $+9,47^0$ (absol. Methanol); 2,6 g; 1b) durch Sättigen von 30 g dl-I-Hydrochlorid (F. 174°) in *(+)-Octanol-(2)*{$[\alpha]_D^{20}$ $+9,8^0$, durch Spaltung des dl-Phthalsäuremonooctyl-(2)-esters mit Brucin (vgl. KENYON, Org. Syntheses, collect. Vol. **1**. [1951.] 418)} mit HCl, $2^1/_2$std. Kochen unter Einleiten von HCl, fraktionierte Kristallisation des öligen, in Aceton gelösten *d*- u. *l-I-(+)-Octyl-(2)-esterhydrochlorids* (21 g), 20 Min. langes Kochen des durch mehrmaliges Umkrist. aus Aceton gereinigten *l-(+)-I-(+)-Octyl-(2)-esterhydrochlorids* (F. 173°, Nadeln; 5 g) mit 10% ig. HCl, Ausäthern, Einengen u. Kristallisation aus absol. Methanol/absol. Ae.; zu Büscheln verwachsene Nadeln; $[\alpha]_D^{20}$ $+9,21^0$ (absol. Methanol); 1c) durch 1std. Kochen von Taxin B {$[\alpha]_D^{20}$ $+119^0$ (Chlf.)} mit 10% ig. HCl, Extrahieren mit Ae. u. Einengen; $[\alpha]_D^{20}$ $+9,54^0$ (absol. Methanol); 72,6%. *Freie l-(+)-Säure* (*l*-I), F. 131°, 2a) aus dem nach 1a oder 1c erhaltenen Hydrochlorid u. Ag_2O u. Kristallisation aus absol. A.–Aceton–Ae.; Platten; $[\alpha]_D^{20}$ $+8,6^0$ (c = 3,67; W.), $[\alpha]_D^{20}$ $-3,85^0$ (c = 4,68; absol. Methanol), $[\alpha]_D^{20}$ $+7,7^0$ (c = 4,28; n-HCl), $[\alpha]_D^{20}$ $-17,5^0$ (c = 5,0; n-NaOH); 2b) aus dem nach 1a) erhaltenen Hydrochlorid in W. u. n-NaOH, Einengen u. Extrahieren mit A.; 2c) durch Methylierung von *l*-IV wie *l*-II unter 1a) u. Verseifung des isolierten *l-(—)-I-Äthylesters* {$[\alpha]_D^{20}$ $-13,01^0$ (unverd.)} analog d-IV; $[\alpha]_D^{20}$ $+7,14^0$ (W.). *l-(—)-Äthylester* [*l-(—)-β-Dimethylaminohydrozimtsäureäthylester*], durch $^1/_4$std. Kochen des *l*-(+)-I-Hydrochlorids mit HCl-gesätt. A.; $D.^{20}_4$ 1,0163; $[\alpha]_D^{18}$ $-15,5^0$ (unverd.), $[\alpha]_D^{20}$ $-9,58^0$ (c = 9,0; Chlf.), $[\alpha]_D^{20}$ $-14,87^0$ (c = 8,1; absol. Ae.), $[\alpha]_D^{20}$ $-17,11^0$ (c = 10,0; absol Methanol); 89%. *l-(—)-Äthylesterhydrochlorid*, F. 194° (Aceton); Nadelbüschel; $[\alpha]_D^{20}$ $+0,44^0$ (absol. Methanol). *d-(—)-Dimethylamino-β-phenyl-β-alanin* (*d*-I), *Hydrochlorid*, F. 181°, a) durch Methylierung von d-III nach 1a); $[\alpha]_D^{20}$ $-9,15^0$ (absol. Methanol); 60%; b) durch Methylierung von d-II nach 2c) bzw. 1a); $[\alpha]_D^{20}$ $-9,35^0$ (absol. Methanol); 47%; c) durch $^1/_2$std. Kochen des in der Mutterlauge von *l*-(+)-I-(+)-Octyl-(2)-esterhydrochlorid nach 1b) verbliebenen d-(—)-I-Esterhydrochlorids mit 10% ig. HCl, Veresterung mit (—)-Octanol-(2) in Ggw. von HCl, 3malige Kristallisation aus Aceton u. saure Hydrolyse; $[\alpha]_D^{20}$ $-8,93^0$ (absol. Methanol). *Freie d-(—)-Säure* (*d*-I), aus dem nach a) oder b) erhaltenen Hydrochlorid u. Ag_2O; $[\alpha]_D^{20}$ $-8,4^0$ (W.). *d-(+)-Äthylester*, aus dem d-(—)-Säurehydrochlorid u. alkoh. HCl; $[\alpha]_D^{21}$ $+15,25^0$ (unverd.); 90,3%. (Liebigs Ann. Chem. **613**. 111—20. 28/5. 1958. Würzburg, Univ., Inst. für Pharmazie u. Lebensmittelchemie.)

E. SCHRÖDER. 3500

E. Graf (unter Mitarbeit von **H. Boeddeker** und **R. Rosha**), *Taxus-Alkaloide.* 4. Mitt. *Taxin B, das Hauptalkaloid von Taxus baccata L.* (3. vgl. vorst. Ref.) Es wird über einen einfachen Weg zur Isolierung von *Taxin B* (I) berichtet, bei der durch Verteilung zwischen Pufferlsg. (p_H 5,2) u. Chlf. eine Trennung von Taxin A u. mindestens sieben weiteren Alkaloiden, dem sogenannten Restgemisch, gelingt. Von **I**, einem Ester der *l*-(+)-β-Dimethylaminohydrozimtsäure (vgl. l. c.), wird ein krist. *Hydrochlorid, Nitrat*, eine *Diacetylverb.* (**II**) u. dessen *Hydrochlorid* beschrieben. **I** enthält weder Methoxyl-, noch Methylendioxygruppen u. ist in 80%ig. Methanol in Ggw. von Pd nicht hydrierbar, dagegen liefert die Hydrierung von **II** in Ggw. von PtO_2 *Desacetyldihydrotaxin B*, das auch durch 1 std. Hydrierung des Gesamttaxins mit RANEY-Ni in A. erhalten werden kann. Hydrogenolyse von **I** mit $LiAlH_4$ in Ae. führt zu *3-Phenyl-3-dimethylaminopropanol-(1)*, alkal. Verseifung von **I** nur zu kleinen Bruchstücken. 10 Min. lange Einw. von H_2O_2 in Isopropanol auf **II** ergab das *Triacetyl-β-phenylhydracrylat* des dem **I** zugrunde liegenden *Alkanols*. Die mitgeteilten Befunde erlauben die Aufstellung der Partialformel $C_{20}H_{25}(=O)(OH_3)(OCOCH_3)[OCOCH_2CH(C_6H_5)N(CH_3)_2]$ für Taxin B. Manche Anzeichen sprechen dafür, daß es sich bei dem Stammkörper um ein Diterpen handelt. UV- u. IR-Spektren s. Original.

V e r s u c h e: *Taxin B* (**I**), $C_{33}H_{45}NO_8$, F. ca. 113°, durch Extraktion von Taxin in Na_2HPO_4-Puffer (p_H 5,2) mit Chlf. (Gegenstromverteilung); $[\alpha]_D^{20}$ +119° (Chlf.). *Hydrochlorid*, $C_{33}H_{45}NO_8 \cdot HCl$, aus **I** in Ae. u. äther. HCl u. Kristallisation aus absol. A./absol. Äther. *Nitrat*, $C_{33}H_{45}NO_8 \cdot HNO_3$, F. 190° (absol. Isopropanol/absol. Ae.), aus **I** in Ae. u. äther. HNO_3. — *Diacetyltaxin B* (**II**), $C_{37}H_{49}NO_{10}$, F. 161,5° (absol. A./absol. Ae.), durch 4tägiges Stehen von **I** in absol. Pyridin mit Acetanhydrid, Gießen auf Eis u. Reinigung über das Hydrochlorid; $[\alpha]_D^{20}$ +106,7° (c = 2; Chlf.). *Hydrochlorid*, $C_{37}H_{49} \cdot NO_{10} \cdot HCl$, aus **II** in absol. A. u. äther. HCl. $C_{37}H_{49}NO_{10} \cdot HCl \cdot C_2H_5OH$, F. 168—170° (absol. A./absol. Ae.), derbe Spieße. *Methojodid*, F. 197°. *Nitrat*, F. 141,5°, aus A. Blättchen oder Nadeln. *Dibromderiv.*, F. 188—190° (Zers.; Methanol/W.). — *Desacetyldihydrotaxin B*, $C_{31}H_{45}NO_7$, a) durch katalyt. Hydrierung von **II** in Methanol in Ggw. von PtO_2 (Aufnahme von 1 Mol H_2); $[\alpha]_D^{20}$ +129° (c = 0,52; Chlf.); b) durch 1 std. Hydrierung von Gesamttaxin in A. in Ggw. von RANEY-Ni; c) durch Hydrierung von Desacetyltaxin B an PtO_2/Eisessig oder RANEY-Ni. *Nitrat*, $C_{31}H_{46}N_2O_{10}$, F. 212° (Aceton), spitze Blättchen. — *3-Phenyl-3-dimethylaminopropanol-(1)*, $C_{11}H_{17}NO$, F. ca. 26° (Vakuumsublimation), durch Hydrogenolyse von **I** mit $LiAlH_4$ in sd. Äther. *Acetylderiv.*, F. 156° (A./Ae.). Reduktive Abspaltung der Acylgruppen gibt eine chromatograph. nicht einheitliche, nicht krist. *Neutralsubstanz* $C_{20}H_{32}O_6$. — *Triacetyl-β-phenylhydracrylsäureester des dem Taxin B zugrundeliegenden Alkanols*, $C_{35}H_{44}O_{11}$, F. 208° (Zers.), durch 10 Min. langes Kochen von **II** in Isopropanol mit H_2O_2; $[\alpha]_D^{20}$ +153° (c = 1; Chlf.). — *Triacetylzimtsäureester des dem Taxin B zugrunde liegenden Alkanols*, $C_{35}H_{42}O_{10}$, F. 128° (Ae.), durch H_2O-Abspaltung aus vorst. Verb. in Eisessig. (Arch. Pharmaz. Ber. dtsch. pharmaz. Ges. **291/63**. 443—49. Sept. 1958.) E. SCHRÖDER. 3500

László Cholnoky, Dezsö Szabó und **József Szabolcs**, *Untersuchungen über Carotinoid-Farbstoffe.* 2. Mitt. *Die Struktur des Capsanthins und des Capsorubins.* (1. vgl. C. **1956**. 7274 u. C. **1959**. 8603.) Durch Darst. u. Analyse zahlreicher Ester werden für *Capsanthin* (**I**) u. *Capsorubin* (**II**) die Bruttoformeln $C_{40}H_{56}O_3$ u. $C_{40}H_{56}O_4$ bewiesen. Bei Hydrierung der Ester in Eisessig in Ggw. von Pt werden 10 Mol H_2 aufgenommen; beim $KMnO_4$-Abbau liefert **I** 0,6 Mol eines Gemisches von *α.α-Dimethylbernsteinsäure* u. *Di-*

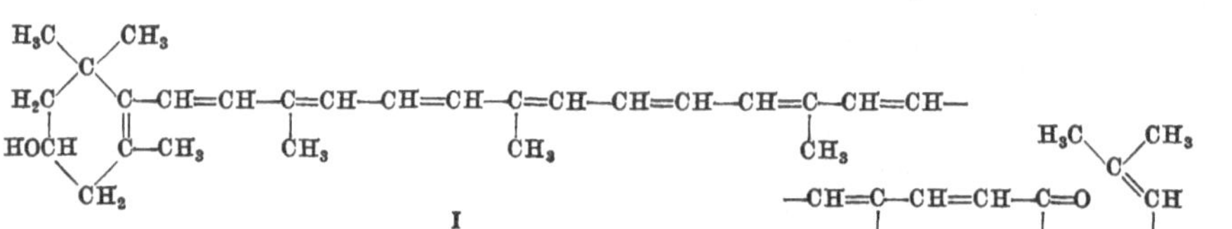
I

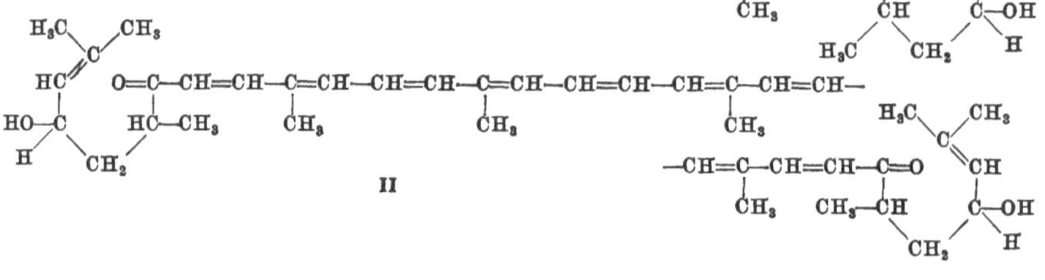
II

methylmalonsäure gegenüber 1,9 Mol beim Zeaxanthin (III). II gibt keine α.α-Dimethylglutar- oder -adipinsäure. Dadurch werden vorst. Formeln für I u. II wahrscheinlich gemacht. Vermutlich wird in der Pflanze I aus III u. II aus Violaxanthin gebildet.

Versuche: *Capsanthin* (I), $C_{40}H_{56}O_3$, F. 176° (CS_2). *Diacetylderiv.*, $C_{44}H_{60}O_5$, F. 150°, aus I u. Acetylchlorid in Pyridin durch 2 std. Stehen, 1/4 std. Erwärmen auf 50 bis 60° u. Chromatographie in Bzn. an $CaCO_3$; aus Bzl.–Methanol metall. glänzende Kristalle, *Dipropionylderiv.*, $C_{46}H_{64}O_5$, F. 159° (Bzl./CH_3OH), analog. *Dibutyroylderiv.*, $C_{48}H_{68}O_5$, F. 123°. *Divaleroylderiv.*, $C_{50}H_{72}O_5$, F. 120° (Bzl./CH_3OH); tetragonale oder nadelartige Kristalle. *Dicaproylderiv.*, $C_{52}H_{76}O_5$, F. 114° (Bzl./CH_3OH); Tafeln. *Dicaprinoylderiv.*, $C_{60}H_{92}O_5$, F. 109° (Bzl./CH_3OH); Tafeln. *Dimyristoylderiv.*, $C_{68}H_{108}O_5$, F. 98° (Bzl./CH_3OH); Blättchen. *Dipalmitoylderiv.*, $C_{72}H_{116}O_5$, F. 95° (Bzl./CH_3OH). *Distearoylderiv.*, $C_{76}H_{124}O_5$, F. 92° (Bzl./CH_3OH). — *α.α-Dimethylbernsteinsäure*, F. 137°, u. *Dimethylmalonsäure*, F. 190°, durch Oxydation von I oder Zeaxanthin in Bzl. mit sodaalkal. $KMnO_4$ u. Ansäuern mit H_3PO_4. — *Capsorubin* (II), $C_{40}H_{56}O_4$, F. 218° (CS_2). *Diacetylderiv.*, $C_{44}H_{60}O_6$, F. 180°; aus Bzn. Tafeln. *Dipropionylderiv.*, $C_{46}H_{64}O_6$, F. 162°, aus Bzl./Bzn. Nadeln. *Dibutyroylderiv.*, $C_{48}H_{68}O_6$, F. 153°; aus Bzl./Bzn. Nadeln. *Divaleroylderiv.*, $C_{50}H_{72}O_6$, F. 137°; aus Bzl./Bzn. Nadeln, aus Bzl.–Methanol Tafeln. *Dicaproylderiv.*, $C_{52}H_{76}O_6$, F. 128°; aus Bzl.–Methanol Nadeln. *Dicaprinoylderiv.*, $C_{60}H_{92}O_6$, F. 108°; aus Bzl.–Methanol Nadeln. *Dimyristoylderiv.*, $C_{68}H_{108}O_6$, F. 88°; aus Bzl./CH_3OH Prismen. *Dipalmitoylderiv.*, $C_{72}H_{116}O_6$, F. 85°; aus Bzl./CH_3OH Nadeln. *Distearoylderiv.*, $C_{76}H_{124}O_6$, F. 83°; aus Bzl./CH_3OH Plättchen. (Liebigs Ann. Chem. **606**. 194—208. 10/7. 1957. Pécs, Univ., Chem. Inst.) A. NOWAK. 3550

L. Cholnoky, K. Györgyfy, E. Nagy und **M. Páncél**, *Untersuchungen über die Carotinoidfarbstoffe.* 3. Mitt. *Die Farbstoffe des gelben tomatenförmigen Paprikas* (*Capsicum annuum var. lycopersiciforme flavum*). (2. vgl. vorst. Ref.) Die unreifen Früchte des gelben Paprika enthalten folgende Carotinoide: *β-Carotin, Xanthophyll, Violaxanthin* u. deren cis-Isomere, Spuren von *β-Carotinmonoepoxyd, α-Kryptoxanthin, Antheraxanthin, Foliaxanthin* u. *Foliachrom.* Die reifen Früchte enthalten daneben *α-Carotin* u. *β-Kryptoxanthin* sowie die cis-Isomeren des *α-Kryptoxanthins* u. der vorst. Verbb., die Blätter enthalten auch *α-Carotin.* Der Farbstoffgeh. der Blätter übersteigt den der Früchte um das Fünfzigfache. Diese Ergebnisse entsprechen denen bei der roten Paprika. Offensichtlich existieren in der Paprika folgende 3 dem Sauerstofftransport dienende Systeme: I: Zeaxanthin → Antheraxanthin → Xanthophyll; II: β-Carotin → β-Carotinmonoepoxyd → α-Carotin; III: β-Kryptoxanthin → β-Kryptoxanthinmonoepoxyd → α-Kryptoxanthin. Bei der Reifung der roten Frucht sind alle 3 Systeme weitgehend außer Funktion; außerdem entstehen aus den Epoxyden des Zeaxanthins Polyenoxyketone u. aus β-Kryptoxanthin Kryptocapsin. Das Fehlen der ersteren bei der gelben Rasse kann durch Aufrechterhaltung des Sauerstofftransports oder durch Unfähigkeit zur Spaltung hydroaromat. Ringe erklärt werden. Wahrscheinlich ist daher die gelbe Rasse als ursprüngliche anzusehen. (Acta chim. Acad. Sci. hung. **16**. 227—46. 1958.) A. NOWAK. 3550

L. Cholnoky und **J. Szabolcs**, *Die Struktur des Capsanthins und des Capsorubins.* Vorl. Mitt. Vff. korrigieren die früher (vgl. vorvorst. Ref.) angenommene Struktur von Capsanthin (I) u. Capsorubin (II). Auf Grund der Tatsache, daß das durch Red. von I erhaltene *Capsanthol* (III) mit HCl 2 Mol W. abspaltet, während das durch Red. von II erhaltene *Capsorubol* unter gleichen Bedingungen kein W. abspaltet, werden nachst. Strukturen für I bzw. II angenommen. Der aus III nach Abspaltung von 2 Mol W. erhal-

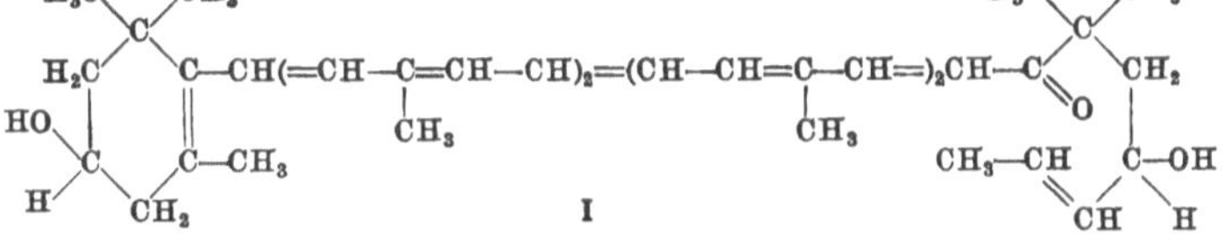

I

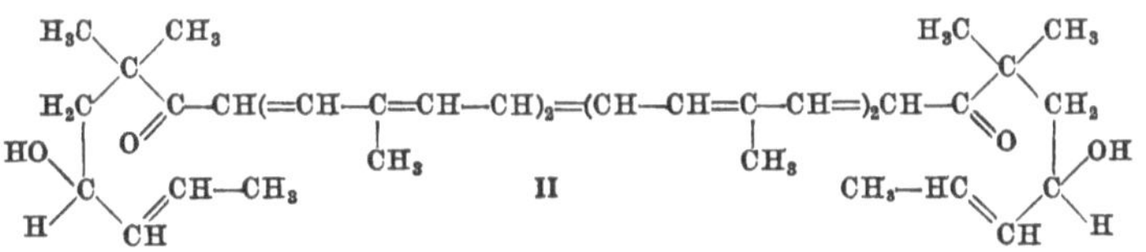

II

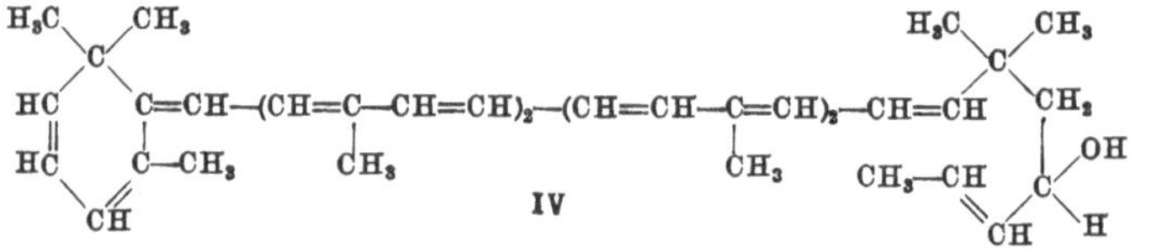

IV

tene *KW-stoff* (IV) konnte isoliert werden. (Naturwissenschaften **44**. 513. 1. Okt.-H. 1957. Pécs, Univ., Chem. Inst.) A. NOWAK. 3550

Synnøve Liaaen Jensen, *Eine Bemerkung über die Konstitution von Spirilloxanthin und P-481.* (Vgl. C. **1959**. 14456.) *Spirilloxanthin* (I) liefert bei der Ozonolyse 0,42, *P-481* 0,82 u. *Lycopin* 1,70 Mol Aceton/Mol. Zusammen mit der C—O-Valenzschwingung bei 1080 cm^{-1} u. dem Fehlen eines bathochromen Effekts bei Behandlung mit HCl in Chlf. wird damit die 1.1'-Stellung der Methoxylgruppen in I wahrscheinlich gemacht. Für P-481 wird die Konst. eines 1-Methoxy-1.2-dihydrolycopins vorgeschlagen. (Acta chem. scand. **13**. 381—83. 1959. Trondheim, Norges Tekn. Högskole, Inst. for Organisk Kjemi.) F. HELLER. 3550

J. S. G. Cox, F. E. King und **T. J. King,** *Chemie der Extraktstoffe aus Harthölzern.* 26. Mitt. *Versuche über Cycloeucalenol, ein neues Triterpen aus Eucalyptus microcorys.* (25. vgl. J. chem. Soc. [London] **1955**. 2948; 24. vgl. C. **1957**. 1684.) Aus dem Hartholz von Eucalyptus microcorys wird durch PAe.-Extraktion, Verseifung des Extrakts mit KOH u. Reinigung des alkaliunlösl. Rückstands an Al_2O_3 eine Cycloartenolgruppe der Triterpene gehörende u. als *Cycloeucalenol* (I) bezeichnete *Verb.* $C_{31}H_{52}O$ isoliert. I ist ein sek. Alkohol u. bildet ein *Acetat, Benzoat, 3.5-Dinitrobenzoat* u. *α-Naphthylurethan.* I wird mit CrO_3–Pyridin oder CrO_3–Essigsäure zum Keton *Cycloeucalenon* oxydiert. Das Vorhandensein einer Doppelbindung in I wird durch katalyt. Hydrierung des Acetats zum Dihydroderiv. *Cycloeucalanylacetat* (III) bestätigt, das zu *Cycloeucalanol* (IV) hydrolysiert wird. Das entsprechende Keton, *Cycloeucalanon* (V), liefert bei der Red. nach WOLFF-KISHNER den gesätt. KW-stoff *Cycloeucalan.* Bei der Ozonolyse von I wird *Formaldehyd,* bei der von I-Acetat kein Aceton, jedoch durch weitere Zers. des Ozonolyseprod. ein Keton *Desmethyloxocycloeucalanylacetat* (VIII) erhalten. VIII wird durch $NaBH_4$ zu dem entsprechenden Alkohol, *Desmethylhydroxycycloeucalanylacetat* (IX) red., das mit $POCl_3$ in Pyridin zu einem *Olefin* dehydratisiert wird. Dieses gibt durch Ozonolyse *Aceton* u. eine *Säure* $C_{26}H_{42}(OCOCH_3)\cdot COOH$. Diese Rkk. deuten auf die Ggw. eines Substituenten $-CH(CH_3)-CH_2-CH_2-C(=CH_2)-CH\cdot(CH_3)_2$. Die Ggw. eines Cyclopropanringes wird durch Isomerisierung von III mit HCl zu einem *Prod.* (VII) nachgewiesen, aus dem eine geringe Menge *Eucalenylacetat* (X) isoliert wird u. das mit CrO_3–Essigsäure zu einem ungesätt. Ketonacetat, *Oxoeucalenylacetat* (XI), u. *Dioxoeucalenylacetat* (XII) oxydiert wird. XII ist mit 7.11-Dioxo-Δ^8-lanostenylacetat (XIII) eng verwandt. XII wird zu *Dioxoeucalenol* hydrolysiert u. mit Zn-Essigsäure zu dem gesätt. Dion, *Dioxoeucalanylacetat,* reduziert. Die Oxydation von X mit CrO_3–Essigsäure ergibt XI. *Eucalanylacetat* (VI) wird durch katalyt. Red. von X erhalten, aus dem auch ein *Epoxyd* hergestellt wird. VIII wird nach WOLFF-KISHNER zu *Desmethylcycloeucalanol* (XIV) red., das nicht mit Cycloartenol ident. ist. Die Aufspaltung des Cyclopropanringes in XIV-Acetat mit HCl gibt ein Gemisch, das bei der Oxydation *Desmethyleucalenylacetat, Desmethyloxo-* u. *Desmethyldioxoeucalenylacetat* (II) ergibt. II ist jedoch mit XIII nicht identisch.

V e r s u c h e ($[\alpha]_D$ Raumtemp. in $CHCl_3$): *Cycloeucalenol* (I), $C_{31}H_{52}O$, F. 140°, durch 24std. Extraktion von 3,95 kg fein geschnitzeltem Holz mit sd. PAe., 4std. Kochen des erhaltenen Öls mit 25%ig. wss.-alkoh. KOH u. Chromatographie des Unverseifbaren an Al_2O_3; aus Essigester Nadeln, $[\alpha]_D$ +45° (c = 2,9); 28,5 g (Rohausbeute). *Acetat,* $C_{33}H_{54}O_2$, F. 110°, mit Acetanhydrid u. Pyridin in 24 Std.; $[\alpha]_D$ +63° (c = 1,54). — *Benzoat,* $C_{38}H_{56}O_2$, F. 130°, in Pyridin mit Benzoylchlorid in 2 Std. unter Rückfluß; $[\alpha]_D$ +67° (c = 0,9). *3.5-Dinitrobenzoat,* $C_{38}H_{54}N_2O_6$, F. 205°. *α-Naphthylurethan,* $C_{42}H_{59}\cdot NO_2$, F. 176°. — *Sterin* $C_{29}H_{50}O$, F. 140°, neben I; $[\alpha]_D$ −5° (c = 1,1); 1,8 g (roh). *Acetat,* $C_{31}H_{52}O_2$, F. 118—119°, $[\alpha]_D$ −10° (c = 1). *Benzoat,* $C_{36}H_{54}O_2$, F. 135—136°, $[\alpha]_D$ +15° (c = 0,8). *3.5-Dinitrobenzoat,* $C_{36}H_{52}N_2O_6$, F. 195—196°. — *Cycloeucalenon,* $C_{31}H_{50}O$, F. 84° (A.), a) aus 1 g I mit CrO_3–Pyridin bei Raumtemp. in 24 Std.; $[\alpha]_D$ +54° (c = 0,7); 780 mg; b) aus 1 g I in Essigsäure mit CrO_3 bei Raumtemp. in 12 Std.; 820 mg; gibt mit $NaBH_4$ in Methanol I. *Oxim,* $C_{31}H_{51}NO$, F. 176—177°. *2.4-Dinitrophenylhydrazon,* $C_{37}H_{54}N_4O_4$, F. 246° (Xylol-A.). — *Cycloeucalanylacetat* (III), $C_{33}H_{56}O_2$, F. 112—113° ($CHCl_3$–Methanol), aus 2 g I-Acetat in Essigsäure mit H_2 an Pt in 45 Min.; $[\alpha]_D$ +62° (c = 0,6); 1,85 g. Wird von Monoperphthalsäure u. Perhydrol–Essigsäure nicht verändert. — *Cycloeucalanol* (IV), $C_{31}H_{54}O$, F. 149—150° (Methanol), durch Hydrolyse von

III mit 5%ig. alkoh. KOH; $[\alpha]_D$ +52° (c = 0,7). *Benzoat;* $C_{38}H_{58}O_2$, F. 130° (Äthylcaetat), $[\alpha]_D$ +64° (c = 0,64). — *Cycloeucalanon* (V), $C_{31}H_{52}O$, F. 107—108° (A.), durch Oxydation von 0,5 g IV mit CrO_3-Pyridin in 24 Std. bei Raumtemp.; $[\alpha]_D$ +49° (c = 0,9); 0,4 g. — *Oxim,* $C_{31}H_{53}NO$, F. 191—192° (A.). *Semicarbazon,* $C_{32}H_{55}N_3O$, F. 210° (A.). *2.4-Dinitrophenylhydrazon,* $C_{37}H_{56}N_4O_4$, F. 247° (A.-Xylol). — *Cycloeucalan,* $C_{31}H_{54}$, F. 58—59° (Chlf.-Methanol), aus 0,5 g V in wasserfreiem Hydrazin u. Na enthaltendem A. in 18 Std. bei 180°; $[\alpha]_D$ +25° (c = 0,5); 420 mg. — *Desmethyloxocycloeucalanylacetat* (VIII), $C_{32}H_{52}O_3$, F. 97—98° (Methanol), a) durch 1std. Ozonolyse von 2 g I-Acetat in CH_2Cl_2 bei —45° u. Behandlung mit Zn u. Eisessig; $[\alpha]_D$ +35° (c = 0,6); 1,8 g; b) durch 2std. Ozonolye von 3 g I-Acetat in CCl_4 bei 0° u. Zers. mit sd. W.; 1,1 g (roh); c) durch 4std. Kochen von 5 g I-Acetat mit $KMnO_4$ u. Al-Sulfat in Aceton; 1,5 g; daneben nach a) u. b) *Formaldehyd* (*Dimedonderiv.*, F. 189—190°; 30%; *2.4-Dinitrophenylhydrazon,* $C_7H_6N_4O_4$, F. 168°) u. nach b) ein *Säureacetat* $C_{29}H_{46}O_4$ (F. 204—206°, $[\alpha]_D$ +54° (c = 0,4); 520 mg; *Methylester,* $C_{30}H_{48}O_4$, F. 122°). *Oxim,* $C_{32}H_{53}NO_3$, F. 170°. *2.4-Dinitrophenylhydrazon,* $C_{38}H_{56}N_4O_6$, F. 202—203° (Xylol-A.). — *Desmethyloxocycloeucalanol,* $C_{30}H_{50}O_2$, F. 110—111° (wss. Aceton), durch Hydrolyse von VIII mit 10%ig. methanol. KOH. *Oxim,* $C_{30}H_{51}NO_2$, F. 150° (wss. A.). *2.4-Dinitrophenylhydrazon,* $C_{36}H_{54}N_4O_5$, F. 222 bis 224°. — *Desmethylhydroxycycloeucalanylacetat* (IX), $C_{32}H_{54}O_3$, F. 123—126° (wss. Methanol), aus VIII in Methanol mit $NaBH_4$ in 24 Std. bei Raumtemp.; $[\alpha]_D$ +60° (c = 1,2). *Acetat,* $C_{34}H_{56}O_4$, F. 138—140° (Chlf.-Methanol). Dehydratation von IX in wasserfreiem Pyridin mit $POCl_3$ (1½ Std. auf dem Wasserbad) ergab ein *Olefin vom F. 96—100°* {(Methanol-$CHCl_3$), $[\alpha]_D$ +54° (c = 0,6); liefert bei der Ozonolyse in Essigsäure (40 Min.) *Aceton* (*2.4-Dinitrophenylhydrazon,* $C_9H_{10}N_4O_4$, F. 125—126°) u. ein *Säureacetat* $C_{29}H_{46}O_4$ [F. 193—195° (wss. Aceton), $[\alpha]_D$ +59° (c = 1,1); *Methylester,* $C_{30}H_{48}O_4$, F. 99—100° (wss. Methanol)]}. — *Eucalenylacetat* (X), $C_{33}H_{56}O_2$, F. 120—122°, aus III in Chlf. durch 1½std. Einleiten von HCl bei 0° u. Reinigung des erhaltenen Acetatgemisches [VII, F. 118—127°, $[\alpha]_D$ +66° (c = 0,5)]. $[\alpha]$ +85° (c = 0,6). — *Dioxoeucalenylacetat* (XII), $C_{33}H_{52}O_4$, F. 157°, durch Rk. von VII bei 93° mit CrO_3 in Essigsäure u. Chromatographie an Al_2O_3; $[\alpha]_D$ +98° (c = 1,3). — *Dioxoeucalenol,* $C_{31}H_{50}O_3$, F. 165° (Methanol), durch Hydrolyse von XII mit 5%ig. methanol. KOH. — *Oxoeucalenylacetat* (XI), $C_{33}H_{54}O_3$, F. 136°, a) durch 3std. Kochen von 450 mg X mit CrO_3-Essigsäure u. Al_2O_3-Chromatographie; $[\alpha]_D$ +76° (c = 0,3); 270 mg (roh); b) neben XII. — *Dioxoeucalanylacetat,* $C_{33}H_{54}O_4$, F. 198—200° (Methanol), durch Red. von XII in sd. Essigsäure mit Zn-Staub (1 Std.). — *Eucalanylacetat* (VI), $C_{33}H_{58}O_2$, F. 132° (Chlf.-Methanol), durch Hydrierung von 1 g VII in Essigsäure an Pt (24 Std. bei 80°) u. ½std. Erwärmen des Reaktionsprod. (F. 115—120°) mit CrO_3-Essigsäure; $[\alpha]_D$ +56° (c = 0,8); 300 mg. — *Eucalanol,* $C_{31}H_{56}O$, F. 167—169° ($CHCl_3$-Methanol), durch Hydrolyse von VI mit 5%ig. alkoh. KOH. — *Epoxyeucalanylacetat,* $C_{33}H_{56}O_3$, F. 141—143° ($CHCl_3$-Methanol), durch 2std. Erhitzen von 0,2 g VI auf dem Wasserbad mit Perhydrol; 0,1 g. — *Desmethylcycloeucalanol* (XIV), $C_{30}H_{52}O$, F. 126—127° (wss. Methanol), aus 430 mg VIII in wasserfreiem Hydrazin u. Na enthaltendem absol. A. in 18 Std. bei 180°; $[\alpha]_D$ +33° (c = 0,4); 370 mg. *Acetat,* $C_{32}H_{54}O_2$, F. 98—100° (Chlf.-Methanol), $[\alpha]_D$ +57° (c = 1,0). — *Desmethyleucalenylacetat,* $C_{32}H_{54}O_2$, F. 110—111°, durch Isomerisierung von XIV-Acetat mit HCl/Chlf. bei 0° u. kurze Behandlung von 950 mg des erhaltenen *Acetatgemisches* ($C_{32}H_{54}O_2$, F. 108—112°) mit CrO_3-Essigsäure bei 93°; 150 mg. Daneben *Desmethyldioxoeucalenylacetat* (II, $C_{32}H_{50}O_4$, F. 151—153°; 170 mg) u. *Desmethyloxoeucalenylacetat,* $C_{32}H_{52}O_3$, F. 141°; 0,1 g. (J. chem. Soc. [London] **1956**. 1384—92. Juni. Nottingham, Univ.) W. WOLTERSDORF. 3600

O. H. Wheeler und **J. L. Mateos,** *Stereospezifische Reduktion mit komplexen Metallhydriden.* Sterinketone werden durch Li-tri-tert.-butoxy-Al-hydrid fast ausschließlich zu äquatorialen *Alkoholen* in > 90%ig. Ausbeute reduziert. So entsteht aus Cholestan-3-on (I), Δ^4- (II) u. Δ^5-Cholesten-3-on (III) der entsprechende zu 98,5—99% aus dem β-Isomeren bestehende *Alkohol,* während Koprostan-3-on (IV) den zu 3,5% aus dem β-Isomeren bestehenden *Alkohol* liefert. Die Red. von I u. II mit dem $LiAlH_4$-$AlCl_3$-Komplex zeigt ein ähnliches Ergebnis, während aus III ein Gemisch aus 90% Δ^4-*Cholesten* u. 10% *Cholestan* u. aus IV ein *Gemisch* aus 83% II mit *Alkoholen* isoliert wird. (Chem. and Ind. **1957**. 395—96. 30/3. Mexico, Univ. Nac. Auton., Inst. de Quím.) H. PLUSKAL. 3700

Wilson B. Lutz, Charlotte Ressler, Donald E. Nettleton jr. und **Vincent du Vigneaud,** *Isoasparaginoxytocin: Das Isoasparaginisomere von Oxytocin.* Zur Synth. von *Isoasparaginoxytocin* (XIII), dem 21gliedrigen Ringisomeren des Oxytocins, diente das von BERGMANN u. ZERVAS [1932] bzw. FISCHER u. WHETSTONE (C. **1955**. 5524) beschriebene, nach einem modifizierten Verf. dargestellte Carbobenzoxy (Cbo)-L-asparaginsäureanhydrid als Ausgangssubstanz, das mit verd. NH_4OH bei 0° zu *Cbo-L-isoasparagin* (I) aufgespalten wird. I, das zur Trennung vom *Cbo-L-asparagin* mehrfach umkrist. werden mußte u. nur in einer Ausbeute von ca. 30% anfällt, wurde mit S-Benzyl-L-cysteinbenzylester (II) in Ggw. von Chlorameisensäureisobutylester (III) zu *Cbo-L-isoasparaginyl-S-benzyl-L-cysteinbenzylester* (IV) umgesetzt. IV wird nach Decarbobenzoxylierung mit HBr/Eisessig mit Tosyl-L-glutamin (V) in Ggw. von N.N'-Dicyclohexylcarbodiimid (VI) zu *Cbo-L-glutaminyl-L-isoasparaginyl-S-benzyl-L-cysteinbenzylester* kondensiert, der mit Hydrazin in sd. Methanol in *Tosyl-L-glutaminyl-L-isoasparaginyl-S-benzyl-L-cysteinhydrazid* (VII) übergeführt wird. Azidierung von VII, Rk. mit L-Prolyl-L-leucylglycinamid (XI) zu *Tosyl-L-glutaminyl-L-isoasparaginyl-S-benzyl-L-cysteinyl-L-prolyl-L-leucylglycinamid* (X), Behandlung mit Na/fl. NH_3, Rebenzylierung u. Gegenstromverteilung liefern *L-Glutaminyl-L-isoasparaginyl-S-benzyl-L-cysteinyl-L-prolyl-L-leucylglycinamid* (IX), das in Ggw. von VI direkt mit Cbo-S-benzyl-L-cysteinyl-L-tyrosyl-L-isoleucin (XII) zum *substituierten Nonapeptid* gekuppelt wird. Durch Abspaltung der Schutzgruppen mit Na/fl. NH_3, Oxydation mit Luft bei p_H 6,9 u. Reinigung durch Gegenstromverteilung in 0,05% ig. Essigsäure/sek.-Butanol wird schließlich XIII erhalten, das ähnlich wie Isoglutaminoxytocin (VIII) in der opt. Drehung beträchtlich vom Oxytocin abweicht. XIII zeigt keine oxytoc., vasodepressor. u. vasopressor. Aktivität, auch die an VIII beobachtete Inhibierung der vasopressor. Wrkg. des Argininvasopressins wurde nicht gefunden. Die bei der Detosylierung u. Rebenzylierung cysteinhaltiger Peptide (z. B. X) in fl. NH_3 durch Bldg. von Ndd. u. durch die damit verzögerte Umsetzung mit Benzylchlorid verursachten geringen Ausbeuten lassen sich durch Zusatz von NH_4Cl verbessern. Durch NH_4 Cl-Zusatz wird auch das Auftreten von Neben-Rkk. bei der Benzylierung vermindert.

Versuche (FF. korr.; Best. der FF. > 150° in vorerhitztem Bad, 10—15° unter dem F.): *Cbo-L-asparaginsäure*, F. 116—117°, nach ABDERHALDEN u. PITSCHAK (Hoppe-Seyler's Z. physiol. Chem. **265**. [1940.] 31) u. Ansäuern der Reaktionsmischung; 75% (Ausbeute). *Anhydrid*, F. 101—106°, durch 50 Min. langes Schütteln der Säure mit Acetanhydrid, $1^2/_3$std. Stehen, Entfernen des Agens im Vakuum < 38° bis zur Gelierung, Aufnehmen in Dioxan bzw. in Xylol u. jeweiliges Einengen; 95%. — *Cbo-L-isoasparagin* (I), F. 169,5—172°, durch 80 Min. langes Stehen vorst. Anhydrids mit verd. NH_4OH bei 0—3°, Erwärmen auf 18°, Zugeben von Ameisensäure, 1½std. Stehen u. Reinigen durch mehrmaliges Umkristallisieren aus $HCOOH/H_2O$ (5 : 4 u. 2 : 1) neben *Cbo-L-asparagin*; $[\alpha]_D^{24}$ —27,1° [c = 4; Dimethylformamid (DMF)]. $[\alpha]_D^{23}$ —27,2° (c = 1; DMF), $[\alpha]_D^{21,5}$ +4,81° (c = 1,66; Essigsäure); 32%. — *S-Benzyl-L-cysteinbenzylester* (II), *N-Benzolsulfonat*, $C_{23}H_{23}NO_4S$, F. 137,5—138,5° (A./Ae.), durch 1std. Kochen von S-Benzyl-L-cystein mit Benzylalkohol u. Benzolsulfonsäure in Bzl.; $[\alpha]_D^{22}$ —19,0° (c = 1; A.); 83%. — *Cbo-L-isoasparaginyl-S-benzyl-L-cysteinbenzylester* (IV), $C_{29}H_{31}\cdot N_3O_6S$, F. 183,5—184,5° (Acetonitril), durch 1std. Rühren von I in Tetrahydrofuran u. Triäthylamin, Zugeben von III bei —5° u. II-Benzolsulfonat bei 0°, 3std. Rühren bei 0°, Zugeben von Ae. u. Digerieren des Nd. mit verd. HCl u. verd. NH_4OH; $[\alpha]_D^{21}$ —18,7° (c = 2; Essigsäure); 82%. — *L-Isoasparaginyl-S-benzyl-L-cysteinbenzylesterhydrobromid*, $C_{21}H_{25}N_3O_4S\cdot HBr\cdot C_2H_5OH$, F. 177—178° (A./Ae. 1 : 1), durch ½std. Stehen von IV mit HBr/Eisessig; Nadeln; $[\alpha]_D^{22}$ —24,8° (c = 0,6; DMF); 78%. — *Tosyl-L-glutaminyl-L-isoasparaginyl-S-benzyl-L-cysteinbenzylester*, $C_{33}H_{39}N_5O_8S_2$, F. 205,5—207° (wss. Tetrahydrofuran), durch mehrstd. Stehen von V mit vorst. Hydrobromid in Dioxan bei 5° in Ggw. von VI u. Digerieren des Nd. mit verd. HCl, wss. Triäthylamin u. A.; Nadeln; $[\alpha]_D^{21,5}$ +35,5° (c = 1,8; Essigsäure); 86%. — *Tosyl-L-glutaminyl-L-isoasparaginyl-S-benzyl-L-cysteinhydrazid* (VII), $C_{26}H_{35}N_7O_7S_2$, F. 240—241° (Zers.; 70—75% ig. Methanol), durch 25 Min. langes Kochen vorst. Verb. mit $N_2H_4\cdot H_2O$; 88%. — *Tosyl-L-glutaminyl-L-isoasparaginyl-S-benzyl-L-cysteinazid*, F. 180—220° (Zers.), durch Azidieren von VII in Eisessig/2n HCl u. Verdünnen mit W.; 98%. — *Tosyl-L-glutaminyl-L-isoasparaginyl-S-benzyl-L-cysteinyl-L-prolyl-L-leucylglycinamid* (X), $C_{39}H_{55}N_9O_{10}S_2\cdot H_2O$, F. 201,5—205° (Zers.; Methanol), durch 36std. Rk. vorst. Azids mit XI in DMF in Ggw. von Triäthylamin unter N_2, Zugeben von Essigester u. Umfällen aus wss. Ameisensäure, 50% ig. Pyridin u. 75% ig. A.; $[\alpha]_D^{21}$ —73,6° (c = 1,65; Essigsäure); 60% (roh). — *L-Glutaminyl-L-isoasparaginyl-S-benzyl-L-cysteinyl-L-prolyl-L-leucylglycinamid* (IX), durch Rk. von X mit Na/fl. NH_3 in Ggw. von NH_4Cl, Zugeben von Benzylchlorid u. NH_4Cl, Einengen, Lösen in Essigsäure, Verdünnen mit Ae. u. Gegenstromverteilung in sek.-Butanol/0,5% ig. Essigsäure u. sek.-Butanol/0,1% ig. NH_4OH; weißes Pulver; 62%. — *N-Cbo-S-benzyl-L-cysteinyl-L-tyrosyl-L-isoleucyl-L-glutaminyl-L-isoasparaginyl-S-benzyl-L-cysteinyl-L-prolyl-L-leucylglycinamid*, $C_{65}H_{86}N_{12}O_{14}S_2$, F. 252—254,5° (85% ig. Tetrahydrofuran), durch 20std. Rk. von XII mit IX in 90% ig. Tetrahydrofuran in Ggw. von VI unter N_2, Einengen u. Umfällen aus Ameisensäure/W.; 73% (roh). — *Isoasparaginoxytocin* (XIII), $C_{43}H_{66}N_{12}O_{12}S_2$, durch Rk. vorst. Verb. mit Na/fl. NH_3 analog VIII (vgl.

RESSLER u. DU VIGNEAUD, C. **1958.** 3898), Lösen in W., Zugeben von Essigsäure (p_H 3,5), Gefriertrocknen, 275stufige Gegenstromverteilung in sek.-Butanol/0,05% ig. Essigsäure, 125stufige Gegenstromverteilung in sek.-Butanol/0,01 mol. NH_4OH u. 150 Stufen in sek.-Butanol/0,05% ig. Essigsäure; $[\alpha]_D^{21}$ −63,3° (c = 0,51; n-Essigsäure); 62%. *Flavianat*, Zers. > 220°. — *S-Benzyl-L-cystein*, F. 222,5—227°, a) aus L-Cystin u. Benzylchlorid in Na/fl. NH_3 in Ggw. von NH_4Cl; 60%; b) aus L-Cysteinhydrochlorid u. Benzylchlorid in Na/fl. NH_3; $[\alpha]_D^{26}$ +24,5° (c = 1; n-NaOH); 61%. (J. Amer. chem. Soc. **81.** 167—73. 5/1. 1959. New York, N. Y., Cornell Univ., Med. Coll., Dep. of Biochem.)
E. SCHRÖDER. 3750

William R. Nes, John A. Steele und **Erich Mosettig,** *Die Anthrasteroidumlagerung.* 5. Mitt. *Darstellung eines Analogons von Progesteron.* (4. vgl. C. **1957.** 8518.) Pregnenolonisocapronat wird nach den l. c. sowie J. org. Chemistry **22.** [1957.] 1457 u. C. **1956.** 8919 beschriebenen Methoden, meist ohne Isolierung der Zwischenprodd., in $\Delta^{5.7.9,11.14}$-*Pregnatetraen-20-on* verwandelt u. dieses mit Säuren zu $\Delta^{5.7.9.14}$-*Anthrapregnatetraen-20-on* (I) umgelagert. I sowie die Zwischenprodd. $\Delta^{5.7}$-*Pregnadien-3β-ol-20-onisocapronat* u. $\Delta^{5.7.9,11}$-*Pregnatrien-3β-ol-20-on* zeigen im CLAUBERG-Test keine gestagene Wrkg. sowie keine antigestagene Wrkg. gegen halbmaximale Dosen von Progesteron. Struktur u. Nomenklatur der Klasse der Anthrasteroide werden im Hinblick auf den Mechanismus der Anthrasteroidumlagerung diskutiert.

V e r s u c h e ($[\alpha] = [\alpha]_D^{20}$ in 1% ig. Lsg. in Chlf.): Δ^5-*Pregnen-3β-ol-20-onisocapronat* $C_{27}H_{42}O_3$, F. 100—102°, aus Pregnenolon u. 4-Methylpentansäurechlorid in Pyridin; Prismen, [α] +19°. — $\Delta^{5.7}$-*Pregnadien-3β-ol-20-on,* F. 220—223°, aus dem Ester mit K_2CO_3 in wss. CH_3OH; aus Chlf.-A. Prismen, [α] −77°. *Isocapronat,* $C_{27}H_{40}O_3$, F. 105 bis 108° (CH_3OH), aus vorst. Verb. mit N-Bromsuccinimid in sd. CCl_4–PAe. (1 Std. unter Bestrahlung) u. 2std. Kochen des entstandenen 7-Brom-Δ^5-pregnen-3β-ol-20-onisocapronats mit Kollidin in Xylol; Prismen, [α] −19°; 34% (Ausbeute). — $\Delta^{5.7.9,11}$-*Pregnatrien-3β-ol-20-on,* F. 204—207° (Bzl.), aus vorst. Ester mit Hg-Acetat in Chlf.–Essigsäure (40 Std. bei 24°), Al_2O_3-Chromatographie u. Verseifung mit K_2CO_3 in sd. wss. CH_3OH (2 Std.); Prismen, [α] +271°; 44%. — $\Delta^{5.7.9.14}$-*Anthrapregnatetraen-20-on* (I), $C_{21}H_{26}O$, F. 138—139° (A.), aus vorst. Verb. mit HCl in Chlf. (2 Std. bei Zimmertemp.) u. Al_2O_3-Chromatographie; Nadeln, [α] −33°; 20%. — Die UV-Spektren der Verbb. sind angegeben. (J. Amer. chem. Soc. **80.** 5230—32. 5/10. 1958. Bethesda, Md., Nat. Inst. of Arthritis and Metabolic. Diseases.) WALTER SIMON. 3750

William R. Nes, John A. Steele und **Erich Mosettig,** *Die Anthrasteroidumlagerung.* 6. Mitt. *Darstellung eines Analogen der Androgene und Östrogene.* (5. vgl. vorst. Ref.) Dehydroepiandrosteronisocapronat (**I**; Δ^5-Androsten-3β-ol-17-onisocapronat) wird nach der in der 4. Mitt. (C. **1957.** 8518) beschriebenen Meth. zu $\Delta^{5.7}$*Androstadien-3β-ol-17-onisocapronat* (**II**) u. weiter zu $\Delta^{5.7.9,11}$-*Androstatrien-3β-ol-17-onisocapronat* dehydriert. Letztes liefert der der Red. mit $NaBH_4$ $\Delta^{5.7.9,11}$-*Androstatrien-3β-17β-diol* (**III**)-*3-isocapronat* (**IIIa**), das jedoch ebenso wie freies **III** mit Säuren nicht die erwartete Anthrasteroidumlagerung zu $\Delta^{5.7.9,11}$-*Anthrastatetraen-17β-ol* (**IV**) erfährt, wahrscheinlich infolge von Dehydratisierungs-Rkk. im Ring D. Dagegen wird **III**-*17-Benzoat* (**IIIb**) zu **IV**-*Benzoat* umgelagert u. weiter zu **IV** verseift. Das aus **II** durch $LiAlH_4$-Red. erhaltene $\Delta^{5.7}$-*Androstadien-3β.17β-diol* besitzt bei der erwachsenen kastrierten Ratte ca. 20% der Aktivität von Testosteron (**V**), seine Wrkg. auf Prostata, Samenblase u. Vas deferens ist qualitativ ident. der von **V**. **III** zeigt < 10% der androgenen Wrkg. von **V** u. besitzt keine antiandrogene Aktivität.

V e r s u c h e ($[\alpha] = [\alpha]_D^{20}$ in 1% ig. Lsg. in Chlf.): $\Delta^{5.7}$-*Androstadien-3β-ol-17-onisocapronat* (**II**), F. 75—77°, aus **I** mit N-Bromsuccinimid unter Bestrahlung u. Dihydrobromierung des 7-Bromderiv. mit Kollidin; 35% (Ausbeute). — $\Delta^{5.7.9,11}$-*Androstatrien-3β-ol-17-onisocapronat,* F. 135—136°, aus **II** durch Dehydrierung mit Hg-Acetat u. Chromatographie; 25%. — $\Delta^{5.7.9,11}$-*Androstatrien-3β.17β-diol* (**III**), F. 175°, aus **IIIa** mit alkoh. KOH. *3-Isocapronat* (**IIIa**), $C_{25}H_{36}O_3$, F. 116—118°, aus vorst. Verb. mit $NaBH_4$ in CH_3OH bei 45°; Nadeln u. Prismen, [α] +212°; 96%. *3-Isocapronat-17-benzoat* (**IIIc**), $C_{32}H_{40}O_4$, F. 161—163° (A.), aus **IIIa** u. Benzoylchlorid in Pyridin; Nadeln, [α] +198°. *17-Benzoat* (**IIIb**), $C_{26}H_{30}O_3 \cdot \frac{1}{2} H_2O$, F. 133—135° (A.), aus **IIIc** mit alkoh. KOH (3 Std. bei 26°) u. Al_2O_3-Chromatographie; [α] +106°; 96%. — $\Delta^{5.7}$-*Androstadien-3β.17β-diol,* F. 205—207°, aus **II** mit äther. $LiAlH_4$. *3-Isocapronat,* $C_{25}H_{38}O_3 \cdot H_2O$, F. 105—108° ($CH_3OH$–W.), aus **II** analog **IIIa**; Nadeln. *3-Isocapronat-17-benzoat,* $C_{32}H_{42}O_4$, F. 162 bis 165°, aus A. Nadeln. *17-Benzoat,* F. 195—197°; analog **IIIb**. — Δ^5-*Androsten-3β.17β-diol, 3-Isocapronat,* $C_{25}H_{40}O_3$, F. 122—123° (CH_3OH–W.), aus **I** analog **IIIa**. *3-Isocapronat-17-benzoat,* $C_{32}H_{44}O_4$, F. 127—128° (A.–W.). *17-Benzoat,* F. 218—219°. — $\Delta^{5.7.9.14}$-*Anthrastatetraen-17β-ol* (**IV**), $C_{19}H_{24}O$, F. 136—138° (A.), aus dem Benzoat mit d. 5% ig. alkoh. KOH (30 Min.); Nadeln. *Benzoat,* $C_{26}H_{28}O_2$, F. 103—105° (Aceton–

CH_3OH), aus **IIIb** mit HCl in Chlf. (1,8 Std. bei 26°) u. Al_2O_3-Chromatographie; Nadeln; 10%. — Die UV-Spektren der meisten Verbb. sind angegeben. (J. Amer. chem. Soc. **80.** 5233—35. 5/10. 1958.) WALTER SIMON. 3750

Ch. R. Engel, *Steroide und verwandte Produkte. 5. Mitt. Synthese von 11-Dehydro-17α-methylcorticosteron.* (4. vgl. J. Endocrinology **14.** [1956.] 16.) Bei der Bromierung von 3α-Acetoxy-11.20-dioxo-pregnan (I) mit 1 Mol Br_2 entsteht als Hauptprod. das *17-Monobromid,* daneben das *17.21-Dibromid,* die beide bei der Einw. von wss.-methanol. Alkali unter FAWORSKI-Umlagerung *3α-Hydroxy-11-oxo-17α-methylätiansäure* (**II**) u. deren *3-Acetatmethylester* (**IIa**) bzw. *Δ^{17}-3α-Hydroxy-11-oxopregnen-21-säure* geben. Wegen der umständlichen Trennung der Bromide wird das rohe Bromierungsgemisch weiter umgesetzt u. die Umlagerungsprodd. getrennt. **II** u. **II**-*Methylester* (**IIb**) geben bei der Oxydation *3.11-Dioxo-17α-methylätiansäure* (**III**) bzw. deren *Methylester,* der durch Bromierung u. Dehydrobromierung in das *Δ^4-Analoge* übergeführt wird. Das aus **III** erhaltene *Säurechlorid* liefert mit CH_2N_2 das entsprechende *Diazoketon,* das bei der Zers. mit HCl das *21-Chlortriketon* u. aus diesem mit NaJ das *21-Jodtriketon* gibt. Dieses wird mit Ag-Acetat in *3.11.20-Trioxo-21-acetoxy-17α-methylpregnan* übergeführt u. weiter durch Bromierung in 4β-Stellung u. anschließende Behandlung mit Semicarbazid über das ungesätt. *Semicarbazon* in *11-Dehydro-17α-methylcorticosteronacetat* (**IV**) verwandelt, das mit wss.-methanol. $KHCO_3$ zum *freien Alkohol* (**IVa**) verseift wird. **IV** besitzt im Leberglykogenablagerungstest ca. $^1/_4$—$^1/_5$ der Glucocorticoidaktivität von 11-Dehydrocorticosteronacetat (**V**) u. Cortisonacetat (**VI**), **VIa** $^1/_6$ bzw. $^1/_{12}$ der Aktivität der entsprechenden freien Alkohole. Im lokalen Granulomtest besitzt **IV** $^1/_4$—$^1/_5$ der entzündungshemmenden Wrkg. von **VI** u. ca. die gleiche Wrkg. wie **V. IV** hat in Dosen, in denen **VI** schon eine starke Aktivität zeigt, keinen Einfl. auf Elektrolytstoffwechsel u. Wasserretention; die Mineralcorticoidwrkg. von **IV** scheint auch qualitativ von der von **VI** verschieden zu sein.

Versuche (FF. korr.): *17-Brom-3α-acetoxy-11.20-dioxopregnan,* $C_{23}H_{33}BrO_4$, F. 169,5—170,5°, aus **I** mit Br_2 in Essigsäure in Ggw. von HBr u. fraktionierte Kristallisation aus CH_3OH (oder Chromatographie an Al_2O_3); Nadeln, $[\alpha]_D^{23}$ $-2°$ (c = 1,532 in Chlf.); daneben *17.21-Dibrom-3α-acetoxy-11.20-dioxopregnan,* $C_{23}H_{32}Br_2O_4$, F. 177° (Zers.), Nadeln, $[\alpha]_D^{25}$ $+22,3°$ (c = 1,121 in Chlf.). Das rohe Bromierungsprod. (12,35 g aus 10 g **I**) gibt mit Zn-Staub in wss. Essigsäure wieder **I**. — *3α-Hydroxy-11-oxo-17α-methylätiansäure* (**II**), $C_{21}H_{32}O_4$, F. 285—286°, a) aus vorst. rohem Bromierungsgemisch in sd. CH_3OH mit wss. $KHCO_3$ (4½ Std.); Nadeln, $[\alpha]_D^{25}$ $+29,5°$ (c = 1,099 in Dioxan); 4,7% (Ausbeute), neben 42,4% **IIa**, 8% **IIa**-Isomerem u. ca. 5% nachst. Säure; b) aus **IIa** mit 6,9%ig. methanol. KOH im Rohr (49 Std. bei 170°); 95%. *Methylester-3-acetat* (**IIa**), $C_{24}H_{36}O_5$, F. 184°, a) Hauptprod. bei der Darst. von **II**; b) aus reinem vorst. Monobromid analog **II** nach a); 70% (roh), daneben 7,1% **II** u. 20% Isomeres; c) durch Acetylierung von **IIb**. *Isomeres von* **IIa**, $C_{24}H_{36}O_5$, F. 155,5°, aus den Mutterlaugen von **IIa** durch Chromatographie an Al_2O_3; aus CH_3OH Nadeln, $[\alpha]_D^{25}$ $+41,9°$ (c = 0,702 in Chlf.). *Methylester* (**IIb**), $C_{22}H_{34}O_4$, F. 165—166°, a) aus **IIa** mit sd. 6%ig. methanol. KOH (2½ Std.), aus Ae.-Hexan Nadeln, $[\alpha]_D^{22}$ $+41,5°$ (c = 1,077 in Chlf.); 95%; b) aus **II** in CH_3OH mit äther. CH_2N_2. — *Δ^{17}-3α-Hydroxy-11-oxopregnen-21-säure,* $C_{21}H_{30}O_4$ (nach Trocknen bei 150° im Hochvakuum) bzw. $C_{21}H_{30}O_4 \cdot CH_3COCH_3$, F. 246,5—247,5°, Nebenprod. bei der Darst. von **II** nach a); aus Aceton Nadeln, $[\alpha]_D^{21}$ $+28,5°$ (c = 1,098 in Chlf.), λ_{max} 220 mμ (log ε = 4,2 in A.). *Methylester,* $C_{22}H_{32}O_4$, F. 184°, $[\alpha]_D^{23}$ $+29,2°$ (c = 0,922 in Chlf.), λ_{max} 221 mμ (log ε = 3,9 in A.). *Methylesteracetat,* $C_{24}H_{34}O_5$, F. 127 bis 128° (CH_3OH), $[\alpha]_D^{23}$ $+49°$ (c = 0,43 in Chlf.), λ_{max} 222 mμ (log ε = 4,1 in A.). — *3.11-Dioxo-17α-methylätiansäure* (**III**), $C_{21}H_{30}O_4$, F. 288,5°, aus **II** in Eisessig mit CrO_3 in 90%ig. Essigsäure; aus Aceton Nadeln, $[\alpha]_D^{22}$ $+45,1°$ (c = 0,941 in Dioxan); 87%. *Methylester,* $C_{22}H_{32}O_4$, F. 185—185,5°, a) aus 213 mg **IIb** analog **III**; $[\alpha]_D^{23}$ $+49,8°$ (c = 1,002 in Chlf.); 208 mg; b) aus **III** in CH_3OH mit äther. CH_2N_2. *Säurechlorid,* aus 1,52 g **III** mit Oxalylchlorid in Bzl.; 1,515 g (roh). — *4β-Brom-3.11-dioxo-17α-methylätiansäuremethylester,* F. 154—157° (Zers.), aus 153 mr vorst. Methylester mit Br_2 in Essigsäure in Ggw. von HBr; 215 mg. — *Δ^4-3.11-Dioxo-17α-methylätiensäuremethylester,* $C_{22}H_{30}O_4$, F. 183,5—184,5°, aus 204 mg Semicarbazon in wss. Essigsäure mit 1,66n Brenztraubensäure (17 Std.) u. Chromatographie an Al_2O_3; aus Ae.-Hexan Prismen, λ_{max} 238 mμ (log ε = 4,4 in A.); 90 mg. *3-Semicarbazon,* F. 210°, aus 215 mg vorst. Verb. in Chlf.-tert.-Butanol mit Semicarbazid unter CO_2 (120 Min.); 204 mg. — *21-Chlor-3.11.20-trioxo-17α-methylpregnan,* $C_{22}H_{31}ClO_3$, F. 151—151,5°, aus rohem vorvorst. Säurechlorid in Bzl. mit äther. CH_2N_2 bei $-10°$ (innerhalb 30 Min. auf 0°, dann 18 Std. bei 0° u. 15 Min. bei 25°), Rk. des rohen amorphen Diazoketons in Bzl. mit äther. HCl (40 Min. bei 22—26°) u. Chromatographie des Prod. an Al_2O_3; aus Ae.-Hexan Nadeln, $[\alpha]_D^{25}$ $+48,1°$ (c = 0,89 in Chlf.); 71,6%. — *21-Jod-3.11.20-trioxo-17α-methylpregnan,* F. 116—120° (Zers.), aus 631 mg vorst. Verb. mit NaJ in sd. Aceton unter N_2 (45 Min.);

744 mg (roh). — *3.11.20-Trioxo-21-acetoxy-17α-methylpregnan*, $C_{24}H_{34}O_5$, F. 191,5 bis 192,5°, aus vorst. Prod. mit Ag-Acetat in sd. Pyridin unter N_2 (40 Min.), nach Zusatz von Acetanhydrid in Pyridin weitere 65 Min. kochen u. Chromatographie an Al_2O_3; aus Ae.–Hexan Nadeln, $[\alpha]_D^{24}$ +45,9° (c = 1,051 in Chlf.); 68,7%. — *4β-Brom-3.11.20-trioxo-21-acetoxy-17α-methylpregnan*, $C_{24}H_{33}BrO_5$, F. 184° (Zers.; CH_2Cl_2–CH_3OH), aus 2,5 g vorst. Verb. mit Br_2 in Essigsäure in Ggw. von HBr; $[\alpha]_D^{26}$ +46,2° (c = 1,043 in Chlf.); 94,2%. Gibt mit Zn/Essigsäure wieder vorst. Verbindung. — *11-Dehydro-17α-methylcorticosteron* (**IVa**), $C_{22}H_{30}O_4$, F. 154—155,5°, aus 440 mg **IV** in CH_3OH unter N_2 mit wss. $KHCO_3$ (90 Std.); aus Ae. Würfel, $[\alpha]_D^{22}$ +174,2° (c = 0,97 in Chlf.), λ_{max} 238 mμ (log ε = 4,2 in A.); 397 mg. *21-Acetat* (**IV**), $C_{24}H_{32}O_5$, F. 157—158°, a) aus dem Semicarbazon in wss. Essigsäure unter CO_2 mit wss. Brenztraubensäure; aus Ae.–Hexan hygroskop. Nadeln, $[\alpha]_D^{24}$ +170° (c = 0,79 in Chlf.), λ_{max} 237 mμ (log ε = 4,4 in A.); 76,7% (bezogen auf vorst. Verb.); b) durch Acetylierung von **IVa**. **IV**-*Semicarbazon*, F. 223—225°, aus 1,95 g vorst. Bromverb. in Chlf.–tert.-Butanol unter CO_2 mit Semicarbazid (130 Min.); λ_{max} 270 mμ (log ε = 4,5 in A.); 1,735 g (roh). — Die IR-Maxima von **IV** u. **IVa** sind angegeben. (J. Amer. chem. Soc. **78**. 4727—33. 20/9. 1956. London, Ontario, Canada, Univ. of Western Ontario, Coll. of Med., Res. Labor.) G. MAYR. 3750

Ch. R. Engel, K. F. Jennings und **G. Just**, *Steroide und verwandte Produkte. 6. Mitt. Synthese von 11-Dehydro-17α-methylprogesteron, einem hochaktiven Gestagen.* (5. vgl. vorst. Ref.) Zur Synth. von 11-Dehydro-17α-methylprogesteron (**I**) wird 3α.12α-Diacetoxy-20-oxopregnan (**II**) in 17-Stellung bromiert u. das rohe Bromierungsprod. (enthält etwas *17.21-Dibromid*) einer FAWORSKI-Umlagerung unterworfen. Neben wenig *3α-Hydroxy-12α-acetoxy-17α-methylätiansäure* (**IIIa**), *$\Delta^{17,20}$-3α.12α-Diacetoxypregnen-21-säuremethylester*, drei Verbb. unbekannter Konst. u. einer größeren Menge Ausgangsmaterial entsteht als Hauptprod. in 30—35%ig. Ausbeute *3α.12α-Diacetoxy-17α-methylätiansäuremethylester* (**III**), der mit K_2CO_3 in wss. Methanol zu **IIIa**-*Methylester* (**IIIb**) verseift wird. Mit CrO_3 in Essigsäure wird **IIIb** zu *3-Oxo-12α-acetoxy-17α-methylätiansäuremethylester* (**IV**) oxydiert, die Acetoxygruppe mit methanol. KOH abgespalten, die entstandene *12α-Hydroxyverb.* mit p-Toluolsulfonylchlorid in Pyridin zu *3-Oxo-12α-tosyloxy-17α-methylätiansäuremethylester* verestert, der Ester bromiert, das *4-Bromderiv.* mit Semicarbazid umgesetzt u. aus dem *3-Semicarbazon* der *Δ^4-3-Oxo-12α-tosyloxy-17α-methylätiensäuremethylester* erhalten. Zur Abspaltung des Tosylrestes wird der Ester mit Kollidin in Xylol gekocht, der gebildete *$\Delta^{4.11}$-3-Oxo-17α-methylätiadiensäuremethylester* in den *Enoläther* umgewandelt, dieser zur *Säure* verseift, aus der Säure mit Oxalylchlorid das *Chlorid* gewonnen u. aus diesem mit Dimethyl-Cd in schlechter Ausbeute amorphes **I** hergestellt. Ein zweiter Weg zur Synth. von **I** geht von **IV** aus, der nach Ketalisierung mit starkem Alkali u. anschließend mit Säure zur *freien 12α-Hydroxysäure* (**IVa**) hydrolysiert wird. Deren *12-Acetat* gibt nach Umwandlung in das *Säurechlorid* (**IVb**), Methylierung mit Dimethyl-Cd u. Verseifung *3.20-Dioxo-12α-hydroxy-17α-methylpregnan*, das auch direkt aus **IVa** erhalten werden kann. Sein *12α-Toslyat* wird in 4-Stellung bromiert, das *Bromid* mit Semicarbazid umgesetzt u. aus dem *3-Semicarbazon* das *Δ^4-3.20-dioxo-12α-tosyloxy-17α-methylpregnen* (**V**) gewonnen. Bei der Chromatographie an schwach alkal. Al_2O_3 entsteht aus **V** unter Abspaltung des Tosylrestes in 61%ig. Ausbeute **I**. Der Reinheitsgrad der p-Toluolsulfonylverbb. konnte mit Hilfe der Absorptionsbande bei 224—226 mμ (log ε ca. 4), auch in Ggw. einer α.β-ungesätt. Ketongruppierung bestimmt werden. **I** übertrifft Progesteron bzgl. seiner gestagenen Wirkung.

V e r s u c h e (FF. korr.; UV-Maxima in A.; opt. Drehungen in Chlf.): *3α.12α-Diacetoxy-17-brom-20-oxopregnan*, aus 80 g **II** mit Br_2 in Essigsäure in Ggw. von HBr; Öl; 110 g (Ausbeute). — *3α.12α-Dihydroxy-17α-methylätiansäure* (**IIIc**), $C_{21}H_{34}O_4$, F. 280 bis 280,5° (Aceton), aus 2 g **III** mit 6,7%ig. methanol. KOH im Rohr (48 Std. bei 168—170°); $[\alpha]_D^{24}$ +66,1° (c = 1,07; Dioxan); 1,565 g; gibt mit äther. CH_2N_2 den Methylester, aus diesem durch Acetylierung wieder **III**; mit Pyridin–Acetanhydrid (3std. Kochen) nach Verseifung des gebildeten Anhydrids mit sd. wss.–methanol. K_2CO_3 98,6% **IIIa**. **IIIc**-*Methylester*, $C_{22}H_{36}O_4$, F. 152—152,5°, aus 10,211 g **III** mit sd. 5,6%ig. methanol. KOH (4 Std.), aus Ae.–Hexan Prismen, $[\alpha]_D^{22}$ +42,3° (c = 0,79); 8,446 g. *Mthylester-3α.12α-diacetat* (**III**), $C_{26}H_{40}O_6$, F. 161—161,5°, aus 110 g vorst. Prod. in sd. CH_3OH mit wss. $KHCO_3$ (4 Std.), Entbromung der neutralen Prodd. in wss. Essigsäure mit Zn-Pulver, Acetylierung des Prod. u. Chromatographie an Al_2O_3; aus CH_3OH Nadeln, $[\alpha]_D^{25}$ +117,4° (c = 0,78); 30,5%, daneben aus den späteren Eluaten nach Trennung mit GIRARD-Reagens T u.-Reacetylierung 22,4 g **II**, aus dem sauren Hydrolyseprod. der nichtketon. Fraktion u. der Mutterlaugen von **III** nach Methylierung u. Acetylierung 1,513 g *Nadeln vom F. 148 bis 150°* (Aceton–Hexan), $[\alpha]_D^{22}$ +38,5°, sowie aus den sauren Prodd. der Umlagerung 2,835 g **IIIc**-*12α-Acetat* (**IIIa**), $C_{23}H_{36}O_5$, F. 302—303°, aus Aceton Nadeln, $[\alpha]_D^{23}$ +92,1° (c = 0,357; Methylcellosolve) u. aus dessen Mutterlaugen nach Methylierung mit CH_2N_2,

Verseifung mit sd. 6,7% ig. methanol. KOH (4 Std.) u. anschließender Methylierung u. Acetylierung der dabei erhaltenen sauren Fraktion *$\Delta^{17,20}$-3α.12α-Diacetoxypregnen-21-säuremethylester*, $C_{26}H_{38}O_6$, F. 177,5—178,5°, aus Hexan Nadeln, $[\alpha]_D^{22}$ +98,5° (c = 0,78), λ_{max} 222 mμ (log ε = 4,23) u. zwei unbekannte *Verbb. vom F. 168—172°* (CH_3OH), $[\alpha]_D^{22}$ +73° (c = 0,97) bzw. *F. 177,5–178,5°* (CH_3OH), $[\alpha]_D^{22}$ +116° (c = 0,95). **IIIc**-*Methylester-12α acetat* (**IIIb**), $C_{24}H_{38}O_5$, F. 167—168° (A.-Hexan), a) aus 9,82 g **III** mit K_2CO_3 in wss. Methanol (22 Std.); $[\alpha]_D^{24}$ +122,3° (c = 0,95); 8,9 g; b) aus 458 mg **IIIa** mit äther. CH_2N_2 in absol. Methanol. (15 Std. bei 0°); 336 mg. — **IIIc**-*Methylester-3-methylsuccinat*, $C_{27}H_{42}O_7$, F. 127—128°, aus 8,446 g Methylester mit Bernsteinsäureanhydrid in sd. Pyridin (2½ Std.) u. Veresterung des Hemisuccinats mit CH_2N_2; Nadeln aus Ae.-Hexan, $[\alpha]^{24}_D$ +66,1° (c = 1,07); 11,14 g. — *3-Oxo-12α-hydroxy-17α-methylätiansäure* (**IVa**), $C_{21}H_{32}O_4$, F. 245,6—246,5°, aus 9,825 g **IV**-Äthylenketal mit 6,8% ig. KOH im Rohr (48 Std. bei 168—170°), Zusatz von A. u. 13,5% ig. H_2SO_4 u. 30 Min. langes Kochen; aus Aceton Nadeln; $[\alpha]_D^{25}$ +73,8° (c = 1,07); 7,8 g. *12α-Acetat*, $C_{23}H_{34}O_5$, F. 234—236°, a) aus der Hydroxysäure mit sd. Acetanhydrid–Pyridin (1½ Std.) u. Verseifung des gebildeten Anhydrids in sd. CH_3OH-Bzl. mit wss. K_2CO_3 (1 Std.); aus Aceton Nadeln, $[\alpha]_D^{23}$ +117° (c = 0,425); 78%; b) aus **IIIa** mit CrO_3 in Essigsäure (15 Std.); 74%. *12α-Acetatsäurechlorid* (**IVb**), mit Oxalylchlorid in Bzl. (1½ Std.). *Methylester-12α-acetat* (**IV**), $C_{24}H_{36}O_5$, F. 148,5—149°, a) aus **IIIb** mit CrO_3 in Essigsäure (15 Std.); Prismen aus Ae.-Hexan, $[\alpha]_D^{22}$ +108,5° (c = 0,95); 94,6%; b) aus 109 mg Hydroxysäure mit CH_2N_2, Acetylierung u. Chromatographie an Al_2O_3; 78 mg; c) aus 105 mg 12-Acetat mit CH_2N_2 u. Chromatographie an Al_2O_3; 94 mg. *Methylester*, $C_{22}H_{34}O_4$, F. 136,5—137°, aus **IV** mit sd. 6,5% ig. methanol. KOH (2 Std.); Nadeln aus Ae.-Hexan, $[\alpha]_D^{22}$ +53,2° (c = 0,997); 96%. *Methylester-12α-tosylat*, $C_{29}H_{40}O_6S$, F. 141,5—142° (Ae.), aus dem Hydroxyester mit p-Toluolsulfonylchlorid in Pyridin (3½ Tage bei 50—55°); $[\alpha]_D^{22}$ +55,5° (c = 0,951); 88,6%. **IV**-*3-Äthylenketal*, $C_{26}H_{40}O_6$, F. 176—176,5°, mit Äthylenglykol u. p-Toluolsulfonsäure in sd. Bzl. unter Wasserabscheidung (6 Std.); aus Ae.-Hexan Prismen, $[\alpha]_D^{23}$ +109° (c = 1,35); 98%; gibt bei der sauren Hydrolyse wieder **IV**. — *Δ^4-3-Oxo-12α-tosyloxy-17α-methylätiensäuremethylester*, $C_{29}H_{38}O_6S$, F. 155,5—156°, aus vorst. Tosylat mit Br_2 in Eisessig in Ggw. von HBr (15 Min.), Rk. des gelben amorphen Bromids mit Semicarbazid in Chlf.-tert.-Butanol unter CO_2 u. Behandlung des erhaltenen Semicarbazons [F. 140° (Zers.)] in wss. Essigsäure mit 1,66 n. Brenztraubensäure unter CO_2; Prismen, $[\alpha]_D^{20}$ +88,1° (c = 0,657), λ_{max} 229 mμ (log ε = 4,44), Schulter bei 242 mμ (log ε = 4,2); 66%. — *$\Delta^{4,11}$-3-Oxo-17α-methylätiadiensäuremethylester*, $C_{22}H_{30}O_3$, aus 1,28 g vorst. Verb. mit Kollidin unter N_2 (15 Std. bei 155°) u. Chromatographiere an Al_2O_3; Öl, $[\alpha]_D^{23}$ +73° (c = 0,54), λ_{max} 239 mμ (log ε = 4,27), Tetranitromethantest positiv; 261 mg. *2.4-Dinitrophenylhydrazon*, $C_{28}H_{34}N_4O_6$, F. 223—225° (Ae., A. u. A.-Aceton). — *11-Dehydro-17α-methylprogesteron* (**I**), $C_{22}H_{30}O_2$, F. 140,5 bis 141°, a) aus 220 mg vorst. Verb. mit Orthoameisensäuretriäthylester, Hydrolyse des Äthylenoläthers (gelbes Öl, $[\alpha]_D^{24}$ —111° [c = 1,0; Pyridin]), λ_{max} 241 mμ (log ε = 3,9)] mit heißer methanol. KOH im Rohr, Behandlung der erhaltenen Säure (94 mg hellgelbes Öl, λ_{max} 238 mμ [log ε = 3,93]) mit Oxalylchlorid in absol. Bzl., Rk. des Säurechlorids mit Dimethyl-Cd in sd. Ae. (1 Std.) u. Chromatographie; 21 mg (unrein); b) aus **V** durch Chromatographie an alkal. Al_2O_3; Nadeln aus Hexan, $[\alpha]_D^{22}$ +170° (c = 0,57), λ_{max} 239 mμ (log ε = 4,23); 61%; c) aus 717 mg **V** mit Kollidin in o-Xylol (24 Std. am Rückfluß); 443 mg (amorph). — *3.20-Dioxo-12α-hydroxy-17α-methylpregnan*, $C_{22}H_{34}O_3$, F. 150,5°, a) aus dem 12-Acetat mit sd. 6,8% ig. methanol. KOH (4 Std.); aus Ae.-Hexan Nadeln, $[\alpha]_D^{21}$ +43,6° (c = 1,17); 96,5%; b) aus **IVa** analog **IVb**, dann analog dem Acetat; 39%, daneben nach Acetylierung u. Chromatographie der Rückstände 14,3% Acetat. *12α-Acetat*, $C_{24}H_{36}O_4$, F. 162—163° (Hexan), aus rohem **IVb** mit Dimethyl-Cd in sd. absol. Ae. (1 Std.), Adsorption an Al_2O_3 u. Elution mit PAe.-Bzl. (1:1 u. 1:4), Bzl. u. Bzl.-Ae. (4:1); Prismen, $[\alpha]_D^{22}$ +94° (c = 0,88); 54%, daneben nach Elution mit Bzl -Ae. eine *Verb. vom F. 155,5—156°*, $[\alpha]_D^{22}$ +94,6° (c = 0,956). *12α-Tosylat*, C_{29}·$H_{40}O_5S$·CH_3OH, F. 78—79,5° (Zers.; CH_3OH), aus der Hydroxyverb. mit p-Toluolsulfonylchlorid in Pyridin (4 Tage bei 52°); $[\alpha]_D^{22}$ +39° (c = 0,95), λ_{max} 226 mμ (log ε = 3,93), zersetzlich; 43,8%. — *Δ^{11}-3.20-Dioxo-17α-methylpregnen* (**VI**), $C_{22}H_{32}O_2$, F. 150 bis 150,5°, aus vorst. Tosylat durch wiederholte Chromatographie an Al_2O_3; Prismen aus Hexan, $[\alpha]_D^{21}$ 22,5 (c = 0,79); 72%. — *Δ^4-3.20-Dioxo-12α-hydroxy-17α-methylpregnen*, $C_{22}H_{32}O_3$, F. 164—166° (Ae.-Hexan), aus vorvorst. Hydroxydiketon mit Br_2 in Essigsäure in Ggw. von HBr (30 Min.), Umsetzung des rohen Bromids mit Semicarbazid in Chlf.-tert.-Butanol unter CO_2, Hydrolyse des erhaltenen Semicarbazons [F. 205° (Zers.), λ_{max} 270 mμ (log ε = 4,4)] mit Brenztraubensäure in wss. Essigsäure, Adsorption an Al_2O_3, Elution mit Bzl. u. Bzl./Ae., Behandlung mit Zn-Staub in Essigsäure (1 Std. bei 100°), Adsorption an Al_2O_3 u. Elution mit PAe.-Bzl. (1:4), Bzl. u. Bzl./Ae.; $[\alpha]_D^{24}$ +100°

(c = 0,862), λ_{max} 241 mμ (log ε = 4,2); 30%. *12α-Tosylat* (**V**) $C_{29}H_{38}O_5S$, F. 137° (Zers.), analog aus 500 mg vorvorst. Tosylat, über das entsprechende Bromid (F. 91—93°) u. Semicarbazon (F. 140—144° (Zers.), λ_{max} 227 u. 269 mμ (log ε = 4,4 u. 4,43); aus Ae.-Hexan Prismen, $[\alpha]_D^{22}$ +82° (c = 0,77), λ_{max} 229 mμ (log ε = 4,25), Schulter bei 242 mμ; 63 mg. — Die IR-Maxima von **I** u. **VI** sowie die graph. Darst. der Steroidtosylate sind angegeben. (J. Amer. chem. Soc. **78**. 6153—62. 5/12. 1956.)

G. SCHMIDT-KASTNER. 3750

Ch. R. Engel, *Steroide und verwandte Produkte.* 7. Mitt. *Synthese von 17α-Methylcorticosteron.* (6. vgl. vorst. Ref.) 11-Dehydro-17α-methylcorticosteron (I) wird mit Äthylenglykol/p-Toluolsulfonsäure in ein Gemisch ein- u. zweifach ketalisierter Verbb. übergeführt, dieses ohne Trennung in die Komponenten mit $NaBH_4$ red. u. aus dem Reduktionsgemisch nach der Entketalisierung mit Aceton u. p-Toluolsulfonsäure *17α-Methylcorticosteron* (**II**) isoliert. Als Nebenprodd. werden nach Verseifung der gebildeten *20.21-Acetonide* u. Acetylierung *Δ⁴-3.11-Diketo-20ξ.21-diacetoxy-17α-methylpregnen* u. *Δ⁴-3-Keto-11β-hydroxy-20ξ.21-diacetoxy-17α-methylpregnen* erhalten. Die saure Hydrolyse der ketalisierten Ketolseitenkette des rohen Reduktionsprod. verläuft nicht glatt. **II**-Acetat besitzt ca. 40% der glucocorticoiden Wrkg. von Cortisonacetat.

Versuche (FF. korr., in evakuierter Capillare): *Gemisch* aus *Δ⁵-17α-Methyl-21-hydroxy-3.11.20-triketopregnen-3.11-bis-, -3.20-bis-* u. *-3-monoäthylenketal*, aus 1,127 g **I** mit Äthylenglykol u. p-Toluolsulfonsäure in sd. absol. Bzl. (6 Std.) amorph; 1,447 g (Ausbeute) u. 39 mg Kristalle von F. 105°, $[\alpha]_D^{27}$ —0,8° (c = 10,55; Chlf.-Pyridin). — *Gemisch aus Δ⁵-17α-Methyl-20ξ.21-dihydroxy-3.11-diketopregnen-3.11-bis-[äthylenketal], Δ⁵-17α-Methyl-11β.20ξ.21-trihydroxy-3-ketopregnen-3-äthlenketal* u. *Δ⁵-17α-Methyl-11β.21-dihydroxy-3.20-diketopregnen-3.20-bis-[äthylenketal]*, aus 1,435 g vorst. Gemisch mit $NaBH_4$ in sd. Tetrahydrofuran u. 2,5%ig. NaOH (41 Std.); amorph; 1,473. — *17α-Methylcorticosteron* (**II**), F. 203—205°, aus dem Acetat mit wss. $KHCO_3$ in Methanol (5 Tage bei Zimmertemp. unter N_2). *Acetat*, $C_{24}H_{34}O_5$, F. 193—195,5°, aus 298 bzw. 275 mg vorst. Gemisch in Aceton mit p-Toluolsulfonsäure unter CO_2 (36 Std. bei Zimmertemp. bzw. 5 std. Kochen), Abtrennen von 176 bzw. 111 mg zweitnachst. Acetonid u. Acetylierung; Nadeln aus Ae.-Aceton, $[\alpha]_D^{29}$ 119° (c = 0,924; Chlf.), λ_{max} 241 mμ (log ε = 4,2 in A.); 115 bzw. 90 mg. — *Δ⁴-3.11-Diketo-20ξ.21-diacetoxy-17α-methylpregnen*, Doppel-F. 188—192°/260° (Ae.-Hexan), aus 115 mg rohem nachst. Acetonid mit verd. Essigsäure (65 Min. auf dem Dampfbad unter CO_2), Acetylierung des Prod., Adsorption an Al_2O_3 u. Elution mit PAe.-Bzl. (1:4); λ_{max} 238 mμ (log ε = 4,5 in A.); 6 mg, daneben nach Elution mit Bzl. u. Bzl.-Ae. 23 mg nachst. Diacetats. — *Δ⁴-3-Keto-11β.20ξ.21-trihydroxy-17α-methylpregnen, 20.21-Diacetat*, F. 199,5—202,5°. *20.21-Acetonid*, $C_{25}H_{38}O_4$, F. 279—280°, Hauptprod. (unrein) bei der Darst. von **II**-Acetat; Nadeln aus CH_3OH, $[\alpha]_D^{28}$ +109,6° (c = 0,505; Chlf.), λ_{max} 242 mμ (log ε = 4,2; A.). *20.21-Acetonid-11-acetat*, F. 267—275°. — Die IR-Spektren aller Prodd. sind angegeben. (Canad. J. Chem. **35**. 131—40. Febr. 1957.)

G. SCHMIDT-KASTNER. 3750

G. Just und **Ch. R. Engel**, *Steroide und verwandte Produkte.* 9. Mitt. *Einführung der Δ¹¹-Doppelbindung.* 1. Mitt. (8. vgl. Endocrinology **61**. [1957.] 318; 7. vgl. vorst. Ref.) Bei der Chromatographie an aktiviertem schwach alkal. Al_2O_3 werden 12α-Tosyloxysteroide in die entsprechenden *Δ¹¹-Dehydroverbb.* übergeführt. Während die Umwandlung von 12α-Tosyloxy-17α-methylprogesteron (I) in *17α-Methyl-Δ¹¹-dehydroprogesteron* (vgl. vorvorst. Ref.) u. von 12α-Tosyloxy-3.20-diketopregnan (II) in *Δ¹¹-3.20-Diketopregnen* bei Zimmertemp. erfolgt, werden für die Umwandlung von 12α-Tosyloxyprogesteron (III) in *Δ¹¹-Dehydroprogesteron* höhere Tempp. benötigt. Die leichtere Abspaltbarkeit des Tosyloxyrestes in **I** u. **II** wird ster. erklärt: die 17α-Methylgruppe in **I** sowie der Ring A in **II** (A/B-cis) stehen senkrecht auf der durch die Ringe B/C/D gebildeten Ebene u. fördern die Abspaltung der ebenfalls senkrecht stehenden 12α-Tosyloxygruppe. Hingegen bleibt die isoliert auf der Ebene des Ringsyst. stehende 12α-Tosyloxygruppe in **III** unbeeinflußt.

Versuche (FF. korr.): *3α-Hydroxy-12α-acetoxy-20-ketopregnan*, F. 199—201°, aus dem Diacetat durch Hydrolyse nach REICHSTEIN (Helv. chim. Acta **23**. [1940.] 747); 92,3% (Ausbeute). — *12α-Hydroxy-3.20-diketopregnan*, $C_{21}H_{32}O_3$, F. 180,5—181°, aus **IV** mit K_2CO_3 in sd. wss. Methanol (4 Std.); Nadeln, $[\alpha]_D^{25}$ 123° (c = 0,976; A.); 87%. *12α-Acetat* (**IV**), $C_{23}H_{34}O_4$, F. 130—131°, aus vorst. Verb. durch CrO_3-Oxydation; Prismen, $[\alpha]_D^{23}$ +159° (c = 0,925; Chlf.); 81%. *12α-Tosylat* (**II**), F. 120—125°, aus 1,235 g Alkohol mit p-Toluolsulfonylchlorid in Pyridin (6 Tage bei 40°) u. Chromatographie an saurem Al_2O_3 (p_H 6,5); λ_{max} 227 mμ (log ε = 4,8; A.); 1,774 g (roh). — *Δ¹¹-3.20-Diketopregnen*, $C_{21}H_{30}O_2$, F. 133—134°, aus 611 mg **II** durch Adsorption an alkal. Al_2O_3 (p_H 7,5—8), Elution mit Bzl. u. Bzl.-Ae., Wiederholung der Chromatographie u. Sublimation im Hochvakuum bei 102—103°; $[\alpha]_D^{24}$ 91,2° (c = 0,535; Chlf.); 426 mg (roh). — *12α-Hydroxyprogesteron*, F. 192—194°, aus dem Acetat mit K_2CO_3 in sd. wss. Methanol (4 Std.); 100%. *12α-Acetat*, $C_{23}H_{32}O_4$, F. 180,5—182° (Ae.–Hexan), aus dem Semicarbazon in wss. Essigsäure mit 1,66n Brenztraubensäure unter CO_2; $[\alpha]_D^{22}$ +214°; 96% (bezogen auf nachst. Verb.). *Acetatsemicarbazon*, F. 200—203°, aus 1,6 g nachst. Verb. in Chlf.–tert.-Butanol mit Semicarbazid; 1,409 g. *12α-Tosylat* (III), $C_{28}H_{36}O_5S$, F. 175—175,5° (Zers.; Ae.–Hexan), aus 2,006 g Hydroxyverb. analog II; $[\alpha]_D^{23}$ +117° (c = 0,932; Chlf.), λ_{max} 228 mμ (log ε = 4,4; A.), Schulter bei 242 mμ (log ε = 4,2); 1,49 g. — *4β-Brom-12α-acetoxy-3.20-dioxopregnan*, F. 175—176,5°, aus IV mit Br_2 in Essigsäure; 78,5%. —*Δ¹¹-Dehydroprogesteron*, $C_{21}H_{28}O_2$, F. 169—171° (Ae.–Hexan), aus 193 mg III durch Adsorption aus Bzl. an schwach alkal. Al_2O_3 (p_H 7,5), Erwärmen der Säule (5 Std. bei 45°), Elution mit Bzl.–Ae. (4:1 u. 1:1) u. Wiederholung der Chromatographie; λ_{max} 239 mμ (log ε = 4,2 in A.); 51 mg. — Die IR-Maxima der Dehydroverbb. sind angegeben. (J. org. Chemistry **23**. 12—15. Jan. 1958.)

G. SCHMIDT-KASTNER. 3750

Ch. R. Engel und **H. Jahnke,** *Steroide und verwandte Produkte.* 10. Mitt. *17α-Brom-progesteron, ein neues wirksames Gestagen.* (9. vgl. vorst. Ref.) Zur Synth. von *17α-Brom-progesteron* (I) wird das aus Δ^5-3β-Acetoxy-20-oxopregnen (II) nach FIESER u. HUANG-MINLON (J. Amer. chem. Soc. **71**. [1949.] 1840) hergestellte *5α.6β.17α-Tribrom-3β-acetoxy-20-oxoallopregnan* (III) mit HCl in Methanol–CH_2Cl_2 verseift, die 3β-Hydroxygruppe mit CrO_3 zur Ketogruppe oxydiert, mit NaJ in absol. Aceton selektiv debromiert u. das so erhaltene *Δ⁵-17α-Brom-3.20-dioxopregnen* (IV) mit Säure zu I isomerisiert. III kann auch zuerst selektiv debromiert, dann verseift u. zu IV oxydiert werden. I ist im MCPHAIL-Test auf gestagene Wrkg. doppelt so wirksam wie Progesteron u. übertrifft 21-Bromprogesteron um ein Mehrfaches.

Versuche (FF. korr., in evakuierter Capillare): *5α.6β.17α-Tribrom-3β-hydroxy-20-oxoallopregnan*, F. 121—123° (Zers.; Rohprod.), nach Kristallisation der instabilen Verb. aus CH_2Cl_2–CH_3OH, F. 93—96°, aus III mit 1% ig. methanol. HCl in CH_2Cl_2 (24 Std. im Dunkeln); 57% (Ausbeute). *Acetat* (III), F. 156—157°, aus II mit sd. Acetanhydrid u. p-Toluolsulfonsäure (8 Std.), Chromatographie des Prod. an Al_2O_3 u. Bromierung des erhaltenen Enolacetats in Essigsäure in Ggw. von K-Acetat bei Zimmertemp.; 90% (Umsatz). — *5α.6β.17α-Tribrom-3.20-dioxoallopregnan* (V), F. 92—93° (Zers.; Methanol), a) aus vorst. Verb. mit CrO_3 in Essigsäure (18 Std.); 66%; b) aus 1,4 g vorst. Verb. in Aceton mit CrO_3 in wss. H_2SO_4 (24 Std. bei 0°); 1,4 g (roh). — *Δ⁵-17α-Brom-3β-hydroxy-20-oxopregnen*, $C_{21}H_{31}BrO_2$, F. 143,5—144,5°, aus dem Acetat, a) mit absol. methanol. HCl (24 Std.); 84%; b) mit 72% ig. $HClO_4$ in Methanol (24 Std.); Plättchen aus wss. Methanol, nadelähnliche Kristalle aus wss. Aceton, $[\alpha]_D^{26}$ −118° (c = 1,852; Chlf.). *Acetat*, $C_{23}H_{33}BrO_3$, F. 146—147° (CH_2Cl_2–Methanol), aus III mit NaJ in sd. absol. Aceton (10 Min. unter N_2); 92%. — *Δ⁵-17α-Brom-3.20-dioxopregnen* (IV), F. 100—101° (unrein), a) aus 1,4 g V mit NaJ in sd. absol. Aceton (10 Min.); 985 mg (roh); b) aus vorst. Verb. in absol. Aceton mit CrO_3 in wss. H_2SO_4 (5 Min. unter N_2); nadelähnliche Kristalle; 84%. — *17α-Bromprogesteron* (I), $C_{21}H_{29}BrO_2$, F. 162—163° (CH_2Cl_2–Hexan), aus 985 mg IV in sd. Methanol in Ggw. von konz. HCl (5 Min.), Adsorption an Silicagel u. Elution mit 2% ig. Äthylacetat–Bzl.; $[\alpha]_D^{24}$ +20° (c = 0,949; Chlf.), λ_{max} 241 mμ (log ε = 4,2 in A.); 780 mg. — *16-Dehydroprogesteron*, F. 184,5—185,5° (Ae.–Hexan), aus 50 mg I mit sd. γ-Kollidin (1 Std.); λ_{max} 234 mμ (log ε = 4,4 in Ae.), ν_{max} 1674, 1612, 1655 u. 1586 cm^{-1} (KBr); 25 mg (roh). — Das IR-Spektr. von I ist graph. angegeben. (Canad. J. Biochem. Physiol. **35**. 1047—55. Nov. 1957.)

G. SCHMIDT-KASTNER. 3750

R. Schwyzer und **P. Sieber,** *Ein synthetisches Analogon des Gramicidins S: c-(Val–Lys–Leu–Phe–Pro)₂, (L–L–L–D–L)₂.* 6. Mitt. *über homodet cyclische Polypeptide.* (5. vgl. C. **1959**. 12520.) Auf ähnlichem Wege wie Gramicidin S (I; vgl. 2. u. 4. Mitt. C. **1957**. 1686 bzw. C. **1958**. 5972) wurde ein Analogon synthetisiert, das statt L-Ornithin *L-Lysin* enthält. Carbobenzoxy(Cbo)-L-valin u. N^ε-[p-Tosyl]-L-lysinmethylester wurden in Ggw. von $POCl_3$ u. Triäthylamin in *Cbo-L-valyl-N^ε-[p-tosyl]-L-lysinmethylester* übergeführt, aus dem wie üblich das *Azid* hergestellt wurde. Dieses gab durch Umsetzung mit dem Tripeptidester L-Leucyl-D-phenylalanyl-L-prolinmethylester das in 2 Kristallmodifikationen auftretende Pentapeptidderiv. *Cbo-L-valyl-N^ε-[p-tosyl]-L-lysyl-L-leucyl-D-phenylalanyl-L-prolinmethylester*, aus dem durch katalyt. Decarbobenzoxylierung, Tritylierung des erhaltenen *Methylesterhydrochlorids* (II) u. Verseifung *Trityl-L-valyl-N^ε-[p-tosyl]-L-lysyl-L-leucyl-D-phenylalanyl-L-prolin* dargestellt wurde. Dieses ergab durch Umsetzung mit dem freien Pentapeptidmethylester (aus II) in Ggw. von Dicyclohexylcarbodiimid das Dekapeptidderiv. *Trityl-L-valyl-N^ε-[p-tosyl]-L-lysyl-L-leucyl-D-phenylalanyl-L-prolyl-L-valyl-N^ε-[p-tosyl]-L-lysyl-L-leucyl-D-phenylalanyl-L-prolinmethylester.* Verseifung lieferte das *Tritylditosyldekapeptid*, welches über seinen *p-Nitrophenylester* u. dessen tritylfreies *Trifluoracetat* in Dimethylformamid (DMFA) cyclisiert wurde. Aus dem so erhaltenen *Ditosyl*-I-Analogon wurden mit Na/fl. NH_3 die beiden Toslyreste entfernt u. das entstandene *Cyclo-[L-valyl-L-lysyl-L-leucyl-D-phenylalanyl-L-prolyl-L-valyl-L-lysyl-L-leucyl-D-phenylalanyl-L-prolyl]* durch Kristallisation u. multiplikative Verteilung gereinigt. Es ist ähnlich antibiot. wirksam wie **I.**

Versuche: *N^{ε}-[p-Tosyl]-L-lysinmethylesterhydrochlorid*, $C_{14}H_{23}ClN_2O_4S$, F. 135° (A. + Ae.), durch Sättigen der absol. methanol. Lsg. von N^{ε}-[p-Tosyl]-L-lysin (ROESKE u. Mitarbeiter, C. **1957.** 11554) mit HCl unter Rühren u. Kühlen mit Eis–Kochsalz, 1 std. Stehen bei Raumtemp., Eindampfen u. Wiederholen der Operation; 97% (Ausbeute). — *Cbo-L-valyl-N^{ε}-[p-tosyl]-L-lysinmethylester*, $C_{27}H_{37}N_3O_7S$, F. 130° (Aceton–Ae.), a) durch Zugabe von $POCl_3$ zu Cbo-L-valin, vorst. Verb. u. $(C_2H_5)_3N$ in Tetrahydrofuran unter Rühren bei −5° u. 2 std. Rühren unter Eiskühlung; 83%; b) aus Cbo-L-valin-p-nitrophenylester u. vorst. Verb.; $[\alpha]_D^{18}$ −8° ± 4° (c = 0,958; Eisessig); 67%. — *Cbo-L-valyl-N^{ε}-[p-tosyl]-L-lysinhydrazid*, $C_{26}H_{37}N_5O_6S$, F. 209°, aus vorst. Verb. u. Hydrazinhydrat in absol. A., 40 Std. unter Rückfluß; 70% neben 19% Ausgangsprodukt. — *Cbo-L-valyl-N^{ε}-[p-tosyl]-L-lysyl-L-leucyl-D-phenylalanyl-L-prolinmethylester*, $C_{47}H_{64}N_6O_{10}S$, F. 208 bis 208,5° u. 142—143°, aus vorst. Verb. u. $NaNO_2$ in Essigsäure/HCl u. Behandeln des *Azids* mit *L-Leucyl-D-phenylalanyl-L-prolinmethylester* [aus dem Hydrochlorid nach HARRIS u. Mitarbeiter (Nature [London] **161.** [1948.] 804) u. Na-Äthylat] in Essigester, 7 Tage bei 0°; $[\alpha]_D^{23}$ −47°, −48° ± 4° (c = 1,056; Eisessig); 55%; daneben aus den Mutterlaugen eine Modifikation vom F. 142—143° {$[\alpha]_D^{23}$ −48°, −49 ± 4° (c = 1,146; Eisessig); 15%}, die durch Impfen in die vom F. 208° übergeht. — *L-Valyl-N^{ε}-[p-tosyl]-L-lysyl-L-leucyl-D-phenylalanyl-L-prolinmethylesterhydrochlorid* (II), $C_{39}H_{59}ClN_6O_8S$, F. 140 (A./Ae.), durch katalyt. Hydrierung vorst. Verb. in Eisessig–HCl an Pd-Kohle; 98%. — *Trityl-L-valyl-N^{ε}-[p-tosyl]-L-lysyl-L-leucyl-D-phenylalanyl-L-prolinmethylester*, $C_{58}H_{72}N_6O_8S$, F. 111° (Essigester/Ae./PAe.), durch Zugabe von Triphenylchlormethan zu II u. $(C_2H_5)_3N$ in Chlf. u. 6 std. Stehen bei Raumtemp.; $[\alpha]_D^{24}$ −27°; −28 ± 4° (c = 0,9795; Methanol); 95%. — *Trityl-L-valyl-N^{ε}-[p-tosyl]-L-lysyl-L-leucyl-D-phenylalanyl-L-prolin*, $C_{57}H_{70}N_6O_8S$, F. 138° (Bzl./Ae./PAe.), durch 2 std. Verseifen vorst. Verb. mit NaOH in Methanol bei 36° u. Fällen mit Citronensäure; $[\alpha]_D^{22}$ −34°, −36° ± 3° (c = 1,4; CH_3OH) 93%. — *Trityl-L-valyl-N^{ε}-[p-tosyl]-L-lysyl-L-leucyl-D-phenylalanyl-L-prolyl-L-valyl-N^{ε}-[p-tosyl]-L-lysyl-L-leucyl-D-phenylalanyl-L-prolinmethylester*, $C_{96}H_{126}N_{12}O_{15}S_2$, F. 117° (Bzl.–PAe.), aus der freien Base von II [aus II u. $(C_2H_5)_3N$ in Essigester] u. vorst. Verb. in Acetonitril in Ggw. von Dicyclohexylcarbodiimid (1 Tag bei Zimmertemp.) u. Reinigung des Rohprod. durch Chromatographie an Al_2O_3; $[\alpha]_D^{23}$ 48°, −49 ± 4° (c = 0,855; CH_3OH); 95%. — *Trityl-L-valyl-N^{ε}-[p-tosyl]-L-lysyl-L-leucyl-D-phenylalanyl-L-prolyl-L-valyl-N^{ε}-[p-tosyl]-L-lysyl-L-leucyl-D-phenylalanyl-L-prolin*, $C_{95}H_{124}N_{12}O_{15}S_2$, F. 137 bis 138° (Essigester/PAe.), durch 1³/₄ std. Verseifen vorst. Esters mit NaOH in Methanol–Dioxan bei 37° u. Fällen mit Citronensäure; $[\alpha]_D^{22}$ −61°, −62 ± 4° (c = 1,119; CH_3OH); 88%. — *Trityl-L-valyl-N^{ε}-[p-tosyl]-L-lysyl-L-leucyl-D-phenylalanyl-L-prolyl-L-valyl-N^{ε}-[p-tosyl]-L-lysyl-L-leucyl-D-phenylalanyl-L-prolin-p-nitrophenylester*, aus vorst. Verb. u. Bis-[-p-nitrophenyl]-sulfit in Pyridin, 24 Std. bei Raumtemp.; 102%. — *L-Valyl-N^{ε}-[p-tosyl]-L-lysyl-L-leucyl-D-phenylalanyl-L-prolyl-L-valyl-N^{ε}-[p-tosyl]-L-lysyl-L-leucyl-D-phenylalanyl-L-prolin-p-nitrophenylestertrifluoracetat*, durch Lösen vorst. Verb. in Trifluoressigsäure u. Versetzen mit W. bei −5 bis −10°, ¹/₄ std. Stehen u. Gefriertrocknung; 93%. — *Cyclo-(L-valyl-N^{ε}-[p-tosyl]-L-lysyl-L-leucyl-D-phenylalanyl-L-prolyl-L-valyl-N^{ε}-(p-tosyl)-L-lysyl-L-leucyl-D-phenylalanyl-L-prolyl]*, $C_{76}H_{108}N_{12}O_{15}S_2 \cdot ½\, H_2O$, F. 266 bis 269° (Zers.; verd. Methanol), durch Zutropfen der Lsg. vorst. Verb. in DMFA u. Eisessig innerhalb 4 Std. unter Rühren bei 55° zu Pyridin u. 2 std. Rühren bei 55°; Reinigung des Eindampfrückstandes an Ionenaustauschern Merck I u. III gab 34% Rohprod., das durch 48 stufige Verteilung zwischen CCl_4/Methanol/W. (10:9:1) gereinigt wurde; Prismen; $[\alpha]_D^{22}$ −226 ± 4° (c = 1; Eisessig); 21%. — *Cyclo-[L-valyl-L-lysyl-L-leucyl-D-phenylalanyl-L-prolyl-L-valyl-L-lysyl-L-leucyl-D-phenylalanyl-L-prolyl] (Bis-homogramicidin S), Dihydrochlorid*, $C_{62}H_{98}Cl_2N_{12}O_{10} \cdot H_2O$, aus vorst. Verb. in Na in fl. NH_3; Nadeln aus 2 n HCl/Methanol; verhält sich bei 30 stufiger Verteilung zwischen Chlf./Methanol/0,01 n HCl (10:7:3) einheitlich; K = 1,05. (Helv. Chim. Acta **41.** 1582—87. 15/10. 1958. Basel, CIBA AG, Forschungslabor., Pharmazeut. Abt.) R. HOSSBACH. 3900

R. Schwyzer und **P. Sieber**, *Verdoppelungsreaktionen beim Ringschluß von Peptiden.* 1. Mitt. *Synthese von Gramicidin S und von Bis-homogramicidin S aus den Pentapeptideinheiten.* 7. Mitt. *über homodet cyclische Polypeptide.* (6. vgl. vorst. Ref.) Beim Vers., die p-Nitrophenylester der Pentapeptide L-Valyl-N^{ε}-[p-tosyl]-L-lysyl-L-leucyl-D-phenylalanyl-L-prolin u. L-Valyl-N^{δ}-[p-tosyl]-L-ornithyl-L-leucyl-D-phenylalanyl-L-prolin zu Cyclopentapeptiden zu cyclisieren, entstanden durch Verdoppelungs-Rkk. die entsprechenden Cyclodekapeptide *Bis-homogramicidin S* (l. c.) u. *Gramicidin S* (C. **1958.** 5972). Die Tendenz zur cyclisierenden Verdoppelung scheint bei Peptidderivv. mit ungerader Anzahl von Aminosäureresten bes. groß zu sein, wie aus der Betrachtung der Darstellungsmethoden cycl. Oligopeptide hervorgeht (Literaturübersicht). Sie scheint durch bes. günstige Konstellationen u. ster. Verhältnisse der Übergangs- u. der durch Verdoppelung entstehenden Endprodd. hervorgerufen zu werden.

Versuche: *Trityl-L-valyl-N^{ε}-[p-tosyl]-L-lysyl-L-leucyl-D-phenylalanyl-L-prolin-p-nitrophenylester*, durch 1tägiges Stehen von Trityl-L-valyl-N^{ε}-[p-tosyl]-L-lysyl-L-leucyl-D-phenylalanyl-L-prolin (l. c.) u. Bis-[p-nitrophenyl]-sulfit (I) in Pyridin u. Ausfällen mit Citronensäure bei 0°; 93% (Ausbeute von 96,5% ig. Reinheit). — *L-Valyl-N^{ε}-[p-tosyl]-L-lysyl-L-leucyl-D-phenylalanyl-L-prolin-p-nitrophenylestertrifluoracetat*, durch Zugeben von W. zur Lsg. vorst. Verb. in Trifluoressigsäure u. Gefriertrocknung; 98%. — *Cyclo-[L-valyl-N^{ε}-[p-tosyl]-L-lysyl-L-leucyl-D-phenylalanyl-L-prolyl-L-valyl-N^{ε}-[p-tosyl]-L-lysyl-L-leucyl-D-phenylalanyl-L-prolyl]*, $C_{76}H_{108}N_{12}O_{14}S_2 \cdot H_2O$, F. 263° (Zers.), durch Zutropfen vorst. Verb. in Dimethylformamid (DMFA) unter Zusatz von Eisessig zu Pyridin bei 55° (Verdünnungsprinzip); nach Reinigung (l. c.) an Ionenaustauschern 27% (roh), nach 30stufiger Verteilung zwischen CCl_4/Methanol/W. (10 : 9 : 1) 22%; $[\alpha]_D^{22}$ −225°, −227 ± 4° (c = 0,622; Eisessig). — *Trityl-L-valyl-N^{δ}-[p-tosyl]-L-ornithyl-L-leucyl-D-phenylalanyl-L-prolin-p-nitrophenylester*, amorph, aus 450 mg Trityl-L-valyl-N^{δ}-[p-tosyl]-L-ornithyl-L-leucyl-D-phenylalanyl-L-prolin (l. c.) u. 300 mg I in 1 ml Pyridin u. 3tägiges Aufbewahren; 450 mg mit 79% Estergehalt. — *Cyclo-[L-valyl-N^{δ}-[p-tosyl]-L-ornithyl-L-leucyl-D-phenylalanyl-L-prolyl-L-valyl-N^{δ}-[p-tosyl]-L-ornithyl-L-leucyl-D-phenylalanyl-L-prolyl], Dihydrat*, F. 318° (Zers.; Methanol/W.), durch Entfernen des Tritylrestes vorst. Verb. mit Trifluoressigsäure–W. (l. c.) u. Zutropfen des in DMFA gelösten *Trifluoracetats* zu Pyridin bei 55°; $[\alpha]_D^{23}$ −191°, −189 ± 10° (c = 1; Eisessig). (Helv. chim. Acta **41.** 2186–89. 1/12. 1958.) R. HOSSBACH. 3900

R. Schwyzer und **P. Sieber**, *Verdoppelungsreaktionen beim Ringschluß von Peptiden.* 2. Mitt. *Cycloglycylglycyl-DL-phenylalanylglycylglycyl-DL-phenylalanyl. Verwendung aktivierter Ester zur Synthese makrocyclischer Peptide. Molekulargewichtsbestimmungen in Dimethylsulfoxyd.* 8. Mitt. *über homodet cyclische Polypeptide.* (1. bzw. 7. vgl. vorst. Ref.) Vff. versuchten, das von WINITZ u. FRUTON (C. **1954.** 4594) bei der katalyt. Hydrierung von Carbobenzoxy (Cbo)-DL-phenylalanylglycylglycinazid erhaltene u. als Cyclo-[glycylglycyl-DL-phenylalanyl] bezeichnete Prod. durch Cyclisierung aktivierter Tripeptide darzustellen. Es wurden die *Hydrochloride* von *Glycylglycyl-DL-phenylalanin-p-methansulfonylphenylester* (**I**), *Glycyl-DL-phenylalanylglycin-p-methansulfonylphenylester* (**II**) (**I** u. **II** durch katalyt. Hydrierung der entsprechenden Cbo-Verbb.), das *Hydrobromid* von *Glycyl-DL-phenylalanylglycin-p-nitrophenylester* (**III**) (aus der Cbo-Verb. u. HBr in Eisessig) u. das *Hydrochlorid* von *Glycyl-DL-phenylalanylglycincyanmethylester* (**IV**) (aus der Tritylverb. u. HCl in CH_3CN) hergestellt. Diese Hydrohalogenide ergaben bei der Cyclisierung in Pyridin das gleiche *Cyclohexapeptid*, das auch durch Cyclisierung des durch Synth. erhaltenen *Glycylglycyl-DL-phenylalanylglycylglycyl-DL-phenylalanin-p-methansulfonylphenylesterhydrochlorids* (**X**) erhalten wurde. Zur kryoskop. Mol.-Gew.-Best. erwies sich Dimethylsulfoxyd als sehr geeignet.

Versuche: *Carbobenzoxy (Cbo)-DL-phenylalanin-p-cyanphenylester*, $C_{24}H_{20}N_2O_4$, F. 88,5–89° (Ae./PAe.), durch 7std. Stehen von Cbo-DL-phenylalanin u. Bis-[p-cyanphenyl]-sulfit (C. **1957.** 9326) in Pyridin bei Raumtemp.; 91% (Ausbeute). — *Cbo-DL-phenylalanylglycinäthylester*, $C_{21}H_{24}N_2O_5$, F. 100–100,5° (CCl_4), durch 7std. Stehen vorst. Esters u. Glycinäthylesterhydrochlorid in Tetrahydrofuran (THF) u. in Ggw. von Spuren Eisessig bei Raumtemp.; 86%. — *DL-Phenylalanylglycinäthylesterhydrochlorid* (**V**), $C_{13}H_{19}ClN_2O_3$, F. 152–153° (Essigester), durch Hydrierung vorst. Esters in Methanol/HCl an Pd-Kohle; 84%. — *Cbo-glycyl-DL-phenylalanylglycinäthylester*, F. 130–130,5° (Essigester), durch 24std. Stehen von **V** u. Cbo-glycincyanmethylester in THF u. $(C_2H_5)_3N$ in Ggw. von Eisessig; 79%. — *Cbo-glycyl-DL-phenylalanylglycin* (**VI**), F. 143–144° (Essigester), durch Verseifen vorst. Esters mit NaOH in Dioxan; 83%. — *Cbo-glycyl-DL-phenylalanylglycin-p-methansulfonylphenylester* (**VII**), $C_{28}H_{29}N_3O_8S$, F. 161–162,5° (Aceton/Ae.), durch 24std. Stehen von **VI** u. Bis-[p-methansulfonylphenyl]-sulfit (**VIII**) (l. c.) in Pyridin bei Raumtemp. u. Verreiben mit HCl; 80%. — *Cbo-glycyl-DL-phenylalanylglycinamid*, $C_{21}H_{24}N_4O_5$, F. 161,5–162° (Essigester), wie vorst. Rk. u. Behandeln des Reaktionsprod. mit wss. NH_4OH. — *Glycyl-DL-phenylalanylglycin-p-methansulfonylphenylester* (**II**), *Hydrochlorid*, durch Hydrieren von **VII** in Methanol/HCl an Pd-Kohle; hygroskop. Pulver; 94%. — *Cbo-glycyl-DL-phenylalanylglycin-p-nitrophenylester*, $C_{27}H_{26}N_4O_8$, F. 171–172° (Aceton/Ae.), durch 19std. Stehen von **VI** u. Bis-[p-nitrophenyl]-sulfit (l. c.) in Pyridin bei Raumtemp. u. Gießen in n-HCl; 73%. — *Glycyl-DL-phenylalanylglycin-p-nitrophenylester* (**III**), *Hydrobromid*, durch 1¼ std. Stehen vorst. Verb. in 1,6n HBr/Eisessig bei Raumtemp.; 92%. — *Cbo-glycylglycyl-DL-phenylalanin-p-methansulfonylphenylester*, $C_{28}H_{29}N_3O_8S$, F. 90—92° (Methanol), durch 21 std. Stehen von Cbo-glycylglycyl-DL-phenylalanin (**IX**) u. **VIII** in Pyridin bei Raumtemp. u. Gießen in verd. HCl; 57%. — *Glycylglycyl-DL-phenylalanin-p-methansulfonylphenylester* (**I**), *Hydrochlorid*, durch Hydrierung vorst. Verb. in Methanol/n-HCl an Pd-Kohle; 100%. — *Tritylglycyl-DL-phenylalanylglycinäthylester*, $C_{34}H_{35}N_3O_4$, F. 153 bis 154° (aus Methanol Prismen), durch Rühren von **V** u. Tritylglycincyanmethylester in THF u. Eisessig über Nacht u. Ausfällen mit W.; 60%. — *Tritylglycyl-DL-phenylalanylglycin*, $C_{32}H_{31}N_3O_4$, F. 130—132° (aus CCl_4 u. Bzl. Nadeln), durch Verseifen vorst. Esters mit NaOH in Dioxan, 2½ Std. bei Raumtemp. u. ½ Std. bei 36°; 95%. — *Tritylglycyl-DL-phenylalanylglycincyanmethylester*, $C_{34}H_{32}N_4O_4$, F. 164—165,5° (Essigester/PAe.), aus vorst. Verb., Chloracetonitril u. $(C_2H_5)_3N$; 88,5%. — *Glycyl-DL-phenylalanylglycincyanmethylester* (**IV**), *Hydrochlorid*, aus vorst. Ester u. HCl in sd. Acetonitril; amorph. — *Cbo-glycylglycyl-DL-phenylalaninäthylester*, $C_{23}H_{27}N_3O_6 \cdot H_2O$, F. 105° (Methanol/W.), durch 3 std. Rk. von Cbo-glycylglycin u. Phenylalaninäthylester (aus dem Hydrochlorid u. Na-Methylat) mit Dicyclohexylcarbodiimid in Acetonitril bei 0° u. Stehen über Nacht bei Raumtemp.; 86%. — *Cbo-glycylglycyl-DL-phenylalanin* (**IX**), F. 128—129°, durch Verseifen vorst. Verb. mit NaOH in Methanol/Dioxan. — *Glycylglycyl-DL-phenylalaninäthylesterhydrochlorid*, $C_{15}H_{22}ClN_3O_4$, F. 139—140° (absol. A./absol. Essigester), durch Hydrierung vorvorst. Esters in Methanol/HCl an Pd-Kohle; 100%. — *Cbo-glycylglycyl-DL-phenylalanylglycylglycyl-DL-phenylalaninäthylester*, $C_{36} \cdot H_{42}N_6O_9$, F. 180—181° (Dioxan/W.), durch Zugabe von Chlorameisensäureäthylester zu **IX** in Dimethylformamid (DMFA) u. bei —10 bis —15°, Versetzen nach 10 Min. mit einer Suspension vorst. Verb. in DMFA u. $(C_2H_5)_3N$, 1 std. Stehen bei Raumtemp. u. 5 Min. bei 60° u. Auskochen mit Essigester; 66%; oder mit Dicyclohexylcarbodiimid in geringer Ausbeute. — *Cbo-glycylglycyl-DL-phenylalanylglycylglycyl-DL-phenylalanin*, durch 50 Min. langes Verseifen vorst. Verb. in Dioxan–Methanol mit NaOH bei Zimmertemp.; 90%. — *Cbo-glycylglycyl-DL-phenylalanylglycylglycyl-DL-phenylalanin-p-methansulfonylphenylester*, durch 15 std. Stehen vorst. Verb. mit **VIII** in DMFA u. Pyridin bei Raumtemp. u. Ansäuern mit HCl; 99%. — *Glycylglycyl-DL-phenylalanylglycylglycyl-DL-phenylalanin-p-methansulfonylphenylesterhydrochlorid* (**X**), durch Hydrierung vorst. Verb. in wss. Methanol (Pd-Kohle); 95%. — *Cyclo-[glycylglycyl-DL-phenylalanylglycylglycyl-DL-phenylalanyl]*, $C_{26}H_{30}N_6O_6$, F. ca. 300° (Zers.), durch Eintropfen der DMFA-Lsg. der Peptidesterhydrohalogenide in Pyridin bei 95°; aus **I**·HCl 25%, aus **II**·HCl 40—46%, aus **III**·HBr 29—38%, aus **IV**·HCl 20%; b) analog aus **X** 13%; Reinigung durch Ionenaustauscher u. Kristallisation; aus Methanol/W. u. Eisessig flache Nadeln. (Helv. chim. Acta **41**. 2190—99. 1/12. 1958.) R. HOSSBACH. 3900

R. Schwyzer und **B. Gorup**, *Verdoppelungsreaktionen beim Ringschluß von Peptiden.* 3. Mitt. *Cycloglycyl-L-leucylglycylglycylglycyl-L-leucylglycyl.* 9. Mitt. *über homodet cyclische Polypeptide.* (2. bzw. 8. vgl. vorst. Ref.) Bei der Cyclisierung von Glycyl-L-leucylglycin-p-nitrophenylesterhydrobromid (I) in Pyridin entsteht durch Verdoppelung das Cyclohexapeptid *Cyclo-[glycyl-L-leucylglycylglycylglycyl-L-leucylglycyl]*, das auch aus dem entsprechenden Hexapeptid-p-nitrophenylester erhalten wurde. Die Knüpfung neuer Peptidbindungen erfolgte mit Hilfe der Cyanmethylester als energiereicher Verbb. u. verläuft ohne Racemisierung.

Versuche: *Carbobenzoxy (Cbo)-glycin*, F. 119—121° (Chlf.), aus Glycin u. Chlorameisensäurebenzylester in 4n NaOH; 58% (Ausbeute). — *Cbo-glycincyanmethylester*, F. 67—69° (Essigester/PAe.), aus vorst. Verb., Chloracetonitril (**II**) u. Triäthylamin; 88%. — *Cbo-glycyl-L-leucinäthylester*, aus vorst. Verb., L-Leucinäthylesterhydrochlorid u. $(C_2H_5)_3N$ in Ggw. von wenig Eisessig in Tetrahydrofuran (THF), 48 Std. bei Zimmertemp.; Öl; 96%. — *Cbo-glycyl-L-leucin*, F. 100—102° (Essigester/PAe.), durch 2 std. Verseifen vorst. Esters mit methanol. NaOH bei Zimmertemp.; 96%. — *Cbo-glycyl-L-leucincyanmethylester*, aus vorst. Verb., **II** u. $(C_2H_5)_3N$; Öl; 93%. — *Cbo-glycyl-L-leucylglycinäthylester* (**III**), F. 105—107° (Essigester/PAe.), durch 48 std. Stehen vorst. Verb. mit Glycinäthylesterhydrochlorid, $(C_2H_5)_3N$ u. Eisessigspuren in THF; zur Reinigung multiplikative Verteilung zwischen CCl_4/Chlf./Methanol/W. (9 : 1 : 8 : 2); 95%. — *Cbo-glycyl-L-leucylglycin* (**IV**), F. 109—111° (Essigester/PAe.), durch 2 std. Verseifen von **III** mit methanol. NaOH bei Zimmertemp.; $[\alpha]_D^{20}$ —41,83° (1%; W.); 93%. — *Cbo-glycyl-L-leucylglycin-p-nitrophenylester*, F. 155,5—156,5° (Aceton/Ae.), durch 24 std. Stehen von **IV** mit Bis-[p-nitrophenyl]-sulfit (**V**) in Pyridin bei Zimmertemp. u. Gießen in n-HCl; 56%. — *Glycyl-L-leucylglycin-p-nitrophenylesterhydrobromid* (**I**), F. 112—115°

(Aceton/Ae.), durch 1std. Stehen vorst. Verb. in ca. 2,24n HBr/Eisessig; 67%. — *Cbo-glycyl-L-leucylglycincyanmethylester* (VI), F. 80—82° (Essigester/PAe.), aus IV, II u. $(C_2H_5)_3N$ wie üblich; 88%. — *Glycyl-L-leucylglycinäthylesterhydrobromid* (VII), durch 1std. Stehen von III in ca. 2,24n HBr/Eisessig; 98,4% (roh). — *Cbo-glycyl-L-leucylglycylglycyl-L-leucylglycinäthylester*, F. 186—188° (Methanol/Ae.), durch 48std. Stehen von VI u. VII in Ggw. von Triäthylamin, Spuren Eisessig u. THF bei Zimmertemp.; Reinigung durch multiplikative Verteilung zwischen CCl_4/Chlf./Methanol/W. (7 : 3 : 7 : 3); 79,1%. — *Cbo-glycyl-L-leucylglycylglycyl-L-leucylglycin*, F. 155—158° (Methanol/Ae.), durch 2std. Verseifen vorst. Esters mit methanol. NaOH bei Zimmertemp.; 65,7%. — *Cbo-glycyl-L-leucylglycylglycyl-L-leucylglycin-p-nitrophenylester*, durch 18std. Stehen vorst. Verb. mit V in Pyridin bei Zimmertemp.; 74,2% von 82%ig. Reinheit. — *Glycyl-L-leucylglycylglycyl-L-leucylglycin-p-nitrophenylesterhydrobromid* (VIII), durch 1std. Stehen vorst. Verb. in ca. 2,24n HBr/Eisessig bei Zimmertemp.; 77%. — *Cyclo-[glycyl-L-leucylglycylglycyl-L-leucylglycyl]*, F. 310—312° (Zers.; W.), a) durch Zutropfen der Lsg. von VIII in Dimethylformamid zu Pyridin unter Rühren bei 95°; b) analog aus I; Reinigung durch Ionenaustauscher; $[\alpha]_D^{25}$ —44,4 ± 4° (0,312%; Eisessig); a) 67,9%; b) 20,2%. (Helv. chim. Acta **41.** 2199—2205. 1/12. 1958.) R. HOSSBACH. 3900

Calvin L. Stevens, Bernard T. Gillis, James C. French und **Theodore H. Haskell,** *Eläomycin. Eine aliphatische α,β-ungesättigte Azoxyverbindung.* Ausführliche Wiedergabe der C. **1957.** 7370 referierten vorläufigen Mitteilung. *Eläomycin* wird als *4-Methoxy-3-[octen-(1)-yl-NON-azoxy]-butanol-(2)* bezeichnet. Nachzutragen ist die Beschreibung der Darst. von *N.O-Diacetyl-1-methoxy-2-aminobutanol-(3)*: *α-Benzyloxypropionylchlorid*, $Kp._{0,5}$ 78°, durch Rühren von O-Benzyl-DL-milchsäure mit $SOCl_2$ über Nacht; n_D^{25} 1,5080; $D.^{25}$ 1,1318; 93,3% (Ausbeute). *Anilid*, F. 74,5—75°. — *α-Benzyloxyäthyldiazomethylketon*, $Kp._{0,02}$ 55°, durch Zufügen vorst. Verb. zu CH_2N_2 in Ae. in 3½ Std.; n_D^{25} 1,5082; $D.^{25}$ 1,085; 92%. — *1-Methoxy-3-benzyloxybutanon-(2)*, $C_{12}H_{16}O_3$, $Kp._{1\mu}$ 65°, durch Behandlung vorst. Verb. in CH_3OH mit BF_3-Ätherat bei 0° (4½ Std.); n_D^{25} 1,5005; $D.^{25}$ 1,078; 70%. — *1-Methoxy-2-amino-3-benzyloxybutan*, $C_{12}H_{19}NO_2$, $Kp._{0,4}$ 80°, durch 2std. Erwärmen vorst. Verb. mit $NH_2OH \cdot HCl$ in A. auf dem Dampfbad u. Red. des Prod. mit $LiAlH_4$ in Ae.; n_D^{25} 1,5008; $D.^{25}$ 1,014; 59%. — *1-Methoxy-2-acetamido-3-acetoxybutan*, $C_9H_{17}NO_4$, $Kp._{0,1\mu}$ 91°, durch Hydrierung vorst. Verb. in Acetanhydrid–Essigsäure über 10%ig. Pd/Kohle; n_D^{25} 1,4543; 66%. (J. Amer. chem. Soc. **80.** 6088—92. 20/11. 1958.) K. MAIER. 3900

Carl Axel Wachtmeister, *Untersuchungen zur Chemie der Flechten.* 11. Mitt. *Die Struktur der Pikrolicheninsäure.* (10. vgl. C. **1959. 7811.**) Die aus der Flechte *Pertusaria amara* (Ach.) Nyl. isolierte *Pikrolicheninsäure* (*2'.4-Di-n-amyl-6-hydroxy-6'-methoxy-4'-oxo-5-carboxy-1'.3-spiro-[cyclohexadien-(2'.5')-cumaranon]*, I) wird durch Chromatographie an Al_2O_3 gereinigt u. ihre Struktur durch Abbau sowie spektroskop. Unterss. ermittelt. Beim Schmelzen von I entsteht unter CO_2-Abspaltung eine *Verb. vom F. 153 bis 155°*; mit Piperidin wird unter Öffnung des Lactonringes ein *Piperidid* erhalten. Die Oxydation mit $KMnO_4$ liefert *n-Capronsäure*. Durch milde alkal. Hydrolyse entsteht aus I *2.2'-Di-n-amyl-4.6.4'-trihydroxy-6'-methoxydiphenyl-3-carbonsäure* (II), die ebenso wie I durch sd. HBr–Eisessig in *2.2'-Di-n-amyl-4.6.4'.6'-tetrahydroxydiphenyl* (III) übergeführt wird, dessen *Tetramethyläther* (IV) auch durch Decarboxylierung von II u. Methylierung des gebildeten III-*6-Monomethyläthers* erhalten wird. Cyclisierung von III zu *3.7-Dihydroxy-1.9-di-n-amyldibenzofuran* u. dessen Methylierung u. Oxydation gibt *3.7-Dimethoxydibenzofuran-1.9-dicarbonsäure*, die durch Vgl. mit der synthet. Verb. identifiziert wird. Zum Vgl. ihres Verh. bei der Luftoxydation werden einige Hydroxydiphenyle auf mit n-NaOH befeuchtetem Filterpapier der Luft ausgesetzt; III-Monomethyläther u. 2.4.2'.4'-Tetrahydroxydiphenyl zeigen bereits nach wenigen Min. eine braunrote Färbung, während 2.4.2'.6'-Tetrahydroxydiphenyl erst nach ca. 30 Min. dunkel wird. — UV- u. IR-Spektren vgl. Original.

V e r s u c h e: *Pikrolicheninsäure* (I), $C_{25}H_{30}O_7$, F. 187—190° (Zers.), durch Extraktion von 250 g trockner gepulverter Flechten mit kaltem Ae. u. Chromatographie in Bzl. an Al_2O_3; aus Bzl. Prismen; $[\alpha]_D^{20}$ ±0° (c = 5; A.); 3 g (Ausbeute); $FeCl_3$-Rk. in A. violett. *Methylester*, $C_{26}H_{32}O_7$, F. 102—103,5°, aus I u. CH_2N_2 in Ae. u. 1 Tropfen Essigsäure; aus CH_3OH Nadeln; $FeCl_3$-Rk. in A. braun (*Methyläther*, $C_{27}H_{34}O_7$, F. 80 bis 82°, aus I u. CH_2N_2 in Ae.–CH_3OH; aus Hexan Nadeln). — *4-[2-n-Amyl-3-carboxy-4.6-dihydroxyphenyl]-4-piperidinocarbonyl-3-n-amyl-5-methoxycyclohexadien-(2.5)-on* („*Pikrolicheninsäurepiperidid*"), $C_{30}H_{41}NO_7$, F. 168—172° (Bzl.) u. 187—190° (Zers.; 80%ig. Essigsäure, dimorph), aus I durch mehrtägiges Stehen mit Piperidin bei n. Temp.; Prismen; $FeCl_3$-Rk. in A. violett. *Dimethylderiv.*, $C_{32}H_{45}NO_7$, F. 163—165°, aus dem Piperidid u. CH_2N_2 in Ae.–CH_3OH; aus CH_3OH Prismen; $FeCl_3$-Rk. negativ. — *Verb.*

vom F. 153—155°, neben CO_2 aus I bei 210°; aus 90% ig. Essigsäure Prismen; Farb-Rkk. wie vorstehend. — *Capronsäure*, neben niedrigeren Fettsäuren (< C_6) aus 192 mg I u. $KMnO_4$ in 0,05n NaOH. *p-Bromphenacylester*, F. 68,5—69,5°, aus verd. CH_3OH Blättchen; 102 mg. — *2.2'-Di-n-amyl-4.6.4'-trihydroxy-6'-methoxydiphenyl-3-carbonsäure* (II), $C_{24}H_{32}O_6$, F. 145—148° (Zers.), aus 2,7 g I u. n-NaOH bei 20° unter N_2 (40 Min.) u. Gießen in n-HCl; aus Bzl. Nadeln; 1,2 g; $FeCl_3$-Rk. violett. — *2.2'-Di-n-amyl-4.6.4'-trihydroxy-6'-methoxydiphenyl*, aus II bei 150—160° neben *CO_2*; Öl; R_F 0,4—0,5 (Bzl.-W.); die alkal. Lsg. wird an der Luft schnell braunrot, $FeCl_3$-Rk. negativ. — *2.2'-Di-n-amyl-4.6.4'.6'-tetrahydroxydiphenyl* (III), $C_{22}H_{30}O_4$, F. 180—181°, a) aus 2 g II u. sd. HBr-Eisessig unter N_2 (2 Std.); 1,4 g; b) wie vorst. aus 5 g I; 1,1 g; aus Eisessig Nadeln; $FeCl_3$-Rk. negativ; die alkal. Lsg. wird an der Luft schnell braunrot. *Tetramethyläther* (IV), $C_{26}H_{38}O_4$ F. 34,5—35,5°, a) aus 2,3 g III, $(CH_3)_2SO_4$ u. K_2CO_3 in sd. Aceton (10 Std.); 1,9 g; b) aus vorvorst. Verbindung. *Dibromverb.*, $C_{26}H_{36}Br_2O_4$, F. 119,5—120,5°, aus IV u. Br_2 in Eisessig bei n. Temp. (½ Std.); aus Eisessig Prismen. *Tribromverb.*, $C_{26}H_{35}Br_3O_4$, F. 106—107°, wie vorst. Verb. (24 Std.); aus Eisessig Prismen. *Tetrabromverb.*, $C_{26}H_{34}$·Br_4O_4, F. 97—98°, wie vorst. Verb. (7 Tage); aus Eisessig Prismen. — *1.9-Di-n-amyl-3.7-dihydroxydibenzofuran*, $C_{22}H_{28}O_3$, F. 124—125° (nach Vakuumsublimation), aus 600 mg III u. $ZnCl_2$ bei 240—250° (4—5 Min.); 550 mg; $FeCl_3$-Rk. negativ; die alkal. Lsg. fluoresciert im UV intensiv bläulich. *Dimethyläther* (V), $C_{24}H_{32}O_3$, F. 72—73°, aus vorst. Verb. u. CH_2N_2 in Ae.-CH_3OH; aus verd. Essigsäure Nadeln; 200 mg. — *2-Jod-3.5-dimethoxytoluol*, $C_9H_{11}JO_2$, F. 84—85°, Kp.₈ 155—170°, durch Zugeben von J_2 u. HgO zu 45,8 g Orcindimethyläther bei < 50°; aus A. Prismen; 66 g; daneben *2.6-Dijod-3.5-dimethoxytoluol*, $C_9H_{10}J_2O_2$, F. 203—204°, aus Aceton Prismen. — *2.2'-Dimethyl-4.6.4'.6'-tetramethoxydiphenyl*, F. 106—107°, aus 20 g vorst. Verb. u. Cu-Bronze bei 200—210° (15 Min.), dann bei 220—230° (20 Min.); aus A. Prismen; 7,7 g. — *3.7-Dimethoxy-1.9-dimethyldibenzofuran*, F. 159—160°, aus 2,5 g vorst. Verb. u. sd. HBr (D. 1,50) unter CO_2 (24 Std.) u. Methylierung des Rohprod. (1,8 g) mit $(CH_3)_2SO_4$ in Alkali; aus A. Blättchen. — *3.7-Dimethoxydibenzofuran-1.9-dicarbonsäure*, F. 300° (Zers.), aus 240 mg V u. $KMnO_4$ in sd. W.-Pyridin; 25 mg; oder aus 440 mg vorst. Verb.; 220 mg; aus Dioxan gelbliche Nadeln; R_F 0,05 (mit Na_3PO_4 imprägniertes Papier; n-Butanol-W.), 0,10 (Na_2HPO_4), 0,80 (NaH_2PO_4); fluoresciert im UV intensiv blau. *Dimethylester*, $C_{18}H_{16}O_7$, F. 192—194°, aus vorst. Säure u. CH_2N_2; aus A. Nadeln. (Acta chem. scand. **12**. 147—64. 1958. Stockholm, Sweden, Kungl. Tekn. Högskolan, Inst. för org. kemi.)

E. HANSCHKE. 3950

Jack J. Fox, John F. Codington, Naishun C. Yung, Louis Kaplan und **J. O. Lampen**, *Pyrimidinnucleoside*. 4. Mitt. *Die Synthese von 1-β-D-Lyxofuranosylthymin.* (3. vgl. C. **1958**. 6843.) 1-β-D-Xylofuranosylthymin (II) wird mit Aceton in Ggw. von $CuSO_4/H_2SO_4$ in *1-[3'.5'-Isopropyliden-β-D-xylofuranosyl]-thymin* übergeführt, das mit Methansulfonylchlorid (V)/Pyridin *1-[2'-O-Methansulfonyl-3'.5'-isopropyliden-β-D-xylofuranosyl]-thymin* gibt. Letzteres ist gegen methanol. NH_3 bei Raumtemp. stabil, liefert aber mit verd., sd. alkoh. NaOH *1-[O².2'-Cyclo-3'.5'-isopropyliden-β-D-lyxofuranosyl]-thymin*, dessen UV-Spektr. im p_H-Bereich von 5,5—14 unverändert bleibt. Mit sd. wss.-äthanol. HCl u. Verteilungschromatographie an Celite wird *1-β-D-Lyxofuranosylthymin* (IV) erhalten. IV wurde durch KJO_4-Oxydation u. die opt. Drehung charakterisiert. Die UV-Spektren von 1-β-D-Ribofuranosyl- (I), 1-β-D-Arabinofuranosylthymin (III), II u. IV im p_H-Bereich 12—14 sind graph. angegeben u. werden verglichen. Die UV-Maxima von III u. IV zeigen schon bei niedrigeren p_H-Werten als die von II u. I bathochrome Verschiebungen. Von I, II, III u. IV wird nur I durch *Escherichia coli* B bzw. *Lactobacillus pentosus* enzymat. zu *Thymin* gespalten. Nicht gespalten werden 1-β-D-Ribopyranosyluracil, 1-β-D-Glucopyranosyl- bzw. 1-β-D-Xylopyranosylthymin. Uridin dagegen wird unter Bldg. von *Uracil* hydrolysiert.

V e r s u c h e (FF. korr.): *1-[Tri-O-benzoyl-β-D-xylofuranosyl]-thymin*, F. 197—200° (Essigester), durch 7—10tägiges Stehen von Tetra-O-benzoyl-α-D-xylofuranose in absol. Bzl. mit HBr bei Raumtemp. in einer Druckflasche, Zugeben von Chlf., Extrahieren mit Eiswasser u. wss. $NaHCO_3$, Einengen der organ. Phase, Zugeben des 2.3.5-Tri-O-benzoyl-D-xylosylbromids in Chlf. zu Dithyminyl-Hg in heißem, absol. Toluol, 1½std. Kochen unter Abdest., Ausfällen mit PAe. u. Aufnehmen in Chlf.; Prismen; 55—60% (Ausbeute). — *1-β-D-Xylofuranosylthymin* (II), aus vorst. Verbindung. — *1-[3'.5'-Isopropyliden-β-D-xylofuranosyl]-thymin*, $C_{13}H_{18}N_2O_6$, F. 186,5—187,5°, durch 48std. Rühren von II mit $CuSO_4$ u. konz. H_2SO_4 in absol. Aceton bei 37°, Filtrieren, Neutralisieren u. Einengen; 90%. *Methanolsolvat*, F. 175—177° (CH_3OH). — *1-[2'-O-Methansulfonyl-3'.5'-isopropyliden-β-D-xylofuranosyl]-thymin*, $C_{14}H_{20}N_2O_8S$, F. 163—165,5° (absol. A.), durch 23std. Rühren vorst. Verb. mit V in absol. Pyridin bei 34° u. Gießen in Eiswasser; Prismen; 78%. — *1-[O²,2'-Cyclo-3'.5'-isopropyliden-β-D-lyxofuranosyl]-thymin*, $C_{13}H_{16}N_2O_5$, F. 259—262° (unkorr.; W. u. absol. A.), durch 9std. Kochen vorst. Verb. mit NaOH in 80%ig. A.; Nadeln; 78%. — *1-β-D-Lyxofuranosylthymin* (**IV**), $C_{10}H_{14}N_2O_6$, F. 186—187,5° (absol. A.), durch 6½std. Kochen vorst. Verb. mit verd. äthanol. HCl, Einengen u. Chromatographie an Celite mit Essigester–CH_3OH–W.–n-Heptan (10 : 6 : 5 : 3); Nadeln; $[\alpha]_D$ +60°; 35%. (J. Amer. chem. Soc. **80.** 5155—60. 5/10. 1958. New York, N. Y., Cornell Univ., Med. Coll., Labors. of Sloan-Kettering Div.; Western Reserve Univ., School of Med., Dep. of Microbiol.) R. PASEDAG. 3950

R. H. Hall, Alexander Todd und **R. F. Webb,** *Nucleotide.* 41. Mitt. *Gemischte Anhydride als Zwischenstufen der Synthese von Dinucleosidphosphaten.* (40. vgl. C. **1957.** 13681.) An *Adenosin-(5')-uridin-(5')-phosphat* (I) als Modellverb. wurden verschied. Methoden für die Synth. von Dinucleosidphosphaten untersucht. Benzyl-[2'.3'-O-isopropylidenuridin-(5')]-chlorphosphat (**III**) liefert mit 2'.3'-Isopropylidenadenosin (**IV**) in Bzl.–Methylcyanid-2.6-lutidin nach Abspaltung der Schutzgruppen nur ca. 20% an **I**. Ein ähnliches Ergebnis wird mit dem entsprechenden Adenosinchlorphosphat (**II**) u. 2'.3'-Isopropylidenuridin (**V**) erhalten. 70—87% **I** werden dagegen durch Rk. der aus **II** u. Diphenylhydrogenphosphat oder **III** u. Trifluoressigsäure entstehenden gemischten Anhydride mit **V** bzw. **IV** gewonnen. In diesem Fall können an Stelle von **IV** u. **V** auch die ungeschützten Nucleoside verwendet werden. Ferner wird **I** aus dem aus 4-Methylmorpholinium-[2'.3'-O-isopropylidenuridin-(5')]-phosphit (**XI**) u. Diphenylchlorphosphat entstehenden gemischten Anhydrid durch Rk. mit **IV** über *[2'.3'-O-Isopropylidenadenosin-(5')]-[2'.3'-O-isopropylidenuridin-(5')]-phosphit* dargestellt.

V e r s u c h e: *Adenosin-(5')-uridin-(5')-phosphat* (I), $C_{19}H_{24}N_7O_{12}P$, a) durch 3std. Stehen von Benzyl-[2'.3'-O-isopropylidenadenosin-(5')]-phosphit (**VII**) mit N-Chlorsuccinimid (**VI**) in Bzl.–Methylcyanid, 48std. Stehen mit **V** u. 2.6-Lutidin, 1½std. Kochen des Eindampfrückstandes mit A. u. n/50 H_2SO_4 u. Reinigung an Dowex-2; 18,5% (Ausbeute); b) durch 2std. Stehen von Benzyl-[2'.3'-O-isopropylidenuridin-(5')]-phosphit (**VIII**) u. **VI** in Bzl., 12std. Stehen mit **IV** in Pyridin bei —30° u. 48 Std. bei Raumtemp. u. weiter nach a); 15%; daneben *P¹.P²-Bis-[uridin-(5')]-pyrophosphat*; c) nach b) mit dem 5'-Na-Deriv. von **IV** in Dimethylformamid; 25%; d) durch 24std. Stehen von **III**, Diphenylhydrogenphosphat u. **IV** mit 2.6-Lutidin in Dimethylformamid bei 37° u. Hydrolyse u. Reinigung nach a); 87%; e) aus **III** u. Adenosin nach d); 75%; f) aus **II** u. **V** nach d); 70%; g) aus **III** u. **IV** mit 2.6-Lutidin, Trifluoressigsäure u. Methylcyanid in Bzl. wie vorst.; 32%. — *4-Methylmorpholiniumthiocyanat* (**X**), $C_6H_{12}N_2OS$, F. 103°, aus 4-Methylmorpholin u. NH_4SCN in W. durch 6std. Kochen; Platten aus Äthylmethylketon; 49%. — ***4-Methylmorpholinium**-[2'.3'-O-isopropylidenadenosin-(5')]-phosphit*, $C_{18}H_{29}N_6O_7P$, aus **VII** u. **X** durch 2std. Kochen in Äthylmethylketon; hygroskop. Pulver; R_F 0,70 (Butanol–W.–Essigsäure 5:3:2; **A**). — ***4-Methylmorpholinium**-[2'.3'-O-isopropylidenuridin-(5')]-phosphit* (**XI**) aus **VIII** u. **X** durch 4std. Kochen in Äthylmethylketon; R_F 0,66 (**A**). — ***4-Methylmorpholinium**-[2'.3'-di-O-acetyluridin-(5')]-phosphit* (**IX**), analog aus Benzyl-[2'.3'-di-O-acetyluridin-(5')]-phosphit u. **X**. — *Uridin-5'-phosphit*, aus **XI** durch a) 30 Min. Erhitzen mit 80%ig. Essigsäure; b) Behandlung mit gesätt. methanol. NH_3; R_F 0,32 (Butanol–Eisessig–W. 5:1:3). — *[2'.3'-O-Isopropylidenadenosin-(5')]-[2'.3'-O-isopropylidenuridin-(5')]-phosphit*, $C_{25}H_{32}N_7O_{11}P$, aus **XI** (1,34 g) u. Diphenylchlorphosphat in Acetonitril u. Zugabe nach 1 Std. von 2.6-Lutidin u. **IV**; R_F 0,87 [Isopropanol–1%ig. $(NH_4)_2SO_4$ 3:2; **B**]; 0,81 g; 636 mg geben durch 6std. Stehen mit CH_3CN u. **VI**, 12std. Rühren mit wss. $NaHSO_3$ u. 1½std. Kochen des Reaktionsprod. mit A.–n/50 H_2SO_4 246 mg **I**. — *[2'.3'-Di-O-acetyladenosin-(5')]-[2'.3'-di-O-acetyluridin-(5')]-phosphit*, analog aus **IX** u. 2'.3'-Di-O-acetyladenosin. Gibt mit **VI** u. dann methanol. NH_3 **I**; R_F 0,22 (**A**), 0,57 (**B**). (J. chem. Soc. [London] **1957.** 3291—96. Juli. Cambridge, Univ., Chem. Labor.) K. MAIER. 3950

F. Cramer, G. W. Kenner, N. A. Hughes und **Alexander Todd,** *Nucleotide.* 42. Mitt. *Die Herstellung der 2'.5'- und 3'.5'-Diphosphate von Adenosin.* (41. vgl. vorst. Ref.) Ein *Gemisch aus Adenosin* (I)*-2'.5'-diphosphat* u. *-3'.5'-diphosphat* wurde durch Rk. von **I** mit Dibenzylchlorphosphat (**II**) in Pyridin, Entbenzylierung (unvollständig) mit LiCl in 2-Äthoxyäthanol u. katalyt. Hydrierung erhalten.

V e r s u c h e: *Gemisch aus Adenosin-2'.5'-* u. *-3'.5'-diphosphat*, $C_{10}H_{15}N_5O_{10}P_2 \cdot 0,5\ C_3H_6O$ (Aceton), aus 5 g **I** in Pyridin durch Zugabe von **II** bei —50°, 5std. Stehen bei —30°, 18std. Rk. bei 0°, 3std. Erwärmen des Reaktionsprod. mit wasserfreiem LiCl in absol. Äthoxyäthanol, 4tägiges Hydrieren des mit Ae. erhaltenen Nd. in 50%ig. A. in Ggw. von Eisessig an Pd-Kohle, 40std. Stehen des Filtrats mit 3n NaOH, Reinigung des Reaktionsprod. an Dowex-2 (Cl^--Form) u. Dowex-20 (H^+-Form) u. Zugabe von Aceton zum wss. Eluat; R_F 0,85 (mit 5%ig. Na_2HPO_4), 0,48 [mit Propanol-(2)/

1% $(NH_4)_2SO_4$ 3:2], 0,10 (mit Butanol–Eisessig–W. 5:2:3); 2,75 g (Ausbeute). (J. chem. Soc. [London] **1957.** 3297—98. Juli.) K. MAIER. 3950

G. W. Kenner, C. B. Reese und **Alexander Todd,** *Nucleotide.* 43. Mitt. *Die Verwendung von Cyanamidderivaten bei der Pyrophosphatsynthese. Synthese von P¹-Adenosin-(5')-P²-uridin-(5')-pyrophosphat und von Cytidin-5'-pyrophosphat.* (42. vgl. vorst. Ref.) Uridin-5'-phosphat (**III**) wird mit Adenosin-5'-phosphat (**IV**) durch Cyanamid (**II**), Dimethylcyanamid (**I**) oder Dicyclohexylcarbodiimid neben den *symm. Pyrophosphaten* zu *P¹-[Adenosin-(5')]-P²-[uridin-(5')]-pyrophosphat* kondensiert, das zum Vgl. auch aus dem 4-Methyl-4-benzylmorpholiniumsalze von [2'.3'-O-Isopropylidenadenosin-(5')]-benzylphosphat u. [2'.3'-O-Isopropylidenuridin-(5')]-benzylchlorphosphat (**VII**) synthetisiert wird. *Cytidin-5'-pyrophosphat* wird aus Cytidin-5'-phosphat (**VIII**), Benzyldihydrogenphosphat u. **I** gewonnen.

V e r s u c h e: *P¹-[Adenosin-(5')]-P²-[uridin-(5')]-pyrophosphat,* $C_{19}H_{25}N_7O_{15}P_2 \cdot 2{,}5\ H_2O$, a) durch 13std. Erwärmen von **IV** mit **III** u. **I** in 5% Pyridin enthaltendem W. auf 92⁰, Reinigung an Dowex-2 (Cl^--Form) u. Isolierung als *Li-Salz;* 17,1% (Ausbeute); daneben *P¹.P²-Bis-[adenosin-(5')]-pyrophosphat* (**V**, 4,4%) u. *P¹.P²-Bis-[uridin-(5')]-pyrophosphat* (**VI**; 4,9%); b) analog a) durch 12std. Erwärmen mit **II** auf 75⁰; 13,8%; daneben 6,8% **V** u. 6,8% **VI**; c) wie vorst. in W.–Pyridin (1:10) durch 40std. Schütteln mit Dicyclohexylcarbodiimid; 25,6%; daneben 11,1% **V** u. 13% **VI**; d) durch 1std. Erhitzen von [2'.3'-O-Isopropylidenadenosin-(5')]-dibenzylphosphat u. 4-Methylmorpholin auf 100⁰, Rk. der Lsg. des Morpholiniumsalzes in Bzl.–Acetonitril mit **VII**, Debenzylierung des Rohprod. mit KSCN in sd. Äthylmethylketon (3 Std.), Abspaltung der Isopropylidengruppe mit $^1/_7$n HCl (24 Std., Raumtemp.) u. Chromatographie der Ba-Salze an Dowex-2 (Cl^--Form); 14,6%; daneben 10,1% **V**; e) aus 5'-Desoxy-5'-jod-2'.3'-O-isopropylidenuridin u. Ag-Dibenzylphosphat in sd. Bzl. (30 Min.), Rk. des 4-Methylmorpholiniumsalzes mit [2'.3'-O-Isopropylidenadenosin-(5')]-benzylchlorphosphat in Bzl.–Acetonitril, Entbenzylierung mit NH_4SCN in sd. Methyläthylketon (2 Std.) u. dann wie d); 10,6%; daneben 3,6% **V** u. 4,4% **VI**; f) wie vorst., mit mehr Ag-Dibenzylphosphat (90 Min.) u. CH_3CN als Lösungsm. bei der Entbenzylierung; 17,0%; daneben 9,1% **V** u. 9,8% **VI**. — *Cytidin-5'-pyrophosphat,* $C_9H_{15}N_3O_{11}P_2 \cdot H_2O$, aus **VIII** u. Benzyldihydrogenphosphat in wss. Pyridin durch Erhitzen mit **I** (110—115⁰, 16 Std.), Hydrogenolyse des Rohprod. mit PdO–Pd-Kohle in wss. 50%ig. A. in Ggw. von Eisessig u. Fraktionierung an Dowex-2 (Cl^--Form); 37%. (J. chem. Soc. [London] **1958.** 546—51. Febr.) K. MAIER. 3950

B. E. Griffin und **Alexander Todd,** *Nucleotide.* 44. Mitt. *Thymidin-5'-pyrophosphat und -triphosphat.* (43. vgl. vorst. Ref.) *Thymidin-5'-pyrophosphat* (**IV**) wurde aus 3'-O-Benzylthymidin (**II**) durch Überführung in *[3'-O-Benzylthymidin-(5')]-benzylchlorphosphat* (**I**), dessen Kondensation mit einem Salz von Benzyldihydrogenphosphat u. Abspaltung der schützenden Gruppen synthetisiert. *Thymidin-5'-triphosphat* (**III**) wurde aus **I** durch Rk. mit einem Salz von P¹.P²-Dibenzylpyrophosphat u. Entbenzylierung erhalten.

V e r s u c h e: *3'-O-Benzylthymidin* (**II**), $C_{17}H_{20}N_2O_5$, F. 148—150⁰, aus 5'-Tritylthymidin u. Benzylchlorid in Ggw. von KOH in sd. Bzl.–Dioxan (3:1) unter Rühren (4 Std.); Nadeln aus Aceton–n-Heptan); 64% (Ausbeute). — *Thymidin-5'-pyrophosphat* (**IV**), *Li-Salz,* aus 3'-O-Acetylthymidin durch Überführung mit O-Benzylphosphorigsäure-O'.O'-diphenylphosphorsäureanhydrid in das 5'-Benzylphosphit [R_F 0,70 (gesätt. b-Butanol–W.)], 2std. Stehen des letzteren mit N-Chlorsuccinimid in Bzl.–Acetonitril, 3std. Rühren mit Dibenzylhydrogenphosphat–$(C_2H_5)_3N$, 15 Min. langes Erwärmen des Rohprod. (Öl) mit m-Kresol (70⁰), Hydrogenolyse in wss. Lsg. an PdO–Pd-Kohle (p_H 6—7), Entacetylierung bei p_H 10 (2—3 Tage), Reinigung u. Überführung in das Li-Salz durch Anionenaustauschchromatographie; 16%. *Ba-Salz,* $C_{10}H_{13}Ba_{1,5}N_2O_{11}P_2 \cdot 3\ H_2O$, a) aus **II** durch Überführung in das 5'-Benzylphosphit, 2std. Stehen mit N-Chlorsuccinimid in Bzl.–Acetonitril, Kondensation des entstandenen **I** mit Dibenzylhydrogenphosphat–$(C_2H_5)_3N$ in Bzl. (2 Std.), Entbenzylierung des Rohprod. (Öl) mit m-Kresol u. hydrierende Entbenzylierung (p_H 3,5—4, Pd-Schwarz), Reinigung an Dowex-2 (Cl^--Form) u. Überführung des Li-Salzes (25%) in das Ba-Salz; b) durch Kondensation von **I** mit Benzyldihydrogenphosphat–$(C_2H_5)_3N$, in Bzl.–Acetonitril (2 Std.) u. weiter nach a); 70% (Li-Salz). *Ca-Salz,* $C_{10}H_{13}Ca_{1,5}N_2O_{11}P_2 \cdot 7\ H_2O$, aus dem Li-Salz mit wss. $CaCl_2$ bei p_H 2. — *Thymidin-5'-triphosphat* (**III**), *Ba-Salz,* $C_{10}H_{13}Ba_2N_2O_{14}P_3 \cdot 5\ H_2O$, aus Di-$NH_4$-P¹.P²-dibenzylpyrophosphat durch Überführung in das Bis-[phenyltrimethylammonium]-salz (hygroskop. Nadeln aus Acetonitril) an Dowex-50 (Phenyltrimethylammonium-Form), Rk. mit **I** in Bzl.–Acetonitril (2 Std.) u. weiter wie vorst. Ba-Salz; 43%. — R_F-Werte: Thymidin-5'-phosphat, 0,30 (n-Butanol–Essigsäure–W., 5:2:3),

0,42 (Isobuttersäure-n-NH_4OH-0,1 mol. Äthylendiamintetraessigsäure 100:60:1,6). **IV**, 0,20, 0,28. **III**, 0,10, 0,22. (J. chem. Soc. [London] **1958**. 1389—93. April.) K. MAIER. 3950

Irwin A. Pearl, *Untersuchungen an Lignin und verwandten Produkten.* 12. Mitt. *Synthese von mit Diäthylstilböstrol verwandten Ligninmodellverbindungen.* (11. vgl. C. **1957**. 13841.) Vf. erhält durch Pinakon-Red. von Propiovanillon *α.α'-Diäthylhydrovanilloin,* das sich in Ggw. von Säuren zu *4.4-Bis-[4-hydroxy-3-methoxyphenyl]-hexanon-(3)* umlagert. Dieses gibt durch Red. mit Na/Butanol den entsprechenden Alkohol u. durch Dehydrierung u. Retropinakolinumlagerung *3.3'-Dimethoxydiäthylstilböstrol* (**I**). **I** dient als Modellsubstanz für Ligninuntersuchungen.

Versuche: *1-[4-Hydroxy-3-methoxyphenyl]-propanol-(1)*, durch GRIGNARD-Rk. von Vanillin mit C_2H_5MgBr. — *Propiovanillon*, F. 62—63°, aus vorst. Verb. mit $AgNO_3$ in verd. NaOH bei 60° u. 1std. Kochen; aus PAe. Nadeln. *Hydrazon*, $C_{10}H_{14}N_2O_2$, F. 109—110° (Bzl.), durch 8std. Kochen mit Hydrazinhydrat in Isopropanol. — *α.α'-Diäthylhydrovanilloin*, $C_{20}H_{26}O_6$, F. 190—191° (Toluol), durch 8std. Kochen von 100 g vorst. Verb. mit 3%ig. Na-Amalgam in verd. NaOH u. Stehen über Nacht; 78 g (Ausbeute). *Tetraacetat*, $C_{28}H_{34}O_{10}$, F. 195—196° (A.). *Dibenzoat*, $C_{34}H_{34}O_8$, F. 223—224° (A.). — *4.4-Bis-[4-hydroxy-3-methoxyphenyl]-hexanon-(3)*, a) durch 2std. Kochen vorst. Verb. mit 6n H_2SO_4; b) durch Sättigen einer Lsg. vorst. Verb. in Ae. mit HCl. *Diacetat*, $C_{24}H_{28}O_7$, F. 134—135° (A.); 100%. — *3.3'-Dimethoxydiäthylstilböstrol* (**I**), durch 3½std. Kochen vorst. Verb. mit Na in absol. n-Butanol über *4.4-Bis-[4-hydroxy-3-methoxyphenyl]-hexanol-(3)* u. 3std. Kochen mit 6n H_2SO_4; hellgelbes Öl. *Diacetat*, $C_{24}H_{28}O_6$, F. 194—195°, Nadeln aus Methanol. (J. Amer. chem. Soc. **78**. 4433—35. 5/9. 1956. Appleton, Wis., Inst. of Paper Chem.) K. SEIFERT. 3950

Irwin A. Pearl, *Untersuchungen an Lignin und verwandten Produkten.* 13. Mitt. *Oxydationen von Ligninmodellverbindungen und ihre Bedeutung für die Ligninstruktur.* (12. vgl. vorst. Ref.) Vf. untersucht das Verh. von Ligninmodellsubstanzen mit zwei an den α.α'-C-Atomen miteinander verbundenen C_6—C_3-Einheiten bei der Oxydation mit alkal. Nitrobenzol u. CuO. Die Oxydation von 5-Allylvanillil (**I**) mit CuO gibt ein Gemisch von *5-Propenylvanillil* (**II**), *Vanillinsäure* (**III**), *Vanillil* (**IV**), *5-Propenylvanillovanillon*, *5-Carboxymethylvanillil*, *5-Propenylvanillinsäure*, *5-Carboxyvanillil* u. *5-Carboxyvanillinsäure*. **II**, 5.5'-Diallyl- u. 5.5'-Dipropenylvanillil verhalten sich analog. Bei der Oxydation mit alkal. Nitrobenzol entstehen außerdem *5-Formylvanillovanillon* u. wahrscheinlich *5-Formylvanillil*. CuO-Oxydation von 3.3'-Dimethoxydiäthylstilböstrol (**V**) gibt ein Gemisch von *Vanillin*, **III**, *Propiovanillon*, **IV** u. *Vanillovanillon*. Die gleichen Prodd. entstehen bei der Nitrobenzoloxydation von **II** sowie von 3.3'-Dimethoxydienöstrol u. 3.3'-Dimethoxyhexöstrol, deren Synth. beschrieben ist. Da bei der Oxydation von Ligninsulfonat die gleichen Prodd. wie bei diesen Modellsubstanzen erhalten werden, nimmt Vf. an, daß im Ligninkomplex α,α'-Bindungen zwischen zwei C_6—C_3-Einheiten vorliegen.

Versuche: *3.3'-Dimethoxyhexöstrol*, $C_{20}H_{26}O_4$, F. 160—160,5° (Methanol), durch 8std. Kochen von **V**-Diacetat mit 10%ig. NaOH in A. u. katalyt. Hydrierung über Pd-Kohle in absol. A. bei 50 lbs./sq.in.; Nadeln; 100% (Ausbeute). *Diacetat*, $C_{24}H_{30}O_6$ F. 178—179° (A.). — *3.3'-Dimethoxydienöstroldiacetat* [*3.4-Bis-(4-acetoxy-3-methoxyphenyl)-hexadien-(2.4)*], $C_{24}H_{26}O_6$, F. 147—148° (A.), durch 4std. Kochen von α.α'-Diäthylhydrovanilloin mit Acetylchlorid/Acetanhydrid; Nadeln. Daneben *4.4-Bis-[4-hydroxy-3-methoxyphenyl]-hexanon-(3)-diacetat*, F. 136—137° (A.), Nadeln. — *5-Propenylvanillil* (**II**), F. 168—169° (Methanol), durch 3std. Erhitzen von **I** mit CuO u. wss. NaOH auf 170° u. Reinigung durch Extraktion der äther. Lsg. mit NaOH-, $NaHCO_3$- u. $NaHSO_3$-Lsg. u. Chromatographie über Cellulosepulver; 60,4%; *Diacetat*, F. 152—153°. Daneben 11,7% *Vanillinsäure* (**III**), F. 208—210°; 8,6%. *Vanillil* (**IV**), F. 228—230° (Essigsäure), gelbe Nadeln; 3,8% *5-Propenylvanillovanillon*, $C_{18}H_{18}O_5$, F. 140—141° (50%ig. Aceton); 3,2% *5-Carboxymethylvanillil*, $C_{18}H_{16}O_8$, F. 246—247°; 3,0% *5-Propenylvanillinsäure* (*trans-Form ?*), $C_{11}H_{12}O_4$, F. 152—153° (Bzl.); 2,7% *5-Carboxyvanillilhydrat*, $C_{17}H_{16}O_9$, F. 261—262° u. 0,7% *5-Carboxyvanillinsäure*. — *5-Formylvanillovanillon*, F. 178—179°, durch Oxydation von **II** mit alkal. Nitrobenzol. (J. Amer. chem. Soc. **78**. 5672—74. 5/11. 1956.) K. SEIFERT. 3950

N. N. Schorygina und **L. I. Kolotowa,** *Über die Abhängigkeit der Eigenschaften der Chlorderivate des Lignins von den Bedingungen der Chlorierung.* Es wird der Einfl. von W. während der Chlorierung von Lignin (**I**) auf die Eigg. von Chlorlignin (**II**) untersucht. Vff. vergleichen die Chlorierungsprodd. von trockenem **I** (durch Chlorierung von **I** in CCl_4 bei 12 oder 77° oder durch Überleiten von trockenem Cl_2 über **I** gewonnen) mit **II**, das aus 50% W. enthaltendem **I** bei 70—80% mit Cl_2 oder durch Chlorierung von in W. suspendiertem I bei 12° erhalten wurde. Die in Tabellen angegebenen Versuchsergebnisse zeigen, daß selbst bei Anwendung eines großen Cl_2-Überschusses II aus trockenem I nicht mehr als 25%, dagegen II aus wasserhaltigem I unter gleichen Bedingungen 27,53—29,27% Cl enthält. Letzteres besitzt nach der Chlorierung nur noch wenig CH_3O-Gruppen, während bei ersterem die Chlorierung keine Verminderung der CH_3O-Gruppen bewirkt. Desgleichen beeinflußt die Feuchtigkeit in starkem Maße den Geh. an COOH-Gruppen. II aus mit Chlorwasser chloriertem I weist mehr COOH-Gruppen auf als II, das aus trockenem I erhalten wird. Die Ggw. von W. begünstigt somit eine Oxydation von I. Verseifung des II mit 5%ig. NaOH zeigt, daß in jedem Fall zunächst die aromat. Kerne chloriert werden. (Журнал Общей Химии [J. allg. Chem.] **27** (**89**). 1641—44. Juni 1957. Inst. für org. Chem. der Akad. der Wiss. der UdSSR.)

W. KURTZMANN. 3950

D. Makromolekulare Chemie.

Roger Cerf, *Statistische Mechanik von makromolekularen Ketten in einem Geschwindigkeitsfeld.* Vf. gibt eine geschlossene zusammenfassende Darst. mehrerer von ihm früher nur kurz mitgeteilter Ergebnisse zur statist. Mechanik von Makromoll. beim Vorliegen eines Geschwindigkeitsgradienten. Vgl. hierzu bes. die C. **1958.** 2154, 6557 u. 10079 u. C. **1959.** 9929 referierten Arbeiten u. die dort angegebenen weiteren Hinweise auf andere Arbeiten. (J. Physique Radium **19.** 122—34. Febr. 1958. Strasbourg, Fac. des Sci., Centre Rech. sur les Macromol.) O. FUCHS. 4000

Kisou Kanamaru, *Oberflächenchemie bei der Emulsionspolymerisation.* Übersicht mit 23 Literaturangaben. (J. chem. Soc. Japan, ind. Chem. Sect. [Kōgyō Kagaku Zassi] **58.** 820—24. Nov. 1955. Tokyo, TH. [Orig.: japan.]) L. SCHULER. 4000

O. B. Ptitzyn und **Ju. Je. Eisner,** *Charakteristische Viscosität von Polymeren in guten Lösungsmitteln.* Die in der Gleichung der charakterist. Viscosität von FLORY (Principles of Polymer Chemistry, N. Y., 1953, Ch. XIV), $[\eta] = \Phi \cdot 6^{3/2} \cdot (R^2)^{3/2}/M$, angegebene Konstante Φ ist für gute Lösungsmittel eine Variable. Zu dieser Erkenntnis kommen Vff. durch theoret. Überlegungen auf Grund verschied. Veröffentlichungen. Erklärt wird dieses Verh. durch das Abweichen der Mol.-Ketten von der GAUSSschen Statistik beim Arbeiten in guten Lösungsmitteln. Φ fällt dabei von $2{,}84 \cdot 10^{23}$ für ideale Lösungsmittel (FLORY-Konstante) bis auf $1{,}67 \cdot 10^{23}$ für gute Lösungsmittel ab ($[\eta]$ in cm^3/g). (Журнал Физической Химии [J. physik. Chem.] **32.** 2464—66. Okt. 1958. Leningrad, Inst. für hochmol. Verbb. der Akad. der Wiss. der UdSSR.)

O. KRAMM. 4000

Toshizō Isemura, *Emulgierung und Solubilisierung.* Übersicht mit 50 Literaturangaben. (J. chem. Soc. Japan, ind. Chem. Sect. [Kōgyō Kagaku Zassi] **58.** 815—20. Nov. 1955. Osaka, Univ. [Orig.: japan.]) L. SCHULER. 4000

Arthur Simon, *Polymerisation von Monoolefinen.* Literaturzusammenfassung über *Hoch- und Niederdruckpolyäthylen.* (Magyar Kémikusok Lapja [Z. Ver. ung. Chemiker] **14.** 72—76. Febr./März 1959. Budapest, Szerves Vegyipari és Müanyagipari Kutató Intézet.) G. HALMI. 4010

K. Ss. Minsker und **W. Ss. Etliss,** *Chlorierte Polypropylene.* Die Chlorierung von *Polypropylen* (**I**) wird an 2 Proben untersucht, deren eine (**Ia**, D. 0,89), mit $Al(C_2H_5)_3$ (**II**) u. $TiCl_4$ hergestellt, 33% amorphe u. 45% isotakt. Anteile enthält, während die andere (**Ib**, D. 0,92) mit **II** u. $TiCl_3$ 7 bzw. 85% enthält. Die Chlorierung erfolgt in Chlorbenzol mit u. ohne Zusatz von Initiatoren wie *Azoisobutyronitril* (**III**) bei 45°, dann bei 75—80°. Durch **III** wird die Chlorierungsgeschwindigkeit erhöht, bes. bei **Ib**, aber auch mit **III** wird die Zus. $(C_3H_3Cl_3)_n$ nicht erreicht. Bei der Einführung von Cl wird **I** zuerst krümelig (10 bis 15% Cl), dann faserig von der Zus. $(C_3H_5Cl)_n$ (40—50% Cl), schließlich unbrennbar u. pulvrig. Mit steigendem Cl-Geh. nimmt die Löslichkeit zu, die Viscosität ab (Zerstörung der Kette). Die elektronenmkr. Unters. zeigt, daß die Prodd. alle amorph sind. Bei 30—35% Cl-Geh. ist die Struktur der aus **Ia** u. **Ib** erhaltenen Prodd. gleich oder ähnlich. Der Erweichungspunkt E. nimmt bei steigendem Cl-Geh. zuerst ab, dann zu u. beträgt bei 65—66% Cl 200° u. mehr. Das Minimum des E. entspricht 15—20% Cl ($<$ 1 Cl-Atom/CH_3-Gruppe). Der Wiederanstieg scheint dann einzutreten, wenn $^1/_3$—$^1/_2$ der positiven CH_3-Gruppen in negative CH_2Cl-Gruppen umgewandelt sind u. die zunächst gestörte Regelmäßigkeit sich durch deren gegenseitige Abstoßung wiederherzustellen beginnt. Wenn nur CH_2Cl-Gruppen vorliegen, ist der E. dem des isotakt. **I** gleich (165—175°). Die Bldg. von $CHCl_2$-Gruppen führt zum E. 200°. Die weitere Einführung von Cl erfolgt sehr langsam, der F. steigt an u. das Prod. wird immer spröder. Die Analogie im Verh. von **Ia** u. **Ib** kann auch durch Ersatz von H durch Cl am tert. C-Atom u. die dadurch ver-

ursachte Störung der räumlichen Orientierung der CH_3-Gruppen u. der Kristallstruktur erklärt werden. Die Unters. der thermomechan. Eigg. läßt einen ziemlich scharfen F. erkennen. Bei > 45% Cl-Geh. verschwindet der hochelast. Zustand, der glasartige geht direkt in den zähfließenden Zustand über. Die chlorierten Prodd. neigen zur Abgabe von HCl, z. B. bei 60% Cl-Geh., entsprechend $(C_3H_4Cl_2)_n$, schon bei 108—123°. Stabilisatoren erhöhen die Zersetzungstemp., z. B. 4% Ca-Stearat auf 171—173°, Sojaölepoxyd auf 174°, Pb-Silicat auf 188°; beim Umfällen sinkt sie wieder auf 118—130°. (Доклады Академии Наук СССР [Ber. Akad. Wiss. UdSSR] **123.** 1041—43. 21/12. 1958.)
R. K. MÜLLER. 4010

Geoffrey Allen, Geoffrey Gee, H. A. Lanceley und **D. Mangaraj,** *Zwischenmolekulare Kräfte und Kettenflexibilität von linearen Polymeren.* Vff. untersuchen die zwischenmol. Kräfte an Fll. durch Messung des inneren Druckes. Es werden Unterss. an einem *Polyisobuten* (I) mit einem Mol.-Gew. von 440 ± 15 im Temperaturbereich von —20 bis +40° durchgeführt, wobei Werte von 76—71,6 cal/cm³ gefunden werden. Wird die Verhältniszahl aus dem Aktivierungsvol. für das viscose Fließen u. dem Molvol. (500) gegen die Temp. aufgetragen, ergibt sich im Gegensatz zu CS_2 u. Bzn. eine starke Abhängigkeit von der Temperatur. Das wird durch die Änderung der Flexibilität der Ketten erklärt, die aus dem stärkeren Fließvermögen bei erhöhter Temp. resultiert. Das Aktivierungsvol. wird aus den Werten für den Druckkoeff. der Viscosität erhalten u. gestattet somit eine Beurteilung der Flexibilität der Kette. Für I hat es bei niedrigen Tempp. einen Wert von ca. 100 cm³/Mol. (J. Polymer Sci. **34.** 349—54. Jan. 1959. Manchester, England, Univ., Dep. of Chem.)
O. KRAMM. 4010

G. S. Trick, *Kristallisationsgeschwindigkeit von cis-Polybutadien.* Die Kristallisationsgeschwindigkeit von *cis-Polybutadien* (80—85% *cis-1.4*, 3,6% *trans-1.4* u. 3,7% *1.2*) in ungedehntem Zustand wurde dilatometr. bestimmt. Für die gefundenen isothermen Kristallisations–Zeit-Kurven wird eine Gleichung angegeben, die ein sphär. Wachsen des Keims anzeigt. Für verschied. Tempp. werden die Halbwertzeiten der Kristallisation zusammengestellt [bei —22° in 1200 (Min.); —26° 160; —29,5° 57; —30° 53; —33° 27 u. —34° 21]. Im untersuchten Temperaturbereich sind die Kristallisationsgeschwindigkeiten deutlich höher als bei Naturkautschuk. Der Gleichgewichts-F. (Verschwinden der letzten Kristallite) wurde zu —8° bestimmt. Peroxydvernetzte Proben zeigen verzögerte Kristallisationsgeschwindigkeiten bei einer bestimmten Temperatur. Auch eine Isomerisierung eines Teils der cis-1.4-Struktur in trans-1.4 nach der Meth. von GOLUB (C. **1958.** 11832) führt zu einer Abnahme der Kristallisationsgeschwindigkeit. (J. Polymer Sci. **31.** 529—30. Sept. 1958. Akron, Ohio, Goodyear Tire & Rubber Co., Res. Div.)
R. SCHÄFF. 4010

T. E. Ferington und **A. V. Tobolsky,** *Untersuchung der Struktur von Butadienpolymeren, die mit Lewis-Säuren als Aktivatoren erzeugt wurden.* Bei der kation. Polymerisation von *Butadien* (wachsendes Makrocarboniumion mit dem Gegenion Y^-) bei —78° wurde die Abhängigkeit der Struktur des *Polybutadiens* (I, *cis-* oder *trans-1.4* oder *1.2*) von der Art des Y^--Ions u. der Natur des Lösungsm. untersucht (IR-Analyse). Als Katalysatoren wurden verwendet: $AlCl_3$, $AlBr_3$, BF_3-Ätherat, $TiCl_4$, $FeCl_3$, $SnCl_4$, $ZnCl_2$, $ZrCl_4$ bzw. $CdCl_2$ in verschied. Lösungsmitteln. Es wurde gefunden, daß die Struktur des lösl. I unabhängig vom Umsatz, der Konz. der Katalysatorlsg. u. der Reaktionsdauer ist. Die Menge des ebenfalls gebildeten unlösl. I steigt mit dem Umsatz (infolge höherer Katalysatorkonz. oder längerer Zeit). Nur innerhalb ziemlich enger Grenzen kann die I-Struktur durch das Lösungsm. u. in einigen Fällen durch den Katalysator variiert werden. $TiCl_4$ red. das Verhältnis 1.4/1.2 im Vgl. zu dem bei $AlCl_3$, $AlBr_3$ bzw. BF_3-Ätherat. Komplexbldg. zwischen dem Katalysator u. Ae. hat keinen Effekt, während die Verwendung von Nitroäthan u. Nitrobenzol die relative Menge der 1.4-Struktur weiter reduziert. Die Verwendung verschied. Lösungsmittel im Syst. beeinflußt die Struktur des mit $AlBr_3$ erzeugten I. Die Variationen sind aber in allen Fällen nur gering u. es liegen keine Beweise für eine stereospezif. Polymerisation vor. (J. Polymer Sci. **31.** 25—33. Aug. 1958. Princeton, N. J., Univ., Frick Chem. Labor.)
R. SCHÄFF. 4010

S. H. Pinner, *Erhöhung der durch radioaktive Bestrahlung hervorgerufenen Vernetzung von Polyvinylchlorid.* Radioakt. bestrahlte feste Lsgg. von *Polyvinylchlorid* (I) in verschied. *Allylestern* (nicht genannt) sind stärker vernetzt als reines, bestrahltes I. Dieses Ergebnis folgt aus der Abnahme des Quellvermögens in der Reihe reines I > I + *Diallyl-* > I + *Triallylester* u. aus dem gleichzeitigem Anstieg der Zugspannung. Die Vernetzung beruht auf der Einw. der Allylradikale auf die Polymerketten. Beim *Polyäthylen* konnte eine ähnliche Erhöhung der Vernetzung nicht beobachtet werden. (Nature [London] **183.** 1108—09. 18/4. 1959. Cambridge, Hinxton Hall, Tube Investm. Res. Labors.)
KLAUS MÜLLER. 4010

Donald McIntyre, J. H. O'Mara und **B. C. Konouck,** *Änderung der thermodynamischen idealen Temperatur im Polystyrol–Cyclohexan-System.* An mehreren Fraktionen von *Polystyrol* (I, Mol.-Geww. 21700—640000) wurden die 2. Virialkoeffizienten A von I für Lsgg. in Cyclohexan in der Nähe der idealen Temp. Θ mit Hilfe des osmot. Druckes, der Ultrazentrifugierung oder der Lichtstreuung bestimmt u. Θ graph. ermittelt. Θ nimmt mit fallendem Mol.-Gew. zu, die Zunahme von Θ ist allerdings für eine starke Änderung des Mol.-Gew. nur klein. Als Ursache wird erhöhte D. der Polymerensegmente in der Nachbarschaft der Wechselwrkg. zwischen zwei Kettenmoll. angesehen. Eine starke Zunahme von Θ wird bei I-Fraktionen beobachtet, die in Ggw. von n-Butylmercaptan (II) als Kettenüberträger dargestellt wurden u. bei denen II in die I-Ketten eingebaut wird, gegenüber I-Fraktionen, deren Darst. in Abwesenheit von II erfolgte. Auch hier steigt Θ mit fallendem Mol.-Gewicht. Die Unterschiede zwischen II-haltigem u. -freiem I werden auf chem. Veränderungen an den Kettenenden zurückgeführt. (J. Amer. chem. Soc. **81.** 3498—3503. 20/7. 1959. Washington, D. C., Nat. Bur. of Standards, Polymer Structure Sect.) G. PÖTZSCHER. 4010

C. G. Overberger, Eli M. Pearce und **L. C. Kung Wei,** *Molekularer Abbruch durch p-Xylol bei der kationisch katalysierten Polymerisation.* Die Wrkg. aromat. Verbb. als mol. Kettenabbrecher bei der kation. ($SnCl_4$) katalysierten Styrolpolymerisation auf den Zahlenmittelpolymerisationsgrad (P) des *Polystyrols* wird durch die Gleichung $1/P = 1/P_0 + k_r(R)/k_p(M)$ beschrieben [P_0 = Polymerisationsgrad in Abwesenheit von Kettenabbrechern, (R)/(M) = Mol-Verhältnis des Kettenabbrechers zum Monomeren, k_r/k_p = Verhältnis der Geschwindigkeitskonstanten des mol. Abbruchs u. Wachstums]. Bei Verwendung von p-Xylol wurde die Temperaturabhängigkeit von k_r/k_p bei 25, 0 u. -19^0 untersucht u. die Aktivierungsenergie dieses mol. Abbruchvorgangs zu 7 kcal/Mol ermittelt. k_r/k_p fällt im untersuchten Temperaturbereich von 0,0186—0,0023. (J. Polymer Sci. **31.** 235—37. Aug. 1958. Brooklyn, N. Y., Polytechn. Inst., Inst. Polymer Res., Dep. of Chem.) R. SCHÄFF. 4010

L. E. Coleman und **F. B. Jones,** *Ionische Mischpolymerisation von ungesättigten Ketonen und Styrol.* Drei *Perfluoralkylpropenylketone* wurden mit *Styrol* bei -80^0 in Ggw. von BF_3 u. CH_2Cl_2 als Lösungsm. oder im Block zu festen Harzen copolymerisiert. Mit steigendem Ketongeh. nimmt der F. stark zu. Prodd. mit hohem Ketongeh. sind in aromat. Lösungsmitteln unlösl. (sie zeigen kristalline Bereiche). Der Mechanismus dieser Polymerisation wird kurz erörtert. Harzartige Prodd. wurden auch aus *Benzalacetophenon* oder *3-Cinnamoylpyridin* u. *Styrol* in Ggw. von BF_3 bei -80^0 in CH_2Cl_2 erhalten. (J. Polymer Sci. **31.** 528—29. Sept. 1958. Wright Patterson AFB, Ohio, Wright Air Developm. Center, Material Labor.; Columbus, Ohio, Battelle Mem. Inst.) R. SCHÄFF. 4010

T. E. Helminiak und **L. Cerny,** *Anwendung der verallgemeinerten Fließtheorie von Ree und Eyring auf verdünnte Lösungen von Kaliumpoly-p-styrolsulfonat.* Die Viscosität des Polyelektrolyten *K-Poly-p-styrolsulfonat* (Mol.-Gew. $1{,}48 \cdot 10^6$ bzw. $3{,}02 \cdot 10^5$) in wss. u. 0,0025 mol. KCl-Lsgg. wurde nach der Meth. von MARON u. BELNER (J. appl. Physics **26.** [1955.] 1457) mit einem Capillarviscosimeter untersucht u. die REE-EYRING-Theorie (J. appl. Physics **26.** [1955.] 793) an Hand der experimentellen Daten nachgeprüft. Obwohl die Extrapolationsmeth. relativ kompliziert u. zeitraubend ist, sind die Ergebnisse zufriedenstellend. Sogar bei der Schergeschwindigkeit Null wurde ein Maximum in der (η_{sp}/c)/c-Kurve beobachtet. (J. Polymer Sci. **31.** 230—34. Aug. 1958. Cleveland, Ohio, John Carroll Univ., Dep. of Chem.) R. SCHÄFF. 4010

F. D. Hartley, *Pfropfmischpolymerisatbildung während der Polymerisation von Vinylacetat in Gegenwart von Polyvinylalkohol.* Die Möglichkeit der Entstehung eines Pfropfmischpolymerisats aus *Polyvinylacetat* (I) u. *Polyvinylalkohol* (II) bei der Vinylacetat (III)-Emulsionspolymerisation in Ggw. von II wurde untersucht. Solche Pfropfmischpolymerisate konnten durch Trübungstitrations-, Adsorptions- u. Papierchromatographiemethoden nachgewiesen werden. Bei der Fraktionierung von Polymeren durch chromatograph. Methoden ist die Löslichkeit im Entwicklerlösungsm. eine wichtigere differenzierende Eig. als die Adsorption an das Trägermedium. 3 Dispersionen, hergestellt mit gleichen III- u. Katalysatormengen, aber mit variablen II-Mengen, wurden fraktioniert. Bei jeder der 3 Dispersionen wurden 2 Arten von Pfropfmischpolymerisaten (eine wasserlösl. mit hohem II-Geh. u. eine wasserunlösl. mit niedrigem II-Geh.) isoliert (ihre relativen Mengen u. die Mol.-Gew.-Verteilung des I waren verschieden). Auf Grund der unterschiedlichen Befunde werden Reaktionsmechanismen für die Bldg. von Pfropfmischpolymerisaten beider Arten vorgeschlagen. Die wasserlösl. Anteile des Pfropfmischpolymerisats bilden sich vermutlich am Anfang der Rk. durch Radikale (Bldg. durch Katalysatorzers.), die H-Atome aus den II-Moll. unter Bldg. von Makroradikalen entreißen, die ihrerseits die III-Polymerisation aktivieren. Das wasserunlösl. Pfropfmischpolymerisat wird wahrscheinlich während der späteren Reaktionsstufen durch Übertragung von wachsenden I-Ketten auf II-Moll. unter Bldg. von Makroradikalen gebildet, die ebenfalls die III-Polymerisation aktivieren. Das IR-Absorptionsmaximum bei 8,8 μ von beiden Pfropfmischpolymerisatarten ist charakterist. für eine tert. Alkoholgruppe; daraus wird gefolgert, daß gepfropfte I-Ketten an den gleichen Ketten-C-Atomen der II-Moll. hängen wie die OH-Gruppen. — Diskussionsbemerkungen. (J. Polymer Sci. **34.** 397—417. Jan. 1959. Blackley, Manchester, Imp. Chem. Ind. Ltd., Dyestuff Div.) R. Schäff. 4010

Charles Schwaner, *Die Struktur von o-Kresol–Paraformaldehyd-Harzen.* Inhaltlich ident. mit der C. **1959.** 2826 referierten Arbeit. (J. Polymer Sci. **31.** 177—79. Aug. 1958.) G. Halmi. 4010

Howard C. Haas und **Norman W. Schuler,** *Polyvinylencarbonat. Vinylencarbonat* (I; $Kp._{32}$ 73—74°) wurde nach der Meth. von Newman u. Addor (C. **1955.** 2875) hergestellt u. dessen Polymerisations- u. Mischpolymerisationsverh. untersucht. Bei der Mischpolymerisation mit *Vinylacetat* (II) wurden folgende Reaktionsgeschwindigkeitsverhältnisse gefunden: $r_1 = 4{,}00$; $r_2 = 0{,}15$; $e = -0{,}47$, $Q = 0{,}024$. *Vinylalkohol–1.2-Dihydroxyäthylen-Mischpolymerisate* wurden durch alkal. Hydrolyse der verschied. I–II-Mischpolymerisate erhalten. Die Eigg. solcher Mischpolymerisate in Abhängigkeit von der Zus. werden erörtert. (J. Polymer Sci. **31.** 237—39. Aug. 1958. Cambridge, Mass., Polaroid Corp., Chem. Res. Labor.) R. Schäff. 4010

B. S. Garrett, W. E. Goode, Serge Gratch, J. F. Kincaid, C. L. Levesque, Aldenlee Spell, J. D. Stroupe und **Warren H. Watanabe,** *Kristalline Polyalkylacrylate.* Bei der Darst. von *Polyisopropylacrylat* (I) wurden je nach der angewandten Polymerisationstechnik 2 Formen erhalten, die nicht polymorph sind u. deutlich verschiedene IR-Spektren zeigen. Form I wurde $< -70°$ durch Radikalpolymerisation, die durch UV-Bestrahlung oder mit ^{60}Co eingeleitet wurde, im Block oder in Toluollsg. erhalten. Die Kristallisation erfolgte leicht durch Anlassen oder durch Quellen in Lösungsmitteln. Das Röntgendiagramm zeigt 3 starke Interferenzen bei 7,4, 4,35 u. 4,25 Å. Das Mol.-Gew. beträgt $1{,}3 \cdot 10^6$. Die Form II bildet sich durch Anionenpolymerisation, die durch PhenylMgBr in Toluollsg. eingeleitet wurde. Polymerisationstemp. war $-65°$, das Mol.-Gew. 205000. Dilatometr. Messungen zeigten eine Glasübergangstemp. von $-11°$ u. einen Kristall-F. von 162°. Das Röntgendiagramm enthält 4 starke Interferenzen bei 8,4, 5,15, 4,85 u. 4,20 Å. Eine vorläufige Strukturunters. ergab für die Form I syndyotakt. u. für die Form II isotakt. Anordnung. Durch ähnliche Methoden wurde auch *Polycyclohexylacrylat* in 2 Formen erhalten. *Poly-sek.-butylacrylat* (II) u. *Poly-tert.-butylacrylat* (III) die durch Anionenpolymerisation erhalten wurden, kristallisieren leicht. Nach der Grignard-Meth. dargestellte I, II u. III kristallisieren spontan, wobei diese Kristallisation von deutlichen Änderungen in den IR-Spektren begleitet ist. Im Gegensatz hierzu benötigen nach der gleichen Meth. dargestellte *Polycyclohexyl-* u. *Polyisobornylacrylate* zur Kristallisation die Verwendung von Lösungsmitteln. Nach der gleichen Meth. dargestelltes *Polymethyl-* u. *Polyäthylacrylat* sowie höhere *Poly-n-alkylacrylate* scheinen nicht kristallin zu sein. (J. Amer. chem. Soc. **81.** 1007—08. 20/2. 1959. Philadelphia, Pa., Rohm and Haas Co., Res. Labor.) C. Gottfried. 4010

Herbert Becker, *Umkehr des Vorzeichens des Materialinterferenzstreifenwertes in Paraplex und Castolit.* Wie bereits von anderen Seiten an photoelast. plast. Stoffen beobachtet worden war, wurden auch bei *Paraplex* u. *Castolit* positive u. negative Materialinterferenzstreifenwerte beobachtet. (J. appl. Physics **29.** 1771—72. Dez. 1958. New York, N. Y., New York Univ., Coll. of Engng.) C. Gottfried. 4010

A. I. Kogan, *Anhydride in Polyphthalsäureglykolestern.* Vf. bestimmte den Anhydridgeh., bes. Phthalsäureanhydrid (I)-Geh., von *Polyphthalsäureglykolesterharzen,* die aus Äthylenglykol (II) u. I durch Erhitzen auf 190—200° erhalten wurden. Zur Best. des I-Geh. u. des Geh. an Anhydriden saurer Phthalsäureglykolester (III) wurde ein acidimetr. Verf. ausgearbeitet, das auf der Hydrolyse der Anhydride durch sd. W. sowie auf der Unlöslichkeit der K-Salze saurer III in Bzl. u. deren Verseifung durch alkoh. KOH beruht. Mit einem Überschuß an I (I:II = 1,5:1 Mol) hergestellte Harze enthalten an Anhydriden nur I [7,64—11,35%, alle Angaben in % $(CO)_2O$]. Bei etwa mol. Verhältnis der Komponenten (I:II = 1:1,1) überwiegen nach 1std. Kondensation die III-Anhydride (1,12%, daneben 0,43% I), während nach 5std. Kondensation wieder I vorherrscht (1,38% I neben 0,7% III-Anhydriden). Überschuß an II (I:II = 1:1,5) führt zu Harzen, die wenig III-Anhydride (0,23%) u. kein I enthalten. (Журнал Прикладной Химии [J. angew. Chem.] **29.** 119—23. Jan. 1956. Odessa, Elektrotechn. Inst. für Fernmeldewesen.) H.-J. Grasshoff. 4010

A. A. Berlin, G. L. Popowa und **Je. F. Issajewa,** *Über Kondensationstelomerisation und einen neuen Typ von ungesättigten Polyestern (Polyesteracrylate).* Als „Kondensationstelomerisation" wird die Darst. von Polyestern aus zweibas. Säuren mit Glykolen durch Zusatz von Methacrylsäure (I) oder Acrylsäure (II) bezeichnet, als „Polyesteracrylate" (PEA) die Polyester mit endständigen Methacryl- u. Acrylsäuregruppen. Die Darst. erfolgt in inerten Lösungsmitteln (Bzl., Toluol) unter azeotroper Dest. des Reaktionswassers. Als Katalysatoren dienen H_3PO_4, H_2SO_4, $C_2H_5HSO_4$ u. p-Toluolsulfonsäure (III). Geschwindigkeit u. Ausbeute sind am größten bei Anwendung von 2—3% H_2SO_4 oder III in Ggw. von 0,5—0,8% Hydrochinon. Der Polymerisationsgrad der PEA hängt vom Verhältnis der Ausgangsstoffe, bes. von der Dosierung von I (II) ab; dabei läßt sich der Polymerisationsgrad in 1. Annäherung durch das Mol-Verhältnis 2bas. (L) zu einbas. Säure (B) [$n = 2L/B$] berechnen. Bei 1 Mol zweibas. Säure + 2 Mol Glykol + 2,0 Mol I oder 4 Mol einbas. Säure + 1 Mol Glycerin ist $n = 1$. Bei geringerer I-Menge (0,5—0,1 Mol) werden höherpolymere Prodd. ($n > 4$) erhalten. Aus Viscosität, mittlerem Mol.-Gew. (kryoskop., 350—591), Mol.-Refr., Bromzahl, EZ., Elementaranalyse u. Geh. an OH-Gruppen ergibt sich, daß die Hauptmasse der erhaltenen Prodd. aus Polyestern mit dem errechneten n-Wert besteht. In einer Tabelle werden die Werte für *Dimethacryloyl-bis-[äthylenglykol]-phthalat* (**IV**) u. *-sebacinat, Dimethacryloyl-bis-[triäthylenglykol]-phthalat* sowie *Tetramethacryloyl-bis-[glycerin]-phthalat* u. *-sebacinat* mitgeteilt. Das durch Kondensationstelomerisation bei $L/B = 1/2$ erhaltene **IV** unterscheidet sich prakt. nicht von einem Prod., das aus Glykolmonomethacrylat mit Phthalsäureanhydrid erhalten wurde. (Доклады Академии Наук СССР [Ber. Akad. Wiss. UdSSR] **123.** 282—84. 11/11. 1958.) R. K. MÜLLER. 4010

T. M. Frunse, W. W. Korschak, W. W. Kuraschew, G. Ss. Kolessnikow und **B. A. Shubanow,** *Über einige Phosphor enthaltende Polyamide.* Es wird *Phenyl-bis-[p-carboxyphenyl]-phosphinoxyd* (I) synthetisiert. I reagiert mit Tetra- (II), Hexa- (III), Dekamethylendiamin (IV), p- (V), m- (VI), o-Phenylendiamin (VII) u. asymm.-m-Toluylendiamin (VIII) zu P enthaltenden *Polyamiden.* Ferner werden die Salze von I mit **II, III** u. **IV** dargestellt.

Versuche: *Phenyl-bis-[p-tolyl]-phosphin,* $Kp._2$ 140—145°, F. 53—54°, man tropft zur GRIGNARD-Verb. aus 190,5 g p-Bromtoluol u. 27,7 g Mg in 300 ml Ae. 100 g Phenyldichlorphosphin zu u. kocht 2 Std.; 40% (Ausbeute). — *Phenyl-bis-[p-tolyl]-phosphinoxyd,* F. 80—81°, man oxydiert vorst. Verb. mit NaOBr nach PLETZ [1940]; ca. 100%. — *Phenyl-bis-[p-carboxyphenyl]-phosphinoxyd* (I), $C_{20}H_{15}O_5P$, F. 340—342°, durch Oxydation vorst. Verb. in wss. Pyridin mit $KMnO_4$ nach MORGAN u. HERR (C. **1954.** 7399). — Darst. der Salze aus I mit **II, III** u. **IV**: Man läßt 0,095 Mol I u. 0,099 Mol **II, III** oder **IV** in 15 ml A. stehen, filtriert, wäscht mit Bzl. u. trocknet die untere Schicht im Vakuum bei 50°: *Salz aus* I *u.* **II**, F. 239—240°. — *Salz aus* I *u.* **III**, F. 212—214°. — *Salz aus* I *u.* **IV**, F. 216—218°. — Polykondensation von I mit **II—VIII**: Man erhitzt die Salze aus I mit **II, III** u. **IV** bzw. I mit einem 5% ig. Überschuß an **V, VI, VII** u. **VIII** allmählich auf 260°. Die Polyamide sind schwach gefärbte, nicht destillierbare, durchsichtige u. in Ameisen- u. Essigsäure lösl. Prodd. (nachst. in Klammern die Erweichungstemp. u. die Fließtemp.): *Polyamid* aus I u. **II** (180°, 204°), I u. **III** (180°, 190°), I u. **IV** (150°, 179°), I u. **V** (260°, Zers. bei 340°), I u. **VI** (249°, Zers. bei 340°), I u. **VII** (168°, 184°), I u. **VIII** (239°, 252°). (Известия Академии Наук СССР, Отделение Химических Наук [Nachr. Akad. Wiss. UdSSR, Abt. chem. Wiss.] **1958.** 783—85. Juni. Inst. für metallorgan. Verbb. der Akad. der Wiss. der UdSSR.)

HELMUT SCHÄFER. 4010

J. R. Thomas und **L. de Vries,** *Durch Schall bewirkte Spaltung von Polymethylsiloxan.* Der Abbau von Hochpolymeren durch Ultraschall erfolgt durch hydrodynam. Kräfte der Kavitation. *Polymethacrylsäuremethylester, Polystyrol* u. *Polyisobuten* (I) zerfallen in Radikale, die eine Lsg. von 2.2-Diphenyl-1-pikrylhydrazyl (II) entfärben. Die Spaltprodd. von *Polymethylsiloxan* (III) reagieren nicht mit **II**. Unter gleichen Reaktionsbedingungen sinkt die spezif. Viscosität (η_{sp}/c) von I (mittlerer Polymerisationsgrad 2110) um 18%, die von **III** (2570) um 24%. In Ggw. von ^{14}C-markiertem Methanol wird dieses in die Spaltstücke von **III** eingebaut, womit eine heterolyt. Spaltung der Si-O-Bindung angezeigt wird. Eine Berechnung der Anzahl der gespaltenen Bindungen ergibt für I $8 \cdot 10^{-7}$ Mol/Gramm, für **III** $19 \cdot 10^{-7}$ Mol/Gramm. Es folgen Betrachtungen über die erforderlichen Energien für die Spaltung von **III** in Radikale bzw. Ionen. In einer folgenden Veröffentlichung wird gezeigt, daß die Abbaugeschwindigkeit von Polymeren durch die mechan. Kräfte der Kavitation ungefähr der inversen Aktivierungsenergie porportional ist. (J. physic. Chem. **63.** 254—56. Febr. 1959. Richmond, Calif., California Res. Corp.) K. ROSS. 4010

P. J. Flory, C. A. J. Hoeve und **A. Ciferri,** *Einfluß der Beschränkung des Valenzwinkels auf die Elastizität von Polymeren.* Vff. diskutieren die statist. Verteilung der Kettenendenabstände bei Hochpolymeren, die vom GAUSSschen Verh. abweichen. Für den Fall der Abhängigkeit des Quadrats des Kettenendenabstands ($\bar{r}^2$) von der Temp. ergibt sich aus thermodynam. Überlegungen eine Abhängigkeit der inneren Energie von r. Danach hängt die innere Energie des Syst. von der Konformationsänderung der Kette ab. Daraus ergibt sich: $f_e/fT = -(\partial \ln(f/T)/\partial T)_{P,\alpha} = \partial \ln \bar{r}_0^2/\partial T = {}^2/_3 \partial \ln [\eta]_\Theta/\partial T$ ($f_e = (\partial E/\partial L)_{V,T}$ = Beitrag der inneren Energie zur Längenänderung, f = rücktreibende Kraft, $[\eta]_\Theta$ = Viscositätszahl beim Θ-Punkt). Es werden experimentelle Daten über die Abhängigkeit der Spannung von der Temp. für ein mit Benzoylperoxyd vernetztes *Siloxanpolymeres* (I) u. für ein mit γ-Strahlen behandeltes *Polyäthylen* (II) angegeben. I ist prakt. unabhängig u. II abhängig von der Temperatur. Man erhält daraus für I $f_e = 0$ u. für II $f_e = -f/2$. Das Ergebnis für II wird durch die verschied. potentielle Energie der gauche- u. der trans-Form erklärt, die sich aus Unterss. an niedrigen KW-stoffen ergibt. (J. Polymer Sci. **34.** 337—47. Jan. 1959. Pittsburgh, Pa., Mellon Inst.) O. KRAMM. 4010

K. Damm und **W. Noll,** *Über die Bestimmung von Silanolgruppen in Organopolysiloxanen und ihr Verhalten bei thermischer Kondensation.* OH-Gruppen von *Silanolen* u. *Organopolysiloxanen* (z. B. *Siliconharzen*) lassen sich mit 5—10%ig. Genauigkeit durch Umsetzung mit Phenylisocyanat bestimmen. Gleichzeitig kann der vorhandene Wassergeh. wegen der nur sehr langsam erfolgenden Umsetzung der Silanolgruppen nach der FISCHER-Meth. gesondert bestimmt u. abgezogen werden. Die Anwendung dieser analyt. Meth. auf *Methylphenylsiliconharze* hat ergeben, daß der OH-Gruppengeh. des Harzes um so größer ist, je größer die Geschwindigkeit der therm. Härtung ist. Die Aufnahme von IR-Spektren ermöglicht ebenfalls die Best. des OH-Gruppenanteils u. deutet außerdem auf Wasserstoffbrückenbldg. zwischen den Silanolgruppen der Polysiloxane hin. Eine Verfolgung der Abnahme des OH-Gruppengeh. während der therm. Härtung ist an lösungsmittelfreien Siliconharzfilmen möglich. Durch tg-δ-Messungen lassen sich diese Erkenntnisse bestätigen. (Kolloid-Z. **158.** 97—108. Juni 1958. Leverkusen, Farbenfabriken Bayer AG., Anorgan.-wiss. Labor.) H. REUTHER. 4010

G. S. Trick, *Die Kristallisation von chemisch modifiziertem Naturkautschuk.* Die Beziehung zwischen Kristallisationshalbwertszeit bei —26° u. Mol-% verschied. chem. Modifikatoren (Thiolbenzoesäure, Thiolessigsäure, Silberkomplex) in *Naturkautschuk* wurde untersucht u. im Vgl. zu Befunden von GENT (J. Polymer Sci. **28.** [1958.] 257) erörtert. (J. Polymer Sci. **31.** 239—40. Aug. 1958. Akron, Ohio, Goodyear Tire & Rubber Co., Res. Div.) R. SCHÄFF. 4030

Hiroshi Sobue und **Setsuo Fukuhara,** *Infrarotabsorptionsspektrum von faserförmiger, deuterierter Cellulose. Kraft-Zellstoff* mit 94,4% *α-Cellulose* wird über P_2O_5 getrocknet u. dann 1 Tag in 86%ig. *D_2O* bei Raumtemp. eingelegt, wieder über P_2O_5 getrocknet, mit Hexachlorbutadien befeuchtet u. das IR-Spektr. aufgenommen. Es zeigen sich Banden bei 3,9—4,2 μ (OD), 2,9—3,0 μ (OH), 3,4 μ (CH) u. 4,3 μ (CO_2). (J. chem. Soc. Japan, ind. Chem. Sect. [Kōgyō Kagaku Zassi] **58.** 946. Nov. 1955. Tokyo, Univ. [Orig.: japan.]) L. SCHULER. 4050

Carl Koch, *Oberflächenhäutchen an hochmolekularen Flüssigkeiten (Modellversuche an Polyvinylpyrrolidon [PVP] und Dextranlösungen unter Zusatz von Zinnsalzen).* In bei 27—36° an der Luft eindunstenden Lsgg. von *Polyvinylpyrrolidon* oder *Dextran* lassen sich durch Zusatz von Sn-Salzen durchsichtige Oberflächenhäutchen erzeugen, deren Struktur mit dem Lichtmikroskop erfaßbar ist. Diese besitzen eine scharfe Oberfläche gegen Luft u. können aus 2 oder mehr Schichten bestehen. Als viel-mol. Schichten (Aufbaufilme) besitzen sie eine gewisse Festigkeit, sind nach Trocknung strukturlos oder zeigen Faltenbldg., Chagrinierung oder konzentr. period. Fältelung. Bei mehrschichtigen Oberflächenhäutchen sind diese morpholog. Kennzeichen in verschied. Kombination zu finden. Als Arbeitshypothese wird angenommen, daß sich die beobachteten Aufbaufilme nicht durch chem. Umsetzung des hochmol. Substrats bilden, sondern koll. Sn-Salzteilchen in die Gitterstruktur des Substrats eingelagert werden. (Mikroskopie [Wien] **13.** 233—39. Dez. 1958. Triest, Ospedale Maggiore.) E. ÜHLEIN. 4050

Joseph D. Moyer und **Horace S. Isbell,** *Kohlenstoff-14 markierte Polysaccharide.* Reduzierende Endgruppen in Polysacchariden werden mit ^{14}C-markiertem Cyanid umgesetzt u. das Cyanhydrin hydrolysiert. Die entstandene ^{14}C-Carbonsäure unterscheidet sich durch die lange Polysaccharidkette biol. nicht von der Ausgangssubstanz.

Versuche: *^{14}C-Carboxydextran,* lyophiliertes Dextran wird in einer 0,065 mol. $Na^{14}CN$-Lsg. gelöst u. 7 Tage aufbewahrt, die Lsg. mit Amberlite IR 120 (H) geschüttelt u. mit n-NaOH verseift; Aktivität 0,28 μC/mg. — *^{14}C-Carboxyinulin,* Inulin wird in wss. $Na^{14}CN$-Lsg. gelöst, unter Kühlung im Vakuum verschlossen, 8 Tage lang öfters erwärmt, mit Amberlite IRC-50 (H) geschüttelt u. wie vorst. verseift; Aktivität 0,72 mC/g. (J. Res. nat. Bur. Standards **61.** 71—73. Aug. 1958. Washington.) D. PALM. 4050

I. M. Mackie und **Elizabeth Percival,** *Die Konstitution von Xylan aus dem grünen Seetang Caulerpa filiformis.* Vff. extrahieren getrockneten Grüntang (*Caulerpa filiformis*) nach Behandlung mit heißem 80%ig. wss. A. zur Entfernung von Farbstoffen, *Saccharose* u. *Glucose* (I) mit verd. HCl (70°, 6 Std., p_H 3—4). Nach Fällung des Proteins mit Trichloressigsäure u. Dialyse wird ein farbloses Pulver mit $[\alpha]_D$ +120° (c = 3,0; W.) u. einem Geh. an 13,5—15,4% SO_4^{2-}-haltiger Asche, 7,5% *Uronsäureanhydrid* u. 1,5% N erhalten, dessen Hydrolysat (n-H_2SO_4, 100°, 4 Std.) *Galaktose*, I, *Mannose*, *Xylose* (II) u. *Rhamnose* (sowie Ketose- u. Anhydrozuckerreste) im mol. Verhältnis 4: (14—15) zu 2:(1—2):(0,2—0,5) enthält. Behandlung des in W. unlösl. Rückstands mit verd. Essigsäure u. $NaClO_2$ (70°, 4 Std.), anschließende Extraktion mit n-NaOH bei Zimmertemp. (3 Tage) u. Ansäuern mit Eisessig (p_H 5) liefert ein *Rohxylan* [**IIIa**; $[\alpha]_D$ —28° (c = 0,8; 0,1n NaOH); 3,6% SO_4^{2-}-Geh.; Ausbeute 5% des getrockneten Tanges], das aus 90% II u. 10% I besteht. Fällung von **IIIa** aus alkal. Lsg. als *Cu-Komplex* bzw. mit Cetyltrimethylammoniumbromid bewirkt keine Senkung des I-Geh.; Extraktion mit W. ergibt ein *Xylan* [**IIIb**; $[\alpha]_D$ —31° (c = 0,5; 0,5n NaOH); 2,4% SO_4^{2-}], das nach Dialyse SO_4^{2-}-frei ist u. 95—97% II sowie 3—5% I enthält; aus dem **IIIb**-Hydrolysat wird krist. II [F. 143—144°, $[\alpha]_D$ +41,9° (c = 0,9); *Dibenzylidenxylosedimethylacetal*, F. 210°] in 92%ig. Ausbeute erhalten. Wiederholte Extraktion von **IIIb** mit W. liefert ein reines *Xylan* (**IIIc**, $[\alpha]_D$ —35°), das kein SO_4^{2-} oder keine I mehr enthält. Während der Reinigungsoperationen wird kein Abbau von **IIIc** festgestellt. Die spezif. Viscosität u. der Perjodatverbrauch (0,074 Mol nach 96 Std., Bldg. von $2,4 \cdot 10^{-2}$ Mol H·COOH u. 10,6 µg HCHO) von **IIIb** u. **IIIc** sind gleich groß u. ihr Reduktionsvermögen entspricht einer reduzierenden Gruppe pro 60 II-Einheiten. Erschöpfende Methylierung von **IIIb** (Dimethylsulfat/NaOH u. PURDIE-Reagens unter N_2) liefert ein *Methylierungsprod.* ($[\alpha]_D$ —61° [c = 1,0; Chlf.]; 37,2% OCH_3), das sich mittels Chlf.-PAe.-Gemischen (0:100 bis 35:65) in 4 Fraktionen mit $[\alpha]_D$ —26°, —61° u. je —62° (22,1; 37,0; 37,4 u. 37,1% OCH_3) auftrennen läßt. 3 der erhaltenen mengenmäßig größten Fraktionen liefern durch erneute Methylierung (NaOH u. CH_3J in fl. NH_3) ein *Methylierungsprod.* (IV) mit $[\alpha]_D^{18}$ —60° (c = 1,0; Chlf.) u. 37,8% OCH_3. Auch wiederholte Methylierung u. Dialyse rufen keinen wesentlichen Abbau hervor, da ein acetyliertes III ($[\alpha]_D$ —51° [c = 0,4; m-Kresol]; 39,8% $COCH_3$) die gleiche spezif. Viscosität aufweist wie das unter gleichen Bedingungen gemessene **IV**. **IV** ergibt durch Hydrolyse mit 3%ig. methanol. HCl (18 Std. am Rückfluß), anschließenden Abbau der gebildeten Glykoside mit n-HCl (18 Std. bei 100°) u. Trennung der Spaltprodd. auf papierchromatograph. Wege (Lösungsm. Butanol/A./W., 4:1:5) oder an Cellulose [Eluieren mit Bzn. (Kp. 100—120°)/ mit W. gesätt. Butanol 7:3] folgende Methylzucker: *2.3.4-Tri-O-methylxylose*, $C_8H_{16}O_5$, F. 85—87°; $[\alpha]_D$ +19,8° (c = 1,1; W.); 2,9% (Ausbeute). — *2.4-Di-O-methylxylose*, $C_7H_{14}O_5$, F. 116°; $[\alpha]_D^{15}$ —26° → +28° (c = 1,0; W.; 24 Std. konstant); 95,2%. — *Mono-O-methylxylose* bzw. ein Gemisch aus *2-* u. *4-Monomethylxylose*, $C_6H_{12}O_5$; $[\alpha]_D^{15}$ +19° (c = 3,1; W.); 1,9%. — *2.3.4.6-Tetra-O-methylglucose*, *2.4.6-Tri-O-methylglucose* [F. 126°; $[\alpha]_D^{15}$ +108° → +70° (c = 1,5; NaOH)] u. *4.6-Di-O-methylglucose.* Die Trimethylxylosemenge entspricht annähernd einer nichtreduzierenden Endgruppe für jede der 34—47 II-Einheiten; die Monomethylxylosen werden infolge Entmethylierung während der Hydrolyse gebildet. Aus den Ergebnissen geht hervor, daß **III** aus linearen, meist unverzweigten Ketten von 1 → 3-gebundenen β-D-Xylopyranoseresten besteht. Die β-Konfiguration ergibt sich aus den negativen $[\alpha]_D$-Werten. Die erhaltenen Methylglucosemengen weisen darauf hin, daß in **III** noch ein laminarinähnliches Polymeres mit 1 → 3-β-gebundenen Glucopyranoseeinheiten enthalten ist. (J. chem. Soc. [London] **1959.** 1151—56. März. Edinburgh, Univ., Dep. of Chem.) P. FAHRNLAENDER. 4050

C. H. Giles, A. S. A. Hassan, Margaret Laidlaw und **R. V. R. Subramanian,** *Adsorption an organischen Oberflächen.* 3. Mitt. *Einige Beobachtungen über die Konstitution von Chitin und dessen Adsorption von anorganischen und organischen Säuren aus wässerigen Lösungen.* (2. vgl. C. **1956.** 7963.) Unterss. über das Säurebindevermögen von *Chitin* deuten darauf hin, daß bei der Aufnahme von HCl u. H_2SO_4 alle Amino- u. Acetamidgruppen beteiligt sind. Auf diese Weise werden bei p_H ca. 2,5 ca. 4,8 Milliäquivalente Säure/g Chitin gebunden. Unterhalb p_H 2 steigt das Säurebindevermögen nochmals stark an, wobei die Art der Fixierung der Säure an das Chitinmol. nicht aufgeklärt werden konnte. Organ. Säuren (HCOOH, CH_3COOH, Chloressig-, Pikrin-, Benzolsulfon-, Anilin-2.5-disulfon-, Naphthalin-β-sulfon- u. 2-Naphthol-6.8-disulfonsäure) werden dagegen nur zu einem geringen Teil (unter 0,5 Milliäquivalente/g) aufgenommen. —

27 Literaturhinweise. (J. Soc. Dyers Colourists **74**. 647—54. Sept. 1958. Glasgow, Royal Coll. of Sci. and Technol., Colour Chem. Res. Labor.) H. G. FRÖHLICH. 4050

Masamichi Tsuboi, Takehiko Shimanouchi und **San-Ichiro Mizushima,** *Spektren im nahen Infrarot von Verbindungen mit zwei Peptidbindungen und der Konfiguration einer Polypeptidkette.* 7. Mitt. *Über die gestreckten Formen von Polypeptidketten.* (6. vgl. C. **1958.** 11473.) Mit einem Gitterspektrometer hoher Auflösung werden die Spektren von *Acetylglycin-* (**I**), *Acetylalanin-*, *Acetylvalin-* (**III**), *Acetylnorleucin-* (**IV**) u. *Acetylprolin-N-methylamid* (**II**) im 3 μ-Gebiet gemessen. Das früher im Bereich von 3470 bis 3420 cm^{-1} aufgelöste **I** zeigt Banden bei 3461 (stark) u. 3421 cm^{-1}, **II** eine früher nicht beobachtete, schwache Bande bei 3450 cm^{-1}. Die früher gegebenen Deutungen dieser Banden mit gestreckten u. gefalteten Mol.-Formen wurden bestätigt u. durch Konformationsbetrachtungen verfeinert, wodurch eine Deutung für das vom **III**- u. **IV**-Spektr. abweichende Spektr. von **I** gefunden wird. Die Modellbetrachtungen wurden auf *β-Polypeptide* (*Polyglycin-I, Poly-β-L-alanin*) ausgedehnt u. mit den Vorstellungen von PAULING u. COREY (Proc. nat. Acad. Sci. **37.** [1951.] 729) verglichen. (J. Amer. chem. Soc. **81.** 1406—41. 20/3. 1959. Hongo, Tokyo, Univ., Fac. of Sci., Chem. Labor.) K. HEYNS. 4070

J. Parrod und **G. Spach,** *Über einige neue Polypeptide.* Es wird die Darst. von Polypeptiden aus folgenden rac. Aminosäuren beschrieben: dl-α-Aminooctadecansäure (**I**, dl-α-Aminostearinsäure) u. *dl-2-Aminoundecan-1.11-dicarbonsäure-11-benzylester* (**II**), $C_{20}H_{31}NO_4$, F. 217° (Zers.; W./A./CCl_4, 1:4:1). Die Synth. von **II** gelang durch Rk. von 11-Bromundecansäureäthylester u. Na-Malonsäurediäthylester zu *Undecan-1.11.11-tricarbonsäuretriäthylester* ($C_{20}H_{36}O_6$, Kp.$_{0,7}$ 195°), der mit alkoh. KOH, Ansäuern u. Extraktion mit Ae. in *Undecan-1.11.11-tricarbonsäure* (**III**; $C_{14}H_{24}O_6$, F. ca. 90—91°, Nadeln aus wss. A.) umgewandelt wurde. Bromierung von **III** in Ae. lieferte *2-Bromundecan-1.11.11-tricarbonsäure* [$C_{14}H_{23}BrO_6$, F. ca. 92° (Zers.; wss. A.)], aus der durch Aminierung *2-Aminoundecan-1.11.11-tricarbonsäure* [$C_{14}H_{25}NO_6$, F. ca. 165° (Zers.)] entstand. Kochen mit HCl lieferte unter Decarboxylierung *dl-2-Aminoundecan-1.11-dicarbonsäure* [$C_{13}H_{25}\cdot NO_4$, F. 218—220° (Zers.; Essigsäure)], die mit Benzylalkohol bei 60—70° in Ggw. von HBr zu **II** partiell verestert wurde. Durch Einw. von $COCl_2$ auf **I** u. **II** entstanden die entsprechenden LEUCHSschen Anhydride, *4-Hexadecyloxazolidindion-(2.5)* ($C_{19}H_{35}NO_3$, F. 79—80°; Blättchen) bzw. *4-[10'-Carbobenzoxydecyl]-oxazolidindion-(2.5)* [$C_{21}H_{29}NO_5$, F. 53° (Blättchen) oder F. 60° (Nadeln)], die in Bzl. in Ggw. von wenig K_2CO_3 in 48 Std. zu *Poly-dl-α-aminostearinsäure* (**IV**) bzw. *Poly-dl-2-aminoundecan-1.11-dicarbonsäure-11-benzylester* polymerisieren. Durch Viscositäts- u. Lichtstreuungsmessungen an **IV** in Bzl. konnte die Bldg. von Aggregaten bei höheren Konzz. bewiesen werden. (J. Polymer Sci. **30.** 149—54. Juli 1958. Strasbourg, France, Centre de Rech. sur les Macromol.) E. SCHRÖDER. 4070

Jan Czajka, *Der Einfluß des p_H auf die Viscosität, die Oberflächenspannung, die Schaumbildung und den Brechungsindex von Eiweißlösungen.* Im n. p_H-Bereich existiert ein Minimum der relativen Viscosität bei 5%ig. Eiweiß-Lsgg. (Hühnereiweiß bei 8,2, Enten- bei 6,9 u. Gänse- bei 7,8). Das Viscositätsminimum fällt mit dem Maximum der Oberflächenspannung zusammen. In diesem p_H-Bereich ist somit die Denaturierung am schwächsten. Die stärkste Schaumbldg. beim Schütteln der Lsgg. ist im niedrigen u. hohen p_H-Bereich festzustellen. Ebenso verhält sich der Brechungsindex: Hohe H^+- u. OH^--Konzz. vergrößern ihn, mittlere sind ohne Einfluß. (Roczniki państwowego zakładu Hig. **9.** 149—58. 1958. Lublin, WSSE, Dział Hig. Żyw. i Żywn.) F. URBAN. 4070

Terrell L. Hill, *Quellung der Proteinmoleküle in Lösung.* 2. Mitt. (1. vgl. C. **1957.** 2226.) An einem theoret. Modell, das ein Mol. der globulären Proteine als kugelförmiges Gel aus miteinander vernetzten Polypeptidketten (A), das von Elektrolyt-Lsgg. durchströmbar ist, betrachtet, wird qualitativ demonstriert, daß die bei *Rinderserumalbumin* in Lsgg. des p_H-Bereichs 2—4 auftretende Quellung sich ausreichend durch die Annahme der Streckung der flexiblen, verknäuelten A erklären läßt. In gleicher Richtung wirkt zwar auch die Trennung einiger der Verknotungsstellen innerhalb des Knäuels, doch ist dieser Effekt zu schwach, um als alleinige Ursache der Quellung zu genügen. (J. physic. Chem. **60.** 1593—94. Nov. 1956. Bethesda, Md., Naval Res. Inst.) E. UHLEIN. 4070

Christiane de Lozé, *Infrarotspektrum und Struktur von Protamin und Nucleoprotamin.* Das IR-Spektr. eines *Protamins* (als Film in gesätt. Wasserdampf; Hauptabsorptionsmaxima bei 1670 u. 1645 cm^{-1}) ändert sich bei der Deuterierung (Dampf von schwerem W.; 1660, 1645, 1610 u. 1585 cm^{-1}). Analog ändern sich die dem Proteinanteil zugeordneten Banden eines *Nucleoprotamins* aus Lachssperma, während an Stelle der dem Nucleinsäureanteil zugeordneten Bande bei 1710 cm^{-1} 2 neue Maxima bei 1695 u. 1680 treten. Die Banden bei 1660 u. 1645 werden der gegen Deuterierung unempfindlichen Peptidbindung zugeschrieben, die bei 1610 u. 1585 den deuterierten Guanylgruppen des Arginins, welche im n. Protamin den Hauptanteil der Absorption bei 1670 u. 1645 ausmachen u. den Banden der Peptidbindung überlagert sind. Im Gegensatz zu den Annahmen von AMBROSE u. BUTLER (C. **1953.** 9186) folgert Vf., daß ein Schluß auf die α- oder β-Struktur nicht gezogen werden kann. (C. R. hebd. Séances Acad. Sci. **246.** 762–64. 3/2. 1958.) H. PAGEL. 4070

D. E. Bradley, *Elektronenmikroskopische Untersuchungen von Myoglobinkristallen des Finwals.* Elektronenmkr. Unterss. von *Myoglobin*-Kristallen des Finwals lieferten Abstandswerte, die angenähert mit den von KENDREW u. PAULING (vgl. C. **1957.** 9676) bestimmten Elementarkörperdimensionen des Typs F übereinstimmen. (Nature [London] **183.** 941–43. 4/4. 1959. Aldermaston Court, Berks., Assoc. Electrical Ind. Ltd., Res. Labor.) C. GOTTFRIED. 4070

L. W. Komarowa und **A. G. Passynski,** *Über die Aggregation der Eiweißmoleküle bei der umkehrbaren Denaturierung.* 2. Mitt. (1. vgl. C. **1956.** 5577.) Durch osmot. Messungen bei 23 u. 33° wurden die thermodynam. Kennzahlen für die saure Aggregation von *Hämoglobin* (I) bei p_H 2,2 ermittelt: freie Aggregationsenergie $\Delta F = -5000$ cal/Mol, Enthalpie $\Delta H = -21600$ cal/Mol, Änderung der Entropie $\Delta S = -55$ Entropieeinheiten. Danach liegen die Werte für ΔH u. $T \cdot \Delta S$ mit -21600 bzw. 16500 nahe beieinander. Die Berechnungen ergeben, daß an der Aggregation 4–5 H-Bindungen beteiligt sind. Vff. erörtern die Ähnlichkeit der thermodynam. Daten bei der Aggregation von I u. bei der immunochem. Rk. zwischen den Eiweißmoll. des Antigens u. des Antikörpers. Aus den osmot. Messungen bei 23 u. 33° u. beim p_H 2,2 ergeben sich für das menschliche *Serumalbumin* (II) folgende Werte: $\Delta F = -5500$ cal/Mol, $\Delta H = -21100$ cal/Mol, $\Delta S = -51$ Entropieeinheiten. Durch Röntgenbestrahlung von 30000 r auf die 2%ig. II-Lsg. bei p_H 7,1 wird das Mol.-Gew. von 69000 auf 117000 erhöht. In Ggw. von 0,005 mol. Na-Caprylatlsg. wird hierbei das Mol.-Gew. von II nur auf 79000 erhöht. Die Veränderung des Mol.-Gew. von 69000 auf 117000 entspricht einem Aggregationsgrad von 0,6. (Український Біохімічний Журнал [Ukrain. biochem. J.] **31.** 5–11. 1959. Jaroslawl, Med. Inst.; Moskau, Bach-Inst. für Biochem.) O. LEBTAG. 4070

E. Biologische Chemie. Physiologie. Medizin.

E_1. Allgemeine Biologie und Biochemie.

Sydney S. Lazarus, *Eine kombinierte Perjodsäure-Schiff-Dreifarbenfärbung.* Die besten cytolog. Details zur Identifizierung verschied. Zelltypen (bes. bei Hypophysenvorderlappen, Niere u. Pankreas) u. zur Lokalisierung von Glykogen im Pankreas ergibt eine modifizierte SCHIFF-MASSON-Färbung, wonach frische, gut fixierte Schnitte mit 1%ig. Jodalkohol, 55%ig. Na-Thiosulfat, 0,6%ig. wss. H_2O_2, SCHIFF-Reagens, 0,5%ig. wss. Na-Metabisulfit, WEIGERTs saurer Eisenchlorid-Hämatoxylin-Lsg. (1% Hämatoxylin in 95%ig. A. zu wss. 29%ig. Ferrichlorid, HCl u. W.), 95%ig. A., 1%ig. HCl, Gemisch aus 0,2% Ponceau, 0,1% Orange G u. 1% Essigsäure (I), 1%ig. Phosphormolybdänsäure (II), 1%ig. Lsg. von Lichtgrün in 1%ig. I, wieder 1%ig. I, 0,5%ig. II, 1%ig. I u. schließlich A. behandelt werden. (A. M. A. Arch. Pathol. **66.** 767–72. Dez. 1958. Brooklyn, Jewish Chronic Dis. Hosp., Isaac Albert Res. Inst.; New York, N. Y., Albert Einstein Coll. of Med., Dep. of Pathol.) U. TAUSENDFREUND. 4150

John R. Baker, *Fixierung in Cytochemie und Elektronenmikroskopie.* Die elektronenmkr. sichtbare Struktur soll als Reaktionsprod. der in vivo vorhandenen mit dem Fixierungsmittel betrachtet werden. Die verschied. Reaktionsmöglichkeiten von Fixierungsmitteln mit *Lipoproteinen* werden beschrieben u. diskutiert. (J. Histochem. Cytochem. **6.** 303–08. Sept. 1958. Oxford, Univ. Museum, Dep. of Zool., Cytolog. Labor.) J. DITTMANN. 4150

J. F. A. McManus und **Robert W. Mowry,** *Die Wirkungen der Fixierung auf die Kohlenhydrathistochemie.* Vff. diskutieren die verschied. Fixierungsmethoden u. empfehlen für die Kohlenhydrathistochemie auf Grund eigener Erfahrungen die Verwendung von A. u. Formalin. (J. Histochem. Cytochem. **6.** 309–16. Sept. 1958. Birmingham, Ala., Univ. of Alabama, Med. Center, Dep. of Pathol.) J. DITTMANN. 4150

Herbert Elftman, *Die Wirkungen der Fixierung auf die Lipoidhistochemie.* Nach Darst. verschied. Vorbereitungstechniken in der *Lipoid*-Histochemie werden Durchführungs- u. Anwendungsformen der vom Vf. bearbeiteten Meth. der Dichromatoxydation der Gewebe beschrieben u. diskutiert. (J. Histochem. Cytochem. **6.** 317–21. Sept. 1958. New York, N. Y., Columbia Univ., Coll. of Physicians and Surgeons, Dep. of Anatomy.) J. DITTMANN. 4150

M. S. Burstone, *Die Beziehung zwischen der Fixierung und den Techniken zur histochemischen Festlegung hydrolytischer Enzyme.* Nach Erwägung der method. Problematik für den histochem. Nachw. von *Hydrolasen* empfiehlt Vf. rasches Einfrieren der Gewebe, Trocknen im Vakuum oder mit Lösungsm. u. Rk. mit zur späteren Färbung bes. geeigneten aromat. Estern (Darst. des Einfl. der Substituenten). (J. Histochem. Cytochem. **6**. 322—39. Sept. 1958. Bethesda, Md., Nat. Inst. of Dental Res.)
J. DITTMANN. 4150

Reinhard Friede, *Eine verbesserte Technik für den histochemischen Nachweis von Bernsteinsäuredehydrogenase in Gehirngewebe.* Bei der verbesserten Meth. zur Best. der *Bernsteinsäuredehydrogenase*-Aktivität werden Gewebe mit feinen u. empfindlichen Strukturen, wie die des Gehirns, zwischen —3 u. —2° geschnitten. (J. Histochem. Cytochem. **6**. 347—51. Sept. 1958. Dayton, Ohio, Wright Air Development Center.)
J. DITTMANN. 4150

R. D. Lillie, *Acetylierung und Nitrosierung von Gewebeaminen in der Histochemie.* Acetylierung der *Amine* in Gewebeschnitten setzt die Anfärbbarkeit mit *Azur A* + *Eosin B* stark herab. Verseifung stellt dagegen die Eosinophilie wieder her. Noch stärkere Erniedrigung der Eosinophilie ruft Nitrosierung der Gewebeamine hervor. Da anschließende Red. mit NaN_3 oder $NaHSO_3$ den Effekt nicht aufheben, wird gefolgert, daß sek. Amine zur Eosinophilie nicht beisteuern. *Tyrosin* scheint die Anfärbbarkeit mit Eosin nicht zu beeinflussen, dagegen scheinen *Arginin, Lysin* u. *Hydroxylysin* beim Zustandekommen der Eosinophilie beteiligt zu sein. (J. Histochem. Cytochem. **6**. 352—62. Sept. 1958. Bethesda, Md., Nat. Inst. of Arthritis and Metabolic Diseases, Labor. of Pathol. and Histochem.)
J. DITTMANN. 4150

Benjamin H. Landing und **Hazel E. Wilson,** *Färbungseigenschaften von Indicatoren in nichtwässeriger Lösung in ihrer Beziehung zur oberflächlichen Säuren- und Basenstärke der Gewebeproteine und zur Metachromasie.* 69 *Farb-* u. 31 *Fluorescenzindicatoren* wurden in Isooctan (I) gelöst u. zur Färbung verschied. Gewebeschnitte verwendet. In Tabellen werden Farbe im sauren u. alkal. Bereich, Umschlagsbereich, bei Farbindicatoren Farbe der Lsg. in I sowie die Farbe angegeben, die bei Berührung mit den Schnitten entsteht. (J. Histochem. Cytochem. **6**. 363—68. Sept. 1958. Cincinnati, Ohio, Univ., Coll. of Med., Children's Hosp., Deps. of Pathol. and Pediatrics.)
J. DITTMANN. 4150

D. G. Scarpelli und **A. G. E. Pearse,** *Physikalischer und chemischer Schutz von Zellbestandteilen und die genaue Lokalisierung von Enzymen. Bernsteinsäuredehydrogenase, Diphosphopyridinnucleotiddiaphorase, saure Phosphatase, Adenosintriphosphatase* u. *β-Glucuronidase* werden histochem. nachgewiesen. Werden die Schnitte von der Entfernung aus den Geweben bis zum Ende der Nachweis-Rk. in physikal. u. chem. Hinsicht sehr schonend behandelt (Methoden angegeben), so gelingt es in vielen Fällen, die Enzyme auf einem Bereich zu lokalisieren, der der Form der Mitochondrien u. Lysosomen ähnelt. Bei Beschädigung der Struktur erfolgen dagegen intra- u. extracelluläre Diffusion. (J. Histochem. Cytochem. **6**. 369—76. Sept. 1958. London, Postgraduate Med. School of London.)
J. DITTMANN. 4150

Elizabeth J. Moore und **Charles S. Petty,** *Eine Bemerkung zu der Cholinesteraseaktivität in Geweben nach dem Tod. Cholinesteraseaktivität* kann bei günstiger Behandlung u. Aufbewahrung der Gewebe, bes. in der Kälte, im Intercostalmuskel des Menschen bis zu 5 Monaten nach dem Tode nachgewiesen werden. (J. Histochem. Cytochem. **6**. 377—79. Sept. 1958. New Orleans, La., Louisiana State Univ., School of Med., Dep. of Pathol.)
J. DITTMANN. 4150

A. Schauer und **E. Werle,** *Zur histochemischen Darstellung des Histamins der Mastzellen. Histamin* (I) in den Mastzellen läßt sich durch 10—20std. Einlegen der Schnittpräpp. in wss. REINECKE-Salzlsg. (gesätt.-filtrierte Lsg., 1:5 in W. verd.) nachweisen, wodurch sich eine krist. Fällung ergibt, welche nach Lage u. Ausdehnung der Mastzellgranula entspricht u. mit einfacher Diazokupplungs-Rk. stark hellrot angefärbt werden kann. Es ist auch eine Nachfärbung mit Hämalaun (3 Min.)-Eosin (2 Min.) möglich. (Z. ges. exp. Med. **131**. 100—04. 1959. München, Univ., Chirurg. Klin., wiss. Labor.)
U. TAUSENDFREUND. 4150

T. Hultin und **Alexandra von der Decken,** *Die Aktivität löslicher cytoplasmatischer Bestandteile aus regenerierender Rattenleber in Systemen, welche Aminosäuren einbauen.* Lösl. Fraktionen aus n. u. regenerierenden Rattenlebern wurden auf ihre Fähigkeit untersucht, Aminosäuren für den Einbau in Proteine durch Lebermikrosomen zu aktivieren. Testaminosäure war *^{14}C-L-Leucin.* — Beim Vgl. der relativen Aktivität der überstehenden Fraktionen war nach partieller Hepatektomie nach 12—14 Std. ein Anstieg zu beobachten, welcher mit dem rapiden Anstieg der Mikrosomenaktivität bei

Beginn der Regenerationsperiode zusammenfiel, doch war die Aktivität der lösl. Fraktion quantitativ schwächer als die Aktivierung des Mikrosomenmaterials. Dagegen wies die Aktivität der lösl. Fraktion einen Gipfelpunkt am 2. Tag nach Hepatektomie auf. Dieser Anstieg war prim. nicht durch Leistung des ATP-generierenden Syst. bedingt, sondern hauptsächlich durch erhöhte Aktivität der Aminosäuren aktivierenden Enzyme. (Exp. Cell Res. **15**. 581—94. Dez. 1958. Stockholm, Univ., Wenner-Gren Inst. for Experimental Biol.) WOLFGANG ALBRECHT. 4150

A. M. Subowskaja und **W. Ss. Tongur,** *Untersuchung der Eiweißsynthese in zerstörten Mitochondrien.* (Vgl. C. **1959**. 8187.) Die Proteinsynth. in intakten isolierten Mitochondrien in vitro erfolgt in gleicher Weise nach Zusatz eines Cofactors, der aus intakten, als auch eines solchen, der aus zerstörten (in dest. W. lysierten) Mitochondrien gewonnen wurde. Hingegen erfolgt ein Proteinzuwachs in zerstörten Mitochondrien nur bei Zusatz eines Cofactors aus intakten Mitochondrien. Wird in den Verss. die *Ribonucleinsäure* aus dem Syst. durch Extraktion mit Salzlsgg. oder mit Hilfe der Ribonuclease entfernt, so wird dadurch die Proteinsynth. sowohl in den intakten als auch in den zerstörten Mitochondrien unterdrückt. (Бюллетень Экспериментальной Биологии и Медицины [Bull. exp. Biol. Med.] **47** (**24**). Nr. 2. 56—59. Febr. 1959. Moskau, Inst. für exp. Biol. der Akad. der med. Wiss. der UdSSR.) E. RENTZ. 4150

G. Steinert, H. Firket und **M. Steinert,** *Synthese der Desoxyribonucleinsäure im Parabasalkörper von Trypanosoma mega.* Die Synth. der *Desoxyribonucleinsäure* (DNS) durch *Trypanosoma mega* wurde mittels der *Desoxyribonuclease*-Rk. mit FEULGEN-Färbung u. autoradiograph. nach Zusatz von markiertem *Thymidin* verfolgt. Es wurde festgestellt, daß nicht nur der Kern, sondern auch der Basalkörper DNS enthält u. auch zur DNS-Synth. imstande ist. (Exp. Cell Res. **15**. 632—35. Dez. 1958. Elisabethville, Congo Belge, Centre du Katanga, Inst. pour la Rech. Scient. en Afrique Centrale.) WOLFGANG ALBRECHT. 4150

David A. Goldthwait, *Der Einbau von Adenosinmonophosphat in zwei verschieden lösliche Ribonucleinsäurefraktionen der Rattenleber.* Aus Rattenleber wurden zwei verschieden lösl. *Ribonucleinsäure*-Fraktionen (I u. II) isoliert. Nach Incubation mit ^{32}*P-Adenosinmonophosphat* (III) wird dieses eingebaut. ^{32}P wird nach alkal. Hydrolyse in der *2'.3'-Cytidylsäure* wiedergefunden. Optimaler Einbau findet bei p_H 7,4 statt (III-Konz. $2,5\cdot10^{-4}$mol., Proteinkonz. 15 mg/ml). Erforderlich ist die Ggw. von Mg^{2+} u. *3-Phosphoglycerinsäure* als Energiequelle. Die Rk. erreicht ein Maximum nach 10 bis 15 Min. u. nimmt dann ab. Bei I ist das Maximum nach 10 Min., bei II nach 5 Min. erreicht. Nach 10 Min. ist der Quotient der spezif. Aktivitäten I/II 4,0. Nach Incubation mit ^{14}C-III werden 96% der Aktivität von I u. 74% von II im Adenosin wiedergefunden. Im Gegensatz zu I ist ein beträchtlicher Teil des III in II nicht endständig. Eine Umwandlung I → II findet nicht statt. ^{14}*C-Leucin* (IV) wird in beide Fraktionen eingebaut. Mit Alkali u. Ninhydrin erhält man $^{14}CO_2$, IV ist also nicht durch Peptidbindung gebunden. Wahrscheinlich ist entweder eine lösl. Ribonucleinsäure (V), die in zwei Formen vorkommt, oder mehr als eine lösl. V für jede Aminosäure vorhanden. Eine Meth. zur Gewinnung von I u. II ist beschrieben (Verhältnis von I zu II 1,7). Der Gewichts-Durchschnitts-Sedimentationskoeff. beider Fraktionen ist $3,45\cdot10^6$ u. entspricht einem durchschnittlichen Mol.-Gew. von 50000. Beide Fraktionen zeigen gleiches Verh. bei der Papierelektrophorese auf der Basis verschied. Ladungsverhältnisse. Beide wandern in breiten Banden bei p_H 3,5, 4, 5, 6 u. 7 vor III. Die Gehh. an Basen in I u. II sind gleich. *Guanin* 1,0; *Adenin* 0,75; *Cytosin* 0,60; *Uracil* 0,30; Proteingeh. 5—20% des Gesamtgewichts des V-Proteinkomplexes. (Biochim. biophysica Acta [Amsterdam] **30**. 643—45. Dez. 1958. Cleveland, Ohio, Western Reserve Univ., Dep. of Biochem. and Med.) W. UDE. 4150

W. Ss. Tongur, Je. M. Leikina und **L. G. Kulikowa,** *Fraktionierung der aus der Leber isolierten Desoxyribonucleoproteide.* Ausgehend von der Vorstellung einer verschieden festen Bindung zwischen Protein u. Nucleinsäure bei verschied. Tempp., gelang es Vff., durch Aussalzen mit NaCl (0,5mol. Lsg.) bei 5, 20 u. 37° aus Rinder- u. Kaninchenleber 3 *Desoxyribonucleinsäure*-Fraktionen zu gewinnen, die sich deutlich durch den von Fraktion zu Fraktion abnehmenden spezif. Geh. an N-Basen unterscheiden. (Бюллетень Экспериментальной Биологии и Медицины [Bull. exp. Biol. Med.] **47** (**24**). Nr. 4. 66—69. April 1959. Moskau, Inst. für experim. Biol., Labor. für Biochem.) E. RENTZ. 4150

Jesse F. Scott, Alba P. Fraccastoro und **Edgar B. Taft,** *Untersuchungen in der Histochemie.* 1. Mitt. *Die Bestimmung der Nucleinsäuren in Mikrogramm-Mengen der Gewebe.* Es wird eine Meth. zur Best. von *Pentosenucleinsäure* (I) u. *Desoxypentosenucleinsäure* (II) in γ-Mengen der Gewebe beschrieben. I u. II werden mit verd. Alkali getrennt (I wird bei 1std. Behandlung bei Zimmertemp. säurelösl., während II unlösl.

bleibt) u. durch Absorptionsmessung bei 260 mμ (Purin- u. Pyrimidinbestandteile von I u. II) bestimmt. Die Meth. wurde bei Leber, Niere u. Milz von Ratten erprobt. Die Ergebnisse wurden mit denen anderer Methoden verglichen. Die Meth. ist auch anwendbar, wenn mg-Mengen Gewebe zur Verfügung stehen. (J. Histochem. Cytochem. **4.** 1—10. Jan. 1956. Boston, Mass., Harvard Univ., Collis P. Huntington Mem. Hosp., Med. Labors.) J. DITTMANN. 4150

E. B. Taft unf **J. F. Scott,** *Untersuchungen in der Histochemie.* 2. Mitt. *Quantitative histochemische Bestimmung der Aktivitäten alkalischer und saurer Phosphomonoesterasen.* (1. vgl. vorst. Ref.) Es werden Methoden zur Best. der Aktivitäten der *sauren* u. der *alkal. Phosphomonoesterasen* in Schnitten frisch eingefrorenen Gewebes beschrieben. Die Schnitte werden nach dem Auftauen mit einer Lsg., die *Natrium-β-glycerophosphat* als Substrat enthält, incubiert. — Ergebnisse werden mitgeteilt. (J. Histochem. Cytochem. **6.** 340—46. Sept. 1958. Boston, Mass., Harvard Univ., Huntington Mem. Hosp., John Collins Warren Labors.) J. DITTMANN. 4150

E. B. Taft und **J. F. Scott,** *Untersuchungen in der Histochemie.* 3. Mitt. *Die Wirkungen von Fixierung und Paraffineinbettung auf die Aktivität alkalischer und saurer Phosphomonoesterasen.* (2. vgl. vorst. Ref.) 3 Ratten wurden 20 bzw. 48 Std. u. 11 Tage nach Abschnürung des Gallenganges getötet. Die Aktivitäten der *sauren Phosphomonoesterase* (I) u. der *alkal. Phosphomonoesterase* (II) der Leber, die nach der Gallengangabschnürung ansteigen, wurden in Gewebeschnittpräpp. nach verschied. Methoden bestimmt. Ziel der Unterss. war es, die Zuverlässigkeit der Best. zu prüfen. — Die Ergebnisse sind sehr von der angewandten Meth. abhängig, u. Vff. empfehlen Standardisierung, um über rein qualitative Aussagen hinauszugelangen. Unter den günstigsten Bedingungen sinkt die I-Aktivität während der Aufarbeitung um 50—90%, die II-Aktivität um ca. 50%. Es wird geraten, Fixierung in kaltem, absol. Aceton, Klärung in Chlf. u. Einbettung in einem Paraffinofen durchzuführen u. möglichst rasch zu arbeiten. Der I-Aktivitätsverlust bei Lagerung ist hoch aber gleichbleibend, während die II-Aktivität nicht so stark sinkt, die Ergebnisse jedoch schwanken. Klärung mit Cedernholzöl, Bzl., n-Butanol u. bes. Ligroin werden nicht empfohlen. Fixierung in 80%ig. A. mit 25% Pyridin (III) oder auch ohne III gibt bei II schlechtere Ergebnisse u. zers. I anscheinend völlig. (Lab. Invest. **7.** 505—12. Sept./Okt. 1958. Boston, Mass., Harvard Univ., Huntington Mem. Hosp., John Collins Warren Labors.) J. DITTMANN. 4150

M. M. Swann, *Kontrolle der Zellteilung: Ein Rückblick.* 2. Mitt. *Spezielle Mechanismen.* (1. vgl. C. **1958.** 8359.) Überblick mit 247 Literaturangaben. Am Schluß wird die Beziehung zum Krebsproblem kurz behandelt. (Cancer Res. **18.** 1118—60. Nov. 1958. Edinburgh, Univ. of Edinburgh, Dep. of Zool.) J. DITTMANN. 4160

A. Stolk, *Ribonucleinsäuregehalt und Ribonucleaseaktivität homologer normaler und carcinomatöser Epidermis der Eidechse Lacerta agilis.* Die *Ribonuclease* (I)-Aktivität u. der *Ribonucleinsäure* (II)-Geh. n. u. carcinomatöser Epidermis der Eidechse *Lacerta agilis* wurden ermittelt. Trägt man die I-Aktivitäten pro Einheit Protein (III) gegen den II-Geh. pro Einheit III auf, so erhält man ansteigende Geraden. Die Neigung der Kurven ist bei n. Geweben höher als bei krebsigen. (Naturwissenschaften **46.** 149. 2. Febr.-H. 1959. Amsterdam, Freie Univ., Histol. Labor.) S. DITTMANN-MITZSCHERLICH. 4160

Unne Stenram, *Das Volumen und die Ribonucleinsäurekonzentration der Nucleoli in Leber und Hepatomazellen von Ratten nach Fütterung mit proteinreicher oder proteinfreier Diät.* Vf. prüft, ob das vergrößerte Nucleolarvol. während Protein (I)-Mangel nur in der Leber auftritt oder auch in anderen Organen. Dazu werden Albinoratten 6½ Monate lang mit einer *3'-Methyl-4-dimethylaminoazobenzol* enthaltenden Diät gefüttert. Dann werden die Tiere 14 Tage lang entweder I-frei oder mit I-reicher Diät (*Casein*) weiter gefüttert. Die gebildeten Leberzelltumoren (Hepatoma) werden morpholog. klassifiziert. In nicht mit dem Carcinogen behandelten Tieren bei I-haltiger Diät sind, wie erwartet, die Nucleoli der Leberzellen kleiner u. der Geh. an Ribonucleinsäure geringer als bei den Tieren mit I-freier. Die Anzahl der Nucleoli pro Zellkern ist in allen Gruppen gleich. Hepatomzellen zeigen jedoch nach I-freier oder I-reicher Diät keine Unterschiede im Geh. an Ribonucleinsäure oder in der Nucleolargröße. (Acta pathol. microbiol. scand. **44.** 239—46. 1958. Lund, Univ., Dep. of Pathol.) L. TRÄGER. 4160

Peter A. Herbut, William H. Kraemer, Louis Pillemer und **Earl W. Todd,** *Untersuchungen über das Properdinsystem in Ratten mit dem transplantablen Carcinom HR 132 des Menschen.* Durch Verss. mit *Zymosan* u. mit *Properdin* (I) sowie mit Strahleneinw. wird festgestellt, daß die natürliche Resistenz von Wistarratten gegen das transplantable Carcinom des Menschen Nr.' HR 132 nicht durch das I-Syst. vermittelt wird. (Cancer Res. **18.** 1191—95. Nov. 1958. Philadelphia, Pa., Jefferson Med. Coll. and Hosp., Dep. of Pathol.; Cleveland, Ohio, Western Reserve Univ., Inst. of Pathol.) J. DITTMANN. 4160

Abraham M. Stein und **John W. Mehl**, *Die Wirkung implantierter Tumoren auf die Oxydation von Formiat und auf die Oxydation der Methylgruppe von Methionin in Mäuseleber.* Die *in vitro*-Oxydation von *^{14}C-Formiat* (I) durch Mäuseleberhomogenate wird durch Acetaldehyd-, Hypoxanthin- u. Inosin (II)-Zusätze gesteigert. II stimuliert am stärksten. Bei I-Konzz. von 0,1 mol. wird die Rk. durch Bldg. von H_2O_2 begrenzt. In 0,1 mol. Lsg. ist die Oxydation von I bei steigenden II-Konzz. nur schwach gehemmt, wenn an Stelle von Leberhomogenaten n. Mäuse solche von Tieren mit festem Ehrlich-Carcinom eingesetzt werden. In 0,01 mol. Lsg. ist die Oxydation dagegen um ca. 50% erniedrigt, wenn Homogenate von Mäusen mit dem Tumor verwendet werden. — Die Oxydation von *$^{14}C_{(CH_3)}$-L-Methionin* durch Leberstückchen ist verringert, wenn die Leber von Mäusen mit dem Ehrlich-Ascites verwendet wird. (Cancer Res. **18.** 1196 bis 1202. Nov. 1958. Los Angeles, Calif., Univ. of Southern California, Dep. of Biochem. and Nutrition.) J. Dittmann. 4160

William L. Nyhan und **Harris Busch**, *Verteilung der Stoffwechselprodukte von $^{14}C_{(2)}$-Succinat auf die Gewebe von Ratten mit Tumoren.* 11 μC *$^{14}C_{(2)}$-Succinat* (I) mit einer spezif. Aktivität von 1 mC/mMol wurden Ratten mit dem Walker-Carcinomsarkom 256 in die Schwanzvene injiziert. Die Verteilung des ^{14}C wurde 8 Min. lang untersucht. Sie nimmt, auf 1 g Gewebe bezogen, in der Reihenfolge Niere, Leber, Tumor, Hoden ab. Es wurde bestimmt, wieviel ^{14}C in Tumor, Leber, Niere, Gehirn u. Hoden in *Protein, Malat, Glutamat, Asparaginat, Lactat, Succinat* u. in der neutralen Fraktion, die hauptsächlich aus *Glucose* besteht, gefunden wird. Die Werte sind als Diagramme angegeben. Werden die Tiere 1 Std. vor I-Injektion mit 1,2 ml/100 g 1 mol. *Na-Malonat* (II) behandelt u. 3 Min. nach Injektion getötet, so wird der ^{14}C-Einbau von I in Lactat von 35 auf 5% der injizierten Gesamtmenge ^{14}C erniedrigt. Andere ^{14}C-Stoffwechselprodd. werden in diesem Fall gar nicht gebildet. In Leber wird die ^{14}C-Lactatbldg. aus I — die möglicherweise auf dem Wege des ^{14}C-Einbaus von I in Glucose u. anschließende Glykolyse erfolgt — durch II überhaupt nicht gehemmt. (Cancer Res. **18.** 1203—08. Nov. 1958. Chicago, Ill., Univ. of Illinois, Coll. of Med., Dep. of Pharmacol.) J. Dittmann. 4160

R. K. Boutwell und **Dorothy K. Bosch**, *Die Carcinogenität von Kreosotöl. Seine Rolle bei der Induzierung von Hauttumoren in Mäusen.* Pinselungen von ♀ Albinomäusen mit *Kreosotöl* (I; Kp. 200 bis >400°) führen zur Bldg. von Papillomen u. Carcinomen. Vorhergehende Einw. von *9.12-Dimethyl-1.2-benzanthracen* verkürzt die Zeit bis zum Auftreten der Tumoren. *Crotonöl* allein verursacht keine Tumorbldg., bei vorangegangener I-Einw. entstehen jedoch Papillome u. Carcinome, selbst wenn die Zeit der I-Einw. allein zur Carcinogenese nicht ausreicht. (Cancer Res. **18.** 1171—75. Nov. 1958. Madison, Wis., Univ. of Wisconsin, Med. School, McArdle Mem. Labor.) J. Dittmann. 4160

F. J. C. Roe, Dorothy Bosch und **R. K. Boutwell**, *Die Carcinogenität von Kreosotöl: Die Induzierung von Lungentumoren in Mäusen.* (Vgl. vorst. Ref.) Vom Züchter in mit *Kreosotöl* (I) getränkten Holzkäfigen gehaltene Mäuse hatten an der Lunge Adenome (durchschnittlich 5,8 pro Tier). In der 4. Tochtergeneration wurden durch I-Pinselung 5,8 Adenome pro Maus neben den Hauttumoren (l. c.) erzeugt. Wurden die Tiere dieser Generation neben der Pinselung in mit I getränkten Holzkäfigen gehalten, so stieg die Zahl der Adenome auf 10,8 pro Tier. — In Mäusen anderer Herkunft, aus Metallkäfigen stammend, wurden durch I-Pinselung durchschnittlich 1,6 Adenome an der Lunge hervorgerufen. (Cancer Res. **18.** 1176—78. Nov. 1958.) J. Dittmann. 4160

Albert Tannenbaum und **Herbert Silverstone**, *Urethan (Äthylcarbaminat) als ein vielfältiges Carcinogen.* 20%ig. Lsg. von *Äthylcarbaminat* (I) in Aceton wurde 2mal wöchentlich auf die Haut von Mäusen gepinselt (je Pinselung ca. 12 mg I). Die Anwendung dauerte 26 bzw. 78 Wochen [Stamm (C 57 BL·C 3 H)F_1], 60 Wochen (Stamm C 3 H) 70 Wochen (Stamm DBA). Hauttumoren entstanden an der Anwendungsstelle nicht, doch Lungenadenome, Mammacarcinome, maligne Mesenchymaltumoren im interscapulären Fett, Cystadenome der Tränendrüse u. Blutcysten in der Leber wurden in recht großer Anzahl beobachtet. Beim Stamm C 3 H bestand allerdings kein Unterschied der Zahl von Mammatumoren zwischen I-behandelten u. nur mit Aceton gepinselten Tieren. (Cancer Res. **18.** 1225—31. Nov. 1958. Chicago, Ill., Michaels Reese Hosp., Med. Res. Inst., Dep. of Cancer Res.) J. Dittmann. 4160

Pietro Dessi, *Über die Wirkung von Vitamin B_{12} und die Krebserzeugung durch Buttergelb.* 24 Ratten erhielten mit dem Futter 70 mg% *Buttergelb* (I), 12 Tiere dazu täglich 10 mg *Vitamin B_{12}* (II). Nach 60, 90 u. 120 Tagen wurden die Tiere getötet u. die Atmung der Leber nach Umbreit u. Mitarbeiter gemessen. Der O_2-Verbrauch des Leberbreis war nach 60 Tagen I-Fütterung um 10%, nach 90 Tagen um 30—40% u. nach 120 Tagen um 70% geringer als bei den Kontrolltieren. Wurde II zugefüttert, so sank die Atmung am 90. u. 120. Tage noch um 12 bzw. 20—25% mehr; da die II-Wrkg., langsam einsetzt, waren am 60. Tage noch keine Unterschiede feststellbar. (Naunyn-Schmiedebergs Arch. exp. Pathol. Pharmakol. **230.** 499—501. 15/6. 1957. Bologna, Univ., Inst. für Pharmakol. u. exp. Therap.) K. RINTELEN. 4160

Robert D. Koler und **Arthur L. Forsgren,** *Dem Chlorambucil zuzuschreibende Hepatotoxizität. Beschreibung eines Falles.* Ein an Lymphadenopathie mit gleichzeitiger Leukämie leidender Patient wurde in 2 Kuren versuchsweise mit täglichen Gaben von 6—11 mg *Chlorambucil* (*Leukeran*) behandelt. Nach jeweils 2—3 Wochen dauernder Verabreichung zeigten sich mit Übelkeit u. Gelbsucht einhergehende Leberschädigungen, die zum Absetzen des Medikamentes zwangen. Die Heilung des prim. Leidens gelang durch örtliche Röntgenbestrahlung. (J. Amer. med. Assoc. **167.** 316—17. 17/5. 1958. Portland and Grants Pass, Ore.) K. ZOPFF. 4160

R. E. Neuman und **A. A. Tytell,** *Stimulierung des Walker-Carcinosarkoms 256 in Zellkulturen durch Purine.* Am Wachstum des WALKER-Carcinosarkoms 256 in der Kultur wurde die stimulierende Wrkg. verschied. Purinsubstanzen geprüft. *Adenin, Adenosintriphosphat, Diphosphopyridinnucleotid, Triphosphopyridinnucleotid, Hypoxanthin, Inosin, Inosin-5'-monophosphat, Adenosin, Adenosin-5'-monophosphat* u. *Adenosin-5'-diphosphat* als Na-Salz wiesen stimulierende Wrkg. auf, dagegen waren *Guanin, Guanosin, Desoxyguanosin, Uracil, Uridintriphosphat, Cytosin, Cytidin, Cytidylsäure, Thymin, Thymidin, Orotsäure, 5-Amino-4-imidazolcarboxamidribotid, Xanthin* u. *Harnsäure* in Mengen bis zu 50 γ wirkungslos. (Exp. Cell Res. **15.** 637—39. Dez. 1958. West. Point, Pa., Merck Inst. for Therapeutic Res., Virus and Tissue Culture Research.)
WOLFGANG ALBRECHT. 4160

Joseph A. Di Paolo und **Richard Rosenfield,** *Die Verwendung anaerober und atmungsgeschädigter Hefemutationen als Testsystem möglicher tumorhemmender Stoffe.* Es wurde geprüft, ob u. in welchen Konzz. *Amethopterin, Hydrocortison, N-Methylformamid, 6-Mercaptopurin, Urethan, Chloromycetin, Benzimidazol, 8-Azaguanin, D-Glucosamin, 2.6-Diaminopurin, Myleran, Stilböstrol, DL-Äthionin, Desoxypyridoxin, Colchicin* u. *Azaserin* das Wachstum von *Clostridium perfringens, Cl. tertium, Cl. bifermentes, Cl. butyricum* u. *Escherichia coli* hemmen. Außerdem wurde geprüft, ob das Wachstum mit *Acriflavin* erzeugter atmungsgeschädigter Hefemutationen durch obige Verbb. u. durch folgende Verbb. gehemmt wird: *Methyl-bis-[β-chloräthyl]-amin; N-Methylacetamid;* Na_3AsO_3; *2.4-Diamino-5-[3.4-dichlorphenyl]-6-äthylpyrimidin; 2.4-Diamino-5-[4-chlorphenyl]-äthylpyrimidin; 1.5-Diaminobiuret; 4-Methoxytoluchinon; Netropsin; 8-Azaxanthin; β-2-Thienylalanin; Methylcarbaminat; N-Formylmethionin; N-Formylmorpholin; Formylaminoguanidin; N-Formyl-α-aminobuttersäure; p-Acetaminobenzaldehyd; Formanilid; Pluramycin; Xanthomycin; Bacitracin; Tetracyclin; Penicillin; Neomycin; Aureomycin; Albamycin; Dihydrostreptomycin; Erythromycin; Actinomycin D; Fumagillin; Carzinophilin; 4-[p-Dimethylaminostyryl]-isochinolin; 1-[p-Dimethylaminostyryl]-isochinolin; 1-[p-N-Morpholinostyryl]-isochinolin; 2.3-Dichlornaphthochinon-(1.4); Heptaldehyd; Octatetraen-(1.8)-dicarbonsäure; Tetrachlormethylphosphoniumchlorid; 6-Methylmercaptopurin; 2-[Pyridyl-(3)]-5-nitropyrimidin; 2-[p-Sulfonamidophenyl]-5-nitropyrimidin; 8-Äthoxycoffein; 6-Chlorpurin; Bayer A 139; CB 1414; 5-Fluoruracil; 2-Mercaptobenzthiazol* u. *Pyronin Y.* (Cancer Res. **18.** 1214—20. Nov. 1958. Buffalo, N. Y., Roswell Park Mem. Inst.) J. DITTMANN. 4160

Emmanuel Farber und **Herbert Ichinose,** *Hinderung der durch Äthionin veranlaßten Bildung von Lebercarcinomen bei Ratten mit Methionin.* Wistar-Ratten erhielten Diät mit 0,25% *DL-Äthionin* (**I**). Der *Cholinchlorid* (**II**)-Geh. des Futters beträgt 0,3 g/kg Futter. 90—100% der Tiere hatten nach $4^1/_2$—8 monatiger Fütterung Leberkrebs. Zusatz von 0,6 bzw. 0,8 g *DL-Methionin* (**III**) pro 100 g Diät hemmte die Tumorbldg. völlig, geringere **III**-Konzz. wirkten schwächer. Zugabe von 0,3, 0,6 u. 0,8% **II** wirkte weniger, 60—70% der Tiere bekamen Tumoren. 0,8% *Betainchlorid* im Futter senkte die Zahl der Tiere mit Tumoren auf 10%. (Cancer Res. **18.** 1209—13. Nov. 1958. New Orleans, La., Tulane Univ., School of Med., Dep. of Pathol. and Biochem.) J. DITTMANN. 4160

Alan C. Sartorelli, G. A. Le Page und **E. C. Moore,** *Stoffwechselwirkungen von 6-Thioguanin.* 1. Mitt. *Untersuchungen über Thioguanin-resistente und -empfindliche Ehrlich-Asciteszellen.* ♀ Mäuse erhielten am 1., 2., 3. u. 4. Tag nach Implantation von 10^7 Asciteszellen 2 mg pro kg *6-Thioguanin* (2-Amino-6-mercaptopurin; **I**) intraperitoneal. Am 7. Tag erfolgte Transplantation mit wiederum folgender **I**-Einwirkung. Von der 18. Generation ab wurde auf **I**-Einw. verzichtet. Die **I**-Resistenz war erblich geworden. Diese Zellen waren auch gegen größere Dosen **I** (bis zu 10 mg/kg) nahezu resistent. 30 mg/kg *6-Mercaptopurin* verlängerten die mittlere Überlebensdauer (m.Ü.) **I**-empfindlicher Mäuse stark u. verkürzten die m. Ü. **I**-resistenter Tiere deutlich. 0,5 mg/kg *Amethopterin* verlängerte die m. Ü. beider Linien, die der **I**-resistenten nur etwas schwächer. 2mal 0,2 mg/kg *Azaserin* (II) verlängerten die m. Ü. beider Linien in der gleichen Weise. Besonders starke Wrkg. (ca. 3fache m. Ü.) wurde sowohl bei I-empfindlichen Zellen als auch bei I-resistenten durch Einw. von 2mal 0,2 mg/kg II + 2mal 0,5 mg/kg I erreicht. — Die I-Menge, die aus den I-resistenten Zellen 10 Min. nach Injektion von 5, 10 bzw. 15 mg/kg I isoliert werden konnte, betrug noch ca. $^3/_4$ der aus I-empfindlichen Zellen isolierten I-Menge, nach 6 Std. war es nur noch ca. $^1/_4$. Die Permeabilität der resistenten Zellen für I ist jedoch unverändert. Aus der Nucleinsäurefraktion der I-resistenten Zellen konnte nur ein kleiner Teil der in der gleichen Fraktion von I-empfindlichen Zellen gefundenen I-Menge isoliert werden. Aus $^{14}C_{(8)}$-I wurde ^{14}C sowohl in Nucleinsäurenadenin u. -guanin als auch in säurelösl. Adenin eingebaut, bei resistenten Zellen allerdings stets in geringerem Maße. Sowohl 6C3HED-Lymphosarkom-Asciteszellen u. MECCA-Ascites-Lymphosarkomzellen mit natürlicher I-Resistenz als die künstlich I-resistent gemachten Zellen bilden aus I Thioguanosinmonophosphat (III). Bei ihnen steigert II-Eingabe (10 bzw. 20 Min. nach I) die III-Bldg. beträchtlich. Bei kleineren I-Dosen als 33 mg/kg bleibt die Stimulierung durch II aus. Unterschiede der III-Bldg. bestehen nicht zwischen I-empfindlichen u. -resistenten Zellen. Bei Gabe von 16,7 mg/kg I enthalten resistente Zellen mehr I + I-Ribosid (IV), Thioxanthin, Thioharnsäure (V), jedoch weniger III als die empfindlichen Zellen. Die 10, 20 u. 60 Min. nach I-Gabe in beiden Zellarten gefundenen Mengen I + IV, V u. III wurden ermittelt. Auch Thioguanosindi- u. -triphosphat werden in beiden Zellarten aus I gebildet. II steigert hier in jedem Fall die Bildungsgeschwindigkeit. Der sehr schwache Einbau von I in die Nucleinsäurefraktion resistenter Zellen kann durch vorhergehende II-Einw. deutlich erhöht werden, erreicht jedoch nie ganz den Einbau bei empfindlichen Zellen. (Cancer Res. **18.** 1232—39. Nov. 1958. Madison, Wisc.; Univ. of Wisconsin, Med. School, McArdle Mem. Labor.) J. DITTMANN. 4160

Louis A. Leone, Henry B. Hahn jr. und **Susan J. Mellette,** *Untersuchungen der Wirkung von Perthane auf spontane und transplantierte Mammacarcinome in der C 3H-Maus. Perthan* (*2.2-Bis-[p-äthylphenyl]-1.1-dichloräthan,* I; ROHM AND HAAS COMP., Philadelphia) verhindert bei dauernder Einw. (täglich $^3/_{10}$ der DL_{50} von 9,34 mg/kg oral) das spontane Auftreten von Mammacarcinomen in Mäusen (25 Tiere behandelt). Niedere Dosen während kürzerer u. höhere Dosen während der gleichen Zeit haben schwächere Wrkgg., hemmen jedoch auch. — Das Wachstum transplantierter Mammacarcinome in den gleichen Mäusen sowie die mittlere Überlebensdauer dieser Tiere werden durch I nicht beeinflußt. (Cancer Res. **18.** 1161—66. Nov. 1958. Richmond, Va., Med. Coll. of Virginia, Dep. of Med.) J. DITTMANN. 4160

Je. I. Chomtschenowski, *Zum Mechanismus der Antigeschwulstwirkung von DL-N.N-Bis-[2-chloräthyl]-aminophenylalanin (Sarkolysin) und Triäthylenimino-symm.-triazin (TET).* Verss. an 120 weißen Ratten mit subcutan überimpftem Sarkom 45 ergaben, daß bei Ausschaltung der Blutversorgung des Tumors durch Abklemmen der Gefäße für 20—30 Min. die Antitumorwrkg. von *Sarkolysin* (I; 10 u. 15 mg/kg intravenös) nicht gehemmt wird, wohl aber bei einer Dauer von 60 Min., während eine Abklemmung der Blutgefäße für 120 Min. eine volle Schutzwrkg. ergab. Wurden die Blutgefäße des Tumors vor der I-Injektion für 100 Min. abgeklemmt, so wurde dadurch die Antitumorwrkg. von I nicht beeinträchtigt. *Triäthylenimino-symm.-triazin* (TET; ident. mit TEM), 4mal zu 0,3—0,4 mg/kg mit Intervallen von 72 Std. intraperitoneal u. Abklemmen der Tumorgefäße für 120 Min., verursachte eine gewisse Hemmung der Antitumorwirkung. (Бюллетень Экспериментальной Биологии и Медицины [Bull. exp. Biol. Med.] **47** (**24**). Nr. 2. 106—11. Febr. 1959. Moskau, Inst. für exp. Pathol. u. Ther. des Krebses der Akad. der med. Wiss. der UdSSR, Labor. für exp. Chemother. des Krebses.) E. RENTZ. 4160

G. Astaldi, J. Karanovic und **B. Massa,** *Schwächende Wirkung des Triäthylenmelamins auf die eine chronische lymphatische Leukämie überlebenden Leukocyten.* Die Unterss. werden in vitro mit einer Endkonz. von *Triäthylenmelamin* (I) von 0,025 u. 0,25 mg/ml durchgeführt. Es zeigt sich, daß das dem Blut direkt zugegebene I in bezug auf Leukocyten die osmot. Brüchigkeit erhöht u. die zahlenmäßige Verringerung beschleunigt. Die Leukopenie durch I kann daher neben seiner antimitot. Wrkg. auf die Leukoblasten auch eine leukolyt. Wrkg. auf die zirkulierenden Zellen sein. Die Wrkg. höherer I-Dosen ist stärker. (Boll. Soc. ital. Biol. sperim. **33.** 1436—39. Okt./Nov. 1957. Tortona, Ospedale, Blood Res. Found. Center.) O. POLLAK V. EMHOFEN. 4160

M. F. Petrowa, Je. Tsch. Puchalskaja und **G. P. Menschikow,** *Über ein Präparat aus Hippophaë rhamnoides, welches das Wachstum der transplantierten tierischen Geschwülste hemmt.* (Vgl. C. **1958.** 1871.) Aus der Rinde junger Triebe von *Hippophaë rhamnoides* wurde durch alkoh. Extraktion ein Gemisch der Hydrochloride zweier

Basen in Form einer hellgelben, harten, amorphen, in W. u. A. gut lösl. Masse gewonnen, welche sich hinsichtlich ihrer Antitumorwrkg. als $2^1/_2$mal stärker erwies als der native Extrakt. Die DL_{100} für die Maus beträgt 500 mg/kg, für die Ratte 140 mg/kg intraperitoneal. Hinsichtlich seiner Wrkg. auf das Sarkom 45 steht die neue Substanz deutlich hinter dem *Sarkolysin* zurück, hingegen ist es diesem in der Wrkg. auf das EHRLICH-Carcinom u. das Mäusehepatom etwas überlegen. (Бюллетень Экспериментальной Биологии и Медицины [Bull. exp. Biol. Med.] **47** (**24**). Nr. 2. 102—06. Febr. 1959. Moskau, Inst. für exp. Pathol. u. Ther. des Krebses der Akad. der med. Wiss. der UdSSR, Labor. für Chem. von Naturstoffen u. Labor. für exp. Chemother.) E. RENTZ. 4160

H. Gaertner und **E. Szirmai**, *Bestimmung des heparinartigen Antithrombins bei den Blutkrankheiten mit besonderer Rücksichtnahme auf die Leukämie.* Bei 79 an Blutkrankheiten leidenden Patienten wurde das Plasma auf einen erhöhten Heparinkörpergeh. geprüft. Die angewandte Meth. beruht darauf, daß 1 Vol. eines n. Plasma, dem 0,4 Heparineinheiten zugesetzt worden sind, in Ggw. von 25 γ Toluidinblau (I) infolge Neutralisation des Heparins durch I gerinnt. Nur bei Erkrankungen mit dem Symptom der hämorrhag. Diathese besteht eine Hyperheparinämie, die für den gleichen Effekt wie beim n. Plasma eine höhere I-Konz. erfordert. (Folia haematol. [Leipzig] **76.** 116—25. 1959. Krakow, Polen, Med. Akad., III. Klin. für innere Krankh.; Budapest, Ungarn, Gerinnungsphysiol. Labor.) E. FISCHOEDER. 4160

D. G. Grigorjan, *Die Gewinnung von gegenüber den Kernnucleoproteiden der Krebsgewebe des Menschen spezifischen Antiseren.* Bei der Gewinnung von vollwertigem Antiserum mit Antikörpern gegenüber den *Desoxyribonucleoproteiden* (I) ist die Meth. der Antigenherst. von entscheidender Bedeutung. Es sollen als Antigen zur Immunisierung der Pferde nur Homogenate von frischem Operationsgewebe (Magenkrebs des Menschen) verwendet werden. Bei der Herst. ist darauf zu achten, daß die I nicht zerstört werden. Beinahe die gesamte serolog. Aktivität gegenüber I ist in der γ-Globulinfraktion des Pferdeantiserums enthalten. (Бюллетень Экспериментальной Биологии и Медицины [Bull. exp. Biol. Med.] **47** (**24**). Nr. 2. 98—102. Febr. 1959. Moskau, Inst. für exp. Biol. der Akad. der med. Wiss. der UdSSR, Labor. für Immunchemie.) E. RENTZ. 4160

Pietro de Nicola und **Donato Fumarola**, *Die Wirkung der Cytostatica auf die Bildung von Antikörpern.* Kaninchen wurden mit Typhusbacillen bzw. Hammelerythrocyten immunisiert u. vom Immunisierungsbeginn an 7 Tage mit verschied. Cytostaticis (I), z. B. *Bis-[2-chloräthyl]-methylamin-N-oxyd*, *DL-p-Bis-[2-chloräthyl]-aminophenylalanin*, *Triäthylenimino-1.3.5-triazin*, *Desacetylmethylcolchicin*, *Desmethylcolchicinglucosid*, *Actinomycin C*, *Pteroyltriglutaminsäure*, behandelt. Unters. der Agglutinations- u. Hämolysetiter deutete auf eine erhebliche Hemmung der Bldg. der agglutinierenden u. hämolysierenden Antikörper hin. Die I-Dosen lagen wesentlich höher als die beim Menschen therapeut. wirksamen, jedoch unterhalb der für das Versuchstier letalen Dosen. (Arzneimittel-Forsch. **9.** 27—30. Jan. 1959. Pavia, Univ., Ist. di Clin. Med. Generale e Terapia Med.; Bari, Univ., Ist. di Patol. Generale.) K. MAIER. 4160

C. G. Schmidt, *Zur Frage der Erniedrigung der Diphosphopyridinnucleotidkonzentration in Tumoren durch Cytostatica.* Homogenate von soliden YHOSHIDA-Tumoren wurden 1 Std. lang mit den Carcinostaticis *Mitomen* (I; *Methyl-bis-[β-chloräthyl]-amin-N-oxydhydrochlorid*), *B 518 Asta* (*Endoxan*, *N.N-Bis-[β-chloräthy]-N'.O-propylenphosphorsäureesterdiamid*) u. *E 39 Bayer* [*2.5-Bis-[methoxyäthoxy]-3.6-bis-[äthylenimino]-benzochinon-(1.4)*] incubiert. Die Aktivität der *Diphosphorpyridinnucleotidase* (II) wurde durch die Cytostatica nicht aktiviert, in höheren Konzz. hemmte I die II. Die in Tumoren nach carcinostat. Behandlung nachweisbare Verminderung der Diphosphopyridinnucleotidkonz. kann demnach nicht durch eine Aktivierung der II bedingt sein. (Klin. Wschr. **37.** 91—92. 15/1. 1959. Münster, Univ., Med. Klinik.) P. G. SCHEURLEN. 4160

J. Supniewski, *Heilmittel für maligne Tumoren.* Übersicht über Strahlen- u. Chemotherapie des Krebses. (Acta polon. pharmac. **14.** 7—25. 1957.) F. URBAN. 4160

Sergio I. Magalini, Mario Stefanini und **Hector M. Marin**, *Diagnostische Bedeutung der Veränderungen von freiem, verestertem und an Eiweiß gebundenem Cholesterin, von Lipo- und Glykoproteinen bei Lymphom und multiplem Myelom.* Eine einfache elektrophoret. Meth. zur Unters. von an Eiweiß gebundenem *Cholesterin* wird angegeben u. es werden bei Patienten mit Lymphom u. multiplem Myelom das elektrophoret. Verh. der Lipo- u. Glykoproteine studiert. Beim Lymphom ist das Gesamt- u. das veresterte Cholesterin herabgesetzt; das an Protein gebundene Cholesterin ist in den Albumin- u. α-Globulinfraktionen herabgesetzt. Beim multiplen Myelom ist der Serumcholesterinspiegel n. u. ist auch in den Proteinfraktionen n. verteilt. Die Lipo- u. Glykoproteine begleiten hauptsächlich die patholog. vermehrten Eiweißfraktionen. (Amer. J. med. Sci.

231. 155—64. Febr. 1956. Boston, Mass., Saint Elizabeth's Hosp. and Tufts Univ. School of Med., Dep. of Med., Res. Labor.) G. KIMMERLE. 4160

O. Kraupp, H. Stormann, H. Bernheimer und **H. Obenaus,** *Vorkommen und diagnostische Bedeutung von Phenolsäuren im Harn beim Phäochromocytom.* Nach Ätherextraktion, papierchromatograph. Trennung u. Elution wurden colorimetr. im Harn verschied. Phenolsäuren nachgewiesen: *3-Methoxy-4-hydroxymandelsäure* (**I**), *m-Hydroxyhippursäure* (**II**), *p-Hydroxyhippursäure* (**III**) u. *p-Hydroxybenzoesäure* (**IV**). Mittelwerte in 8 Fällen: **I** 0,5 mg/24 Std., **II** 2,5 mg/24 Std. u. **III** 2,9 mg/24 Std., **IV** 0,5 mg/24 Stunden. Bei einem Fall von Phäochromocytom waren, außer den Brenzcatechinaminen, auch **I**, **II** u. **III** vermehrt im Harn nachweisbar; diese Zunahme war auch im anfallsfreien Intervall festzustellen. (Klin. Wschr. **37.** 76—80. 15/1. 1959. Wien, Univ., Pharmakol. Inst.) P. G. SCHEURLEN. 4160

E_2. Enzymologie. Gärung.

Norimasa Inoue, *Die bisherige gärungstechnische Einteilung für Enzyme in Aspergillus oryzae, Taka-Kōji und Takadiastase.* Chronolog. Übersicht über 46 Enzyme, die in japan. Aspergillus oryzae, Taka-Kōji u. Takadiastase gefunden wurden nebst den Namen ihrer japan. u. nichtjapan. Entdecker in der Zeit von 1881—1954. — 70 Literaturangaben. (Jap. J. Nutrit. **17.** 43—49. 30/3. 1959. [Orig.: japan.]) F. MOSSNER. 4210

W. O. James und **Rachel M. Leech,** *In Chloroplasten enthaltene Cytochrome.* Vff. haben Chloroplasten aus Blättern von *Caulerpa prolifera* u. *Vicia faba* nach JAMES u. DAS (New Phytologist **56.** [1957.] 325) gereinigt u. sie in einer nach vorst. Vff. hergestellten Lsg. mit dem BECKMANN-DU-Spektrophotometer frisch, nach Red. mit *Dithionin* oder nach Entfärbung mit *Aceton* bei — 10° untersucht u. *Cytochrom f* u. b_6 nachgewiesen. (Nature [London] **182.** 1684—85. 13/12. 1958. Oxford, Univ., Dep. of Botany.) H. HERMANN. 4210

L. Brighenti, *Inaktivierung der Milchsäuredehydrogenase der Hefe durch Strahleneinwirkung. Die Bedeutung der freien Radikale.* Es werden die Systeme $H_2O_2 + h\nu \rightarrow 2\,OH$ u. $H_2O_2 + Fe^{2+} \rightarrow Fe^{3+} + OH^- + OH$ verwendet, um die Wrkg. freier Radikale auf die Milchsäuredehydrogenase (**I**) zwecks Klärung der Inaktivierung mit sichtbarem, UV-Licht u. Röntgenstrahlen zu untersuchen. Es zeigt sich, daß **I** der Hefe gegenüber H_2O_2 empfindlich ist. Die Ggw. von H_2O_2 erhöht die inaktivierende Wrkg. der Bestrahlung. Nach dem 2. Syst. werden Hemmungen durch die freien Radikale von 10—50% erhalten. Durch Zusatz von Hydroxylamin wird die im **I**-Präp. vorhandene Katalaseaktivität ausgeschaltet, wodurch der H_2O_2-Effekt verlängert u. verstärkt wird. (Boll. Soc. ital. Biol. sperim. **33.** 1371—74. Okt./Nov. 1957. Ferrara, Univ., Ist. di Fisiol. Umana.) O. POLLAK V. EMHOFEN. 4210

J. Cannata und **A. O. M. Stoppani,** *Der Adenosinpolyphosphatbedarf der Phosphobrenztraubensäurecarboxylase der Bäckerhefe.* Gereinigte *Phosphobrenztraubensäurecarboxylase* (**I**) aus Bäckerhefe decarboxyliert Oxalessigsäure (**II**) u. benötigt dazu Adenosintriphosphat (ATP), sie katalysiert den Austausch von $^{14}CO_2$ in der β-Carboxylgruppe der **II** mit ATP u. Mn^{2+} als Cofaktoren u. carboxyliert Phosphobrenztraubensäure in Ggw. von ADP als Phosphatacceptor u. Mn^{2+} oder Mg^{2+}. — Dieser Bedarf an Adenosinpolyphosphaten ist für das Ferment aus Hefe charakteristisch. (Biochim. biophysica Acta [Amsterdam] **32.** 284—85. März 1959.) L. KIESOW. 4210

D. J. McCorquodale und **Gerald C. Mueller,** *Herstellung und Eigenschaften von gemischten Aminosäureadenylsäureanhydriden.* Durch Rk. von Adenosin-5'-phosphat (**I**) u. Benzylmercaptoformylglycin (**II**) in wss. Pyridin mit Dicyclohexylcarbodiimid bei — 10° (60 Min.), oxydative Abspaltung der Benzylmercaptoformylgruppe des gemischten Anhydrids aus **II** u. **I** mit Perbenzoesäure in W. bei 0° u. Reinigung an Dowex-1 (Chloridform) konnte das gemischte Anhydrid (**III**) aus **I** u. Glycin (**V**) bzw. das Analoge aus Leucin (**IV**) in relativ reiner Form in 40—50%ig. Ausbeute erhalten werden. **III** bildet mit NH_2OH in neutraler Lsg. schnell *Glycinhydroxamsäure* [F. 140° (Zers.)], Rattenleberhomogenisat katalysiert bei p_H 6,5 den Einbau von **V** (aus **III**) bzw. Leucin (entsprechend) in Eiweiß unter Bldg. von *Adenosintriphosphat,* was durch Unterss. mit ^{32}P-Verbb. bewiesen wurde. (Arch. Biochem. Biophysics **77.** 13—19. Sept. 1958. Madison, Wis., Univ. Med. School, McArdle Mem. Labor.) K. MAIER. 4210

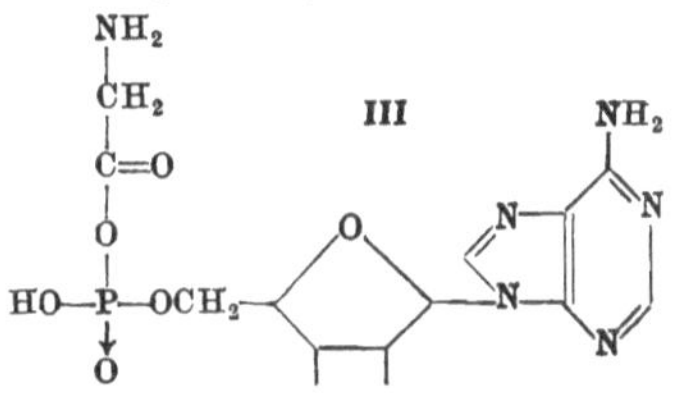

III

Cecil Cooper, *Die Adenosintriphosphataseaktivität partikelgebundener Enzymsysteme.* Die „Aktivierung" der *Adenosintriphosphatase* (**I**)-Aktivität eines Partikelenzymsyst. aus Digitoninextrakten von Rattenlebermitochondrien durch Mn^{2+}, Co^{2+}

u. Mg^{2+} wird durch Dinitrophenol (II) gesteigert. II + 2wertiges Kation ruft die gleiche maximale hydrolyt. Aktivität wie das Ion allein, aber bei niedrigeren Kationkonzz., hervor. Andere Entkopplungsagentien (IV), wie Nitrophenole (III), Pentachlorphenol, Dicumarol u. Gramicidin können I in Abwesenheit von Mg^{2+}-Zusatz aktivieren, jedoch erhöhen nur II u. III die durch Mg^{2+} bewirkte Aktivität („Stimulierung"). Diese Stimulierung ist von der II- u. Mg^{2+}-Konz. abhängig. Die Aktivität in Ggw. von II u. Abwesenheit von Mg^{2+} wird kompetitiv durch Adenosindiphosphat gehemmt. Die Unterss. eines anderen Partikelenzymsyst. aus *R. rubrum* im Hinblick auf die Stimulierung von *Mg*-I durch IV ergaben, daß Aktivität durch IV erst bei $MgCl_2$-Zusatz auftritt. In Ggw. von Mg^{2+} bewirken alle IV einen Aktivitätszuwachs. Diese vermehrte Wirksamkeit wird durch Saccharose, p-Chlormercuribenzoat oder Alterung (100 Min., 38°) nicht aufgehoben. Vf. nimmt an, daß alle IV die I-Aktivität durch Stimulierung von *Mg*-I steigern können, so daß keine 2., durch IV aktivierbare I angenommen werden muß. (Biochim. biophysica Acta [Amsterdam] **30.** 529—37. Dez. 1958. Cleveland, Ohio, Western Reserve Univ., School of Med., Dep. of Biochem.) K. MAIER. 4210

L. E. Casida jr., *Phosphataseaktivität einiger gewöhnlicher Bodenfungi.* Das aus den Mycelien von Fungi (17 Aspergillusarten u. je einer Penicillium-, Mucor- u. Rhizopusspecies) durch Extraktion gewonnene *Phosphatase*-Präp. wurde auf seine Aktivität gegen Na-Metaphosphat, Desoxyribonucleinsäure, Phytin (I) u. *Fe-Phytat* (II) geprüft. — *A. niger-*, *A. phoenicus-* u. *A. terreus*-Phosphatase waren gegen I am aktivsten, bei p_H 3 stärker als bei p_H 5. Auch das im Boden vorkommende II wurde hierdurch, wenn auch schwächer, dephosphoryliert. Intaktes Mycel war wegen des Bestehens einer Permeabilitätsschranke etwas weniger wirksam. (Soil Sci. **87.** 305—10. Juni 1959. University Park, Pa., Pennsylvania State Univ., Agric. Exp. Stat.) P. LOCH. 4210

N. Rud. Keiding, *Unterteilung der alkalischen Serumphosphatase in drei Fraktionen und das Verhalten dieser Fraktionen bei Knochen- und Lebererkrankungen.* Mit Hilfe von Stärkeelektrophorese lassen sich im Serum 3 verschied. Fraktionen der *alkal. Phosphatase* (I) nachweisen, von denen je eine im Bereich der α_1-, α_2- u. β-Proteinfraktion lokalisiert ist. Es scheint ein bestimmtes Verhältnis zwischen diesen Serum-I-Fraktionen u. der I-Aktivität verschied. Organe zu bestehen, da beim Morbus PAGET u. bei Knochenmetastasen von Carcinomen vorwiegend die β-Fraktion, bei Lebererkrankungen jedoch vorwiegend die α_1- u. α_2-Fraktionen erhöht sind. (Scand. J. clin. Lab. Invest. **11.** 106—12. 1959. Kopenhagen, Finsen Inst., Central Labor.) U. TAUSENDFREUND. 4210

E. Je. Pulatowa, *Die Verteilung der alkalischen und sauren Phosphatase in der Leber weißer Ratten bei der Bestrahlung mit dem radioaktiven Eisenisotop ^{59}Fe.* In Verss. an weißen Ratten wird gezeigt, daß bei täglicher Zufuhr von 25—45 μC ^{59}Fe mit dem Futter nach 6 Tagen die Aktivität der *alkal. Phosphatase* in den Nucleolen der Leberzellen zunimmt u. das Ferment sich in hoher Konz. in den Leukocyten u. in der Wand der Blutcapillaren lokalisiert. Die *saure Phosphatase*, deren Aktivität sich nicht verändert, findet sich in den Kernen der Leberzellen, in den Endothelien der Blutcapillaren u. in den Epithelien der interlobulären Gallengänge. (Бюллетень Экспериментальной Биологии и Медицины [Bull. exp. Biol. Med.] **47 (24).** Nr. 4. 74—78. April 1959. Stalinabad, Med. Int., Lehrst. für Histol. u. Embryol.) E. RENTZ. 4210

S. Carta und **G. Vivaldi,** *Untersuchung der Membran der Erythrocyten des Menschen. Die Phosphatase der Erythrocyten.* Es wird das Schicksal der Phosphatasen der Erythrocyten im Verlaufe der verschied. Phasen der Herst. des *Stromins* nach der Technik von MOSKOWITZ u. CALVIN (C. **1954.** 5558) untersucht. Es müssen mindestens 2 Phosphatasen vorhanden sein: eine *Pyrophosphatase* setzt das *Orthophosphat* (I) aus dem *Pyrophosphat* (II) in Freiheit u. scheint das Schicksal des Hämoglobins bei der Stromindarst. zu erleiden; eine *Apyrase* macht I aus *Adenosintri* (III)- u. *-diphosphat* frei u. ist vermutlich auch auf II aktiv. Der Unterschied zwischen beiden Enzymen ergibt sich daraus, daß das Hämolysat u. der Überstand der Stromindarst. große Mengen I aus II frei machen, während sie auf III inakt. sind. (Boll. Soc. ital. Biol. sperim. **33.** 1454—57. Okt./Nov. 1957. Rom, Ist. Superiore di Sanità.) E. POLLAK v. EMHOFEN. 4210

Robert E. Beyer, *Vitamin K_1, ein Bestandteil des oxydativen Phosphorylierungssystems der Mitochondrien.* Die oxydative Phosphorylierung in Rattenlebermitochondrien wird durch UV-Bestrahlung (3600 Å) stark reduziert. Mit Succinat als Substrat kann die Strahlenwrkg. durch *Cytochrom c* rückgängig gemacht werden. Im UV-bestrahlten Glutamat-DPN-Syst. erreicht die Oxydation u. Phosphorylierung durch *Vitamin K_1* (I) allein teilweise, durch I u. Cytochrom c fast vollständig den Wert der unbestrahlten Kontrollsysteme. Menadion u. α-Tocopherol an Stelle von I haben keine Wirkung. I greift demnach als Coferment in die Vorgänge des Elektronentransportes u. der oxydativen Phosphorylierung ein. (Biochim. biophysica Acta [Amsterdam] **28.** 663—64. Juni 1958. Boston, Mass., Tufts Univ., School of Med., Physiol. Dep.) B. RÄSSLER. 4210

Jane Harting Park, Blanche P. Meriwether und **Charles R. Park,** *Die Entkopplung der oxydativen Phosphorylierung durch Thyroxin und Trijodthyronin in ultraschallbehandelten Extrakten von Lebermitochondrien. Thyroxin* (I) u. *Trijodthyronin* reduzieren den P/O-Quotienten bei der Incubation ultraschallbehandelter Rattenlebermitochondrien mit Succinat als Substrat von 1,0 auf etwa 0,2. Dabei wird die O_2-Aufnahme nur in geringem Maße herabgesetzt. *Trijodthyroessigsäure* blockiert nicht allein die Phosphorylierung, sondern red. auch den O_2-Verbrauch um mehr als 50%. Bei der Verwendung von β-Hydroxybutyrat als Substrat sind für gleich große Veränderungen des P/O-Quotienten doppelte Mengen I erforderlich. Der O_2-Verbrauch erfährt durch I eine schwache Erhöhung. Da ähnliche Ergebnisse bei unbestrahlten Mitochondrien erhalten werden, schließen Vff. auf eine direkte Hormonwrkg. auf das Enzymsystem. (Biochim. biophysica Acta [Amsterdam] **28.** 662—63. Juni 1958. Nashville, Tenn., Vanderbilt Univ., School of Med., Dep. of Physiol.) B. RÄSSLER. 4210

W. C. Hülsmann, W. B. Elliott und **H. Rudney,** *Natur und Wirkung von Mitochrom.* Zur Unters. der Beziehung zwischen dem von POLIS u. SHMUKLER (C. **1958.** 744) aufgefundenen Mitochrom (I) u. der Entkoppelung der oxydativen Phosphorylierung wurde ein I-Präp. als Inhibitor der Adenosintriphosphat–anorgan. Phosphat-Austausch-Rk. in Ggw. verschied. Verbb., die mit Hämoverbb., speziell mit I reagieren, untersucht. I hemmte diese Rk. fast völlig, während die übrigen Verbb., wie $Na_2S_2O_4$, $K_3Fe(CN)_6$, CO, KCN, mit oder ohne I ohne Wrkg. waren. Unter den Versuchsbedingungen war die Austausch-Rk. vom Oxydations- oder Reduktionszustand der Atmungskettekomponenten unabhängig. Da die zugesetzten Verbb. (s. oben) die Hemmung nicht, das Absorptionsspektr. jedoch stark beeinflußten, u. bei Hitzebehandlung (10 Min., 100°) die Hemmwrkg. erhalten blieb, ist vermutlich keine Protein- oder Hämverb., sondern eine andere Komponente der wirksame Inhibitor (II). II war durch Isooctan extrahierbar. Der Extrakt hemmte die Austausch-Rk. (durch Albumin aufhebbar) u. die mit der Succinatoxydation gekoppelte Phosphorylierung. Mehrere Tage bei 4° gealterte Cytochrom $a + a_3$ (III)-Präpp. enthielten einen I-ähnlichen Farbstoff, der papierchromatograph. (R_F 0,85, Lutidin-NH_3) nicht von I unterscheidbar war. I enthielt die Häme von Cytochrom *b*, *a* u. a_3, ohne die charakterist. Spektren dieser Cytochrome zu besitzen. Die Bldg. des I-ähnlichen Farbstoffs im III-Präp. war von der Abspaltung einer durch Isooctan extrahierbaren Substanz begleitet, die die gleiche Hemmwrkg. wie II aufwies. (Biochim. biophysica Acta [Amsterdam] **27.** 663—54. März 1958. Amsterdam, Univ., Labor. of Physiol. Chem.) K. MAIER. 4210

M. Halpern und **Y. Leibowitz,** *Der stereochemische Mechanismus der Stärkehydrolyse durch β-Amylase.* Für die Beobachtung, daß bei der Hydrolyse der α-glucosid. gebauten Stärke durch *β-Amylase β-Maltose* u. bei der Hydrolyse von α-glucosid. Maltose durch *Takamaltase* β-Glucose entsteht, wird folgende Erklärung gegeben: Die hydrolyt. Spaltung erfolgt zwischen dem $C_{(1)}$ der einen Glucoseeinheit u. Brückensauerstoff, wodurch eine anschließende WALDENsche Umkehrung möglich gemacht wird. Bei der Hydrolyse der Stärke in $H_2{}^{18}O$ wurde diese Theorie dadurch bestätigt, daß sich am $C_{(1)}$ ein hoher prozentualer Überschuß von ^{18}O nachweisen ließ. (Bull. Res. Council Israel, Sect. A **6 A.** 131—32. Jan. 1957. Jerusalem, Hebrew Univ., Dep. of Organ. Chem. ‚B'.) K. HEYNS. 4210

M. Burger, E. Elizabeth Bacon und **J. S. D. Bacon,** *Isolierung von Invertase aus gepulverten Hefezellen.* Entgegen der Annahme von ALYRBÄCK (vgl. Arch. Biochem. Biophysics **69.** [1957.] 138), daß Invertase (I) in der Bäckerhefe in einer mit der Zellstruktur verbundenen unlösl. Form vorkommt, weisen Vff. nach, daß I lösl. ist. Aus Extraktionsverss. mit Äthylacetat schließen Vff., daß I in unbeschädigten Hefezellen von einer für I nicht permeablen Membran umgeben ist, die durch Äthylacetat nur wenig zerstört wird. (Nature [London] **182.** 1508. 29/11. 1958. Praha, Czechoslovakia, Czechoslovak. Acad. of Sci., Inst. of Biol.) W. KURTZMANN. 4210

Paul Ohlmeyer und **Tilo Eggeling,** *Invertase aus Trockenhefe.* Während die Wrkg. von Trockenhefe in bezug auf *Alkoholdehydrase* u. *Zymohexase* durch Maceration auf den doppelten Wert zunimmt, bleibt die *Invertase* bei dieser Behandlung der Hefe sich gleich. (Acta biol. med. german. [Berlin] **1.** 496—98. 1958. Tübingen, Univ., Leibniz Kolleg.) H. GOEBEL. 4210

S. Borrell, *Die Wirkung von β-Glucuronidase auf die Hydrolyse der Corticoide in Katzenharn.* Incubation von Katzenharn bei p_H 7,0, 6,5 u. 1,5 mit u. ohne Zusatz von β-Glucuronidase, Chloroformextraktion u. Best. der PORTER-SILBER-Chromogene (vgl. C. **1957.** 8572) zeigt, daß in den fermenthydrolysierten Proben die Corticoidwerte kaum höher liegen als in den nichthydrolysierten Proben. Auch durch *Cortison-* u. *ACTH*-Stimulierung erhöhte Ausscheidungswerte erfahren durch β-Glucuronidasehydrolyse keinen nennenswerten Anstieg. (Biochem. J. **70.** 727—28. Dez. 1958. Madrid, Centro de Invest. Biol., C.S.I.C., Inst. de Endocrinol. Exper.) B. RÄSSLER. 4210

Je. M. Chwatowa, *Die Abhängigkeit der Hyaluronidase- und Antihyaluronidaseaktivität der Augennetzhaut von der Stärke des Lichtreizes.* An Netzhautpräpp. von enucleierten Frosch- u. Kaninchenaugen wird gezeigt, daß die *Hyaluronidase* (I)-Aktivität bei kurzer Lichteinw. zu- u. bei Verdunkelung abnimmt. Je stärker der Lichtreiz, um so größer ist die I-Aktivität. Bei Dauerbelichtung der Netzhaut nimmt die I-Aktivität allmählich ab. Die Abnahme ist um so stärker, je höher die anfängliche I-Aktivität war. In der Nährfl., in welcher sich das belichtete Netzhautpräp. befand, ließ sich ein thermolabiler *Antihyaluronidasefaktor* nachweisen, welcher sich wahrscheinlich mit der I zu einem inakt. Komplex zu verbinden vermag u. dadurch die Abnahme der I-Aktivität bei der Dauerbelichtung der Netzhaut bewirkt. (Бюллетень Экспериментальной Биологии и Медицины [Bull. exp. Biol. Med.] **47** (**24**). Nr. 4. 13—17. April 1959. Gorki, Med. Kirow-Inst., Lehrstuhl für biol. Chem.) E. RENTZ. 4210

T. Laursen und **G. Espersen,** *Eine fluorometrische Methode zur Messung der Glutaminsäure–Oxalessigsäure-Transaminaseaktivität im Serum.* Als Routinemeth. zur Best. von Serum-*Glutaminsäure–Oxalessigsäure-Transaminase* (I) eignet sich eine Meth., welche sich auf der Bldg. von Oxalacetat (II) aus der Rk. von *l*-Asparaginat + α-Ketoglutarat unter Mitwrkg. von I aufbaut, wobei die gebildete II-Menge als Ausdruck der I-Aktivität gelten kann. Die Best. des gebildeten II wird enzymat. durch Zufügung von Maleinsäuredehydrogenase u. red. Diphosphopyridinnucleotid (DPNH) vorgenommen, wobei das gebildete Diphosphopyridinnucleotid (DPN), als Gradmesser der vorhandenen II-Menge, fluorometr. (durch Vermittlung seines Ketonkondensationsprod.) bestimmt wird. Die fluorometr. Meth. erbringt etwas höhere Werte als die spektrophotometr. Meth., sie wird für empfindlicher u. besser reproduzierbar gehalten.

Versuche: 0,2 ml Serum wird mit 0,3 ml 1%ig. *Nicotinamid,* 0,05 ml *DPNH* (BOEHRINGER & SÖHNE), 0,05 ml *Maleinsäuredehydrogenase* (BOEHRINGER & SÖHNE) u. 0,2 ml mol/10 *α-Ketoglutarat* (gelöst in Phosphatpuffer p_H 7,4) 10 Min. bei 37° incubiert, danach Zufügung von 0,5 ml einer 2,66% ig. *l-Asparaginat*-Lsg. (welche 1,72% K_2HPO_4 bei p_H 7,4 enthält), nach 10 Min. Inaktivierung des Enzyms durch 0,5 ml 10% ig. *Trichloressigsäure,* Zentrifugieren, zu 0,5 ml des Überstandes 0,5 ml *Methyläthylketon* (I; von welchem je 10 ml mit 20 μl einer 1% ig. $MnCl_2$-Lsg. versetzt werden), 0,2 ml 5n *KOH,* 0,8 ml 2n *HCl,* Schütteln, nach 5 Min. vertreiben von I im Wasserbad, schließlich 0,5 ml 20% ig. KH_2PO_4 u. 6 ml *W.*; fluorometr. Messung im KIPP-Fluorometer gegen 0,2% ig. Lsg. von Chininsulfat (in 0,6n H_2SO_4) als Standardlsg. Zum Ablesen dient eine durch bestimmte Mengen DPN gewonnene Eichkurve. (Scand. J. clin. Lab. Invest. **11.** 61—65. 1959. Kopenhagen, Rigshosp., Dep. of Clinical Chem.) U. TAUSENDFREUND. 4210

G. A. Galegow und **M. I. Parfanowitsch,** *Untersuchung der Umaminierungsreaktionen im Gehirn von Ratten, die mit fixiertem Rabiesvirus infiziert wurden.* Verss. an weißen Ratten, die mit fixiertem Tollwutvirus experimentell infiziert wurden, ergaben, daß in den Homogenaten des Gehirns der Versuchstiere die Biosynth. der *Asparaginsäure* um 15% (von n. 71,92 auf 61,16 γ/g Trockengewebe) u. der *Glutaminsäure* um 21,8% (von n. 53,6 auf 41,68 γ/g) herabgesetzt ist, woraus geschlossen wird, daß die Aktivität der Umaminierungsfermente *Glutamicoasparagino-* u. *Glutamicoalaninoaminopherase* entsprechend abgenommen hat. (Бюллетень Экспериментальной Биологии и Медицины [Bull. exp. Biol. Med.] **47** (**24**). Nr. 2. 60—62. Febr. 1959. Moskau, Iwanowski-Inst. für Virusforsch. der Akad. der med. Wiss. der UdSSR, Labor. für Virusbiochem. u. Labor. für Pathogenese u. Pathomorphol. der Virus-Infektionen.) E. RENTZ. 4210

William E. Wilson, Robert J. Hill und **Roger E. Koeppe,** *Der Stoffwechsel der* $^{14}C_{(4)}$*-γ-Aminobuttersäure bei gesunden Ratten.* Das C-Atom 4 der $^{14}C_{(4)}$-Aminobuttersäure (I) wird von ♂ Ratten sehr schnell zu $^{14}CO_2$ abgebaut. Die Unters. von Körper u. Leber ergab, daß der größte Teil der Aktivität in den Carboxylgruppen von Alanin (II) u. Asparaginsäure (III) in $C_{(3)}$ u. $C_{(4)}$ der Glucoseeinheiten des Leberglykogens u. im $C_{(1)}$ der Glutaminsäure (IV) zu finden ist. Da fast kein ^{14}C in den C-Atomen 1, 2, 6 der Glucoseeinheiten des Glykogens in anderen als den Carboxyl-C-Atomen der Aminosäuren enthalten ist, erfolgt der Abbau von I wahrscheinlich über ein Zwischenprod. des KREBSschen Cyclus oder des EMBDEN-MEYERHOFschen Glykolyseschemas. Das C-Atom 1 der Körper-IV zeigt nach Verabreichung von I u. $^{14}C_{(1)}$-Na-Acetat viel höhere korr. spezif. Aktivitäten als nach Verabreichung von $NaH^{14}CO_3$, $^{14}C_{(1)}$-II u. $^{14}C_{(1)}$-Glycin. Der Abbau erfolgt daher nicht über die Brenztraubensäure, sondern über die Dicarbonsäuren: Nach Transaminierung mit α-Ketoglutarat u. Oxydation tritt die C-Kette in den KREBSschen Cyclus als Succinat ein. I wurde 2 ♂ Ratten intraperitoneal injiziert; die Tiere wurden in einer Stoffwechselkammer untergebracht u. das ausgeatmete CO_2 in

1n NaOH aufgefangen. Die Aminosäuren wurden chromatograph. u. mit Hilfe von Ionenaustauschern getrennt. II u. III wurden mit Hilfe von Ninhydrin decarboxyliert. Beim Glykogenabbau wurde $C_{(6)}$ als Formaldehyd abgespalten u. dieser als Dinitrophenylhydrazon isoliert.

Versuche: $^{14}C_{(4)}$-γ-Aminobuttersäure (I), aus DL-Glutaminsäure durch Decarboxylierung (4 Std. bei 37°) in 0,02 n Acetatpuffer mit einer Suspension von aufgelösten Zellen von Clostridium welchii u. Abtrennung von $^{14}C_{(2)}$-D-Glutaminsäure durch Ionenaustauscher; 85% (^{14}C-Ausbeute). (J. biol. Chemistry **234.** 347—49. Febr. 1959. Memphis, Tenn., Univ., Div. of Chem.) W. UDE. 4210

Horst Hanson und **Johannes Methfessel,** *Zur Spezifität der Peptidaseaktivität der Rinderlinse.* Extrakt aus der Rinderlinse enthält eine in Lsg. monatelang unverändert hochakt. *Leucinaminopeptidase* (I) u. wenig haltbare *Dipeptidasen.* Aminotripeptidase, d-Peptidase, Carboxypeptidase sowie die Kathepsine A, B u. C konnten mit den gegebenen Methoden nicht nachgewiesen werden. I aus der Linse wirkt optimal im p_H-Bereich von 8,3—10,0 u. bei einer Temp. von 56°. (Acta biol. med. german. [Berlin] **1.** 414—21. 1958. Halle/Saale, Martin-Luther-Univ., Physiol.-chem. Inst.) H. GOEBEL. 4210

L. de Giuseppe und **B. Castelli** *Wirkung des p_H und einiger Trypsininhibitoren auf die Elastase des Schweinepankreas.* Es wird die Darst. der *Elastase* (I) beschrieben, deren optimale Aktivität mit verschied. Puffern bei p_H 8,6—9,2 festgestellt wird. Auf eine bestimmte Menge *Elastin*-I läßt man steigende Mengen eines Inhibitors (Ovomucoid des Pankreas u. durch Ascaris lumbricoides foemina aus dem Darm des Schweines erhalten) einwirken, u. bestimmt nach 30 Min. Incubation spektrophotometr. bei 280 mμ die Restaktivität. Das Verhältnis I:Inhibitor betrug 1:0,175 bis 1:7,5. Während die Hemmung der elastolyt. Aktivität durch Ascaris vollständig ist, bleibt sie durch die anderen Inhibitoren ziemlich gering. (Boll. Soc. ital. Biol. sperim. **33.** 1382—85. Okt./Nov. 1957. Como-Casatenovo, Brianza-Labor. Ricer. Vister.)
O. POLLAK V. EMHOFEN. 4210

Tadayoshi Ono, *Untersuchungen über bakterielle Thiaminase.* 2. Mitt. *Die Einflüsse von Thiamin und seinen Vorstufen im Nährmedium auf die Thiaminaseproduktion anaerober Thiaminasebakterien.* (1. vgl. C. **1959.** 12891.) Zusatz von *Thiamin* (I; 5—100 γ/cm^3) zum Nährmedium (Polypepton 10 g, Fleischextrakt 10 g, L-Cystin 1 g, Na-Thioglykolat 0,5 g, Glucose 2,5 g) von *Clostridium thiaminolyticum* führte zu einer der Dosis entsprechenden I-Zersetzung. Ein Vgl. der 9 Tage lang gezüchteten Kulturen ergab maximale *Thiaminase* (II)-Bldg. ohne I-Zusatz am 8. Tage, nach Zusatz von 100 γ I/cm^3 bereits am 4. Tage. Das Wachstum der Bakterien nahm jedoch eher ab als zu. I-Zusatz steigerte auch ihren intracellulären I-Gehalt. Werden dem Nährmedium an Stelle von I je $0{,}31 \cdot 10^{-3}$ mol. *2-Methyl-4-hydroxy-5-aminomethylpyrimidinhydrochlorid, 2-Methyl-4-hydroxy-5-hydroxymethylpyrimidin, 2-Methyl-4-amino-5-aminomethylpyrimidinhydrochlorid* (III), *2.5-Dimethyl-4-aminopyrimidin* (IV), *2-Methyl-4-aminopyrimidin-5-carbonsäure, 2-Methyl-4-amino-5-hydroxymethylpyrimidin* (V) u. *4-Methyl-5-[β-hydroxyäthyl]-thiazol* zugesetzt, so kommt es nur mit III, IV u. V zur II-Bildung. (Vitamins [Kyoto] **16.** 542—45. 25/5. 1959. Ōsaka Furitsu Eisei-Kenkyūsho. [Orig.: japan.; Auszug: engl.])
F. MOSSNER. 4210

R. G. Chitre und **Shanta Agashe,** *Folsäureconjugase aus Ratteneingeweide. Folsäureconjugase* (I), welche gebundene *Folsäure* (II) (die mikrobiol. mit Streptococcus faecalis bestimmt wird) freisetzt, konnte aus Eingeweiden von gesunden erwachsenen Albinoratten mittels Salzlsg. extrahiert werden. Diese I (Optimum p_H 4,5) erweist sich im Gegensatz zur I der Leber (Einw. auf DIFCO-Hefeextrakt) als einheitlich (da keine Verstärkung der Wrkg. bei aufeinanderfolgender Einw. bei p_H 4,5 u. 7,5 beobachtet wurde). I ist während 3 Wochen unter Toluol im Kühlschrank leidlich haltbar. Männliche u. weibliche Ratten haben dieselbe I-Aktivität. (J. Univ. Bombay [N. S.] **23.** Nr. 5. Sect. B 67—71. März 1955. Bombay, Univ., Seth G. S. Med. Coll. u. I. C. M. R. Nutrit. Res. Unit.) A. HESSE. 4210

Takao Nakamura, *Stöchiometrische Untersuchungen über die Wirkung der Laccase.* Der *Cu*-Geh. gereinigter *Laccase* (I)-Präpp. aus *Rhus vernicifera*-Latex war der Absorption bei 615 mμ genau proportional. Der Extinktionskoeff. (615 mμ) der an I gebundenen Cu^{2+}-Atome wurde zu $1{,}1 \cdot 10^3$/cm/g-Atom *Cu*/Liter berechnet. Cu^{2+}-Laccase (**Ia**) wird anaerob durch Substrat [Hydrochinon (II), Ascorbinsäure] zu Cu^+-Laccase (**Ib**) red. u. **Ib** durch O_2 oxydiert. Auf Grund der stöchiometr. Unters. dieser Rkk. umfaßt die I-katalysierte Rk. folgende beiden Stufen: $2\,Cu^{2+} + II \rightarrow 2\,Cu^+ +$ p-Chinon $+ 2\,H^+$; $2\,Cu^+ + {}^1/_2\,O_2 + 2\,H^+ \rightarrow 2\,Cu^{2+} + H_2O$. (Biochim. biophysica Acta [Amsterdam] **30.** 538—42. Dez. 1958. Tokyo, Univ., Fac. of Sci., Bot. Inst., and Tokugawa Inst. of Biol. Res.) K. MAIER. 4210

E_3. Mikrobiologie. Bakteriologie. Immunologie.

Mortimer P. Starr, *Über das blaue Pigment von Corynebacterium insidiosum. C. insidiosum* bildet ein wasserunlösl. blaues Pigment, das sich außerhalb der Zellen anreichert u. sich durch niedertouriges Zentrifugieren der Zellsuspension abtrennen läßt. Die Menge des gebildeten Farbstoffs hängt stark von der Art des Stamms, von Zuchttemp., p_H-Wert, Ernährung u. der Menge der gewachsenen Bakterien ab. Es wird eine Meth. zur Züchtung größerer Bakterienmengen bei guter Pigmentbldg. beschrieben. Auf Grund des UV-Spektr., Löslichkeitseigg. u. der Eig. des kristallinen Acetyl- u. Benzoylderiv. wird angenommen, daß das Pigment mit Indigoin ident. ist, einem in Pseudomonas indigofera gebildeten Farbstoff unbekannter Konstitution. (Arch. Mikrobiol. **30.** 325–34. 29/8. 1958. Davis, Calif., Univ., Dep. of Bacteriol.) H. Rembold. 4315

K. Naguib, *Wirkung von Riboflavin und Nicotinsäure auf Fettbildung bei Penicillium lilacinum Thom.* Durch Zusatz von 1 mg/Liter *Riboflavin* (I) oder *Nicotinsäure* zu 5 Tage alten Kulturen von Penicillium lilacinum in synthet. Nährlsg. wird die JZ. des gebildeten Fetts von ca. 60 auf 67–68 erhöht; in Ggw. von I wird mehr Fett gebildet. 2,5 mg/Liter der beiden Vitamine erniedrigen den Zuckerverbrauch. (Experientia [Basel] **14.** 61–62. 15/2. 1958. Manchester, Univ., Coll. of Sci. and Technol.) F. Radler. 4320

Toru Masuda, *Anwendung der Chromatographie. 32. Mitt. Biosynthese von Riboflavin in Eremothecium ashbyii.* (31. vgl. Pharmac. Bull. [Tokyo] **5.** [1957.] 28.) Die aus dem Mycel von *Er. ashbyii* früher gewonnene (l. c.) grün fluorescierende Fraktion G lieferte durch Erhitzen mit Diacetyl (2 Std., 120–130°) oder, wenn auch schwieriger, mit *Acetoin* (I; in Ggw. von etwas Piperidin) ein Reaktionsprod., welches mittels Papierchromatographie isoliert u. durch UV-Spektr. sowie durch biol. Test mit *Lactobac. casei* als *Riboflavin* (II) identifiziert wurde. Demnach ist Verb. G ein *8-Ribityl-6.7-dimethyllumazin* (III). Da im Mycel andererseits neben II u. III auch I nachgewiesen werden konnte, ist anzunehmen, daß die natürliche Biosynth. von II in einer Kondensation von I u. III besteht. (Pharmac. Bull. [Tokyo] **5.** 136–41. April 1957. Osaka, Takeda Pharm. Ind., Ltd., Res. Labor. [Orig.: engl.]) E. Moisar. 4320

Vladimír Musílek, *Der Einfluß einiger Hemmstoffe auf die Produktion von Vitamin B_{12} durch den Stamm Actinomyces chromogenes.* Unterss. mit *Actinomyces chromogenes* 172 ergaben, daß bei diesem Teststamm $2 \cdot 10^{-2}$–$6 \cdot 10^{-2}$ mol. *NaF* (I) u. $1 \cdot 10^{-5}$ bis $5 \cdot 10^{-3}$ mol. *Jodessigsäure* (II) die Produktion von *Vitamin B_{12}* (III) nicht hemmen; $2 \cdot 10$ u. $4 \cdot 10^{-2}$ mol. I bzw. $1 \cdot 10^{-3}$ u. $5 \cdot 10^{-3}$ mol. II steigerten die III-Produktion sogar um 20–30%. *NaN_3* ($1{,}25 \cdot 10^{-4}$–$1 \cdot 10^{-3}$ mol.) u. *KCN* ($6 \cdot 10^{-4}$–$1{,}5 \cdot 10^{-3}$ mol.) verringerten dagegen mit steigender Konz. die III-Erzeugung wesentlich. Diese Ergebnisse werden vom Standpunkt einer möglichen Beziehung zwischen III u. seiner Bldg. zu aeroben Oxydations-Red.-Vorgängen des Zuckerstoffwechsels aus diskutiert. In einer Konz. von $1{,}5 \cdot 10^{-5}$ u. $1{,}5 \cdot 10^{-4}$ mol. erhöhte KCN jedoch, wahrscheinlich auf Grund der Bldg. eines Vorläufers der Cyangruppe von III, die Biosynth. des Vitamins um annähernd 50%. (Českoslov. Mikrobiol. **2.** 266–74. 1957. Praha, Českoslov. akad. věd, Biol. ústav, Mikrobiol. odd.) M. Ebert. 4320

Ehrenfried Petras, *Nucleinsäure- und Phosphathaushalt von Phycomyces blakesleeanus Bgff.* Ein untersuchter (–)-Stamm unterschied sich vom entsprechenden (+)-Stamm durch deutlich höheren Phosphatgeh., im wesentlichen durch Speicherung von energiereichem Phosphat bedingt, sowie durch schwächeres Anfangswachstum. Der Nucleinsäuregeh. der beiden Stämme zeigt keine merklichen Unterschiede. Vf. schließt auf, möglicherweise sexuell bedingte, graduelle Unterschiede in der Energieausnutzung der beiden Stämme. (Arch. Mikrobiol. **30.** 433–39. 28/9. 1958. Göttingen, Univ., Inst. für Mikrobiol.) H. Rembold. 4320

Lewis W. Wannamaker, *Elektrophoretische Untersuchungen der extracellulären Produkte von Streptokokken der Gruppe A.* Aus dem Überstand von Streptokokken (Gruppe A)-Kulturen wurden die extracellulären Ausscheidungsprodd. nach Zusatz von 0,7% Chlf. mit 560 g $(NH_4)_2SO_4$ je Liter gefällt. Der Nd. wurde durch Filtrieren durch eine Stärkeschicht abgetrennt, in Glykokollpuffer (p_H 9) gelöst u. anschließend im gleichen Puffer dialysiert u. im Vakuum filtriert (Kollodium). Die Ausscheidungsprodd. bestanden hauptsächlich aus Protein u. waren frei von Bestandteilen des Nährmediums. Zonenelektrophorese (Stärke, Veronalpuffer p_H 7,6 u. 8,4; Glykokollpuffer p_H 9, 400 V, 2–4°) ergab ein breites Proteinband mit einzelnen Maxima. Die Lage der Aktivitäten von *Streptolysin O, Streptokinase, Desoxyribonuclease* konnte bestimmt werden u. stimmte häufig mit den beobachteten Maxima überein. Die Enzyme konnten teilweise gereinigt werden. Die Ausscheidungsprodd. verschied. Stämme zeigten Unterschiede im elektrophoret. Muster. (J. exp. Medicine **107.** 783–95. 1/6. 1958. New York, N. Y., Rockefeller Inst. for Med. Res.) F. Radler. 4320

S. M. Martin, *Einfluß von Ferrocyanid auf das Wachstum und die Säureproduktion von Aspergillus niger. Kaliumferrocyanid* (I) hemmt in Konz. >0,0001 µMol/ml das Wachstum von *Aspergillus niger* in einem künstlichen Nährboden. In einer Konz. von 0,005 µMol/ml beträgt die Hemmung 70—90%; sie wird durch Zusatz von Spurenelementen (Fe^{3+} u. Zn^{2+}) oder Erhitzen der I-haltigen Nährlsg. vor dem Zusatz der Kultur weitgehend aufgehoben. Dies beruht wahrscheinlich auf einer Entfernung von I aus dem Medium. Die Citronensäure (II)-Produktion durch *Aspergillus niger* wird von I erst in Konzz. >1 µMol/ml zu 50% herabgesetzt; dieser Effekt beruht nicht auf einem Freiwerden von HCN, da Kontrollverss. mit KCN-Zusatz (ohne I) einen gänzlich anderen Verlauf der II-Produktion (eine Erholung der Kultur) ergaben. Die Hemmung der II-Produktion durch I wird durch Spurenmetalle nicht aufgehoben. Ein I-Zusatz zu frisch angesetzten Kulturen unterdrückte die II-Produktion; Spurenelemente (je 0,09 µMol/ml) hoben den Hemmeffekt auf. Die Hemmkonz. lag hier für I bei 0,05 µMol/ml, für Cyanid aber erst bei 1,0 µMol/ml; I kommen somit zwei Funktionen zu: a) die Blockierung von Spurenelementen u. b) die Hemmung des Wachstums von A. niger. (Canad. J. Microbiol. **1.** 644—52. Okt. 1955. Ottawa, Canada, Nat. Res. Labor., Div. of Applied Biol.) H. KLUGE. 4330

Je. I. Kwassnikow und **M. Ja. Andrussenko,** *Besonderheiten der Wirkung von Äthylalkohol und seiner wässerigen Lösungen auf Milchsäurebakterien.* Inhaltlich ident. mit der C. **1959.** 5852 referierten Arbeit. (Виноделие и Виноградарство СССР [Weinbereit. Weinbau UdSSR] **19.** Nr. 2. 25—28. 1959.) O. LEBTAG. 4330

L. P. Miller und **S. E. A. McCallan,** *Die Verwendung von Radioisotopen bei der Feststellung der fungiciden Wirkung.* Durch Zugabe von markierten Fungiciden [*^{14}C-2-Heptadecyl-(2)-imidazolin, ^{14}C-2.3-Dichlornaphthochinon-(1.4)* (I), *^{35}S-Fe-Dimethyldithiocarbamat, ^{35}S, $^{110}Ag^+$, $^{203}Hg^{2+}$, $^{144}Ce^{2+}$*] zu Kulturen verschied. Pilze wurden DL_{50} von 85—10000 µg/g gefunden. Bei *Neurospora sitophila* wurde bei gleichzeitiger Behandlung mit Ag u. Hg die Hg-Aufnahme erhöht. Bei gleichzeitiger oder aufeinanderfolgender Zugabe von Ag oder Hg u. Ce zu *Monilinia fructicola* wurde ebenso wie bei Neurospora für Hg u. Ce ein gleicher Receptor festgestellt, während die Wrkg. des Ag auf Erhöhung der Permeabilität der Zellmembran zurückzuführen ist, wie durch die Abgabe von ^{32}P-Verbb. aus den Zellen in das Kulturmedium in Ggw. von Ag sowie den kompletten Austausch mit nachträglich dem Kulturmedium zugesetztem Ag bewiesen wurde. Der Austausch der anderen Fungicide betrug weniger als 50%; I wurde, wahrscheinlich infolge chem. Veränderung, in den Sporen nicht ausgetauscht. Von den Wirtspflanzen werden die organ. Fungicide nur in geringer Menge aufgenommen. (Proc. int. Conf. peaceful Uses Atomic Energy **12.** 170—76. Aug. 1955. USA, Boyce Thompson Inst. for Plant Res., Inc.) F. HELLER. 4330

A. A. Melnikowa und **Je. I. Ssurikowa,** *Die Bildung von Oxalsäure in Penicillium chrysogenum bei der Biosynthese von Penicillin.* Bei der Biosynth. von *Penicillin* (I) kommt es in der Kultur-Fl. von *Penicillium chrysogenum* zur Bldg. von *Oxalsäure* (II) als Prod. der unvollständigen Oxydation des Zuckers. Bei Zusatz der Vorläufer von I (Phenylessigsäure u. Phenylacetamid) zum Nährmedium nimmt die Fähigkeit des Pilzes zur II-Bldg. deutlich ab. Wird die Zuckermenge (Glucose, Lactose) im Acetat–Lactat-Medium von 2,5 auf 3,75% erhöht, so wird dadurch, bes. bei alkal. Rk. des Mediums, die Bldg. von II gesteigert. (Известия Академии Наук СССР, Серия Биологическая [Nachr. Akad. Wiss. UdSSR, biol. Ser.] **1958.** 579—83. Sept./Okt. Allunions Wiss. Forsch.-Inst. für Antibiotica.) E. RENTZ. 4340

R. G. S. Bidwell, P. V. Vittorio, G. Krotkov und **G. B. Reed,** *Der Einfluß von Penicillin auf die CO_2-Produktion und die Aufnahme von ^{14}C-Glucose und Glutamin in Staphylococcus aureus.* In einem Fleischmedium wachsende Kulturen von Staphylococcus aureus 6538 zeigten nach *Penicillin* (I)-Zusatz keine wesentliche Änderung der Gesamt-CO_2-Produktion, aber eine gegenüber den Kontrollen erhöhte $^{14}CO_2$-Entw. aus zugesetzter ^{14}C-Glucose (II) u. erniedrigte $^{14}CO_2$-Entw. aus ^{14}C-Glutamin (III). Die Aufnahme von ^{14}C aus II u. bes. aus III in die alkoholunlösl. Fraktionen in Ggw. von I war in wachsenden Kulturen teilweise eingeschränkt. Es wird eine lokale Hemmung des n. Stoffwechsels durch I vermutet, die bes. den Eintritt von III in den KREBS-Cyclus verhindert. Im Gegensatz zu den wachsenden zeigten stagnierende Kulturen von S. aureus eine bis 4000mal kleinere Aufnahme von ^{14}C aus II bzw. III in die alkohollösl. u. -unlösl. Fraktionen, während die $^{14}CO_2$-Produktion fast der der wachsenden Kulturen glich. Deshalb kann in nicht wachsenden Kulturen kein „dynam. Gleichgewicht" zwischen absterbenden u. neugebildeten Zellen, sondern nur ein völlig stationärer Zustand ohne Zellteilung oder Absterben angenommen werden. (Canad. J. Microbiol. **1.** 634—43. Okt. 1955. Kingston, Ontario, Detence Res. Board, Kingston Labor.) H. KLUGE. 4340

Zdenko Vaněk, *Verbindungen, die die Biosynthese von Chlortetracyclin bei dem wenig produzierenden Stamm Streptomyces aureofaciens stimulieren.* Auf der Suche nach Stoffen, die die *Chlortetracyclin* (I)-Produktion bei *Streptomyces aureofaciens 26*, einem Stamm, der nur verhältnismäßig wenig I bildet, zu steigern vermögen, zeigten von den 32 untersuchten Verbb. folgende in DUGGAR-Fermentationsmedium eine Produktionserhöhung um mehr als 100%: *β-Indolylessigsäure, Phenylessigsäure, α-Naphthylessigsäure, p-Chlorphenoxyessigsäure, α-Naphthylamin, β-Naphthylamin, p-Aminobenzoesäure, Chinasäure, Phloroglucin, Gallussäure* u. *Mesoinosit.* (Českoslov. Mikrobiol. **2.** 275—81. 1957. Praha, Českoslov. akad. věd, Biol. ústav, Mikrobiol. odd.) M. EBERT. 4340

Vladimír Ševčík, *Die Beziehung zwischen dem Phenoloxydasegehalt im Mycelium des Actinomyceten Streptomyces antibioticus und der Produktion von Actinomycin B.* Die Kultivierung von *Streptomyces antibioticus* 105/5 auf 4 verschied. zusammengesetzten Nährböden zeigte einen direkten Zusammenhang zwischen dem *Phenoloxydase* (I)-Geh. des Myceliums u. der *Actinomycin* (II)-Bldg.; in Nährmedien mit größerer I-Produktion erfolgte auch höhere II-Produktion. I- u. II-Mengen stiegen mit absinkendem p_H der Kulturlösung. In Ggw. von $(NH_4)_2HPO_4$ im Medium wurde an einzelnen Tagen direkter Zusammenhang zwischen I- u. II-Produktion beobachtet. I- u. II-Bldg. war in Nähr-Lsgg. am größten, deren p_H-Wert in den ersten Tagen auf ca. 5,0 absank. Auf Grund der Ergebnisse kommt Vf. zu dem Schluß, daß I vom Laccasetyp beim Teststamm wahrscheinlich an der Biosynth. des II *B* beteiligt ist. (Českoslov. Mikrobiol. **2.** 261—65. 1957. Praha, Českoslov. akad. věd, Biol. ústav, Mikrobiol. odd.) M. EBERT. 4340

Yō Noda, Futoshi Torii und **Michio Tsukamura,** *Über die Wirkungsweise des Kanamycins auf Mycobakterien.* In Dosen von 0,1—0,5 γ dem Medium (SANTON-Nährboden u. 3%ig. SANTON-Agarnährboden) zugesetzt wirkt *Kanamycin* (I) stärker wachstumshemmend auf die Jugendformen (24-Std.-Kulturen) von Mycobakterium avium als auf die reifen Formen (6-Tage-Kulturen). Die bactericide Wrkg. mit 10 γ I ist ebenfalls bei den Jugendformen deutlicher als bei den reifen. (Med. and Biol. [Tokyo] **49.** 207—09. 5/12. 1958. Aichi, Obu, Kokuritsu Ryōyōsho Ōbuso.) F. MOSSNER. 4340

M. G. Kuramschina, *Die antibakteriellen Eigenschaften von Kumyshefe.* Die Unters. verschied. Kumyshefen ergab, daß nur solchen Hefen (Torulopsisarten), welche Lactose vergären, eine antibiot. Wrkg. zukommt. Die Entw. solcher Hefen erfolgt am besten bei 20—22°. Höhere Tempp. regen das Wachstum der Lactose nicht zersetzenden Hefen an. Von Interesse ist, daß die Hefen für sich allein u. in Kombination mit Milchsäurebakterien auch gegenüber Tuberkulosemycobakterien bakteriostat. u. bactericid wirksam sind. Elektronenmkr. ließ sich eine lysierende Wrkg. der Kultur-Fl. der Kumyshefen auf die Mycobakterien nachweisen. Kultur-Fl., Konzentrate u. Filtrate aus Kultur-Fl. sowie Hefekulturen zusammen mit Milchsäurebakterien erwiesen sich auch von hoher therapeut. Wirksamkeit, bes. in Kombination mit Antibioticis, gegenüber tuberkuloseinfizierten Meerschweinchen u. ebenso in Verss. an 91 tuberkulosekranken Patienten (Abnahme der Toxikose u. Besserung des roten Blutbildes). Autoklavierte Fll. waren nicht wirksam. Milchsäure u. Vitamin C sind nicht als die wirksamen Agentien der Kumyshefen anzusehen. (Известия Академии Наук СССР, Серия Биологическая [Nachr. Akad. Wiss. UdSSR, biol. Ser.] **1958.** 584—91. Sept./Okt. Sotschi, Rheuma-Inst., Mikrobiol. Labor.) E. RENTZ. 4340

D. J. Colasito, Henry Koffler, P. A. Tetrault und **H. C. Reitz,** *Bestimmungsmethode für Circulin auf der Grundlage von freigesetzten Zellbestandteilen.* Es wird eine variationsfähige Meth. zur quantitativen Best. von *Circulin* (I; Gemisch von bas. Peptidantibioticis aus der Polymyxinfamilie) angegeben, die darauf beruht, daß innerhalb gewisser Konzentrationsbereiche Linearität zwischen der Konz. von I-Lsgg. u. den von ihnen hervorgerufenen verschied. starken Austritt verschied. Zellbestandteile aus intakten *Escherichia coli ATCC 26*-Zellen besteht. Als Maß für die austretende Stoffmenge kann entweder die Höhe der Absorption bei 260 mμ oder (bei Wachsen der Zellen in einem ^{32}P-Nährmedium) die Stärke der im Zentrifugenüberstand auftretenden Radioaktivität gemessen werden. Die Meth. ist sehr empfindlich u. schneller als die übliche Agardiffusionsmethode. (Canad. J. Microbiol. **1.** 685—93. Okt. 1955. Lafayette, Ind., Purdue Univ., Dep. of Biol. Sciences and Chem.) H. KLUGE. 4340

Yoshimi Okada, Katuhiko Ogura und **Yūichi Yamamura,** *2.4-Dinitrophenylderivate des Tuberkulinproteins und ihre Tuberkulinaktivität.* 0,05 g *Tuberkulinprotein* (I), gewonnen aus 6-Wochen-Kulturen von menschlichen Tuberkelbakterien (AOYAMA Stamm B), haben die gleiche Aktivität wie 0,1 cm³ *Alttuberkulin* (II) in 2000facher Verdünnung. 20std. (Zimmertemp.) Rk. von 300 mg I in $^1/_{15}$ mol. Na_2HPO_4 mit 0,2 cm³ 2.4-Dinitrofluorbenzol (III) in 25 cm³ Methanol bzw. 4std. Ausschütteln von 400 mg I in 10 cm³ 10%ig. $NaHCO_3$ mit 1 cm³ II in 20 cm³ A. führen zu lösl. bzw. unlösl. *2.4-Dinitro-*

fluorbenzoltuberkulinprotein (**IV**). Während 0,05 g des lösl. **IV** fast die gleiche Aktivität haben wie 0,1 cm^3 **II** in 2000facher Verdünnung (Extinktionsmaxima bei 260 u. 350 mμ), muß unlösl. **IV** erst durch konz. HCl oder Trypsin zers. werden, bevor es mit **II** verglichen werden kann. (Med. and Biol. [Tokyo] **51.** 168—70. 20/5. 1959. Toyonaka, Kokuritsu Ryōyōsho Toneyama Byōin; Kyūshū Daigaku, Igaku-Bu, Ikabaku-Kyōshitsu. [Orig.: japan.]) F. Mossner. 4370

R. Glenn Watson und **Henry W. Scherp,** *Das spezifische Hapten der zur Gruppe C (Gruppe IIa) gehörenden Meningokokken.* 1. Mitt. *Darstellung und immunologisches Verhalten.* Das durch Vakuumtrocknung (60°) aus Gruppe C-Meningokokken erhaltene Kulturkonzentrat (10fach) wurde nach Dialyse u. Homogenisieren mit Chlf.-n-Butanol (80:20) wiederholt behandelt, dann vollständig deproteinisiert u. die Gruppe C-spezif. Substanz mit 4 Voll. 95%ig. A. ausgefällt. Durch weitere Reinigungsstufen (entweder mit Cu-Acetat-Lsg. u. A. oder mit Eisessig) wurden die Nucleinsäuren entfernt. — Durch Injektion der entsprechenden Formaldehydvaccine in Kaninchen wurde das spezif. Antiserum hergestellt. — Hiermit wurde die Haptenaktivität bestimmt. (J. Immunology **81.** 331—36. Okt. 1958. Rochester, N. Y., Univ. of Rochester, School of Med. and Dentistry, Dep. of Bacteriol.) P. Loch. 4370

R. Glenn Watson, Guido V. Marinetti und **Henry W. Scherp,** *Das spezifische Hapten der zur Gruppe C (Gruppe IIa) gehörenden Meningokokken.* 2. Mitt. *Chemische Natur.* (1. vgl. vorst. Ref.) Das spezif. Hapten der zur Gruppe C (früher Gruppe II) gehörenden Meningokokken scheint vorherrschend ein Polymeres der *Sialsäure* (**I**) zu sein, wie hervorgeht aus seiner nahezu vollständigen Umwandlung in huminähnliche Substanzen mit verd. Säuren, aus der spezif. colorimetr. Analyse, dem IR-Spektr., der Perjodatoxydation, der quantitativen Elementar- u. Gruppenanalyse, der Wechselbeziehung des Geh. an **I** zur serolog. Aktivität u. der durch Hydrolyse in methanol. HCl erfolgenden Umwandlung in Prodd. mit den Kennzeichen von **I** u. Hexosamin. Nach diesen Unterss. stellt das Hapten ein aus 3 Hexosamin- u. 7 **I**-Einheiten bestehendes Polymeres dar. (J. Immunology **81.** 337—44. Okt. 1958. Rochester, N. Y., Univ., School of Med. and Dent., Dep. of Bact. and Biochem.) H. Aman. 4370

Samuel B. Formal, Joseph P. Lewenthal und **Emma Galindo,** *Serologische Untersuchungen der Mucinase aus Shigella Flexneri.* Flexnerstämme der Gruppen 2a, x u. y bilden *Mucinase* (**I**), deren Aktivität kreuzweise durch jedes Antiflexner I-Serum gehemmt wird. Unter mehreren *Escherichia coli-Stämmen* bildete nur ein 017-Stamm **I**, die nur homologe, nicht aber heterologe (Flexner, Vibrio comma) Seren neutralisierte. (J. Bacteriol. **75.** 467—70. April 1958. Washington, Walter Reed Army Inst. of Research u. Mexico, Hosp. Infantil, Labor de Bacteriol. Intestinal.) E. Fischoeder. 4370

Samuel J. Ajl, J. Woebke und **James Rust jr.,** *Die Hemmung der Ketosäurenoxydation durch Pesttoxin.* Durch Enzyme zellfreier Bakterienextrakte (*E. coli, Proteus vulg., Leuconostoc mesenteroides*) u. Mäuseleberhomogenate werden *α-Ketosäuren* oxydiert, wobei Diphosphopyridinnucleotid (DPN) als O-Überträger fungiert. Gereinigtes Pesttoxin hemmt, sofern DPN nicht im Überschuß vorhanden ist, die Oxydation, auch wenn das Toxin im Tiervers. nicht letal wirkt. (J. Bacteriol. **75.** 449—52. April 1958. Washington, Walter Reed Army Inst. of Res., Div. of Communicable Diseases, Dep. of Bacteriology.) E. Fischoeder. 4370

A. M. Zimmerman, J. V. Landau und **D. Marsland,** *Die Wirkung von Adenosintriphosphat und Dinitro-o-kresol auf Form und Bewegung von Amoeba proteus. Eine Druck–Temperatur-Untersuchung.* Form u. Beweglichkeit von *Amoeba proteus* wurde in n. Kulturmedium (Brandwein-Lsg.) untersucht. Bei einer Konz. von 0,002 mol. *Adenosintriphosphat* (ATP) zeigte die Amoebe Kontraktion, bei einer ATP-Konz. von 0,0005 mol. war Form u. Bewegung n., doch wiesen die Pseudopodien bei höherem Druck u. Tempp. von 10, 15, 20 u. 25° eine erhöhte Stabilität auf. *Adenosinmonophosphat* zeigte ähnliche Wrkg., doch war hier die notwendige Konz. 4mal höher. Ohne Wrkg. waren *Adenosin, anorgan. Phosphat* u. *Dinitro-o-kresol* (**I**). **I** verursachte in Kombination mit ATP eine Schwächung der Pseudopodienstruktur. (Exp. Cell Res. **15.** 484—95. Dez. 1958. New York, N. Y., New York Univ., Washington Square Coll. of Arts and Science.) Wolfgang Albrecht. 4380

Kazimierz Czerepko, Leopold Rejniak und **Tadeusz Baszyński,** *Untersuchungen über Derivate des Caprolactams. Der Einfluß von Caprolactam und seiner Derivate auf Paramecium caudatum in vitro. Caprolactam* (**I**) u. sein Arseniat u. Phosphat haben tox. Wrkg. auf Einzeller. **I** denaturiert Plasma, die Salze koagulieren Protoplasma. Die Toxizität, in vitro an Pantoffeltierchen untersucht, ist konzentrationsabhängig: In 0,3—0,05 mol. Lsgg. fällt sie rasch ab. Mit steigendem p_H sinkt die Toxizität, deshalb sind die Salze schwächer tox. als **I** selbst. 0,1mol. **I**-Lsgg. töten Einzeller innerhalb 0,2 Min., entsprechende Arseniat-Lsgg. in 0,65 u. Phosphat-Lsgg. in 12,14 Minuten.

Versuche: *Caprolactamarseniat*, $C_6H_{11}NO \cdot H_3AsO_4$, F. 104—105°, durch Rk. von 0,25 Mol **I** mit 0,25 Mol 80%ig. H_3AsO_4 in 125 ml CCl_4 zunächst 20 Std. bei n. Temp., dann 5½ Std. beim Kp. des Gemisches, Abdest. von CCl_4, Lösen des Rückstands in Methanol u. fraktionierte Kristallisation aus Methanol–Bzl.–Ae.; 49,1% (Ausbeute). Als Nebenprod. wird *ε-Aminocapronsäurearseniat*, $C_6H_{13}NO \cdot H_3AsO_4$, F. 125—127°; 2%, isoliert. — *Caprolactamphosphat*, $C_6H_{11}NO \cdot H_3PO_4$, F. 124—128° (Methanol + Aceton), durch 4std. Erhitzen von 0,25 Mol **I** mit 0,25 Mol H_3PO_4 (D. 1,7) in 60 ml CCl_4 am Rückfluß; 19,9%. (Acta polon. pharmac. **15.** 85—91. 1958. Białystok, Akad. Med., Zakł. Chem. ogóln., Zakł. Anatom. patolog., Zakł. Biol.) F. URBAN. 4380

E_4. Pflanzenchemie. Pflanzenphysiologie. Pflanzenpathologie.

L. Fridvalszky, *Die mikroskopische und submikroskopische Struktur der Zellwand von Tolypellopsis stelligera Mig.* Die Internodialzellen der Characee *Tolypellopsis stelligera* sind außerordentlich groß (4—6 cm lang, 0,8—1,0 mm breit), so daß ihre Wände in Längsrichtung aufgeschnitten u. ausgebreitet werden können. Mechan. wurden die Wände in mehrere Schichten zerlegt. Die äußerste Schicht ist eine dünne, isotrope, cuticularartige Haut (Deckschicht), unlösl. in SCHWEIZER'-Reagens, lösl. in konz. heißer KOH, färbbar mit Sudan III u. Sudan IV. Darauf folgt die äußere Zellwand mit negativer Doppelbrechung, bezogen auf die Längsachse der Zelle, färbbar mit Rutheniumrot u. Methylenblau. Die darunterliegende innere zweischichtige Zellwand zeigt lichtopt. unter einem Winkel von 6—10° zur Längsachse regelmäßig gelagerte, dunkle, 2,5 μ breite Streifen, die positiv doppelbrechen, u. dazwischen helle 3 μ breite Streifen mit kaum nennenswerter Doppelbrechung. Beide Schichten der inneren Zellwand stimmen im Aufbau überein, werden von Rutheniumrot oder Methylenblau nicht, von Chlorzinkjod blau gefärbt, enthalten also vorwiegend Cellulose. Eine weitere dünne, an das Lumen grenzende, schwach anisotrope Schicht konnte in vielen Fällen losgelöst werden. (Acta biol. Acad. Sci. hung. **8.** 73—80. 1957. Budapest, Eötvös Loránd Univ., Inst. für angew. Bot. u. Histogenetik.) W. WERGIN. 4420

Peter Langen, *Über Polyphosphate in Ostsee-Algen.* Es wurden verschied. Algen der Ostsee auf das Vork. von *Polyphosphaten* untersucht. In der Rotalge *Ceramium* u. in den Grünalgen *Enteromorpha* u. *Cladophora* konnte ein hoher Geh. an *labilem Phosphat* (**I**) nachgewiesen u. als *Polyphosphat* (**II**) charakterisiert werden. In Chara u. den Braunalgen Fucus, Pilagiella u. Ectocarpus wurde dagegen nur wenig **I** gefunden; **II** ließ sich hier nicht nachweisen. (Acta biol. med. german. [Berlin] **1.** 368—72. 1958. Berlin-Buch, Inst. für Med. u. Biol. der dtsch. Akad. der Wiss., Arbeitsbereich Biochem.) H. GOEBEL. 4420

Sam Asen, John F. Thompson, Clayton J. Morris und **Filadelfo Irreverre,** *Isolierung von β-Aminoisobuttersäure aus Knollen von Iris tingitana bzw. Keilholz.* β-Aminoisobuttersäure wurde aus Knollen von Iris tingitana durch Fraktionierung an Ionenaustauschern u. durch Papierchromatographie isoliert. F. 183°, $[\alpha]_D^{26}$ —21° (c = 0,43; W.); R_F-Werte: 0,63 (tert. Butanol/Ameisensäure/W. 70:15:15); 0,10 (tert. Amylalkohol/2.4-Lutidin 1:1, gesätt. mit W.); 0,52 (n-Butanol/Methanol/W. 2:2:1); 0,46 (n-Butanol/Eisessig/W. 6:1:2); 0,81 (Phenol/W. 73:27) u. 0,55 (A./W. 70:30). — Die *rac. Verb.*, F. 179°, wird durch 5std. Erhitzen auf 100° in 5n NaOH gewonnen. (J. biol. Chemistry **234.** 343—46. Febr. 1959. Beltsville, Md.; Ithaca, N. Y., US Dep. of Agric.; Bethesda, Md., Nat. Inst. of Arthritis and Metabol. Diseases, Nat. Inst. of Health.) W. UDE. 4420

Mason E. Hale jr., *2.4-Dihydroxydepside in nordamerikanischen Flechtenarten.* Bei einer breit angelegten Überprüfung amerikan. Flechtenarten auf ihre Inhaltsstoffe fand Vf., daß 55 Arten mit *Ca-Hypochlorit* (**I**) die für *2.4-Dihydroxydepside* charakterist. bald nach Braun umschlagende Rotfärbung (Oxydation zu einem Benzochinonderiv.) ergeben. Die Rk. wurde an den mit Ae.–Aceton gewonnenen Extrakten mit wss. **I** auf Filtrierpapier durchgeführt. Die weitere Identifizierung der *2.4-Dihydroxydepside* erfolgte durch Papierchromatographie mit konz. NH_4OH–n-Butanol (1:4) als Laufmittel u. **I** als Sprühmittel. Dabei fanden sich: *Lecanorsäure* (**II**), 0,32 (R_F-Wert); *Gyrophorsäure* (**III**), 0,26; *Erythrin* (**IV**), 0,34 u. *Olivetorsäure* (**V**), 0,89. Verss. mit phosphatgepuffertem n-Butanol-W. als Laufmittel ergaben für **II**—**IV** bei niedrigen p_H-Werten (4,5) größere, bei höherem p_H (11,7) infolge Ionisation der freien Hydroxyle verminderte Wanderungsgeschwindigkeit. **V** blieb unbeeinflußt. Die UV-Absorptionsspektren von **II**—**V** in 95%ig. A. zeigen Maxima bei 307 u. 270 mμ. Die qualitativen Befunde für die

55 Flechtenarten werden angeführt. (Trans. Kansas Acad. Sci. **59.** 229—32. Sommer 1956. Morgantown, W. Va., West Virginia Univ., Dep. of Biol.) K. ZOPFF. 4420

Rosmarie Urban, *Analyse der Färbungen der Betarüben, insbesondere der Futterrüben.* Die *Beta*-Rüben besitzen chymochrome, d. h. im Zellsaft gelöste Farbstoffe, die sich von den n. Anthocyanen u. Flavonoiden durch den Geh. an *N* unterscheiden. Im Hinblick auf genet. Unterss. wurden die Farbmerkmale der *Beta*-Rüben analysiert u. mit Hilfe der Hochspannungsionophorese 13 gelb- bis orangefarbene *Flavocyanine* (I) u. 5 violette *Betanine* (II) nachgewiesen. Die Klasse der gelb bis orange gefärbten Futterrüben enthält ausschließlich I, während bei den roten Futterrüben sowie den roten Speiserüben außerdem II vorkommen. Unterschiede in der Färbung der Schale des Rübenkörpers einer Sorte, sowie zwischen den verschied. Sorten sind durch das wechselnde relative Mengenverhältnis der einzelnen Farbstoffkomponenten bedingt. Pigmentanalyt. ist keine eindeutige Charakterisierung u. Abgrenzung der Sorten gegeneinander möglich. An der Färbung von Blattorganen, Blütensprossen u. z. T. des Rübenfleisches sind wesentlich weniger Einzelkomponenten als bei der Schalenfärbung beteiligt. Die Färbungsunterschiede beruhen auf Allelenunterschieden in den beiden Loci G u. R. In Ggw. von G werden in der Schale I gebildet, die in Ggw. von zusätzlich R durch violette II ergänzt werden. Die Unterschiede im relativen Mengenverhältnis von I u. II sprechen für multiple allelomorphe Serien von G u. R oder bedingen eine Annahme weiterer Faktoren, die die Quantität der in Ggw. von G bzw. G + R gebildeten Farbstoffe beeinflussen. (Züchter **28.** 275—83. 1958. Ladenburg b. Heidelberg, Max-Planck-Inst. für Züchtungsforsch., Zweigstelle Rosenhof.) K. MAIER. 4420

C. Lamort, *Chromatographie, Absorptionsspektren und Abbau der Anthocyanine von Früchten.* Im Butanolextrakt von amerikan. Heidelbeeren wurden durch absteigende Chromatographie in Butanol–Essigsäure–W. (8:2:5) an WHATMAN Nr. 1 2 *Päonidinglykoside* vom R_F 0,39 u. 0,47, 2 *Cyanidinglykoside* vom R_F 0,22 u. 0,32 sowie 3 nicht identifizierte Verbb. vom R_F 0,08, 0,16 u. 0,57 gefunden. In schwarzen Johannisbeeren wurden 2 *Delphinidinglykoside* (R_F 0,33; 0,34) u. 2 *Cyanidinglykoside* (R_F 0,09; 0,22), in Himbeeren 4 *Cyanidinglykoside* (R_F 0,22; 0,26; 0,32; 0,43), in Kirschen 2 *Cyanidinglykoside* (R_F 0,22; 0,44) u. in Erdbeeren 1 *Pelargonidinglykosid* (R_F 0,22), 1 *Cyanidinglykosid* (R_F 0,06) u. eine nicht identifizierte Verb. vom R_F 0,48 festgestellt. Die Identifizierung erfolgte durch Hydrolyse zu den Aglykonen sowie mittels der UV-Spektren (vgl. Original). Die durch Elution der Chromatogramme mit Citratpuffer isolierten Pigmente wurden durch Erhitzen zers., wobei der Abbau nach einer Rk. 1. Ordnung erfolgt. Es wurden folgende Werte von k (10^{-4}; Reihenfolge der Verbb. wie vorst.) gefunden: 238,1; 238,1; 2800; —; —; ——; 544; 187; —; 2900; 2900; 656; 173,7; —; 2900; —; 72,5; —; —. Allg. wurde mit fallendem R_F-Wert eine Farbvertiefung der Pigmente von Gelb nach Violett u. eine zunehmende Zersetzlichkeit beobachtet. (Rev. Fermentat. Ind. aliment. **13.** 153—57. Juli/Aug. 1958. Summerland, B. C., Canada, Exp. Farm.) F. HELLER. 4420

Ingeborg Friederichsen und **Horst Engel,** *Der Farbstoff von Cordyceps militaris L.* Der orangerote Pilzfarbstoff ist leichtlösl. in W., unlösl. in Hexan, PAe., Ae. u. CS_2, wenig lösl. in Aceton u. Chloroform. Auf Grund des UV-Spektr. (λ_{max} in Chlf.: 424, 448/49 u. 478 mμ, in A. 422, 445 u. 474 mμ, in H_2O 448 mμ), der Wasserlöslichkeit u. der Beständigkeit der Farbstoff-Lsgg. wird als mögliche Struktur ein dem Crocin nahestehendes Carotinoid angenommen. (Arch. Mikrobiol. **30.** 393—95. 28/9. 1958. Hamburg, Staatsinstitut für allg. Botanik u. Botanischer Garten.) H. REMBOLD. 4420

D. G. O'Donovan, U. O'Leary und **J. Reilly,** *Carotingehalt von Ulex europaeus (gemeiner Stechginster).* Vff. bestimmten den Carotin (I)-Geh. von Stechginster im Laufe eines Jahres in monatlichen Abständen u. stellten fest, daß die Planze während der Sommermonate den höchsten I-Geh. (maximaler Wert im Juli 253 mg I/kg Trockensubstanz) aufweist; der durchschnittliche I-Geh. für die Monate Oktober bis März beträgt 126 mg/kg. — Es wird auf die Bedeutung von Stechginster als I-Quelle in der Viehfütterung hingewiesen. (Nature [London] **183.** 1680. 13/6. 1959. Cork, Univ. Coll., Dep. of Chem.) H. KOCKERT. 4420

E. I. Whitehead, C. M. Hendrick und **F. M. Moyer,** *Untersuchungen mit radioaktivem Selen* (^{75}Se). 2. Mitt. *Vergleich von Selen- und Schwefelstoffwechsel bei Weizen.* (1. vgl. JOHNSON, C. **1956.** 4760.) Aus grünen Blättern u. reifen Körnern von Weizenpflanzen, die auf einem Boden mit ^{75}Se- oder ^{35}S-Zusätzen (Selenat, Selenit, Sulfat) gezogen worden waren, wurden Proteine isoliert u. hydrolisiert. Aus den Hydrolysaten wurden Methionin u. Cystin isoliert (Säulenchromatographie mit Stärke oder Harzen). Es wurde gefunden, daß kein Ersatz von S durch Se in diesen Aminosäuren aufgetreten war. (Proc. South Dakota Acad. Sci. [56] **34.** 52—57. 1/1. 1956. Brookings, S. D., South Dakota State Coll., Station Biochem.) J. SCHWAIBOLD. 4460

H. K. Porter und **J. Edelman**, *Einige Ansichten über den Zuckerstoffwechsel bei Pflanzen.* Von Kohlenhydraten befreite Schnitte von Tabakblättern wurden unter O_2 in der WARBURG-App. mit uniform sowie nur im Fructose- bzw. Glucoseteil ^{14}C-markierter *Saccharose* behandelt. Dabei wurde im *CO_2* u. den gebildeten *Kohlenhydraten* nach papierchromatograph. Trennung die gleiche spezif. Aktivität wie im Ausgangsmaterial gefunden. Die gleichen Ergebnisse wurden mit ^{14}C-markiertem Invertzucker erhalten. 2.4-Dinitrophenol verursacht mit steigender Konz. eine Abnahme des in erhöhter Menge gebildeten CO_2 bei gleichzeitiger Hemmung der Stärkebildung. Die Ergebnisse machen es wahrscheinlich, daß die Verwertung der Zucker nach Abbau zu den Hexosen durch eine oxydative Phosphorylierung mit Adenosintriphosphat u. anschließende Isomerisierung erfolgt. Die Bldg. von Hetero- u. Oligosacchariden ist auf eine durch Hexose–Invertase-Komplexe erfolgende Übertragung von Hexoseresten auf andere oder gleiche als Acceptoren fungierende Hexosen zurückzuführen; analog erfolgt mit anderen alkoh. Verbb. die Synth. von Glykosiden u. mit W. als Acceptor die Rückbldg. freier Hexosen. (Proc. int. Conf. peaceful Uses Atomic Energy **12.** 364—67. August 1955. London, Imp. Coll. of Sci. and Technol., Res. Inst. of Plant Physiol.) F. HELLER. 4460

Walter J. Schubert und **F. F. Nord**, *Der Mechanismus der Ligninbildung.* Kurze Übersicht über die Ligninbildung. Danach soll bei der Biosynth. des *Lignins* die p-Hydrophenylbrenztraubensäure eine Zwischenstufe zwischen der Shikimisäure u. den Lignin bildenden Bausteinen darstellen. — 10 Literaturangaben. (Ind. Engng. Chem. **49.** Nr. 9. [Part I] 1387. Sept. 1957.) H. G. FRÖHLICH. 4460

Richard C. Staples und **Leonard H. Weinstein**, *Kohlendioxydfixierung im Dunkeln durch Uredosporen von Rostpilzen.* Vff. fanden in Uredosporen (U) von *Puccinia recondita Rob. ex Desm.* u. *Uromyces phaseoli (Pers.) Wint.* die wichtigsten Säuren des KREBS-Cyclus mit Ausnahme von Isocitronensäure. Der Geh. lag nur bei Malon- (**I**) u. Citronensäure über 1 mg/g Sporenfrischgewicht. Der **I**-Geh. steigt während 2monatiger Lagerung an, was gegen eine akt. Beteiligung von **I** am Stoffwechsel ruhender U spricht. Nach 2std. Incubation der U mit $NaH^{14}CO_3$ wurde Radioaktivität in fast allen Komponenten der Sporen gefunden, bes. in Alanin, Bernstein-, Äpfel- (**II**), Fumar- u. Glutaminsäure. Zucker u. Aminosäuren waren nicht markiert. Nach 0,15 Min. Incubationszeit sind nur **I**, **II** u. Asparaginsäure markiert. Sie müssen sich daher von einer frühen Stufe der CO_2-Fixierung ableiten. Oxalacetat (**III**) wird während der $^{14}CO_2$-Fixierung markiert, wodurch die Hypothese gestützt wird, daß **III** das Prod. der Carboxylierung von Phosphoenolbrenztraubensäure ist. — Die Verteilung von ^{14}C auf die Bestandteile der U wurde ebenso nach Incubation mit ^{14}C-Bernsteinsäure u. ^{14}C-Fumarsäure untersucht. (Contr. Boyce Thompson Inst. **20.** 71—82. Jan./März. 1959.) H. BREUER. 4460

S. I. Kuznetsov (unter Mitarbeit von **J. I. Sorokin**, **N. N. Lyalikov** und **M. V. Ivanov**), *Die Anwendung von radioaktiven Isotopen bei der Untersuchung der Photosynthese und Chemosynthese in Seen.* In Seen ist die Photosynth. die Hauptquelle der gebildeten organ. Verbb., wie durch Unterss. mit $^{14}CO_2$ (aus $NaH^{14}CO_3$) sowie $Na_2{}^{35}SO_4$ unter Verwendung von *Chromatium okenii*, *Rhodothece pendens* u. *Scenedesmus quadricauda* in verschied. Seen bewiesen wurde. In Seen, in denen durch anaerobe Zers. der organ. Bestandteile gebildetes CH_4 u. H_2 vorhanden sind, kann durch CH_4-oxydierende Bakterien die Intensität der Chemosynth. stark ansteigen. Der Einfl. von Eisen- u. Stickstoffbakterien auf die Bldg. organ. Prodd. ist nur gering. (Proc. int. Conf. peaceful Uses Atomic Energy **12.** 368—76. August 1955. USSR.) F. HELLER. 4460

H. B. Tukey, **S. H. Wittwer**, **F. G. Teubner** und **W. G. Long**, *Die Verwendung von radioaktiven Isotopen zur Feststellung der Wirksamkeit der Resorption von Pflanzennährstoffen durch Blätter.* Autoradiograph. wurde bei Phaseolus vulgaris nach Applikation von ^{32}P auf Blätter u. Wurzeln acro- u. basipetale Bewegung festgestellt, während beim Besprühen der Blätter mit ^{42}K n. basipetale, bei Behandlung der Wurzeln nur schwache acropetale Wanderung gefunden wurde. Beim Besprühen der Blätter mit ^{45}Ca erfolgt keine basipetale Bewegung. Die gleichen Ergebnisse wurden mit Lycopersicon esculentum u. Nicotiana tabacum sowie mit gepfropften Pflanzen erhalten. Bei Behandlung der Wurzeln von Erdbeeren mit ^{45}Ca wird nur aufsteigende Bewegung in der gleichen Pflanze u. in die oberird. Teile, nicht aber in die Wurzeln der Ableger beobachtet. Die Wrkg. von ^{32}P enthaltendem Dünger bei Behandlung der Blätter auf den P-Geh. der Früchte ist bei Bohnen 25mal, bei Tomaten ca. 7mal größer als bei Behandlung der Wurzeln, wobei H_3PO_4 u. bes. ein Gemisch von Alkaliphosphat u. H_3PO_4 (p_H 2—3) sich wirksamer als Alkaliphosphate erwiesen. Von den untersuchten Kationen erwies sich bei p_H 2—5 NH_4^+, etwas weniger Na^+ u. am wenigsten K^+ wirksam, während bei p_H 6 Na^+ u. bei p_H 7 K^+ am wirksamsten waren. Von den verschied. Blattregionen bei Bohnen zeigten die Stiele die schnellste Aufnahmefähigkeit. Bei Belichtung wird die Aufnahme

von ^{32}P erhöht, durch Zusatz von Saccharose oder B aber auf die im Dunkeln erreichten Werte gesenkt, wobei das Temperaturoptimum bei 21° liegt. Bei Phaseolus vulgaris, Ipomea batatas u. Euphorbia pulcherrima wurde nach Beregnen der zuvor mit ^{32}P behandelten Blätter kein Verlust, nach Behandlung der Blattstiele jedoch ^{32}P-Verluste von 1,5—12,8% festgestellt. Bei in Nähr-Lsgg. kultivierten Bohnen wurde ^{42}K (weniger stark ^{86}Rb) beim Beregnen der Blätter im Tageslicht weniger stark als im Dunkeln ausgewaschen. Bei der Behandlung der Blätter mit ^{14}C-Harnstoff zeigen diejenigen Pflanzen mit der größten Ureaseaktivität die geringste Toleranz. (Proc. int. Conf. peaceful Uses Atomic Energy **12.** 138—43. August 1955. East Lansing, Mich., Michigan State Univ.)
F. HELLER. 4470

Ivan Stewart und **C. D. Leonard,** *Die Anwendung von Isotopen zur Bestimmung der Verwertbarkeit von Metallchelaten durch wachsende Pflanzen.* Chelate von ^{65}Zn, ^{55}Fe u. ^{59}F mit $^{14}C_{(CH_2)}$-*Äthylendiamintetraessigsäure* (I) werden an Anionenaustauschern (IRA-400) vollständig adsorbiert, während an Kationenaustauschern (IR-120) nur das Fe-Chelat nicht, das Zn-Chelat ebenso wie das Fe-Chelat der *N-Hydroxyäthylendiamintriessigsäure* (II) nur teilweise adsorbiert werden. Mit verschied. Böden reagieren die Chelate unter Metallaustausch; sie erweisen sich jedoch als bessere Schwermetallquellen als $FeSO_4$ bzw. $ZnSO_4$. Bei p_H 4—5 erwies sich $ZnSO_4$ jedoch als wirksamer. Bei Citruskeimlingen wurde durch Best. der Radioaktivität (Impulse·Min.$^{-1}$·g^{-1}) für die Aufnahme von ^{65}Zn aus Chelaten u. Salzen folgende Reihe gefunden: I 125 (Impuls/Min.), *Zn-N.N¹-Dihydroxyäthyläthylendiamindiacetat* 103, *Zn*-I + *PR 51* (Netzmittel der ATLANTIC REFINING CO.) 87, *Zn-Isopropylendiamintetraacetat* 70, *Zn*-II 57, *Zn-N-Hydroxypropyliminodiacetat* 47, *Zn-Diäthylentriaminpentaacetat* 43, *Zn-Acetylacetonat* 19, *$ZnSO_4$ + Polyacrylsäure* 19, *Zn-Ligninsulfonat* 14, *$ZnSO_4$* 12, *$ZnSO_4$ + PR 51* 9, *$ZnSO_4$ + Na-Alkylnaphthalinsulfonat* 6. (Proc. int. Conf. peaceful Uses Atomic Energy **12.** 159—64. August 1955. Lake Alfred, Fla., Univ. of Florida, Citrus Exp. Station.)
F. HELLER. 4470

Åke Jönsson, *Synthetische Pflanzenhormone.* 8. Mitt. *Beziehungen zwischen chemischer Struktur und Pflanzenwachstumsaktivität in den Arylalkyl-, Aryloxyalkyl- und Indolalkylcarbonsäurereihen.* (7. vgl. C. **1959.** 11546.) Übersicht über Auxinwirksamkeit von 84 Verbb. aus den Arylalkyl-, Aryloxyalkyl- u. Indolalkylcarbonsäurereihen. Die Beziehungen zwischen diesen Wirksamkeiten u. der chem. Struktur werden erörtert, sie scheinen auf besonderen räumlichen Anordnungen in den Moll., welche in der Lage sind, eine annähernd planare Struktur anzunehmen, zu beruhen. Ein möglicher Mechanismus der Auxin/Antiauxin-Wrkg. wird diskutiert. — 27 Literaturangaben. (Svensk kem. Tidskr. **67.** 166—87. 1955.)
WALTER SIMON. 4485

Philip H. Plaisted, *Die Wirkung von 2.4-Dithiobiuret auf einige der biochemischen Komponenten von Baumwoll- und Coleus-Pflanzen.* Vff. untersuchten den Einfl. von *2.4-Dithiobiuret* (I) auf 40—60 Tage alte Sämlinge von *Gossypium hirsutum L.* u. junge Pflanzen von *Coleus Blumei* nach dem Aufbringen auf die Bodenoberfläche rund um die Pflanzen. I fördert den Blattabfall, ohne morpholog. Veränderungen in den Blättern hervorzurufen. Blätter von behandelten Pflanzen enthalten mehr Protein (II; 92,5 mg/Blatt) als die Kontrollen (72,5 mg/Blatt). Der II-Geh. ist 3 Tage nach der Behandlung noch höher als bei den Kontrollen. Für den Anstieg wird ein neuer Typ von II-ähnlichem Material verantwortlich gemacht. Der Geh. an freien Aminosäuren war 2—10mal höher als bei unbehandeltem Material. I steigert die Atmung um 50%. Unbehandelte Blätter hatten die gleichen Respirationsquotienten wie kurz vor dem Abfall befindliche (0,96). Das Substrat der Atmung waren Kohlenhydrate, auch noch kurz vor dem Blattabfall. Die Aufnahme von anorgan. Phosphat wurde kurz nach der Behandlung um 200% beschleunigt, dann aber verlangsamt, bis schließlich die Blätter behandelter Pflanzen weniger Phosphat enthielten als die unbehandelter. I beschleunigt den Kohlenhydratumsatz u. die Synthese bes. von Alanin, Asparagin- u. Glutaminsäure. (Contr. Boyce Thompson Inst. **20.** 83—101. Jan./März 1959.)
H. BREUER. 4490

A. S. Crafts, *Die Verwendung von markierten Verbindungen bei der Unkrautforschung.* Zum Zwecke einer optimalen Unkrautbekämpfung wurde die Wrkg. verschied. ^{14}C-Verbb. auf eine große Zahl verschied. Pflanzen untersucht u. allg. ein leichtes Eindringen von 2.4-Dichlorphenoxyessigsäure (2.4-D) durch die Oberhaut gefunden. Die Wanderung erfolgt zusammen mit den Nährstoffen im Phloem, u. die Wrkg. ist bei jungem Gewebe am stärksten. Der Abbau u. die Ausscheidung der Herbicide ist wahrscheinlich auf den Stoffwechsel zurückzuführen, da in abgetöteten u. getrockneten Pflanzen die Radioaktivität nach 3 Jahren noch keine Abnahme zeigt. (Proc. int. Conf. peaceful Uses Atomic Energy **12.** 157—58. August 1955. Davis, Calif., Univ. of California, Botany Dep.)
F. HELLER. 4495

E_5. Tierchemie. Tierphysiologie. Tierpathologie.

L. Verbraeck, *Quantitative Bestimmung des Gehalts an Calcium und Phosphor im Dentin in Belgisch-Kongo.* Zur Unters. der unterschiedlichen Anfälligkeit gegen Caries wurde der Ca- u. P-Geh. des Dentins der Molaren von Albinos (Kongogebiet) zu 30,16% *Ca*, 15,83% *P*, Eingeborenen 33,03% Ca, 16,08% P, Weißen (Kongogebiet) 28,05% Ca, 14,10% P u. Weißen (Europa) 31,24% Ca, 14,63% P bestimmt. (Ann. Soc. belge Méd. trop. **38.** 1075—83. 31/12. 1958. Albertville, Congo belge.) F. RADLER. 4510

R. Venkataraman und **S. T. Chari,** *Aminosäurezusammensetzung einiger Seefische.* Die eßbaren Anteile von 7 Seefischen *Rastrelliger Kanagurta, Stromateus niger* (A), *Sardinella fimbriata* (B), *Sardinella longiceps* (C), *Zygoena blochii, Leiognathus bindus* u. *Cynoglossus semifasciatus* wurden nach dem Zerkleinern mit Ae. u. Aceton extrahiert u. der Verdunstungsrückstand sauer u. alkal. hydrolysiert. Dann wurden die Aminosäuren papierchromatograph. getrennt u. mit Ninhydrin angefärbt. Die Flecken wurden zur quantitativen Best. mit 75%ig. A., dem $CuSO_4$ zugesetzt war, eluiert, u. die Färbung colorimetr. bestimmt. Es wurden *Lysin, Leucin, Valin, Phenylalanin, Methionin, Threonin* u. *Tryptophan* nachgewiesen. B u. C enthalten nur Spuren von Tryphophan. A hat den höchsten Aminosäuregeh., bes. Leucin. (Indian J. med. Res. **45.** 77—80. Jan. 1957. Kozhikode, Fisheries Techn. Station.) HORST SCHÄFER. 4520

G. V. Marinetti, J. Erbland und **Elmer Stotz,** *Die Phosphatidzusammensetzung von Rattengeweben.* Die Phosphatide der untersuchten Rattengewebe bestehen nahezu zur Hälfte aus *Lecithin*, den größten Geh. (58%, bezogen auf Gesamtlipidphosphor) weist die Leber auf. *Phosphatidyläthanolamin* findet sich hauptsächlich in Herz u. Leber (23 bzw. 20%), *Sphingomyelin* in Lunge u. Niere (26 bzw. 21%), *Phosphatidylserin* in Milz, Lunge u. Leber (12—13%). *Inositphosphatid* u. *Lysolecithin* kommen nur in geringer Menge vor (2—4%). *Polyglycerinphosphatid* ist im Herzen in viel größerer Menge (10%) vorhanden als in anderen Geweben. Es kann in den Mitochondrien lokalisiert werden u. kommt in relativ hoher Konz. im *Cytochrom* vor. (Biochim. biophysica Acta [Amsterdam] **30.** 642—43. Dez. 1958. Rochester, N. Y., Univ., School of Med. and Dent., Dep. of Biochem.) W. UDE. 4520

F. P. Chinard, V. Danesino, A. St. G. Huggett, W. M. Paul und **S. R. M. Reynolds,** *Der Durchgang von Zucker durch die Affenplacenta.* Bei trächtigen Affen (*Rhesus macatus*) wird der Durchgang von *Glucose* u. *Fructose* durch die Placenta untersucht. Im Foetalblut beträgt der Glucosegeh. 100 mg% oder weniger u. der Fructosegeh. bis zu 6 mg%. Die foetale u. Mutterblutglucosekonz. sind ziemlich gleich hoch. Wird Glucose oder Fructose intravenös beim Weibchen injiziert, so erscheinen diese schnell im Blut des Foeten. Dabei erhöht sich der Fructosegeh. weder bei Mutter noch beim Foetus. Die intravenös beim Foetus injizierte Glucose tritt sehr schnell in das Blut der Mutter über. Die Affenplacenta bildet also im Gegensatz zu der des Schafes keine wesentlichen Mengen Fructose aus Glucose. Der Rückfluß der Glucose vom Foetus zur Mutter geht unabhängig von dem Zufluß von der Mutter vor sich. Fructose scheint aber von den gleichen Trägersubstanzen zwischen Mutter u. Foetus hin u. her transportiert zu werden. (J. Physiology **127.** 8P—9P. 28/1. 1955. Baltimore, Md., Carnegie Inst. of Washington, Dep. of Embryology a. Johns Hopkins Med. School, Dep. of Physiol. Chem.) G. KIMMERLE. 4550

J. Davies, *Permeabilität der Kaninchenplacenta für Glucose und Fructose.* Die Permeabilität der Placenta wird bei trächtigen Kaninchen (17. bis letzter Schwangerschaftstag) nach Infusion von *Glucose* (I) oder *Fructose* (II) in der Weise untersucht, daß die Blutspiegel für I u. II bei den Foeten bestimmt werden. Man findet eine größere Menge II in der Placenta als an I. Daraus wird geschlossen, daß für II bei Kaninchen eine relative Placentaschranke vorhanden ist. *Phlorrhizin* hat keinen Einfl. auf diese Barriere. Bei diesem Permeabilitätsverh. der Placenta gegen Monosaccharide liegt also kein Diffusionsvorgang vor, sondern es muß sich ein akt. Prozeß abspielen, der noch unbekannt ist. (Amer. J. Physiol. **181.** 532—38. Juni 1955. Iowa City, Iowa, Univ., Dep. of Anatomy.) G. KIMMERLE. 4550

Osamu Sakai und **Yoshiro Nakazawa,** *Einfluß oberflächenaktiver Mittel auf die Permeabilität von Membranen.* 2. Mitt. *Einfluß auf das Membranpotential.* Der Einfl. auf das Membranpotential (MP) von *Froschhaut* u. von *Kollodium* wird für *Tween 80* u. *20, G 2162, Goarol(?) 100* u. *400, Saponin, „Ospan“* usw., untersucht. Die Änderung des MP ist deutlich u. wird als die Veränderung einphasiger EMK betrachtet, hervorgerufen durch die Oberflächenadsorption der oberflächenakt. Mittel. (Folia pharmacol. japon. **52.** 108§—109§. 20/3. 1956. Nagasaki Univ. [Orig.: japan.]) L. SCHULER. 4550

John A. Flick und **Richard J. Feinberg,** *Die Aktivität von menschlichen Reaginen, die einem Desinfektionsmittel, β-Propiolacton, ausgesetzt sind.* Der viricide u. bactericide

Stoff, *β-Propiolacton* (**I**), zerstört als 0,2%ig. Zusatz zu Serum die Reagine nicht. Die Behandlung von Serum, das zum PRAUSNITZ-KÜSTNER-Test verwendet werden soll, mit I ist eine Sicherheitsmaßnahme bes. gegen die Übertragung der Virushepatitis. Es scheint, daß I das Hepatitis-B-Virus im Serum inaktivieren kann. (J. Allergy **26**. 262—67. Mai 1955. Philadelphia, Pa., Univ., School of Med., Dep. of Microbiol.) G. KIMMERLE. 4551

Valy Menkin, *Pyrexin, der pyrogene Faktor von entzündlichen Exsudaten und seine Beziehung zu einigen bakteriellen Pyrogenen. Pyrexin*, die Euglobulinfraktion von sauren (entzündlichen) Exsudaten, bewirkt nach Injektion bei Kaninchen eine Temperaturerhöhung. Die Injektion des Polysaccharids von SHEAR aus Serratia marcescens u. des Lipopolysaccharids von WESTPHAL aus *Escherichia coli* begünstigt die Umwandlung des Euglobulins von Kaninchenblutplasma in einen erheblich pyrogenen Faktor. Es ist noch nicht erwiesen, ob das durch Bakterienpyrogene gebildete pyrogene Euglobulin durch eine echte Umwandlung entstanden ist oder ob es sich nur um einen Bakterienpyrogen-Euglobulin-Komplex handelt. Das pyrogene Euglobulin bewirkt bei Hunden Fieber, zunächst Leukopenie, dann Leukocytose. Es scheint, daß Pyrexin u. das im Blut durch Einw. mit Bakterienpyrogenen gebildete pyrogene Euglobulin sehr ähnlich sind. In dieser Hinsicht wird auch das Handelspräparat *Piromen* diskutiert. (J. Lab. clin. Med. **46**. 423—42. Sept. 1955. Philadelphia, Pa., Temple Univ., School of Med., Agnes Barr Chase Found. for Cancer Res.) G. KIMMERLE. 4551

Feliks Stański, *Untersuchungen über den eine Leukocytose verursachenden Faktor.* Das akt. Material, das entweder aus dem zellfreien Exsudat von Lungen oder Leber oder dem wss. Extrakt von entzündeter Darmwand stammte, bewirkte bei Kaninchen nach intravenöser Injektion in gleicher Weise nach anfänglicher Leukopenie eine Leukocytose u. hatte die gleiche Aminosäurenzus.: Leucin, Phenylalanin, Valin, Prolin, Alanin, Glycin. Der Leukocytose bewirkende Faktor kommt also während eines Entzündungsprozesses nicht nur in dem entzündeten Bereich, sondern auch in der Leber u. den Lungen vor. (Ann. Univ. Mariae Curie-Skłodowska, Sect. DD **11**. 163—93. 1956, herausgeg. 1958.) G. KIMMERLE. 4552

Tadeusz Kostarz, *Flüssigkeit von hydatiden Cysten als Ausgangsmaterial zum Auffinden des Leukocytose verursachenden Faktors.* (Vgl. vorst. Ref.) Die aus Parasitencysten der Leber von Schweinen gewonnene Fl. bewirkt nach intravenöser Injektion bei Kaninchen nach anfänglicher Leukopenie eine Leukocytose. Diese Fl. kann also als Ausgangsmaterial für die Extraktion des Leukocytose bewirkenden Faktors dienen. Die Chromatographie des akt. Materials zeigt, daß er Leucin, Phenylalanin, Valin, Prolin, Alanin u. Glycin enthält. Diese Aminosäuren finden sich in wss. Extrakt von n. u. entzündeten Geweben. (Ann. Univ. Mariae Curie-Skłodowska, Sect. DD **11**. 195—204. 1956, herausgeg. 1958.) G. KIMMERLE. 4552

Moris L. Shore, D. B. Zilversmit und **R. F. Ackerman**, *Plasmaphospholipoidablagerung und Phospholipoidsynthese in der Aorta bei experimenteller Arteriosklerose.* Es wird bei der bei Kaninchen experimentell erzeugten Atheromatose (durch Cholesterinkost) die Rolle der Plasmaphospholipoide (mit ^{32}P markierte Phospholipoide) untersucht. Es zeigt sich, daß von dem Anteil der Phospholipoide, die die Atherome aufbauen, neu $^{1}/_{10}$ aus dem Serumlipoiden stammt. Es gilt somit als bewiesen, daß der größte Teil der Phosphorlipoide der Aortenwand bei der experimentellen Atheromatose von der Aorta selbst gebildet wird. (Amer. J. Physiol. **181**. 527—31. Juni 1955. Memphis, Tenn., Univ., Div. of Physiol., Preventive Med. a. Med.) G. KIMMERLE. 4552

W. M. Rubel, *Die Sulfhydrylgruppen des Gewebes der submaxillaren Speicheldrüsen bei ihrer sekretorischen Tätigkeit.* Katzen erhielten subcutan 0,5 ml/kg 1%ig. *Pilocarpin* (**I**)-Lsg. bzw. 0,5 mg/kg *Atropin* (**II**) u. wurden nach 2 bzw. 1 Std. getötet u. auf den Geh. der submaxillaren Speicheldrüse an Sulfhydrylgruppen (SHG) in der Eiweiß- u. Nichteiweißverb. untersucht. Nach I nahm der Gesamtgeh. an SHG stark ab, wobei in den niedrigmol. Verbb. die SHG sogar zunahmen. Nach II traten keine nennenswerten Veränderungen ein. (Вопросы Медицинской Химии [Fragen med. Chem.] **5**. 6—9. Jan./Febr. 1959. Moskau, Inst. für n. u. pathol. Physiol. der Akad. der med. Wiss. der UdSSR, Biochem. Labor.) F. DU MANS. 4555

Billy B. Oliver und **Ben Friedman**, *Die Wirkung von Östrogentherapie bei Patienten mit Angina pectoris.* Die Östrogenbehandlung (*Äthinylöstradiol*, SCHERING Co.) bei Patienten mit Angina pectoris auf arteriosklerot. Basis zeigte keinen Erfolg. Eine solche Behandlung wird deshalb bei männlichen Patienten mit arteriosklerot. Herzkrankheiten abgelehnt. (Amer. J. med. Sci. **231**. 205—11. Febr. 1956. McKinney, Texas, Veterans Administration Hosp., Med. Service; Dallas, Texas, Univ., Med. School.) G. KIMMERLE. 4559

A. Fidanza, A. de Cicco und **L. Esposito,** *Beziehungen zwischen Sexualhormonen und Pantothensäure bei der Ratte.* An Ratten mit *Pantothensäure* (I)-Mangel wird die Wrkg. von *Testosteron* (50 μg in 10 Tagen) u. *Östradiol* (10 Tage lang je 10 μg) sowie I auf die Läsionen des Geschlechtsapp. untersucht. Es zeigt sich, daß die Tiere auf die Hormone ansprechen u. daß die Revitaminisierung die Atrophie u. die Schäden des Geschlechtsapp. wieder aufhebt. (Boll. Soc. ital. Biol. sperim. **33.** 1381—82. Okt./Nov. 1957. Rom, Univ., Ist. di Fisiol. Gener.) O. POLLAK V. EMHOFEN. 4559

Nina Hollander und **Vincent P. Hollander,** *Die Wirkung des follikelstimulierenden Hormons auf die Biosynthese von Östradiol-17β aus $^{14}C_{(1)}$-Acetat und $^{14}C_{(4)}$-Testosteron in vitro.* Die Ovarien von einer Gruppe anöstr. Hunde u. von FSH-behandelten Tieren (0,5 bzw. 10 mg FSH) wurden entfernt u. Ovarschnitte mit $^{14}C_{(4)}$-Testosteron (I) 3 bis 4 Std. bei 37,5° incubiert. Die Aufarbeitung der Incubations-Lsgg. u. Best. der Umwandlungsrate von I in *^{14}C-Östradiol-17β* (II) wurde auf folgendem Wege vorgenommen: Extraktion der Incubate mit Methylenchlorid nach Zusatz von Östradiol-17β als Trägersubstanz, Abtrennung der phenol. Fraktion u. papierchromatograph. Auftrennung (SCHLEICHER & SCHÜLL-Papier, Formamid/o-Dichlorbenzol), Lokalisierung der II-Fraktion u. Elution mit 95%ig. A., chem. Best. mit der Rk. von LIEBERMAN u. Mitarbeiter (vgl. C. **1956.** 4192), Messung des Radioaktivitätsgeh., nach weiterer Reinigung von II durch Gegenstromverteilung (50%ig. Methanol–CCl_4) u. Umkristallisation aus Essigester–PAe. Best. der spezif. Aktivität. 0,6% von I wurden bei den FSH-stimulierten Ovarien oder nach Zugabe von FSH zu den anöstr. Ovarien in II umgewandelt. Maximale Stimulierung wurde schon nach Zugabe von 0,5 mg FSH beobachtet. In vitro-Zugabe von FSH zu den Ovarien der FSH-behandelten Tiere hatte keine zusätzliche Wirkung. *Choriongonadotropin* verursachte eine ähnliche Stimulierung. *$^{14}C_{(1)}$-Acetat* wurde unter den Versuchsbedingungen nicht in II eingebaut, dagegen konnten 0,1% der Radioaktivität des Acetats in der Cholesterinfraktion nachgewiesen werden. (J. biol. Chemistry **233.** 1097—99. Nov. 1958. Charlottesville, Va., Univ. of Virginia, School of Med., Dep. of Med. and Biochem.) B. RÄSSLER. 4559

Paul Fischer, Jean Renson und **Pietrangelo Ciccarone,** *Wirkungen des 5-Hydroxytryptamins auf die Nebenniere der normalen, narkotisierten und neugeborenen Ratte.* Zur Frage des unbekannten neurohumoralen Faktors für das Freisetzen von *Adrenocorticotropem Hormon* (ACTH) wurde festgestellt, daß das im Hypothalamus bes. stark angereicherte *5-Hydroxytryptamin* (I), n., mit Morphin oder Nembutal vorbehandelten oder neugeborenen Ratten intraperitoneal zu 2,5 mg/100 g injiziert, eine Senkung der Ascorbinsäure u. des Cholesterins der Nebenniere bewirkt, so daß I in gewissen Fällen die ACTH-Freisetzung hervorrufen könnte. (Arch. int. Physiol. Biochim. **67.** 147. Febr. 1959. Liège, Univ., Labor. de Pathol. et de Thérapeut. générales; Labor. de Rech. pour la Protections des Populations civiles.) W. SCHULENBURG. 4560

Je. Sseropian, I. Gretschanu und **A. Ioan,** *Behandlung der schweren Formen von Bronchialasthma mit ACTH und Cortison.* Von 25 Patienten mit schweren Formen von Bronchialasthma wurden 14 nur mit *ACTH* (I; täglich 16—50 mg intravenös oder 40—125 mg intramuskulär 2—12 Tage lang), 7 nur mit *Cortison* (II; täglich 50—200 mg intramuskulär 5—29 Tage lang), 2 mit I + II, 1 mit I + II + *δ-Cortin* (III; 30 mg täglich per os) u. 1 mit I + III behandelt. Auf Grund der Ergebnisse wird die Anwendung von I u. der Corticosteroide als beste Meth. der symptomat. Therapie schwerer Formen von Bronchialasthma empfohlen. Besteht gleichzeitig eine Bronchitis, so sind Antibiotica zusätzlich anzuwenden. Der therapeut. Effekt von I tritt rascher ein als jener von II. (Клиническая Медицина [Klin. Med.] **37 (40).** Nr. 6. 149—51. Juni 1959. Bukarest, Inst. für Ärztefortbldg. u. Spezialisierung, Therapeut. Koltz-Klinik.) E. RENTZ. 4561

Joseph T. Skaggs und **Robert A. Cooke,** *Metacortandracin bei chronischem Asthma.* Bei 8 Fällen von chron. Asthma bronchiale ergab eine Behandlung mit *Metacortandracin* (*Meticorten, Prednison,* SCHERING CORPORATION, Bloomfield, N. J., I) gute Erfolge. Die erforderliche orale Dosis betrug für I nur $^1/_3$ der Dosis von *Hydrocortison.* Bei den bisher 1 Monat behandelten Personen zeigte sich keine Flüssigkeitsretention, Blutdruckerhöhung oder Glucosurie; auch das Auftreten von Magen–Darm-Beschwerden, Hirsutismus, Gesichtsschwellung, Schlaflosigkeit oder Akne fehlt. (J. Allergy **26.** 201—05. Mai 1955. New York City, N. Y., Roosevelt Hosp., Inst. of Allergy.) G. KIMMERLE. 4561

Emanuel Schwartz, *Metacortandracin* (*Prednison*) *bei Bronchialasthma.* Bei 2 Patienten mit Asthma bronchiale war eine kurzzeitige Behandlung mit *Metacortandracin* (*Prednison,* SCHERING CORPORATION, Bloomfield, N. J., I) 3—4mal wirksamer als *Cortison* u. 2—3mal wirksamer als *Hydrocortison.* I hat einen geringeren Einfl. auf den Kohlenhydratstoffwechsel als die obengenannten Steroide. Nebenerscheinungen während der I-Behandlung traten nicht auf. (J. Allergy **26.** 206—09. Mai 1955. New York, N. Y., Long Island Coll. Hosp., Dep. of Med., Div. of Allergy; State Univ., Coll. of Med.) G. KIMMERLE. 4561

Carl E. Arbesman und **Robert J. Ehrenreich,** *Meticorten und 9α-Fluorhydrocortison bei der Behandlung von allergischen Störungen.* Die Verabreichung von *9α-Fluorhydrocortison* (E. R. SQUIBB & SONS, New York City, N. Y.), das sehr gut bei Na-Retention u. Eosinophilie wirkt, hatte auf die asthmat. Symptome keinen Einfluß. Dagegen kam es durch Gaben von *Meticorten* (*Metacortandracin,* SCHERING CORPORATION, Bloomfield, N. J., I) bei 15 Asthmakranken zu guten Besserungen. Die Dermatomyositis wurde durch I besser beeinflußt als durch Hydrocortison. Auf allerg. Rhinitis u. schwere Urticaria mit Angioödem hatte I keinen therapeut. Erfolg. (J. Allergy **26.** 189—200. Mai 1955. Buffalo, N. Y., Univ., School of Med., Dep. of Med. and Pediatrics, u. Buffalo General Hosp., Allergic Clinic and Chem. Labor.) G. KIMMERLE. 4561

Samuel M. Feinberg, Alan R. Feinberg und **Elmer W. Fisherman,** *Triamcinolone (Aristocort), ein neues Corticosteroidhormon. Sein Gebrauch in der Behandlung allergischer Erkrankungen. Triamcinolone* (I; *Aristocort; 9α-Fluor-16α-hydroxy-Δ^1-hydrocortison*) wurde an 70 Patienten (7—74 Jahre) mit allerg. Symptomen (Dermatitis, Asthma, vasomotor. Rhinitis u. Heuschnupfen) erprobt. Bei Anfangsgaben von 8—16 u. Erhaltungsgaben von 2—8 mg täglich wurden gleiche Effekte erzielt wie mit den doppelten Mengen *Prednison* (II). Als Nebenwrkgg. zeigten sich wie bei II Hyperglykämie, Muskelkrämpfe u. Magenbeschwerden; in einigen Fällen auch Kopfschmerzen u. Benommenheit bei gleichzeitigem starkem Gewichtsverlust, so daß das Medikament abgesetzt werden mußte. Zusätzlich wies I diuret. Aktivität unter Ausschwemmung von Na-Jonen auf. (J. Amer. med. Assoc. **167.** 58—59. 3/5. 1958. Chicago, Ill., Northwestern Univ., Dep. of Med., Allergy Res. Labor.) K. ZOPFF. 4561

W. Eger, E. Schulz und **K. Stratakis,** *Die durch Allylalkohol oder Thioacetamid experimentell erzeugte Lebercirrhose unter dem Einfluß von Prednisolon.* Vff. haben Ratten zur Erzeugung einer Lebercirrhose mit Allylalkohol (I) oder Thioacetamid (II) vergiftet u. ihnen gleichzeitig *Solu-Decortin* oder *Decortin-H* verabreicht. Die Tiere wurden alsdann getötet u. das Gewicht des in der Leber enthaltenen Bindegewebes bestimmt. Bei den Kontrollen steigert die Vergiftung mit I das Gewicht des Leberbindegewebes (L) um das 2—3fache. Bei den gleichzeitig mit Prednisolon behandelten Tieren war L nicht so stark, aber nicht signifikant schwächer als bei den Kontrollen ausgebildet. Bei Vergiftung mit II ist das Gewicht von L nach Gaben von Prednisolon eher höher als bei den Kontrollen. Demnach hat Prednisolon keinen Einfl. auf die Entw. von L bei der Lebercirrhose. (Die Medizinische **1959.** 871—72. 2/5. Göttingen, Patholog. Inst. der Univ.) HEINRICH HERMANN. 4561

Grant W. Liddle, Donald Island, Edward M. Lance und **A. Page Harris,** *Änderung der adrenalen Steroidzusammensetzung beim Menschen unter dem Einfluß einer Behandlung mit einem chemischen 22-Hydroxylierungsinhibitor.* Bei 4 Patienten, denen intravenös *2-Methyl-1.2-bis-[3-pyridyl-(3)]-propanon-(1)* (I; *SU-4885*) verabreicht worden war, wurde während einer Nieren- oder einer Nebennierenrindenoperation ein Abfall des Geh. an *Hydrocortison* (II) im adrenalen venösen Blut festgestellt, während bei n. Versuchspersonen, denen I oral (750 mg alle 4 Std.) oder intravenös (als Ditartrat; 400 mg, bezogen auf die freie Base, alle 4 Std.) gegeben wurde, eine deutliche Zunahme des Plasma-17-hydroxycorticoidgeh., des 17-Hydroxycorticoid- u. des 17-Ketosteroidgeh. im Harn beobachtet wurde. Es konnte gezeigt werden, daß I als ein Inhibitor der adrenocorticalen 11β-Hydroxylase wirkt, daß der durch I bewirkte Anstieg des Steroidspiegels bei Fehlen der Nebennieren nicht zu beobachten ist, daß die durch I induzierte Zunahme des 17-Hydroxycorticoidgeh. im Blut u. Harn nicht so sehr auf eine vermehrte Bldg. der Verb. S (17.21-Dihydroxy-20-ketosteroid) als auf die vermehrte II-Bldg. zurückzuführen ist, daß andere 11-Desoxysteroide, z. B. Desoxycorticosteron, nach der I-Behandlung im Blut auftreten, u. daß die Verabreichung physiol. II-Mengen die kompensator. Zunahme des Adrenocorticotropingeh. u. damit gleichzeitig die Zunahme des Plasma- u. Harnsteroidgeh. verhindert. (J. clin. Endocrinol. Metabolism **18.** 906—12. Aug. 1958. Nashville, Tenn., Vanderbilt Univ., School of Med., Dep. of Med. and Surgery.) H. P. FIEDLER. 4561

Iossif Charwat und **Michail Sch. Kandratsch,** *Über den Steroidgehalt im Harn bei der Addison-Krankheit und beim Itzenko-Cushing-Syndrom nach Zufuhr von ACTH.* Die n. Ausscheidung der *17-OH-Corticoide* (I) mit dem Harn beträgt bei erwachsenen Männern u. Frauen ca. 8 mg in 24 Std., die n. Ausscheidung der *17-Ketosteroide* (II) beim Mann 15 mg, bei der Frau 10 mg in 24 Stunden. Nach Zufuhr von *ACTH* (III; Tropfinfusion von 25 E. in 500 ml 5%ig. Glucoselsg. in 8 Std. intravenös) nimmt bei gesunden Personen die I-Ausscheidung um das 3—5fache zu, während die Zunahme von II geringer ist. Bei Erkrankungen der Nebennierenrinde ist vor allem die I-Ausscheidung von differentialdiagnost. Bedeutung. Beim peripher. Hypocorticalismus (Morbus ADDISON) erfolgt durch III keine Zunahme von I u. II, sondern meist ein Absinken von I im Harn. Beim zentralen Hypocorticalismus bewirkt III eine Erhöhung der I-Ausscheidung, während die II-Ausscheidung n. bleibt oder nur wenig zunimmt. Bei Pigmentationen, welche die ADDISONsche Krankheit imitieren, ergibt der III-Test eine Zunahme von I. Bei der zentralen Form des Hypercorticalismus (Morbus CUSHING) nimmt die I-Ausscheidung unter III weiter zu, bei der peripher. Form der Erkrankung jedoch nicht. Der III-Test erlaubt auch hier die Abgrenzung des echten CUSHING-Syndroms von imitierenden Zuständen. (Клиническая Медицина [Klin. Med.] **37** (**40**). Nr. 6. 51—61. Juni 1959. Prag, Karls-Univ., 3. Therapeut. Klin., Labor. für Fragen der Endokrinol. u. des Stoffwechsels.) E. RENTZ. 4561

Ja. D. Kirschenblat, *Wirkung des Cortisons auf den Eierstock von Misgurnus fossilis.* Eine einmalige intramuskuläre Injektion von 1—5 mg *Cortison* (I) in wss. Suspension führt beim Knochenfisch *Misgurnus fossilis* zu einer Reifung der Ovocyten in den Ovarien, ohne daß jedoch eine Ovulation eintritt. Das gleiche wird auch in Verss. in vitro beobachtet. Bei gleichzeitiger Verabreichung von I (0,5—1 mg) u. unterschwelligen Dosen von *luteinisierendem Hypophysenhormon* (II; 0,2—1 mg mit 1 E./mg) beginnt jedoch die Ovulation 12—18 Std. rascher als nach Injektion hoher II-Dosen ohne Kombination mit I. Es wird angenommen, daß ein seinen Eigg. nach dem I nahestehendes Glykocorticoid am physiol. Mechanismus des Überganges der Weibchen der Knochenfische vom 4. zum 5. Reifestadium teilnimmt; es wirkt auf den Stoffwechsel u. gleichzeitig direkt auf die Ovarien als Synergist von II. (Бюллетень Экспериментальной Биологии и Медицины [Bull. exp. Biol. Med.] **47** (**24**). Nr. 4. 108—12. April 1959. Tschernowitz, Med. Inst., Lehrst. für n. Physiol.) E. RENTZ. 4561

S. K. Das Gupta und **Y. S. Bawa,** *Untersuchungen über die Harnausscheidung von 17-Ketosteroiden und über Leberfunktionsteste bei infektiöser Hepatitis.* Leberfunktionsteste bei Patienten mit infektiver Hepatitis zeigten verminderte Aktivität des Leberparenchyms. Auffallend niedrige Harnausscheidung von 17-Ketosteroiden wurde beobachtet. Der Durchschnitt lag bei Männern bei 1,85 ± 0,29 mg u. bei Frauen bei 1,79 ± 0,53 mg im 24-Std.-Harn. Die verringerte Ausscheidung ist vermutlich auf die verminderte Fähigkeit der erkrankten Leberzellen, Hormonvorläufer in 17-Ketosteroide umzuwandeln, zurückzuführen. Die Möglichkeit einer herabgesetzten Funktion der Nebennierenrinde kann jedoch auch nicht ausgeschlossen werden. (Indian J. med. Res. **45**. 41—47. Jan. 1957. Amritsar, Med. Coll., Dep. of Biochem. and Clin. Med.) HORST SCHÄFER. 4561

George D. Zuidema, Albert J. Silverman, Sanford I. Cohen und **McChesney Goodall,** *Brenzcatechinamine und psychologische Beziehungen bei Gefäßreaktionen.* An Hand von Unterss. mit künstlich herbeigeführter leichter bis schwerer Hypotension (durch Injektion von Methacholin oder durch Erhöhung der Erdbeschleunigung durch Einw. von Zentrifugalkraft) konnte nachgewiesen werden, daß die jeweilige Affektlage bzw. psychische Situation (Ängstlichkeit oder eher Aggressivität) großen Einfl. auf die Produktion von *Adrenalin* u. *Noradrenalin* (gemessen an der Urinausscheidung) u. damit auf die Rk. des Gefäßsyst. gegenüber dem hypotensiven Reiz besitzt. (New England J. Med. **256**. 976—79. 23/5. 1957. Wright-Patterson Air Force Base, Ohio, Wright Air Developm. Center, Aero Med. Labor.) U. TAUSENDFREUND. 4561

B. Fischetti, *Veränderungen des Gehaltes der Leber an ATP, ADP und AMP beim akuten experimentellen Lungenödem durch Adrenalin.* ♂ Kaninchen, denen intravenös $Na_3{}^{32}PO_4$ injiziert wurde, werden intravenös mit 1 mg *Adrenalin*/kg behandelt, u. es wird der Geh. des Leberhomogenats dieser Tiere an *Adenosintriphosphat* (ATP), *Adenosindiphosphat* (ADP) u. *Adenosinmonophosphat* (AMP) durch Messung der Radioaktivität der Chromatogramme ermittelt. Die Radioaktivitäten, bezogen auf ATP, stehen zueinander wie: 6,01 (ATP):0,75 (ADP):3,22 (AMP). Bei Kontrolltieren dagegen 3,74:2,20:4,05. In μg/100 mg ergeben sich spektrophotometr.: 65,3:100:172,7 (Kontrolltiere 90,5:52,2:174). (Boll. Soc. ital. Biol. sperim. **33**. 1390—93. Okt./Nov. 1957. Rom, Univ., Ist. di Farmacol.) O. POLLAK V. EMHOFEN. 4561

J. Kägi, M. Burger und **K. Giger,** *Modifikationen zur Fluorescenzmethode von Weil-Malherbe und Bone zur Bestimmung von Adrenalin und Noradrenalin im menschlichen Blutplasma.* Die von WEIL-MALHERBE u. BONE angegebene Meth. zur Best. von Brenzcatechinaminen (I) im menschlichen Plasma wurde in einigen Punkten modifiziert. Sie betreffen hauptsächlich Einzelheiten hinsichtlich der Vorbehandlung der verwendeten Chemikalien, ihrer Reinheit, der Reinigung der benutzten Geräte u. Apparaturen sowie der Technik der Blutentnahme; hier ist bes. sorgfältig auf Vermeidung einer Hämolyse zu achten. Die Vorbehandlung der Natriumacetatlsg. (II) mit Zeokarb 215 wurde durch Zugabe von Natriumdiäthyldithiocarbamat in II ersetzt. Herst. u. Umkristallisation von Äthylendiamindihydrochlorid lassen sich durch Verwendung von Ammoniumchlorid umgehen. Die Kondensationstemp. mußte auf 63° gesteigert werden. Ob auch I aus Thrombocyten bei der Meth. mitgemessen werden, konnte noch nicht geklärt werden. (Naunyn-Schmiedebergs Arch. exp. Pathol. Pharmakol. **230.** 470—78. 15/6. 1957. Zürich, Univ., Pharmakol. Inst.) K. RINTELEN. 4561

William E. Lassiter und **John B. Stanbury,** *Die in vivo-Umwandlung von Thyroxin zu 3.5.3'-Trijodthyronin.* Mittels der absteigenden Papierchromatographie u. unter Heranziehung von tert. Amylalkohol u. 2n NH_4OH als Lösungm. kann *Thyroxin* (I) deutlich von *3.5.3'-Trijodthyronin* (II) getrennt u. gleichzeitig gezeigt werden, daß die früher gemachte Feststellung, wonach II im Blut als extrathyreoidales I-Abbauprod. auftritt, nicht zu Recht besteht, wenngleich damit keineswegs behauptet werden soll, daß ein extrathyreoidaler Abbau von I zu II überhaupt nicht möglich ist. Die Ergebnisse zeigen lediglich, daß II, welches stets im zirkulierenden Plasma enthalten ist, kein Dejodierungsprod. des im zirkulierenden Plasma enthaltenen I ist. (J. clin. Endocrinol. Metabolism **18.** 903—06. Aug. 1958. Boston, Mass., Harvard Med. School, Dep. of Med., and Massachusetts Gen. Hosp., Med. Serv.) H. P. FIEDLER. 4562

N. Canal und **L. Tessari,** *Einfluß des Schilddrüsenhormons auf einige Enzyme mit Pyridoxal als Coenzym.* An Albinoratten, denen 20—30 Tage lang täglich subcutan 1,5 mg *DL-Thyroxin* injiziert wurde, wird in der Leber *Glutamin–Brenztraubensäure-Transaminase*, sowie in Hirn u. Leber *Glutamin-* bzw. *Cysteindecarboxylase* bestimmt. Unter vorst. Bedingungen zeigt sich nur das letzte Enzym verändert, es ist stark gehemmt, diese Hemmung wird durch Zusatz von Pyridoxal-5-phosphat nur teilweise behoben. (Boll. Soc. ital. Biol. sperim. **33.** 1472—74. Okt./Nov. 1957. Mailand, Univ., Ist. di Farmacol.) O. POLLAK V. EMHOFEN. 4562

N. P. Pamputiss, *Die biochemischen Verschiebungen im Blut von Kranken, die wegen Thyreotoxikose operiert wurden.* Vf. untersuchte 150 Thyreotoxikosepatienten im endem. Herd von Jaroslawl vor der Operation u. 86 von ihnen 3—12 Monate nach dem Eingriff. In Abhängigkeit von der Dauer u. Schwere der Erkrankung ist bei den Patienten eine Tendenz zur Abnahme der Zahl der Erythrocyten u. des Hämoglobingeh. u. eine Zunahme des Bilirubingeh. im Blutserum festzustellen. Die Veränderungen normalisieren sich nach der Operation. Die Leberfunktion (TAKATA-ARA-Rk.) ist bei der Mehrzahl der Patienten gestört u. wird nach der Operation nicht immer normal. Bei 38,8% der Patienten findet man atyp. Blutzuckerkurven, deren Zahl nach der Operation bes. bei den schweren Thyreotoxikosen geringer wird. Die meist herabgesetzte antitox. Funktion der Leber ist nach dem Eingriff erhöht. Der Ca-Geh. des Blutserums nimmt nach der Operation um 0,17—0,75 mg% ab. (Клиническая Медицина [Klin. Med.] **37(40).** Nr. 6. 81—88. Juni 1959. Jaroslawl, Med.-Inst., Klin. für hospit. Chir.) E. RENTZ. 4562

P. McLean, *Der Effekt von Insulin und Phenazinmethosulfat auf die Wege des Glucoseabbaus in der Milchdrüse der Ratte.* Um weitere Hinweise für die Annahme zu erhalten, daß der Glucoseabbau vorwiegend nach dem Pentosephosphatschema verläuft u. seine Aktivität durch die Zufuhr von Triphosphopyridiniumnucleotid aus parallelen reduktiven Prozessen bestimmt wird, wurden Milchdrüsenschnitte von Ratten unter Zusatz von *Insulin* (I) bzw. *Phenazinmethosulfat* (II) mit $^{14}C_{(1)}$-Glucose bzw. $^{14}C_{(6)}$-Glucose incubiert u. das $^{14}CO_2$ bestimmt. Durch I wurde die Oxydation am $C_{(1)}$ bei Gewebeschnitten schwangerer Ratten prakt. nicht beeinflußt, bei solchen lactierender Ratten jedoch verdoppelt. II erzeugte in beiden Fällen eine starke Erhöhung. Die Oxydation am $C_{(6)}$ wurde durch I verringert, durch II in geringem Maße verstärkt. (Nature [London] **183.** 182—83. 17/1. 1959. London, Courtauld Inst. of Biochem., Middlesex Hosp. Med. School.) K. HEYNS. 4564

J. L. Kostyo, *In vitro-Effekte von Insulin und Glucose auf den Einbau von $^{14}C_{(2)}$-Leucin in Protein der Diaphragmen hypophysektomierter Ratten.* Insulin (I; 0,5 E./ml Medium) bewirkt in vitro einen Anstieg des Einbaus von *$^{14}C_{(2)}$-DL-Leucin* (II) in das Protein der Diaphragmen hypophysektomierter Ratten. Glucose (III; 2 mg/ml) allein stimuliert den II-Einbau nicht. Werden I u. III gleichzeitig dem Medium hinzugefügt, so wird der II-Einbau in das Diaphragmaprotein stimuliert, u. zwar in dem Maße, als ob I allein im Medium vorläge. In Vgl. mit Diaphragma n. Ratten liegt der II-Einbau in das Diaphragmaprotein hypophysektomierter Tiere merklich höher. (Nature [London] **183.** 1518—19. 30/5. 1959. Boston, Mass., Harvard Med. School, Dep. of Physiol.) H. KOCKERT. 4564

H. H. Hernandez, I. L. Chaikoff und **J. Y. Kiyasu,** *Rolle des Pankreassaftes bei der Cholesterinresorption.* Mit einer neuen Meth. werden bei Ratten durch Einführen von

Kanülen in den Ductus choledochus u. Ductus pancreaticus Galle u. Pankreassaft getrennt aufgefangen. Auf diese Weise gelangen also diese beiden Körpersäfte nicht mehr in den Darm. Durch das Fehlen der beiden wird in den Ductus thoracicus gegebenes ^{14}C-*Cholesterin* (I) nicht mehr resorbiert. Nur wenn man beide Körpersäfte zusammen in den Darm gibt, wird I wieder resorbiert. Nur zusammen mit Galle stimuliert die Pankreas-Fl. die I-Resorption. (Amer. J. Physiol. **181.** 523—26. Juni 1955. Berkeley, Calif., Univ. School of Med., Dep. of Physiol.) G. KIMMERLE. 4564

Arthur R. Colwell jr. und **John A. Colwell,** *Pankreaswirkung der Sulfonylharnstoffe.* Bei Hunden werden in die Blutgefäße, welche Pankreas u. Leber versorgen, Sulfonylharnstoffe injiziert. Perfusion von *Tolbutamid* (*N^1-Butyl-N^3-p-tolylsulfonylharnstoff,* I) in die Pankreasarterienzirkulation bewirkt eine mäßige Hypoglykämie. Bei der Femoralvene oder der Leberarterie bleibt dieser Effekt aus. Die unwesentliche Rolle der Leber zeigt sich auch, wenn man *Carbutamid* (II) in die Portalvene injiziert, so sinkt nämlich die Hypoglykämie. Die α- u. β-Zellen im Pankreas zeigen nach Infusion von II keine morpholog. Veränderungen. Es hat den Anschein, als ob die Sulfonylharnstoffe durch ihren Einfl. auf die Pankreasinselchen den Blutglucosegeh. erniedrigen. (J. Lab. clin. Med. **53.** 376—95. März 1959. Chicago, Ill., Univ., Dep. of Med.)
H. STRUCK. 4564

Thomas Chulski und **Mich. Kalamazoo,** *Spektrophotometrische Bestimmung von Tolbutamid im Plasma.* Es wird eine Meth. zur Best. des *Tolbutamids* (I) im Plasma mitgeteilt. Das angesäuerte Plasma wird mit Chlf. extrahiert, zur Trockne gebracht, eine alkoh. Lsg. von *p-Dimethylaminobenzaldehyd* zugegeben u. wiederum zur Trockne gebracht. Der Rückstand wird 2½ Std. auf 70° gehalten, mit A. aufgenommen u. die Absorption bei 395 mμ gemessen. I wird mit einer Fehlergrenze von 5,2% zu 100,4% aus dem Plasma wiedergefunden. (J. Lab. clin. Med. **53.** 490—94. März 1959. Kalamazoo, Mich., Upjohn Comp., Dep. of Prod., Res. Developm.) H. STRUCK. 4564

Ferdinando Colomba, *Erfahrungen mit einem neuen Thymusextrakt und Bestimmung dessen Aktivität in Kanincheneinheiten.* Vf. injiziert Kaninchen *Thymusextrakt* u. beobachtet das Ansteigen der Zahl weißer Blutkörperchen 24 Std. nach der Injektion. Diejenige Dosis (berechnet auf 100 g Tier), die eine Verdopplung der weißen Blutkörper hervorruft, wird als 1 Einheit festgelegt. — In weiteren Verss. werden die Veränderungen des Differentialblutbildes nach Verabfolgung von Sulfonamid u. Antibioticum sowie der Einfl. von Thymusextrakt hierauf beschrieben. (Chimica [Milano] **34.** 307—08. Aug. 1958.) P. LOCH. 4566

R. Hazard, R. Giudicelli, M. Beauvallet, P. Chabrier und **H. Najer,** *Über einen neuen Cholinester.* Bei der pharmakol. Unters. an Mäusen ergab sich für ***Morpholinylformoylcholinjodid*** (**I**; ***Morpholincarbonsäure-β-[dimethylamino]-äthylestermethojodid***) bei intravenöser Injektion eine DL_{50} von 0,0025 g/kg, die zwischen der von Carbaminoylcholinjodid (**II**; 0,00037 g/kg) u. der von Acetylcholinjodid (**III**; 0,022 g/kg) liegt. Während **II** u. **III** bei intravenöser Injektion von 1 γ/kg beim narkotisierten Hund den Blutdruck senken, wird er durch **I** kaum verändert. In höheren Dosen verstärken **II** u. **III** die Hypotension, 2,5 γ **I**/kg bewirken jedoch eine Hypertension u. eine Bradycardie. Es wird am Hundeblutdruck bewiesen, daß **I** die gleichen Eigg. wie *Nicotin* besitzt. *Yohimbin, Procainamid* u. Adrenalektomie senken nämlich in gleicher Weise die Hypertension des Nicotins u. **I**. Am isolierten Meerschweinchendarm wird der Tonus durch **I** stark, die Kontraktionen nur gering erhöht. Atropin bewirkt darauf antagonist. ein. **I** bewirkt eine Sekretionssteigerung der Speicheldrüsen des Hundes. Auch diese Wrkg. kann durch Atropin unterdrückt werden. Die Pupille des Frosches wird durch **I** dilatiert. **I** hemmt die Pseudocholinesterase des Pferdeserums. Am Nerv–Muskel-Präp. des Kaninchens hat eine intraarterielle Injektion von **I** keinen Einfl. auf die elektr. Reizbarkeit des Nerven. **I** besitzt also hauptsächlich eine nicotinolyt. Wrkg. u. hat kaum Muscarineigenschaften.

Versuche: *Morpholinocarbonsäure-β-[dimethylamino]-äthylestermethojodid* (**I**), F. 162°, aus Äthylencarbonat u. Morpholin, wobei zunächst *Morpholinocarbonsäure-β-hydroxyäthylester,* $Kp._4$ 147—149° entsteht, der über das Chlorid u. *Jodid,* F. 40—41°, mit Trimethylamin in **I** umgewandelt wird. (C. R. Séances Soc. Biol. Filiales **149.** 1368 bis 1371. Juli 1955.) G. KIMMERLE. 4569

Yasumi Ogura, *Über die Verbreitung von Histamin in den verschiedenen Geweben der Ratte, besonders im Gehirn. Histamin* (I) wird in den Organen nach dem Verf. der Papierchromatographie, dem Verf. von GADDUM usw. sehr genau bestimmt. In den Organen der n. Ratte nimmt der I-Geh. in der Reihe Niere > Lunge > Leber > Großhirn > Hirnstamm ab. Bei intraperitonealer Injektion von 10 mg I/100 g wird nach ca. 30 Min. in allen Organen ein Höchstgeh. an I erreicht, der nach 60 Min. erheblich u. nach 4 Std. völlig auf die Norm abgenommen hat. Bei adrenektomierten Ratten (AR) ist der I-Geh.

im Gehirn gegenüber Kontrollen erhöht. Bei Injektion (intraperitoneal) von 5 bzw. 0,5 mg I/100 g AR ist nach 30 bzw. 60 Min. der I-Geh. im Gehirn gegenüber Kontrollen erheblich erhöht. Histolog. Gehirnschnitte nach SCHNEIDER zeigen in den Mitochondrien eine I-Anreicherung von 89,4%, was für weitere Unterss. von großer Bedeutung erscheint. (Folia pharmacol. japon. **52.** 64§—65§. 20/3. 1956. Chiba, Univ. [Orig.: japan.]) L. SCHULER. 4569

M. Medaković und **I. Spužić**, *5-Hydroxytryptamin im Rattenblut während eines experimentellen traumatischen Schocks.* Vff. bestimmten in Blut von n. sowie adrenalektomierten u. adrenalektomierten, durch Abklemmen der hinteren Extremitäten geschockten Albinoratten den 5-Hydroxytryptamin (I)-Gehalt. — Während des Schocks liegt der I-Geh. ca. 4mal höher als der bei n. Tieren gefundene Wert. Im Vgl. zu n. Tieren nimmt der I-Geh. nach Adrenalektomie markant ab. — Der den hohen Blut-I-Geh. während des Schocks bedingende Mechanismus ist unbekannt. Diskussion hinsichtlich der kausalen Zusammenhänge zwischen erhöhtem I-Geh. u. experimentellem traumat. Schock. (Nature [London] **183.** 1685. 13/6. 1959. Belgrad, Univ., Med. Fac., Dep. of Pharmacol. u. Serbian Acad. of Sciences, Dep. of Med. Res.) H. KOCKERT. 4569

J. Lecomte, *5-Hydroxytryptamin und Nickhaut der Katze.* Bei mit Dial narkotisierten Katzen, bei denen das vegetative Nervensyst. ausgeschaltet worden ist, bewirkt *5-Hydroxytryptamin* (I) nach intravenöser Injektion von 200—400 γ eine Kontraktion der Nickhaut. Wird *Tutocain* als 1% ig. Lsg. in den Bindehautsack gebracht, so verstärkt es die Nickhautkontraktur, die durch l-Adrenalin oder I ausgelöst wurde. Durch hohe Dosen *Chlorpromazin* u. *Phenergan* kann die I-Kontraktur der Nickhaut unterdrückt werden. I wirkt direkt an der Nickhaut ein, da das freigesetzte Adrenalin oder Noradrenalin nicht für die gesamte Wrkg. verantwortlich gemacht werden kann. *Neoantergan* verstärkt die I-Wrkg. an der Nickhaut, vermindert aber die Wrkg. auf die Nebenniere. Auf die Struktur u. Wirkungsähnlichkeit zwischen I u. den sympath. Aminen wird hingewiesen. (Arch. int. Pharmacodynam. Thérap. **100.** 457—64. 1/1. 1955. Liège, Belgien, Univ., Labor. de Pathol. et Clinique Méd.) G. KIMMERLE. 4569

G. M. C. Masson, F. Del Greco, A. C. Corcoran und **Irvine H. Page**, *Stoffwechsel- und pathologische Wirkungen von Renin bei nephrektomierten Ratten.* Es wird gezeigt, daß nach subcutaner Injektion von 21 E. *Renin* bei nephrektomierten Ratten die entstehenden Symptome nicht von der Flüssigkeitsaufnahme abhängen. In beiden Fällen kommt es zu Pleuraergüssen u. zu Ascites, Verkürzung der Blutungszeit, Zunahme der Harnstoffkonz. im Serum u. der Osmolarität u. zu keinen Gefäßveränderungen. Werden uninephrektomierte Ratten mit Desoxycorticosteron u. NaCl vorbehandelt, so bewirkt Renin akute Gefäßschäden. Somit ist bewiesen, daß zur gefäßschädigenden Wrkg. von Renin bei Ratten Nierengewebe vorhanden sein muß. Dieses braucht bei Hunden nicht der Fall zu sein. (Amer. J. med. Sci. **231.** 198—203. Febr. 1956. Cleveland, Ohio, Cleveland Clinic Foundation Res. Div. and Frank E. Bunts Educational Inst.) G. KIMMERLE. 4569

W. Ss. Assatiani, T. P. Pitschchaja und **A. K. Agejewa** (unter Mitarbeit von **O. W. Kekelidse** und **T. W. Pruidse**), *Einige Kennzahlen der Blutzusammensetzung bei niederen Affen.* Die Unters. des Blutes von 12 Affen (Macacus rhesus) im Alter von 2—4 Jahren u. 10 gesunden Versuchspersonen im Alter von 19—25 Jahren ergab folgendes (die Zahlen für den Menschen in Klammern): *Albumin* 62,3 (64,3)%, *α_1-Globuline* 3,6 (5,4)%, *α_2-Globuline* 4,1 (6,6)%, *β-Globuline* 12,1 (9,7)%, *γ-Globuline* 17,8 (13,8)%; an Protein gebundene *Hexose* im Blutserum 78—109 (104—143) mg%, an Protein gebundenes *Hexosamin* 63—102 (78—106) mg%, *Neuraminsäure* 73—101 (56—71) mg%, *Seromucoide* (Mucoproteide) in Form von Hexose 14—31 (9—15) mg%; *Amylase* 55—280 (85—195) E., *Aldolase* 1,8—16,2 (3,0—8,0) E., *alkal. Phosphatase* 2,5—20,3 (1,6—4,8) E., *Carboanhydrase* 2,2—2,9 (2,3—2,8) E.; *Ca* (im Vollblut) 9—13,2 (9—11) mg%, *Fe* 29 bis 48 (49—56) mg%, *Cu* 57—92 (77—106) γ% u. in den Erythrocyten 49—77 (32—111) γ%, *Zn* im Blutserum 0,36 (0,21) mg% u. in den Erythrocyten 0—88 (0—144) mg%, *Si* im Blut 51—64 (49—56) γ%, im Plasma 20—26 (15—26) γ%, *J* im Blut 4,4—8,3 (6,0—8,5) γ%, *nichtprotein. S* im Plasma 5,6—8,1 (7,7) mg%, *anorgan. S* 4,8—6,2 (2,8) mg%, *organ. S* 1,4—2,3 (1,9) mg%, gesamter *oxyd. S.* 4,3—7,1 (5,8) mg%; *Harnstoff* im Blut 8,9 bis 14,6 (10,2—15,3) mg% des N, *Kreatinin* 0,9—2,3 (0,45—0,72) mg% des N, *Harnsäure* 0,28—0,65 (0,75—1,2) mg% des N, *Aminosäuren* 5,9—8,3 (5,8—7,9) mg% des N, *Glutathion* (red.) 8,0—19,4 (21,0—28,5) mg%, *Ergothionein* 0,0 (2,1—3,8) mg%. (Бюллетень Экспериментальной Биологии и Медицины [Bull. exp. Biol. Med.] **47(24).** Nr. 2. 69—73. Febr. 1959. Tbilissi, Med. Inst.) E. RENTZ. 4572

M. Delannay, *Die Papierelektrophorese von Hämoglobinen.* Eine einfache Meth. zur papierelektrophoret. Trennung von Hämoglobinen in Veronalpuffer, p_H 8,6, 0,02 mol., 300 V wird beschrieben. (Ann. Soc. belge Méd. trop. **38.** 1091—97. 31/12. 1958.) F. RADLER. 4572

Takakata Matsubara und **Masaomi Sawada,** *Untersuchungen über die spektrophotometrische Bestimmung von Hämoglobin, besonders über den molekularen Extinktionskoeffizienten und das Absorptionsverhältnis.* Im Blut von Gesunden u. Personen mit Anämien verschied. Ätiologie wurde *Oxyhämoglobin* (I) gelöst in 0,01% ig. Na_2CO_3-Lsg., *Cyanmethämoglobin* (II) gelöst in 0,03% roter Blutlaugensalz- u. 0,02% ig. KCN-Lsg. u. *Kohlenoxydhämoglobin* (III), gelöst in 0,01% ig. Na_2CO_3-Lsg., spektrophotometriert. Im Blut von 25 Gesunden betrugen das Mittel des HÜFNER-Quotienten ($E_{541\,m\mu}$ I/$E_{560\,m\mu}$ I) 1,654, das Mittel des Quotienten $E_{541\,m\mu}$ I/$E_{541\,m\mu}$ II 1,273, das Mittel des Quotienten $E_{560\,m\mu}$ I/$E_{541\,m\mu}$ II 0,771, u. das Mittel des Quotienten $E_{540\,m\mu}$ III/$E_{541\,m\mu}$ II 1,252. $E_{1\,cm}^{mMol}$ (Extinktionskoeff.) u. $1/E_{1\,cm}^{g/100\,cm^3}$ (das Absorptionsverhältnis) betrugen für II 10,98 bzw. 0,1523, für I maximal 13,98 bzw. 0,1196, für I minimal 8,47 bzw. 0,1975 u. für III 13,75 bzw. 0,1216. Bei einigen Anämikern war der HÜFNER-Quotient etwas niedriger, besserte sich aber während der Therapie. (Med. and Biol. [Tokyo] **49.** 177—81. 5/12. 1958. Kumamoto Daigaku, Igaku-Bu, Kawakita Naikagaku-Kyōshitsu. [Orig.: japan.])
F. MOSSNER. 4572

Sadataka Tasaka, Akira Nakajima, Heikichi Kamiya, Hiromichi Nakajima und **Tatsuya Ōhashi,** *Über die Durchlässigkeit der Erythrocytenmembran für Na bei Verwendung von ^{24}Na. 3. Mitt. Über die Durchlässigkeit von Erythrocyten gesunder Kaninchen für Na und über den Einfluß verschiedener Medikamente hierauf.* Bei Kaninchen, die intravenös 200—800 μC ^{24}NaCl in 5% ig. Glucose- oder frischer Salzwasserlsg. erhalten hatten, wurde bis zu 24 Std. die Durchlässigkeit der Erythrocyten für Na beobachtet. Diese ist sehr gering, ca. $^1/_7$ der von Hundeerythrocyten. Schneller als bei Hunden wird auch das Gleichgewicht zwischen Na innerhalb u. außerhalb der Erythrocyten erreicht (3—4 Std.). — Als Fiebermittel wurden 5—20 γ *TTG* (I; nichttox. Pyrogen aus Pseudomonas fluorescens) oder 0,5 cm^3 *Typhusvaccin* (II) intravenös verabfolgt. Während I im Fieber die Durchlässigkeit für Na nicht verändert, wird diese durch II wie auch beim Hund gehemmt. — 25 mg intramuskulär verabfolgtes *Chlorpromazin* verursachte hinsichtlich der Na-Durchlässigkeit keine so deutlichen Veränderungen wie bei Hunden, doch innerhalb von 4—6 Std. machte sich wie bei Hunden eine Tendenz zur Steigerung der Durchlässigkeit bemerkbar. — Während 5 mg intramuskulär verabfolgtes *adrenocorticotropes Hormon* keinen besonderen Einfl. auf die Na-Durchlässigkeit hat, wird diese durch 25 mg intramuskulär gegebenes *Prednisolon* herabgesetzt. (Med. and Biol. [Tokyo] **49.** 193—97. 5/12. 1958. Tōkyō Daigaku, Igaku-Bu, Tasaka Naikagaku-Kyōshitsu. [Orig.: japan.])
F. MOSSNER. 4573

G. Astaldi, G. Meardi, J. Karanovic und **M. G. Robbiani,** *Schutzwirkung von Kobalt auf die in vitro incubierten Erythrocyten.* Die Unterss. werden am Blut n. Personen mit einem Na–Co-Saccharat–Gluconat-Komplex (NATTERMANN, Köln; Co-Konzz. 3 u. 30 μg/ml) durchgeführt. Während bei Incubationsbeginn 18,7 mg Hämoglobin/100 ml vorhanden war, waren es bei 3 μg Co 417, bei 30 μg Co 106 u. bei den Kontrollproben 598 mg/ml nach 6 Tagen. Daraus ergibt sich, daß die Co-Verb. eine gute Schutzwrkg. gegen den Hämoglobinverlust der incubierten Erythrocyten ausübt. (Boll. Soc. ital. Biol. sperim. **33.** 1439—42. Okt./Nov. 1957. Tortona, Ospedale, Blood Res. Foundat. Center.)
O. POLLAK V. EMHOFEN. 4573

J. M. Neelin und **G. E. Connell,** *Zonenelektrophorese von Kükenerythrocytenhiston in Stärkegel.* Das mit HCl bei p_H 1,7 aus isolierten Kükenerythrocytennuclei extrahierte *Histon* (I) wurde einer Elektrophorese (6 Std. bei 3,2 V/cm u. 3,5 mA/cm) in Stärkegel bei p_H 4,1 bzw. 4,9, Ionenstärke 0,02, unterworfen u. die Pherogramme mit Amidoschwarz bzw. Nigrosin angefärbt. Hierdurch konnten 16 kathod. wandernde Fraktionen sichtbar gemacht werden. Die durch Kationenaustauscherchromatographie erhaltenen I-Fraktionen wurden ebenfalls elektrophoret. untersucht, wobei jeweils spezif. Banden erhalten wurden, die mit den im Gesamt-I auftretenden verglichen wurden. Die Beweglichkeit der Fraktionen u. die Auftrennung werden vom p_H-Wert, der Ionenstärke, dem Anion der Pufferlsg. u. der Proteinkonz. beeinflußt. (Biochim. biophysica Acta [Amsterdam] **31.** 539—41. Febr. 1959. Toronto, Ontario, Canada, Univ., Dep. of Biochem.)
E. SCHWERDTFEGER. 4573

Shigeaki Baba, Masato Izumi und **Yoshiaki Kobashi,** *Die verbesserte Methode der Peroxydasereaktion mit o-Tolidin oder o-Dianisidin für Blutzellen.* Als einfache Meth. [zur Darst. der Granula in Myelocyten wird die *Peroxydase*-Meth. mit *o-Tolidin* (I) oder *o-Dianisidin* (II) empfohlen. Danach werden 10 Tropfen des I-Reagens (0,4 mol. I in 80% ig. Methanol + 0,01 mol. 30% ig. H_2O_2) auf den Blutausstrich getropft u. 30 Sek. luftdicht gelassen, sodann 30 Tropfen W. zugeben, Vermischen, Abwaschen u. Trocknen; Färbung erfolgt mit *Giemsa* (2 Tropfen /ml W.). Die Peroxydasegranula ist durch orangegelbe bis braune Färbung gekennzeichnet. Gegenüber der Peroxydase-Rk. mit Benzidin erwies sich die I-Meth. als überlegen bei der Klassifizierung verschied. Leukocytentypen (positiv sind Myelocyten verschied. Reifungsgrade u. Neutrophile, während bei Myeloblasten nur randständige Granula auftritt, u. Monocyten sowie Lymphocyten u. rote Zellen aller Stadien einschließlich Thrombocyten negativ sind); die Ausführung der Rk. mit II ist derjenigen mit I etwas unterlegen. (Jap. Arch. intern. Med. **6.** 378—83. 1959. Kobe, Med. Coll., Dep. of Int. Med., Div. II. [Orig.: japan.; Auszug: engl.]) U. TAUSENDFREUND. 4573

H. von Elmendorff und **P. P. Koelzer,** *Studien über die Beeinflussung experimentell erzeugter Panmyelophthisen.* 2. Mitt. *Medikamentöse Beeinflussung.* Die durch tägliche Injektion von 30 mg *Trimethylolmelamin* (I) bei Ratten erzielbare Knochenmarkschädigung (Panmyelophthise) kann, falls sie nicht bereits optimal ist, durch tägliche Gaben von 0,25 mg *Megaphen* (*Chlorpromazin*; II) verstärkt werden, bzw. es läßt sich eine derartige Knochenmarkschädigung durch II bei an sich unterschwelligen I-Dosen, welche von sich aus keine Knochenmarkschädigung bewirken, hervorrufen, obwohl II allein gegeben, zu einer Vermehrung der Erythrocyten ohne Veränderung der anderen Knochenmarkzellen führt. Die II-Wrkg. läßt sich durch die moderne Konzeption der Leukocytose erklären, wonach über Splanchnicusnerven in der Leber ein die Leukocytose provozierender Faktor ausgeschüttet wird; die Ausschüttung dieses Faktors wird verhindert, wenn durch II die Umschaltganglien blockiert werden, so daß nun die unterschwellige I-Dosis wirksam werden kann, da die Regenerationsfähigkeit des Knochenmarks ausbleibt. Durch *Cortison* (0,5 mg täglich über 15 Tage) u. *ACTH* (1 I.E. täglich für 10 Tage) konnte die durch I verursachte Knochenmarkschädigung nicht beeinflußt werden, was erklärlich ist, da es sich um einen cytotox. Vorgang ohne Umweg über die Antigen–Antikörper-Rkk. handelt. Ebenfalls wirkungslos blieben *Wachstumshormon* (½ I.E. täglich für 15 Tage), *Cyren* (*B* 0,1 mg täglich für 10 Tage) *Pentnucleotid* (III; 10mal 1/4 ml *Nukleotrat*; NORDMARK/100 g), *Folsäure* (IV; 0,1 mg/100 g täglich), *Rubrocyt* (insgesamt 80 Tabletten) u. *Asparaginsäure* (V; insgesamt 30 g d-l-V), wenn III u. IV auch zu einer kurzfristigen Besserung des roten Blutbildes führten u. V die Erythrocytenzahl nicht so weit wie in den Kontrollverss. absinken ließ. *Sarvinal* (Leber–Lungen–Milz-Extrakt; BAYER, 1,0 mg/100 g täglich) ließ vorübergehend die Leukocytenzahl ansteigen. Die beste u. deutlichste Regenerationswrkg. zeigte ein *Leberhydrolysat* (*Prohepar*; NORDMARK 1 ml), das zur Besserung des roten Blutbildes u. zum Anstieg der Leukocytenzahl führte. (Z. ges. exp. Med. **131.** 10—21. 1959. Düsseldorf, Med. Akad., Chirurg. Klinik; Arbeitsgemeinschaft für Chemotherapie.) U. TAUSENDFREUND. 4573

J. C. Aull und **William M. McCord,** *Ein einfaches schnelles Verfahren zur Bestimmung von Albumin, α-, β- und γ-Globulin im Serum.* Es wird zur Best. von α-, β- u. *γ-Globulin* u. von *Albumin* im Serum ein einfaches Verf. beschrieben, wobei die einzelnen Stoffe durch Messung der Trübung nach Zusatz von verschied. Konzz. an Phosphatlsgg. bestimmt werden können. Es besteht eine gute Übereinstimmung der Ergebnisse dieser Meth. mit denjenigen, die mit der Meth. von WOLFSON, CALVERY u. ICHIBA (Amer. J. clin. Pathol. **18.** [1948.] 723) gefunden werden. (J. Lab. clin. Med. **46.** 476—83. Sept. 1955. Charleston, S. C., Med. Coll., Dep. of Chem.) G. KIMMERLE. 4574

Takaoki Muyaji, *Ein Vergleich der Serumcholesterinwerte nach der direkten Bestimmungsmethode und dem Extraktionsverfahren.* Bei 31 Tuberkulösen wurde der Geh. an Gesamt-*Cholesterin* (I) im Serum direkt [colorimetr. nach SHIBATA durch Zugabe von KILIANI-Reagens zu enteiweißtem (Eisessig) u. filtriertem Blutserum] u. nach Extraktion mit einem organ. Lösungsm. das I-Esterverhältnis bestimmt. Die nach beiden Methoden für Gesamt-I erhaltenen Werte wichen nicht mehr als ± 20 mg/100 cm^3 ab. Die direkte Meth. ist einfacher. (Med. and Biol. [Tokyo] **51.** 157—59. 20/5. 1959. Matsue, Kokuritsu Shimane Ryōyōsho. [Orig.: japan.]) F. MOSSNER. 4574

J. R. Myhre, *Der Unterschied des Glucosegehaltes des Lebervenenblutes und des arteriellen Blutes bei Grundumsatzbedingungen.* Quantitative *Glucose* (I)-Stoffwechselbestimmungen auf der Gundlage der I-Differenz im Lebervenen- u. arteriellen Blut erfordern wegen der Fluktuation der Ergebnisse bei ein u. derselben Versuchsperson eine genügende Anzahl von Beobachtungen. An Hand von 218 Beobachtungen an 20 Personen (Anthronemeth.) konnte ein mittlerer I-Geh. im Lebervenenblut von $98,3 \pm 0,9$ mg% u. ein I-Geh. im arterillen Blut von $90,2 \pm 0,8$ mg% mit einer mittleren Differenz von $8,1 \pm 0,5$ mg% ermittelt werden. (Scand. J. clin. Lab. Invest. **11.** 10—17. 1959. Bergen, Norwegen, Univ. Hosp., Med. Dep. A.) U. TAUSENDFREUND. 4574

W. M. Chramow, *Bestimmung der Polysaccharide im Blutserum von Rheumakranken.* Mittels der Meth. der fermentativen Hydrolyse wird bei 15 gesunden Versuchspersonen ein *Polysaccharid* (I)-Geh. des Blutserums zwischen 199 u. 252 mg% festgestellt. Demgegenüber fand sich bei der überwiegenden Mehrzahl der beobachteten 59 Rheumakranken in der akt. Phase u. bei subakuter sept. Endocarditis ein erhöhter

I-Spiegel (260—400 mg% u. mehr), was von diagnost. Bedeutung sein kann. Unter der antirheumat. Behandlung nimmt bei Besserung des Zustandes der Kranken der I-Geh. des Blutserums allmählich ab. (Клиническая Медицина [Klin. Med.] **37** (**40**). Nr. 5. 48—50. Mai 1959. Odessa, Med. Pirogow-Inst., Lehrstuhl für Propädeutik inn. Krankh.; Lehrstuhl für Biochem.) E. RENTZ. 4574

T. M. Trofimowa, *Die Dynamik der Eiweißfraktionen des Blutserums bei Rheumatismus.* 389 Unterss. an 77 Rheumakranken ergaben vor der Behandlung bei 65 Patienten eine Abnahme der *Albumine* (I), bei 38 eine Zunahme der α_1-*Globuline* (II) u. α_2-*Globuline* (III), bei 33 Patienten eine Zunahme der β-*Globuline* (IV) u. bei 45 eine Zunahme der γ-*Globuline* (V). Der Geh. an *Gesamtprotein* (VI) war bei 60 Kranken n., bei 10 erhöht, bei 7 herabgesetzt. Der niedrigste I-Spiegel u. höchste II-, III- u. V-Spiegel fand sich bei Patienten mit exsudativen Rkk., rheumat. Pneumonie u. Nierenerkrankungen u. bei wiederholten Rheumaattacken, ferner bei Patienten mit Rheumocarditis u. Kreislaufstörungen 2. u. 3. Grades. Unter der antirheumat. Behandlung sinkt der II- u. III-Geh. allmählich zur Norm ab; der I-Geh. nimmt zu, ohne stets die n. Höhe zu erreichen; der V-Geh. sinkt wesentlich langsamer ab. Bei 7 von 24 Patienten mit rheumat. Herzfehlern u. Dekompensation 2. u. 3. Grades war der VI-Geh. herabgesetzt, bei sämtlichen 24 Patienten der I-Geh. herabgesetzt u. der V-Geh. erhöht, bei der Hälfte der Patienten der IV-Geh. erhöht. (Клиническая Медицина [Klin. Med.] **37** (**40**). Nr. 5. 45—48. Mai 1959. Moskau, 1. med. Ssetschenow-Inst., Propädeut. Therapeut. Klinik.) E. RENTZ. 4574

A. I. Worobjewa, *Bestimmung des Fibrins bei Rheumatismus.* Bei 20 gesunden Versuchspersonen u. 16 Kranken mit unkomplizierter chron. Tonsillitis lag der *Fibrin* (I)-Geh. des Blutplasmas zwischen 6 u. 11 mg/ml (nur bei 1 Tonsillitiskranken bei 13 mg/ml). Bei 54 von 78 Patienten mit akt. rheumat. Prozessen war der I-Geh. erhöht, bei den übrigen normal. Den höchsten Mittelwert von 18,6 mg/ml (9—48 mg/ml) fand man bei Kranken mit rheumat. Polyarthritiden. Bei 42 von 66 Patienten mit rheumat. Herzfehlern ohne klin. Zeichen eines akt. rheumat. Prozesses war der I-Geh. des Blutplasmas n., bei den übrigen erhöht. Unter der antirheumat. Behandlung kommt es zu einer Normalisierung des I-Gehaltes. Bei Kreislaufinsuffizienz kann der I-Geh. selbst bei Fehlen eines akt. rheumat. Prozesses erhöht sein, zum Unterschied vom C-reaktiven Protein, auf welches die Kreislaufinsuffizienz ohne Einfl. ist. (Клиническая Медицина [Klin. Med.] **37** (**40**). Nr. 5. 50—53. Mai 1959. Moskau, Therapeut. Inst. der Akad. der med. Wiss. der UdSSR). E. RENTZ. 4574

Wan Tschi, *Änderungen des Prothrombin- und Fibrinogenspiegels im Blut von Atherosklerosekranken bei ihrer Behandlung mit Ascorbinsäure, Cholin und Jodpräparaten.* 71 Patienten mit Atherosklerose, Hypertonie oder Störungen des Cholesterinstoffwechsels erhielten 1—10 Tage lang täglich 0,3—1 g *Ascorbinsäure* intravenös oder 3mal täglich 0,5 g per os; 38 Patienten erhielten 10 Tage lang täglich 5 g *Cholinchlorid* per os, 16 Patienten 10 Tage lang 3mal täglich 12 Tropfen 10%ig. *Jodtinktur* in Milch per os, 14 Patienten 1mal 20—40 ml 40%ig. *Glucose*-Lsg. intravenös u. 10 Patienten 1mal 0,3—0,5 ml 0,05%ig. *Strophanthin* (I)-Lsg. intravenös. In sämtlichen Fällen ließ sich eine strenge Gesetzmäßigkeit in den Veränderungen des *Prothrombin* (II)- u. *Fibrinogen*-Blutspiegels nicht feststellen. Der II-Spiegel sank bei der Mehrzahl der Patienten etwas ab oder blieb unbeeinflußt. Nur bei 6 von den Patienten, welche I erhielten, war er während der ersten 2 Std. nach der Injektion erhöht. (Клиническая Медицина [Klin. Med.] **37** (**40**). Nr. 5. 129—32. Mai 1959. Moskau, 1. med. Ssetschenow-Inst., Therapeut. Fak., Lehrstuhl für hospit. Therapie.) E. RENTZ. 4574

H. Gastpar, **A. Walcher**, **N. Goossens** und **W. Seitz**, *Über die Antithrombinwirkung des Heparins unter dem Einfluß aktivierender und hemmender Faktoren.* Der *Heparin-Co-Faktor* (I; ein Plasmaprotein) wird bei der Gerinnung nicht zerstört, seine Konz. im Serum ist groß (auch bei Verdünnung 1:32 besteht noch eine Aktivität), u. er wird erst nach 30 Min. bei 58° zerstört. Widersprechende Ergebnisse über die I-Wrkg. lassen sich durch Überdeckung von I durch einen *Heparininhibitor* (vermutlich den Thrombocytenzerfallstoff *Thrombocytenfaktor 4*) erklären. Dieser ist bei 58° für 30 Min. thermostabil, seine Konz. ist geringer, seine Affinität zu Heparin jedoch größer als die von I. (Z. ges. exp. Med. **131**. 67—76. 1959. München, Univ., Med. Poliklinik; Hals-Nasen-Ohren-Klinik.) U. TAUSENDFREUND. 4574

W. Awe und **K. D. Stüdemann**, *Untersuchungen auf dem Heparingebiet.* (Vgl. C. **1959**. 2897, 5871.) Angaben der Kennwerte von Heparin: Polarisation, UV-Spektr., Papierchromatographie, metachromat. Verfärbung, Protamintitration. (Pharmac. Weekbl. **92**. 995—98. 28/12. 1957. Braunschweig, TH, Inst. für angewandte Pharmazie. [Orig.: deutsch].) W. WESLY. 4574

P. Blonde, *Heparin und die physikalisch-chemischen Verfahren zu seiner Prüfung.* Übersicht über die Verff. zur Darst. u. Reinigung von Heparin (-Derivv.), seine Eigg. u. die physikal.-chem. Verff. zu seiner Prüfung. (Pharmac. Weekbl. **92.** 972–81. 28/12. 1957. Paris, Labors. Fournier. [Orig.: französ.]) W. WESLY. 4574

Y. Bounameaux, *Hemmung der hämostatischen Wirkung des Histamins und seiner Wirkung auf die Haftfähigkeit der Blutplättchen beim mit Cortison behandelten Kaninchen.* Mittels der Technik von WRIGHT (J. Pathol. Bacteriol. **53.** [1941.] 255) wird bei Blutplättchen von n. u. mit *Cortison* vorbehandelten Kaninchen in vitro beobachtet, daß die durch *Histamin*-Zusatz normalerweise verbesserte Haftfähigkeit der Plättchen u. verminderte Blutgerinnungszeit bei den mit Cortison vorbehandelten Tieren nicht mehr zustande kommt. Der Zusammenhang zwischen Histamin u. Nebennierenrindenhormonen bzgl. der Hämostase wird diskutiert. (Arch. int. Pharmacodynam. Thérap. **100.** 436–40. 1/1. 1955. Liège, Belgien, Univ., Inst. de Clin. et de Pathol. méd.) G. KIMMERLE. 4574

K. Grette, *Die Freisetzung von 5-Hydroxytryptamin (Serotonin) aus den Blutplättchen beim Gerinnungsprozeß.* Es konnte nachgewiesen werden, daß die Freisetzung des *5-Hydroxytryptamins* (I) aus den Thrombocyten durch Einw. von *Thrombin* (II) auf die Blutplättchen zustandekommt. Andere Faktoren sind offensichtlich nicht beteiligt, da die Fähigkeit zur I-Freisetzung durch verschied. Gerinnungssysteme von der Ggw. einer II-Aktivität abhängig ist, u. Antithrombinwrkg. in gleichem Maß die I-Freisetzung verringert wie sie zu einer II-Inaktivierung führt. Bei Gerinnung in plättchenreichem Plasma beginnt die I-Freisetzung beim Beginn des Gerinnungsprozesses. Es wird angenommen, daß es sich bei dem entsprechenden Substrat für II um ein an der Plättchenoberfläche sitzendes Protein handelt. (Scand. J. clin. Lab. Invest. **11.** 50–56. 1959. Oslo, Univ., Inst. of Med. Biochem. and Physiol.) U. TAUSENDFREUND. 4574

René Schubert und **Hermann Werner,** *Normalausscheidung von Periston N bei Anwendung eines neuen Kollidonnachweises.* Als Verbesserung des bisherigen Nachw. des in *Periston N* enthaltenen Polyvinylpyrrolidons *Kollidon* (I; Mol.-Gew. 12600) mittels photometr. Best. nach einer Jod–I-Rk. kann folgendes Verf. gelten, bei dem nach Bldg. der J-Komplexverb. durch HCl-Fällung das überschüssige J vom J–I-Komplex getrennt werden kann: 1 ml Serum wird mit 2 ml W. u. 1 ml 10%ig. $CuSO_4$-Lsg. oder 2 ml Urin werden mit 2 ml 0,5mol. Citronensäure u. 4 ml W. versetzt; 1–2 Min. in kochendes W. stellen, 1 ml 10,61%ig. $K_4Fe(CN)_6$-Lsg. zugeben u. abkühlen; nach Umschütteln wird 5 Min. bei 2000 U/Min. zentrifugiert; vom Überstand 1–2 ml in ein Zentrifugenglas (von ca. 14 ml Fassungsvermögen), 5 ml eines KJ–J_2-Reagens (0,08mol. KJ + 0,01mol. J_2) zugeben, 5 ml 10%ig. HCl eintropfen lassen, 10 Min. zentrifugieren bei 3000 U/Min., Sediment in Methanol lösen u. im Meßkolben bis 10 ml auffüllen. Ablesung im PULFRICH-Photometer in 10 mm-Küvette mit Filter S 45; Genauigkeit ±7%. Bei einer kontinuierlichen I-Best. in Serum u. Urin wurde nachgewiesen, daß I innerhalb 1 Std. zu 51% im Urin ausgeschieden wird bei gleichzeitigem Abfall der Serum-I-Konz. von 106 auf 35 mg%. (Z. ges. exp. Med. **131.** 90–99. 1959. Tübingen, Univ., Med. Klinik u. Poliklinik.) U. TAUSENDFREUND. 4576

W. v. Studnitz und **A. Hanson,** *Bestimmung der 3-Methoxy-4-hydroxymandelsäure im Urin durch Hochspannungselektrophorese.* Da Adrenalin u. Noradrenalin durch Orthomethylierung, Desaminierung u. Oxydation in *3-Methoxy-4-hydroxymandelsäure* (I) übergehen, kann die Best. von I zu deren Nachw. herangezogen werden. Aus Urinkonzentraten läßt sich I durch Hochspannungselektrophorese (55 V/cm) innerhalb 3 Std. abtrennen u. bei 520 mμ im BECKMAN-Spektrophotometer in 5 ml-Küvetten gegen W. bestimmen. Mit dieser einfachen Meth. konnte bei 17 gesunden Personen eine Ausscheidung von 2,8 bis 7,5 μg I/mg Kreatinin festgestellt werden; nach Insulinverabreichung stieg die I-Ausscheidung an. (Scand. J. clin. Lab. Invest. **11.** 101–05. 1959. Malmö, Gen. Hosp., Dep. of Clin. Chem.) U. TAUSENDFREUND. 4577

Naohide Kumagai und **Kazuo Kamada,** *Ein neues serologisches Verfahren zur Bestimmung von γ-Globulin im Liquor cerebrospinalis mit Hilfe von Tanninsäure behandelten Erythrocyten.* (Vorl. Bericht.) Mit Liquor cerebrospinalis (bei -30^0 aufbewahrt) als Antigenlsg. läßt sich sein *γ-Globulin* (I)-Geh. dadurch bestimmen, daß der durch ihn bewirkte Hämagglutinationshemmungstiter mit dem einer Standardlsg. von Menschenserum-I bekannter Konz. (16 mg/100 cm^3) verglichen wird. Benutzt werden hierbei 5%ig. Suspensionen von Hammelbluterythrocyten, gewaschen mit NaCl, behandelt mit *Tanninsäure* (1:40000) in Salzlsg., p_H 7,2, u. sensibilisiert mit Menschenserum-I (2,5 mg/cm^3). In einigen Fällen von tuberkulöser Meningitis spinalis betrug der I-Geh. 32–64 mg/100 cm^3, während in einem Fall von Virusmeningitis nur 4 mg I/100 cm^3

gefunden wurden. Die Antigenlsgg. wurden verd. im Verhältnis 1:4—1:2048. (Med. and Biol. [Tokyo] **51.** 144—48. 20/5. 1959. Tōkyō Daigaku, Bunin Naika. [Orig.: japan.]) F. MOSSNER. 4578

Abraham Saifer und **Harold A. Siegel,** *Die photometrische Bestimmung der Verteilung der Sialsäure (N-Acetylneuraminsäure) in Cerebrospinalflüssigkeit.* Es wird eine Meth. zur Best. der *Gesamtsialsäure* (I), der *proteingebundenen* (II) u. der *freien* (III) mit Hilfe der Diphenylamin-Rk. in Cerebrospinal-Fl. entwickelt. Die Trennung zwischen II u. III wird durch Alkoholfällung bei erhöhter Temp. (30 Min. bei 65°) erreicht. Bei 42 Patienten mit neurolog. Erkrankungen liegt die Sialsäure bis zu 80% in freier Form vor. (J. Lab. clin. Med. **53.** 474—83. März 1959. Brooklyn N. Y., Jewish Chronic Diseas. Hosp., Biochem. Dep.) H. STRUCK. 4578

J. Immers, *Glucosaminstoffwechsel während der frühen Entwicklung des Seeigeleis.* Der *Glucosamin*-Geh. (I) wurde chromatograph. in verschied. Entwicklungsstadien des Seeigels *Paracentrotus lividus, Arbacia lixula* u. *Echinus esculentus* bestimmt. Es wurde festgestellt, daß im Verlauf der Entw. eine Abnahme des I-Geh. zu verzeichnen ist, welcher mit einem Anstieg mit dem Gesamteiweiß des Embryos parallel geht. Der Abfall geht nicht gleichmäßig, sondern fluktuierend vor sich, ein Wiederanstieg ist von einem Abbau der Dotterproteine begleitet. I dürfte danach — in Form eines Aminospenders oder Acceptors — für die Proteinsynth. eine Bedeutung haben. (Exp. Cell Res. **15.** 595—603. Dez. 1958. Stockholm, Univ., Wenner-Gren Inst. for Exp. Biol.) WOLFGANG ALBRECHT. 4583

Richard J. Block, *Die angenäherte Aminosäurezusammensetzung wilder und gezüchteter Forellen (Salvelinus fontinalis) und ihrer Hauptnahrung (Gammarus und Hexagenia bileneata).* Im Hinblick auf die optimale Ernährung der Bachforelle untersuchte Vf. die Aminosäurezus. der von Fischen aufgenommenen Insekten sowie wild lebender u. gezüchteter Forellen (Tabelle). Bemerkenswert erscheint vor allem, daß Insektenproteine größere Mengen Arginin u. Cystin u. kleinere Mengen Methionin, Threonin, Glycin u. Alanin enthalten als die Fischproteine. Hydroxyprolin war in den Insekten nicht nachweisbar, offenbar infolge des Fehlens von Kollagen. (Contr. Boyce Thompson Inst. **20.** 103—05. Jan./März 1959.) H. BREUER. 4585

P. S. Chassigow, *Einfluß des Cholins auf den Cholesterinumsatz bei hungernden Kaninchen.* In Verss. an Kaninchen, welche 5 Tage lang nur W. erhielten, wurde in 18 von 25 Fällen die sich dabei entwickelnde Hypercholesterinämie durch tägliche Verabreichung von *Cholinchlorid* (I; 0,5 g/kg in 10%ig. Lsg. per os) deutlich gehemmt u. die Resistenz des *Cholesterins* (II) im Blutplasma erhöht. Nach Fällung der Proteine des Plasmas verbleiben im Filtrat 24—69% der Gesamtmenge von **II**, ohne **I** nur 15 bis 27%. In der Blasengalle u. in der Leber nahm der **II**-Geh. zu (97,8 statt 68,1 bzw. 416 statt 359 mg%). Die Senkung der Hypercholesterinämie bei hungernden Kaninchen durch **I** erklärt sich durch eine Steigerung der Fähigkeit der Leber, das Blut-**II** zu retinieren u. aufzuspalten. (Бюллетень Экспериментальной Биологии и Медицины [Bull. exp. Biol. Med.] **47 (24).** Nr. 4. 61—65. April 1959. Leningrad, San.-Hyg. Med. Inst., Lehrstuhl für Biochem.) E. RENTZ. 4587

L. A. Tscherkess, *Das Problem der Cholininsuffizienz.* An Hand der Literatur (39 Literaturangaben) werden die experimentell-patholog. Befunde bei der *Cholin*-Insuffizienz dargelegt (Veränderungen der Nieren, des cardiovasculären App. u. der Leber) u. der Einfl. der Antibiotica auf dieselbe sowie die Beziehungen zwischen Cholininsuffizienz u. Tumorentw. besprochen. (Клиническая Медицина [Klin. Med.] **37 (40).** Nr. 6. 28—33. Juni 1959.) E. RENTZ. 4587

T. Kusch und **I. Heinrich,** *Beitrag zur Untersuchung einiger Aneurinabkömmlinge.* 1. Mitt. Aneurinanaloge wurden 19 u. 3 Std. vor der Dekapitierung in einer Gesamtdosis von 2 mg/100 g Ratten injiziert. Die aus den Lebern extrahierte Carboxylase wurde hitzeinaktiviert, mit Apocarboxylase aus Hefe kombiniert u. hierin die Carboxylaseaktivität in einer WARBURG-App. bestimmt. Die Verbb. wurden mit 2 Ausnahmen als Chloridhydrochloride angewandt u. die Aktivität auf Aneurin = 100% bezogen. — *2-Methyl-4-amino-5-[4'-methyl-5'-(β-hydroxyäthyl)-thiazolyl-(3')-methyl]-pyrimidin (Aneurin)*, 100%; — gleiche Verb. wie vorst. aber als *Rhodanidhydrogenrhodanid*, 74%; — *2-Äthyl-*, 10%; gleiche Verb. wie vorst. aber als *Rhodanidhydrogenrhodanid*, 25%; — *2-Methoxymethyl-*, 19%; — *2-[β-Äthoxyäthyl]-*, 20%; — *2-Phenoxymethyl-*, 5%; — *2-[α-Bromäthyl]-*, 8%. (Hoppe-Seyler's Z. physiol. Chem. **315.** 177—80. 6/8. 1959. Jena, VEB Jenapharm, Wiss. Labors.) P. LOCH. 4587

B. A. Owtschinnikow, *Der Einfluß von Vitamin B_1 auf den coronaren Blutkreislauf und den Kohlenhydratumsatz.* Bei 12 gesunden Versuchspersonen betrug der *Brenztraubensäure* (I)-Geh. des Blutes im Mittel 1,85 (0,96—2,4) mg% nach der Meth.

von CLIFT-COOK u. 1,06 (0,6—1,6) mg% nach der Meth. von LU. In Verss. an 131 Patienten mit Störungen des Coronarkreislaufes führte die Zufuhr von *Vitamin B_1* (**II**; 10—15 Tage lang täglich 30 mg intravenös) zu einer Besserung des Zustandes u. bei einigen zu einer Normalisierung der elektrocardiograph. Indices. Der **I**-Geh. des Blutes nahm in den Fällen, in welchen er erhöht war, unter der **II**-Behandlung ab. Ein erhöhter Geh. an **I** im Tagesharn fand sich häufiger als ein solcher im Blut u. wird als Frühsymptom einer Störung des Kohlenhydratumsatzes angesehen. Unter **II** kam es auch hier gesetzmäßig zu einer Abnahme von **I**. Eine geringe Menge von **II** im Harn bei gleichzeitig erhöhtem **I**-Geh. im Blut u. Harn weist auf die Entw. einer sek. **II**-Insuffizienz endogener Herkunft hin. Die Anwendung von **II** im Rahmen einer komplexen Therapie der cardiovasculären Erkrankungen ist zu empfehlen. (Клиническая Медицина [Klin. Med.] **37** (**40**). Nr. 6. 123—30. Juni 1959. Leningrad, Militärmed. Kirow-Akad., Lehrstuhl für hospit. Therapie u. Lehrstuhl für n. Physiol.) E. RENTZ. 4587

E. Paroli, *Die Wirkung von DOCA auf das Verhalten der Avitaminose B_1 bei der Taube.* Es wird der Einfl. von *DOCA* (einmalig 1 mg intramuskulär) auf die Symptome der Avitaminose von Tauben (elektroencephalograph. Veränderungen, Herzaktivität, Rectaltemp., Piruvämie) untersucht. Es zeigt sich, daß der teilweise Rückgang der Symptomatologie durch DOCA nur 1—3 Tage anhält, wonach weitere DOCA-Gaben unwirksam bleiben. Meist ist dies auch mit Thiamin oder Cocarboxylase der Fall, zumindest sind diese Vitamine bei mit DOCA behandelten Tieren viel unwirksamer. (Boll. Soc. ital. Biol. sperim. **33**. 1393—96. Okt./Nov. 1957. Rom, Univ., Ist. di Farmacol.) O. POLLAK V. EMHOFEN. 4587

G. La Grutta und **V. La Grutta**, *Wirkung einiger Vitamine auf die elektrische Aktivität der Hirnrinde normaler und beriberikranker Tauben.* Die lokale u. begrenzte Anwendung relativ geringer Konzz. von *Thiamin*, *Cocarboxylase* u. *Folsäure* (4 mg/ml) auf die Hirnrinde der n. Taube u. der mit Vitamin-B_1-Mangel führt zu einem Zustand der Hypersynchronisierung der bioelektr. Aktivität der Hirnrinde. Dagegen führen *Vitamin H_1* u. *B_6* nur in hohen Konzz. (100 mg/ml) zu geringen Veränderungen des Aussehens des Elektrocorticogramms. Bei n. Tauben sind selbst Konzz. von 50 mg *Vitamin B_2*, 100 mg *Vitamin PP* u. 25 mg/ml *Vitamin B_{12}* inaktiv. (Boll. Soc. ital. Biol. *Vitamin H_1* u. *B_6* nur in hohen Konzz. (100 mg/ml) zu geringen Veränderungen des Aussehens des Elektrocorticogramms. Bei n. Tauben sind selbst Konzz. von 50 gm *Vitamin B_2*, 100 mg *Vitamin PP* u. 25 mg *Vitamin B_{12}*/ml inaktiv. (Boll. Soc. ital. Biol. sperim. **33**. 1374—77. Okt./Nov. 1957. Palermo, Univ., Ist. di Fisiol. umana.) O. POLLAK V. EMHOFEN. 4587

K. I. Schirokowa und **Ss. A. Ssudakowa**, *Der Einfluß von Riboflavin auf die sekretorische Funktion des Magens.* Verss. an 25 Patienten mit Magengeschwüren u. 21 mit chron. Gastritiden ergaben, daß die Zufuhr von *Riboflavin* (**I**; einmal 40 mg intramuskulär oder 10 Tage lang täglich 10 mg intramuskulär oder 20 mg per os) u. der Grad der **I**-Sättigung des Organismus auf die sekretor. Funktion des Magens ohne Einfl. sind. (Клиническая Медицина [Klin. Med.] **37** (**40**). Nr. 6. 130—33. Juni 1959. Moskau, 1. Med. Ssetschenow-Inst., Propädeut. therapeut. Klinik.) E. RENTZ. 4587

G. Quadbeck und **G. D. Sartori**, *Über den Einfluß von Pyridoxin und Pyridoxal-5-phosphat auf den Thiosemicarbazidkrampf der Ratte.* Ratten eines Stammes mit hoher Anfälligkeit für audiogene Krämpfe erhielten 5 mg *Thiosemicarbazid* (**I**)/kg, das zu einem *Vitamin-B_6*-Mangelzustand führt u. dabei die Krampfbereitschaft steigert, u. *Pyridoxin-HCl* (*Benadon*; **II**) oder *Pyridoxal-5-phosphat* (**III**). **II** u. **III** hoben die Steigerung der Krampfbereitschaft durch **I** weitgehend auf. Eine durch *Isonicotinsäurehydrazid* (**IV**; 200 mg/kg) erhöhte Krampfbereitschaft ließ sich durch **II** u. **III** nicht beeinflussen. Der Mechanismus der Steigerung der Krampfanfälligkeit ist demnach für **I** u. **IV** wohl verschieden. (Naunyn-Schmiedebergs Arch. exp. Pathol. Pharmakol. **230**. 457—61. 15/6. 1957. Heidelberg, Max-Planck-Inst. für med. Forsch., Inst. für Chem.) K. RINTELEN. 4587

V. Ferrari, **E. Ginoulhiac** und **L. T. Tenkoni**, *Experimentelle Beobachtungen über die 5-Hydroxyindolderivate bei Pyridoxinmangel.* ♂ Ratten mit Pyridoxinmangel werden intraperitoneal 5 mg *5-Hydroxytryptamin* (als Kreatininsulfat, **I**)/kg bzw. oral 500 mg *L-Tryptophan* (**II**)/kg gegeben, u. es wird die Ausscheidung von *5-Hydroxyindolylessigsäure* (**III**) durch den Harn untersucht. In vivo scheint die Aminoxydaseaktivität in bezug auf **I** nicht beeinträchtigt zu sein, da die **III**-Werte im Harn prakt. denen bei Kontrolltieren entsprechen. Die **III**-Ausscheidung ist zwar nach **II**-Behandlung signifikant erhöht, doch ist dies in bezug auf die hohe **II**-Dosis unwesentlich. (Boll. Soc. ital. Biol. sperim. **33**. 1418—21. Okt./Nov. 1957. Mailand, Labor. della Direzione Med. Centr. della Lepetit S. p. A.) O. POLLAK V. EMHOFEN. 4587

Takio Yoshiyama, *Experimentelle und klinische Untersuchungen über den Nicotinsäurestoffwechsel im Knochenmark.* 3. Mitt. *Gesamtnicotinsäuregehalt des Blutes und verschiedener Organe, insbesondere des Knochenmarks von Kaninchen mit Knochenmarkhemmung und Experimente mit Nicotinsäureverabreichung.* (2. vgl. C. **1959.** 13544.) Der *Nicotinsäure* (I)-Geh. des Kaninchenknochenmarks beträgt durchschnittlich 20,1 γ/g. Im erythropoet. Erholungsstadium nach sek. Anämien u. Anämien nach Phenylhydrazinvergiftung oder Milzexstirpation steigt der I-Geh. des Knochenmarks an; bei Knochenmarkschädigungen durch Röntgenbestrahlung oder bei Saponin (II)-Vergiftung ist er jedoch erniedrigt. Ausreichende Zufuhr von I führt bei Blutungsanämien zu starkem Anstieg des Knochenmark-I-Geh. (mit gleichzeitig verringerter I-Ausscheidung im Urin), bei II-Vergiftung zu langsamerer I-Verarmung des Knochenmarks. (Jap. Arch. intern. Med. **5.** 717—27. 1958. Kyoto, Univ., Med. Fac., Med. Clinic. [Orig.: japan.; Auszug: engl.]) U. TAUSENDFREUND. 4587

Takio Yoshiyama, *Experimentelle und klinische Untersuchungen über den Nicotinsäurestoffwechsel im Knochenmark.* 4. Mitt. *Gesamtnicotinsäuregehalt des Blutes, der Erythrocyten und von Knochenmarkspunktaten normaler Personen und Patienten mit verschiedenen Blutkrankheiten und Experimente mit Nicotinsäurebelastungen.* (3. vgl. vorst. Ref.) Als durchschnittlichen Geh. an *Nicotinsäure* (I) von Gesamtblut, Erythrocyten, Plasma u. Knochenmarkspunktaten wurden 5,2, 11,4, 0,025 γ/ml bzw. 6,7 γ/g ermittelt. Im erythropoet. oder leukopoet. Erholungsstadium nach Anämien u. myeloischer Leukämie findet sich ein starker I-Anstieg im Knochenmark mit erhöhtem I-Bedarf der betreffenden Patienten. Bei aplast. Anämie mit Zellbildungs- oder Zellreifungshemmung besteht eine I-Verarmung des Knochenmarks, ohne daß ein erhöhter I-Bedarf nachweisbar ist. In drei Fällen von myelogener Leukämie war der I-Geh. peripherer Leukocyten höher als normal. Es ist anzunehmen, daß zwischen dem I-Stoffwechsel u. der Hämatopoese enge Beziehungen bestehen. (Jap. Arch. intern. Med. **5.** 728. 1958. Kyoto, Univ., Med. Fac., Med. Clinic. [Orig.: japan.; Auszug: engl.]) U. TAUSENDFREUND. 4587

M. C. Nath und **A. Saikia,** *Physiologische Bedeutung von Inosit, Vitamin B_{12} und Glucosecycloacetoacetat bei der cholesterin-induzierten Atherosklerose von Kaninchen. Inosit* (I), *Vitamin B_{12}* (II) u. hydrolysiertes wie nichthydrolysiertes *Glucosecycloacetoacetat* (*2-Tetrahydroxybutyl-5-methyl-4-carbäthoxyfuran*; III) hemmen in Serum sowie in Leber u. Niere Cholesterin (IV)-gefütterter Kaninchen (experimentelle Atherosklerose) den Anstieg von Gesamt-IV, verestertem IV u. des IV/Lipid-*P*-Verhältnisses, wobei der Effekt von hydrolysiertem III (1.2-Dienolglucose) am deutlichsten ist. In Leber u. Niere ist die Wrkg. beider III-Formen ausgeprägter als die von I u. II. I senkt den Phospholipidgeh. von Serum, Leber u. Niere IV-gefütterter Tiere; jedoch ist der Effekt kleiner als der von II u. hydrolysiertem III. Das bei Hyperlipämie u. Atherosklerose meist kleine Verhältnis von freiem IV/Gesamt-IV war bei Tieren, die eine IV-ergänzte Diät erhielten u. mit hydrolysiertem III behandelt wurden, ebenfalls hoch u. entsprach mehr oder weniger den n. Werten. I u. hydrolysiertes III erhöhen wie II den Methioningeh. der Leber. Die Körpergewichtszunahme war bei Tieren, die hydrolysiertes III erhielten, am größten. Die JZZ. des Leberfetts mit I, II u. III behandelten IV-gefütterten Tieren sind viel größer als die von Tieren auf IV-ergänzter Diät allein. (Arch. Biochem. Biophysics **79.** 216—23. Jan. 1959. Nagpur, India, Univ., Dep. of Biochem.) K. MAIER. 4587

George B. Jerzy Glass, Linn J. Boyd und **Leonhard Ebin** (unter techn. Mitarbeit von **Herman Schaffer** und **Gabriel Schwartz**), *Radioaktives Vitamin B_{12} in der Leber.* 1. Mitt. *Aufnahme von ^{60}Co-Vitamin B_{12} bei Leberschädigung durch die Leber.* 36 Patienten mit Leberkrankheiten wurde 0,5 γ radioakt. *^{60}Co-Vitamin B_{12}* (I) mit je 0,45 μC ^{60}Co oral gegeben u. die I-Aufnahme mit einem Scintillationszähler auf der Leberhaut verfolgt. In einigen Fällen wurde gleichzeitig *Intrinsic factor* gegeben oder die I-Aufnahme wurde auch mikrobiol. festgestellt. Die erhaltenen Werte werden in Impulsen pro Min. pro μC I angegeben. Bei 11 Patienten wurde eine ausgeprägte Verminderung der I-Aufnahme durch die kranke Leber beobachtet. Gleichzeitig erhöht sich der I-Geh. im Blutserum beträchtlich. (J. Lab. clin. Med. **52.** 849—59. Dez. 1958. New York, N. Y., Med. Coll., Flower and Fifth Avenue Hosp., Dep. of Med. and the Gastroenterol. Res. Labor.)
L. TRÄGER. 4587

George B. Jerzy Glass und **Walter L. Mersheimer** (unter techn. Mitarbeit von **Roger W. Laughton, Herman Schaffer** und **Gabriel Schwartz**), *Radioaktives Vitamin B_{12} in der Leber.* 2. Mitt. *Aufnahme, Lagerung und Abgabe von ^{60}Co-Vitamin B_{12} durch die Leber bei Hunden.* (1. vgl. vorst. Ref.) 8 Hunden wurden entweder intramuskulär oder oral 0,1, 0,15 oder 0,6 γ radioakt. *Vitamin B_{12}* (I) pro Pfund Lebendgewicht gegeben. Die I-Aufnahme wurde durch Scintillationszählung der Leberoberfläche gemessen u. in Impulsen pro Min. über dem Nullwert angegeben. Nach 7 Monaten wurden die Tiere

getötet u. die Radioaktivität in Niere, Pankreas, Milz, Lunge u. Dünndarm gemessen. Während der ersten 3 Wochen steigt die I-Aufnahme in der Leber bis zu einem Geh. von 24,7% der injizierten I-Dosis an. Die Messungen nach dem 23. Tag werden zur Errechnung der biol. Halbwertszeit von I in der Leber herangezogen, die danach als Funktion der injizierten I-Dosis zwischen 65 u. 113 Tagen variiert u. mit größeren I-Dosen anwächst. Nach oraler I-Gabe beträgt die biol. Halbwertszeit 40 Tage u. ist im Vgl. zu gleichgroßer I-Injektion wesentlich kürzer. Die injizierte I-Dosis, die gefundene Oberflächenradioaktivität der Leber u. die Gesamtradioaktivität der Leber verlaufen parallel. Die biol. Halbwertszeit von I ist in der menschlichen Leber länger. Der Anteil an radioakt. I, der in der Leber resorbiert wird, wächst bei kleinerer I-Dosis. Daher nimmt die Leber durch wiederholte Gabe kleiner I-Dosen mehr I auf, als bei Gabe einer einzigen großen I-Dosis. (J. Lab. clin. Med. **52.** 860—74. Dez. 1958.)
L. TRÄGER. 4587

George B. Jerzy Glass (unter techn. Mitarbeit von **Roger W. Laughton**), *Radioaktives Vitamin B_{12} in der Leber.* 3. Mitt. *Lagerung und Abgabe von ^{60}Co-Vitamin B_{12} durch die Leber bei perniciöser Anämie.* (2. vgl. vorst. Ref.) 8 Patienten mit perniciöser Anämie wurden 0,5—1 γ radioakt. *Vitamin B_{12}* (I) in einer Aktivität von 0,55 bis 1,1 μC ^{60}Co oral oder parenteral verabreicht u. die I-Resorptionsspitze in der Leber abgewartet (nach 7—14 Tagen). Die I-Aufnahme wird durch Scintillationszählung der Leberoberfläche verfolgt. Die durchschnittliche I-Abgabe aus der Leber wird durch wiederholte Radioaktivitätsmessung gemittelt. Die I-Abgabe ist eine annähernd lineare Funktion der Zeit u. beträgt ca. 5,5% monatlich, d. h. ca. 12,1 Monate biol. Halbwertszeit. Es konnte kein deutlicher Unterschied zwischen Patienten mit perniciöser Anämie u. den gesunden Kontrollen gefunden werden. (J. Lab. clin. Med. **52.** 875—82. Dez. 1958.)
L. TRÄGER. 4587

Anand G. Mulgaonkar und **A. Sreenivasan**, *Die Bindung von Vitamin B_{12} durch Rattenserumeiweißfraktionen.* (Vgl. Indian J. med. Res. **46.** [1958.] 690.) *Vitamin B_{12}* (I) liegt nach elektrophoret. Unterss. in n. Rattenserum vorwiegend in gebundener Form, fast ausschließlich assoziiert mit α_2-Globulin (α_2-II), vor. Bei steigenden I-Zusätzen in vitro (bis 1,5 γ/cm³) findet sich I hauptsächlich in der α_2- u. β-II-Fraktion, wobei gebundenes I auf die α_2-Fraktion beschränkt ist. Darüber hinaus zugesetztes I wandert im freien Zustand mit der γ-II-Fraktion. Die Best. von Gesamt- u. freiem I erfolgte mit *Euglena gracilis* als Testorganismus. (Arch. Biochem. Biophysics **80.** 22—25. Jan. 1959. Bombay, Univ., Dep. of Chem. Technol.)
K. MAIER. 4587

C. Milani, *Ausscheidung von Kobalt durch Darm und Nieren von Ratten mit Milchanämie nach Verabfolgung einiger Kobaltverbindungen.* (Vgl. C. **1959.** **3211.**) Ratten wird entsprechend 2 mg Co/kg Tier *Vitamin B_{12}* (I), *$CoSO_4$* u. ein *Co–Nuclein-Komplex* (II) intraperitoneal injiziert. In allen Fällen fällt das Maximum der Co-Ausscheidung auf die ersten 24 Std., wobei bei den anäm. Ratten gegenüber Kontrolltieren Co von I u. II verringert, $CoSO_4$ vermehrt durch die Nieren u., in viel geringerem %-Satz, Co von I vermehrt u. von II verringert (von $CoSO_4$ unverändert) durch den Darm ausgeschieden wird. (Boll. Soc. ital. Biol. sperim. **33.** 1365—68. Okt./Nov. 1957. Pavia, Univ., Ist. di Farmacol. e Terap. Speriment.)
O. POLLAK V. EMHOFEN. 4587

Marek Wawrzyniak, *Histophysiologische Untersuchungen über den Einfluß der Ascorbinsäure auf die Spermiogenese bei Hähnchen.* Nach Verabreichung verschieden hoher Dosen *Ascorbinsäure* (I) wird histolog. die Beeinflussung der Spermiogenese bei Hähnchen untersucht. Es kann dabei sowohl zu einer Förderung als auch zu einer Hemmung der Spermiogenese kommen. Eine Steigerung der Spermiogenese ergibt sich durch die intramuskuläre Injektion von 28 Dosen von 0,5 ml Vitamin C forte (50 mg I pro Dosis) alle 12 Stunden. Bei 35 Tage alten Hähnchen war diese Steigerung der Spermiogenese am deutlichsten. (Ann. Univ. Mariae Curie-Skłodowska, Sect. DD **11.** 1—56. 1956, herausg. 1958.)
G. KIMMERLE. 4587

Irena Maciąg, *Die Beständigkeit von Vitamin A in manchen Ölen. Vitamin A* (I)-Öl-Konzentrate mit 10000 I.E./ml verlieren, ohne Lichtzutritt aufbewahrt, 3—20% des Geh. in 3 Monaten, je nach der Qualität des Öles. In gereinigtem Öl ist I beständiger als in rohem Öl. Sojaöl ist vorteilhafter als Raps- oder Erdnußöl. Bes. starken Einfl. auf die Beständigkeit von I hat die Intensität der Belichtung. (Acta polon. pharmac. **15.** 447—56. 1958. Gdańsk, Akad. Med., Zakł. Chem. toksykolog. i sądowej.)
F. URBAN. 4587

W. F. Donath und **C. D. De Langen**, *Vitamin-D-Arteriosklerose und die Gefahr der Zufuhr von zusätzlichem Vitamin D an ältere Leute im Hinblick auf die Entwicklung verschiedener Arterioskleroseformen.* Nach Hinweisen auf bisherige Unterss. über die schädigende Wrkg. von *Vitamin D* (I) auf Aorta u. kleinere Arterien bei Versuchstieren berichten Vff. über eigene Unterss., bei denen sich ergab, daß I die Atheromatosewrkg. von *Cholesterin* (II) verstärkt. Die Hyperphosphatämie, die durch I verursacht wird, scheint dafür der auslösende Faktor zu sein. Darüber hinaus wirkt I auf die Blutspiegel von II u. Gesamtlipoiden steigernd. (Proc., Kon. nederl. Akad. Wetensch., Ser. C **60.** 15—21. 1957.) F. KRUSEN. 4587

S. K. Pradhan und **N. G. Magar,** *Biologische und chemische Bestimmung von Vitamin D in Haifischlebertran.* Lebertran von verschied. Haifischarten u. von *Ghol* (*Sciaena sina*) u. *Dara* (*Polynemus indicus*) wurde biol. an Ratten u. chem. auf *Vitamin-D*-Geh. überprüft. Die chem. Bestimmungsmeth. lieferte nur bei Tran von *Nara* u. *Ghol* befriedigende Resultate, deshier der Vitamingeh. im Gegensatz zum Haifischlebertran hoch genug ist. Der unverseifbare Anteil des Trans wurde zur Entfernung von Sterinen in methylalkoh. Lsg. auf -15^0 abgekühlt. Dann wurde die Lsg. nach Behandlung mit Digitoninlsg. u. Entfernung des ausgeschiedenen Digitonids zur weiteren Reinigung 2mal an Floridin-Erde chromatographiert, der Verdunstungsrückstand des CCl_4-Eluats in $SbCl_3$–Acetylchlorid-Reagens gelöst u. die aufgetretene Färbung spektrophotometr. bei 500 mμ gemessen. Tran von *Dara* enthält 1300 I.E./g, von *Ghol* 300 I.E./g u. Haifischlebertran 5—15 I.E. Vitamin D/g. (Indian J. med. Res. **45.** 49—53. Jan. 1957. Bombay, Inst. of Sci., Dep. of Biochem.) HORST SCHÄFER. 4587

D. S. Parsons und **D. L. Wingate,** *Flüssigkeitsbewegungen durch die Rattendünndarmwand in vitro. W.* kann vom Lumen des Rattendünndarms während des *Glucose*-Stoffwechsels gegen den osmot. Gradienten bewegt werden. Für hohe Wasserabsorptionsraten ist die Ggw. von *NaCl* im Lumen erforderlich. — Die Flüssigkeitsbewegung wird also nicht durch einfache osmot. Gradienten der absorbierten Lsgg. hervorgerufen, sondern durch elektroosmot. Erscheinungen in einem Membransystem. Die Verteilung der elektr. Ladungen entlang der Membran ruft einen akt. Ionentransport hervor, der von einem durch Glucose aufrechterhaltenen Stoffwechsel abhängig ist. (Biochim. biophysica Acta [Amsterdam] **30.** 666—67. Dez. 1958. Oxford, Dep. of Biochem.) W. UDE. 4594

J. D. Hawkins und **E. D. Wills,** *Studien über die intestinale Resorption von Glucose.* Kaninchen werden mit Schlundsonde 5 ml einer 50%ig. $^{14}C_{(1)}$-Glucoselsg. (10 μC) appliziert. In Blutproben wird Glucose als Osazon isoliert, nach Messung der Radioaktivität zum Diphenylhydrazon des Mesoxalaldehyds [enthält $C_{(1,2,3)}$ aus Glucose] abgebaut u. dessen spezif. Aktivität mit der der Glucose verglichen. Der aus dem $C_{(6)}$ entstehende u. als Dimedonderiv. isolierte Formaldehyd ist nicht aktiv. Aus den Ergebnissen wird geschlossen, daß der Hauptanteil der Glucose in vivo ohne vorhergehenden Abbau resorbiert u. der Rest zur Energielieferung abgebaut wird. In vitro-Verss. am isolierten Darm von Ratten, Meerschweinchen u. Kaninchen zeigen, daß hier ein beträchtlicher Abbau ohne damit verbundenen Transport durch die Darmwand erfolgt. (Biochim. biophysica Acta [Amsterdam] **23.** 210—11. Jan. 1957. London, St. Bartholomew's Hosp., Med. Coll., Dep. of Biochem.) B. GASSMANN. 4594

B. Zachau-Christiansen, *Der Anstieg der Serumharnsäure bei Muskelarbeit.* Bei jungen Männern konnte nach 30 Min. dauernder leichter muskulärer Betätigung ein durchschnittlicher Anstieg des *Serumharnsäure*-Geh. von 0,16 $\pm$ 0,07 mg% beobachtet werden. Gleichzeitig kommt es zum Absinken der Hämatokritwerte u. zum Anstieg des Blutzuckers. (Scand. J. clin. Lab. Invest. **11.** 57—60. 1959. Bispepjerg Hosp., Dänemark, Central Labor.) U. TAUSENDFREUND. 4595

F. Wöhler und **M. Körte,** *Zur Beeinflussung des Eisenstoffwechsels durch Hormone, Vitamine und reduzierende Substanzen.* Unterss. an 90 (gleichaltrigen) Meerschweinchen. Zum Vgl. wurden bei 5 Meerschweinchen der *Ferritineisen-* (I) u. der *Nichtferritineisen* (II)-Geh. von Duodenum, Dünndarm, Leber, Milz u. Niere bestimmt. In Kurz- u. Dauerverss. wurde die Wrkg. von *adrenocorticotropem Hormon* (*ACTH*), *Cortison* (**IV**), *Desoxycorticosteronacetat, Cystein* (**V**), *SH-Glutathion* (**VI**), *Ascorbinsäure* (**VIII**), *Thyroxin* (**VIII**), *Lactoflavin* (**IX**) u. *Pantothensäure* (**III**) auf den Eisenstoffwechsel untersucht. **V, VI, VII** u. **IX** setzten Eisenionen aus I vor allem der Leber frei; diese Fe-Ionen wurden bes. im RES der Milz in Form des Hämosiderins (bzw. **II**) gespeichert. Diese Veränderungen entsprechen denen bei Infekten: hier könnte demnach vielleicht eine Aktivierung von Sulfhydrylverbb. ursächlich mitwirken. ACTH u. **IV** hatten diese Wrkg. nur in geringerem Umfang zur Folge, im Kurzvers. ausgesprochener als im Dauerversuch. Nach ACTH u. **IV** war die Eisenresorption vermehrt, ebenso nach peroraler **VII**-Zufuhr. Die Wrkg. von **III, VI** u. **IX** auf die Eisenresorption ließ sich nicht eindeutig aus den Verss. ersehen, **V** schien die Fe-Resorption zu steigern. **VIII** verringerte das I in den Organen, wobei das Hämosiderin (bzw. **II**) stark anstieg. Allerdings kann es sich dabei auch um einen allg. Eiweißabbau (des Apoferritins) handeln: die Tiere verloren

25—30% an Gewicht, bei experimenteller Mangelernährung wurden ähnliche Befunde erhalten (entsprechend der Eisenphanerose beim unterernährten Menschen). (Naunyn-Schmiedebergs Arch. exp. Pathol. Pharmakol. **230.** 502—12. 15/6. 1957. Freiburg/Br., Med. Univ.-Klinik.) K. RINTELEN. 4596

I. Ss. Kanfor, *Über den Einfluß einer Reizung der Mechano- und Chemoceptoren der Mundhöhle auf den Kohlenhydratumsatz.* Verss. an 6 gesunden Versuchspersonen im Alter von 18—49 Jahren ergaben, daß Blutzucker u. Gasumsatz durch das Lutschen an einem runden Glasplättchen kaum beeinflußt werden (sehr geringe Abnahme des Blutzuckers u. 4—8% ig. Steigerung des Gasumsatzes). Die Verabreichung von 100 ml 4% ig. Glucoselsg. während 1 Std. war ebenfalls wirkungslos. Bei gleichzeitiger Anwendung des mechan. u. chem. Reizes kam es jedoch zu einer deutlichen Steigerung des Blutzuckerspiegels (maximal um 116,8%) u. der O_2-Aufnahme während der 3 Std. des Versuchs. Für den Saugakt ist demnach nicht nur die Reizung der Chemo-, sondern auch die der Mechanocepteren der Mundschleimhaut von Bedeutung. (Бюллетень Экспериментальной Биологии и Медицины [Bull. exp. Biol. Med.] **47 (24).** Nr. 4. 24—27. April 1959. Leningrad, Inst. für exp. Med. der Akad. der Med. Wiss. der UdSSR, Abt. für allg. Physiol., Labor. für Phys. des Gas- u. Wärmeumsatzes.) E. RENTZ. 4596

Yoshifumi Odagiri, Shigeo Hokari und **Ryoji Yoshida,** *Untersuchung über den Vorgang der Bildung der Glucuronsäure.* Für den Nachw. der *Glucuronsäure* (I) wird eine verbesserte Naphthoresorcinmeth. angegeben. Kaninchenleberschnitte werden je 60 Min. mit O_2, CO_2 bzw. N_2 (je 70 cm^3) belüftet u. mit einer unbegasten Kontrolle verglichen. Stärkste Bldg. von I bei O_2 u. CO_2, schwächer bei der unbegasten u. am schwächsten bei der N_2-behandelten Probe. Bei *Phenol*-Zusatz (als Aglucon) hemmt O_2 bzw. CO_2 die Paarung mit I. Geprüft wird ferner die Wirksamkeit von 3-C-Verbb., wie Brenztraubensäure, Propylenglykol (II), Milchsäure u. α-Alanin (III). III zeigt sehr geringen Effekt, II einen überraschend starken. (Folia pharmacol. japon. **52.** 78§—79§. 20/3. 1956. Nippon Univ. [Orig.: japan.]) L. SCHULER. 4598

Joann C. Petersen, Margaret C. Stripe und **Williamina A. Himwich,** *Stoffwechselwirkung von L-Glutaminsäure und Glycin.* Nach subcutaner Injektion von 2 g *Glycin* (I)/kg oder *Natriumglutaminat* (II), beide in Lsg. bei p_H 7,0, entsteht bei Kaninchen eine erhebliche Hyperglykämie. Das Leberglykogen nimmt bei diesen Tieren deutlich ab; der Blutdruck bleibt aber normal. Hypoglykäm. Kaninchen überleben durch eine subcutane Injektion von 2 g II/kg, aber nicht durch I. Durch Verabreichung von 2 g II/kg nimmt der Geh. an Brenztraubensäure im Blut ab u. der von α-Ketoglutarsäure zu. (Amer. J. Physiol. **181.** 519—22. Juni 1955. Galesburg, Ill., State Res. Hosp., Thudichum Psychiatric Res. Labor.) G. KIMMERLE. 4596

T. D. Dsidsiguri, *Zur Frage der Rolle des funktionellen Zustandes der höheren Bereiche im Zentralnervensystem bei der Störung des Cholesterinumsatzes.* Chron. Verss. an 4 Hunden mit Magen-, Harnblasen- u. Parotisfistel ergaben, daß Störungen des funktionellen Zustandes der höheren Bezirke des Zentralnervensyst. nach Ausarbeitung bedingter Nahrungsreflexe nach der klass. PAWLOWschen Meth. bzw. Störung der Nahrungs- u. defensiven Reflexe zu einer deutlichen Erhöhung des *Cholesterin* (I)-Blutspiegels von n. 75—156 auf 176—246 mg% mit nachfolgenden starken Schwankungen über längere Zeit führen. Aus den Verss. geht die Bedeutung der Großhirnrinde für die Regulierung des I-Stoffwechsels hervor. (Бюллетень Экспериментальной Биологии и Медицины [Bull. exp. Biol. Med.] **47 (24).** Nr. 2. 32—37. Febr. 1959. Leningrad, Physiol. Pawlow-Inst. der Akad. der Wiss. der UdSSR, Therapeut. Abt. u. Labor. für cortico-viscerale Pathol.) E. RENTZ. 4596

N. T. Schutowa, *Zur Frage der Regulation des Blutcholesterins.* Verss. an 16 Hunden ergaben, daß 15 Min. nach der intravenösen Injektion von 0,01 g *Heparin*/kg in allen zu- u. abfließenden Gefäßen der Leber u. des Gehirns der *Cholesterin* (I)-Geh. absinkt (von 116—133 auf 108—114 mg%), u. zwar vor allem auf Kosten des freien I (von 36—43 auf 29—32 mg%). Da in dem aus der Leber abfließenden Blut der Geh. an Gesamt-I u. freiem I wesentlich stärker abnimmt (um 15 u. 32%) als in dem zur Leber hinfließenden Blut (um 5 u. 11%), u. das gleiche auch im Gehirnblut festzustellen ist (Abnahme um 14 u. 24 bzw. um 5 u. 13%), so ist daraus zu schließen, daß sowohl die Leber als auch das Gehirn das I, vor allem das freie I, akt. zurückzuhalten u. somit den I-Blutspiegel zu regulieren vermögen. (Бюллетень Экспериментальной Биологии и Медицины [Bull. exp. Biol. Med.] **47 (24).** Nr. 2. 37—40. Febr. 1959. Leningrad, Pädiatr. Med. Inst., Lehrstuhl für pathol. Physiol.) E. RENTZ 4596

Gerhard Joppich, *Der Gallensäureblutspiegel im Kindesalter.* Bestimmt man nach der Meth. von KORANSKY u. THIELE (Klin. Wschr. **33.** [1955.] 666) den Geh. an Gallensäuren (I) im Serum, so findet man bei lebergesunden Erwachsenen Werte zwischen 2,7

u. 3,5 mg% u. bei Kindern zwischen 2,4 u. 4,1 mg%. Bei akuter Hepatitis erhöhen sich diese Werte meist auf das 2—4fache, um dann sehr schnell wieder auf die Ausgangswerte zurückzufallen. Bei Lebercirrhose mit Hyperbilacidämie erfolgt kein I-Gehaltsrückgang. Der I-Geh. im Serum bleibt bei anikter. Ikterus unverändert. Eine Erhöhung des I-Spiegels im Blut kommt sowohl beim Ikterus neonatorum als auch beim Ikterus gravis vor. Weiter findet man eine Hyperbilacidämie bei Nierenkrankheiten (Nephrose), Fettsüchtigen, einem Fall von Morbus NIEMANN-PICK u. einem Typhuskranken, ohne daß eine Leberschädigung nachzuweisen ist. Die Verläßlichkeit der Meth. wird durch *Cholesterin*-Best. geprüft. Letztes beeinflußt die I-Best. nicht, ergibt jedoch, daß den I-Werten 30% zuzuschlagen ist, was vorst. geschehen ist. (Mschr. Kinderheilkunde **104.** 439—42. Nov. 1956. Göttingen, Univ.-Kinderklinik.) G. KIMMERLE. 4596

A. Ss. Mosshuchin, *Zur Rolle des Kohlenhydrat–Phosphorumsatzes bei der Entstehung des Aktionsstroms im Skelettmuskel.* Verss. am isolierten M. sartorius des Frosches ergaben, daß die Störung der anaeroben Phase des Kohlenhydrat–P-Umsatzes durch Vergiftung des Muskels durch Na-Monojodacetat (0,002%) oder NaF (0,042%) u. die Störung der Oxydationsprozesse durch Vergiftung mit NaCN (0,1%) von einer Abnahme u. einem reversiblen Verschwinden der Aktionsströme begleitet sind. Die beobachteten Veränderungen der Aktionsströme sind nicht als eine Störung der Muskelstruktur, sondern als Folge einer Störung des Kohlenhydratumsatzes anzusehen. Die Ggw. von Na-Pyruvat in der NaF-Lsg. lähmt den Einfl. derselben auf den bei der Verletzung des Muskels, nicht aber auf den bei der Erregung entstehenden Strom. (Бюллетень Экспериментальной Биологии и Медицины [Bull. exp. Biol. Med.] **47** (**24**). Nr. 4. 3—6. April 1959.) E. RENTZ. 4597

W. W. Oppel und **T. P. Sserebrenikowa,** *Strukturierte Eiweißstoffe der glatten Muskeln.* Aus Extrakten von glatten u. somat. Muskeln des Hundes wird mit $(NH_4)_2SO_4$ Eiweiß ausgezogen. Die somat. Muskulatur ergibt auf der Aussalzungskurve 8 Maxima, von denen das von Actomysin bes. hoch ist, Tropomyosin zeigt 2 Spitzen. Anscheinend ist es hier nicht homogen. Die glatten Muskeln ergeben 9—10 Maxima. Das Ausfällen beginnt bei ihnen bereits bei 16—25%ig. Sättigung, also früher als bei der somat. Muskulatur. Am höchsten sind hier die beiden Maxima, die bei den somat. Muskeln fehlen. (Доклады Академии Наук СССР [Ber. Akad. Wiss. UdSSR] **122.** 271—74. 11/9. 1958. Ssetschenow-Inst. für Evolutionsphysiol. der Akad. der Wiss. der UdSSR.) F. DU MANS. 4597

Ruth D. Peterson, Clarissa H. Beatty, Rose Mary Bocek, Henry H. Dixon und **Edward S. West,** *Die Wirkung von Glykocyamin und Betain auf die Kreatinphosphatspiegel im Muskel adrenalektomierter Ratten.* (Vgl. C. **1957.** 2268.) In Bein- u. Herzmuskel adrenalektomierter ausgewachsener, weiblicher Ratten (Wassertoleranztest auf funktionelles Nebennierengewebe negativ), die mit dem Trinkwasser NaCl erhielten, wurden die Phosphat (I)-Fraktionen (anorgan. I, II–I, Adenosindiphosphat + -triphosphat, säurelösl. Gesamt-*P*) u. Kreatin (II)-Werte vor u. nach oraler (Magenschlauch) Zufuhr von *Glykocyamin* (III) u. *Betain* (IV) bestimmt. Adrenalektomie vermindert II–I im Skelett-, nicht aber im Herzmuskel. III u. IV steigern den II–I-Geh. im Skelett-, nicht aber im Herzmuskel adrenalektomierter Ratten. In keinem Fall werden die Spiegel der übrigen I-Fraktionen oder von II beeinflußt. (Arch. Biochem. Biophysics **80.** 134—39. Jan. 1959. Portland, Ore., Univ., Med. School, Dep. of Biochem.) K. MAIER. 4597

E. Kvamme und **S. Birkeland,** *Säurelösliche Phosphatester in der ischämischen Hundeniere.* An der Hundeniere konnte sowohl bei langdauernder, zu irreversiblen funktionellen Schäden führender, experimenteller Ischämie als auch bei kürzerer, nur zu reversiblen Schäden führender Arterienabklemmung ein Absinken des gesamten säurelösl. *organ. Phosphats*, des *Adenosintriphosphat*- u. *Adenosinmonophosphat*-Geh. beobachtet werden. Durch Abkühlung der ischäm. gemachten Niere kann das Absinken dieser Phosphate weitgehend verzögert werden. Der Geh. an anorgan. Phosphat steigt während der Ischämie deutlich an. Die Veränderungen bei kürzer dauernder Ischämie gehen mit der Erholung der Glomerulusfunktion innerhalb 1 Woche zurück; die Tubulusfunktion erholt sich erst später. (Scand. J. clin. Lab. Invest. **11.** 30—36. 1959. Oslo, Ullevål Hosp., Central Labor. and Univ. Inst. for Exp. Med. Res.) U. TAUSENDFREUND. 4597

Hyman J. Zimmerman und **R. J. Kron** (unter techn. Mitarbeit von **H. G. Weinstein**), *Beobachtungen über die Herkunft von erhöhtem Plasmaammoniumspiegel bei Leberinsuffizienz.* Bei 16 Patienten mit Lebercoma u. einigen nichtcomatösen Patienten mit Lebercirrhose oder Hepatitis war der *Plasmaammonium*-Spiegel erhöht. Bei Cirrhosepatienten konnte eine Beziehung zwischen dem Schweregrad der Krankheit u. dem erhöhten Ammoniumspiegel im Plasma beobachtet werden. Bei diesen Patienten bestand auch eine verminderte Verträglichkeit für NH_4Cl-Gaben. Ein Vers. durch *Tetracyclin*, das die bakterielle Ammoniumproduktion im Darm durch Vernichtung dieser Bakterien herabsetzt, den erhöhten Ammoniumspiegel im Serum zu erniedrigen, ergab negative Resultate. (Amer. J. med. Sci. **231.** 177—85. Febr. 1956. Chicago, Ill., West Side, Veterans Admin. Hosp., Dep. of Med.; Univ. Coll. of Med.) G. KIMMERLE. 4597

Sunil Kumar Pain und **Sachchidananda Banerjee,** *Untersuchungen über Stickstoff enthaltende Bestandteile des Harns bei Gesunden und an Lebercirrhose, subakuter Nephritis und Hypertension leidenden Patienten.* Der Harn von Lebercirrhosepatienten enthält im Vgl. zu Gesunden Kreatin u. mehr Aminosäure-N u. Ammonium-N. Andere N-Verbb. sind dagegen in geringerer Menge vorhanden. An subakuter Nephritis erkrankte Patienten scheiden Albumin aus. Durch die höhere Aminosäureausscheidung wird die Menge der anderen N-Verbb. im Harn stark herabgesetzt. Patienten mit hohem Blutdruck scheiden ebenfalls Albumin aus. Hier sind alle N-Verbb. nur in sehr geringer Menge im Harn vorhanden, was möglicherweise auf ein Versagen der Niere zurückzuführen ist. (Indian J. med. Res. **45.** 35—39. Jan. 1957. Calcutta, Presidency Coll., Dep. of Physiol.) HORST SCHÄFER. 4597

R. I. Wolkowa, *Der Umsatz der labilen Phosphorverbindungen im Gehirn von Schildkröten im Wachzustand und während des Winterschlafes.* (Vgl. C. **1958.** 6609.) Bei einer Körpertemp. von 3⁰ ist der Geh. an *Kreatinphosphat* (I) im Gehirn winterschlafender u. experimentell abgekühlter wacher Schildkröten (Pseudemys eoncinna) fast gleich (9,3 bzw. 9,7 mg% P), der Geh. an *Adenosintriphosphat* (II) jedoch bei jenen um 30% niedriger als bei diesen (7,5 bzw. 10,5 mg%). Auch der Geh. an *anorgan. Phosphat* ist bei den winterschlafenden Tieren etwas niedriger. Das gleiche gilt auch für die Körpertemp. von 18⁰. Der O_2-Verbrauch ist bei 3⁰ 4—5mal niedriger als bei 18⁰; dabei ist bei 3⁰ der O_2-Verbrauch bei den winterschlafenden Tieren 2mal u. bei 18⁰ 1,5mal höher als bei den wachen. Auch die Geschwindigkeit der Aufnahme von ^{32}P aus dem Blut ins Gehirn u. in I u. II ist wesentlich geringer als bei 18⁰, u. zwar sowohl bei den winterschlafenden als auch bei den wachen Tieren. Wird die Körpertemp. der winterschlafenden Schildkröten rasch auf 18⁰ erhöht, so erfolgt die Aufnahme von ^{32}P ins Gehirn u. in I u. II wesentlich rascher als bei den bei dieser Temp. lebenden wachen Tieren. (Известия Академии Наук СССР, Серия Биологическая [Nachr. Akad. Wiss. UdSSR, biol. Ser.] **1958.** 544—51. Sept./Okt. Physiol. Pawlow-Inst. der Akad. der Wiss. der UdSSR.) E. RENTZ. 4598

E₆. Pharmakologie. Therapie. Toxikologie. Hygiene.

A. A. Rogow und **W. B. Rosen,** *Einfluß der durchdringenden Strahlung auf die Aktivität der Succindehydrase in den parenchymatösen Organen von weißen Ratten.* Verss. an 96 weißen Ratten, welche 1—3mal mit Röntgenstrahlen (150 u. 450 r) bestrahlt wurden, ergaben 3 Std. nach der ersten Bestrahlung keine Veränderungen der Aktivität der *Succindehydrase* (I) in Herz, Leber u. Nieren. 24 Std. später jedoch nimmt die Aktivität von I bedeutend zu, jedoch nur in Leber u. Nieren, nicht jedoch im Herzmuskel. Wiederherst. der n. I-Aktivität erfolgt nach ca. 7 Tagen, also zu Beginn der Strahlenkrankheit. Während der Entw. derselben nimmt die I-Aktivität weiter ab. Auch während der Genesung von der Strahlenkrankheit bleibt die I-Aktivität noch lange unter der normalen. (Бюллетень Экспериментальной Биологии и Медицины [Bull. exp. Biol. Med.] **47** (**24**). Nr. 2. 74—77. Febr. 1959. Moskau, 1. Med. Ssetschenow-Inst., Zentr. Wiss. Tschetschulin-Forschungslabor.) E. RENTZ. 4601

J. Doroszewski, *Einige Probleme der Toxikologie von radioaktivem Strontium.* Übersicht: Absorption, Verteilung u. Ausscheidung von ^{89}Sr u. ^{90}Sr im Organismus sowie ihre tox. Wrkg. im Tierexperiment nach russ. Arbeiten. (Nukleonika [Warszawa] **3.** 342—49. 1958. [Orig.: poln.]) F. URBAN. 4601

M. W. Sswjatuchin, W. M. Schilow und **A. A. Bodarew,** *Einfluß des nativen Dextrans und des pyrogenen Polysaccharides aus Proteus vulgaris auf die Überlebensrate von weißen Mäusen nach einer Totalbestrahlung.* Wird natives Dextran weißen Mäusen in der Dosis von 0,1 g/kg 3 Std. vor der Totalbestrahlung (Kobaltquelle, 800 r) intravenös injiziert, so beträgt nach 30 Tagen die Überlebensrate 28%, bei 12 Std. vor der Bestrahlung 60%, 1—2 Tage vorher 32—34% u. 3—7 Tage vorher 0% gegenüber 2% in der Kontrolle. Die Wrkg. ist von der Dosis (0,05, 0,02, 0,1 g/kg) kaum abhängig. Auch das aus *Proteus vulgaris* gewonnene *pyrogene Polysaccharid* (1—10 γ/kg) übt eine ähnliche Schutzwrkg. aus. Außer dem Properdinsyst. aktivieren die untersuchten Präpp. wahrscheinlich auch noch andere Mechanismen der unspezif. Resistenz. (Бюллетень Экспериментальной Биологии и Медицины [Bull. exp. Biol. Med.] **47** (**24**). Nr. 5. 72—76. Mai 1959.) E. RENTZ. 4601

A. M. Dancewicz, *Struktur und Wirkungsmechanismus chemischer Schutzstoffe gegen die Wirkung ionisierender Strahlung.* Übersicht: Wrkg. von Verbb. der allg. Formel $HS-(CH_2)_n-NRR'$ bei der Therapie von Strahlenschäden. — 40 Literaturangaben. (Nukleonika [Warszawa] **3.** 313—28. 1958. Warszawa, PAN, Inst. Badań jadr., Zakł. Ochrony Zdrowia. [Orig.: poln.; Auszug: engl.]) F. URBAN. 4601

Walter Neugebauer, *Kontrastmittelschädigungen.* Bericht über 4 Fälle, 1 tödlicher Fall 6 Jahre nach Myelographie mit *Lipjodol*, ein weitgehend geheilter Fall nach Myelographie mit *Jodipin*, 2 bleibende Schädigungen nach Arteriographien mit *Thorotrast.* (Dtsch. Z. ges. gerichtl. Med. **47.** 472—79. 1958. Münster/Westf., Landesversorgungsamt Westfalen.) F. KRUSEN. 4601

Je. W. Gurowa, *Über die lokale Wirkung von Natriumbromid auf die Gewebe der Extremitäten.* In Verss. an 11 Hunden wird gezeigt, daß bei Durchströmung der einen, nur in Nervenverbindung mit dem Körper stehenden Extremität mit einer 1%ig. Lsg. von *NaBr* dieses eine lokale Wrkg. auf die Gewebe ausübt, insofern als Rheobase u. Chronaxie der Muskeln der perfundierten Extremität im Vgl. zur contralateralen Seite deutlich zunehmen. (Бюллетень Экспериментальной Биологии и Медицины [Bull. exp. Biol. Med.] **47 (24).** Nr. 5. 76—79. Mai 1959. Moskau, Wiss. Forschungsinst. für exp. chir. App. u. Instrumente des Gesundheitsmin. der UdSSR.) E. RENTZ. 4606

Keizo Tamemori, *Einfluß verschiedener Arzneimittel auf die Knochenregenerierung.* 3. Mitt. *Ba-Präparate.* Kaninchen (♂) erhalten 3 Wochen lang täglich 0,5 cm³ einer 2%ig. *$BaCl_2$*-Lsg. intravenös. Das Körpergewicht fällt in der 1. Woche u. steigt dann wieder, nach Knochenbruch ist der Verlauf der Gewichtsänderung wie im Falle des Ca u. Mg. Die Heilung von Knochenbruch unterscheidet sich nicht von dem des Leervers. ohne Injektion (Röntgenbefunde). (Folia pharmacol. japon. **52.** 121§. 20/3. 1956. Gifu Univ. [Orig.: japan.]) L. SCHULER. 4606

Masatoshi Ota, *Experimentelle Untersuchungen über Arzneistoffausscheidungen im Harn und Speichel.* 3. Mitt. *Bromspiegel beim normalen Kaninchen.* 4. Mitt. *Bromspiegel bei parotidektomierten Kaninchen.* 2 cm³ einer 10%ig. KBr-Lsg./kg werden n. u. parotidektomierten Kaninchen oral gegeben. Erste zeigen auch nach 3 Wochen Ausscheidung im Harn (die Gaben müssen täglich erneuert werden?), letzte 17 Tage nach der Verabreichung noch keine: Im Sputum ebenso, aber im 2. Fall nach 20 Tagen noch keine Ausscheidung. (Folia pharmacol. japon. **52.** 121§. 20/3. 1956. Gifu Univ. [Orig.: japan.]) L. SCHULER. 4606

I. A. Edelstein, *Wirkung saurer und basischer Verbindungen auf die Chemoreceptoren des Darmtraktes bei Ascaridenintoxikation.* An 47 urethannarkotisierten Katzen wird nachgewiesen, daß es bei Injektion von 1—2 ml 0,5—1%ig. CH_3COOH, $^1/_{100}$n HCl, 1,5—2%ig. Milchsäure oder ½n NaH_2PO_4 bzw. 1,5—2% $NaHCO_3$ oder 0,5n Na_2HPO_4 in das Perfusat einer vom Kreislauf isolierten Darmschlinge reflektor. zu einer Erhöhung des arteriellen Druckes u. Atmungserregung kommt. Werden die Gefäße der Darmschlinge vorher mit einem wss. Extrakt aus *Ascaris suum* durchströmt, so kommt es statt der pressor. zu einer zweiphas. pressor.-depressor. oder nur zu einer depressor. Blutdruck-Rk., u. die Atmungserregung wird oft durch eine Hemmung ersetzt. Durch die Helminthotoxine wird demnach die Erregbarkeit der Chemoceptoren des Darmes sowohl gegenüber den sauren als auch den alkal. Verbb. erhöht, was für die Pathogenese der Intoxikation durch Ascariden von Bedeutung sein kann. (Бюллетень Экспериментальной Биологии и Медицины [Bull. exp. Biol. Med.] **47 (24).** Nr. 5. 65—67. Mai 1959. Witebsk, Veterinärinst.) E. RENTZ. 4606

Kuninori Shimizu, *Wirkungen von TEA am Zentralnervensystem.* Durch Injektion von 0,25 mg *Tetraäthylammoniumsalz* (*TEA*)/kg in die Cisterna magna des Kaninchens werden Erregungserscheinungen verschied. Art ausgelöst, wie beschleunigte Atmung, Gliederstrecken, Reflexerregung, allg. Unruhe, die nach 10—15 Min. ihren Höhepunkt erreichen (Laufbewegungen, unkoordinierte Sprünge, vorübergehende Krämpfe usw.). Bei Wiederholung läßt sich die Erscheinung noch >1 Std. beobachten. 2 mg/kg führen zu Krampftod. Bei langsamer Injektion lassen sich bis 50 mg bis zum Krampftod einführen. *NH_4Cl* in die Cisterna bringt keine Erregung. Die motor. Erregung läßt sich durch *Urethan* (**I**), *Phenobarbital, Aminopyrin, Diphenylhydantoin, Mephenesin* usw. hemmen. Die Blutdruckerhöhung (30 mm Hg) nach 0,25 mg TEA/kg in die Cisterna hält >1 Std. an u. ist von erregter Atmung begleitet; Wiederholung bringt keine Tachyphylaxie. Vorbehandlung mit **I**, Methylhexabital usw. hemmt die Blutdruckerhöhung auffallend, *Morphin* ist ohne Einfluß. Injektion zwischen die Halswirbel C 3—4 oder die Lendenwirbel L 2—3 bringt die gleiche Blutdruckwirkung. Intravenöse Injektion von TEA bringt durch direkte Wrkg. auf die Blutgefäße Blutdrucksteigerung. (Folia pharmacol. japon. **52.** 97§—98§. 20/3. 1956. Tottori Univ. [Orig.: japan.]) L. SCHULER. 4607

Shoji Shibata und **Hiroshi Toyota,** *Ergänzende Untersuchung über die pharmakologischen Wirkungen von EDTA (Äthylendiamintetraessigsäure-Di-Natriumsalz).* 0,1 cm^3 von 0,0145 mol. *Na_2-EDTA* (I) hemmt die Koagulation von 0,9 cm^3 Humanblut völlig. Der Hemmeffekt ist das 3fache desjenigen von NH_4-Oxalat, das 4fache desjenigen von Na-Citrat. Am Kaninchenherzen wird durch 0,3 cm^3 2% ig. I die Schlagamplitude verringert, noch mehr bei Wiederholung; gleiche Menge an $CaCl_2$ stellt die ursprüngliche Amplitude wieder her. Intermittierende Zuckungen am Froschschenkelpräp. werden durch I gehemmt. Am Krötenpräp. tritt mit 0,1 mol. I (0,1 cm^3) Hemmung ein, auf die Vitamin C_6, Nicotintartrat u. Atropinsulfat ohne Einfl. sind. Auf die Kaninchenohrdurchblutung sind 0,1—0,5 mg I ohne Einfluß. Patholog. Beobachtung der einzelnen (15) Organe des Kaninchens bei einmonatiger täglicher Verabreichung von verschied. Gaben an I. (Folia pharmacol. japon. **52.** 126§—127§. 20/3. 1956. Kyōtō Univ. [Orig.: japan.]) L. SCHULER. 4607

Pierre Gavaudan und **Jean Michon,** *Reizwirkung des Benzols auf den Regenwurm Allolobophora terrestis Sav. f. longa. Bzl.* übt bei bestimmten Konzz. auf den dorsalen Muskel von *Allolobophora terrestis Sav. f. longa* eine Reizwrkg. aus. Die Bedeutung dieser Tatsache wird im Hinblick auf seine Wrkg. als indifferentes Narkoticum diskutiert. (C. R. Séances Soc. Biol. Filiales **149.** 1358—60. Juli 1955. Poitiers, Fac. des Sci., Labor. de Biol. végétale et de Zool.) G. KIMMERLE. 4607

Bojan G. Rankov und **Stoimen Dabov,** *Über die Wirkung des Naphthalins auf das Auge. Experimenteller congenitaler Naphthalinstar.* Kaninchen erhielten 7 Tage lang nach der Konzeption *Naphthalin* (20 Tage lang, täglich 0,5 g mit dem Futter, 0,6 g in 30% ig. Salbe oder 1 g subcutan in einer 20% ig. Lsg.). Bei den behandelten Tieren wurden keine Veränderungen am Auge festgestellt. Dagegen wiesen fast alle Tiere der Würfe bei Unters. am 30. Tag eine Naphthalin-Katarakte ohne Veränderungen an anderen Teilen des Auges auf. Die Augen der Jungen des Kontrollwurfs waren normal. (Доклады Болгарской Академии Наук [C. R. Acad. bulg. Sci.] **9.** Nr. 3. 69—72. Juli/Sept. 1956. Inst. für klin. u. soziale Med. der Bulgar. Akad. der Wiss.) K. RINTELEN. 4607

L. Mazzanti und **M. Lopez,** *Über die Veränderungen durch α-Naphthylisothiocyanat in der Leber von Ratten, die mit fettreichem, zuckerreichem und proteinarmem Futter ernährt wurden.* Ratten erhalten je kg fettreiches Futter 1 g *α-Naphthylisothiocyanat* (I) 25 Tage lang. Gegenüber Kontrolltieren verhindert I die Fettanlagerung in der Leber. Unter gleichen Bedingungen zeigt *dl-Äthionin* einen I-analogen Effekt. (Boll. Soc. ital. Biol. sperim. **33.** 1501—02. Okt./Nov. 1957. Pisa, Univ., Ist. di Farmacol. e di Patol. Gener.) O. POLLAK V. EMHOFEN. 4607

L. Mazzanti und **M. Lopez,** *Über die Veränderungen durch Thioacetamid in der Leber von mit fettreicher, zuckerreicher und proteinarmer Diät ernährten Ratten.* Albinoratten erhalten 25 Tage lang 0,660 g *Thioacetamid* (I) je kg einer fett- u. zuckerreichen u. proteinarmen Diät. Gegenüber Kontrolltieren wird durch I eine Steatosis verhindert, u. es lassen sich nur wenige Inclusionen sudanofiler Stoffe in den Leberzellen nachweisen. (Boll. Soc. ital. Biol. sperim. **33.** 1502—03. Okt./Nov. 1957. Pisa, Univ., Ist. di Farmacol. e di Patol. Gener.) O. POLLAK V. EMHOFEN. 4607

L. Mazzanti und **M. Lopez,** *Über die Veränderungen durch Dimethylaminazobenzol in der Leber von mit fettreicher, zuckerreicher und proteinarmer Diät ernährten Ratten.* Albinoratten erhalten 25 Tage lang 0,600 g *Dimethylaminoazobenzol* (I) je kg des fettreichen Futters. Es zeigt sich, daß I ohne Einfl. auf die Bldg. der Steatosis in der Leber durch das fettreiche Futter bleibt. (Boll. Soc. ital. Biol. sperim. **33.** 1503—04. Okt./Nov. 1957. Pisa, Univ., Ist. di Farmacol. e di Patol. Gener.) O. POLLAK V. EMHOFEN. 4607

L. Mazzanti und **M. Lopez,** *Über die histologischen Veränderungen in der Leber von Ratten mit normalem Futter, dem α-Dinaphthylthioharnstoff zugesetzt ist.* Albinoratten erhalten 37 Tage lang ein n. Futter, dem je kg 8 g *α-Dinaphthylthioharnstoff* zugesetzt sind. Neben einer Vergrößerung der Zellkerne der Leberzellen (sogar Bldg. von Riesenkernen u. Verringerung des Chromatingeh.) zeigen sich die Gallenwege erweitert mit Proliferationen. (Boll. Soc. ital. Biol. sperim. **33.** 1504—05. Okt./Nov. 1957. Pisa, Univ., Ist. di Farmacol. e di Patol. Gener.) O. POLLAK V. EMHOFEN. 4607

W. H. Fuchs und **J. Zschintzsch,** *Über die Beeinflussung der Wirkung insekticider Carbamate durch Piperonylbutoxyd.* Vff. prüfen die synergist. Wrkg. im *Drosophila melanogaster*-Test. Arbeitsweise: Man gibt in einen 100 ml-ERLENMEYER-Kolben 0,25 ml aceton. Lsg. der Insekticide, läßt 2 Std. verdunsten, beschickt die Kolben mit Drosophilafliegen u. stellt die Kolben mit dem Boden nach oben auf, so daß die Tiere gegen die insekticiden Beläge fliegen. Man behandelt die Fliegen zunächst 2 Std. mit Synergistenbelag u. anschließend in weiteren Kolben mit Carbamat. Die Wirkstoffe dosiert man auf mol. Basis in Verdünnungsreihen 1:10. Niederschlagseffekt u. Erholungseffekt werden durch Vorbehandlung der Fliegen mit Synergisten verändert. Der Erholungseffekt wird durch hohe Synergistenkonz. unterbunden oder verspätet, durch niedrige Dosen dagegen ausgeweitet. Von 4 untersuchten Synergisten lassen sich folgende abfallende Wirkungsstärken feststellen: *Piperonylcyclonen* > *N-Propylisom* > *Sulfoxyd* > *Piperonylbutoxyd*. Die Absterberate ist bei mit Synergisten vorbehandelten Tieren immer höher als bei nicht vorbehandelten. (Naturwissenschaften **46**. 273—74. 2. April-H. 1959. Göttingen, Univ., Inst. für Pflanzenpathol. u. Pflanzenschutz.) W. GRÜTZ. 4607

Tetsuro Watanabe, *Pharmakologische Untersuchung der Parathionvergiftung.* 1. Mitt. Die DL_{50} von *Äthylparathion* ist 6,2 mg/kg Maus, die von *Methylparathion* 19,2. Ferner wird bestimmt die Überlebensrate bei $^1/_3$—$^1/_{10}$ von DL_{50}, nach 10 Tagen. *Chlorpromazin, Aureomycin, Cortison* u. *Atropin* haben bei akuter u. chron. Vergiftung eine lebensverlängernde Gegenwirkung. (Folia pharmacol. japon. **52**. 124§—125§. 20/3. 1956. Hiroshima Univ. [Orig.: japan.]) L. SCHÜLER. 4607

Hirotaka Yamaguchi, Misako Koizumi, Takako Kimura und **Shigeru Miyamoto,** *Versuche über Parathionvergiftung.* 1. Mitt. *Wirkung von Ernährung und Giftträger auf die Giftstärke von Parathion bei Mäusen und Ratten.* 2. Mitt. *Blutgasanalyse bei akut vergifteten Kaninchen.* Bei eiweißreicher Ernährung (2—3 Wochen) wird die Überlebensdauer (ÜD) von Mäusen u. Ratten bei subcutaner Injektion von 0,05 mg *Parathion* (I)/10 g verlängert. Als Träger für I (auf die rasierte Bauchhaut) ergeben gelbe Vaseline, K-Seife u. wasserfreies Lanolin eine Verzögerung der Wrkg. (erhöhte ÜD), aber das Eindringen durch die Haut wird nicht ganz verhindert. Weiche Salbe, Cold Cream sowie die Originallsg. in W. haben diese verzögernde Wrkg. nicht. Durch Gaben von 15—22 mg I wird der CO_2-Geh. der Blutgase um 20—30% erhöht. (Folia pharmacol. japon. **52**. 125§. 20/3. 1956. Yamaguchi Med. Hochschule. [Orig.: japan.]) L. SCHULER. 4607

B. Fischetti, *Einfluß der Gonadektomie auf die akute Toxizität von Parathion bei der Ratte.* Erhalten ♀ Ratten 5 mg/kg *Parathion* (I; *p-Nitrophenyldiäthylthiophosphat*), dann sterben 75% der Tiere. Bei zuvor ovariektomierten Tieren beträgt die Mortalität 14%, wenn die Tiere 5 mg I 15 Tage danach u. 25%, wenn sie es 60 Tage danach erhalten. Sind jedoch schon 90 Tage nach dem Eingriff vergangen, dann bleibt die Ovariektomie ohne Einfl. auf die Mortalität. (Boll. Soc. ital. Biol. sperim. **33**. 1388—90. Okt./Nov. 1957. Rom, Univ., Ist. di Farmacol.) O. POLLAK V. EMHOFEN. 4607

Tomotaro Tsuchiya, Akio Kato, Osamu Okubo und **Hideo Mamuro,** *Ergebnisse biologischer Versuche mit Oryzanol. Ergänzende Mitteilung. Oryzanol* (I) wurde Ratten in W. (Zusatz eines Emulgators) verabfolgt. 3 — 6 — 12 Std. danach wurden Niere, Herz, Lunge, Milz u. Blut mit Ae. extrahiert u. darin UV-spektrograph. I bestimmt. In der Leber stieg der I-Geh. bis zu 6 Std. an u. sank dann ab. Im Blut wurde I 12 Std. später in geringer Menge nachgewiesen. — In den anderen Organen war mit dieser Meth. kein I nachzuweisen. (Rep. Government chem. ind. Res. Inst., Tokyo **54**. Mai 1959. [Orig.: japan.: 143—49; engl. summary: XVI—XVII.]) P. LOCH. 4607

Lech Piekarski, *Aminosäuren der toxischen Proteine von Leguminosen.* Der papierchromatograph. untersuchte Aminosäurebestand von tox. Eiweiß von Erbsen, Bohnen u. Linsenwicke zeigt große Ähnlichkeit. Da die tox. Wrkg. der isolierten Proteine sich weniger unterscheidet als die Wrkg. der ganzen Samen, wird gefolgert, daß eine bestimmte Kombination der Aminosäuren (Asparaginsäure, Glutaminsäure, Alanin, Tyrosin, Lysin u. Arginin) für diese Wrkg. verantwortlich ist. (Acta polon. pharmac. **14**. 47—49. 1957. Warszawa, Akad. Med., Zakł. Bad. Środków spoż.) F. URBAN. 4608

Hiroshi Sakaguchi, *Über die entgiftende Wirkung von Glycyrrhiza.* Zum Vgl. n. Mäuse mit erwachsenen Mäusen, denen *Glycyrrhiza glabra* (I) verabreicht wurde, werden beiden Gruppen intraperitoneal Giftstoffe in verschied. Gaben einverleibt u. die Dosis für eine Sterblichkeitsrate (SR) von 5/5 u. 1/5 in beiden Gruppen bestimmt. Bei den meisten Giften wird durch I eine Erhöhung der zulässigen Dosis (mg/10 g/Tier) für eine bestimmte SR beobachtet; z. B. zeigen n. Ratten eine SR von 1/5 durch *Strychnin* (II) bei 0,006, 5/5 bei 0,01, solche mit I vorbehandelte im gleichen Fall je 0,007—0,008 bzw. 0,02. Bei *Urethan* (III) sind die entsprechenden Werte 12 (1/5) u. 2 (5/5) bzw. 20 u. 26. Die entgiftende Wrkg. ist deutlich gegen *Chloralhydrat*, **II**, **III**, *Cocain*, schwächer gegen *Pikrotoxin, Caffein, Acetylcholin, Pilocarpin* u. *Barbital* u. fehlt gegen *Sulfonal* u. *Atropin*. Bei *Epirenamin* zeigt sich ein umgekehrter Effekt. — Tabelle. (Folia pharmacol. japon. **52**. 121§—122§. 20/3. 1956. Gifu Univ. [Orig.: japan.]) L. SCHULER. 4608

Ingrid Weis, *Die Wirkung von Placentaextrakt auf den Sauerstoffverbrauch verschiedener Substrate.* Mit der direkten Meth. von WARBURG wird festgestellt, daß ein Zusatz von Placentaextrakt (I) bei Rattenleberschnitten zu keiner Erhöhung des O_2-Verbrauches führt. Bei Mäuseasciteszellen entsteht eine der Konz. von I proportionale Steigerung des O_2-Verbrauches. Die Ergebnisse werden diskutiert. (Arzneimittel-Forsch. **8.** 730—31. Nov. 1958. Wien, Sanabo, Pharmakol. Labor.) G. KIMMERLE. 4609

Hideyo Nagano, *Ergänzungen über den Wirkungsmechanismus des Kugelfischgifts.* Die Frage des Wirkungsmechanismus im einzelnen beruht auf dem Zusammenhang zwischen der Hemmung der Bldg. u. Zers. des Acetylcholins, als Überträger der Nervenimpulse, durch Einfl. auf die Redoxenzyme. (Folia pharmacol. japon. **52.** 70§—71§. 20/3. 1956.) L. SCHULER. 4609

F. Bertè, *Verteilung von Sulfamidopyridin im Lebergewebe.* ♂ Kaninchen wird subcutan 0,2 g Sulfamidopyridin (I)/kg injiziert, u. die Leber dieser Tiere wird 30 bis 240 Min. danach untersucht. Unters. der durch Zentrifugieren erhaltenen Fraktionen zeigen, daß I in den Mitochondrien u. Kernen wenig vertreten ist; die größte Menge ist im Überstand, dessen Vol. jedoch bei weitem überwiegt. Das Verhältnis von actyliertem I zu freiem I fällt mit der Zeit von ca. 3 : 1 nach 30 Min. über 2 : 1 nach 1 Std. auf 1 : 1 danach. (Boll. Soc. ital. Biol. sperim. **33.** 1430—34. Okt./Nov. 1957. Pavia, Univ., Ist. di Farmacol. e Terap. Sperimentale.) O. POLLAK V. EMHOFEN. 4610

A. P. Ray und **C. P. Nair,** *Untersuchungen über den Nuri-Stamm von Plasmodium knowlesi.* 9. Mitt. *Empfindlichkeit gegen Sulfonamide, substituierte Dihydrotriazine, Sulfadiazin und Mepacrine.* (8. vgl. C. **1957.** 12238.) Bei der Behandlung von Rhesusaffen, die mit *P. knowlesi* (Nuristamm) infiziert worden waren, wurden folgende minimalen wirksamen Dosen festgestellt: *Supazine,* 200 (mg/kg); *Sulfadiazin,* 0,8; *Mepacrine,* 6,0 u. im Vgl. dazu *Chinin* 30,0. (Indian J. Malariol. **9.** 197—202. 3/9. 1955. Delhi, Malaria Inst. of India.) P. LOCH. 4610

C. P. Nair und **A. P. Ray,** *Untersuchungen über den Nuri-Stamm von Plasmodium knowlesi.* 10. Mitt. *Therapeutischer Effekt von Bromguanid und seines aktiven Stoffwechselproduktes.* (9. vgl. vorst. Ref.) An 36 Affen (Macacus mulatta mulatta), die mit *P. knowlesi* infiziert worden waren, untersuchten Vff. die Wrkg. von *Bromguanid* (I). Die geringste effektive Dosis zur Klärung des Blutes von Parasiten betrug 10 mg/kg u. lag nahe der tox. Grenze. Mit Ausnahme von 3 Fällen erfolgte der Rückfall nach 2—6 Tagen. Das von BAMI (Indian J. Malariol. **7.** [1953.] 283) aus dem Urin mit I behandelter Affen isolierte akt. Stoffwechselprod. von I (*1-p-Bromphenyl-2.4-diamino-6.6-dimethyl-1.6-dihydro-1.3.5-triazin;* II) war erst in den stark tox. Gaben von 50 mg/kg wirksam. Der Rückfall erfolgte hier nach 4–10 Tagen. Nach diesen Feststellungen ist I bei *P. knowlesi* dem *Proguanil* stark unterlegen (Chininäquivalent 3 bzw. 150). Die akt. Stoffwechselprodd. beider Verbb. sind in verträglichen Gaben unwirksam. (Indian J. Malariol. **10.** 11—16. März 1956. Delhi, Malaria Inst. of India.) K. ZOPFF. 4610

John Arnold, Alf S. Alving, Robert S. Hockwald, Charles B. Clayman, Raymond J. Dern, Ernest Beutler, C. Larkin Flanagan und **Geoffrey M. Jeffery,** *Die Antimalariawirkung von Primaquine gegen die Blut- und Gewebestadien von Falciparum malaria (Panama, P-F-6-Stamm).* (Vgl. C. **1955.** 6329.) Bei Freiwilligen wird die Wrkg. von *Primaquine* (I) bei der Infektion mit *Falciparum malaria* (Panama, P-F-6-Stamm) zu verschied. Zeiten des Krankheitsverlaufes geprüft. Auf frühen Gewebestadien von P-F-6 hat I einen ausgezeichneten chemotherapeut. Effekt, ähnlich wie bei Plasmodium vivax. Während der Incubationszeit verabreichtes I wirkt sehr gut prophylaktisch. Auf die sich im Blut befindlichen asexuellen Parasiten hat I nur eine sehr geringe Wirkung. (J. Lab. clin. Med. **46.** 391—97. Sept. 1955. Chicago, Ill., Univ., Army Malaria Res. Unit.) G. KIMMERLE. 4610

W. Ss. Wolkowa und **M. I. Gorjajew,** *Antituberkulosemittel.* 6. Mitt. *Die Synthese von Dihydrazid der 3.4-Dihydroxypyridin-2.6-dicarbonsäure und deren Hydrazone mit Benzaldehyd und Vanillin.* (5. vgl. C. **1958.** 417.) Durch Einw. von 100 ml 25%ig. Ammoniak auf 10 g Mekonsäuredihydrazid, wobei der γ-Pyronring in den Pyridinring mit 2 Hydroxygruppen in 3- u. 4-Stellung übergeht, wurden 4 g *3.4-Dihydroxypyridin-2.6-dicarbonsäure*(I)*-dihydrazid* erhalten, welches sich bei der Prüfung auf antibakterielle Aktivität als schwach bakteriostat. gegenüber dem Tuberkuloseerreger erwies. I, $C_7H_9N_5O_4$, ist ein feinkristallin. Pulver von ziegelroter Farbe, F. 245—250°, lösl. in sd. W. u. wss. A., unlösl. in Aceton, A. u. Benzol. Die maximal verträgliche Dosis für die weiße Maus beträgt 45 mg. Es wurden ferner das *Bis-[3-Methoxy-4-hydroxybenzalhydrazid]* (F. 210—215°) u. das *Bis-[benzalhydrazid]* (F. 225—227°) von I hergestellt, welchen jedoch, wie die bakteriolog. Prüfung ergab, keine tuberkulostat. Wrkg. zukommt. (Вестник Академии Наук Казахской ССР [Nachr. Akad. Wiss. KasachSSR] **14.** Nr. 7. 98—104. Juli 1958.) E. RENTZ. 4610

T. Trandafiloff, G. Tocheff, P. Kojouharoff, K. Christoff, T. Ananieff und **T. Harizanova,** *Die Resultate der Untersuchung einiger Arzneimittelformen von Anti-*

bioticis. 3. Mitt. *Vaginalkugeln mit Penicillin.* (2. vgl. C. **1958.** 8703.) Verss. an Kaninchen ergaben, daß *Penicillin* (I) aus Vaginalglobuli resorbiert wird u. im Blut nachgewiesen werden kann. Resorption u. Ausscheidung sind im allg. eine Funktion der Dosis. Weitere Verss. an kranken Frauen zeigten unterschiedliche Kurven des Blut-I-Spiegels in Abhängigkeit von der Sekretion der Vaginalschleimhaut u. der Dosis. Die Kurve verlief im Vgl. zu der nach I-Injektion flacher u. langgestreckter. Das Maximum des I-Blutspiegels war bei Injektion (von 100000, 200000, 300000 I.E.) nach 1 Std. erreicht. Bei Globuli mit 200000 I.E. lag das Maximum beim 3. Reinheitsgrad der Vagina in der 2., beim 2. Grad in der 3. u. beim 1. Grad in der 4. Stunde. Globuli mit 300000 I.E. (noch mehr mit 500000 I.E.) ergaben einen raschen Anstieg; der Abfall verlief langsam. (Доклады Болгарской Академии Наук [C. R. Acad. bulg. Sci.] **9.** Nr. 3. 73—76. Juli/Sept. 1956. Med. Inst., Lehrstuhl für galen. Pharmazie; Pharmazeut. Inst.) K. RINTELEN. 4611

Allene Scott (unter techn. Mitarbeit von **Pamela M. Waterworth**), *Behandlung von Furunkeln mit Erythromycin und mit dem Antibioticum E 129.* Bei verschied. Staphylokokkeninfektionen (Furunkel, Karbunkel) wurde eine vergleichende orale Behandlung mit *Erythromycin* (1 g täglich) u. dem *Antibioticum E 129* (3 g täglich) durchgeführt. Die Behandlungsergebnisse waren mit E 129 am besten. Alle bei den Patienten gefundenen Staphylokokkenstämme sprachen auf die Behandlung mit den beiden Antibioticis an, u. eine Resistenz konnte auch nicht festgestellt werden. (Brit. med. J. **1958 II.** 83—84. 12/7. London, St. Bartholomew's Hosp., Dep. of Dermatol.) G. KIMMERLE. 4611

G. Cascio und **P. Monaco,** *Einfluß des d-Cycloserins auf die elektrische Aktivität der Hirnrinde der Ratte. d-Cycloserin* wirkt auf die corticalen Neuronen; die Veränderungen der corticograph. Kurve treten sofort nach der lokalen Applikation (1—5%ig. Lsgg.) oder wenige Min. nach intravenöser Gabe (20 mg/kg) in Erscheinung; sie sind der Ausdruck einer paroxyst. Aktivität des Epilepsietypus, werden jedoch nicht von motor. Rkk. begleitet u. beeinflussen nicht den Rhythmus von Schlaf u. Wachsein. (Boll. Soc. ital. Biol. sperim. **33.** 1368—71. Okt./Nov. 1957. Palermo, Univ., Ist. di Farmacol. e di Fisiol. Uman.) O. POLLAK v. EMHOFEN. 4611

Yoshitomo Aramaki und **Ichiro Ishikawa,** *Pharmakologische Untersuchung von Glutamylcholin und damit verwandten Verbindungen.* 1. Mitt. *Über Glutamylcholinchlorid und N-Carbobenzyloxy-l-glutamylcholinchlorid. Glutamylcholinchlorid* zeigt starke akute Giftigkeit (DL_{50} bei der Maus intravenös [i.v.] 16,1 mg/kg) aber schwache Muscarinwrkg. u. wird im Organismus leicht zersetzt. *N-Carbobenzyloxy-l-glutamylcholin (Protoglutamylcholin)* zeigt schwache akute Giftigkeit (DL_{50}, i.v., 117,3 mg/kg) u. starke Nicotinwirkung. Im Körper ist es relativ stabil u. in großen Dosen ein Ganglienblocker. (Folia pharmacol. japon. **52.** 80§. 20/3. 1956. Takeda Forsch.-Labor. [Orig.: japan.]) L. SCHULER. 4620

Juro Ueda, Tadashi Murano, Shunkichi Waranabe, Kazuo Aoki, Kenjiro Yamamoto, Nobuo Sawada und **Kazuro Kuwahara,** *Pharmakologie von Phenothiazin.* 1. Mitt. *Wirkungen auf das Zentralnervensystem und den Kreislauf.* Erst Konzz. > $5 \cdot 10^{-3}$mol. *Chlorpromazin* (I) zeigen eine deutliche Atmungshemmung des Hirngewebes der weißen Maus, dabei ist der Zuckerverbrauch bei 10^{-4} bis 10^{-3}mol. in mittleren Graden angeregt, u. parallel damit die Milchsäurebildung. Bei 10^{-2}mol. sind beide sehr deutlich gehemmt. Bzgl. des *K*-Effekts ist bes. Q_{O_2} erhöht u. erst bei > $5 \cdot 10^{-3}$mol. gehemmt. Im Vgl. mit einem Hexokinasestandard ist erst von 10^{-3}mol. an eine leichte Aktivierungssteigerung zu beobachten. Weitere Verss. an der decapitierten Maus, zusammen mit Ravonal. Am nichtnarkotisierten Kaninchen werden die Kreislauf-Wrkgg. von I, *Promethazin* u. *Diethazin* verglichen: die von I hält am längsten (5 Std.) an. Die *Veratrin*-Wrkg. (30—40 γ) auf Atmung u. Blutdruck wird durch I gehemmt. (Folia pharmacol. japon. **52.** 101§—102§. 20/3. 1956. [Orig.: japan.]) L. SCHULER. 4620

Juro Ueda und **Daizo Sasaki,** *Pharmakologie von Phenothiazin.* 2. Mitt. *Über den Stoffwechsel von Chlorpromazin.* (Vorl. Mitt.; 1. vgl. vorst. Ref.) Vff. untersuchen die Verteilung des *Chlorpromazins* (I) im Körper (Methylorangeverf.), die Ausscheidung im Harn sowie die Natur der Ausscheidungsprodd. nach intraperitonealer Injektion von 10 mg I/kg bzw. 50 mg I/kg subcutan (weiße Maus). Organe von Meerschweinchen werden zum Entzug von I mit Hexan behandelt (Puffer auf p_H 8). 3 Arten Ausscheidungsprodd. werden isoliert mit UV-Spektren sehr ähnlich dem des I. Weitere Einzelheiten der Aufarbeitungsverff. für Harn sowie papierchromatograph. Daten. (Folia pharmacol. japon. **52.** 102§. 20/3. 1956. [Orig.: japan.]) L. SCHULER. 4620

Hiroshi Shinagawa, *Wirkung von Chlorpromazin auf die Blutgefäße.* Die Wrkg. wird nach dem Verf. von KANDA untersucht. 1—5 mg *Chlorpromazin* (I)/kg intravenös bringen Erweiterung der Gefäße des Zentralnervensyst. maximal 6—15 Min. nach der Verabreichung. Der Effekt ist in verschied. Teilen nicht von gleicher Stärke: im Mittel beträgt der Anstieg bei 1 mg I, 14,9, bei 5 mg I 18,6%. Durchspülung mit I-RINGER-Lsg. (10^{-6} I) zeigt ähnliche Wrkg. auf die Capillaren, bei 10^{-5} I 32% Erweiterung der Capillaren. Vorbehandlung mit I vermindert die *Adrenalin*-Wrkg. auf 64,8%. *Atropin* hemmt die Gefäßerweiterung durch I nicht. (Folia pharmacol. japon. **52.** 103§. 20/3. 1956. Nagoya Univ. [Orig.: japan.]) L. SCHULER. 4620

Akira Ueno, Katsuyo Shirahige und **Yoshiro Nakazawa,** *Einfluß von Chlorpromazin auf die Blutzirkulation im Gehirn.* 0,5 mg *Chlorpromazin* (I) in die Halsschlagader bei Kaninchen bzw. Katze erzeugt nach dem Verf. von HATA (Folia pharmacol. japon. **51** [1955.] 67§) eine 50%ig. Steigerung der Blutdurchströmung. Die durch 0,2 γ *Acetylcholin* verdoppelte Blutstrommenge (cm^3) wird bei Vorbehandlung mit 1,5 mg *Atropin*/kg nicht beobachtet; durch I aber wird infolge der Gefäßerweiterung der Atropineffekt wieder ausgeschaltet. I intravenös ergibt keine Veränderung der Gehirnblutzirkulationsleistung. Die dabei im ganzen Körper zu beobachtende Blutdrucksenkung ist je nach der Geschwindigkeit der Injektion unterschiedlich. Bei Infusion von 0,5 γ/kg · Min. ist keine Drucksenkung zu bemerken, u. bis zu 25 mg Gesamtdosierung zeigt sich so gut wie keine Veränderung. 1,5 mg I/kg intramuskulär mit darauffolgender Injektion von *Methylhexabarbital* bzw. *Urethan* bringen keine Veränderung an Blutdruck u. Durchblutung. Bei umgekehrter Reihenfolge verursacht I sofort deutliche Durchblutungs- u. Druckabnahme. Nach Vorbehandlung mit 2 mg I/kg erzeugen 20 γ *Adrenalin* intravenös keine Blutdruckänderung oder aber eine Senkung. (Folia pharmacol. japon. **52.** 103§—104§. 20/3. 1956. Nagasaki Univ. [Orig.: japan.]) L. SCHULER. 4620

L. Decsi und **J. Méhes,** *Über den biochemischen Mechanismus der Phenothiazinwirkung.* In vitro-Verss. mit Gehirngewebe (Hund, Ratte) u. Lebergewebe (Ratte) u. in vivo-Verss. an Mäusen. *Largactil* (I), *Phenergan, Multergan* u. *Parsidol* hemmten die O_2-Aufnahme der Gehirnzellen u. führten in viel kleineren Konzz. zu einer Entkoppelung der oxydativen Phosphorylierung. Die zur Hemmung des Leberstoffwechsels notwendigen Konzz. der Stoffe waren 6—8 mal höher. Nur I hemmte die Adenosintriphosphataseaktivität, vor allem in der Hirnrinde u. in der Regio hypothalamica. In vivo konnte an der Maus festgestellt werden, daß I den Geh. des Gehirns an energiereichem Phosphat steigert. Die Bedeutung der teilweise nicht konformen Ergebnisse der in vitro- u. der in vivo-Verss. wird erörtert. (Naunyn-Schmiedebergs Arch. exp. Pathol. Pharmakol. **230.** 462—69. 15/6. 1957. Pécs, Ungarn, Med. Univ., Pharmakol. Inst.) K. RINTELEN. 4620

G. Chardon, *Über die Wirkung von Chlorpromazin.* Beim Hund kommt es nach intravenöser Injektion von 60 mg *Chlorpromazin* (I) zu keiner depressiven Wrkg. auf die vegetative Synapsenübertragung im Splanchnicusgebiet. I ist also kein Ganglienblocker. Die intravenöse Injektion von 50 mg *Tetraäthylamoniumbromid,* einem typ. Ganglienblocker, bewirkt jedoch dort eine Ganglienblockade. (C. R. Séances Soc. Biol. Filiales **149.** 1539—41. Aug./Sept. 1955. Algier, Fac. de Méd., Labor. de Physiol.) G. KIMMERLE. 4620

M. Tanche, *Chlorpromazin und Barbiturate im Kampf gegen die Kälte.* (Vgl. C. **1956.** 13199.) Am Hund wird festgestellt, daß durch die intravenöse Injektion von 5 mg *Chlorpromazin*/kg der O_2-Verbrauch pro kg u. Std. nur gering verändert wird, während dieser nach intravenöser Injektion von 300 mg *Penthiobarbital*/kg erheblich erniedrigt wird. Über die verschied. Angriffspunkte der beiden Stoffe wird diskutiert. (C. R. Séances Soc. Biol. Filiales **149.** 1561—64. Aug./Sept. 1955. Lyon, Fac. de Méd., Inst. de Physiol.) G. KIMMERLE. 4620

Robert A. Schneider und **J. Paul Costiloe,** *Wirkung von zentralwirksamen Arzneimitteln auf das beim Menschen bedingte Verhalten: die hemmenden und fördernden Wirkungen von Chlorpromazin, Amobarbital und Methylphenidylacetat auf den bedingten galvanischen Hautreflex.* Bei Versuchspersonen wurden die zentral depressiv wirkenden Stoffe *Chlorpromazin* (*Thorazine,* SMITH, KLINE & FRENCH LABOR., INC.) u. *Amobarbital* (*Amytal,* CIBA) sowie das zentral stimulierende Prod. *Ritalin* (*Methylphenidylacetat,* CIBA) am bedingten galvan. Hautreflex untersucht. Die Rk. auf den Schock wurde durch diese Verbb. nicht geändert. Die Ergebnisse werden in physiol. u. psychiolog. Hinsicht diskutiert. (Amer. J. med. Sci. **233.** 418—23. April 1957. Oklahoma City, Univ., School of Med.; Univ.-Hosp., Dep. of Med. and Psychiatry and Neurol.; Oklahoma Med. Res. Foundation.) G. KIMMERLE. 4620

Ss. Ss. Liberman und **M. D. Maschkowski,** *Neue Präparate für die Behandlung von Erkrankungen des Zentralnervensystems.* Übersicht an Hand der Literatur. — 63 Literaturangaben. (Медицинская Промышленность СССР [Med. Ind. UdSSR] **13.** Nr. 2. 3—10. Febr.; Nr. 3. 6—13. März 1959. Allunions Wiss. Chem. Pharmazeut. Ordstonikidse Forsch.-Inst.) OTTO MAIER. 4620

M. E. Forrester, *Verstörte chronisch psychotische Patienten: Versuchsbehandlung mit Stelazine.* Bei 25 chron. psychot. Patienten (hauptsächlich Shizophrenen) wurde versuchsweise *Stelazine* (*SKK 5019, Trifluoroperazine*, SMITH KLINE AND FRENCH LTD.) verabreicht. Es traten ziemlich häufig Nebenerscheinungen vom PARKINSON-Typ auf, die meist auf eine Behandlung mit Benzhexolhydrochlorid teilweise wieder verschwanden. Eine länger dauernde Behandlung mit Stelazine kann aber wegen der Nebenerscheinungen nicht empfohlen werden. (Brit. med. J. **1958 II.** 90—91. 12/7. Basingstoke, Hants, Park Prewett Hosp.) G. KIMMERLE. 4620

J. Lecomte, *Antihistamineigenschaften von Decarboxylverbindungen des Cysteins* (*Cysteamin und Cystamin*). Die Antihistaminwrkg. von *Cysteamin* (*β-Mercaptoäthylamin, Becaptan*, LABAZ; I) u. *Cystamin* (*Diaminoäthyldithioäther, 1591 L*; II) wird an peripheren Gefäßen von Hund u. Kaninchen, am isolierten Kaninchenherzen, am Histaminasthma des Meerschweinchens, am isolierten Darm von Kaninchen u. Meerschweinchen, u. an der cutanen Gefäßpermeabilität von Kaninchen u. Ratten geprüft. I u. II wirken antagonist. nur auf gewisse Eigg. des *Histamins* ein: Kontraktion des Darmmuskels, Erhöhung der vasculären Permeabilität. Die meisten anderen Eigg. des Histamins werden nicht beeinflußt; verstärkt werden: Kontraktion des Iliums u. Vasoconstriction. II besitzt eine geringe endogene histaminfreisetzende Wirkung. (Arch. int. Physiol. Biochim. **63.** 291—304. Sept. 1955. Liège, Univ., Inst. de Clin. et de Pathol. méd. A.) G. KIMMERLE. 4625

Teruichi Oriyama, Satoshi Watanabe und **Takeo Kumoi,** *Vergleichende Untersuchung der Giftigkeit und der Antihistaminwirkung von Thonzylamin und Thonzylamin–Penicillin G.* (Bericht an die Presse.) Bezogen auf das im *Thonzylamin* (I)–*Penicillin-G* (TP) enthaltene Penicillin ist nur eine leichte Blutdrucksteigerung zu beobachten. Die Toxizität entspricht der des Geh. an I, mit DL_{50} (Maus) 158 bzw. 138—182 mg/kg. In der Wrkg. am Dünndarm ist kein Unterschied von TP gegenüber I. Bei Vorbehandlung mit 0,09—0,18 mg TP, intravenös, erfolgt mit 0,5—1 γ Histamin/kg, intravenös, nur leichte Blutdrucksenkung. (Folia pharmacol. japon. **52.** 83§—84§. 20/3. 1956.) L. SCHULER. 4625

Hiroyuki Ohno, *Wirkung einiger Analgetica auf Mäuse nach Injektion von Histaminfreisetzern und von Antihistaminicis.* Bei täglicher subcutaner Injektion von bestimmten Dosen an *Sinomenin* (I) bzw. *Histamin* (II) zeigt I Zunahme der Reaktionszeit u. allmähliches Nachlassen, II verkürzte Anfangsreaktionszeit u. Verstärkung. An der Maus bringt fortlaufende I-Injektion (Leervers. mit NaCl) eine verstärkte analget. Wrkg. von *Morphin* (III), *Meperidin* (IV) u. *Ohton* (V), aber eine abgeschwächte Wrkg. von I, *Verb. 48/80, Benadryl* (IIIa) u. *Phenergan.* Bei III läßt obiger Effekt mit zunehmender Zeit nach Absetzen des I bzw. II nach bis zur Erreichung des gleichen Zustands wie bei den Kontrollen. Zusatz von Cortison zu I ändert an obiger I-Wrkg. nichts. Bei gleichzeitiger Zugabe von III bzw. IV oder V bzw. Aminopyrin (VI) zu I wird die Wrkg. von III—VI verstärkt, nicht die von 48/80. Bei an Morphin gewöhnten Mäusen ist die Wrkg. von I, VI u. IIIa verstärkt, nicht aber die von 48/80. IV u. V werden in ihrer Wrkg. wie die von III geschwächt. (Folia pharmacol. japon. **52.** 82§. 20/3. 1956. Okayama Univ. [Orig.: japan.]) L. SCHULER. 4627

G. Feurstein, *Zusammenhänge zwischen Oberflächenaktivität und Wirkungsstärke.* Es werden die Narkosetheorien in physikal.-chem. Hinsicht besprochen, wobei das Verhältnis der Narkotica zu Hydrophobie u. Lipophilie herausgestellt wird. An Hand einiger indifferenter Narkotica (*Methanol, A., n-Propanol, Isopropanol, n-Butanol, tert.-Octanol, Ae., Aceton, Benzamid, Thymol*) wird gezeigt, daß die Best. der relativen Oberflächenaktivität eine Aussage über diese Zusammenhänge ermöglicht. (Arzneimittel-Forsch. **8.** 694—96. Nov. 1958. Innsbruck, Univ., Pharmakol. Inst.) G. KIMMERLE. 4627

J. Kägi, *Veränderungen der Adrenalin- und Noradrenalinkonzentrationen im menschlichen Blutplasma während der Äthernarkose.* Bei 8 Patienten wurden unter möglichst gleichartigen Bedingungen vor u. während Ae.-Narkose wiederholt bestimmt: Blutdruck, Pulsfrequenz u. Plasmabrenzcatechinamingeh. (Meth. modifiziert von KÄGI, BURGER u. GIGER, vgl. C. **1959.** 15408). — Bei allen vollständig beobachteten Fällen kam es in tiefer Ae.-Narkose einheitlich zu einer Abnahme (20—73%) der Noradrenalin (I)-Konz. um 0,38—2,10 $\cdot 10^{-9}$ g/ml Plasma (die Ausgangswerte lagen zwischen 1,01 u. 4,6); dabei sank der Blutdruck gleichzeitig ab. Nach Aufhören der Ae.-Zufuhr stieg die I-Konz. in allen Fällen wieder an. Das Verh. des Plasmaadrenalingeh. war dagegen uneinheitlich. (Naunyn-Schmiedbergs Arch. exp. Pathol. Pharmakol. **230.** 479—88. 15/6. 1957. Zürich, Univ., Pharmakol. Inst.) K. RINTELEN. 4627

Chr. L. Rümke, *Die Wirkung der Atropinprämedikation auf die anästhetische Dosis einiger Barbiturate und Thiobarbiturate.* Durch die vorherige subcutane Injektion von 50 mg *Atropinsulfat*/kg wird die narkot. Wrkg. von *Thialbarbitonenatrium* (*Kemithal*),

Thiopentone (*Pentothal*), *Pentobarbitalnatrium* (*Nembutal*) u. *Hexobarbitalnatrium* (*Evipan*) bei Ratten verstärkt. Dagegen wird die Toxizität von Hexobarbital durch die Vorbehandlung mit Atropin bei Ratten nicht oder nur sehr wenig erhöht. (Arzneimittel-Forsch. **8.** 731—32. Nov. 1958. Amsterdam, FU, Labor. für Pharmakol. u. Neurobiochem.)
G. KIMMERLE. 4627

L. Angelucci, *Einfluß der Verabfolgung von Cocarboxylase auf die Gewöhnung an Morphin bei der Ratte.* (Vgl. C. **1959.** 10995.) Im Vgl. zu Kontrolltieren, die nur mit *Morphin* (täglich 10—25 mg/kg 40 Tage lang) behandelt werden, verhütet die tägliche Vorbehandlung mit *Thiamin* oder *Cocarboxylase* zuerst die Gewöhnung u. verlangsamt danach die Gewöhnung an den analget. Effekt des Morphins, so daß sich bei diesen Tieren keine unangenehmen Neben-Rkk. (Übererregbarkeit, Aggressivität, wenn nur Morphin gegeben) einstellen. Ein plötzliches Aussetzen der Behandlung führt nicht zu einem depressiven Zustand. Bei den Vitaminen allein wurde keine analget. Wrkg. beobachtet. (Boll. Soc. ital. Biol. sperim. **33.** 1403—06. Okt./Nov. 1957. Rom, Univ., Ist. di Farmacol.)
O. POLLAK V. EMHOFEN. 4627

R. Charonnat und **P. Lechat,** *Anwendung der Corneaanästhesie zur Differenzierung verschiedener Gifte. Ergotamin und Dihydroergotamin.* Zur Unterscheidung von *Ergotamintartrat* u. *Dihydroergotaminmethosulfat* wird nach dessen intravenöser Injektion mit einer 0,01%ig. Lsg. von Cinchocainhydrochlorid eine Corneaanästhesie beim Kaninchen hergestellt. Durch Ergotamin wird diese Anästhesie verstärkt, durch Dihydroergotamin nicht. (C. R. Séances Soc. Biol. Filiales **149.** 1360—62. Juli 1955. Paris, Pharmacie Centrale des Hôpitaux.)
G. KIMMERLE. 4628

P. Bianchini, *Bestimmung der muskelentspannenden Aktivität mit dem Colontest.* Es wird eine Meth. beschrieben, nach der muskelerschlaffende Wrkg. von Verbb. an Colonabschnitten (Meerschwein, Ratte) getestet werden kann. Das 2 cm lange Organstück wird im Thermostaten in der Bad-Fl., durch die O_2 perlt, mit 100 μg Acetylcholin/ml vorbehandelt u. darauf die Untersuchungssubstanz zugefügt. Deren Wrkg. wird kymograph. verfolgt. (Boll. Soc. ital. Biol. sperim. **33.** 1458—60. Okt./Nov. 1957. Mailand, Ind. Farmaceut., Labor. Ricerche Crinos.)
O. POLLAK V. EMHOFEN. 4628

Leon Cander und **J. H. Comroe,** *Eine Methode zur objektiven Bewertung von bronchodilatatorischen Arzneimitteln.* Es wird eine Meth. angegeben, um bei Patienten mit Asthma bronchiale durch Best. der Vitalkapazität u. der maximalen Exspirationsluft bronchodilatator. wirksame Arzneimittel zu bewerten. Das Einatmen eines Aerosols, das 5% *Dapanone* (*3.4-Dihydroxyisopropylaminpropiophenonhydrobromid,* SHARP & DOHME, INC., West Point, Pa.) enthält, ist genau so akt. wie Aerosol mit 0,5% *Isuprel.* Bessere Ergebnisse hat jedoch eine kombinierte Behandlung durch Einatmen dieser Stoffe u. intravenöse Injektion von *Aminophyllin.* (J. Allergy **26.** 210—18. Mai 1955. Philadelphia, Pa., Univ., Graduate School of Med., Dep. of Physiol. and Pharmacol.)
G. KIMMERLE. 4628

Gordon L. Snider, Keith Barnett, David B. Radner und **Milton M. Mosko,** *Die Bewertung von bronchodilatatorischen Arzneimitteln bei der Behandlung von Asthma.* Bei Asthmakranken kann man den Wert von bronchodilatator. wirksamen Stoffen *Choledyl, Adrenalin*) mit der beschriebenen Meth. angeben, wobei die maximale Atmungskapazität u. die zeitabhängige Vitalkapazität bestimmt werden. (J. Lab. clin. Med. **46.** 348—58. Sept. 1955. Chicago, Ill., Michael Reese Hosp., Chest and Allergy Dep.)
G. KIMMERLE. 4628

Ivan Bertrand, Th. Gayet-Hallion und **D. Quivy,** *Einfluß von gewissen ganglioplegischen und neuroplegischen Stoffen auf die Antikrampfwirkung von Diphenylhydantoin.* Bei Ratten wird nach Vorbehandlung mit *Diphenylhydantoin* (I) allein oder zusammen mit gangliopleg. u. neuropleg. Stoffen ein Elektroschock ausgelöst u. dann geprüft wie die Antikrampfwrkg. von I durch diese Verbb. verändert wird. Dabei potenziert *Chlorpromazin* die I-Wrkg. ziemlich stark, während dieses durch *Pentamethonium* nur schwach ausgeprägt ist. Bei *Hexamethonium* u. *Pentamethazen* (*Pendiomid*) ist die Wrkg. zweifelhaft. (Arch. int. Pharmacodynam. Thérap. **100.** 283—97. 1/1. 1955. Paris, École des Hautes-Études, Labor. de Physiol. pathol.)
G. KIMMERLE. 4628

Satoshi Uchida, *Wirkungen von Arzneistoffen auf die Harnblase und deren Schließmuskel.* Mittels eines kleinen u. größeren eingeführten Ballons wird bei 2-kg-Kaninchen (♂), bei gleichzeitiger Registrierung von Blutdruck u. Atmung, der Tonus von Harnblase u. Schließmuskel registriert (Dosen in mg/kg). *Pilocarpin,* 0,5 intravenös (i.v.), verstärkt den Blasentonus (BT) u. verringert nach vorübergehendem Anstieg den Schließmuskeltonus (ST) für 10—40 Minuten. *Atropin,* 0,5—1, i.v. senkt beide. Bei *Adrenalin,* 0,005 bis 0,05, sofort starker Anstieg des ST, langsame Senkung des BT, nur wenige Minuten. — Bei *Atonin,* 0,05 cm^3, steigt ST leicht an, dann Senkung, BT: deutlich langsamer Anstieg, erst nach ca. 1 Std. zurück auf normal. — *Bei Strychninnitrat*: 0,025—0,05, BT u. ST allmäglich steigend. Gelegentliche Zusammenziehung beider. — Bei *Morphin*, 5, ST sofort Anstieg, dann langsame Senkung des BT, einige Zehnerminuten. *$BaCl_2$*, 1—2, Anstieg von ST u. BT. *Aminopan-Na*, 5—10, *$MgCl_2$*, 25 u. *Ravonal* 5—10, deutliche Senkung beider. (Folia pharmacol. japon. **52.** 89§. 20/3. 1956. Fukuoka, Kyushu Univ. [Orig.: japan.]) L. SCHULER. 4628

John W. Draper und **Mieczyslaw Sierp**, *Vergleichende Untersuchung der Wirkung von verschiedenen anticholinergischen Arzneimitteln an der menschlichen Blase, welche durch Furmethide stimuliert worden ist.* Bei Versuchspersonen wird nach Einführen eines Katheters in die Harnblase ein Cystometrogramm angelegt. Es werden dann verschied. anticholinerg. Handelspräpp. injiziert u. dann nach einiger Zeit *Furmethide* (**I**), ein stark cholinerg. wirksamer Stoff verabreicht u. beobachtet, ob **I** die anticholinerg. Blockade dieser Substanz durchbrechen kann. Von folgenden geprüften Präpp. *Antrenyl* (*Oxyphenoniumbromid, Phenylcyclohexylhydroxyessigsäurediäthylaminoäthylestermethobromid*, CIBA, 2—4 mg intramuskulär), *Banthinebromid* (*Methanthelinbromid*, SEARLE & CO., 50 mg intramuskulär [i.m.], **II**), *Centrine* (*3K 1358, Aminopentamid, α.α-Diphenyl-γ-dimethylamino-α-valeramid*, BRISTOL LABOR., 0,2—0,5 mg i.m.), *Profenil* (*Bis-[γ-phenylpropyl]-äthylamin*, CARROL DURHAM SMITH CO., 45 mg i.m.), *Pro-Banthine* (*SC-3171, Xanthen-9-carbonsäure-β-diisopropylaminoäthylestermethobromid*, SEARLE & CO., 25 mg i.m., **III**), *Darstine* (*SD 1575, 5-Methyl-4-phenyl-1-[piperidyl-(1)]-hexanol-3-methobromid*, SHARP & DOHME, 25—50 mg i.m., **IV**), *SKF-1637* (*Scopolamin-N-butylbromid*, SMITH, KLINE & FRENCH, 4 mg i.m.), *U-0229* (*α.α-Diphenyl-γ-[piperidyl-(1)]-butyramidhydrochlorid*, UPJOHN, 0,005—0,015 mg/kg, **V**), *Pamine* (*U-0382, Scopolaminmethobromid*, UPJOHN, 0,0002—0,0005 mg/kg i.m.), *U-0385* (*α.α-Diphenyl-γ-[piperidyl-(1)]-butyramidmethodbromid*, UPJOHN, 0,005—0,0025 mg/kg i.m.), *WIN-4369* (*2-Diäthylaminoäthyl-2-cyclopentyl-2-[thienyl-(2)]-hydroxyacetatmethobromid*, WINTHROP-STEARNS, 1—3 mg i.m.), *Tricoloid* (*1-[3'-Phenyl-3'-cyclohexyl-3'-hydroxypropyl]-pyrrolidinmethochlorid*, BURROUGHS WELLCOME & CO., 20 mg i.m.) u. *Atropinsulfat* (0,4 mg i.m.) haben **II**, **III**, **IV** u. **V** eine so gute anticholinerg. Wrkg., daß sie die Wrkg. von **I** am Blasenschließmuskel aufheben können. Die hypotone Blase reagiert auf die Stimulierung weniger stark als eine hypertone Blase. (J. Urology **75.** 665—70. April 1956. New York, Bellevue Hosp., Second Surgical Div. [Urology].) G. KIMMERLE. 4628

K. Kashiwagi und **B. Rabinovitsch**, *Eine Untersuchung von monomolekularen Myosinoberflächenschichten und gewisse biologisch wichtige Substrate. 2. Mitt. Acetylcholinbromid und synthetische curareähnliche Verbindungen.* (1. vgl. C. **1959.** 9308.) Vff. untersuchen den Einfl. von *Adenosintriphosphat* (*ATP*), *Acetylcholin* (**VI**) u. der curareähnlichen Verbb. *n-Amyltrimethylammoniumbromid* (**I**, F. 189—190°), *1.5-Bis-[trimethylammonio]-pentandibromid* (**II**, F. 285° [Zers.]), *n-Decyltrimethylammoniumbromid* (**III**, F. 220°) u. *1.10-Bis-[trimethylammonio]-decandibromid* (**IV**, F. 247°) auf die Oberflächenverhältnisse einer monomol. Schicht von aus Rücken- u. Beinmuskeln frisch geschlachteter Kaninchen gewonnenem *Myosin* (**V**). 10^{-6} mol. ATP im Substrat erhöht die Oberflächenkräfte F_m der Flächeneinheit, übt aber keinen Einfl. auf die Oberflächengröße A_m aus (A_m ist von der Mol.-Zahl u. der Konfiguration der **V**-Moll. abhängig). Die 100fache ATP-Konz. erhöht F_m u. A_m, was durch erhöhte Rückstoßkräfte sowie das Vorhandensein einiger ATP-Moll. neben den **V**-Moll. in der Oberfläche erklärt wird. Kleinere F_m -u. A_m-Werte bei der Einw. von **I** auf **V** deuten auf red. Rückstoßkräfte u. einen verdichteten Film hin; Zugabe von ATP zu diesem Substrat vergrößert bei gleichem A_m-Wert den F_m-Wert stark, was die Fähigkeit des ATP, die Rückstoßkräfte eines Films zu erhöhen, deutlich macht. **III** im Substrat erzeugt einen kleineren A_m-, aber größeren F_m-Wert, was auf die Kondensation des Films nicht wie bei **I** zur Fl., sondern zu einem elast. Gel mit hoher Kompressibilität zurückgeführt wird. **II** ähnelt **III**, beide unterscheiden sich nach Zugabe von **VI**; bei erstem hebt **VI** unter starker Verminderung des F_m-Werts die Wrkg. von **II** auf u. durchdringt gleichzeitig unter starker Vergrößerung von A_m den Film, **III** wird kaum beeinflußt. **IV** ist als einzige der untersuchten curareähnlichen Verbb. spezif. im Aufheben der **VI**-Aktivität, **II** beeinflußt sie überhaupt nicht. Vff. nehmen einen genau definierten Abstand der akt. Stellen im Proteinmol. an, von denen ein **IV**-Mol. gleichzeitig 2 blockieren kann; Blockierung zweier Stellen an 2 verschied. Moll. erklärt die Herabsetzung der Dehnfähigkeit des Films. **IV** hat die höchste, **II** die niedrigste curareähnliche Aktivität in der Reihe der Methoniumverbb. (Polymethylendiammoniumverbb.). **II** u. **IV** reagieren nach 2 verschied. Mechanismen. Die Wrkg. von **VI** in Ganglien ist elektr. Natur, wahrscheinlich wird die Permeabilität der Nervenmembranen für spezif. Ionen, z. B. K^+ erhöht. ATP verringert den Einfl. von **IV** mehr als **VI**. In ATP-**VI**-Substratgemischen spielt **VI** die bedeutendere Rolle, wobei ATP zunächst vom **V**-Film absorbiert, dann durch **VI** ersetzt wird. (Arch. Biochem. Biophysics **59**. 113—24. Nov. 1955. Chicago, Ill., Illinois Inst. of Technol., Chem. Dep.) U. UHLICH. 4628

Jeanne Lévy und **Estera Michel-Ber,** *Über die ganglioplegischen, curareartigen und cholinesterasehemmenden Eigenschaften einiger Vinylanalogen von Alkyldimethyl-β-hydroxyäthylammoniumverbindungen. N-Decyl-, N-Dodecyl-* u. *N-Hexadecyl-N-[p-methoxybenzyl]-N.N-dimethylammoniumbromid* sowie *N-Decyl-, N-Dodecyl-* u. *N-Hexadecyl-N-[β-hydroxyäthyl]-N.N-dimethylammoniumbromid* werden am Hundeblutdruck u. am mit Eserin behandelten Rattendarm auf ihre gangliopleg. Wrkg., am Zwerchfell–Nervus-phrenicus-Präp. der Ratte auf Curareeigg. u. auf ihre Hemmwrkg. der Pseudocholinesterase u. spezif. Cholinesterase untersucht. Durch Auseinanderziehen der funktionellen Gruppen sieht man, daß bei den 3 ersten Verbb. (Benzylverbb.) die gangliopleg. Eigg. zurückgehen, die Curare-Wrkgg. gleich bleiben oder zunehmen u. vor allem die Hemmung der spezif. u. der Pseudocholinesterase sich stark erhöht. (C. R. Séances Soc. Biol. Filiales **149**. 1356—58. Juli 1955. Paris, Fac. de Méd. et Inst. Fournier.) G. KIMMERLE. 4628

L. W. Hall, *Freisetzung von adrenergischen Brenzcatechinen nach der Verabreichung von Hexamethoniumbromid.* Bei narkotisierten Katzen u. Hunden bewirkt eine intravenöse Injektion von 2 mg *Hexamethoniumbromid* (*Vegolysen*, MAY AND BAKER LTD., **I**)/kg einen sofortigen Abfall des Blutdruckes u. eine Atemfrequenzerhöhung. Der Blutdruck steigt dann bald wieder auf n. Werte an. **I** stimuliert die Freisetzung der adrenerg. Brenzcatechinen (*Adrenalin, Noradrenalin*) aus dem Nebennierenmark. Dieses zeigt sich dadurch, daß dieser Effekt durch die intravenöse Injektion von 1 mg *2-[Piperidyl-(1)-methyl]-1.4-benzodioxan* (*Piperoxane*, MAY AND BAKER LTD.)/kg, ein das adrenerg. Syst. blockierender Stoff, verhindert wird. Bei adrenalektomierten Tieren verursacht **I** eine Blutdrucksenkung, welche aber nur langsam wieder verschwindet. Wird **I** nach Verabreichung von 1 mg/kg *2-[N-p-Tolyl-N-m-hydroxyphenylaminomethyl]-imidazolinmethansulfonat* (*Rogitine*, CIBA), einen adrenolyt. Stoff, gegeben, so treten die gleichen Wrkgg. wie nach Adrenalektomie auf. Die teilweise Normalisierung des durch **I** zuerst gesenkten Blutdruckes geschieht zunächst durch das Ansteigen der Atemfrequenz u. dann durch die Freisetzung der sympath. Amine aus dem Nebennierenmark. (Brit. J. Anaesthesia **29**. 294—302. Juli 1957. Cambridge, Univ., Dep. of Vet. Clin. Studies.) G. KIMMERLE. 4628

Richard L. Irwin und **Jay B. Wells,** *Die respiratorische Aktivität von gewissen neuromuskulär blockierenden Verbindungen: ein direkter peripherer und zentraler Vergleich.* Es wird eine Meth. beschrieben, um bei Hunden eine Kopfpräparation zu erhalten, wobei die Gefäße isoliert, die Nervenverbindungen aber noch vorhanden sind. An diesem Präp. zeigt sich, daß die Muskelrelaxantien *Succinylcholin, Dekamethonium* oder *d-Tubocurarin* in Dosen, die beim narkotisierten Tier eine Apnoe bewirken, bei Abwesenheit einer peripheren Wrkg. die Atmung nicht beeinflussen. Somit ergibt sich, daß die Hemmung der Atmung durch einen peripheren Angriffspunkt der Muskelrelaxantien zustande kommt u. nicht durch einen zentralen (vgl. ELLIS u. Mitarbeiter, J. Pharmacol. exp. Therapeut. **106**. [1952.] 353). (J. Pharmacol. exp. Therapeut. **119**. 329—42. März 1957. Bethesda, Md., US Dep. of Health, Educat., and Welfare, Public Health Service, Nat. Insts. of Health, Nat. Inst. of Neurolog. Diseases and Blindness.) G. KIMMERLE. 4628

M. L. Tarachowski, *Über die Bedeutung der Sulfhydrylgruppen bei der Wirkung von Abkömmlingen der quartären Ammoniumbasen (zum Wirkungsmechanismus der ganglienblockierenden Mittel).* Verss. am isolierten Froschherzen, am M. rectus abdominis des Frosches sowie an Katzen u. weißen Mäusen ergaben, daß *Cystein* u. *Harnstoff*, welche die Konz. der freien SH-Gruppen im innervierten Gewebe vermehren, die ganglienblockierende, curareartige u. die Herztätigkeit deprimierende Wrkg. von *N.N'-Hexamethylen-bis-[trimethylammoniumjodid]* (*Hexonium*), *N.N'-Hexamethylen-bis-[trimethylammoniumnicotinat]* (*Hexonat*) u. *N.N'-Hexamethylen-bis-[trimethylammoniumbenzoat]* zu hemmen vermögen. (Бюллетень Экспериментальной Биологии и Медицины [Bull. exp. Biol. Med.] **47** (**24**). Nr. 2. 83—87. Febr. 1959. Tschernowitz, Med. Inst., Lehrstuhl für Pharmakol.) E. RENTZ. 4628

Leslie Rendell-Baker, Francis F. Foldes, John H. Birch und **Peter B. D'Souza,** *Experimentelle Untersuchungen mit Prestonal, einem neuen kurz wirkenden Muskelrelaxans.* Bei 51 Patienten werden in Narkose die Wrkgg. von *N.N.N'.N'-Tetramethyl-N.N'-bis-[carbopropoxymethyl]-3.14-dioxahexadecylen-1.16-diammoniumdibromid* (*Prestonal*, GEIGY A. G., Basel, **I**) auf das Atemvol. untersucht. Die Wirkungsdauer von **I** liegt zwischen der von Suxamethonium u. Dekamethonium. Die intravenöse Injektion von 0,75 mg **I**/kg bewirkt eine Apnoe von 3 Minuten. **I** besitzt kaum einen kumulierenden Effekt. Bei Verabreichung von 1,5 mg **I**/kg können eine Blutdrucksenkung u. eine Hautrötung auftreten. Die respirator. Wrkgg. von **I** werden durch die anschließende intravenöse Injektion von 0,3 mg *Edrophonium* (*Tensilon*)/kg potenziert, weniger stark durch *Neostigmin* (*Prostigmin*) oder *Pyridostigmin* (*Mestinon*). Alle diese letzgenannten Verbb. u. I verursachen einen Depolarisationsblock beim Menschen. (Brit. J. Anaesthesia **29.** 303—09. Juli 1957. Pittsburgh, Pa., Mercy Hosp., Dep. of Anesthesiol.; Univ., School of Med., Dep. of Surg., Sect. of Anesthesiol.) G. KIMMERLE. 4628

Danuta Augustowska, Feliks Kaczmarek und **Krystyna Szpunar,** *Die antispasmodische Wirkung der Johanniskrautpräparate.* Die Flavonfraktion des Johanniskrautes, erhalten durch Perkolation der Droge mit Essigsäureäthylester, zeigt die stärkste spasmolyt. Wrkg. am isolierten Kaninchendarm [1 g der Fraktion entspricht 6670 γ Papaverinhydrochlorid (I)]. Die Hypericinfraktion, erhalten durch anschließende Perkolation mit Methanol, ist 10mal schwächer. 1 g der Johanniskrauttinktur entspricht 1000, des Intrakts 923, des Aufgusses 800 u. des fl. Extraktes 550 γ I. (Biul. Inst. Roślin leczniczych **4.** 219—24. Sept. 1958. Poznań.) F. URBAN. 4628

I. Chanarin, P. C. Elmes und **D. L. Mollin,** *Folsäureuntersuchungen bei megaloblastischer Anämie durch Primidone.* Bei einer Patientin, die durch Behandlung mit dem antikonvulsiven Mittel *Primidone* (*Mysoline*) eine megaloblast. Anämie bekam, wurden mit *Folsäure* Unterss. durchgeführt. Die Resorption der Folsäure war normal. Im Gegensatz zu megaloblast. Anämien auf Grund von Folsäuremangel hatten hier auch die Folsäure speichernden Gewebe einen n. Gehalt. Die Anämie kann also nur durch eine Störung des Gewebestoffwechsels der Folsäure durch Primidone entstanden sein. (Brit. med. J. **1958 II.** 80—82. 12/7. London, Postgraduate Med. School, Dep. of Haematol. and Med.) G. KIMMERLE. 4628

S. Locket, *Ein neuer oral wirksamer, lange wirkender Ganglienblocker zur Behandlung der Hypertension* (*189c56*). Die klin. Wirksamkeit des neuen oral wirksamen Ganglienblockers *1-[N-(β-Morpholinoäthyl)-N-methylamino]-5.5-bis-[p-chlorphenyl]-5-cyanpentan-bis-[methomethylsulfat]-trihydrat* (*189 c 56*) mit lange anhaltender Wirksamkeit wird bei 11 Fällen von Hypertension untersucht. Die Wirksamkeit hält meist bei oraler Einnahme am Morgen den ganzen Tag an. Nebenerscheinungen am Darm oder an der Blase treten nicht auf. (Brit. med. J. **1958 II.** 74—78. 12/7. Romford, Essex, Oldchurch Hosp.) G. KIMMERLE. 4630

J. R. Cox und **J. J. Daly,** *Wirkungen von Pentacyniummethylsulfat auf die Nierendurchblutung bei Hypertension.* (Vgl. vorst. Ref.) Da die meisten Ganglienblocker, die bei der Hypertension wirksam sind, die Nierendurchblutung vermindern, wird nun bei mehreren Hochdruckpatienten, die mit *Pentacyniummethylsulfat* (*139c55, Presidal*) behandelt werden, die Durchblutung der Nieren mit Clearanceverss. untersucht. Die effektive Nierendurchblutung u. der glomeruläre Filtrationsbetrag wird bei allen Personen anfangs herabgesetzt. Der Blutdruck wird durch täglich eine Injektion Presidal herabgesetzt. (Brit. med. J. **1958 II.** 78—80. 12/7. Sheffield Roy. Hosp., Med. Professorial Unit.) G. KIMMERLE. 4630

Tohoru Yui und **Yuzi Takeo,** *Pharmakologische Untersuchung über Ergotalkaloide.* 3. Mitt. *Mechanismus der hypotensiven Wirkung von Dihydroergokryptin und die Adrenalinumkehr bei der normalen und der spinalen Katze.* Die blutdrucksenkende Wrkg. von *Dihydroergokryptin* (I) zeigt sich auch bei durch Blutverlust erniedrigtem (50 bis 60 mm Hg) Blutdruck. Durch Durchtrennung der beiden Vagusstämme wird die Senkung etwas abgeschwächt. Vorbehandlung mit 1 mg *Atropin*/kg intravenös sowie C_6- oder Tetraäthylammoniumbromid (TEAB)-Durchströmung läßt die Senkung ausbleiben. Bei Rückenmarkzerstörung (Spinalkatze) fällt die Senkung aus, es erscheint starker Druckanstieg. Auch bei Aufrechterhaltung eines Drucks von 100 mm Hg durch Atoninperfusion zeigt sich noch Neigung zu der gleichen Erscheinung. Bei Perfusion mit Adrenalin oder Noradrenalin wird durch Gaben von I eine dauernde Senkung bewirkt. Die Adrenalinumkehr ist unabhängig von der Ggw. der Zentren, einer Ganglienblockade oder von Antihistaminicis u. beschränkt rein auf die peripheren Nerven. (Folia pharmacol. japon. **52.** 90§—91§. 20/3. 1956. Takeda Forsch.-Labor. [Orig.: japan.]) L. SCHÜLER. 4630

John H. Moyer und **Carroll A. Handley** (unter techn. Mitarbeit von **Ann Hall** und **Margaret Mazeika),** *Niereneinwirkung von Pentolinium: Laborbeobachtungen.* Nach intravenöser Injektion von 2 mg *Pentolinium* (I)/kg wurde bei narkotisierten Hunden dessen Wrkg. auf die Nierenhämodynamik u. -funktion untersucht. Neben der Blutdrucksenkung bewirkte I eine Herabsetzung des glomerulären Filtrationsbetrages u. der Nierendurchblutung. Die Ausscheidung von W. u. Elektrolyten wurde durch I nicht beeinträchtigt. Da nach 3 Tagen die Nierenfunktionsprüfungen wieder n. Werte zeigten, ist anzunehmen, daß I durch einen direkten physiol. Mechanismus an der Niere wirkt u. daß I keine Nierenschädigung verursacht. (Amer. J. med. Sci. **231.** 134—39. Febr. 1956. Houston, Texas, Baylor Univ., Coll. of Med., Dep. of Pharmacol.) G. KIMMERLE. 4630

Samuel Waldman und **Louis Pelner,** *Behandlung des ambulanten Hochdruckpatienten mit Pentoliniumtartrat. Eine Methode zur Dosisregulierung.* 26 Patienten mit schwerer oder progressiver Hypertonie wurden 3 Wochen bis 11 Monate mit täglich oralen Gaben von *Pentoliniumtartrat* (*Ansolysen,* WYETH, INC.) bis zu 300 mg behandelt. Die Behandlungserfolge waren gut. (Amer. J. med. Sci. **231.** 140—50. Febr. 1956. Brooklyn, N. Y., Unity Hosp.; Long Island Coll. Hosp., Cordial Clin., Dep. of Med. and Swedish Hosp.) G. KIMMERLE. 4630

James Conway, *Das Verhalten des Blutzuckers von normalen und hypertonischen Kaninchen auf Gaben von L-Noradrenalin und bei Ganglienblockierung durch Hexa- oder Pentamethonium.* Bei n., ruhenden, nichtnarkotisierten Kaninchen beträgt der arterielle Blutdruck ca. 57 mm Hg u. bei hyperton. Kaninchen (Einkapselung der Nieren) ca. 93 mm Hg. Die intravenöse Injektion der Ganglienblocker *Hexamethonium* u. *Pentamethonium* senkt den Blutdruck der n. um 12 mm Hg u. der hyperton. Tiere um 21 mm Hg. Bei Infusion von *L-Noradrenalin* (0,6—1,3 γ/kg/Min.) ist die Erhöhung des Blutdruckes 23 bzw. 29 mm Hg. Werden aber die Ganglienblocker längere Zeit vor dem L-Noradrenalin gegeben, so kommt es nach der Injektion des L-Noradrenalins zu einer Blutdruckerhöhung von 50 bzw. 75 mm Hg. Es entsteht also eine besondere Empfindlichkeit gegen L-Noradrenalin. Es wird angenommen, daß auch bei chron. Hypertonie eine verstärkte Empfindlichkeit gegen L-Noradrenalin besteht. (J. Physiology **127.** 69—80. 28/1. 1955. London, Univ., Dep. of Physiol., Charing Cross Hosp., Med. School.) G. KIMMERLE. 4630

H. Jordan, *Strombahneffekte des Phenyläthylessigsäure-β-diäthylaminoäthylesters.* Die interavenöse Injektion von 0,049 g *Phenyläthylessigsäure-β-diäthylaminoäthylester* (*Convenil,* HOMMEL, Zürich, *HH 205*) bewirkt bei gesunden Personen eine Einengung der Blutdruckamplitude durch Anstieg des diastol. Druckes u. des Gesamtwiderstandes der Strombahn, sowie ein Absinken der Förderleistung des Herzens. Diese Wrkgg. sind ca. 20 Min. nach der Injektion deutlich. Störende Nebenwrkgg. treten bei langsamer, im Liegen durchgeführter Injektion nicht auf. (Arzneimittel-Forsch. **8.** 716—17. Nov. 1958. Bad Elster, Kliniken der Staatl. Rheumaforschungsanst.) G. KIMMERLE. 4630

Stanisław Biniecki, *Chemie therapeutisch angewandter blutdrucksenkender Stoffe.* Übersicht. — 21 Literaturangaben. (Acta polon. pharmac. **15.** 421—32. 1958.) F. URBAN. 4630

Charles M. Ebner und **Yoshikazu Morita,** *Die Wirkung von Chlorisondamine auf die Nierenhämodynamik bei hypertensiven Patienten.* Durch die intravenöse Injektion von 2,5—10 mg *Chlorisondamine* (*Ecolid,* CIBA) kommt es bei liegenden, hyperton. Patienten zu einem Abfall des mittleren Blutdruckes um $^1/_3$ des Kontrollwertes. Der glomeruläre Filtrationsbetrag fällt um 32% in der 1. Std. u. erreicht nach 2 Std. den vorherigen Wert wieder. Der gesamte renale Gefäßwiderstand sinkt um $^1/_4$ gegenüber der Kontrolle. Die Nierendurchblutung (mittlerer arterieller Blutdruck/renaler Gefäßwiderstand) verändert sich dabei bes. durch die Abnahme des renalen Gefäßwiderstandes. (Amer. J. med. Sci. **233.** 424—29. April 1957. Detroit, Mich., Wayne State Univ., Coll. of Med., Dep. of Med. and Detroit Receiving Hosp.) G. KIMMERLE. 4630

Minoru Saito, Hiromu Saito und **Hisatake Naito,** *Pharmakologische Untersuchung über Eisenchlorophyllinnatrium.* Beim Durchströmungsvers. am Kaninchenohr mit LOCKE-Lsg. haben 0,03—0,06 mg *Fe-Chlorophyllin-Na* (I) keinen Einfl. auf die durch *Adrenalin* (II) bewirkte Capillarverengung, 0,75—1,5 mg I verstärken die II-Wrkg., wobei *Acetylcholin* (III) ohne Wrkg. darauf bleibt. 0,75—1,5 mg I allein verursachen eine gewisse Capillarverengung. Mischt man zu defibriniertem Blut LOCKE-Lsg. u. läßt O_2 bzw. CO_2 durchperlen u. wiederholt obigen Durchströmungsvers. mit hohem oder niedrigem O_2-Zustand, so zeigt I auf die Verengung durch II einen teilweisen hemmenden Einfl., aber die Capillarerweiterung durch III bleibt unbeeinflußt. I allein bringt nur geringe Capillarerweiterung. Beim Darmbewegungsvers. zeigt I im Falle guter O_2-Versorgung fast keinen Einfl. auf die II- u. III-Wirkung. Bei O_2-Mangel zeigt sich die Wrkg. von II allein gehemmt, u. nach Zufuhr von I ist keine Hemmung zu beobachten. III zeigt nicht das bei II beobachtete veränderbare Verhalten. Am isolierten Froschherzen sind erheblich höhere Konzz. für eine Wrkg. erforderlich. (Folia pharmacol. japon. **52.** 90§. 20/3. 1956. Ōsaka, Med. Hochsch. [Orig.: japan.]) L. SCHULER. 4630

Seiichi Uchizumi, *Über den Mechanismus der hypotensiven Wirkung von Berberin. Berberin* hemmt die Wrkg. der *Cholinesterase,* was gegebenenfalls in Beziehung zum Mechanismus der hypotensiven Wrkg. steht. (Folia pharmacol. japon. **52.** 85§—86§. 20/3. 1956. Kyōtō Univ.) L. SCHULER. 4630

Kiro Shimamoto, Seiichi Uchizumi und **Kunio Inoue,** *Ergänzungen über die Wirkung von Berberin.* Im Gegensatz zu der starken Anticurarewrkg. von *Berberin* (I), bes.

am Frosch, ist die Wrkg. am Kaninchen (Head-drop) u. der Maus nur schwach. Nur durch ziemlich hohe I-Dosen läßt sich die Lebensdauer bei Curarevergiftung verlängern. (Folia pharmacol. japon. **52.** 86§—87§. 20/3. 1956. Kyōtō Univ. [Orig.: japan.]) L. SCHULER. 4630

Hiroshi Yada, *Wirkung der Alkaloide von Rauwolfia serpentina auf die Blutgefäße.* Geprüft wird ein Gesamtalkaloidpräp. der DAINIPPON A.G., *Egarin* (I). Es wird gelöst in 1 Vol. Propylenglykol + 12 Voll. RINGER-Lsg. (1 cm^3 = 5 mg I). Erst bei 1—1,25 mg I/kg zeigt sich nach 10 Min. bis 46% Erweiterung der Gefäße (zentrale Wrkg.), bei 2,5 mg in 15 Min. 100%. Nach 1½ Std. ist nach Durchtrennung der hinteren Nerven noch Spannung der Gefäße beobachtbar. Das Lösungsm. allein bewirkt bis zu 10% Erweiterung. Periphere Wrkg.: Bei 2000facher Verdünnung 71% Gefäßerweiterung, bei 40000facher 28%. Eine antiadrenerg. Wrkg. ist nicht vorhanden. Die Atropinwrkg. wird durch I etwas gehemmt. (Folia pharmacol. japon. **52.** 92§. 20/3. 1956. Nagoya Univ. [Orig.: japan.]) L. SCHULER. 4630

Alvin P. Shapiro und **H. C. Teng** (unter Mitarbeit von **W. H. Trimble**), *Technik der kontrollierten Medikamentenprüfung, illustriert durch eine vergleichende Untersuchung an Rauwolfia serpentina, Phenobarbital und Placebo bei Hochdruckpatienten.* In einer modifizierten, durch Zufallauslese bestimmten Doppelblindtechnik konnte an Hypertonikern nach 3mal täglich 2 mg *Rauwolfia serpentina* (I) zwar eine definitive, aber nur begrenzte Senkung des peripheren Widerstandes nachgewiesen werden, welche sich in einer Blutdrucksenkung von nur ca. 10 mm Hg zeigte. Damit war I nur geringfügig wirksamer als 3mal täglich 30 mg *Phenobarbital* (II), wobei II noch den Vorteil geringfügigerer Nebenwrkgg. aufwies u. bei einer gegenüber I größeren Anzahl von Patienten zu subjektivem Wohlbefinden führte. (New England J. Med. **256.** 970—75. 23/5. 1957. Dallas, Texas, Univ. of Texas, Southwestern Med. School, Dep. of Int. Med.; Parkland Mem. Hosp., Outpatient Clinic.) U. TAUSENDFREUND. 4630

Jean La Barre und **Jean-Jaques Desmarez,** *Zu den tranquillisierenden Eigenschaften von reserpinfreien Rauwolfia vomitoria-Extrakten.* Bei 10—12 kg schweren Hunden wurden, nachdem ihnen an drei aufeinanderfolgenden Tagen 0,1 mg reines Reserpin (I)/kg bzw. 1,0 mg I-freier Rauwolfia vomitoria-Extrakt/kg intramuskulär appliziert worden war, nach einer früher angegebenen Meth. (vgl. DESMAREZ, C. R. Séances Soc. Biol. Filiales **151.** [1957.] 1988) die Zahl der Bewegungen registriert u. mit der von unbehandelten Tieren verglichen. — Auf Grund dieser Unterss. kann festgestellt werden, daß die tranquillisierenden Eigg. des Extraktes sehr vergleichbar mit jenen des I sind, ohne die nachteiligen Wrkgg. von I (Induktion einer Hypersekretion u. Hyperacidität des Magens u. einer Motilitätssteigerung des Darmes) zu besitzen. (C. R. Séances Soc. Biol. Filiales **151.** 2224—26. 1957, herausgeg. 22/7. 1958. Bruxelles, Univ., Labor. de Pharmacodynam. et de Thérapeut.) K. RUCKPAUL. 4630

Suzanne Liébecq-Hutter, J. F. Renson und **P. Fischer,** *Wirkung von Reserpin auf den 5-Hydroxytryptamingehalt des Gewebes von Discoglossus pictus.* Das in Gewebeschnitten beobachtete Verschwinden des *5-Hydroxytrypamins* (I) aus den Drüsengranulationen von *Discoglossus pictus* nach Injektion von *Reserpin* entspricht nicht einer massiven Sekretion auf der Hautoberfläche, außer wenn die Tiere im Augenblick der Injektion aus der Kälte (15°) in n. Temp. kommen. Wahrscheinlich wird I durch Gewebe u. Blutbahn abgeführt. (Arch. int. Physiol. Biochim. **67.** 144—47. Febr. 1959. Liége, Univ., Labor. de Pathol. générale.) W. SCHULENBURG. 4630

F. C. Lu, A. Lavallee, M. G. Allmark und **M. A. Hossain,** *Eine vergleichende Untersuchung einiger pharmakologischer Wirkungen von Digitoxin, Acetyldigitoxin und amorphem Gitalin bei Katzen.* Nach Verss. der Vff. beträgt die DL bei Katzen für *Digitoxin* (I) 0,463 ± 0,014, für *Acetyldigitoxin* (II) 0,556 ± 0,015 u. für *Gitalin* (III) 1,154 ± 0,033 mg/kg. Die relative letale Aktivität bei Katzen von I, II u. III in % (100; 82,2; 39,6) ist ähnlich ihrer relativen therapeut. Aktivität beim Menschen (100; 80,0; 42,8). Im Elektrocardiogramm wurden die chronotropen Wrkgg., das Auftreten von Arrhythmien u. von Herzblock u. Änderungen im Verlauf der EKG-Zacken beobachtet u. zu den verabfolgten Dosen von I, II u. III in Beziehung gesetzt. ½ DL III verursacht bei der Katze Arrhythmien, bei I u. II sind hierzu $^2/_3$ DL notwendig. Klin. ist III dem I u. II überlegen. (J. Pharmacy Pharmacol. **10.** 375—79. Juni 1958. Ottawa, Canada, Food and Drug Labor., Dep. of Nat. Health and Welfare.) K. BÖHM. 4630

Martin Goldfarb, M. C. Thorner und **George C. Griffith,** *Klinische Erfahrung mit Acetyldigitoxin. Vorläufiger Bericht. Acetyldigitoxin* (I), das aus Digitalis lanata durch Entfernung von einem Mol. Glucose von Lanatosid A gewonnen wird, wurde 82 Patienten mit Herzinsuffizienzerscheinungen bis zu 8 Monaten oral verabreicht. Bei $^1/_3$ der Patienten kamen Nebenerscheinungen (Anorexie, Erbrechen, Nausea, Diarrhoe, Sehstörungen, Herzrhythmusstörungen) vor, die nach Herabsetzen der Dosis oder durch

Absetzen von I schneller wieder verschwanden als bei Digitoxin. (Amer. J. med. Sci. **231.** 186—91. Febr. 1956. Los Angeles, Calif., Univ., School of Med., Dep. of Med., u. Los Angeles County Hosp.) G. KIMMERLE. 4630

Henry A. Schroeder und **H. Mitchell Perry** (unter techn. Mitarbeit von **Edna M. Menhard** und **Evie G. Dennis**), *Antihypertonische Wirkungen von metallbindenden Stoffen.* Da alle bekannten, nicht-Ganglien-blockierenden Antihypertonica eine mehr oder weniger große Fähigkeit haben, Metallionen zu binden, werden verschied. Chelatbildner u. Metallchelatkomplexsalze auf ihre blutdrucksenkende Wrkg. bei normoton. u. hyperton. Ratten untersucht. Bei beiden Tiergruppen senken *Hydralazin* (*1-Hydrazinophthalazin*) u. *Dinatriumcalciumäthylendiamintetraacetat* (*Na_2Ca-EDTA*) den Blutdruck, nur bei hyperton. Ratten *8-Hydroxychinolinsulfonsäure* u. *Perma Kleer* (*Polyaminocarbonsäure*). *Sopanox* (*1-[o-Tolyl]-biguanid*) erhöht den Blutdruck im akuten Vers. bei beiden Tiergruppen. Bei hyperton. Ratten wirken *$CaNa_2$-EDTA*, *$CrNa_2$-EDTA*, *$MnNa_2$-EDTA*, *$CoNa_2$-EDTA*, u. *$NiNa_2$-EDTA* blutdrucksenkend; ohne Wrkg. sind *Na_4-EDTA*, *$MgNa_2$-EDTA*, *$FeNa_2$-EDTA*, *$ZnNa_2$-EDTA*, *$CuNa_2$-EDTA* u. *FeNa-EDTA*. Von den untersuchten Metallpyridoxalglutamin-, -phenylalanin-, -phenäthylamin-, -arginin-, -glycin-, -tyrosin- u. -isobutylaminkomplexen haben nur *Al-Pyridoxalphenylalanin*, *Ni-Pyridoxalarginin* u. *Cu-Pyridoxaltyrosin* einen blutdrucksenkenden Effekt. (J. Lab. clin. Med. **46.** 416—22. Sept. 1955. St. Louis, Mo., Washington Univ., School of Med., Dep. of Int. Med., Hypertension Div., u. Barnes Hosp.) G. KIMMERLE. 4630

E. G. Stenger, *Zur Frage des Entstehungsmechanismus der experimentellen Dextranschwellung der Rattenpfote.* Wird nach einer intravenösen Injektion von GEIGY-Blau bei Ratten 0,1 ml 3% ig. *Formalin* oder 0,05 ml 6% ig. *Dextran* subplanar in die Pfote von Ratten injiziert, so tritt durch Dextran sehr schnell eine intensive Blaufärbung der Pfote auf, während diese durch Formalin erst nach 30 Min. zustande kommt. Dextran bewirkt also sehr schnell eine erhöhte Gefäßdurchlässigkeit für den intravenös injizierten Farbstoff. Der Farbstoffaustritt in das Injektionsgebiet erfolgt dabei lange vor der Ausbldg. einer makroskop. sichtbaren Schwellung der Pfote. Formalin schädigt die Gefäßpermeabilität wesentlich später. Eine subcutane Vorbehandlung mit 200 mg *Phenylbutazon*/kg hemmt die Dextranschwellung genausowenig, als ob man Dextran u. Phenylbutazon gleichzeitig in die Pfote injiziert. Es ist dabei ausgeschlossen, daß Phenylbutazon selbst eine lokale Reizwrkg. besitzt. Bei gleichzeitiger subplantarer Injektion von Formalin u. Phenylbutazon tritt das Pfotenödem nicht auf. Injiziert man aber in gleicher Weise Dextran u. *Lysergsäurediäthylamid* (*Delysid*, SANDOZ), das ein Serotoninantagonist ist, so bleibt die Schwellung der Pfote aus. Dieses ist dagegen beim Formalinödem nicht der Fall. Es muß also angenommen werden, daß es sich bei dem durch lokale Verabreichung von Dextran in der Rattenpfote freigesetzten Stoff mit permeabilitätssteigernder Wrkg. um Serotonin handelt. Diese Ergebnisse ermöglichen somit eine einwandfreie Differenzierung zwischen der Formalinentzündung u. der Dextranschwellung. (Arzneimittel-Forsch. **8.** 693—94. Nov. 1958. Homburg/Saar, Univ., Pharmakol. Inst.) G. KIMMERLE. 4633

H. Mathies und **A. Jankowski,** *Experimentelle Untersuchungen über die Bedeutung des Nebennierenmarks für die Hyaluronidasehemmung.* An Ratten wurde die Ausbreitung einer Farbstoffquaddel unter der Einw. von 7,5 I.E. *Hyaluronidase* (I) gemessen, um die Wrkg. von subcutan oder intravenös injizierter *Acetylsalicylsäure* (II) als I-Hemmer zu untersuchen. Die Hemmung blieb bei adrenalektomierten Ratten aus, dagegen blieb sie bei hypophysektomierten Tieren erhalten. Eine Beteiligung der Nebennierenrinde wurde somit ausgeschlossen. Vielmehr spielt das Nebennierenmark hierbei eine Rolle, da die ausgebliebene Hemmung bei adrenalektomierten Tieren durch *Adrenalin*-Injektion wieder hergestellt wurde. Dieses wirkte nicht sofort bzw. direkt, sondern erst in der Gegenregulationsphase über einen noch unbekannten trophotropen Faktor. (Klin. Wschr. **35.** 892—93. 1/9. 1957. München, Univ., Med. Poliklin.) P. LOCH. 4633

H. Mathies, *Die Adrenalindynamik des Nebennierenmarkes unter Acetylsalicylsäure und ihre Bedeutung für die Hyaluronidasehemmung.* (Vgl. vorst. Ref.) Durch Kontrolle des Geh. an *Brenzcatechinaminen* (*Adrenalin, Noradrenalin*) im Nebennierenmark der Ratte wird festgestellt, daß es nach Injektion von *Acetylsalicylsäure* (I) zu einer erhöhten Ausschüttung der genannten Hormone kommt. — Früher war gezeigt worden, daß die therapeut. Wrkg. von Antirheumaticis, auch die von I, eng mit ihrer die *Hyaluronidase* hemmenden Eig. zusammenhängt (vgl. vorst. Ref.). Diese bleibt bei adrenalektomierten Tieren aus, während Hypophysektomie hierauf keinen Einfl. hat, woraus hervorgeht, daß hierbei nicht die Nebennierenrinde, sondern das -mark die entscheidende Rolle spielt. — Die vorliegenden Unterss. liefern nun den Beweis, daß die ausgeschütteten Brenzcatechinamine das enzymhemmende Agens sind. (Med. Mschr. **11.** 791—94. Dez. 1957. München, Univ., Med. Poliklin.) P. G. SCHEURLEN. 4633

Eigai Sebe, Keiu Suda und **Sho Watanabe,** *Einfluß von Diamox auf den Harnstoffgehalt des Kammerwassers.* Das Kammerwasser des Kaninchenauges zeigt durchschnittlich mit unbedeutenden Unterschieden beider Augen 27,6 mg/dl an *Harnstoff* (**I**; Diacetylmonoximverf., elektrophotometr.) 15 Min. nach Gaben von 30 mg *Diamox*/kg zeigt sich ein Anstieg auf 39 mg **I**, nach 1 Std. auf 46 mg, nach weiteren 4—6 Std. langsame Abnahme auf n. Wert. (Folia pharmacol. japon. **52.** 119§—120§. 20/3. 1956. Kumamoto Univ. [Orig.: japan.]) L. SCHULER. 4634

L. Angelucci, *Einfluß des Thiamins auf die normale Diurese und die durch das Di-Na-Salz von N-[3-Carboxymethylmercaptomercurio]-2-methoxypropyl-α-camphoramsäure (Thiomerin) bei der Ratte.* Während *Thiamin* die n. Diurese erhöht, blockiert es die Diurese durch *Thiomerin* (**I**). Ferner zeigt sich, daß die vorbeugende Behandlung mit Thiamin (30 mg/kg subcutan) bei Kaninchen dieselben vor den histolog. Schäden der Nieren durch 40 mg **I**/kg (als Hg) intramuskulär, 40 Min. später gegeben, teilweise schützt. (Boll. Soc. ital. Biol. sperim. **33.** 1406—08. Okt./Nov. 1957. Rom, Univ., Ist. di Farmacol.) O. POLLAK V. EMHOFEN. 4634

G. Hitzenberger und **K. Klein,** *Experimentelle und klinische Untersuchungen über die choleretische Wirkung der α-Naphthylessigsäure und des Nicotinsäure-α-[p-tolyl]-äthylesters. α-Naphthylessigsäure* (**I**), *Nicotinsäure-α-[p-tolyl]-äthylester* (**II**) u. ein Kombinationspräp. **I** + **II**, 2:1 (DONAU-PHARMAZIE, Linz; **III**) wurden an 51 Patienten im Sondenvers. oder intravenös geprüft. **I** (2 g), **II** (1,1 g), **III** (1 g **I** + 0,5 g **II**) verursachen eine Steigerung des Duodenalsaftes um 61—86%, die Wirkungsdauer beträgt 45—60 Minuten. Daß es sich um eine echte Cholerese handelt, schließen Vff. aus der Tatsache, daß nicht nur die Gallenmenge deutlich gesteigert, sondern auch die *Bilirubinmenge* vermehrt ist (bei **I** um 486, bei **II** um 54, bei **III** um 329%, Best. nach JENDRASSIK u. GRAF). Verss. an 6 Patienten zeigten, daß 2 g *dehydrocholsaures Na* eine Steigerung der Gallenmenge nur um 0,21%, die gleiche Menge **I** aber um 28% bewirken. Bei 38 Fällen konnte klin. eine deutliche Besserung der Gallenbeschwerden nach Applikation von **III** (75 mg **I** + 37,5 mg **II**, 3mal täglich) festgestellt werden, 5 Fälle blieben unbeeinflußt. Das Mittel ist gut verträglich. (Wiener med. Wschr. **108.** 504—07. 7/6. 1958. Wien, Univ., I. Med. Klin. u. Wilhelminenspital, I. Med. Abt.) W. LAUER. 4640

H. Höller, A. Lindner und **E. Stoklaska,** *Zur Pharmakologie der α-Naphthylessigsäure.* (Vgl. auch vorst. Ref.) *α-Naphthylessigsäure-Na-Salz* (**I**), *Coffein-Na-Doppelsalz der α-Naphthylessigsäure* (**II**), *α-Naphthylessigsäure-α′-[p-tolyl]-äthylester* (**III**), *α-Naphthylessigsäuredimethylaminoäthylester* (**IV**) u. *α-Naphthylessigsäurediäthylaminoäthylester* (**V**) wurden pharmakol. geprüft. Die orale DL_{50} betrug 750 mg/kg Maus. Bei intravenöser Applikation von **I** (20—100 mg/kg) wurde die Gallenmenge um 30—100% gesteigert, die Wirkungsdauer betrug 3 Stunden. Bei intramuskulärer u. intragastraler Verabreichung ist die Wrkg. schwächer, aber teilweise länger anhaltend. **III**—**V** waren in Dosen von 0,05 ml/Tier unwirksam. Verss. am experimentell erzeugten Rattenpfotenödem zeigten, daß bei einer Vorbehandlung mit **I** (2mal 100 mg/kg, subcutan) die Schwellung des Formolödems um 50% gehemmt wird. Beim Hyaluronidaseödem ist die Wrkg. schwächer. **II** hemmt ebenfalls die Ödeme u. hat im Vgl. zu **I** eine länger anhaltende Wirkung. (Wiener med. Wschr. **108.** 507—09. 7/6. 1958. Wien, Univ., Inst. für allg. u exp. Pathol.) W. LAUER. 4640

I. Setnikar, O. Temelcou und **C. Bianchi,** *Chemisch-physikalische und pharmakologische Eigenschaften eines neuen Mittels für die Therapie des peptischen Ulcus. Pharmakologische Eigenschaften des 4-Chlor-3-aminobenzoesäure-β-[dimethylamino]-äthylesters (Rec 1-0060).* Vff. untersuchten die physikal.-chem. u. pharmakol. Eigg. des neuen Mittels „*Placacid*" für die Therapie von gastroduodenalem Ulcus u. gegen überschüssige Magensäure. Die Zus. des Mittels, dessen spezif. Komponente der 4-Chlor-3-aminobenzolsäure-β-[dimethylamino]-äthylester (**I**) ist, ist in mg: Mg-Trisilicat 225, bas. Al-Aminoacetat 125; MgO 100; Natriumcarboxymethylcellulose 25; Laurylsulfatnatrium 12 u. **I** 50. Das Mittel hat daneben eine starke lokalanästhet. Wirksamkeit, die höher ist als die vom Cocain, Procain u. Lidocain. (Boll. chim. farmac. **97.** 457—80. Aug. 1958. Milano, Labor. Farmacologico, S.p.A.) C. GOTTFRIED. 4645

Laura Herman, F. H. Shaw und **E. I. Rosenblum,** *Die Pharmakologie des Propionylatropinmethylnitrats.* Vff. untersuchten am isolierten Meerschweinchenileum, am oberen Cervicalganglion der Katze, an der SHAY-Ratte u. am Rattenzwerchfell die pharmakol. Wrkgg. von *Propionylatropinmethylnitrat* (**I**) im Vgl. mit den Effekten von Atropinsulfat, Atropinmethylbromid (**II**), Hyoscinhydrobromid, Valerylatropinmethylbromid, Hyoscinmethylbromid, N-Butyrylhyoscinbromid (Buscopan), Oxyphenonium (Antrenyl), Pipenzolat (Piptal) u. Pentamethonium (C_5). **I** besitzt ungefähr die gleiche ganglienblockierende Aktivität am isolierten Meerschweinchenileum wie II. Am oberen Cervicalganglion der Katze ist I gut wirksam, doch wirkt C 5 hier stärker. I wirkt direkt auf das Ganglion, Reizung der postganglionären Fasern führt zur Kontraktion der Nickhaut. Bei der anästhesierten Katze verursacht I, wahrscheinlich durch seine ganglienblockierende Wrkg., Blutdruckabfall. Auf die neuromuskuläre Übertragung wirkt I curareähnlich. Bei der SHAW-Ratte verringert eine subcutane Einzelgabe von I die Menge u. die Acidität des Magensafts. Die DL_{50} von I beträgt für Mäuse bei intraperitonealer Injektion 114 mg/kg, bei oraler Gabe 2000 mg/kg. (J. Pharmacy Pharmacol. **10.** 348—55. Juni 1958. Melbourne, Univ., Dep. of Pharmacol.) K. BÖHM. 4645

Laura Herman und **F. H. Shaw,** *Die Wirkung des Propionylatropinmethylnitrates auf die Magenfunktion.* Beim Menschen verringert *Propionylatropinmethylnitrat* (I) die Menge u. Acidität des Magensaftes u. setzt bei Verwendung eines variierten Glucose-Toleranz-Testes die Motalität des Intestinums herab. Auf Blutdruck u. Pulsfrequenz wirkt I nur gering ein. In klin. Verss. an 26 Patienten mit Ulcus pepticum jejuni wurde mit 6 mg I aller 6 Std. vollkommene Symptomenfreiheit erreicht. Neben-Wrkgg. u. Störungen der Miktion wurden dabei nicht beobachtet. In 6 Fällen wurde die Behandlung über 6 Monate fortgeführt, ohne daß Gewöhnung eintrat. (J. Pharmacy Pharmacol. **10.** 356—62. Juni 1958. Melbourne, Univ. Dep. of Pharmacology.) K. BÖHM. 4645

William H. Bachrach und **Herbert Schapiro,** *Untersuchungen mit Elorinesulfat, einem anticholinergischen Arzneimittel. Elorinesulfat* (*1-Cyclohexyl-1-phenyl-3-pyrrolidinopropanolmethylsulfat*, ELI LILLY & CO., I), das anticholinerg. Eigg. besitzt, bewirkt beim Menschen bei intravenöser Injektion von 10—20 mg oder durch orale Aufnahme von 150 bis 200 mg eine Hemmung der gastrointestinalen Motilität. diese Dosen hemmen die n. u. die durch Histamin angeregte Magensekretion, aber nicht die durch Nahrungs- oder Insulinreiz. Bei Ulcuskranken kommt es durch eine Behandlung mit I u. Neutralisationstherapie bei 60% der 62 Fälle zu einem Verschwinden der Symptome. Ulcusrezidive treten jedoch nach Absetzen von I wieder auf. Als Nebenerscheinungen der I-Behandlung können Nausea, Schlaflosigkeit, Nervosität, Dysurie, Konstipation, Dysphagie u. Xerostomie auftreten. Somit hat I im klin. Vers. die gleichen Eigg. wie andere anticholinerg. wirkende Arzneimittel. (Amer. J. med. Sci. **231.** 192—97. Febr. 1956. Los Angeles, Veterans Administration Center u. Univ., School of Med., Dep. of Physiol.) G. KIMMERLE. 4645

H. A. Oelkers, *Zur Chemotherapie der natürlichen Oxyureninfektion der Maus.* Bei der schwer chemotherapeut. zu beeinflussenden Mäuseoxyuriasis (*Aspiculuris tetraptera*) hatten bei oraler Verabreichung in wss. Aufschwemmung oder in Öl gelöst *Phenothiazin* (1,0 g/kg; I) u. *Santonin* (0,4 g/kg; II) keine Wrkg.; *Hexylresorcin* (0,6 g/kg; III) u. *Kristallviolett* (0,1 g/kg; IV) waren schwach (ca. 33% Heilung) u. *Piperazinhydrat* (1,0 g/kg; V) war gut wirksam (85% Heilung), ebenso auch das Präp. *Vermella* (*1-Methyl-3-hydroxy-4-isopropyl-6-brombenzol*, ASCHE & Co., A. G.; 1,0 g/kg 68% Heilung; **IV**). Bei mehrmaliger oraler Verabreichung war die kleinste wirksamste Dosis 70 mg **V**/kg u. 500 mg **VI**/kg. Eine völlige Entwurmung gelang auch durch höhere Dosen nicht. Tägliche orale Gaben von 250 mg **III**/kg heilten 50—60% der Tiere; höhere Dosen waren toxisch. Eine geringe Wirksamkeit bei mehrmaliger Verabreichung hatten *Tetrachloräthylen,* **IV** u. **I**; keine Wrkg. war bei den *keratinspaltenden Fermentpräparaten,* **II**, *Aspidinol-Filicin* (*Filmaron*, BOEHRINGER) u. *Mandelsäureamylester* vorhanden. (Arzneimittel-Forsch. **8.** 717—19. Nov. 1958. Hamburg-Altona, C. F. Asche u. Co. A. G., Pharmakol. Labor.) G. KIMMERLE. 4649

Edward A. Cleve, Per H. Langsjoen und **Nestor M. Hensler,** *Die toxische Wirkung von Brechweinstein bei der Behandlung von Schistosomiasis.* Durch die Behandlung der Schistosomiasis bei *Brechweinstein* (Tagesdosen von 0,04—0,14 g; I) kam es bei 3 Personen innerhalb von 3—6 Wochen zu einer tox. reversiblen Myocarditis u. auch zu Leber- u. Nierenschäden. Bes. bei unterernährten Personen kann es durch die I-Behandlung sogar zum Tode kommen. (Amer. J. med. Sci. **229.** 74—80. Jan. 1955. San Francisco, Calif., Letterman Army Hosp.) G. KIMMERLE. 4649

Peter Göbel, *Vergleichende Untersuchungen über die klinische Wirksamkeit chemisch verwandter Pyrazolderivate.* Bei 598 Patienten mit rheumat. bzw. degenerativen Gelenk- u. Wirbelsäulenerkrankungen wurden vergleichende klin. Unterss. über die Wirksamkeit des *3.5-Dioxo-1.2-diphenyl-4-n-butylpyrazolidin* (*Butazolidin*, GEIGY; I), sowie der Kombinationspräparate *Irgapyrin* (Na-Salz von I + Dimethylaminophenyldimethylpyrazolon, GEIGY; II) u. *Osadrin* (*1.4-Diphenyl-3.5-dioxopyrazolidin + Aminophenazon*, KNOLL; III) durchgeführt. Hinsichtlich der Zahl der objektiv feststellbaren Behandlungserfolge war I das wirkungsvollste Präp. vor II u. III. In subjektiver Hinsicht wirkte II am besten; I u .III waren gleich wirksam. Die wenigsten Nebenerscheinungen (lokale Unverträglichkeit, Hauterscheinungen, Magen-Darm-Beschwerden, vasomotor. Symptome,

Ödeme, Blutbildveränderungen, renale Komplikationen, Darmblutungen) verursachte III, die meisten I. — 128 Literaturangaben. (Arzneimittel-Forsch. **8.** 700—06. Nov. 1958. Tübingen, Univ., Med. Klinik u. Poliklinik.) G. KIMMERLE. 4670

Hans Kleinsorg und **Hans-Ludwig Krüskemper,** *Der Einfluß von Butazolidin auf die Schilddrüse.* Die Wrkg. von *Butazolidin* (*3.5-Dioxo-1.2-diphenyl-4-n-butylpyrazolidin-Natrium*; täglich 75 oder 150 mg/kg; I) auf die Schilddrüse wird an n. u. an hypophysektomierten männlichen Ratten durch Best. der Gewebeatmung der Leber, der Aktivität der alkal. Leberphosphatase, des Verh. des Schilddrüsen- u. Körpergewichtes u. der Serumeiweißfraktionen untersucht. Außerdem wird geprüft, ob I die Gewebeatmung in vitro u. *Thyroxin*-Effekte in der Körperperipherie verändert. I bewirkt bei beiden Gruppen deutlich eine Erhöhung des Schilddrüsengewichtes. Die am Normaltier durch Thyroxin verursachte Nebennierenvergrößerung wird durch I verstärkt. Die Gewebeatmung der Leber u. die Aktivität der alkal. Leberphosphatase wird in Abhängigkeit von der Dauer der I-Zufuhr vermindert. Die I-Behandlung vermindert hauptsächlich die γ-Globuline im Serum. Diese Ergebnisse machen es wahrscheinlich, daß I eine Hemmung der Thyroxinsynth. bewirkt. Die Wrkgg. von I auf das Serumeiweiß u. auf die alkal. Leberphosphatase können nicht mit einer Beeinflussung der Schilddrüsenfunktion erklärt werden. (Arch. int. Pharmacodynam. Thérap. **100.** 441—49. 1/1. 1955. Göttingen, Med. Univ.-Klinik.) G. KIMMERLE. 4670

Stanisław Homrowski, *Kunststoffe und das Problem ihrer Toxizität.* Übersicht. — 104 Literaturangaben. (Roczniki państwowego Zakładu Hig. **9.** 95—114. 1958. Warszawa, Wojskowe Centr. Labor. Sanit.-hig.) F. URBAN. 4675

W. M. Medwedew, *Über die Wirkung einiger Industriegifte auf den Mechanismus der Nervenimpulsübertragung im oberen sympathischen Halsganglion.* 1. Mitt. *Akute Versuche mit Schwefelwasserstoff, Äthylen und Propylen an gesunden Tieren.* In Verss. an Katzen wird festgestellt, daß bei der Perfusion des oberen sympath. Halsganglions mit H_2S in der Konz. von 0,2—0,5 mg/ml die ganglionären Elemente erregt u. in der Konz. von 0,6—1,0 mg/ml gelähmt werden. Die erregende Wrkg. wird durch Atropin, die hemmende durch Cocain beseitigt. Dabei wird die tumorale Übertragung der nervösen Impulse rascher beeinflußt als die elektrische. *Äthylen* (0,1 mg/ml) u. *Propylen* (0,4 mg/ml) bewirken in ähnlicher Weise eine allmähliche Lähmung der sympath. Synapsen. Es handelt sich um funktionelle Veränderungen parabiot. Natur im Sinne von WWEDENSKI. Die Vitamine B_2, C u. B_6 verhindern u. beseitigen die Lähmung der Ganglien durch die genannten Gifte, die Vitamine B_1, PP u. B_{12} hingegen nicht. (Бюллетень Экспериментальной Биологии и Медицины [Bull. exp. Biol. Med.] **47** (**24**). Nr. 4. 79—82. April 1959. Ufa, Wiss. Forsch.-Inst. für Hyg. u. Berufskrankh., Lab. für Arbeitsphysiol.) E. RENTZ. 4681

V. Grianti und **E. Bartalini,** *Die Anwendung von Calcium–Dinatrium-Versenat zur Behandlung von Hautgeschwüren durch Chrom.* Bei 30 Arbeitern, die durch Umgang mit *Chromsäure* u. *Alkalichromaten* Hautgeschwüre davongetragen hatten, zeigte sich in kurzer Zeit Heilung bei Anwendung einer Lanolinsalbe, die 10% *Versene* (*$CaNa_2$-Salz der Äthylendiaminotetraessigsäure*) enthielt. — 11 Literaturangaben. (Rass. Med. ind. **25.** 186—90. Mai/Juni 1956. Servizi San. „Soc. Montecatini".) B. STIEB. 4681

F. Pharmazeutische Chemie. Desinfektion.

H. Czetsch-Lindenwald, *Laboratoriumsversuche mit Zentrifuge und Pressen.* Vf. erläutert die verschied. Einsatzmöglichkeiten einer Fruchtsaftzentrifuge u. einer hydraul. Tinkturenpresse in einem Apothekenbetrieb. (Scientia pharmac. **25.** 176—80. 30/9. 1957. Wien, Braumapharm, Labor.) H. P. FIEDLER. 4758

A. Wiedman, *Moderne pharmazeutische Darreichungsformen. Gelatinekapseln.* Übersicht über Geschichte u. Herstellungsarten der Gelatinekapseln nebst Hinweisen auf die Vorteile ihrer Anwendung. — 6 Literaturangaben. (Medicamenta [Madrid] **21** (**11**). Nr. 180. 145—49. 5/3. 1959.) HEINRICH HERMANN. 4766

H. Seel, *Arznei- und Gewürzpflanzenanwendung bei Erkrankungen des Magens, der Leber und der Gallenwege.* Vortrag. — Übersicht über reine u. aromat. bitterstoffhaltige Pflanzen, azulenhaltige Drogen, alkaloidhaltige Arzneipflanzen, Gerbstoffglykosiddrogen, anthra- bzw. emodinglykosidhaltige Drogen u. Gewürz- (aromat.) Kräuter, die trotz der Chemotherapeutica auch heute noch wertvolle Mittel zur Behandlung von Erkrankungen des Magens, der Leber u. der Gallenwege sind. Auf die optimalen Zubereitungsformen wird häufig verwiesen. (Schweiz. Apotheker-Ztg. **96.** 918—26. 6/12. 1958. Berlin-Friedenau.) F. O. W. MEYER. 4782

H. Berger und **H. Höller**, *Zur Kenntnis der Flavonoide. 1. Mitt. Die spasmolytischen Wirkstoffe von Glycyrrhiza glabra L.* Für die spasmolyt. Wrkg. von Succus liquiritiae bzw. Radix liquiritiae ist nicht der Glycyrrhizinsäuregeh. u. auch nicht das Flavanonglykosid Liquiritosid verantwortlich, sondern vornehmlich das *2.4.4'-Trihydroxychalkon* (I) u. das *7.4'-Dihydroxyflavanon* (II, Liquiritigenin). I hat eine bemerkenswerte spasmolyt. Wrkg.; setzt man Papaverin-HCl = 1, so ergibt sich für I der Wert 0,5, für II 0,25 u. für das *2.4.2'-Trihydroxychalkon* 0,19. (Scientia pharmac. **25.** 172—76. 30/9. 1957. Wien, Univ., Inst. für allg. u. exper. Pathol.) H. P. FIEDLER. 4782

Wanda Boratyńska und **Tadeusz Michalski**, *Der Einfluß des Ultraschalls auf den Morphingehalt im Mohn (Papaver Somniferum L.).* Durch Ultraschallbehandlung (0,5 bis 1 W/cm², 800 kHz, 0,5—5 Min.) wird der *Morphin*-Geh. im Mohnsamen u. das 1000 g-Gewicht der Körner nicht verändert. Stärkere Behandlung vermindert etwas den Alkaloidgehalt. Behandelter Samen keimt schneller u. die Entw. der Pflanze wird im Anfangsstadium stimuliert. (Biul. Inst. Roślin leczniczych **3.** 251—56. Sept. 1957. Poznań.) F. URBAN. 4782

W. Egels, *Papaver dubium var. Lecoquii (Lamotte) Fedde, eine berberinhaltige Mohnart.* Vf. untersucht den gelben Milchsaft von *Papaver dubium var. Lecoquii (Lamotte) Fedde* u. stellt als Hauptalkaloid den bas. Farbstoff *Berberin* (I) fest. Ferner wurde als Begleitstoff eine goldgelb fluorescierende Base mit Isochinolinstruktur identifiziert. Beide Stoffe konnten in der Stammart Papaver dubium nicht gefunden werden. Durch fraktionierte eindimensionale Papierchromatographie wurde I von seinen Begleitstoffen u. auch diese untereinander getrennt. (Planta med. [Stuttgart] **7.** 92—102. März 1959. Münster/W., Joseph-König-Inst., Landw. Unters.- u. Forschungsanstalt.) I. GEIBLER. 4782

Tadeusz Czabajski, *Einfluß der Düngung auf Ertrag und Alkaloidgehalt der Blätter des schwarzen Bilsenkrautes (Hyoscyamus niger L.)* Mineral. u. organ. Düngung erhöht den Blätterertrag u. den Alkaloidgeh. der Blätter. N-Dünger haben die beste Wirkung. Stallmist hebt den Ertrag weniger, erhöht aber den Alkaloidgeh. stärker als Mineraldüngung. Kompost wirkt sich günstig auf den Blätterertrag aus. Warme u. sonnige Jahre sind für die Alkaloidbldg. günstig. (Biul. Inst. Roślin leczniczych **4.** 253—60. Sept. 1958. Poznań.) F. URBAN. 4782

Astolpho Souza Grotta, *Beitrag zur morphologischen und anatomischen Kenntnis von Apodanthera smilacifolia Cogn. Cucurbitaceae.* (An. Fac. Farmác. Odontol. Univ. São Paulo **14.** 1—20. 1956. São Paulo, Fac. Farmác. Odontol., Cad. Bot. apl. a Farmác.) R. K. MÜLLER. 4782

M. G. Tarassowa, *Neue Methode der Gewinnung von Bilsenkrautöl.* Zerkleinerte gesiebte Bilsenkrautblätter werden mit Chlf.-W. nach der Verdrängungsmeth. extrahiert u. der filtrierte Extrakt durch Espatit durchgelassen. Die adsorbierten Alkaloide werden aus dem Espatit mit einer Lsg. von NH_3 in A. vollständig desorbiert, der A. aus dem Eluat verdampft u. der Rückstand getrocknet. Der Alkaloidgeh. im Rückstand wird durch Auflsg. in 0,02 n HCl-Lsg. u. Titration mit n-NaOH-Lsg. bestimmt. Die Gewinnung von Bilsenkrautöl erfolgt nach 2 Verff.: 1. der dunkelbraune Rückstand wird in starkem, NH_3 enthaltendem A. gelöst, die Lsg. durch Watte oder Tuch filtriert, der A. verdampft, der Rückstand getrocknet, in warmem Sonnenblumenöl gelöst u. entsprechend verd.; 2. Der Rückstand wird in wenig Sonnenblumenöl gelöst, durch ein Tuch filtriert u. das Filtrat mit Öl entsprechend verdünnt. Aus 100 g Blätter wurden 1010—1120 g *Bilsenkrautöl* erhalten. (Медицинская Промышленность СССР [Med. Ind. UdSSR] **13.** Nr. 2. 25—27. Febr. 1959. Leningrad, Chem. Pharmaz. Inst.) OTTO MAIER 4790

G. Lundgren und **O. Wallén**, *Ephedrinzigaretten.* Aus mit alkoh. (70%ig. A.) Lsg. von *Ephedrin* (I) getränktem nicotinfreiem Tabak werden Zigaretten mit Pappmundstück (230 mg Tabak, 25 mg I) von Hand hergestellt. Die Unters. des in einem COTTRELL-Filter aufgenommenen, dann mit A. gelösten Rauches ergibt nach Reinigung über Ionenaustauschharz bei der photometr. Best., daß im Durchschnitt 4 mg (16%) I in den Hauptrauchstrom übergehen. (Svensk farmac. Tidskr. **62.** 809—12. 1958. Stockholm, Gov. Labor. forens. Chem., Genève, World Health Organis. [Orig.: engl.]) R. K. MÜLLER. 4790

R. Voigt und **F. Weiss**, *Zur Bewertung von Industriepräparaten mit Wirkstoffen des Mutterkorns.* An einer Reihe von Secalealkaloide enthaltenden Industriepräpp. konnten photometr. u. papierchromatograph. starke Abweichungen von der Deklarierung festgestellt werden, die zum großen Teil auf den beim Lagern erfolgenden Abbau zurückzuführen sind. Bei einem Teil der unter Verwendung von Mutterkornextrakten hergestellten Präpp. wurden überhaupt keine Alkaloide oder nur Spuren gefunden; in *Ergotamintartrat*-Lsgg. wurden als Abbauprodd. vorwiegend *Ergotaminin*, in einigen Fällen auch *Lysergsäure* u. *Lumiergotamin* neben Zersetzungsprodd. beobachtet. Analog traten

als Abbauprodd. in Injektions-Lsgg. mit Ergometrinsalzen *Lysergsäure* u. *Ergometrinin* auf. (Pharmazie **13.** 319—25. Juni 1958. Berlin, Humboldt-Univ., Pharmazeut. Inst.)
F. HELLER. 4790

Paul E. Norris, *Die zahnmedizinische Anwendung von Zinn(II)-fluorid.* 2%ig. NaF-Lsg. ist mit Erfolg zur Verhinderung von Zahncaries (4 Behandlungen innerhalb von 10 Tagen) angewandt worden. 8%ig. SnF_2 (I)-Lsg. besitzt den Vorteil einer einmaligen Anwendung innerhalb von 6—12 Monaten. I muß vor Oxydation u. Hydrolyse bewahrt bleiben. Geringe Mengen von $Sn(OH)_2$ beeinflussen die Wrkg. von I nicht. SnF_4 ist wesentlich weniger wirksam. Eine gegebenenfalls tox. Wrkg. von I ist zu vernachlässigen, da bei einer örtlichen Anwendung keine Resorption bzw. Ausscheidung festzustellen ist. (J. Amer. pharmac. Assoc., pract. Pharmacy Edit. **20.** 86—87. Febr. 1959. Cincinnati, Ohio, Procter & Gamble Co., Toilet Goods Div.) S. ERBE. 4804

G. Karreman, *Barbitursäure (Malonylharnstoff).* Darst., Eigg. u. Anwendung von Barbitursäure. — 14 Literaturangaben. (Chem. pharmac. Techniek **12.** 49—52. 1/10. 1956.) W. WESLY. 4806

Karl Bäck, *Die Wirkung einiger Prooxydantien und Antioxydantien auf die Stabilität des natürlichen Vitamin A.* Die Begünstigung des Vitamin-A (I)-Abbaus durch Metallionen (Al^{3+}, Cu^{2+}, Fe^{3+}, Ni^{2+}, Sn^{4+} u. Zn^{2+}) u. die I-Stabilisierung durch Antioxydantien oder Synergisten [Ascorbinsäure, Ascorbinsäurepalmitat, Citraconsäure, Citronensäure (II), Butylhydroxyanisol, Butylhydroxytoluol u. Nordihydroguajaretsäure, Lecithin, N.N'-Diphenyl-p-phenylendiamin, Thiodiphenylamin (III)] u. einige handelsübliche Mischungen von Antioxydantien wurden untersucht. Als Substrate wurden Fischleberöle u. I-Konzentrate aus solchen Ölen verwendet. Die Öle wurden bei 34,5° im Dunkeln gelagert. Die Änderungen des I-Geh. u. der Peroxydzahl wurden festgestellt. Wenn Cu^{2+} oder Fe^{2+} (10‰) zugesetzt werden, tritt eine Verdopplung des I-Abbaues im Vgl. zur metallfreien I-Lsg. ein. Um einen ähnlichen Effekt zu erzielen, müssen Al^{3+} oder Ni^{2+} in Konz. von mindestens 100‰ vorhanden sein, während 100‰ Sn^{4+} oder Zn^{2+} keine Beschleunigung hervorrufen. Metallionen scheinen auf 2 Wegen auf den I-Abbau einwirken zu können: 1. Direkte Förderung der I-Oxydation. 2. Beschleunigung des Umsatzes der gebildeten Peroxyde. Als wirksamster Stabilisator erwies sich III. Gut wirksam war auch II als Inaktivator der Metallspuren u. Synergist der Antioxydantien. Weiterhin zeigte Lecithin einen guten stabilisierenden Effekt auf I in Fischleberölen. (Acta chem. scand. **13.** 60—74. 1959. Stockholm, Royal Inst. of Technol., Div. of Food Chem.)
W. FELDHEIM. 4808

Maximilian Ehrenstein, *Neue Fortschritte in der Kenntnis der Nebennierenrindenhormone.* Zusammenfassender Vortrag über neuere Arbeiten zur Chemie u. physiol. Wrkg. der Nebennierenrindenhormone. — 74 Literaturhinweise. (Arch. Pharmac. og Chem. **65 (115).** 909—35. 6/12. 1958. Philadelphia, Pa., Univ. of Pennsylvania.)
R. K. MÜLLER. 4808

E. B. Pollard, *Der Gebrauch des Spektrophotometers in der pharmazeutischen Analyse.* Übersicht über Verwendung des Spektrophotometers zur pharmazeut. analyt. Kontrolle von nach der B. P. offizinellen Präparaten. (Australas. J. Pharmacy [N. S.] **39.** 1113—15. 30/10. 1958.) H.-W. GRAMM. 4880

R. Monnet, F. Sabon, A. Viala und **H. Grignon,** *Analytische Untersuchung von medikamentösen kalkhaltigen Lösungen durch Papierchromatographie.* Die meisten in wss. Ca-Lsgg. vorhandenen anorgan. u. organ. Säuren können durch Papierchromatographie in saurer Phase getrennt u. nachgewiesen werden, wobei sich als lösende Phase Propanol oder Butanol, Eucalyptol oder Benzoesäuremethylester u. Ameisensäure eignen (Beispiele). (Pharmac. Weekbl. **93.** 224—30. 8/3. 1958. Alger, Fac. de Médicine et de Pharmacie, Chaire de Pharmac. Chim. et Toxicologie. [Orig.: französ.]) W. WESLY. 4880

Hugo Karma und **Martti Helle,** *Über die Genauigkeit der quantitativen Bestimmung des ätherischen Öls in aromatischen Drogen.* Übersicht u. krit. Beurteilung der verschied. Verff. u. App. zur quantitativen Best. des Geh. an äther. Öl in Drogen. Das genaueste Verf. ist die von KARMA verbesserte Meth. der Mikrodest. von MORITZ. — 18 Abb. von Apparaten. (Farmaseuttinen Aikakauslehti [Farmac. Notisbl.] **68.** 55—79. März. 105—23. April 1959.) S. BECKMANN. 4880

Maria Kostołowska, *Beurteilung des Heilwertes von Rhizomen von Dryopteris filix mas. L. polnischer Herkunft und aus ihnen hergestellter Präparate.* Vorl. Mitt. Die verdickten Blattansätze enthalten am meisten Phloroglucide. Der Zeitpunkt der Ernte ist gleichgültig. Beim Trocknen der Droge entstehen große Verluste an Wirkstoffen, deshalb soll die Behandlung bei 50° im Vakuum erfolgen. Auch beim Aufbewahren treten Verluste auf (Abfall der Toxizität gegen Würmer um 75% in 3 Jahren). Die Extraktion der Droge erfolgt am besten mit Ae. oder mit W. in Ggw. von MgO. Eine 15%ig. Lsg. von Mg-

Filicinat in Speiseöl zeigt in vitro eine gegenüber handelsüblichen Wurmmitteln sehr hohe Toxizität. (Dissertat. pharmac. [Warszawa] **10.** 69—70. 1958, Kraków, Akad. Med., Zakł. Farmac. stosow.) F. Urban. 4880

D. P. Ssalo, *Die refraktometrische Analyse von zweikomponentigen festen Gemischen.* Die Meth. beruht darauf, daß die Differenz zwischen den Brechungsindices der 2 Komponenten von Arzneiproben im violetten Gebiet des Spektr. wesentlich größer ist als im gelben. Verwertet wird nicht die Differenz zwischen den Brechungsindices selbst, sondern die zwischen K_1 u. K_2 (% des Brechungsindex je 1% für die 1. u. 2. Komponente). (Медицинская Промышленность СССР [Med. Ind. UdSSR] **11.** Nr. 11. 44—47. Nov. 1957. Charkow, Pharmaz. Inst.) Otto Maier. 4880

P. Mesnard und **M. Bertucat,** *Über die Titration einiger offizineller Alkohole und Phenole.* Die Acetylierung eignet sich zur Titration von offizinellen Alkoholen u. Phenolen (I). Zur Best. von Menthol u. den im französ. Arzneibuch aufgeführten I empfiehlt sich die Rk. in Ggw. von Pyridin; Terpentin wird bestimmt durch Acetylierung in Ggw. von H_3PO_4. (Pharmac. Weekbl. **93.** 220—24. 8/3. 1958. Bordeaux, Fac. de Médicine et de Pharmacie, Labor. de Chimic. [Orig.: französ.]) W. Wesly. 4880

D. Vincent, G. Segonzac und **M.-C. Vincent,** *Die colorimetrische Bestimmung von Acetylcholin durch die Reaktion mit Hydroxylamin nach Hestrin und ihre Anwendung in der Pharmazie.* Vff. beschreiben eine einfache u. zuverlässige Meth. zur Best. von *Acetylcholin* (I) durch Colorimetrie der in linearer Konzentrationsabhängigkeit auftretenden Rotfärbung mit NH_2OH u. $FeCl_3$ (Empfindlichkeit ca. 10 γ). Sie erlaubt, hydrolyt. Veränderungen durch Altern oder Sterilisieren der I-Lsgg. sicher zu erfassen. Die Rk. tritt auch mit anderen Cholinestern ein, ist aber nicht spezif. für diese. (Ann. pharmac. franç. **16.** 179—85. März 1958. Toulouse, Fac. de Méd. et de Pharm., Lab. de Matière méd.) W. Schulenburg. 4880

Kazimierz Kalinowski und **Zbigniew Zwierzchowski,** *Mikrobestimmung von Novocain und p-Aminobenzoesäure durch die coulometrische Methode nach elektrophoretischer Trennung.* *Novocain* (I) u. *p-Aminobenzoesäure* (II) lassen sich in mg-Mengen durch Papierelektrophorese bei p_H 5—9 trennen, wobei I zur Kathode, II zur Anode wandert. Es wird dabei mit einem 0,01 n-Citratpuffer (p_H 5—6) gearbeitet. Die Substanzen werden nach der Trennung mit W. aufsteigend vom Papier eluiert. Die Best. erfolgt durch coulometr. Bromierung in einer Lsg., die 10% KBr u. 15% H_2SO_4 enthält (Stromstärke 7,65 mA, Stromdichte 9,7 mA/cm^2). Als Anode wird eine rotierende Pt-Elektrode verwendet. 1 Ampere-Sek. entspricht 0,70667 mg I oder 0,35518 mg II. Der Fehler der I-Best. beträgt +3%, der der II-Best. +6% (bedingt durch teilweise Zers. von I zu II während der Elektrophorese). (Acta polon. pharmac. **15.** 175—78. 1958. Łódź, Akad. Med., Zakł. Chem. farmac.) F. Urban. 4880

Władysława Barbara Sykut, *Coulometrische Mikrobestimmung von Antipyrin.* 0,5—4 mg *Antipyrin* (I) lassen sich coulometr. in 1n HCl, die 0,2 Mol KBr enthält, mit 0,2—0,5% Genauigkeit bestimmen. Der Endpunkt der Bromierung wird durch Polarisation der Pt-Anode angezeigt. Das Äquivalentgewicht von I beträgt 94,1. (Acta polon. pharmac. **16.** 21—24. 1959. Lublin, Akad. Med., Wydział farmac., Zakł. Chem. toksykolog., sądowej.) F. Urban. 4880

J. Blažek und **Zd. Stejskal,** *Die Bestimmung von 1-Methyl-4-[N'-phenyl-N'-thenyl-(2)-amino]-piperidin (Sandosten-Sandoz). 1-Methyl-4-[N'-phenyl-N'-thenyl-(2)-amino]-piperidin* (I) ist ein Antiallergicum. I gibt bei 70° nach Zusatz von 1 ml 37%ig. HCl pro 5 ml I-Injektionslsg. (entsprechend 25 mg I) u. 10 ml wss. Lsg. von Silicowolframsäure (II) einen Nd., der bei 100° getrocknet u. dessen Gewicht mit dem Faktor 27,78 multipliziert u. durch die Anzahl ml I-Injektionslsg. dividiert den %-Geh. an I ergibt. Bei 70° entsteht ein Nd., der pro Mol II 4 Mol I enthält. Zur polarimetr. Best. von I wird eine 25—50 mg I enthaltende Menge an Injektionslsg. oder Tabletten mit 1 ml 37%ig. HCl u. 20 ml W. versetzt u. mit 0,01 mol II-Lsg. (Hg-Tropfelektrode als Kathode, gesätt. Kalomelelektrode als Anode) titriert. Der Nd. enthält pro Mol II 2 Moll I-Base, so daß 1 ml 0,01 mol. II-Lsg. 0,008725 g I-Tartrat entspricht. (Pharmazie **12.** 409—10. Juli 1957. Prag, Staatsanstalt für Arzneimittelkontrolle.) E. Lück. 4880

Lech Przyborowski, *Quantitative Bestimmung von Rivanol nach der komplexometrischen Methode.* 0,1 g Substanz werden in 40 ml bidest. W. gelöst. Durch Zusatz von 25 ml 0,02 mol. CdJ_2- u. 10 ml 10%ig. KJ-Lsg. wird 2-Äthoxy-6.9-diaminoacridinlactat als gelber Nd. von der Formel $[(C_{15}H_{15}N_3O_2)_2H_2]\ CdJ_4$ gefällt. Der CdJ_2-Überschuß des Filtrats wird in urotropingepufferter Lsg. mit 0,02 mol. Komplexon III zurücktitriert. 1 ml 0,02 mol. CdJ_2-Lsg. entspricht 10,132 mg Rivanol. Die Löslichkeit des Nd. wird bei den angegebenen Konzentrationsverhältnissen durch eine Korrektur des Ergebnisses um +0,5% berücksichtigt. (Acta polon. pharmac. **16.** 31—34. 1959. Lublin, Akad. Med., Zakł. Chem. farmac.) F. Urban. 4880

Paulo Carvalho Ferreira und **Tabajara Segundo Gloria,** *Bestimmung des Piperazins in seinen Salzen. Piperazin* (I) wird in seinen Salzen durch Titration mit 0,1n NaOH gegen Phenolphthalein u. Rücktitration mit 0,1n HCl gegen Bromphenolblau bestimmt. Es werden folgende I-Salze untersucht: Adipinat, Citrat, Tartrat, Salicylat, Dilaurat u. Diphenylacetat. Die erhaltenen Werte (Tabelle) stimmen mit den berechneten gut überein. (An. Fac. Farmác. Odontol. Univ. São Paulo **14.** 49—53. 1956. São Paulo, Univ., Fac. Farmác. Odontol., Cad. Farmác. quím.) R. K. MÜLLER. 4880

L. I. Grebennik, *Farbreaktion auf Platyphyllin.* Die Best. von *Platyphyllin* (I) in Arzneipräpp. u. Pflanzenrohstoffen beruht darauf, daß I bis zu Platynecin (II) u. Platynecinsäure hydrolysiert wird; das befreite II gibt mit FOLIN-Reagens (III) eine Farb-Rk. (Empfindlichkeit 1:100000), nach deren Intensität der I-Geh. bestimmt werden kann. Zur I-Best. werden 2 Reagensgläser (a u. b) mit je 1—7 ml der zu untersuchenden Lsg. (0,1—1 mg I), 2 (c u. d) mit je 1 ml der I-Standardlsg. beschickt u. alle 4 mit dest. W. auf 7 ml aufgefüllt. Danach werden a u. c mit je 1 ml einer 10% ig. NaOH-Lsg. versetzt, gemischt, für 20 Min. in ein sd. Wasserbad getaucht, danach in kaltem W. abgekühlt u. auch b u. c mit je 1 ml 10% ig. NaOH Lsg. versetzt. Hierauf werden a, b, c u. d mit je 1 ml verd. (1:1) III versetzt u. nach 3—5 Min. die Intensität der Blaufärbung im Photometer gegen W. oder die Kontrolle bei Rotfilter gemessen. (Медицинская Промышленность СССР [Med. Ind. UdSSR] **13.** Nr. 2. 35—37. Febr. 1959. Allunions Wiss. Chem. Pharmaz. Ordshonikidse-Inst.) OTTO MAIER. 4880

G. Zölss und **L. Zechner,** *Colorimetrische Bestimmung des Condurangins.* Das Glykosid *Condurangin* (I) entwikelte bei der KELLER-KILIANI-Rk. eine intensive Blaufärbung, die von Vff. mit Erfolg zu einer colorimetr. I-Best. benutzt wird. Mit dieser ausführlich beschriebenen Meth. kann I noch in 1,0 g Condurangorinde quantitativ bestimmt werden, sie ist auch, sinngemäß angewendet, zur I-Best. in I-haltigen Zubereitungen, z. B. in Extractum Condurango fluidum, geeignet. (Scientia pharmac. **25.** 163—72. 30/9. 1957. Graz., Univ., Pharm.-Chem. Inst., Abt. für Galenik u. Arzneiformenlehre.) H. P. FIEDLER. 4880

B. Samdahl und **Eva Hadler Vihovde,** *Über den schädlichen Einfluß des Ätherautoxyds bei der Analyse von Alkaloiden und anderen organischen Basen.* 2. Mitt. *Bestimmung der Alkaloide in Extractum Nucis vomicae.* (1. vgl. Medd. norsk farmac. Selsk. **3.** [1941.] 177.) Wenn bei der Wertbest. von Brechnußextrakt peroxydhaltiger Ae. zur Extraktion verwendet wird, findet man bei der Titration gegen Methylrot zu niedrige Werte für Brucin u. Strychnin, da diese durch Peroxyde in die bei der Titration nicht erfaßbaren Genalkaloide (Aminooxyde) übergeführt werden, die auch zu einem undeutlichen Farbumschlag führen. Man erhält z. B. mit reinem Ae. 13,23% Alkaloide, bei 0,025% Peroxydgeh. ca. 11, bei 0,05% ca. 5, bei 0,10% 0%; Vff. vergleichen auch mit dem papierchromatograph. Wert. (Medd. norsk farmac. Selsk. **20.** 167—76. Okt. 1958.) R. K. MÜLLER. 4880

Henryk Speichert, *Quantitative Bestimmung der Summe einzelner Alkaloidgruppen in Sklerotien des Mutterkorns.* 10—20 mg Substanz werden mit Seesand verrieben, 5 Std. mit PAe. entfettet u. 30 Min. mit 1 ml Ae. unter Zusatz einer Spur NH_4OH extrahiert. Der zentrifugierte Extrakt wird auf WHATMAN Nr. 3-Papier aufgetragen u. mit Methanol + PAe. + Bzl. + Toluol 10:25:60:25 entwickelt. Das Vergleichschromatogramm wird analog angesetzt. Die Flecken werden unter der UV-Lampe ausgeschnitten u. mit 0,5%ig. Weinsäure in Methanol ausgewaschen. Die Best. erfolgt colorimetr. nach Zusatz der ALLPORT-Lösung. (Acta polon. pharmac. **16.** 51—56. 1959. Poznań, PINLSR, Zakł. Analizy i Techn. Lekurrośl.) F. URBAN. 4880

H. Bekemeier, G. Pfennigsdorf und **W. Ponsold,** *Vergleichende Betrachtungen der zur Vitamin-D-Bestimmung ausgearbeiteten prophylaktischen Röntgenmethoden im besonderen Hinblick auf ihre Eignung für das DAB 7.* Übersicht über die zur Zeit gebräuchlichsten Variationen des prophylakt. Röntgentests u. Betrachtungen über Genauigkeit u. Versuchssicherheit u. deren Verbesserung. Ferner wird die Brauchbarkeit zur *Vitamin-D*-Best. bestätigt u. die Aufnahme im DAB 7 vorgeschlagen. — 117 Literaturzitate. (Pharmazie **13.** 685—92. Nov. 1958. Halle-Wittenberg, Univ., Pharmakolog. Inst.) I. GEIBLER. 4880

G. Tappi, E. Menziani Andreoli und **E. Frea,** *Bestimmung von Steroidhormongemischen in Öllösung.* Das im einzelnen beschriebene Verf. zur chromatograph. Trennung mehrerer Steroidhormone (I) in Öllsg. beruht darauf, die Lsg. auf eine mit Mg-Silicat (Florisil) gefüllte Säule zu geben u. nacheinander mit PAe. u. einer Mischung von 3 Voll. PAe. u. 1 Vol. Chlf. (Eluierung des Öles), einer Mischung von 1 Vol. PAe. u. 1 Vol. Chlf. (Eluierung der I ohne Keto- oder freie OH-Gruppen) u. einer Mischung von Chlf. u. CH_3OH (1:1; Eluierung von Alkoholen u. Phenolen) zu eluieren. (Pharmac. Weekbl. **93**. 231—34. 8/3. 1958. Turin, Univ., Inst. de Chim. pharmaceut. et de Toxicologie. [Orig.: französ.]) W. WESLY. 4880

T. W. Kethley, E. L. Fincher und **W. B. Cown,** *Eine Methode zur Auswertung von Luftdesinfektionsmitteln.* Berichtet wird über Testkulturen, über Standardaerosole mit Bakterien u. über die zur Herst. erforderliche App., sowie über die App. zum Testen der Aerosoldesinfektionsmittel. Der Einfl. der relativen Feuchtigkeit auf die Aktivität der Desinfektionsmittel wird bei den Unterss. berücksichtigt. (Appl. Microbiol. **4**. 237—43. Sept. 1956. Atlanta, Ga., Engng. Exp. Stat., Inst. of Technol.) E. BOYE. 4880

Chem. Pharmaz. Fabrik Dr. Hermann Thiemann G. m. b. H., Lünen, *Herstellung stabiler wässeriger Lösungen von in Wasser schwerlöslichen Arzneimitteln* wie Pyrazolonderivv., Furanochromonen, Purinen, Steroiden u. a., dad. gek., daß man als Lösungsvermittler Derivv. des Crotonlactons der allg. Formel I oder einer tautomeren Form verwendet, wobei R_1 einen aliphat. oder hydroaromat. oder aliphat.-aromat. Rest mit wenigstens 4 u. höchstens 15 C-Atomen, der durch ein prim. oder sek. C-Atom mit dem Lactonring verbunden ist, bes. Benzyl, R_2 eine OH-Gruppe, die Salze mit organ. oder anorgan. Basen bildet, u. R_3 u. R_4 = H-Atome oder einen aliphat. Rest mit bis zu 10 C-Atomen bedeuten. Es werden beispielsweise genannt das Diäthanolaminsalz des 3-(γ-Phenyl)-propyl-4-hydroxycrotonlactons, das Na-Salz des 3.5-Di-n-butyl-4-hydroxycrotonlactons, das Morpholinsalz des 3-n-Octyl-, des 3-Benzyl- u. 3-Cyclohexyl-4-hydroxycrotonlactons. (**D. A. S. 1 058 697** Kl. 30h vom 8/1. 1955, veröff. 4/6. 1959.) W. HEYER. 4787

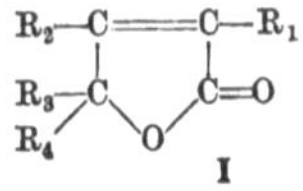
I

Nordmark-Werke G. m. b. H. (Erfinder: **Viktor Wolf**), Hamburg, *Herstellung von haltbaren, wässerigen, Cystein enthaltenden Lösungen oder anderen Zubereitungen,* dad. gek., daß man *l*-Cystein (**I**) zusammen mit N-Acetylhomocysteinthiolacton (**II**) u. Fructose (**III**) unter Ausschluß von Luft-O_2 in Ggw. eines O_2-freien Inertgases bei Tempp. $< 20^0$ in W. löst, die Lsg. sterilisiert u. bes. durch Gefriertrocknung in Pulver überführt. Auf 100 (Teile) W. werden ca. 0,5—2 **I**, 0,1—4 **II** u. 1,5—32 **III** eingesetzt. (**D. A. S. 1 058 214** Kl. 30h vom 14/2. 1958, veröff. 27/5. 1959.) W. HEYER. 4791

Curta & Co. G. m. b. H. (Erfinder: **Ludwig Vogeler**), Frankfurt/M., *Herstellung haltbarer Injektionslösungen von Alkaloiden* (**I**) *der Rauwolfia serpentina,* dad. gek., daß man die **I** in ihre Citrate oder Tartrate überführt u. deren wss. Lsg. in eine wss. Alkalibenzoatlsg. einbringt. (**D. A. S. 1 060 088** Kl. 30h vom 30/1. 1957, veröff. 25/6. 1959.) K. KOEBKE. 4791

Dr. Schwarz Arzneimittelfabrik G. m. b. H., Monheim (Erfinder: **Walter Rummel,** Düsseldorf, und **Werner Schürhoff,** Worms), *Herstellung eines therapeutisch wertvollen Ferroglykokollsulfatkomplexes,* dad. gek., daß man Glykokoll u. Ferrosulfat in mol. Mengen nach Anfeuchten mit W. ohne Wärmezufuhr u. ohne Ausschluß von Luftsauerstoff reagieren läßt. Der Komplex enthält 0,2—0,6 (%), höchstens aber 1% 3wertiges Eisen. (**D. A. S. 1 048 587** Kl. 12q vom 7/8. 1957, veröff. 15/1. 1959. **E. P. 802 565** vom 26/3. 1957, ausg. 8/10. 1958.) W. HEYER. 4805

Ciba Akt.-Ges., Basel, Schweiz (Erfinder: **Anthony C. Shabica,** Livingston, N. J., V. St. A.), *Herstellung von β-Dimethylaminoäthylamin,* dad. gek., daß man ein β-Halogenäthylamin, bes. β-Chloräthylamin in Form des Hydrochlorids (**I**), oder eines seiner Salze mit einer wss. Lsg. von Dimethylamin (**II**) umsetzt. Die Rk. wird vorzugsweise in Ggw. eines säurebindenden Mittels, bes. einer anorgan. Base wie NaOH oder durch einen Überschuß an **II**, durchgeführt. Aus **I** u. **II** $\rightarrow$ β-Dimethylaminoäthylamin, n_D^{15} 1,4300. — *Zwischenprod.* für die Herst. von *Arzneimitteln.* (**D. A. S. 1 038 051** Kl. 12q vom 9/10. 1956, veröff. 4/9. 1958. A. Prior. 10/10. 1955.) W. HEYER. 4807

VEB Farbenfabrik Wolfen (Erfinder: **Hans Wesche** und **Ursula Siegmund**), Wolfen, Kr. Bitterfeld, *Herstellung von Acylsulfanilylthioharnstoffen,* dad. gek., daß man Acylsulfanilylcyanamide oder deren Salze mit wss. Lsgg. von Alkali- oder Erdalkalithiosulfaten bei mindestens 100^0 umsetzt. — *Zwischenprodd. für das Chemotherapeuticum Sulfanilylthioharnstoff.* (**D. A. S. 1 038 032** Kl. 12o vom 19/9. 1956, veröff. 4/9. 1958.) F. KREIS. 4807

E. Merck Akt.-Ges. (Erfinder: **Rudolf Hotovy** und **Jutta Kapff**), Darmstadt, *Herstellung von gegen Licht und Luftsauerstoff stabilen, injizierbaren, wässerigen Lösungen von Lokalanästhetica,* dad. gek., daß man die wss. Lsg., die gegebenenfalls noch NaCl enthalten kann, mit so viel eines oder mehrerer wasserlösl. physiol. indifferenten Salze des Isatropasäureditropinesters (Belladonnin) versetzt, bis die erhaltene Lsg. einen Belladonningeh., bes. das Isatropasäureditropinesterdihydrogensulfat, von 0,2% besitzt. Als Lokalanästhetica werden bes. genannt die Derivv. der Benzoesäure, der p-Aminobenzoesäure, p-Aminosalicylsäure, des Tropins, des Chinolins oder von Aniliden. (**D. A. S. 1 060 550** Kl. 30h vom 15/2. 1958, veröff. 2/7. 1959.) W. HEYER. 4807

Løvens Kemiske Fabrik ved A. Kongsted, Kopenhagen, Dänemark, *Herstellung von Phenylestern der p-Aminosalicylsäure.* Der entsprechende p-Nitrosalicylsäureester wird mit H_2 in Ggw. von Pt- oder Pd-Katalysatoren reduziert. Aus p-Nitrosalicylsäurephenylester wird p-Aminosalicylsäurephenylester hergestellt. F. 149—150°. p-Aminosalicylsäure-p-äthoxyphenylester. F. 173—174,5°. *Tuberkulosemittel.* (**Dän. P. 81 711** vom 17/8. 1951, ausg. 7/1. 1957.) K. H. KÄHLER. 4807

Carlo Erba S. p. A., übert. von: **Willy Logemann** und **Luigi Almirante,** Mailand, Italien, *Amide* der allg. Formel $R(-CH_2-N(R')-R'')_n$ (R = Aryl, das weitere anellierte Ringe enthalten oder teilweise hydriert sein kann, Cycloalkyl, heterocycl. Rest, die noch NO_2, Halogene, NH_2, OH u. COOH enthalten können; R' = H, Alkyl, das OH, SH, S-Alkyl oder N-Alkyl enthalten kann; R'' = CO-Alkyl, das im Alkyl Halogen enthalten kann) erhält man durch Rk. eines Aldehyds der Formel RCHO mit einem Amin $R'NH_2$, Hydrierung der entstandenen SCHIFFschen Base u. Acylierung des gebildeten Amins. Man kann auch ein Alkylhalogenid RCH_2-Halogen mit einem Amin $R'-NH_2$ oder ein Amin $R'-CH_2NH_2$ mit einem Alkylenoxyd oder einem Alkylhalogenid umsetzen u. das entstandene Amin $R-CH_2NHR'$ acylieren. — Aus β-Chlormethyl-5.6.7.8-tetrahydronaphthalin u. Monoäthanolamin → N-(β-Hydroxyäthyl)-N-(2-tetrahydronaphthylmethyl)-amin, daraus mit Dichloressigsäuremethylester bei 60° → *N-(β-Hydroxyäthyl)-N-(2-tetrahydronaphthylmethyl)-dichloracetamid,* F. 110 bis 112°. — 4-Chlormethyldiphenyläther + Monoäthanolamin + Pentachloraceton → *N-(β-Hydroxyäthyl)-N-(p-phenoxybenzyl)-dichloracetamid.* — p-4-Nitrophenoxybenzylchlorid + Monoäthanolamin → N-(β-Hydroxyäthyl)-N-(p-4-nitrophenoxybenzyl)-amin (I), F. 58—60°, + Pentachloraceton → *N-(β-Hydroxyäthyl)-N-(p-phenoxy-[4'nitro]-benzyl)-dichloracetamid,* F. 134—135°. — I gibt mit H_2 in Ggw. von RANEY-Ni in alkoh. Lsg. *N-(β-Hydroxyäthyl)-N-(p-phenoxy-[4'-amino]-benzyl)-amin,* das mit Dichloressigsäuremethylester acyliert wird. — Mittel gegen *Protozoen.* (**A. P. 2 824 894** vom 13/7. 1956, ausg. 25/2. 1958. It. Prior. 22/7. 1955.) G. KRAUSS. 4807

Norwich Pharmacal Co., Norwich, N. Y., V. St. A., *Herstellung von neuen, in 2-Stellung alkylierten 5-Nitrofuranverbindungen,* dad. gek., daß Furane, die in 2-Stellung einen Alkylrest mit mindestens 2 C-Atomen tragen, bei —5° mit rauchender HNO_3 u. Acetanhydrid nitriert werden. — *5-Nitro-2-äthylfuran,* $Kp._{2,5-3}$ 77—78°, durch langsame Zugabe von 48 g HNO_3 (D. 1,5) zu 74 ml Essigsäureanhydrid < —5°, dann von 12 g 2-Äthylfuran in 25 ml Acetanhydrid bei —15 bis —20°, Gießen auf Eis, Ausäthern, Verdampfen, Erwärmen mit Pyridin, Verdünnen mit W., Ansäuern mit H_2SO_4 u. Ausäthern; Ausbeute ca. 5 g. — Ebenso *5-Nitro-2-propylfuran,* $Kp._4$ 99—100°, aus 2-Propylfuran. — *Arzneimittel, Antiseptica.* (**Oe. P. 195 419** vom 21/12. 1953, ausg. 10/2. 1958. A. Prior. 31/5. 1941.) H.-J. NITZSCHKE. 4807

J. R. Geigy Akt.-Ges., Basel, Schweiz, *Herstellung therapeutisch wertvoller 1.2-Diaryl-3.5-dioxopyrazolidine.* Zu Schwz. P. 325 459; C. **1958.** 13583 ist nachzutragen: *4-(6'-Methyl-2'.5'-endomethylen-$\Delta^{3'}$-cyclohexenylmethyl)-1.2-diphenyl-3.5-dioxopyrazolidin,* F. 151—153°. — *4-[3'-(2''.5''-Endomethylen-$\Delta^{3''}$-cyclohexenyl)-propyl-(1')]-1.2-diphenyl-3.5-dioxopyrazolidin,* F. ca. 160°. — *4-(2'.5'-Endomethylen-$\Delta^{3'}$-cyclohexenyl)-1.2-bis-(p-methylphenyl)-3.5-dioxopyrazolidin,* F. 148—148,5°. — *4-(2'.5'-Endomethylen-$\Delta^{3'}$-cyclohexenyl)-1.2-bis-(p-chlorphenyl)-3.5-dioxopyrazolidin,* F. 173—174,5°. — *4-(2'.5'-Endomethylen-$\Delta^{3'}$-cyclohexenyl)-1.2-bis-(m-bromphenyl)-3.5-dioxopyrazolidin,* F. 133—135°. — *4-(2'.5'-Endomethylen-$\Delta^{3'}$-cyclohexenyl)-1.2-diphenyl-3.5-dioxopyrazolidin,* F. 148—149°. *4-[2'.5'-Endomethylen-$\Delta^{3'}$-cyclohexenyl-(1')]-1.2-bis-(m-methylmercaptophenyl)-3.5-dioxopyrazolidin,* F. 130°. — *4-[2'.5'-Endomethylen-$\Delta^{3'}$-cyclohexenyl-(1')]-1.2-di-(p-methoxyphenyl)-3.5-dioxopyrazolidin,* F. ca. 116—120°. (**Holl. P. 88 492** vom 3/5. 1955, ausg. 16/6. 1958. Schwz. Prior. 7/5. 1954.) F. BÖHM. 4807

J. R. Geigy Soc. An., Schweiz, *Herstellung von 1.2-Diphenyl-3.5-dioxopyrazolidinen.* Zu Oe. P. 190 512; C. **1958.** 10734 sind folgende 3.5-Dioxopyrazolidine zu ergänzen: *1.2-Diphenyl-4-caproyl-,* F. 92—93° (*2.4-Dinitrophenylhydrazon,* F. 172 bis 174°); *-valeryl-,* F. 66,5—67,5°; *-isovaleryl-,* F. 103—104°; *-[β-phenylpropionyl]-,* F. 115,5—116,5°; *-cinnamoyl-,* F. 181,5—182,5°; *-[α-thenoyl]-,* F. 197—198°; *-[α-furoyl]-,* F. 185—187°; *-isobutyryl-,* F. 110—112°; *-[di-n-butylacetyl]-,* F. 88—90°; *-[α-cycloheptenylbutyryl]-,* F. 108,5—109,5°; *[-homoveratroyl]-,* F. 148,5—150,5° (Bzl.); *-[ω-undecenoyl]-3.5-dioxopyrazolidin,* F. 57,5—58,5°. — *1.2-Bis-[p-chlorphenyl]-4-benzoyl-.* — *1.2-Bis-[p-methylphenyl]-4-benzoyl-,* F. 154—155°. — *1-[p-Hydroxyphenyl]-2-phenyl-4-benzoyl-,* F. 198—200°, u. *-phenacetyl-,* F. 155—157°. — *1-[p-Benzyloxyphenyl]-2-phenyl-4-phenacetyl-,* F. 103—106°. — *1-[p-Hydroxyphenyl]-2-phenyl-4-butyryl-,* F. 144 bis

146°. — *1.2-Diphenyl-4-[p-chlorbenzoyl]-*, F. 181—182°; *-benzoyl-*, F. 109,5—110,5° (*2.4-Dinitrophenylhydrazon*, F. 148—149°); *-butyryl-*, F. 79—80°; *-[p-methoxybenzoyl]-*, F. 162—163°; *-[α-acetoxyacetyl]-*, F. 117—118°. — *Heilmittel.* (**F. P. 1 163 367** vom 15/12. 1955, ausg. 25/9. 1958. Schwz. Prior. 16/12. 1954.) S. BÖTTCHER. 4807

Merck & Co., Inc., Rahway, N. J., V. St. A., *Herstellung von neuen 2-[N⁴-Carboxyacylaminobenzolsulfonamido]-thiazolen* der allg. Formel I (R = o-Carboxybenzoyl- oder β-Carboxypropionylrest), dad. gek., daß die entsprechende Dicarbonsäure, ihr Anhydrid oder ein Ester oder ein Estermonochlorid mit 2-[p-Aminobenzolsulfonamido]-thiazol erhitzt u. gegebenenfalls hydrolysiert wird. — *2-[N⁴-Succinylsulfanilamido]-thiazol* (*Succinylsulfathiazol*), F. 184—186° (verd. A.), aus 3,92 g Bernsteinsäureanhydrid u. 10 g Sulfathiazol in sd. A. durch nachherige Zugabe von W.; 90% (Ausbeute). — Analog *2-[N⁴-Phthalylsulfanilamido]-thiazol* (*Phthalylsulfathiazol*), Zers. >260°, aus Phthalsäureanhydrid. — *Darmantiseptica.* (**Oe. P. 195 425** vom 30/12. 1953, ausg. 10/2. 1958. A. Prior. 31/7. 1941.) H.-J. NITZSCHKE. 4807

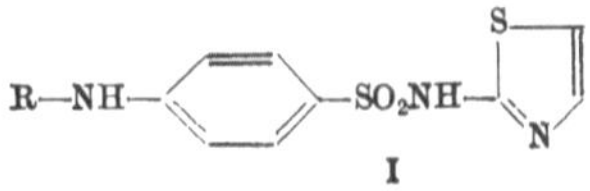

I

Farbenfabriken Bayer Akt.-Ges., Leverkusen (Erfinder: **Udo Wörffel, Walter Puls, Robert Behnisch** und **Fritz Mietzsch,** Wuppertal), *5-Arylsulfonamido-1.2.4-thiodiazole,* die im Arylrest eine oder mehrere niedere Alkylgruppen tragen u. in 3-Stellung des Thiodiazolrings durch eine Alkyl-, Alkoxyalkyl-, Alkylmercapto-, Aryl-, Aralkyl-, Heteroaryl- oder Heteroarylalkylgruppe substituiert sind, besitzen gute *Leberschutzwirkung.* Die Verbb. werden in an sich bekannter Weise hergestellt. Beispiele: *5-(3'-Methylbenzolsulfonamido)-3-methyl-1.2.4-thiodiazol,* F. 184—186°; *5-(2'-Methylbenzolsulfonamido)-3-methyl-1.2.4-thiodiazol,* F. 170—171°; *5-(2'-Methylbenzolsulfonamido)-3-(β-äthoxyäthyl)-1.2.4-thiodiazol,* F. 64—65°; *5-(2'-Methylbenzolsulfonamido)-3-benzyl-1.2.4-thiodiazol,* F. 161—162°; *5-(4'-Methylbenzolsulfonamido)-3-phenyl-1.2.4-thiodiazol,* F. 224 bis 225°. (**D. A. S. 1 057 125** Kl. 12p vom 10/12. 1957, veröff. 14/5. 1959.) A. BRÖSAMLE. 4807

Farbenfabriken Bayer Akt.-Ges., Leverkusen (Erfinder: **Engelbert Kühle, Werner Schäfer,** Köln, und **Richard Wegler,** Leverkusen), *Thiosemicarbazone von [Pyridyl-(4)]-alkylketonen* lassen sich aus 4-Alkylpyridinen (Alkyl mit mehr als 1C-Atom) durch Erhitzen mit S u. mit Thiosemicarbazid auf 100—145° nach untenstehendem Schema darstellen: 214 g **I** + 128 S + 182 **II** (2½ Std. auf 130°) → 51% Ausbeute an *Thiosemicarbazon* des *4-Pyridylmethylketons* (III), F. 229—231° (aus Methanol). — Analog:

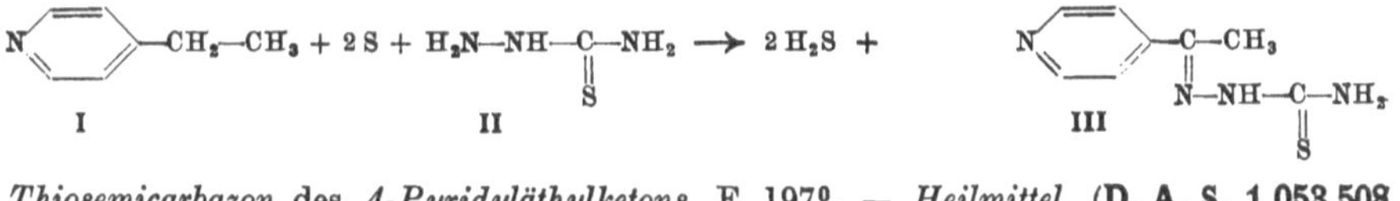

Thiosemicarbazon des *4-Pyridyläthylketons,* F. 197°. — *Heilmittel.* (**D. A. S. 1 053 508** Kl. 12p vom 3/4. 1954, veröff. 26/3. 1959.) K. GÄBELEIN. 4807

Olin Mathieson Chemical Corp., übert. von: **Harry L. Yale** und **Jack Bernstein,** New Brunswick, N. J., V. St. A., *N-(β-Diäthylaminoäthyl)-isonicotinamid* u. ähnliche Basen werden so dargestellt, daß eine isomerenfreie Isonicotinylverb. der Formel NC_5H_4—(p)-COX (X = Halogen oder niederes Alkyloxy) mit Verbb. der allg. Formel Y (niederes Alkylen)—Z [Y = Amin mit mindestens 1 freiem H; Z = —N (niederes Alkyl)$_2$, —N (niederes Alkyl)—oxy–niederes Alkyl, —N-morpholinyl, —N-pyrrolidyl, —N-piperidyl] kondensiert werden. — 60 g isomerenfreies Methylisonicotinat (Kp.$_{10}$ 72°; F. 17°; n_D^{23} 1,5135) + 261 g N.N-Diäthyläthylendiamin (24 Std. am Rückfluß) → *N-(β-Diäthylaminoäthyl)-isonicotinamid,* Kp.$_{0,5}$ 165°; *Monohydrochlorid,* F. 106—107°; *Dihydrochlorid,* F. 194—196°. Die Best. der DL_{50} mit einer 2,5%ig. Lsg. des *Monohydrochlorids* an der Maus ergab 253 ± 8,3 mg/kg intravenös u. 587 ± 4 intraperitoneal. Das *Dihydrochlorid* auf p_H 5 gepuffert, ergab eine DL_{50} 240 ± 3 mg/kg. Per os als *Hydrochlorid* wurden >1700 u. >2500 mg/kg ermittelt, für Procainamid im Vgl. dagegen 760 ± 4,75. Mit H_3PO_4 in Methyläthylketon wurde das *Monophosphat,* F. 194° u. analog in W. das *Mononitrat* erhalten. — Weitere Verbb.: *N-(γ-Diäthylaminopropyl)-isonicotinamid,* Kp.$_1$ 171°; *Dihydrochlorid,* F. 152°. — Aus N.N-Diäthyläthylendiamin u. Äthylisonicotinatmethojodid kann *4-[N-(β-Diäthylaminoäthyl)-carbamyl]-1-methylpyridiniumjodid,* F. 148—150° dargestellt werden. Dessen *Methojodid,* F. 155—157°. — Aus N-(β-Aminoäthyl)-pyrrolidin u. Methylisonicotinat ist das *N-[β-(1-Pyrrolidyl)-äthyl]-isonicotinamid,* Kp.$_{0,5}$ 180°, dargestellt worden. — *Pharmaceutica* mit cardiovasculärer u. parasympathicolyt. Wrkg., bes. zur Behandlung der ventriculären Tachycardie u. Extrasystolen geeignet; z. B. auch zur präoperativen Vorbereitung, wie Procainamidhydrochlorid, im Vgl. zu dem es sich aber weniger tox. u. länger wirksam erweisen soll. (**A. P. 2 846 438** vom 15/3. 1954, ausg. 5/8. 1958.) K. GÄBELEIN. 4807

Mathieson Chemical Corp., New York, N. Y., V. St. A., *In der Tuberkulosetherapie wertvolle Präparate*, die oral verabreicht werden können, enthalten *Isonicotinsäurehydrazid.* (**Holl. P. 89 163** vom 9/1. 1953, ausg. 15/10. 1958. A. Prior. 12/1. 1952.) F. BÖHM. 4807

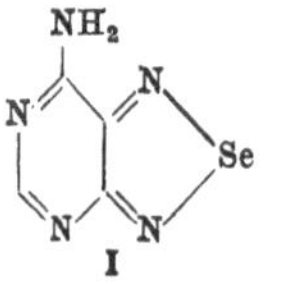
I

E. Merck Akt.-Ges. (Erfinder: **Otto Zima** und **Günther Mohr**), Darmstadt, *Herstellung einer organischen Selen–Stickstoff-Verbindung.* Man behandelt 4.5.6-Triaminopyrimidin mit seleniger Säure u. erhält dabei das *7-Aminopyrimido-(4.5-c)-1.2.5-selenadiazol* der Formel **I**, F. >330°. — *Cytostaticum.* (**D. A. S. 1 057 127** Kl. 12p vom 30/4. 1958, veröff. 14/5. 1959.) A. BRÖSAMLE. 4807

Gane's Chemical Works, Inc., V. St. A. (Erfinder: **Robb V. Rice**), *Herstellung von 7-[Hydroxypropyl]-theophyllinverbindungen*, dad. gek., daß man 1 (Mol) Theophyllin mit 1,05—1,5 eines monohalogenierten Propanols in W. versetzt, unter Rühren u. Erwärmen 1,05—1,5 Alkalihydroxyd zufügt u. nach Eindampfen aus einem wasserfreien Alkohol aufarbeitet. — Beschrieben wird die Herst. von *7-[β-Hydroxypropyl]-theophyllin*, F. 135—136°, aus 1-Chlor- bzw. 1-Brompropanol-(2), u. von *7-[γ-Hydroxypropyl]-theophyllin*, F. 149—150°, aus 3-Chlorpropanol-(1). — *Therapeutica.* (**F. P. 1 159 158** vom 8/7. 1953, ausg. 24/6. 1958. A. Prior. 20/3. 1953.) S. BÖTTCHER. 4807

Spofa, Spojené Farmaceutické Závody, Národní Podnik (Erfinder: **Jiri Gut**), Prag, Tschechoslowakei, *6-Azauracil.* Man überführt das Glyoxylsäurethiosemicarbazon durch alkal. Cyclisation in 5-Oxo-3-thioxo-2.3.4.5-tetrahydro-1.2.4-triazin, F. 251°, u. läßt auf dieses in wss. Lsg. Chloressigsäure einwirken. F. 272° (aus W.). — *Cancerostat.* u. *bakteriostat.* Wirksamkeit. (**D. A. S. 1 057 604** Kl. 12p vom 20/1. 1958, veröff. 21/5. 1959. Tschech. Prior. 25/1. 1957.) A. BRÖSAMLE. 4807

Spofa, Spojené Farmaceutické Závody, Národní Podnik (Erfinder: **Jan Skoda, Vilem Hess** und **Frantisek Sorm**), Prag, Tschechoslowakei, *6-Azauracilribosid.* Man setzt das 6-Azauracil der Einw. eines fermentierenden, mit *Escherichia coli* beimpften Nährbodens aus u. isoliert das gebildete Ribosid nach dem Entfernen der Mikroorganismen aus dem Nährboden durch Adsorption. F. 160—161°. — *Cancerostat.* u. *bakteriostat.* Wirksamkeit. (**D. A. S. 1 056 616** Kl. 12p vom 24/1. 1958, veröff. 6/5. 1959. Tschech. Prior. 28/2. 1957.) A. BRÖSAMLE. 4807

Farbwerke Hoechst Akt.-Ges., vormals Meister Lucius & Brüning, Frankfurt/M. (Erfinder: **Albert Mondon,** Kiel), *Isosqualene* erhält man durch Red. von Geranylessigsäure oder 2.3-Dihydrohomogeraniumsäure oder deren Estern mit Metallhydriden, Überführen des entstandenen Alkohols in das entsprechende Halogenid, dessen Rk. mit Mg oder Li u. anschließend mit Farnesylaceton, hydrolyt. Zerlegung der entstandenen Verb. u. gegebenenfalls Wasserabspaltung aus dem gebildeten Alkohol. — Aus Geranylessigsäure u. $LiAlH_4$ in Ae. bei n. Temp. → Bis-homogeraniol, $Kp._{13}$ 136—138°; $Kp._{1,25}$ 94—96°, daraus in niedrigsd. PAe. u. in Ggw. von absol. Pyridin mit PBr_3 → Bis-homogeranylbromid, $Kp._2$ 110—112°; $Kp._{0,05}$ 78°; daraus mit Mg in Ae., dann Zusatz von Farnesylaceton in absol. Ae. → *Isosqualenalkohol* (**I**), $Kp._{0,02}$ 205—210°, daraus in absol. Pyridin mit $POCl_3$ zuerst unter Kühlung, dann bei 40—60° → *Isosqualen* (**II**),

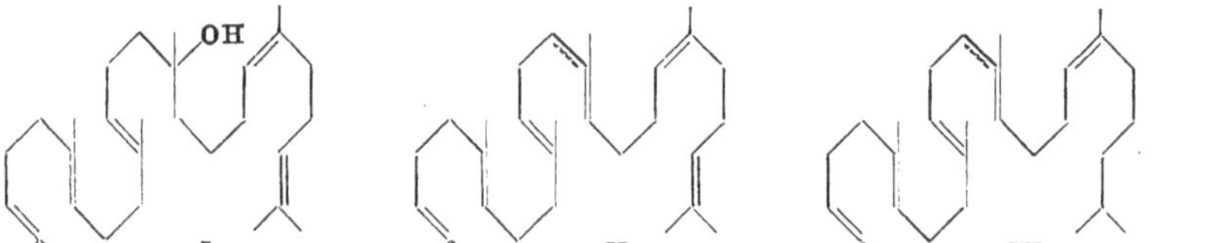
I II III

$Kp._{0,02}$ 180° (2mal über Na dest.), verharzt schnell an der Luft. — 2.3-Dihydrohomogeraniumsäure → 2.3-Dihydro-bis-homogeraniol, $Kp._{0,1}$ 80°; $n_D^{21,5}$ 1,4561; $D._4^{21,5}$ 0,8412; Ausbeute 82%; entsteht auch aus einer lactonhaltigen Säure, wobei als Nebenprod. 5.9-Dimethyldecan-1.5-diol, $Kp._2$ 120—125° erhalten wird; aus vorst. → 2.3-Dihydro-bis-homogeranylbromid, $Kp._{0,02}$ 64—65°; n_D^{19} 1,4732; Ausbeute 80%, → *22.23-Dihydroisosqualenalkohol*, $Kp._{10^{-3}}$ 145° (Badtemp.); n_D^{21} 1,4872; $D.^{21}_4$ 0,8715, → *22.23-Dihydroisosqualen* (**III**), $Kp._{0,01}$ 160° (Badtemp.); n_D^{18} 1,4886; $D.^{18}_4$ 0,8582; Ausbeute 71%; gibt ein kristallines *Pentahydrochlorid*, F. 111—114°, neben einem leichter lösl. *tiefer* *schm. Isomeren.* — *Zwischenprodd.* zur Herst. von *Heilmitteln.* (**D. A. SS. 1 018 048** Kl. 12o vom 7/12. 1953 u. **1 018 049** Kl. 12o vom 24/6. 1954, beide veröff. 24/10. 1957.) G. KRAUSS. 4807

Pierre Chabrier, Pierre René Lucien Giudicelli und **Charles Henri Genot,** Frankreich, *Herstellung von Morphin-tert.-aminoalkyläthern,* dad. gek., daß man Morphin in Na-Äthylatlsg. mit einem tert.-Aminoalkylhalogenid umsetzt. — Beschrieben wird die Rk. von Morpholinyläthylchlorid u. Morphin zu *Morphinmorpholinyläthyläther,* F. 91°. (**F. P. 68809** vom 12/3. 1952, ausg. 10/6. 1958. **Zusatz zu F. P. 1013514; C. 1955. 4410.**) S. BÖTTCHER. 4807

Merck & Co., Inc., Rahway, N. J., übert. von: **Marshall D. Gates jr.,** Pittsford, N. Y., V. St. A., *Δ^6-Dehydroisomorphinane* der allg. Formel I (R_1, R_2, R_3 u. R_4 = H, Alkyl, Alkoxy). Ein 1.2-Naphthochinon (**II**, R = H oder Sulfonylgruppe) wird mit Cyanessigsäureester in die 4-Cyanmethylverb. (**III**) in Ggw. eines bas. Katalysators übergeführt, die mit Butadien oder dessen Substitutionsderivv. ein 9.10-Dioxo-13-cyanmethyl-5.8.9.10.13.14-hexahydrophenanthren (**IV**) gibt, aus dem mit H_2 in Ggw. eines Hydrierungskatalysators ein 10.16-Dioxo-Δ^6-dehydroisomorphinan (V) entsteht; dieses gibt bei der weiteren Red. die 10-Ketoverb. (**VI**), die mit $LiAlH_4$

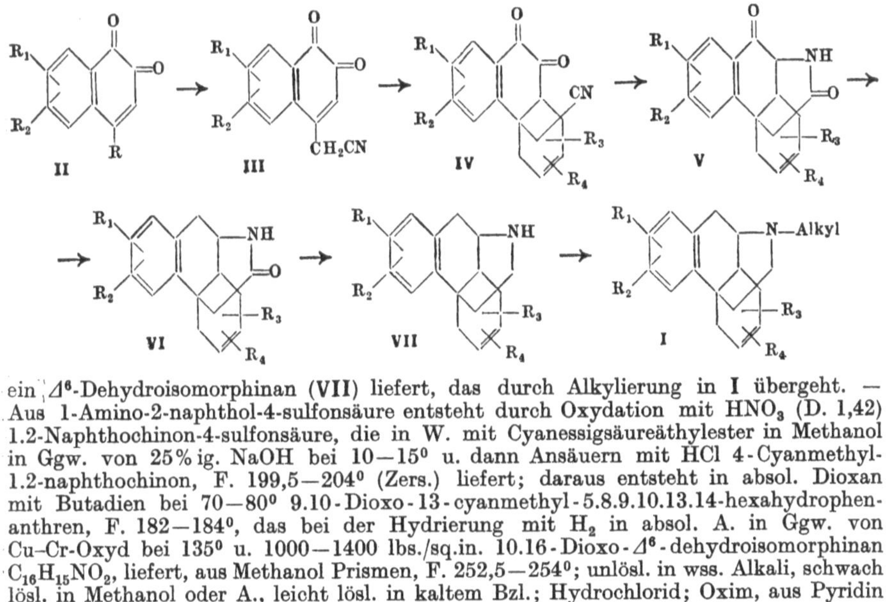

ein Δ^6-Dehydroisomorphinan (**VII**) liefert, das durch Alkylierung in **I** übergeht. — Aus 1-Amino-2-naphthol-4-sulfonsäure entsteht durch Oxydation mit HNO_3 (D. 1,42) 1.2-Naphthochinon-4-sulfonsäure, die in W. mit Cyanessigsäureäthylester in Methanol in Ggw. von 25%ig. NaOH bei 10—15° u. dann Ansäuern mit HCl 4-Cyanmethyl-1.2-naphthochinon, F. 199,5—204° (Zers.) liefert; daraus entsteht in absol. Dioxan mit Butadien bei 70—80° 9.10-Dioxo-13-cyanmethyl-5.8.9.10.13.14-hexahydrophenanthren, F. 182—184°, das bei der Hydrierung mit H_2 in absol. A. in Ggw. von Cu-Cr-Oxyd bei 135° u. 1000—1400 lbs./sq.in. 10.16-Dioxo-Δ^6-dehydroisomorphinan $C_{16}H_{15}NO_2$, liefert, aus Methanol Prismen, F. 252,5—254°; unlösl. in wss. Alkali, schwach lösl. in Methanol oder A., leicht lösl. in kaltem Bzl.; Hydrochlorid; Oxim, aus Pyridin F. 280—281°; lösl. in wss. Alkalien; mit Essigsäureanhydrid → Acetylderiv., aus verd. Essigsäure F. 176—178°; daraus mit Hydrazinhydrat u. KOH in Äthylenglykol bei 200° → 16-Oxo-Δ^6-dehydroisomorphinan, F. 236—236,5°; daraus mit $LiAlH_4$ in Tetrahydrofuran unter Rückfluß → *Δ^6-Dehydroisomorphinan,* das mit 88%ig. HCOOH u. 37%. HCHO unter Rückfluß *N-Methyl-Δ^6-dehydroisomorphinan* gibt, Kp.$_{0,5}$ 180—185° (Bad); *Hydrobromid,* aus Methanol F. 249—250°. — 5.6-Dimethoxy-1.2-naphthochinon → 5.6-Dimethoxy-4-cyanmethyl-1.2-naphthochinon, F. 225—227° (Erweichen bei 223°), + Butadien → 3.4-Dimethoxy-9.10-dioxo-13-cyanmethyl-5.8.9.10.13.14-hexahydrophenanthren, aus Methanol Prismen, F. 237—238,5°, → 3.4-Dimethoxy-10.16-dioxo-Δ^6-dehydroisomorphinan, F. 237—238,5°, → 3.4-Dimethoxy-16-oxo-Δ^6-dehydroisomorphinan, F. 263—264,5°, → *3.4-Dimethoxy-Δ^7-dehydroisomorphinan* → *3.4-Dimethoxy-N-methyl-Δ^6-dehydroisomorphinan; Pikrat,* F. 198,5—200°. — Mit Isopren bzw. 2-Äthoxybutadien entsteht Mischung aus 6- u. 7-Methyl-9.10-dioxo-13-cyanmethyl-5.8.9.-10.13.14-hexahydrophenanthren bzw. 6-Äthoxyhexahydrophenanthrenderivat. — *Analgetica.* (**A. P. 2 766 245** vom 28/2. 1951, ausg. 9/10. 1956.) G. KRAUSS. 4807

Horst Jatzkewitz, München, *Herstellung hochmolekularer polypeptidartiger Verbindungen von physiologisch beziehungsweise therapeutisch wirksamen Verbindungen,* dad. gek., daß man den wasserlösl. Wirkstoff mit bas. prim. oder sek. Aminogruppen nach in der Peptidchemie bekannten Methoden amidartig über eine Aminosäure oder ein Peptid mit einer Polyvinylpyrrolidoncarbonsäure umsetzt. — Aus 8,36 g Carbobenzoxyglycin u. 4 cm^3 Chlorameisensäureäthylester in Ggw. von 9,6 cm^3 Tri-n-butylamin in 50 cm^3 absol. Toluol bei -5^0, dann nach 25 Min. Zusatz von 7,8 g *l*-Leucinäthylesterhydrochlorid u. 9,6 cm^3 Tri-n-butylamin in 30 cm^3 trockenem Chlf. → Carbobenzoxyglycyl-*l*-leucinäthylester, daraus mit 4 g Hydrazinhydrat in 20 cm^3 absol. A. → Carbobenzoxyglycyl-*l*-leucylhydrazid, F. 125—127°; aus 672 mg davon in 4 cm^3 Eisessig, 2 cm^3 5n HCl u. 16 cm^3 W. bei -5^0 dann Zusatz von 152 mg $NaNO_2$, Lösen des abgetrennten Sirups in 20 cm^3 kaltem Chlf., Zusatz von 473 mg Mezcalin → 590 mg Carbobenzoxyglycyl-*l*-leucylmezcalin, aus A.-W. Nadeln, F. 124,5—125°, daraus in Methanol–Eisessig mit H_2 in Ggw. von Pd-Schwarz → Glycyl-*l*-leucylmezcalinhydrochlorid, Ausbeute 94%, glasartig, nicht kristallisierbar, schmeckt bitter, leicht lösl. in W., Methanol, A., Chlf., schwerer lösl. in Essigsäureäthylester u. Ae., unlösl. in PAe.; daraus mit Polyvinylpyrrolidoncarbonsäure (I) in Dimethylformamid [hergestellt aus 1 cm^3 N-Vinyl-α-pyrrolidon u. 0,15 cm^3 frischdest. Acrylsäuremethylester in Ggw. von 30%ig. H_2O_2 u. wss. konz. NH_3 bei 60—70° u. Dialyse (Cellophanmembran) gegen dest. W.], Zusatz von Chlorameisensäureäthylester u. Tributylamin unter N_2 bei 20°, Dialysieren gegen n/40 HCl u. W. → *Polyvinylpyrrolidonmezcalinpeptid*, amorphes Pulver, zers. sich bei 240° unter Braunfärbung u. läßt sich mit HCl beim Erhitzen in die Einzelbestandteile zerlegen. — Carbobenzoxyglycin + β-Phenylisopropylamin + Dicyclohexylcarbodiimid in Tetrahydrofuran → Carbobenzoxyglycyl-(β-phenylisopropyl)-amid, aus Methanol F. 98°, $+H_2$ → Glycyl-(β-phenylisopropyl)-amidhydrochlorid, aus Methanol–Ae. F. 182°, +I → lockeres, in W. mit schwach saurer Rk. lösl. *Pulver*, zers. sich bei 245° unter Braunfärbung. — Insulin + I. — Phenyläthanolaminsulfat + KOH + Carbobenzoxyglycin → Carbobenzoxyglycyl-(β-phenyläthanol)-amid, aus A. F. 132°, + H_2 → Glycyl-(β-phenyläthanol)-amidhydrochlorid, aus Methanol–Ae. F. 175°, +I → lockeres in W. mit saurer Rk. leichtlösl. *Pulver*, zers. sich ab 234° unter Braunfärbung. — Glycyl-(β-phenylisopropyl)-methylamid, + I → lockeres, schwachgelbliches, in W. mit schwach saurer Rk. leichtlösl. Pulver (Zers. ab 230°). Als I sind noch brauchbar: Mischpolymere mit Methacrylsäure, sowie die I-Ester, -Anhydride, -Halogenide oder -Azide. Mit I können noch umgesetzt werden: *Arterenol*, *5-Hydroxytryptamin* (= Serotonin), *Tryptamin*, *Histamin*, *8-(4-Amino-1-methylbutylamino)-6-methoxychinolin* (= Primaquin), Thyroxin, Peptidhormone, Proteidhormone, Antibiotica mit freien amidartig verknüpfbaren Amino- bzw. Guanylgruppen. — *Heilmittel* mit *lang andauernder Wrkg.*; die Mezcalinverb. ist nach 16 Tagen noch im Harn nachweisbar, während reines Mezcalin in 20 Std. ausgeschieden ist. (**D. A. S. 1 041 052** Kl. 12p vom 7/7. 1954, veröff. 16/10. 1958.) G. KRAUSS. 4807

Chas. Pfizer & Co., Inc., Brooklyn, N. Y. (Erfinder: **William Eliot Stieg**, Mystic, und **Axel Tage Nielsen**, Old Mystic, Conn.), V. St. A., *Stabilisieren höhermolekularer Fettsäureester des Vitamins A*, dad., daß man ihnen eine kleinere Menge eines Butylhydrochinons (ca. 3%, bes. 0,2—2%) zusetzt. (**D. A. S. 1 058 211** Kl. 30h vom 15/10. 1954, veröff. 27/5. 1959.) K. KOEBKE. 4809

Shionogi Seiyaku Kabushiki Kaisha, Doshomachi, Higashiku, Osaka, Japan (Erfinder: **Masao Tomita, Shojiro Uyeo, Kenichi Takeda, Arika Takamizawa** und **Ryozo Maeda**), *2-Methyl-4-amino-5-acetaminomethylpyrimidin* (**I**) erhält man durch Rk. von α-Dialkoxymethyl-β-alkoxypropionitril der allg. Formel $RO-CH_2-CH(CN)-CH(OR)_2$ (R steht für gleiche oder verschied. Alkyle, Aralkyle) mit Acetamidin oder Acetimidoäther u. NH_3 u. anschließende Hydrolyse des entstandenen 2.7-Dimethyl-5.6-dihydropyrimido-(4.5-d)-pyrimidins (II). — Aus 11 g Acetamidinhydrochlorid, 2,3 g Na, 25 cm^3 Methanol u. 10 g α-Diäthoxymethyl-β-äthoxypropionitril bei 60° nach 4 Std. → **II**; daraus nach Entfernen des A. mit 20 cm^3 W. unter Rückfluß nach 2 Std. → 6,8 g/I · ½ H_2O, F. 204—205°. — *Zwischenprod. zur Herst. von Vitamin B_1 (Thiamin)*. Vgl. F. P. 1108121; C. **1956.** 13858. Das Ausgangspropionitril wird nach E. P. 769 010; C. **1958.** 5456 erhalten. (**E. P. 772 256** vom 1/4. 1954, ausg. 10/4. 1957.)
G. KRAUSS. 4809

Usines Chimiques des Laboratoires Français (U. C. L. A. F.), Paris (Erfinder: **Gérard Nomine**, Noisy-le-Sec, **Pierre Barthelemy**, Saint-Germain-en-Laye, **Michel Vignau**, Neuilly-sur-Seine, und **Guy Hagemann**, Vincennes, Seine), Frankreich, *Biosynthese von Vitamin B_{12}* unter Zusatz einer Co-Verb., dad., daß man in das Fermentationsmedium Na-Co-Äthylendiaminotetraacetat in einer Menge von 25—150 Gewichtsteilen Co je 1 Million Volumenteile Kulturmedium vor oder nach der Beimpfung einbringt. (**D. A. S. 1058212** Kl. 30h vom 7/2. 1958, veröff. 27/5. 1959. F. Prior. 15/2. 1957.)
K. KOEBKE. 4809

Aschaffenburger Zellstoffwerke Akt.-Ges., Redenfelden (Erfinder: **Konrad Bernhauer, Wilhelm Friedrich** und **Gisela Groß**, Aschaffenburg/M.), *Äther der Vitamin-B_{12}-Gruppe* erhält man durch Veräthern der phenol. Hydroxylgruppe im Benzimidazolrest des Vitamin-B_{12}-Faktors III mit einem Phenylalkylhalogenid; z. B. entsteht mit Benzylbromid bei 37° in W. in Ggw. von Na_2CO_3 *Vitamin-B_{12}-Faktor IIIbz (O-Benzyläther)*; aus wasserhaltigem Aceton rote Nadeln, ist bei p_H 2,7, 6,5 u. 10,6 elektrophoret. neutral; gibt mit Perchlorsäure *Ätiocobalamin* (Faktor B); die Reinigung erfolgt chromatograph. über Cellulosepulver, Ausbeute 70%. Die Äther sind gegenüber *Escherichia coli 113-3* u. *Lactobacillus leichmannii 313* wirksam; wirken aber in der tier. Zelle, z. B. beim Protozoon *Ochromonas malhamensis*, gegenüber Vitamin B_{12} *antagonistisch*. — *Heilmittel*. (**D. A. S. 1 055 539** Kl. 12p vom 11/10. 1956, veröff. 23/4. 1959. **Zusatz zu D. A. S. 1 004 343; C. 1958. 1930.**) G. KRAUSS. 4809

Olin Mathieson Chemical Corp., New York, N. Y., übert. von: **Josef Fried**, New Brunswick, N. J., V. St. A., *$\Delta^{8(9)}$-11-Ketosteroide* erhält man durch HBr-Abspaltung aus den entsprechenden 9α-Halogenverbb., z. B. mit Collidin. — 9α-Bromcortisonacetat → *$\Delta^{8(9)}$-Dehydrocortisonacetat*, F. 248—249°; $[\alpha]_D^{23}$ 412°. — 9α-Brom-11-dehydrocorticosteronacetat → *$\Delta^{4,8(9)}$-Pregnadien-21-ol-3.11.20-trion-21-acetat*, F. 149—150°; $[\alpha]_D^{23}$ 408°. — 9α-Brom-11-ketoprogesteron → *$\Delta^{8(9)}$-Dehydro-11-ketoprogesteron*, F. 193 bis 194°; $[\alpha]_D^{23}$ 541°. — *Heilmittel* sowie *Zwischenprodd.* zu deren Herstellung. (**A. P. 2 835 680** vom 7/7. 1954, ausg. 20/5. 1958.) U. SIEVERS. 4809

E. Merck Akt.-Ges. (Erfinder: **Klaus Brückner**), Darmstadt, *Herstellung von Reichsteins Substanz S* (I). Man bromiert z. B. 5.16β-Dichlorpregnan-3β.17α-diol-20-on-3-acetat in CCl_4 mit Br_2 in Ggw. von Eisessig u. HBr → *5.16β-Dichlor-21-brompregnan-3β.17α-diol-20-on-3-acetat*, F. 180—182°; daraus durch Hydrolyse mit methanol. HCl → *5.16β-Dichlor-21-brompregnan-3β.17α-diol-20-on*, F. 175°; $[\alpha]_D^{20}$ 37,5°, welches durch Rk. mit K-Acetat in Aceton übergeführt wird → *16α.17α-Oxido-5-chlorpregnan-3β.21-diol-20-on-21-acetat*, F. 170—172°; daraus durch Oxydation mit CrO_3 → *16α.17α-Oxido-5-chlorpregnan-3.20-dion-21-olacetat*, F. 136°; $[\alpha]_D^{20}$ 76°. Durch Rk. mit HBr in Eisessig erhält man hieraus *16β-Brom-4-pregnen-3.20-dion-17α.21-diol-21-acetat*, F. 169—170°, welches sich in üblicher Weise zu I entbromieren läßt. — Man kann auch die entsprechende 5.16-Dibromverbindung für die Bromierung einsetzen u. erhält sodann *5.16β.21-Tribrompregnan-3β.17α-diol-20-on-3-acetat*, F. 127—129°; daraus durch Rk. mit HBr in Dioxan u. Methanol sowie anschließende Behandlung mit K-Acetat → *16α.17α-Oxido-5-pregnen-3β.21-diol-20-on-21-acetat*, F. 188—190°, das sodann durch Spaltung des Epoxydringes u. Oxydation der 3ständigen OH-Gruppe in I übergeführt wird. (**D. A. S. 1 060 392** Kl. 12o vom 20/2. 1958, veröff. 2/7. 1959.) U. SIEVERS. 4809

Schering Corp., V. St. A. (Erfinder: **Eugène Paul Oliveto** und **Emmanuel Benjamin Hershberg**), *Herstellung von 11β-Acyloxysteroiden*. Zu E. P. 750 818; C. **1957.** 11104 ist zu ergänzen: *Pregnan-3α.11β.17α.21-tetrol-20-on-11.21-diacetat* (I), F. 175—176°, $[\alpha]_D$ +78,6 (Chlf.), aus Pregnan-3α.11β.17α-triol-20-on-11-acetat. — *Pregnan-11β.17α.21-triol-3.20-dion-11.21-diacetat*, F. 180—182°, α_D +81° (Chlf.), aus I. — *Δ^4-Pregnen-11β.17α.-21-triol-3.20-dion-11-acetat* u. *-11.21-diacetat*. — *Pregnan-11β.17α-diol-3.20-dion-11-acetat*. — *Δ^4-Pregnen-11β.17α-diol-3.20-dion-11-acetat* u. *-11.17-diacetat*. *Pregnan-3α.11β.17α.-20β-tetroltetraacetat*. — *Pregnan-11β.21-diol-3.20-diondiacetat*. — *Δ^4-Pregnen-11β.21-diol-3.20-dion-11-acetat*. — *Allopregnan-11β-ol-3.20-dion-11-propionat*. — *Allopregnan-11β.-17α.20β.21-tetrol-3-ontetraacetat*. — *Δ^4-Ätiocholen-11β-ol-3.17-dion-11-acetat*. — *Androstan-3β.11β.17β-trioltriacetat*. — *Ätiocholan-3α.11β.17β-triol-11-acetat* u. *-3.11.17-triacetat*. — *Ätiocholan-3α.11β-diol-17-on-11-acetat* u. *-3.11-diacetat*. — *Ätiocholan-11β-ol-3.17-dion-11-acetat*. — *Ätiocholan-11β.17β-diol-3-on-11-acetat* u. *-11.17-diacetat*. — *Δ^4-Ätiocholen-11β.17β-diol-3-on-11-acetat* u. *-11.17-diacetat*. — *Androstan-3α.11β-diol-17-on-11-acetat* u. *-3.11-diacetat*. — *Androstan-11β-ol-3.17-dion-11-acetat*. — *Androstan-11β.17β-diol-3-on-11-acetat* u. *-11.17-diacetat*. — *Pregnan-3α.11β-diol-3.20-dion-11-acetat* u. *-3.11-diacetat*. — *Pregnan-11β-ol-3.20-dion-11-acetat*. — *Pregnan-3α.11β.20α-triol-11-acetat* u. *-3.11.20-triacetat*, — *Pregnan-11β.20α-diol-3-on-11-acetat* u. *-11.20-diacetat*. — *Pregnan-11β.20β-diol-3-on-11-acetat* u. *-11.20-diacetat*. — *Δ^4-Pregnen-11β-ol-3.20-dion-11-acetat*. — *Δ^4-Pregnen-11β.20α-diol-3-on-11-acetat* u. *11.20-diacetat*. — *Δ^4-Pregnen-11β.20β-diol-3-on-11-acetat* u. *-11.20-diacetat*. — *Pregnan-3α.11β.17α.20β.21-pentaol-11-acetat* u. *-pentaacetat*. — *Δ^4-Pregnen-11β.17α.21-triol-3.20-dion-11.17-diacetat* u. *-11.17.21-triacetat*. — *Δ^4-Pregnen-11β.17α.20β.21-tetrol-11-acetat* u. *-tetraacetat*. — *Pregnan-3α.11β.20β.21-tetrol-11-acetat* u. *-tetraacetat*. — *Δ^4-Pregnen-11β.20β.21-triol-3-on-11-acetat* u. *-triacetat*, *-Pregnan-3α.11β.17α.20β-tetrol-11-acetat* u. *-tetraacetat*. — *Pregnan-11β.20β.21-triol-3-on-11-acetat* u. *-triacetat*. — *Pregnan-11β.17α.20β-triol-3-on-11-acetat* u. *-triacetat*. — *Δ^4-Pregnen-11β.17α.20β-triol-3-on-11-acetat* u. *-triacetat*. — *Allopregnan-11β.20β-diol-3-on-11-acetat* u. *-diacetat*. — *Allopregnan-3α.11β.20β-triol-11-acetat* u. *triacetat*. — *Allopregnan-3α.11β.17α.20β-tetrol-11-acetat* u. *-tetraacetat*. — *Allopregnan-11β.17α.20β-triol-3-on-11-acetat* u. *-triacetat*. — *Allopregnan-3α.11β.20β.21-tetrol-11-acetat* u. *-tetraacetat*. — *Allopregnan-11β.20β.21-triol-3-on-11-acetat* u. *-triacetat*. — *16α.17α-Oxidopregnan-3α.11β.21-*

triol-20-on-11-acetat u. *-triacetat.* — *16α.17α-Oxidopregnan-11β.21-diol-3.20-dion-11-acetat* u. *-diacetat.* — *16α.17α-Oxido-Δ^4-pregnen-11β.21.diol-3.20-dion-11-acetat* u. *-11.21-diacetat.* — *16α.17α-Oxido-Δ^4-pregnen-11β-ol-3-on-11-acetat.* — *16α.17α-Oxidopregnan-11β-ol-3.20-dion-11-acetat.* (**F P. 1 159 164** vom 22/10. 1953, ausg. 24/6. 1958. A. Prior. 22/10. 1952.) S. BÖTTCHER. 4809

Merck & Co., Inc., Rahway, N. J., V. St. A., *Dehydrogenierung von Steroiden mit Hilfe von Mikroorganismen* oder einem davon stammenden Enzymsyst., dad. gek., daß man ein 1.2-gesätt. Steroid der Pregnanreihe in Berührung bringt mit einem Enzymsyst. des Bacillus sphaericus u. das Δ^1-Steroid der Pregnanreihe abtrennt, wobei man den Bacillus sphaericus in einer wss. Nähr-Fl. in Ggw. von Steroiden züchtet. — Z. B.: Δ^4-Pregnen-21-ol-3.20-dion → *$\Delta^{1.4}$-Pregnadien-21-ol-3.20-dion,* 9α-Fluor-Δ^4-pregnen-11β.17α.21-triol-3.20-dion → *9α-Fluor-$\Delta^{1.4}$-pregnadien-11β.17α.21-triol-3.20-dion.* (**Holl. P. 89 796** vom 4/4. 1956, ausg. 15/12. 1958. A. Prior. 8/4. 1955.) K. DEMMLER. 4809

Olin Mathieson Chemical Corp., New York, N. Y., V. St. A., *1-Dehydrosteroide* erhält man aus den entsprechenden 1.2-Dihydro-Δ^4-3-ketosteroiden durch Rk. mit SeO_2. — Hydrocortison-21-acetat + SeO_2 in Essigsäure → *1-Dehydrohydrocortison-21-acetat,* F. 232—235°. — *Heilmittel.* (**E. P. 796 386** vom 2/7. 1956, ausg. 11/6. 1958. A. Prior. 5/7. 1955.) U. SIEVERS. 4809

Merck & Co., Inc., Rahway, N. J., V. St. A., *Herstellen von 21-Phosphatestern von Nebennierenrindenhormonen,* dad. gek., daß man eine Verb. der allg. Formel I, in der R $\overset{H}{\underset{HO}{>}}$ oder O< u. Y H oder Halogen darstellen, mit Br unter Bldg. des entsprechenden 2.4-Dibromderiv. behandelt, das mit einem Dehydrohalogenierungsmittel zur Rk. gebracht wird. — Beispiele: Aus Retrocortan-3-äthencycloketal-21-dibenzylphosphat wird durch Auflösen in mit wenig HCl versetztem Aceton, Erhitzen am Rückflußkühler u. Eindampfen unter Vakuum *Retrocortan-21-phosphat* erhalten. (**Holl. P. 89 783** vom 12/1. 1956, ausg. 15/12. 1958. A. Prior. 14/1. 1955.) K. DEMMLER. 4809

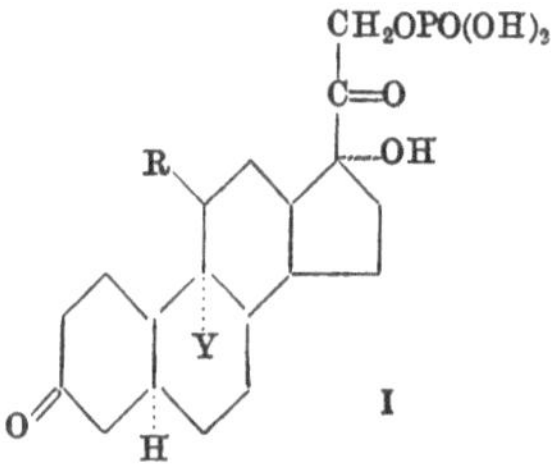

I

Bristol Laboratories, Inc., Onondaga County, übert. von: **Murray Arthur Kaplan,** Syracuse, N. Y., V. St. A., *Penicillinfermentation* mit Zusatz eines festen Gemisches von Cytidin u. Cystein in das Nährmedium üblicher Zusammensetzung. Diese Stoffe sind die Hauptstoffwechselprodd. (RM 218-Faktor) einer durch UV-Bestrahlung erhaltenen Mutante von Neurospora crassa, dessen Züchtung näher beschrieben wird. Der Wachstumsfaktor wurde außerdem in Leber, Malz, Maisquellwasser u. in Streptomycesextrakten gefunden. Er kann auch einer wss. Lsg. von Hefeextrakt durch Extraktion mit Methanol, A., (Iso)-propanol oder Aceton bei p_H 5—7 entzogen oder mit Ba-, Hg- oder Pb-Acetat als Nd. abgeschieden oder durch Ionenaustauscher u. Elution erhalten werden. — Beispiele u. Tabellen über Reindarst. u. Anwendung. (**A. P. 2 768 117** vom 15/9. 1952, ausg. 23/10. 1956.) H. SCHINDLER. 4811

Frankfurter Arzneimittelfabrik G. m. b. H. (Erfinder: **Werner Storbeck**), Frankfurt/M., *Herstellung von stabilen wasserlöslichen Penicillinverbindungen,* dad. gek., daß man ein wasserlösl. Penicillinsalz mit einem wasserlösl. 8-Chlortheophyllinat in wss. Lsg. zweckmäßig in äquimol. Mengen unter Bldg. eines Adduktes umsetzt. (**D. B. P. 971 830** Kl. 30h vom 3/3. 1955, ausg. 2/4. 1959. Anmeldung bekanntgemacht 18/10. 1956.) W. HEYER. 4811

A/S Apothekernes Laboratorium for Specialpraeparater, Oslo, Norwegen, *Herstellung von freien Penicillinsäuren.* Man gewinnt in fast quantitativer Ausbeute durch einen speziellen Reinigungsprozeß freie Penicillin(I)-Säuren aus wasserfreien I-Salzen oder deren Rohprodd., indem man die Ausgangsprodd. mit einem mit W. mischbaren organ. Lösungsm. behandelt, in welchem eine wasserfreie organ. oder anorgan. Säure gelöst oder suspendiert ist, wobei man eine Lsg. von freien I-Säuren in organ. Lösungsm. erhält, aus welchen die freien I-Säuren mit W. ausgefällt werden. — 5 (g) Kaliumphenoxymethylpenicillin (1600 E./mg) werden mit 15 ml Methanol (II) umgerührt u. 10 Citronensäure (Kristalle, wasserfrei) zugegeben. Nachdem sich alles aufgelöst hat, werden 20 ml II zugegeben, es fallen saure K-Salze der Citronensäure aus. Aus der vom Nd. abfiltrierten II-Lsg. wird durch Zugabe von W. die freie Säure in kristalliner Form erhalten. Ausbeute 3,9; 1780 E./mg. — Aus Kaliumbenzylpenicillin mit Weinsäure u. Butanol die freie Säure. (**Oe. P. 202 275** vom 3/12. 1956, ausg. 25/2. 1959. N. Prior. 14/12. 1955.) G. WELTZIEN. 4811

Olin Mathieson Chemical Corp., übert. von: **Charles R. Bartels** und **Bernard Berk,** Westfield, und **Wilbur L. Bryan,** New Brunswick, N. J., V. St. A., *Reinigen* *von Streptomycin* durch Behandeln des rohen Streptomycinfiltrats bei p_H ca. 5—6 mit einem Kationenaustauscher, Eluieren des Antibioticums mit Mineralsäure bei p_H ca. 1 bis 3, Einstellen des Eluats auf p_H ca. 8 mittels NaOH oder KOH, Entfernen des $CaCO_3$-Nd., nochmaliges Adsorbieren des Filtrats an einem Kationenaustauscher u. anschließendes Eluieren des Antibioticums. — Mengenbeispiele. (**A. P. 2 765 302** vom 16/3. 1953, ausg. 2/10. 1956.) H. SCHINDLER. 4811

Olin Mathieson Chemical Corp., V. St. A. (Erfinder: **John Vandeputte**), *Herstellung von reinem kristallinen Nystatin* (I), dad. gek., daß man 65—70%ig. I in 20%ig. wss. Isopropanol mit 0,5% Na-Hexametapyrophosphat löst, die Lsg. auf 60° erwärmt, auf 10° abkühlt, I isoliert, in einer 2%ig. Methanollsg. von $CaCl_2$ löst, W. zusetzt, auf p_H 6 einstellt (verd. HCl), filtriert, auf p_H 5,4 einstellt (verd. NaOH), 15—20 Min. auf 50—55° erwärmt, das gleiche Vol. W. zusetzt, auf p_H 5,1 einstellt, unter Rühren auf 25° abkühlt u. mehrere Std. rührt; Trocknen bei 30° u. 5 mm. (**F. P. 1 166 230** vom 11/2. 1957, ausg. 4/11. 1958. A. Prior. 22/3. 1956.) S. BÖTTCHER. 4811

G. Analyse. Laboratorium.

Sakae Yagi, *Gefäße für kontinuierliche chemische Reaktionen und ihre Ausbeute.* Übersicht. — 12 Literaturangaben. (Chem. and chem. Ind. [Kagaku to Kogyo] **11**. 748—55. Sept. 1958. Tokyo, Univ., Techn. Fak. [Orig.: japan.]) E. MAEKAWA. 5010

J. Murphy und **J. P. Riley**, *Die Aufbewahrung von Meerwasserproben für die Bestimmung von gelöstem anorganischen Phosphat.* Der Geh. an anorgan. Phosphat in Meerwasserprobem ändert sich bei Lagerung. Zunahme kann durch bakteriellen oder enzymat. Abbau von organ. gebundenem P erfolgen, Abnahme durch wachsende Bakterien u. Plankton bzw. durch Adsorption an aufgeschlämmte Feststoffteilchen. Vff. empfehlen die filtrierten Proben im Dunkeln in Glasflaschen nach Zusatz von 0,7 ml $CHCl_3$ pro 100 ml Probe aufzubewahren. Polyäthylenflaschen dürfen nicht verwendet werden, da sie Phosphationen stark adsorbieren. (Analytica chim. Acta [Amsterdam] **14**. 318—19. 1956. Liverpool, Univ., Dep. of Oceanogr.) E. SCHAAF. 5012

G. B. Benedek und **T. Kushida**, *Genaues Kernresonanzthermometer.* Vff. untersuchten die Eigg. eines Thermometers, dessen Prinzip auf der Temperaturabhängigkeit der reinen Quadrupolresonanzfrequenz des ^{35}Cl-Kerns in körnigem $KClO_3$ beruht. Es wurde gefunden, daß das Thermometer im Temperaturbereich von ca. 10° K bis ca. 300° K eine sehr hohe Empfindlichkeit besitzt, die bis 273° K besser als ± 0,002° u. bei 77° K besser als ± 0,004° ist. Bei 20° K beträgt die geschätzte Genauigkeit wenigstens ± 0,02. Hystereseeffekte wurden nicht beobachtet. (Rev. sci. Instruments **28**. 92—95. Febr. 1957. Cambridge, Mass., Harvard Univ., Div. of Engng. and Appl. Phys.) C. GOTTFRIED. 5016

A. G. Pinkus und **P. G. Waldrep**, *Eine einfache Methode zur Schmelzpunktsbestimmung von Verbindungen, die gegen Feuchtigkeit oder Sauerstoff empfindlich sind.* Die am oberen Ende erweiterte Schmelzpunktcapillare wird in einer trockenen Kammer unter N_2 gefüllt u. mit einem Korken oder einer Gummikappe verschlossen. Außerhalb der Kammer wird die Verb. in den engeren Teil der Capillare geschüttelt, worauf abgeschmolzen wird. (Mikrochim. Acta [Wien] **1959**. 772—74. Waco, Texas, Baylor Univ., Dep. of Chem.) E. DEHMLOW. 5018

Fletcher L. Moore, *Langkettige Amine. Vielseitige Säureextraktionsmittel.* Eine Anzahl langkettiger Amine werden geprüft auf ihre Verwendbarkeit zur Extraktion verschied. Säuren aus wss. Lösungen. Als bes. wirksam u. vielseitig verwendbar erwiesen sich Tribenzylamin (I) u. Methyl-di-n-octylamin (II) als 5%ig. Lsgg. in Chlf. oder Xylol. Mit diesen Amin-Lsgg. lassen sich Mineralsäuren, wie HCl, HNO_3, H_2SO_4 u. H_3PO_4, aus wss. Lsg. bis zu 90% u. mehr ausschütteln. Auch zahlreiche organ. Säuren mit Ausnahme der Aminosäuren können auf diese Weise aus wss. Phase extrahiert werden. Durch Ausschütteln des aminhaltigen organ. Lösungsm. mit überschüssiger NaOH gehen die Säuren wieder in die wss. Phase über. Ebenfalls lassen sich komplexe Metallsäuren, z. B. Chlorosäuren von Pu, Po, Zr u. Pa, aus stark HCl-saurer wss. Lsg. extrahieren. Durch geeignete Wahl der HCl-Konz. oder einer anderen Mineralsäure u. des Amins sind spezif. Trennungen nahe verwandter Metalle, z. B. Nb u. Ta, sowie die Abtrennung geringer Mengen seltener Elemente, wie Pa, von Begleitmetallen in einfacher Weise möglich. (Analytic. Chem. **29**. 1660—62. Nov. 1957. Oak Ridge, Tenn., Oak Ridge Nat. Labor.) K. PAVEL. 5034

K. Kirchner, *Selbständig messendes und registrierendes Viscosimeter.* Das Gerät besteht aus einem UBBELOHDE-Viscosimeter mit photoelektr. Abtastung des Flüssigkeitsmeniskus, einem elektr. Zählwerk u. einer Vorr. zur Einstellung verschied. Drucke.

Es mißt u. registriert selbständig beliebig oft bei 4 verschied. Drucken. (Chemie-Ing.-Techn. **31.** 525—26. Aug. 1959. München, TH, Inst. für chem. Technol.)
E. KLEVER. 5040

Wolfram Gruner, *Thermostat mit geringer Einstellzeit.* Beschreibung eines elektr. gesteuerten Thermostaten für Tempp. zwischen —65 u. +80° mit einer Temperaturkonstanz von ± 0,1°. (Z. Instrumentenkunde **66.** 49—52. März 1958. Jena, Inst. für Mikrobiol. u. exp. Therapie der Dtsch. Akad. der Wiss.) E. KLEVER. 5046

E. Abrahamczik, *25 Jahre Mikroanalyse in der deutschen chemischen Großindustrie.* Rückblick unter bes. Berücksichtigung der Arbeiten in den Werken der IG.-Farben u. der Nachfolgegesellschaften. (Mikrochim. Acta [Wien] **1959.** 756—65. Ludwigshafen, Bad. Anilin- & Soda-Fabr., Ammoniaklabor., Analyt. Labor.) E. DEHMLOW. 5050

R. Gersing, *Eine selbstzündende Kohle-Lichtbogenlampe konstanter Lichtleistung für mikroskopische Zwecke.* Vf. beschreibt eine neu konstruierte, selbstzündende Kohle-Lichtbogenlampe als Lichtquelle hoher Konstanz, deren Kohlenvorschub automat. direkt in Abhängigkeit von den Änderungen der Betriebssollwerte des Lichtbogens erfolgt. (Z. wiss. Mikroskop. mikroskop. Techn. **63.** 257—60. Juni 1957. Bonn, Univ., Röntgeninst.) C. GOTTFRIED. 5056

E. A. Peterson und **H. A. Sober,** *Chromatographieapparat mit variablem Gradienten.* Mit Hilfe eines Mischers, der aus mehreren ident. Kammern besteht, können chromatograph. Trennungen ausgeführt werden. Die Fl. wird durch Pumpen in die Chromatographiersäule befördert. Ohne Veränderung der App. wird der Gradient durch Wahl der Anzahl an benutzten Kammern oder der Konz. des Elutionsmittels bestimmt. Die Best. von Gradient u. Konz. wird beschrieben. (Analytic. Chem. **31.** 857—62. Mai 1959. Bethesda, Md., Nat. Cancer Inst., Labor. of Biochem.; U. S. Dep. of Health, Educat. and Welfare, Nat. Inst. of Health, Public Health Service.)
FRIEDRICH WOLF/Berlin. 5062

Helmut Pelzer, *Einfacher volumengesteuerter Fraktionensammler zum gleichzeitigen Fraktionieren mehrerer Chromatographiesäulen.* Durch Kombination eines verbesserten Hebersyst. u. einer neuartigen Transportvorr. mit einem elektr. Verteilersyst. wurde ein einfaches Gerät konstruiert, das vollkommen zuverlässig u. prakt. ohne Wartung mehrere Fraktionierungen gleichzeitig vornehmen kann. (Chemie-Ing.-Techn. **31.** 527—29. Aug. 1959. Düsseldorf, Med. Akad., Physiol.-chem. Inst.) E. KLEVER. 5062

L. R. Bunney, Randall Phillips und **E. C. Freiling,** *Verbesserte Heizmethode für Chromatographiesäulen.* Mit Hilfe eines elektr. leitenden Glases (CORNING GLASS CO.), welches in Form eines Zylinders über eine Chromatographiersäule geschoben wird, kann die Säule über ein Zwischenmedium beheizt werden. Erreichbare Temp. 350°. (Analytic. Chem. **31.** 968. Mai 1959. San Francisco, Calif., U. S. Naval Radiol. Defense Labor.)
FRIEDRICH WOLF/Berlin. 5062

A. J. Hegedüs, *Flammenanalyse. Ein Fortschrittsbericht.* Literaturzusammenstellung. — 316 Literaturstellen. (Mikrochim. Acta [Wien] **1959.** 735—50. Budapest, Tungsram, Forschungsinst. für nachrichtentechn. Ind.) E. DEHMLOW. 5063

Mary V. Buell und **Raymond E. Hansen,** *Spektralphotometrie im fernen Ultraviolett.* Kurze Beschreibung wichtiger Konstruktionsmerkmale eines Spektralphotometers für das ferne UV zwischen 195 u. 230 mμ. Die Streulichtfehler werden durch einen Spezialphotomultiplier, andere Fehler durch ausgesuchten Kristallquarz eliminiert. (Science [Washington] **126.** 842. 25/10. 1957. Chicago, Ill., Univ. of Chicago, Dep. of Biochem.) H. C. WOLF. 5063

Joseph Jordan und **Wm. H. Dumbaugh jr.,** *Thermometrische Titration schwacher einbasiger Säuren.* Es wurde die Anwendbarkeit der thermoanalyt. Titrimetrie für die Best. von vier schwachen Säuren (Borsäure, Essigsäure, Monochloressig- u. Trichloressigsäure) unter Anwendung einer automat. Titrationsapp. u. NaOH im Konzentrationsbereich zwischen 10^{-3} u. 10^{-1} mol. untersucht. Die thermometr. bestimmten Endpunkte waren mindestens auf ± 1% genau. Bei den vier untersuchten Säuren hatten die Dissoziationskonstanten keinen Einfl. auf die Genauigkeit der Meth., da die Neutralisationswärmen in allen Fällen annähernd gleich waren. Es werden die Möglichkeiten u. Grenzen der thermometr. Titration auf Grund von calor. Daten diskutiert. (Analytic. Chem. **31.** 210—13. Febr. 1959. Pennsylvania State Univ., Dep. of Chem.)
D. APEL. 5066

Mihir Nath Das und **Debabrata Mukherjee,** *Die Analyse von Schwefelsäure im Gemisch mit anderen Säuren durch Titration in nichtwässeriger Lösung.* H_2SO_4 kann potentiometr. titriert werden, sowohl als mono- wie auch als dibas. Säure in Glykol mit NaOH oder einer organ. Base, wie Piperidin, als Titrationsmittel. Konduktometr. Titrationen von H_2SO_4 mit Piperidin in Äthylenglykol oder Glykol–Aceton-Gemischen (2:1) lassen ebenfalls zwei Knickpunkte erkennen. Die potentiometr. Titration wurde zur quantitativen Best. verschied. bin. Säuregemische, wie H_2SO_4–HNO_3, –HCl, –$HClO_4$, –H_3PO_4, –p-Toluolsulfonsäure, –Salicylsäure u. –Essigsäuregemischen benutzt. Außerdem wurden einige tern. Gemische titriert. (Analytic. Chem. **31.** 233—37. Febr. 1959. Calcutta, Indian Ass. for the Cultivat. of Sci.) D. APEL. 5066

H. V. Malmstadt und **D. A. Vassallo,** *Direkte Titration von Salzsäure–Schwefelsäure- und Salpetersäure–Schwefelsäure-Gemischen in Aceton. Automatisch registrierende potentiometrische oder spektrophotometrische Endpunktsbestimmung.* Genaue automat. Methoden zur direkten Best. von HNO_3–H_2SO_4 u. HCl–H_2SO_4 werden beschrieben. Unter Benutzung von Tri-n-butylmethylammoniumhydroxyd als Titriermittel u. Aceton als Lösungsm. wird das Proton sowohl von HCl als auch von HNO_3 zusammen mit dem ersten Proton von H_2SO_4 titriert, während das zweite Proton der H_2SO_4 bis zu einem anderen Endpunkt titriert wird. Beide Endpunkte sind scharf u. können nacheinander mit gleicher Genauigkeit entweder durch automat. registrierende Potentiometrie oder Spektrophotometrie oder auch visuell bestimmt werden. Die Reproduzierbarkeit der Endpunkte liegt bei 0,01 ml, u. es wird eine relative Genauigkeit von 0,2% erreicht, wenn ein Gesamtvol. von 5 ml bei jeder Best. verwendet wird. Es werden Betrachtungen über Lösungsmittel u. Titriermittel, sowie über die Systeme — (Platin mit 10% Rhodiumelektrode gegen Graphitelektrode) —, die zur Endpunktsbest. dienen, angestellt u. diskutiert. (Analytic. Chem. **31.** 206—10. Febr. 1959. Urbana, Ill., Univ. of Illinois, Dep. of Chem. and Chem. Engng.) D. APEL. 5066

Joseph B. Morris und **John M. Schempf,** *Voltametrische Untersuchungen an der Graphitelektrode in ruhender Lösung.* An einer mit Wachs im Vakuum imprägnierten Graphitelektrode wurden die Systeme $[Fe(CN)_6]^{4-}/[Fe(CN)_6]^{3-}$, Ag/Ag^+, Cu/Cu^{2+}, Chinhydron in ihrem elektrochem. Verh. unter Variation des Mediums, der Polarisation, Konz., Ionenstärke u. des Diffusionsweges studiert. Es zeigte sich, daß die Graphitelektrode eine reproduzierbar zu erneuernde Oberfläche besitzt, an der sich das $[Fe(CN)_6]^{4-}/[Fe(CN)_6]^{3-}$-Gleichgewicht reversibel einstellt. (Analytic. Chem. **31.** 286—91. Febr. 1959. Pennsylvania State Univ., Dep. of Chem.) D. APEL. 5066

M. T. Kelley, R. W. Stelzner, W. R. Laing und **D. J. Fisher,** *Automatisch-coulometrische Titrationsapparatur für die Karl-Fischer-Bestimmung des Wassers. Die Anwendung des wechselstrombetriebenen Leeds & Northrup p_H-Meßgerätes zur Kontrolle der Titration.* Für die beschriebene Meth. der coulometr. Best. von H_2O mit KARL-FISCHER-Reagens wird eine zusätzliche elektron. Anordnung in Verbindung mit dem LEEDS & NORTHRUP-p_H-Meßgerät mit Schaltung (vgl. Orig.) angegeben. Bei Versuchstitrationen mit wasserhaltigem Methanol betrug die Standardabweichung zwischen 9,2 u. 1,1% bei 0,03 bzw. 2,5 mg H_2O. Die App. kann auch zur Durchführung weiterer automat. Titrationen (p_H, mV, dead stop) verwendet werden. (Analytic. Chem. **31.** 220—21. Febr. 1959. Oak Ridge, Tenn., Nat. Labor.) D. APEL. 5074

A. S. Meyer jr. und **C. M. Boyd,** *Bestimmung von Wasser durch Titration mit coulometrisch gebildetem Karl-Fischer-Reagens.* Es wurde eine coulometr. Meth. zur Best. von Wasserspuren in organ. Lösungsmitteln entwickelt. Zur H_2O-Best. dient KARL-FISCHER-Reagens, das durch elektrolyt. Jodbldg. in einer Lsg. des erschöpften Reagenses in Äthylenglykol erzeugt wird. Die Wrkg. von Neben-Rkk., die ebenfalls Jod verbrauchen, wird durch einen zusätzlich Jod erzeugenden Strom eliminiert. Es wurden auf diese Art in 1 ml Gesamtvol. 50 γ H_2O in 1.2-Propylendiamin bestimmt u. ca. 5 γ H_2O/ml in anderen Lösungsmitteln. Die absol. Standardabweichung der Titration beträgt ca. 2 γ H_2O. Für Proben, die mehr als 1000 γ H_2O/ml enthalten, beträgt der Variationskoeff. weniger als 2%. (Analytic. Chem. **31.** 215—19. Febr. 1959. Oak Ridge, Tenn., Nat. Labor.) D. APEL. 5074

Yoshitaka Kobayashi und **Tetsuzō Kitagawa,** *Schnellverfahren zur Bestimmung niedriger Konzentrationen von Stickstoffdioxyd in flüssigem Sauerstoff von Luftverflüssigungsanlagen.* Zur Best. von NO_2 in Luft wird ein Spürröhrchen mit Silicagelkörnern vorgeschlagen, das mit *o-Tolidin-2 HCl* imprägniert ist. NO_2 verfärbt die grauweiße Schicht durch Bldg. von Nitroso-o-tolidin nach Grüngelb. Eichkurven zur Best. der NO_2-Konz. aus der Länge der verfärbten Schicht u. Kurven zur Temperaturkorrektion. Unterste Grenze 0,05 p.p.m. Nach Abdampfen der Luft läßt sich in fl. Luft in Ggw. von C_2H_2, anderen KW-stoffen (Bzl.), CH_2O usw. nachweisen. Mit dem Spürröhrchen werden ca. 0,01—0,8 mg NO_2/Liter fl. Luft gefunden. Es wird auch auf die Möglichkeit von Explosionen infolge NO_2-Geh. hingewiesen. (J. chem. Soc. Japan ind. Chem. Sect. [Kōgyō Kagaku Zassi] **58.** 651—54. Sept. 1955. Yokohama, Nat. Univ. [Orig.: japan.]) L. SCHULER. 5086

Tetsuzō Kitagawa und **Yoshitaka Kobayashi,** *Schnellverfahren zur Bestimmung geringer Mengen Chlordioxyd in der Luft mit Spürröhrchen.* Ein Spürröhrchen mit einer

Säule aus Silicagelkörnern, getränkt mit *o-Tolidin*-Lsg. u. getrocknet, erleidet beim Durchleiten von Luft mit 0,3—300 p.p.m. ClO_2 grünlichgelbe Verfärbung in verschied. großer Längenerstreckung. Eichkurven für die lineare Beziehung zwischen log der Länge der verfärbten Strecke u. der Konz. u. Temperatur. Andere oxydierende Gase sollen nicht beigemischt sein. (J. chem. Soc. Japan, ind. Chem. Sect. [Kōgyō Kagaku Zassi] **58.** 177—79. März 1955. Yokohama, Staatl Univ. [Orig.: japan.]) L. SCHULER. 5088

Harold L. Helwig und **Chester L. Gordon,** *Colorimetrische Methode zur kontinuierlichen registrierenden Analyse von Schwefeldioxyd in der Luft.* Das SO_2 wird in dest. W. absorbiert. Nach Zusatz von Pararosanilinhydrochlorid u. Formaldehyd entsteht bei p_H 1,5 die Färbung. Die Meth. wird verwandt zur Best. von 0—5 p.p.m. SO_2. Im Bereich von 0,01—5 γ/ml Reagens ist der Fehler $\pm$ 0,002 γ, bei hohen Konzz. nimmt sie ab. Der Einfl. von O_3 auf die Best. wird eingehend untersucht. NO_2 stört bei $<$ 1,0 p.p.m. nicht. (Analytic. Chem. **30.** 1810—14. Nov. 1958. Berkeley, Calif., California State Dep. of Public Health, Air Sanitation Labor.) M. LASER. 5088

K. H. Maier, *Aerosolfiltration mit Hilfe von Membranfiltern.* Vf. berichtet über ein Verf. zur Sammlung u. Auswertung von Staubproben mit Hilfe von Membranfiltern. Das Verf. gestattet Feinstäube bis an die Grenze der mkr. Erkennbarkeit abzuscheiden, u. zwar unter Vermeidung von Änderungen der ursprünglichen Korngrößenzusammensetzung. Die Auswertung nach Teilchenanzahl u. Teilchengröße erfolgt im Auflicht auf Grün gefärbten Membranfiltern. Man kann auf diese Weise opake Teilchen von mineral. Teilchen, auch bei Teilchengrößen $< 1\ \mu$, unterscheiden. (Kolloid-Z. **146.** 151—56. April 1956. Göttingen, Sartorius-Werke A.G. Co., Wissenschaftl. Abt. der Membranfilter-Ges.) C. GOTTFRIED. 5088

a) Elemente und anorganische Verbindungen.

F. H. Pollard und **A. J. Banister,** *Die papierchromatographische Trennung von Ammoniumhydrochlorid, Hydrazin, Hydroxylamin, Phenylhydrazin und Phenylhydroxylamin.* Mit dem in der angegebenen Reihenfolge, zur Vermeidung von Esterbldg. unter Kühlung, hergestelltem Laufmittel aus 15 ml W. + 4 ml konz. HCl + 50 ml Ae. + 30 ml Methanol können nach der aufsteigenden Meth. auf mit 2n HCl gewaschenem WHATMAN No. 1-Papier folgende Stoffe getrennt werden (in Klammern R_F-Werte u. Färbung nach Besprühung mit 0,5% ig. Pikrylchloridlsg. in A. u. Dämpfen mit NH_3): N_2H_4 (0,23, tiefblau, später purpurbraun); NH_2OH (0,42, orangebraun); $C_6H_5NH \cdot NH_2$ (0,65, graubraun, später rotbraun); $C_6H_5 \cdot NHOH$ (0,81 u. 0,95, dunkelbraun) auf 15 cm Laufstrecke. Die Trennung NH_2OH–NH_4Cl (0,36, grau) benötigt 25—30 cm Laufstrecke. $NH_2 \cdot CO \cdot NH \cdot NH_2$ (0,22, rot, später purpurbraun) begleitet N_2H_4. N_2H_4, $C_6H_5 \cdot NH \cdot NH_2$ u. $C_6H_5 \cdot NHOH$ können auch ohne Besprühen durch Fluorescenz im UV-Licht nachgewiesen werden. Nach Besprühen geben sie im UV dunkle Flecken auf gelbgrün fluorescierendem Grund. — Das Laufmittel bildet bei R_F 0,83 eine Säurefront. Stoffe, die von reinen organ. Lösungsmitteln teilweise extrahiert werden, wie $C_6H_5 \cdot NHOH$ u. p-Nitrophenylhydrazin (0,70 u. 0,97), geben zwei Flecken. Läßt man eine Lsg. von $C_6H_5 \cdot NHOH$ stehen, so bilden sich weitere Flecke von Zersetzungsprodd., wie p-Aminophenol (0,67, rotbraun). (Analytica chim. Acta [Amsterdam] **14.** 70—73. 1956. Bristol, Univ., Dep. of Phys. and Inorg. Chem.) F. UMLAND. G 243

G. B. S. Salaria, *Die Anwendung von Thiosalzen in Analysen.* 2. Mitt. *Bestimmungen durch Zersetzung von Thiosalzen.* Teil F. *Bestimmung von Selen und Tellur in Seleniten und Telluriten.* (Teil E vgl. C. **1959.** 9338). Zur *Se*-Best. wird Kaliumselenitlsg. mit 50—60 ml 2n Na_2S-Reagenz u. anschließend mit 12n HCl versetzt bis die Gesamtlsg. 6n an HCl ist. Die Lsg. wird aufgekocht, abgekühlt, der Nd. durch einen Glasfiltertiegel abfiltriert, mit W. gewaschen u. 1 Std. bei 95° getrocknet u. ausgewogen. — Nach der gleichen Meth. kann *Te* bestimmt werden. Trocknungstemp. nicht über 105°. — Bei der Ausfällung von SnS_2 aus dem Thiosalz mit Essigsäure muß der Nd. mit heißer 2—3n Essigsäure, anschließend mit A. u. Ae., vor dem Trocknen gewaschen werden, da bei Verwendung von W. der Nd. peptisiert. (Analytica chim. Acta [Amsterdam] **19.** 604—05. 1958. Punjab, India, Rohtak, Government Coll. Chem. Dep.) G. MOSLÉ. G 255

H. Werner, *Serienbestimmung von Bor in Sedimentgesteinen.* Vf. vereinfachte die *B*-Best. von ROTH u. BECK (C. **1955.** 2518) durch Dest. im Methanoldampf durch folgende Maßnahmen: a) Schmelze in starkwandigen Pt-Tiegeln mit rundem Boden, aus denen sich der Schmelzkuchen leicht entfernen läßt. b) Der Kuchen wird in einem Quarzbecherglas mit H_2SO_4 (1 : 1 verd.) gelöst. c) Das in großem Vorrat hergestellte Methanol–H_2SO_4-Gemisch gibt mit dem gelösten Aufschluß im Kolben keine Erwärmung, so daß bei der App. auf den Zwischenkühler verzichtet werden kann. d) Ein aliquoter Teil des Destillats wird in einem Quarzkolben eingedampft u. mit genau 10 ml Reagens

(gegenüber dem Verf. von ROTH u. BECK auf die Hälfte verd.) angefärbt. (Z. analyt. Chem. **168.** 266—68. 1959. Krefeld, Geolog. Landesamt Nordrhein-Westf., Chem. Labor.)
E. DEHMLOW. G 258

A. Musil und **H. Reimers,** *Einfache Natriumbestimmung durch Ionenaustauscher Lewatit S 100.* Zur Best. von Na wird dieses durch *Lewatit S 100* gegen K ausgetauscht. Dazu dient eine Säule von 20 mm Durchmesser u. 250—300 mm Länge, die unten durch einen Hahn verschließbar u. oben über eine Kugel von 25 ml Vol. mit einem Flüssigkeitsheber verbunden ist. Man füllt die Säule mit Lewatit S 100 (H^+-Form), wäscht bis zur neutralen Rk. mit KCl-Lsg. u. bis zur K^+- u. Cl^--Freiheit mit W. aus. Dieses Auswaschen mit W. muß vor jeder Inbetriebnahme nach längerem Stehen mit 50—60 ml erneut erfolgen, da leicht K^+ abgegeben wird. Man läßt dann die Na-Lsg. mit $\leq$ 5 ml/Min. durch die Säule laufen, setzt den Heber auf u. wäscht aus. Nach 100 ml befindet sich alles K^+ im Filtrat u. wird als $K[B(C_6H_5)_4]$ gefällt u. gewogen, Faktor 0,06418. (Z. analyt. Chem. **152.** 154—58. 1956. Graz, Univ., Inst. für anorg. u. analyt. Chem.)
H. PLUSKAL. G 274

G. J. W. Ferrey und **R. F. Milton,** *Analytische Chemie des Quecksilbers.* An Hand von 86 Zitaten wird die Anwendung des Hg in der Pharmazie besprochen, verschied. Aufschlußverff. u. Analysenmethoden diskutiert. Als „Sammler" hat sich As gut bewährt; zur colorimetr. Best. wird *Dithizon* vorgezogen. Weitere nephelometr. u. radiolog. u. colorimetr. (*Di-β-naphthylthiocarbazon, Diphenylcarbazon, p-Dimethylaminobenzylidenrhodanin*) Methoden werden besprochen u. die Best. von Hg in der Luft beschrieben. (Chem. Age **76.** 27—31. 6/10. 75—78. 13/10. 215—17. 3/11. 1956. Manchester, James Woolley Sons & Co. Ltd.; London.) H.-G. MOSLÉ. G 290

M. Bobtelsky und **R. Rafailoff,** *Das Quecksilberdiäthyldithiocarbamat: Zusammensetzung, Struktur und analytische Anwendung.* Hg^{2+} bildet bei der Rk. mit Na-Diäthyldithiocarbamat (I) eine unlösl. Verb., wahrscheinlich Hg(II)-Diäthyldithiocarbamat; denn die Lsg. zeigt beim Molverhältnis 1 : 2 durch Trübung die größte opt. Dichte. Mit Überschuß von $Hg(NO_3)_2$ bleibt die Fällung in ammoniakal. Lsg. bestehen, löst sich aber in Na-Acetatlsg. allmählich wieder auf, wahrscheinlich unter Bldg. des leichter lösl. Hg(I)-Diäthyldithiocarbamats. Diese Vermutung liegt nahe, weil beim Molverhältnis 1 : 1 häufig der Beginn der Niederschlagsbldg. beobachtet wurde. NaOH (p_H ca. 2,5 bis ca. 11,5) hat keinen Einfl. auf die opt. Dichte einer Hg(II)-Diäthyldithiocarbamatsuspension. 0,3—1,2 mg Hg in 20 ml wss. Lsg. können mit 0,004 mol. I-Lsg. heterometr. (photometr. Fällungstitration) titriert werden u. umgekehrt 0,5—1,0 mg I in 20 ml W. mit 0,002—0,004 mol. $Hg(NO_3)_2$-Lösung. Beide Titrationen können in saurer, alkal. oder ammoniakal. Lsg. durchgeführt werden. Dauer etwa 15—30 Min., Fehler fast Null. (Analytica chim. Acta [Amsterdam] **14.** 247—52. 1956. Jerusalem, Israel, Hebrew Univ., Dep. of Inorg. and Analyt. Chem.) R. JUNGE. G 290

M. Bobtelsky und **R. Rafailoff,** *Eine genaue, direkte heterometrische Bestimmung von Quecksilber mit Diäthyldithiocarbamat bei Überschuß von Metallionen. Lösungen von Äthylendiamintetraacetat.* (Vgl. vorst. Ref.) Wenn man mg-Mengen Hg heterometr. mit Diäthyldithiocarbamat bestimmen will, haben komplexbildende Stoffe (Pyro- u. Triphosphate, stark ammoniakal. Citronensäure- oder EDTA-Lsg.) keinen Einfl. auf das Ergebnis. In EDTA-Lsg. wächst die opt. Dichte proportional dem Hg-Gehalt. In ammoniakal. EDTA-Lsg. ist daher eine heterometr. Titration von 0,3—1,2 mg Hg in 20 ml Lsg. durchführbar, wenn daneben folgende Fremdionen im Verhältnis bis 33 : 1 Hg (66 Bi : Hg) vorliegen: Bi^{3+}, Cd^{2+}, Pb^{2+}, Th^{4+}, Tl^+, Co^{2+}, Ni^{2+}, Mn^{2+}, Zn^{2+}, Fe^{3+}, Ba^{2+}, Ca^{2+} u. Mg^{2+}. Bei Cu wächst die opt. Dichte nach dem Äquivalenzpunkt stetig weiter, Ag erzeugt keinen Nd., bei Cr wurde schon vor Beginn der Rk. ein Nd. gebildet. Man setzt auf 20 ml Gesamtvol. 4 ml 0,05 mol. Na_2H_2EDTA-Lsg. u. 2 ml 2 mol. NH_3 zu. Ist der Fremdionengeh. höher, muß mehr zugegeben werden, damit EDTA u. NH_3 im Überschuß vorliegen. Die Titration erfolgt bei 20° mit 0,003 mol. Na-Diäthyldithiocarbamatlösung. Dauer 30—40 Min., Fehler 0—2%. (Analytica chim. Acta [Amsterdam] **14.** 339—43. 1956.)
R. JUNGE. G 290

I. Kraljić und **M. Mate,** *Eine neue Mikromethode zum Nachweis von Quecksilber.* Hg^{2+} katalysiert den Zerfall von $K_4[Fe(CN)_6]$ unter Bldg. von Berliner Blau. In Ggw. von Nitrosobenzol (I) führt der Zerfall zu dem violett gefärbten, wasserlösl. Pentacyanonitrosobenzolkomplex. Zum Nachw. von Hg geht man von 0,05 ml einer Mischung aus gesätt. I-Lsg. u. 1 mol. Acetatpufferlsg. von p_H 4,1 (9 : 1) aus, versetzt mit 0,05 ml Reagenslsg. u. 0,02 ml 0,2%ig. ($K_4[Fe(CN)_6]$ + 3 H_2O)-Lösung. Für Hg-Konzz. > 10^{-4} mol. erscheint bald eine violette Färbung. Für geringere Konzz. muß erwärmt werden, was bei Verwendung einer Tüpfelplatte 10 Min. dauert. Man füllt nach je 2 Min. 1 Tropfen I-Lsg. nach. Die Nachweisgrenze beträgt 0,002 μg Hg. Ag u. Au zeigen eine ähnliche katalyt. Wirkung. In Ggw. von Fe^{3+}, Cu^{2+} u. UO_2^{2+} erwärmt man nach Zugabe von 1 Tropfen verd. NH_3 oder von 1 Tropfen verd. KCN-Lsg., um Cu zu binden, oder K–Na–Tartrat-Lsg. um Fe zu binden. Größere Mengen J^- stören. (Bull. sci. [Yougoslavie] **3.** 5. Juli 1956. Zagreb, Univ., Fac. of Pharmac., Inst. of Inorg., Analyt. and Physic. Chem.) H. PLUSKAL. G 290

Wesley W. Wendlandt und **Roger G. Sewell,** *Nachweis der schwereren Seltenen Erdmetallionen mit einigen organischen Reagentien.* Folgende Erfassungsgrenze (μg Me^{3+}/ml) der Seltenen Erden mit *Oxalsäure* (I) *Cupferron* (II), *8-Hydroxychinolin* (III) u. *2-Methyl-8-hydroxychinolin* (IV) wurden nach 10 Min. Erhitzen auf 70° bestimmt. Bei III u. IV wurde das p_H mit NH_4OH/NH_4Cl-Puffer auf p_H 9,5 eingestellt. *Eu*: I 35, II 5,2, III 1,7, IV 17. – *Tb*: I 36, II 7,1, III 1,4, IV 7,1. – *Dy*: I 19, II 7,4, III 1,1, IV 7,4. – *Ho*: I 38, II 13, III 3,8, IV 13. – *Er*: I 57, II 17, III 3,8, IV 9,5. – *Yb*: I 40, II 30, III 4,0, IV 20. (Analytica chim. Acta [Amsterdam] **21.** 94–95. 1959. Lubbock, Texas, Texas Technol. Coll., Dep. of Chem.) E. DEHMLOW. G 303

G. Popa, D. Negoiu und **Gh. Baiulescu,** *Zur colorimetrischen Bestimmung von Cer(IV) bei Anwesenheit von Eisen(III) und Lanthan(III) mittels o-Dianisidins.* Ce^{4+} gibt mit *o-Dianisidin* in 20% H_2SO_4 eine Rotfärbung mit Absorptionsmaximum bei 469 mμ, die 20 Min. lang beständig ist. Das LAMBERT-BEERsche Gesetz wird im Bereich 0,86 bis 10,39 μg/ml erfüllt. In Ggw. von H_3PO_4 stört Fe^{3+} bis zum Verhältnis Fe^{3+}/Ce^{4+} 800 : 1 nicht. La^{3+} (bis 50facher Überschuß), Pr^{3+}, Nd^{3+} u. Er^{3+} stören gleichfalls nicht. (Z. analyt. Chem. **167.** 329–31. 1959. Bukarest, Univ. I. C. Parkon, Fak. für Chem., Labor. für anorg. u. analyt. Chem.) E. DEHMLOW. G 304

J. H. Hill und **M. J. Miles,** *Gravimetrische Bestimmung von Zirkonium in Titan.* Mandelsäure ist ein Reagens zur schnellen u. genauen Best. von *Zr* in Titanlegierungen. Zirkontetramandelat kann quantitativ. gefällt werden entweder durch HCl oder $HClO_4$. Fe, Al, V, Zn, Cu, Cr, Mg, Mn, Co, Mo u. Ni stören nicht, wenn sie in den für Titanlegierungen üblichen Mengen vorhanden sind. Hf u. Nb ergeben zu hohe Werte. (Analytic. Chem. **31.** 252–54. Febr. 1959. Henderson, Nev., Titanium Metals Corp. of America.) D. APEL. G 322

Morris P. Grotheer und **Jack L. Lambert,** *Colorimetrische Bestimmung von Wismut in Legierungen.* Vff. beschreiben Meth. zur colorimetr. Best. von Bi in Legierungen mittels eines *Amaranth*-Farbstoffes. 10–100 mg der Bi-Legierung werden mit gleicher Menge Hg amalgamiert, mit 0,5 ml gesätt. Borsäure u. 0,6–1,0 ml konz. HNO_3 gelöst u. mit 500 ml 2%ig. Borsäure u. dest. W. auf 1 Liter verdünnt (p_H 2,3–3,0). Zu 10–20 ml der Lsg. werden 0,5–1,0 ml der Amaranthfarblsg. gegeben, der Nd. über $BaSO_4$ filtriert, mit 1%ig. Borsäure gewaschen u. mit 10 ml 1%ig. Na_2HPO_4-Lsg. der Farbstoff aus dem Nd. in Freiheit gesetzt. Die Extinktion dieser Lsg. wird bei 521 mμ in 1 cm-Küvetten gemessen u. die Bi-Konz. mittels Eichkurven ermittelt. Der maximale Fehler liegt $< 4\%$. Die Zus. des Nd. wurde mit Hilfe kontinuierlicher Variation zu Bi : Farbstoff = 3 : 1 bestimmt. Die Konst. der Verb. wird diskutiert. (Analytic. Chem. **30.** 1997–99. Dez. 1958. Manhattan, N. Y., Kansas State Coll., Dep. of Chem.) W. KARCHER. G 334

Donald R. Bomberger, *Gravimetrische Bestimmung von Wismut unter Verwendung von Unterphosphoriger Säure.* Vf. gibt ein einfaches gravimetr. Bestimmungsverf. von Bi in Ggw. vieler Metalle an. Das Bi wird in n. $HClO_4$-saurer Lsg. durch H_3PO_2 zum Metall red., im Glasfiltertiegel abgesaugt, mit A. u. Ae. gewaschen u. ca. 1 Std. bei 110° getrocknet. Die Ausgangslsg. soll ca. 1 mg Bi/ml enthalten u. 0,1–2n an $HClO_4$ sein. Es ist erforderlich, den sich beim Kp. bildenden Bi-Nd. warm zu filtrieren. Phosphate stören u. somit alle Stoffe, die H_3PO_2 zu H_3PO_4 oxydieren, das sind fast alle höheren Oxydationsstufen der Metalle. Dies läßt sich durch vorherige Red. mit H_2SO_3 umgehen. Weiterhin stören NO_3^- u. Cl^- bereits in kleinen Mengen, in diesem Fall ist Abrauchen mit $HClO_4$ erforderlich. H_2SO_4-Konzz. $>$ 1n verursachen einen negativen Fehler von 1–2%. Die Best. von 100 mg Bi in Ggw. gleicher Mengen folgender Ionen wurde nicht gestört: Li, Na, K (0,1n $HClO_4$ sauer), Mg, Ca, Zn, Ba, Al, Pb, Cr^{3+}, Mn^{2+}, Fe^{2+}, Co, Ni. (Analytic. Chem. **30.** 1321–22. Aug. 1958. Livermore, Calif., Univ. of California, Radiat. Labor.) L. SCHWIEGK. G 334

J. Průša und **E. Skokan,** *Polarographische Bestimmung von Chrom in Erzen.* Inhaltlich ident. mit der C. **1959.** 3920 referierten Arbeit. (Collect. czechoslov. chem. Commun. **24.** 1420–23. Mai 1959. [Orig.: deutsch]). W. BARZ. G 335

M. I. Candela, E. J. Hewitt und **H. M. Stevens,** *Die Trennung und Bestimmung von sechs- und fünfwertigem Molybdän durch Papierchromatographie.* Auf Grund von Vorversuchen mit verschied. SCN^- enthaltenden organ. Lösungsmitteln wurde eine Meth. zur quantitativen Trennung u. Best. von Mo(V) u. Mo(VI) durch absteigende Papierchromatographie entwickelt. Laufmittel: 100 ml W. + 10 ml Essigsäure +

10 g KSCN. R_F-Werte 0,3—0,4 für Mo(VI) u. 0,8—0,9 für Mo(V). Die Best. des Mo erfolgte photometr. mit Blaugrünfilter als Mo(V)-SCN-Komplex. Dazu wurde die Lage der Zonen auf einem Vergleichschromatogramm durch Besprühen mit einem Gemisch aus je 10%ig. $SnCl_2$- u. KSCN-Lsg. festgestellt. Die Zonen wurden ausgeschnitten u. mit einer warmen 10%ig. KSN-Lsg. in 2n HCl behandelt. Das Gemisch wurde zur vollständigen Red. des Mo(VI) zu Mo(V) 10 Min. auf 40—45° gehalten u. nach Abkühlen mit 10 ml redest. Äthylacetat geschüttelt. Der Extrakt wurde zentrifugiert u. wenn nötig vor der opt. Messung filtriert. Visuell konnten < 10 μg Mo auf dem Chromatogramm nachgewiesen werden. (Analytica chim. Acta [Amsterdam] **14.** 66—69. 1956. Bristol, Pa., Univ., Long Ashton Res. Stat., A. R. C. Unit of Plant Nutrit. (Micronutrients.) F. UMLAND. G 336

Joseph Bubernak, Marion S. Lew und **George M. Matlack,** *Bestimmung von Americium in Plutonium durch γ-Zählung.* Auf Grund der $3 \cdot 10^4$fachen spezif. γ-Aktivität von ^{241}Am gegenüber Pu (> 30 keV) ist die Best. bis zu 5 p.p.m. Am in Pu möglich. (Die spezif. Aktivität von ^{241}Am beträgt bei Messung mit Scintillationszähler $2,2 \cdot 10^6$; bei ^{239}Pu 75 c.p.m. pro γ.) Nach Eichung des γ-Zählers mit zur Trockne eingedampften gereinigten Lsgg. von ^{241}Am bzw. Pu (Best. des Verhältnisses α-Zählrate/γ-Zählrate) wird in einem aliquoten Teil der Probe die α-Aktivität (mittels innerem CH_4-Proportionalitätszähler), in einem zweiten aliquoten Teil die γ-Aktivität im Bereich > 30 keV [Na](TlTl)-Kristall, Dumont 6292 Photovervielfältiger] gemessen. Unter der Annahme, daß die α-Aktivität allein von Pu ausgeht, wird der Pu-Faktor erhalten u. mit dessen Hilfe der Pu-Anteil der γ-Aktivität ermittelt. Aus dem Anteil der γ-Aktivität für Am wird der Am-Geh. berechnet. Der Fehler beträgt für Am-Mengen $> 5 \cdot 10^{-4} \pm 2\%$ in Ggw. bis zu 10γ Pu. (Analytic. Chem. **30.** 1759—62. Nov. 1958. Los Alamos, N. Mex., Univ. of California, Los Alamos Sci. Labor.) W. KARCHER. G 344

S. H. Yuen, *Die Bestimmung von Spuren Mangan mit Leukomalachitgrün.* Vf. entwickelt ein spektrophotometr. Verf. zur Best. von Spuren Mn; Mn(II)-Ionen werden zu Mn(VII) oxydiert, dieses oxydiert *Leukomalachitgrün* (I) unter Bldg. einer blaugrünen Lsg., zwischen 400 u. 700 mμ treten 2 Absorptionsmaxima auf: bei 620 mμ u. ein schwächeres bei 420 mμ. Vf. untersucht die bes. Reaktionsbedingungen, es muß ein p_H 3—4 eingehalten werden, weiterhin muß die Konz. der Reagentien konstant sein. Die Rk. ist nicht spezif. für Mn; bei der Analyse von pflanzlichem Material stört Fe, dieses läßt sich durch Extraktion mit *Diisopropyläther* (II) ausschalten. Es wird der Einfl. u. die Störgrenze von 36 Ionen bestimmt. Die Meth. ist geeignet für Mengen bis zu 1 mμ Mn. Vorschrift: 0,1 g pflanzliches Material wird verascht, mehrfach mit HCl abgeraucht u. mit II extrahiert, die wss. Phase wird erneut zur Trockne eingedampft, es wird mit 15 ml W. u. 0,5 ml. ca. 0,1n HCl aufgenommen, filtriert u. auf 100 ml aufgefüllt. Ein aliquoter Teil, entsprechend 1 μg Mn, wird abgenommen u. auf 35 ml mit W. verd., 5 ml Pufferlsg. (aus 50 g hydratisiertem CH_3COONa u. 400 ml Eisessig, verd. auf 1000 ml) u. 5 ml 0,2%ig. KJO_4-Lsg. werden zugesetzt, 30 Min. im Wasserbad auf 25° gehalten u. dann 1 ml 0,1%ig. wss. I-Lsg. (enthält auf 100 ml 1 ml konz. HCl) zugegeben u. auf 50 ml verdünnt. Nach 1 Std. wird in 2 cm-Küvette unter Rotfilter (z. B. OR 2) photometriert. (Analyst **83.** 350—56. Juni 1958. Bracknell, Berks., Imp. Chem. Ind. Ltd., Jealott's Res. Stat.) L. SCHWIEGK. G 350

James E. Banks, *Gravimetrische Bestimmung von Eisen mit Benzolphosphinsäure.* Bis zu 2 mg Fe(III) können mit Benzolphosphinsäure, $C_6H_7PO_2$, gravimetr. als $Fe(C_6H_6PO_2)_3$ bestimmt werden. Die ausfallende Verb. behält zwischen 90 u. 275° ein konstantes Gewicht. Vf. entwickelt eine analyt. Arbeitsvorschrift. Der relative Fehler der Meth. beträgt ca. 0,5%. (Analytica chim. Acta [Amsterdam] **19.** 331—33. 1958. Delft, Netherlands, TU, Labor. for Microanalysis.) H. PITTACK. G 354

A. K. Majumdar und **C. P. Savariar,** *Spektrophotometrische Bestimmung von Eisen mit 2-Hydroxynaphthoesäure-(3). 2-Hydroxynaphthoesäure-(3)* (I) gibt mit Fe^{3+} einen blauen 1:1-Komplex mit maximaler Absorption bei p_H 2,9—3,1 (590 mμ). Das Ausflocken der in alkoh. Lsg. zugesetzten überschüssigen I wird durch Gelatinezusatz vermieden. Das BEERsche Gesetz wird im Bereich 4—20 p.p.m. erfüllt. Mit Fe^{3+} komplexbildende Anionen stören die photometr. Best.; dagegen dürfen neben 10 p.p.m. Fe^{3+} 100 (p.p.m.) Al^{3+}, 100 Ca^{2+}, 25 Co^{2+}, 30 Cr^{3+}, 40 Cu^{2+}, 100 Cd^{2+}, 30 Hg^{2+}, 60 Mg^{2+}, 40 Mn^{2+}, 10 Ni^{2+}, 50 Th^{4+}, 10 Ti^{4+}, 20 UO_2^{2+}, 50 Zn^{2+} u. 5 Zr^{4+} vorliegen. — Der mol. Extinktionskoeff. des Komplexes ist 2212, die Dissoziationskonstante beträgt $4,29 \cdot 10^{-4}$. (Analytica Chim. Acta [Amsterdam] **21.** 47—52. 1959. Calcutta, Jadavpur Univ., Dep. of Inorg. and analyt. Chem.) E. DEHMLOW. G 354

Masayoshi Ishibashi, Tsunenobu Shigematsu, Yuuroku Yamamoto, Masayuki Tabushi und **Tokyokichi Kitagawa,** *Ultraviolettspektrophotometrische Bestimmung* *von Eisen(III) als Chlorokomplex.* Zur Best. von *Fe(III)* mißt man die Absorption der Lsg. in genau 3 mol. HCl bei 340 mμ u. in genau 6 mol. HCl bei 355 mμ. Für 0,2—20 p.p.m. Fe ist das BEERsche Gesetz erfüllt. Die Empfindlichkeit ist jedoch zielmlich gering. Höhere Empfindlichkeit wird durch Differentialabsorptiometrie erzielt. Man wählt eine Lsg. mit 40 p.p.m. Fe als Vergleichslsg. u. stellt die Eichkurve für 45—60 p.p.m. Fe her. Auch hierbei ist das BEERsche Gesetz erfüllt. Temperaturschwankungen zwischen 10 u. 25° stören nicht. $\leq$ 200 p.p.m. Na^+, K^+, NH_4^+, Co^{2+}, Zn^{2+}, Mn^{2+} u. Al^{3+} stören nicht. Cu^{2+} u. Ti^{4+} dürfen nur bis zu 2,0 p.p.m. anwesend sein. Zur Best. von Fe in Legierungen löst man 150—200 mg in 4 mol. $HClO_4$ unter Erwärmen auf dem Sandbad, versetzt nach dem Abkühlen mit einigen Tropfen Perhydrol, dampft einige Male zur Trockne ein, löst in W., füllt auf 500 ml auf u. verwendet einen 20 ml-Anteil, den man mit 50 ml 6n HCl u. W. auf 100 ml auffüllt, u. dessen Absorption man bei 340 mμ mißt. (Bull. chem. Soc. Japan **30.** 433—37. Juli 1957. Sakyo-ku Kyoto, Kyoto Univ., Fac. of Sci., Dep. of Chem. [Orig.: engl.]) H. PLUSKAL. G 354

Yasumitsu Uzumasa, Masakichi Nishimura und **Toshiko Seo,** *Ultraviolettspektrophotometrische Bestimmung von Eisen mit Äthylendiamintetraessigsäure.* Zur Best. von *Fe* kann die Absorption des Fe–EDTA-Komplexes (1 : 1) in 0,1 mol. HCl, H_2SO_4 oder CH_3COOH bei 260 mμ verwendet werden. Die Lsg. soll ca. 0,001 mol. an EDTA sein. Die Absorption wurde in einem BECKMAN-DU-Spektrophotometer gemessen. Das BEERsche Gesetz ist für $\leq$ 17 p.p.m. Fe erfüllt. Die Empfindlichkeit der Meth. beträgt 0,0065 μg Fe/ml. Durch Lichteinwrkg. geht der Fe(III)-Komplex in den Fe(II)-Komplex über, was sich in einer Absorptionsabnahme zeigt. In stärker saurer Lsg. als p_H 0,5 u. in alkal. Lsgg. sinkt die Absorption. HNO_3 darf nur in geringen Konzz. anwesend sein. Cu^{2+}, Hg^{2+} u. Ti^{4+} stören sehr. (Bull. chem. Soc. Japan **30.** 438—42. Juli 1957. Sapporo, Hokkaido Univ., Fac. of Sci., Dep. of Chem. [Orig.: engl.]) H. PLUSKAL. G 354

Miroslav Šícha, *Einfacher Apparat zur Wasserstoffbestimmung in Stahl.* Skizze u. Arbeitsweise eines transportablen, billigen App. für Betriebslaborr. zur H-Best. in Stahl in 80—100 Minuten. Die bei 600° aus dem Stahl ausgetriebenen Gase werden mit dem empir. Faktor 0,82 auf H umgerechnet. Durch Vgl. mit Werten nach anderen Methoden wird die optimale Extraktionszeit bestimmt. (Hutnické Listy **10.** 479—84. Aug. 1955. Ostrava, Vítkovické železárny K. Gottwalda.) E. ROTTER. G 354

Karl Abresch und **Helmut Lemm,** *Die coulometrische Bestimmung des Sauerstoffs in Stahl nach dem Schmelzextraktionsverfahren im Argonstrom.* Das übliche Schmelzextraktionsverf. zur Best. von O im Stahl wird abgeändert, indem die Probe nicht mehr im Vakuum, sondern in einem Ar-Strom entgast wird. Gleichzeitig wird das Probengewicht auf 0,5 g verringert. Das entwickelte CO wird durch ein Oxydationsreagens in CO_2 umgewandelt u. dann coulometr. titriert. Auf diese Weise können in einem Graphittiegel wesentlich mehr Proben kurz hintereinander untersucht werden. Die Bestimmungsdauer beträgt 7 Min.; in 8 Std. kann man mit dem Gerät ca. 50, innerhalb von 24 Std. ca. 180 Proben untersuchen. Die Anwendbarkeit des Trägergasverf. wurde in Reihenunterss. überprüft. Es ergab sich eine Standardabweichung von 0,0012% O. Die Übereinstimmung mit den Werten des Vakuumverf. war gut. Die Abweichungen waren etwa gleich denen, die bei Doppelbestimmungen nach dem Vakuumverf. auftreten. (Arch. Eisenhüttenwes. **30.** 1—6. Jan. 1959. Duisburg-Hamborn, August-Thyssen-Hütte A.G.) H. HOCHSTEIN. G 354

F. J. Armson und **H. L. Bennett,** *Der Einfluß der Nitride in siliciumlegiertem Eisen auf die Sauerstoffbestimmung durch Chlorierung und die mögliche Direktbestimmung von Aluminiumnitrid.* Die Unters. von Stahlproben mit 4% Si u. 0,3% Al ergab, daß bei der Chlorierung außer SiO_2 u. Al_2O_3 auch AlN im Rückstand verbleibt, was entsprechende Berichtigungen erfordert. Verss. an synthet. Nitriden lassen es möglich erscheinen, die Chlorierung für die Best. von AlN u. SiN anzuwenden, da diese nicht angegriffen werden, während TiN vollständig zers. wird. (J. Iron Steel Inst. **188.** 132—37. Febr. 1958.) H. HOCHSTEIN. G 354

Bohdan Kysil, *Potentiometrische Bestimmung von niedrigem Kohlenstoffgehalt in Stahl und Ferrochrom.* Von zahlreichen geprüften Methoden zur Best. von *C* in Transformatoren- u. „Armco"-Stählen, in korrosionsfesten austenit. u. Spezialstählen für Elektroden sowie in Ferrochrom hat sich weitaus am besten die potentiometr. Best. nach OELSEN, HAASE u. GRAUE (C. **1952.** 1707) bewährt. Die modifizierte Anwendung, welche Schnelligkeit, Genauigkeit u. Zuverlässigkeit im Betriebslabor. erhöht, wird ausführlich beschrieben. (Hutnické Listy **10.** 414—17. Juli 1955. Kladno, SONP.) E. ROTTER. G 354

Kumao Ōhashi, Eizō Yasui und **Hiroshi Suzuki,** *Anwendungen des Unterbrecherlichtbogenverfahrens.* 1. Mitt. *Spektrochemische Bestimmung von geringen Kupfermengen* *in geschmolzenen Eisenkatalysatoren für die Ammoniaksynthese.* $5 \cdot 10^{-5}$—10^{-2}% *Cu* in einem Fe-Katalysator werden nach dem Extrapolierverf. von GILLIS (Spectrochim. Acta [London] 5. [1953.]. 409) bestimmt, wobei zur quantitativen Best. eines Elements 2 verschied. Anteile desselben Elements zugefügt werden u. jeweils die spektrometr. Intensität bestimmt wird. Bei Benutzung alkoh. Lsgg. von $Cu(NO_3)_2$ mit 0,45—14,56 mg Cu/100 cm³ u. den Spektrallinien Cu 3273,96/Fe 3280,26 werden Genauigkeiten von ± 10% im Bereich 10^{-2}—10^{-3}% Cu, ± 20% bei 10^{-4}% u. ± 40% bei 10^{-5}% erreicht. (J. chem. Soc. Japan, ind. Chem. Sect. [Kōgyō Kagaku Zassi] **58.** 168—70. März 1955. Nagoya, TH; Toa Gosei Chem. A.G. [Orig.: japan.]) L. SCHULER. G 358

A. J. Leeb und **F. Hecht,** *Die Bestimmung von Kupfer in Stahl, Ferrolegierungen, Aluminium, Chrom, Kobalt, Mangan und Nickel. Extraktionsverfahren mit 2.2'-Dichinolyl.* 0,001—2% *Cu* werden einfach, schnell u. genau in der Probelsg. durch 5 Min. Kochen mit H_2SO_3 u. kurzes Stehenlassen mit $FeCl_2$ in der Wärme [zur Red. zu Cu(I)], Versetzen mit Citronensäure, Alkalischmachen mit NH_4OH, Einstellen von p_H 5—6 mit Citronensäure, Zusatz von Na-Acetatlsg., Ausschütteln mit 2.2'-Dichinolyl u. colorimetr. Messung bestimmt. *Stahl* wird in HCl gelöst, mit HNO_3 oxydiert u. unter Zusatz von HCl u. Ameisensäure eingeengt. *Ferrovanadin, -mangan, -molybdän, Rein-Ni, Co, Mn* werden in verd. HNO_3 gelöst u. mit konz. HCl u. Ameisensäure abgedampft. *NiO* wird mit $Na_2CO_3 + Na_2O_2$ aufgeschlossen, in W. aufgenommen u. in HCl gekocht. *Ferrochrom* u. *Co* werden in HCl gelöst u. mit HNO_3 oxydiert. *Ferrotitan* wird ebenso unter Zusatz von wenig HF gelöst. *Ferrowolfram* wird zunächst bei 800° 1—2 Std. an der Luft geglüht, dann in HCl gelöst u. mit HNO_3 oxydiert. (Z. analyt. Chem. **168.** 101—06. 1959. Wien, Univ., II. Chem. Inst., Lehrkanzel für Analyt. Chem.; Schoeller-Bleckmann Stahlwerke A.G., Chem. Labor.) E. DEHMLOW. G 358

H. V. Malmstadt und **T. P. Hadjiioannou,** *Bestimmung von Kupfer und Zink in metallurgischen Produkten durch automatische derivative spektralphotometrische Titration.* Die *Messing-* oder *Bronze*-Probe wird in HNO_3 gelöst, die Lsg. verd., gepuffert u. bei p_H 4,0 mit überschüssigem Jodid versetzt. Die Cu^{2+}-Ionen setzen Jod in Freiheit, das mit Thiosulfat automat. mit dem „Spectro-Electro"-Titrator (E. H. SARGENT & Co.) titriert wird. Die UV-Absorptionsbande des Jods zwischen 350 u. 400 mμ gestattet eine ausgezeichnete Endpunktsbestimmung. In einer zweiten Probe werden, ebenfalls bei p_H 4,0, Cu u. Zn zusammen mit Äthylendiamintetraessigsäure u. 1-(2-Pyridylazo)-2-naphthol als Indicator titriert. Der Zn-Geh. wird aus der Differenz berechnet. Reproduzierbarkeit (bezogen auf das Titriermittel) = ± 0,01 ml einer 0,025 mol. Thiosulfatlsg. bzw. ± 0,02 ml einer 0,01 mol. Äthylendiamintetraessigsäurelsg. Dauer der gesamten Cu/Zn-Analyse = 20 Minuten. (Analytic. chim. Acta [Amsterdam] **21.** 41—46. 1959. Urbana, Ill., Univ. of Illinois, Dep. of Chem. and Chem. Engng.) W. BETCKE. G 358

W. D. Shults und **P. F. Thomason,** *Coulometrische Bestimmung von Kupfer und Uran bei kontrolliertem Potential.* In schwefelsaurer Lsg. ist die Red. von Cu^{2+} an einer Hg-Elektrode reversibel, während die von UO_2^{2+} irreversibel ist. Zur Best. werden daher beide Ionen coulometr. bei kontrolliertem Potential red. (— 0,3 V), wonach Cu allein bei + 0,175 V reoxydiert wird. Die Bestimmungen verlaufen mit relativen Fehlern von + 0,1% u. sind unabhängig von dem Cu/U-Verhältnis. (Analytic. Chem. **31.** 492—94. April 1959. Oak Ridge, Tenn., Oak Ridge Nat. Labor., Analyt. Chem. Div.)
E. DEHMLOW. G 358

M. E. V. Plummer, C. L. Lewis und **F. E. Beamish,** *Bestimmung von Platin und Palladium in Erzen und Konzentraten durch Schmelzprobe.* Es wird eine neue Meth. zur Anreicherung der Pt-Metalle aus Schmelzen von Erzen u. Konzentraten angegeben. Die gekörnte Probe wird mit Soda u. Borax im Graphittiegel bei 1450° geschmolzen. Das im Erz stets vorhandene Fe, Ni u. Cu wird teilweise red. u. extrahiert besser als das bisher verwendete Pb die Pt-Metalle. Nach Auflösen des entstandenen Regulus werden die Pt-Metalle durch Kationenaustausch isoliert u. chromatograph. getrennt. Die Best. von Pt u. Pd geschieht colorimetrisch. (Analytic. Chem. **31.** 254—58. Febr. 1959.)
D. APEL. G 368

b. Organische Verbindungen

George T. Okita, Jon J. Kabara, Florence Richardson und **George V. LeRoy,** *Die Analyse von Verbindungen mit ^3H und ^{14}C.* Vff. entwickelten 3 verschied. Verff. zur gleichzeitigen Best. von ^3H u. ^{14}C nebeneinander. 1. Beide Isotope werden gleichzeitig bei einer gegebenen Diskriminator- u. Photovervielfacherspannung (PVS) gezählt u. anschließend bei einer geringeren PVS ^{14}C allein gezählt. (*screening meth.*). 2. Bei konstanter PVS wird mit einem Zweikanalscintillationszähler mit verschied. Diskriminatoreinstellung in den beiden Kanälen gezählt (*simultaneous equation meth.*). 3. Anordnung ähnlich wie unter 2 mit einem mit Hilfe von Standardproben eingestellten Verhältnis Kanal 1 : Kanal 2 = 2 cpm/1 cpm (*Discriminator-ratio meth.*). Als genauestes Verf. erwies sich Meth. 3 (Standardfehler ^{3}H 3,7; ^{14}C 4,6%; Meth. 1 7,6 bzw. 6,7 u. Meth. 2 4,7 bzw. 8,4%). Die Berechnung der Ergebnisse wird beschrieben. (Nucleonics **15.** 111—14. Juni 1957. Chicago, Ill., Univ. of Chicago, Argonne Cancer Res. Hospital.) W. KARCHER. 5352

Jerome F. Eastham und **Vernon F. Raaen,** *Bestimmung von aktivem Wasserstoff in organischen Verbindungen durch Austausch mit tritiiertem Isopropanol.* Der akt. H organ. Verbb. wurde durch Erwärmen in mit T-hydroxylmarkiertem *Isopropanol* (**I**) (aus tritiiertem W. [2 Curie/Mol] u. **I** durch 24std. Stehenlassen über Trocknungsmitteln), Verdampfen u. Radioaktivitätsbest. ermittelt. An der feuchten Luft verloren die isolierten markierten Verbb. langsam die Aktivität. In einigen Fällen wurde zur Erreichung des maximalen Austausches der Prozeß mehrfach wiederholt. Aus der Best. der Verteilungskoeff. von T zwischen organ. Verb. u. **I** ergaben sich die (angenäherten) erwarteten Zahlen der akt. H-Atome. Das Verf. wird zur Best. des akt. H bei unbekannten Verbb. empfohlen. — Die Verteilungskoeffizienten waren bei Carbonsäuren z. T. erheblich zu niedrig (Austausch in tritiiertem W.), wurden aber in Ggw. der Na-Salze der Säuren auf den theoret. Wert 1 gehoben. (Analytic. Chem. **31.** 555—58. April 1959. Knoxville, Tenn., Univ. of Tennessee, Dep. of Chem.; Oak Ridge, Tenn., Oak Ridge Nat. Labor.) E. DEHMLOW. 5364

L. A. Small, *Direkte Titration von Hydroxylgruppen mit Lithium–Aluminium-di-n-butylamid.* Eine $\leqq$ 0,25n Lsg. von Lithium–Aluminium-di-n-butylamid in Dimethoxyäthan erlaubt bei Benutzung von Büretten mit Teflonhahn die direkte Titration von Hydroxyl-H mit scharfen u. bestimmten Endpunkten unter Verwendung von 4-Phenylazodiphenylamin als Indicator. Beispiele: Best. von akt. H in Äthanolamin u. dessen Derivaten. Die Genauigkeit ist besser als 1%. (Analyst **84.** 117—19. Febr. 1959. Rhode Island, Arnold, Hoffman & Co., Inc.) M. WOLFF. 5364

Kazuo Hoshiai und **Zirō Miyata,** *Untersuchungen über Raney-Nickelkatalysatoren.* 1. Mitt. *Bestimmung von Carbonylgruppe und Olefinbindungen mit einem verbesserten Mikrohydrierapparat.* Beschreibung eines App. zur Best. des bei katalyt. Hydrierungen absorbierten H_2-Volumens. Hydrierverss. mit 0,10—0,15 g Seneciosäurebutylester, Dipropylketon bzw. Butyraldehyd in Ggw. von RANEY-Ni zeigen eine Genauigkeit von $\pm$ 1,5%. (J. chem. Soc. Japan, ind. Chem. Sect. [Kōgyō Kagaku Zassi] **58.** 369—72. Mai 1955. Tokyo, Kyowa Ferment. Ind. A.G. [Orig.: japan.]) L. SCHULER. 5364

M. Freegarde und **B. Jones,** *Die gleichzeitige spektrophotometrische Bestimmung von Methyläthylketon und Äthylacetat.* Die spektrophotometr. Best. von *Methyläthylketon* (**I**) u. *Äthylacetat* (**II**) nebeneinander gelingt in Cyclohexanlsg. durch Messung bei 280 u. 220 mμ. Die mol. Extinktionskoeffizienten sind bei 280 mμ für **I**: 17,2, für **II**: — u. bei 220 mμ für **I**: 0,82, für **II**: 49,1. Die Lsgg. erfüllen in den Bereichen 0—5 ml **I**/Liter u. 0—1,5 ml **II**/Liter das BEERsche Gesetz. (Analyst **84.** 396—97. Juni 1959. Sheffield, Nav. Ordn. Insepct. Etablshmt., Bragg Labor.) E. DEHMLOW. G 810

W. Stoffel, W. Insull jr. und **E. H. Ahrens jr.,** *Gas–Flüssigkeits-Chromatographie der Methylester von hochungesättigten Fettsäuren.* Im Hinblick auf biol. bedeutsame Unterss. an Enzymen bzw. zur Klärung ernährungsphysiolog. Fragestellungen werden systemat. Verss. mit der Zielsetzung durchgeführt, ob sich polyolefin. Fettsäuren bei den in der Gaschromatographie üblichen Temp. bis zu etwa 200° als stabil erweisen. Es werden hinsichtlich Zahl u. Stellung der Lückenbindung definierte mono- u. polyolefin. C_{16}-, C_{18}-, C_{20}- u. C_{22}-Fettsäuren (bis zu Hexaenen) in Form der Methylester dargestellt u. nach der Arbeitsweise von JAMES u. MARTIN (C. **1956.** 14130) geprüft unter Benutzung der Ionisationskammer nach LOVELOCK u. JAMES, Ar als Trägergas, alkalibehandelte Celite als Füllstoff der Säule, Apiezon bzw. Reoplex 400 als stationäre Phasen. Ermittelt werden die Retentionswerte, bezogen auf den Methylester der Stearinsäure = 100 bei 197°. Als Beweis für die Stabilität der Ester werden, beschränkt auf die Versuchsreihe mit Apiezon, herangezogen: Vollständige Wiedererfassung der eingesetzten Estermenge, keine Änderung der Retentionswerte der wiederholt chromatographierten Ester, Ausschluß einer Bldg. von trans-Estern (IR-Prüfung) sowie von konjugierten Estern (UV-Prüfung vor u. nach der Alkaliisomerisierung), keine Wanderung der Lückenbindung (ozonolyt. Degradation). Als Ergebnis der Unterss. wird festgestellt, daß alle Methylester der geprüften mono- u. polyolefin. Fettsäuren bei der gaschromatograph. Behandlung bei 197° signifikante Veränderungen in der chem. Struktur nicht erkennen lassen. Es wird ferner ein Verf. zur raschen Totalanalyse von Fettsäuregemischen mit Mengen unter 1 mg beschrieben. (Proc. Soc. exp. Biol. Med. **99.** 238—41. Okt. 1958. New York, N. Y., The Rockefeller Inst.) K. TÄUFEL. G 810

Wilhelm Stoffel, Florence Chu und **Edward H. Ahrens jr.**, *Analyse von langkettigen Fettsäuren durch Gas–Flüssigkeits-Chromatographie. Mikromethode für die Darstellung von Methylestern.* Es wird eine Mikrometh. beschrieben, bei der Fettgemische biol. Ursprungs mit Methanol u. HCl zu Methylestern umgeestert werden. Diese werden dann von dem übrigen Reaktionsprod. absublimiert u. liegen in einer reinen Form vor, die direkt gaschromatograph. getrennt werden können. Dadurch wird die Benutzung von Alkali u. Diazomethan vermieden, die zur Isomerisierung oder Pyrazolinbldg. führen kann. (Analytic. Chem. **31**. 307—308. Febr. 1959. New York, N. Y., Rockefeller Inst.) D. APEL. G 810

J. M. Štěpánek, V. M. Černá und **V. J. Patková**, *Bestimmung von Acrylnitril in verschiedenen Materialien.* Vff. beschreiben die Anreicherung von *Acrylnitril* (**I**) aus Proben, die nur Spuren **I** enthalten, wie Abwässern, Getreide usw. Man dest. **I** aus der wss. Lsg. oder Suspension azeotrop mit Isopropanol. Das Gemisch enthält ca. 56 Gew.-% **I** u. sd. bei 71,7°. Man dest. bei **I**-Gehh. zwischen 0,5 u. 20 mg in 250—500 g Probe bis 2 ml, darüber bis 5—10 ml. Die Vorlage enthält Thioharnstoff u. konz. HCl zur anschließenden papierchromatograph. Bestimmung. (Analyst **84**. 65—66. Jan. 1959. Prag, ČSR, Inst. of Hygiene.) E. DEHMLOW. G 810

J. Strachota und **Z. Kotásek**, *Reaktion der Molybdänphosphorsäure mit Dihydroxybenzolen.* 1. Mitt. *Colorimetrische Bestimmung von Brenzcatechin.* Inhaltlich ident. mit der C. **1959**. 7243 referierten Arbeit. (Collect. czechoslov. chem. Commun. **24**. 1409—15. Mai 1959. [Orig.: deutsch]) W. BARZ. G 1060

W. M. Anderson, G. B. Carter und **A. J. Landua**, *Quantitative Analyse von käuflichem Bisphenol A durch Papierchromatographie.* Die handelsüblichen Verunreinigungen in käuflichem *Bisphenol A* [**I**; *2.2-Bis-(4-hydroxyphenyl)-propan*] sind *2-(2-Hydroxyphenyl)-2-(4-hydroxyphenyl)-propan, 2.4-Bis-(α.α-dimethyl-4-hydroxybenzyl)-phenol* u. *Codimer* [*4.4'-Hydroxyphenyl-2.2.4-trimethylchroman*]. Durch Extraktion u. fraktionierte Kristallisation können sie isoliert u. durch ihre IR-Spektren nachgewiesen werden. Als besseres Verf. zur schnellen u. quantitativen Best. von **I** u. seinen Nebenprodd. erwies sich die eindimensionale Papierchromatographie u. dest. W. bzw. CCl_4 als Lösungsmittel. Die Flecke wurden mit p-Nitrobenzoediazoniumfluorborat entwickelt. Die Meth. ist genau, wenn die Konz. der Nebenprodd. von **I** nicht weniger als 1% beträgt. Bei geringeren Konzz. muß die Lsg. vorher eingeengt werden. (Analytic. Chem. **31**. 1214—17. Juli 1959. Houston, Texas, Shell Chem. Corp., Res. Labor.) R. UNGER. G 1060

M. Matrka und **V. Hanousek**, *Oxydimetrische Bestimmung von Malachitgrün mit Cerium(IV)-Sulfat.* Inhaltlich ident. mit der C. **1959**. 2574 referierten Arbeit. (Collect. czechoslov. chem. Commun. **24**. 1347—50. April 1959. [Orig.: deutsch]) W. BARZ. G 1300

Miroslav Matrka und **František Navrátil**, *Beitrag zur Titration einiger 2-Naphtholsulfonsäuren mit Jod.* Es wurde die potentiometr. Titration von einigen 2-Naphtholsulfonsäuren im $NaHCO_3$- oder Na_2HPO_4-Mittel durch J_2 beschrieben. Die Rk. läuft nach folgender Gleichung ab: $C_{10}H_7OH + J_2 = HJ + C_{10}H_6JOH$. Der Einfl. des p_H ist an einem Diagramm gut sichtbar. Das Optimum liegt bei p_H 7. Die Kombination dieser Meth. mit der Papierchromatographie gibt genügende Informationen über die Reinheit dieser Farbzwischenprodd. an. (Chem. Průmysl **8** (**33**). 363—64. Juli 1958. Pardubice-Rybitví, Výzkumný ústav organ. synth.) J. SCHNEIDER. G 2700

Richard Neu, *Der Nachweis von Flavonen und ihrer Abbauprodukte mit stabilen Diazoniumsalzen durch Tüpfelreaktionen.* Die Identifizierung von Di- u. Trihydroxybenzolen, aromat. Hydroxysäuren gelingt in Mikrogrammengen durch die bei der Tüpfel-Rk. mit Diazoniumsalzen auftretende Färbung auf Filterpapier. Es ist nach diesem Verf. möglich, die bei der Alkalischmelze von Hydroxyphenol-γ-pyronderivv. auftretenden Spaltprodd. zu identifizieren. Folgende Diazoverbb. wurden verwendet: *Echtschwarzsalz K* (**I**, *diazotiertes 4-Amino-3.6-dimethoxy-4'-nitroazobenzol*), *Echtblausalz BB* (**II**, *diazotiertes 1-Amino-4-benzoylamido-2.5-diäthoxybenzol*), *Echtblausalz B* (**III**, *tetrazotiertes o-Dianisidin*), *Nitrazol CF extra, Echtschwarzsalz ANS, Echtmarineblausalz RA, Echtrotsalz AL, Echtbraunsalz V* u. *Echtblaugrünsalz B*. Folgende Verbb. wurden mit den Diazoniumsalzen getüpfelt: *Brenzcatechin, Resorcin, Hydrochinon, Pyrogallol, Phloroglucin, Resorcindimethyläther, Benzoesäure, Salicylsäure, p-Hydroxybenzoesäure, Anissäure, β-Resorcylsäure, 2-Hydroxy-4-methoxybenzoesäure, Protocatechusäure, Vanillinsäure, Isovanillinsäure, Veratrumsäure, Gallussäure, Kaffeesäure, p-Cumarsäure, Chlorogensäure.* Mit **I**, **II** u. **III** wurde das Verh. von Flavonen sowie Farbe u. Erfassungsgrenzen in Tages- u. UV-Licht festgestellt. Mit **I** als Reagens lassen sich die Flavonaglykone von den Flavonglykosiden unterscheiden. Untersucht wurden: *Morin, Quercetin, Rhamnetin, Isorhamnetin, Quercitrin, Hyperin, Rutin, Kämpferol,*

Kämpferin, Fisetin, 3'-Methoxyfisetin, Robinetin, Apigenin. Apiin Luteolin, Diosmetin, Diosmin, Acacetin, Scutellarein, Scutellarin, Hesperetin, Hesperidin, Dihydroquercetin (Taxifolin), d-Catechin, Vitexin, Vitexin-4'-rhamnosid, Artemisetin, sowie verschied. Glucoside dieser Verbindungen. (Mikrochim. Acta [Wien] **1957.** 196–214. Karlsruhe, Dr. W. Schwabe G. m. b. H., Chem. Forschungslabor.) E. DEHMLOW. G 3211

Sōichirō Musha und **Makoto Munemori,** *Volumetrische Bestimmung von Pyridin unter Benutzung der Reaktion zwischen Cupfer(II), Thiocyanat und Pyridin.* Zur Analyse von *Pyridin* (I) bzw. I-Perchlorat werden zu 80–120 mg der Probe (+ 1–2 Tropfen Phenolphthalein), 7–9 cm³ 0,1–0,5 mol. $Cu(NO_3)_2$- u. 25–50 cm³ 0,1–0,5 mol. KCNS-Lsg. zugesetzt, wonach ein Nd. von $Cu(C_5H_5N)_2(SCN)_2$ entsteht u. darauf der KCNS-Überschuß zurücktitriert. Fällung bei p_H 5,2–5,7, Filtration innerhalb 1 Stunde. Bei ca. 80 mg I ist der Fehler ca. 2–3%, bei ca. 120 mg $I\text{-}HClO_4$ ca. ±1%. HCl oder H_2SO_4 vermindern die Genauigkeit. (J. chem. Soc. Japan, ind. Chem. Sect. [Kōgyō Kagaku Zassi] **58.** 393–96. Mai 1955. Sakai, Naniwa Univ. [Orig.: japan.]) L. SCHULER. G 3231

W. J. Murray und **A. F. Williams,** *Die Bestimmung geringer Mengen von γ-Picolin in wässerigen Lösungen von β-Picolin durch Dampfphasenchromatographie. β-Picolin* läßt sich bis herab zu 0,2% in wss. Lsgg. (bis 75% W.) von *γ-Picolin* durch Dampfphasenchromatographie [stationäre Phase: Glycerin (30 g)–Celite 535 (100 g), Trägergas N_2, Kolonnentemp. 78°, 4 ft. × 4 mm Kolonne] bestimmen. (Chem. and Ind. **1956.** 1020–21. 29/9. Stevenston, Nobel Div., Imp. Chem. Ind. Ltd., Res. Dep.) G. PÖTZSCHER. G 3231

Frank O. Green und **Robert N. Feinstein,** *Quantitative Bestimmung von 3-Amino-1.2.4-triazol.* Zur Unters. des Metabolismus von *3-Amino-1.2.4-triazol* (I) im tier. Organismus wird eine colorimetr. Bestimmungsmeth. für I entwickelt. Das Verf. besteht darin, daß I in der mit Trichloressigsäure (II) enteiweißten Lsg. diazotiert u. dann mit Chromotropsäure (III) gekuppelt wird. Die Extinktion der Rosafärbung wird bei 525 mμ gegen einen Reagentienblindwert gemessen u. der Geh. aus einer Eichkurve entnommen. Auf diese Weise können noch 10 γ I bestimmt werden. Durch Anwendung der gleichen Rk. können papierchromatograph. noch 0,2 γ I nachgewiesen werden. Ausführung der colorimetr. Best.: Die Probe wird mit dem gleichen Vol. 10%ig. II vermischt u. notfalls filtriert. Das Filtrat wird mit 5%ig. II auf ein geeignetes Vol. verdünnt. 5 ml dieser Lsg. werden in einem Reagensglas mit 1 ml 0,01 mol. $NaNO_2$-Lsg. gemischt u. dann mit 1 ml einer 0,0025 mol. Lsg. von III versetzt. Das Glas wird 2½ Min. in ein sd. Wasserbad getaucht, anschließend in Eis gekühlt u. dann die Extinktion der Farblsg. bei 525 mμ gegen eine in gleicher Weise behandelte Probe 5%ig. II gemessen. (Analytic. Chem. **29.** 1658–60. Nov. 1957. Lemont, Ill., Argonne Nat. Labor., Div. of Biol. and Med. Res.) K. PAVEL. G 3313

Ernst Bayer, Gerhard Kupfer und **Karl-Heinz Reuther,** *Anwendung der Gaschromatographie zur Analyse künstlicher und natürlicher Aromastoffe.* Die gaschromatograph. Trennung einer Reihe von Terpenen u. verwandten Verbb. wird am Beispiel einer Unters. des *Geraniumöls* (I) beschrieben. Als stationäre Phase fand Siliconhochvakuumfett C/Na- oder Li-Capronat (9 : 1) auf Sterchamol als Trägersubstanz Verwendung. In den I-Chromatogrammen wurden bis zu 15 verschied. Komponenten nachgewiesen. Durch Vgl. ihrer Retentionsvoll. mit denen von Referenzsubstanzen sowie durch Gruppenabtrennungen, z. B. von Alkoholen durch Veresterung oder von Carbonylverbb. mittels 2.4-Dinitrophenylhydrazin u. Durchführung von Differenzchromatogrammen vor u. nach der Abtrennung konnten 8 Komponenten des I identifiziert werden. Diese sind: *Linalool, Fenchylalkohol, Menthon, Geraniol, Citronellol, Geranylacetat* u. vermutlich *Phellandren.* (Z. analyt. Chem. **164.** 1–10. 1958. Geilweilerhof/Landau, Forschungsinst. für Rebenzücht., Abt. Biochem. u. Biophysiol.) E. MOISAR. G 3600

A. J. Durbetaki, *Bestimmung von α-Epoxyden, die ein tertiäres C-Atom enthalten durch katalytische Isomerisierung mit Zinkbromid.* Die Best. von *α-Epoxyden* (I), die ein tert. C-Atom enthalten, z. B. *α-Pinenoxyd* (II), *Camphenoxyd* (III), *1.2-Diisobutylenoxyd* (IV) u. *α-Methylstyroloxyd* (V) wird in der Weise ausgeführt, daß die I durch katalyt. Mengen von $ZnBr_2$ in wasserfreiem Bzl. in die isomeren Aldehyde umgelagert werden u. diese gravimetr. als 2.4-Dinitrophenylhydrazone bestimmt werden. — Ausführung: 2,0–3,5 g I werden in einen 50-ml-Schliff-ERLENMEYER-Kolben eingewogen. Dazu gibt man 5 ml trocknes Bzl. u. ca. 10% der Einwaage des dem I entsprechenden Olefins, sofern kein Olefin in der Substanz enthalten ist. Dann gibt man 0,1 g $ZnBr_2$ p.a., das zuvor in einer Glascapillare geschmolzen u. entwässert worden ist, dazu. Der Kolben wird an einen mit Trockenrohr versehenen Luftkühler angeschlossen u. in einem Ölbad von 98 ± 0,1° 10 Min. lang erwärmt. Der Kolben wird dann aus dem Ölbad entfernt u. auf Raumtemp. abgekühlt. Mit carbonylfreiem Isopropanol (VI) wird der Inhalt in einen 100-ml-Meßkolben gespült. Nach dem Auffüllen mit **VI** werden 3—4 ml der Lsg. in ein Becherglas mit 25 ml **VI** pipettiert u. 50 ml 2.4-DNPH-Reagens (9 g 2.4-Dinitrophenylhydrazin in 1 Liter 2n HCl heiß gelöst u. filtriert) dazugegeben. Die Mischung wird 5—10 Min. auf 50—60° erwärmt, dann 1 Std. in Eis gekühlt. Der Nd. wird auf einem gewogenen Glasfiltertiegel gesammelt, mit eiskalter 2n HCl gewaschen, bei 50° im Vakuum getrocknet u. gewogen. Die Qualität des 2.4-DNPH ist für die Erzielung exakter Ergebnisse ausschlaggebend. (Analytic. Chem. **29**. 1666—68. Nov. 1957. Buffalo, N. Y., Food Machinery and Chem. Corp., Becco Chem. Div.) K. PAVEL. G 3600

E. P. Schulz und **J. D. Neuss**, *Colorimetrisches Bestimmungsverfahren für Cortison, Hydrocortison und verwandte Steroide.* Zur Best. von *Cortison* (**I**), *Hydrocortison* (**II**) u. zahlreichen ähnlichen Steroiden mit nebenst. Grundgerüst wird eine Rk. benutzt, die darin besteht, daß Steroide dieses Typs, unabhängig von der Substitution am $C_{(17)}$-Atom, beim Kochen mit wss.-alkoh. NaOH in Ggw. von DTBPC (2.6-Di-tert.-butyl-p-kresol) eine blaue Färbung ergeben, wenn R = H oder OH ist, dagegen eine gelbbraune Farbe entwickelt wird, wenn R = O ist. Die Messung der Extinktion der blauen Lsgg. bei 625 mμ u. die der gelbbraunen Lsgg. bei 471 mμ dient zur quantitativen colorimetr. Best. an Hand einer Eichkurve. Die Meth. eignet sich auch zur Best. der Wirkstoffe in Formulierungen, wie Tabletten, Salben, Suspensionen usw., gegebenenfalls nach Extraktion der Wirkstoffe mit Chloroform. Störend wirken solche Substanzen, die mit NaOH beim Erwärmen dunkle Färbungen ergeben, wie Kohlenhydrate u. Carboxymethylcellulose oder Substanzen, die Alkali verbrauchen, z. B. größere Mengen Diglykolstearat. Aufstellung der Eichkurve: 20—25 mg des Standardsteroids werden in einen 250-ml-Meßkolben eingewogen, mit 95% ig. A. gelöst u. zum Vol. aufgefüllt. 5 ml dieser Lsg. werden in einen 50-ml-Rundkolben pipettiert u. mit 5 ml DTBPC-Reagens (0,6% ig. Lsg. in 95% ig. A.) sowie 10 ml 5% ig. wss. NaOH versetzt. Der Kolben wird mit einem Rückflußkühler versehen u. ganz in ein Wasserbad von 100° eingetaucht. Bei lebhaftem magnet. Rühren wird 30 Min. unter Rückfluß erwärmt. Dann wird der Kolben in W. von 10—12° 10 Min. lang gekühlt. Nach Zugabe von 5 ml 95% ig. A. wird der Inhalt filtriert u. die Extinktion der Farblsg. bei 625 bzw. 471 mμ gemessen. Formulierungen werden nach entsprechender Vorbehandlung in gleicher Weise bestimmt. (Analytic. Chem. **29**. 1662 bis 1665. Nov. 1957. Rahway, N. J., Merck & Co. Chem. Div.) K. PAVEL. G 3700

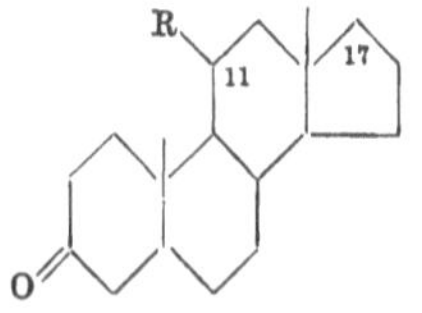

S. R. Mohanty, K. R. K. Rao und **L. V. Kannan**, *Jodometrische Bestimmung von Ascorbinsäure mit dem bimetallischen Platin–Wolfram-Elektrodensystem.* Die bimetall. Pt–W-Elektrode kann für die jodometr. Best. der Ascorbinsäure verwendet werden; die Fehler sind kleiner als bei gewöhnlichen volumetr. Analysen. (Analytica chim. Acta [Amsterdam] **14**. 587—89. 1956. Banaras, Hindu Univ., Physikal.-chem. Labors.)
K. F. MÜLLER. G 3800

M. R. S. Iyengar, *Mikrovolumen-Tropfplatten-Bestimmung von Antibiotica.* Mit Hilfe einer Mikrometerspritze wurde (in nicht näher beschriebener Weise) eine Bestimmungsmeth. für *Antibiotica* entwickelt, die schneller, aber ebenso genau wie die üblichen Methoden ist. Als Beleganalysen dienen Unterss. an *Penicillin G* u. *Bac. subtilis.* (Nature [London] **183**. 684. 7/3. 1959. Baroda, Alembic Chem. Works Co., Microbiol. Res. Labor.) A. HESSE. G 3900

d) Medizinische und toxikologische Analyse.

G. A. Spengler und **G. Riva**, *Zur Analyse des Serum-Rest-N mit Hilfe der Hochspannungselektrophorese.* Die Hochspannungselektrophorese dient der Auftrennung niedermol. Stoffgemische. Vff. diskutieren method. Einzelheiten des Verfahrens. Es werden systemat. vergleichende Rest-N-Analysen von Gesunden sowie von Leber- u. Nierenkranken durchgeführt u. die vorläufigen Ergebnisse an Hand von Beispielen beschrieben. (Schweiz. med. Wschr. **87**. 1229—31. 2/10. 1957. Bern, Tiefenauspital, Med. Abt.) G. BRATFISCH. 5728

Toru Suzutani, *Über die quantitative Bestimmung des Serum-Cystin-Gehaltes durch Polarographie.* Folgende Modifikation der polarograph. *Cystin* (I)–*Cystein*-Bestimmungsmeth. von BREDICKA wird empfohlen: Das Serumhydrolysat wird mit W. 1 : 40 verd. u. anschließend mit Pufferlsg. auf das 800fache verdünnt. Die Meßwerte werden mit einer Eichkurve verglichen. Bei der starken Verdünnung verschwinden Verfälschungen der Ergebnisse, die durch andere, im Serum gelöste Stoffe bedingt sind. Die untere Grenze der Bestimmbarkeit liegt bei 45 mg I pro dl Serum. (J. Jap. obstetr. gynecol. Soc. (Engl. Edit.) **5**. 149—50. April 1958. Kyoto, Kyoto Prefectural Univ., School of Med., Dep. of Obstetr. and Gynecol.) S. DITTMANN-MITZSCHERLICH. 5728

L. B. Farabee, *Radiochemische Analyse von menschlichem Urin auf Strontium und Barium.* Die Best. des Geh. des Urins an ^{90}Sr u. *Ba* in Ggw. von ^{40}K durch Trennung mittels Chelatbldg., Ionenaustauscher (Dowex-50) u. Messung der Radioaktivität nach der Trennung wird eingehend erläutert. (A. M. A. Arch. ind. Health **17.** 200—03. März 1958. Oak Ridge, Tenn., Oak Ridge Nat. Labor.) W. REUSSE. 5732

Germain J. Brisson und **George Hatina,** *Ein Verfahren zur Extraktion von Pigmenten (Chromogenen) aus Faeces von Rindern und Schafen.* Zur Pigmentextraktion werden frische Faeces (bei Schafen 2 g, bei Rindern 3,5 g) mit 5 ml Aceton (I) maceriert u. in einem (BAILEY-WALKER-siphon-cup) besonderen App. (Abb.) kontinuierlich mit 1000 ml 85% ig. I mit einer Geschwindigkeit von 10—12 ml/Min. kalt extrahiert. Der Extrakt wird geeignet verd. (auf das 5—10fache) u. dann die Absorption bei 413 mμ bestimmt. (Canad. J. Animal Sci. **37.** 136—42. Dez. 1957. Ottawa, Ontario, Dep. of Agricult., Chem. Div.) PH. FRESENIUS. 5734

Bozkourt E. Wahler, *Zur papierchromatographischen Bestimmung des Phosphokreatins.* Zur Trennung des *Phosphokreatins* (I) von anderen Begleitstoffen aus Trichloressigsäure- oder $HClO_4$-Extrakten aus *Gewebe* wird als Lösungsm. ein Gemisch aus 70 Vol.-% Aceton/Isopropylacetat/tert.-Butanol (2 : 1 : 4) u. 30% 0,1 mol. Na-Succinatpuffer empfohlen. Auf einem mit Essigsäure u. 0,5% ig. Na-Komplexonlsg. vorgewaschenen Papier wurden folgende auf Orthophosphat (R = 1) bezogenen R-Werte erhalten: I (R = 0,45), *Phosphoglykocyamin* (0,40), *Fructose-6-phosphat* (0,80), *Fructose-1.6-diphosphat* (0,30), *Adenosin-5'-triphosphat* (0,20), *Adenosin-5'-diphosphat* (0,30), *Adenosin-5'-phosphat* (0,65), *Kreatin* (0,90), *Glykocyamin* (0,80), *Kreatinin* (1,20), *Glykocyamidin* (1,15), *Methylguanidin* (1,40) u. *Arginin* (0,55). (Naturwissenschaften **46.** 16. 1. Jan.-H. 1959. Berlin-Buch, Arbeitsstelle für Kreislaufforsch. der Deutschen Akad. der Wiss., Arbeitsgruppe für Biochem.) E. MOISAR. 5750

V. L. Miller, Donna Lillis und **Elizabeth Csonka,** *Mikrobestimmung intakter Phenylquecksilberverbindungen in tierischem Gewebe.* 5—20 γ *Phenylquecksilberacetat* je g tier. Gewebe oder je 5 ml Harn lassen sich auf folgender Grundlage bestimmen: Die Probe wird verseift u. mit alkal. $KMnO_4$-Lsg. oxydiert; das überschüssige Oxydationsmittel wird mit NH_2OH u. $H_2NSO_3NH_4$ zerstört. Nach Ansäuern mit HCl wird das Phenylquecksilber als Chlorid in Chlf. extrahiert u. mit Dithizon bei 620 mμ photometr. bestimmt. (Analytic. Chem. **30.** 1705—06. Okt. 1958. Duyallup, Wash., Western Washington Exp. Stat.) K. F. MÜLLER. 5764

Henri Griffon, *Allgemeine Angaben über den Nachweis von Arsen in der Toxikologie. Wichtigkeit der Untersuchung der Haare.* Nach allg. Bemerkungen über die Wahl des günstigsten Untersuchungsmaterials bei frischen u. exhumierten Leichen folgt eine Literaturübersicht über die As-Normalgehh. in menschlichem Haar. Eigene Unterss. des Vf. mit chem. u. radioakt. Methoden ergaben gute Übereinstimmung der in den einzelnen Abschnitten der Haarlocke von der Wurzel bis zur Spitze gefundenen As-Werte. Die Durchschnitts-As-Konz. im asservierten Haarmaterial, das vor der Analyse mit H_2O, 5% ig. HCl, Aceton u. A. gewaschen werden muß, um gegebenenfalls anhaftendes As zu entfernen, ist zur Beurteilung einer As-Intoxikation nur von bedingtem Wert. Erst die As-Konz. in einzelnen Zonen — Basis, Mitte, Spitze — vermag eine sichere Bewertungsgrundlage zu geben. Die Wachstumsgeschwindigkeit des Haares wurde überprüft u. zu 15 mm/Monat durchschnittlich bestimmt. Die Arbeit enthält weiteres, im einzelnen nicht zu referierendes Erfahrungsmaterial. (Ann. pharmac. franç. **13.** 258—83. April 1955. Paris, Préfecture de Police, Labor. de Toxicol.) O. PRIBILLA. 5764

Henri Griffon, *Einige Fälle von Arsenvergiftungen: Untersuchung an exhumiertem Material.* Mitt. der nach der Meth. von CRIBIER (1921) in der Modifikation von Vf. u. BUISON (J. Pharmac. Chim. **18.** [1933.] 422) in exhumiertem Leichenmaterial bestimmten As-Werte. Die 8 Leichen hatten eine Liegezeit von 3 Monaten bis zu 14 Jahren (3 Monate; 1 Jahr; 3 Jahre 9 Monate; 4 Jahre 6 Monate; 5 Jahre 5 Monate; 5 Jahre 5 Monate; 8 Jahre; 14 Jahre 3 Monate). Es handelte sich durchweg um akute As-Vergiftungen. Erstaunlich genau war der Intoxikationstyp aus den Analysenwerten der Haare abzulesen. Diese widerstehen gut der Fäulnis. Systemat. Unters. der Haare in einzelnen Abschnitten von der Wurzel bis zur Spitze erlaubt Rückschluß auf Zeitpunkt der As-Aufnahme vor dem Tode. Die As-Gehh. in den exhumierten Haaren verhielten sich prinzipiell gleich wie die in frischem Untersuchungsmaterial. Nur die Gegenüberstellung der As-Konzz. im Haar im Verhältnis zur Haarlänge mit denen in den übrigen asservierten Resten der Organe erlaubt eine sichere toxikolog. Diagnose. Die dem Tode vorangegangenen Gesamtumstände müssen dem Toxikologen bekannt sein, da sie das Vorgehen bei der Analyse u. die Beurteilung der gefundenen Werte bestimmen. (Ann. pharmac. franç. **13.** 600—17. Sept./Okt. 1955.) O. PRIBILLA. 5764

H. Angewandte Chemie.

I. Allgemeine chemische Technologie.

Martin Werler, *Einsatz von Apparaten aus Hartporzellan in der chemischen Großtechnik.* Es wird ein Überblick über die Einsatzmöglichkeiten von Hartporzellan in der chem. Großindustrie gegeben. Ferner wird gezeigt, welche Apparate für die verschiedensten Anwendungsmöglichkeiten hergestellt werden. (Chem. Techn. **10.** 413–17. Juli 1958. Hermsdorf, Thür., VEB Keram. Werke.) P. ECKERT. 5802

R. W. New, *Wärmeübertragungs–Film-Koeffizient für Wasser.* Es wird ein Nomogramm gezeigt, das in 5 Parallelskalen die Formel $h = 150\ (1 + 0{,}011\ t)\ V_1^{0,8}/D_1^{0,2}$ darstellt, worin h = Wärmeübertragungskoeff., t = Wassertemp., V_1 = Strömungsgeschwindigkeit, D_1 = lichter Durchmesser des Rohres bedeutet. (Brit. chem. Engng. **4.** 168. März 1959.) H. MIETHING. 5816

W. J. Thomas und **P. Houston,** *Gleichzeitige Wärme- und Stoffübertragung in Kühltürmen.* 1. Mitt. Die von MICKLEY erweiterten Formeln von MCADAMS u. MERKEL für Wärme- u. Stoffübertragung werden experimentell nachgeprüft. Es wurde ein viereckiger Kühlturm mit 3 Seiten aus Holz u. einer aus Kunststoff hergestellt, der mit hölzernen Splittern in verschied. Höhe vollgepackt war. Wasser- u. Luftverteilung u. -menge wurden variiert, u. es wurden die gegenseitigen Einfll. registriert u. die Übertragungen notiert. (Brit. chem. Engng. **4.** 160–63. März 1959. Battersea, Coll. Technol.; Widnes, Peter Spence Ltd.) H. MIETHING. 5816

Gustav Tarján, *Bewegungsvorgänge im Hydrocyclon und seine Anwendung in der Schwertrübeaufbereitung.* (Neue Hütte **4.** 65–73. Febr. 1959. – C. **1959.** 12014.) J. PLANK. 5840

W. Meissner, F. Schmeissner und **W. Wiedemann,** *Verbesserter Heliumverflüssiger mit Expansionsmaschine und Hochdruckreiniger.* Beschreibung eines verbesserten He-Verflüssigers. Vor allem wurden die Gegenströme in den He-Raum verlegt u. die Art ihrer Isolierung u. Abdichtung abgeändert. Die Diffusionspumpe konnte entfernt werden. Die Reinigung erfolgte mit Adsorptionskohle. Die Reinheit wurde mit einer Spektralvorr. geprüft. Der Verbrauch an fl. Luft war bei der Anlage geringer als vorher. (Kältetechnik **9.** 194–99. Juli 1957. Herrsching/Ammersee. Bayr. Akad. der Wiss.) H. MIETHING. 5856

C. Armstrong, N. R. Bell und **H. D. Murray,** *Verdampfer für die chemische Feinindustrie.* Für die Zucker-, Papier- u. speziell für die pharmazeut. Industrie mit ihren äußerst hitzeempfindlichen Prodd. werden neuzeitliche Verdampfer – steigende u. fallende – beschrieben. Diese müssen bei möglichst niedriger Temp. einsatzfähig sein, die Fl. darf nur kurze Zeit im Verdampfer verweilen u. nur ein geringer Verlust des Erzeugnisses durch Mitreißen darf auftreten. Eine physikal. Auslegung der Siedekurve wird gegeben. (Manufact. Chemist **28.** 263–68. Juni 1957.) H. STRAUCH. 5864

F. Glaser, *Zur Konstruktion von Festbettreaktoren für katalytische Gasphaseprozesse.* Mit Hilfe der Dimensionsanalyse wird eine im Reaktionsrohr ablaufende festkatalyt. Gasphasen-Rk. in bezug auf die Rohrweite u. auf die Rohrlänge untersucht. Die Ergebnisse zeigen, daß es für eine gegebene Rk. eine optimale Rohrweite gibt, die sich mit der REYNOLDSschen Zahl ändert. Ebenso wird die Rohrlänge von der REYNOLDSschen Zahl bestimmt. Durch Einführung der Halbwertslänge u. eines Umsatzkoeff. wird die Extrapolation von kleinen Rohrlängen auf große möglich. (Chemie-Ing.-Techn. **31.** 94–100. Febr. 1959. Aachen, TH, Inst. für chem. Technol.) P. ECKERT. 5896

Fawkham Developments Ltd. (Erfinder: **Norman Victor Sydney Knibbs** und **Edward George Stanley Thyer**), *Hitzebehandlung feinverteilter, kleiner, fester Teilchen* (I), wie sie beim Calcinieren, bei Oxydations- oder Reduktionsverff. oder beim Trocknen im Fließbettverf. erforderlich wird, bewirkt man durch Wärmeaustausch zwischen den I u. einem Luft- oder Gasstrom dergestalt in vorteilhafter Weise, daß man die I nach unten in ein Reaktionsgefäß einführt, das in seinem unteren Teil eine perforierte Platte enthält, deren Löcher im Durchmesser größer (vorteilhaft mindestens das 4fache) als die größten der zu behandelnden festen I sind, dann die Luft oder die Gase im Fließbett durch die I schickt, u. zuweilen den Luft- oder Gasstrom red., um die I durch die Löcher der Platte abziehen zu können. – 2 Zeichnungen. (**Aust. P. 207 366** vom 17/11. 1955, ausg. 2/5. 1957. E. Prior. 1/11. 1955.) O. ROICK. 5817

Permutit Co. Ltd., London, England (Erfinder: **Theodore Roger Ernest Kressman** und **Abraham Colin-Russ**), *Kationenaustauschharze* durch Rk. von Epichlorhydrin mit 1 oder mehreren Phenolen, die 3 oder mehr OH-Gruppen enthalten können, in Ggw. von z. B. kaust. Soda. Als Polyphenol ist Resorcin bzw. ein Reaktionsprod. mit

CH_2O genannt. Weiterer Zusatz von CH_2O dient zur Vernetzung. Das Reaktionsprod. wird anschließend mit H_2SO_4 zum unlösl. u. nichtschm. Erzeugnis sulfoniert. — Beispiele. (**E. P. 797 438** vom 25/7. 1955, ausg. 2/7. 1958.) H. SCHINDLER. 5827

Bound Brook Bearings Ltd. (Erfinder: **Victor Thomson Morgan**), *Flüssigkeitsfilter*, bestehend aus einer gesinterten M. von runden Polytetrafluoräthylenteilchen von annähernd gleicher Größe. Die Herst. erfolgt durch Sintern zwischen 327 u. 450°. (**Aust. P. 211 673** vom 14/12. 1956, ausg. 19/12. 1957. E. Prior. 22/12. 1955.) J. MÜHLEISEN. 5831

Spinnfaser Akt.-Ges., Kassel (Erfinder: **Hans-Georg Wendland**, Kassel, und **Lothar Henrich**, Wuppertal), *Wiederbelebung von Aktivkohle*, die zur Rückgewinnung von CS_2 aus Abluft gedient hat, durch Herauslösen des in der Aktivkohle abgelagerten elementaren S mittels CS_2, wobei fl. CS_2 erst nach Entfernung des CS_2–Luft-Gemisches angewendet wird. (**D. A. S. 1 051 260** Kl. 12i vom 31/10. 1956, veröff. 26/2. 1959.) E. MIESSGANG. 5849

Commonwealth Scientific & Industrial Research Organization (Erfinder: **Donald Eric Weiß** und **Everard Arthur Swinton**), *Extrahieren einer löslichen Komponente aus einer Suspension feinverteilter Feststoffe*. Die Suspension wird durch ein ruhendes Bett eines granulierten Adsorptionsmittels, z. B. Amberlite XE-123, De-Acidite FF, geleitet, wobei die lösl. Komponente in aufeinanderfolgenden Zonen des Bettes adsorbiert wird. Z. B. kann aus einer Erzsuspension darin enthaltenes U_3O_8 gewonnen werden. (**Aust. P. 205 583** vom 5/10. 1954, ausg. 21/2. 1957.) K. DEMMLER 5863

Babcock & Wilcox Co., New York, N. Y., V. St. A. (Erfinder: **Donald Kallman** und **Milton Carl Edlund**), *Brütreaktor*. Im zentralen Teil sind herausnehmbare Brütstoffplattensysteme jeweils längs umgeben von herausnehmbaren Spaltstoffplattensystemen. Beide Systemarten sind gegenseitig austauschbar. (**F. P. 1 167 959** vom 21/9. 1956, ausg. 3/12. 1958. **E. P. 793 916** vom 18/9. 1956, ausg. 23/4. 1958. Beide A. Prior. 27/9. 1955.) H. KESSEL. 5895

Brown, Boveri & Cie. Akt.-Ges. (Erfinder: **Rudolf Schulten**), Mannheim, *Brütreaktor*, der nach der Herst. stationärer Bedingungen nur noch mit spaltstofffreien, bes. kugelförmigen Brennstoffelementen beschickt wird. Bei Verwendung gleichartig gestalteter Brenn- u. Brütstoffelemente werden zum Anfahren des Reaktors notwendige prim. spaltstoffhaltige Brennstoffelemente mit anderen Abmessungen, als sie die zunächst spaltstofffreien Brütstoffelemente aufweisen, verwendet, so daß die beiden Elementarten, z. B. bei der Entnahme aus dem Reaktorherz, durch Aussieben oder auf anderem mechan. Wege voneinander getrennt werden können. (**D. A. S. 1 053 682** Kl. 21g vom 16/11. 1957, veröff. 26/3. 1959. **Zusatz zu D. A. S. 1 032 432; C. 1959. 9350.**) H. KESSEL. 5895

General Electric Co. Ltd., London (Erfinder: **Ian Alexander Butler Gaunt** und **Keith James Mitchell**, Erith, Kent), England, *Kernreaktor* mit einem aus einzelnen Blöcken zusammengesetzten Moderatoraufbau, der auf einem Fundamentrahmen ruht, dessen Wärmeausdehnungskoeff. größer ist als der der Moderatorsubstanz. Die Moderatorbauelemente sind in senkrechten Säulen angeordnet, die an ihrem oberen Ende fest zusammengehalten werden, sich aber unten mit der therm. Ausdehnung des Fundamentrahmens radial nach außen bewegen können. (**D. A. S. 1 054 604** Kl. 21g vom 26/9. 1957, veröff. 9/4. 1959. E. Prior. 27/9. 1956.) H. KESSEL. 5895

Metallgesellschaft Akt.-Ges. (Erfinder: **Musat Vasile Bodnarescu**), Frankfurt/M., *Bestimmung des kritischen Verhaltens eines Kernreaktors* mittels eines aus einer dünnen elast. Membran bestehenden mechan. Modells. Die der Neutronenflußverteilung proportionalen Deformationen der gespannten u. belasteten Membran werden durch einen Abguß fixiert. (**D. A. S. 1 055 708** Kl. 21g vom 11/10. 1957, veröff. 23/4. 1959. **Zusatz zu D.A.S. 1 038 203; C. 1959. 9352.**) H. KESSEL. 5895

Électricité de France, Service National (Erfinder: **Ivan Robert Marcel Teste** und **Jean Pierre Théophile Roux**), Paris, Frankreich, *Kernreaktorbeschickungseinrichtung* mit einer bewegbare Anschlußteile aufweisenden ring- oder rohrförmigen Führung u. einem Antrieb zur Bewegung der Brennstoffelemente u. der als Verteiler dienenden Führung, durch die die Brennstoffelemente wahlweise an verschied. Kanäle gebracht werden können. Im Innern des geschlossenen Raumes ist außer den rohrförmigen Aufnahmestellen wenigstens ein zu diesen paralleles Rohr als feststehender Führungsteil für die von einem Fördermittel bewegten Brennstoffelemente vorgesehen, das an der der Fördervorr. u. damit der Beschickungsseite des die Aufnahmestellen enthaltenden Körpers abgekehrten Seite mit dem Außenraum verbunden werden kann. (**D. A. S. 1 054 911** Kl. 21g vom 16/8. 1957, veröff. 9/4. 1959. F. Prior. 21/8. 1956.) H. KESSEL. 5895

Babcock & Wilcox Ltd. (Erfinder: **William Robert Wootton**), London, England, *Reaktorbeschickung* bei einem Reaktor, dessen Kühl-Fl. im Betrieb eine Temp. aufweist, die wesentlich über ihrem $Kp._{760}$ liegt. Bei Betriebsdruck u. Betriebstemp. wird der Druckbehälter mit einer kleinen Hilfsdruckkammer verbunden, die mit verhältnismäßig kaltem Kühlmittel von prakt. demselben Druck gefüllt ist. Dann wird das in den Reaktor einzuführende Element (z. B. ein Brennstoffelement oder ein Regelstab) aus der Hilfsdruckkammer in den Reaktordruckbehälter übergeführt. Die Einführung des Elements in die Hilfsdruckkammer u. die Entnahme aus dieser erfolgt, wenn die Hilfsdruckkammer vom Reaktorgefäß getrennt ist u. Kühl-Fl. von wesentlich niedrigerem Druck enthält. (**D. A. S. 1 055 703** Kl. 21g vom 31/1. 1958, veröff. 23/4. 1959. E. Prior. 31/1. 1957.) H. KESSEL. 5895

A. E. I.-John Thompson Nuclear Energy Co. Ltd., London (Erfinder: **George Camac Avalon,** Mobberley, Cheshire), England, *Fernüberwachungsgerät mit Fernsehkamera zur Beobachtung eines Kernreaktors*, das am Ende eines biegsamen Trag- u. Versorgungskabels gemeinsam mit mechan. Arbeitsgeräten befestigt ist, die an der Unterseite der Fernsehkamera angeordnet sind u. ein abgebrochenes Stück Brennstoff ergreifen können. Die Arbeitsgeräte sind auf einem drehbaren ringförmigen Träger montiert. Ihre Antriebswelle führt in Längsrichtung an der Fernsehkamera vorbei, ebenso eine weitere Antriebswelle, die den ringförmigen Träger dreht, um die Arbeitsgeräte in die gewünschte Stellung zu bringen. Ein elektr. Antrieb für diese Wellen ist oberhalb der Fernsehkamera angeordnet. (**D. A. S. 1 057 249** Kl. 21g vom 7/1. 1958, veröff. 14/5. 1959. E. Prior. 9/1. 1957.) H. KESSEL. 5895

Esso Research and Engineering Co., Elizabeth, N. J., V. St. A., *Durchführung chemischer Reaktionen unter Bestrahlung mit radioaktiven Stoffen.* Der radioakt. Stoff befindet sich am Boden eines Hohlraumes u. ist mit einer Schutzschicht gegen radioakt. Bestrahlung, z. B. W., bedeckt. Die Reaktionspartner werden in den unteren Teil des Hohlraums gegebenenfalls kontinuierlich eingeführt. Die Radioaktivität kann durch Neutronen erzeugt werden. Die Rk. kann in fl. Phase erfolgen, wobei der radioakt. Stoff durch Ultraschall emulgiert oder suspendiert sein kann. — Z. B. ist Hg der radioakt. Stoff. — Cracken hochsd. KW-stoffe, NH_3 aus N u. H_2, Polymerisation von ungesätt. KW-stoffen, Alkylieren von aromat. Verbb. zur Erzeugung von Treibstoffen hoher Octanzahl, Oxydation von SO_2 zu SO_3, Halogenieren u. Sulfochlorieren von KW-stoffen. — Zeichnung. (**E. P. 785 611** vom 1/7. 1954, ausg. 30/10. 1957. A. Prior. 20/7. 1953.) W. MATTHAES. 5897

Universal Oil Products Co., Des Plaines, übert. von: **Edward J. Bicek,** La Grange, Ill., V. St. A., *Platinträgerkatalysator.* Ein Trägerstoff, z. B. Tonerde oder Kieselgur, wird mit Wasserdampf beladen u. mit Platincarbonylchlorid behandelt. Es scheidet sich Platinmetall in äußerst feiner Verteilung auf dem Träger ab. Man kann so Katalysatoren mit sehr geringer Pt-Konz. (0,01%) herstellen. (**A. P. 2 798 051** vom 19/5. 1953, ausg. 2/7. 1957.) H. KOBS. 5905

Koninklijke Zwavelzuurfabrieken v/h Ketjen N. V. (Erfinder: **Klaas van Waveren**), *Einführen von pulverförmigen Stoffen,* z. B. *Katalysatoren, aus Vorratsbehältern* in z. B. *Reaktionsräume.* Das pulverförmige Material wird in einer unter dem Vorratsgefäß befindlichen Kammer mittels eines durch eine poröse Platte zugeleiteten Gases fluidisiert u. im fluidisierten Zustand sowohl in den gewünschten Raum als auch in den Vorratsbehälter zwecks Auflockerung des gespeicherten pulverförmigen Materials geleitet. — Zeichnung. (**Aust. P. 206 079** vom 9/9. 1954, ausg. 7/3. 1957. Holl. Prior. 20/11. 1953.) K. DEMMLER. 5905

III. Elektrotechnik.

General Electric Co., Schenectady, N. Y., V. St. A., *Herstellen von Kondensatorelektroden durch Ätzen von Ti, Zr, Nb* u. ihren Legierungen. Bei Vergrößerung der Oberfläche nimmt die Kapazität entsprechend zu. Es wird ein Ätzfaktor, d. h. ein Verhältnis der Oberflächen vor u. nach dem Ätzen bis zu 2,5 erreicht. Dazu wird das Blech als Anode elektrolyt. behandelt. Der Elektrolyt besteht aus $>$6,5 (Gew.-%) CH_3OH, einer Spur W. u. einem darin lösl. anorgan. Salz, bes. Halogenid. — Beispiel: 95,2(%) CH_3OH, 3,6 NH_4Br, 0,6 $CaCl_2$; 0,6 Wasser. Temp. der Lsg. 25°, Spannung bei Behandlung von Ta, Zr, Nb 75 V; Dauer 6—15 Minuten. (**E. P. 794 465** vom 23/4. 1956, ausg. 7/5. 1958. A. Prior. 9/5. 1955.) G. FRIKELL 5953

British Driver-Harris Co. Ltd., Manchester, England (Erfinder: **Stephen Poch,** Wyckoff, N. J., V. St. A.), *Verwendung einer Legierung aus Kupfer, Kobalt und Nickel,* u. zwar aus 50—60(%) Cu, 1,5—2,5 Co, Rest Ni, als *Werkstoff für elektr. Widerstände,* bes. solche, die im Temperaturbereich von 20—100° einen niedrigen Temperaturwiderstands-

koeff. aufweisen. Bes. wird für diesen Zweck eine Legierung aus 55 Cu, 2 Co, 43 Ni verwendet. Diese Legierung kann außerdem noch 0,01—0,03 C enthalten. Sie eignet sich bes. als Werkstoff für einen um einen keram. Kern gewickelten Widerstandsdraht. — Abbildungen. (**D. A. S. 1 037 151** Kl. 40b vom 16/5. 1952, veröff. 21/8. 1958.)
H. HOCHSTEIN. 5955

Theodor von Schießl, Dresden, *Isolierung von Wicklungen elektrischer Geräte.* Der mit Lack, z. B. Caprolactamlack, isolierte Leiter wird auf einen geheizten Dorn gewickelt u. beim Wickeln mit fl. Gießharz bespritzt, das dabei ganz oder teilweise polymerisiert. (**D. P. [DDR] 13 735** Kl. 21c vom 22/12. 1953, ausg. 9/9. 1957 [Wirtschaftspatent].)
M. PANKOW. 5957

Westinghouse Electric Corp. (Erfinder: **Newton Charles Faster**), Pittsburgh, Pa., V. St. A., *Reaktionsfähiges Kunstharzpräparat* aus 5—95 (Gew.-%) einer Mischung aus a) dem Reaktionsprod. von wenigstens einer höheren Fettsäure u. einem harzartigen Epoxydpolymerisat u. b) einem Säurehalbester, der durch Rk. von mindestens A einer α.β-ungesätt. Dicarbonsäure oder deren Anhydrid u. einem Ester eines mehrwertigen Alkohols u. wenigstens einer ungesätt. Hydroxyfettsäure erhalten wird, u. 95—5 wenigstens eines fl. ungesätt. reaktionsfähigen Monomeren mit der >C=C<-Gruppe. — Zu einer Lsg. von 54 (Gewichtsteilen) NaOH in 600 W. mischt man ca. 10 Min. bei 30° 3 Mol Bis-phenol u. 4 Mol Epichlorhydrin (Temperaturanstieg auf 60—70°), rührt 42 NaOH in 9 W. ein u. hält die Mischung 1 Std. bei 90—100°. Nach dem Absetzen wäscht man die untere Schicht, zweckmäßig unter Neutralisierung mit CH_3COOH, mit W. u. erhält fl. Epoxydharz, von dem 100 mit 100 Ölfettsäure 5—6 Std. bei 250° unter Durchleiten von CO_2 gerührt u. nach Abkühlen auf 150° mit 0,5 Chinhydron versetzt werden. 80 dieses Reaktionsprod. u. 28 Maleinsäure–Ricinusölsäure-Halbester werden gemischt; die Mischung wird in 25 Styrol gelöst u. 65 der Lsg. mit 35 zerkleinertem Glimmer u. 0,5% (des Harzgewichts) Benzoylperoxyd gemischt. *Überzüge* aus der Mischung werden 4 Std. bei 135° gehalten u. sind sehr feuchtigkeitsfest. — Verwendung für *elektr. Isolierungen.* (**Jap. A. S. 191/1958** vom 28/4. 1955, veröff. 18/1. 1958. A. Prior. 29/4. 1954.)
M. PANKOW. 5957

Westinghouse Electric Corp., East Pittsburgh, Pa. (Erfinder: **Wilbert T. Buck,** Arlington, N. J.), V. St. A., *Wärmehärtbare Gießharze* enthalten als Bindemittel eine fließfähige M. aus 70—95 (Gew.-%) eines Polymischesters gesätt. u. ungesätt. Dicarbonsäuren mit noch freien OH-Gruppen u. SZ. <12,5—30 eines ungesätt. fl. Monomeren mit >C=C<-Gruppierung, 16—40 feinverteilte anorgan. Füllstoffe (Ca-Silicate, -Carbonat, Glimmer, Kaolin, Glas u. dgl.) u. 0,25—7 synthet. Fasern (lineare Polyester u. Polyacrylnitril, bes. einer Länge von 3,18—76,2 mm sowie Fadenstärke von 1,5 bis 15 *Denier*). Die M. wird bes. in Ggw. von organ. Peroxyden u. Beschleunigern (Co-Naphthenat u. Azomethine) bei z. B. 149°, gegebenenfalls auch unter Anwendung von aktin. Licht, ausgehärtet. — Herst. von *elast. Körpern,* bes. *elektr. Isolierkörpern.* (**D. A. S. 1 049 093** Kl. 39b vom 8/12. 1955, veröff. 22/1. 1959. A. Prior. 9/12. 1954.)
G. TEWES. 5957

United States of America, übert. von: **Grenville B. Ellis,** Red Bank, N. J., V. St. A., *Separator für Akkumulatoren.* Eine Folie aus Polyvinylchlorid wird mit einer Lsg. von Cellulosexanthogenat imprägniert u. dann in eine wss. Lsg. von H_2SO_4 u. $MgSO_4$ getaucht, wobei in den Poren der Folie mikroporöse Hydratcellulose gebildet wird. (**A. P. 2 729 694** vom 1/9. 1953, ausg. 3/1. 1956.)
F. LAASS. 5971

United States Rubber Co., New York, N. Y., übert. von: **Harry S. Witt,** East Paterson, N. J., und **Frank S. Martin,** Cranston, R. I., V. St. A., *Separator für Akkumulatoren.* Polyvinylchlorid u. Silicagel (I) mit 55—80% W. werden gemischt, Cyclohexanon (II) hinzugefügt u. die M. zu Folien ausgewalzt. Diese werden in Wasserdampf gebracht, um II zu entfernen. Erst dann wird so getrocknet, daß das W. des I verdunstet u. durch Schrumpfen des I mikroporöse Poren entstehen. (**A. P. 2 772 322** vom 5/8. 1953, ausg. 27/11. 1956.)
F. LAASS. 5971

E. I. du Pont de Nemours & Co., übert. von: **Edward G. Howard jr.,** Wilmington, Del., V. St. A., *5-Hydroxy-5H-pyrrolon-(2)-Verbindungen* der allg. Formel **I,** in der

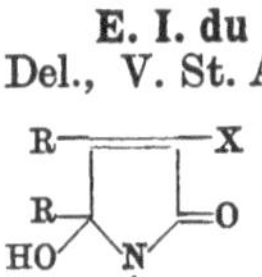

I

R′ = H oder R u. R = 1wertige KW-stoffreste mit weniger als 11 C-Atomen bedeuten, aber auch untereinander verknüpft als 2wertige Reste auftreten können, X = negativierender Substituent, z. B. Oniumverbb. oder Carboxygruppen bzw. Nitrile oder Carbamate, bedeuten, lassen sich aus Diketonen der allg. Formel RCOCOR in bas. wss. Lsgg. bei einem $p_H \gtrless 9$ mit einem Acetamid der allg. Formel $X—CH_2—CONHR'$ darstellen. — 13 g α-Äthoxycarbonylacetamid + 8,6 g Diacetyl in W. + 10%ig. NaOH bis p_H 8—9 erreicht wird (8tägiges Stehen) → 3-Äthoxycarbonyl-5-hydroxy-4.5-dimethyl-5H-pyrrolon-(2), F. 168—172°. Folgende *5-Hydroxy-4.5-dimethyl-5H-pyrrolone-(2)* wurden beschrieben: *3-Acetyl-*, F. 153—163°; *3-Cyan-*, F. 145—147°, hydriert zum Pyrrolidon, F. 139,5—141,5°; *3-Carbamyl-*, F. 192° (Zers. ab 185°); *3-Pyridinio-*, Zers. ab 190°; *3-Thiocarbamyl-*, F. 172—173° (Zers. ab 155°). — Weitere *5H-pyrrolone-(2)* sind das: *3-Cyan-5-hydroxy-4.5-diphenyl-*, F. 181—183° (II); *3-Carbamyl-5-hydroxy-4.5-diphenyl-*, F. 237°; *3-Cyan-5-hydroxy-4.5-pentamethylen-*, F. 158—162° (Zers. ab 151°), das auch als *2-Cyan-3-keto-5-hydroxy-4-azabicyclo-[3.5.0]-decen-(1)* bezeichnet werden kann; *3-Carbamyl-5-hydroxy-4.5-pentamethylen-*, F. 211° (Zers. ab 187°); *3-Cyan-5-hydroxy-1-allyl-4.5-diphenyl-*, F. 170°, *Äthanolsolvat*, F. 93°. — Die Verbb. sind vorwiegend farblos, zeigen aber durch Bestrahlung mit UV- oder Kathodenstrahlen blaue bis blauweiße Fluorescenz. Bes. II zeigt im UV-Absorptionsspektr. ein Maximum bei 2100—2200 mμ. — *Phosphorescenzstoffe* in Fernseh- u. Radarröhren. (**A. P. 2 824 110** vom 16/6. 1953, ausg. 18/2. 1958.) K. GÄBELEIN. 5975

IV. Wasser. Abwasser.

George W. Murphy, *Osmotische Entsalzung.* Aufbau, Wirkungsweise, Theorie u. Berechnung von osmot. Einzel- u. Vielfachzellen werden beschrieben (ROHM & HAAS; 9 Abbildungen); in ihnen bilden kation- bzw. anionhalbdurchlässige Membranen 3 geschlossene, mit Salzwasser gefüllte Kammern, die zusammen in ein Gefäß mit Sole höherer Konz. getaucht sind. Die Besonderheit der Anordnung liegt darin, daß außer der Kraft für das Umwälzen der Fll. kein elektr. Strom gebraucht wird, da nur die Konzentrationsdifferenz zwischen 2 Salzwasserströmen die erforderliche Kraft liefert, indem der osmot. Druck die Kationen bzw. Anionen durch die Membranen in getrennte Kammern treibt. Das Verf., für das auch größere Apparate gebaut werden können, eignet sich bes. für Trockengegenden; aus Brackwasser von 0,06n konnte ein entsalztes, W. von 0,006n erhalten werden. Das nichtentsalzte Speisewasser muß entfernt werden, während die Sole immer wieder benutzt wird; ihr muß das verlorene Salz wieder zugesetzt oder ihre Konz. durch Verdampfen, z. B. durch Sonnenwärme, erhöht werden, um das Konzentrationsgefälle als Kraftquelle aufrechtzuerhalten. — 7 Diagramme, 3 Tabellen. (Ind. Engng. Chem. **50.** 1181—88. Aug. 1958. Albany, N. Y., Univ. of New York, Coll. for Teachers.) H. MÜHLMEISTER. 6020

W. I. Platik, *Chemische Natrium-Kationit-Wasserreinigung.* Als Bekämpfungsmittel der Kesselsteinbldg. hat sich das Filtrieren des W. durch eine Na-Kationitschicht gut bewährt. Dabei bilden sich statt der Sulfate u. Chloride des Ca die entsprechenden Na-Salze, die keinen Kesselstein bilden. Um die Enthärtungsfähigkeit des Kationits nach gewisser Zeit wieder herzustellen, wird eine 8—1%ig. Kochsalzlsg. durch die Filterschicht gelassen. Die vom Kationit absorbierten Ionen Ca^{2+} u. Mg^{2+} werden hierbei durch Na^+ verdrängt, gehen in die Lsg. über u. werden in die Kanalisation abgeleitet. Schemat. Zeichnungen veranschaulichen die Wasserreinigungsanlage. (Хлебопекарная и Кондитерская Промышленность [Brot- u. Konditorei-Ind.] **3.** Nr. 3. 26—30. März 1959. Stawropol, Trust der Brot-Ind.) H. TREUMANN. 6020

F. R. Stiff, *Ultraviolettbestrahlung in der Wasserbehandlung.* Vf. diskutiert die Möglichkeiten der Wasserentkeimung durch UV-Bestrahlung u. beschreibt eine 44 W-Kaltkathodenlampe, die von dem Wasserstrom umspült wird, wobei die Schichtdicke nach der opt. Dichte eingestellt werden muß. Die Bestrahlungsanlage hat eine Leistung von ca. 1800 Liter/Stunde. Die Kosten betragen ca. 6 Pfg./m^3 Wasser. Vf. gibt sodann einige Beispiele für die Anwendung der UV-Entkeimung in der pharmazeut. Industrie, bei der Lagerung von Fll. zur Entkeimung der Luft über der Fl., in der Abwasserbehandlung zur Vermeidung der Filterverstopfung durch Mikroorganismenwachstum u. schließlich in der Getränkeindustrie u. der Trinkwasseraufbereitung. Das Verf. ist in vielen Fällen wirtschaftlich zu gestalten u. könnte für manche Zwecke voll ausreichen, für die man heute bereits γ- oder andere energiereiche Strahlung anwendet. — 2 Abbildungen. (Chem. Products chem. News [N. S.] **22.** 123—24. April 1959. Englehard Industries Ltd., Hanovia Lamp. Div.) H. THIELE. 6028

W. Gumz, *Hoch- und Tieftemperaturkorrosion in Kesselanlagen.* An 104 Literaturangaben werden prakt. Probleme rauchgasseitiger Korrosionen, ihre Ursachen u. Schutzmaßnahmen durch geeignete Brennstoffauswahl, Verbesserung der Verbrennungsbedingungen, Verwendung von Additiven, chem. Bindung der H_2SO_4, korrosionsfeste Werkstoffe u. Schutzüberzüge besprochen. (Mitt. Vereinig. Großkesselbesitzer **1958.** 305—19. Okt. Essen.) H. MÜHLMEISTER. 6030

Jan Just und **Stefania Ziemińska,** *Vergleichende Untersuchung der Eignung von Membranfiltern und Filterstreifen (bacto-strip) in der sanitären Wasseruntersuchung.*

Unterss. an reinen B. coli-Kulturen u. an Kulturen aus natürlichen Gewässern zeigen, daß die Membranfilter- u. die Fermentationsmeth. gleiche Ergebnisse liefern. Die „bactostrip"-Meth. gibt niedrigere Werte bei der Zählung der Bakterienkolonien. Vergleichbar sind die Ergebnisse nur bei Streifen mit 1 ml Absorptionsvol., so daß die Meth. nur bei W. mit hoher Bakterienzahl u. dann nur für orientierende Bestimmungen anwendbar ist. — 39 Literaturangaben. (Gaz, Woda Techn. sanit. **33**. 16—24. Jan. 1959.)
F. URBAN. 6060

E. L. Molt und **Tio Liong Hien,** *Die Bestimmung von Kalium und Natrium in Trinkwasser mit Hilfe des Flammenphotometers.* Die flammenphotometr. Best. von Na^+ u. K^+ in Trinkwasser wird durch die Ggw. von anderen Kationen gestört. Die Einfll. dieser Kationen werden ausgeschaltet, wenn man je Liter des zu untersuchenden W. für die Best. von K(Na) 200 mg Na^+ (100 mg K^+) u. 300 mg Ca^{2+} zusetzt. (Chem. Weekbl. **52**. 313—16. 5/5. 1956. Rotterdam, Labor. Rotterdamse Drinkwaterleiding.)
W. WESLY. 6060

—, *Geeignete Methoden zur Analyse gewerblicher Abwässer. Methoden zur Bestimmung von gebundenem Stickstoff.* Genormte Standardverff. zur Best. von NH_3-, albuminoidem, organ., unoxydiertem Nitrit- u. Nitratstickstoff werden im einzelnen beschrieben. NH_3 wird durch Dest., Umsetzung mit NESSLERs Reagens u. Vgl. der opt. Dichte mit einer Standardlsg. oder durch Dest. u. Titration bestimmt. Albuminoider N wird durch Dest. mit alkal. $KMnO_4$-Lsg. u. anschließende NESSLER-Rk. bestimmt. Organ. N wird nach Red. von NO_2^- u. NO_3^- u. Entfernung dieser als NH_3 nach KJELDAHL bestimmt. Die Best. des gesamten unoxydierten N erfolgt in Abwesenheit von NO_2^- u. NO_3^- nach KJELDAHL, sonst durch Addition von NH_3- u. organ. N. NO_2^- wird durch Umsetzung mit Sulfanilsäure u. α-Naphthylamin colorimetr. bestimmt. NO_3^- wird nach Entfernung des NH_3-N durch Red. mit DEVARDAscher Legierung in Ggw. von MgO u. Dest. bestimmt. (Analyst **82**. 276—84. April 1957.) E. DEHMLOW. 6068

V. Anorganische Industrie.

K. M. Malin und **A. Ss. Buchman,** *Beweis für die Berechnungsgleichung der Absorptionsgeschwindigkeit von Stickoxyden durch Schwefelsäure.* Die Absorptionsgeschwindigkeit von Stickoxyden in H_2SO_4 in Berieselungstürmen wird durch den Widerstand des Gasfilms bestimmt, wobei die Absorption sowohl durch eine momentan oder auch mäßig schnell verlaufende chem. Rk. begleitet sein kann. In 76,6—86%ig. H_2SO_4 ändert sich die Absorptionsgeschwindigkeit geringfügig, oberhalb 86% bleibt sie konstant. (Журнал Прикладной Химии [J. angew. Chem.] **29**. 330—34. März 1956.) A. HELMS. H 253

A. Ss. Buchman und **K. M. Malin,** *Einfluß der Berieselungsdichte auf die Absorptionsgeschwindigkeit von Stickoxyden durch Schwefelsäure.* Bei der Absorption der Stickoxyde in H_2SO_4 hängen der Gesamtwiderstand $1/K_r$ u. der Teilwiderstand des Gasfilms $1/v_n$ (v = Gasgeschwindigkeit, n = durch die Temp. bestimmt) bei konstanter Berieselungsdichte bei Tempp. zwischen 20 u. 60° linear zusammen. Die Geraden gehen durch den Nullpunkt, d. h. daß der Widerstand des Fe-Films null ist. Die Verss. wurden mit 78%ig. H_2SO_4 u. Gaskonzz. von 5—5,4% $NO \cdot NO_2$ ausgeführt. (Журнал Прикладной Химии [J. angew. Chem.] **29**. 334—41. März 1956.) A. HELMS. H 253

Futoru Yoshimura und **Masamichi Maruoka,** *Über ein Verfahren zur Rückgewinnung von Schwefelsäure aus Säureschlamm.* In 4 Teilen *CH_3OH* werden je 1 Teil eines *Säureschlamms* aus der Raffination von verschied. Motorölen, Schmierölen, Spindelöl oder Transformatorenöl mit ca. 25—43% H_2SO_4-Geh. gelöst u. bei $<25°$ NH_3-Gas eingeleitet. Es wird fast alle H_2SO_4 als *$(NH_4)_2SO_4$* gefällt u. dieses mit Aktivkohle entfärbt u. durch Eindampfen gewonnen. Zur Vermeidung der Bldg von CH_3-Sulfaten sollen niedrige Tempp. u. kurze Zeiten eingehalten werden. (J. chem. Soc. Japan, ind. chem. Sect. [Kōgyō Kagaku Zassi] **58**. 650—51. Sept. 1955. Sakai, Naniwa Univ. [Orig.: japan.]) L. SCHULER. H 253

John Barghusen jr. und **Morton Smutz,** *Aufarbeitung von Monazitsanden.* Vff. beschreiben einen Aufarbeitungsprozeß zur Gewinnung von Th, U, Ce u. Seltenen Erden aus Monazitsand. Der Sand wird mit 93%ig. H_2SO_4 bei 210° aufgeschlossen, Th u. die Seltenen Erden als Oxalate vom U getrennt. Das Th wird, nach Calcinierung der Oxalatfällung, mit Tributylphosphat aus 7n HNO_3 extrahiert. Die Gewinnung des U aus dem Filtrat der Oxalatfällung erfolgt durch Anionenaustausch. Der Prozeß kann je nach den spezif. Erfordernissen in weiten Grenzen variiert werden u. ergibt sehr reine

Prodd. in hoher Ausbeute. (Ind. Engng. Chem. **50.** 1754—55. Dez. 1958. Ames, Iowa, Iowa State Coll., Inst. for Atomic Res., Dep. of Chem. Engng.) H.-U. WOELK. 6148

Lonza Elektrizitätswerke und Chemische Fabriken Akt.-Ges., Basel, Schweiz (Erfinder: **Ewald A. Zdansky,** Vaduz, Liechtenstein), *Elektrolytische Wasserzersetzung* in Elektrolyseuren der Filterpressenbauart, dad. gek., daß die längs durch das Zellenpaket hindurchführenden Gasableitungs- u. Elektrolytrückführungskanäle an beiden Enden des Zellenpaktes durch Rohrleitungen mit den Gasabscheidegefäßen verbunden u. die beiden Endelektroden des Zellenpaketes an den gleichen Pol der Spannungsquelle gelegt sind, während der andere Pol an die Mitte des Zellenpaketes angeschlossen ist. (**Schwz. P. 334 613** vom 1/4. 1955, ausg. 31/1. 1959.) K. DEMMLER. H 240

Lonza Elektrizitätswerke und Chemische Fabriken Akt.-Ges., Basel, Schweiz (Erfinder: **Ewald A. Zdansky,** Vaduz, Liechtenstein), *Elektrolytische Wasserzersetzung* in Druckelektrolyseuren. Der von den entwickelten Gasen aus den Zersetzerzellen in den Gasabscheider mitgerissene Anolyt u. Katholyt werden gemeinsam in die Zersetzerzellen zurückgeführt, gegebenenfalls nach gemeinsamer Filtration mittels eines in der gemeinsamen Rückführungsleitung angeordneten Filters. (**Schwz. P. 334 614** vom 1/4. 1955, ausg. 31/1. 1959.) K. DEMMLER. H 240

Lonza Elektrizitätswerke und Chemische Fabriken Akt.-Ges., Basel, Schweiz (Erfinder: **Ewald A. Zdansky,** Vaduz, Liechtenstein), *Elektrolyseur der Filterpressenbauart.* Die Zellenrahmen, die zwischen das Diaphragma u. die Gewebeelektrode eingespannt sind, werden durch einen elektr. isolierenden Dichtungsring voneinander getrennt, der zumindest in seiner Oberfläche aus einem Fluoräthylenpolymerisat besteht. (**Schwz. P. 335 049** vom 7/7. 1955, ausg. 14/2. 1959.) K. DEMMLER. H 240

Badische Anilin- & Soda-Fabrik Akt.-Ges. (Erfinder: **Ludwig Raichle** und **Georg Kling**), Ludwigshafen/Rh., *Katalytische Verbrennung von Ammoniak* mit O_2 oder an O_2 angereicherten Gasen in Ggw. von Wasserdampf, dad. gek., daß man die Reaktionsteilnehmer, für sich allein oder gemeinsam, in der Weise mit Wasserdampf belädt, daß man sie mit heißem W. in Berührung bringt, das ganz oder teilweise durch Wärmeaustausch mit den Verbrennungsgasen erhitzt wurde, nachdem diese in einem Dampferzeuger oder Wärmeaustauscher unter ca. 140° abgekühlt wurden u. daß man das W. nach dem Wärmeaustausch mit den Verbrennungsgasen u. der Berührung mit den Reaktionsteilnehmern erneut in Wärmeaustausch mit den Verbrennungsgasen bringt. — Verfahrensschema. (**D. A. S. 1 040 002** Kl. 12i vom 12/9. 1953, veröff. 2/10. 1958.) E. MIESSGANG. H 243

Ruhrchemie Akt.-Ges. (Erfinder: **Friedrich Schnur**), Oberhausen/Rhld., *Mehrstufige Absorption nitroser Gase* zwecks Herst. von Salpetersäure, bes. aus NH_3-Verbrennungsgasen, die vorher ausreichend oxydiert wurden, mit Hilfe einer mit mehreren Füllkörperstufen u. in jeder Stufe mit getrenntem Flüssigkeitskreislauf unter Kühlung der Berieselungs-Fl. (I) arbeitenden Absorptionsanlage, in der die Temp. der I mit fortschreitender Absorption erniedrigt u. die letzte Absorptionsstufe mit möglichst tiefer Temp. betrieben wird, dad. gek., daß bei gegebener Stufenzahl u. annähernd gleichbleibender Gasgeschwindigkeit sowie annähernd gleich hoher Menge der I je Zeiteinheit in allen Stufen mit fortschreitender Absorption Stufengröße, Füllkörpergröße u. damit Gasaufenthaltszeit erhöht werden. Die Rauminhalte der 7 ersten Absorptionsstufen in Richtung der Gasströmung verhalten sich annähernd wie 1 : 1 : 1 : 1 : 2 : 2 : 4 bis 1 : 1,25 : 1,63 : 2,13 : 2,75 : 3,4 : 6. (**D. B. P. 970 781** Kl. 12i vom 15/11. 1949, ausg. 30/10. 1958. Anmeldung bekanntgemacht 8/11. 1951.) E. MIESSGANG. H 243

Olin Mathieson Chemical Corp. (Erfinder: **John C. Devins** und **Milton Burton**), East Alton, Ill., V. St. A., *Herstellung von Hydrazin* durch Zers. von NH_3 in einer elektr. Gleichstromglimmentladung bei Unterdruck, dad. gek., daß NH_3 bei einem absol. Druck im Bereich von ca. 3—10 mm Hg u. einer Stromdichte des Gleichstromes zwischen 0,6 u. 6 mA je cm^2 durch die positive Säule einer Gleichstromglimmentladung geleitet wird, wobei NH_3 nur auf einem im Verhältnis zur Länge der Säule kurzen Weg durch die positive Säule geführt wird. Begrenzung der Glimmsäule auf ca. 1 cm. Behandlung des NH_3 unterhalb 400°. — Darst. des Entladungsgefäßes. (**D. A. S. 1 036 229** Kl. 12i vom 9/1. 1953, veröff. 14/8. 1958.) E. MIESSGANG. H 243

W. R. Grace & Co., New York, N. Y. (Erfinder: **Roger K. Taylor,** Baltimore, Md.), V. St. A., *Gewinnung von wasserfreiem Hydrazin* aus einer fl. Mischung, die im wesentlichen aus N_2H_4, NH_3 u. NH_4Cl besteht, dad. gek., daß die Mischung auf eine vorbestimmte Temp. abgekühlt wird, welche für die speziellen N_2H_4–NH_3–NH_4Cl-Mischungen durch Korrelation des Gefrierpunktes der Mischung mit den Mol-% der darin enthaltenen 3 Bestandteile festgestellt worden ist, um eine feste Phase, bestehend aus hydrazinfreien, NH_4Cl enthaltenden Kristallen, in einer Mutterlauge zu bilden, in welcher das Mol-Verhältnis von Hydrazin zu NH_4Cl größer als 1 : 1 ist, zunächst aus der Mutterlauge die Kristalle abgetrennt u. dann aus ihr wasserfreies N_2H_4 u. NH_3 getrennt isoliert werden. — Phasendiagramm. (**D. A. S. 1 047 177** Kl. 12i vom 30/8. 1956, veröff. 24/12. 1958. **E. P. 802 846** vom 24/8. 1956, ausg. 15/10. 1958. Beide A. Prior. 30/8. 1955.) E. MIESSGANG. H 243

Genatosan Ltd., Loughborough, Leicestershire, England (Erfinder: **Albert Harold Carter** und **Stephen Robert Mercer Ellis**), *Entwässerung wässeriger Hydrazinlösungen durch extraktive Destillation.* Es erfolgt eine extraktive Dest. in Ggw. eines Alkylphenols (I), wobei W. als Destillat u. ein I–Hydrazin-Gemisch als Rückstand erhalten wird. — Beispiele für I: o-, m-, p-Kresol, 2.4-Xylenol, Mesitol oder Thymol. Die Dest. wird unter Vakuum u. in N_2-Atmosphäre durchgeführt. (**E. P. 792 195** vom 2/3. 1955, ausg. 19/3. 1958.) E. MIESSGANG. H 243

Badische Anilin- & Soda-Fabrik Akt.-Ges. (Erfinder: **Hellmut Behr, Theodor Huberich** und **Erfried Völkl**), Ludwigshafen/Rh., *Herstellung von Lösungen der Hydroxylamintrisulfonsäure.* Man läßt SO_3 auf Hydroxylammoniumsalze von anorgan. Säuren einwirken, wobei man ein Verhältnis von mindestens 3 (Mol) SO_3 zu 1 Hydroxylammoniumsalz einhält. Als Lösungsm. werden wasserfreie H_2SO_4 oder $ClSO_3H$ verwendet. (**D. A. S. 1 041 016** Kl. 12i vom 5/6. 1956, veröff. 16/10. 1958.) E. MIESSGANG. H 243

Marino Bertolini, Plinio Pierboron und **Aldo Casale,** Padua, Italien, *Elektrolyse von Chloriden.* Um das Chlor noch in atomarem Zustand von der Anode abzuleiten, trennt man den Anodenraum von der Elektrolyt-Fl. durch ein Diaphragma u. durchspült ihn mit einer Fl., welche das Cl aufnimmt. (**It. P. 493 553** vom 18/3. 1952.) K. KOEBKE. H 247

Carlo Garbato, Mailand, **Marino Benozzo,** Bergamo, und **Loro & Parisini S. p. A.,** Mailand, Italien, *Gewinnung von Schwefel.* Man unterwirft das S-haltige Mineral der Flotation, die man nur bis zu einem S-Geh. unter 90% treibt, konz. durch Dekantieren, erhitzt kurzzeitig (z. B. 3 Min.) über den F. des S, kühlt ab u. trennt mechan. die sich bildenden S-Körnchen ab, z. B. durch ein Sieb. (**It. P. 495 692** vom 18/12. 1952.) K. KOEBKE. H 253

Metallgesellschaft Akt.-Ges., Frankfurt/M., *Gewinnung von Schwefel* aus Mineralien, die elementaren S enthalten, unter partieller Verbrennung des S u. Ausnutzung der Verbrennungswärme zum Erwärmen der einzuführenden Gase. Man verwendet Gase mit ca. 6% O_2 u. erhält ca. 3% SO_2 in den Abgasen, die weniger als 0,3% SO_2 u. H_2S enthalten u. im Kontaktprozeß verwendbar sind. (**It. P. 492 787** vom 23/9. 1952. D. Prior. 16/8. 1952.) K. KOEBKE. H 253

Soc. Miniere di Trabonella, Palermo, Italien, *Ausschmelzen von Schwefel* aus schwefelhaltigen Erden im Kalk- oder im GILL-Ofen. Man legt zwischen die 15—30 (cm) starken Erdschichten in horizontaler u. in vertikaler Richtung untereinander in Verbindung stehende, 15—20 starke Schichten aus Stroh oder einem anderen trocknen Pflanzenmaterial. 5—10% Ausbeutesteigerung. (**It. P. 493 380** vom 3/9. 1952.) K. KOEBKE. H 253

Spinnfaser Akt.-Ges. (Erfinder: **Otto Reichert** und **Herbert Stemmler**), Kassel, *Wiedergewinnung von Schwefel aus Aktivkohlefiltern in Viscosefabriken.* Man löst den S mit Alkalisulfidlsg. heraus u. gibt die so erhaltene Alkalipolysulfidlsg. (I) zu der $Fe(OH)_3$-Suspension, mit der die Abluft von H_2S befreit wird. Der hierbei sich aus der I abscheidende S wird zusammen mit dem bei der Abluftreinigung anfallenden in bekannter Weise wiedergewonnen. (**D. A. S. 1 054 655** Kl. 29b vom 4/6. 1958, veröff. 9/4. 1959.) F. BÖHM. H 253

Commonwealth Fertilisers & Chemicals Ltd., Erfinder: **Robert Carl Sticht** und **Ronald Leland Abbott),** *Erzeugen von Schwefeldioxyd durch Verbrennen von Schwefel.* Grobgemahlener S wird in ein Bett von inertem kleinstückigem Material, z. B. Sand, eingeführt u. durch das Bett Luft oder O_2-haltiges Gas mit solcher Geschwindigkeit geblasen, daß das Bett in fluidisierten Zustand gelangt, wobei diese Luftmenge nur einen Teil, z. B. ca. 10%, der gesamten erforderlichen Luftmenge beträgt u. das restliche Verbrennungsgas über dem Bett in die Verbrennungszone aufgegeben wird. (**Aust. P. 211 267** vom 16/6. 1955, ausg. 5/12. 1957.) K. DEMMLER. H 253

Badische Anilin- & Soda-Fabrik Akt.-Ges., Ludwigshafen/Rh. (Erfinder: **Wilhelm Pfannmüller,** Mannheim, **Georg Wittmann** und **Herbert Wolf,** Ludwigshafen/Rh.), *Herstellung SO_2-haltiger Gase* durch stufenweises Rösten von As u. röstbaren S enthaltenden Materialien (Pyriten) mit O_2 oder O_2-haltigen Gasen in hintereinandergeschalteten Wirbelschichten unter Gewinnung prakt. As-freier Röstrückstände, wobei man den zur Röstung erforderlichen O_2 den einzelnen Wirbelschichten als Frischgas getrennt u. unabhängig voneinander zuführt u. das in der 1. Wirbelschicht gebildete Röstgas getrennt von dem in der darauffolgenden, mindestens noch einen Wirbelschicht bildenden Röstgas abführt, dad. gek., daß man bei der Abröstung von Pyriten in der 1. Wirbelschicht O_2-haltige Gase, bes. Luft, u. Pyrit in solchem Verhältnis zuführt, daß ein Vorröstgut, das neben der Gangart aus Fe(II)-Sulfid oder Fe(II)-Sulfid u. Eisendisulfid besteht, erhalten wird. (**D. A. S. 1036832** Kl. 12i vom 24/12. 1955, veröff. 21/8. 1958. **Zusatz zu D. A. S. 1024493; C. 1958. 12506.**) E. MIESSGANG. H 253

Badische Anilin- & Soda-Fabrik Akt.-Ges. (Erfinder: **Adolf Johannsen, Georg Wittmann** und **Herbert Wolf**), Ludwigshafen/Rh., *Herstellung SO_2-haltiger Gase* durch stufenweises Rösten von As u. röstbaren Schwefel enthaltenden Materialien in hintereinandergeschalteten Wirbelschichten unter Gewinnung prakt. As-freier Röstrückstände, wobei man der 1. Wirbelschicht so viel O_2 zuführt, daß man ein festes, überwiegend aus Fe(II)-Sulfid u. Fe_3O_4 bestehendes Röstzwischenprod. erhält, dessen Geh. an sulfid. gebundenem S noch mindestens 5%, bes. mindestens 15%, beträgt, dad. gek., daß man die Röstung in der 1. Stufe statt in einer Wirbelschicht, in einem Etagen- oder Drehrohrofen durchführt. (**D. A. S. 1039043** Kl. 12i vom 17/3. 1955, veröff. 18/9. 1958. **Zusatz zu D. A. S. 1024493; C. 1958. 12506.**) E. MIESSGANG. H 253

Olin Mathieson Chemical Corp., Baltimore, Md. (Erfinder: **James Richard Jones**, Towanda, und **Russel Franklin Fogle**, Niagara Falls, N. Y.), V. St. A., *Stabilisieren von SO_3 oder Oleum mit mindestens 80%iger Konzentration*, dad. gek., daß man dem fl. SO_3 oder dem Oleum nicht mehr als 2 (Gew.-%) einer aromat. Verb. zugibt. Die folgenden Verbb. werden in einer Konz. von 0,1—1 zugesetzt: Nicht substituierte aromat. KW-stoffe, substituierte oder hydrierte aromat. KW-stoffe, aromat. Aldehyde, halogensubstituierte aromat. Verbb., Phenole, Amine, Pyridinverbb., aromat. N-Verbb., aromat. Säuren. (**D. A. S. 1048883** Kl. 12i vom 24/1. 1957, veröff. 22/1. 1959. A. Prior. 25/1. 1956.) E. MIESSGANG. H 253

E. I. du Pont de Nemours & Co. (Erfinder: **Alan L. McClelland**), Wilmington, Del., V. St. A., *Herstellung von Borhydriden, insbesondere Diboran.* Boroxyd (I) oder bei Reaktionstemp. I ergebende Borate werden bei 100—800°, bes. bei $>300°$, in Ggw. eines Metalls der Ordnungszahl 11—26, bes. Al, in eine mindestens ein Metallhalogenid enthaltende Schmelze, bes. eine Schmelze aus $AlCl_3$, u. einem Alkalichlorid umgesetzt, die gasförmigen Reaktionsprodd. aus den Reaktionszonen rasch abgeführt u. rasch auf $<300°$ gekühlt. Als die Umsetzung beschleunigenden Katalysator enthält das Feststoffgemisch J oder Methyljodid bzw. ein Gemisch von beiden. (**D. A. S. 1054081** Kl. 12i vom 31/3. 1958, veröff. 2/4. 1959. A. Prior. 1/4. 1957.) K. WOLK. H 258

Montecatini Soc. Gen. per l'Industria Mineraria e Chimica, Mailand, Italien, *Herstellung von Blausäure* u. H_2 aus CH_4 u. NH_3 durch endotherme katalyt. Rk., dad. gek., daß man die Wärme in situ durch elektr. Widerstände erzeugt, das Volumenverhältnis $NH_3 : CH_4$ zwischen 1 u. 1,2 hält u. die Gase für 0,003—0,6 Sek. bei 1000—1450°, bes. 1050—1250°, in Kontakt bringt. Die Katalysatorwände haben eine Temp. von 1200 bis 1500°. — Vorr., Zeichnung. (**It. P. 495082** vom 6/12. 1952.) K. KOEBKE. H 260

Gian Luigi Marzorati, Mailand, Italien, *Herstellung von kolloidalem Ton.* Natürlicher Al–Si-Ton (I), z. B. von der Zus.: SiO_2 68,5 (%), Al_2O_3 15,38, Fe_2O_3 1,40, CaO 3,01, MgO 1,20, $Na_2O \cdot K_2O$ 2,23 (Glühverlust 8,62) wird osmot. gereinigt, mit einer wss. Proteinlsg. [Gelatine, Casein (II), Albumin], die ein Salz oder ein Alkalihydroxyd enthält, ca. $^1/_4$ Std. heftig gerührt, bei tiefer Temp. getrocknet u. pulverisiert. — Man gibt z. B. 130 g des gereinigten I in eine Lsg. von 15 g II u. 2—8 g $Ba(NO_3)_2$ in 1000 g W. u. rührt 15 Minuten. Verwendbar zum Konfektionieren von Pasten u. Leimen, zum Stabilisieren u. Plastifizieren von keram. Massen, Hilfsmittel bei der Papierherst., als Emulgator. (**It. P. 495625** vom 1/8. 1952.) K. KOEBKE. H 294

Kurt Peters, Wien, Österreich, *Trennung und Reindarstellung von unlösliche oder schwer lösliche Oxalate bildenden Elementen, insbesondere der Seltenen Erden,* über lösl. Komplexsalze mit organ. Säuren, bes. der Oxalsäure, u. fraktionierte Zers. der Komplexverbb., dad. gek., daß man die lösl., gegebenenfalls mit einer Metallverb. als zusätzlichem Komplexbildner erzeugten Komplexverbb. in Ggw. von Oxalatgruppen enthaltenden Stoffen unter stufenweiser Ausfällung von unlösl. Oxalaten der zu trennenden Elemente zersetzt. — *Beispiel*: Aus der heißen Lsg. der Nitrate eines Gemisches von La, Nd u. Pr, das noch beträchtliche Mengen von Sm u. Yttererden enthält, werden die Seltenen Erden mit Ammonoxalat als Oxalate gefällt. Der Rückstand mit W. gewaschen u. noch feucht in einer 10%ig. Ammonalaunlsg. in der Siedehitze zum Lösen gebracht (5 kg Alaun krist./kg Oxalatgemisch). Die so hergestellte Lsg. wird fraktioniert gefällt, indem bei 70—80° langsam kalte (20—30°) gesätt. Ammonoxalatlsg. unter Rühren zugegeben wird, wobei die Temp. oberhalb 65° gehalten wird. Die Zugabe des

Fällungsmittels erfolgt in kleinen Anteilen jeweils bis zum Auftreten einer schwachen Trübung. Von da ab wird ohne Zugabe weiteren Fällungsmittels, jedoch unter intensiver Rührung u. Einhaltung einer Temp. von 70—80° die vollständige Ausfällung der ersten Fraktion bewirkt. Nach 1 Std. Absitzen in der Wärme wird der Nd. dekantiert bzw. filtriert u. das Filtrat der weiteren fraktionierten Fällung unterworfen. Ist durch Zugabe von Ammonoxalat keine weitere Fällung zu erzielen, so wird 10% ig. Oxalsäure als Fällmittel verwendet u. die Fällung in gleicher Weise durchgeführt. Die letzten Fraktionen aus den ausfallenden Filtraten werden schließlich durch Ansäuern mit verd. HCl (1 : 3) ausgefällt. Die erste Fraktion enthält die Yttererden mit Spuren von Sm, die zweite das gesamte Sm mit geringen Anteilen von Nd, in der dritten Fraktion befindet sich das gesamte Nd mit geringen Anteilen von Pr, in der vierten das gesamte Pr u. etwas La u. die fünfte Fraktion besteht aus reinem La. Die Einzelfraktionen können in einer zweiten Fällungsoperation gereinigt werden. (**D. A. S. 1 052 956** Kl. 12g vom 6/12. 1956, veröff. 19/3. 1959.) W. MATTHAES. H 303

Mole Norton S. p. A., Corsico Mailand, Italien, *Gewinnung von Zirkoniumdioxyd aus Zirkonmineralien.* Man mischt dem zerkleinerten Mineral je darin enthaltenem Mol SiO_2 0,02—0,50 Mol einer K_2O- oder Na_2O-abgebenden Substanz zu, die z. B. im wesentlichen aus Na_2CO_3 besteht u. $>$2% Borax enthalten kann, erhitzt bis zur Zers. in ZrO_2 u. Glas, wenigstens auf 1400°, u. wäscht das Prod. 1—60 Std. mit einer 10- bis 50% ig. Lsg. von KOH oder NaOH. (**It. P. 495 557** vom 15/11. 1952.) K. KOEBKE. H 322

Commissariat à l'Énergie Atomique, Paris, Frankreich, *Trennung von Zirkonium und Hafnium.* Wss. saure Lsgg. von Mineralien oder von komplexen Verbb. dieser Elemente werden mit Alkyl- oder Alkylarylphosphat oder -acetat, bes. mit Tributylphosphat, extrahiert, wobei die Zr-Verbb. in Lsg. gehen. (**Holl. P. 89 971** vom 15/3. 1955, ausg. 15/1. 1959. F. Prior. 17/3. 1954.) F. BÖHM. H 322

Wah Chang Corp., New York (Erfinder: **Pai Yen Loung,** Glen Cove), N. Y., V. St. A., *Entfernen von Verunreinigungen aus Alkaliwolframatkristallen* durch Umkristallisieren in Alkaliparawolframatkristalle. Die unreinen Alkaliwolframatkristalle werden bei 80—100° in schwach alkal. Lsg. (p_H 7,0—7,5) gelöst u. diese Lsg. dann unter Abkühlen auf $<$ 20°, bes. $<$ 10°, durch Ansäuern auf ein p_H von ca. 6,9—6,0 eingestellt. — Diagramme. (**D. A. S. 1 053 483** Kl. 12n vom 28/10. 1955, veröff. 26/3. 1959. A. Prior. 2/11. 1954.) H. NEBELSIEK. H 337

VI. Silicatchemie. Baustoffe.

L. Springer, *Über die Enteisenung von Glasschmelzsanden durch Glühen.* Vf. berichtet von eigenen Verss. bei denen der Fe-Geh. eines Sandes durch Glühen bei 1200°, von 0,04—0,05 auf weniger als 0,02% red. werden konnte. Es kann angenommen werden, daß ein Teil des Fe als Fluorid u. Chlorid vorhanden ist. Beide Verbb. sind flüchtig. Ist der Fe-Geh. schon ursprünglich sehr gering, so ergibt das Glühen keine Verminderung, weil dann die genannten Verbb. wahrscheinlich nicht vorhanden sind. (Glas-Email-Keramo-Techn. **9.** 253. Juli 1958.) L. KÜHNERT. 6170

Tibor Spitz, *Schmelzen und Läutern der Glasmasse mit Natriumsulfat.* Der Einfl. des Austausches Na_2SO_4–Na_2CO_3 auf Schmelz- u. Läutervorgänge wurde in Abhängigkeit von Temp., Zeit, Na_2SO_4-Menge u. Scherbenzusatz experimentell ermittelt u. graph. dargestellt. (Sklář a Keramik **9.** 35—39. Febr. 1959. Řetenice, Výzkumný ústav plochého skla.) E.-L. SCHMELING. 6174

Otto W. Flörke, *Über Kieselsäurekristalle in Gläsern.* Das Zustandsdiagramm des SiO_2 wird diskutiert u. ausgeführt, daß es bis heute nicht nennenswert korr. wurde, obwohl es das Verh. des SiO_2 nur unbefriedigend erklären kann. Mit reinem SiO_2 erhält man bei n. Druck in experimentell möglichen Zeiten immer nur Quarz u. Cristobalit als krist. Formen, nicht aber Tridymit, zu dessen Bldg. die Mitwrkg. von Fremdionen nötig ist. Die technolog. wichtigen Kristallarten des SiO_2 werden definiert u. ein Überblick über das Wachstum von Kristallen gegeben. Die Erscheinungsformen der verschied. SiO_2-Kristallarten, die sich normalerweise in Gläsern als Skelettkristalle ausscheiden, werden behandelt. Quarz erscheint in Gläsern entweder als Gemengerest oder unter geeigneten chem. Verhältnissen (wenn die Glasschmelze z. B. Li u. Mg oder auch Na enthält) als Entglasung in Form von hexagonalen Skelettkristallen. Cristobalit, der sich durch Festkörper-Rk. gebildet hat, bildet dichte, mikrokrist. Aggregate, die von charakterist. Ballensprüngen durchzogen sind. Aus dem Glas oder der Schmelze scheidet sich der Cristobalit teils in feinen, teils in gröberen Dendriten aus. Feindendrit. pelzförmiger Cristobalit scheidet sich bevorzugt an Grenzflächen aus, oder er bildet sich bei niedrigen Temperaturen. Unter günstigeren Wachstumsbedingungen entsteht der grobdendrit. Cristobalit. Die Cristobalitdendriten heilen auch bei sehr langem Tempern nicht zu Vollkristallen aus, weil die Oktaederflächen der den Dendrit aufbauenden Einzelkristalle sehr wachstumsträge sind. Durch Störungen des Kristallgitters (z. B. durch Fremdionen) kann das Wachstum neu belebt werden, indem die Cristobalitdendriten zu Tridymitkristallen weiterwachsen. Abschließend wird eine Abgrenzung zwischen Cristobalit u. Tridymit gegeben. — 26 Literaturstellen. (Glastechn. Ber. **32.** 1—9. Jan. 1959. Würzburg, Max-Planck-Inst. für Silicatforsch.) H.-O. MULFINGER. 6200

K. Davis und **L. Walker,** *Gas für die keramische Industrie.* Es werden die Fortschritte dargelegt, die bei der Anlage der in der keram. Industrie verwendeten Brenner u. Öfen in jüngster Zeit erreicht wurden. Als Beheizungsmittel tritt immer mehr das Gas in den Vordergrund. Weiter werden verschied. Ofentypen, wie Kastenöfen, Wagenöfen, Öfen mit tragbaren Deckeln oder Spitzhutöfen, sowie Öfen mit ununterbrochenem u. unterbrochenem Betrieb beschrieben. Anschließend werden Gasöfen für die keram. Industrie mit mehrfachen Zügen sowie elektr. beheizte Öfen beschrieben. Ausblicke in die Zukunft werden gegeben. (Ceramics **9.** Nr. 113. 9—14. Juli. Nr. 114. 23—26. Aug. Nr. 115. 18—26. Sept. 1958.) R. WALCKER. 6210

J. H. Healy und **L. K. Breeze** *Einfluß einer Erhitzung auf die Eigenschaften emaillierter Stähle.* Einseitig emaillierte Stahlstreifen wurden in einem Ofen zwischen 200 u. 400° erhitzt, wobei die tangentiale Verbiegung infolge der unterschiedlichen Ausdehnungskoeffizienten gemessen wurde. Darüberhinaus sind Biegefestigkeit, Temperaturwechselbeständigkeit u. Säureeinw. untersucht worden. Die geringsten Druckspannungen des Emails wurden unterhalb des Transformationsbereichs gemessen. (J. Amer. ceram. Soc. **41.** 381—89. 1/10. 1958. Milwaukee, Wis., Smith Corp.) H. SAALFELD. 6212

Ryuzo Naito, *Einfluß der Natur und der Korngrößenverteilung von Halloysit und Kaolinit auf die Zusammensetzung von Porzellanmassen.* Ausgehend von dem Kaolin von Arvor u. dem Halloysit von Djebel-Debar wurden nach vorheriger Reinigung dieser Rohstoffe Porzellangemische hergestellt, um das Kristallisationsverh. zu untersuchen. Bei Verwendung von Halloysit bildet sich Mullit schon bei niedrigerer Temp., im Fall von Kaolinit setzt das Wachstum von Mullit erst bei höheren Tempp. ein. Gröbere Kaolinite bzw. Halloysite führen auch zur Ausbldg. größerer Mullitkristalle. (Bull. Soc. franç. Céram. **1958.** Nr. 41. 45—46. Okt./Dez.) H. SAALFELD. 6214

F. Kaempfe, *Zur Frage des Blähtons.* Der Vf. berichtet über die Erfahrungen, die in einer austral. Versuchsanlage bei der Verarbeitung von Tonschiefer u. Schieferton auf Blähton gemacht wurden. (Zement-Kalk-Gips **11** (**47**). 437—42. Okt. 1958.) N. PETERS. 6216

Toshiyuki Sata und **Raisaku Kiyoura,** *Untersuchungen über Massen aus Knochenasche–Talk–Quarzit.* Verss. zeigen, daß Massen aus Knochenasche (I) 60—30%, Talk (II) 30—60%, Quarzit (III) 10—20%, günstige Eigg. besitzen können. Als Beispiel ist eine bei SK 8 aus 50% **I**, 40% **II** u. 10% **III** erbrannte M. angeführt: Erweichungsbereich 1260—1380°, MOHSsche Härte 6, Brennschwindung 9,5—10,3%, Porosität 0—0,8%, Druckfestigkeit 3310 kg/cm², Ausdehnungskoeff. $1{,}13 \cdot 10^{-6}$, DK. 7,3 (1,1 mC) u. 7,7 (5 mC), u. tg δ 0,0025″ bzw. 0,0007″. Mineralbestand derartiger Massen: β-$Ca_3(PO_4)_2$, Diopsid, Cristobalit, Tridymit neben wenig rhomb. $MgSiO_3$ u. Glas. (J. ceram. Assoc., Japan [Yogyo Kyokai Shi.] **66.** Nr. 12. 294—98. 1958. Tokyo, Inst. of Technol. [Orig.: japan.; Auszug: engl.]) P. NEY. 6216

L. Lehmann, *Gipsformen und der Einfluß ihrer Eigenschaften auf die Scherbenbildung beim Schlickergießverfahren.* Es wurde gezeigt, daß die Eigg. der Gipsform einen großen Einfl. auf den Gießprozeß ausüben. Die Saugfähigkeit wird durch den Diffusionskoeff. angegeben. Die Scherbenbldg. ist um so besser, je größer der Diffusionskoeff. ist. Er läßt sich durch die Art der Aufbereitung beeinflussen. Gießverss. mit Steingut u. anderen Massen werden mitgeteilt. (Ber. dtsch. keram. Ges. e. V. **35.** 273—77. Sept. 1958.) H. SAALFELD. 6216

Stephen D. Stoddard und **Adrian G. Allison,** *Vergießen von Magnesiumoxyd in wässerigen Schlickern.* MgO wird in einer Kugelmühle vermahlen u. unter Zusatz von W. zu einem Schlicker angerührt. Als Suspensionszusatz dient HCl. Es lassen sich komplizierte u. dünnwandige Gegenstände bequem gießen. Unter oxydierenden Bedingungen steigt die Brenndichte von 1500 bis 1800° stetig an. Bei reduzierendem Brand erreicht die D. ihren Höchstwert bei 1600°. Das Maximum der Festigkeit wurde bei 1700° bei reduzierendem Brand erzielt. (Amer. ceram. Soc. Bull. **37.** 409—13. 15/9. 1958. Los Alamos, N. Mex., Los Alamos Scient. Labor.) H. SAALFELD. 6216

J. Méneret, *Feuchtigkeitsdehnung von Feinsteingut.* Zur Beurteilung der Feuchtigkeitsdehnung eignet sich die Autoklavbehandlung. Ein Feldspatsteingut, welches infolge Feuchtigkeitsdehnung Haarrisse zeigte, wurde zur Unters. herangezogen. Gewichtsverlust- u. Dilatometermessungen zeigen, daß es möglich ist, den sich über Jahre erstreckenden Vorgang der Feuchtigkeitsdehnung im Autoklav bei 10 at Wasserdampfdruck während 1 Std. herbeizuführen. (Bull. Soc. franç. Céram. **1958.** Nr. 41. 65—70. Okt./Dez.) H. SAALFELD. 6216

Luigi Pompei, *Gegenwärtiger Stand und Zukunftsaussichten der Industrie feuerfester Stoffe.* (Fonderia [Milano] **7.** 444—71. Okt. 1958.) K. RUMPF. 6218

Takeo Ao und **Takeji Oyama,** *Untersuchung über feuerfeste Bausteine aus Siemens-Martin-Öfen.* 3. Mitt. *Über den Mechanismus der chemischen Erosion an Chrommagnesitziegeln.* (2. vgl. J. ceram Assoc., Japan [Yogyo Koykai Shi] **62.** [1954.] 457.) Die mineralog. u. chem. Unters. eines *Chrommagnesitbausteins* aus der Vorderwand eines 40 t-SIEMENS-MARTIN-Ofens nach 114 Tagen Hitzeeinw. im arbeitenden Ofen u. Einw. seiner Schlacke zeigt: Viel Eisenoxyd u. Kalk drang in die heiße Oberfläche des Futtersteins aus der Schlacke an der Grenze gegen die Ofenatmosphäre ein. Fe_2O_3 wurde in fester Lsg. als *Chromspinell* gebunden. Der eingedrungene Kalk bildete monoklinen *Pyroxen* an der heißen Vorderseite. Das ursprünglich niedrigschm. Silicat wanderte mehr ins Innere des Steins u. bildete eine an CaO, MgO u. SiO_2 angereicherte Zone. In dieser Zwischenzone wird etwa die Hälfte des freien MgO als feste Spinellsg. gebunden, während der Rest sich in der Gesamtmasse als *Periklas* verteilt. — 14 Photos. (J. ceram. Assoc., Japan [Yogyo Kyokai Shi] **63.** 629—33. Nov. 1955. Osaka Univ. [Orig.: japan.; Auszug: engl.]) L. SCHULER. 6218

Collin Hyde, J. F. Quirk und **W. H. Duckworth,** *Herstellung und Eigenschaften von dichtem Berylliumoxyd.* BeO ist eines von den wirksamsten Moderatormaterialien für den Reaktorbau, wozu es aber in dichter Form hergestellt werden müßte. Seine Wärmeleitfähigkeit in dichtem Zustand ist fast so groß wie die von Fe, dabei hat es sehr gute Widerstandsfähigkeit gegen therm. Spannungen. Von Wasserdampf wird es bei hohen Tempp. angegriffen. Vff. beschreiben die Herst. von Probekörpern u. stellen u. a. fest, daß bei Sinterung in H_2 eine höhere D. des Sinterkörpers (3,02 g/cm^3 gegenüber 2,93) erreicht wird. Sie kommen zu dem Schluß, daß Formteile aus hochreinem BeO hergestellt werden können, ohne daß bes. keram. Methoden angewandt werden müßten, u. daß dabei so niedrige Tempp. angewandt werden können, daß die Bldg. zu großer Kristalle vermieden wird u. so Formteile entstehen, die zum Reaktorbau verwendet werden können. (Ceramics **10.** Nr. 120. 10—16. Febr. 1959.) L. KÜHNERT. 6220

E. K. Keler, N. A. Godina, A. K. Kusnetzow und **A. B. Andrejewa,** *Einfluß von Mineralisatoren auf den Sinterungsprozeß von Erdalkalimetallzirkonaten.* Bei der Herst. keram. Prodd. aus Erdalkalizirkonaten ist es zweckmäßig, Mineralisatoren zu verwenden, die es ermöglichen, bei 1400° einen festen, gesinterten Scherben zu erhalten. Für 50 (%) ZrO_2 + 50 $CaCO_3$ u. 50 $CaCO_3$ + 48 ZrO_2 + 2 TiO_2 ist der Zusatz von 1% B_2O_3 am wirksamsten. Bei 50 ZrO_2 + 50 $BaCO_3$ u. 50 ZrO_2 + 50 $SrCO_3$ ist Fe_2O_3 der beste Mineralisator, durch den (2%) eine vollständige Versinterung der Zirkonate von Sr u. Ba erreicht wird. Der Zusatz der Mineralisatoren verringert die Sinterungstemp. wesentlich, beeinflußt aber die Bildungstemp. der Zirkonate wenig. Die Funktion der Mineralisatoren wurde durch Anwendung der komplexen therm. Analyse bei der Rk. von ZrO_2 mit den Erdalkalicarbonaten geklärt. (Журнал Прикладной Химии [J. angew. Chem.] **30.** 682—89. Mai 1957.) O. POLLAK V. EMHOFEN. 6220

Yoshiaki Sanada und **Kiyoshi Miyazawa,** *Einfluß der chemischen Konstitution auf die Hydratation von Dolomitklinker.* Der Bewitterungswiderstand von an C_4AF reichen Klinkern ist etwas kleiner als an solchen, die viel C_2F oder C_3A enthalten. Im Autoklaven werden an Klinkern der verschiedensten CaO/MgO-Zus. beträchtlich andere Werte ermittelt als durch Bewitterung. Periklas hydratisiert nur im Autoklaven, nicht an der Luft. Jedoch reagiert darin befindlicher freier Kalk mit W. u. CO_2. Rauhe Oberfläche der Dolomitkörper u. Pulverform bewirken stärkeres Ablöschen, bedingt durch das Aufbrechen des die CaO- u. MgO-Kristalle umgebenden C_2F-Films. (Gypsum & Lime [Tokyo] **1959.** Nr. 38. 246—50. Jan. [Orig.: japan.; Auszug: engl.]) G. FRIKELL. 6222

F. W. Meier-Grolman, *Über die Bedeutung des Kalkhydrats im Zement für die Widerstandsfähigkeit von Zementmörtel und Beton gegen aggressive Einwirkungen und dessen aggressionsbeständige Bindung durch chemische Umsetzung während der Hydratation.* Auf Grund capillar- u. zementtheoret. Überlegungen sind für den Aggressionsverlauf im Mörtel 3 Stufen zu erwarten, 1. ein rascher Angriff unter Lsg. oder Umsetzung des aus dem freien CaO des Bindemittels stammenden Kalkhydrats in den Capillaren, 2. Rk. des angreifenden Mediums mit den instabilen C_3A-Hydraten bzw. C_3A-Sulfathydraten, 3. ein langsam verlaufender Zersetzungsvorgang der $CaSiO_3$-Hydrate durch Herauslösen von Kalkhydrat. Diese Anschauung kann durch Langzeitverss. bestätigt werden. Wie elektronenmkr. Unterss. der einzelnen Hydratationsphasen zeigen, wird durch Zusatz von Fluat die Bldg. leichtlösl. Kalkhydratkristalle vermieden, u. es wird eine Schutzhülle um die einzelnen Zementkörner gebildet. Damit werden die beiden ersten Angriffsstufen stillgelegt, u. der Beton erhält eine sehr hohe Beständigkeit. (Werkstoffe u. Korrosion **9.** 636—44. Okt. 1958. Tübingen.) F. VIER. 6222

Léon Blondiau, *Einfluß von fallenden Temperaturen auf das Abbinden von Zementen, besonders bei den Schlackenzementen.* Die vom Vf. durchgeführten Unterss. bezweckten, festzustellen, inwieweit Tempp. um 0° Portland-, Hochofen- u. übersulfatierte Zemente beeinflussen. Aus den Schlußfolgerungen der zahlreichen Verss. ist zu entnehmen, daß die Betone aus Hochofenschlacken- u. übersulfatierten Zementen bis zu 3° sich dem aus Portlandzement ähnlich verhalten; die Ausschalungsfristen sind prakt. gleich, u. die bei niedriger Temp. festgestellten Schwierigkeiten mit Zementen gleich welcher Art sind bei ihrer Verwendung eher einem Überschuß an W. als der Beschaffenheit des Zements zuzuschreiben. Nach Betrachtungen über die Verwerfung der Erhärtungsverzögerung des Zements während der Winterperiode werden nachfolgend die ausgeführten Verss. näher erörtert: a) Einfl. der Tempp. von 8, 6, 4 u. 2° auf die Festigkeit von Zementen n. Beschaffenheit (Portland-, Hochofen-, übersulfatierter Zement); b) Einfl. einer Temp. von +3° auf die Festigkeit von Betonen, denen verschied. belg. Handelszemente zugrunde liegen (Einfl. des Verhältnisses W./Zement); c) Einfl. des Vol. der Probekörper; d_1) Einfl. des Mischungsverhältnisses betreffs Zement; d_2) Einfl. der Temp. des Anmachwassers; e) Einfl. der Mahlfeinheit des Portlandzements; f) Einfl. des Klinkergeh. von Hochofenzementen; g) Einfl. der Mahlfeinheit von Hochofenzementen; h) Einfl. des SO_3-Geh. von Hochofenzement; i) Einfl. der Vibration: 1. bei Betonen, die bei +3° u. bei +21° aufbewahrt wurden; 2. bei Betonen, die einer kombinierten Temp. von +3°, −3° u. +21° ausgesetzt sind; 3. bei Betonen, die einer kombinierten Temp. von −3°, +3° u. +21° ausgesetzt sind. (Silicates ind. **22.** 419—26. Juli/Aug. 485—91. Sept. 554—66. Okt. 620—28. Nov. 1957. **23.** 91—95. Febr. 146—54. März. 203—13. April 1958.) K. PISTOR. 6222

W. Czernin, *Zur Elektronenmikroskopie erhärtender Zementpasten.* Elektronenmkr. Aufnahmen lassen erkennen, daß in erhärteten Zementpasten prismat. u. nadelige Kristalle auftreten, die als Tobermorit oder diesem ähnliche Hydratationsprodd. aufgefaßt werden. Bevorzugte Kristallisation scheint an Stellen einer Wasseranreicherung zu erfolgen. (Zement-Kalk-Gips **11 (47).** 381—83. Sept. 1958. Wien, Österreich. Zementforschungsinst.) P. NEY. 6222

Hermann Schäffler, *Erfahrungen über die Wärmebehandlung von Beton.* In England u. Holland werden ca. 80% der Rohre, 50% der Deckenbalken u. Masten u. 25% der Wandbausteine aus Beton wärmebehandelt. In Deutschland werden als geeignet Zemente angesehen, deren Hauptbestandteile rasch abgekühlt worden sind, ähnliches scheint für Zuschlagstoffe zu gelten (Ziegelsplitt, Hütten- u. Naturbims). Nach holländ. Erfahrungen ist bei hochwertigen Portlandzementen eine Höchsttemp. von 50°, bei n. Portlandzementen bis 70° u. bei Hochofenzementen von 70—100° am günstigsten. Der Wasserzementfaktor soll möglichst niedrig sein. Nur bei langsamer Temperatursteigerung ist die Festigkeit dem Prod. aus Temp. mal Alter des Betons (in Std.) proportional. Zu rasche Temperatursteigerung kann die Festigkeit um 40% vermindern. Eisenportland- u. Hochofenzement u. schlackenähnliche Zuschlagstoffe scheinen die Korrosion eiserner oder stählerner Teile der Wärmebehandlungsanlagen zu fördern. (Betonstein-Ztg. **24.** 343—48. Sept. 1958. Stuttgart.) P. NEY. 6224

Torben C. Hansen, *Das Fließen des Betons. Diskussion einiger fundamentaler Probleme.* Messungen des Schwindens bzw. Kriechens von Beton sind nur zulässig, wenn der Beton nicht während des Trocknens auf Biegung oder Zug beansprucht wird. Solange die Druckbeanspruchung nur $^1/_3$ der Druckfestigkeit beträgt, kann noch während des Trocknens gemessen werden. Bei n. Belastung verhält sich Beton wie eine viscoelast. Fl., oberhalb einer gewissen Belastung wird er plastisch. Verss. zeigten, daß die Plastizität des Betons durch Mikrorisse verursacht wird. Für die Abhängigkeit des Kriechens von der Volumkonz. an Zementpaste, vom W.-Zement-Faktor u. vom spezif. Vol. des Zements wird eine Formel abgeleitet, die gut mit den Versuchsergebnissen übereinstimmt. Ein rheolog. Modell des Betons wird erörtert. (Svenska Forskningsinst. Cement Betong Kungl. Tekn. Högskolan Stockholm, Medd. **1958.** Nr. 33. 5—45. Sept. Stockholm, Kungl. Tekniska Högskolan, Svenska Forskn. Inst. f. Cement och Betong.) P. NEY. 6224

Georg Sille und **Otto Martini,** *Zementmörtel und Betone unter Zusatz von Kunstharzdispersionen.* Mit verschied. Zementsorten wurden Verss. über den Einfl. von PVC-(Polyvinylchlorid)- u. PVA (Polyvinylacetat)-Zusätzen auf die Eigg. von Zementmörteln u. Betonen durchgeführt. Die Erstarrungszeiten werden von PVA-Zusätzen bis 20%

nicht wesentlich beeinflußt, während PVC-Zusätze eine Verlängerung derselben bewirken. Kunstharzmörtel bedürfen im Gegensatz zu gewöhnlichen Zementmörteln keiner Naßhaltung. Es besteht die Möglichkeit, Kunstharzmörteln bes. durch $CaCl_2$-Zusätze eine schnellere Anfangshärtung u. gegebenenfalls höhere Druckfestigkeiten zu verleihen. Die Kunstharzzusätze führen mit zunehmender Menge bei Zimmerluftlagerung zum Schwinden, bei Lagerung in feuchter Luft u. unter W. (mit Ausnahme von PVC 50% ig. Lsg.) zum Quellen. Dabei erreichen die Mörtel mit dem für die Biegezugfestigkeit günstigsten Kunstharzzusatz das größte Schwindmaß. Die höchsten Festigkeiten sind bei Kunstharzmörteln in trockenem Klima zu erreichen. Durch therm. Behandlung läßt sich eine höhere Anfangsfestigkeit erzielen. Es werden Ausführungen über die Anwendungsmöglichkeiten u. den Preis der Kunstharzmörtel gemacht. (Silikattechnik **9.** 506—09. Nov. 1958. VEB Leuna-Werke „Walter Ulbricht".)
H.-O. MULFINGER. 6226

František Kubík, *Gipszurichtung und ihr Einfluß auf die Qualität der Modelle und Betriebsformen.* Vf. faßt Erfahrungen aus der Gipsformenpraxis zusammen u. beschreibt kurz die Feststellung der techn. Daten, Zubereitung, Verarbeitung, Trocknung der Formen u. die Fehlerentstehung. (Sklář a Keramik **9.** 40—41. Febr. 1959. Znojmo, Keramické závody, narodní podnik.) E.-L. SCHMELING. 6226

János Albert, *Geblähter Perlit, seine Herstellung und Verwendung als Zuschlagstoff.* Geblähter Perlit eignet sich ausgezeichnet zur Herst. von wärme- u. schalldämmenden Leichtbetonbauelementen, Putz u. Mörteln. Die Rohwichte liegt unterhalb aller bisher bekannten Leichtzuschlagstoffe. Zur Einhaltung optimaler Blähbedingungen wird eine ausführlich entwickelte Technologie vorgeschlagen, die an ungar. u. amerikan. Perlit erprobt wurde. Unterss. einheim. Perlitvorkk. bei Meißen sind im Gange. (Silikattechnik **9.** 453—57. Okt. 1958.) G. PRETZSCHNER. 6228

J. Shearer, *Tonmineraluntersuchungen.* Allg. Strukturbetrachtungen über Tonmineralien; Wege zur Identifizierung u. mineralog. Analyse unbekannter Tonmischungen werden angegeben. (Current Sci. **27.** 198—201. Juni 1958. Western Australia, Nedlands, W. A., Univ., Dep. of Phys.) G. PRETZSCHNER. 6240

Zdeněk Pospíšil, *Grundsätze der richtigen p_H-Messung an keramischen Massen und Rohstoffen.* Ausgehend von der Definition u. Bedeutung des p_H-Werts gibt Vf. prakt. Hinweise zur Messung desselben in der keram. Technologie. Die wichtigsten Meßmethoden, bes. die elektrochem., werden erklärt, in der ČSR hergestellte Meßgeräte erwähnt u. Kontrollmethoden bei fehlerhaften Ergebnissen angeführt. (Sklář a Keramik **9.** 78—80. März 1959. Hradec Králové, Výzkumný ústav elektrotechnické keramiky.) E.-L. SCHMELING. 6240

N. H. Ray, *Gaschromatographie.* Der Vf. gibt eine Einführung in die Grundlagen der Gaschromatographie. Der Aufbau eines Fraktometers, die Gasadsorptions- u. die Gasflüssigkeitschromatographie mit ihren Anwendungen, bes. für die Glasindustrie, sowie die verschied. Arten der Detektoren für die Gaschromatographie werden beschrieben. — 25 Literaturstellen. (J. Soc. Glass Technol. **43.** Trans. 100—12. Febr. 1959. I.C.I. Ltd., Plastics Div.) H.-O. MULFINGER. 6242

H. J. Cluley, *Die Bestimmung von Kaliumoxyd in Glas.* Der Vf. beschreibt eine Meth. zur Best. von K_2O in Glas, wobei das K mit Hilfe von Na-Tetraphenyloborat als K-Tetraphenyloborat ausgefällt wird. Diese Meth. hat denen der Best. von K als $KClO_4$, als $K_2[PtCl_6]$ u. als $K_2Na[Co(NO_2)_6]$ gegenüber den Vorteil, daß sie keine langen Trennungsoperationen wie die ersteren erfordert, u. daß das $KB(C_6H_5)_4$ sowohl bei hohen als auch bei niedrigen K-Gehh. im Gegensatz zum $K_2Na[Co(NO_2)_6]$ dessen Anwendung sich bei niedrigen K-Gehh. wegen Bldg. von möglicherweise nichtstöchiometr. Ndd. verbietet, gut angewendet werden kann. Diese gravimetr. K-Best. kann noch wesentlich abgekürzt werden, wenn man sie so ausführt, daß die nach Aufschluß der Glasprobe mit $HF + HNO_3$ erhaltene salpetersaure Lsg. mit einer bekannten Menge $NaB(C_6H_5)_4$ versetzt wird, deren Überschuß mit $HgNO_3$-Lsg. zurücktitriert wird (Fe-Thiocyanat als Indicator). Die Herst. der Reagentien sowie die Durchführung der Analyse werden beschrieben. Bei der Best. von K_2O in Gläsern nach dieser Meth. wurden Ergebnisse innerhalb einer Fehlergrenze von 0,1% derjenigen Ergebnisse erhalten, die an Hand der gravimetr. Meth. mit $KB(C_6H_5)_4$ erzielt wurden. (J. Soc. Glass Technol. **43.** Trans. 62—72. Febr. 1959. Wembley, England, General Electr. Comp. Ltd., Res. Labors.)
H.-O. MULFINGER. 6242

W. W. Fletcher, *Die Bestimmung des Natrium-, Kalium- und Lithiumoxydgehalts von Natron–Kalk–Magnesia–Kieselsäure-, Natron–Boroxyd–Kieselsäure- und Kaliumoxyd–Bleioxyd–Kieselsäure-Gläsern unter Verwendung eines EEL-Filter-Flammenphotometers.* Es wird eine Meth. zur Best. der Alkalien in den vorst. 3 Glastypen angegeben. Die Herst. von Vergleichs-Lsgg., Grundglas-Lsgg. (das sind Lsgg., die der Analysenlsg. entsprechen, die aber kein Alkali enthalten) u. Analysen-Lsgg. wird beschrieben. Die Unterss. zeigen, daß das EEL-Filter-Flammenphotometer für Routinekontrollanalysen von Na, K u. Li in den 3 angegebenen Gläsern (S.G.T.-Glas Nr. 1, 2 u. 3) verwandt werden kann, bes. wenn Gläser desselben Typs analysiert werden. (J. Soc. Glass Technol. **43**. Trans. 86—93. Febr. 1959. Sheffield, British Glass Ind. Res. Assoc.) H.-O. MULFINNER. 6242

R. Hayden, *Der freie Kalk im Klinker.* Der Geh. an freiem Kalk (CaO) in Portlandzementen bzw. Klinkern kann mit Hilfe von 96%ig. A. leicht bestimmt werden, ebenso kann diese Meth. für die Best. des vom Zement gebundenen W. herangezogen werden. Fehlwerte durch Hydratation von Klinkermaterial sollen nicht auftreten, wie vom Vf. durch Schliffbilder belegt werden konnte. (Zement-Kalk-Gips **11** (**47**). 458—59. Okt. 1958.) N. PETERS. 6252

Office National d'Études et de Recherches Aéronautiques, Seine, Frankreich (Erfinder: **Samuel Kohn** und **Georges Taguet**), *Herstellung und Polymerisation von Diallylphthalat.* Die Veresterung von Phthalsäureanhydrid mit Allylalkohol erfolgt in Ggw. von SiO_2, bes. einem Silicagel, das vor der Verwendung ca. 48 Std. auf 800° erhitzt wurde, zweckmäßig zur Vermeidung der Peroxydbldg. in indifferenter Atmosphäre. Man erhitzt 60 (Mol) Phthalsäureanhydrid u. 180 Allylalkohol u. 1—2 Gew.-% des genannten Silicagels auf 88,5°, wobei eine Mischung aus W. u. Alkohol abdest. u. steigert gegen Ende der Rk. auf 93°. Nach 240 Std. wäscht man die Mischung mit Soda, trennt den Diester nach Absitzenlassen ab, wäscht, dest. mit dem gleichen Vol. Trichloräthylen unter N_2 u. reinigt durch Dest. bei 1 mm. Handelsübliches Diallylphthalat wird einige Std. unter N_2 auf 150° erhitzt oder bei einem Geh. $>$ 0,1% Peroxyd mit Reduktionsmitteln behandelt. Zur Polymerisation mischt man mit ca. 1% eines üblichen Peroxyds u. hält die Mischung 50—55 Std. bei 60—65°, heizt in 3 Std. auf 80—85° u. hält hier 24 Std. unter N_2. Bei der Polymerisation in Formen nimmt man elast. Zwischenlagen zwischen den Formhälften, z. B. aus plastiziertem Polyvinylchlorid, u. nimmt als Formtrennmittel Cellulosediacetat, Wachs oder Polyvinylchlorid. Man erhält so transparente, farblose, isotrope, spannungsfreie Polymere, die bis 145—150° temperaturbeständig sind. — Verwendung als *organ. Glas.* — Zeichnungen von Veresterungs- u. Polymerisationseinrichtungen. (**F. P. 1 133 032** vom 22/7. 1955, ausg. 20/3. 1957.) M. PANKOW. 6201

Giorgio Bellini, Siena, Italien, *Pastellfarbstifte* für keram. Zwecke erhält man, indem man ein Gemisch von 10 (%) fettem Ton, 5 Gummistoffen, 2,5 Bleiborsilicat, 60 W. u. einer Farbkomponente, die z. B. für Hellgrün 35,10 PbO, 42,55 Sb_2O_4 u. 7,09 CuO enthält, verformt u. trocknet. Mit solchen Stiften gefertigte Dekors können bei 880—910° gebrannt werden. (**It. P. 496 402** vom 28/7. 1950.) K. KOEBKE. 6213

F. L. Smith & Co. A/S, Kopenhagen, Dänemark, *Herstellung von Mörtel aus gebranntem Kalk* unter Zusatz von peptisierenden Stoffen wie Seife, Fettsäuren oder Kunstharzen, dad. gek., daß letztere nach Abtreiben der CO_2 aus dem Rohkalk beim Aufwärmen, aber vor Abkühlen des gebrannten Kalks zugesetzt werden. (**Dän. P. 81 494** vom 11/3. 1954, ausg. 30/7. 1956.) K. H. KÄHLER. 6227

Bruno Mottini, *In Formen gießbare Komposition aus Aluminat und Gips,* bestehend aus 65—75 Gew.-% Na-, K- oder NH_4-Aluminat, 25—35 Gips u. ca. 1 Wasser. (**Aust. P. 205 658** vom 4/10. 1955, ausg. 21/2. 1957.) K. DEMMLER. 6227

Soc. An. des Pneumatiques Dunlop, Seine, Frankreich, übert. von: **Semtex Ltd.,** *Fliesen und ihre Herstellung.* Man verwendet Vinylharze, chlorierte Diphenylharze, Cumaronharze, mit Kolophonium modifizierte Phenolharze, Naturharze u. -gummi, deren Veresterungsprodd. oder Metallsalze, Bitumen, Teer, Asphalt als Bindemittel u. bes. Mineralfasern u. auch organ. Stoffe, wie Holzmehl, Kautschukregeneratpulver als Füllstoffe. — Man mischt z. B. 50 (Teile) Polyvinylchlorid, 50 Naphthalin–CH_2O-Harz, 25 Trixenylphosphat, 8 Pb-Stearat–Pb-Salicylat, 10 Pigment, 100 Kaolin, 150 bas. salpetersaures Bi-Oxyd, 60 Holzmehl, 40 Asbest u. formt durch Spritzen in Form eines Bandes. (**F. P. 1 142 799** vom 6/3. 1956, ausg. 23/9. 1957. E. Priorr. 8/3. 1955 u. 24/1. 1956.) M. PANKOW. 6229

Axel Frøkjaer-Jensen, Dänemark, *Herstellung von Isolierkörpern* in Form runder, bläschenartiger Körner von 2—20 mm Durchmesser u. D. 300 kg/m³ durch Calcinieren von Ton (oder ähnlichem SiO_2-haltigen Prod.) mit 25—30 (%) W. dem 2 Sulfitablauge zugesetzt ist, durch Trocknen in einem langsam laufenden Drehrohrofen u. Brennen bei 1125° in einem schneller laufenden Drehrohrofen. (**F. P. 1 128 059** vom 21/6. 1955, ausg. 2/1. 1957.) O. KAYSER. 6229

Paul Serrano, Seine, Frankreich, *Kunstmarmor.* Aus einer Mischung von 47,5 (%) Marmorgranalien (1—2 mm), 6,25 Marmorgranalien (0,5 mm), 18,75 Marmormehl, 2,5 feinem Schmirgel, 25 Zement u. 15 W. werden Klumpen gebildet, diese mit farbigem Zement eingepudert u. mit Kugeln gleicher Größe, aber anderer Farbe vermischt, festgestampft u. nach dem Erhärten abgebimst. (**F. P. 1 110 502** vom 8/9. 1954, ausg. 14/2. 1956.) O. Kayser. 6229

Carborundum Co. (Erfinder: **Halsey Wilcox Buell** und **Joseph Raymond O'Neil jr.**), V. St. A., *Herstellung von wasserfestem Glasschleifpapier.* Wasserundurchlässiges Papier als Träger, welches aus 100 (Teilen) Faserstoff u. 30—100 eines synthet. elastomeren Stoffes besteht, wird auf der einen Seite mit einer synthet. elastomeren Schicht versehen, auf die mittels eines wasserbeständigen Bindemittels das Glasschleifpulver aufgebracht wird. Auf die andere Seite der Papierbahn wird eine dünne Schicht des synthet. Elastomeren aufgebracht. Als Zwischenschicht zwischen Schleifmittel u. Papier wird ein Gemisch von Polyvinylchlorid u. ein Mischpolymerisat von Acrylonitril u. Butadien im Verhältnis 70 : 30 verwendet. (**F. P. 1 148 794** vom 15/2. 1956, ausg. 13/12. 1957. A. Prior. 21/2. 1955.) M. F. Müller. 6239

VII. Agrikulturchemie. Schädlingsbekämpfung.

G. F. Sachsel, J. E. Yocom und **F. A. Retzke,** *Rauchüberwachung in einer Düngerfabrik.* Der aus der Trockenanlage einer Mischdüngerfabrik entweichende Rauch führte zu einer Belästigung der Umgebung. Die wichtigsten Maßnahmen zur Abhilfe waren: Verwendung von gröberem Superphosphat für die Mischdüngerherst., Aufstellung von Entstaubern (Naßsammler) u. Errichtung eines 30 m hohen Schornsteins. (J. Air Pollut. Control Assoc. **6.** 214—18. Febr. 1957. Battelle Mem. Inst. u. Smith Agric. Chem. Co.) W. Wesly. 6290

Robert F. McCauley, *Der derzeitige Stand der Kompostierung und der Stand der Luftverunreinigung.* Übersicht über die Grundzüge der Kompostierung, die mit der Ausführung verknüpften Fragen u. die Beziehungen zwischen Kompostierung u. Luftverunreinigung. (J. Air Pollut. Control Assoc. **6.** 233—37. Febr. 1957. East Lansing, Mich., Michigan State Univ.) W. Wesly. 6294

J. Lazar, *Die Böden des Saybuscher Beckens.* Geomorpholog. Einteilung, geolog. Bau, klimat. Bedingungen u. Flora des Beckens von Saybusch/Westbeskiden. Übersicht über Böden an Hand von 32 Bodenprofilen. (Roczniki Nauk rolniczych, Ser. A **76.** 65—105. 1957. Olsztyn, WSR, Zakł. Glebozn., IUNG, Dział Glebozn.) F. Urban. 6300

Katsumi Hosoda, Hideo Takata und **Hiroshi Ogihara,** *Untersuchungen über das kolloidchemische Verhalten von Schwarzerde in Japan.* 1. Mitt. *Über das ζ-Potential und das lösliche Aluminium von Daisenbara-Boden.* Die Menge des austauschbaren Ca in den bebauten Böden ist höher als in den unbebauten. Bodenkolloide unbebauter Mutterböden zeigen einen Mindestwert des ζ-Potentials bei p_H 5,3—5,6; der Wert verschiebt sich in bebauten Böden etwas nach der sauren Seite. Die Mengen lösl. Al in Mutterböden steigen in Lsgg. mit $p_H < 4,0$; die p_H-Werte verschieben sich für bebaute Böden zur sauren Seite. Die Menge lösl. Al in 2 Unterböden nimmt bei p_H 4,5—5,0 zu, in einem anderen Unterboden ist sie bei p_H 3,5 noch gering. (Trans. Tottori Soc. agric. Sci. [Tottori Nôgaku-Kwaihô] **11.** Nr. 2. 83—93. März 1957. [Orig.: japan.; Auszug: engl.]) W. Wesly. 6304

E. Alvsaker und **K. Michelsen,** *Vorkommen von Kohlenhydraten im kalten wässerigen Extrakt eines Kiefernwaldbodens.* Vff. extrahieren lufttrockene Waldbodenproben mit Ae. u. W. (20°) u. unterwerfen den im Vakuum eingedunsteten wss. Auszug nach Fällung der *Polysaccharide* mit A. u. Entionisierung der papierchromatograph. Analyse. Positive Rkk. mit *Triphenyltetrazoliumbromid* u. *α-Naphthylamin*–H_3PO_4 u. negative Rk. mit *Anilinbiphthalat* zeigt auf einem Chromatogramm die Ggw. einer *Ketose* (I) u. die Abwesenheit von *Aldosen* an. Durch Verarbeitung einer größeren Bodenmenge auf einer Cellulosesäule wird die I mit Hilfe des Osazonderiv. u. auf röntgenograph. Wege als *Fructose* (Ausbeute: 0,035% der organ. Trockensubstanz des Bodens) identifiziert. Die übrigen Zuckerarten (*Glucose* [0,22%], *Arabinose* [0,04%], *Xylose* [0,035%], *Galaktose* [0,025%] u. *Ribose* [< 0,001%]) werden mittels Farb-Rkk. u. durch ihre R_F-Werte auf dem Chromatogramm unter Verwendung verschied. Lösungsmittel (n-Butanol–Pyridin–W., Äthylacetat–Pyridin–W., Äthylacetat–Essigsäure–W.) nachgewiesen. (Acta chem. scand. **11.** 1794—95. 1957. Bergen, Univ., Chem. Inst.) P. Fahrnlaender. 6304

E. Moschini, *Düngewirkung im Zusammenhang mit dem System der Verteilung der Düngemittel.* Aus prakt. Düngeverss. u. aus der Literatur ergibt sich, daß die Düngemittel zweckmäßig der Bodenschicht zugeführt werden, in der die stärkste Entw. des Wurzelsyst. erfolgt. Auch bei Mais hat sich dieses Prinzip bewährt. (Agric. ital. **56** ([N. S.] **11**). 181—206. Juni 1956. Pisa, Univ., Ist. di Agronom. gen. e Coltiv. erbacee.) R. K. MÜLLER. 6304

P. B. Flegg, *Einige Aspekte der Kompost- und Bedeckungsschicht in Beziehung zur Fruchtbildung des kultivierten Pilzes.* An Hand von Versuchsergebnissen wird die Beeinflussung von Mycelwachstum u. Fruchtbldg. in Champignonkulturen von der Zufuhr organ. Dünger zur Bedeckungsschicht sowie vom Salzgeh. (pC-Wert) der Kompost- u. Bedeckungsschicht diskutiert. (Glasshouse Crops Res. Inst., annu. Rep. **1957.** 108—15. Littlehampton, Sussex, Glasshouse Crops Res. Inst.) WILFRIED WERNER. 6304

Wł. Misterski, *Untersuchungen von Humus.* 1. Mitt. *Untersuchung des „Humin-Phosphor"-Effektes.* Die Wrkg. des aus Torf isolierten Huminsäurekomplexes auf die Assimilation von P_2O_5 ist in Topfverss. mit Mais u. Erbsen auf Sand-, Humus- u. Waldboden wenig ausgeprägt. Der durch $CaCO_3$-Zusatz verminderte Ertrag wird allerdings etwa ausgeglichen. Ein deutlicher Einfl. der Huminate auf die Beweglichkeit von P_2O_5 wird bei Anwendung eines vorgebildeten P_2O_5–Huminsäure-Komplexes in Ggw. von $CaCO_3$ festgestellt. Es werden dabei die Grünmasse, der Ertrag u. der P_2O_5-Geh. der Pflanzen erhöht. Aus dem Huminsäure–P_2O_5-Komplex läßt sich durch $Ca(OH)_2[PO_4]^{3-}$ nur unvollständig fällen. (Roczniki Nauk rolniczych, Ser. A **76.** **43**—63. 1957.) F. URBAN. 6304

B. Kuryłowicz, S. Koper und **J. Szczurek,** *Untersuchungen über den Düngewert von Magnesiumthermophosphat.* (Vgl. C. **1958.** 240.) Ungemahlenes Mg-Thermophosphat (TP) zeigt keine Düngewirkung. Je feiner TP vermahlen ist, desto größer wird der Effekt, so daß seine Wrkg. mit der von THOMAS-Mehl, Superphosphat u. Glühphosphat verglichen werden kann. Die Art des mitverwendeten N-Düngemittels hat keinen Einfluß. (Roczniki Nauk rolniczych, Ser. A **76.** 1—30. 1957. Warszawa, SGGW, Zakł. Żyw. Roślin i Nawożenia.) F. URBAN. 6304

G. W. Winsor und **J. N. Davies,** *Gewächshauseichversuche; Bodenanalysen in Beziehungen von Tomatenerträgen.* Zwischen dem Ertrag an Tomaten u. folgenden chem. Eigg. der Versuchsböden bestanden gesicherte Korrelationen: p_H-Wert, Geh. an organ. Kohlenstoff, „verfügbarem" P u. K (extrahiert mit 0,5n Essigsäure). P-Mangel wirkte sich bes. stark auf das Jugendwachstum der Tomate aus. N-Mangel machte sich erst gegen Ende des Wachstums bemerkbar. (Glasshouse Crops Res. Inst., annu. Rep. **1957.** 69—72. Littlehampton, Sussex, Glasshouse Crops Res. Inst.) WILFRIED WERNER. 6304

G. W. Winsor, J. N. Davies und **J. H. L. Messing,** *Untersuchungen über das Kalium/Stickstoff-Verhältnis in Nährlösungen unter Verwendung des Berieselungs-Gieß-Verfahrens.* Durch Steigerung des N : K_2O-Verhältnisses der Nährlsg. von 1 :1 auf 1 : 2,5 blieb der Ertrag an Tomaten nahezu unbeeinflußt, die Qualität der Früchte wurde jedoch signifikant verbessert, was bes. in der Verminderung der unregelmäßig gefärbten Früchte zum Ausdruck kam. — Die Nährstoffaufnahme der Pflanzen (festgestellt durch Blattanalysen) wurde stärker durch Umweltsbedingungen (Licht- oder Schattenseite des Gewächshauses) als durch die Veränderung des N : K_2O-Relation beeinflußt. (Glasshouse Crops Res. Inst., annu. Rep. **1957.** 91—98.) WILFRIED WERNER. 6304

G. W. Winsor, J. H. L. Messing und **J. N. Davies,** *Die Wirkung der Nährstoffkonzentration in Nährlösungen auf Ertrag und Fruchtqualität von Tomaten.* Tomatenpflanzen wurden im Gewächshaus mit Nähr-Lsgg. steigender Konz. bei gleichbleibendem N : K-Verhältnis versorgt. — Mit steigender Nährstoffzufuhr gingen die Erträge zurück, die Qualität der Früchte wurde dagegen verbessert. Da Blattanalysen keine Unterschiede im Nährstoffspiegel bei niedrigster u. höchster NK-Gabe erkennen lassen, wird vermutet, daß die beobachteten Effekte nicht auf einer Nährstoffwrkg. beruhen, sondern mehr physikal. Natur sind, d. h. der Erhöhung der Konzz. an lösl. Salzen im Boden zuzuschreiben sind. (Glasshouse Crops Res. Inst., annu. Rep. **1957.** 85—90. Littlehampton, Sussex, Glasshouse Crops Res. Inst.) WILFRIED WERNER. 6304

J. H. L. Messing, G. E. Hobson und **G. W. Winsor,** *Magnesiummangel bei Gewächshaustomaten.* In einem faktoriellen Gewächshausvers. mit 2 K-Stufen bei 3 Mg-Varianten (ohne Mg, Blattdüngung mit Mg u. Mg-Düngung über den Boden) auf Mg-armen Böden trat starker Mg-Mangel auf (bes. bei hohem K-Niveau), der durch Mg-Spritzung wirksamer bekämpft wurde als durch Mg-Gaben über den Boden. Der Ertrag wurde durch Mg-Mangel nicht gesichert beeinflußt, die Fruchtqualität schien bei Mg-Anwendung (bes. bei hohem K-Niveau) leicht verbessert zu sein. Der MgO-Geh. der Blätter (bezogen auf Trockenmasse) stieg von durchschnittlich 0,43% auf 0,47% bei Mg-Bodendüngung bzw. 0,53% bei Mg-Besprühungen. (Glasshouse Crops Res. Inst., annu. Rep. **1957.** 99—107. Littlehampton, Sussex, Glasshouse Crops Res. Inst.) WILFRIED WERNER. 6304

J. N. Davies, D. M. Massey und **G. W. Winsor,** *Die Wirkung der Entblätterung von Tomatenpflanzen auf die Zusammensetzung der Frucht.* Eine Entfernung der Blätter der Tomatenpflanze nach Fruchtansatz hatte einen starken Abfall des Geh. der reifen Früchte an red. Zuckern u. Trockenmasse sowie des Geh. des Saftes an Trockenmasse u. Zucker zur Folge. Fruchtertrag u. titrierbare Acidität des Preßsaftes wurden nicht gesichert durch das Entfernen der Blätter beeinflußt. Ein Belassen der Blätter an den lateralen Achseltrieben erhöhte dagegen Trockenmasse- u. Zuckergeh. der Früchte. (Glasshouse Crops Res. Inst., annu. Rep. **1957.** 53—66. Littlehampton, Sussex, Glasshouse Crops Res. Inst.) WILFRIED WERNER. 6304

O. Verona, *Bor und Weinrebe.* Übersicht: B-Geh. in Weinreben; biol. Rolle des B; Symptome des B-Mangels an Weinstöcken, Reben u. Trauben; Probleme der B-Düngung; Schäden zu starker B-Düngung (Einrollen der Blätter, Auftreten von nekrot. Stellen, an den Trauben ähnliche Schäden wie bei B-Mangel); erforderliche Menge der B-Düngung 20—25 kg/ha. — 21 Literaturhinweise. (Agric. ital. **58** ([N. S.] **13**). 369—86. Dez. 1958. Pisa, Oss. p. l. Malattie delle Piante, Sez. Patol. veget.) R. K. MÜLLER. 6304

E. V. Parups, *Der Einfluß von Gibberellsäure auf den Nicotingehalt von Zigarrentabak.* In Gefäß- u. Feldverss. zu Tabak erbrachte eine Anwendung von 0,5—2,0 mg *Gibberellsäure* (I) je Pflanze keine gesicherte Beeinflussung des Blatttrockenmasseertrages, wogegen der Geh. von Blättern u. Wurzeln an Nicotin erniedrigt wurde. Diese Erniedrigung wird darauf zurückgeführt, daß die in die Wurzel verlagerte **I** den Mechanismus der Nicotinsynth. ungünstig beeinflußt. (Canad. J. Plant Sci. **39.** 48—55. Jan. 1959. Ottawa, Ontario, Canada Dep. of Agric., Exp. Farms Serv., Tobacco Div.) WILFRIED WERNER. 6312

C. G. Mortimore, *Der Einfluß einer Blattaustrocknung vor der Ernte auf den Feuchtigkeitsgehalt des Korns und den Ertrag bei Mais.* Mais wurde in zweijährigen Verss. in unreifem Zustand (Wassergeh. der Körner ca. 50%) mit einer 12% ig. Na-Cyanamidlsg. besprüht, um durch Abtöten u. Vertrocknen der Blätter ein schnelleres Austrocknen der Maiskolben zu erreichen. Zum Vgl. wurde eine andere Parzelle zum gleichen Zeitpunkt ca. 20 cm hoch abgeschnitten u. auf Hocken getrocknet. Es zeigte sich jedoch, daß durch beide Verff. der Trocknungsverlauf nicht beschleunigt wurde. Dagegen wurde der Ertrag in beiden Fällen um ca. 14% erniedrigt. (Canad. J. Plant Sci. **39.** 39—42. Jan. 1959. Harrow, Ontario, Canada Dep. of Agric.) WILFRIED WERNER. 6312

E. Röhrig, *Anwendungsmöglichkeiten chemischer Unkrautbekämpfungsmittel in der Forstwirtschaft.* (Vortrag.) Allg. Ausführungen. (Mitt. biol. Bundesanst. Land- u. Forstwirtsch. Berlin-Dahlem Nr. **85.** 201—04. März 1956. Hann.-Münden, Inst. für Waldbau u. Technik.) EBERHARD MÜLLER. 6312

H. Orth, *Neuere Erfahrungen über Unkrautbekämpfung in einigen Gemüsekulturen* (Vortrag). Vf. berichtet über Verss. zum Problem der Selektivität von Herbiciden im Gemüsebau. Bei Zwiebeln wurden brauchbare Ergebnisse erzielt mit *Pentachlorphenol* (PCP; I) u. *Isopropyl-N-(3-chlorphenyl)-carbamat* (CIPC; **II**) im Pre-emergence-Verfahren. Ungenügend selektiv wirkten *KCNO, Dinitrobutylphenol* (DNBP; **III**) u. *2.4-Dichlorphenoxyäthylsulfat* (**IV**). Bei Erbsen bewährte sich bes. **III** (4—5 kg/ha, Verdünnung $>$ 600 Liter/ha). Bei Möhren u. pikierten Selleriepflanzen wirkten Mineralöle selektiv. Die Wrkg. von **I** bei Möhren (u. Zwiebeln) ist abhängig von der Bodenfeuchtigkeit vor der Spritzung u. der Regenmenge nach ihr. Andere Pre-emergence-Mittel wie **II** u. *α-Naphthylphthalamidsäure* wirkten bei Möhren weniger sicher. Bei Spargel wurden stechreife Anlagen mit *CMU*, **I, II, IV** u. *Na-Trichloracetat* (**V**) gespritzt. Die beste selektiv-herbicide Wrkg. hatte CMU (4 kg/ha). **I** kann den Geschmack beeinflussen, **II** u. **IV** wirken nur bei frühzeitiger Anwendung, **V** wirkte zu langsam gegen Quecke. (Mitt. biol. Bundesanst. Land- u. Forstwirtsch. Berlin-Dahlem Nr. **85.** 194—97. März 1956. Neuß-Lauvenburg, Biol. Bundesanst. für Land- u. Forstwirtsch., Inst. für Gemüsebau u. Unkrautforschung.) EBERHARD MÜLLER. 6312

G. Linden, *Die Unkrautbekämpfung mit CIPC unter deutschen Verhältnissen.* (Vortrag.) Flächenspritzungen mit *Isopropyl-N-[3-chlorphenyl]-carbamat* (CIPC; **I**; 5—10 kg/ha Wirkstoff) in Forstbaumschulen an Laub- u. Nadelhölzern 1—3 Jahre nach der Verschulung ergaben, daß die Pflanzen während der Frühlungstriebbldg. nicht behandelt werden dürfen. Flächenbehandlung mit 7 kg **I** (je ha) vor dem Austreiben im 2. Verschuljahr sowie Spritzungen zwischen den Reihen vor dem Pflanzen u. nach Wachstumsabschluß im 1. Verschuljahr waren dagegen ohne Schädigung der Nutzpflanzen, durchführbar u. erfolgreich. In Obstbaumschulen wurden keine Schäden beobachtet, wenn bei der Spritzung (7 kg **I**) nur die Basis der Nutzpflanzen benetzt wurde. Spritzung der gesamten Pflanze während des Haupttriebwachstums führte zu starken Schäden bei allen Arten. Bei Behandlung des Bodens mit 6—7 kg **I** vor dem Auspflanzen von

Kirschen- u. Apfelsämlingen traten an diesen keine Schäden auf. Im Gartenbau war eine Bodenspritzung (7 kg I/ha) 1½ Monate nach dem Pflanzen von Ziersträuchern erfolgreich, wobei nur die basalen Teile benetzt wurden. Dahlienbeete wurden vor dem Auflaufen ganzflächig u. nach dem Auflaufen unter Verwendung einer Triebbenetzung mit I behandelt. Der Boden blieb bis zum Bestandesschluß unkrautfrei. Im Gemüsebau entsprachen die Erfahrungen mit I weitgehend den von ORTH (vgl. vorst. Ref.) berichteten. (Mitt. biol. Bundesanst. Land- u. Forstwirtsch. Berlin-Dahlem Nr. **85.** 198—200. März 1956. Ingelheim/Rh., C. H. Boehringer Sohn, Pflanzenschutzlabor.)

EBERHARD MÜLLER. 6312

M. Hanf, *Die Wirkung wuchsstoffhaltiger Unkrautbekämpfungsmittel auf das Getreide unter besonderer Berücksichtigung von Anwendungszeit und Ernährungszustand.* (Vortrag.) Die verwendeten *Wirkstoffe* (**a**; Salze u. Ester von *2.4-D* u. *MCP*) wirken grundsätzlich auf alle Pflanzenarten, doch ist die „Empfindlichkeit" bei den Gramineen sehr gering. Es kommt bei Getreide zuweilen lediglich zu morpholog. Anomalien, deren Art u. Stärke bes. vom Entwicklungsstand zur Anwendungszeit abhängen. Die jüngsten Entwicklungsstadien von Blatt, Ähre bzw. Rispe werden bes. beeinflußt, wie Verss. des Vf. mit Hafer u. Gerste ergaben. Höhere **a**-Gaben, ungünstige Witterung u. schlechte Ernährungsverhältnisse erhöhten die Zahl der Anomalien. (Mitt. biol. Bundesanst. Land- u. Forstwirtsch. Berlin-Dahlem Nr. **85.** 189—93. März 1956. Ludwigshafen/Rh., Bad. Anilin- u. Sodafabrik Akt.-Ges., Landw. Versuchsstat. Limburgerhof.)

EBERHARD MÜLLER. 6312

E. Welte, *Einsatzmöglichkeiten von Natriumtrichloracetat zur Bekämpfung von Schilf und verschiedenen Sauergräsern.* (Vortrag.) Bericht über Wirkungsweise u. prakt. Erfahrungen mit Na-Trichloracetat. (Mitt. biol. Bundesanst. Land- u. Forstwirtsch. Berlin-Dahlem Nr. **85.** 187—89. März 1956. Gersthofen, Farbwerke Hoechst.)

EBERHARD MÜLLER. 6312

P. Gambogi, *Wirkung einer Verbindung auf Basis Kupfer und Antibiotica gegenüber der „Rogna" des Ölbaums.* Bei der durch Pseudomonas savastanoi (Smith) verursachten Krankheit des Ölbaums wird mit *Agrimycin-500* (35,3% Cu, 3% Streptomycin, 0,3% Hydroxytetracyclin) bei den untersuchten Dosen (0,6, 1,2, 2,4‰) eine befriedigende Wrkg. erzielt. Die Unterss. erfolgten in vitro u. in vivo. (Agric. ital. **58** ([N. S.] **13**). 205—12. Aug. 1958. Pisa, Univ., Ist. di Patol. veget. u. Osserv. fitopatol.) R. K. MÜLLER. 6312

Radojica Kljajić, *Das Abfallen der Blüten bei Pimpinella anisum L.* Das Abfallen der Blüten bei Anispflanzen in einigen Gegenden Jugoslawiens wird durch den Pilz Plasmopara nivea (Ung.) verursacht. Als Gegenmaßnahmen werden empfohlen: Reinigung des Saatgutes, Wahl eines geeigneten Bodens u. Spritzen mit Bordeauxbrühe. (Acta pharmac. jugosl. **8.** 3—6. 1958. Beograd-Zemun, Poljoprivr. Fak., Inst. za fitopatol.) S. BECKMANN. 6312

W. H. Read, *Untersuchungen über die Bekämpfung des Chrysanthemenmehltaues.* Die Eignung folgender Sprüh-Lsgg. zur Bekämpfung des Chrysanthemenmehltaues (Oidium chrysanthemi) wurde überprüft: *Salicylanilid* (**I**, 0,08%), *Thiram* (**II**, 0,08%) u. *Karathane* (**III**, 0,006%) sowie **I**, **II** u. **III** in den angegebenen Konzz. in einer 0,3% ig. Petroleumsuspension. Die Verss. zeigten, daß die Fungicidwrkg. durch den Petroleumzusatz erhöht wird. Als beste Kombinationen erwiesen sich **I** u. **III** in 0,3% ig. Petroleumsuspension. (Glasshouse Crops Res. Inst., annu. Rep. **1957.** 148—49. Littlehampton, Sussex, Glasshouse Crops Res. Inst.) WILFRIED WERNER. 6312

H. W. K. Müller, *Zum Auftreten und zur Bekämpfung des Erdbeermehltaues unter Berücksichtigung der Erdbeergraufäule.* Vf. unternahm Verss. zur Bekämpfung von Mehltau u. Graufäule an Erdbeeren mit verschied. Fungiciden. Die besten Ergebnisse wurden mit der Kombination *TMTD* + *S* erzielt, die Behandlungen mußten schon vor der Hauptblüte einsetzen u. in 10—14tägigem Abstand wiederholt werden. *PÄTD* + *S* hatte zwar eine gute Wrkg. gegen den Mehltau, führte aber durch einen starken Belaubungsreiz zu Ernteverzögerungen u. Graufäulebefall. Reines TMTD hatte ebenfalls eine gute Wrkg. gegen beide Pilze, während *Karathane* nur gegen Mehltau wirksam war. *Netzschwefel*, *PÄTD* u. *Zineb* + *S* versagten. (Nachrichtenbl. dtsch. Pflanzenschutz. dienstes [Braunschweig] **9.** 85—88. Juni 1957. Hamburg, Pflanzenschutzamt, Staatsinst. für angewandte Botanik.) W. KNÖPKE. 6312

H. H. Baring, *Die Wirkung insekticider Ganzflächenbehandlung auf die Mesofauna des Ackerbodens.* (Vortrag.) Auf einem intensiv genutzten, sehr fruchtbaren Lößboden wurde Ende Juli bei bes. hoher Populationsdichte der Milbenfauna der Boden mit je 150 kg/ha von handelsüblichen Streu- u. Staubpräpp. von *Lindan*, *HCH*, *Lindan* + *DDT* u. *E 605* behandelt. Anschließend wurden im Laufe von 3 Jahren Bodenproben von 0—20 cm Tiefe auf Milben ausgelesen. Durch alle Präpp. wurde sofort eine Red. des Milbenbesatzes bes. in den obersten 5 cm ausgelöst. Die einzelnen Arten reagierten sehr

verschieden, die stark geschädigten Formen treten hauptsächlich in der obersten Bodenschicht von 5 cm auf. Auch die Wrkg. der eingehackten Präpp. erstreckte sich nicht viel tiefer. Wiederbesiedlung aus tieferen Bodenschichten wurde nicht beobachtet. Bzgl. der Wrkg. der Präpp. konnten statist. signifikante Differenzen über die Beobachtungszeit nur zwischen Lindan + DDT u. dem schwächer wirkenden E 605 festgestellt werden. E 605 zeigte nach ca. 2 Jahren keine Wrkg. mehr, während HCH u. Lindan + DDT auch dann noch den Milbenbesatz erheblich reduzierten. Im Endergebnis zeigt die Ganzflächenbehandlung mit Insekticiden anfänglich starke Red. des Besatzes. Im weiteren Verlauf ist die Selektivität der Mittel auffällig. — 7 Literaturangaben. — Diskussion. (Mitt. biol. Bundesanst. Land- u. Forstwirtsch. Berlin-Dahlem Nr. **85.** 60—65. März 1956. Göttingen, Univ., Inst. für Pflanzenpathol. u. Pflanzenschutz.)
EBERHARD MÜLLER. 6312

M. Ehlers, *Zur vorbeugenden Bekämpfung von Wurzelfliegen bei Gemüse durch Saatgutbehandlung.* (Vortrag.) Viele Gemüsesamen sind sehr klein im Verhältnis zur später zu schützenden Pflanzenmasse. Bei Puderung der Samen mit den Wirkstoffen wird deren Verdünnung später sehr groß. Größere Konzz. lassen sich durch Bekrustung (Auftragen hochprozentiger Präpp. auf das angefeuchtete Saatgut u. Trocknen) erreichen. Eine Behandlung auf Vorrat ist nicht zu empfehlen. Gegen die Möhrenfliege erwies sich ein 80% ig. *Lindan* (I)-Präp. (100 g/kg Saatgut) sehr wirksam. Annähernd gleich wirksam waren Bekrustungsmittel aus 90% ig. *Dieldrin* (**II**), *Endrin* (**III**) u. *Isodrin* (**IV**) in Mengen von 50—100 g Präp./kg. Gegen die Zwiebelfliege sowie bei Porree zeigte sich bes. **II** (50 g/kg) sowie **III** u. **IV** wirksam, während **I** die Keimung hemmt. Bei Steckzwiebeln ergab Tauchbehandlung in 0,5% ig. **II**-Suspension vor dem Pflanzen 51% Mehrertrag. Bei Kohlarten, die im Frühbeet herangezogen werden, ergab eine Bekrustung mit einem 90% ig. **II**-Präp. (30—50 g/kg Samen) eine starke Red. des Frühbefalls durch die Kohlfliege u. eine Verminderung des Spätbefalls. (Mitt. biol. Bundesanst. Land- u. Forstwirtsch. Berlin-Dahlem Nr. **85.** 151—54. März 1956. Berlin, Schering-Akt.-Ges.)
EBERHARD MÜLLER. 6312

Heinz Gooßen, *Untersuchungen zur Wirksamkeit des Spritz- und Sprühverfahrens im Obstbau in Abhängigkeit von Brüheverteilung, Wirkstoffablagerung und Regenbeständigkeit der Spritz- und Sprühbeläge.* Verglichen wurden: Spritzen mit 1300 Liter/ha (**a**), Sprühen mit 325 Liter/ha (**b**) u. mit 185 Liter/ha (**c**). Bei gleichen Wirkstoffmengen (*Cu-Oxychlorid, DDT/Lindan, S, Captan, Parathion, Metasystox, Bleiarsen, TMTD*) wird bei **a** mehr Wirkstoff abgelagert, als bei **b**, am wenigsten bei **c**. Die Regenbeständigkeit war bei **b** u. **c** besser, als bei **a**. Die biol. Wrkg. gegen Apfelblütenstecher, Frostspanner, Gespinstmotte, Apfelblattlaus, rote Spinne, Obstmade, Schorf ist bei **a** u. **b** etwa gleich, bei **c** geringer. Eine Herabsetzung der Tröpfchengröße unter 150 μ ist nicht ratsam. Durch Aufteilen des Trägerluftstromes beim Sprühen sollte der Ausfall von Tröpfchen auf längeren Transportwegen durch Windeinw. ausgeschaltet werden. — 20 Literaturangaben. (Höfchen-Briefe **11.** 132—54. 1958. Pflanzenschutzamt der Landwirtschaftskammer Westfalen/Lippe.) FRITZ MÜLLER/Ludwigshafen. 6312

Heinz Sebbel, *Die Bedeutung der Winterspritzung und der Einsatz von Folidolöl.* Versuchsspritzungen beim Schwellen der Knospen mit *Folidol*-Öl (0,5%) hatten ein gleich gutes Bekämpfungsergebnis wie im Nachwinter bei völliger Knospenruhe angewandtes *Dinitrocarbolineum* (4%). Knospenschädigungen wurden nicht beobachtet. (Höfchen-Briefe **11.** 129—31. 1958. Seestermühe, Obstbauberatungsring.)
FRITZ MÜLLER/Ludwigshafen. 6312

Herbert Engel, *Vorteile und Nachteile der Oleo-Phosphorsäureester-Präparate.* Als Ersatz für die Winterspritzmittel *DNC* oder *Karbolineen* kommen die *Oleo-Phosphorinsekticide* in Betracht, die erst dann gespritzt werden, wenn die Schädlinge ihr Ruhestadium beendet haben u. deshalb „Austriebspritzmittel" genannt werden. *Folidol*-Öl (0,5%) tötete, bei Knospenaufbruch angewandt, eine ganze Reihe von Schädlingen mit befriedigendem Ergebnis ab. — 9 Literaturangaben. (Höfchen-Briefe **11.** 124—28. 1958. Freiburg.) FRITZ MÜLLER/Ludwigshafen. 6312

Rudolf Roesler, *Erfahrungen mit Folidol-Öl-Spritzmittel bei der Bekämpfung der großen Napfschildlaus (Eulecanium corni Bche.) an Reben.* Zur Bekämpfung der Napfschildlaus bewährten sich in erster Linie die ölhaltigen Mittel: *Folidol*-Ölspritzmittel 0,5%, *Oleo-Phosphorsäure-Präparat X* (0,5%), *Gelböl* (2%) u. *Gusathion* (0,2%), die wasserlösl. *DNPB* (0,75%) u. *DNC* (1%) aber nur dann, wenn ihr Eindringen unter die Borke durch bes. feuchte Witterung unterstützt wurde. (Höfchen-Briefe **11.** 121—23. 1958. Neustadt/Weinstr., Landes-Lehr- u. Forschungsanst. für Wein- u. Gartenbau.)
FRITZ MÜLLER/Ludwigshafen. 6312

Mieczysław Miksiewicz, *Welche Ergebnisse können bei der Bekämpfung des Kartoffelkäfers (Leptinotarsa decemlineata Say) mit HCH während seines Aufenthaltes im*

Boden erwartet werden? Die Sterblichkeit der Käfer, Larven u. Puppen steigt mit wachsenden *HCH*-Gaben in der Erde nur wenig an. Bei Anwendung von 45 (g HCH/ar) werden 34 (%), bei 112,5 nur 69 der Käfer vernichtet. Das Einbringen von HCH in den Boden soll im Frühjahr erfolgen, da im Herbst gestreute Präpp. an Wrkg. verlieren. (Roczniki Nauk rolniczych, Ser. A **76.** 625—40. 1957. Puławy, Inst. Ochrony Roślin.)
F. URBAN. 6312

Zofia Gołebiowska und **Jan Boczek,** *Untersuchungen über den Einfluß von HCH-Präparaten auf Getreide und auf die Fritfliege (Oscinella Frit. L.).* HCH-Präpp., die im Boden vor der Saat untergebracht werden, haben eine stärkere Wrkg. auf das Keimen u. den Körnerertrag als Präpp., die zur Behandlung des Saatgutes dienen. Die verschied. Wrkg. der Präpp. ist nicht konzentrationsabhängig. Große Gaben verzögern das Keimen, kleine stimulieren es. Die optimalen HCH-Gaben für Roggen u. Gerste sind niedriger als die zur Bekämpfung der Fritfliege notwendigen, bei Hafer stimmen sie überein. — 28 Literaturangaben. (Roczniki Nauk rolniczych, Ser. A **76.** 587—624. 1957. Puławy, Inst. Ochrony Roślin.) F. URBAN. 6312

H. Ehrenhardt, *Zur Bekämpfung des Drittengerlings von Melolontha melolontha mit chemischen Mitteln.* Zur Bekämpfung des ältesten Engerlingstadiums von Melolontha melolontha wurden Verss. mit *Lindan*- u. *Aldrin*-Streumitteln unternommen. Es zeigte sich, daß durch Einpflügen von 15% ig. Streukonzentraten im Spätherbst oder Frühjahr gute Abtötungserfolge zu erzielen sind, dagegen führte das Eineggen nicht zu dem gewünschten Erfolg. Die beiden Wirkstoffe waren gleichwertig. Der Anwendungstermin war von untergeordneter Bedeutung. (Nachrichtenbl. dtsch. Pflanzenschutzdienstes [Braunschweig] **9.** 1—10. Jan. 1957. Neustadt/Weinstraße, Landes-Lehr- u. Forschungsanst. für Wein- u. Gartenbau.) W. KNÖPKE. 6312

J. E. Cranham, *Die Wirkung von frühen Spritzungen mit Chlorbenside gegen Obstbaumspinnmilben.* Vf. unternahm Verss. zur Bekämpfung von Metatetranychus ulmi Koch an Äpfeln kurz vor bzw. während des Schlüpfens der Milben aus den Wintereiern. Die Ergebnisse zeigten, daß durch Anwendung von *Chlorbenside* eine erfolgreiche Vernichtung der Milben zu diesem Zeitpunkt möglich ist. Die größte Rolle in der Abtötung spielt die larvicide Wrkg. auf die frisch geschlüpften Milben, die direkte Abtötung der Wintereier ist von untergeordneter Bedeutung. Eine Wirkungsabnahme erfolgte durch den Blattzuwachs, der den Wirkstoffilm auf den Blättern zerreißen ließ. (J. Sci. Food Agric. **8.** 740—48. Dez. 1957. Nottingham, Boots Pure Drug Co. Ltd., Lenton Exp. Stat.)
W. KNÖPKE. 6312

Valerie A. Gentle, *Versuche zur Bekämpfung von Blattläusen auf Salat mit Fluoracetamid.* In Begasungsverss. mit *Fluoracetamid* (**I**) bei verschied. Tempp. u. Konzz. wurden gute Ergebnisse in der Bekämpfung verschied. Blattlausarten auf Salat erzielt. Infolge der Giftigkeit dieses system. Insekticids wird jedoch von einer **I**-Anwendung zu Salat abgeraten, wenn dieser für die Ernährung von Menschen vorgesehen ist. (Glasshouse Crops Res. Inst., annu. Rep. **1957.** 157—58. Littlehempton, Sussex, Glasshouse Crops Res. Inst.) WILFRIED WERNER. 6312

Gerhard Schrader, *Rückschau auf zwei Jahrzehnte Phosphorchemie.* (Vortrag). Überblick über die Entw. des P-haltigen organ. Pflanzenschutzmittels. — 24 Literaturangaben. (Mitt. biol. Bundesanst. Land- u. Forstwirtsch. Berlin-Dahlem 1956. Nr. **85.** 3—10. März. Wuppertal-Elberfeld, Farbenfabriken Bayer Akt.-Ges.)
EBERHARD MÜLLER. 6312

Zygmunt Eckstein, *Möglichkeiten der praktischen Verwendung von Nitroparaffinen für die Synthese chemischer Pflanzenschutzmittel.* Übersicht über die Wrkg. von Nitroparaffinen u. einigen ihrer Derivv. als Herbicide, Insekticide u. Fungicide mit besonderer Berücksichtigung eigener Arbeiten. — 52 Literaturangaben. (Przemysł chem. **37.** 630—34. Okt. 1958. Warszawa, Politechn., Kat. Technol. organ. II.) F. URBAN. 6312

Walther Fischer, *Radioisotope in Phytopathologie und Pflanzenschutz.* Zusammenfassender Bericht über die Verwendung der Radioaktivität in Phytopathologie u. Pflanzenschutz (Tracermethoden, Sterilisierung, Mutationsauslösung). — 64 Literaturangaben. (Nachrichtenbl. dtsch. Pflanzenschutzdienstes [Braunschweig] **9.** 88—94. Juni 1957. Berlin-Dahlem, Biol. Bundesanst., Inst. für Pflanzenschutzmittelforschung.)
W. KNÖPKE. 6312

M. Trénel und **H. Pagel,** *27000 Feldversuche und die Konstanz der Wirkungsfaktoren in der Exponentialfunktion nach Mitscherlich.* An Hand einiger Beispiele aus den von MITSCHERLICH zum Beweis für die Konstanz der Wirkungswerte der Kernnährstoffe herangezogenen 27000 Felddüngungverss. zeigen Vff., daß die Exponentialfunktion MITSCHERLICHs mit konstantem Wirkungswert der Nährstoffe nicht bewiesen werden kann. Die Ursachen dafür, daß MITSCHERLICH aus den 27000 Verss. nur einen „Scheinbeweis" für die Konstanz der Wirkungswerte abgeleitet hat, werden auf Grund mathemat. Überlegungen diskutiert. (S.-B. dtsch. Akad. Landwirtschaftswiss. Berlin **7**. Nr. 6. 1—20. 1958. Berlin, Humboldt-Univ., Inst. für Pflanzenernährung, Bodenchem. u. Bodenbiol.) WILFRIED WERNER. 6320

C. Petrescu, *Eine bequeme Arbeitstechnik für die nephelometrische Phosphorbestimmung im Boden.* Vf. beschreibt eine Meth. zur Best. von P im Boden, wobei eine nach Zugabe von NH_4-Molybdat u. Strychninsulfat zur Probe entstehende Trübung gemessen wird; der P-Geh. wird von einer Eichkurve abgelesen. Die Messung erfolgt in einem Meßzylinder mit einem Ring mit einem schwarzen Kreuz: der Ring wird so weit in die Fl. eingetaucht, bis das Kreuz nicht mehr sichtbar ist. (Studii Cercetări ştiinţ. [Timişoara], Ser. Ştiinţe chim. **4**. Nr. 1/2. 85—90. Jan./Juni 1957. Timişoara, Baza de Cercetări ştiinţifice a Acad. R.P.R.) W. SCHMIDT/Timişoara. 6324

S. Bombosch, *Möglichkeiten und Grenzen der Identifizierung von Kontaktinsekticiden durch den biologischen Test.* (Vortrag.) Auf Grund der Absterbebilder der Versuchstiere konnten bisher beim Drosophilatest die neueren chlorierten KW-stoffe nur als Gruppen identifiziert werden. Vf. benutzte zur Identifizierung von *CBHo, HCH, Chlordan, Dieldrin, Endrin, Aldrin, Toxaphen* u. *DDT* die Abtötungszeiten der einzelnen Mittel. Diese Zeiten wurden in Standardklassen eingeteilt. Die Identifizierung erfolgte durch Vgl. der Abtötungszeit des unbekannten Stoffes mit den Standardklassen im Drosophila- u. Calandratest. — 10 Literaturangaben; Diskussion. (Mitt. biol. Bundesanst. Land- u. Forstwirtsch. Berlin-Dahlem Nr. **85**. 113—17. März 1956. Göttingen, Inst. für Pflanzenpathol. u. Pflanzenschutz.) EBERHARD MÜLLER. 6328

J. E. Newell, R. J. Mazaika und **W. J. Cook,** *Die Mikrobestimmung von 2.3-Dichlor-1.4-naphthochinon (Phygon) in Wasser.* Zur Best. des als Fungicid dienenden *2.3-Dichlor-1.4-naphthochinons* (**I**; *Phygon*) in W. versetzt man 4 Liter Filtrat mit 600 g NaCl u. 5 cm^3 H_3PO_4, dest. 1,5 Liter ab, extrahiert das Destillat 2mal mit je 50 cm^3 trockenem Chlf., engt auf 25 cm^3 ein u. bestimmt **I** im UV-Absorptionsspektr. bei 253,8 (259,0; 283,5; 299,0) mμ, Schlitzweite 1,0 (0,8; 0,56; 0,50) mm. Die Genauigkeit [Konz. 8—250 p. p. b.] beträgt 80%. (J. agric. Food Chem. **6**. 669—71. Sept. 1958. Naugatuck, Conn., US Rubber Co., Naugatuck Chemical Div.) W. WESLY. 6328

Smith-Douglass Co., Inc., Norfolk, Va., übert. von: **Clinton A. Hollingsworth,** Lakeland, Fla., und **John C. Williams,** Catasauqua, Ohio, V. St. A., *Defluorierung von Phosphatgestein,* dad. gek., daß 2—6% SiO_2 enthaltendes Gestein ohne Schmelzen oberhalb 2600° F in Ggw. von Wasserdampf calciniert wird, u. zwar zusammen mit einem Gemisch von NaCl u. H_3PO_4, wobei das Mol-Verhältnis von $Na_2O : P_2O_5$ zwischen 1,6 u. 2,8 liegt u. der Geh. an CaO, Na_2O, P_2O_5 u. SiO_2 in der mol. Formel Mol CaO + Na_2O — $3P_2O_5$/Mol SiO_2 1,3—2,8 entspricht; die Calcinierung wird so lange fortgesetzt, daß ein *P-Dünger* mit < 1 (Teil) F/100 P resultiert. (**A. P. 2 839 361** vom 14/10. 1954, ausg. 17/6. 1958.) A. GRADL. 6283

Chemische Werke Albert, Deutschland, *Phosphatdünger aus Calcium–Aluminiumphosphaten.* In Ammoniumcitrat lösl. Al-Phosphatdüngemittel werden durch Behandlung von Ca–Al-Phosphaten mit wss. oder gasförmiger Mineralsäure, vor oder während des Erhitzens auf höchstens Rotglut, erhalten, wobei sich die entsprechenden Ca-Salze bilden. (**F. P. 1 125 940** vom 7/3. 1955, ausg. 12/11. 1956.) W. WITTHOLZ. 6283

Allied Chemical & Dye Corp., New York, N. Y., übert. von: **George R. Gilliam,** Prince George, und **Joseph A. Smith,** Richmond, Va., V. St. A., *Eindampfen von ammonisierten Nitrophosphatschlämmen.* Rohphosphate werden mit HNO_3 oder Gemischen dieser Säure mit H_2SO_4 oder H_3PO_4 aufgeschlossen, worauf das Prod., gegebenenfalls unter Zusatz von Kali- oder anderen Düngesalzen, ammonisiert wird. Das ca. 12—50 (%) W. enthaltende Ammonisierungsprod. wird in zylindr., mit Heizmantel versehenen Behältern in Form eines dünnen Filmes bei 130—250° bis auf einen Wassergeh. von ca. 6—7 konz., dann mit trockenem Rückgut vermischt u. das Gemisch in rotierenden Trockentrommeln bis auf einen Wassergeh. < 2 getrocknet. Das getrocknete Prod. wird gekühlt u. gesiebt. Das abgesiebte Feingut u. das zerkleinerte Grobgut werden in das Verf. zurückgeführt. N-Verluste u. Zers. der M. werden vermieden. — Vorrichtung. (**A. P. 2 817 155** vom 27/4. 1955, ausg. 24/12. 1957.) H. KARST. 6291

Gulf Research & Development Co., Pittsburgh, Pa., übert. von: **John K. Darin,** Elizabeth, N. J., und **Eldon M. Sutphin,** Verona, Pa., V. St. A., *Herstellung petroleumhaltiger Düngemittel.* N-, P_2O_5- u. K_2O-haltige Düngemittel, z. B. NH_4NO_3, $(NH_4)_2SP_4$, $Ca(NO_3)_2$, $NaNO_3$, Super- u. Triplesuperphosphat, Ca-Metaphosphat, Ca–Mg-Phosphate,

KCl, K_2SO_4 u. Kalimagnesia, werden in W. dispergiert u. bei ca. 232—370° u. unter erhöhtem Druck mit Petroleumpech innig verrührt. Nach Ablassen des Drucks n. Verdampfung des W. wird das Gemisch unter Kühlen zu porösen Teilchen zum Erstarren gebracht. Man erhält nichtzusammenbackende, lagerbeständige Düngemittel, die im Boden langsam gelöst werden (**A. P. 2 829 040** vom 27/3. 1956, ausg. 1/4. 1958.) H. KARST. 6291

Naturizer Co., übert. von: **Norman A. Pierson**, Norman, Okla., V. St. A., *Vergärung von städtischen Abfallstoffen.* Müll wird von seinem Geh. an Glas, Kunststoffen, Metallteilen, Steinen, Holzstücken u. dgl. befreit, auf Haufen gestapelt, zusammengepreßt bis die Oberfläche der M. fest ist, mit W. bis zum H_2O-Geh. der M. von 60—80% befeuchtet, mit ligninzers. Bakterienkulturen angeimpft, zunächst unter Luftabschluß einer anaeroben Vergärung bei ca. 55° u. dann einer aeroben Fermentation unter Lufteinleiten unterworfen. Als Ausgangsprod. kann auch Klärschlamm oder ein Gemisch aus Abwasserklärschlamm u. Müll verwendet werden. Nach dem Sieben der kompostierten M. werden absackbare *Humusdüngemittel* mit hohem Geh. an organ. Stoffen gewonnen. Die Kompostierung der Abfallstoffe wird erheblich beschleunigt. — Vorrichtung. (**A. P. 2 823 106** vom 1/9. 1954, ausg. 11/2. 1958.) H. KARST. 6295

E. I. du Pont de Nemours & Co., Wilmington, übert. von: **Donald S. Acker**, Brookside Park, Del., V. St. A., *Pyrimidinverbindungen* der allg. Formel **I** [X = Cl oder SH; Y = H oder CH_3; Z = heterocycl. O oder S enthaltender, über C gebundener Fünfring; n = 1—4] werden erhalten durch Rk. von 4-Chlor- bzw. 4-Mercaptopyrimidin mit einem entsprechenden heterocycl. Amin. — Beispiel: Ein Gemisch von 43,2 (Teilen) Dithiouracil u. 100 Furfurylamin (**II**) werden 6 Std. auf 100° erhitzt. Dann wird mit A. der Überschuß an **II** gelöst. Das Unlösliche wird abfiltriert, in verd. Alkalilauge gelöst u. mit CH_3COOH gefällt → *4-Furfurylamino-2-pyrimidinthiol*, aus A., F. 242—244°. — Analog werden folgende *Pyrimidinverbb.* hergestellt: *4-Furfurylamino-2-chlor-*, F. 116—117,5°. — *2-Furfurylamino-4-chlor-*, F. 79—80°. — *4-Tetrahydrofurfurylamino-2-thiol-*, aus A., F. 230—231°. — *4-Thenylamino-2-thiol-*, aus A., F. 229—231°. — *6-Methyl-4-furfurylamino-2-thiol-*, aus Dimethylformamid, F. 220° (Zers.). — *6-Methyl-4-(3'-methyl-2'-thenylamino)-2-thiol-*, aus Dimethylformamid, F. über 240° (Zers.). — *6-Methyl-4-(5'-methyl-2'-thenylamino)-2-thiol-*, aus Dimethylformamid/Essigsäureäthylester, F. 240° (Zers.). — *Pflanzenwuchsmittel.* (**A. P. 2 844 578** vom 14/9. 1955, ausg. 22/7. 1958.) H. BRÄUCKER. 6297

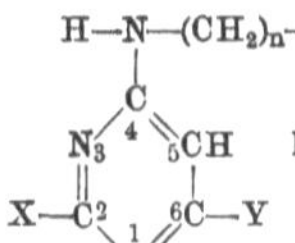

I

Allied Chemical & Dye Corp., New York, übert. von: **Everett E. Gilbert**, Flushing, N. Y., und **Sager Tryon**, Claymont, Del., V. St. A., *Chlorphenoxyalkancarbonsäuren* (**I**). Man setzt ein Alkalisalz einer niedrigmol. Chlorfettsäure, wie Chloressig-, α-Chlorpropion- oder α-Chlorbuttersäure, mit einem Alkalisalz eines Chlor- oder Polychlorphenols, wie 2.4-Dichlor-, 2.4.5-Trichlor- oder 4-Chlor-o-kresol, in Ggw. eines inerten organ. Lösungsm. um. Bes. eignen sich prim. u. sek. Alkohole mit einem Kp. > 100°, wie n-Amyl-, n-Butyl-, n-Hexylalkohol, 2-Äthylhexanol u. Äthylenglykol, da diese Alkohole ein hohes Lösungsvermögen für Alkaliphenolate u. geringes Lösevermögen für Alkalisalze von I haben. Sie dienen daher als selektive Lösungsmittel zur Entfernung von nicht umgesetztem Alkaliphenolat aus dem Reaktionsprodukt. Andere Lösungsmittel, die als Reaktionsmedium dienen können, sind Diisobutylketon, Dibutyläther, Anisol, o-Dichlorbenzol u. Trichlorbenzol. Nach beendeter Rk. erhält man I durch Ansäuern. — *Mittel zur Regulierung des Pflanzenwachstums.* (**A. P. 2 830 083** vom 29/4. 1953, ausg. 8/4. 1958.) R. SCHWECHTEN. 6297

Monsanto Chemical Co., St. Louis, Miss., V. St. A., *Herbicide*, enthaltend eine Verb. der Formel **I**, in der R ein Alkylrest mit 5—9 C-Atomen, Y, Y' u. Y'' Phenyl- oder Alkylreste mit 1—5 C-Atomen bedeuten, wobei nicht mehr als eines der Glieder Y, Y' u. Y'' C_6H_5 ist. Man erhält die Wirkstoffe, indem man die entsprechenden Aralkylbenzylchloride mit Trialkylaminen oder Phenyldialkylaminen reagieren läßt. (**It. P. 496 240** vom 31/10. 1952.) K. KOEBKE. 6313

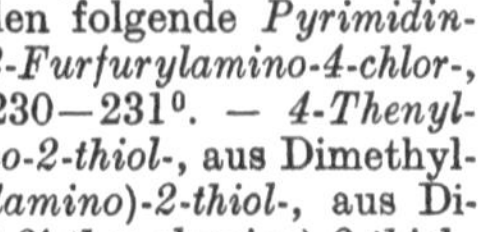

Dow Chemical Co., Midland, Mich., übert. von: **Mona Phyllis Doerner**, Walnut Creek, Calif., V. St. A., *1-Brom-2.3-butandion* (**I**) u. dessen *3-Oxim* (**II**). 6 (Mol) 2.3-Butandion geben mit 4 Br_2 bei 0—30°, bes. 20—30°, **I**, $Kp._{4,1}$ 54°; viscose gelbe Fl.; Ausbeute 51%; aus 1,85 davon u. 1,85 Hydroxylaminhydrochlorid in Ggw. von 0,75 Na_2CO_3 in 700 cm^3 W. bei 0—20, bes. 0—10°, u. p_H 4—6 → **II**, F. 86—87°; Ausbeute 83%. — *Zwischenprodukte.* **II** ist *herbicid*, *bakterizid* u. *fungicid* wirksam, bes. gegen *Rhizoctonia sp.* (**A. P. 2 821 555** vom 7/1. 1957, ausg. 28/1. 1958.) G. KRAUSS. 6313

Monsanto Chemical Co., St. Louis, Mo., übert. von: **Arthur H. Schlesinger**, Dayton, Ohio, V. St. A., *α.α'-Oxy-bis-(N-substituierte)-arylacetamide* der allg. Formel

Y—N(Y')COCH(R)—O—CH(R)CON(Y')—Y (R = Phenyl, das 1—2 Substituenten, wie Alkyl mit 1—5 C-Atomen, NO_2 oder Cl enthalten kann; Y u. Y' = KW-stoffrest mit 1—12 C-Atomen, Alkoxyalkyl mit 2—12 C-Atomen, Dialkylaminoalkyl mit 4—12 C-Atomen, Furfuryl; Y' = auch H; beide können zusammen mit dem N auch einen heterocycl. Ring mit 4—9 C-Atomen bilden) erhält man durch Kondensation eines Arylacetylhalogenids der allg. Formel R—CH(Cl)COCl mit einem Amin der allg. Formel Y—NH—Y' in Ggw. von wss. Alkalien, erforderlichenfalls auch eines Lösungsm. (CCl_4, Ae., Hexachloräthan, Hexan, Kerosin), bes. bei —20° bis zur Rückflußtemperatur. — Aus 0,2 (Mol) Diallylamin in 150 cm³ CCl_4 u. 0,21 α-Chlorphenylacetylchlorid in Ggw. von 20% ig. wss. NaOH bei —10° → *α.α'-Oxy-bis-(N.N-diallylphenylacetamid)*, $C_{28}H_{32}N_2O_3$, $Kp._{28}$ 192 bis 198°; n_D^{25} 1,5350; eine 0,1% ig. Lsg. verhindert das Wachstum von *M. pyogenes var. aureus.* — N-Furfurylamin + α-Chlorphenylacetylchlorid → *α.α'-Oxy-bis-(N-furfurylphenylacetamid)*, $C_{26}H_{24}N_2O_5$, F. 99—100°. — 3-Methoxypropylamin → *α.α'-Oxy-bis-[N-(3-methoxypropyl)-phenylacetamid]*, $C_{24}H_{34}N_2O_5$, $Kp._3$ 167—173°; n_D^{25} 1,5257; eine 0,2% ig. Lsg. tötet *Milben.* — N.N-Diäthyl-1.3-propandiamin → *α.α'-Oxy-bis-[N-(3-diäthylaminpropyl)-phenylacetamid]*, $C_{30}H_{46}O_3N_4$, $Kp._3$ 185—192°; n_D^{25} 1,5182, eine 0,2% ig. Lsg. tötet die Larven des *mexikan. Bohnenkäfers.* — Morpholin → *α.α'-Oxy-bis-[N-(phenylacetyl)-morpholin]*, $C_{24}H_{28}N_2O_5$, aus Ae. F. 70—71°; Ausbeute 67%. — Cyclohexylamin → *α.α'-Oxy-bis-(N-cyclohexylphenylacetamid)*, $C_{28}H_{36}O_3N_2$, F. 139—148°; wirksam gegen *Pilzsporen* von *Stemphyllium sarcinaeform.* — Diisobutylamin → *α.α'-Oxy-bis-(N.N-diisobutylphenylacetamid)*, $C_{32}H_{48}O_3N_2$, $Kp._3$ 152—157°; n_D^{25} 1,5042. — tert.-Butylamin → *α.α'-Oxy-bis-(N-tert.-butylphenylacetamid)*, $C_{24}H_{32}O_3N_2$, aus Ae., F. 116 bis 117°. — α-Chlor-p-tolylacetylchlorid + Difurfurylamin → *α.α'-Oxy-bis-(N.N-difurfuryl-p-tolylacetamid)*. — N-(2-Äthoxyäthyl)-furfurylamin + α-Chlor-4-chlorphenylacetylchlorid → *α.α'-Oxy-bis-(N-2-äthoxyäthyl-N-furfuryl-4-chlorphenylacetamid)*. — N-Phenylfurfurylamin + 3.4-Dichlorphenylacetylchlorid → *α.α'-Oxy-bis-(N-phenyl-N-furfuryl-3.4-dichlorphenylacetamid)*. — *α.α'-Oxy-bis-[N-(2-tolylacetyl)-piperidin]*. — Pyrrol → *α.α'-Oxy-bis-[N-(4-chlorphenylacetyl)-pyrrol]*. — Pyrrolidin + 3-Nitrophenylacetylchlorid → *α.α'-Oxy-bis-[N-(3-nitrophenylacetyl)-pyrrolidin]*. — Weitere Ausgangsstoffe sind: α-Chlor-α-[4-chlorphenyl]-, α-Chlor-3-nitrophenyl-, α-Chlor-α-[3.4-dichlorphenyl], α-Chlor-2.3-dinitrophenyl-, α-Chlor-α-[3-chlor-4-nitrophenyl]-, α-Chlor-2- oder -3.4-tolyl-, α-Chlor-3-isopropylphenyl-, α-Chlor-4-tert.-butylphenyl-, α-Chlor-4-n-amylphenyl-, α-Chlor-2.3-dimethylphenyl-, α-Chlor-α-[3-chlor-4-n-butylphenyl]-, α-Chlor-4-nitro-2-n-propylphenyl-, α-Chlor-α-[4-chlor-2-tolyl]-acetylchlorid; Äthylamin, Dimethylamin, N-Methyläthylamin, Isobutylamin, Di-n-amylamin, N-Äthyl-N-octylamin, n-Hexylamin, Didodecylamin, N-Butyl-N-decylamin, N-Methylallylamin, Di-2-butenylamin, Di-1-dodecenylamin, Dicyclohexylamin, Cyclopentylamin, N-Äthylcyclohexylamin, N-Butyl-4-methylcyclopentylamin, Anilin, 2-, 3- oder 4-Toluidin, 2.3-Xylidin, Mesidin, N-Äthylamin, Diphenylamin, Phenylcyclohexylamin, N-Phenylallylamin, 1-Naphthylamin, 3-Biphenylamin, Benzylamin, Phenyläthylamin, 1-Naphthalylmethylamin, N.N-Methylbenzylamin, 2-Methoxyäthylamin, Bis-(2-äthoxyäthyl)-amin, N.N-Butyl-2-propoxyäthylamin, Bis-[4-(2-äthylhexyloxy)-butyl]-amin, N-Cyclohexyl-2-methoxyäthylamin, N-Benzyl-2-decyloxymethylamin, N-(4-Isoamyloxybutyl)-allylamin. — *α.α'-Oxy-bis-(N.N-dimethylphenylacetamid)*. — *α.α'-Oxy-bis-(N-amyl-N-phenyl-4-tolylacetamid)*. — *α.α'-Oxy-bis-(N-tert.-dodecyl-3-nitrophenylacetamid)*. — *α.α'-Oxy-bis-(N.N-diallyl-4-chlorphenylacetamid)*. — *α.α'-Oxy-bis-(N-cyclohexylphenylacetamid)*. — *α.α'-Oxy-bis-(N.N-dibenzyl-4-chlor-3-nitrophenylacetamid)*. — *α.α'-Oxy-bis-(N-4-diphenylyl-4-äthylphenylacetamid)*. — *α.α'-Oxy-bis-[N-(2-phenyläthyl)-2.3-dimethylphenylacetamid]*. — *α.α'-Oxy-bis-(N-4-tolyl-4-tolylacetamid)*. — *α.α'-Oxy-bis-(N.N-di-2-butenylphenylacetamid)*. — *α.α'-Oxy-bis-(N.N-dicyclohexylphenylacetamid)*. — *α.α'-Oxy-bis-[N-(4-tert.-butylphenyl)-phenylacetamid]*. — *α.α'-Oxy-bis-(N-propargylphenylacetamid)*. — *α.α'-Oxy-bis-[N.N-bis-(2-äthylhexyl)-3.4-dichlorphenylacetamid]*. — *α.α'-Oxy-bis-(N.N-diamyl-4-chlor-3-äthylphenylacetamid)*. — *Insekticide, Fungicide* u. *Herbicide.* (**A. P. 2 769 818** vom 7/12. 1954, ausg. 6/11. 1956.) G. KRAUSS. 6313

A. M. Gyselinck, Gent, Belgien, *Fungicides Mittel,* bestehend aus Lsgg., Extrakten oder Destillaten von Eucalyptus globulus, Isopropyl-m-kresol (Thymol) u. Monomethyläther von Brenzcatechin (Guajacol). (**Belg. P. 535 030** vom 20/1. 1955, ausg. 21/11. 1958.) H. NEBELSIEK. 6313

Purdue Research Foundation, übert. von: **Earl T. McBee,** West Lafayette, und **James D. Idol jr.,** Lafayette, Ind., V. St. A., *Eine Verbindung der empirischen Formel $C_{10}Cl_{12}$* — farblose, nadelartige Kristalle, F. 221—223° — erhält man durch Rk. von Bis-(pentachlorcyclopentadienyl), $C_{10}Cl_{10}$ mit Cl_2 (bes. gasförmig) Cl_2 in Ggw. von nicht chlorierbaren Fll., wie CCl_4, Hexachlorbutadien oder Pentachloräthan, zweckmäßig unter Bestrahlung oder Erwärmen. Nach Abdest. des Lösungsm. wird der Rückstand z. B.

aus Bzl. umkrist., wobei die Verb. $C_{10}Cl_{12}$ erhalten wird. — *Schädlingsbekämpfungsmittel.* (**A. P. 2 849 499** vom 27/6. 1955, ausg. 26/8. 1958.) J. MÜHLEISEN. 6313

Monsanto Chemical Co., St. Louis, Mo., übert. von: **Gail H. Birum**, Dayton, Ohio, V. St. A., *Phosphonsäureester* der Formel R''SSRP(O)(OR')$_2$, worin R'' ein gesätt. 1—10 C-Atome enthaltender, gegebenenfalls durch Halogen oder NO_2-Reste substituierter KW-stoffrest, R' ein gegebenenfalls halogenierter niedriger Alkylrest u. R ein gesätt. 1—10 C-Atome enthaltender KW-stoffrest ist, erhält man durch Rk. eines Sulfenylchlorids oder -bromids der Formel R''SX mit einem Mercaptophosphonat der Formel HS—R—P(O)(OR')$_2$, wobei R, R' u. R'' die obige Bedeutung haben. Durck Rk. von Diäthyl-1-mercaptoäthylphosphonat mit p-Chlorbenzolsulfenylchlorid in Bzl. in Ggw. von Na_2CO_3 erhält man *Diäthyl-1-(p-Chlorphenyldithio)-äthylphosphonat*, gelbe Fl., n_D^{25} 1,5547; *Dibutyl-α-(trichlormethyldithio)-benzylphosphonat*, Kp.$_{0,2}$ 104^0. — *Insekticide.* (**A. P. 2 857 305** vom 30/12. 1955, ausg. 21/10. 1958.) J. MÜHLEISEN. 6313

AMAC, Paris, Frankreich, *Rattenbekämpfungsmittel.* Man schm. einen aus Bitumen gewonnenen, festen KW-stoff, ein pflanzliches oder tier. Fett, ein synthet. Fett oder ein synthet. fossiles Harz mit einem üblichen Köderstoff, wie Getreide, Fisch- oder Fleischstückchen, u. einem an sich bekannten Rattengift zusammen u. läßt das Gemisch in Formen zu handlichen Stücken erkalten. (**E. P. 797 171** vom 11/7. 1956, ausg. 25/6. 1958. F. Priorr. 11/7. u. 18/11. 1955.) H. NEBELSIEK. 6313

VIII. Metallurgie. Korrosion.

Thomas E. Gillingham, *Die Verbesserung neuzeitlicher Erzsuchverfahren durch Entdeckungen in vielen Ländern.* Beschreibung der in den letzten Jahren gemachten Entdeckungen von Erzvorkommen u. die dadurch geförderte ständige Verbesserung der Erzsuchverfahren. (Wld. Mining **12.** Nr. 5. 54—57. 25/4. 1959. Oxford, Pa.) W. WESLY. 6354

J. Eldon Gilbert und **Verne P. Haas**, *Cordero, die größte Hg-Mine von Nevada.* Vork. u. Abbau von *Zinnober*, Gewinnung von *Hg* im Röstofen u. Verdichtung des Hg-Dampfes. (Engng. Mining J. **160.** Nr. 3. 88—90. März 1959. Cordero Mining Co.) W. WESLY. 6354

Adam L. Wesner, *Flotation und magnetische Aufbereitung erregen 1958 die Aufmerksamkeit der Hüttenleute.* Fortschrittsbericht für 1958. (Wld. Mining **12.** Nr. 5. 57—63. 25/4. 1959. Columbus, Ohio, Battelle Mem. Inst., Minerals Benefication Div.) W. WESLY. 6360

D. P. Bogatzki und **G. G. Urasow**, *Wege zur chemischen Anreicherung und Verarbeitung der nicht anreicherbaren Nickelerzabgänge.* Es wird gezeigt, daß aus Ni-Erzabgängen, die nach den üblichen Verff. nicht angereichert werden können, Ni nach der von Vff. früher (vgl. C. **1958.** 2555; 13619) beschriebenen Meth. mit nachfolgendem Chlorierungsrösten bei 550^0 durch direkte Red. u. einmaliges Auslaugen der Schlacke mit W. gewonnen werden kann. (Журнал Прикладной Химии [J. angew. Chem.] **31.** 203—10. Febr. 1958.) OTTO MAIER. 6360

A. I. Ismodenow und **O. A. Latschko**, *Industrielle Untersuchungen über die Anreicherung der komplexen Erze des Wolkow-Vorkommens.* Die Unterss. über die Aufarbeitung der komplexen Wolkow-Erze in einer Anreicherungsfabrik ergaben die Möglichkeit, Konzentrate mit 16—20 (%) *Cu* (0,8 im Erz), 60—68 *Fe* u. 1,1 V_2O_5 (18,4 u. 0,34), 30 bis 39 P_2O_5 (5,46) zu gewinnen. — Die Erze werden auf die Korngröße 0,074 mm zerkleinert (ca. 78, 500 t/24 Std. unter 0,5 kg/t Sodazusatz), der Cu-Flotation [0,4 Na_2S, 0,06 Butylxanthogenat u. 0,07 (kg/t) Kresol], der Apatitflotation (0,5 Wasserglas, 0,5 Oleinsäure) u. der nassen magnet. Scheidung zur Gewinnung des Fe-V-Konzentrats unterworfen. (Цветные Металлы [Nichteisenmetalle] **32.** Nr. 1. 19—21. Jan. 1959.) H. TÜMA. 6362

F. Dunn und **H. J. Leyshon**, *Kupolöfen.* Übersicht. — 37 Literaturangaben. (Iron and Steel **31.** 632—36. 24/12. 1958. Brit. Cast Iron Res. Assoc.; Developm. Dep. u. Res. Dep.) M. GEHLEN-KELLER. 6370

F. Dunn, *Drehöfen.* Übersicht. 21 Literaturangaben. (Iron and Steel **31.** 637—38. 24/12. 1958. Brit. Cast Iron Res. Assoc.) M. GEHLEN-KELLER. 6370

K. H. Wright, *Flammöfen.* Übersicht. (Iron and Steel **31.** 639—42. 24/12. 1958.) M. GEHLEN-KELLER. 6370

F. S. Leigh, *Elektroöfen.* Übersicht. (Iron and Steel **31.** 643—46. 24/12. 1958. Birlec Efco (Melting) Ltd.) M. GEHLEN-KELLER. 6370

D. H. Houseman, *Einige Einflüsse auf den Elektrodenverbrauch in elektrischen Lichtbogenöfen.* Inhaltlich ident. mit der C. **1957.** 8053 referierten Arbeit. (Rev. Métallurgie **53.** 343—50. Mai 1956. Diskussion **54.** 626—28. Aug. 1957.) H. HOCHSTEIN. 6370

H. Netz, *Drahtglüh- und Vergüteöfen.* Übersicht. (Draht-Welt **44.** 361—63. Nov. 1958. München.) M. GEHLEN-KELLER. 6370

—, *Flexible furnace.* Beschreibung von Oberflächenerhitzern (*flexible furnace*), die ein aus keram. Stoffen bestehendes Flechtwerk aufweisen u. elektr. bis 1000° erhitzt werden können. (Aircraft Product. **21.** 222—23. Juni 1959. London, Electrothermical Engineering Ltd.) W. WESLY. 6370

G. Husson, G. Cohen de Lara und **R. Durand,** *Modelluntersuchung über den Strömungsvorgang im Siemens-Martin-Ofen, Bauart Maerz. Versuche mit vorgewärmtem Gas sowie Vergleich mit dem gewöhnlichen Siemens-Martin-Ofen und dem Terni-Ofen.* Inhaltlich ident. mit der C. **1957.** 8054 referierten Arbeit. (Rev. Métallurgie **53.** 411—25. Juni 1956. Diskussion **54.** 634—37. Aug. 1957.) H. HOCHSTEIN. 6370

Frank Hudson, *Zukünftige Entwicklung beim Schmelzen von Metallen.* Inhaltlich ident. mit der C. **1958.** 4609 referierten Arbeit. (Fonderie belge **28.** 113—16. 118. April. 154—62. Mai 1958.) K. HILLINGER. 6380

Paul A. Heller, *Fortschritte im Gießereiwesen im 1. Halbjahr 1958.* Überblick mit 93 Schrifttumsstellen. (Stahl u. Eisen **79.** 156—62. 5/2. 1959.) H. HOCHSTEIN. 6382

W. B. Parkes, *Das p_H von Gießereisanden.* Übersicht über Begriff, Messung, Einstellung des p_H-Wertes von Gießereisanden u. Einfl. von p_H-Schwankungen von Ton auf dessen Verhalten. (Bull. Foundry Abstr. Brit. Cast Iron Res. Assoc. **14.** 644—47. Jan. 1959. Brit. Cast Iron Res. Assoc.) W. WESLY. 6382

J. S. Turnbull, *Präzisionssandguß.* Ausführlicher Bericht mit zahlreichen Beispielen über das *Alphax*-Präzisionsgießverfahren. Die Vorteile des Präzisionsgusses werden herausgestellt u. auf die Wichtigkeit besseren Materials u. besserer apparativer Ausrüstung für die Modellherst. sowie des Vorhandenseins von reinerem, gasfreien fl. Metall hingewiesen. (Foundry Trade J. **105.** 621—31. 20/11. 1958.) K. HILLINGER. 6382

G. Ss. Petrow und **I. L. Derkowskaja,** *Bindemittel auf der Grundlage synthetischer Carbamidharze für die Gießerei.* Das durch gemeinsame Kondensation von *Harnstoff* (I), *Formaldehyd* (II) u. bei Behandlung von Holz mit Ca-Bisulfid anfallendem u. aufkonzentriertem Schlempegemisch (*Ca*-Salze von *Ligninsulfonsäuren* u. verschied. reduzierende u. mineral. Stoffe), bei p_H 7,5—8,5 u. 92—98° Arbeitstemp. erhältliche Versteifungsmittel (Bindemittel für Sandformen in der Gießerei) weist bessere technolog. bzw. physikal. -mechan. Eigg. auf als die bis jetzt verwendeten auf Basis von I—II-Harzen. Als optimales Verhältnis wird die Anwendung von 270 (Gewichtsteilen) II (als 37%ig. Lsg.), 175 Schlempe, 50 Triäthylenglykol u. 30 25%ig. NH_4OH auf 100 I angegeben. Eine Verlängerung der Kondensationsdauer von 30 auf 60 (bzw. auf 90) Min. führt zu geringer Zunahme des spezif. Gewichtes, Zunahme der Viscosität u. des Geh. an freiem II u. Abnahme des Geh. an Methylolgruppen, bei unverändertem Brechungsindex u. Geh. an Trockenrückstand. Das neue Bindemittel läßt sich gut lagern. Sein E. liegt zwischen —30 u. —35°. (Химическая Промышленность [Chem. Ind.] **1958.** Nr. 3. 27—29. April/Mai.) W. DAWYDOFF. 6382

G. Ss. Belouss und **D. A. Dudko,** *Ein neues Verfahren zur Herstellung von Formstücken und Gußstücken ohne Anguß mit Hilfe der Elektroschlackentränkung.* Eine Meth. des Gusses von Formstücken (bis 1,5 t) wird beschrieben, bei welcher das Metall in Stangenform im Schlackenbad direkt in der Form mittels elektr. Stromes geschmolzen wird. Dabei entfällt das für den Anguß nötige Metall, u. es werden Materialersparnisse bis zu 20% u. Energieersparnisse bis zu 50% gegenüber den üblichen Methoden erzielt. (Автоматическая Сварка [Automat. Schweissen] **11.** Nr. 8. 32—36. Aug. 1958. Akad. der Wiss. der UdSSR, Paton Inst. für Elektroschweißung.) H. TÜMA. 6382

Masayoshi Wada, Hiroshi Majima, Toshio Hashimoto und **Seiichi Koseki,** *Untersuchungen über die Erzaufbereitung von titanhaltigen Eisenseifen.* 2. Mitt. *Die Anwendung der Aufbereitung im starken Magnetfeld und grundlegende Erörterung über Zerkleinerung.* (1. vgl. C. **1959.** 11769.) Für die an einer Probe mit 23,60 (%) *Fe* u. 5,14 TiO_2 ausgeführten Zerkleinerungsverss. (Kugelmühle) wird eine Gleichung abgeleitet. Bei der magnet. Aufbereitung u. einer Feldstärke von 350 (7900—9000) Ø ergibt sich ein Konzentrat mit 60,3 (22,2) (%) Fe u. 13,6 (14,8) TiO_2 nach Entfernung der Gangart durch mechan. oder elektrostat. Trennung. Die günstigsten Werte mit 71,4 (%) Fe u. 94,3 TiO_2 erhält man bei einer Feldstärke von 12800 Ø. (Bull. Res. Inst. Mineral Dressing Metallurgy, Tohoku Univ. **11.** Nr. 1. 67—78. Juni 1955. [Orig.: japan.; Auszug: engl.]) W. WESLY. 6390

Masayoshi Wada, Hiroshi Majima, Toshio Hashimoto und **Seiichi Koseki,** *Untersuchungen über die Erzaufbereitung von titanhaltigen Eisenseifen.* 3. Mitt. *Die Kennwerte der Produkte der magnetischen Aufbereitung.* (2. vgl. vorst. Ref.) Kennwerte (chem. Zus., TiO_2—FeO_2—Fe_2O_3-Diagramm, magnet. Eigg., D. u. mkr. Beobachtung) von Prodd., die nach der Aufbereitung von Ti enthaltenden Fe-Seifen in Magnetfeldern von verschied.

Stärke anfallen. Die in Feldern von 350—9000 Ø aufbereiteten Prodd. werden im Diagramm durch Punkte dargestellt, die auf der Magnetit (I)–Ilmenit (II)-Verbindungslinie liegen. Die den Fraktionen des Roherzes entsprechenden Punkte werden von der FeO-Seite zur I—II-Verbindungslinie hin angeordnet. Die Beziehung zwischen Anfangsdurchlässigkeit u. Fe-Geh. der magnet. abgetrennten Fraktionen wird durch eine Exponentialfunktion (Verbindungslinie der I- u. Quarzpunkte) wiedergegeben. Mkr. Beobachtungen zeigen, daß die bei 350—1350 Ø abgetrennten Konzentrate 8—11 Vol.-% Fe_2O_3-II enthalten; der größere Teil des TiO_2-Geh. der Konzentrate befindet sich in fester Lsg. mit I. Der größte I (II)-Anteil wird bei 350—1350 (1350—5900) Ø gewonnen. Der Gangartanteil jeder der bei 1350—12450 Ø gewonnenen Fraktionen ist groß. (Bull. Res. Inst. Mineral Dressing Metallurgy, Tohoku Univ. **11.** Nr. 1. 79—88. Juni 1955. [Orig.: japan.; Auszug: engl.]) W. WESLY. 6390

K. H. Sargent, *Reinigen von eisenoxydhaltigem Hüttenrauch mit einem Sackfilter. Untersuchungen der British Oxygen Research & Development Ltd. in einer Versuchsanlage.* Die Verss., den durch die Verwendung von O_2-Lanzen in der Stahlindustrie entstehenden Eisenoxydstaub aus dem Hüttenrauch durch Sackfilter zu entfernen, führten zu günstigen Ergebnissen. Die Versuchsanlage u. das verwendete Filter werden beschrieben. — 20 Literaturangaben. (Iron Coal Trades Rev. **178.** 79—85. 9/1. 1959.) F. VIER. 6390

Bernard Basse, *Venturiskrubber zum Reinigen von Kupolofengasen.* Inhaltlich ident. mit der C. **1957.** 13467 referierten Arbeit. (J. Air Pollut. Control Assoc. **6.** 218—20. Febr. 1957.) M. GEHLEN-KELLER. 6390

Hiroshi Sawamura, *Bericht über die Herstellung von Schwammeisen in einheimischen japanischen Herden (Kaku-Gama und Nobori-Gama) während des zweiten Weltkriegs.* 6. Mitt. (5. vgl. C. **1950/54.** 42575.) Weitere Einzelheiten der Verff. zur Herst. von *Schwammeisen* in Öfen der Porzellanindustrie, bes. bei Mangel an geeigneten Kohlen für die Heizung. (Suiyokwai-Shi [Trans-Mining metallurg. Alumni Assoc.] **12.** 417—24. März 1955. Kyoto Univ. [Orig.: japan.; Ausz.: engl.]) L. SCHULER. 6394

R. Zoja, L. Peraldo Bicelli und **G. Gianasso,** *Über die Reduktion des Magnetit im Hochofen.* Unterss. an Probestücken von Magnetit aus den verschied. Zonen des Hochofens lassen 4 um einen zentralen Kern herumliegende konzentr. Zonen erkennen, die (von innen nach außen) aus Fe_3O_4, Fe_3O_4 + FeO, FeO, FeO + Fe u. Fe bestehen. Daraus wird gefolgert, daß zumindest für sehr poröses Material der Reduktionsvorgang durch die Diffusion des CO u. nicht durch die des Fe in der festen Phase bestimmt wird. (Metallurgia ital. **51.** 89—93. März 1959. Mailand, Politecnica, Ist. di Elettrochim., Chim. Fis. e Metallurgia, Centro Studi Naz. Cogne, Aosta.) K. RUMPF. 6400

Miklós Cseh, *Die Rolle des Mn- und S-Gehaltes in der Herstellung gesunder Eisenabgüsse.* Zur Verminderung des schädlichen S-Geh. kann der Mn-Geh. des Gußeisens erhöht werden, jedoch nur bis zu einer bestimmten Grenze. Das Erscheinen von Blasen unterhalb der Oberfläche der Gußstücke ist dem S- u. Mn-Geh., bes. aber der zu niedrigen Gußtemp., zuzuschreiben. Vf. bespricht diese Fehler u. nennt als Abhilfe höhere Gießtemp. durch Anwendung zeitgemäßen Heißluftkupolofen u. bas. Futter. (Kohászati Lapok **12** (**90**). Nr. 10. Öntöde **8.** 208—10. Okt. 1957.) J. PLANK. 6402

Nándor Hajtó, *Die Gefügediagramme des Gußeisens.* Vf. bespricht die metallurg. u. technolog. Faktoren, welche die Eigg. des Gußeisens beeinflussen, die auf diese bezogenen bekannten Gefügediagramme u. schließt mit der Bemerkung, daß ein die Wrkg. der Änderung sämtlicher Faktoren zusammenfassendes Diagramm schon darum nicht möglich ist, da viele Faktoren noch unbekannter Wrkg. sind. (Kohászati Lapok **12** (**90**). Nr. 10. Öntöde **8.** 211—22. Okt. 1957.) J. PLANK. 6402

Alojzy Jankowski, Jerzy Piaskowski und **Józef Kumor,** *Herstellungstechnik von Kugelgraphitgußeisen in abgedichteter Gießpfanne.* In das abgedichtete u. aufgeheizte Schmelzgefäß werden 1,5 t Gußeisen eingebracht u. durch Einführen von Mg- oder Elektronmetallstäben innerhalb 2 Min. in Kugelgraphitgußeisen übergeführt. Das Prod. hat erhöhte Festigkeitswerte: Bei perlit. Gefüge beträgt die Zugfestigkeit 59—68 (kg/mm^2) u. die Bruchdehnung 1,0—2,5 (%), bei ferrit. Gefüge 43—48 bzw. 16—24. Der Mg-Verbrauch steigt mit dem *S*-Geh. des Gußeisens u. beträgt 0,24—0,28% Mg bei 0,05 bis 0,125% S. Der Mg-Geh. des Fertigprod. beträgt 0,035—0,06%. (Przegląd Odlewnictwa **9.** 89—93. April 1959.) F. URBAN. 6404

Agostino Bargone und **Emile Alfred Hanne,** *Ergebnisse bei der Stahlerzeugung im 5 bis 6 Tonnen fassenden Rotationsofen „D. V. H. Lincar" bei basischer Auskleidung und Ölheizung.* Konstruktions-, Betriebs- u. Kostenbericht nach 400 Betriebsfüllungen (2000 t). (Metallurgia ital. **51.** Nr. 3. Atti Notizie **14.** 65—68. März 1959. Padua, Univ., Ist. di Chim. Industr.; Paris, Soc. Études & Exploitation Sidérurgique Buttrio.) K. RUMPF. 6408

B. M. Larsen, *Eine Bemerkung über die physikalische Chemie und die Praxis der Stahlerzeugung.* Am Beispiel der Abstichschlacken u. der Wrkg. der schäumenden Schlakken wird gezeigt, daß die prakt. Erfahrungen bei der Stahlerzeugung den Erkenntnissen der physikal. Chemie voraus sind. (Iron Coal Trades Rev. **178.** 269—70. 30/1. 1959. Monroeville, Pa., United States Steel Corp., Edgar C. Bain Labor. for Fundamental Res.) W. WESLY. 6408

Alfred Krüger, *Windgefrischte Stähle (Thomas-Stähle).* Übersicht über Herst., Eigg. u. Verwendung. (VDI-Z. **99.** 1604—10. 11/11. 1957. Hagen-Haspe.) W. WESLY. 6408

Mario Pujol Roig, *Beitrag zur Kenntnis der spanischen Stähle für Kugellager.* Überblick über die Anforderungen an Kugellagerstähle, die für ihre Verwirklichung geeigneten Maßnahmen u. Vgl. der span. mit ausländ. Stählen. (Rev. Ci. apl. **12.** 1—15. Jan./Febr. 1958. Barcelona, Inst. de Invest. técn., Secc. Metalurg. y Metalogr.) R. K. MÜLLER. 6408

G. Mayer und **R. H. Hickley,** *Die isothermische Umwandlung von einsatzgehärtetem 2% igem Nickel-Molybdänstahl.* Von 5 Stählen mit C-Gehh. von 0,15—0,84% entsprechend den C-Gehh. in den verschied. Einsatztiefen werden die Zeit-Temp.-Umwandlungsdiagramme angegeben. Ein höherer C-Geh. verzögert den Beginn der Umwandlung, beschleunigt ihren Ablauf im Perlitgebiet, aber verzögert ihn im Bainitbereich. Temperaturänderungen für die Bldg. des Austenits im Bereich von 770—915° haben keinen Einfl. auf die Ausbldg. der Diagramme. Angaben über die Festigkeitseigg. des Kernwerkstoffes. — 11 Literaturangaben. (Metallurgia [Manchester] **52.** 236—39. Nov. 1955. Mond Nickel Co. Ltd.) K. STEIN. 6410

L. W. Wolobujew und **W. W. Gawranek,** *Der Einfluß von Niob auf die Anlaßsprödigkeit von manganhaltigem Stahl.* Der Zusatz von Nb zu einem Stahl mit ca. 1,5 bis 2,3% Mn erniedrigt stark seine Neigung zur Anlaßsprödigkeit. Der günstigste Nb-Geh. beträgt hierbei ca. 0,25%. Bei einem Geh. von ca. 0,20—0,48% erhöht Nb die Kerbschlagzähigkeit des Mn-haltigen Stahles bei Tempp. unter 0°. Mn-Stähle mit 0,4—0,5% C, die durch ihre Neigung zur Anlaßsprödigkeit gek. sind, zeigen nach zweimaligem Beizen die Grenzen des Austenitkornes; an diesen Grenzen sind Carbide gelagert. Bei Stählen mit einem geringeren C-Geh. fehlen diese Korngrenzencarbide prakt., doch liegt dann eine erhöhte Konz. der festen Lsg. vor. Mn-Stähle mit Nb-Geh. neigen bei derselben Beizzeit nicht zur Anlaßsprödigkeit u. zeigen keine Korngrenzen des Austenits. Der Nb-Zusatz erweitert für die Mn-Stähle ihre Verwendung im Maschinenbau. (Металловедение и Термическая Обработка Металлов [Metallkunde therm. Metallbearb.] **1959.** Nr. 2. 28—33. Febr. Charkow, Polytechn. Inst.) H. HOCHSTEIN. 6410

W. Steven und **D. R. Thorneycroft,** *Veränderungen der Umwandlungskennzeichen in Proben eines legierten Stahles.* (Iron and Steel **31.** 274—84. 21/5. 1958. Diskussion 295—97. — C. **1958.** 9606.) M. GEHLEN-KELLER. 6410

E. Smith und **J. Nutting,** *Das Anlassen von niedriglegierten Cr-Mo- und V-haltigen kriechfesten Stählen.* (Iron and Steel **31.** 226—35. 21/5. 1958. — C. **1958.** 7882.) M. GEHLEN-KELLER. 6410

—, *Carbidausscheidung.* Diskussion zu vorst. referierter Arbeit von **Smith** u. **Nutting** u. zu der C. **1959.** 2271 referierten Arbeit von **Seal** u. **Honeycombe.** (Iron and Steel **31.** 285—89. 21/5. 1958.) M. GEHLEN-KELLER. 6410

G. Je. Ssokolowa, *Erhöhung der Qualität der Bleikonzentrate in der Aufbereitungsfabrik Mirgalimsai.* Durch Laboratoriumsprüfungen wurde ermittelt, daß in der Mirgalimsai-Anreicherungsfabrik der Pb-Geh. des Konzentrats von ursprünglich 35—36% Pb auf >50% erhöht werden kann, falls ein Zusatz von Cyanidschmelze erfolgt. — Das neue Arbeitsschema enthält eine dreifache Flotation (Trübe 1:5, 20 Min. Flotationszeit, 250 g/t Cyanidschmelze, 50 g Xanthogenat, 20 g Phenol, bei der weiteren Flotation erneute Zugabe von 750 g/t Cyanidschmelze). Nach Verdichten der Trübe (1:3) wird ein weiteres Zwischenprod. mit 20% Pb erhalten. Zus. des Konzentrats: 57 (%) *Pb*, 2,2 *Zn*, 0,57 *Cu*, 5,8 *Fe*, 16,1 Gesamt-S, 2,4 *BaO*, 951,2 g/t *Ag* u. 0,4 g/t *Au* werden in das 3. Konzentrat übergeführt. (Цветные Металлы [Nichteisenmetalle] **32.** Nr. 1. 21—27. Jan. 1959.) H. TŮMA. 6430

—, *Die Säurezahl der Schlacken und ihre Anwendung in Gießereien für Kupferlegierungen.* Übersicht über Begriff u. Best. der SZ. von Mischungen von geschmolzenen Metalloxyden, die physikal.-chem. Aufgaben der Schmelzmittel, ihre Eigg. u. Anwendung bei der Herst. von Cu-Legierungen. (Fonderie **1956.** 515—19. Dez. **1957.** 34—37. Jan.) W. WESLY. 6432

W. Betteridge, *Die Behandlung der für Sonderanwendungen bestimmten Nimonic-Legierungen.* Für bes. Verwendungen bestimmte Nimonic-Legierungen mit 0,07—0,12 (%)

0—17 *Co*, 20 *Cr*, 2,4—3,0 *Ti*, 1,2—1,8 *Al*, Rest *Ni* zeigen erhöhte Dehnung vor dem Kriechbruch, wenn man sie bei 650—900° einer Überalterung aussetzt. Die für Anwendung bei ca. 500° erwünschte erhöhte Festigkeit erhält man durch geeignete Kombination von Gitterverformung u. Ausscheidungshärtung; erstere erzielt man durch Warm- oder Kaltverformung. (Metal Treatment Drop Forging **26.** 45—52. Febr. 1959. Mond Nickel Co., Ltd.) W. WESLY. 6434

Claude Mascré und **André Lefebvre,** *Praktische Verfahren zur Entgasung von Leichtlegierungen.* Übersicht über die Verff. zur Entgasung von Schmelzen von Leichtmetalllegierungen durch natürliche Entgasung, Durchleiten von N_2 u. von C_2Cl_6. (Fonderie **1956.** 496—508. Dez.) W. WESLY. 6442

W. M. Babkin, *Der Einfluß des Anlassens auf die Struktur und die mechanischen Eigenschaften der Legierung ML 5-T 4.* Ein Anlassen bei 200—350° mit einer Dauer von 4 Std. sowie ein 1std. Anlassen bei 275—350° führt zu einer starken Verringerung der mechan. Eigg. von der zuvor gehärteten Mg-Legierung *ML 5-T 4* mit 8,3 (%) *Al*, 0,5 *Zn*, 0,3 *Mn* u. 0,001 *Be*. Gegenstände aus einer auf solche Tempp. erhitzen *ML 5-T 4*-Legierung müssen zwecks Wiederherst. ihrer Eigg. auf den Ausgangszustand nochmals abgeschreckt werden. Eine Dauererhitzung (4 Std.) bei 20—175° u. 400—415° u. auch eine kurzzeitige Erwärmung (1 Std.) im Bereich 0—225° u. 400—415° ergeben keine wesentliche Festigkeitsveränderungen der Mg-Legierung. Die in diesen Bereichen behandelten Gegenstände weisen dieselben Eigg. wie nach der Abschreckung auf u. benötigen daher keine zusätzliche Wärmebehandlung. (Металловедение и Термическая Обработка Металлов [Metallkunde therm. Metallbearb.] **1959.** Nr. 2. 45—49. Febr.) H. HOCHSTEIN. 6444

O. Dimitrov und **Ph. Albert,** *Über die Rekristallisation des nach dem Zonenschmelzverfahren hergestellten Aluminiums.* Durch Röntgenstrahlbeugung u. elektr. Leitfähigkeitsmessung ist die Rekristallisation bei tiefer Temp. von Reinstaluminium, das nach dem Zonenschmelzverf. hergestellt worden ist, nachgewiesen worden. Zur mikrograph. Unters. dieser Rekristallisation wird ein elektrolyt. Polieren u. eine anod. Oxydation des Al bei —60° vorgenommen. Auch werden mikrograph. Aufnahmen des Al nach dem Zonenschmelzen während seiner Rekristallisation bei verschied. Tempp. (—52, —48 u. —38°) erhalten. (Rev. Métallurgie **56.** 267—71. 3 farbige Tafeln. März 1959.) H. HOCHSTEIN. 6446

G. Ogiermann und **H. Weik,** *Beitrag zum Einfluß der Glühatmosphäre auf die Oxydation von Zinkpulver.* Glühatmosphäre u. Pulverkorngröße beeinflussen die Oxydation von Zn-Pulver in starkem Maße, wie durch Gewichtsbest. festgestellt werden konnte. Die Glühung an Luft bewirkt eine wesentlich stärkere Oxydation als an N_2 mit 2,5% O_2, wobei der Effekt bei feinkörnigem Pulver am stärksten ist. Der oxydationshemmende Einfl. des N_2 dürfte mit der Rißbldg. in Zusammenhang stehen, die einen ungehinderten Kontakt des O_2 mit dem Zn ermöglicht. (Metalloberfläche **12.** 199—201. Juli 1958. Frankfurt/M., Battelle-Inst. e. V.) F. VIER 6474

A. Keil und **W. Merl,** *Über das Schweiß- und Abbrandverhalten von Unterbrecherkontakten aus Silbergraphit.* Entscheidend für den Abbrand von Ag-Graphitwerkstoffen ist ihr Graphitgehalt. Seine Verdoppelung ergibt einen 10—12fach höheren Abbrand. Zwischen Abbrand u. den physikal. Eigg., wie Dichte, Härte u. elektr. Leitfähigkeit, besteht kein unmittelbarer Zusammenhang. Durch 2maliges Sintern konnte die Lebensdauer der Kontakte um 100—120% verlängert werden, ohne daß ihre Schweißfestigkeit herabgesetzt wurde. (Metall **12.** 619—22. Juli 1958. Pforzheim, Platinschmelze Dr. E. Dürrwächter-DODUCO-KG.) F. VIER. 6474

Bohdan Šesták, *Beitrag zur Untersuchung von Austenitumwandlungen bei langsamer Abkühlung.* Mittels eines Dilatometers (7 Abbildungen u. Skizzen) wird auf Grund der Längenänderungen beim kontinuierlichen Abkühlen das Diagramm der Austenitumwandlung bestimmt. Ausführliche Beschreibung des Instrumentes u. seiner Handhabung. Die Messungen können noch bei Abkühlungsgeschwindigkeiten von 10°/Sek. ausgeführt werden. Vollständiges Diagramm der Austenitumwandlung bei langsamer Abkühlung von ledeburit. POLDI-2002-Stahl (1,94 C, 12,18% Cr). (Hutnické Listy **11.** 299—307. Mai 1956. Praha, Fysik. úst. ČSAV.) E. ROTTER. 6480

W. Stauffer und **A. Keller,** *Durchführung von Zeitstandversuchen im Vielstabofen mit kleiner Stabform.* Langzeitige Unterss. haben gezeigt, daß wesentliche Unterschiede zwischen den Ergebnissen von Dauerstandverss. u. dem Langzeitverh. auftreten können. Daher hat sich der mit mehreren Chargen, vielen Probestäben u. auf lange Dauer ausgeführte Zeitstandvers. eingebürgert. Hierzu dient ein im einzelnen beschriebenes Verf., das mit Probestäben von 5 mm Durchmesser u. 32 mm Länge arbeitet. — Beispiele. (Schweiz. Arch. angew. Wiss. Techn. **22.** 319—33. Okt. 1956. Zürich, Escher Wyss A.-G.) W. WESLY. 6480

A. K. Borissowa und **W. A. Ssolz,** *Messung des Elastizitätsmoduls von Federlegierungen an dünnen Proben.* Für die Best. des Elastizitätsmoduls von blech- u. bandförmigen Federwerkstoffen aus den Sonderstahllegierungen *N 36 ChTJu* u. *N 35 ChMW* mit einer Stärke von 1 mm wird die von RIPP u. MATWEJEWA (Заводская Лаборатория [Betriebs-Lab.] **18.** [1952.] 5) beschriebene Vorr. empfohlen, doch für Blech mit einer Stärke von 0,1 bis 0,3 mm kommt die von GEWONDJAN entwickelte Vorr. (Best. der E-Moduls nach dem Verf. der reinen Biegung) zur Anwendung. Hierbei hängt der E-Modul von dem Verformungsgrad u. der Wärmebehandlung der beiden Legierungen ab. Mit einer Erhöhung des Verformungsgrades fällt der E-Modul, beim Anlassen des verfestigten u. gehärteten Werkstoffes nimmt er zu. (Заводская Лаборатория [Betriebs-Lab.] **24.** 70—74. 1958. Zentr. Wiss. Forsch.-Inst. für die Eisenmetalle.)
H. HOCHSTEIN. 6480

Ch. A. Kuldma, *Über den Einfluß der Belastungsfrequenz auf die Ermüdungsfestigkeit von Stählen bei Überbelastungen.* Die Ermüdungsfestigkeit von Stählen kann durch die Frequenz von Überbelastungen verschieden beeinflußt werden. Bei glatten Stücken von Stahl 45 wird Zunahme der Ermüdungsfestigkeit auf das 4,5fache festgestellt, bei der gleichen Spannungsamplitude nimmt sie bei eingeschnittenen Stücken von *Stahl 30 Ch* um über das 5,5fache ab. (Заводская Лаборатория [Betriebs-Lab.] **23.** **594—96.** 1957. Tallinn, Polytechn. Inst.) R. K. MÜLLER. 6480

N. P. Skrjabin, *Neues Verfahren zur Untersuchung der Metallverformung.* Die Verarbeitung von Metallen durch Druck ist mit der Entstehung einer starken Ungleichförmigkeit in der Verteilung der Spannungen u. Verformungen über den Querschnitt des verformten Körpers verbunden. In Zusammenhang damit wird ein neues Verf. zur Unters. des Verformungsprozesses von Metall ausgearbeitet, das auf der Verwendung zusammengesetzter Pb-Proben, die mit der WOODschen Legierung oder Sn zusammengelötet sind, beruht. Die Anwendung des Verf. u. seine Auswertung werden an einem quadrat. oder oval ausgewalzten Metall beschrieben. (Заводская Лаборатория [Betriebs-Lab.] **24.** 82—83. 1958. Uraler Forsch.-Inst. für Eisenmetalle.)
H. HOCHSTEIN. 6480

H. Harris, *Druckbehälter und das Problem des Sprödbruches.* Die neuesten Erkenntnisse über Sprödbruch bei Druckbehältern werden erörtert. Sprödbruch ist an folgende Voraussetzungen gebunden: a) Innere Schweißspannungen, b) Werkstoffehler, die Ausgangspunkt der Risse sein können, c) niedrige Temperatur. Bei Betrachtung der Beanspruchung durch Strahlung in Reaktoren werden die weiteren Gefahren erläutert. Beim heutigen Stand unserer techn. Erfahrung u. bei Beachtung der nötigen Sorgfalt sind aber Fehler vermeidbar. (Metallurgia [Manchester] **58.** **213—17.** Nov. 1958.) K. STEIN. 6480

H. D. Schulz-Methke, *Glanzmessung und ihre Anwendung in der metallverarbeitenden Industrie.* (Vgl. C. **1959.** 5288.) Übersicht über Grundzüge, Verff. u. Geräte zur Glanzmessung. (Industrie-Anz. **78.** 489—90. 27/4. 1956. Berlin.) W. WESLY. 6480

B. R. Evans, *Das Kathodenstrahlen-Oscilloskop. Seine Anwendung in der Metallurgie.* Grundzüge, Bau u. Anwendung des Kathodenstrahlenoscilloskops zur zerstörungsfreien Werkstoffprüfung u. Sortierung. (Metal Treatment Drop Forging **26.** 53—59. Febr. 1959. Wolverhampton and Staffordshire Coll. of Technol., Electr. Engng. Dep.)
W. WESLY. 6480

Howard E. Boyer, *Der metallographische Gesichtspunkt.* 10. Mitt. *Die Einwirkung der Wärmebehandlung auf normale Kohlenstoffschmiedestücke.* (8. u. 9. vgl. C. **1958.** 649.) Die bei der Wärmebehandlung von Stahl (0,47% C) in den verschied. Stadien auftretenden Strukturen werden in Abbildungen wiedergegeben u. erläutert. (Steel Processing **41.** 315. 323. Mai 1955.) W. WESLY. 6482

H. E. Boyer, *Der metallographische Gesichtspunkt.* 12. Mitt. *Härtbarkeit und ihre Bedeutung.* (10. vgl. vorst. Ref.; 11. vgl. C. **1958.** 649.) Übersicht über Begriff u. Messung der Härtbarkeit u. die in Profilen von Werkstücken aus verschied. Stahlsorten auftretenden Härteschwankungen. (Steel Processing **41.** 432. Juli 1955.) W. WESLY. 6482

H. E. Boyer, *Der metallographische Gesichtspunkt.* 13. Mitt. *Härtbarkeit — Verbindungsprüfung.* (12. vgl. vorst. Ref.) Beschreibung der Endabschreckungsprobe (ASTM Specification A 255-48 T) zur Best. der Härtbarkeit. (Steel Processing **41.** 501—02. Aug. 1955.) W. WESLY. 6482

Howard E. Boyer, *Der metallographische Gesichtspunkt.* 14. Mitt. *Härtbarkeit.* (13. vgl. vorst. Ref.) Die Einfll. des C-Geh. sowie des Geh. an Legierungselementen von verschied. *Stählen* auf deren Härte werden in Diagrammen wiedergegeben u. erläutert. (Steel Processing **41.** 586. 597. Sept. 1955.) W. WESLY. 6482

H. E. Boyer, *Der metallographische Gesichtspunkt.* 15 Mitt. *Gefüge und Abschreckgeschwindigkeit.* (14. vgl. vorst. Ref.) Für die Bldg. von Martensit in unlegierten Stählen ist eine hohe Abschreckgeschwindigkeit Voraussetzung; andernfalls zers. sich der Austenit in mehrere andere Bestandteile, deren Art u. Menge von der Kühlgeschwindigkeit abhängen. Die bei verschied. Kühlgeschwindigkeiten entstehenden Gefüge eines Stahls mit 0,407% C werden in Abbildungen wiedergegeben. (Steel Processing **41.** 642. 671. Okt. 1955.) W. WESLY. 6482

H. E. Boyer, *Der metallographische Gesichtspunkt.* 16. Mitt. *Härtbarkeit.* (15. vgl. vorst. Ref.) Die Einfll. der Restgehh. an *Ni, Cr* u. *Mo* auf die Härtbarkeit u. die Schwankungen der Anfangshärte u. der Härtbarkeit bei gleicher Zus. von C-Stählen werden in Diagrammen wiedergegeben. (Steel Processing **41.** 716—17. Nov. 1955.) W. WESLY. 6482

H. E. Boyer, *Der metallographische Gesichtspunkt.* 17. Mitt. *Die praktische Anwendung der Härtbarkeit.* (16. vgl. vorst. Ref.) Der Einfl. der Abkühlungsgeschwindigkeit beim Abschrecken von Stählen auf deren Härtbarkeit wird in Diagrammen wiedergegeben u. erläutert. (Steel Processing **41.** 774—75. Dez. 1955.) W. WESLY. 6482

H. E. Boyer, *Der metallographische Gesichtspunkt.* 18. Mitt. *Zu große Härtbarkeit.* (17. vgl. vorst. Ref.) Die mechan. Eigg. von wärmebehandelten *Stählen* sind hauptsächlich dem gebildeten Gefüge zuzuschreiben, wobei Legierungselemente nützlich sind. Die übermäßige Anwendung von Härtbarkeit erzeugenden Elementen (bes. von *Cr* u. *Mo*) bringt keinen Vorteil bzgl. der mechan. Eigg. u. kann sogar schädlich wirken. (Steel Processing **42.** 23—24. Jan. 1956.) W. WESLY. 6482

H. E. Boyer, *Der metallographische Gesichtspunkt.* 19. Mitt. *Die Metallographie von aufgekohlten Einsatzstählen.* (18. vgl. vorst. Ref.) Grundzüge, Zweck u. Ausführung der Aufkohlung von Stählen. (Steel Processing **42.** 100—01. Febr. 1956.) W. WESLY. 6482

H. E. Boyer, *Der metallographische Gesichtspunkt.* 20. Mitt. *Die Metallographie von aufgekohltem, einsatzgehärtetem Stahl vor der Härtung.* (19. vgl. vorst. Ref.) Das Gefüge u. die sich daraus ableitenden physikal.-mechan. Eigg. von aufgekohltem C-Stahl werden wiedergegeben. (Steel Processing **42.** 154. 167. März 1956.) W. WESLY. 6482

O. K. Teodorowitsch und **E. T. Katschkowskaja,** *Elektropolieren und Elektroätzung metallographischer Schliffe aus metallkeramischen Materialien auf der Grundlage von Eisen und Kupfer.* Beschrieben wird das Schema einer Sondervorr. zum elektrolyt. Polieren von Schliffen aus zwei- u. einphasigen metallkeram. Materialien mit Fe u. Cu als Legierungsgrundmasse. Zum Elektropolieren wird ein Elektrolyt verwendet, der aus 88% Orthophosphorsäure u. 12% Chromsäureanhydrid besteht. Die Schliffzubereitung erfolgt in üblicher Weise. Die Polierung wird bei 50—70° mit einer Stromdichte von 1,25 A/cm² u. einer Dauer von 2 Min. durchgeführt, wobei der Abstand Schliff (Anode)–Kathode 3—5 mm beträgt. Eine Verringerung der Stromdichte nach der Elektropolierung auf 0,05 A/cm² gibt die Möglichkeit, die Phasenkorngrenzen auf der Fe-Grundmasse heraustreten zu lassen. Die Haltezeit im Elektrolyten ändert sich in Abhängigkeit vom %-Geh. des im Fe gelösten Cu. Es wurde eine Mikrophotographie einer porösen Fe-Probe gezeigt, deren Ätzung in 10 Min. durchgeführt wurde. Angaben zur Herst. hochwertiger Mikroschliffe sowohl von porösen als auch dichten metallkeram. Zuss. auf der Grundlage Fe u. Cu werden in weiten Grenzen der Zus. gemacht. (Заводская Лаборатория [Betriebs-Lab.] **24.** 57—60. 1958. Inst. für Metallkeramik u. Sonderlegierungen der Akad. der Wiss. der UkrSSR.) H. HOCHSTEIN. 6482

Ju. B. Malewski, *Reagens zur elektrolytischen Ätzung von austenitischen Chrom-Nickel-Legierungen.* Zur elektrolyt. Ätzung von austenit. Stahllegierungen mit 18 (%) Cr, 8 Ni sowie 25 Cr, 20 Ni wird ein Elektrolyt vorgeschlagen, der aus einer an KCl gesätt. wss. Lsg. (300 g KCl auf 1 Liter W.) besteht. Beim Ätzen in diesem Elektrolyten löst sich der Austenit auf, doch bleiben die Carbid- u. die intermetall. Phasen ungelöst zurück. Eine Röntgenstrukturanalyse der abgesonderten Ndd. zeigt nur die Linien des Carbidtyps $Me_{23}C_6$ u. der σ-Phase. Eine deutliche u. gleichmäßige Ätzung wird bei einer Stromstärke von 0,013—0,020 A/cm² bei einer Klemmenspannung von 1,8—2,1 V u. einer Ätzzeit von 20—50 Sek. erhalten. Das vorgeschlagene Reagens kann bei den beiden genannten austenit. Legierungen auch zur Gefügeunters. nach der üblichen metallograph. Analyse verwendet werden. (Заводская Лаборатория [Betriebs-Lab.] **24.** 111—12. 1958. Paton-Inst. für Elektroschweißung der UkrSSR.) H. HOCHSTEIN. 6484

G. H. Fairtlough, *Die Anwendung von Polyäthylenglykolen in der Metallbearbeitung.* Übersicht über Eigg. u. Anwendung von Polyäthylenglykolen in der Metallbearbeitung. (Metalwork. Product. **103.** 861—62. 15/5. 1959. Shell Chemical Co., Ltd.) W. WESLY. 6490

Samuel Storchheim, *Einige Untersuchungen über die Befestigung von Al an Cu und von Al an Zr in festem Zustand.* Die früher (vgl. C. **1955**. 7307) ausgeführten Unterss. über die Befestigung von Al an Ni werden auf die Befestigung von *Al* an *Cu* u. an *Zr* fortgesetzt u. zeigen, daß die Befestigung von Al an Cu befriedigend verläuft. Die Bindungsfestigkeit zwischen Al u. Zr ist ausgezeichnet. — Diagramme. (J. Metals **7**. Trans. AIME **203**. 891—94. Aug. 1955. Diskussion J. Metals **8**. Trans. AIME **206**. 619. Mai 1956. Bayside, N. Y., Sylvania Electric Products, Inc., Atomic Energy Div.)
W. WESLY. 6490

Chiaki Asada, *Unsere Kenntnisse von Eisen und Stahl und deren Behandlungsverfahren.* 4. Mitt. (3. vgl. Denkiseiko [Elektr. Stahlherstell.] **25**. [1954.] 269.) Übersicht über die Härtungsverfahren. — 8 ausführliche Tabellen u. ca. 50 Diagramme. (Denkiseiko [Elektr. Stahlherstell.] **26**. 74—90. März 1955. [Orig.: japan.]) L. SCHULER. 6492

Andrej Havalda, *Einige theoretische und experimentelle Ergebnisse des Studiums der Wärmekinetik bei der automatischen UP-Schweißung.* Beschreibung des Einfl. der Temperaturkennwerte bzw. der Faktoren der Schweißparameter auf die eigentlichen Temperaturverhältnisse, bes. der Schweißnahtbeschaffenheit. (Schweißtechnik **6**. 7—12. Jan. 1956. SAV, Bratislava.) W. WESLY. 6506

I. N. Gerassimenko, *Lichtbogenschweißung von nichtrostendem Stahl mit kohlenstoffhaltigem Stahl.* Mitgeteilt werden die experimentellen Werte über den Einfl. der Untersuchungstemp. im Bereich 20—1300° auf die Festigkeit u. Verformbarkeit von aufgeschweißtem austenit. Stahl. Es werden Überlegungen über einen Zusammenhang zwischen den mechan. Eigg. des aufgeschmolzenen Metalles u. seiner Neigung zur Rißbldg. angestellt. Behandelt werden die grundsätzlichen metallurg. u. technolog. Besonderheiten des Schweißens von nichtrostendem Stahl mit unlegiertem C-haltigem Stahl, wobei bes. Angaben über die C-Diffusion in Verbindungen aus verschiedenartigen Stählen gemacht werden. Beim Zusammenschweißen eines unlegierten niedriggekohlten Stahles mit einem austenit. nichtrostenden Stahl [18 (%) Cr, 8 Ni, 0,09—0,1 C] werden zweckmäßig austenit. Elektrodendrähte mit 0,1 C, 18—22 Cr u. 12—14 Ni verwendet. Die Beständigkeit der Schweißverbindungen bei hohen Tempp., bes. bei Temperaturgefällen, ist sehr groß. (Автоматическая Сварка [Automat. Schweissen] **12**. Nr. 2. 59—65. Febr. 1959.) H. HOCHSTEIN. 6506

Je. N. Morosowskaja und **G. I. Parfessa**, *Einfluß der Abkühlungsgeschwindigkeit auf die Struktur des aufgeschmolzenen Metalls vom Typ 3Ch2W8.* Der Stahl *3Ch2W8* mit 0,28 (%) *C*, 2,57 *Cr*, 8,88 *W*, 0,35 *V* besitzt im aufgeschweißten Zustand eine Anzahl wertvoller Eigg., die durch das Feingefüge des aufgeschweißten Stahls bestimmt werden. Dieses Gefüge wird von der Ausgangstemp. des Grundwerkstoffes bestimmt. Bei einer Temp. unter 200° bildet sich die Struktur des Martensits mit großer Härte u. Sprödigkeit, während bei einer Temp. über 700° Perlit mit einer geringeren Härte u. unzureichender Verschleißfestigkeit entsteht. Die besten technolog. Eigg. besitzt ein Stahl, der bei einer voraufgehenden Vorwärmung des Grundwerkstoffs auf 300—600° aufgeschweißt ist u. eine Struktur aus nadelförmigem Troostit u. Martensit besitzt. Im Stahl *3Ch2W8* bestehen im aufgeschweißten Zustand die ausgeschiedenen, die Grundm. des Metalls verfestigenden Phasen aus legiertem Zementit, nämlich aus einem sehr beständigen Doppelcarbid $(Fe, W)_6C$, das noch mit *Cr* u. *V* legiert ist, sowie aus dem Wolframid Fe_3W_2. (Автоматическая Сварка [Automat. Schweissen] **12**. Nr. 2. 39—48. Febr. 1959. Paton-Inst. für Elektroschweißen der Akad. der Wiss. der UkrainSSR.)
H. HOCHSTEIN. 6506

J. Class, *Stand der Entwicklung nicht lösbarer Verbindungen von ferritischen und austenitischen Stählen.* Beschreibung der Herst., Zus. u. Eigg. von Ferrit–Austenit–Stahl-Schweißverbindungen in Form von glatten Rohren. — 43 Schrifttumshinweise. (Mitt. Vereinig. Großkesselbesitzer **1959**. 181—207. Juni. Ludwigshafen/Rh.)
W. WESLY. 6506

G. P. Sachatzki und **R. M. Schirokowski**, *Durchführung der Schweißung und der Wärmebehandlung von kohlenstoffhaltigen Drähten.* Verschied. Verff. des Schweißens von Seildraht werden überprüft u. dabei nachgewiesen, daß sie im Vgl. zur Widerstandsschweißung keine wesentlichen Vorteile bieten. Es ist bei der Widerstandsschweißung erforderlich, mit geringster Dauer zu arbeiten. Eine Wärmebehandlung nach der Schweißung ist zur Erzielung guter Festigkeitseigg. der Seildrähte entscheidend. Eine isotherm. Härtung auf sorbit. Gefüge erhöht die mechan. Eigg. der Schweißverbindungen des Seilstahldrahtes im Vgl. zu einer Normalisierung wesentlich. Entwickelt wird eine bes. Vorr., mit der automat. die Wärmebehandlung der Schweißverbindungen des Seildrahtes durchgeführt u. damit die Stabilität seiner mechan. Eigg. gewährleistet wird. (Автоматическая Сварка [Automat. Schweissen] **12**. Nr. 2. 76—86. Febr. 1959. Paton-Inst. für Elektroschweißen der Akad. der Wiss. der UkrainSSR.) H. HOCHSTEIN. 6506

Sakari Heiskanen und **Kaj Tikkanen,** *Untersuchung von Schweißen an ferritischen legierten Überhitzerrohren.* Unterss. an kaltgewalzten Überhitzerrohren mit (A) 1 (%) *Cr* + 0,4 *Mo*, (B) 5 Cr + 0,5 Mo, (C) 13,5 Cr mit Arcatom- u. Gasschweißung zeigen, daß meist Nacherhitzen der Schweiße auf 650—700° (ca. 5 Min.) genügt, um die Zähigkeit der Schweiße wesentlich zu erhöhen. Gasschweißen bewirkt Aufkohlung, Arcatomschweißen Entkohlen bis zu 10^{-2}%. Die Härte nimmt bei 5 Min. Nacherhitzen auf 700° im Falle A etwas ab, bei B u. C erheblich stärker; bes. bei B ist längeres Nacherhitzen erforderlich, um etwa die Härte des Grundmetalls zu erreichen. Der Unterschied ist mit geringer Martensitbldg. bei A, vollständiger Umwandlung von Austenit in Martensit bei B u. C zu erklären. Die Mikrohärte (VICKERS) der Gefügeelemente zeigt bei A starke Unterschiede: Bainit 260, probainit. Ferrit 230, properlit. Ferrit 160. (Jernkontorets Ann. **140**. 529—50. 1956.) R. K. MÜLLER. 6506

B. I. Medowar, A. N. Ssafonnikow und **R. O. Lenz,** *Hitzebeständigkeit geschweißter Verbindungen der Nickelchromlegierung vom Typ CH20N80T3Ju (EI437B).* Eine automat. elektr. Lichtbogenschweißung hitzebeständiger Legierungen auf Cr–Ni-Basis ermöglicht infolge Anwendung O-freier F-haltiger Flußmittel die Herst. von Schweißverbindungen mit hoher Warmfestigkeit. Beim Schweißen der Legierung *EI 437 B* [0,06 (%) *C*, 0,65 *Si*, 0,35 *Mn*, 19—22 *Cr*, 0,007 *S*, 0,015 *P*, 0,55—0,95 *Al*, 2,30—2,70 *Ti*, bis 1 *Fe*, Rest *Ni*] in einer Stärke von 10—20 mm unter Verwendung eines borfreien Drahtes *EI437A* unter einem F-haltigen Flußmittel beträgt die Festigkeit der Schweißverbindung nicht unter 80—85% der Dauerfestigkeit des Grundwerkstoffs. Infolge der Verwendung O-freier Flußmittel auf F-Grundlage erreicht die Dauerfestigkeit der Schweißnaht 0,9 des Wertes im Grundmetall. Die hohe Warmfestigkeit der Schweißverbindungen bei dieser Legierung mit einer Stärke bis zu 20 mm kann auch durch eine verkürzte Erwärmungsdauer bei der Abschreckbehandlung u. möglicherweise auch durch die Dauer der Alterung erreicht werden. Eine voraufgehende Verfestigung der Schweißverbindungen vor der Abschreckung führt zu einer geringen Verbesserung der Warmfestigkeit. (Автоматическая Сварка [Automat. Schweissen] **12**. Nr. 2. 3—19. Febr. 1959. Paton-Inst. für Elektroschweißen der Akad. der Wiss. der UkrainSSR.) H. HOCHSTEIN. 6506

H. W. Dettner, *Die elektrolytische Passivierung von Silber nach dem „Argalin"-Verfahren.* Es wird über ein neues elektrolyt. Passivierungsverf. für Ag berichtet, bei dem auf kataphoret. Wege auf der Ag-Oberfläche ein passivierender Film erzeugt wird, der transparent u. abriebfest ist. Es wird dabei mit der außerordentlich niedrigen Stromdichte von 0,005—0,02 A/dm² gearbeitet. (Metalloberfläche **12**. 197—99. Juli 1958. Berlin-Wannsee.) F. VIER. 6528

Dietrich Horstmann, *Der Angriff eisengesättigter Zinkschmelzen auf titanhaltiges Eisen.* Der Angriff Fe-gesätt. Zn-Schmelzen auf Fe wird durch einen Ti-Geh. im Fe verstärkt. Ebenso wie beim Angriff auf Weicheisen erfolgt der Angriff auch bei Ti-haltigem Fe nach zwei verschied. Zeitgesetzen, einem parabelförmigen Zeitgesetz bei niedrigen u. hohen Tempp. sowie einem geradlinigen Zeitgesetz in dem dazwischenliegenden Temperaturgebiet um 500°. Dieses Temperaturgebiet wird durch Ti nach höheren u. tieferen Tempp. aufgeweitet. Die Größe des Angriffs wird in den Temperaturbereichen, wo das parabelförmige Zeitgesetz gilt, durch die Diffusion in der Γ-Schicht bestimmt. (Arch. Eisenhüttenwes. **29**. 731—35. Dez. 1958. Düsseldorf, MPI für Eisenforschung.) H. HOCHSTEIN. 6538

Takeshi Takei, Kazuo Hirayama, Toshio Miura und **Eiichi Watanabe,** *Untersuchung über die Verwendung von nach dem Krollverfahren hergestelltem geringhaltigem Titanschwamm.* 1. Mitt. *Säurefestigkeit.* Es wurde das Korrosionsverh. von reinem Ti u. verschied. *Ti–Fe*-Legierungen mit 2—18% Fe gegenüber 39,1%ig. *HCl* (15 Std.), 40,0%ig. H_2SO_4 (48 Std.) u. 39,1%ig. HNO_3 (48 Std.) untersucht. Die Legierungen verhalten sich gegen die betreffenden Säuren fast ebenso wie reines Ti. (Rep. sci. Res. Inst. [Kagaku-Kenkyujo-Hokoku] **31**. 377—84. Nov. 1955. [Orig.: japan.]) L. SCHULER. 6538

Raymond T. Phebus, *Spannungskorrosionsbrüche bei geschweißten Kupferlegierungen.* Nach einer Einleitung über Formen u. Ursachen von Spannungskorrosionsbrüchen bei Fe-Legierungen, Stahl, Nichteisenlegierungen u. Beschreibung von Testverff. (Bügelprobe), berichtet Vf. über Unterss. an geschweißten *Al-Bronzen*, *Cu–Ni-Legierungen* u. Schutzmöglichkeiten durch nachträgliche Wärmebehandlung. (J. Amer. Soc. naval Engr., Inc. **70**. 543—49. Aug. 1958. Westinghouse Atomic Power Div.) WOLFGANG SIMON. 6538

Je. W. Sotowa und **A. A. Babakow,** *Über die Suche nach in nitrosearmer Schwefelsäure beständigen Stählen.* In 76%ig. H_2SO_4 mit 0,05% HNO_3 hängt die Korrosionsfestigkeit von Stählen mit 5—27 (%) *Cr,* 9—28 *Ni,* 3 *Mo* u. 3 *Cu* bei 120—135° mehr vom Cr- als vom Ni-Geh. ab. Das Optimum des Cr-Geh. liegt bei 19%. Je geringer der Cr-Geh., desto größer ist der Einfl. des C-Geh., der allg. 0,06% nicht übersteigen soll. Die Cr–Ni–Mo–Cu-Stähle mit 19—23 Cr u. 9—28 Ni eignen sich auch für Kühler, wenn deren Wandtemp. 80° nicht übersteigt. Für Schweißkonstruktionen soll der Cr-Geh. nicht unter 23% liegen. (Журнал Прикладной Химии [J. angew. Chem.] **30.** 1795—99. Dez. 1957.) R. K. MÜLLER 6538

Hans-Erich Klotter, *Korrosionserscheinungen in Trinkwasserleitungen durch Luftüberschüsse einer Enteisenungsanlage.* In Rohrleitungen einer Wasserversorgungsanlage, deren W. in einer geschlossenen Anlage enteisent wird, traten schon nach 4jähriger Betriebszeit stärkere Korrosionserscheinungen auf, bes. in den oberen Teilen der horizontal verlegten Rohre. Diese Fehlerscheinungen werden auf Entgasungserscheinungen bei Druckminderungen verbunden mit Lokalelementbldg. u. direkter CO_2-Einw. zurückgeführt. Die Erscheinungsform der Korrosion ist dabei Lochfraß. Phosphatzusätze wirken nur dort verbessernd, wo das W. stets mit der Rohrwand in Berührung steht. Zur Verhütung der Korrosion wird vorgeschlagen, der Enteisenung eine Entgasungsanlage nachzuschalten. (Vom Wasser **24.** 71—78. 1957. Karlsruhe, Staatl. Lebensmitteluntersuchungsanstalt.) H. SPINDLER. 6538

Ross Nebolsine, *Die Behandlung der in Wasser enthaltenen Abfälle in Eisenhütten.* Überblick über die Reinigung der Abwässer mit Phenolen, Beizen, Flugstaub, granulierter Schlacke, Hammerschlag u. Ölen, die Möglichkeiten der Wiederverwendung u. die Anforderungen an die Abflut in den Vorfluter wird gegeben. (Iron Steel Engr. **34.** Nr. 12. 125—51. Dez. 1957. New York, N. Y., Hydrotechn. Corp.) H. MÜHLMEISTER. 6546

United Steel Co. Ltd., Sheffield, England, *Herstellung von Eisenoxyd.* Das Fe_2O_3-haltige Erz wird zunächst in bekannter Weise mit HCl-Gas bei ca. 350° behandelt, worauf das verdampfte $FeCl_3$ mit Überschuß an Dampf bei $<600°$, bes. 500—600°, in Fe_2O_3 u. *HCl* übergeführt wird. — Vgl. auch Oe. P. 174 893; C. **1954.** 3775. (**N. P. 86 147** vom 19/7. 1950, ausg. 5/9. 1955. E. Prior. 21/7. 1949.) K. H. KÄHLER. 6391

Ugo Bellometti, Turin, Italien, *Herstellung von Eisen oder Stahl* aus körnigen Mineralien, bes. aus Pyritasche. Man mischt die Ausgangsmaterialien mit Chloriden des Na, K oder der Erdalkalimetalle, erhitzt das Gemisch zum Schmelzen u. leitet reduzierende Gase, wie CO, ein. (**It. P. 494 469** vom 24/11. 1952.) K. KOEBKE. 6391

Union Carbide Ltd., Sheffield, England (Erfinder: **Joseph Jarrison Brennan** und **Earle Raymond Saunders**), *Ferrochrom–Aluminium-Legierungen* bestehen aus 5—85 (%) *Al,* 5—70 *Cr,* 0—30 *Si,* 0—5 *C,* Rest *Fe,* wobei das Verhältnis von Cr zu Fe zwischen 1,5—1 u. 4—1 liegt. Die Legierungen eignen sich als Reduktionsmittel für exotherm. Reaktionsmischungen. (**E. P. 764 818** vom 28/3. 1955, ausg. 2/1. 1957. A. Prior. 5/4. 1954.) C. GÖTZE. 6419

General Electric Co., Schenectady, N. Y., V. St. A., *Legierung mit hohen mechanischen und physiko-chemischen Eigenschaften bei erhöhten Temperaturen bis zu 1600° F* ist dad. gek., daß sie aus 25—35 (Atom-%) *Ni,* 35—40 *Co,* 20—25 *Cr,* 4—7 *Ti,* 0,5 bis 1,7 *C* u. 1—3,5 eines oder mehrerer der aus der Gruppe *W, Mo, Nb* u. *Ta* gewählten Zusatzelemente, Rest *Fe* besteht. Zweckmäßig besteht diese Legierung aus 28,5 Ni, 37,5 Co, 23 Cr, 5,5 Ti, 1 C, 2,5 eines oder mehrerer der Zusatzmetalle u. 2 Fe. Der O_2- u. N_2-Geh. der Legierung soll nicht über 0,002 bzw. 0,0005 Gew.-% betragen. (**E. P. 788 125** vom 28/9. 1955, ausg. 23/12. 1957. A. Prior. 1/10. 1954.) H. HOCHSTEIN. 6435

Birmingham Small Arms Co. Ltd., England, *Nickellegierung mit hoher Dauerstandfestigkeit* besteht aus 5—30, bes. 8—12 (%), *Cr,* 5—10, bes. 5—7, *Al,* 2—10, bes. 1,5—7, *W,* 3—15, bes. 3—6, *Mo,* 0,1—2, bes. 0,2—0,4, *B,* 0,05—0,5, bes. 0,05—0,25, *C,* 0,05—2, bes. 0,1—0,5, *Mn,* 0,05—2, bes. 0,1—0,5, *Si,* bis 30, bes. bis 17, *Co,* bis 20, bes. unter 5, *Fe,* bis 6, bes. 1—3, *Nb,* Rest *Ni* mit Verunreinigungen. Außerdem kann die Legierung noch ein oder mehrere folgender Elemente enthalten: bis 5 *Ti,* bis 6 *Ta,* bis 2 *Be,* bis 5 *Cu* sowie bis 5 *V.* Zweckmäßig wird die Legierung einer Lösungswärmebehandlung unterworfen, der sich noch eine Alterungsbehandlung anschließen kann. (**F. P. 1 160 309** vom 15/11. 1956, ausg. 11/7. 1958. E. Priorr. 16/11. 1955 u. 2/11. 1956.) H. HOCHSTEIN. 6435

Aktiebolaget Kanthal, übert. von: **Bjorn Edwin** und **Sven A. G. Svensson,** Hallstahammar, Schweden, *Nickel–Chrom-Legierung* besteht aus 10—30 (%) *Cr,* 0—60 *Fe,* 0,2—2 *Si,* 0,01—0,5 Seltene Erdmetalle, Spuren bis höchstens 0,02 *B,* Rest *Ni.* Bes.

besteht die Legierung aus 10—25 Cr, 40—60 Fe, 0,2—2 Si, 0,01—0,5 Seltene Erdmetalle, bis 0,02 B, Rest Ni. Die Legierung eignet sich bes. als Werkstoff zur Herst. von elektr. Widerständen für erhöhte Temperaturen. (**A. P. 2 838 394** vom 23/1. 1956, ausg. 10/6. 1958. Schwed. Prior. 24/1. 1955.) H. Hochstein. 6435

Dow Chemical Co., übert. von: **James Patrick Flynn** und **William Putnam Saunders**, V. St. A., *Herstellung einer Kokillengußlegierung aus Magnesium mit 2,5—3,5% Aluminium und 0,75—1,5% Zink* ist dad. gek., daß Zr in fl. Mg in einer Menge von 0,3 bis 0,6 (%) verteilt u. darauf dieser Schmelze ca. 3—6, bezogen auf den Zr-Zusatz Al, zugegeben wird, worauf die Schmelze abgegossen wird. Einer zweiten Mg-Schmelze wird 5—7 Al u. 0,75—1,5 Zn zugesetzt; dann werden ungefähr gleiche Mengen beider Schmelzen miteinander vermischt, worauf die Schmelze in eine Kokille abgegossen wird. (**F. P. 1 155 733** vom 10/8. 1956, ausg. 7/5. 1958. A. Prior. 11/8. 1955.) H. Hochstein. 6445

British Aluminium Co. Ltd. (Erfinder: **Charles Eric Ransley**), *Gewinnung oder Reinigung von Aluminium* durch *Elektrolyse* von geschmolzenem Al mit Hilfe von Kathoden aus Boriden des Ti, Zr u./oder Ta. Diese Boridkathoden sind den bekannten Carbidkathoden überlegen; z. B. ist TiB_2 bei 300—800° widerstandsfähiger als TiC u. zeigt auch bei ca. 960° nur $^1/_{10}$ der Löslichkeit des TiC in geschmolzenem Al. (**Aust. P. 206 577** vom 11/1. 1955, ausg. 28/3. 1957. E. Prior. 14/1. 1954.) H. Nebelsiek. 6447

Harvey Machine Co., Inc., Torrance, Calif., V. St. A., *Aluminiumlegierungen* bestehen aus 0,6 bis weniger als 2 *Cu*, 0,7—2 *Mg*, 0,6—2 *Si*, Rest *Al*. Zur Kornverfeinerung können die Legierungen noch 0,1—0,4 *Cr*, 0,4—1,2 *Mn*, 0,02—0,3 *Ti* oder 0,001 bis 0,01 *Be* einzeln oder zu mehreren enthalten. Die Legierungen lassen sich gut verarbeiten, zeichnen sich durch hohe Festigkeit u. bes. durch Korrosionsbeständigkeit aus. (**E. P. 768 097** vom 21/6. 1954, ausg. 13/2. 1957. A. Prior. 6/4. 1954.) C. Götze. 6447

Imperial Chemical Industries Ltd. (Erfinder: **Sidney Hands** und **John Humpage**), *Vorbehandeln von Titan oder Titanlegierungen für das Kaltziehen* von Stangen, Drähten, Rohren u. dgl., indem das Material in einem elektrolyt. Bad als Anode geschaltet u. mit einem Oxydfilm überzogen wird, wobei der Elektrolyt H_3PO_4 bzw. H_3PO_4 u. H_2SO_4 enthält, z. B. 80 (Vol.-%) H_3PO_4, 10 H_2SO_4 u. 10 Wasser. (**Aust. P. 210 597** vom 20/10. 1955, ausg. 31/10. 1957. E. Prior. 20/10. 1954.) K. Demmler. 6449

Donald Earl Thomas, Kenneth Marvin Goldman, Robert Bruce Gordon und **William Austin Johnson**, Pittsburgh, Pa., V. St. A., *Zirkoniumlegierungen* bestehen aus 0,5—2,5 (%) *Sn*, 0,01—2 mindestens eines der Metalle *Fe*, *Ni*, *Cr*, Rest *Zr*, welches bis zu 3 *Hf* u. weniger als 0,5 Verunreinigungen enthalten kann. Die Legierungen sind korrosionsfest u. können leicht kalt u. heiß bearbeitet werden. (**E. P. 767 892** vom 4/3. 1955, ausg. 6/2. 1957. A. Prior. 15/3. 1954.) C. Götze. 6449

Clevite Corp., Cleveland, Ohio, V. St. A., *Silber-Blei-Legierung mit verbesserter Kavitations-Erosions-Beständigkeit* ist dad. gek., daß der Pb-Geh. der Legierung über 0,15 u. unter 0,75% liegt u. der Rest Ag ist. Zweckmäßig enthält die Legierung 0,2 bis 0,5% Pb. Bei der Herst. eines Lagers wird die Legierung als verhältnismäßig dünne Schicht, zweckmäßig als elektroplattierte Schicht, aus Ag mit mindestens 0,15, jedoch unter 0,75% Pb auf einen Trägerwerkstoff aufgetragen. — Abbildungen. (**E. P. 794 968** vom 16/1. 1957, ausg. 14/5. 1958. A. Prior. 4/4. 1956.) H. Hochstein. 6461

Deutsche Edelstahlwerke Akt.-Ges., Krefeld (Erfinder: **Fritz Frehn**, Dortmund-Aplerbeck), *Erzeugung von Metall- oder Metallegierungspulvern.* Verwendung von Metall- oder Metallegierungspulvern, die durch Zerstäuben von mit B, B-haltigen Vorlegierungen oder B-Verbb. behandelten Schmelzen erhalten werden, für die Herst. von Sinterkörpern. (**D. A. S. 1 031 528** Kl. 40b vom 9/10. 1952, veröff. 4/6. 1958.) G. Apel. 6475

Bridgeport Brass Co., Bridgeport, Conn., V. St. A., *Herstellung von Verbundwerkstoff*, wie von plattierten Blechen, dad. gek., daß zwei Schichten unter Zwischenschaltung eines Lotes aufeinandergelagert, dieses Aggregat in ein mit einem federnden Diaphragma versehenen Gefäß bei abwechselnder Druckeinw. auf das Diaphragma auf Löttemp. erhitzt wird. Als Unterlage dient bes. Cu oder eine Cu-Legierung, wie Bronze oder Messing, als Auflage ein oxydationsfester metall. Werkstoff, wie nichtrostender Stahl, als Lot ein leichtschmelzendes Ag-Lot, bes. aus 50 (%) Ag, 15,5 Cu, 16,5 Zn, 18 Cd u. als Flußmittel ein Gemisch aus 1 Teil KOH, 9 Teile „Handy-Flux" u. 91 Teile W., wobei „Handy-Flux" ein Gemisch aus 40 (%) KF, 30 B_2O_3 u. 30 $Na_2B_4O_7$ bedeutet. — Zeichnungen. (**E. P. 784 953** vom 10/6. 1955, ausg. 23/10. 1957. A. Prior. 10/6. 1954.) G. Apel. 6479

B. A. Maximichin und **M. A. Nesterowa,** *Lötmaterial zum Löten von Mg-Legierungen,* die 30—31 (%) *Al,* 1,0—1,5 *Zn* u. 0,1—0,3 *Mn* enthalten. Das Lötmaterial, das auch für Mn-Cu-Cd-Legierungen verwendbar ist, besteht aus Mg mit 0,75—2,5 Al u. 13—26 Zn; es ist beständig bis 380—430° u. 10—15 kg/mm² Druck. (**UdSSR. P. 111 928** vom 19/1. 1957, gedruckt 9/4. 1958.) B. PANKOW. 6505

Union Carbide Corp., New York, N. Y., V. St. A., *Flammspritzverfahren zur Herstellung eines Überzugs* auf Gegenständen, bei dem fl. oder gasförmige Brennstoffe mit einem Oxydationsmittel zur Erzeugung einer hohen Spritzgeschwindigkeit abgebrannt werden, dad. gek., daß in der Verbrennungszone Bedingungen herrschen, die vom Querschnitt u. vom Druck des Stroms des brennbaren Materials beim Einströmen u. beim Ausströmen in den Verbrennungsraum sowie vom Gewicht des verbrauchten Brennstoffs abhängig sind. (**Oe. P. 197 162** vom 27/4. 1956, ausg. 10/4. 1958. A. Prior. 2/5. 1955.) F. VIER. 6509

Western Electric Co., Inc., New York, N. Y., V. St. A., *Abtragen dünner Schichten von Metalloberflächen* bei der Herst. von elektr. Werkteilen, wie Magnetwalzen. Die Metalle bzw. Ferrite erhalten einen Überzug von *Cu* oder *Ag,* der chem. in eine relativ weiche unlösl. Verb., wie *CuO*, $CuSO_4$, *AgS*, umgewandelt wird. Mittels eines Schleifmittels, das hart genug ist, um die Überzugsschicht abzutragen, aber zu weich, um das Metall anzugreifen, wird eine glatte Oberfläche erzielt. (**E. P. 799 819** vom 24/5. 1957, ausg. 13/8. 1958. A. Prior. 29/5. 1956.) G. FRIKELL. 6511

Comp. Française Thomson-Houston, Frankreich (Erfinder: **Georg Francis Albers** und **William Budd Stephenson jr.**), *Metallbeize für Titan* u. seine Legierungen. Der Metallkörper wird 5—10 Min. lang in eine 65—80° warme Lsg. von wss. H_2SO_4 u. CaF_2 getaucht. Nach dem Abwaschen des entstehenden grauen Nd. während 1—2 Min. mit wss. Mineralsäure bei ca. 70°, Spülen mit W. u. Trocknen wird eine glatte riß- u. narbenfreie Oberfläche erhalten. Z. B. Lsg. I 1000 cm³ W., 65 cm³ H_2SO_4 konz. u. 30 g CaF_2. Lsg. II 10%ig. HNO_3 mit Zusatz von 2% HF. (**F. P. 1 160 077** vom 24/10. 1956, ausg. 7/7. 1958. A. Prior. 24/10. 1955.) G. FRIKELL. 6513

Devex Corp., Cleveland, Ohio, übert. von: **John A. Hendricks,** Logansport, Ind., V. St. A., *Entzundern von Eisen im Alkalischmelzbad.* Das Werkstück wird in ein Bad getaucht, das neben geschmolzenem NaOH 0,5—25 Gew.-% elementaren S u. seine Oxydationsprodd. enthält. Die auf dem Werkstück entstehende Schicht wird durch Abschrecken in einem Wasserbad, das 2—6 ounce/gallon eines Gemischs aus 10—20 (Gewichtsteilen) NaOH, 15—45 S, 5—15 Stärke u. 30—50 Na_3PO_4 enthält, entfernt. Dabei erfolgt z. T. eine chem. Rk. der niederen Oxyde zu Na-Ferrit oder Chromat u. deren Lsg., z. T. erfolgt Ablsg. durch plötzliche Entw. großer Mengen von Wasserdampf an der Oberfläche des 800—1000° F heißen Werkstücks. (**A. P. 2 823 150** vom 7/12. 1956, ausg. 11/2. 1958.) G. FRIKELL. 6513

Metallgesellschaft Akt.-Ges., Frankfurt/M. (Erfinder: **Norman Francis Rickard,** Brentford, England), *Aufbringen eines chemischen Überzugs auf Nickel, Chrom und ihren Legierungen* von über 8% Ni oder Cr. Zur Beschleunigung der bekannten Schichtbildungs-Rk. mit wss. Lsg. von $(COOH)_2$ mit einer reduzierbaren S-Verb., wie Sulfit, Thiosulfat, Hydrosulfit u. Tetrathionat, u. einem Aktivator, wie Halogenid, Ferricyanid u. Thiocyanat, wird der Lsg. ein *Ti-* oder *Mo*-Salz in Mengen von 0,01—5% zugesetzt. — Z. B. 50 g $(COOH)_2$, 25 g NaCl, 10 g NaHF, 3 g $Na_2S_2O_3$ u. 30 g Ammoniummolybdat in 1 Liter W. werden auf 85° erwärmt. Gebeizter rostfreier Stahl erhält in 4 Min. einen festhaftenden u. absorbierenden Überzug. (**Oe. P. 196 203** vom 19/5. 1956, ausg. 10/3. 1958. E. Prior. 24/5. 1955.) G. FRIKELL. 6513

British Iron and Steel Research Association, *Surface defects in ingots and their products.* (Recommended definitions). Second Edition. Iron and Steel Inst., spez. Rep. Nr. 63. 1958. (58 S.) s. 25,—.

Kurze Beschreibung, Abb. u. Definitionen von Oberflächenfehlern durch das INGOT-SURFACE DEFECTS SUB-COMMITTEE (Steelmaking Division). Gegenüber der 1. Auflage des Berichts erweitert durch die Aufnahme der Fehler von Stahlblechen, -bändern u. -drähten. M. GEHLEN-KELLER.

C. Agte und **J. Vacek,** *Wolfram und Molybdän.* Berlin: Akademie-Verlag 1959. (XIV + 349 S. m. 173 Abb. u. 91 Tabell.) Geb. DM 38,—.

Diesem von H. HERKLOTZ übersetztem Buch liegt das 1954 im Staatsverlag für techn. Literatur Prag erschienene tschech. Originalwerk zugrunde. Es umfaßt vor allem die Darst. techn. bedeutsamer Einzelheiten der pulvermetallurg. Herst. von *W* u. *Mo,* deren Weiterbearbeitung u. *W-, Mo-* sowie Pseudolegierungen. Bes. herausgearbeitet ist die Bedeutung von *W* u. *Mo* für die Glühlampen- u. Röhrentechnik in Verbindung mit den physikal. Eigg. beider Metalle. Auch die Herst. von bei niederen Tempp. dicht sinternden *W-* u. *Mo*-Körpern wird behandelt. Bibliograph. wichtig ist die Aufnahme unveröffentlichter Arbeiten von AGTE der Jahre 1949—1952. G. BAUER.

IX. Organische Industrie.

Kurt J. Kosterhon, *Die Herstellung von Vinylchlorid aus Erdölkohlenwasserstoffen. 2. Mitt. Herstellung über Äthylen.* (1. vgl. C. **1959.** 9396.) An Hand des vorliegenden Schrifttums gibt Vf. zunächst eine Darst. der Herst. von Vinylchlorid aus Äthylen. In der gleichen Weise wird die Gewinnung von Äthylen besprochen. (Erdöl u. Kohle **11.** 390—93. Juni 1958. Rheinberg/Rhld., Solvay-Werke Akt.-Ges.) F. ROSENDAHL. H 520

Hiroshi Uchida, Michio Kuraishi, Hideo Ichinokawa und **Tadasuke Hosoya,** *Untersuchung über die Herstellung von Alkylaminen. 5. Mitt. Methylaminsynthese aus Methanol und Ammoniak im halbtechnischen Maßstab.* (4. vgl. Rep. Government chem. ind. Res. Inst. Tokyo **49.** [1954.] 473.) NH_3 bzw. dessen azeotrope Mischung mit Trimethylamin werden mit Methanol unter 12—15 at mit einem Katalysator (1,1 Liter) aus Al_2O_3–SiO_2 (1 : 1 Mol.) auf ca. 450° gehalten, u. zwar in einem bes. konstruierten Reaktor (Skizze), der leichten Wärmeaustausch zwischen den Ausgangsstoffen u. den Prodd. erleichtert, um Überhitzung der unter Druck stehenden Wandung aus Weichstahl zu vermeiden. Das Prod. enthält 20—26% N als Amino-N. Das Prod. wird fortlaufend in die Mitte einer Füllkolonne (6,3 cm Durchmesser u. 28 m hoch) eingeführt. Ein hochsd. Ablauf mit 5—7% Aminen u. NH_3 wird vom Säulenboden abgezogen. Eine niedrigsd. Fraktion wird dem oberen Ende entnommen u. einer anderen Füllsäule (13 cm Durchmesser, 5 m Höhe) zugeführt, aus der zuerst eine azeotrope Mischung von NH_3 u. $(CH_3)_3N$ abfraktioniert wird u. dann *Methylamin* (**I**) u. *Dimethylamin* (**II**) getrennt werden, u. zwar aus Methanol + NH_3, je kg CH_3OH, 105 g I u. 103 g II bzw. aus einer azeotropen Mischung von NH_3 u. $(CH_3)_3N$ 198 g I u. 148 g II. Die gefundenen Werte stimmen gut mit der nach der SMOKE-RAYLEIGHschen Gleichung berechneten Fraktionierkurve überein. (Rep. Government chem. ind. Res. Inst., Tokyo **50.** 155—60. Mai 1955. [Orig.: japan.; Auszug: engl.] S. XXI.) L. SCHULER. H 910

G. Martin Guzmán, *Struktur und Reaktivität bei Polymerisationsreaktionen durch Radikale.* Theoret. Diskussion unter Berücksichtigung der Elektronentheorie der organ. Chemie. Es wird auf das Vorhandensein extremer Polymerisationstypen u. auf die Tendenz der Monomeren, sich bei Bldg. der Polymeren abwechselnd einzulagern, hingewiesen. (Rev. Ci. apl. **11.** 289—300. Juli/Aug. 1957. Madrid, Patronato Juan de la Cierva, Dep. de Plasticos, Sección de Físico-Química de Altos Polimeros.) R. USÓN. H 4000

A. Silberfain, *Die Gewinnung von technischem Casein in Gemüsetrocknungsanlagen.* Techn. Casein wird in Gemüsetrocknungsanlagen wie folgt gewonnen: Rohcasein wird 2mal in Bädern mit fließendem W. gewaschen (bis zum Klarwerden des W.), danach 5—6 Min. in der Zentrifuge von period. Wrkg. behandelt (1440 U/Min.) wobei der Geh. an Feuchtigkeit von 70—80 auf 50—60% sinkt. Die beim Zentrifugieren gebildeten Klumpen werden so zerkleinert, daß das Casein eine homogene Körnerstruktur (2—3 mm) hat. Hierauf wird es im Trockenapp. beschleunigt getrocknet. (Молочная Промышленность [Milch-Ind.] **20.** Nr. 2. 31. Febr. 1959. Nerechta, Dörrgemüse- u. Milch-Kombinat.) OTTO MAIER. H 4070

C. F. Braun & Co., Alhambra, übert. von: **Robert V. Peaslee,** Arcadia, und **John F. Haines,** Pasadena, Calif., V. St. A., *Abtrennung von Propan.* In eine Trennkolonne wird ein KW-stoffgemisch eingeleitet. Während die gasförmigen KW-stoffe am Kopf der Kolonne abgezogen werden, fließen die verflüssigten KW-stoffe vom Boden der Kolonne ab. In einem als Gefrierlsg. dienenden Gemisch aus 60—90 Vol.-% Methanol u. W. fließen die fl. KW-stoffe, welchen diese Gefrierlsg. zugegeben wird, in dem oberen Teil der Kolonne von oben nach unten, während die gasförmigen KW-stoffe nach oben strömen. Dadurch wirken die fl. KW-stoffe als Wasch-Fl. für die gasförmigen. Während Äthan u. Methan in dem Gas verbleiben, wird das Propan aus dem Gas ausgewaschen u. wird aus der Wasch-Fl. gewonnen. — Zeichnungen. (**A. P. 2794334** vom 9/10. 1953, ausg. 4/6. 1957.) E. KAHLES. H 510

N. V. de Bataafsche Petroleum Mij. (Erfinder: **Han Hoog** und **Albert Schaafsma**), *Herstellung höherer Alkene* durch Cracken paraffinhaltiger KW-stoffe, die durch selektive Extraktion von aromat. Verbb. prakt. befreit sind, in der Dampfphase, dad. gek., daß zur Herst. ein Schweröl („heavy cycle oil") verwendet wird, das bei der Dest. von katalyt. gecrackten Ölen anfällt, gegebenenfalls zusammen mit den bei dieser Dest. anfallenden Destillationsrückständen. (**Aust. P. 205779** vom 14/6. 1955, ausg. 28/2. 1957. Holl. Priorr. 16/6. 1954 u. 13/5. 1955.) C. LÜTTGEN. H 520

Distillers Co. Ltd. (Erfinder: **Henry Peter Crocker, Clifford William Capp** und **Frederick James Bellringer**), Edinburgh, Schottland, *Herstellung von Dichlorbutenen* durch additive Chlorierung von Butadien (**I**) in der Dampfphase ohne Katalysator. Das zweckmäßig vorher auf ca. 230° erhitzte u. gegebenenfalls mit einem inerten Gas gemischte I wird in einer Menge von wenigstens 1 Mol mit 1 Mol Cl_2 während höchstens 12 Sek. durch eine Zone von 280—400°, bes. 290—330°, geführt. Es entsteht hierbei 1.4-Dichlorbuten-(2) u. 3.4-Dichlorbuten-(1). Nicht verbrauchtes I wird im Kreislauf zurückgeführt. Die Rk. verläuft prakt. adiabatisch. (**E. P. 798 027** vom 21/3. 1956, ausg. 16/7. 1958.) W. GRÄGER. H 520

Soc. Belge de l'Azote et des Produits Chimiques du Marly, Soc. An., Lüttich, Belgien, *Acetylen.* (**Belg. P. 521 113** vom 30/6. 1953, ausg. 19/8. 1955. **E. P. 756 606** vom 13/5. 1954, ausg. 5/9. 1956. Belg. Priorr. 30/6. 1953 u. 8/3. 1954. — D. A. S. 1 008 728; C. **1959.** 2283.) G. KRAUSS. H 530

Soc. Belge de l'Azote et des Produits Chimiques du Marly, Soc. An., Lüttich, Belgien, *Acetylen* erhält man durch kontinuierliche unvollständige Verbrennung von gasförmigen oder fl. KW-stoffen mit O_2 unter Flammenbldg. u. Abschrecken der Verbrennungsgase. Die Ausgangsstoffe werden in einer besonderen Kammer gemischt u. in einer weiteren Kammer durch besondere Anordnung der Zerstäubung in einem Brenner verbrannt, der beweglich angeordnet sein kann. — Vorr., Zeichnung. — Vgl. E. P. 756 606, s. vorst. Referat. (**Belg. P. 520 578** vom 9/6. 1953, ausg. 24/6. 1955. **E. P. 789 344** vom 13/1. 1956, ausg. 22/1. 1958. Belg. Prior. 21/2. 1955.) G. KRAUSS. H 530

Allied Chemical & Dye Corp., New York, übert. von: **Charles B. Miller,** Lynbrook, und **Cyril Woolf,** Long Island, N. Y., V. St. A., *Fluorierte Äther* $RC_nY_{2n}CF_2 \cdot O \cdot CF_2C_nY_2{}'_nR'$ erhält man bei der Rk. eines α.α'-diungesätt., bromierten oder chlorierten Äthers mit SbF_3 u. $SbCl_5$ oder SbF_3 mit Cl_2 oder $SbCl_3$ u. HF, bei 20° bis zum Kp. des Äthers. Y u. Y' können F, Cl oder Br sein, wobei mindestens ein Y oder Y' nicht F sein soll, R u. R' sind Y bzw. Y' oder perfluor-, -chlor-, -bromaliphat., aromat. oder cycloaliphat. KW-stoffradikale, wobei R u. R' gleich sein können; n u. n' sind ganze Zahlen. — Bis-(trichlorvinyl)-äther ($Kp._{11}$ 116—130°) ergibt, in Ggw. von SbF_3 mit Cl bei 70—80° behandelt, *Bis-(1.1-difluor-2.2.2-trichloräthyl)-äther,* Kp. 191—193°, F. —38 bis —43°. Es werden ferner hergestellt: $(CBr_3 \cdot CF_2)_2O$; u. $CCl_3CF_2 \cdot O \cdot CF_2CBr_3$. — Zwischenprodukte. (**A. P. 2 803 666** vom 5/5. 1953, ausg. 20/8. 1957.) G. KÖNIG. H 560

Imperial Chemical Industries Ltd., London (Erfinder: **John Alan Gray,** Northwich, Cheshire), England, *Methyl-* bzw. *Äthylhydroperoxyd,* CH_4O_2, Kp. 88—89°; $D.^{20}$ 1,374; bzw. $C_2H_6O_2$, Kp. 90—91°; $D.^{20}$ 1,388, erhält man durch Oxydation von Methan bzw. Äthan mit O_2 in gasförmigem Zustand unter Zusatz von Hg-, Zn- oder Cd-Dampf als Photosensibilisierungsmittel unter Bestrahlung mit UV-Licht, z. B. einer Hg-Dampflampe. Das Hydroperoxyd wird aus dem Dampfgemisch durch Abkühlen abgeschieden. Vgl. E. P. 724 184; C. **1956.** 6241. (**D. A. S. 1 033 661** Kl. 12o vom 8/4. 1952, veröff. 10/7. 1958. E. Prior. 13/4. 1951.) G. KRAUSS. H 560

Chempatents, Inc., New York, übert. von: **Ralph Landau,** East Hills, und **Alfred Saffer,** Bayside, N. Y., V. St. A., *Äthylenoxyd* erhält man bei der katalyt. Oxydation von C_2H_4 in Ggw. eines Ag-Katalysators unter Zugabe von 0,01—500 Teilen pro Million, bezogen auf die Gasmischung, einer fluorierten organ. Verb. mit $Kp._{760}$ 400° u. 15—30 C im Mol., z. B. eines Polytrifluorvinylchlorids vom Dampfdruck 0,075 mm Hg bei 216° oder einer Verb. der durchschnittlichen Zus. $C_{21}F_{44}$ mit $Kp._{10}$ 130—240°. (**A. P. 2 814 628** vom 29/4. 1954, ausg. 26/11. 1957.) G. KÖNIG. H 570

Heyden Newport Chemical Corp., New York, N. Y., übert. von: **John E. Snow,** Hasbrouck Heights, N. J., V. St. A., *Pentaerythrit* gewinnt man aus einer überschüssigen CH_2O u. Alkali enthaltenden Reaktionslsg. durch 1—15 Min. Erhitzen der Lsg. auf 85 bis 100° u. anschließendes Neutralisieren auf p_H 6—7. Aus der behandelten Lsg. gewinnt man das Pentaerythrit z. B. durch Konz. u. Kristallisation. — Skizze. (**A. P. 2 818 442** vom 23/11. 1953, ausg. 31/12. 1957.) G. KÖNIG. H 580

Gulf Research & Development Co., Pittsburgh (Erfinder: **Bernard Henry Gwynn,** Fawn Township), Pa., V. St. A., *Verfahren zur Entfernung von Kobaltcarbonyl und wenigstens eines anderen Metallcarbonyls,* bes. des Fe, Ni, Cr oder Mo *aus den Reaktionsprodukten der Oxosynthese* (Aldehyde, Alkohole), dad. gek., daß man die Reaktionsprodd. mit einer solchen Menge Wasserdampf behandelt, die zum Erhitzen der Carbonylierungsprodd. auf oder über die Zersetzungstemp. von Co-Carbonyl bes. auf ca. 74—100°, aber unterhalb der Zersetzungstemp. der anderen in den Carbonylierungsprodd. enthaltenen Metallcarbonyle ausreicht, das abgeschiedene Co von den Carbonylierungsprodd. abtrennt u. diese anschließend nochmals mit einer solchen Menge Wasserdampf behandelt, die zur Erreichung der Zersetzungstemp. mindestens eines der Carbonyle anderer Metalle als Co genügt, bes. bei ca. 171—216°, u. das abgeschiedene Metall dann von den Carbonylierungsprodd. abtrennt. — Vorr., Zeichnung. (**D. A. S. 1 036 244** Kl. 12o vom 13/6. 1955, veröff. 14/8. 1958. **E. P. 785 991** vom 13/6. 1955, ausg. 6/11. 1957.) G. KRAUSS. H 650

Chemische Werke Hüls Akt.-Ges., übert. von: **Karl Mönkemeyer**, Marl, *Verzweigtkettige Aldehyde* erhält man durch Rk. eines aliphat. tert. Alkohols mit CO u. H_2 bei 100—300°, bes. 180—250°, u. 200—1000 at in Ggw. von 5—50% W., bezogen auf den Alkohol, u. eines festen, fl. oder gasförmigen Co-Katalysators (Co-Formiat, -Acetat, -Propionat, -Butyrat, -2-Äthylbutyrat, -2-Äthylcaproat, -Laurat, -Myristat, -Palmitat, -Stearat, -Oleat, -Benzoat, -Phthalat, -Naphthenat, -Sulfat, auch auf Träger aufgebracht). — Aus 1000 (Teilen) tert.-Butanol in Ggw. von 100 W., 30 Co-Acetat, u. CO + H_2 im Verhältnis 2 : 3 bei 300 at u. 195° → 104 *Isovaleraldehyd*, abgetrennt als Bisulfitverbindung. — Ferner sind umsetzbar: Dimethyläthylcarbinol, Methyldiäthylcarbinol, Triäthylcarbinol, Methyläthylbutylcarbinol, Methylpropylisopropylcarbinol, Diäthylisopropylcarbinol, Diäthylbutylcarbinol, Äthylpropylisopropylcarbinol u. Äthyldiisopropylcarbinol. (**A. P. 2 770 655** vom 26/3. 1954, ausg. 13/11. 1956. D. Prior. 27/5. 1953.)
G. KRAUSS. H 660

Farbwerke Hoechst Akt.-Ges., vormals Meister Lucius & Brüning, Frankfurt/M. (Erfinder: **Otto Horn, Arie Schmetterling**, Frankfurt/M., **Hans Krekeler**, Königstein/Taunus, und **Anton Schach**, Blaubeuren), *Herstellung von Acetaldehyd* aus A. oder A. enthaltenden Gemischen in Ggw. von Dehydrierungskatalysatoren bei höheren Tempp. im Kreislaufverf., dad. gek., daß man nach der Abtrennung der Hauptmenge des Acetaldehyds die zwischen 22 u. 90° sd. u. Äthylacetat u. höher sd. Verbb. enthaltenden Fraktionen in den Kreislauf zurückführt. — Aus einer Mischung aus 24 (%) A., 6 Acetaldehyd, 12,8 Äthylacetat, 5,5 W., 1,7 Essigsäure, Crotonaldehyd, Butanol u. Acetalen in Ggw. eines Katalysators aus 35,2 Cu, 0,23 Cr u. < 1 Alkali auf Bimsstein bei 305 bis 307° → 47,9 Acetaldehyd. (**D. A. S. 1 054 443** Kl. 12o vom 31/8. 1955, veröff. 9/4. 1959.)
G. KRAUSS. H 670

Imperial Chemical Industries Ltd., London, England (Erfinder: **Frederick Keith Duxbury** und **Owen Burchell Edgar**), *ω-Cyansäureester* erhält man durch Rk. von 1 (Mol) eines Halbesters eines Dicarbonsäure, die mindestens 3 C-Atome enthält, mit 3—10 NH_3 in der Dampfphase in Ggw. eines W. abspaltenden Katalysators, bes. B-Phosphat, bei 275—400°, bes. 300—350°. — Beispiele: Adipinsäuremonoisopropylester → *ω-Cyanvaleriansäure* (**I**)-*Isopropylester*, $Kp._{0,5}$ 83°. I-*n-Propylester*, $Kp._{1,2}$ 100°. I-*sek.-Butylester*, $Kp._{13,5}$ 154°. I-*n-Butylester*, $Kp._{13,5}$ 151°. I-*Isobutylester*, $Kp._{15}$ 139°. I-*Äthylester*, $Kp._{15}$ 145°. Pimelinsäuremonoisopropylester → *ω-Cyancapronsäureisopropylester*, $Kp._{0,18}$ 78—81°. Als Nebenprodd. erhält man teilweise Adiponitril ($Kp._{0,5}$ 110°) bzw. Pimelonitril, $Kp._{0,15}$ 96—100°. (**E. P. 805 651** vom 3/10. 1956, ausg. 10/12. 1958.)
O. MÜLLER-MEININGEN. H 820

Carbogen Corp., New York, übert. von: **Ludwig J. Christmann**, Bronxville, N. Y., V. St. A., *Bernsteinsäuredinitril* (**I**) erhält man, wenn man kontinuierlich in von oben nach unten strömendes fl. **I** von unten her ein nicht mehr als 50% HCN (**II**) enthaltendes, von NH_3 u. W. möglichst freies Gas zusammen mit CH_2=CHCN (**III**) unter Kühlung einführt, das Bodenprod. aus dem Reaktionsraum abzieht, durch Erhitzen vom **II**- u. **III**-Überschuß befreit, den man bes. im Kreislauf in die Rk. zurückführt u. anschließend abkühlt. — Vorr., Zeichnung. (**A. P. 2 842 584** vom 11/12. 1956, ausg. 8/7. 1958.)
O. MÜLLER-MEININGEN. H 820

Rheinpreussen Akt.-Ges. für Bergbau und Chemie, Homberg (Erfinder: **Hans Emde**, Homberg, und **Walter Grimme**, Utfort über Moers.), *Allophanate von α-Äthinylcarbinolen* erhält man in Ausbeuten bis zu 87,9% durch Rk. von α-Äthinylcarbinolen mit Carbamin- oder Allophansäurechlorid in Ggw. von wasserfreien Alkali- oder Erdalkalicarbonaten als HCl-bindenden Mitteln. — Z. B. suspendiert man 122 (g) Allophansäurechlorid in 200 cm³ Dioxan, fügt 69 gepulvertes, wasserfreies K_2CO_3 u. bei 0—5° 124 1-Äthinylcyclohexanol in 50 cm³ Dioxan innerhalb 1 Std. zu, rührt die Mischung 10 Std. bei Raumtemp., saugt die Suspension ab, suspendiert den Rückstand in 500 cm³ W., säuert mit HCl an, saugt den Nd. ab, wäscht ihn mit W. neutral u. krist. ihn aus CH_3OH um; man erhält 116 (55%) *1-Äthinylcyclohexylallophanat*, F. 190—191°. — Analog: *3-Methylpentin-(1)-yl-(3)-allophanat*, F. (aus Isopropanol) 151—152°; 45,8%. — *3-Methylbutin-(1)-yl-(3)-allophanat*, F. (aus CH_3OH) 179°; 79%. — Wird dieselbe Rk. ohne Zusatz eines HCl-bindenden Mittels oder aber mit Pyridin als HCl-bindendem Mittel durchgeführt, so betragen die Ausbeuten nur 23,3—28,6 bzw. 38,5%. (**D. B. P. 959 458** Kl. 12o vom 13/7. 1954, ausg. 7/3. 1957. Anmeldung bekanntgemacht 13/9. 1956. **Belg. P. 531 816** vom 13/9. 1954, ausg. 20/12. 1957. D. Prior. 12/7. 1954.)
R. LINK. H 880

Feldmühle Papier- und Zellstoffwerke Akt.-Ges., Düsseldorf (Erfinder: **Karl Hass** und **Kurt Deselaers**, Lülsdorf, Bez. Köln), *Alkaliharnstoffe*. Harnstoff wird in

fester Form mit festem Na- bzw. K-Alkoholat, z. B. mit $NaOCH_3$, in feiner Verteilung innig gemischt u. die Mischung bei < 100° zur Rk. gebracht. Bei der Herst. des Na-Salzes wird zweckmäßig bei < 95°, bei der Herst. des K-Harnstoffes bei < 75° gearbeitet. — Zwischenprodukte. (**D. A. S. 1 061 313** Kl. 12o vom 16/11. 1957, veröff. 16/7. 1959.)
A. BRÖSAMLE. H 880

Soc. An. des Manufactures des Glaces et Produits Chimiques de Saint-Gobain, Chauny & Cirey, Frankreich, *Derivate von Glykolurethanen.* Beschrieben wird die Herst. von: *Propylenglykolurethan* (**I**)-*Acetat,* aus **I** u. Acetylchlorid, $Kp._2$ 160°. *Propylenglykol-N-äthylurethan* (**II**)-*Acetat,* $Kp._3$ 149°. — **II**-*Benzoat,* $Kp._2$ 94°, aus **II** u. Benzoylchlorid. — *Propylenglykol-N-acetylurethanacetat.* — *Saures Maleat von Propylenglykolmonourethan* (**I**). — *Saures Phthalat von* **I**, F. 110—111°. — *Saures Maleat von* **II**. — **I**-*Fumarat,* **I**-*Adipat,* **II**-*Succinat* u. **II**-*Adipat.* (**F. P. 61 927** vom 26/7. 1951, ausg. 31/5. 1955. **Zusatz zu F. P. 1 036 565; C. 1959. 8416.**)
S. BÖTTCHER. H 880

Food Machinery & Chemical Corp., New York, N. Y. (Erfinder: **Hillis O. Folkins,** Crystal Lake, **Elmer L. Miller** und **Harvey Hennig,** Cary, Ill.), V. St. A., *Herstellung von Schwefelkohlenstoff* aus S-Dampf u. KW-stoffen bei ca. 450—700° u. erhöhtem Druck in Ggw. von Katalysatoren (Kieselgel, aktivierter Al_2O_3, Tone, Bauxit), wobei KW-stoffe eingesetzt werden, die bei den Reaktionstempp. Teer u. Polymere bilden u. KW-stoff u. S-Dampf, der im Überschuß zu der stöchiometr. zur Bldg. von CS_2 notwendigen Menge angewendet wird, vorerhitzt werden, dad. gek., daß der Strom der Reaktionspartner unterbrochen u. der Katalysator regeneriert wird, sobald der aus dem Reaktionsgemisch hinter der Reaktionszone auskondensierte S durch Verfärbung die Bldg. von Teer oder Verkokungsabscheidungen anzeigt. Als KW-stoffe werden Methan, Äthan, Propan, Butan angewendet. — Verfahrensschemata. (**D. A. S. 1 049 369** Kl. 12i vom 3/2. 1955, veröff. 29/1. 1959.)
E. MIESSGANG. H 880

Imperial Chemical Industries Ltd., London, England (Erfinder: **Frederick Maurice Tayler**), *Quaternäre Ammoniumpolyphosphate* erhält man durch Erhitzen von prim. Ammoniumorthophosphat auf 300—450° u. Behandlung des Prod. mit quaternären NH_4-Salzen, wie Cetyltrimethylammoniumbromid, bei p_H 5—10, bes. 7—8. Die Prodd., die wenigstens 1 Alkylgruppe mit 6 oder mehr C-Atomen aufweisen, sind fettartige, in W. unlösl. Stoffe u. können in dispergierter oder gelöster Form als *Schmiermittel* dienen. Verbb. mit niedrigeren Alkylgruppen sind in W. lösl. u. können als *Düngemittel* verwendet werden. (**E. P. 798 600** vom 17/10. 1956, ausg. 23/7. 1958.)
J. MÜHLEISEN. H 980

Chemische Fabrik Joh. A. Benckiser G. m. b. H., Ludwigshafen/Rh. (Erfinder: **Arno Debo,** Heidelberg), *Herstellung von N-substituierten Estern der Diimidotriphosphorsäure* der Formel **I**, wobei R^0 bis R^3 gleiche oder verschied. Alkyl- oder Arylgruppen bedeuten, dad. gek., daß man 1 (Mol) eines Phosphorsäurediamids der Formel $R^3OP(O)\cdot(HNR^0)_2$ mit 2 eines Chlorphosphorsäureesters der Formel $ClP(O)(OR^1)(OR^2)$ u. der berechneten Menge Alkalimetall oder Alkalimetallhydrid in einem inerten Lösungsm. umsetzt. — Durch Rk. von 16,2 g Phosphorsäurephenylesterdianilid in 150 cm^3 Xylol mit 27 g Chlorphosphorsäurediphenylester in Ggw. von

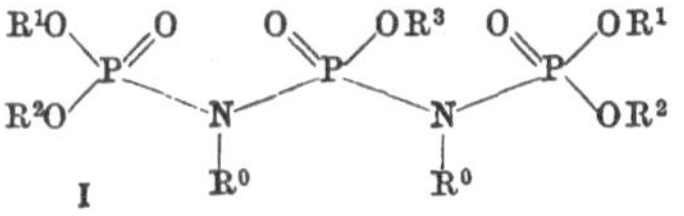

I

13 g einer 20% ig. NaH-Xylolsuspension erhält man nach Aufarbeitung des Prod. 30 g *Diphenylimidotriphosphorsäurepentaphenylester* als glasige M., unlösl. in W. u. PAe., lösl. in A. u. Xylol. *Dibutylimidotriphosphorsäuremonophenyltetrabutylester,* gelbliches Öl. — *Weichmacher* für *Polyvinylchlorid-Kunststoffe,* u. *Viscositätsstabilisatoren,* bes. für *hydraul. Öle.* (**D. A. S. 1 048 918** Kl. 12o vom 8/11. 1957, veröff. 22/1. 1959.)
J. MÜHLEISEN. H 980

Texas Co., New York, übert. von: **Howard V. Hess,** Glenham, N. Y., V. St. A., *Trennung von p-Xylol und m-Xylol* von Bzl. u. Hexan oder von Cyclohexan u. anderen C_8-KW-stoffen. Das KW-stoffgemisch, bei dem die jeweils oben genannten KW-stoffe voneinander zu trennen sind, wird nach Kühlung unter einem Druck von 2000 lbs./sq.in. gebracht, wobei die eine Komponente auskrist. u. von der Fl. abgetrennt werden kann. — Zeichnungen. (**A. P. 2 816 938** vom 18/6. 1954, ausg. 17/12. 1957.)
E. KAHLES. H 1010

Metallgesellschaft Akt.-Ges. (Erfinder: **Karl Bratzler**), Frankfurt/M., *Abtrennen von p-Xylol* aus seinen techn. Gemischen mit seinen Isomeren durch Auskristallisieren u. Abscheiden der Kristalle, dad. gek., daß das Gemisch in einer 1. Stufe indirekt auf Tempp., bei denen noch keine Feststoffe ausgeschieden werden, gekühlt wird, daß während der Kühlung in das Gemisch ein darin lösl. Gas (Propan) bei n. oder erhöhtem Druck eingeleitet u. gelöst wird, u. daß in einer 2. Stufe nach Abstellen der indirekten Kühlung das Gemisch durch adiabat. Verdampfen des gelösten Gases direkt weitergekühlt wird. — Zeichnung. (**D. B. P. 972 036** Kl. 12o vom 3/10. 1952, ausg. 14/5. 1959. Anmeldung bekanntgemacht 12/5. 1955.) E. KAHLES. H 1010

Koppers Co., Inc., übert. von: **Norman S. Boodman** und **Charles F. Fryling,** Pittsburgh, Pa., V. St. A., *m- beziehungsweise p-Diisopropylbenzolmono- und -dihydroperoxyd* erhält man durch Oxydation von m- u. p-Diisopropylbenzol oder deren Mischungen mit O_2-haltigem Gas bei 50—120°, bes. 75—100°, in fl. Zustand, wobei die in den Ausgangsstoffen vorhandenen Verunreinigungen, wie Trimethylindan, o-Diisopropylbenzol, Isopropylbenzol u. 2-Phenyl-2.3-dimethylbutan vorher durch selektive tert. Alkylierung, z. B. mit Isobutylen, Isoamylenen, 2-Methyl-2-buten, tert.-Octylenen, tert.-Alkoholen, tert.-Amylalkohol, tert.-Butylchlorid, 2-Methyl-2-chlorheptan oder deren Mischungen, in Ggw. von BF_3, HF, H_2SO_4, $FeCl_3$ u. verschied. Tonen, bes. des synthet. Al–Si Typs, entfernt wurden, während die m- u. p-Verb. nicht oder kaum alkyliert u. durch Dest. rein abgetrennt wird. — Fließschema. (**A. P. 2 805 258** vom 23/5. 1955, ausg. 3/9. 1957.) G. KRAUSS. H 1050

Farbenfabriken Bayer Akt.-Ges., Leverkusen (Erfinder: **Karl-Walter Müller,** Leverkusen, und **Detlef Delfs,** Opladen), *Spalten von aromatischen beziehungsweise aromatisch-aliphatischen Äthern* mittels Alkalimetallen, dad. gek., daß man die Äther mit Alkalimetallen u. mol. H_2, bes. in Ggw. eines Lösungsm. u. eines Katalysators, bei erhöhter Temp. behandelt. — Beispiel: Phenetol → Phenol. (**D. A. S. 1 052 992** Kl. 12q vom 28/1. 1955, veröff. 19/3. 1959.) R. SCHWECHTEN. H 1060

Distillers Co. Ltd., Edinburgh, England, *Herstellung aromatischer Hydroperoxyde.* Man läßt aromat. KW-stoffe, die mindestens einen über ein tert. C-Atom an den aromat. Kern gebundenen Alkylrest enthalten, in Ggw. von 0,15—0,8% einer Schwermetallverb. mit mol. O_2 reagieren. — Z. B. leitet man O_2 bei 45° in eine Lsg. von 2,5 (Gewichtsteilen) Mn-Naphthenat in 500 Diisopropylbenzol. (**Holl. P. 87 313** vom 20/1. 1949, ausg. 15/1. 1958.) F. BÖHM. H 1070

Montecatini Soc. Gen. per l'Industria Mineraria e Chimica (Erfinder: **Umberto Maffezoni** und **Mario Fragiacomo**), Mailand, Italien, *Benzoldicarbonsäureester* von aliphat. Alkoholen mit 1—4 C-Atomen erhält man durch Oxydation von Dialkylbenzolen (p-Xylol) mit O_2 bei 5—20 at u. 100—200° in Ggw. von 1—10% organ. Salze mehrwertiger Schwermetalle (Co-Stearat) u. gleichzeitige Veresterung durch Zugabe von 10—1000 g Alkohol/Std. u. 1000 g Dialkylbenzol. (**D. A. S. 1 048 571** Kl. 12o vom 14/1. 1957, veröff. 15/1. 1959. It. Prior. 16/1. 1956.) L. STADELMANN. H 1220

Henkel & Cie. G. m. b. H. (Erfinder: **Hartwig Schütt,** Hagen, **Bernhard Raecke, Bruno Blaser, Hubert Schirp** und **Werner Stein**), Düsseldorf, *Umlagerung von Benzolcarbonsäuren in Terephthalsäure* (I), dad. gek., daß man die Alkalisalze der Benzoesäure im Gemisch mit den Alkalisalzen von Benzolpolycarbonsäuren, die mehr als zwei Carboxylgruppen im Mol. enthalten, in Ggw. inerter Gase unter Druck u. in Ggw. von Metallen, bes. Cd oder Zn oder deren Verbb., auf $>300°$, bes. 340—400°, erhitzt u. das Gemisch auf I verarbeitet. (**D. A. S. 1 054 984** Kl. 12o vom 12/1. 1956, veröff. 16/4. 1959.) L. STADELMANN. H 1220

Vereinigte Glanzstoff-Fabriken Akt.-Ges., Wuppertal-Elberfeld (Erfinder: **Erhard Siggel,** Laudenbach/M.), *Reinigen von Dimethylterephthalat* (I) durch Dest. bei n. Druck, dad. gek., daß es mit einer inerten aromat. Verb. (Toluol, Xylol, Tetralin) azeotrop dest. wird. — Durchleiten von 800 cm^3/Std. auf 255° vorerhitztem Toluol durch auf 270—273° erhitztes I verflüchtigt 2,5 kg I/Std.; I wird laufend ergänzt. Die Dämpfe werden an einer gekühlten Walze kondensiert. (**Oe. P. 195 917** vom 26/9. 1956, ausg. 25/2. 1958. D. Prior. 12/12. 1955.) H.-J. NITZSCHKE. H 1220

État Français, Frankreich (Erfinder: **Boileau**), *Herstellung von Isocyanaten,* dad. gek., daß man ein Amin unter Druck bei höherer Temp. mit $COCl_2$ umsetzt u. das Reaktionsgemisch durch plötzliches Entspannen zur Kondensation bringt, während die in Dampfform verbleibenden Isocyanate von HCl u. $COCl_2$ durch Fraktionierung getrennt werden. — *Phenylisocyanat* in 80%ig. Ausbeute aus Anilin u. $COCl_2$ bei 25 kg/cm^2 u. 180°. — Schema der Anlage. (**F. P. 1 163 287** vom 13/12. 1956, ausg. 24/9. 1958.) S. BÖTTCHER. H 1290

Wolfgang Strubbell, Leipzig, *Herstellung von aromatischen Aminen* durch Rk. von aromat. Halogenverbb. mit $NaNH_2$ bei bis zu 200°. Dem Reaktionsgemisch können Cu-Verbb. (Cu-Propionylaceton, Cu-Benzoat) zugesetzt werden. — *2-Amino-p-cymol,* $Kp._{12}$ 115°, durch $^1/_4$std. Erhitzen von 213 (g) 2-Bromcymol mit 40 $NaNH_2$ auf 180—190°, langsame Zugabe von W. u. Dampfdest.; 70% (Ausbeute), bei Zugabe einer der genannten Cu-Verbb. 90%. — Analog *p-Toluidin,* F. 45°, aus p-Bromtoluol; 65 bzw. 85%. (**D. P. [DDR] 14 893** Kl. 12q vom 27/3. 1956, ausg. 26/6. 1958 [Wirtschaftspatent].) H.-J. NITZSCHKE. H 1310

Comp. Française des Matières Colorantes, Frankreich (Erfinder: **Marcel Jirou** und **Jean Marie Frey**), *Herstellung neuer aromatischer Amine* der allg. Formel **I** (R = H, Alkyl-, Cycloalkyl-, Aryl- oder Aralkylgruppe; R' = H, Alkyl- oder Arylgruppe; X = eine zur Metallkomplexbldg. befähigte Gruppe u. X' = H oder nicht ionogener Substituent), dad. gek., daß man Sulfamide der allg. Formeln **II** u. **III** (Y = Halogen oder eine in eine NH_2-Gruppe überführbare Gruppe; Z = ein durch Verseifung in OH u. NH_2 überführbarer Ring) mit Isocyanaten umsetzt. — Harnstoffe (FF. auf dem Maquenne-Block): *N-[3-Nitro-4-hydroxyphenylsulfonyl]-N'-äthyl-*, F. 240—241°, aus 2-Nitro-4-sulfamidophenol u. Äthylisocyanat in Aceton in Ggw. von 2n NaOH bei 10—15°. Red. mit $Na_2S \cdot 9\,H_2O$ führt zu *N-[3-Amino-4-hydroxyphenylsulfonyl]-N'-äthyl-*, F. 168—169°. *Hydrochlorid*, F. 204—205° (Zers.).

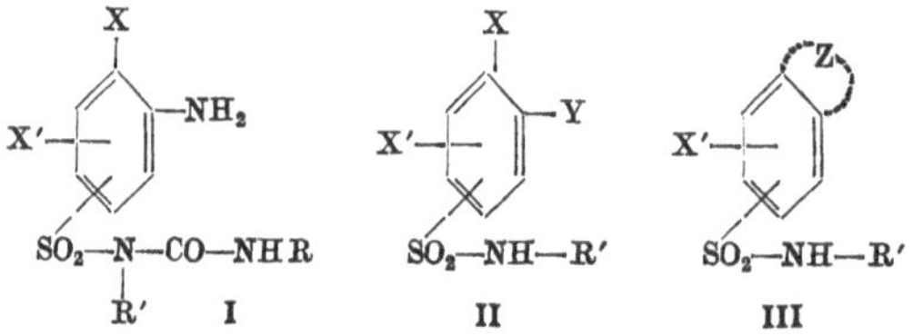

I II III

$C_9H_{13}O_4N_3S \cdot {}^1/_3\, CH_3COOC_2H_5$, F. 106—107°. — *N-[3-Hydroxy-4-amino-6-methylphenylsulfonyl]-N'-äthyl-*, *Hemihydrat*, F. 148—150°, aus 5-Methyl-6-sulfonamidobenzoxazolon über *5-Methyl-6-[N'-äthylsulfonureido]-benzoxazolon*, F. 267—268°, das hydrolysiert wird. — *N-[3-Methoxy-4-amino-6-methylphenylsulfonyl]-N'-äthylharnstoff*, F. 194—195°, aus 3-Methoxy-4-acetylamino-6-methylsulfamidobenzol über *N-[3-Methoxy-4-acetylamino-6-methylphenylsulfonyl]-N'-äthylharnstoff*, F. 264—265°. (**F. P. 1 165 628** vom 14/12. 1956, ausg. 28/10. 1958.) S. Böttcher. H 1350

Farbenfabriken Bayer Akt.-Ges., Leverkusen, *Herstellung von reinen 4.4'-Dihydroxydiphenylalkanen.* Zu D. A. S. 1 027 205; C. **1958.** 12824 ist zu ergänzen: *1.1-[p.p'-Dihydroxydiphenyl]-cyclohexan*, F. 186°, aus Phenol u. Cyclohexanon. (**Oe. P. 194 389** vom 8/11. 1956, ausg. 10/1. 1958. D. Prior. 10/12. 1955.) S. Böttcher. H 2260

Koninklijke Zwavelzuurfabrieken v/h Ketjen N. V., Amsterdam, Holland, *Reinigung von Diphenylolpropan* (**I**), das durch Kondensation von Phenol mit Aceton erhalten wurde. Man behandelt das Rohprod. bei einer Temp. $<60°$ mit wss. NaOH-Lsg., wobei **I** in Lsg. geht u Verunreinigungen als harzartige M. abgeschieden werden. Zur Bindung von Fe- u. Pb-Ionen setzt man gegebenenfalls noch MnO_2 zu, filtriert u. fällt **I** mit H_2SO_4 aus. Das Mol-Verhältnis **I**:NaOH soll 1:0,8 bis 2,5 u. das Gewichtsverhältnis **I**:W. 1:4 bis 99 betragen. — Vgl. F. P. 1 118 213; C. **1958.** 9064. (**Holl. P. 81 562** vom 11/2. 1954, ausg. 15/5. 1956.) F. Böhm. H 2260

Olin Mathieson Chemical Corp., New York, N. Y., V. St. A., *Herstellung von 2-(α-Aminoäthyl)-furan* (**I**) durch Rk. vom 2-Acetylfuran mit NH_4OH u. H_2 in wss. Syst. u. in Ggw. von akt. Ni bei 50—75° unter Druck. **I**, $Kp._{25}$ 62—63; *Acetylverb.* von **I**, $Kp._{4}$ 127—136°; **I**-*Hydrochlorid*, F. 121—123°. — Zwischenprodukte. (**E. P. 801 169** vom 24/6. 1957, ausg. 10/9. 1958. A. Prior. 25/6. 1956.) K. Fabel. H 3061

American Cyanamid Co., V. St. A. (Erfinder: **William Baptist Hardy** und **Warren Schumann Forster**), *Herstellung gemischter Hydroxybenzophenonäther*, dad. gek., daß man ein 1.3-Dialkoxybenzol in Ggw. von $AlCl_3$ mit einem dialkoxysubstituierten Benzoylchlorid auf 90—100° erwärmt oder bei 50—100° HBr hindurchleitet. Man kann auch Verbb. der allg. Formel **I**, worin R_1—R_4 prim. Alkylgruppen bedeuten, in Ggw. von $TiCl_4$ mit HCl teilweise entalkylieren. — Beschrieben wird die Herst. von *4-Butoxy-2-methoxybenzoesäure* (**II**), F. 95,5—96,5°, aus β-Resorcylsäure u. Butylbromid, danach Dimethylsulfat. **II** wird mit SO_2Cl_2 in das *Chlorid* übergeführt u. dieses mit 1.3-Dimethoxybenzol (**III**) in Ggw. von $AlCl_3$ zu **I** ($R_1 = C_4H_9$, $R_2 = CH_3$, $R_3 = R_4 = H$) umgesetzt. — Aus 2-Äthoxy-4-[n-hexyloxy]-benzoesäure u. 1.3-Diäthoxybenzol entsteht **I** ($R_1 = C_6H_{13}$, $R_2 = C_2H_5$, $R_3 = R_4 = H$). — Aus 4-Äthoxy-2-methoxybenzoesäure u.

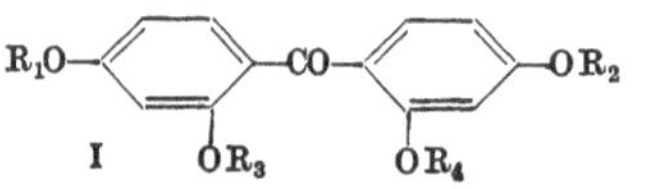

I

III entsteht **I** ($R_1 = C_2H_5$, $R_2 = CH_3$, $R_3 = R_4 = H$). — 2-Methoxy-4-isopropoxybenzoesäure u. **III** bilden **I** ($R_1 = C_3H_7$, $R_2 = CH_3$, $R_3 = R_4 = H$). Beschrieben wird ferner die Herst. folgender Verbb. **I**: $R_1 = R_2 = R_4 = CH_3$, $R_3 = H$, aus 2.4-Dimethoxybenzoesäure. — $R_1 = R_2 = R_4 = C_4H_9$, $R_3 = H$, aus 4-Butoxy-2-methoxybenzoesäure u. 1.3-Dibutoxybenzol. — $R_1 = Iso\text{-}C_4H_9$, $R_2 = R_3 = CH_3$, $R_4 = H$, aus 2-Methoxy-4-isobutoxybenzoesäure. — $R_1 = C_6H_{13}$, $R_2 = CH_3$, $R_3 = C_2H_5$, $R_4 = H$, aus 2-Äthoxy-4-[n-hexyloxy]-benzoesäure u. **III** bei anschließender Desalkylierung. — Die Prodd. dienen als *Zusätze für Kunststoffe* u. *absorbieren UV-Strahlen.* — Vgl. A. P. 2 773 903; C. **1957.** 13814. (**F. P. 1 155 651** vom 17/7. 1956, ausg. 7/5. 1958. A. Priorr. 18/7. 1955 u. 25/5. 1956.) S. Böttcher. H 2380

B. F. Goodrich Co., V. St. A. (Erfinder: **Paul D. Bartlett** und **Bryce E. Tate**), *Herstellung von Thiolactonen* der allg. Formel **I**, mit R = H, Alkyl- oder Arylrest u. n = 1—2, dad. gek., daß man γ- oder β-Halogensäurehalogenide bei 0—45° mit einem Metallsulfid umsetzt. — *β-Mercaptopropiolacton*, n_D^{20} 1,5269, $D.^{20}_4$ 1,301, aus β-Brompropionylbromid. — *γ-Mercaptobutyrolacton*, $Kp._{13}$ 77—78°, n_D^{25} 1,5177, aus γ-Chlorbutyrylchlorid. — Andere Ausgangsstoffe sind die Chloride u. Bromide von 2-Methyl-3-brom-, 2-Äthyl-3-brom-, 3-Methyl-3-brom-, 3-Äthyl-3-brom-, 2.3-Dimethyl-3-brom-, 2.3-Diäthyl-3-chlor-, 3-Butyl-3-brom-, 2-Propyl-3-brom-, 2-Phenyl-3-brom-, 3-Phenyl-3-chlor-, β-Jod-, 2-Methyl-3-jod-, 2-Äthyl-3-jod-, 3-Methyl-3-jod-, 3-Äthyl-3-jod-, 2.3-Dimethyl-3-jod-, 2.3-Diäthyl-3-jod-, 3-Butyl-3-jod-, 2-Phenyl-3-jod- u. 3-Phenyl-3-jodpropionsäure. (**F. P. 1 158 590** vom 18/9. 1956, ausg. 17/6. 1958. A. Prior. 20/9. 1955.) S. BÖTTCHER. H 3071

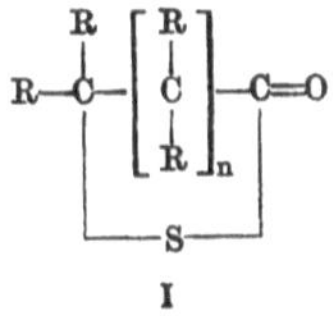

I

Rohm & Haas Co., Philadelphia, übert. von: **Robert S. Yost**, Oreland, Pa., V. St. A., *N-Vinyläthylenharnstoffverbindungen*, z. B. der Formel **I** werden aus den entsprechenden β-Chloräthylverbb. durch Abspaltung von HCl in KW-stofflsg. bei 50—120° u. in Ggw. von äquimol. Mengen eines Alkalialkylats (C_{1-5}) erhalten, wobei das gebildete Alkalichlorid aus der Reaktionslsg. entfernt, der Alkohol abdest. u. Polymerisation durch Inhibitoren verhindert wird. — 260 g N-(β-Hydroxyäthyl)-N.N'-äthylenharnstoff + 600 g Chlf. + 238 g $SOCl_2$ (Chlf. wird abdest. u. durch 348 g Toluol ersetzt) → 268 g N-(β-Chloräthyl)-N.N'-äthylenharnstoff, F. 84—85° (aus Toluol). Davon 44,6 g, gelöst in 174 g Toluol, + 0,33 g N.N'-Di-2-(1.4-naphthochinonyl)-p-phenylendiamin (Inhibitor) + 16,2 g gepulvertes $NaOCH_3$ (bei 110°) → *N-Vinyl-N.N'-äthylenharnstoff*, $Kp._{0,25}$ 102—112°, F. 78—79°. — *Zwischenprodukte*. (**A. P. 2 840 566** vom 8/4. 1955, ausg. 24/6. 1958.) K. GÄBELEIN. H 3122

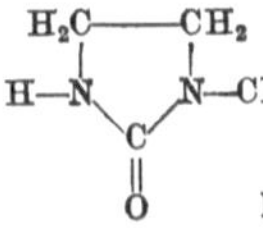

I

Hans Jakob Brandenberger, Vevey, Schweiz, *2-Oxo-4.5-dihydroxy-4-carboxy-5-ureidoimidazolidin* erhält man durch Oxydation von Harnsäure in alkal. Lsg., Isolierung des erhaltenen Salzes u. seine Überführung in die freie Säure, welche schwere, farblose Kristalle bildet, die unter Zers. bei 165° schmelzen. Als Oxydationsmittel dienen $KMnO_4$, H_2O_2, PbO_2 oder MnO_2. — Zwischenprodukt. (**Schwz. P. 336 074** vom 1/6. 1955, ausg. 31/3. 1959.) A. BRÖSAMLE. H 3122

Badische Anilin- & Soda-Fabrik Akt.-Ges. (Erfinder: **Heinrich Scholz**), Ludwigshafen/Rh., *Freifließendes, lockeres, nicht zusammenbackendes Hexamethylentetramin* (**I**) erhält man durch Zusatz von 0,1 bis ca. 1, bes. 0,3—0,5% *Benzoesäure, Chlorbenzoesäure, Methylbenzoesäure* oder deren Mischungen. Man kann diese Säuren dem festen I oder dessen Lsgg. zugeben. Ohne diesen Zusatz ist **I** nach 3 Tagen klumpig, nach Zusatz von 0,5% Benzoesäure dagegen noch nach 5 Monaten rieselfähig. (**D. A. S. 1 049 866** Kl. 12p vom 6/11. 1956, veröff. 5/2. 1959.) G. KRAUSS. H 3313

Badische Anilin-& Soda-Fabrik Akt.-Ges., Ludwigshafen/Rh. (Erfinder: **Kurt Wick**, Ludwigshafen/Rh., und **Friedrich Becke**, Heidelberg), *Herstellung von Dilactamen*, dad. gek., daß man die durch Einw. von Hydroxylaminverbb. auf die Umsetzungsprodd. von CH_2O oder CH_2O abgebenden Verbb. mit Ringketonen erhaltenen Dioxime mit für die BECKMANNsche Umlagerung bekannten Stoffen behandelt. Methylen-bis-cyclohexanonoxim → *Methylen-bis-caprolactam*, F. 175—200°. Analog: *Methylen-bis-valerolactam*, F. 120 bis 175°, u. *Methylen-bis-önantholactam*, F. 150—200°. — Zwischenprodd., u. a. zur Herst. von Weichmachern u. Pharmazeutica. (**D. A. S. 1 024 082** Kl. 12p vom 6/3. 1956, veröff. 13/2. 1958.) C. LÜTTGEN. H 3370

Badische Anilin-& Soda-Fabrik Akt.-Ges., Ludwigshafen/Rh. (Erfinder: **Kurt Wick**, Ludwigshafen/Rh., und **Friedrich Becke**, Heidelberg), *Dilactame* erhält man durch Umlagerung von Dioximen der allg. Formel **I** (x u. y = 2—6; R = gesätt. oder ungesätt., verzweigtes oder unverzweigtes Alkyl mit mehr als 1 C-Atom) in Ggw. von Katalysatoren für die BECKMANN-Umlagerung. — Aus 100 (Teilen) 1.1-Bis-(2-ketocyclohexyl)-äthandioxim, F. 187—189°, in 200 Cyclohexan in Ggw. einer Mischung aus 300 98%ig. H_2SO_4 u. 400 Cyclohexan unter Rückfluß, Neutralisieren mit NH_3, Extraktion mit Chlf. → 51 *Dilactam*, aus Methanol unter Zusatz von Tierkohle-Pulver, F. 190—220°. — Ferner können umgelagert werden die Dioxime von 1.2-Bis-(2-ketocyclohexyl)-äthan; 1.1-Bis-(2-ketocyclohexyl)-isobutan; 1.1-Bis-(2-ketocyclohexyl)-2-buten u. 1.1-Bis-(2-ketocyclo-octyl)-äthan. — *Zwischenprodd.* zur *Herst.* von *Weichmachern* u. *Heilmitteln*. (**D. A. S. 1 036 856** Kl. 12p vom 25/8. 1956, veröff. 21/8. 1958. **Zusatz zu D. A. S. 1 024 082; s. vorst. Ref.**) G. KRAUSS. H 3370

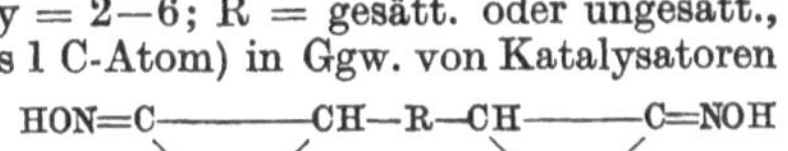

I

Laboratoires Français de Chimiothérapie, Frankreich (Erfinder: **G. Muller**), *Herstellung von Reserpsäurelacton,* dad. gek., daß man *18β-Hydroxy-11.17α-dimethoxy-3-oxo-16β-carboxy-2.3-seco-20α-yohimbanlacton* (I) (*d-Form*), F. 175° $[\alpha]_D^{20}$ +86° (c = 0,25%; A.), in der Wärme mit $POCl_3$ cyclisiert. I wird hergestellt durch Verseifung von 18β-Acetoxy-11.17α-dimethoxy-3-oxo-16β-methoxycarbonyl-2.3-seco-20α-yohimban, F. 184°, $[\alpha]_D^{20}$ +31° (c = 0,5%; A.) in Methanol u. n/10 NaOH zu *18β-Hydroxy-11.17-dimethoxy-3-oxo-16β-carboxy-2.3-seco-20α-yohimban,* F. 150°, $[\alpha]_D^{20}$ +34° (c = 0,5%; A.) u. dessen Lactonisierung mit Essigsäureanhydrid, Essigsäure u. Li-Acetat. Aus den Mutterlaugen gewinnt man durch Extraktion mit CH_2Cl_2 *l*-I, F. 175°; $[\alpha]_D^{20}$ −83° (c = 0,25%; A.). (**F. P. 1 164 747** vom 15/1. 1957, ausg. 14/10. 1958.)
S. Böttcher. H 3500

Johann Heinrich Helberger, München, *Gewinnung von Schwermetallkomplexsalzen des Phäophytins* durch Behandeln frischer Blätter, z. B. Alfalfa, Gras, Brennesseln, mit wss. Lsgg. von Schwermetallsalzen, z. B. $CuSO_4$ oder $NiSO_4$, bei erhöhter Temp. u. Isolieren der gebildeten Komplexsalze durch Extraktion mit organ. Lösungsmitteln, z. B. A., dad. gek., daß die Behandlung in Abwesenheit einer aufschließenden Substanz bei n. Druck vorgenommen wird. (**D. A. S. 1 012 302** Kl. 12p vom 20/10. 1953, veröff. 18/7. 1957.) C. Lüttgen. H 3550

National Cylinder Gas Co., Chicago, Ill., übert. von: **Robert R. Bottoms,** Crestwood, Ky., V. St. A., *Umwandlung der bei der Synthese von Menthol* (I) *entstehenden Neo-, Iso- und Neoisomenthole* in I erfolgt durch Erhitzen der Verbb. in Ggw. von z. B. 1—3% katalyt. wirkenden, fein verteiltem SiO_2, z. B. mikrokrist. SiO_2 aus Arkansas, Handelsprodd. Novocite, auf 150—210, zweckmäßig 180—210°. Das erhaltene racem. I wird fraktioniert abdestilliert. (**A. P. 2 827 498** vom 27/5. 1957, ausg. 18/3. 1958.)
H. Möllering. H 3600

X. Färberei. Organische Farbstoffe.

J. Nüsslein, *Reaktivfarbstoffe. Ein Beitrag zu ihrer Geschichte und ihrer Bezeichnung.* (SVF Fachorgan Textilveredlung **14.** 152—54. März 1959.) P. Eckert. 7000

R. Bugmann, *Neuzeitliche Stückfärberei mit Procionfarbstoffen.* Ausführliche Besprechung des Foulardierlagerverf. zum Färben von Cellulose mit den Procionfarbstoffen. Danach wird das Gewebe mit der Farbstoff, Alkali u. Netzmittel enthaltenden Lsg. foulardiert u. anschließend auf einer Kaule aufgewickelt u. während einer bestimmten Zeit (abhängig vom angewandten Alkali) bei Zimmertemp. abgelagert, um die Rk. zwischen Farbstoff u. Faser zu gewährleisten. Danach wird dann nur noch gespült u. geseift. (8 Abb., 9 Tabellen). (Textil-Rdsch. [St. Gallen] **14.** 73—82. Febr. 1959. ICI Ltd. Zürich, Schweiz.) H. G. Fröhlich. 7020

H. Stern, *Wissenswertes aus dem Gebiet der Hochtemperaturfärberei von synthetischen Faserstoffen.* (SVF Fachorgan Textilveredlung **14.** 122—29. März 1959.)
P. Eckert. 7020

W. Beckmann, *Über das Färben von Dralon mit Astrazonfarbstoffen.* Allg. Betrachtungen über das Färben von Acrylfasern u. über den Färbemechanismus unter Berücksichtigung spezieller Probleme, die im einzelnen behandelt werden. (SVF Fachorgan Textilveredlung **14.** 130—37. März 1959. Leverkusen, Farbenfabriken Bayer AG.)
P. Eckert. 7020

G. H. Lister, *Das Färben von Acrilan und Wolle–Acrilan-Mischungen.* (Z. ges. Textilind. **60.** 910—13. Okt. 1958. — Vgl. C. **1959.** 629.) H. Sontag. 7020

Edmond Louis Henri de Wambrechies, Tourcoing, Frankreich, *Herstellung von gemusterten Textilien.* Man verwebt ungefärbte u. ungebleichte Wolle oder andere Fasern mit gleicher Farbstoffaffinität zusammen mit bereits gefärbtem, bes. grauem, Garn der gleichen Faserart u. bleicht u. färbt die fertigen Textilien in üblicher Weise. (**E. P. 787 913** vom 19/4. 1955, ausg. 18/12. 1957.) F. Böhm. 7021

J. R. Geigy Akt.-Ges. (Erfinder: **Jakob Bindler, Hans-Rudolf Hirsbrunner** und **Rudolf Keller**), Basel, Schweiz, *Färben von Wolle* in wss. saurem Bad mit schwermetallhaltigen Azo- oder Azomethinfarbstoffen ohne an der Komplexbldg. unbeteiligten, sauer dissoziierenden, salzbildenden Substituenten. Als Färbereihilfsmittel verwendet man ein Gemisch aus 30—90 (%) Alkylenoxydkondensationsprodd. von Fettalkoholen, aliphat. Hydroxylverbb. oder Amiden mit einem lipophilen Rest u. mindestens 10 Alkylenoxydgruppen u. 70—10 H_2SO_4-Estern solcher Kondensationsprodd. bzw. lösl. Salzen solcher Ester. — Z. B. gibt man zu 2000 (Teilen) Färbeflotte 1,25 mit $ClSO_3H$ teilweise sulfatiertes Äthylenoxydkondensationsprod. von techn. Cetylalkohol. (**D. A. S. 1 056 089** Kl. 8m vom 27/12. 1956, veröff. 30/4. 1959.) F. Böhm. 7021

Farbwerke Hoechst Akt.-Ges., vormals Meister Lucius & Brüning (Erfinder: **Otto Fuchs, Rudolf Weingarten,** Frankfurt/M., und **Reinhold Deubel,** Kelkheim), *Erzeugung echter Färbungen und Drucke auf Fasern oder Folien aus aromatischen Polyestern,* bes. Polyäthylenglykolterephthalaten. Man verwendet die durch Ringschluß von Diarylaminobenzochinonen der Formel I erhältlichen SO_3H-gruppenfreien Dioxazine als Dispersionsfarbstoffe (X = Halogen; R_{1-4} = H, Halogen, Alkyl, Aryl, Alkoxy, Aryloxy, Arylamino oder Acylamino).

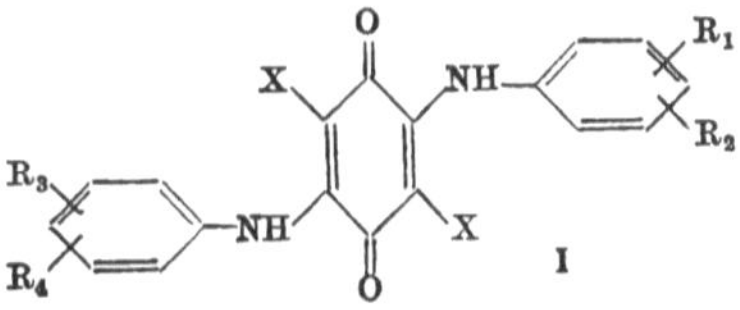

I

Ein geeigneter Farbstoff wird z. B. durch Ringschluß von 3.6-Dichlor-2.5-bis-(4'-methoxyphenylamino)-1.4-benzochinon erhalten. (**D. A. S. 1 054 960** Kl. 8m vom 3/12. 1957, veröff. 16/4. 1959.) F. BÖHM. 7021

Farbwerke Hoechst Akt.-Ges., vormals Meister Lucius & Brüning, Frankfurt/M. (Erfinder: **Herbert Kracker, Ulrich Dreyer** und **Walter Staab,** Offenbach), *Erzeugung wasserunlöslicher Azofarbstoffe auf der Faser.* Granattöne werden erhalten, wenn man Diazoniumverbb. aus p-Aminoazoverbb. der Formel $C_6H_3(R, NO_2)-N=N-C_6H_3(Cl, NH_2)$, in welcher die NH_2-Gruppe in p-Stellung u. die NO_2-Gruppe in m- oder p-Stellung zur Azogruppe steht (R = H, Halogen, Alkyl oder Alkoxy), mit Arylamiden von aromat. oder heterocycl. o-Oxycarbonsäuren oder Acylessigsäuren kuppelt. (**D. A. S. 1 056 582** Kl. 8m vom 9/2. 1956, veröff. 6/5. 1959.) F. BÖHM. 7055

General Aniline & Film Corp., New York, N.Y., V. St. A., übert. von: **Franz Marschall** und **William W. Williams,** *Methinfarbstoffe,* geeignet zum *Färben von plast. Massen, Lacken, lithograph. Farben* u. dgl., der allg. Formel I (R = H, Alkyl, Carbalkoxy, COOH; R_1 = H, Alkyl, Aryl) werden erhalten durch Kondensation von 2-Hydroxy-1-naphthaldehyd (II) mit einem Pyrazolon-(5) mit unsubstituierter CH_2-Gruppe in 4-Stellung. Z. B. entsteht durch Erhitzen von II mit 1-Phenyl-3-methyl- oder 3-carboxy-pyrazolon-(5) in methylalkoh. Lsg. ein rötlichgelber bzw. gelborangefarbener Farbstoff. (**A. P. 2 739 963** vom 30/12. 1953, ausg. 27/3. 1956.) G. HOPPE. 7065

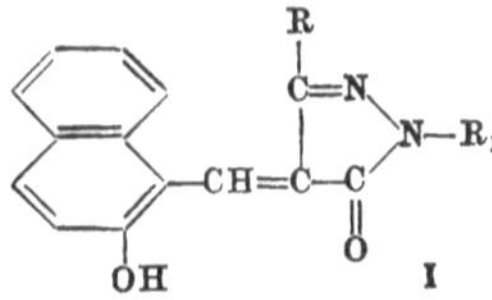

I

XIa. Farben. Anstriche. Lacke. Naturharze.

Jacques Outin, *Mischungen.* Behandelt wird die Erzeugung von Gemischen mit Propeller- und Turbinenmischer. (Peintures, Pigments, Vernis **34.** 264—67. Juni 1958.) B. SCHEIFELE. 7090

Toshio Takeshita und **Noriyuki Miyauchi,** *Darstellung trocknender Öle aus Baumwollsamen- sowie aus Reiskeimöl.* Aus den Fettsäuren des Baumwollsamen- sowie des Reiskeimöls werden durch fraktionierte Kristallisation aus PAe. oder Methanol bei niedrigen Tempp. die gesätt. Säuren entfernt. Die zurückbleibenden ungesätt. Säuren werden dann in Äthylenglykol in Ggw. von NaOH erhitzt, wobei sich konjugierte Diensysteme bilden. Die trocknenden Öle werden aus diesen konjugierten Fettsäuren u. Pentaerythrit bzw. dessen Kondensaten oder Glycerin dargestellt. (J. Oil Chemists' Soc. Japan **7.** 424—27. Nov. 1958. Kagosima, Univ. [Orig.: japan.]) E. MAEKAWA. 7096

S. A. Narang und **Sadgopal,** *Ein neues trocknendes Öl aus dem Saatgut von Buxus sempervirens Linn.* Vff. gewannen ein neues trocknendes Öl durch Ae.-Extraktion von Saatgut des Buxus sempervirens Linn. (fam. Euphorbiaceae). Das Saatöl besitzt folgende Kennzahlen: $D._{20}$ 0,9377, n_D^{30}: 1,4712, SZ.: 10,1, VZ.: 185,0, JZ.: 126, Acetylzahl: 13,0, Dienzahl: —, Thiocyanwert: 78,0. Der Fettsäureanteil wurde nach der Bleisalz/A.-Meth. von TWITCHELL u. anschließender Fraktionierung der Methylester im Hochvakuum analysiert, wobei sich folgende Zus. ergab: Myristin- (1,5%), Palmitin- (3,4%), n-Heptadecan- (8,7%), Stearin- (0,6%), Öl- (30,2%), Leinöl- (48,4%) u. Linolensäure (4,6%). Der unverseifbare Anteil betrug 2,8%. (Soap, Perfum. Cosmet. **31.** 856—59. Sept. 1958. Jadavpur, Calcutta, Ind. Ass. of Cultivation of Sci.; New Delhi, Ind. Standards Inst.) H. SONTAG. 7096

Vladimír Hanzlík, Miroslav Hanzlík und **Josef Mleziva,** *Epoxydlacke für elektrische Leiter von großen Durchmessern.* Der Einfl. der sauren Aushärtungs- u. Weichmachungsbestandteile auf die technolog. Eigg. von Aushärtungslackfilmen eines Dreikomponentenepoxydlackes wurde untersucht u. auf Grund der Resultate ein neuer Elektroisolationslack Epoxy PGA 40 hergestellt. Dieser Lack eignet sich für Leiter mit Durchmessern über 0,8 mm. Seine mechan. u. sonstigen Eigg. werden angegeben.

(Chem. Průmysl 7 (32). 673—78. Dez. 1957. Ústí n. L., Spolek pro chemickou a hutní výrobu, Pardubice, Výzkumný ústav synthetických pryskyřic a laků.)
J. SCHNEIDER. 7106

Heinz Anders, *Farbanstriche auf Grundlage von Kautschuk.* Allg. Ausführungen. — 2 Rahmenrezepte. (Prakt. Chem. [Wien] **7.** 121—22. April 1956. Berlin-Grünheide.)
M. WINIKER. 7106

R. Ferrero, *Die Lackierung der im Schiffsbau verwendeten Leichtmetallegierungen.* In der Praxis bewährten sich hauptsächlich Lacktypen auf Harzbasis. (Alluminio **27.** 273—75. Juni 1958. Avigliana, Soc. Montecatini, Stab. Duco.) E. MIESSGANG. 7106

Gustav A. Nowak, *Die Rezeptur und Herstellung von Polituren und Glanzmitteln.* Schilderung der Lage auf dem Gebiet der Wachsrohstoffe unter besonderer Berücksichtigung von Siliconölen u. Fettsäureketonen. Von letzteren werden Stearon, Lauron u. Oleon ausführlich (Vork., Herstellungsverff., physikal. u. chem. Kennzahlen sowie spezif. Wrkg. bei ihrem Einsatz in Polier- u. Glanzmitteln) beschrieben. Die Herst. sowohl von lösungsmittelhaltigen als auch von lösungsmittelfreien Pflegemitteln (Bohnermassen, Auto- u. Möbelpolituren) wird unter Angabe von Rahmenrezepten u. Arbeitsvorschriften erörtert. (Seifen-Oele-Fette-Wachse **83.** 279—82. 8/5. 1957.) H. SONTAG. 7118

Herbert Niesen, *Zur Prüfung des Reaktionsvermögens der Lackpolyesterharze.* Best. des Reaktionsverh. von Polyesterharzen nach einer neuentwickelten Meth., die sich wegen ihrer raschen Durchführung u. einfachen App. bes. für Betriebskontrollen von Rohharzen u. Fertiglacken eignet. Ausführliche Beschreibung der Prüfapp. u. der Methodik des Verf. unter Angabe bes. analyt. Hinweise. Durch systemat. Variation der Versuchsbedingungen wird deren Einfl. auf das Endergebnis aufgezeigt. Es wurde nach dieser Meth. das Reaktionsverh. einer Anzahl am Markt befindlicher Polyesterharze bei verschied. Tempp. untersucht. Erörterung der tabellar. zusammengestellten Ergebnisse u. Darlegung der Beziehungen zwischen Reaktionsverh. u. anderen Eigg. dieser Harze. (Kunststoff-Rdsch. **6.** 1—6. Jan. 1959.) H. SONTAG. 7154

Titan Co. A/S, Fredrikstad, Norwegen, *Herstellung von Rutilpigmenten.* Zunächst wird ein Teil $Ti(SO_4)_2$-Lsg. mit Erdalkalisulfatsuspension gekocht; alsdann der Rest der $Ti(SO_4)_2$-Lsg. zugesetzt u. weitergekocht, bis prakt. der gesamte Ti-Geh. ausgefällt ist. Die abfiltrierten festen Bestandteile werden bei 900—1000° geglüht, wobei sich *Rutiltitandioxyd* bildet. (**N. P. 87 404** vom 21/4. 1953, ausg. 14/5. 1956. A. Prior. 23/4. 1952.)
K. H. KÄHLER. 7093a

British Titan Products Co. Ltd. (Erfinder: **William Hughes** und **Bernard Harris**), *Herstellung von Titandioxyd* in Rutilform. Man läßt in eine Reaktionskammer $TiCl_4$ u. O_2 im Verhältnis 1:1 bis 1:6, wobei beide vorerhitzt sein können, bei >300° mit geregelter Geschwindigkeit eintreten. Das Verhältnis des Durchmessers der Reaktionskammer: Durchmesser des Einlaßendes ist 10:1. Die Teilchengröße des TiO_2 beträgt 0,1—0,35 μ. (**Aust. P. 206 462** vom 19/4. 1956, ausg. 21/3. 1957. E. Prior. 22/4. 1955.)
H. NEBELSIEK. 7093a

E. I. du Pont de Nemours & Co., Wilmington, Del., übert. von: **Charles Gerald Geary,** Towanda, Pa., V. St. A., *Gut haftender Leuchtstoff* der ZnS- u. (ZnCd)S-Klasse mit einer Teilchengröße von 2—50 μ (mittlere Teilchengröße 5—15 μ), überzogen mit einer dünnen Schicht aus 0,5—10,0 (6,0) Gew.-% (bezogen auf das Leuchtstoffgewicht) bas. Mg-Carbonat bzw. 3,0—4,5 $MgCO_3$ u. 3,0—1,5 $SrCO_3$. (**A. P. 2 854 413** vom 13/8. 1953, ausg 30/9. 1958.) R. SCHREINER. 7093a

Licentia Patent-Verwaltungs-G. m. b. H., Hamburg (Erfinder: **Paul Nowak** und **Franz Josef Bollig,** Kassel), *Grundiermasse auf Alkyltitanatbasis für Metalle, insbesondere kupferhaltige Oberflächen,* dad. gek., daß sie in Kombination mit Metallpulverpigment (bes. Zn) geringe Mengen von ca. 5% von Salzen der säurebildenden Elemente der V. u. VI. Gruppe des Period. Syst., bes. mit Zn enthält. Geeignete Salze z. B. Zn-Chromat oder -Phosphat. (**D. A. S. 1 052 022** Kl. 22g vom 24/10. 1955, veröff. 5/3. 1959.)
P. KRUG. 7097

Adolph J. Beber, Copley, Ohio, V. St. A., *Reinigungsmittel für Malerpinsel,* bes. für solche, die noch alte hartgewordene Farbe aufweisen, bestehend aus einem Gemisch von einem aromat. Lösungsm. (Bzl., Xylol, Toluol) mit mindestens 50 (Vol.-%) des Gemisches mit 5—35 eines wasserlösl. aliphat. Amins mit dem Mol.-Gew. 70 bis ca. 150 (Hexyl-, Dibutyl-, Diamyl-, Triäthanol- oder Diäthanolamin, Morpholin oder bes. Cyclohexylamin), dem gegebenenfalls noch andere Lösungsmittel, wie A., Methanol, Äthylendichlorid, Aceton, Äthyl- oder Butylacetat, zugesetzt sein können. — Beispiel: 15—25 Cyclohexylamin, 60 Xylol u. 25—15 Alkohol. (**A. P. 2 750 343** vom 12/4. 1952, ausg. 12/6. 1956.) W. GRÄGER. 7101

Badische Anilin- & Soda-Fabrik Akt.-Ges. (Erfinder: **Achilles Vlachos,** Mannheim, und **Gerhard Florus**), Ludwigshafen/Rh., *Vorbehandlung von Holz vor dem Überziehen mit Lacken, die saure Bestandteile enthalten, zum Schutz vor den durch Einwirkung von Licht und den sauren Lackbestandteilen hervorgerufenen Verfärbungen,* dad. gek., daß man die Oberfläche des Holzes mit Lösungen von Verbb. behandelt, die mit Metallen Komplexverbb. zu bilden vermögen, wobei das p_H der verwendeten Lsg. größer als 6 ist, u. anschließend mit einem saure Bestandteile enthaltenden Lack überzieht. Als komplexbildende Verbb. werden z. B. genannt: Monoaminomonocarbonsäuren, Iminocarbonsäuren, Äthylendiamintetraessigsäure u. Phosphate. — Nach dem Zusatzpatent 1 022 130 soll das p_H der verwendeten Lsgg. ca. 4—6 betragen. (**D. A. SS. 1 019 950** Kl. 75c vom 24/7. 1956, veröff. 14/11. 1957 u. **1 022 130** Kl. 75c [Zusatz-Anmeldung] vom 30/11. 1956, veröff. 2/1. 1958.) E. WEISS. 7107

Tri Foods Co., Springfield, übert. von: **Cecil Robinson,** Mountain View, und **Henry E. Hancock,** Kansas City, Mo., V. St. A., *Anstrichfarbe,* bestehend aus (bes. bei 80—100° F fermentierter) Molke (12 lbs.) mit einem Geh. von 1—2% Milchsäure, einem pflanzlichen trocknenden Öl, wie Chinaholzöl oder Leinöl (9), u. Pigment (14; 9 Baryt u. 5 TiO_2). (**A. P. 2 739 072** vom 28/11. 1952, ausg. 20/3. 1956.) W. GRÄGER. 7107

Robert Bürkle & Co. (Erfinder: **Robert Bürkle** und **Max Günter,** Freudenstadt/Württ.), *Überziehen eines platten- oder bandförmigen Gegenstandes mit einer Lackschicht.* Die Lackschicht wird mittels eines niederfallenden Fließvorhanges auf dem bewegten Gegenstand gebildet. Zur Bldg. eines blasen- u. schlierenfreien Belages wird mit selbsttätig wirkender Überlaufentlüftung gearbeitet. Das Verf. ist z. B. anwendbar beim Lakkieren von Möbelteilen mit Polyestern. (**Schwz. P. 325 573** vom 24/9. 1956, ausg. 31/12. 1957.) P. KRUG. 7107

United States of America, übert. von: **Murray Kornbluth,** New York, N. Y., V. St. A., *Gegen hohe Temperaturen beständige und Metalle gegen Korrosion schützende Überzüge* werden mit solchen Überzugsmitteln erhalten, die als Bindemittel ein Siliconpolymerisat u. als Pigment ein Gemisch von verschied. Fritten mit stufenweise ansteigendem F. zwischen ca. 1050 u. 1600° F enthalten. Bei dem Aussetzen gegenüber hohen Tempp. erfolgt ein Schmelzen der Fritten unter Bldg. einer Glasemaille. (**A. P. 2 843 559** vom 2/12. 1957, ausg. 15/7. 1958.) P. KRUG. 7107

Wilhelm Fleissner (Erfinder: **Wilhelm Fleissner** und **Heinz Meinel**), Öhringen/Württ., *Herstellung fasergefüllter Anstrichdispersionen* aus einer Grundmasse mit Bindemitteln u. Verdickern nebst geringen Mengen nicht färbender Füllmittel, dad. gek., daß die Textilfasern zunächst mit Siliconölen präpariert u. diese Fasern dann mit der ammoniakal. Lsg. des NH_4-Salzes einer niederviscosen Polyacrylsäure versetzt werden. Dann werden W., eine wss. Carboxymethylcelluloselsg. oder Methylcelluloselsg., ein Dispersionsbinder, die Füllstoffe u. nochmals W. zugegeben. (**D. A. S. 1 050 001** Kl. 22g vom 23/10. 1957, veröff. 5/2. 1959.) P. KRUG. 7107

United States of America, übert. von: **Leonard L. McKinney, John C. Cowan** und **Cyril D. Evans,** Peoria, Ill., V. St. A., *Stabilisierte Anstrichemulsionen.* Statt der bisher üblichen Proteine werden den Emulsionen als Stabilisierungsmittel in alkal. Lsg. erhaltene Umsetzungsprodd. von Proteinen (Casein, Sojabohnenprotein) u. Acrylnitril zugesetzt, wie sie z. B. nach A. P. 2 594 293; C. **1953.** 2543 erhalten werden. Beispielsweise mischt man 25 g salzsaures Casein mit 15 cm^3 Acrylnitril u. 10 cm^3 einer 10%ig. NaOH-Lsg. in 240 cm^3 W. u. läßt über Nacht stehen. Zweckmäßig ist auch ein Zusatz von CH_2O oder diesen entwickelnden Verbb., wodurch die Beständigkeit der Emulsionen gegen Mikroorganismen weiterhin erhöht wird. Bes. geeignet sind diese stabilisierenden Zusätze bei Emulsionen, die neben den Pigmenten (TiO_2, Lithopone, Celit) Butadien–Styrol-Latex als Bindemittel enthalten. (**A. P. 2 775 565** vom 28/3. 1952, ausg. 25/12. 1956.) W. GRÄGER. 7107

Bradford Dyers' Association Ltd., England, *Verbesserung der wasserabstoßenden Wirkung unporöser Stoffe,* wie Kautschuk, Polyester, Polyamide, Polyvinyl-, -acrylverbb., Polystyrol, Phenol-, Melamin-, Harnstoff-, Casein–CH_2O-Harze, Cellulosederivv., Regeneratcellulose, polymere ungesätt. Öle. Man überzieht die Oberfläche dieser Stoffe mit einer organ. hydrolysierbaren oder hydrolysierten Si-Verb. u. einer zu dem Oxyd oder Oxydhydrat zersetzbaren oder verseifbaren Ti-Verbindung. Solche Ti-Verbb. sind Seifen, Tetraalkyl- oder -arylorthotitanate, Ti-Halogenide oder -Sulfat. Als Si-Verb. nimmt man z. B. eine Mischung aus 20—70 Gew.-% eines Methylpolysiloxans mit 2—2,1 CH_3 pro Si u. 80—30% eines Methylhydrogenpolysiloxans mit 1—1,5 CH_3 u. 0,75—1,25 H pro Si. — Man taucht eine Kautschukplatte in eine Lsg. von 1,5 (Teilen) der genannten Si-Verb. u. 0,5 Butyltitanat in 98 CCl_4. — Außer den genannten Polymeren können auch Metalle, Glas, Keramik, Baustoffe, Holz, Kork mit Mischungen aus den genannten Si-Verbb. u. Titanalkanolaminestern wasserabstoßend gemacht werden. — 3,1 (Teile) Dimethylbenzylammoniumchlorid, 0,1 CH_3COOH, 11,4 W., 61,9 einer Lsg. aus 65% der genannten Si-Verb. u. 35 Lackbenzin werden in der Kolloidmühle zu einer Emulsion verrührt, der so viel W. u. Triäthanolamintitanatlsg. zugesetzt wird, daß die Emulsion 1,5 Si-Verb. u. 0,5 Titanat in 100 Emulsion enthält. Man überzieht damit Glasplatten. (**F. PP. 1 149 690** u. **1 149 691** vom 7/2. 1956, ausg. 30/12. 1957. E. Prior. 8/2. 1955.) M. PANKOW. 7107

XIb. Plaste (Kunstharze. Plastische Massen).

E. Fukada, *Neue, durch Strahlungsbehandlung gewonnene Kunststoffe.* Übersicht über die Wrkg. von Strahlung auf die Polymeren u. die Polymerisation bes. hinsichtlich Brückenbindungen, Hauptkettenabbruch usw. (Kagaku [Science] **25.** 554—58. 1955. Kobayashi Forsch. Inst. [Orig.: japan.]) L. SCHULER. 7170

S. Turner, *Die Kältesprödigkeit von Polymeren,* Nach dem ICI-Verf. wird die Versprödungstemp. bestimmt, bei der 50% der Proben (20 mm lang, 2,5 mm breit, 1,6 mm dick) bei Biegung um 90° um einen 8 mm-Dorn innerhalb $^7/_{24}$ Sek. brechen. Bei *Polyäthylen* (PE) hängen die Ergebnisse stark von den Schnittkanten ab, weswegen Prüfung gekerbter Proben empfohlen wird. Die Kerbwrkg. wird mit der Beanspruchungsgeschwindigkeit u. der Relaxationszeit in Verbindung gebracht. PE mit Schmelzindex 2 versprödet bei —57°, PE mit Schmelzindex 20 schon bei —13,5°. — Weichgemachtes *Polyvinylchlorid* versprödet bei 3—4°. Bei gekerbten Proben waren Versprödungstemp. u. Weichmachergeh. umgekehrt proportional (z. B. —12° bei 30% Dioctylphthalatanteil). Da Orientierung u. Vorspannung die Versprödungstemp. ändern können, wird die Temp., bei der 10 statt 50% versagen, als prakt. Gebrauchsgrenztemp. interessanter sein. (Brit. Plastics **31.** 526—29. Dez. 1958. Imp. Chem. Industries Ltd., Plastics Div.) H. J. SCHENCK. 7170

Irving J. Gruntfest, *Der Gebrauch von Kunststoffen bei hohen Temperaturen.* Organ. Kunststoffe haben eine hohe Wärmekapazität u. kommen für Teile von Überschallprojektilen in Frage, wenn sie langsam u. unter starker Gasentw. zers. werden u. von günstigen Schutzgasen umgeben sind. Günstig sind Gase mit niedriger spezif. Mol.-Wärme. Bei 2000° K ist die Gütefolge hierbei z. B.: Ar, CO + N_2, Wasserdampf, CO_2, bei 4000° u. noch mehr bei 6000° K ist Ar überlegen, relativ dicht von CO + N_2 u. in weitem Abstand von CO_2 u. Wasserdampf gefolgt. Von den Kunststoffen verhielten sich bei 2000° K Glasfaser-verstärkte Phenolharze (27% Harz) am besten, bei 3000° K Silicatglas-verstärktes Phenolharz (41% Harz), bei 7000° K Nylon-verstärktes Phenolharz, was durch Spaltung der aus Nylon reichlich entstehenden Wasserstoffmoll. in Atome erklärt wird. (Brit. Plastics **31.** 530—39. Dez. 1958. General Electr. Comp., Aerosciences Labor.) H. J. SCHENCK. 7170

W. F. Bartoe, *Untersuchungsmethoden für Hochtemperatureigenschaften von Kunststoffen.* Vf. untersucht die Hochtemperatureigg. von organ. Kunststoffen, vor allem ihren Widerstand gegen einen therm. Abbau, die Dimensionsbeständigkeit u. die Festigkeiten. So zeigt ein modifiziertes lineares *Acrylpolymeres* eine höhere Torsionsfestigkeit bei höheren Tempp. als ein hitzeempfindliches *Methylmethacrylat.* Die Wärmebeständigkeit wird geprüft durch Erhitzen des Kunststoffes an schnell bewegter Luft u. Ermitteln der Biegefestigkeit. Das Erweichungsintervall, das für die Verarbeitung eine große Rolle spielt, wird unter Druck gemessen, wobei eine leichte Temperaturerhöhung eintritt, die zu Fehlern führen kann. Für die Beurteilung eines Kunststoffes ist noch die Kenntnis der therm. Vorgeschichte bedeutsam. Alle untersuchten Kunststoffe zeigen nach der anfänglichen elast. Verformung ein Fließen, welches bei höheren Tempp. den größten Teil der Verformung ausmacht. Vf. beschreibt dann den Einsatz von Kunststoffen in der Flugtechnik. (Mod. Plastics **33.** Nr. 1. 151—56. Sept. 1955.) F. SCHIPKE. 7170

György Thurzó, *Anwendung der aus der partiellen Oxydation des Methans gewonnenen Gasgemische in der Synthese von Kunststoffmonomeren.* Zusammenfassender Bericht über eine Laboratoriums- u. Versuchsanlage. Unterss. u. Ergebnisse bei der Herst. von Vinylchlorid u. Vinylacetat aus dem bei der partiellen Oxydation des Methans gewonnenen Gasgemisch. (Magyar Kémikusok Lapja [Z. Ver. ung. Chemiker] **13.** 250—57. Juli/Aug. 1958. Budapest, Szervesvegyipari és Müanyagipari Kutató Intézet.) G. HALMI. 7172

C. M. Thomas und **J. R. Hinds,** *Vinylchlorid–Vinylacetat-Mischpolymerisate.* Herst., Zus., Polymerisationsgrad, Eigg. u. Verwendung. (Brit. Plastics **31.** 522—25. Dez. 1958. Barry, Glamorgan, Brit. Geon Ltd.) H. J. SCHENCK. 7172

F. W. Hammesfahr, D. C. Johnson, S. N. Johnson und **S. Seltzer,** *Festlegung des Herstellungsverfahrens für Phenolharz.* Die charakterist. Eigg. (Schmelzen, Mahlbarkeit, Viscosität im BROOKFIELD-Viscosimeter, Einbrenndauer u. Fließpunkt) eines Phenol-CH_2O-Harzes vom Resoltyp wurden in Beziehung zur Schlaghärtung (stroke cure = Zeit in Sek. bis zum Verlust der Klebrigkeit einer feingepulverten 1 g-Harzprobe, die mit einer Geschwindigkeit von 90—100 Schläge pro Min. auf einer 150° heißen Platte beansprucht wird) u. zum Wassergeh. gebracht u. die Abhängigkeit von den Variablen beim Herstellungsvorgang untersucht. Die Schlaghärtung kann aus den Bedingungen des Herstellungscyclus u. aus Laboratoriumsdaten vorausgesagt werden, so daß damit der Fabrikationsgang überwacht werden kann. Ein Diagramm ergibt befriedigend genaue Daten des Wassergeh. aus dem Kp. des Harzes bei verschied. Druck. Auf Grund der bekannten Wechselbeziehungen der Harzeigg. kann jetzt der Harztyp, der bei speziellen Herstellungsbedingungen erhalten wird, vorausgesagt werden. (Mod. Plastics **33.** Nr. 6. 139—44. 149—52. 248—50. Febr. 1956. General Electric Co., Chem. Developm. Dep., Chem. & Metallurg. Div.) R. SCHÄFF. 7176

P. Maltha und **L. W. J. Damen,** *Lacke auf der Grundlage von Polyesterharzen.* Inhaltlich ident. mit der C. **1959.** 2295 referierten Arbeit. Außerdem geben Vff. eine Übersicht über die techn. Anwendung der Polyesterharze. (Pitture e Vernici **14.** 975—84. Dez. 1958. Deventer, Koninklijke Ind. Maatschappij, vorheem Noury en van der Lande, N. V.) W. WESLY. 7176

Miloslav Lidarik, *Herstellung von hochmolekularen Epoxyharzen durch Schmelzen der niedermolekularen Epoxyharze mit Bis-phenol.* Unters. des Reaktionsverlaufs beim Schmelzen eines niedermol. Epoxyharzes (Bis-phenoldiglycidyläther) mit Bis-phenol A (**I**) bei 170°, 190° u. 210°. Darst. bzw. Reinigung der Ausgangsstoffe, App. zur Durchführung der Rk. u. analyt. Methoden zur Klärung des Reaktionsverlaufs werden beschrieben. Es zeigte sich, daß ohne Katalysatorzusatz die Rk. im wesentlichen im Sinne einer Polymerisation der Epoxygruppen verlief, während eine Addition der Epoxygruppen an phenol. Hydroxyl nur in geringerem Maß auftrat. Durch Zusatz bas. reagierender Katalysatoren (Piperidin, CH_3COONa, Na_2CO_3, NaOH, N-Alkylpiperidin, Dimethylanilin) konnte das Gleichgewicht beider Rkk. weitgehend zugunsten der Additions-Rk. verschoben werden. Die weitere, theoret. mögliche Rk. — Addition der Epoxygruppen an sek. Hydroxylgruppen der Epoxyharzkette — verläuft unter den untersuchten Bedingungen nicht mit wahrnehmbarer Geschwindigkeit. Zur Anwendung dieser Ergebnisse auf die Herst. techn. Harze wurde je ein Harztyp durch Schmelzen eines mittelmol. Epoxyharzes mit **I** mit u. ohne Katalysatorzusatz sowie durch direkte alkal. Kondensation von **I** hergestellt. Die Unterss. (Mol.-Gew.-Verteilung, reduzierte Viscosität) dieser 3 Harztypen zeigten, daß die Eigg. des unter Katalysatorzusatz durch Schmelzen hergestellten Harzes fast ident. mit denen des durch alkal. Kondensation hergestellten Epoxyharzes waren, während das ohne Katalysatorzusatz durch Schmelzen des mittelmol. Epoxyharzes mit **I** hergestellte Harz in seinen Eigg. von den beiden anderen Harztypen abwich u. zu lacktechn. Zwecken wenig geeignet war. (Kunststoff-Rdsch. **6.** 6—10. Jan. 1959. Pardubice.) H. SONTAG. 7176

Stanley H. Langer und **Irving N. Elbling,** *Triäthanolaminborat, ein vorzüglicher Epoxyharzkatalysator auf Grund seines Reaktionsmechanismus. Triäthanolaminborat* (**I**) ist ein guter Härtungskatalysator für Epoxyharze. Die Wrkg. des **I** wird durch eine Aufspaltung der Epoxygruppe durch das B u. N, gefolgt von einer Verätherung der gebildeten OH-Gruppen erklärt. Zusatz von Cr-Acetylacetonat zur katalysierten Mischung verkürzt die Härtungszeiten um 25—50%. Vff. glauben, daß sich bei erhöhter Temp. ein Cr-Komplex des **I**, ähnlich den Cr-Aminkomplexen bildet. Gleiche Wrkg. zeigt Ni-, etwas schwächere Fe- u. Al-Acetylacetonat sowie Co-(2)-Salicylaldehyd. Die Lagerbeständigkeit der katalysierten Mischungen mit den Komplexbildnern betrug mehrere Monate. (Ind. Engng. Chem. **49.** 1113—14. Juli 1957. Pittsburgh, Pa., Westinghouse Res. Labors.) H. BECKER. 7176

A. A. Moissejew und **T. F. Durassowa,** *Schaumplaste auf der Grundlage von Polyesterisocyanatkompositionen.* Übersicht über die Entw. des Gebietes. In eigenen Verss. wird ein starrer „*Schaumplast PU-101*" (**I**; Polyurethan) erhalten, indem man (**A**) Polyester, Emulgator, Katalysator u. W. u. (**B**) 2.4-Toluylendiisocyanat u. substituiertes Isocyanat 20—30 Min. bei 30° hält, dann rasch **B** in **A** gießt, 1—2 Min. rührt, zuletzt unter Erwärmen um 5—10°, u. in die Form gießt. Durch Variieren der Mischungsverhältnisse u. der Temp. der Nachbehandlung (20—150°) erhält man **I** mit verschied. Warm- u. Kompressionsfestigkeit. Als Emulgator hat sich am besten ein Umesterungsprod. von Polyglycerin u. Sonnenblumenöl bewährt. Für die D. (z. B. 0,1—0,2) spielt der Wassergeh. im Gemisch die Hauptrolle. Gute Prodd. erhält man mit Polyestern mit

5—7% freien OH-Gruppen, SZ. 10—18 (mg KOH) u. absol. Viscosität 20—32 cPoise. Bei größeren Formen wird empfohlen, der Wärmeentw. wegen eine Schale aus einem Schaumplast zu verwenden. Gemeinsame Verwendung mit Füllstoffen ist möglich. Die physikal.-mechan. Eigg. werden im Vgl. mit Prodd. der Literatur besprochen. Als obere Verwendungsgrenze von I werden 170—180° angegeben. — 41 Literaturzitate. (Химическая Промышленность [Chem. Ind.] **1958.** 389—98. Okt./Nov.) R. K. MÜLLER. 7180

E. L. Williams, *Probleme beim Warmverformen von Platten aus zähem Polystyrol.* Hauptmerkmale, Vor- u. Nachteile der 4 üblichsten Verformungsverff.: Vakuumverformung, Streckziehprozeß, Blasverf., Stempelformung. (Brit. Plastics **31.** 518—21. Dez. 1958. Saro Laminated Wood Products Ltd.) H. J. SCHENCK. 7204

C. A. Redfarn und **J. Bedford,** *Die Schockaushärtung einiger Schichtpreßstoffmaterialien.* Vff. beschreiben die weitere Ausarbeitung des Verf. der Schockaushärtung von Schichtpreßstoffen, die mit bestimmten Phenol–CH_2O-Harzen (I) imprägniert sind (vgl. EVANS, E. P. 737 374) u. erörtern die Folgerungen aus diesen Arbeiten für die prakt. Auswertung. Bei Einw. von Niederspannung (230 V/50 Hz) auf *Durestos* (II; Asbestpappe, die mit sodakatalysiertem I der TURNER BROS. ASBESTOS CO. LTD. imprägniert ist) bei 100° u. unter leichtem Druck sinkt die Leitfähigkeit fast augenblicklich u. vollkommene Aushärtung ist eingetreten. Allg. Bedingungen sind: für Niederspannung leitfähiges Material, Temp. ca. 100°, Temperaturbeständigkeit des Materials entsprechend hoch, da Tempp. bis ca. 250° auftreten können, Stromdichte mindestens 0,031 Amp./cm^3, leichte Druckanwendung zur Verbesserung der Leitfähigkeit. Je höher die Spannung, desto kürzer ist die Aushärtungszeit. Gleich- u. Wechselstrom sind geeignet. Als optimale Bedingungen für II wurden ermittelt: 125° Plattentemp., 31,5 kg/cm^2 Druck, 0,039 Amp./cm^2 Stromdichte u. 5 Sek. Aushärtungszeit. (Brit. Plastics **29.** 171—75. Mai 1956.) R. SCHÄFF. 7204

E. Dalle Nogare, *Das Elektronenmikroskop bei der Untersuchung von Kunststoffen.* Zusammenfassung über Anwendung des Elektronenmikroskopes auf dem Kunststoffgebiet, wie Unters. von Kunststoffdispersionen u. Filmbldg. daraus, Best. des Mol.-Gew. ab ca. 10^5, Beobachtungen von Polymerisationsvorgängen u. über das Verh. polymerer Stoffe gegenüber chem. Einfll., Beurteilung der Homogenität von Copolymeren, Strukturunterss. an Polymeren, wie z. B. das Studium der Sphärolithstrukturen, u. Unterss. von Kunstfasern. — 69 Literaturstellen, Abbildungen. (Materie plast. **24.** 39—44. Jan. 1958.) G. PIEKARSKI. 7210

R. W. Warfield, *Untersuchung der elektrischen Eigenschaften von Vergußharzen.* Beschreibung der Arbeitsweise eines den elektr. Widerstand eingebrachter Proben kontinuierlich registrierenden Meßgerätes, dessen Aufbau an Hand einer Skizze erklärt wird. Es lassen sich mit diesem Gerät Messungen des elektr. Widerstandes zwischen 10^6 u. 10^{16} Ohm/cm unter adiabat. u. isothermen Bedingungen durchführen. Vf. geht ausführlich auf die experimentelle Durchführung folgender Unterss. mit diesem Gerät ein: Leitfähigkeitsänderungen eines Harz–Härter-Gemisches im Verlauf der Polymerisation (Best. des jeweiligen Polymerisationsgrades), Einfl. der Temp., Wirksamkeit verschied. Zusätze (Typ u. Menge des Härters, Füllstoffe u. Weichmacher) u. Einfl. von Feuchtigkeit bei hohen Temperaturen. (SPE Journal **14.** Nr. 11. 39—46. Nov. 1958. US Naval Ordnance Labor., Non-Metall. Mat. Div.) H. SONTAG. 7210

Mathew M. Braidech, *Brennbarkeitstests in Sicherheitsvorschriften.* Zusammenfassende Übersicht. (SPE Journal **15.** Nr. 1. 35—37. Jan. 1959. National Board of Fire Underwriters, Engng. Standards and Fire Prevent. Dep.) M. BECK. 7210

Farbenfabriken Bayer Akt.-Ges., Leverkusen (Erfinder: **Wilhelm Hechelhammer, Hugo Streib, Hermann Schnell** und **Heinrich Krimm,** Krefeld), *Verformen von Linearpolymeren aus dem Schmelzfluß.* Die Viscosität der Schmelzen von akt. H-Atome aufweisenden linearen Polymeren (I; Polyester, Polyamide, Polyesteramide u. Polyurethane) wird durch Zugabe von bes. 0,2—3% an Dioxyden von Dicyclohexenylalkanen, z. B. des -dimethylmethans, so weit gesteigert, daß die M. leicht zu *Flaschen, Folien, Rohren* oder *Stangen* verarbeitet werden kann. Sie können den granulierten oder fl. I zugegeben werden. (**D. A. S. 1 058 729** Kl. 39b vom 17/1. 1956, veröff. 4/6. 1959.) G. TEWES. 7171

Badische Anilin- & Soda-Fabrik Akt.-Ges. (Erfinder: **Hans-Martin Weitz,** Ludwigshafen/Rh., **Eugen Müller** und **Wolfgang Kiedaisch,** Tübingen, und **Hugo Kröper,** Heidelberg), *Herstellung von Polymerisationsprodukten aus olefinischen Verbindungen,* dad. gek., daß man als Polymerisationskatalysatoren (I) Substitutions- oder Additionsprodd. der Metallkohlenoxydverbb., gegebenenfalls in Ggw. von anorgan. oder organ. Halogenverbb., oder ihre Gemische untereinander oder organ. prim., sek. oder tert.

Monohalogenverbb. in Ggw. feinverteilter Metalle der I., II., III. oder VIII. Gruppe des Period. Syst., gegebenenfalls in Ggw. von Radikalbildnern, verwendet. In den Mengenbeispielen werden Äthylen, Acrylsäuremethylester, Vinylacetat, Styrol u. Isopren in Ggw. inerter Verdünnungsmittel oder Lösungsvermittler kontinuierlich oder diskontinuierlich polymerisiert. Als I sind genannt: Triphenylphosphinnickelcarbonyl $[(C_6H_5)_3P]_2Ni(CO)_2$, tert.-Butylbromid u. Zn-Staub, oder Fe-Späne oder Isobutylbromid u. Zn-Staub. Feste, glasharte bis wachsartige Polymerisate. (**D. A. SS. 1 026 959** Kl. 39c vom 29/4. 1955 u. **1 026 960** Kl. 39c vom 12/5. 1955, beide veröff. 27/3. 1958.)
H. SCHINDLER. 7176

Plax Corp., Hartford, Conn., V. St. A. (Erfinder: **Alvin Raynham Nielsen**), *Polyäthylen erhöhter Gleitfähigkeit* durch Zusatz oder Aufbringen von kleinen Mengen (bis zu 2%) eines Amids der Formel $RCONR_1R_2$ (R = Alkyl mit wenigstens 9, bes. 13—19 C-Atomen; R_1 u. R_2 = H oder Alkyl, vorzugsweise mit nicht mehr als 5 C-Atomen). — Man verarbeitet eine Mischung aus 100 g Polyäthylenpulver u. 2 g einer Mischung aus 8% Stearamid (I), 91% Oleamid (II) u. 3% Linoleamid nach dem Strangpreßverf. zu Rohren. Andere Amidmischungen sind 20—25 (%) Palmitamid, 70—80 I u. 2—5 II oder 7—10 Octanamid, 6—8 Decanamid, 40—60 Dodecanamid, 15—20 Tetradecanamid, 8—10 Hexadecanamid, 1—3 Octadecanamid, 5—7 9-Octadecenamid u. 1—3 Octadekadien-(9.12)-amid. (**F. P. 1 132 791** vom 14/10. 1955, ausg. 15/3. 1957. **E. P. 792 009** vom 25/10. 1955, ausg. 19/3. 1958.) M. PANKOW. 7173

Soc. An. des Pneumatiques Dunlop, Seine, Frankreich, *Wärmehärtbare Harzmischung aus Polyvinylchlorid* u. einem Amid, das mehr als eine freie Aminogruppe im Mol. enthält, z. B. das als „Polyamid-115-Harz" bekannte Harz aus Dilinoleinsäure u. Äthylendiamin. Die Mischung kann übliche Weichmacher für das Polyvinylchlorid oder synthet. Kautschuk, auch nebst dessen Vulkanisiermitteln, als Weichmacher enthalten u. fl. bis plast. Konsistenz besitzen. Sie kann zu Fäden versponnen, in Formen gegossen, zum Imprägnieren oder Bedecken von Gewebe verwendet werden. — Man löst 60 (Teile) Dioctylphthalat, 5 Polyamid-115-Harz, gibt 100 Geon 121 (Polyvinylchloridpulver) u. 5 $PbCO_3$ zu, gießt die Paste in eine Form u. hält 15 Min. bei 160°. Das Prod. kann ohne Formänderung der heißen Form entnommen werden. (**F. P. 1 144 618** vom 14/10. 1955, ausg. 16/10. 1957. D. Priorr. 14/10. 1954 u. 23/9. 1955.)
M. PANKOW. 7173

Farbwerke Hoechst Akt.-Ges., vormals Meister Lucius & Brüning, Frankfurt/M. (Erfinder: **Helmut Kehler,** Hofheim, und **Hans Krämer,** Frankfurt/M.), *Herstellung wässeriger Polyvinylchloriddispersionen* nach einem Verf. der an sich bekannten Saatpolymerisation. Diese Polymerisation wird in Ggw. von Redoxsystemen durchgeführt, wobei während der Polymerisation durch Messung des Druckabfalls, nach Zugabe einer bestimmten, kleinen Menge des Monomeren, jeweils festgestellt wird, wieviel Polymerisat gebildet ist u. gleichzeitig nach einer vorher bestimmten mathemat. Beziehung zwischen der Menge des Emulgators u. der des Polymerisats die zur Saatpolymerisation notwendige Emulgatormenge intermittierend oder kontinuierlich eingeschleust wird. (**D. A. S. 1 029 563** Kl. 39c vom 30/5. 1956, veröff. 8/5. 1958.) H. NEBELSIEK. 7173

Food Machinery & Chemical Corp., V. St. A., übert. von: **Frank Philip Greenspan** und **Ralph Joseph Gall,** *Plastizieren von Vinylharzen* (Polyvinylchlorid, Vinylchlorid–Vinylidenchlorid-, –Vinylacetat-Mischpolymere, Polyvinylacetat, Polyvinylbutyral). Man verwendet partiell nach E. P. 765 903; C. **1959.** 1283 epoxydierte ungesätt. Öle. (**F. P. 1 145 180** vom 28/10. 1955, ausg. 23/10. 1957. A. Prior. 29/10. 1954.)
M. PANKOW. 7173

Union Carbide Corp., New York, N. Y., V. St. A., *Mischpolymerisate von Vinylchlorid und 2-Chlorallylidendiacetat,* das zu 5—25% angewandt wird, erhält man durch Emulsionspolymerisation bei 30—70° in Ggw. eines Peroxydkatalysators. Die Prodd. lassen sich bei niedriger Temp. verformen u. sind wärmestabil. — Mengenbeispiele, Tabellen, Kurven. (**E. P. 795 279** vom 14/9. 1956, ausg. 21/5. 1958. A. Prior. 20/10. 1955.)
H. SCHINDLER. 7173

Polymer Corp. Ltd., übert. von: **Charles A. McKenzie** und **Robert F. Killey,** Sarnia, Canada, *Tieftemperaturpolymerisation von Isobutylen.* Eine größere Menge Isobutylen wird mit einer kleineren Menge eines konjugierten Diolefins mit 4—6 C-Atomen in einem Lösungsm., bes. Methylchlorid, bei —40 bis —164° in Ggw. eines FRIEDEL-CRAFTS-Katalysators polymerisiert, wobei die Polymerisationsmischung sehr langsam durchgerührt wird. (**A. P. 2 834 762** vom 27/12. 1954, ausg. 13/5. 1958.)
L. STADELMANN. 7173

Paul E. Fanta, Chicago, Ill., V. St. A., *Herstellung von N-Acylderivaten des Methallylamins,* dad. gek., daß man 2.2-Dimethyläthylenimin (I) zu 1-Acyl-2.2-dimethyläthyleniminen (II) acyliert u. diese auf über 150° erhitzt. — Man leitet Keten durch I u. isomeriert das entstandene *1-Acetyl-2.2-dimethyläthylenimin,* $Kp._{22}$ 61—62,5°, n_D 1,4324, durch Erhitzen auf über 180° zu *N-Methallylacetamid,* $Kp._9$ 113°, n_D 1,4590. Analog *N-Methallylpropionamid,* n_D 1,4670, aus *1-Propionyl-2.2-dimethyläthylenimin,* $Kp._{20}$ 74—78°, n_D 1,4350, das durch Rk. von I mit Propionylchlorid in Ggw. von $(C_2H_5)_3N$ erhältlich ist, u. *N-Methallylbutyramid.* — Zwischenprodd. zur *Herst. von Mischpolymerisaten* mit Vinylacetat u. Styrol. (**A. P. 2 766 232** vom 27/7. 1955, ausg. 9/10. 1956.) C. LÜTTGEN. 7173

Union Carbide & Carbon Corp. bzw. **Union Carbide Corp.,** New York, N. Y., V. St. A. (Erfinder: **Ralph Stickle jr., John Robert Kilsheimer** und **Bruce R. Thompson**), *Herstellung von Polymerisaten und Mischpolymerisaten von Alkenylestern der 3.4-Epoxycyclohexancarbonsäuren der* Formel **A** (R_1—R_6 = H oder Alkyl; R = Alkenyl mit 2—4 C-Atomen; vorzugsweise sind R_1—R_6 Alkyl mit 1—4 C-Atomen; die Gesamtzahl der C-Atome in diesen Gruppen übersteigt nicht 12).

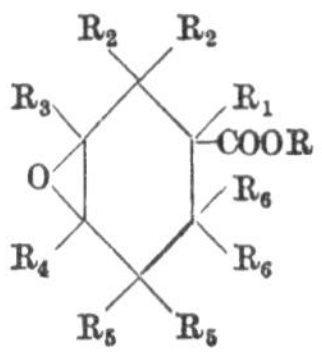

A

Man polymerisiert sie allein oder mit anderen mischpolymerisierbaren Verbb. nach dem Block-, Lösungs-, Emulsions- oder Dispersionsverf. mit den üblichen Katalysatoren bei ca. 40—60°. Als mischpolymerisierbare Verbb. sind anorgan. u. organ. Vinylester, Vinylidenhalogenide, Acrylnitril, Methacrylnitril, Acryl-, Methacrylsäureester, Butadien, dessen Cyan-, Halogen-, Alkoxy- u. Acetoxyderivv., Acetylen, dessen Dimere u. Trimere, Ester mehrbas. ungesätt. oder gesätt. Säuren des Vinyl-, Allyl oder Methallylalkohols, Vinyläther mehrwertiger gesätt. Alkohole oder Ester dieser Alkohole mit Acryl- u. Methacrylsäure genannt. Bei der Emulsionspolymerisation wirken Vinylchlorid, Trichloräthylen u. CCl_4 abbauend, so daß niedrigmol. Polymere entstehen, auch erhält man bei der Polymerisation von I (s. unten) mit Vinylchlorid in Ggw. von CCl_4 Polymere mit guter therm. Stabilität. Die Polymeren können mit mehrbas. anorgan. u. organ. Säuren, Polyphenolen u. Polyaminen gehärtet werden. Sie eignen sich für Farben, Lacke, Appretierungen, Bodenbelag, Überzüge auf Metallfäden, Schläuche, Regenmäntel, Verpackungsmaterial u. Überzüge aller Art. — Man tropft in 3½ Std. 1780 einer 24,8%ig. Lsg. von Peressigsäure in Aceton in 812 g Allyl-3-cyclohexencarboxylat von 40—45°, rührt noch 1½ Std. bis zum Verbrauch der Peressigsäure, hält 16 Std. bei —11° u. tropft in 3000 g Äthylbenzol unter gleichzeitigem Abdestillieren bei 20 mm von Peressigsäure, Essigsäure, Aceton u. Äthylbenzol: *Allyl-3.4-epoxycyclohexancarboxylat* (I), $Kp._{0,5}$ 85—95°; n_D^{30} 1,4727. — Aus Vinyl-3-cyclohexencarboxylat das *Vinyl-3.4-epoxycyclohexancarboxylat* (II), $Kp._1$ 70°; n_D^{30} 1,4741. — 10 g II u. 1 cm^3 25%ig. Acetylperoxydlsg. in Dimethylphthalat werden unter N_2 im Wasserbad im sich drehenden Rohr 17 Std. bei 28—50° gehalten. Das Polymere wird mit Isopropanol gefällt. Eine Lsg. des Harzes in Cyclohexanon mit 1% H_3PO_4 wird zu einer Folie ausgegossen, die nach 20 Min. bei 175° in Cyclohexan unlösl. ist. (**F. P. 1 164 238** vom 20/8. 1956, ausg. 7/10. 1958. **Jap. A. S. 296/1958** vom 15/8. 1956, veröff. 23/1. 1958. **Oe. P. 194 136** vom 21/8. 1956, ausg. 27/12. 1957. Alle A.Prior. 22/8. 1955.) M. PANKOW. 7177

Monsanto Canada Ltd. (Erfinder: **Ctirad Podesva**), *Stabile wässerige Lösungen von Amin–Aldehyd-Harzen* erhält man durch Kondensation von Melamin (I), Harnstoff (II) u. I bzw. einem wasserlösl. Aminotriazin mit CH_2O in Ggw. eines wasserlösl. mehrwertigen aliphat. Alkohols, der mindestens 2 prim. OH-Gruppen enthält, bis das Prod. bei ca. 25° mit der ca. 3—4fachen Menge W. ausgefällt wird. — 450 (Teile) 37%ig. CH_2O-Lsg. vom p_H 8,0—9,0 werden mit 60 II, 126 I u. 155 Äthylenglykol unter Rückfluß erhitzt, bis 1 Sirup gerade mit 2—3 W. gefällt wird. Der auf p_H 8,5—9,0 eingestellte Sirup hält sich 7 Monate bei n. Temperatur. (**Aust. P. 211 518** vom 3/5. 1956, ausg. 12/12. 1957. A. Prior. 6/6. 1955.) J. MÜHLEISEN. 7181

E. I. du Pont de Nemours & Co., übert. von: **Raymond Joseph Andres,** und **Wilfred Sweeny,** Wilmington, Del., V. St. A., *Mischpolymerisate von Acrylnitril mit Alkenylarylsulfonsäuren* (I) der allg. Formel o- oder p-$(CH_2{=}CH—)C_6H_4—SO_3H$, deren Herst. beschrieben wird. Z. B. wird β-Phenyläthylbromid mit $ClSO_3H$ umgesetzt u. nach Rk. mit K_2CO_3 das K-β-Bromäthylbenzolsulfonat erhalten. Nach Erhitzen am Rückfluß mit KOH u. Einleiten von CO_2 wird der Nd. abfiltriert. Nach Rk. mit Br wird das K-Vinylbenzolsulfonat erhalten u. als sein S-Benzylisothiuroniumsalz, F. 143—144°, identifiziert. Die entstandenen 60—75 (%) p-Isomere u. 40—25 o-Isomere können einzeln oder im Gemisch homopolymerisiert oder mit Acrylnitril oder Methylmethacrylat oder ersteres zusammen mit Methylen-bis-acrylamid mischpolymerisiert werden. — Fäden, Fasern, Folien mit guter Anfärbbarkeit u. Farbbeständigkeit; Bodenverbesserungsmittel. — Mengenbeispiele. (**A. P. 2 837 500** vom 3/8. 1953, ausg. 3/6. 1958.) H. SCHINDLER. 7185

Aktiebolaget Statens Skogsindustrier, Stockholm (Erfinder: **John Holger Rosenquist,** Alfredshem, und **Anders Wilhelm Westling,** Enebyberg), Schweden, *Herstellung ölimprägnierter Hartfaserplatten zum Formen und Verschalen von Beton.* Man bringt auf die eine Seite der Faserplatte 3—12% (des Trockengewichts der Fasern) eines härtenden Öls u. ½—10% einer alkalifesten Plastikmasse in solcher Menge u. Viscosität, daß die Plastikmasse an der Oberfläche verbleibt, während das härtende Öl bei dem Preßvorgang nach innen abfließt u. vorhandenes W. durch die nicht imprägnierte Seite der Fasermasse abtreibt, wobei bis zum Ende des Pressens saure Rk. besteht u. die Platte anschließend gehärtet wird. Als Öle nimmt man z. B. Leinöl oder Tallöl oder mit diesen hergestellte Alkydharze, Chinaholzöl u. Asphalt, als Plastikmassen Phenol-, Harnstoff-, Melamin-CH_2O-Harze, Polyvinylchlorid, -styrol. — Man löst 5 (Teile) wasserlösl. Harnstoff-CH_2O-Harz u. 5 wasserlösl. Melamin-CH_2O-Harz in 40 W., rührt stark mit 1 konz. CH_3COOH 5 Std. bei 20°, neutralisiert u. mischt mit der erhaltenen Suspension einer wss. Emulsion des Tallölglycerinesters mit NH_4-Tallat als Emulgator, verd. mit W. u. düst in der oben angegebenen Menge auf einen Faserfilz, der dann bei hohem Druck, z. B. 15—50 kg/cm², u. 150—200° gepreßt u. gehärtet wird. (**D. P. [DDR] 16 803** Kl. 39b vom 21/1. 1955, ausg. 15/4. 1959 [Ausschließungspatent].) M. PANKOW. 7205

XIII. Ätherische Öle. Parfümerie. Kosmetik.

M. I. Gorjajew, G. K. Kruglychina, M. G. Pugatschew und **I. M. Schabanow,** *Untersuchung des ätherischen Öls von Artemisia santolinifolia Turcz (A. sacrorum var. minor. Ledb.).* In dem durch Wasserdampfdest. aus 480 kg *Artemisia santolinifolia* TURCZ. (45% Feuchtigkeit) erhaltenen *äther. Öl* werden ca. 25,7% Carbonylverbb., davon hauptsächlich *Thujon* (I), ca. 3,7% *Campher* (II) u. wenig *Fenchon,* 13,2% freie u. 19,24% veresterte Alkohole, hauptsächlich *Thujylalkohol* (III), u. 2,3% *Borneol* nachgewiesen u. die Möglichkeit von daneben vorhandenem *Fenchylalkohol* angenommen. In Übereinstimmung mit der $FeCl_3$-Rk. auf Phenole konnten Vff. in dem aus Artemisia gewonnenen Öl nachweisen: 9% Phenole, vorwiegend *m-Kresol,* daneben 8% Carbonsäuren, bes. *Ameisen-* (IV) u. *Isovaleriansäure* (V), 1% *Cineol, Terpen-KW-stoffe* u. *Sesquiterpene,* die bei der Red. mit Se blaue *Azulene* liefern. Die Isolierung der im Öl mit fuchsinschwefliger Säure nachgewiesenen Aldehyde gelang nicht. Bei der Best. der Carbonylverbb. erwies sich die Semicarbazidmeth. als die genaueste. Vff. rechnen (die bei der Isolierung der Carbonylverbb. entstehenden Gewichtsverluste einbezogen) mit einem Geh. von 30%. Demgegenüber wurden nach ASCHAN (Chemist and Druggist **103.** [1925.] 425) nur 10,62%, bezogen auf II, u. nach der Bisulfitmeth. infolge geringer Reaktionsgeschwindigkeit von β-Thujon mit $NaHSO_3$ nur 17,36% Carbonylverbb. bestimmt. (Известия Академии Наук Казахской ССР, Серия Химическая [Nachr. Akad. Wiss. KasachSSR, Ser. Chem.] **1956.** Nr. 9. 33—42.) W. KURTZMANN. 7262

Hans Schwarz, *Zur Geschichte der Eau de Cologne.* Ein Gerichtsurteil stellt unter Würdigung der geschichtlichen Tatsachen fest, daß der erste Hersteller von Kölnischwasser FEMINIS oder JOHANN MARIA FARINA oder ein Dritter gewesen sein kann; die Merkmale waren in Duftwässern früherer Epochen weitgehend vorgebildet. (Riechstoffe u. Aromen **5.** 178. Juni 1955.) H. MÜHLMEISTER. 7276

Hsi-Chang-Chiang, *Neue Duftschöpfungen einer alten Nation. Chinas letzte Fortschritte in der Parfümerieindustrie.* (Parfumerie, Cosmét., Savons **1.** 7—13. Jan. 1958. — C. **1958.** 13116.) G. TREWENDT. 7276

T. Bassiri, *Riechstoffe und Polyäthylen. Einsatzmöglichkeiten von parfümiertem Polyäthylen in der Desodorierungsmittelindustrie.* Deutsche Fassung der C. **1958.** 7279 referierten Arbeit. (Parfümerie u. Kosmet. **39.** 483—86. Aug. 1958.) H. SONTAG. 7276

Jan Mimra, *Die Beeinflussung der Haut durch Wasser.* Erörterung der Wrkg. der Sättigung des Hautgewebes mit wss. Fl. auf das Aussehen u. die physikal. Bedingungen beim Eindringen von W. in die Haut. Beschreibung des Verh. der verschied. Hautschichten gegenüber eindringendem W. u. Hinweis, daß mit einfachen, physikal. wirksamen kosmet. Präpp. nur die Hydratisierung der Hornschicht beeinflußt werden kann. Als infolge ihrer chem.-physiol. Wirksamkeit auch zur Hydratisierung der tieferen Hautschichten befähigt, werden folgende Wirkstoffe erörtert: Verbb., die eine erhöhte Durchblutung hervorrufen (Follikelhormone, Campher), Cholin, Acetylcholin, Hyaluronidase, Hypophysenhinterlappenpräpp., Hormone der Nebennierenrinde, von Thymus u. Parathyreoide. (Parfümerie u. Kosmet. **39.** 137—38. März 1958.) H. SONTAG. 7284

Heinrich Lindemann, *Salben und Salbengrundwachse in der kosmetischen Industrie.* Allg. Ausführungen. (Prakt. Chem. [Wien] **6.** 145—47. Juni 1955. Hamburg.) M. WINIKER. 7284

Jean Morelle, *Fungicide und Antiseptica in Kosmetik und Hygiene.* Es werden die auf kosmet. Präpp. auftretenden Schimmelpilze besprochen u. der heutige Stand der Kenntnisse über die fungicide Wrkg. der in der Kosmetik verwandten Konservierungsmittel (bes. p-Hydroxybenzoesäure u. ihre Ester) unter Hinweis auf das Schrifttum aufgezeigt. Vf. bespricht sodann die Ergebnisse eigener Unterss. über die fungicide Wrkg. von 9 Konservierungsmitteln an einem biochem. Wirkstoffe enthaltenden kosmet. Präp. u. weist auf die Notwendigkeit hin, derartige Bestimmungen jeweils in der Mischung auszuführen, dem das Konservierungsmittel zugesetzt werden soll. Hinsichtlich der Besprechung von Antisepticis beschränkt Vf. sich auf einige erfolgreich in hygien. Präpp. verwandten Baktericide. (Ind. Parfumerie **12.** 91—95. März. 136—40. April 1957; Riv. ital. Essenze, Profumi, Piante officin., Olii veget., Saponi **39.** 346—55. 15/7. 1957.) H. SONTAG. 7284

Rose Marie Goeren Koeck, *Die Fettallergie und ihre Behandlung.* Kosmet. Ratschläge zur Behandlung der Fettallergie. (Riv. ital. Essenze, Profumi, Piante officin., Olii veget., Saponi **40.** 525—27. 15/11. 1958. Ludwigsburg.) H. P. FIEDLER. 7284

G. T. Walker, *Elektrostatische Aufladung der Haare.* An Hand von in der amerikan. Literatur veröffentlichten Untersuchungsergebnissen werden die Ursachen für die elektrostat. Aufladung des Haares beim Kämmen u. die Möglichkeit, dieser Erscheinung durch Behandlung des Haares mit anion- u. kationakt. Spülmitteln entgegenzuwirken, erörtert. (Seifen-Öle-Fette-Wachse **83.** 727—28. 20/11. 1957.) H. SONTAG. 7284

Walter Rochus und **Reinhold Kickuth,** Göttingen, *Protrahierend wirkende Lösungs- und Einbettmasse für Riech- und Wirkstoffe, Insekticide, Kosmetica und dergleichen,* bestehend aus nichthärtenden, elast., kalt verformbaren Organopolysiloxanen. (**D. A. S. 1 063 309** Kl. 23a vom 22/12. 1956, veröff. 13/8. 1959.) C. LÜTTGEN. 7277

Badische Anilin- & Soda-Fabrik Akt.-Ges., Ludwigshafen/Rh. (Erfinder: **Conrad Schöller,** Mannheim, und **Erich Dehner,** Ludwigshafen/Rh.), *Herstellen von kosmetischen Präparaten und von Desinfektionsmitteln* durch Verwendung mit Monoepoxyverbb. oxalkylierten Polyamiden (I), die auf 1 (Gewichtsteil) Polyamid 0,5—3,0, bes. 1,0—3,0, Alkylenoxyd enthalten, wobei die Hydroxylgruppen gegebenenfalls verestert sein können, bes. als nichtklebende koll., in W., A. oder in Gemischen aus W. u. A. lösl. Zusätzen oder Grundlagen. Die oxalkylierten I eignen sich bes. zur Herst. von *Haarpflegemitteln* wie Haarfixativen, -färbepasten, ferner von Trockenreinigungsmitteln für die Hand-, Gesichts- u. Haarreinigung sowie von kosmet. Pudern, Gesichtswässern, Zahnpasten, Salben, z. B. Gewerbeschutzsalben, Cremes, Gleitmitteln, z. B. Melkfetten, Trockenrasiermitteln. — Beispiel: Trockenreinigungsmittel: Das bei der Rk. von 1,2 (Teilen) Äthylenoxyd mit 1 des Mischpolyamids aus ca. 60% Adipinsäure-Hexamethylendiamin u. ca. 40% Caprolactam vom Mol.-Gew. 10000—15000 erhaltene Prod. wird mit so viel A. vermischt, daß ein 30%ig. Gemisch, bezogen auf das oxäthylierte I, entsteht. (**D. A. S. 1 044 363** Kl. 30h vom 6/4. 1956, veröff. 20/11. 1958.) E. PETERSEN. 7285

XIV. Zucker. Kohlenhydrate. Stärke.

O. W. Lasurski und **Je. D. Choroschkowa,** *Einfluß der Phosphate auf den Zuckerrübenertrag in Abhängigkeit von ihrer Norm und der Art ihrer Einbringung in der Fruchtfolge.* Auf podsoliertem Wiesenschwarzerdeboden wurden die höchsten Zuckerrübenerträge bei einmaliger Gabe der höchsten *Phosphat* (I)-Dosen (240—480 kg/ha P_2O_5) unmittelbar zu Zuckerrübe erzielt. Die I-Einbringung 5 Jahre vor der Zuckerrübenansaat war viel weniger wirksam, obwohl der Geh. an leichtlösl. I im Boden fast unabhängig von der Art der Einbringung innerhalb einer Fruchtfolge war. Zur Erhöhung des Ertrages nicht allein der Zuckerrübe, sondern auch der Vorfrucht, ist es notwendig, bei der eingehaltenen Fruchtfolge (Lupine–Winterweizen–Gräser–Gräser–Winterweizen–Zuckerrübe) die I-Grunddüngung zu Lupine u. Zuckerrübe zu geben. Die geringste Norm an Phosphoritmehl (120 kg/ha) auf 2 Kulturen zu verteilen, ist nicht zweckmäßig; sie muß zu Lupine gegeben werden. Bei Erhöhung der Düngergaben von 60 (kg/ha) auf 240 Superphosphat oder 120 auf 480 Phosphoritmehl steigt der absol. Ertrag; der Mehrertrag je kg P_2O_5 nimmt hierbei ab. (Доповіді Української Академії Сільскогосподарських Наук [Ber. ukrain. Akad. Landwirtsch.-Wiss.] **2.** Nr. 1. 31—35. Jan./Febr. 1959. Ukrain. Wiss. Forschungsinst. für Ackerbau.) O. LEBTAG. 7406

E. Frenay, *Die klassische und die Flockenflotation.* Geschichte, Theorie, Grundlagen, Erfolge u. Aussichten der herkömmlichen Schwimmaufbereitung u. ihrer durch die Erforschung der Oberflächen-Rkk. erzielten Verbesserungen werden besprochen. Ein weiterer Fortschritt bei Aufschwemmungen sehr geringer Konz. an sehr kleinen bis zu koll. Feststoffen ist die Flotation von Flocken, die sich nach maschineller Vermischung mit Luft oder anderen Gasen, wenn nötig unter Zusatz von Schäumer- oder Sammlerchemikalien, in einer Ruhezone des App. bilden u. infolge ihrer durch die anhaftenden Luftmikrobläschen bedingten Leichtigkeit sich aufsteigend abscheiden. Als prakt. Verwendung wird die Klärung des Diffusionsrübenzuckersaftes angeführt statt der Kalkscheidung mit CO_2-Saturation; in einer Versuchsanlage der SOC. AN. ECRÉMEUSES MELOTTE in Remicourt (Belgien) liefen 70—85% des mit $Ca(OH)_2$ auf p_H 11 eingestellten Saftes nach der Flotation klar ab u. nur 15—30% (in dem abgeschiedenen Schlamm enthaltener) mußten durch Filtrieren geklärt werden. Der Kalkverbrauch ging dadurch auf 0,7% zurück, $^2/_3$ der Filterleistung wurden erspart, die reinen Säfte waren weniger gefärbt u. die koll. Nichtzuckerstoffe besser entfernt. (Génie chim., Suppl. zu Chim. et Ind. **79.** Nr. 2. 33—43. Febr. 1958. Liège, Univ.) H. MÜHLMEISTER. 7412

Mario Brunasso, *Diskussion über den optimalen Punkt der zweiten Saturation.* Das Problem des optimalen Endpunktes der 2. Saturation wird vom Gesichtspunkt der Dissoziation der Kohlensäure aus behandelt. Die Bedeutung des p_H-Wertes 9,25 wird betont, weil bei höheren oder niedrigeren Werten andere Faktoren die Arbeitsbedingungen verschlechtern. Bei diesem p_H sollte eine vollständigere Entfernung der Kalksalze u. eine bessere Ausnutzung des CO_2-Gases ohne Kochen der Säfte u. ohne Anwendung kation. Harze möglich sein. (Ind. saccarif. ital. **51.** 55—59. März/April 1958.) F. GROH. 7412

Karl Krøyer, *Die Automation in der Glucoseindustrie.* Bei der kontinuierlich arbeitenden *Glucose*-Gewinnung nach dem KRØYER-Syst. wird der Konvertierungsgrad durch die Temp. reguliert, welcher durch ein photoelektr. Colorimeter, in dem die Farbbldg. zwischen Dextrinen u. J_2 gemessen wird, die notwendigen Steuerimpulse erhält. Die Konz. u. die Acidität der Stärkemilch werden durch Regler konstant gehalten. (Stärke **10.** 130—34. 1958. Aarhus.) M. ULMANN. 7442

G. J. van der Wal, *Das Bogensieb und seine Anwendung in der Stärkeindustrie.* Bogensiebe, wie sie in der Steinkohlenaufbereitung mit Erfolg angewandt werden, können auch in der Stärkeindustrie für sämtliche anfallenden Siebvorgänge verwendet werden. Während bei der Gewinnung von Maisstärke keine besonderen Probleme vorliegen, sind bei Kartoffelstärke infolge des Vorliegens größerer Stärkekörner spezielle Maßnahmen notwendig. (Stärke **10.** 277—84. Dez. 1958. Amsterdam.) M. ULMANN. 7448

P. Hiemstra, J. M. Muetgeert und **W. C. Bus,** *Acetalisierung von Amylose.* Unters. des Syst. *Amylose* (I) u. *Formaldehyd* (II) in W. ergab, daß in einer 1. Stufe ein Halbacetal gebildet wird, das im Gleichgewicht mit den beiden Komponenten steht. Dieser Prozeß wirkt sich im wesentlichen wie eine reversible Derivatisierung aus, welche die Wechselwrkg. zwischen den Polymermoll. vermindert. Durch Erhöhung des p_H im alkal. Bereich wird das Halbacetalgleichgewicht zugunsten der Reaktionskomponenten verschoben. Durch Zugabe von II kann die Gelatinierung wss. Lsgg. von I, wie auch von *Polyvinylalkohol* (III) verhindert werden. Unters. dieser Stabilisierung durch Viscositätsmessungen wies auf die Abhängigkeit der notwendigen II-Menge von der I-Konz. hin. Für die Beziehung zwischen II- u. I-Konz. für vollständige Stabilisierung gilt: II-Konz. $= 2 + 0{,}2 \times$ I-Konzentration. Auch Lsgg. von III lassen sich durch II stabilisieren. Wird das Syst. von I u. II in W. auf 130° in Ggw. eines sauren Katalysators erhitzt, so bilden sich in einer 2. Reaktionsstufe Vollacetale. Es findet hierbei eine Vernetzung der Polymeren durch Methylenätherbrücken zu mehr oder weniger unlösl. Prodd. statt. (Stärke **10.** 213—17. Nov. 1958. Veendam u. Delft, Kunststoffinst. TNO.) M. ULMANN. 7448

A. A. Saika und **W. I. Litwak,** *Ein objektives Saccharimeter mit automatischer Einstellung für die Industrie.* Schema u. genaue Beschreibung des Gerätes werden angegeben. (Сахарная Промышленность [Zucker-Ind.] **31.** Nr. 5. 25—27. Mai 1957. Kiew, Werk KJP.) W. SCHMELZ. 7470

M. Ss. Schulman, *Über die polarographische Analyse der Kohlenhydrate.* Untersucht wurden verschied. Konzz. wss. Lsgg. von reinen Zuckern (*Glucose, Saccharose, Maltose, Xylose, Arabinose* u. *Fructose*). Es wurde bestätigt, daß Glucose die Best. der Fructose nicht behindert. Die Höhe der polarograph. Welle in Ggw. von CaO richtet sich nach der Natur des Zuckers. Die bei der polarograph. Analyse nicht reduzierbare Saccharose u. Raffinose können nach der Säurehydrolyse aus der Menge der gebildeten Fructose ermittelt werden. Nach der Aktivität der Red. an der Hg-Tropfelektrode ergab sich die Reihenfolge: Fructose > Arabinose > Xylose > Maltose > Glucose. Die polarograph. Analyse der Kohlenhydrate kann bei wiss. Forschungsarbeiten u. zur Best. des Invertzuckers in der Zuckerindustrie angewandt werden. (Сахарная Промышленность [Zucker-Ind.] **32.** Nr. 1. 35—37. Jan. 1958.) OTTO MAIER. 7488

J. C. Godfrain, P. Bertrand und **Léonce Liandier,** *Nephelometrisch-colorimetrische Bestimmung von Lactose.* Das im einzelnen beschriebene Verf. beruht auf der Red. von $K_3[Fe(CN)_6]$ durch Milchzucker zu $K_4[Fe(CN)_6]$, das mit Fe^{3+} einen Nd. von Berliner Blau gibt. Die Farbstärke wird elektropotentiometr. bestimmt. (Lait **39.** 32—36. Jan./Febr. 1959. Toulouse, École Nat. Vétérin., Labor. de Chim.) W. WESLY. 7488

XV. Gärungsindustrie.

K. R. Dietrich, *Die Pflanzenwachstum fördernde Wirkung der Gibberelline als Stoffwechselprodukte des Pilzes Gibberella fujikuroi und ihre biosynthetische Erzeugung.* Zusammenfassend wird über die aus zahlreichen Veröffentlichungen bekannten Wrkgg. der Gibberelline auf höhere Pflanzen (Förderung des Wachstums, früheres Blühen, frühere Fruchtbldg., Vermehrung des C-Geh. u. Abbau im Boden) u. ihre biosynthet. Erzeugung berichtet. Vf. empfiehlt auf Grund eigener Unterss. als Nährmedium für die Gibberellinbiosynth. die Melasseabläufe oder -schlempen verschied. melasseverarbeitender Gärungsindustrien, die Gibberella fujikuroi optimale Wachstumsbedingungen zu bieten vermögen. Ähnliches gilt für Sulfitablaugen u. Sulfitablaugenschlempen. — 32 Literaturangaben. (Branntweinwirtschaft **80.** 217—23. 24/5. 1958.) W. KREIPE. 7500

F. Tödt und **F. Zimmermann,** *Über den Einfluß der Temperatur auf die Atmungsgeschwindigkeit von Hefe.* Die in einer früheren Arbeit (vgl. C. **1958.** 3468) mitgeteilten Ergebnisse erwiesen sich unter verbesserten experimentellen Bedingungen als überholt. So nahm bei mehr als 45° die Atmungsgeschwindigkeit der Hefe mit der Zeit ab, u. zwar um so schneller, je höher die Temp. war. Bei 50° sank in den ersten 40 Sek. der Sauerstoffverbrauch um ca. 20%, aber schon bei 55° in der gleichen Zeit um über 50%. In 45 Sek. war bei 64° der Anfangswert bereits auf etwa den 20. Teil abgesunken. Ob es sich bei dieser schnellen Atmungsschädigung um eine echte Atmung oder um einen enzymat. bedingten atmungsähnlichen Vorgang handelte, konnte nicht geklärt werden. (Branntweinwirtschaft **80.** 205. 10/5. 1958.) W. KREIPE. 7506

A. W. Petkow, *Verarbeitung der Zuckerrübe zu Alkohol.* Ausführliche Beschreibung eines Verf. zur Verarbeitung von 71% Zuckerrübe + 29% Getreidekörner. Die Gärung erfolgt auf einem Gemisch der Heferassen XII u. XV u. dauert 65—67 Stunden. Bei der Rektifizierung des A.-Gemisches beträgt die Ausbeute an Rektifikat 1. Sorte 90%, an A. höchster Reinheit 65%. Beide entsprechen den Standardvorschriften. (Спиртовая Промышленность [Spirituosen-Ind.] **24.** Nr. 8. 19—20. 1958.) OTTO MAIER. 7534

S. K. Aschkinusi, A. Ss. Jegorow, A. U. Mamunja, W. M. Ssemernja und **W. Ss. Janowski,** *Eine Schnellverkochung von Rohstoffen bei Anwendung eines Röhrenapparates.* Beschreibung eines kontinuierlich arbeitenden Röhrenapp. für Brennereien, der die Wasserwärmebehandlung des Rohstoffes maximal intensiviert. Die angerührten Rohstoffe werden mit Dampf bei 165—170° bei 7,5—8 atü behandelt. Die A.-Ausbeute wird gegenüber der üblichen kontinuierlichen Verkochung um 3,5, gegenüber der halbkontinuierlichen um 12 Liter/t Stärke erhöht. (Спиртовая Промышленность [Spirituosen-Ind.] **25.** Nr. 1. 28—31. 1959.) OTTO MAIER. 7536

A. G. Sabrodski und **P. L. Danilenko,** *Einfluß des p_H auf die Verluste der zu vergärenden Kohlenhydrate bei der Verkochung der Getreidekörner.* Aus den Verss. folgt, daß die geringsten Verluste von vergärbaren Kohlenhydraten u. die beste A.-Ausbeute erzielt werden, wenn bei der Verkochung der Getreidekörner das p_H 5,2—6,8 eingehalten wird. (Спиртовая Промышленность [Spirituosen-Ind.] **24.** Nr. 8. 7—10. 1958.) OTTO MAIER. 7536

Serge David und **Jeanne Duchemin,** *Untersuchungen über die Bestandteile des Hopfens und ihre Umwandlung beim Brauen.* Inhaltlich ident. mit der C. **1957.** 7806 referierten Arbeit. (European Brewery Convent., Proc. Congr. **1955.** 128—33. Nancy, France, École de Brasserie.) W. KREIPE. 7540

Lawrence E. Hudson, *Beurteilung und Ausnutzung des Hopfens.* 1. Mitt. *Die Hopfenbeurteilung.* Es wurde versucht, ein Syst. zur Hopfenbeurteilung aufzustellen, das sich auf die Interpretation der direkten Wrkgg. des Hopfens auf das Bier stützt. Der histor. Bericht dieses Vers. wird mitgeteilt. Im Verlauf des Hopfenkochens findet eine Isomerisierung der Humulone zu Isohumulonen, die allein Bitterwert u. bakteriostat. Eigg. haben, u. bei längerer Kochdauer zu Humulinsäure statt. Der Isohumulongeh. von Würzen u. Bieren wird spektrophotometr. bei 255 mμ im rohen oder gewaschenen PAe.-Extrakt gemessen. Unterschiede in der Bittere durch Änderungen der Hopfengabe waren beim Verkosten nicht, beim Trinken jedoch feststellbar. Ein Vgl. des Bitterungsvermögens durch eine Beurteilung der konservierenden Kraft wurde erhalten, indem mit *Lactobacillus pastorianus* infizierte Biere mit Hilfe der potentiometr. Titration mit NH_3 auf ihre Säuerungshaltbarkeit untersucht wurden. Die stabilisierende Wrkg. ist bei frischem Hopfen durch den Weichharzgeh. ausreichend zu beurteilen, sie nimmt bei gelagertem Hopfen jährlich um ca. 6%, bei Kühllagerung um nicht mehr als 3% ab. Cohumulon wird beim Brauprozeß am besten ausgenützt. Versuchsweise wurden Formeln zur Berechnung des Humulongehaltäquivalents u. des Konservierungswertes aus chem. Bestimmungen ausgearbeitet. *Fuggles* wurde zur Standardhopfensorte erklärt u. ein Weichharzfaktor eingeführt. Dieser ergab bei der Überwachung der Hopfung gute Arbeitsergebnisse, u. es wurden Hopfenersparnisse u. ein gleichmäßigeres Erzeugnis erzielt. (Wallerstein Lab. Commun. **21.** 183—205. Sept. 1958. Dublin, Ireland, Arthur Guinness Son & Co. Ltd.) K. SCHAUERTE. 7540

J. Hoggan, *Brauwesen.* Fortschrittsbericht 1958. (Food Manufact. **34.** 159—63. 1/4. 1959.) M. WINIKER. 7544

M. W. Brenner, Gizella Jakab Schapiro und **Joseph L. Owades,** *Der gesamte Sulfhydrylgehalt des Bieres.* 2. Mitt. *Veränderungen während des Brauens.* (1. vgl. C. **1959.** 2987.) Die amperometr. Titration von —SH mit Ag in Würze u. Bier ergab in 14 Laboratoriumswürzen einen durchschnittlichen HS-Geh. von 0,56 p.p.m., variierend von 0,2—1,1 p.p.m., das sind 1,8—9,9 mg/kg Malz, im Mittel 5 mg/kg. 5 Kesselwürzen enthielten 0,26—1,66, im Mittel 0,77 p.p.m. SH. Die kalten Würzen lagen im Durchschnitt ähnlich, doch zeigten sich im einzelnen erhebliche Veränderungen zwischen heißen u. kalten Würzen. Während der Gärung wurde im allg. eine Steigerung des SH-Geh. festgestellt. 80 Handelsbiere enthielten 0,41—2,99, im Mittel 1,21 p.p.m. SH. Lichteinw. erhöht den SH-Gehalt. Eine Abnahme des SH-Geh. begünstigt die Kältetrübung. (Amer. Brewer **91.** Nr. 11. 40—56. Nov. 1958. Mount Vernon, N. Y., Schwarz Labors., Inc.) K. SCHAUERTE. 7550

K. Hennig, *Fortschritte und Arbeiten auf dem Gebiete der Gärungsphysiologie, Weinbehandlung und Weinchemie.* 7.—14. Mitt. (6. vgl. C. **1955.** 8050.) — Insgesamt 391 Literaturhinweise. (Dtsch. Wein-Ztg. **91.** Nr. 3. Wein u. Rebe **37.** 48. 50. 52. 21/1. Nr. 4. 68. 70. 72. 1/2. Nr. 26. 478. 480. 11/9. Nr. 28. 514. 516. 1/10. Nr. 29. 534. 536.11/10. 1955; **92.** Nr. 4. Wein u. Rebe **38.** 72. 74. 76. 78. 1/2. Nr. 5. 96. 98. 100. 11/2. Nr. 25. 484. 486. 488. 1/9. Nr. 26. 502. 504. 11/9. 1956; **93.** Nr. 1/2. Wein u. Rebe **39.** 18. 20. 22. 11/1. Nr. 27. 520. 522. 21/9. Nr. 28. 542. 544. 1/10. 1957; **94.** Nr. 8. Wein u. Rebe **40.** 136. 138. 11/3. Nr. 9. 156. 158. 21/3. Nr. 33. 658. 660. 21/11. Nr. 34. 672. 674. 676. 1/12. 1958.) M. WINIKER. 7554

Shôji Usami und **Noboru Taketomi,** *Citronensäuregärung.* 1. Mitt. *Bedingungen zum Kultivieren des Samens.* Sporen des schwarzen Schimmels Nr. 154. B. 57 (4) werden auf einem aus 140 g Sucrose, 2 g NH_4NO_3, 2 g KH_2PO_4, 0,25 g $MgSO_4 \cdot 7 H_2O$, 0,02 g $FeCl_3 \cdot 6 H_2O$, 0,02 g $MnSO_4 \cdot 4 H_2O$, 20 cm^3 Malzextrakt u. 8 cm^3 1n HCl durch Mischen u. durch Verdünnen auf 1 Liter bereiteten Böden bei 30° zum Keimen gebracht u. die so hergestellte Pilzkultur zur Citronensäuregärung verwendet. Die Kulturzugabe muß ca. 10—15% des Vol. des Gärbodens gleicher Konz. betragen. Die Sporen werden ca. 8 Std. kultiviert, um die höchste Ausbeute an Citronensäure (ca. 96%) zu erreichen. Die Verwendung von NH_4Cl oder $(NH_4)_2SO_4$ als N-Quelle liefert noch bessere Ausbeuten. Durch diese Meth. kann die Fähigkeit des Stamms, der während längerer, wiederholter Verwendung geschwächt worden ist, regeneriert werden. (J. chem. Soc. Japan, ind. Chem. Sect. [Kōgyō Kagaku Zassi] **61.** 1011—14. Aug. 1958. Tokyo, Waseda-Univ., Naturwiss.-techn. Fak. [Orig.: japan.]) E. MAEKAWA. 7578

H. Olbrich, *Dextran, ein hochmolekulares Gärungsprodukt.* (Vgl. C. **1956.** 5982; C. **1959.** 6982.) Unter dieser Überschrift wurde in vorst. Arbeit auf Qualitätsbeeinflussung von Pilsner Bier durch Dextran hingewiesen. Vf. berichtigt sich dahingehend, daß es sich bei diesem „Dextran" um einen Phantasienamen handelt u. daß dieses Prod. nicht ident. ist mit dem Bakterien-Polyglucosan Dextran. (Brauerei **9.** 311. 9/6. 1955.) K. SCHAUERTE. 7578

J. De Clerck und **J. Jerumanis,** *Notiz über die Bestimmung des Humulons im Hopfen durch konduktometrische Titration.* Vff. beschreiben eine konduktometr. Meth., die ebenso genaue, bei altem Hopfen sogar genauere Resultate liefert als die gravimetr.

Meth. u. 1/3 der Arbeitszeit einspart. (Bull. Assoc. anciens Étudiants Brasserie Univ. Louvain **54**. 249—53. Dez. 1958. Louvain, Univ., Labor. de Zymotechnie.)
K. SCHAUERTE. 7598

XVI. Nahrungs-, Genuß- und Futtermittel.

Nicolà di Cerbo, *In kurzem werden wir mit Kernenergie konservierte Nahrungsmittel essen.* Überblick über die Möglichkeit der Konservierung von Lebensmitteln mit β- u. γ-Strahlung aus Kernenergie. (Agricoltura [Roma] **7**. Nr. 5. 15—21. Mai 1958.)
R. K. MÜLLER. 7634

James Tucker, *Gegenwärtige und zukünftige Anwendung von Phosphaten in Lebensmitteln.* Übersicht über die derzeit in Lebensmitteln angewandten Phosphate H_3PO_4 u. ihre Salze, Pyrophosphate, Tripolyphosphate, (Poly-)Metaphosphate u. ihre in Zukunft mögliche Verwendung, bes. in Eiweißphosphaten u. Stärke-Phosphat-Reaktionen. (Amer. Miller Processor **87**. Nr. 5. 18. 20. Mai 1959. Victor Chem. Works, Centr. Res. Labor.)
W. WESLY. 7642

Kurt Ladenburg und **Gabor B. Levy,** *p_H-Wert von Salz und Salzlaken.* Reine NaCl-Lsg. hat einen p_H-Wert von 7, aber keine Pufferungskapazität. Abweichungen von diesem p_H-Wert können durch Verunreinigungen von freier Säure oder Base, Meßfehler u. andere Faktoren verursacht sein. (Canning Trade **81**. Nr. 39. 6—7. 13/4. 1956. New York, N. Y., Internat. Salt Corp., Res. Labor.)
E. LÜCK. 7642

Bernard L. Oser und **Lloyd A. Hall,** *Der Einfluß der Äthylenoxydbehandlung auf den Nährwert bestimmter Lebensmittel.* Hefeproben zeigten nach einer Äthylenoxydbehandlung geringe Verluste an Vitamin B_1 u. B_2, Niacin u. Cholin. Im Tiervers. spielten die gefundenen Vitaminverluste prakt. keine Rolle. (Food Technol. **10**. 175—78. April 1956. Long Island City, N. Y., Food Res. Labor.; Chicago, Ill., Griffith Labors.)
E. LÜCK. 7646

R. Heiss, *Herkunft und Verhütung unerwünschter Geschmacksveränderungen bei der Lagerung von Haferprodukten.* Durch Best. der Peroxydaseaktivität nach PURR (C. **1951**. II. 1902) kann der Dämpf- bzw. Darrprozeß bei der Herst. von Haferprodd. so gesteuert werden, daß diese ihren bitteren Geschmack verlieren. Es sollen dabei Peroxydasewerte unter 2 erreicht werden. Weitere geschmackliche Veränderungen können durch zu hohen Feuchtigkeitsgeh. bedingt sein. So traten innerhalb von 6 Wochen Geschmacksveränderungen bei Haferprodd. mit einem Feuchtigkeitsgeh. von 12—13% auf, die vom Vf. auf autokatalyt. Lipolyse zurückgeführt werden, während bei solchen mit 5—6% Feuchtigkeit innerhalb von 6 Monaten keine Veränderungen feststellbar waren. (Food Technol. **12**. 688—92. Dez. 1958. München, Inst. für Lebensmitteltechnol. u. Verpack.)
H. BÜCKING. 7664

M. Matweef, *Gegenwärtiger Stand der Forschung über den industriellen Wert von Durum-Getreide in Tunesien.* Beschreibung der üblichen Getreide- u. Mehlbewertungsmethoden in Anwendung auf tunes. Weizen u. Teigwaren. — Analysentabellen. (Bull. anciens Élèves École franç. Meunerie **1956**. 157—66. Juli/Aug. 277—89. Nov./Dez.)
H. HAEVECKER. 7664

P. Meredith, H. G. Sammons und **A. C. Frazer,** *Untersuchungen über die Wirkungen der Chlordioxydbehandlung auf die Eigenschaften von Weizenmehl.* 1. Mitt. *Die chemische Zusammensetzung des Proteins der behandelten Mehle.* Es wurde mittels Säulenchromatographie des hydrolysierten *Glutins* festgestellt, daß in dem handelsüblich mit *ClO_2* (3,42 g/280 lbs.-Sack) behandelten bzw. überbehandelten Mehl keine Substanz vorkam, die nicht auch in unbehandeltem Mehl vorlag. Chlorderivv. wurden nicht gefunden, nur Prodd. der reversiblen Oxydation von *Methionin.* Die Mengen der essentiellen Aminosäuren *Lysin, Phenylalanin, Threonin, Leucin, Isoleucin, Valin, Methionin, Histidin* u. *Arginin* wurden nicht signifikant vermindert. Bei einer Überbehandlung von Mehl mit *NCl_3* (65 g Aufnahme je 280 lbs.-Sack) wurde nur der *Tryptophan*-Geh. auf ca. 92% seiner n. Menge gesenkt. Von den nichtessentiellen Aminosäuren wurde der Geh. an *Cystin* auf 75% des n. Geh. vermindert, wenn das Mehl mit der 10fachen Menge ClO_2 (34,2 g/Sack) überbehandelt wurde. (J. Sci. Food Agric. **7**. 361—70. Mai 1956. Birmingham, Med. School Edgbaston, Dep. of Pharmacol.)
EBERHARD MÜLLER. 7670

A. C. Frazer, J. R. Hickman, H. G. Sammons und **M. Sharratt,** *Untersuchungen über die Wirkungen der Chlordioxydbehandlung auf die Eigenschaften von Weizenmehl.* 2. Mitt. *Nährwert der Proteine der behandelten Mehle.* (1. vgl. vorst. Ref.) Die Verfütterung von mit *ClO_2* behandeltem Mehl oder daraus hergestelltem Brot als hauptsächlicher Eiweißquelle an Ratten hatte keinen nachteiligen Einfl. auf Befinden u. Gewichtszunahme der Tiere, auch wenn das Mehl mit dem 10fachen der n. üblichen ClO_2-Menge behandelt worden war. Der Einfl. eines *Lysin*-Zusatzes zur Diät war bei behandeltem u. unbehandeltem Mehl der gleiche. (J. Sci. Food Agric. **7**. 371—75. Mai 1956.) EBERHARD MÜLLER. 7674

A. C. Frazer, J. R. Hickman, H. G. Sammons und **M. Sharratt,** *Untersuchungen über die Wirkungen der Chlordioxydbehandlung auf die Eigenschaften von Weizenmehl.* 3. Mitt. *Lipidveränderungen und Vitamingehalt von behandelten Mehlen.* (2. vgl. vorst. Mitt.) Im Rattenvers. ergab sich, daß infolge Ranzigwerdens der Mehllipide durch Luftoxydation oder Überbehandlung mit ClO_2 die Schmackhaftigkeit des Mehles beeinträchtigt wird, daß jedoch der Nährwert des Mehlproteins nicht nachweislich verändert wird. *Vitamin E* (I) wird durch alle Oxydationsmethoden zerstört, jedoch beträgt der Anteil des I in Mehl bzw. Brot nur ca. 10% des Gesamt-I der Diät, so daß Ernährungsschäden für den Menschen nicht zu befürchten sind. (J. Sci. Food Agric. **7**. 375—80. Mai 1956.) EBERHARD MÜLLER. 7674

Bernadine Meyer, Ruth Moore und **Ruth Buckley,** *Gasentwicklung und Qualität von Hefeteig nach Gefrierlagerung des gegorenen und ungegorenen Teiges.* Ein gegorener u. noch nicht gegorener Hefeteig wurde nach 2, 4, 8 u. 12 Wochen langer Kaltlagerung (—18 u. —30°) auf die Gasproduktion u. die Triebkraft hin untersucht. Die Behandlung des Teiges während der Gefrierlagerung erwies sich als wichtigster Faktor. Wenn der Teig in großen Stücken aufbewahrt wurde, blieb die Teigqualität besser. Die Gasproduktion war bei längerer Teiglagerung deutlich erniedrigt. (Food Technol. **10**. 165—68. April 1956. Knoxville, Tenn., Univ. of Tennessee, Agricult. Exp. Stat. and Coll. of Home Econom.) E. LÜCK. 7674

A. Rotsch und **E. Teßmer,** *Über die Herstellung von Vollkornkeks.* Inhaltsgleich mit der C. **1959**. 9754 referierten Arbeit. (Bäcker u. Konditor **13**. Nr. 1. 27—28. Jan. 1959.) M. WINIKER. 7674

Yukio Ichinose, *Über die Feststellung des Calciumgehalts in rationiertem Reis.* 17 Reissorten aus Tokyo u. verschied. Präfekturen hatten einen Ca-Geh. von durchschnittlich 9 mg/100 g. (Jap. J. Nutrit. **13**. 52—54. 25/12. 1955. Kokuritsu Eiyō-Kenkyusho, Eiyō-Kagaku-Bu. [Orig.: japan.; Auszug: engl.]) F. MOSSNER. 7686

Emília Pechnik, *Ergänzung von Nahrungsmitteln.* In Verss. an Ratten wird der Einfl. der Anreicherung von Reismehl an Vitaminen (Thiamin, Riboflavin, Niacin) u./oder an Ca, Fe u. P auf das Wachstum untersucht u. eine Wachstumszunahme bis zu 30 g in 6 Wochen gegenüber den Kontrollen festgestellt. (Arquivos brasil. Nutriç. **12**. 9—17. 1956.) R. K. MÜLLER. 7686

W. W. Malojan, *Die Verarbeitung von Oliven der Aserbaidshanischen SSR.* Allg. Ausführungen über den heutigen Stand der Olivenkonservierung. (Консервная и Овощесушильная Промышленность [Konserven- u. Dörrgemüse-Ind.] **14**. Nr. 2. 11 bis 12. Febr. 1959. Wiss.-techn. Komitée der AserbaidshanSSR.) OTTO MAIER. 7688

H. J. Florestano und **M. E. Bahler,** *Versuche zur Bekämpfung der Fäulnis von Citrusfrüchten mit 1-Piperidin-2-phenyl-3-butanonhydrochlorid.* Zur Bekämpfung von Penicillium italicum, Penicillium digitatum u. Phomopsis citri, die Fäuleerscheinungen an Citrusfrüchten hervorrufen, wurden Spritzungen mit *1-Piperidin-2-phenyl-3-butanonhydrochlorid* (I) in alkoh. Lsg. durchgeführt. Bei Konzz. von 0,5—5% I konnte ein eindeutiger Rückgang der Infektionen festgestellt werden. 0,5% I entsprachen in der Wrkg. einer 8%ig. Boraxlösung. (Appl. Microbiol. **5**. 303—05. Sept. 1957. Indianapolis, Ind., Res. Dep., Pitman-Moore Comp., Div. of Allied Labor., Inc.) W. KNÖPKE. 7688

P. B. Mathur, M. Prasad und **K. Kirpal Singh,** *Untersuchungen über die Kaltlagerung von Erdnüssen.* Geschälte u. ungeschälte getrocknete Erdnüsse wurden bei Tempp. von 32—35, 42—45 u. 71—92° F (ind. Zimmertemp.) 9 Monate gelagert. Die relative Feuchtigkeit betrug 85—90 bzw. (bei Zimmertemp.) 50—82%. Die Änderungen des H_2O-Geh. der Kerne, der Säurewerte des extrahierten Öls u. (in geringerem Ausmaß) der Peroxydwerte verliefen einander parallel. Zur Vermeidung der Keimung u. zur Erhaltung der Geschmacksqualität empfiehlt sich für geschälte Nüsse Kühllagerung bei 32—35° F, für ungeschälte Zimmertemp. bei guter Verpackung. (J. Sci. Food Agric. **7**. 354—60. Mai 1956. Mysore, India, Central Food Technol. Res. Inst.) EBERHARD MÜLLER. 7688

L. W. Metlitzki und **W. M. Zechomskaja,** *Die biochemische Natur der physiologischen Erkrankungen von Äpfeln.* Die physiol. Erkrankungen der Äpfel während ihrer Aufbewahrung werden bedingt durch Störungen des Atmungsprozesses u. der Oxydation bzw. der Red. der Gerbstoffe. Der Gasstoffwechsel verschiebt sich in der Richtung der Anaerobiose. Der dabei entstehende Acetaldehyd (I) führt zur Abschwächung der

Aktivität der Dehydrasen, die den Prozeß der Red. der Oxydationsprodd. von Gerbstoffen katalysieren. Die Speicherung der letzteren führt zur bräunlichen Verfärbung der Apfelhaut. Die Zellen ihrer Unterschicht verdichten sich. Das führt zur Herabsetzung der Luftdurchlässigkeit der Haut u. folglich zu einer weiteren Verstärkung der anaeroben Prozesse. Die Folge ist eine Fortentw. der Erkrankung. Diese ist bei niedriger Aufbewahrungstemp. oder beim Einwickeln der Äpfel in Papier selten. Unter diesen Bedingungen wird nicht nur die Atmung verlangsamt, sondern auch die mit dieser genet. verbundene anaerobe Atmung u. die Oxydation der Gerbstoffe. Das Papier muß luftdurchlässig sein. Brachte man die Äpfel nach 3—4 Monaten Lagerung in anaerobe Bedingungen, um auf diese Weise die anaerobe Atmung in ihren Geweben zu steigern, so stieg innerhalb von 7 Tagen der Geh. an I von 0,32 auf 0,96 mg%; die Aktivität der Alkoholdehydrase ging von 51,2 auf 11,5 zurück. Trotzdem blieben die Früchte, solange sie anaeroben Bedingungen ausgesetzt waren, gesund. In Ggw. von O_2 blieb die Oxydation der Gerbstoffe aus. Führte man nun den Äpfeln mehr O_2 zu, dann wurden sie bereits innerhalb von 2—3 Std. braun. Wurde der Vers. mit frisch gepflückten Früchten durchgeführt, so blieb bei gleicher Versuchsanordnung die Bräunung aus. (Доклады Академии Наук СССР [Ber. Akad. Wiss. UdSSR] **122**. 863—66. 11/10. 1958. Unions-Forschungsinst. für Konserven u. Dörrgemüseind.) F. DU MANS. 7688

H. Bömeke, *Der Einfluß imprägnierten Holzes auf Äpfel.* (Vortrag.) Vf. berichtet über Fäulnisschäden an Äpfeln, die bei der Lagerung in Kisten usw. mit Holzschutzmitteln in Berührung gekommen waren. Lagerungsverss. des Vf. mit Äpfeln in Berührung mit verschieden imprägnierten Kistenhölzern ergaben zunächst die Ungeeignetheit aller geruchsabgebenden Mittel, wie Teeröl- u. Chlornaphthalinpräparate. Von den salzhaltigen Mitteln scheiden HF-abgebende, wie Bifluoride, aus, ferner die UA-Salze. Die Fluorosilicate können zur Imprägnierung der Wände u. Balken verwandt werden, für Lagerkisten u. Horden sind sie nicht zu empfehlen. Die FN-Salze sind allg. mit dem Obst verträglich, lösen sich aber bei Nässe leicht aus dem Holz. Am besten geeignet erwiesen sich die geruchsfreien U-Salze, jedoch wahrscheinlich nicht alle. Allg. nimmt die Schadwrkg. von Holzschutzmitteln mit der Zeit ab, so daß zwischen Imprägnierung des Holzes u. Einlagerung des Obstes eine ausreichend lange Zeitspanne zu empfehlen ist. — Diskussion. (Mitt. biol. Bundesanst. Land- u. Forstwirtsch. Berlin-Dahlem. Nr. **85**. 164—65. 1956. März. Jork, Obstbauversuchsanst.) EBERHARD MÜLLER. 7688

E. R. Cole und **N. S. Kapur**, *Die Stabilität von Lycopin.* 1. Mitt. *Abbau durch Sauerstoff.* Der Grad des O_2-Abbaus von *Lycopin* (I) erwies sich in Modellverss. als von der Temp. abhängig. Cu wirkt dabei katalytisch. Beim Abbau von festem I erhält man u. a. Acetonabkömmlinge, Methylheptanon, Lävulinaldehyd, Lävulinsäure u. ein Dicarbonyl, wahrscheinlich Glyoxal. (J. Sci. Food Agric. **8**. 360—65. Juni 1957. Sydney N. S. W., New South Wales Univ. of Technol., School of Appl. Chem.) G. ANDERSEN. 7688

E. R. Cole und **N. S. Kapur**, *Die Stabilität von Lycopin.* 2. Mitt. *Die Oxydation beim Erhitzen von Tomatenpulpe.* (1. vgl. vorst. Ref.) Der Abbau des *Lycopins* (I) beim Erhitzen von saftfreier Tomatenpulpe wurde als Farbverlust gemessen u. dabei eine Abhängigkeit von Temp., O_2-Partialdruck u. Lichtintensität festgestellt. An flüchtigen Abbauprodd. von I wurden Aceton u. Methylheptanon gefunden. (J. Sci. Food Agric. **8**. 366—70. Juni 1957.) G. ANDERSEN. 7688

J. N. Davies, *Chromatographische Untersuchungen über die freien Zucker der Tomatenfrucht.* Die Trennung der freien Zucker im A.-Extrakt der Tomate erfolgte papierchromatograph. mit Essigsäure : W. : Äthylacetat = 2 : 2 : 9. Nach Elution der Flecken mit dest. W. wird mit dem Arsenmolybdatreagens nach SOMOGYI angefärbt u. der Farbkomplex gemessen. Der Meßbereich der Meth. liegt für *Glucose* (I) u. *Fructose* (II) zwischen 20 u. 500 μg bei einer Fehlergrenze von 5%. — Bei 10 untersuchten Tomatensorten schwankte der Geh. an I zwischen 1,03 u. 1,51%, an II zwischen 1,16 u. 1,63%. *Saccharose* wurde in 2 Proben in Spuren festgestellt. Der Geh. an reduzierenden Zuckern stimmte mit der Summe aus I u. II gut überein. (Glasshouse Crops Res. Inst., annu. Rep. **1957**. 67—68. Littlehampton, Sussex, Glasshouse Crops Res. Inst.) WILFRIED WERNER. 7688

W. H. Read und **J. T. Hughes**, *Die Bestimmung von Diazinonrückständen auf Gurken.* Nach method. Voruntersss. erwies sich folgendes Verf. als brauchbar zur Best. von *Diazinon* (I)-Rückständen auf Gurken nach einer I-Behandlung zur Bekämpfung der roten Spinnmilbe (Tetranychus telarius L.): Die Substanzproben werden mit Bzl. extrahiert. I wird aus diesem Extrakt mit 48%ig. HBr extrahiert. Durch Kochen im N_2-Strom wird der S des I-Mol. in H_2S übergeführt u. an eine alkal. Zn-Acetatlsg. absorbiert. Das Sulfid wird nach Überführung in Methylenblau bei 670 mμ spektralphotometr. bestimmt. Die Eichkurve wird mit Na_2S aufgestellt. 1 mg S entspricht

9,5 μg I. (Glasshouse Crops Res. Inst., annu. Rep. **1957.** 150—56. Littlehampton, Sussex, Glasshouse Crops Res. Inst.) WILFRIED WERNER. 7690

Gwendolyn L. Tinklin und **George A. Filinger,** *Der Einfluß verschiedener Blanchiermethoden auf die Qualität von im Haushalt eingefrorenem Spinat.* Verschied. Spinatsorten wurden vor der Gefriertrocknung unter haushaltüblichen Bedingungen nach verschied. Verff. blanchiert. Große Unterschiede in der Genußfähigkeit u. in den organolept. Eigg. des Spinates zeigten sich nicht. Kurzes Eintauchen (2 Min.) des Spinates in kochendes W. verursachte von allen untersuchten Blanchierverff. die geringsten Verluste an Vitamin C. (Food Technol. **10.** 198—201. April 1956. Manhattan, Kans., Kansas State Coll., Dep. of Foods and Nutrit. and Horticult.) E. LÜCK. 7690

W. E. Ferguson, A. R. Yates und **A. H. Jones,** *Resazurinreduktion durch Mikroorganismen in frischem gefrorenem Gemüse.* Als Ergebnis ihrer Unterss. stellen Vff. fest, daß der Reduktionsgrad der Resazurinfarbe nicht unbedingt proportional der Anzahl der im gefrorenen Gemüse vorhandenen aeroben, mesophilen Bakterien ist, da latente Keime fast keine Farbred. hervorrufen. Gefrierproben müssen deshalb vor der Prüfung 4—6 Std. bei 26° aufbewahrt werden. Durch Blanchierung oder längere Gefrierlagerung frischer Erbsen entstehen reduzierende Stoffe, die ebenfalls auf die Resazurinfarbe einwirken. Ascorbinsäure zeigt dagegen keine Wirkung. (Food Technol. **12.** 641—44. Dez. 1958. Ottawa, Canada, Dep. of Agricult., Sci. Serv., Bacteriol. Div.) H. BÜCKING. 7690

J. A. Boddé, *Der Gehalt an Vitamin C von Citronen in Kunststoffbehältern.* Eine Unters. von in Kunststoffbehältern befindlichem Citronensaft auf seinen Geh. an *Vitamin C* (Entfärbung von 2.6-Dichlorphenolindophenol) ergab in 4 Proben Werte zwischen 0,5 u. 5,7 mg%. Der Geh. war somit gering. Daneben waren 2,5—5 mg% Dehydroascorbinsäure vorhanden. (Voeding **19.** 271—72. 15/5. 1958.) W. WESLY. 7706

Yūkō Ayano, *Untersuchungen über den Zinngehalt der in Metallbehältern zum Verkauf kommenden Fruchtsäfte.* Die Analyse einiger Orangen- u. Ananassäfte in einfachen Zinnbehältern nach 3—4monatiger Lagerung ergab, daß ihr *Sn*-Geh. weit über die zulässigen 50 p.p.m. hinausging. Dagegen enthielten Säfte in lackierten Gefäßen, die teilweise korrodiert waren, weniger als 50 p.p.m. (Jap. J. Nutrit. **16.** 35—38. Febr. 1958. Chiba Univ., Engeigaku-Bu. [Orig.: japan.; Auszug: engl.]) F. MOSSNER. 7706

Frank M. Ferraro und **Milo D. Appleman,** *Mikrobiologie von gefrorenem Orangenkonzentrat. 4. Mitt. Weitere Untersuchungen über Enterokokken in gefrorenem Orangenkonzentrat.* (3. vgl. KAPLAN u. APPLEMAN, Food Technol. **6.** [1952.] 167.) Vff. untersuchten 25 Büchsen von gefrorenem Orangenkonzentrat, dabei konnten in allen Proben Enterokokken gefunden werden. Die Differenzierung der Stämme von Streptococcus faecalis u. S. faecium konnte durch das Wachstum der ersteren bei Anwesenheit von 1 : 2,500 K-Tellurit in Blutagar bewirkt werden; Phenolrot–Lactose-Brühe ließ sich ebenfalls als Nährboden verwenden. 48% der Stämme waren vom S. faecalis-Typ, Coliformen konnten nicht festgestellt werden. (Appl. Microbiol. **5.** 300—30. Sept. 1957. Los Angeles, Calif., Univ. of Southern California, Dep. of Bacteriol.) W. KNÖPKE. 7706

A. M. Kragh, *Die Wirkung von Aluminiumsulfat und anderen mehrwertigen Metallen auf die Viscosität von Gelatinelösungen.* Den Viscositätsanstieg von Gelatine-Lsgg. bei Zugabe von Al-Sulfat, der zwischen p_H 3 u. 5 deutlich wird, erklärt der Autor so, daß durch die Hydrolyse, zunächst ein partiell hydratisiertes $Al(O)(H_2O)^-$ (I) gebildet wird. I vernetzt dann ionisierte Carboxylgruppen benachbarter Gelatinemoll. durch heteropolare Hauptvalenzen. Es resultiert eine unterschwellige Flockung. Bei höheren p_H-Werten entsteht das voll hydratisierte $Al(O)(H_2O)^{2-}$, das nicht mehr vernetzt. Dadurch sinkt der p_H-Wert wieder. Schließlich entsteht der indifferente koll. Al-Oxydniederschlag. Bei Fe, Zr u. Ti werden ähnliche Rkk. angenommen u. bei Cr noch eine zusätzliche kovalente Bindung erwartet. (J. Sci. Food Agric. **8.** 351—59. Juni 1957. Holloway, Brit. Gelatine and Glue Res. Ass.) G. ANDERSEN. 7708

James J. Broderick, *Die Vanillereifung.* Übersicht über die Methoden zur Gewinnung u. Reifung von Vanille. Es wird die Rolle der Fermente u. der Einfl. verschied. äußerer Faktoren (Reifegrad, Temp. u. Licht) beschrieben. (Food Technol. **10.** 184—87. April 1956. New York, N. Y., Givaudan Flavors, Inc.) E. LÜCK. 7714

James J. Broderick, *Vorläufige Untersuchungen über die Schnellfermentation von Vanillesamen.* (Vgl. vorst. Ref.) Es wird ein Schnellfermentationsverf. für die Vanillegewinnung beschrieben. Die grünen Samen werden 2—3 Min. lang mit W. von 65° behandelt, zerschnitten, 48 Std. lang in Wachspapier eingewickelt, bei 38° gehalten, bei der gleichen Temp. getrocknet u. dann in gut verschlossenen Behältern 2—3 Monate lang bei 38° reifen gelassen. Die unreifen Samen haben einen an 3-Hexenol-(1) erinnernden Geruch. Der charakterist. Vanillegeruch tritt erst während der Reife auf. (Food Technol. **10.** 188—89. April 1956.) E. LÜCK. 7714

Ahmed F. Mabrouk und **F. E. Deatherage,** *Organische Säuren im Kaffeeaufguß.* Durch Verteilungschromatographie wurden Kaffeeaufgüsse auf ihren Geh. an organ. Säuren untersucht. Hauptbestandteil der Aufgüsse ist *Chlorogensäure* (je nach Sorte 42,9—68,5% der Gesamtsäure u. 0,03—3,78% der Kaffeebohne). Weiter finden sich *Essigsäure, Brenztraubensäure, Kaffeesäure, Oxalsäure, Äpfelsäure, Citronensäure, Weinsäure* u. Spuren von *Ameisensäure.* (Food Technol. **10.** 194—97. April 1956. Columbus, Ohio, Ohio State Univ., Dep. of Agricult. Biochem. and Inst. of Nutrit. and Food Technol.) E. LÜCK. 7720

Ernst Schütz und **Gerhard Bornmann,** *1.2-Propandiol als Tabakzusatz. Propandiol-(1.2)* (I) ist grundsätzlich als Zusatz zur Verbesserung der Lagerfähigkeit von Zigarettentabak (Feuchthaltemittel, Verhinderung von Schimmelbefall) geeignet. Eine gesundheitsschädigende Wrkg. war im 8wöchigen Rauchvers. (pro Person u. Woche ca. 100 g Tabak mit 5% I) nicht feststellbar. Während mit I-Lsg. befeuchteter u. mit *Penicillium glaucum* beimpfter Tabak nicht schimmelte, war auf GRÄTZ-Agar nur ein schwacher fungistat. Effekt zu beobachten. (Arzneimittel-Forsch. **8.** 568—69. Aug. 1958. Münster/Westf., Univ., Pharmakol. Inst.) K. MAIER. 7734

W. E. Townsend und **L. J. Bratzler,** *Die Wirkung der Lagerungsbedingungen auf die Farbe von gefrorenen Beefsteakkleinpackungen.* Es wurde die Wrkg. von Temp. u. Licht verschied. Wellenlängen auf die Farbe von in transparente, O_2-undurchlässige Packungen verpackte Beefsteaks durch spektrophotometr. Messung des gebildeten Metmyoglobins geprüft. Wiederholtes Einfrieren u. Auftauen ergab eine merkliche Verfärbung des Fleisches, wie auch die Einw. von Licht bes. der Wellenlängen zwischen 560 u. 630 mμ Farbveränderungen hervorrief. (Food Technol. **12.** 663—66. Dez. 1958. East Lansing, Mich., Michigan State Univ., Dep. of Animal Husbandry.) H. BÜCKING. 7750

Duane Hougham und **Betty M. Watts,** *Die Wirkung von verschiedenen Pökelsalzen auf die oxydativen Veränderungen in durch Bestrahlung sterilisiertem Schweinefleisch.* Schweinefleisch wurde mit verschied. Pökelsalzen [*Nitrit* (**I**), **I**/Nitrat] in verschied. Konzz. behandelt u. anschließend mit γ-Strahlen sterilisiert. Der **I**-Geh. sank innerhalb 6 Monaten bei den bestrahlten Proben stärker ab als bei den Kontrollproben. Außerdem wurde durch die Bestrahlung ein Teil des Nitrats in **I** übergeführt. Das Fleischpigment wurde durch die Bestrahlung teilweise oxydiert, bildet sich aber im Laufe der Lagerung bei Anwesenheit genügender Mengen **I** (optimal bei Zugabe von 200 p.p.m.) wieder zurück. Eine merkbare Fettoxydation durch die Bestrahlung war ebenfalls feststellbar, die aber auch während der Lagerung rückläufige Tendenz zeigte. (Food Technol. **12.** 681—84. Dez. 1958. Tallahassee, Fla., Florida State Univ., Dep. of Food and Nutrit.) H. BÜCKING. 7750

E. O. Essary, W. E. C. Moore und **C. Y. Kramer,** *Der Einfluß von Brühtemperaturen, Abkühlzeiten und Lagerungstemperaturen auf die Bakterienflora und die Haltbarkeit von frisch gefrorenem, tafelfertig verpacktem Geflügel.* Die Prüfung verschied. Versuchsanordnungen ergab optimale Bedingungen bei folgender Behandlung: 1. Brühtemp. (a) 136° F, 45 Sek.; Abkühlung in Eis (b) 2 Std.; Lagerung (c) bei 34° F im Kühlschrank oder 2. a 128° F, 55 Sek.; b 4 Std.; Aureomycinbehandlung; c bei 34° F im Kühlschrank. (Food Technol. **12.** 684—87. Dez. 1958. Blacksburg, Va., Virginia Polytechnic Inst.) H. BÜCKING. 7750

A. A. Kraft, L. E. Elliott und **A. W. Brant,** *Die Wirkung der Antibioticabehandlung auf die Haltbarkeit von Truthühnern.* Vff. verwendeten für ihre Verss. *Chlortetracyclin,* das die Haltbarkeit der Truthühner von 7 auf 14 Tage steigerte, wenn die Vögel über Nacht in Kühltanks in der Antibioticalsg. (20 p.p.m.) lagen. Eine nochmalige Behandlung nach dem Ausnehmen erwies sich als haltbarkeitssteigernd. Die Anwendung von *Chlorin* ergab dagegen nicht so günstige Ergebnisse. (Food Technol. **12.** 660—62. Dez. 1958. Beltsville, Md., US Dep. of Agricult., Agricult. Res. Serv., Animal Husbandry Res. Div., Poultry Res. Branch.) H. BÜCKING. 7750

M. Malikow, *Mängel der Polyamidüberzüge auf Wurstwaren.* Die Auftragung von Petrolatum u. anschließend von Polyamidlack auf Wurstwaren erwies sich in vielen Fällen als ungenügender Schutz gegen Schimmel, da die Petrolatumschicht zu wenig elast. war u. der Polyamidlack keinen einwandfreien Überzug lieferte. Es wird empfohlen, statt des Schweinedarmes Rinderdarm zu verwenden, da hierbei die Gefahr der Auflsg. der Petrolatumschicht durch das Darmfett geringer ist. (Мясная Индустрия СССР [Fleisch-Ind. UdSSR] **29.** Nr. 5. 23. 1958. Karbadin.-Balkar. Volkswirtschaftsrat.) OTTO MAIER. 7750

W. Duane Brown und **A. L. Tappel,** *Oxydative Veränderungen der Hämatinpigmente von Fleisch und Fisch.* Die wichtigsten Hämatinpigmente sind: Oxymyoglobin, denaturiertes Globin-NO-Hämochrom, denaturiertes Globinhämochrom u. denaturiertes Globinnicotinamidhämochrom. Übersicht über die oxydativen Veränderungen, die diese Pigmente erleiden u. die Bedingungen u. Verff., die eine Farbverschlechterung während der Herst., Behandlung u. Verpackung verhüten oder fördern. — 45 Schrifttumshinweise. (Wallerstein Lab. Commun. **21.** 299—308. Dez. 1958. Davis, Calif., Univ. of California, US Fish and Wildlife Serv., Bur. of Comm. Fisheries.) W. WESLY. 7752

C. T. House und **C. L. Cutting,** *Räuchern von Lachs und Forellen durch gelenkte Hitzeeinwirkung.* Es wird ein Verf. beschrieben, um Lachs u. anderen Fisch in ca. 12 Std. zu räuchern, während nach den bisherigen Methoden ca. 48 Std. nötig waren. Die Haltbarkeit des so geräucherten Fisches ist etwas besser als die des in bisher üblicher Weise behandelten. (Food Manufact. **31.** 427—35. 439. 1/10. 1956. Aberdeen, Torry Res. Stat.; Hull, Humber Labor., Dep. of Sci. and Ind. Res.) E. LÜCK. 7752

Charles J. Little, *Mit Natriummetabisulfit behandelte Heusilage aus Winterfutter für Milchkühe.* Unterss. über die Einw. von unbehandelter u. mit $Na_2S_2O_5$ (I) behandelter Heusilage auf den Milchertrag von Kühen zeigen, daß dieser durch I um 4% gesteigert wird, wobei in der Versuchszeit 406,4 lbs. mehr Futter (Trockensubstanz) verzehrt wurde. Im Nährwert zeigen mit I behandeltes u. unbehandeltes Futter keine nennenswerten Unterschiede. (Michigan State Coll. Agric. appl. Sci., agric. Exp. Stat., quart. Bull. **38.** 252—57. Nov. 1955.) W. WESLY. 7756

H. K. Wilson und **E. O. Herreid,** *Anwendbarkeit der Fischer-Stern-Ultrazentrifuge zur Untersuchung der Sedimentierbarkeit von Milcheiweiß.* Die FISCHER-STERN-Ultrazentrifuge eignet sich zur Unters. der Sedimentation von Milcheiweiß u. der Flotation von Fett. (J. Dairy Sci. **41.** 1287. Sept. 1958. Urbana, Ill., Univ. of Illinois, Dep. of Food Technol.) W. WESLY. 7756

Stuart Patton und **Philip G. Keeney,** *Die hochschmelzende Glyceridfraktion von Milchfett.* Übersicht über chem. u. physikal. Eigg. der hochschm. Glyceridfraktion von Milchfett. (J. Dairy Sci. **41.** 1288—89. Sept. 1958. University Park, Pa., Pennsylvania State Univ., Dep. of Dairy Sci.) W. WESLY. 7756

Santiago Matallana Ventura, *Wasserstoffperoxyd als Konservierungsmittel für Milch.* Überblick über die schon 1954 von ROSELL empfohlene Konservierung von Milch durch einen kleinen Zusatz von H_2O_2 1—2 ml 120fach verd. Lsg. auf 1 Liter Milch, bei 25—50° u. ihre Vorteile für die Butter- u. Käsebereitung. (Agricultura [Madrid] **27.** 370—73. Juli 1958.) R. K. MÜLLER. 7756

J. J. Birdsall, L. J. Teply und **P. H. Derse,** *Die Wirkung von Licht auf homogenisierte Vollmilch und einige angereicherte Milchprodukte.* Vollmilch u. mit Vitaminen (A, C, D, Riboflavin) u. Mineralstoffen angereicherte Voll- u. Magermilch wurden in verschiedenartigen Behältern (farbloses u. braunes Glas, gewachster u. mit Folien ausgelegter gewachster Karton) künstlichem Licht u. Sonnenlicht ausgesetzt. Nur bei Verwendung von braunem Glas oder von mit Folien ausgelegtem gewachstem Karton traten keine merklichen Vitaminverluste u. unerwünschte Geschmacksveränderungen auf. (Food Technol. **12.** 670—73. Dez. 1958. Madison, Wis., Labor. of the Wisconsin Alumni Res. Found.) H. BÜCKING. 7756

A. Mironenko, *Acidophile Trockenmilch als Nähr- und Heilpräparat.* Frische Voll- oder Magermilch wird nach dem Filtrieren bei 90—92° pasteurisiert, in einen vorher desinfizierten Behälter gefüllt, verschlossen, 20 Min. stehengelassen, danach im Vakuumapp. bis zu 40—43% Trockensubstanz eingedickt u. sofort homogenisiert. Danach wird die eingedickte Milch in einem Zwischenbehälter mit 6% Acidophilussäurewecker 5 Min. bei 40—42° gemischt, die Acidität auf 95° gebracht (gegen Ende der Trocknung kann sie 105—110° betragen) u. im vorher sterilisierten Zerstäubungsapp. getrocknet. Die eintretende Luft soll 135° nicht übersteigen; in der Zerstäubungszone soll die Temp. 52—56° betragen. Das Präp. aus Magermilch enthält in %: W. 4, Eiweiß 3,7, Fett 1, Milchzucker 48, Milchsäure 2, Mineralsalze 8, das Präp. aus Vollmilch 3,5; 28; 25,7; 34; 1,8; 7. Bei Aufbewahrung der hermet. verpackten Präpp. über 2 Jahre blieb die biol. Aktivität des acidophilen Stäbchens u. der milchsauren Streptokokken erhalten. Das Fett wurde nicht oxydiert; Geschmack u. Geruch blieben unverändert. Die acidophilen Stäbchen u. die Milchsäure produzieren einen antibiot. Stoff, der das Wachstum der Fäulnisbakterien, des Bacterium coli, der Erreger der tox. u. einfachen Dispepsie, u. der Dysenterie unterdrücken (klin. nachgewiesen). Es werden Rezepte zur Anwendung in der Tier- u. Geflügelzucht angegeben. (Молочная Промышленность [Milch-Ind.] **19.** Nr. 11. 18—20. Nov. 1958.) OTTO MAIER. 7756

N. Korolewa, *Die Erhaltung der antibiotischen Aktivität der acidophilen Bakterien unter Laboratoriumsbedingungen.* Unterss. über den Einfl. der Aufbewahrungstemp. u. der Umsaatfrequenz auf die antibiot. Aktivität der acidophilen Kulturen ergaben, daß die Meth. der Aufbewahrung von milchsauren Kulturen unter häufiger Umsaat auf steriler Magermilch zu einer gewissen Verringerung der antibiot. Aktivität der acidophilen Kulturen führt. Eine Aufbewahrung der acidophilen Bakterien bei 3—5° mit Umsaaten auf sterile Magermilch nach 1—1,5 Monaten u. bei —23° mit Umsaaten nach 6—7 Monaten zeigte fast die gleichen Ergebnisse. Beide Verff. sind zu empfehlen. (Молочная Промышленность [Milch-Ind.] **19.** Nr. 11. 35. Nov. 1958.) OTTO MAIER. 7756

Ss. Grubnik, *Senkung der Fettverluste.* Aus den Rohrleitungen werden die Fettreste mit heißem W. in den Separator gespült, so daß geschmolzene Butter erhalten wird, die der fettreichen Ausgangssahne zugesetzt wird. Dadurch konnten die Fettverluste von 0,34 auf 0,29% herabgesetzt werden. (Молочная Промышленность [Milch-Ind.] **19.** Nr. 11. 20. 1958. Nov. Kiew, Milchkombinat.) OTTO MAIER. 7758

A. Sheltakow, *Der Standard für Butter muß revidiert werden.* Um zu erreichen, daß die Zus. der Butter mit den technolog. Instruktionen in Einklang gebracht wird u. um eine Butter von hoher Qualität u. gesteigerter Lagerfähigkeit herzustellen, werden folgende Varianten vorgeschlagen: gesalzen mit höchstens 16,5 (%) W., mindestens 81,5 Fett u. höchstens 1,5 Salz (1a); ungesalzen mit höchstens 16,5 W. u. 82,5 Fett (1b); 2a 16,0, 82,0 u. 1,5; 2b 16,0 u. 83,0; hergestellt nach dem period. Verf. mit 16,5 u. 82,5 (3a); nach dem Fließverf. mit 16,0 u. 82,5 (3b); period. mit 16,0 u. 83,0 (4a); Fließverf. mit 15,5 u. 83,0 (4b). Bei Anwendung der Varianten 1 oder 3a werden je 1 t Butter ca. 132 kg Milch (bei 3,9 g/100 ml Fettgeh.) weniger verbraucht, nach 3b bleibt der Milchverbrauch unverändert. Bei Anwendung der Varianten 2 oder 4a bleibt der Verbrauch in den üblichen Grenzen; nach 4b steigt der Milchverbrauch um ca. 120 kg/t Butter. (Молочная Промышленность [Milch-Ind.] **19.** Nr. 11. 14—15. Nov. 1958. Moskau, Technol. Inst. der Fleisch- u. Milchind.) OTTO MAIER. 7758

Ss. Borissow, *Über die Bestandteile der Tafelbutter.* Vf. kritisiert die von SHELTAKOW (vgl. vorst. Ref.) vorgeschlagene Norm für die Zus. von Tafelbutter u. empfiehlt folgendes: ungesalzene Butter mit 81,5% Fett soll höchstens 17—17,5% W. enthalten; bei Herst. der Butter nach dem Fließverf. soll der trockene entfettete Milchrückstand 1,5%, bei Herst nach dem period. Verf. 1% betragen. Bei gesalzener Butter soll der Feuchtigkeitsgeh. um den entsprechenden Salzgeh. verringert werden. (Молочная Промышленность [Milch-Ind.] **20.** Nr. 2. 13—14. Febr. 1959.) OTTO MAIER. 7758

W. W. McCadam und **H. Leber,** *Ein vollmechanisiertes Verfahren zur Herstellung von Cheddarkäse.* Beschreibung einer mechanisierten Anlage zur Herst. von Cheddarkäse: Entwässerung des Quarks in einer Drehtrommel, Bldg. eines Quarkblockes durch hydraul. Pressen, Mahlen, Salzen, Verpacken. (J. Dairy Sci. **41.** 1293—99. Sept. 1958. Heuvelton, N. Y., McCadam Cheese Co.; Syracuse, N. Y., Dairymen's League Corp. Assoc.) W. WESLY. 7760

M. Gibschman, *Einfluß der Temperatur des zweiten Erhitzens auf die mikrobiologischen Prozesse bei der Reifung von Kostroma-Käse.* Verss. mit Kostroma-Käse ergaben, daß das 2. Erhitzen bei der Reifung am besten bei 43° erfolgt. Die Anzahl der Bakterien wird zwar verringert, ihre biol. Aktivität wird jedoch nicht unterdrückt. Str. diacetilactis entwickeln sich lebhaft, die Milchsäurebakterien mäßig. Der bei dieser Temp. hergestellte Käse erhielt die höchste Bewertungsnote. Bei geringen Abweichungen von 43° (in 3—6°) wird die Anzahl der Bakterien um das 2—4fache verringert u. die Käsequalität verschlechtert. (Молочная Промышленность [Milch-Ind.] **19.** Nr. 11. 33—34. Nov. 1958. Allunions Wiss. Forsch.-Inst. der Butter- u. Käseind.) OTTO MAIER. 7760

A. Prassok, *Schnellverfahren zur Gewinnung von Karpatenkäse.* Es werden technolog. Änderungen bei der Herst. von Karpatenkäse beschrieben. Nach dem Pressen wird der Käse 4—5 Tage in einer 22—24%ig. Salzlake bei 12—13° gesalzen, danach 2—3 Tage auf Regalen bei 95% Luftfeuchtigkeit gehalten u. anschließend bei 16—18° u. 88—92% Luftfeuchtigkeit 7 Wochen zur Reife gebracht. Die Qualität wurde dadurch verbessert. (Молочная Промышленность [Milch-Ind.] **19.** Nr. 11. 36—38. Nov. 1958. Stanislaw, Volkswirtschaftsrat, Verw. der Fleisch- u. Milchind.) OTTO MAIER. 7760

H. T. Macpherson und **J. S. Slater,** *γ-Amino-n-butter-, Asparagin-, Glutamin- und Pyrrolidoncarbonsäure; ihre Bestimmung und ihr Auftreten im Gras während der Konservierung. Glutaminsäure* (I), *Asparaginsäure* u. *Pyrrolidoncarbonsäure* (II) wurden aus dem wss. Pflanzenextrakt durch Chromatographie an De-Acidite FF (Acetatform) unter Elution mit Essigsäure bzw. Ameisensäure abgetrennt u. colorimetr. mit Ninhydrin bestimmt (II nach Hydrolyse zu I). *γ-Amino-n-buttersäure* (III) wurde durch Chromatographie an Zeo-Karb 225 (Pyridinform) unter Elution mit wss. Pyridin abgetrennt. In siliertem sowie mikrobenfreiem Gras konnte eine beträchtliche Bldg. von III nach-

gewiesen werden. III stammt anscheinend aus I u. sammelt sich unter Bedingungen an, die für die Bldg. von Glutamin ungünstig sind (schnelles Trocknen). Bilanzberechnungen auf Grund der eingetretenen Proteolyse ergaben für I eine prakt. vollständige Erfassung; ein Teil von I scheint in einer bisher unidentifizierten, leicht hydrolysierbaren Form vorzuliegen. Die gefundene II wird nach Ansicht der Vff. erst bei der Extraktion gebildet. (Biochem. J. **71.** 654—60. April 1959. Edinburgh, Univ., King's buildings, Chem. Dep.)
E. SCHWERDTFEGER. 7782

A. D. Jegorow, *Einige Besonderheiten der chemischen Zusammensetzung von Chosenia macrolepis Turcz.* Chosenia macrolepis (Turcz) Kom. (ein gutes Futtermittel für Rentiere) weist im Gebirge eine sehr starke Anreicherung an Ca auf. Diese fehlt in Tälern wie auf geringeren Höhen vollkommen. Rohprotein u. Eiweiß findet man am meisten in den jungen Blättern während der Blüte (32,14 bzw. 27,32%). Gegen Ende der Vegetationsperiode geht der Eiweißgeh. zurück. Er bleibt allerdings bis zum Gelbwerden der Blätter (16,01 u. 15,82%) noch recht hoch. Der Geh. an Rohfett bleibt unverändert. Der Geh. an Rohcellulose steigt nur zur Zeit der Fruchtbldg. u. in den abgefallenen Blättern an. Die N-freien Extraktstoffe steigen während der Vegetation an. Das spricht für die Speicherung von leicht aufzunehmenden Kohlenhydratformen im Herbst. Der Geh. an Rohasche u. Ca steigt ebenso regelmäßig im Laufe der Vegetation u. erreicht sein Maximum während der Fruktifikation u. in den abgestorbenen Blättern. Der P-Geh. ist während der Blütezeit höher u. sinkt später ab. Die Verdaulichkeit der Blätter durch Rentiere u. Pferde ist sehr gut. Sie sind ein hochwertiges eiweiß- u. kalkhaltiges Futter. (Доклады Академии Наук СССР [Ber. Akad. Wiss. UdSSR] **122.** 859—62. 11/10. 1958. Inst. für Biol., Jakutsche Filiale der Akad. der Wiss. der UdSSR.) F. DU MANS. 7782

Zygmunt Mazurkiewicz und **Eugeniusz Bilski,** *Verteilung der Trockenmasse in Futterrüben.* Die Verteilung der Trockenmasse in der Rübe ist von der Art, der Größe u. vom Anbaujahr unabhängig. Der höchste Geh. an Trockenmasse befindet sich in der äußeren Schicht der Rübe, der niedrigste im inneren Teil des Kopfes u. im äußeren u. mittleren Teil des Halses. (Roczniki Nauk rolniczych, Ser. A **76.** 671—83. 1957. Poznań, PAN, Zakł. Hodowli Roślin, Radziemice, Stacja Selekcji Roślin.) F. URBAN. 7782

Kantha Joseph, M. Narayana Rao, M. Swaminathan und **V. Subrahmanyan,** *Ergänzungswerte der Eiweißstoffe von bengalischen Kichererbsen (Cicer arietinum) und Sesam zu denen von Erdnußeiweißstoffen.* An jungen Albinoratten ausgeführte Unterss. über den biol. Wert von Eiweiß (I) in Erdnußmehl (EM), Kichererbsen (KE) u. Sesammehl (SM) u. die ergänzenden Beziehungen von I in KE u. SM zu denen in EM zeigen (Zahlentafeln), daß I von SM bes. das I von EM ergänzt. I-Mischungen von EM, KE u. SM geben das höchste I-Wirksamkeitsverhältnis, so daß sich die I-Verbb. der 3 Futtermittel gegenseitig ergänzen. (Food Sci. [India] **7.** 186—87. Juli 1958. Mysore, Central Food Technol. Res. Inst.) W. WESLY. 7786

George R. Waller und **S. S. Negi,** *Isolierung von Ricin, Ricinin und den Allergie erzeugenden Fraktionen aus Ricinussamenpreßkuchen zweier verschiedener Quellen.* Vff. beschreiben die Extraktion der 3 tox. Körper mit verd. HCl bei p_H 3,8 u. mit W. bei 70—80° aus je einem Laboratoriums- u. techn. Preßkuchen. Bei letzterem betrugen die Ausbeuten an Ricin (I) nur $^1/_{10}$, an Ricinin $^1/_5$ u. an allergieerzeugenden Faktoren $^1/_3$. Der Extraktionsrückstand ist ungiftig u. kann als Proteinquelle verfüttert werden. Angabe der Aminosäurezus. von I u. Vgl. mit früheren Werten. (J. Amer. Oil Chemists Soc. **35.** 409—12. Aug. 1958. Stillwater, Okla., Univ., Biochem. Dep.; Mukteshwar-Kumaun, V. P., Indian Vet. Res. Inst.) H. OTTERBACH. 7786

Sumati R. Mudambi, M. V. Rajagopal und **Kamala Sohonie,** *Chemische Zusammensetzung von Konzentraten.* Die Vff. untersuchten einige der in Indien bei der Viehhaltung verwendeten *Kraftfuttermittel* wie Baumwollsaat, Preßkuchen von Kopra u. Erdnuß bzw. von ind. Ölfrüchten auf die Gehh. an *Protein* (**a**), *Ätherlöslichem* (**b**; *Fett*), *Asche* (**c**), *P* (als P_2O_5) u. *Ca* (als CaO). Bei Berechnung auf die Trockengewichte erreichte Erdnußpreßkuchen den hohen **a**-Geh. von ca. 51,8%. Baumwollsaat erwies sich als fettreichstes Futtermittel mit ca. 21% **b**. *P* war in Weizenkleie bis zu 2,96% angereichert, der **c**-Geh. war mit 4,72% entsprechend hoch. Beim Vgl. mit Einfuhrprodd. zeigte ind. Baumwollsaat höhere Gehh. an **c** u. *Ca*, niedrigere an *P*. Erdnußpreßkuchen wiesen höhere, Koprapreßkuchen niedrigere Gehh. an **c** auf. Die einheim. Weizenkleie war hochwertig mit erhöhten Werten für **a**, **b**, *P* u. *Ca*. Zusammenstellung der Ergebnisse in Tabellen. (Indian J. veterin. Sci. animal Husbandry **27.** 61—66. Juni 1957. Bombay, Inst. of Sci.)
K. ZOPFF. 7786

W. J. Miller, J. L. Carmon und **H. L. Dalton,** *Einfluß von Anisölen auf die Schmackhaftigkeit von Kälberfutter.* Kälberfutter wird mit Anisöl (I) u. 2 I-Imitationen versetzt. I setzt die Schmackhaftigkeit des Futters herab, wie der Rückgang der Futteraufnahme beweist. In einem Vers. setzte I u. eine der beiden I-Imitationen die Schmackhaftigkeit stärker herab als die andere Imitation. (J. Dairy Sci. **41.** 1262—66. Sept. 1958. Athens, Ga., Univ. of Georgia, Dairy Dep.) W. WESLY. 7786

F. L. Hahn, *Schnellverfahren für das Untersuchungslaboratorium.* 1. Mitt. *Saccharin nachweis.* — 2. Mitt. *Kalkbestimmung.* Zum Nachw. von *Saccharin* vertreibt man aus 100 ml Lsg. CO_2 durch Kochen, füllt nach dem Abkühlen in ein 100-ml-Stehkölbchen u. gibt bis zur Mitte des Halses Ae. darauf. Man rührt elektromagnet. mit einem Rührstäbchen u. verschließt mit einem Korken, durch den ein dünner, unten zu einem Häkchen umgebogener Glasstab führt, an den man MgO-Papier (5×5 mm) so anhängt, daß es eben in den Ae. taucht. Man rührt ½—1 Std., spült das Papier mit Ae. ab, trocknet einige Sek. bei etwas erhöhter Temp. u. prüft mit der Zungenspitze auf Saccharin. 0,1 mg ist noch sofort nachweisbar. Zur Herst. des MgO-Papiers befeuchtet man das Filter mit 10—20%ig. $MgCl_2$-Lsg., gibt nach Aufsaugen der Lsg. NaOH dazu, die man mit einem Glasstopfen durchpreßt, saugt gut ab, wäscht mit W. u. trocknet bei 100 bis 110°. — Zur Best. von freiem Kalk [CaO bzw. $Ca(OH)_2$] neben Carbonat verrührt man 1 g Kalk im Mörser mit 15 g Zucker (Saccharatbldg.), führt in einen ERLENMEYER über u. verrührt den Mörser nochmals mit 5 g Zucker. Auf beide Mischungen gibt man 30 ml Lösungsm. (40—45%ig. A., mit Phenolphthalein u. 0,1n NaOH bis zur eben erkennbaren Rötung versetzt), schüttelt u. titriert gegen 0,1n HCl auf Entfärbung. Man subtrahiert einen Blindwert. (Z. analyt. Chem. **160.** 259—60. 1958. Mexiko.) H. PLUSKAL. 7788

F. Rüb, *Messung von Temperatur und Feuchtigkeit bei der Getreidelagerung.* Die Methodik der Messung von Temp. u. Feuchtigkeit wird eingehend besprochen u. die dazu benötigten neuesten Geräte empfohlen. Außer Temp. u. Feuchtigkeit des Getreides muß auch die Beschaffenheit der Luft im Speicher sowie der Außenluft sorgfältig überwacht werden. (Mühle **92.** 110—11. 10/3. 1955.) G. HOFER. 7796

G. Foerster, *Die Feinheitsanalyse mit dem Micromerograph.* Für gröbere Stoffe benutzt man zur Best. der Korngrößenanteile die Siebanalyse, deren Anwendung bis zu einer unteren Teilchengröße von ca. 60 μ möglich ist. Bei dem automat. arbeitenden Micromerograph liegt der Anwendungsbereich zwischen einer Teilchengröße von 0,8 bis 250 μ. (Mühle **92.** 109. 10/3. 1955.) G. HOFER. 7798

K. Voloder, *Bestimmung von Blei in Mehl und Getreide.* 1 bis höchstens 2 g Mehl oder Getreide werden im KJELDAHL-Kolben mit dest. W. angefeuchtet, 3mal mit konz. HNO_3, einmal mit H_2O_2 u. 3—4mal mit W. zur Trockne eingedampft, mit 10 cm^3 20%ig. $NH_2OH \cdot HCl$-Lsg. versetzt u. weiter wie bei der Pb-Best. in Blut (C. **1954.** 1321) behandelt. Getreide wird vorher 1—2 Std. mit HNO_3 stehengelassen. (Arhiv Hig. Rada Toksikol. **9.** 89—91. 1958. Zagreb, Inst. za med. istrazivanja.) S. BECKMANN. 7798

J. B. Woerfel und **R. W. Bates,** *Backfettmischungen und die Messung ihrer Charakteristiken.* Es werden die Zus. von Backfetten u. die Charakteristiken ihrer Bestandteile sowie die üblichen Prüfungsmethoden aufgeführt. Dilatometr. u. rheolog. Methoden werden diskutiert. (Food Technol. **12.** 674—76. Dez. 1958. Chicago, Ill., Armour & Co., Special Products Dep.) H. BÜCKING. 7800

H. C. Lukens und **K. J. Palmer,** *Spektralphotometrie von gelbem Süßmais.* Es werden spektralphotometr. Verff. beschrieben, die auf Reflexionsmessungen beruhen. Die Methoden eignen sich zum automat. u. schnellen Sortieren von Süßmaiskörnern. Der Geh. der Körner an W., der ein Maß für den Reifegrad darstellt, zeigt eine gewisse Parallelität mit den bei der Reflexionsmessung erhaltenen Werten. (Food Technol. **10.** 190—93. April 1956. Albany, Calif., US Dep. of Agric., Agric. Res. Serv., Western Utilisat. Res. Branch.) E. LÜCK. 7806

Bernard A. Twigg, Amihud Kramer, Hobart N. Falen und **F. L. Southerland,** *Objektive Messung des Reifegrades in zubereitetem Süßmais.* Der Geh. an alkoholunlösl. Feststoffen, an Pericarp u. die Größe der Körner können zur Best. des Reifegrades in zubereitetem Süßmais herangezogen werden. (Food Technol. **10.** 171—74. April 1956. Washington, D. C., US Dep. of Agric., Agric. Marketing Serv.; College Park, Md., Univ. of Maryland.) E. LÜCK. 7806

G. W. Winsor und **D. M. Massey,** *Untersuchungen über die Zusammensetzung der Tomatenfrucht.* Als Indices für die Zus. der Tomate werden folgende Größen bestimmt: Gesamttrockenmasse, Trockenmasse des Saftes, Refraktometerwert, Zuckergeh. von Saft u. Fruchtwand, titrierbare Acidität von Saft u. Wand. Untersucht wird die Zus. in Abhängigkeit von Qualitätsgrad (äußere Beurteilung), Sorte u. Reifegrad der Früchte. (Glasshouse Crops Res. Inst., annu. Rep. **1957.** 40—52. Littlehampton, Sussex, Glasshouse Crops Res. Inst.) WILFRIED WERNER. 7808

G. S. Siddappa, *Die Polyphenole in Bilwa-Konserven* (*Eagle marmelos*). Zum papierchromatograph. Nachw. von Polyphenolen in Bilwa-Konserven bringt man einen

Fleck des Sirups oder des wss. Extraktes auf Filtrierpapier unter Verwendung von $NaHSO_3$–Essigsäure als Lösungsm. u. von Gerbsäure, Pyrogallol, Phloroglucin, Brenzcatechin u. Gallussäure als Bezugsmischung, bespritzt das getrocknete Papier mit $AgNO_3$–NH_3-Reagens u. vergleicht die Flecken der Untersuchungslsg. mit denen der Vergleichslösung. (Food Sci. [India] **7.** 186. Juli 1958. Mysore, Central Food Technol. Res. Inst., Div. of Fruit Technol.) W. WESLY. 7814

W. F. Shipe, *Bericht über die Gefrierpunktsbestimmung von Milch.* Die Nachprüfung des von ROBERTSON (C. **1958.** 5244) empfohlenen Verf. zur Best. des Gefrierpunktes von Milch (mit u. ohne Zusatz von Agar-Agar) in Ggw. von Saccharose ergab, daß man mit einem bestimmten Gerät vergleichbare Werte erhält u. daß dessen Eichung die Ergebnisse mehr beeinflußt als die Art des Gerätes. Zur Erzielung besserer Übereinstimmung zwischen mehreren Laborr. sind weitere Unterss. nötig. (J. Assoc. off. agric. Chemists **41.** 262—67. Mai 1958.) W. WESLY. 7856

N. Wesselowskaja, *Zur Frage der Bestimmung des Gehaltes von Fett in Sahne.* Vergleichende Unterss. von Sahneproben mit 19—36% Fett ergaben, daß nach der Standardmeth. (Fettmesser für Sahne) um 0,13% zu hohe Werte gegenüber der Extraktionsmeth. von RÖSE-GOTTLIEB (3malige Extraktion mit Ae.) erhalten werden. Es wird daher vorgeschlagen, die Standardmeth. durch Einführung eines Korrekturfaktors von 0,9952 zu ergänzen. (Молочная Промышленность [Milch-Ind.] **19.** Nr. 11. 15—16. Nov. 1958. Ukrain. Wiss. Forsch.-Labor. der Milchind.) OTTO MAIER. 7858

Dorothy B. Scott, *Bericht über Fremdstoffe in Molkereiprodukten.* (Vgl. C. **1958.** 5244 u. C. **1959.** 1639.) Die Nachprüfung des früher empfohlenen Verf. zur Best. von Futter- u. Dungresten in Käse ergab keine befriedigenden Werte, sondern (starke) Abweichungen von den Sollwerten. (J. Assoc. off. agric. Chemists **41.** 349—50. Mai 1958. Washington, D. C., Dep. of Health, Educat. and Welfare, Food and Drug Administrat.) W. WESLY. 7860

F. Hoffmann-La Roche & Co. Akt.-Ges. (Erfinder: **Otto Isler, Rudolf Rüegg, Marc Montavon,** Basel, und **Paul Zeller,** Neuallschwil), Schweiz, *1.26-Bis-[2′.6′.6′-trimethylcyclohexen-(1′)-yl]-3.7.11.16.20.24-hexamethylhexacosadodecaen-(1.3.5.7.9.11.15.17.19.21.-23.25)-in-(13)*, dunkelviolette Kristalle, F. (aus Bzl.–PAe.) 189—190°; UV-Absorptionsmaxima bei 481 u. 513 mμ (PAe.), in pflanzlichen u. tier. Ölen mit roter Farbe lösl., erhält man durch beidseitige Kondensation eines 3.8-Dimethyl-2.9-dialkoxydecatetraen-(1.3.7.9)-ins-(5), z. B. des 2.9-Diäthoxyderiv., mit einem 8-[2′.6′.6′-trimethylcyclohexen-(1′)-yl]-2.6-dimethyl-1.1-dialkoxyoctatrien-(2.4.6), bes. dem 1.1-Dimethoxy- oder Diäthoxyderiv., bei 0—50°, zweckmäßig in Ggw. eines inerten Lösungsm. (Bzl.; PAe.) u. in Ggw. eines sauren Kondensationsmittels ($ZnCl_2$, BF_3-Ätherat, $TiCl_4$, $FeCl_3$, $SnCl_4$), Behandeln des erhaltenen 1.26-Bis-[2′.6′.6′-trimethylcyclohexen-(1′)-yl]-3.7.11.16.20.24-hexamethyl-8.10.10.17.17.19-hexaalkoxyhexacosaoctaen-(2.4.6.11.15.20.22.24)-ins-(13), z. B. des *8.10.10.17.17.19-Hexaäthoxyderiv.*, farbloses kristallines Pulver, UV-Absorptionsmaxima bei 280 u. 292 mμ, oder des *8.10.17.19-Tetramethoxy-10.17-diäthoxyderiv.*, mit sauren Mitteln (CH_3COOH—CH_3COONa, p-Toluolsulfonsäure, Propionsäure, Oxalsäure, H_2SO_4, H_3PO_4, $ZnCl_2$, $NaHSO_4$), vorteilhaft unter Ausschluß von Luft–O_2, Red. des erhaltenen *1.26-Bis-[2′.6′.6′-trimethylcyclohexen-(1′)-yl]-3.7.11.16.20.24-hexamethylhexacosadecaen-(2.4.6.8.11.15.18.20.22.24)-in-(13)-dions-(10.17)*, gelbe Kristalle aus Bzl.–PAe., F. 167—168°; UV-Absorptionsmaxima bei 323 u. 403 mμ (PAe.), mit einem Metallalkoholat in einem Alkohol, bes. mit Al-Isopropylat in Isopropanol in Ggw. eines inerten Lösungsm., wie Bzl. oder Toluol. Das gebildete *1.26-Bis-[2′.6′.6′-trimethylcyclohexen-(1′)-yl]-3.7.11.16.20.24-hexamethylhexacosadecaen-(2.4.6.8.11.15.18.20.22.24)-in-(13)-diols-(10.17)*, rötliches, zähes Öl, das sich unterhalb des Kp. zers., wird, gegebenenfalls nach Veresterung, einer doppelten Wasser- bzw. Säureabspaltung u. Allylumlagerung unterworfen, z. B. durch Behandeln des Diols oder seines Diacetats in einem inerten Lösungsm. (Ae., Essigester, CH_2Cl_2, Dioxan) mit Halogenwasserstoffsäure, bes. überschüssiger alkoh. HCl, oder durch Lösen in einem halogenierten KW-stoff mit großem Dipolmoment $< 0°$, Behandeln mit wss. Halogenwasserstoffsäure, z. B. 57%ig. wss. HBr, u. Abspalten von Halogenwasserstoff aus der gebildeten Halogenverb. durch Einw. von W. oder einer bas. Verbindung. — Die Ausgangsverbb. können wie folgt hergestellt werden: Eine Lsg. von 1 (Mol) 2.7-Dimethyloctadien-(2.6)-in-(4)-dial-(1.8) in der 10fachen Menge absol. Ae. wird mit 2,1 CH_3MgBr kondensiert, das erhaltene *3.8-Dimethyl-2.9-dihydroxydecadien-(3.7)-in-(5)* mit der 15fachen Menge MnO_2 in CH_2Cl_2 geschüttelt, das gebildete *3.8-Dimethyl-2.9-dioxodecadien-(3.7)-in-(5)* in > 2 eines Orthoameisensäureesters suspendiert, mit einer 1%ig. äthanol. Lsg. von 0,001—0,002 p-Toluolsulfonsäure versetzt, 48 Std. bei n. Temp. verrührt, das gebildete Acetal in

Toluol mit 2,2 $(CH_3CO)_2O$ in Ggw. von 2 Pyridin 5—7 Std. gekocht u. der gebildete Essigester fortlaufend aus dem Gemisch abdest.; man erhält z. B. *3.8-Dimethyl-2.9-diäthoxydecatetraen-(1.3.7.9)-in-(5)* mit UV-Absorptionsmaxima bei 320 u. 340 mμ (PAe.). — 8-[2'.6'.6'-Trimethylcyclohexen-(1')-yl]-2.6-dimethyloctatrien-(2.4.6)-al-(1) wird mit 1,2 Orthoameisensäureäthylester u. 1 A. in Ggw. von wenig H_3PO_4 bei n. Temp. zum *8-[2'.6'.6'-Trimethylcyclohexen-(1')-yl]-2.6-dimethyl-1.1-diäthoxyoctatrien-(2.4.6)* acetalisiert. — Das Verfahrensprod. dient zur *Lebensmittelfärbung* u. als Zwischenprod. zur Herst. ähnlicher Farbstoffe. (**D. A. S. 1 027 662** Kl. 12o vom 24/1. 1957, veröff. 10/4. 1958. Schwz. Prior. 31/1. 1956.) R. LINK. 7639

Donald A. Battiste, Philadelphia, Pa., V. St. A., *Herstellung von Trockenteig.* Man mischt aus 3—6 (Teilen) Hefe, 100 Mehl u. 185—200 W. eine viscose M., läßt in fl. Zustand zur Schwammkonsistenz gehen u. unterwirft der Sprühtrocknung in einem inerten Gasstrom von 250—400° F, der so eingestellt wird, daß das Trockenpulver mit 120 bis 140° F abgezogen wird. Das Pulver läßt sich nach Anteigen mit W. oder Milch u. Gehen von 10—15 Min. verbacken. (**A. P. 2 808 334** vom 23/3. 1953, ausg. 1/10. 1957.) K. KOEBKE. 7675

Monsanto Chemical Co., St. Louis, Mo., übert. von: **Robert P. Joslin,** Omaha, Nebr., V. St. A., *Backtreibmittel.* Man gibt dem Mehl 0,3—5% Dicalciumphosphatdihydrat (I) u. so viel $NaHCO_3$ oder $KHCO_3$ zu, daß das Verhältnis I : Bicarbonat 5 : 1 bis 1 : 1, bes. 3 : 1 beträgt. Die Mischung kann etwas vorgebacken u. bei Tempp. von —50° bis +15° aufbewahrt werden. (**A. P. 2 810 650** vom 4/3. 1955, ausg. 22/10. 1957.) K. KOEBKE. 7675

M. W. Kellogg Co. (Erfinder: **Joseph John Thompson** und **Morris M. Raymer jr.**), *Fertiggericht,* bestehend aus gerösteten oder gekochten Reis- oder Maisflocken, die mit Hilfe einer ungekochten M. mit hohem Geh. an Eiweiß u. Weizengluten (I), z. B. 1000 (Teilen) I, 180 Weizenkeimmehl, 125 Magermilchpulver u. 31 entbitterter Bierhefe, verformt sind. (**Aust. P. 205 440** vom 28/2. 1956, ausg. 7/2. 1957. A. Prior. 18/4. 1955.) C. LÜTTGEN. 7687

Imperial Chemical Industries Ltd., England, *Behandlung von Kochsalz,* um Agglomeration zu vermeiden dad. gek., daß man während der Trocknung ein Co-, Fe-, Cr-, Ni-, Si-W- oder Ru-Komplexsalz, wie K-Kobalticyanid, Nitroprussidkalium, Na-Carbonylferrocyanid, Trinatriumpentacyanamminoferrat, K-Rutheniumcyanid, Na-Kobaltinitrit, K-Ferrioxalat, K-Silicowolframat, K-Nickelcyanid, Na-Hexametaphosphat, zusetzt. (**F. P. 1 159 534** vom 5/11. 1956, ausg. 27/6. 1958. E. Priorr. 4/11. 1955 u. 22/10. 1956.) S. BÖTTCHER. 7715

Andreas Bauer & Sohn, Wien, Österreich, *Filter für Tabakrauch,* dad. gek., daß es aus natürlichem oder künstlichem *Meerschaum* besteht. (**It. P. 496 371** vom 8/11. 1952. D. Prior. 24/12. 1951.) K. KOEBKE. 7735

Robert H. Bedford, San Pedro, Calif., V. St. A., *Herstellung von Futtermittelemulsionen aus Fischen.* Entöltes Fischpreßwasser, das auf einen Feststoffgeh. von ca. 50% konz. worden ist, oder Fischhydrolysate oder Gemische aus beiden werden mit ca. 1—2% einer Ca-Verb., z. B. $Ca(OH)_2$, $CaCl_2$, $CaCO_3$, Ca-Acetat oder Ca-Lactat, mit Fetten oder Ölen, wie rohes Fischöl, Sojabohnenöl, Cocosfett, Talg u. dgl., u. Melasse innig vermischt u. das Gemisch wird unter Druck homogenisiert. Man erhält stabile Emulsionen, die unter industriellen Verhältnissen lagerbeständig, pumpfähig u. transportierbar sind. (**A. P. 2 851 357** vom 6/4. 1956, ausg. 9/9. 1958.) H. KARST. 7787

XVII. Fette. Seifen. Wasch- u. Reinigungsmittel. Wachse. Bohnermassen usw.

Toshirō Takei, *Überblick über die chemische Industrie der Fette und Öle in Japan und einige ihrer unentwickelten Ölreserven.* Übersicht bes. über die Erzeugungszahlen von Speiseöl, die Ölhärtung, Glycerin usw.; Angebot u. Nachfrage an Fetten u. Hinweis auf die mögliche Erzeugung von Ölen aus dem Tintenfischfang u. aus der Reiskleie. (J. chem. Soc. Japan, ind. Chem. Sect. [Kōgyō Kagaku Zassi] **58.** 235—38. April 1955. [Orig.: japan.]) L. SCHULER. 7870

József Perédi, *Das Verderben der Fette. Antioxydantien der Lebensmittelindustrie.* Zusammenfassung der neusten Ergebnisse über die Erforschung des Mechanismus des Ranzigwerdens von Fetten u. fetthaltigen Erzeugnissen der Lebensmittelindustrie. Vf. bespricht die zwecks Verhinderung bzw. Verzögerung des Verderbens genehmigten Antioxidantien u. Synergantien u. ihre Anwendung. (Elelmezési Ipar (Verpflegungs-Ind.) **12.** 97—103. April 1958.) J. PLANK. 7878

S. H. Bertram, *Die Aufhellung von pflanzlichen Ölen und Fetten.* Von den Öle u. Fette färbenden Substanzen sind nur einige bekannt, bes. sind zu erwähnen: 1. α-, β-

u. γ-Carotine, Substanzen von roter oder gelber Farbe; 2. α- u. β-Chlorophyll; 3. Chromane, die sich durch Oxydation von Tocopherolen (Vitamin E) bilden; 4. das dunkelrote Gossypol, das sich im Baumwollsaatöl findet; 5. Fe-, Mn- u. andere Seifen. Zur Aufhellung von Ölen u. Fetten eignen sich bes. die Methoden der Entsäuerung u. der Adsorption mit akt. Erden, während Oxydations- oder Reduktionsverff. oder eine Zerstörung der Carotine durch Erhitzen infolge störender Neben-Rkk. meist ausscheiden. (Rev. Fermentat. Ind. aliment. **10.** 203—05. Okt. 1955.) E. PREU. 7886

Tetsutaro Hashimoto, *Untersuchungen über die selektive Hydrierung von Fetten und Ölen.* 1. Mitt. *Über die Hydrierung von Tungöl.* 1. Teil. *Der Hydrierverlauf. Eläostearinsäure* wurde zu konjugierten u. nichtkonjugierten Diencarbonsäuren u. direkt zu einfach ungesätt. Säuren ohne intermediäre Bldg. von Diencarbonsäuren hydriert. Die Rk. der konjugierten Säuren verläuft sehr selektiv, allg. sind die konjugierten Säuren reaktionsfähiger als die nicht konjugierten. (Rep. Government chem. ind. Res. Inst., Tokyo **49.** 179—83. Mai 1954. [Orig.: japan.; Auszug: engl.]) L. SCHULER. 7894

Tetsutaro Hashimoto, *Untersuchungen über die selektive Hydrierung von Fetten und Ölen.* 2. Mitt. *Über die Hydrierung von Natriumlinoleat.* (1. vgl. vorst. Ref.) *Na-Linoleat* wird bei Raumtemp. u. gewöhnlichem Druck mit RANEY-Ni-Katalysator hydriert, in verschied. Hydrierungsstufen die Zus. der Prodd. IR- u. UV-spektroskop. untersucht, bes. hinsichtlich Isomerer. Es läßt sich kaum eine selektive Hydrierung erkennen. Schon in der Anfangsphase treten gesätt. Säuren u. ungesätt. konjugierte Säuren auf. Bei JZ. 90—70 im Prod. hatte sich eine Höchstmenge an trans-Isomeren angesammelt, etwa entsprechend 50% der gesamten ungesätt. C_{18}-Säuren. (Rep. Government chem. ind. Res. Inst., Tokyo **51.** 235—38. Juni 1956. [Orig.: japan.; Auszug: engl.]) L. SCHULER. 7894

S. Rangarajan und **N. P. Palaniappan,** *Katalysatoren zur Sulfonierung von Ricinusöl.* Vff. beurteilten die Wirksamkeit von metall. Hg (I), Hg_2SO_4 (II), V_2O_5 (III), $CuSO_4$ u. Pyridin (IV) nach der vom Öl aufgenommenen Menge SO_3 ohne Rücksicht darauf, ob Sulfonierung an OH-Gruppe oder Doppelbindung der Ricinolsäure erfolgt war. **I** u. **II** waren am stärksten wirksam in bezug auf Ausbeute u. Reaktionsdauer, wogegen sich **IV** negativ auswirkte. **III** brachte am Anfang einen stärkeren Anstieg als bei der Blindprobe, die Gesamtausbeute überstieg jedoch nicht diejenige der Blindprobe. (Ind. Engng. Chem. **50.** 1787—88. Dez. 1958. Annamalainagar, Madras State, Indien, Univ., Dep. of Technol.) G. MEINHARDT. 7912

C. A. Rhodes, *Zuckerester als oberflächenaktive Stoffe.* Die Zuckerester werden durch Umesterung von Methylestern der Fettsäuren mit Zuckern gewonnen. N.N-Dimethylformamid dient dabei als Lösungsmittel. Wasserfreie Pottasche wird als Katalysator eingesetzt. Die Ester sind nichtionogene oberflächenakt. Stoffe u., soweit bisher bekannt, weder giftig noch erregend. Ihre wichtigste Eig. ist die Bldg. von Öl-in-W.-Emulsionen mit Nahrungsmitteln, Kosmeticis u. pharmazeut. Produkten. Sie können auch als nichtionogene Waschmittel Verwendung finden. Tabellar. Zusammenstellung verschied. Ester. Anwendungsbeispiele u. Analysenmethoden. — 15 Literaturnachweise. (Chem. Products chem. News **21.** 320—23. Sept. 1958.) F. ROSENDAHL. 7912

E. N. Frankel, Patricia M. Cooney, C. D. Evans und **J. C. Cowan,** *Bestimmung von Tocopherol in oxydierten Fetten. Störung durch in der Hitze gebildete reduzierende Substanzen bei hoch oxydierten Fetten.* Unter Hinweis auf die entwickelte Meth. (vgl. C. **1958.** 8784) zur Best. von Tocopherol u. die Ausschaltung der Störungen durch Peroxyde auf dem Wege der Zers. derselben durch Erhitzen auf 210° (10—15 Min. im Vakuum) wird mitgeteilt, daß die dabei entstehenden reduzierenden Substrate die Arbeitsweise stören können. Es werden an in definierter Weise autoxydierten Fetten (Schweineschmalz, Sojaöl) vergleichende Verss. durchgeführt u. die Ergebnisse der Ermittlung von Tocopherol, der Peroxydzahl (Ferrithiocyanatmeth.), des reduzierenden Vermögens (Ferro-Dipyridin-Meth.) sowie der Braunfärbung (Messung bei 460 mμ) einander gegenübergestellt. Aus den graph. u. tabellar. mitgeteilten Befunden wird abgeleitet, daß die Menge der durch Erhitzen des autoxydierten Substrats im Vakuum (10—15 Min., 210°) entstehenden reduzierenden Substrats vernachlässigbar klein ist, wenn die Peroxydzahlen den Wert von 100 nicht überschreiten; bestätigt wird dies durch die säulenchromatograph. (Kieselsäure) Entfernung der Peroxyde aus dem autoxydierten Substrat. Es wird gezeigt, daß die Ggw. von Peroxyden vor dem Erhitzen auf 210° die Voraussetzung für die Bldg. von reduzierenden Substanzen ist u. daß davon die Zunahme der Bräunung, Viscosität, freien Säure, Carbonylzahl, die Abnahme der JZ. abhängen; das beim Erhitzen entstehende polymere Prod. wird als vorzugsweise dimer u. als Ursache für die Reduktionswrkg. angesehen. (J. Amer. Oil Chemists' Soc. **35.** 600—02.)

Nov. 1958. Peoria, Ill., US Dep. of Agric., Northern Utilization Res. and Developm. Div., Agric. Res. Serv.) K. TÄUFEL. 7932

W. B. Smith, *Die Analyse synthetischer Reinigungsmittel.* Vf. gibt eine Übersicht über die qualitative u. quantitative Analyse synthet. Reinigungsmittel der letzten zwanzig Jahre. Er beschränkt sich dabei auf die gebräuchlichen sprühgetrockneten Pulver. — 80 Literaturzitate. (Analyst **84.** 77—89. Febr. 1959. Whitehaven, Cumberland, Marchon Products Ltd.) M. WOLFF. 7942

Thomas Hedley & Co. Ltd., Newcastle, England, *Waschmittel in Stückform,* bestehend aus Seife u. einem n. festen anionakt. synthet. Reinigungsmittel, gek. durch den Geh. an einem wasserlösl. Salz von Polyäthylen- oder Polypropylenglykoläthersulfaten der Formel $R(X)_nOSO_3M$, in der R für einen Alkylrest, $(X)_n$ für eine Polyäthylen- oder Polypropylenkette mit $\geqq 10$ C-Atomen u. M für Na, K, Ca, Mg, NH_4 oder Äthanol- oder Propanolamin stehen. Beispiel: 19 (Teile) NH_4-Alkylsulfat (einer mittleren Fraktion von Cocosnußfettalkoholen), 19 NH_4-Alkyl-$(C_2H_4O)_5$-sulfat, 10,5 Cocosnußfettsäuremonoäthanolamid, 25,5 W. u. 26 C_2H_5OH. (**E. P. 797 119** vom 22/3. 1956, ausg. 25/6. 1958. A. Prior. 23/3. 1955.) C. LÜTTGEN. 7913

Chemische Werke Albert, Wiesbaden, *Waschmittel* mit einem p_H-Wert von 10, enthaltend 10 (%) akt. Stoffe (Fettsäuresulfonate oder Fettsäurekondensationsprodd.) u./oder Seife, 5 O_2-abspaltende Mittel (Alkaliperborate) u. 25 Alkalisalze von Phosphorsäuren mit einem Wassergeh. unter dem der H_3PO_4 (Polyphosphate, bes. Pentanatriumtripolyphosphat, Hexanatriumtetrapolyphosphat allein oder im Gemisch mit K-Metaphosphat). (**It. P. 494 035** vom 5/7. 1952.) K. KOEBKE. 7913

Colgate-Palmolive Co., Jersey City, übert. von: **Stephen Cajetan Klisch,** Belleville, N. J., V. St. A., *Reinigungsmittel,* bestehend aus zwei nichtionogenen waschakt. Polyalkylenoxydkondensaten hydrophober aliphat. Verbb. mit 8—30 C-Atomen, von denen die eine 5—50 C_2–C_4-Alkylenoxydgruppen aufweist, während die andere ein Polyoxyäthylenkondensat mit Polyoxypropylenglykol ist, 20—90% Äthylenoxyd enthält u. ein Mol.-Gew. von 2000—10000 besitzt. Außerdem enthält das Mittel noch 1—25% eines gegebenenfalls substituierten Amids höherer Fettsäuren, z. B. Caprinsäurediäthanolamid, Myristoyl- oder Palmitoyldiäthanolamid. (**A. P. 2 831 815** vom 17/12. 1952, ausg. 22/4. 1958.) C. LÜTTGEN. 7913

Henkel & Cie. G. m. b. H. (Erfinder: **Valentin Habernickel** und **Josef Huppertz**), Düsseldorf, *Herstellung von lagerfähigen alkalisilicathaltigen Additionsprodukten von Natriumhypochlorit und Trinatriumphosphat-12-hydrat* nach D. A. S. 1 004 148, dad. gek., daß in die Schmelze aus den Komponenten vor dem Erstarrenlassen unter Kühlung W.-freie Phosphate eingetragen werden. — *Desinfizierende* Reinigungsmittel. (**D. A. S. 1 009 604** Kl. 12i vom 21/11. 1955, veröff. 6/6. 1957. **Zusatz zu D. A. S. 1 004 148; C. 1959. 9762.**) K. DEMMLER. 7913

Henkel & Cie. G. m. b. H. (Erfinder: **Valentin Habernickel** und **Josef Huppertz**), Düsseldorf, *Herstellung von lagerbeständigen alkalisilicathaltigen Additionsprodukten von Natriumhypochlorit und Trinatriumphosphat-12-hydrat* nach D. A. S. 1 004 148, dad. gek., daß das Dinatriumphosphat ganz oder teilweise durch NaH_2PO_4 oder H_3PO_4 ersetzt wird. — Desinfizierende *Reinigungsmittel,* bes. auch für alkaliempfindliche Metalle, wie Al u. Sn. (**D. A. S. 1 042 549** Kl. 12i vom 16/11. 1956, veröff. 6/11. 1958. **Zusatz zu D. A. S. 1 004 148; C. 1959. 9762.**) K. DEMMLER. 7917

Pure Oil Co., Chicago, übert. von: **Weldon G. Annable,** Mundelein, **Charles T. O'Malley,** Chicago, und **John W. Walsh,** Crystal Lake, Ill., V. St. A., *Wachszusammensetzungen hoher Siegelfestigkeit* (Tieftemperatursiegellack), bestehend aus 25—45 Gew.-% gereinigtem Paraffin, 10—45 Gew.-% mikrokristallinem Paraffin (F. 170—180° F) u. 30—50 Gew.-% Petrolatum. (**A. P. 2 846 375** vom 26/7. 1955, ausg. 5/8. 1958.) P. UNGER. 7925

Farbwerke Hoechst Akt.-Ges., vormals Meister Lucius & Brüning, Frankfurt/M. (Erfinder: **Hajo Eilers,** Hofheim/Taunus, **Guido v. Rosenberg** und **Walter Brotz,** Gersthofen bei Augsburg), *Verbesserung der mechanischen Eigenschaften von Kohlenwasserstoffwachsen* (I). Durch Zusatz von gegebenenfalls bis zu 80% krist. Polypropylen, bes. 5—10%, zu den I (Paraffine u. mikrokrist. Wachse), bes. zur Schmelze, wird F., Flexibilität u. Haftfestigkeit erhöht. Weitere Wachse, Harze, Asphalte u. Pigmente können zugegeben werden. — Herst. von *Überzugs-, Bindemitteln* u. *Vergußmasse.* (**D. A. S. 1 050 052** Kl. 39b vom 28/8. 1957, veröff. 5/2. 1959.) G. TEWES. 7925

S. C. Johnson & Son, Inc., übert. von: **Edward A. Wilder,** Racine, Wis., V. St. A., *Erhöhung der Härte von Ouricuri-, Caranda-, Zuckerrohr-, entharztem Candelilla- und Espartograswachs* erfolgt durch Veresterung von mindestens 40—85% der freien OH-Gruppen dieser Wachse mit überschüssigem *Malein-, Bernstein-* u. *Glutarsäureanhydrid* bei 120—150, bes. 135°, u. Entfernen der überschüssigen Säure durch Auswaschen. — Ouricuriwachs mit OH-Zahl 50,2; Gelwert 236 (gemessen mit dem Penetrometer nach ASTM D-217-48) gibt beim Verestern mit *Maleinsäureanhydrid* ein Wachs mit OH-Zahl 27,3 u. Gelwert 169. — *Poliermittel.* (**A. P. 2 772 301** vom 4/5. 1953, ausg. 27/11. 1956.) G. KRAUSS. 7925

James G. Murphy, Silver Spring, Md., V. St. A., *Silberpoliermittel.* Dieses enthält die üblichen schleifend wirkenden Pulver in Mischung mit einem Alkylmercaptan von 12—20 C-Atomen im geradkettigen Rest als anlaufverhinderndes Mittel. Es können geruchsverbessernde Substanzen, Lösungs- u. Verteilungsmittel zugesetzt werden. (**A. P. 2 841 501** vom 17/4. 1957, ausg. 1/7. 1958.) P. KRUG. 7927

XVIIIa. Holz. Cellulose. Zellstoff. Papier. Papierdruck. Celluloid. Linoleum.

Hans Joachim à Brassard, *Über die Vorgänge beim alkalisch-oxydativen Abbau der Cellulose.* An Flocken- u. Suspensionsalkalicellulosen aus NaOH-Lsgg. bis zu 40% wird der Einfl. des Ordnungszustandes in der Cellulose u. in den NaOH-Lsgg. auf die Celluloseoxydation durch Luftsauerstoff u. durch H_2O_2 geprüft, ferner der Einfl. von Hemicellulosen- u. Na_2S-Zusatz zu den NaOH-Lsgg. auf die Geschwindigkeit des DP-Abbaus bei verschied. NaOH-Konzentrationen. Als Oxydationsträger wird eine peroxyd. NaOH-Verb. (NaO·OH) angesprochen, die aus NaOH u. Luftsauerstoff entsteht u. deren Bldg. durch eine Reihe von Faktoren begünstigt wird. Hemicellulose hemmt bei NaOH-Konzz. unterhalb 25% den DP-Abbau, beschleunigt ihn aber oberhalb 25—30% NaOH. Na_2S beschleunigt ebenfalls wie andere reduzierende u. leicht oxydierende Substanzen den DP-Abbau durch eine Sauerstoff aktivierende Rk. mit Luftsauerstoff. (Papier **13.** 245—52. 5/6. 1959. Oberbruch/Rhld., Abt. Forsch. der Vereinigten Glanzstoff-Fabriken AG., Werk Oberbruch.) P. ECKERT. 7954

D. E. Bland und **Clare Stamp,** *Untersuchung von Restlignin in Zellstoff durch Oxydation mit Nitrobenzol.* (Austral. Pulp Paper Ind. techn. Assoc., Proc. **9.** 179—91. 1955. — C. **1957.** 3151.) P. ECKERT. 7956

Ernst Giese und **Lothar Dietzsch,** *Einfluß verschiedener Entwässerungsbedingungen auf die Blatteigenschaften von Papierstoffen unter besonderer Berücksichtigung des Feinstoffanteils und der Feinstoffgüte.* Es wurden Blatteigg., Feinstoffanteil u. -güte verschied. Papierstoffe in Abhängigkeit von der Maschenweite der Entwässerungssiebgewebe untersucht u. festgestellt, daß ein erheblicher Zusammenhang zwischen Maschendimension u. Feinstoffverlust u. damit Papierqualität besteht. (Zellstoff u. Papier **8.** 43—48. Febr. 1959. Heidenau, VEB Zentr. Projektierungsbüro für die Zellstoff- u. Papierindustrie; Dresden, TH.) R. SCHÖLLHORN. 7980

Olof Bethge und **Rose-Marie Persson,** *Pentosanbestimmung.* 2. Mitt. *Die Verwendung von Barbitursäure zur Furfurolbestimmung.* (1. vgl. C. **1959.** 7999.) Bei der analyt. Best. von Furfurol (I) mit Barbitursäure in den bei der HCl-Dest. kohlenhydrathaltiger Substanzen nach TOLLENS erhaltenen Destillaten können Fehler durch die gleichzeitige Ausfällung von Hydroxymethylfurfurol sowie durch wechselnde Konz. von I entstehen. An Hand eigener Verss. erörtern Vff. die Genauigkeit der analyt. Best. von I unter Bezug auf Mitteilungen anderer Autoren. — 17 Schrifttumsangaben. (Svensk Papperstidn. **59.** 535—39. 15/8. 1956. Stockholm, Swed. Forest Prod. Res. Labor., Analyt. Labor.) E. BORCHERS. 8006

Walter Brecht, Paul Räderer und **Wolfgang Weitzel,** *Über die Rollneigung von Papieren.* An Hand von Unterss. wird eine Lehre von der Rollneigung des Papiers entwickelt u. auf Prüfverff. hingewiesen, die für meßtechn. Unterss. geeignet sind. (Papier **13.** 237—44. 5/6. 1959. Darmstadt, TH, Inst. für Papierfabrikation.) P. ECKERT. 8010

Marie Pierre de Vinzelles, Marokko, *Schutzüberzug für Holz* gegen Einw. von Feuchtigkeit. Ein polymerisationsfähiges Harz wird als Lsg. in Trichloräthylen oder Aceton auf das Holz aufgetragen u. darüber ein Gewebe oder Fasermaterial, das gegebenenfalls mit einer Kunstharzlsg. imprägniert ist, fixiert. Das Holz ist auch gegen tier. u. pflanzliche Schädlinge geschützt. (**F. P. 1 107 670** vom 24/6. 1954, ausg. 4/1. 1956.) M. F. MÜLLER. 7953

Soc. d'Études et d'Applications du Sorgho und **René Escourrou,** Frankreich, *Gewinnung von Zell- und Papierstoff aus Sorghum-Hirse* in Form ihrer Blätter, Stengel oder Rispen durch Kochen mit NaOH, Na_2SO_4, $NaHSO_3$ oder HNO_3 im Autoklaven unter Druck unter Vermeidung einer Einw. von Cl_2. Die gewonnene Cellulose eignet sich zum Nitrieren u. zur Herst. von Viscose. (**F. P. 1 131 425** vom 10/11. 1954, ausg. 21/2. 1957.) M. F. MÜLLER. 7957

Rayonier, Inc., Mason County, V. St. A., *Raffination von Sulfitcellulose.* Die Raffination von chlorierter u. gewaschener Sulfitmasse wird mit einer Alkalilsg. vorgenommen, die zwischen 6 u. 20% Na-Verbb., berechnet als Na_2O, enthält u. wobei die Lsg. Na_2CO_3 sowie Na-Sulfit enthalten soll, dabei soll der Na-Geh. des Sulfits 10—70% des gesamten Na-Geh. der Lsg. betragen. Auch NaOH kann zugegen sein, dessen Na-Geh. aber nicht 15% des gesamten Na-Geh. übersteigen darf. Der Bleichprozeß wird bei 150—175° durchgeführt. (**N. P. 86 898** vom 25/2. 1953, ausg. 13/2. 1956.) K. H. KÄHLER. 7963

Procel Soc. An., Casablanca, Marokko, *Behandlung von Cellulosematerial mit Gasen.* Man füllt Stroh oder Holzspäne in einen korrosionsfesten Druckkocher, treibt die Luft aus u. leitet in das geringe Mengen W. enthaltende Gut 2—3 Std. bei 100° u. bei n. Druck oder bei ca. 120° u. Überdruck SO_2-haltigen Dampf ein. Nach dem Entspannen löst man mit Rücklauflauge bei ca. 100° Ligninsulfonsäure heraus, zentrifugiert u. behandelt nochmals mit Na_2SO_4-haltiger NaOH-Lsg. bei 160—170°. Man erhält nach dem Bleichen einen Brei, der bis 93 (%) α-Cellulose u. < 2 Pentosane enthält. — Vgl. auch F. P. 1 052 900; C. **1956**. 5991. (**Aust. P. 163 007** vom 12/2. 1953, ausg. 9/6. 1955. F. Prior. 15/2. 1952.) H. NEBELSIEK. 7965

Soc. Rhodiaceta, Frankreich (Erfinder: **Robin** und **Clevy**), *Kontinuierliche Veresterung von Cellulose.* Man quillt die Cellulose in der 15—30fachen Gewichtsmenge W. an, entfernt das W. aus der Suspension bis zur 0,6—2,5fachen Menge, suspendiert die feuchte Cellulose in der 30—200fachen Menge einer wss. Carbonsäure (Essigsäure), entfernt aus dieser Suspension die Fl., bis die Cellulose die 1,5—4fache Menge verd. Säure enthält, ersetzt den verbleibenden Wassergeh. durch die 3fache Menge Säure u. verestert die prakt. wasserfreie Suspension mit einem oder mehreren Säureanhydriden, worauf gegebenenfalls Hydrolyse nachfolgt. — Schema der Anlage. (**F. P. 1 159 008** vom 6/10. 1956, ausg. 23/6. 1958.) S. BÖTTCHER. 7971

Centre National de la Recherche Scientifique, Frankreich (Erfinder: **Georges Champetier, Gilles Montegudet** und **Jean Petit**), *Aminierung von Cellulose*, dad. gek., daß man Alkalicellulose bei ca. 30° mit 1,2-Epoxy-3-[N-methylanilino]-propan umsetzt. Das Reaktionsprod. kann in der üblichen Weise acetyliert werden. (**F. P. 69 329** vom 24/3. 1956, ausg. 23/10. 1958. **Zusatz zu F. P. 1 130 231; C. 1958. 11986.**) S. BÖTTCHER. 7971

Emanuel Walden, Helsinki, Finnland, *Herstellung von Harzleim, insbesondere zum Leimen von Papier*, dad. gek., daß als Rohstoff das Harzerzeugnis verwendet wird, das bei der Dest. von Kiefernöl als Rückstand verbleibt, wenn man das bisher bekannte Verf., bei dem nach Abnahme des Vorlaufs in einer 1. Stufe bei 150—200° ein vorwiegend Fettsäuren enthaltendes Destillat u. danach in einer 2. Stufe bei ca. 250—300° ein vorwiegend Harzsäuren enthaltendes Destillat gewonnen wurde, nach der 1. Destillationsstufe unterbricht. (**D. A. S. 1 042 813** Kl. 23e vom 28/1. 1955, veröff. 6/11. 1958. Finn. Prior. 5/2. 1954.) C. LÜTTGEN. 7979

Rohm & Haas Co. (Erfinder: **Charles Hamilton McBurney** und **Eric Friedrich Meitzner**), V. St. A., *Herstellung von Papier mit Ionenaustauschwirkung*, bes. mit einem Geh. an Kationenaustauschharzen, z. B. von sulfonierten Mischpolymeren des Styrols u. Divinylbenzols oder Mischpolymerisaten der Methacrylsäure u. des Divinylbenzols. Das mit diesen Ionenaustauschern (mindestens 10%) versetzte Papier wird wegen seiner Eig., aus Fll. Ionen zu absorbieren, bes. zum *Filtrieren* u. *Reinigen* von Fll., z. B. Schmieröl, zum Reinigen von Gasen u. Dämpfen, z. B. als Papierfilter zum Entnicotinisieren von Zigarettenrauch, oder zu Einwickelzwecken von Metallgegenständen zwecks Verhinderung von Korrosion verwendet. (**F. P. 1 137 653** vom 17/10. 1955, ausg. 3/6. 1957. A. Prior. 20/10. 1954.) M. F. MÜLLER. 7987

A. Schneider G. m. b. H., Schweiz, *Überzugs- und Appreturmittel für Papier und Karton*, bestehend aus einem homogenen Gemisch eines in W. lösl. Cellulosederiv. mit einer mehrwertigen Metallverb., z. B. Al-, Zn-, Cu- oder Sn-Hydroxyd, u. mit einem Zusatz eines Alkali- oder NH_4-Chlorids oder -Sulfats. Als Katalysator sind ca. 1% Al- oder Zn-Pulver enthalten. Als Celluloseverbb. sind z. B. genannt: Alkalisalze der Methylcellulose, Carboxymethylcellulose (**I**) oder einer Celluloseäthersulfonsäure. — 5 (Gewichtsteile) **I**-Na-Salz werden mit 2,1 $Al_2(SO_4)_3$ gemischt, u. nach 1 Std. werden 0,6 NH_3 unter Rühren eingeleitet. Von dem farblosen, feuchten Prod. wird 1 Teil mit 10 Teilen W. angerührt unter Bldg. einer homogenen Suspension von $Al(OH)_3$ in einer Lsg. von $Al_2(SO_4)_3$ u. dem **I**-Na-Salz. Die damit überzogene Papierbahn wird auf den Walzen einer Papiermaschine bei 85° getrocknet. (**F. P. 1 138 381** vom 5/10. 1955, ausg. 13/6. 1957. Schwz. Prior. 5/10. 1954.) M. F. MÜLLER. 7987

Haloid Co., übert. von: **Robert W. Gundlach**, Rochester, N. Y., V. St. A., *Elektrostatischer Vervielfältigungsdruck.* Von einem elektrostat. erzeugten Puderbild (**I**) werden mit einem 1. elektrostat. Feld 60—95% der Puderteilchen auf ein Übertragungsblatt (II) abgegeben, dann von diesem 60—95% der Teilchen mit einem entgegengesetzten Feld abgestoßen u. das Blatt II von I abgezogen. Auf das verbliebene I wird ein weiteres II gelegt u. in derselben Weise, gegebenenfalls mehrmals verfahren. (**A. P. 2 812 709** vom 21/10. 1953, ausg. 12/11. 1957.) K. KITTLER. 7989

Phillips Petroleum Co., übert. von: **William M. Hutchinson**, Bartlesville, Okla., V. St. A., *Druckfarbenbindemittel*, bestehend aus einem Mischester von hydroxyliertem Polybutadien, das nach dem Polymerisieren des Butadiens hydroxyliert wurde. Der Ester ist das Reaktionsprod. von Polycarbonsäuren mit 2—20 C-Atomen u. Harzsäuren mit 16—30 C-Atomen sowie einer ungesätt. Fettsäure mit 12—24 C-Atomen u. einem trocknenden Pflanzenöl. (**A. P. 2 778 806** vom 25/7. 1952, ausg. 22/1. 1957.) K. KITTLER. 7991

J. P. Baker & Co. Pty. Ltd., *Herstellung einer Stärkepaste*, die zur Bereitung von *Wellpappe* Verwendung findet. Man vermischt ein Gemisch aus ca. 82 (Teilen) Mehl, 18 vorgelatinisiertem Stärkepuder, 5 NaOH-Lsg. u. ca. 418 W., so daß dieses Gemisch ein p_H von 4—6 aufweist. Durch den Wasserzusatz entsteht eine viscose Paste. (**Aust. P. 210 154** vom 12/5. 1954, ausg. 3/10. 1957.) H. NEBELSIEK. 7993

XVIIIb. Textilfasern.

L. Chesner und **G. C. Woodford**, *Einige Gesichtspunkte zum Bleichen mit Wasserstoffperoxyd und mit Peressigsäure.* (Tinctoria [Milano] **56.** 63—67. Febr. 1959. — C. **1959.** 3337.) P. ECKERT. 8032

Bruno Gohlke (unter Mitarbeit von **Karl-Joachim Linow** und **Ursula Wilke**), *Beiträge zur Frage der Gewinnung von Viscosen im Eintopfverfahren.* 1. Mitt. *Der Alkalisierungs- und Vorreifeprozeß und Untersuchungen zu seiner Handhabung der bei Verarbeitung normaler Kunstseidenzellstoffe in kurzer Laugenflotte.* Es wird auf die grundsätzlichen Möglichkeiten u. die Vorstellungen eingegangen, die den bekannten Eintopfverff., bes. den dabei gebrauchten Alkalisierungs- u. Vorreifemethoden, zugrunde liegen. Vor- u. Nachteile der einzelnen Arbeitswege werden kurz angegeben. Mit den weiterhin geschilderten Verss. werden dann die bisherigen Vorstellungen, u. zwar vor allem die Ansichten zur Bedeutung der Zellstoffquellung in der Alkalisierungslauge, überprüft. — 20 Literaturnachweise. (Faserforsch. u. Textiltechn. **10.** 53—62. Febr. 1959. Dtsch. Akad. der Wiss. zu Berlin, Inst. für Faserstoff-Forsch. in Teltow-Seehof.) P. ECKERT. 8074

E. Treiber und **B. Abrahamson**, *Zur Celluloselöslichkeit in Natronlauge. Zellstoffcharakterisierung durch Natronlauge–Beryllat und –Zinkat.* Die meisten Zellstoffcharakterisierungen beschreiben den Zellstoff im Hinblick auf sein verarbeitungsmäßiges Verh. im Viscoseprozeß. Nach einem Überblick über Möglichkeiten einer besseren Zellstoffcharakterisierung speziell vom Gesichtswinkel des textilen Endprod. wird der Wert von Laugelöslichkeitsbestimmungen diskutiert. Durch Erhöhung der Menge auslösbaren kurzkettigen Materials darf eine bessere Charakterisierung erwartet werden. Brauchbare Verff. erhält man offenbar durch Zugabe von Beryllat oder Zinkat zur Lauge. Auf Grund der vorliegenden Versuchsergebnisse sind Vff. der Auffassung, daß ein Zellstoff zur Herst. hochfester Seide besser charakterisiert wird: a) durch die Differenz R_{18} (oder $R_{21.5}$)—R_{10Be} (oder R_{12Zn}) (R = resistenter Anteil) unter Beachtung der Zellstoffviscosität u. b) durch den R_{10Be} (oder R_{12Zn})-Wert, gemessen an der gereiften, nichtregenerierten Alkalicellulose bei einem bestimmten DP-Wert, z. B. 400. (Papier **13.** 253—62. 5/6. 1959. Stockholm, Schwed. Celluloseind., Zentrallabor.) P. ECKERT. 8074

Vladimír Pechoč, *Wärmetechnische Berechnungen zum Spinnprozeß synthetischer Fasern.* Beim Spinnen synthet. Fasern aus der Schmelze erfolgt entlang des Spinnwegs eine Erstarrung der Schmelze u. eine Faserabkühlung. Der Beitrag enthält die Ableitung einer Formel zur Ermittlung der Zeitdauer für die Faserabkühlung auf die erforderliche Temp. unter Anwendung der Theorie des nichtstationären Wärmeaustauschs bei Berücksichtigung der Zeit, die zur Abführung der Erstarrungswärme erforderlich ist. Ferner wird ein Verf. zur Berechnung von Näherungswerten für die Wärmeübergangszahl auf Grund der Beziehungen für die freie Konvektion vorgeschlagen. — 13 Literaturnachweise. (Faserforsch. u. Textiltechn. **10.** 62—67. Febr. 1959. Svit, ČSR, Forschungsinst. für Kunstfasern.) P. ECKERT. 8080

Wilhelm Hinz und **Gerhard Solow**, *Über die Herstellung hohler Glasfasern aus Glasrohren nach dem Stabziehverfahren.* Rohre aus n. Thüringer Glas werden in einem elektr. beheiztem Rohrofen gleichmäßig erwärmt u. bei verschied. Tempp. u. Ziehgeschwindigkeiten zu Glasfasern ausgezogen. Um ein Zusammenziehen bzw. Verschmelzen des Hohlraums während des Ziehvorgangs zu unterbinden, werden geringe Überdrücke (10—60 mm WS) auf die Rohre gegeben. Eine Übersicht u. graph. Darst. der Abhängigkeit des Capillarendurchmessers u. des Faserdurchmessers von den Herstellungsbedingungen (Ziehtemp., Ziehgeschwindigkeit u. Überdruck) zeigt, daß unter jeweils optimalen Bedingungen das Verhältnis von Faser- zu Hohlraumdurchmesser dem ursprünglichen Verhältnis von Rohraußen- zu Rohrinnendurchmesser zustrebt. Das Ausgangsverhältnis des Rohres kann offenbar nicht unterschritten werden. Bei tieferen Ziehtempp. erscheint das ursprüngliche Verhältnis weniger druckabhängig, es ist also bereits bei geringeren Überdrücken eine Näherung zu erreichen als bei höheren Temperaturen. Der Einfl. der Ziehgeschwindigkeit ist bei tieferen Tempp. prakt. bedeutungslos u. zeigt erst bei höherer Temp. geringe Auswirkung. Für 20 μ-Fäden können bei entsprechender Abstimmung der einzelnen Ziehkomponenten Hohlraumdurchmesser von maximal 12 μ erreicht werden. Vergleichsunterss. der Festigkeits-, Dehnungs- u. Torsionseigg. hohler u. massiver Fasern, die bei derselben Ziehtemp. u. Ziehgeschwindigkeit hergestellt wurden u. die sich jeweils auf den tragenden Querschnitt (Substanzfestigkeit) beziehen, zeigen, daß die Festigkeitswerte hohler u. massiver Fasern als ident. anzusehen sind. (Silikattechnik **9.** 484—85. Nov. 1958. Inst. für angewandte Silicatforsch. der Dtsch. Akad. der Wiss. zu Berlin.) H.-O. MULFINGER. 8082

Dunlop Rubber Co. Ltd., London, England, *Überzüge für Streckwalzen* u. dgl. an Textilmaschinen. Sie bestehen aus einem Mischpolymerisat (I) aus 40—80 (Teilen) Butadien u. 60—20 Methylisopropenylketon mit üblichen Zusätzen, z. B. aus 100 I, 1,5 S, 2 Stearinsäure, 10 ZnO, 1,5 Benzothiazolyldisulfid, 1,5 Phenyl-β-naphthylamin, 88 Füllmittel. (**Holl. P. 87 695** vom 26/3. 1955, ausg. 15/3. 1958. E. Priorr. 10/4. 1954 u. 24/3. 1955.) F. BÖHM. 8025

Ciba Akt.-Ges., Basel, Schweiz, *Herstellung neuer Polyglykolätherderivate*, dad. gek., daß man in von Aminen der allg. Formel $H_2N—Alkylen—[NH\text{-}Alkylen]_{m-1}—NH_2$ (m = kleine, ganze Zahl) abgeleitete Acylverbb., welche mindestens 2 von cycloaliphat. oder Fettsäuren abgeleitete, zusammen mindestens 20 C-Atome enthaltende Acylreste aufweisen u. in welchen alle an ein O-Atom gebundenen C-Atome nur an ein einziges O-Atom gebunden sind, mit Hilfe von Alkylenoxyd, bes. Äthylenoxyd (I), Polyglykolätherketten einführt u. gegebenenfalls die erhaltenen Prodd. in Salze überführt. Die Acylausgangsverbb. können sich z. B. von Äthylendiamin, Trimethylendiamin (Diaminopropan), Triäthylentetramin, Tetraäthylenpentamin ableiten, ferner von Polyaminen, die aus Äthylendihalogeniden oder Glycerindichlorhydrinen u. NH_3 oder Aminen, z. B. Alkanolaminen (Äthanolamin), entstehen; die Acylreste sind solche der Laurinsäure (Cocosfettsäure; **II**), Myristin-, Palmitin-, Arachin-, Behen-, Öl-, Linolsäure, bes. Stearinsäure. — Nach Erwärmen von 41,2 (Gewichtsteilen) Diäthylentriamin im N_2-Strom auf 140°, Zugabe von 169,2 **II** innerhalb 4 Std. bei 140—150°, 4std. Rühren bei 160 bis 165° unter Abdestillieren von W., Zugabe von 0,15 Na zu 15 des Kondensationsprod. bei 150° im N_2-Strom u. Einleiten von I bis zur Aufnahme von 135 Teilen erhält man eine als *Egalisiermittel* für saure Wollfarbstoffe verwendbare Masse. — 7 weitere Beispiele. — Prodd., die durch Anlagerung von 15—20 **I**-Moll. erhalten werden, sind *Weichmacher für Textilien.* (**Oe. P. 195 413** vom 10/7. 1956, ausg. 10/2. 1958. Schwz. Priorr. 15/7. u. 1/9. 1955.) H.-J. NITZSCHKE. 8029

Chemische Fabrik Pfersee G. m. b. H. (Erfinder: **Adalbert Müller** und **Heinz Enders**), Augsburg, *Schutzkolloidfreie konzentrierte Siliconemulsionen für Textilhydrophobierungen.* Silicone werden in verflüssigtem Zustand mit 10—20% ihres Gewichts an höheren Fettsäuren versetzt u. mit konz. wss. Lsgg. von bas. Salzen des Al u./oder Zr emulgiert. Paraffine oder Wachse können zugegen sein. — Eine 70° warme Lsg. von 80 (g) *Zirkonoxychlorid* u. 9 Harnstoff in 250 W. wird mit 20 $NaHCO_3$ versetzt u. dann mit einer Lsg. von 200 *Dimethylsiloxan*, 20 Ölsäure u. 80 Testbenzin emulgiert. Man versetzt dann mit 35 Na-Acetat, 30 Essigsäure (60% ig) u. 350 W., worauf homogenisiert wird. Die Emulsion ist beständig u. mit W. verdünnbar. (**D. A. S. 1 052 943** Kl. 8k vom 9/3. 1954, veröff. 19/3. 1959.) H. MÖLLERING. 8037

Jointine Products Co. Ltd. (Erfinder: **Philip Harold Amphlett, James Dundas** und **Geoffrey Lionel Hickson Woodthorpe**), England, *Wasserundurchlässigmachen von Fasermaterialien* durch Imprägnieren oder Überziehen der in W. suspendierten Fasern mit einer in W. unlösl. Substanz (I) unter Zuhilfenahme eines thermosensiblen polymeren Koagulierungsmittels, z. B. Polyvinylmethyläther. — Als I dient z. B. eine wss. Dispersion aus 40 (Teilen) eines Mischpolymerisats von Butadien u. Acrylonitril, 60 W., 5 Seifenlsg., 10 Seife in 90 W. u. 100 W. oder eine Suspension von Heveakautschuk oder Kautschuklatex. (**F. P. 1 148 776** vom 31/1. 1956, ausg. 13/12. 1957. E. Prior. 31/1. 1955.) M. F. MÜLLER. 8037

Monsanto Chemical Co. (Erfinder: **John Robert Fallon** und **Scott Howard Foster**), *Komposition für Behandlung von Cellulosefasergarnen*, bestehend aus der wss. Lsg. eines Ammoniumsalzes eines Mischpolymeren von Vinylacetat u. Crotonsäure sowie einer Fettsäure mit 12—20 C-Atomen, wobei die Fettsäure 0,1—3 Gew.-% des Mischpolymeren beträgt u. das Mischpolymere 95—99 Mol.-% Vinylacetat enthält. — Man löst z. B. 8 Teile des Mischpolymeren aus 97 Mol.-% Vinylacetat u. 3 Mol-% Crotonsäure in 92 Teilen 3% ig. NH_3-Wasser auf, fügt 0,1 Teil Stearinsäure zu u. rührt bis zum Klarwerden der Flüssigkeit. (**Aust. P. 205 669** vom 27/10. 1955, ausg. 21/2. 1957. A. Prior. 28/10. 1954.) K. DEMMLER. 8045

Moulded Hair Co. Ltd. und **Hairlok Co. Ltd.** (Erfinder: **Joseph Arthur Howard**), England, *Herstellung von geformten Polsterwaren* aus losem Fasermaterial durch Verbinden mit einem Bindemittel. Dieses besteht aus dem Reaktionsprod. eines Diisocyanats mit einem Polyester oder mit einem synthet. Harz, welches reaktionsfähige endständige OH- oder COOH-Gruppen enthält. Die beiden Reaktionskomponenten werden auf dem Fasermaterial zur Rk. gebracht, indem dieses zunächst mit einer Lsg. der organ. Komponente befeuchtet u. danach das Diisocyanat aufgetragen wird. Die organ. Komponente wird vorteilhaft in Form einer wss. Emulsion aufgetragen, die sich nachher mit dem Diisocyanat vermischt. (**F. P. 1 143 624** vom 1/6. 1955, ausg. 3/10. 1957. E. Prior. 3/6. 1954.) M. F. MÜLLER. 8067

Courtaulds Ltd., London, England, *Herstellen von regenerierten Cellulosefäden* mit einer starken Haut, einer nicht gekerbten Oberfläche u. einer großen Festigkeit im nassen Zustand, dad. gek., daß Viscose in einem Spinnbad versponnen wird, das 0,03 bis 1 Gew.-% Polyäthylenglykoläther mit einem Mol.-Gew. zwischen 600 u. 6000, z. B. 1500, u. 1—1,3mal so viel H_2SO_4 wie NaOH in der Viscose sowie 3—15 Gew.-% $ZnSO_4$ enthält. (**Holl. P. 87 530** vom 28/6. 1956, ausg. 15/2. 1958. E. Prior. 29/6. 1955.) K. DEMMLER. 8075

Adshead & Geeson Ltd. und **Thomas Geeson,** Macclesfield, Chester, England, *Behandlung von Celluloseacetatfasern* zwecks Vermeidung der Schrumpfung beim späteren Färben u. ähnlichen Nachbehandlungen. Die Fasern werden mit gegebenenfalls überhitztem Dampf, dann (in einer Heizkammer) mit trockner, heißer Luft behandelt u. anschließend mit einer heißen Oberfläche mit einer Temp. $>285^0$ F, aber unter der Erweichungstemp. von Celluloseacetat, in Berührung gebracht. Als solche dient vorzugsweise die Außenwand der Heizkammer. (**E. P. 752 466** vom 25/2. 1954, ausg. 11/7. 1956. **Zusatz zu E. P. 683075; C. 1959. 15542.**) F. BÖHM. 8077

Adshead & Geeson Ltd. und **Thomas Geeson,** Macclesfield, Chester, England, *Rundstrickware aus Fäden oder Fasern aus Regenerateiweiß* oder dieses enthaltenden Fasergemischen. Vor dem Stricken leitet man das Garn durch eine Zone von (überhitztem) Dampf, dann durch eine Heißluftzone u. schließlich über eine auf 149^0 erwärmte Fläche, wobei das Garn vorgeschrumpft u. dimensional stabilisiert wird. Das Verf. eignet sich bes. für Stapelfasergarne aus Eiweiß. (**E. P. 750 526** vom 31/12. 1953, ausg. 20/6. 1956. **Zusatz zu E. P. 683075; C. 1959. 15542.**) H. MÖLLERING. 8079

Ciba Akt.-Ges., Basel, Schweiz, *Veredeln von organischem Material* in bezug auf seine opt. Eigg., dad. gek., daß man ungefärbte oder schwach gefärbte Verbb. verwendet, die das Material nicht anfärben, im Tages- oder UV-Licht blaugrün bis violett fluorescieren u. mindestens einen Arylimidazol- oder Arylthiazolrest mit quaternisiertem N enthalten, bes. Verbb. der allg. Formel I, worin A = aromat. Kern, B = S oder $=N-R_1$ (R_1 = H oder Substituent), R = Substituent, R_2 = Substituent mit mindestens 3 konjugierten, auch mit der >C=N-Bindung des Heteroringes in Konjugation stehenden Doppelbindungen, X = Säurerest, m = 1 oder 2. R_2 kann z. B.

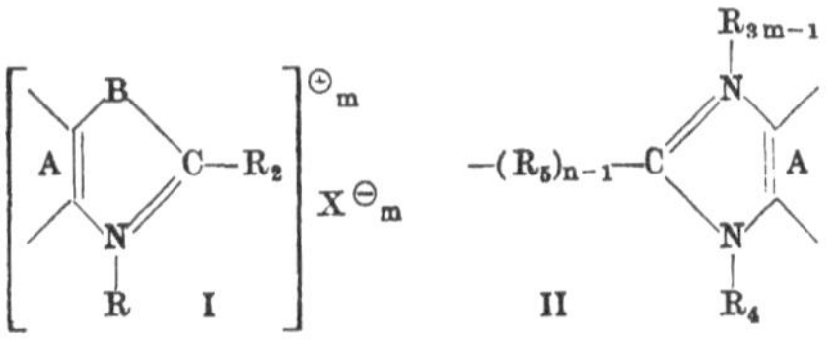

Substituent der allg. Formel II sein, worin R_3 = Alkyl oder Aralkyl, R_4 = H, Alkyl, Aryl oder Aralkyl, R_5 = 2wertiges Bindeglied mit mindestens einer Doppelbindung, die mit den >C=N-Bindungen der Heteroringe eine ununterbrochene Reihe von konjugierten Doppelbindungen bildet, m u. n = 1 oder 2. Die Verbb. **I** dienen zum Undurchlässigmachen organ. Materials für UV-Strahlen oder als Aufhellmittel für Textilfasern, z. B. aus Celluloseestern, Polyacrylnitril, Polyamiden oder Polyestern, wobei sie auch als Präpp. in Mischung mit Dispergier-, Wasch- oder Appreturmitteln oder Farbstoffen verwendet werden können. — In den Beispielen sind außer den nach D. B. P. 955 683; C. **1957.** 5735 erhältlichen noch folgende Verbb. angegeben: α-[*Benzimidazolyl-*(2)]-β-[*N-hydroxyäthylbenzimidazolyl-*(2)]-*äthylen* + *Dimethylsulfat*; 2-[4'-*Phenylstyryl*]-*N-äthyl-*

benzimidazol-p-toluolsulfonat; 2-[4'-(4''-Methoxybenzoyl)-aminophenyl]-6-methoxy-N-äthylbenzimidazol-p-toluolsulfonat; 2-Styryl-N-äthylbenzimidazol- oder *-benzthiazol-p-toluolsulfonat; 2-[4'-(4''-Methoxybenzoyl)-aminophenyl-6-methyl-N-äthylbenzthiazol-p-toluolsulfonat.* (**Oe. P. 191 831** vom 11/1. 1955, ausg. 25/9. 1957. **F. P. 1 119 855** vom 21/1. 1955, ausg. 26/6. 1956. Beide Schwz. Priorr. 22/1., 27/1. u. 20/7. 1954.) G. HOPPE. 8081

Ciba Akt.-Ges., Basel, Schweiz, *Optisches Aufhellen von Materialien, insbesondere Textilfasern, aus Polyacrylnitril oder Polyvinylchlorid.* Das Verf. unterscheidet sich von dem des Oe. P. 191 831 (vorst. Ref.) im wesentlichen durch die Verwendung nichtquaternärer Verbb. der Formel I oder II, worin A = Benzolrest, R = Substituent mit mindestens 3 konjugierten, auch mit der >C=N-Bindung des Heteroringes in Konjugation stehenden Doppelbindungen, B = S, O oder >N−R_1, B_1 = O oder =N−R_1 (R_1 = H, Alkyl oder Aralkyl), R_2 = Äthylen, Benzol- oder Furanrest. Die Behandlung erfolgt in schwach alkal. bis saurem Medium bei erhöhter Temp., gegebenenfalls in Ggw. eines Wasch- oder Textilhilfsmittels oder Farbstoffs. — Die Beispiele beschreiben die Anwendung folgender Verbb.: *α.β-Bis-[benzimidazolyl-(2)]-äthylen; α.β-Bis-[benzoxazolyl-(2)]-äthylen; 2-[4'-(4''-Methoxybenzoyl)-aminophenyl]-6-methylbenzothiazol; α.β-Bis-[N-methylbenzimidazolyl-(2)]-äthylen; α.β-Bis-[5-methylbenzoxazolyl-(2)]-äthylen.* (**Oe. P. 191 832** vom 10/2. 1956, ausg. 25/9. 1957. **F. P. 1 146 154** vom 10/2. 1956, ausg. 7/11. 1957. Beide Schwz. Priorr. 12/2. u. 30/12. 1955.) G. HOPPE. 8081

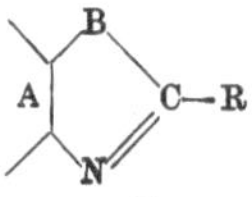

I

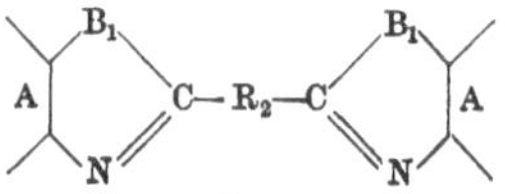

II

Ciba Akt.-Ges., Basel, Schweiz, *Optisches Aufhellen von Materialien, insbesondere Fasern aus Polyestern* mittels Verbb. der allg. Formel I, worin A = Benzolrest, B = O oder =N−R_1, D = O oder =N−R_2 (R_1 u. R_2 = Alkyl, Aralkyl, Dialkylaminoalkyl; R_2 auch H oder Hydroxyalkyl). Die Behandlung erfolgt in wss., schwach alkal. bis saurem Medium bei erhöhter Temp., gegebenenfalls in Ggw. eines Netz-, Dispergier- oder Waschmittels. — Die Beispiele beschreiben die Anwendung folgender Verbb.: *α.β-Bis-[benzoxazolyl-(2)]-, α-[N-Hydroxyäthylbenzimidazolyl-(2)]-β-[N-methylbenzimidazolyl-(2)]-, α.β-Bis-[N-methylbenzimidazolyl-(2)]-, α.β-Bis-[5-methylbenzoxazolyl-(2)]-äthylen.* (**Oe. P. 191 833** vom 10/2. 1956, ausg. 25/9. 1957. **F. P. 1 146 161** vom 13/2. 1956, ausg. 7/11. 1957. Beide Schwz. Priorr. 15/2. u. 30/12. 1955.) G. HOPPE. 8081

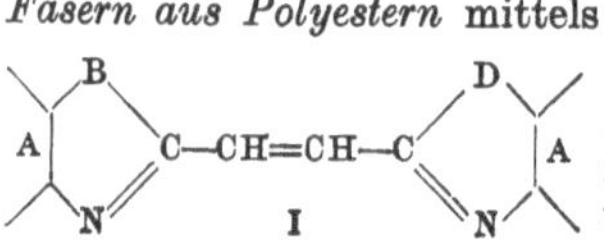

Adshead & Geeson Ltd. und **Thomas Geeson**, Macclesfield, Chester, England, *Behandlung gewirkter Schlauchware aus Nylon- oder Polyamidgarnen.* Das Gut wird fortlaufend oder intermittierend mit (überhitztem) Dampf behandelt, dann zur Entfernung von Feuchtigkeit mit heißer Luft beblasen u. anschließend über eine auf 149° oder höher erhitzte Fläche, z. B. durch einen Zylinder, geführt, wobei eine vorbestimmte *Schrumpfung* bewirkt wird. — 4 Abb. zur Vorrichtung. (**E. P. 683 075** vom 16/11. 1949, ausg. 19/11. 1952.) H. MÖLLERING. 8081

XIX. Brennstoffe. Erdöl. Mineralöle.

J. A. Waddams und **P. S. Gray**, *Thermographimetrische Untersuchungen von Torf.* Vergleichende thermographimetr. Unterss. von Torf u. Kohlen haben einen wirtschaftlichen Wert, weil diese Vorhersagen über die Verbrennungscharakteristiken dieser Brennstoffe gestatten, bes. auch, weil dadurch der Vorerhitzungsgrad bestimmt werden kann, der notwendig ist, um Initialzündung u. Abgabe von flüchtigen Bestandteilen zu ermitteln. An 3 verschied. schottländ. bzw. isländ. Torfarten (Gardrum-, Lullymore- u. Altnabraectorf) werden von Vff. thermographimetr. Kurven im N_2-Strom zwischen 50 u. 550° bei 4° Temperatursteigerung/Min. u. automat. Wägung nach je 5 Min. aufgestellt u. diese näher erläutert. Die Ergebnisse stehen in guter Übereinstimmung mit den von MITCHELL erhaltenen Werten. (Nature [London] **182.** 1729—30. 20/12. 1958. Wolverhampton and Staffordshire, Coll. of Technol., Dep. of Appl. Sci.) K. O. MÜLLER. 8122

Carl Kröger und **Friedrich Kuthe**, *Die physikalischen und chemischen Eigenschaften der Steinkohlengefügebestandteile (Macerale). 6. Mitt. Ausbringen von Koks und Kohlenwertstoffen bei der Verkokung.* (5. vgl. Brennstoff-Chem. **38.** [1957.] 179.) In einer verbesserten BAUER-App. wurde unter konstanten Bedingungen das Ausbringen an Koks u. Kohlenwertstoffen aus den Gefügebestandteilen von Glanz- u. Mattkohlen aus 4 Ruhrflözen bestimmt. Es wurde eine prim. Abhängigkeit der Ergebnisse von der Elementarzus. der Gefügebestandteile u. den Verkokungsbedingungen festgestellt, während strukturelle Einfll. nur für das Koksausbringen bei *Exinit* vorliegen. Ebenso ist ein gewisser Einfl. der chem. Struktur der Gefügebestandteile auf das Ausbringen an Bildungswasser, CO u. CO_2 zu erkennen. Das Ausbringen an Teer wird jedoch durch den H-Geh. bestimmt, das von Bzl., Gas, schweren KW-stoffen u. CH_4 durch das C/H-Verhältnis. Das Ausbringen an H_2 ist allein von den Verkokungsbedingungen abhängig. (Brennstoff-Chem. **38.** 200—08. 17/7. 1957. Aachen, Rhein.-Westf. TH, Inst. für Brennstoffchem.) H. SCHÖBERL. 8126

Carl Kröger und **Horst Gondermann,** *Die physikalischen und chemischen Eigenschaften der Steinkohlengefügebestandteile (Macerale).* 7. Mitt. *Der Einfluß von Exinit und Mikrinit auf das Treiben des Vitrinits.* (6. vgl. vorst. Ref.) Es wird das Treibverh. der *Vitrinite* von 4 Ruhrflözen untersucht u. der Einfl. festgestellt, den *Exinit-* u. *Mikrinit-*Zusätze ausüben. Bei den *Vitriniten* steigt mit wachsendem Inkohlungsgrad das Treibvermögen. Ein *Exinit*-Zusatz zu den *Vitriniten* der Flöze Wilhelm, Anna u. Zollverein wirkt bei 10% ig. Zugabe treibmindernd. Bei einer größeren Beimischung tritt gegenüber 10% ig. Zusatz eine Steigerung des Treibvermögens ein. Eine 10- oder 20% ig. *Micrinit*-Zumischung bewirkt in allen Fällen eine Verminderung des Treibens. Der Treibdruck von Mischungen ergibt sich nicht aus der Summe u. nicht aus der Mittelwertbldg. der Einzeltreibdrucke. Zwischen der Größe des Treibens u. dem Inkohlungsgrad ist, abgesehen von den *Vitriniten*, keine direkte Abhängigkeit festzustellen. Ein Vgl. der Treibdruck- mit den Dilatometerkurven zeigt, daß Treibdrucke auftreten, wenn eine Dilatation vorliegt. Zwischen beiden Größen besteht jedoch keine echte Proportionalität, während eine solche zwischen Treibdruck u. Temperaturdifferenz $T_M - T_W$ gefunden wurde. T_M bedeutet die Temp. maximaler Zersetzungsgeschwindigkeit u. T_W die Temp. des stärksten exothermen Effektes der Differentialthermoanalyse. (Brennstoff-Chem. **38.** 231—37. 14/8. 1957.) H. SCHÖBERL. 8126

Carl Kröger und **Wilhelm Ruland,** *Die physikalischen und chemischen Eigenschaften der Steinkohlengefügebestandteile (Macerale).* 8. Mitt. *Die Kompressibilität und Röntgenstreuung.* (7. vgl. vorst. Ref.) Auf ihr Kompressions- u. Röntgenverh. wurden die Haupt-Macerale *Vitrinit, Exinit* u. *Micrinit* aus 4 Ruhrflözen untersucht. Die Direktmessungen der Kompressibilität erfolgten in einer Preßform in einem Bereich von 0,01—3 t/cm². Die Messung der Röntgenstreuung wurde sowohl im Groß- als auch im Kleinwinkelbereich durchgeführt. Die Meßergebnisse erlaubten eine vergleichende Kennzeichnung der Feinstruktur der Macerale u. eine Klärung der Zusammenhänge zwischen dieser Feinstruktur — Art u. Größe der Lamellenpakete u. Micellen — u. weiterer physikal. u. chem. Eigg., wie D., Aromatanteil, Geh. an H_2 u. flüchtigen Bestandteilen. Die Art der innig verwachsenen syngenet. Mineralien konnte an Hand der röntgenograph. Befunde geklärt werden. (Brennstoff-Chem. **39.** 1—13. 15/1. 1958.) H. SCHÖBERL. 8126

Carl Kröger und **Dietrich Hillmann,** *Die physikalischen und chemischen Eigenschaften der Steinkohlengefügebestandteile (Macerale).* 9. Mitt. *Das Verhalten der Lithotypen und Macerale bei der Oxydation mit Chlordioxyd.* (8. vgl. vorst. Ref.) Das Oxydationsverh. der Streifenarten u. der Gefügebestandteile von Steinkohle bei Einw. von ClO_2 wurde an Hand von Reaktionswärmen u. durch Best. der gebildeten Huminsäuren verfolgt. Für die calorimetr. Messungen wird ein geeignetes Verf. beschrieben. Eine Meßdauer, die das Doppelte der Zeit benötigt, die zur Erreichung des Temperaturmaximums erforderlich ist, genügt. Für Glanz- u. Mattkohlen werden bei der Oxydation charakterist. Kohlen erhalten. Die Oxydierbarkeit des Vitrinits ändert sich stark mit der Inkohlung. Exinit u. Micrinit zeigen konstante Werte, unabhängig vom Geh. an Flüchtigem u. vom Inkohlungsgrad. Die Oxydierbarkeit der Micrinite liegt um 30 cal niedriger als bei Exiniten. Die Fusite zeigen erheblich niedrigere Werte. Vff. nehmen an, daß die ClO_2-Lsgg. mit Ringsystemen vom Typ der Hydroaromaten u. mit phenol. OH-Gruppen reagiert haben. Das Ausbringen an Huminsäure stieg bei Vitriniten mit fallender Inkohlung stark an, bei Exiniten u. Vitriniten etwa gleiches Ausbringen. Ältere Kohlen u. Fusite liefern keine Huminsäuren. Aus der Menge der erhaltenen Huminsäuren u. der Restkohlen u. den Elementaranalysen wurden für jeden Gefügebestandteil Oxydationsgleichungen aufgestellt. Aus den erhaltenen Werten der Oxydierbarkeit, des Huminsäureausbringens u. für Flüchtige kann auf chem. Wege eine Analyse nach den vier Komponenten Vitrinit, Exinit, Micrinit u. Fusinit durchgeführt werden. (Brennstoff-Chem. **39.** 110—18. 18/4. 1958.) F. ROSENDAHL. 8126

—, *Die Wirkung der Mischbedingungen und Vorwärmung der Luft auf die Strahlung turbulenter, diffuser Flammen von flüssigen Brennstoffen und von Koksofengas.* 1. Mitt. *Der Zweck der Versuche und praktische Auswertung.* Um eine hohe Ausstrahlung durch eine leuchtende Flamme zu erhalten, muß ein Brennstoff mit einem hohen C/H-Verhältnis gewählt werden. Die Mischung des Brennstoffs mit Luft ist so lange wie möglich hinauszuziehen. Diese Verzögerung steigert die Spitze der Ausstrahlung u. die Bldg. von Ruß im Anfang der Verbrennung u. verzögert die Verbrennung von Ruß nach seiner Bildung. Andererseits verursacht die Mischungsverzögerung auch eine Mischungsverzögerung im Raum, d. h., es bildet sich eine lange Flamme, wodurch nur eine schlechte Ausnutzung der Wärme erreicht wird. Um die Mischungsverzögerung zu erreichen, ohne daß dabei eine Mischung im Raum verzögert wird, muß der Flamme anfänglich eine geringe Geschwindigkeit erteilt werden. Wenn eine nichtleuchtende Flamme gewünscht wird, kann man ein Schweröl verwenden, doch muß die Mischung mit Luft sehr rasch durchgeführt werden. Eine Vorwärmung der Luft auf 650° verhindert nicht die Bldg. einer leuchtenden Flamme, besser ist dagegen eine Vorwärmung auf 1100—1200°, bes. bei Glasöfen. (J. Inst. Fuel **30.** 553—55. Okt. 1957.) F. ROSENDAHL. 8128

M. Rivière, *Die Wirkung der Mischbedingungen und Vorwärmung der Luft auf die Strahlung turbulenter, diffuser Flammen von flüssigen Brennstoffen und von Koksofengas.* 2. Mitt. *Der Einfluß der Mischbedingungen auf die Flammencharakteristik: Leistungsversuche Nr. 6, ausgeführt an einem normalen Ofen.* (1. vgl. vorst. Ref.) Vf. berichtet über verschied. Verss. an Normalöfen. Die Wrkg. der Flammenstrahlung verschied. Brennstoffe, des Dralls, der dem Brennstoff durch die Luft gegeben wird, des Dampfes als Feinverteiler u. die Art des Eintritts der Verbrennungsluft. Kreosotöle leuchten stärker als schwere Heizöle u. diese stärker als Gasöle. Der Unterschied beruht in der Hauptsache auf der unterschiedlichen Strahlungsfähigkeit der Brennstoffe, die ihrerseits vom C/H-Verhältnis abhängig ist. Die in Brennern mit starkem Druck erzeugten Flammen haben eine geringere Strahlungsfähigkeit u. geringere Leuchtkraft. Ein stärkerer Effekt wurde beobachtet, wenn die Luft von einem unbedeutenden Wert plötzlich auf den gleichen Wert des Drucks im Brenner erhöht wird. Die an Stelle von Dampf mit Luft zerteilten Flammen geben ein stärkeres Leuchten, doch scheinen sie sich kaum von der Ausstrahlung zu unterscheiden, denn die Ofenwände haben bald die gleiche Temperatur. (J. Inst. Fuel **30.** 556—60. Okt. 1957.) F. ROSENDAHL. 8128

E. H. Hubbard, *Die Wirkung der Mischbedingungen und Vorwärmung der Luft auf die Strahlung turbulenter, diffuser Flammen von flüssigen Brennstoffen und von Koksofengas.* 4. Mitt. *Die Wirkung der vorgewärmten Luft.* (2. vgl. vorst. Ref.) Es wurde die Wrkg. des Dralls, der durch Hinzufügen von Dampf zum Öl hervorgerufen wurde, bestimmt u. außerdem wurden die Flammen von Koksofengas u. Heizöl miteinander verglichen. Die üblichen Leuchtstärkemessungen wurden durchgeführt zusammen mit Probemessungen der Flammentemp. in der Mitte der Flamme, die Geschwindigkeit der Gemischbldg. u. der Höchstkonzentration. Die Verss. ergaben, daß bei Verwendung von heißer Verbrennungsluft die Luft wenig Einfl. auf die Gemischbldg., auf die Rußbldg. u. auf die Strahlung hat. Die Leuchtstärke steigert sich lediglich mit der Flammentemp., die um 26° ansteigt für jede 100° der vorgewärmten Luft. Die Bldg. von C durch Cracken von KW-stoffen geht sehr schnell vor sich u. die Änderung der Variablen muß in der Richtung gelenkt werden, daß sie verbrannt werden können. Bei 1500° wird dies nur durch die Mischung erreicht u. nicht durch die Flammentemperatur. Die Drallwrkg. u. die Unterschiede zwischen Koksofengas u. Heizöl in bezug auf die Leuchtkraft u. Strahlung sind ähnlicher Art. Die Erkenntnisse wurden in älteren u. neueren Anlagen gewonnen. (J. Inst. Fuel **30.** 564—76. Okt. 1957.) F. ROSENDAHL. 8128

Alina Kijewska, *Die Homogenisierung von Einsatzkohlenmischungen in Kokereien.* Vf. untersucht den Gang der Einsatzkohlenmischungen über Entladevorrichtungen, Transport- u. Zerkleinerungsanlagen bis zum Kohlenturm unter dem Gesichtspunkt ihrer Homogenisierung. (Koks-Smoła-Gaz **2.** 16—19. Jan./Febr. 1957.) A. BABCZYŃSKI. 8142

R. L. Loofbourow, *Untertagelagerung flüssiger Kohlenwasserstoffe.* Angaben über die bauliche Ausgestaltung von künstlichen Untertageanlagen zur Lagerung fl. KW-stoffe, wie Propan, Butan usw. (Petroleum [London] **21.** 347—51. 366. Okt. 1958. Minneapolis, Mass.) F. ROSENDAHL. 8186

A. K. Misskarli, M. M. Gurwitsch und **N. R. Russtamow,** *Die Beschwerungsmittel und ihr Beschwerungsvermögen.* Bei ungenügender Konz. der koll. Teilchen erweisen sich die neutralen groben Teilchen des Beschwerers als ein wichtiger Faktor der Strukturbildung. Die den Beschwerer begleitenden Kationen können eine koagulierende Wrkg. haben, welche die Strukturbldg. begünstigt. Das Beschwerungsvermögen des Materials mit einer gegebenen D. kann durch Erhöhung des Konzentrationsvermögens (Erhöhung der Konz. der festen Phase bei gegebener Viscosität) bedeutend erhöht werden. (Азербайджанское Нефтяное Хозяйство [Erdöl-Wirtsch. Aserbaidshan] **38.** Nr. 3. 11—13. März 1959.) A. REIMER. 8188

T. F. Iwanow, *Zerstörung von Wasser–Erdöl-Emulsionen in einem inhomogenen Magnetfeld.* Infolge gleicher magnet. Susceptibilität (MS) kann in Erdöl fein dispergiertes dest. W. daraus nicht magnet. abgeschieden werden. Eine Differenz der MS läßt sich aber dadurch erreichen, daß man in der wss. Phase etwas Fe(II)-Salz löst u. durch Zugabe der stöchiometr. Menge NaOH koll. $Fe(OH)_2$ bildet. Beim Durchgang der so vorbereiteten Emulsion zwischen einem oberen flachen magnet. Pol u. einem aus ringförmig angeordneten Zähnchen gebildeten unteren Pol (Zwischenraum 0,6 mm) kann dann bei einer aus der Größe der wss. Tröpfchen u. den Dimensionen der Zähnchen zu errechnenden magnet. Feldstärke die Emulsion zerstört, also das Öl entwässert werden. Ähnlich verhält sich eine wss. Suspension von ferromagnet. Pulver. Es werden Gleichungen für die Ermittlung der Arbeitsbedingungen gegeben u. Anwendungsbeispiele erläutert. (Журнал Физической Химии [J. physik. Chem.] **30.** 2593—95. Nov. 1956. Gurjew, ZNIL.) R. K. MÜLLER. 8190

Paolino Collura, *Tone und Bohrungen mit Tonschlammspülung.* 3. Mitt. (2. vgl. C. **1959.** 10109.) Es wird über die chem., physikal. u. physiko-chem. Untersuchungsmethoden (röntgenograph. Verff., Thermoanalyse, Differentialthermoanalyse, chem. Analyse — globale u. rationelle —, Basenaustauschfähigkeit, die granulometr. Bestimmungsmethoden — Siebung, Sedimentation, Zentrifugieren —) von Tonen u. Tonmineralien berichtet, mittels welcher die Eigg. derselben ermittelt u. sie begutachtet werden können. Abschließend Strukturunterss. an den wichtigsten Tonmineralien. (Metano [Padova] **11.** 753—66. Dez. 1957.) W. ANIKA. 8190

Karl C. Stein, Gordon P. Thompson und **Robert B. Anderson,** *Eisenkatalysatoren und die Fischer-Tropsch-Synthese.* (Vgl. C. **1958.** 8558.) Vff. untersuchen 3 Katalysatoren, die 2—7 Wochen den n. Synthesebedingungen ausgesetzt waren, auf Oberflächengröße, Porenvol. sowie Hg- u. He-Dichte. Red. des Ferrioxydgels zu Fe oder Magnetit im gefällten Fe-Oxyd–Cu-Oxyd–K_2CO_3-Katalysator verringert die Oberfläche von 180 auf 10 m^2/g. Nach Extraktion des Wachses mit Toluol steigt die Oberflächengröße u. das Porenvol. an. Der zwar mechan. wenig widerstandsfähige Katalysator scheint durch den Syntheseverlauf nicht verändert zu werden. Die chem. Zus. u. phys. Struktur ähneln dem Ausgangskatalysator. Dagegen erleiden geschmolzene red. oder nitrierte Fe-Katalysatoren, deren Oberfläche u. Porenvol. fast Null ist, größere Veränderungen. Durch Red. steigt die Porosität auf 40% u. die Oberflächengröße auf 10 m^2/g an. Die Geschwindigkeit der Reoxydation red. Katalysatoren nimmt mit Zeit u. Oxydationsgrad ab. Die Reoxydation, die mit Verkleinerung von Oberfläche u. Porenvol. verbunden ist, setzt an einem Rahmenwerk von Fe-Atomen u. Promotorenkristalliten an, die das Totalvol. des Katalysators konstant halten. Durch CO geht der red. Katalysator unter Zunahme des Poren- u. Gesamtvol. u. Eintritt von C in das Fe-Gitter in „Hägg"-Carbid über. Red. mit H_2 führt nicht zum ursprünglichen Vol. zurück, was auf den Einfl. zurückbleibender C-Aggregate zurückgeführt wird. Nach Syntheseablauf steigt das Gesamtvol. durch Wachsbldg. um 25%. Porenvol. u. Oberflächengröße sind fast Null. Nach Extraktion u. Red. sind die physikal. Eigg. ähnlich eines carbidisierten u. red. Katalysators. Die Veränderungen der Fe-Nitrile sind verschieden von denen der red. Katalysatoren. Durch Nitritbldg. steigt Porenvol. u. -durchmesser an. Im Gegensatz zum Fe-Carbid stabilisiert N_2 nicht die aufgeweitete Struktur; N_2 wird durch Red. mit H_2 vollständig entfernt u. die danach auftretenden physikal. Eigg. gleichen denen eines red. Katalysators. Verschied. Ausdehnung u. Bewegung um die Strukturpromotorenaggregate werden für das Aufbrechen verantwortlich gemacht. Partielle Oxydation des Katalysatornitrids mit Dampf verringert bei konstantem Totalvol. die Oberfläche u. das Porenvolumen. N_2 wird nur in oxydierten Katalysatorteilen ausgetauscht, u. der entstehende H_2 red. in Ggw. von Wasserdampf kein Nitrid. Das Oxyd wird auf einem Substrat von Nitrid gebildet. Bei Red. eines partiell oxydierten Nitrids werden Oxyd u. Nitrid zu metall. Fe reduziert. Der Oxydanteil behält das sperrige Vol. des ursprünglichen Fe-Nitrids bei, während der Nitridanteil zum Vol. des eigentlichen red. Katalysators hinstrebt. Das Endvol. wird durch das Verhältnis Oxyd/Nitrid bestimmt. (Ind. Engng. Chem. **49.** Nr. 3. [Part I.] 410. März 1957. Bruceton, Pa., Bur. of Min., Div. of Solid Fuels Technol.) U. UHLICH. 8200

S. C. Samuels, G. C. Ray und **A. D. Reichle,** *Kraftstoffe mit hohen Octanzahlen aus katalytischen Spaltprodukten.* Katalyt. Reformieren von „straight-run"-Fraktionen liefert Prodd., aus denen durch Fraktionierung, Lösungsmittelextraktion, selekt. Adsorption u. selekt. Spaltung den heutigen Erfordernissen entsprechende Kraftstoffe erhalten werden. Eine einfache Dest. ergab hohe Ausbeuten an hochsd. Fraktionen, die eine Octanzahl nach der Research-Meth. 106 ergaben. Die Lösungsmittelextraktion führt zu einer Konz. an Aromaten, die bei dem Reformieren als Hauptträger der hohen Octanzahl anfallen. Adsorptionsunterss. mit Mol.-Sieben führten zu einer Erhöhung

der Octanzahl durch Beseitigung von n-Paraffinen, die eine niedrige Octanzahl besitzen. Ein selekt. Spalten führt diese n-Paraffine in niedrigsd. Olefine über, aus denen durch Alkylierung zusätzliche Kraftstoffe hoher Octanzahl hergestellt werden können. — Versuchsdurchführung mit Ergebnissen im Original. (Ind. Engng. Chem. **51.** 73—76. Jan. 1959. Bartlesville, Okla., Philipps Petroleum Co., Res. and Developm. Dep.)
K. O. MÜLLER. 8200

D. Spencer, *Eine Untersuchung der Destillationscharakteristik von hydroraffiniertem Benzol.* Vf. berichtet über die raffinierende katalyt. Hydrierung bei 350—400° u. 20—35 at von rohem Koksofenbenzol zu reinen Aromaten. Bebilderter Bericht mit Fließdiagrammen u. tabellar. gebrachten Versuchsergebnissen. Vf. schließt aus den Verss., daß die Kombination von raffinierender Hydrierung u. azeotrop. Dest. bzw. selektiver Extraktion ein wirtschaftliches Verf. zur Herst. hochwertiger Aromaten aus geringwertigen Koksofenaromaten darstellt. (Ind. Chemist **34.** 287—93. Juni 1958. A. P. V. Co. Ltd.)
K. O. MÜLLER. 8202

E. H. Kadmer, *Ein Beitrag zur Beurteilung grenzflächenwirksam-„legierter“ Öle und Emulsionen.* Durch Einführung des Begriffes der „Querschnittskennzahl“ gelingt es, die mit Reibungsprüfgeräten unterschiedlicher Konstruktion u. unterschiedlichen Arbeitsprinzips gewonnenen Ergebnisse über die Schmierfähigkeit von KW-stoffölen mit u. ohne grenzflächenakt. Zusätzen miteinander zu vergleichen u. daraus Güteunterschiede zu ermitteln. Dies ergab sich aus Unterss. einiger Öle verschied. Viscosität u. verschied. Raffinationsgrades, die auf verschiedenartigste Weise legiert wurden, sowie von einigen Fettölen u. synthet. Estern, die jeweils in 5 verschied. Reibungsprüfgeräten vermessen wurden. Als Zusätze kamen zur Anwendung: organ. Cl-Verbb., S-Verbb., Nitro- u. Aminoverbb., organ. P-Verbb., ferner Verschnittsprodd. der Praxis aus 2 oder mehreren dieser Komponenten. Die legierten Öle waren in der Hauptsache zur Verwendung als Hochleistungsöle in der Metallbearbeitung, als Hochdruck-, Lager- u. Getriebeöle vorgesehen. Bes. betrachtet werden emulgierbare Öle, die durch einen gewissen Geh. an hydrophilen Seifen oder Emulgatoren bzw. anderen grenzflächenakt. Zusätzen gek. sind. In diesem Falle werden auch Literaturangaben über deren Verh. bei Zerspanungsvorgängen des Drehens, des Bohrens u. des Fräsens in die Diskussion über die Möglichkeiten zu betriebsnaher Beurteilung der Schmiereignung einbezogen. (Schweiz. Arch. angew. Wiss. Techn. **22.** 185—96. Juni 1956. München.)
E. ÜHLEIN. 8220

Gg. R. Schultze, G. H. Göttner und **W. Kleinwort,** *Über die Zusammenhänge zwischen den Eigenschaften von Kieselgelen und dem Verhalten von Kieselgelschmierfetten.* 2. Mitt. (1. vgl. C. **1959.** 7678.) Oberflächenverunreinigungen bestimmen das Konsistenz-Temp.-Verh. stark. Vorsichtige Trocknung hat auf das Dickungsverh. keinen Einfl., wohl aber therm. Beanspruchung beim Trocknen. Es spielen sowohl anorgan. Verunreinigungen als auch organ. eine Rolle. Die Lagerungseigg. (bei Raumtemp. u. bei 90°) hängen außer von der Teilchengröße auch von diesen Verunreinigungen ab. (Schmiertechnik **5.** 223—27. Sept./Okt. 1958. Hannover, Inst. für Erdölforsch.) K. L. WOLF. 8222

A. N. Tschisstjakow, *Über die thermische Zersetzung von Mitteltemperatursteinkohlenpech.* Steinkohlenpech mit Erweichungspunkt 78° wird ohne Luftzutritt mit 3°/Min. auf 500—900° erhitzt, die Ausbeute an Teer beträgt bei 500° 6,7, bei 900° 30,0%, die Gasausbeute 1,2 bzw. 5,6 (Gew.-)%. Die stärkste Teerbldg. erfolgt bei 700—800°, der Teer wird mit steigender Temp. schwerer (bei 500° $D.^{20}{}_4$ 1,17, bei 900° $D.^{50}{}_4$ 1,17). Im Gas nimmt der Geh. an H_2 von 67 auf 85% zu, der CH_4-Geh. von 27,2 auf 10,3% ab. Der Koks wird mit steigender Temp. S-ärmer. Das von der Steinkohle abweichende Verh. des Pechs wird damit erklärt, daß Pech ein Gemisch individueller Verbb. ist. (Журнал Прикладной Химии [J. angew. Chem.] **31.** 140—42. Jan. 1958.)
R. K. MÜLLER. 8228

Jerzy Minczewski und **Zygmunt Łada,** *Titration im nichtwässerigen Medium.* 1. Mitt. *Bestimmung von Pyridinbasen in einigen Verarbeitungsprodukten des Kohlenteers.* Die potentiometr. Titration von Pyridinbasen erfolgt nach Lösen der Probe in Eisessig u. Chlf. mit 0,1n $HClO_4$-Lsg. in wasserfreier Essigsäure. Das Elektrodensyst. besteht aus Ag/AgCl/Eisessig + KCl–Glaselektrode. Der 1. Potentialsprung entspricht dem NH_3-Geh., der 2. dem Gesamtgeh. an Pyridinbasen. (Roczniki Chem. [Ann. Soc. chim. Polonorum] **29.** 948—49. 1955. Warszawa, Inst. Chem. ogóln, Zakł. analit.) F. URBAN. 8248

Jerzy Minczewski und **Zygmunt Łada,** *Titration im nichtwässerigen Medium.* 2. Mitt. *Bestimmung von Phenolen in einigen Verarbeitungsprodukten des Kohlenteers.* (1. vgl. vorst. Ref.) Die phenolhaltige Probe wird in absol. Pyridin oder Anilin gelöst u. potentiometr. mit 0,1n Lsg. von K-Methylat in Methanol + Bzl. (1 : 6) titriert. Als Elektroden dienen Ag/AgCl in methanol. LiCl-Lsg. u. eine Sb-Elektrode. (Roczniki Chem. [Ann. Soc. chim. Polonorum] **29.** 950. 1955.) F. URBAN. 8248

A. Reuter, K. O. Johne und **J. Lieb,** *Beitrag zur Analyse polycyclischer aromatischer Kohlenwasserstoffe in den Abgasen von Dieselmotoren.* Vff. konnten im Ruß der Auspuffgase von Dieselmotoren *Anthracen, 3.4-Benzpyren, 1.12-Benzperylen, Fluoranthen* u. *11.12-Benzfluoranthen* nachweisen; bei *Anthanthren* gelang der Nachw. nicht mit Sicherheit. Die Trennung der mit Hilfe eines Schwebstoffilters aufgefangenen Substanzen erfolgte nach der Elution mit Bzl. in Cyclohexanlsg. an Al_2O_3 zunächst in grobe Fraktionen. Eine weitere Trennung u. die Identifizierung wurde papierchromatograph. an acetylierter Cellulose durchgeführt. (Z. analyt. Chem. **164.** 335—37. 11/6. 1958. Frankfurt/M., Battelle-Inst.) ——————— HERBERT MÜLLER. 8256

Dr. C. Otto & Co. G. m. b. H. (Erfinder: **Max Goebel** und **Rudolf Mewes**), Bochum, *Vergasen oder Ent- und Vergasen von Brennstoffen* in senkrechten Öfen von langgestrecktem rechteckigem Horizontalquerschnitt durch Querstromspülung. Das in den oberen Ofenteil eingeführte Spül- bzw. Vergasungsmittel wird stärker vorgewärmt als das in den unteren Teil eingeführte. — Vorr., Zeichnung. (**D. B. P. 879 275** Kl. 24e vom 20/4. 1950, ausg. 11/6. 1953. Anmeldung bekanntgemacht 14/8. 1952.) W. HAUSWALD. 8149

Dr. C. Otto & Co. G. m. b. H. (Erfinder: **Rudolf Mewes** und **Max Goebel**), Bochum, *Vergasen oder Ent- und Vergasen von Brennstoffen* in senkrechten Öfen durch Querstromspülung nach D. B. P. 879 275, bei dem die nach oben ansteigende Temp. des an der Längsseite der langgestreckten rechteckigen Ofenkammer eingeführten, rekuperativ vorgewärmten Vergasungs- bzw. Spülmittels dadurch erreicht wird, daß dem Spülmittel am unteren Ende der Eintrittswand ein nicht vorgewärmtes Vergasungsmittel, dessen Menge 10—15% der des im Rekuperator vorgewärmten Spül- bzw. Vergasungsgases beträgt, zugemischt wird. (**D. A. S. 1 019 789** Kl. 24e vom 22/10. 1955, veröff. 21/11.1957. **Zusatz zu D. B. P. 879 275; s. vorst. Ref.**) W. HAUSWALD. 8149

Simon-Carves Ltd. (Erfinder: **David Thurlow Barritt**), *Reinigen von Koksofengas.* Zur Entfernung von NH_3 wird das Gas durch zwei senkrecht hintereinander geschaltete Sprühabsorber geführt, deren erster mit einer sauren Absorber-Fl. von geringerer Konz. beschickt wird als der zweite. — Zeichnung. (**Aust. P. 205 081** vom 12/10. 1955, ausg. 31/1. 1957. E. Prior. 14/10. 1954.) C. LÜTTGEN. 8165

Socony Mobil Oil Co., Inc., übert. von: **Rodman Jenkins,** Dallas, Texas, V. St. A., *Gewinnung von Erdöl unter Teilverbrennung des Öles in der Erdformation.* Zur Best. des Ortes der Flammenfront in der Formation, die von der Einpreßbohrung zur Förderbohrung wandert, wird die Entfernung der beiden Bohrungen gemessen u. die Porosität der Formation bestimmt. Weiterhin wird vor der Zündung in der Formation die Gassättigung bestimmt. Das Gas passiert vor der Zündung die Formation zwischen Einpreßbohrung u. Förderbohrung mit einem bekannten Preßdruck. Der Wert des 1. dimensionslosen Zeitfaktors 0, bezogen auf den Einführungsdruck u. den Förderdruck, wird der beigefügten Abb. entnommen. Nach Zünden des Gases u. Versorgung der Verbrennung durch weiteres Gas u. Messen der nach folgenden Zeit von der Zündung u. bis zur nachfolgenden Ergänzung des Gases wird die erforderliche Zeit erhalten, um das Gas durch die Formation von einer Bohrung zur anderen zu drücken. Dabei ergibt sich ein 2. dimensionsloser Zeitfaktor 0, der durch die Gleichung $\Theta = 2{,}239\ Qt/\Phi\ h\ L^2\ (P_w + P_0)S$ bestimmt ist. Hierin bedeutet S die Gassättigung vor der Zündung, ausgedrückt als Porenvol. des von dem Gas besetzten Materials der Formation. Q ist die Menge des eingepreßten Gases in Kubikfuß/Std.; t ist die Zeit in Std. für das Hindurchtreten des Gases durch die Formation von Bohrung zur Bohrung. Φ bedeutet die Porosität der Formation, h die Stärke der Formation in feet. L ist die Entfernung zwischen den beiden genannten Bohrungen in feet. P_w u. P_0 sind die Drucke in pds./sq.in. für das Gas in der Einpreß- bzw. Förderbohrung. Die Berechnung der örtlichen Flammenfront ergibt sich dann aus der Gleichung $FFL = \Theta_1/\Theta_2 S$. FFL ist hierin die örtliche Stellung der Flammenfront zwischen den beiden Bohrungen. Θ_1 u. Θ_2 sind der 1. u. 2. dimensionslose Faktor. S bedeutet wieder die Gassättigung. (**A. P. 2 800 183** vom 9/11. 1953, ausg. 23/7. 1957.) W. HAUSWALD. 8191

Esso Research and Engineering Co., Elizabeth, N. J., übert. von: **Theodore A. Huber,** Houston, Texas, V. St. A., *Progressive Erdölförderung* aus mehreren Horizonten. Das Bohrloch wird bis zum tiefsten Ölhorizont abgeteuft u. verrohrt. Zuerst wird im Bereich des obersten Horizonts die Verrohrung perforiert u. das Öl gewonnen, worauf die Perforationen abgedichtet werden. Ebenso werden hintereinander die tieferen Horizonte behandelt. Das Abdichten geschieht in der Weise, daß Zement in die Perforationen des jeweils entölten Horizontes eingepreßt u. überschüssiger Zement aus der Verrohrung hinausgespült wird. — Zeichnung. (**A. P. 2 818 119** vom 19/10. 1953, ausg. 31/12. 1957.) W. HAUSWALD. 8191

Standard Oil Co., Chicago, Ill., übert. von: **Carl E. Johnson**, Griffith, **Arthur P. Lien**, Highland, Ind., und **David A. McCaulay**, Chicago, Ill., V. St. A., *Extraktion aromatischer Kohlenwasserstoffe aus Gemischen mit anderen.* 1. Man behandelt das Ausgangsgemisch, das Aromaten u. gesätt. KW-stoffe enthält u. unter 450° F sd., in Abwesenheit von W. zwischen 0 u. 150° im Gegenstrom mit einem Behandlungsmittel, das a) aus einer Alkansulfonsäure mit 1—9 C-Atomen u. b) aus einem Ag-Salz, z. B. aus Ag_2SO_4 u. Silberalkansulfonaten mit 1—9 C-Atomen, besteht, in dem diese Säure in einer Menge von 50—120 Vol.-% (berechnet auf das Ausgangsgemisch) u. das Ag-Salz in einer Menge von mindestens 1 g-Atom Ag pro 1 Mol der Aromaten anwesend sind. Das Behandlungsmittel enthält das Ag-Salz in einer Menge, die die Löslichkeit des Ag-Salzes in der Alkansulfonsäure überschreitet, so daß das Behandlungsmittel aus Alkansulfonsäure, physikal. gelöstem Ag-Salz u. festen Ag-Salzteilchen besteht, die in der Alkalsulfonsäure dispergiert sind, so daß das Behandlungsmittel fl. zu sein scheint. Man trennt 2. eine Raffinatphase von einer Extraktphase, die aus Behandlungsmittel u. Aromaten besteht, dann 3. entfernt man durch Dest. alle KW-stoffe aus der Extraktphase u. gewinnt so das Behandlungsmittel wieder, das aus Alkansulfonsäure, physikal. gelöstem Ag-Salz u. festen dispergierten Ag-Salzteilchen besteht u. fl. zu sein scheint u. leitet 4. es zurück in die Behandlungszone. — Zeichnung. (**A. P. 2 768 986** vom 26/11. 1952, ausg. 30/10. 1956.) P. UNGER. 8195

Union Carbide Corp., New York (Erfinder: **Rudolph Stokes Nelson**, Larchmont, und **Charles William West**, Kenmore), N. Y., V. St. A., *Schaumverhinderung bei Kohlenwasserstoffölen* durch Verwendung von Polyvinyltriäthoxysilanen mit einem Mol.-Gew. von ca. 325—8000, bes. 3000—8000. Man gibt 2—50 Teile davon auf je 1 Million Teile KW-stofföl. (**D. A. S. 1 052 614** Kl. 23b vom 16/1. 1956, veröff. 12/3. 1959. A. Prior. 18/1. 1955.) P. UNGER. 8195

Socony Mobil Oil Co., Inc., New York, N. Y., übert. von: **Louis P. Evans**, Woodbury, N. J., V. St. A., *Verkoken von schweren Kohlenwasserstoffen.* Die Kontaktteilchen fließen als feste Säule durch die Reaktionszone. In den oberen Teil dieser Zone werden die hochsd. fl. KW-stoffe eingeleitet. Die KW-stoffe sowie die inerten Feststoffteilchen werden auf einer solchen Temp. gehalten, daß die ersteren zum Teil verdampfen u. verkoken, wobei ein Teil der KW-stoffe ohne wesentliche Crackung im oberen Teil der Zone verdampft. Der Dampfdruck des verdampften Anteils wird auf unter 0,10 bei einem Reaktionsdruck von 10 lbs./squ.in. gehalten. Die Dämpfe werden abgezogen u. dadurch ein prakt. nichtgecrackter Anteil des Einsatzgutes gewonnen. Die nichtverdampften Anteile werden in dem unteren Teil der Zone verkokt u. die dampfförmigen Verkokungsprodd. getrennt aus der Zone abgezogen u. so ein trockener Koks erhalten. — Vorr., Zeichnungen. (**A. P. 2 794 771** vom 9/7. 1953, ausg. 4/6. 1957.) E. KAHLES. 8197

Esso Research and Engineering Co., übert. von: **Marnell A. Segura**, Baton Rouge, La., V. St. A., *Verkoken von schweren Kohlenwasserstoffen* in einem fluidisierten Verkokungsbett mit automat. Kontrolle. Durch die Kontrollventile wird in den Verkoker ein geringer O_2-haltiger Gasstrom mit einer Geschwindigkeit von 1—20 Fuß/Sek. eingeleitet. Dieser Gasstrom beeinträchtigt jedoch die KW-stoffumwandlung nicht, sondern verhindert lediglich das Absetzen von C-haltigen Ndd. in den Kontrollventilen. — Zeichnung. (**A. P. 2 856 346** vom 21/7. 1953, ausg. 14/10. 1958.) E. KAHLES. 8197

Esso Research and Engineering Co., übert. von: **John Rehner jr.**, Westfield, und **Lawrence T. Eby**, Linden, N. J., V. St. A., *Behandeln von hochsiedenden, katalytisch gecrackten Produkten mit Aktivkohle.* Vom Crackprod. aus Erdöl wird eine über 700° F sd. Fraktion abgetrennt u. in fl. Phase mit 2—20 Gew.-% Aktivkohle behandelt, wobei die carcinogenen Stoffe entfernt werden. Die so behandelte Fraktion wird in die Crackzone zurückgeführt. — Zeichnung. (**A. P. 2 848 379** vom 16/7. 1953, ausg. 19/8. 1958.) E. KAHLES. 8197

Heinrich Koppers G. m. b. H. (Erfinder: **Heinrich Merkel**), Essen, *Olefinreiche Gase* erhält man durch *Spaltung von nichtvollständig verdampfbaren KW-stoffen*, die in Ggw. eines inerten Gases oder Dampfes, z. B. Wasserdampf von 600—800°, wenigstens teilweise verdampft werden. Aus dem Dampfgemisch werden die nichtverdampften Anteile vor der Einführung in den Spaltraum abgetrennt. Die für die Verdampfung der KW-stoffe notwendige Wärmemenge wird durch das inerte Gas oder den Dampf geliefert. Die zu spaltenden KW-stoffe werden z. B. zusammen mit 600—800° erhitztem Wasserdampf tangential u. schräg aufwärts in einen senkrecht stehenden Zylinder eingeblasen u. die entstandenen Dämpfe am Kopf des Zylinders mit einem z. B. auf 1100 bis 1200° vorerhitzten Trägergas zur Durchführung der Spaltung vermischt. Der an die innere Zylinderfläche geschleuderte fl. oder feste Rückstand der KW-stoffe wird am Boden des Zylinders abgezogen. Die Spaltung kann auch in Ggw. von fest angeordneten oder aufgewirbelten feinkörnigen Stoffen, z. B. Feinkoks, der noch Katalysatoren enthalten kann, durchgeführt werden. — Aus einem Kuweit-Rohöl, D. 0,9097, H-Geh. 12,3(%) wird ein Crackgas aus 22,5 Methan, 38,1 Äthylen, 22,7 H_2, 6,9 Propylen erhalten. — Vorr., Zeichungen. (**D. A. S. 1 047 771** Kl. 12o vom 21/7. 1956, veröff. 31/12. 1958.) G. KRAUSS. 8197a

Phillips Petroleum Co., übert. von: **George R. Hettick** und **Charley H. Owen**, Borger, Texas, V. St. A., *Einführen von Flüssigkeit in ein Wirbelbett bei der Kohlenwasserstoffumwandlung.* Die Fl. wird in den Boden des Wirbelbettes in der Weise eingebracht, daß sie von einer seitlich, im Boden des Bettes angeordneten getrennten Zone zerstäubt wird u. von dort in das Wirbelbett gelangt. Diese Zone hat in der Richtung des Flüssigkeitsstromes eine kon. Form. — Vorr., Zeichnungen. (**A. P. 2 798 030** vom 2/3. 1953, ausg. 2/7. 1957.) E. KAHLES. 8197a

Phillips Petroleum Co., Bartlesville, Okla., V. St. A., *Erhitzen von „pebbles", beim Umwandeln von Kohlenwasserstoffen* in Crack-, Hydrierungs-, Dehydrierungs-, Isomerisierungs-, Polymerisierungs-, Oxydationsanlagen. Die „pebbles" werden in den oberen Teil einer Heizzone eingeführt u. durch ihre Schwere durch diese Heizzone nach unten geleitet. Das Abfließen der „pebbles" wird in der Mitte des Bettes gehindert. Durch Einführen eines heißen Wärmeaustauschgases in mehreren Strömen in den unteren Teil der Heizzone werden die „pebbles" erhitzt. Das Gas strömt in der Heizzone nach oben. Aus dem unteren Teil der Heizzone werden die „pebbles" außen abgezogen in mehreren Strömen. Dann werden die „pebbles" in eine Mischzone geleitet, in der durch gute Durchmischung die „pebbles" eine gleichmäßige Temp. annehmen, mit der sie dann der Reaktionszone zugeleitet werden. — Vorr., Zeichnungen. (**E. P. 772 310** vom 31/12. 1954, ausg. 10/4. 1957. A. Prior. 18/1. 1954.) E. KAHLES. 8197a

American Oil Co., übert. von: **Sylvan B. Schapiro**, Galveston, und **Mark C. Hopkins**, Texas City, Texas, V. St. A., *Katalytisches Cracken von Kohlenwasserstoffen.* Das Fluidsyst. besteht aus Brenner, Crackzone, Waschzone u. mindestens einem Wärmeaustauscher. Dieser besteht aus einem Kessel mit Röhren. Die Einsatzstoffe fließen durch den Wärmeaustauscher auf der einen Seite, dann durch den Erhitzer zum Reaktor. Aus dem Reaktor gelangen sie in den Waschturm, wobei die mitgerissenen Katalysatorteilchen aus den teilweise kondensierten Reaktionsprodd. abgetrennt werden u. im Waschöl, einem schweren Gasöl, verbleiben. Der so gebildete heiße Schlamm wird durch die andere Seite des Wärmeaustauschers geführt u. dadurch die Einsatzprodd. vorerhitzt. — Vorr., Zeichnungen. (**A. P. 2 768 934** vom 26/2. 1952, ausg. 30/10. 1956.) E. KAHLES. 8197b

Shell Development Co., Emeryville, übert. von: **Kenzie Nozaki**, El Cerrito, Calif., V. St. A., *Dehydroisomerisieren von C_5-Ringnaphthenen.* Diese werden (Naphthene mit mindestens einem Methylrest) mit einem Katalysator in Kontakt gebracht, der eine Oberfläche über 300 m^2 je g hat u. aus einem Kieselsäuregel besteht, dem 0,1—0,8 Gew.-% Al_2O_3 u. 0,1—1 Gew.-% Pt beigegeben sind, wobei der Geh. an Tonerde u. Pt so eingestellt wird, daß bei einem Tonerdegeh. von über 0,63 Gew.-% der Pt-Geh. über 0,33 Gew.-% u. bei einem Tonerdegeh. unter 0,63 Gew.-% der Pt-Geh. unter 0,33 Gew.-% betragen soll. Die Rk. findet bei 420—570° in Ggw. von H_2 statt. — Vgl. auch F. P. 1 107 970; C. **1956. 14545.** (**A. P. 2 816 939** vom 23/6. 1953, ausg. 17/12. 1957.) E. KAHLES. 8197

Nagynyomásu Kisérleti Intézet, Budapest, Ungarn, *Aufarbeitung von hartasphalthaltigen Rohölen* gemäß Oe. P. 198 400. Befreiung der entstehenden Motortreibstoffe von S, sauren Ölen bzw. N-Basen, dad. gek., daß aus dem nach dem Oe. P. 198 400 erhaltenen Reaktionsgemisch die Schwerölfraktion mit dem strömenden Kontaktstoff u. dem gegebenenfalls entstehenden feinkörnigen Koks im heißen Zustand abgetrennt u. die im Dampfzustand befindliche Fraktion samt dem H_2-reichen Gas anschließend durch einen oder mehrere Reaktoren durchgeleitet wird, in denen diese in Ggw. von Kontaktstoffen bei 1—100, bes. 10—70 at, einer raffinierenden Hydrierung unterworfen wird. — Schema der Anlage. (**Oe. P. 202 673** vom 23/11. 1957, ausg. 25/3. 1959. Ung. Prior. 2/5. 1957. **Zusatz zu Oe. P. 198 400; C. 1959. 6682.**) T. OPPERMANN. 8199

E. I. du Pont de Nemours & Co., Wilmington, Del., übert. von: **Viktor Weinmayr**, Landenberg, Pa., V. St. A., *Cyclopentadienyl-(cyclopentenylcyclopentadienyl)-eisen* (**I**), leuchtend gelbe Kristalle, F. 64—65° (A.), Kp.$_{12}$ 175—185°, unlösl. in W., lösl. in Bzl., A., Ae. u. Gasolin, in 96%ig. H_2SO_4 mit rotbrauner Farbe lösl., erhält man durch Erhitzen von Dicyclopentadienyleisen mit wenigstens 45%ig. HF, bes. wasserfreiem HF, auf 30—100°, bes. 85—100°. — Durch Hydrieren von **I** mit H_2 in Ggw. von Pt u. CH_3OH

als Lösungsm. erhält man → *Cyclopentadienyl-(cyclopentylcyclopentadienyl)-eisen*, $Kp._{10}$ 160—165°; F. 15—16°, in Ausbeuten >75%. — Mit Maleinsäureanhydrid erhält man in benzol. Lsg. durch 6std. Erhitzen auf 150° $C_{19}H_{20}FeO_4$, das beim Ansäuern mit HCl eine gelbe M. liefert, F. 80° (Zers.). — *Brennstoffzusatz.* (**A. P. 2 831 879** vom 27/10. 1953, ausg. 22/4. 1958.) R. LINK. 8209

E. I. du Pont de Nemours & Co., Wilmington, Del., übert. von: **Alfred C. Haven jr.**, Hancocks Bridge, N. J., V. St. A., *α-Hydroxyalkylcyclopentadienylmetallverbindungen* von Co, Ni u. Fe, bei denen jeder Cyclopentadienylrest höchstens eine α-Hydroxyalkylgruppe enthält, erhält man durch Red. entsprechender Acylcyclopentadienylmetallverbb. z. B. mit $LiAlH_4$ in äther. Lsg. oder durch katalyt. Red. mit H_2, bes. in Ggw. von RANEY-Ni bei <75°. — Z. B. acetyliert man 93 (g) Bis-(cyclopentadienyl)-eisen (I) in 10 Min. mit 250 cm³ Essigsäureanhydrid u. 20 cm³ 85% ig. H_3PO_4 bei 100°, gießt das Gemisch auf Eis, läßt es über Nacht stehen, neutralisiert es mit 200 Na_2CO_3 (Monohydrat) in 200 cm³ W., kühlt das Gemisch im Eisbad ab, filtriert den Nd. ab, trocknet ihn u. erhält nach dem Sublimieren 81,5 (= 71,4% ig. Ausbeute) orangegelbe Kristalle von *Acetylcyclopentadienyl-(cyclopentadienyl)-eisen.* — 22,8 davon werden in 500 cm³ wasserfreiem Ae. tropfenweise mit der Suspension von 1,9 feingemahlenem $LiAlH_4$ in 100 cm³ wasserfreiem Ae. versetzt. Nach Zugabe von 20 cm³ Äthylacetat in 50 cm³ Ae. u. 26,8 NH_4Cl in 50 cm³ W. u. üblicher Aufarbeitung erhält man das *Cyclopentadienyl-(α-hydroxyäthylcyclopentadienyl)-eisen*, gelbe Nadeln aus niedrigsd. PAe., F. 76—77°. — Analog erhält man aus 74,1 I, 122 $POCl_3$ u. 54 N-Methylformamid bei 50—55° 55,5 *Formylcyclopentadienyl-(cyclopentadienyl)-eisen*, rotbraune Kristalle, die bei 70° u. 1 mm Hg sublimieren. — Red. mit $LiAlH_4$ liefert daraus in 88% ig. Ausbeute *Cyclopentadienyl-(hydroxymethylcyclopentadienyl)-eisen*, lange, glänzend gelbe Nadeln aus PAe.-Chlf., F. 74—76°. — *Antiklopfmittel* u. Fungicide. (**A. P. 2 810 737** vom 1/7. 1953, ausg. 22/10. 1957.) R. LINK. 8209

Esso Research and Engineering Co., Elizabeth, N. J., V. St. A., *Turbinentreibstoff.* Derselbe enthält zur Verhinderung fester Ausscheidungen 0,008—0,048 Gew.-% eines Ba- oder Ca-Komplexsalzes einer alkylierten Benzolsulfonsäure, die von einem Alkylbenzol der allg. Formel I abstammt, in der R′ ein C_{6-18}-Alkylrest oder H u. R″ ein C_{2-24}-Alkylrest ist. Der Salzkomplex enthält 1 (Mol) Ca oder Ba auf 2 Sulfonsäure. Weiterer Zusatz an Antioxydantien, z. B. N.N′-Di-sek.-butylphenylendiamin. (**E. P. 772 043** vom 27/5. 1955, ausg. 10/4. 1957. A. Prior. 14/6. 1954.) E. DREWS. 8213

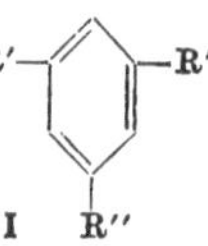

I

Esso Research and Engineering Co., Elizabeth, N. J., V. St. A., übert. von: **Bruno Emil Roetheli**, *Korrosionsinhibitor für vanadinhaltiges Heizöl.* Um eine Lsg. eines öllösl. Metallsalzes in einem vanadinhaltigen Erdöl herzustellen, hydrolysiert man vegetabil. Cellulosematerial, das Ester von organ. Säuren enthält, stellt Metallsalze dieser organ. Säuren her u. löst diese in dem vanadinhaltigen Erdöl. (**E. P. 799 954** vom 5/8. 1955, ausg. 13/8. 1958.) P. UNGER. 8217

Gulf Oil Corp., Pittsburgh, übert. von: **Ralph I. Gottshall**, Willow Grove, und **Raymond T. Kern jr.**, Allentown, Pa., V. St. A., *Fettsäureester* erhält man durch Verestern von ungesätt. dimeren Carbonsäuren der allg. Formel $HOOC—C_nH_{2n-x}—COOH$ (n = 10—42; x = 6—10), die aus Di- oder Trienfettsäuren der allg. Formel $C_nH_{2n-x}COOH$ (n = 5—21; x = 3—5) erhalten wurden, mit Fettsäureestern, die durch Verestern von gesätt. oder ungesätt. Fettsäuren mit 12—24 C-Atomen mit den Mono- oder Dianhydriden mehrwertiger Alkohole (= Alkitolanhydride) mit wenigstens 4 C-Atomen u. wenigstens 4 Hydroxylgruppen oder deren Mischungen (Erythrit, Pentit, Arabit, Xylit, Adonit, Hexit, Mannit, Dulcit, Sorbit, Xylitan, Sorbitan oder andere Alkitananhydride gewonnen wurden in bekannter Weise, wodurch wenigstens eine, nicht aber sämtliche OH-Gruppen verestert werden sollen. — Aus 428 (Teilen) Sorbitanmonooleat (= „Span 80“) u. 560 dimerisierter Linolsäure (=„Emery 955 Dimer Acid“) unter Rückfluß u. unter Entfernen von 18 W. bis 500° F erreicht, sind → *saurer Ester*, $D._{60}$ 0,977; Viscosität SUV = 9,936 Sek./100° F; Flammpunkt 425° F; Fließpunkt 0° F; Farbzahl 6,0 ASTMU; SZ. 70; p_H 4,6. Ferner können umgesetzt werden: die Dimeren von Sorbin (= Hexadien-), Nonadecadien- (=Humocerin-), Eicosadien- (= Eicosin-), Linolen-, Eläostearinsäure (= Octadecatriensäure) mit Sorbitan-, Xylitanmono-, -sesqui-, -di- u. -trioleat u. -stearate. — *Korrosionsschutzmittel*, bes. für *Mineralölmischungen.* (**A. P. 2 767 144** vom 28/12. 1953, ausg. 16/10. 1956.) G. KRAUSS. 8221

Texas Co., New York, N. Y., übert. von: **William S. Quimby**, Teaneck, N. J., und **James M. Robertson**, Port Arthur, Texas, V. St. A., *Schmieröl und hydraulische Flüssigkeit* auf Mineralölbasis, gek. durch einen Geh. an einem 2-Benzthiazolyl-N.Ndialkyldithiocarbamat der allg. Formel I (R_1 u. R_2 = C_{2-5}-Alkylreste). Weiterer Geh. für Hydrauliköle an Zn-Dialkyldithiocarbamaten, Verdickern auf Polyacrylatbasis, Phosphorsäureestern, für Schmieröle an Sulfonaten u. Fließpunkterniedrigern. — Beispiel für Schmieröl: 1—10 (Gew.-%) Ca-Mahoganysulfonat, 0,1—1,4-Methyl-2.6-ditert.-butylphenol, 0,1—1 Kondensationsprod. aus chloriertem Naphthalin, 0,005—0,1 I, Rest Mineralöl; für Hydrauliköl: 0,1—1 Trikresylphosphat, 0,1—0,5 Zn-Dibutyldithiocarbamat, 0,01—0,2 I, 3—10 polymere Methacrylate, Rest Mineralöl. In beiden Fällen sind in I R_1 u. R_2 = C_2H_5. — *Korrosionsschutzmittel.* (**A. P. 2 785 129** vom 3/7. 1951, ausg. 12/5. 1957.) E. DREWS. 8221

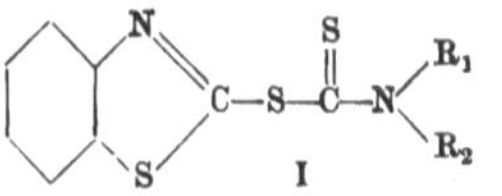

I

VEB Leuna-Werke „Walter Ulbricht", Leuna, Kr. Merseburg, *Katalytische Polymerisation von gasförmigen Olefinen* in einer Aufschlämmung oder Lsg. des Katalysators ($AlCl_3$) in einen geeigneten KW-stoff (z. B. PAe.), dad. gek., daß das zu polymerisierende gasförmige Olefin u. der gelöste oder aufgeschlämmte Katalysator oberhalb von -10^0 mit solcher Geschwindigkeit fortlaufend in den Reaktionsraum eingeleitet werden, daß eine Übersteigung der höchstzulässigen Temp. infolge der auftretenden Reaktionswärme vermieden, andererseits aber prakt. das gesamte eingeführte Olefin verbraucht wird u. daß man das gebildete Polymerisat aus dem Reaktionsraum in dem Maße abzieht, wie es entsteht. — Die Polymerisate dienen als *Schmieröle.* (**Oe. P. 203 130** vom 26/4. 1957, ausg. 25/4. 1959. D. Prior. 24/1. 1957.) T. OPPERMANN. 8221

Texas Co., New York, übert. von: **Herman D. Kluge**, Wappingers Falls, N. Y., und **Thomas C. Roddy jr.**, Port Arthur, Texas, V. St. A., *Schmieröl.* Dasselbe enthält als Hochdruckzusatz ein 2-Thiono-4-ketothiazolidin der allg. Formel I, in welcher Z $\begin{matrix}R'\\R\end{matrix}\!>$ oder R″ bedeutet, wobei R u. R′ für einwertige KW-stoffreste oder H, R″ für 2wertige KW-stoffreste, die beide Valenzen an einem einzigen C-Atom aufweisen, steht. — Beispiele: Rhodanin, 5-Alkyliden-, 5-Arylidenrhodanin. I kann auch Schmierfetten, die als Verdicker Metallseifen enthalten, zugesetzt werden. (**A. P. 2 796 402** vom 16/11. 1953, ausg. 18/6. 1957.) E. DREWS. 8221

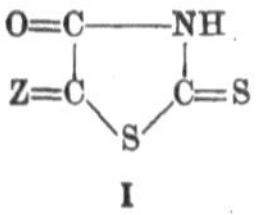

I

Texas Co., New York, übert. von: **Harry Levin**, Fishkill, N. Y., V. St. A., *Hochdruck- und Antikorrosionszusatzmittel für Schmieröle.* Vorgeschlagen werden 5-Alkylaminobenzylidenrhodanine der allg. Formel I, in der R′ ein Alkylrest, bes. CH_3, u. R = R′ oder H sind. Zusatzmenge 0,01—2 Gew.-%. (**A. P. 2 796 404** vom 30/11. 1953, ausg. 18/6. 1957.) E. DREWS. 8221

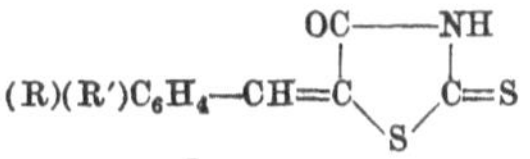

I

Pure Oil Co., Chicago, übert. von: **Le Roy W. Holm**, Crystal Lake, und **George M. Longland jr.**, Algonquin, Ill., V. St. A., *Verhinderung der Korrosion und Verstopfung von Extraktionsanlagen.* Bei der Lösungsmittelraffination von *Mineralschmierölen* mit Phenol erhält man eine ölreiche u. eine lösungsmittelreiche Phase, die man erhitzt, um das Phenol zu entfernen, welches im Kreislauf in das Syst. zurückgeführt wird. Man bringt nun Kontaktstoffe, wie CaO, $Ca(OH)_2$, $CaCO_3$, BaO u. $Ba(OH)_2$ u. Mischungen davon, in Berührung mit dem Phenol, bevor man es aufheizt. Diese Kontaktstoffe sollen in einer Menge von 0,05 Gew.-%, bezogen auf die eingesetzte Phenolmenge, anwesend sein u. so die Korrosion u. die Verstopfung der Anlage verhindern. — Zeichnung. (**A. P. 2 846 354** vom 7/9. 1955, ausg. 5/8. 1958.) P. UNGER. 8221

Esso Research and Engineering Co., Elizabeth (Erfinder: **Alan Beerbower**, Baltimore, Md., und **Harry E. Bloomsburg**, Westfield), N. J., V. St. A., *Verfahren zur Herstellung von Schmierfetten,* die mit einem Verdickerkomplex verdickt sind, welcher aus 1. einem Metallsalz einer niedrigmol. organ. Säure mit 1—6 C-Atomen im Mol. u./oder einer anorgan. Säure, wie Salzsäure, Phosphorsäure, Salpetersäure, Schwefelsäure, u. 2. einem Metallsalz einer Carbonsäure von hohem Mol.-Gew. mit 12—30 C-Atomen im Mol. u./oder einer Carbonsäure von mittlerem Mol.-Gew. mit 7—10 C-Atomen im Mol. besteht, wobei die Metallsalze durch Neutralisation der Säure mit einem Oxyd, Hydroxyd oder Carbonat von Metallen der II. Gruppe des Period. Syst. als Metallbase in mindestens einem Teil des Schmieröls gebildet u. die Metallsalze anschließend auf eine Temp. erhitzt werden, bei der Komplexbldg. erfolgt, u. anschließend gekühlt werden, dad. gek., daß man zunächst eine Aufschlämmung der Metallbase in mindestens einem Teil des Schmieröls bildet u. in dieser Aufschlämmung eine niedrigmol. Säure in Form von Tröpfchen eines Teilchendurchmessers von $< 0{,}05$ mm innig dispergiert, wobei die übrigen Carbonsäuren entweder zusammen mit der niedrigmol. organ. Säure bzw. der anorgan. Säure oder mit der Metallbase oder als dritter „Strom" zugegeben werden. — Zeichnung. (**D. A. S. 1 056 315** Kl. 23c vom 14/6. 1957, veröff. 30/4. 1959. A. Prior. 21/6. 1956.) E. DREWS. 8223

Esso Research and Engineering Co., Del., übert. von: **Arnold J. Morway,** Rahway, N. J., V. St. A., *Schmierfettherstellung.* Man stellt zunächst ein saures Ca-, Ba- oder Sr-Salz (I) der allg. Formel $M(C_2H_3O_2)_2(C_2H_4O_2)_n$ (M = Metall, n = 1—3) her, gibt I mit einer hochmol. Carbonsäure (II), u. zur Verseifung von II u. der freien Säure von I genügenden Menge des Alkalis in die Schmierölbasis, verseift u. kühlt das erhaltene Schmierfett. Die zur Bldg. des Seifen-Salz-Komplexes benötigte Menge I zur Seife von II beträgt 0,5—40 (Mol) I für eine Seife von II. — Beispiel: Fett aus 2 (Gew.-%) hydrierten Fischölsäuren, 2 hydriertes Ricinusöl, 3 $Ca(OH)_2$, 11 vorgebildetes saures Ca-Acetat $Ca(C_2H_3O_2)_2 \cdot C_2H_4O_2$, 0,5 Phenyl-α-naphthylamin, 81,5 naphthenbas. Mineralschmieröl. (**A. P. 2 735 815** vom 20/7. 1954, ausg. 21/2. 1956.) E. DREWS. 8223

Esso Research and Engineering Co., Del., übert. von: **Alfred H. Matuszak,** Westfield, und **Harold R. Ready,** Roselle Park, N. J., V. St. A., *Schmiermittel* auf der Basis komplexer Formale einer Viscosität von 30—110 SUS/210° F, eines Flammpunktes von 350° F u. eines Fließpunktes <20° F werden erhalten durch Rk. eines Formals (I) der allg. Formel $ROCH_2OR'$ (R u. R' = C_{4-26}-Alkylreste) mit einem Glykol (II) bei 50 bis 250° in mol. Mengen von I:II = 2—4:1. Man erhält komplexe Formale mit 20—130 C-Atomen/Molekül. — Beispiel: Schmiermittel aus 4 (Mol) Isooctylformal (III) u. 1 Triäthylenglykol (IV) in Ggw. von 0,25 Toluolsulfonsäure. Die Viscositäts-, Fließ- u. Flammpunktwerte sind besser als die eines Prod. aus 1 III u. 1 IV. (**A. P. 2 838 573** vom 31/3. 1955, ausg. 10/6. 1958.) E. DREWS. 8223

Esso Research and Engineering Co., Del., übert. von: **Fred B. Fischl,** Springfield, **Walter E. Waddey** und **Fred J. Beyerstedt,** Westfield, N. J., V. St. A., *Hochdruckschmiermittel.* Es besteht im wesentlichen aus einem Schmieröl (Viscosität 6,3—32 cSt bei 98,8°) u. einer geringen Menge eines Reaktionsprod. aus einem Schmieröl u. P_2S_5, welches durch Behandlung mit einem olefin. KW-stoff (Dipenten) gegen H_2S-Entw. stabilisiert wurde, sowie einer geringen Menge einer organ., S u. Cl enthaltenden Verb. (z. B. Chlordibenzyldisulfid). Außerdem enthält es noch eine geringe Menge eines Erdölsulfonats u. ein Metallsalz eines Alkylphenolsulfids. (**F. P. 1 124 079** vom 24/2. 1955, ausg. 3/10. 1956. **D. A. S. 1 008 436** Kl. 23c vom 10/3. 1955, veröff. 16/5. 1957. **E. P. 764 932** vom 18/1. 1955, ausg. 2/1. 1957. Alle A. Prior. 11/3. 1954. **A. P. 2 827 433** vom 11/3. 1954, ausg. 18/3. 1958.) T. OPPERMANN. 8223

Esso Standard (Soc. An. Française), Seine, Frankreich, *Herabsetzung der Viscosität und Verbesserung der Stabilität von Bitumenemulsionen und Kohlenwasserstoffe enthaltenden Bindemitteln.* Man versetzt sie mit 0,1—4, bes. 0,1—1%, Fett- oder Naphthensäuren. (**F. P. 1 121 542** vom 22/11. 1954, ausg. 20/8. 1956.) T. OPPERMANN. 8231

Expandite Ltd., England, *Teermischung,* bes. *Bodenbelag* für Flugplätze, aus 30—55(%) Kalkstein (6—19 mm), 30—55 Kalkstein (0—3 mm), 0—10 Kalkstaub (200 Maschen BSS), 2,5—3 Asbestfasern usw. u. 6,5—7,5 Bindemittel. Das Bindemittel besteht aus Steinkohlenteer mit 5 <300° sd. Bestandteilen u. 1—4 einer Vinylverb. (Polyvinylchlorid) oder eines ölfesten Kunstkautschuks. (**F. P. 1 134 860** vom 20/7. 1955, ausg. 18/4. 1957. E. Priorr. 20/7. 1954 u. 18/3. 1955.) O. KAYSER. 8237

K. G. **Rudenko,** Die Grundlagen der Aufbereitung und Brikettierung der Kohlen. Moskau; Ugletechisdat. 1958. (302 S.) [russ.]

XX. Schieß- und Sprengstoffe. Zündmittel.

Graviner Mfg. Co. Ltd. und **Wilkinson Sword Ltd.** (Erfinder: **William Gerald Glendinning**), *Explosionsverhinderungsmittel.* Es besteht aus einem Flüssigkeitsgemisch, das sich zusammensetzt aus einer inerten, bei 20—80° sd. Fl., bes. einem Halogen-KW-stoff (I), z. B. CCl_4, Chlorbrom- oder Dibromdifluormethan oder Dibromtetrafluoräthan, u. einer brennbaren, unter 40° sd. Fl. (II), wie PAe., n-Pentan, Isopentan oder Aceton, in einer Menge, die die Zus. des explosiven Gemisches so ändert, daß es sich nicht mehr innerhalb des Explosionsbereiches befindet. Das Flüssigkeitsgemisch besteht annähernd aus 20% I u. 80% II. (**Aust. P. 207 309** vom 30/12. 1955, ausg. 2/5. 1957.) O. ROICK. 8293

Koninklijke Nederlandsche Springstoffenfabrieken N. V., Amsterdam (Erfinder: **Hendrik Jean Louis Donker,** Muiden), Holland, *Herstellung von progressiv abbrennendem Nitrocelluloseschießpulver* durch Imprägnieren des Pulvers mit einer Lsg. eines oder mehrerer Phlegmatisierungsmittel, dad. gek., daß geformtes NC-Pulver mit einem Überschuß einer Lsg. aus 80—100% A., gegebenenfalls unter Zusatz weiterer polarer Lösungs-

mittel, mit 10—21% eines oder mehrerer Phlegmatisierungsmittel (Diamylphthalat, Diäthylcentralit, Diphenylamin) bei 35—50° behandelt wird, wobei die Dauer bei einer Wandstärke von 0,75 mm 7—48 Std. beträgt u. bei abweichender Wandstärke etwa, proportional zum Quadrat des Verhältnisses der Wandstärken zu- oder abnimmt. (**D. A. S. 1 054 895** Kl. 78c vom 20/10. 1956, veröff. 9/4. 1959. Holl. Prior. 21/10. 1955.)
A. GRADL. 8301

Wasag-Chemie Akt.-Ges., Essen (Erfinder: **Georg Knöffler,** Apollensdorf), *Rauchschwaches Pulver und/oder Treibmittel* auf Nitrocellulose (I)-Basis, gek. durch einen Geh. von Dinitrophenyläthylnitrat (II) an Stelle oder neben den bisher üblichen Sprengölen. — Beispiel: 41,0(%) II, 56,75 I, 2,0 K_2SO_4, 0,1 MgO, 0,15 Graphit. (**D. A. S. 1 056989** Kl. 78c vom 24/5. 1943, veröff. 6/5. 1959.) A. GRADL. 8301

Dynamit Akt.-Ges. vorm. Alfred Nobel & Co., Deutschland, *Mahlen von Sprengstoffen* nach Zusatz eines oberflächenakt. Mittels, z. B. von Trinitrophenylmethylnitramin (I), in Mengen von ca. 0,03 Gew.-%. — Ein Sprengstoffgemisch aus 8 (Gewichtsteilen) Nitroglycerin u. 92 eines Gemisches aus äquimol. Mengen $NaNO_3$ u. NH_4NO_3 wird mit 0,05 (Gew.-%) I u. 1,0 Paraffin versetzt u. bei 80° gemahlen. — An Stelle von I können Trinitrotoluol oder „Pril" verwendet werden. (**F. P. 1 090 967** vom 19/9. 1953, ausg. 6/4. 1955. D. Prior. 21/8. 1953.) M. F. MÜLLER. 8305

Wasag-Chemie Akt.-Ges., Essen (Erfinder: **Kurt C. Scheel,** Berlin, und **Gustav Lange,** Lützelsachsen), *Schieß- und Sprengstoffe,* gek. durch ein Gemisch von nitrierten, synthet., hochmol. Stoffen (z. B. Polydinitrostyrol, nitrierter Polyvinylalkohol) mit anorgan. O-Trägern, bes. solchen, die spezif. schwer sind (bes. Alkali- u. NH_4-Nitrate, -Chlorate, -Perchlorate, -Peroxyde). (**D. A. S. 1 053 375** Kl. 78c vom 18/7. 1944, veröff. 19/3. 1959.) A. GRADL. 8305

Wasag-Chemie Akt.-Ges., Essen (Erfinder: **Armin Rost †** und **Georg Knöffler †,** Wittenberg), *Herstellung gießbarer Explosivstoffe* aus Gemischen von O-haltigen Salzen u. verbrennlichen Substanzen, dad. gek., daß als Grundschmelze die an sich bekannten eutekt. Gemische der Mg-Erdalkali- u. Alkalinitrate verwendet u. darin nichtlösl., $<100°$ schm. brisante Sprengstoffe eingeführt werden. — Beispiel: 50,65(%) NH_4NO_3, 12,66 eutekt. Gemisch $NaNO_3$-$Mg(NO_3)_2$, 11,68 Pentaerythrit, 25,0 Hexogen. (**D. A. S. 1 057 514** Kl. 78c vom 21/7. 1944, veröff. 14/5. 1959.) A. GRADL. 8305

Dynamit Akt.-Ges. vorm. Alfred Nobel & Co. (Erfinder: **Paul Becker** und **Helmut Menke**), Troisdorf, *Kurzzeitverzögerungssatz* für *elektr. Zünder,* gek. durch einen Geh. von 40—50% Si, Rest Pb_3O_4 u. eine Teilchengröße von 2—10 μ für mindestens 95% des Siliciums. (**D. A. S. 1 061 245** Kl. 78e vom 20/12. 1956, veröff. 9/7. 1959.)
A. GRADL. 8309

E. Merck Akt.-Ges. (Erfinder: **Ernst Jacobi** und **Hans Bremer**), Darmstadt, *Mittel zum Verschwelen chemischer Substanzen,* gek. durch einen Geh. an 1.5-Endomethylen-3.7-dinitroso-1.3.5.7-tetraazacyclooctan. Es können ferner zugesetzt sein: Ammoniumsalze u./oder Cyanamid, u./oder Harnstoff bzw. dessen Salze, u./oder Verbb., wie Melamin, Guanidin oder Dicyandiamid. Weitere Zusätze sind Tetrachlorcyclohexanon, Hexachlorcyclohexan, Polyvinylchlorid, Tetrachlorphthalsäureanhydrid, $MgBr_2$, also schmelzbare, schwer oder unbrennbare Halogenverbb., die bei $>100°$ Halogenwasserstoff abspalten; ferner saugfähige Füllstoffe, wie feinteilige SiO_2, Silicate, Tonerdegel, Ton, Kieselgur, Metalloxyde, Holzmehl, Cellulosepulver, Ruß, Graphit, feinpulverige Kunststoffe, wie Polyvinylalkohol, oder ausgehärtete Aminoplaste. Viele Beispiele für Aerosole-, *Rauch-* u. *Nebel*-Erzeugung. (**D. A. S. 1 058 895** Kl. 78d vom 30/1. 1958, veröff. 4/6. 1959.) A. GRADL. 8317

XXI. Leder. Gerbstoffe.

Remigiusz Dzieża, *Die Rolle der Enzyme im Beizprozeß. Moderne Ansichten über die Natur der beim Beizen stattfindenden chemischen Reaktionen.* Übersicht über biochem. Vorgänge in Fermentationsbrühen aus Stärkeprodd., die zum Beizen von Leder verwendet werden. — 16 Literaturangaben. (Przegląd Skórzany **13.** 246—50. Okt. 1958.)
F. URBAN. 8330

H. Herfeld, *Zehn Jahre Unterledergerbung.* Im Zusammenhang mit dem Wunsch nach der Herst. verbesserter Unterleder wird das Problem Altgrubengerbung u. moderne Schnellgerbung ausführlich behandelt. Hierbei wird bei der Besprechung der modernen Schnellgerbung darauf hingewiesen, daß vor allem das Problem der richtigen Vorgerbung gelöst werden muß, um zunächst eine ausreichende Vernetzung in den Kollagenfibrillen zu erreichen, bevor das Fasergeflecht mit den Gerbstoffen weiter gefüllt wird. Bzgl. der Restbrühenverwertung wird die Anwendung des Gegenstromprinzips vorgeschlagen.

Zum Schluß werden Fragen der Säureführung, des Säure–Salz-Verhältnisses u. des Temperatureinfl. behandelt. (Gerbereiwiss. u. Prax. **1959.** 1—16. Sep. Reutlingen, Westdeutsche Gerberschule.) H. G. FRÖHLICH. 8336

K. H. Gustavson, *Die Bindung von pflanzlichen Gerbstoffen durch mit Sulfitochromsulfaten gegerbtes Kollagen.* Mit Sulfitosulfatochromkomplexen vorgegerbtes Hautpulver wurde mit Mimosa u. Myrtan nachgegerbt. Hierbei wurde gefunden, daß durch die Vorgerbung des Hautpulvers mit Cr-Gerbstoff die Menge an gebundenem vegetabil. Gerbstoff erhöht wird. Diese zusätzliche Bindung von vegetabil. Gerbstoff erfolgt durch eine Bindung des vegetabil. Gerbstoffes an den Cr-Gerbstoff. (J. Soc. Leather Trades' Chemists **42.** 368—71. Nov. 1958. Stockholm, Gerbereichem. Forschungsinst.) H. G. FRÖHLICH. 8336

Frank A. Edmonds, *Nachgerben von Chromleder mit Harzgerbstoffen.* 2. Mitt. (1. vgl. C. **1959.** 9104.) Es wird der Einsatz von Harzgerbstoffen auf Basis Harnstoff–CH_2O u. Melamin–CH_2O in Verbindung mit synthet. Gerbstoffen zur Nachgerbung von Chromleder besprochen. Hierbei werden gleichzeitig ausführliche Gerbvorschriften gegeben. (Leather and Shoes **135.** Nr. 11. 18—19. 30—31. 15/3. 1958. American Cyanamid Co.) H. G. FRÖHLICH. 8336

Frank Edmonds, *Nachgerben von Chromleder mit Harzgerbstoffen.* (Leather Manufacturer **75.** Nr. 3. 9—14. 28—31. März 1958. — C. **1959.** 9104 u. vorst. Ref.) H. G. FRÖHLICH. 8336

H. Anderson und **A. Bilkens,** *Untersuchungen über die Gerbstoffe der Pinus radiata-Rinde.* Zwecks Gewinnung von Gerbstoffextrakten wird die Rinde der *Pinus radiata* zunächst durch Mahlen auf ca. 2 mm-Stückchen zerkleinert u. im Gegenstromprinzip nahe 100° extrahiert. Nach dem Abkühlen über Nacht wird dekantiert u. im Vakuum konzentriert. Der auf diese Weise erhaltene Gerbextrakt ist dunkler u. weniger lösl. als Mimosaextrakt, sonst jedoch in seinen gerber. Eigg. mit Mimosa zu vergleichen. Dies gilt auch für die erhaltenen Lederqualitäten. Aus dem Anteil der wenig lösl. Bestandteile des Bodensatzes des aus der Rinde von *Pinus radiata* gewonnenen Gerbextraktes läßt sich durch $NaHSO_3$-Behandlung ein Gerbstoff herstellen, der überall dort, wo die Farbe keine Rolle spielt, eingesetzt werden kann. (Austral. J. appl. Sci. **9.** 183—91. Juni 1958. Lane Cove, NSW/Australien, Australian Leather Res. Assoc.) H. G. FRÖHLICH. 8338

D. M. Chackraburtty und **B. Chakravarti,** *Röntgenographische Untersuchung einiger Leder.* An 7 verschied. Leder-Proben wurden röntgenograph. die Netzebenenabstände der theoret. bei 4,72 Å auftretenden diffusen Bande gemessen. Es wurde gefunden, daß sich diese Abstände von Probe zu Probe änderten. Diese verschied. Abstände ließen sich mit Hilfe des von PAULING u. COREY (vgl. C. **1956.** 6699) vorgeschlagenen Modells der Kollagen–Gelatine-Struktur erklären. (Indian J. Physics Proc. Indian Assoc. Cultivat. Sci. **32/41.** 10—12. Jan. 1958. Calcutta, Ind. Assoc. for the Cultivat. of Sci.) C. GOTTFRIED. 8340

Hermann Loewe, *Gerben und Ausrüsten von geschliffenem Oberleder.* Nach einer ausführlichen Besprechung über die geeigneten Gerbmethoden (Nachgerbung des Cr-Leders mit natürlichen, synthet. u. Harzgerbstoffen) für Oberleder, die nachträglich geschliffen werden sollen, wird noch kurz die Pigmentzurichte im Zusammenhang mit dem Binderproblem (Casein, Casein + Harze, Luronbinder U, UW sowie Harzdispersionen) besprochen. (Leather Trades' Rev. **130.** 433—34. 3/12. 1958. **130.** 469—70. 10/12. 1958. Ludwigshafen/Rh., BASF, Ledertechn. Abt.) H. G. FRÖHLICH. 8340

Remigiusz Dzieża, *Entfettung von Schafledern.* Übersicht. — 18 Literaturangaben. (Przegląd Skórzany **13.** 271—76. Nov. 1958.) F. URBAN. 8340

Bolesław Krassowski und **Jacek Vaedtke,** *Bestimmung der Basizität von Ammoniumsalze enthaltenden eisenorganischen Gerbbrühen.* Ohne Abtrennung der maskierenden organ. Substanzen wird Fe in „Ferrigan"-Lsgg. durch Titration mit $K_2Cr_2O_7$ gegen Diphenylamin als Indicator bestimmt. Die Basizität der Gerbbrühe wird als Differenz des NaOH-Verbrauchs zur Entbindung von NH_3 aus NH_4-Salzen u. zur Neutralisation der Säure u. des äquivalenten NH_3-Geh. ermittelt, der sich durch Best. des überdest. u. in 3%ig. H_3BO_3 absorbierten NH_3 mit 0,5n HCl ergibt. (Przegląd Skórzany **13.** 205—10. Aug. 1958.) F. URBAN. 8364

E. I. du Pont de Nemours & Co., übert. von: **Paul Lipsitz,** Wilmington, Del., V. St. A., *Herstellung eines Gerbmittels aus Alkalilignin.* Man setzt das Na-Salz von Alkalilignin, erhalten durch Einw. von 2,8—4,6 (Mol) NaOH auf 2 Alkalilignin, bei 100—180° mit 1—4 2- oder 3wertiger Phenole (Brenzcatechin, Hydrochinon, Pyrogallol, Hydroxyhydrochinon, Phloroglucin u. bes. Resorcin) oder auch deren Substitutionsprodd., wie

Orcin, Methylphloroglucin oder 4-Chlorresorcin, bzw. deren Gemischen, auf 2 Ligninsalz (Mol.-Gew. 800—1000) um. Das Reaktionsprod. ist wasserlösl., u. die Rk. kann auch erst im Leder durchgeführt werden. Das nach der Gerbung einen p_H-Wert von 8—8,5 aufweisende Leder wird mittels Ameisen-, Schwefel-, Glykolsäure oder dgl. langsam auf p_H 3,5 umgestellt. (**A. P. 2 758 990** vom 13/11. 1951, ausg. 14/8. 1956.) W. GRÄGER. 8337

Fa. Pietro Rossi, Inhaber Bruno Rossi, Florenz, Italien, *Lederpflegemittel*, enthaltend natürlichen oder synthet. Kautschuk u. feines Schmirgelpulver (Al_2O_3 oder SiC). (**It. P. 495 783** vom 22/11. 1952.) K. KOEBKE. 8341

XXII. Leim. Klebstoffe usw.

Henkel & Cie. G. m. b. H., Düsseldorf (Erfinder: **Horst Kosche,** Düren), *Fugenverleimung von Holzfurnieren* unter Verwendung von Lsgg. von Melamin–CH_2O-Kondensationsprodd. (I), die Reaktionsprodd. von Harnstoff (II) mit OH-Gruppen enthaltenden Polyäthern mehrwertiger Alkohole enthalten. — 210 (kg) II werden mit 90 festem Polyglykoläther (Mol.-Gew. 3000—8000) bei nicht $>140^0$ zusammengeschmolzen u. 10 der Schmelze mit 87 I u. 3 $AlCl_3$ zu einem in W. leicht lösl. Leim gemischt. (**D. A. S. 1 041 187** Kl. 22i vom 22/2. 1957, veröff. 16/10. 1958.) C. LÜTTGEN. 8389

Helmut Jedlicka, Schwenningen/Neckar, *Klebstoff* aus einem Rückprallelastizität aufweisenden, nicht wärmehärtbaren Siliconkitt („bouncing putty") mit einem erheblichen Anteil an Polyvinylchlorid, gek. durch die Verwendung eines borfreien Dimethylpolysiloxankautschukgels als Siliconkitt. (**D. A. S. 1 046 227** Kl. 22i vom 20/8. 1957, veröff. 11/12. 1958. **Zusatz zu D. B. P. 957 156; C. 1957. 10919.**) C. LÜTTGEN. 8389

Buckeye Cellulose Corp., Cincinnati, Ohio, übert. von: **Donald F. Maskey,** Memphis, Tenn., V. St. A., *Proteinhaltiger flüssiger Klebstoff* (I), bestehend aus 10 bis 16% unhydrolysiertem, chem. isoliertem Sojaprotein (II), 140—280 (bezogen auf II) Kaolin, 8—11,5 Na_2SO_3, 1,7—2,2 Glyoxal, Rest Wasser. Der Festgeh. des fertigen Leims soll 37—44 betragen. Der I gibt wasserfeste Leimungen u. besitzt eine Topfzeit von ca. 72 Stunden. (**A. P. 2 844 482** vom 12/9. 1955, ausg. 22/7. 1958.) C. LÜTTGEN. 8389

General Aniline & Film Corp., New York (Erfinder: **Finn Claudi-Magnussen,** Kenmore, **Julian Louis Azorlosa,** Westbury, N. Y., und **George Green Stoner,** Easton, Pa.), V. St. A., *Wiederbenetzbares Klebstoffpräparat* mit einem überwiegenden Geh. an Dextrin, dad. gek., daß es Dextrin, einen Polyvinylmethyläther (I) einer spezif. Viscosität von $>0,7$, bes. 0,9, u. ein Mischpolymerisat (II) aus Vinylmethyläther u. Maleinsäureanhydrid enthält. — Beispiel: 70 (%) Dextrin, 20—25 I u. 5—10 II. (**D. A. S. 1 054 930** Kl. 89k vom 22/10. 1956, veröff. 9/4. 1959. A. Prior. 24/10. 1955.) A. GRADL. 8389

Allied Chemical & Dye Corp., New York, N. Y., übert. von: **Edward J. Romatowski,** Maumee, Ohio, V. St. A., *Herstellung einer stabilen wässerigen katalysierten Harnstoff-Formaldehyd-Harzlösung*, die 35—75% Feststoffe enthält. Man kondensiert in der Wärme 1,5—2,5 (Mol) CH_2O mit 1 Harnstoff in Ggw. von 0,05—0,15 eines wasserlösl. Amins, z. B. Diäthylentriamin. Zu der hochkondensierten Harzlsg. fügt man 5—25 (Gew.-%) eines wasserlösl., aliphat., 1wertigen Alkohols, 15—30 überschüssiges CH_2O u. einen sauren Katalysator. Der p_H-Wert beträgt 1,5—3,5. Die Lsg. ist trotz des Katalysatorgeh. stabil, hat gute Klebeeigg. u. härtet schnell, so daß sie als *Kaltleim* geeignet ist. (**A. P. 2 827 441** vom 11/5. 1953, ausg. 18/3. 1958.) H. v. SCHILLER. 8389

Badische Anilin- & Soda-Fabrik Akt.-Ges., Ludwigshafen/Rh., *Verbinden von Fäden oder Geweben mit Kautschuk.* Man erhöht die Haftfestigkeit, wenn man als Klebstoff eine Mischung verwendet aus 20—60% einer 20—60%ig. wss. Dispersion eines 30—70% Butadien, 67—20% Styrol u. 3—10% N-Vinylimidazol oder N-Vinylcarbazol enthaltenden Mischpolymerisats u. 80—40% einer 10—20%ig. wss. Lsg. eines Resorcin–CH_2O-Kondensationsprod. (Mol-Verhältnis Resorcin:CH_2O = ca. 1:2 bis 2:1). Man kann damit Fasern auf Cellulose-, Polyamid-, Polyester-, Polyacrylnitrilbasis mit Kautschuk oder Kunstkautschuk verkleben. (**Oe. P. 201 557** vom 10/3. 1958, ausg. 10/1. 1959. D. Prior. 8/6. 1957.) M. PANKOW. 8389

Farbwerke Hoechst Akt.-Ges., vormals Meister Lucius & Brüning, Frankfurt/M. (Erfinder: **Fritz Winkler, Gerhard Müller,** Kelkheim/Taunus, **Werner Grundmann,** Hofheim/Taunus, und **Hermann Stärk,** Bad Soden/Taunus), *Kaschiermittel für Metalle*, gek. durch die Verwendung von Polyvinylacetalen u. -ketalen, die außer freien Hydroxylgruppen noch freie Carboxylgruppen enthalten, für sich oder zusammen mit Zusatzstoffen. (**D. A. S. 1 042 162** Kl. 22i vom 4/11. 1953, veröff. 30/10. 1958.) C. LÜTTGEN. 8389

XXIV. Photographie.

E. Klein, *Bestimmung der Anzahl der Belichtungskeime im latenten photographischen Bild.* Durch Veränderung der Belichtungszeit, des Abstandes u. der Intensität wurde das gleiche photograph. Material verschieden stark, z.T. über das n. Maß hinaus, belichtet (Röntgen-, Blitz- u. Normalbelichtung). Ein Teil der Proben wurde mit handelsüblichem chem. Entwickler behandelt, ein anderer Teil mit einer aus Metol, Na-Sulfit u. K-Rhodanid (7,5:60:10) bestehenden. Nach Messung der Schwärzung wurde in einem Teil der phys. entwickelten Schicht der Silberauftrag bestimmt, ein anderer Teil elektronenmkr. untersucht. Die Größe der Aggregate nimmt mit steigender Belichtung zunächst ab, um dann wieder anzusteigen. Entsprechend durchläuft die Keimzahl ein Maximum. Das mittlere Vol. wurde aus den gemessenen Durchmessern berechnet. Es zeigt sich, daß das entwickelte Ag mit geringen Schwankungen stets in der gleichen, relativen Größenverteilung vorliegt. Daraus schließt Vf., daß auch die nichtentwickelten Keime an unbelichtetem AgBr die gleiche Verteilung haben. Bei Röntgen- u. Blitzbelichtung ist das latente Bild wesentlich disperser als bei Normalbelichtung. (Z. Elektrochem., Ber. Bunsenges. physik. Chem. **62.** 870—73. 1958. Leverkusen, Agfa AG., Wiss.-photograph. Labor.) H.-U. WOELK. 8594

H. Frieser und **E. Klein,** *Die Quantenabsorption in einer photographischen Schicht.* (Vgl. vorst. Ref.) Unter der Annahme, daß der Lichtabfall innerhalb einer photograph. Schicht dem Gesetz von LAMBERT folgt, ermitteln Vff. Gleichungen für die je Korn in der untersten u. in der obersten Elementarschicht adsorbierte Zahl von Lichtquanten q, bezogen auf die pro cm^2 einfallende Anzahl Quanten Q_0. Der log der Quantenabsorption q/Q_0 ist für Schichten mit gleichem Silberauftrag, konstanter Absorption, konstanter Transparenz oder Schichten gleicher Transparenz bei verschied. Lichtwellenlängen eine lineare Funktion von log d_0, wenn d_0 der mittlere Durchmesser der Ag-Halogenidteilchen ist. Die Geraden haben in allen Fällen den gleichen Anstieg 3; so daß die allg. Beziehung $q/Q_0 = hd_0^3$ gilt. Die Absorption je Korn wird also durch das Vol. des Korns bestimmt. Dies gilt unabhängig davon, ob die Schicht opt. sensibilisiert ist oder nicht u. steht in Übereinstimmung mit experimentellen Ergebnissen. (Z. Elektrochem., Ber. Bunsenges. physik. Chem. **62.** 874—77. 1958.) H.-U. WOELK. 8594

Isao Kamiya, *Dichroismus von fertig belichtetem Silber (Theorie).* (Vgl. C. **1958.** 10828.) Der Photodichroismus des *Ag* wird in seinen Einzelheiten theoret.-physikal. als ein Sonderfall des HERSCHEL-Effekts bei Erregung durch polarisiertes Licht behandelt. Die theoret. erhaltenen Ableitungen sind mit den experimentellen Daten ziemlich gut vereinbar. (J. chem. Soc. Japan, pure Chem. Sect. [Nippon Kagaku Zassi] **76.** 960—64. Sept. 1955. Nagoya Univ. [Orig.: japan.] L. SCHULER. 8598

H. Kallmann und **J. Rennert,** *Verwendung anorganischer Phosphore in der Infrarotphotographie.* Zur Abbildung von IR-Strahlung mit Hilfe tilgbarer u. ausleuchtbarer ZnS- u. (Zn, Cd)S-Phosphore werden zwei Verff. beschrieben: 1. Nach gleichmäßiger Erregung des Phosphorschirmes mit UV (Füllung tiefer Haftstellen) wird bei Einstrahlung von tilgendem IR ($\lambda \gtrless 0{,}7-2{,}5\ \mu$) infolge Leerung der Haftstellen im IR-bestrahlten Gebiet ein latentes Bild erzeugt, das auch noch nach Wochen bei sehr schwacher UV-Erregung (langsames Anklingen der Luminescenz in den IR-bestrahlten Gebieten) sichtbar gemacht werden kann. 2. Das durch langwelliges IR erzeugte latente Bild wird bei Einstrahlung von kurzem IR (ca. 0,7 μ) infolge Ausleuchtung der nicht zuvor mit tilgendem IR bestrahlten Gebiete sichtbar. Für die Verff. eignen sich bes. Phosphore mit IR-Tilgbarkeit, die für verschied. Phosphore verschied. spezif. Wellenlängenempfindlichkeiten besitzen. (J. opt. Soc. America **48.** 812—15. Nov. 1958. New York, N. Y., Univ., Phys. Dep. u. Inst. Mathemat. Sci.) J. RUDOLPH. 8598

Mario G. Fracastoro, *Weitere Diskussionen über Informationsmöglichkeiten durch die Photographie.* In Fortführung früherer Arbeiten behandelt Vf. Probleme der Astrophysik. Es werden die Grenzen der photograph. Methoden diskutiert unter Berücksichtigung der Eigg. geeigneter Emulsionen. (Atti Fondaz. Giorgio Ronchi Contr. Ist. naz. Ottica **11.** 452—55. Nov./Dez. 1956. Catania, Astrophysikal. Observatorium.) W. GÜNTHER. 8600

Rama Shanker Rai, *Die Einwirkung von p-Phenylendiaminentwicklern auf photographische Emulsionen.* Beim photograph. Entwicklungsvorgang bildet sich freie Säure, die jedoch nicht in Erscheinung tritt, da sie durch das in der Entwicklerlsg. im Überschuß vorhandene Alkali abgefangen wird. Vf. konnte nachweisen, daß negativ geladenes SnO_2-Sol, wenn es koaguliert, eine saure Rk. zeigt. Diese Beobachtung von dem Auftreten einer sauren Rk. kann auf Halogensilberemulsionen übertragen werden, da diese aus einem negativ geladenen Kolloid bestehen. p-Phenylendiamin bildet in seiner Eig. als Entwicklersubstanz ein positiv geladenes Radikal, das die negative Ladung des Bromsilbers neutralisiert. Die hierbei auftretende Aktivierungsenergie ist fähig, metall. Silber zu bilden. Das hat die Entstehung von HBr zur Folge, die durch das Alkali neutralisiert wird, wodurch Oxydation u. Bldg. von Chinhydron- u. Chinoniminradikalen verzögert werden. (Kolloid-Z. **158.** 158—59. Juni 1958. Allahabad, Univ., Chem. Labor.)

W. GÜNTHER. 8618

Polaroid Corp., übert. von: **Edwin H. Land,** Cambridge, Mass., V. St. A., *Auftragen von Schutzfolien auf photographische Bilder.* Die Schutzfolie (I) wird am Rande des Bildes zusammen mit einem durch Druck leicht zerstörbaren länglichen Behälter (II) angeklammert, der genau der Kantenlänge entspricht u. die wss. Lsg. eines Klebemittels für I enthält, z. B. Polyvinylalkohol, Poly-2-vinylpyridin, Gelatinehydrolysate u. Sorbit. Die Kombination wird zwischen Rollen hindurchgeführt, die II zerquetschen u. die austretende Fl. sowie I gleichmäßig auf das Bild auftragen. (**A. P. 2 798 021** vom 25/9. 1953, ausg. 2/7. 1957.) A. KALIX. 8613

Battelle Development Corp., Columbus, Ohio (Erfinder: **Carl Bernard Kaiser,** Rochester, und **Richard Elmer Hayford,** Pittsford, N. Y.), V. St. A., *Bilderzeugung auf photoleitfähigen Schichten.* Auf der Oberfläche wird durch Belichtung ein latentes Bild erzeugt u. unvollständig entwickelt, dieser Vorgang wird mehrfach wiederholt, das latente Bild nach der letzten Belichtung jedoch vollständig entwickelt. Durch dieses Verf. wird der Tonumfang des Bildes erheblich größer als durch die übliche, nur einmalige Belichtung u. Entwicklung. — Vgl. F. P. 1 146 633; C. **1959.** 674. (**D. A. S. 1 050 189** Kl. 57b vom 3/1. 1956, veröff. 5/2. 1959. A. Prior. 3/1. 1955.)

A. KALIX. 8619

Eastman Kodak Co., übert. von: **George F. L. Wood,** Rochester, N. Y., V. St. A., *Barytage für Auskopierpapiere.* Zur Verhinderung des Diffundierens lösl. Ag-Salze aus der lichtempfindlichen Schicht in den Papierfilz erhält die Barytage einen Zusatz eines Salzes einer aliphat. Carbonsäure (I) mit 10—20 C-Atomen u. eines Metallchlorids, das mit I unlösl. Seifen bildet, das letztere in Mengen von 0,4—1,0 g auf 1 m² Papier. Bevorzugt verwendet wird ein Gemisch aus Na-Stearat + $BaCl_2$. (**A. P. 2 805 161** vom 30/4. 1953, ausg. 3/9. 1957.) A. KALIX. 8625

Kodak-Pathé, Frankreich (Erfinder: **Keith Elden Whitmore** und **Herbert Samuel Elins**), *Photographisches Reproduktionsverfahren.* Man kopiert auf ein photosensibles Halogensilberprod. mit veränderlichem Konstrast ein photograph. Klischee, welches ein Silberbild u. einen Farbstoff in der Silberfläche enthält. Die spektrale Zus. des Kopierlichts ist derart gewählt, daß eine Fraktion des Lichts von dem Farbstoff absorbiert wird u. daß die komplementäre Fraktion des Kopierlichts durch den Farbstoff hindurchgelassen wird. Das photosensible Prod. gibt den größten Kontrast, wenn es einem Licht ausgesetzt wird, das durch den Farbstoff absorbiert wird u. dabei der Kontrast am schwächsten ist, wenn er einem Licht ausgesetzt ist, das der Komplementärfraktion des Kopierlichts entspricht. — Man entwickelt ein Silberbild in dem Prod. mit dem variablen Kontrast u. entfernt danach die restlichen Silberhalogenide. — Bei einer Belichtung mit grünem Licht erhält man einen größeren Kontrast als mit blauem Licht. Das photograph. Klischee enthält in den Silberschichten einen magentafarbigen Farbstoff u. das Kopierlicht ist eine Kombination von grünem u. blauem Licht. — In anderer Weise wird mit rotem Licht belichtet u. dabei ein größerer Kontrast als mit grünem Licht erzielt. Das photograph. Klischee enthält in der Silberschicht einen blaugrünen Farbstoff u. das Kopierlicht ist eine Kombination von rotem u. blauem Licht. — Bei Belichtung mit blauem Licht ist der Kontrast größer als bei Belichtung mit grünem Licht. Die Lichtkopie ist eine Kombination von grünem u. blauem Licht. — Diagramme. (**F. P. 1 149 704** vom 29/2. 1956, ausg. 31/12. 1957. A. Prior. 1/3. 1955.) M. F. MÜLLER. 8625

E. I. du Pont de Nemours & Co., Wilmington, Del., übert. von: **Victor Fu-Hua-Chu,** Metuchen, N. J., V. St. A., *Entfernung von Farbschleiern.* In Schichten, die Farbkuppler mit polymeren Gruppen, bes. Polyvinylgruppen, enthalten, wird der bei der Entw. entstandene Farbschleier beseitigt, wenn dem Stoppbad oder dem 1. Fixierbad in Mengen von 0,05—5% (bezogen auf das Flüssigkeitsgewicht) ein Aldehyd zugesetzt wird. Bes. geeignet ist Crotonaldehyd, mit gleicher Wrkg. verwendbar sind: Form-, Acet-, Propion-, Adipin-, Glycerin- u. o-Sulfobenzaldehyd, sowie Glyoxal u. Chloralhydrat. (**A. P. 2 758 029** vom 10/4. 1953, ausg. 7/8. 1956.) A. KALIX. 8631

E. I. du Pont de Nemours & Co., Wilmington, Del., übert. von: **Jacob Quentin Umberger,** Holmdel, N. J., V. St. A., *Farbkorrekturverfahren.* Für die Aufnahme wird ein lichtempfindliches Material verwendet, das auf einem Film 2 Halogensilberschichten(I) übereinander trägt, die in verschied. Farbtönen, z. B. blau u. blaugrün, entwickelbar u. entsprechend sensibilisiert sind, dazwischen befindet sich eine Gelbfilterschicht. Die äußere I enthält 75 mg, die innere 14—35 mg Halogensilber auf 1 cm². Nach der Belichtung mit einem mehrfarbigen Objekt wird so entwickelt, daß der γ-Wert der inneren I nur das 0,8fache desjenigen Wertes beträgt, der bei Belichtung der Schicht für sich allein (ohne die Oberschicht) erreichbar ist. Die letztere wird dann abgezogen u. die untere I durch einen der bekannten anorgan. Verstärker auf einen γ-Wert von 0,5—1 gebracht. Die beiden entwickelten I werden dann getrennt auf einen mehrfarbig entwickelten Mehrschichtfilm kopiert u. auf diesem zu einem Zweifarbenbild entwickelt. (**A. P. 2 803 543** vom 29/2. 1952, ausg. 20/8. 1957.) A. KALIX. 8631

E. I. du Pont de Nemours & Co. (Erfinder: **René Robert Zemp**), V. St. A., *Photosensibles Element*, bestehend aus einem Trägerblatt mit einem Schicht-Nd., welcher einen Zwischenkomplex eines in einem Lösungsm. lösl. Phthalocyanins u. eine Diazoniumverb. enthält. Die Oberfläche des Trägerblattes enthält eine Schicht eines wasserdurchlässigen Koll., das den Zwischenkomplex des Phthalocyanins u. die Diazoniumverb. enthält. Der gefällte Komplex wird hergestellt durch Rk. eines Phthalonitrils, NH_3 u. eines wasserfreien Cu- oder Ni-Salzes in alkoh. Lsg., u. der Komplex liefert nach der Red. ein metall. Phthalocyanin, ein Phthalonitril u. NH_3. Pro Mol des in einem Lösungsm. lösl. Phthalocyaninzwischenkomplexes werden 0,5—5,0 Mol der Diazoniumverb. verwendet. Die Diazoniumverb. ist z. B. ein Diazoniumsalz (Sulfat, Chlorid oder Fluorborat) von p-Aminodimethyl- u. -diäthylanilin, 1-Amino-2-diäthylaminobenzol, 1-Methyl-2-diäthylamino-5-aminobenzol, 2-Amino-N-methyldiphenylamin, 1.4-Diaminobenzol, N-[4-Aminophenyl]-morpholin, N-[4-Aminophenyl]-piperidin, 1-[4-Aminophenyl]-pyrrolidin, 4-Amino-2-methoxy-1-cyclohexylaminobenzol, 4-Diäthylamino-1-aminonaphthalin, 4-Amino-1-naphthol. — 25 cm^3 einer 1%ig. alkoh. Cu-Phthalocyaninlsg. werden mit 25 cm^3 einer 1%ig. alkoh. Lsg. von 1-Methyl-2-diäthylaminobenzol-5-diazoniumfluorborat gemischt. In diese Lsg. wird ein Blatt Papier getaucht u. bei gewöhnlicher Temp. getrocknet. Dabei wird in einem orangefarbigen Licht gearbeitet. Das Papier wird mit einer Hg-Dampflampe belichtet (100 Watt, 30 cm Abstand, 10 Min.). Dabei wird ein Teil des Papiers mit einem Metallblech abgedeckt. Nach dem Waschen des Papiers mit A. u. W. ist es an den unbedeckt gewesenen Stellen blau. (**F. P. 1 149 297** vom 5/4. 1956, ausg. 23/12. 1957. A. Prior. 6/4. 1955.) M. F. MÜLLER. 8631

General Aniline & Film Corp., New York, übert. von: **Harold C. Harsh**, Binghamton, N. Y., V. St. A., *Kopieren von Kinofarbfilmen.* Die Originalaufnahme wird auf einen Mehrschichtumkehrfarbfilm gemacht, der einen γ-Wert von 1,4—1,7, bes. 1,5 bis 1,6, besitzt. Das Umkehrbild (I) wird zu einem γ-Wert von 1,5—1,6 entwickelt, dann wird eine Schwarzweiß-Farbkorrekturmarke (II) davon hergestellt. Anschließend werden I + II zusammen auf einen oder mehrere ident. Feinkornnegativfilme kopiert u. zu einem γ-Wert von 0,9—1,2, bes. 1,0—1,1, entwickelt. Hiervon werden die Vorführpositive gezogen u. zu einer Gradation von 2,5—3,5, bes. 2,8—3,2, entwickelt, wobei der geradlinige Teil der Schwärzungskurve hinsichtlich der D. zwischen 1,0 u. 3,0 liegen soll. II wird nach einem der üblichen Verf. mit monochromat. Licht (Na-Linie oder Wattenfilter 23 + 56) leicht unscharf auf einen handelsüblichen panchromat. Film kopiert, $\gamma = 0,3$ bis 0,7, bes. (**A. P. 2 760 862** vom 19/8. 1953, ausg. 28/8. 1956.) A. KALIX. 8641

REDAKTIONSSCHLUSS: 18. September 1959.

Herausgeber: Prof. Dr. Heinrich Bertsch, Berlin, u. Prof. Dr. Dr. h. c. Wilhelm Klemm, Münster. Chefredakteure und verantwortlich für den Inhalt: Dr. Eugen Klever, Berlin SW 61, Dessauer Straße 28—31, Fernsprecher: 665421 u. Dr. Heinz Walter, Berlin N 4, Schiffbauerdamm 19, Fernsprecher: 425571.

Verlag: Akademie-Verlag GmbH, Berlin W 1, Leipziger Str. 3-4 (Fernsprecher: 220441, Postscheckkonto Berlin 35021), und Verlag Chemie, GmbH, Weinheim/Bergstr. (Fernsprecher: Weinheim 3635 [Sammelnummer]; Fernschreiber: 0465516 chemieverl wnh; Postscheckkonten: Frankfurt/M. 145314 u. Berlin [West] 7430). Bestellnummer: 1007/130. Das Chemische Zentralblatt erscheint wöchentlich. Preis des Jahrganges einschl. Autoren-, Patent-, Sach- u. Formelregister: DM 960,—; einseitig bedruckte Ausgabe: DM 1050,—. Abgabe der Zeitschrift nur mit sämtlichen Registern. Abbestellungen nur bis spätestens 6 Wochen vor Ablauf des Kalenderjahres.

Satz u. Druck: VEB Leipziger Druckhaus, Leipzig, III/18/203. XI. 59.
Veröffentlicht unter der Lizenznummer ZLN 5002 des Ministeriums für Kultur, Hauptverwaltung Verlagswesen.
Printed in Germany.

Kolibri 360 GmbH
Ferdinand-Jühlke-Straße 7
99095 Erfurt, Deutschland
produktsicherheit@kolibri360.de